動物の生態
改訂第三版

森 主一 著

京都大学学術出版会

湖岸底の石礫上の生物群集
川村多実二 画
京都大学生態学研究センター 蔵

　湖岸底の石礫は藻類に覆われ，その上に各種の動植物［各種藻類，タンスイカイメン（緑色の藻類が共生），コケムシ，プラナリア，ヒル，カワニナ，タニシ，カワコザラ，ヒラマキガイ，モノアラガイ，ヨコエビ，ドロムシ，カゲロウ，カワゲラ，その他各種の卵類など］が生物群集として棲んでいる様子が画かれている．ちょうど，K. Möbiusが指摘した海のカキ床群集に比べられる．

　川村先生は，日本の国立大学としてははじめて動物生態学を講じられ，その教室の中から，上野益三，宮地伝三郎，今西錦司，可児藤吉，津田松苗，渋谷寿夫，森下正明，梅棹忠夫などの優れた生態学者が育っていった．

この書を

恩師

故 川村多実二先生 および 故 宮地伝三郎先生

に捧げる

動物の生態 ── 目 次

    湖岸底の石礫上の生物群集（川村多実二 画）………口絵
      目　　次………i
      まえがき………vi

第1章　生態学とは？　　　　　　　　　　　　　　　　　　　　　　　*1*

 1-1　生態学的自然……………………………………………………… 1
 1-2　生態学の発展史…………………………………………………… 3
   1-2-1　まずはじめの道筋の歴史 3／1-2-2　別の道筋に沿った生態学の歴史 5
 1-3　個体・個体群・群集・生態系とは？…………………………… 8
   1-3-1　個体とは？ 8／1-3-2　個体群とは？ 10／
   1-3-3　群集とは？ 10／1-3-4　生態系とは？ 11

第2章　生物主体と環境　　　　　　　　　　　　　　　　　　　　　　*13*

 2-1　はじめに……………………………………………………………13
 2-2　環境と生命の起源…………………………………………………14
 2-3　生命あるいは生物の特性…………………………………………14
 2-4　生物主体と環境の相関……………………………………………16
 2-5　主体的環境と客体的環境…………………………………………18
 2-6　個環境と群環境……………………………………………………20
 2-7　環境の歴史性………………………………………………………21

第3章　行動理解の基本　　　　　　　　　　　　　　　　　　　　　　*23*

 3-1　はじめに……………………………………………………………23
 3-2　本能，学習と意識…………………………………………………28
   3-2-1　本　能 28／3-2-2　学　習 30／3-2-3　意　識 32
 3-3　周期行動……………………………………………………………34
   3-3-1　環境条件の周期的変化に明らかに同調して起こる周期行動 34／
   3-3-2　環境条件の周期的変化との同調が明らかでない周期行動 46／
   3-3-3　自律周期行動の発生と進化史 47
 3-4　行動のカオス的およびフラクタル的理解………………………49
 3-5　行動を理解する際の擬人主義の思慮ある排除…………………50

第4章　作用および反作用　　55

- 4-1　はじめに……………………………………………………………55
- 4-2　対地反作用…………………………………………………………56
- 4-3　その他の反作用……………………………………………………58

第5章　相互作用を考えるはじめに　　61

- 5-1　相互作用と作用・反作用の本質的関係…………………………61
- 5-2　相互作用理解の基本………………………………………………62
- 5-3　主として結果に基づき解釈した相互作用の類別………………62
- 5-4　相互作用における基本的な力……………………………………65
- 5-5　相互作用の2本の基本柱…………………………………………67

第6章　食物連鎖関係—相互作用の第1の柱　　71

- 6-1　食物連鎖関係発生の根源…………………………………………71
- 6-2　種内の関係…………………………………………………………71
- 6-3　種間の関係…………………………………………………………73
    - 6-3-1　種間の食物連鎖関係の2大類別 73／6-3-2　種間の捕食系食物連鎖の一般的性格 74／6-3-3　種間の捕食系連鎖に関係あるその他の現象 85／6-3-4　採餌資源の利用に関する諸問題 89／6-3-5　捕食系食物連鎖に関係のある個体群に関する若干の数理論的取扱いをめぐって 96／6-3-6　腐食系 108

第7章　同類関係—相互作用の第2の柱　　111

- 7-1　同類関係発生の根源………………………………………………111
- 7-2　生活要求の達成努力についての考察方針………………………111
- 7-3　種内の同類関係……………………………………………………112
    - 7-3-1　種内の同類関係の基本 112／7-3-2　生理的過程の大きく働く場合の種内の同類関係 112／7-3-3　生理的過程の働きに加えて，心理的過程の働きも多少考えられる場合の，種内の同類関係 119／7-3-4　生理的過程の働きに加えて，心理的過程の働きが大いに加わったと考えられる場合の，種内の同類関係 120／7-3-5　社会構造が大きく発展してきた場合の，種内の同類関係 124／7-3-6　順位制となわばり制 129／7-3-7　年齢集団と性集団 134／7-3-8　利己性と利他性 134／7-3-9　性の問題 142
- 7-4　種間の同類関係……………………………………………………151
    - 7-4-1　種間の同類関係の基本 151／7-4-2　生活のために要求するものが，大いに似ている場合—Gauseの原理など 151／7-4-3　生活のために要求するものが似てはいるが，多少違う場合 154
- 7-5　同類関係における情報伝達………………………………………172
    - 7-5-1　動　作 172／7-5-2　発　音 173／7-5-3　発　光 175／7-5-4　化学物質の排出（分泌）176

7-6 同類関係における個体数に関する若干の数理論的取扱い............180
　　7-6-1 生命表 180／7-6-2 個体群の年齢組成 182／7-6-3 単一個体群の生長 183／7-6-4 競争的相互作用のある場合 186／7-6-5 密度依存と密度独立の現象 189／7-6-6 連動振動と遅れ密度依存 194／7-6-7 分布型 195

第8章　食物連鎖関係と同類関係を結ぶ基本　　　201
8-1 はじめに............201
8-2 食物連鎖関係と同類関係を結ぶ基本............201
　　8-2-1 食物連鎖関係によって同類関係が規制される場合 202／8-2-2 同類関係によって食物連鎖関係が規制される場合 204／8-2-3 総合関係 205
8-3 大発生............210
　　8-3-1 大発生の事実 210／8-3-2 大発生を起こす原因のまとめ 215／8-3-3 相変異 228／8-3-4 大発生の系統的制約仮説 230
8-4 ニッチ............230
8-5 ギルド............234
8-6 資源利用をめぐる若干の問題............235
　　8-6-1 はじめに 235／8-6-2 動植物の資源利用について 236／8-6-3 ニッチの異同と共存制限 242

第9章　群　集　　　247
9-1 はじめに............247
9-2 群集概念の歴史的発展............247
9-3 群集の性格の創生性............252
9-4 群集の規模と所在............252
9-5 群集の境界と推移帯............253
9-6 群集の認識............258
　　9-6-1 群集の自律性・全体性の認識 258／9-6-2 群集内のニッチの充実度 262
9-7 群集構造の多様性............267
　　9-7-1 多様性の形相的把握 268／9-7-2 多様性の機能的把握 271／9-7-3 群集の構成における多様な種の存在の意義 273
9-8 群集内の数的構造............275
　　9-8-1 等比級数則 275／9-8-2 調和級数則 276／9-8-3 対数級数則 276／9-8-4 対数正規則 277／9-8-5 等比級数則から対数正規則までのまとめ 278／9-8-6 MacArthurの棒切れモデル 278
9-9 群集間の数的比較............280
9-10 群集構造の安定性と復元性および種間結合度............281
9-11 島の群集............288
　　9-11-1 はじめに 288／9-11-2 面積と種類数 288／9-11-3 大陸からの距離と種類数 292／9-11-4 移入と消滅およびその平衡 293／

9-11-5 分類群輪回　296

第10章　生態系　　*301*

- 10-1 生態系概念の歴史的発展の補足……………………………………301
- 10-2 個体生態系の概念をめぐって………………………………………304
- 10-3 個体群生態系の概念をめぐって……………………………………305
- 10-4 Golley の生態系概念に対する思考…………………………………307
- 10-5 生態系構造の地域性と段階性………………………………………309
    - 10-5-1 生態系構造の地域性について　309／10-5-2 生態系構造の段階性について　313
- 10-6 地球生態系をめぐって………………………………………………315
    - 10-6-1 大規模の地球生態系について　315／10-6-2 腐植（土）生態系について　319
- 10-7 栄養段階………………………………………………………………323
    - 10-7-1 はじめに　323／10-7-2 栄養段階に関する個体数，生体量，および生産力　324
- 10-8 生態系のエネルギー流転……………………………………………327
    - 10-8-1 はじめに　327／10-8-2 生産力と生産効率　329／10-8-3 栄養段階の構成改修と食物連鎖網の解きほぐし　334
- 10-9 生態系における物質の循環…………………………………………340
    - 10-9-1 はじめに　340／10-9-2 若干の物質の循環　340
- 10-10 生物圏の生産力と生産量……………………………………………355
- 10-11 種生態学と生態系生態学の結びつき………………………………356
- 10-12 システム生態学とカオス理論………………………………………366
    - 10-12-1 システム生態学　366／10-12-2 カオス理論　369
- 10-13 景観生態学をめぐって………………………………………………373

第11章　種の適応とその諸性質の変動　　*379*

- 11-1 はじめに………………………………………………………………379
- 11-2 適応の諸問題…………………………………………………………380
    - 11-2-1 はじめに　380／11-2-2 適応の諸相　381／11-2-3 適応度　386／11-2-4 共進化　397
- 11-3 赤の女王仮説…………………………………………………………405
- 11-4 種の本性の変動………………………………………………………407
    - 11-4-1 はじめに　407／11-4-2 種の本性の変動の諸様式　408／11-4-3 まとめ　423

第12章　生態遷移　　*431*

- 12-1 はじめに………………………………………………………………431
- 12-2 小規模の遷移…………………………………………………………431
- 12-3 大規模の遷移…………………………………………………………437

12-3-1 はじめに 437／12-3-2 遷移の形相的理解 437／12-3-3 遷移の解析的理解 445

第13章　地球生態系の変遷と進化　　　　451
　13-1　はじめに………………………………………………………451
　13-2　生態系進化の事実……………………………………………452
　　　13-2-1 生態系進化の4段階 452／13-2-2 特に顕生累代の生態系進化 459／13-2-3 大量絶滅事件 463
　13-3　環境の適合性，生態系およびガイアの各概念……………468
　13-4　生態系進化の一般的規範……………………………………471
　13-5　生態系進化の原動力…………………………………………477

付章1　ヒトから人間へ　　　　481
　付章1-1　ヒト科の系譜……………………………………………481
　付章1-2　地球生態系進化の時間表の中のヒトおよび人間の位置………482
　付章1-3　人間の特色………………………………………………483
　付章1-4　我等いかに生きるべきか………………………………485

付章2　数理生態学について　　　　489

引用文献………491
索　　引………547

まえがき

　本書は動物生態学というような堅苦しいものでなく，長年の私の経験に基づいて，動物の生態について，その思うところを語らせてもらったものである．しかし動物の生態についての，全般を見通せる，教養的解説書の面をも持たせるように努力した．

　私は1953年に，故宮地伝三郎先生と共同して，旧岩波全書で『動物の生態』を著した．この本は版を重ね，1964年に10版を発行したが，その時点で全面改訂を考え，書店の熱心な出版継続の要求にもかかわらず，絶版とした．その後三十有余年を経て，ようやく私の内部に充実したものを覚えるようになり，ここに新しく構想をまとめて皆さんに見ていただくことにした．

　上のような次第であるから，本書の内容に，前の岩波全書の内容を受け継いだところが若干あるが，それは私の学問思想の主体性から発する自然のなりゆきであったとしてお許しいただきたい．しかし本書は，稿を全面的に改めたものであることは，内容を読んでいただければ分かっていただけると思う．

　本書の執筆にあたり，私が努力目標として持っていたものは，次のようなものである．その各項目の詳しい説明は本文の必要箇所で行う．

1) 生態系または生態系的概念の重視
　　この道は前の著書でも通った道であり，今回もそれを踏襲する．生物の存在はそれによって成り立っていると考えるからである．
2) 生物存在の最も基本の形態は個体である
　　生態を考える際の対象となる生物生存の形態はいろいろあるが，機能的に最も完結した形態は個体であると考える．これを基本にして内容を組み立てる．
3) 安易な擬人主義の克服
　　生活現象の擬人的説明は人を引きつけ，話を面白くするが，生物進化の段階を考える時，それは適当でない．現象の結果と経過をよく区別し，結果の恣意的な解釈をしないようにする．
4) 動物の生態の全面に配慮
　　科学の進歩は全面的に同じように起こるのではなく，時によってある面で進み，別の面で遅れる．ところが日本ではこの遅れた面がおろそかにされる傾向がある．本書では，動物の生態に関する主要な側面について，バランスある知識内容を入れるように努力した．

　なお私は原稿を整えるにあたり，歴史を大切にして，古い文献であっても，今でも十分生きているもの，または思想的淵源として重要なものは，適度に引用することにした．こうすることによって，若い読者に，自分の仕事の位置づけの参考にしていただきたいと願っているからである．このことはまた，学問をする者にとって大切な創造先行権の尊重にもつながると思っており，実は私自身の自戒の立場でもある．この点について最近　R. P. McIntosh

(1985) は明確に，若手の生態学者は，過去の諸問題や先達が興味をもっていた事柄を知れば，現代の課題のいくつかをうまく解決でき，また同じ問題を重複して扱うこともなくなると指摘しており，M. A. Huston (1994) も一層強い調子で似たことを主張している．いずれも味わうべき言葉である．

ところで現代生態学には膨大な文献がある．その中から，動物の生態の基本を理解するのに必要なものを，私の経験と理念を生かして選択し，最近の知見にもできるだけ遅れないものにするように努めた．しかし，ある分野に特に熱心な読者の中には定めて物足りない部分があるとは思うが，これはやむを得ないことと考えている．

また生態学は本来，植物と動物を共にして扱うべきものであると考え，その方針のもとで日本生態学会の創設にも関与してきた私であるので，いまさら弁解がましいことで相すまないが，私の植物に関する知識が不十分であることから，本書の内容は動物を中心とするものとした．ただし生態の基本理解の上で重要であると考えながらも，動物に適当な材料がないもの，あるいは群集や生態系の説明の際には，植物の知識を引用したところがある．

著者ははじめ本書に，いわゆる環境問題（人間環境問題）も含めるつもりで資料も集めていたが，あまりにも膨大になるので割愛した．またいつの日かまとめることにしたい．

さてでき上がった原稿を読みなおしてみて，あらゆる面における自らの足りなさが身にしみた．この原稿を出版すべきかどうかさえ，大いに迷った．しかし，'枯木も山の賑わい'という諺に甘えて，出版をお許しいただきたいと思う．そういうわけで，定めて誤りも多いと思うが，ひたすら暖かいご教示をお願いしたい．

動物の生態の内容についてさらに知りたい方は，まず次の諸著書を読まれることをお薦めしたい．なお，海外の文献については主として邦訳のあるものを掲げた．

Allee, W. C., Emerson, A. E., Park, O., Park, T. & Schmidt, K. P., 1949：Principles of Animal Ecology. Saunders.
　これはやや古いが，名著であり，今日でも大いに役立つ．文献も多い．
Begon, M., Harper, J. L. & Townsend, C. R., 1996：Ecology：Individuals, Populations and Communities. 3rd ed. Blackwell Sci. Pub.
　これは近代的名著である．文献も多数収録されている．
Berry, R. J., Crawford, T. J. & Hewitt, G. M. (eds), 1992：Genes in Ecology. Blackwell Sci. Pub.
　生態学（特に個体群生態学）と遺伝学（特に集団遺伝学）とを意識してむすびつけようという異色の論文集．
Chapman, J. L. & Reiss, M. J., 1992：Ecology：Principles and Applications. Cambridge Univ. Pr.
　生態学の近代的知識を要領よく，分かり易く，説明してある好書．
Chapman, R. N., 1931：Animal Ecology, with Special Reference to Insect. McGraw-Hill Book Co.
　やや古いが，生理学を相当に重視した（しかしそれに偏っていない）名著である．
Darwin, C., 1859：On the Origin of Species by Means of Natural Selection, or the Preservation of Favoured Races in the Struggle for Life. John Murray.
　今更紹介するまでもない名著．生態学についての多くの示唆がある．多くの訳本があるが，初版本の訳としては次のものがある．

八杉竜一訳，1990：種の起源（上下），改版第1刷．岩波文庫，青912-4, 5.
Elton, C. S., 1927：Animal Ecology. Sidgwick & Jackson.
　　正統派動物生態学の名著．次の訳本がある．
　　　渋谷寿夫訳，1955：動物の生態．科学新興社．
Elton, C. S., 1966：The Pattern of Animal Communities. Methuen & Co.
　　ナチュラリスト生態学の大典．ただしこれを読むには，ダーウィンの種の起源を読むような忍耐を要する．このようにしっかりした広い基盤の上に，始めて真の一般則は提出し得るものであろう．次の訳本がある．
　　　川那部浩哉・遠藤彰・江崎保男訳，1990：動物群集の様式．思索社．
Futuyma, D. J., 1986：Evolutionary Biology. Sinauer Associates.
　　進化生物学の標準的教科書．集団遺伝学を中心に，広く一般生態学の知識も取り入れている．次の訳本がある．
　　　岸由二ほか8氏訳，1991：進化生物学．蒼樹書房．
Hastings, A., 1998：Population Biology: Concepts and Models. 1st ed. Cors. 2nd Printing. Springer.
　　個体群生物学を"モデル"を中心に解説した入門書．やや技術論に傾いているが，特にその点で参考になる．
伊藤嘉昭・山村則男・嶋田正和，1996：動物生態学．改訂第2刷．蒼樹書房．
　　動物個体群生態学および社会生態学の標準的教科書．日本語で書かれたものとしては第一に推薦したい好著．
巌佐庸，1991：数理生物学入門．ＨＢＪ出版局．
　　数理生物学について広い視野で扱った入門書．
粕谷栄一，1990：行動生態学入門．東海大学出版会．
　　近代的行動生態学の理解に欠かせない著作．
川那部浩哉監修，1992-93：シリーズ「地球共生系」，1～6；1994-95：シリーズ「共生の生態学」，1～8．平凡社．
　　現代の課題である生物多様性の問題を，共生現象の立場を中心としてみる解説書．いろいろの生物の生活の諸側面を知ることができる．
橘川次郎，1995：なぜたくさんの生物がいるのか．「地球をまるごと考える」8．岩波書店
　　種の数の問題だけでなく，生態学全般について，やさしく解説した入門書．
木元新作・武田博清，1989：群集生態学入門．共立出版．
　　近代群集生態学の理解に格好の入門書．
Krebs, J. R. & Davies, N. B. (eds), 1991：Behavioural Ecology. An Evolutionary Approach.(3rd ed.) Blackwell Sci.Pub.
　　行動生態学の標準的教科書．次の訳本がある．
　　　山岸哲・巌佐庸訳，1994：進化から見た行動生態学．蒼樹書房．
　　同じ編著者による同名の本の第4版が1997年に発刊された．ただし，論文の著者の80％は新しい人と替わっており，最近の知見も述べられている．訳本はない．
McIntosh, R. P., 1985：The Background of Ecology, Concept and Theory. Cambridge Univ. Pr.
　　生態学の発展史に関する必読の書．次の訳本がある．
　　　大串隆之・井上弘・曽田貞滋訳，1989：生態学，概念と理論の歴史．思索社．

三島次郎，1992：トマトはなぜ赤い．生態学入門．東洋館出版社．
　初心者向けに生態学の全般を紹介した著作．
宮地伝三郎・加藤陸奥雄・森主一・森下正明・渋谷寿夫・北沢右三，1961：動物生態学．朝倉書店．
　日本の動物生態学の伝統を築いた著作．
Odum, E. P., 1983：Basic Ecology. CBS College Pub.
　生態学全般を偏りなく説明した標準的名著．次の訳本がある．
　　三島次郎訳，1991：基礎生態学．培風館．
Putman, R. J., 1994：Community Ecology. Chapman & Hall.
　群集を中心にした，生態学全般にわたり細菌の知識も入れて，要領よく重点を説明した格好の入門書．
Roughgarden, J., 1996：Theory of Population Genetics and Evolutionary Ecology. An Introduction. Prentice Hall.
　1979年に書かれた本の再版であるが，集団遺伝学と個体群生態学を進化的視点から結びつけようと努力している内容，特に数理生態学の一般的理解のための解説書としての名著．
Schlesinger, W. H., 1991：Biogeochemistry. An Analysis of Global Change. Academic Pr.
　生物地球化学の手頃な教科書．地球創生の頃から現世までの記述がある．
瀬戸昌之，1992：生態系．人間存在を支える生物システム．有斐閣ブックス．
　初心者向けに生態系全般を説明した著作．
寺本英（川崎廣吉・重定南奈子・中島久男・東正彦・山村則男編），1997：数理生態学．朝倉書店．
　数式を嫌って生態学の道に入った研究者でも，多少努力すれば何とか理解できる数理生態学入門の優れた教科書．
内田俊郎，1998：動物個体群の生態学．京都大学学術出版会．
　日本の個体群生態学の優れた創始者の著書が，自身の中核的論文を集め解説したもので，特にこれから研究を始めようとする若い人たちに薦めたい好著．
Wilson, E. D., 1975：Sociobiology, The New Synthesis. Harvard Univ. Pr.
　社会生物学で世を風靡した問題の著作．ただしいささか集団遺伝学に重点がありすぎる感がある．次の訳本がある．
　　伊藤嘉昭監修，1983-85：社会生物学（全5巻）．思索社．

謝　辞

　巻頭において述べたように，私は京都（帝国）大学において，動物生態学を故川村多実二先生および故宮地伝三郎先生より教えを受けた．川村先生は昭和初期に，日本の国立大学では唯一の動物生態学の講義をされ，生き物の生活の面白さについて私の目を開けて下さった．宮地先生はこれに引き続いて，真に寛容な雰囲気のもとで私に自由な研究を許して下さり，特に謙譲の徳について身にしみて教えを賜った．この本はなによりも両先生の教えに感謝する意を込めて著したつもりであるが，不肖にして，あるいはかえってその教えを汚したものではないかと密かに恐れている．

また私の研究生活六十有余年の間に交わった，国内外の極めて多数の先輩・友人から教わった事柄は限りがなく，また家族からの無言の援助も測り知れないものがある．ここにいちいちそれらの方々のお名前や，教わり援助を受けた事柄を挙げることはできないが，これらの方々に真に心からの感謝の意を捧げておきたい．

　年配の私にとって，京都大学生態学研究センターのセミナーに出席できたことは，最近の知識を学ぶのに何よりの勉強になった．このセミナーを長年にわたって主催され，自由な出席を許された東正彦・山村則男両博士には深甚の謝意を表しておきたい．さらに面倒な諸文献の探索に誠意を持って協力して下さった京都大学動物学教室の影山貴子さん，原稿を繰り返し通読し誤りを正し，11稿にわたるその清書の労を惜しまれなかった北海道大学農学部の森宏一博士にも心から感謝しておきたい．

　本書には相当多数の既刊書・論文からの資料を利用させていただいた．これらの貴重な資料なくしては本書は成立しなかったことは確かで，それらの著作出版作成に関係された方々の寛容にも厚く感謝しておきたい．

　また本書の出版に際し，もろもろの便宜を計って下さった京都大学学術出版会の前理事長藤澤令夫京都大学名誉教授，事務部の統括小野利家氏をはじめ，鈴木哲也・高垣重和両氏，実際の制作にあたられた桜風舎の日沖桜皮・福島祐子両氏，陰ながら欠くことのできない温かい援助を賜った環境調査技術研究所専務取締役の盛下勇博士に深くお礼申し上げておきたい．最後になったが，廣瀬利雄氏が理事長を兼務されるダム水源地環境整備センターおよび国土開発技術研究センターの多大なご協力なしには本書を刊行することはできなかった．廣瀬氏と両財団のご厚意に篤く感謝を申し上げたい．

1997年8月3日
森　主一
京都銀閣寺近くの寓居にて

改訂第三版の発刊に際して

　1997年10月に初版を発刊して以来3年近い年月を経過した．その間に重ねた思考に，多くの方々からいただいた親切なご意見を重ね合わせた結果，この改訂第三版を作ることができた．いちいちお名前を挙げないが，これらの方々に心からの謝意を表しておきたい．

　それにしても，初版の帯にご多忙の中わざわざ推薦の言葉を書いて下さった，京都大学生態学研究センターの中核となってご活躍中であった優秀な数理生態学者・東正彦教授が，カリフォルニア湾で突然の事故のため逝去されたことは誠に残念なことであった．この改訂第三版を同氏にお目にかけることができなくなったことは真に悔やまれる．心から哀悼の意を表したい．

2000年7月18日
著　者

動 物 の 生 態

森 主一 著

chap. 1 生態学とは？

1-1 生態学的自然

　春の一日，田舎にピクニックに行って，池のほとりに立ったとしよう．童心に帰って，しばらく池の中を見ていると，思いがけないくらいたくさんの生物がいて，それぞれ特有の生活をしていることに気づくであろう．まず，オタマジャクシがうようよと列を作って泳いでいる．浮草の間にはアメンボがすいすいと走り，ミズスマシがぐるぐる渦をまき，葉の上にはイトトンボが休んでいる．目を水面に近づけて水の中を見よう．水草の間を抜けてくる光に照らされて，小さいゴミのようなものが，無数に泳いでいる．プランクトンである．泳いでいる小魚の群れが立ち止まって何かをつついているようだが，多分プランクトンを食っているのだろう．さらに水底には赤い色の細かい動物が，ゆらゆらと体を動かしているのが目につく．イトミミズやユスリカの幼虫である．突然むこうの水草の間からヤゴが出てきて，ユスリカの幼虫をくわえて食べ始めるという光景も見られよう．

　こんな観察はたいていの人がしている．しかし，この観察者が生きものの'生活'に興味を持っていたら，すぐに次のような疑問が浮かぶであろう．オタマジャクシはなぜ群れるのか，水の流れでもあって集められるのか，それとも仲間に引きよせられるのか．イトトンボは夜はどうしているのか．アメンボは巣のような定まった棲みかはないのか．泥深いところにいるユスリカの幼虫は，そこの水の中に溶けている酸素が少ないであろうに，呼吸に困らないのか．最近水が汚れてきているが，そんな影響はないのか．いったいこの池にはどれほどのユスリカの幼虫が棲んでいるのか．ヤゴがこの虫を食っていたが，一日にいくらぐらい食うのだろうか．もしこの池で養魚を始めるとしたら，どんな種類の魚がよかろうか．プランクトンや外の種類の魚との関係はどうなるだろう．水の温度，水素イオン濃度や栄養分の濃度は適当だろうか．そして一年にどれほどの魚の収獲を期待してよいのか．さらにこの池はずっと遠い昔はどんな様子だったのだろう．また将来はどうなっていくのであろうか．

　このような疑問はかぎりなく浮かんでくるだろう．そしてこれこそ，この本で考えようと

いう動物の生態の内容なのである．つまりこの学問はてっとり早く言えば，動物が自然の中でどのように生活しているかを調べる科学と言えよう．

さて生物学として，学校でどんなことを教えているか．おそらく，上に述べたような疑問に答える内容のことは少なく，もっと別のことが多いであろう．自然の池の中の動物の生活のことではなく，それらの動物を研究室に持って帰って調べた，卵からカエルまでの発生過程のこと，アメンボや魚などの体の形態と機能，イトトンボの血液の生理，といったようなことから，もっと細かく，細胞の構造機能，核の上の遺伝子（DNA）の配列とその役割，コアセルベーション（Coacervation）の現象などが，主な内容であろう．

それでは一般の生物学と生態を調べる学問（生態学，Ecology）とは，どこが違うのか．一般の生物学では個体あるいはその内部構造や機能を主な研究対象とするが，生態学では個体を単位とする動き，個体の集まりに見られる諸現象，生物と無生物を含めた自然の構造と機能などを研究する．さてここで，今一度もとの池に帰ろう．池に棲んでいるオタマジャクシ，ユスリカの幼虫，イトミミズ，ヤゴなど，また水草や藻など，これらは水から引き上げると，間もなく皆死んでしまう．池の生物たちは，水があってはじめて生きていけるのであって，水を離れてその生活を考えることは出来ない．また水と言っても，温度，水素イオン濃度，あるいは溶けている酸素量など，ある適当な範囲内でだけ生きていくことが出来る．つまりこの池で生物たちが日常の生活を送るためには，生物たちと水（一般的な表現では非生物的環境）とは，密接な関係になければならず，というよりはむしろ，不離の関係をもって結ばれた一つの系（System）として存在してはじめて生物たちの生活は可能となると言わねばならない．このように生物とその非生物環境とを一体の系として，それを構成する生物を中心にその動きを見ようとする場合，この系を生態系（Ecosystem）と言う．

次にこの池の生物たちの配置を見よう．まず植物では，岸に近くアシなどの挺水植物，やや深みにはコウホネ，次にヒツジグサなどの浮葉植物が生えている．もっと深くなると，クロモやキンギョモなどの沈水植物が揺れている．このような順序構造は，気候，地形，水質の似た池ではどこでも同じように見られ，しかもそれぞれの植物帯には，それぞれ似たような特有の動物を伴っている（図1-1）．つまり生態系には決まった構造があり，それは段階構

図1-1　ある池の生態系の構造［牧野四子吉画；宮地・森 1953］

造をなしていると言える（10章5節2項参照）．しかしこの構造は常に変動するものである．春夏秋冬でその様相を変え，さらに長い年月の間にはまた著しい移り変わりが起こる．生物の間で闘争が起こり，一方が滅亡してしまうこともあろう．池の深さや水質が変わったために，死んでしまったり，逃げ出して他に新しい棲みかを求めるものもあろう．また新しく替わって入ってくるものもあろう．こういう変遷はいわば生態系の機能の一面である．

そこで生態学とは，生態系の構造と機能を研究する自然科学，という定義を与えることも出来よう．

では生態学はどのような道筋を通って発展してきたか．次にその概略を述べる．

1-2　生態学の発展史[1]

生態学の発展は誠に錯綜したものがある．それは R. P. McIntosh（1985）によると，"生態学はがっしりした幹と根によって支えられた一本の大木であるというよりも，いくつかの茎と多くの交差した根を持つ潅木に相当する"（大串ほかの訳より）と言う．このような事情のもとに，一本の筋を通した歴史を語ることは難しい．そこで筆者なりに簡略化したものを二様の道筋で述べようと思う．

1-2-1　まずはじめの道筋の歴史

生態学（Ecology）という術語は，E. Haeckel（1866）が作った．その後いくつかの著作で彼が考えた内容は"生物とその生物的および非生物的環境との関係，特に生物の接触する仲間，または敵となる生物との関係を研究する学問"というもので，自然の経済（Economy of general household of nature）という考えもすでに含んでいたようである．しかし，一方で彼は，この学問を生理学の一分野と考えていたふしもある．

Haeckel がこの語を作るずっと前から，もちろん自然における人間の生活には，多くの自然史的知識が要求されていたであろう．例えば，いつごろどこへ行けばウサギが捕れるかとか，あの木の実を手に入れるにはどうすればよいかとか，このような知識，いわゆる博物誌的知見はあったはずである．生態学の淵源がここにあることは間違いない．

下ってギリシャ時代はこの延長線上にあり，生物の習慣や行動の観察記載が行われたが，いまだ博物誌（Natural history）の時代である．これが型の通り中世1,000年の暗い停滞期を経て，再びルネッサンスの光を浴びた．その古い権威よりも事実を尊ぶ傾向は，生態学にも活気を与え，16世紀中葉から17世紀にかけて，急にいろいろの研究が現れる機運となった．この時期には，もちろん博物誌的な生活史の研究が行われたが（例えば，R. Réaumur, 1683～1757, の昆虫の生活史の研究など），また一方，近代のいわゆる生理学的生態学（Physiological ecology）の芽も出た（例えば，R. Boyle, 1627～1691, の気圧と動物の関係の研究など）．

18世紀に入るとこの傾向はさらに強まって，近代生態学の基礎を築いたと考えられる5人の学者，〔C. von Linné（1707～1778），L. L. de Buffon（1707～1788），G. White（1720～1793），A. von Humboldt（1764～1859）および T. R. Malthus（1772～1844）〕が出た．

まず Linné は有名な分類学の体系を創始した他に，生物の気候学的，生態学的，地理学的研究を始めた．Buffon は多くの動物の生活史を明らかにして，ギリシャ時代以来の伝統に磨きをかけ，また動物の相互関係にも注意をむけた．さらに動物の習性と環境に対する'適応'の問題については，環境が長い期間にわたって徐々に，しかし確実に，動物を変える――Enviromental induction ――ということを指摘した．

White はイギリスの一地方 Selbonne の動物の生活を詳しく観察し，気候の影響に注意し，また食物や繁殖の問題を通じて自然の経済という思考に到達した．Humboldt は有名な旅行者で，気候や地形が生物分布に及ぼす影響を調べ，生物地理学を始めた．

最後に Malthus が A. R. Wallace や C. Darwin に大きい影響を与えた'人口論'の著者であることはよく知られている．彼は食物は算術級数的にしか増えないのに，人口は幾何級数的に増えるという考えを通じて，競争や闘争とその結果として起こる破壊，という生物集団の法則を主張した．

これら5人によって，1) 博物誌的なもの (Linné, Buffon, White)，2) 生物地理的なもの (Humboldt)，および3) 生物集団的なもの (Malthus)，の芽が揃ったことになる．それが19世紀に入って，Darwin (1809～1882) によってすべて統一的に取り入れられ，人類の歴史に比類の少ない大著'種の起源'(1859) となった[2]．

Darwin は進化学ばかりでなく，生態学においても数の少ない巨人である．彼は研究対象を単一の面からでなく多面的に眺め，広く知識を取り入れて，研究を大成した．それにより彼の立つ基盤が広がったので，出てきたものは容易に揺るがない．しかしまた後進学者の中には，彼の一面だけを強調するものもあって，迷惑も被っている．彼の研究の中には，生活史的なものとしてはミミズの研究や，適応の問題などに注目すべきものが多く，生物地理的なものには Galapagos 島の研究など優れたものがあり，生物集団的なものとしては生存闘争や自然選択の説があり，これは今も熱い論争が続くきわめて重要な主張である．これらの問題は生物学の中心問題として，現在まで多数の生物学者のみならず，自然・人文・社会の諸学者の注意を引いたが，それらが皆直ちに生態学の中心課題でもあった．

とにかく Darwin があまりに偉大であったためか，あるいは学問発展の歴史的必然のためか，Darwin 以後の生物学（その中には生態学も含む）はいくつかの流れに分かれてしまった (C. S.Elton, 1927, 参照)．

その第1は博物館グループで，彼らは各地を旅行して生物を集め，その形の違いによって名をつけたが，そのかたわら，地理的分布に関する知識や，種の生活についての個別的な資料も集積した．

その第2は実験室グループで，大学や研究所で生物の生存条件や反応あるいは内部構造や機能についての実験的研究に従事し，現代生物学主流へと発展する．その扱う対象が，主に個体以下の生命系――すなわち器官，組織，細胞，核など――であるため，生物の自然の生活について知るところが少ないのはともかくとして，遂にそのような知識が生物学において第二義的な重要さしか持たない，というような偏った考えを抱く人さえも出てきた．しかしながらこのグループの中にも生物個体全体としての機能に大きい関心を示し，例えば砂漠生物の研究など生態学と生理学の境界領域の発展にあずかった人たちもあった．

第3のグループは野外観察グループ（あるいは自然史グループ）とでも言うべきものである．はじめは主として素人の集まりで，博物同好会といったようなものを組織して活動した．こ

のグループの集めた資料は莫大なものであるが，学問体系としての理論づけに不足した．よく'生態学は科学か'と言われたが，生態学が一方においてこういう自然史グループを背景に育ってきたからである．しかし最近は，動物の行動や個体群の動きなど，理論的なものが急速に発展し，それが実証的な資料で裏打ちされつつある．

以上生物学史の大きい流れの中における生態学史の概略を述べた．この道は筆者らが前著 (1953) で多少たどった道であった．今回は別の道筋に沿った歴史について述べてみたい．

1-2-2 別の道筋に沿った生態学の歴史

それは生態学における，全体性概念の歴史的発展という道を歩いて考えてみたいということである[3]．今までの記述と多少重複するところがあるとは思うが，筋を通すためにお許しいただきたい．

さて生物の個体 (Individual) が，生物界の中で最も高度の全体性を備えた存在であることは既に述べた．自律性，自己完結性を強く持っている．したがってはっきりした界面を持ち，その周囲に行われている法則とは違う，内部の法則を持って動いている．人類は古い昔から，難しいことはさておいて，その食物獲得のためなどに，この生物個体の具体的認識はずっと持っていたに違いないことは既に述べた．

全体性を備えた生物的存在の認識を，個体段階から一歩進める始まりが，前述の T. R. Malthus (1798) にあるので，ここから話を始めることにしよう．Malthus はその'人口論'において，いわゆる二つの公準を置いた．それは，"第1，食物は人類の生存に必要であるということ，第2，両性間の情欲は必要であって，大体いまのまま変わりがあるまいということ"というものである．そして，"人口は制御せられなければ，幾何級数的に増加し，人類の生活資料は，算術級数的に増加する"（以上高野岩三郎・大内兵衛訳，1935より）と主張した．これらの現象は生物一般に等しく見られる自然律であり，人間もまたこの自然律から逃れることは出来ない．動植物界にはその結果として，種子の浪費と疾病と早死にがあり，人類には窮乏と悪徳がある，と述べた．彼がこのような論文を発表するに至った動機や，またその主張の適否については多くの論説があるが，今はそれに触れない．ここで筆者が言いたいことは，とにかく生物の個体の集まり，つまり個体群 (Population) の動きについて論を展開した点である．個体がばらばらに存在すれば，その集まりに何か決まりのようなものを見ることは出来ない．Malthus は個体の集まりに何か法則があることを認めた．つまり個体群に全体的自律性を認めたのである．そのようなある種の全体性の認識が間違ったものでなかったことは，その後の個体群（この定義については後述）の研究の発展によって明らかになっていると思う．

古い認識の段階——個体の全体概念だけを考えた段階——を，全体性概念の認識の第1段階とすれば，Malthus 以後，第2段階の全体性概念を持つようになったと言える．

この第2全体性概念をさらに発展させたのは，まず A. L. J. Quetelet (1835) と P. F. Verhulst (1838) である．Quetelet は統計学者であったが，発射された弾丸に対する抵抗がその速度の2乗に比例して増加するのと同じように，人口の増加は，その割合の2乗に比例して減少すると考えた．数学者 Verhulst はこの関係をいわゆるロジスチック (Logistic) 曲線（後で説明する）と呼ばれるもので表現した．しかしこの式はしばらく注目されることはなかったが，

1920年になって R. Pearl & L. I. Reed によって，やはり人口問題について再確認され，今日個体群動態研究の基本式となった．

　この式は，さらに Pearl の研究室にむかえられた物理学者 A. J. Lotka や，彼等と独立して数学者 V.Volterra によって吟味されることになった．Lotka (1926) は寄主（または餌）に対する寄生者（補食者）の効果を表す連立微分方程式を発展させ，両者の個体群が周期的変動を示す理論を提出した．また Volterra (1926) は，彼の娘婿であった魚類個体群の研究者 U. D'Ancona の影響を受け，自然の平衡の概念を数学的に証明しようと努力し，2種間の相互関係を表す方程式に到達した．

　今日この Lotka と Volterra は，捕食—被食関係を律する個体群動態の基本モデルを打ち立てた研究者として評価され，そのモデルは Lotka-Volterra モデルと呼ばれ，この方面の研究者の聖典的な存在となっている（詳しくは後述）．第2全体性概念の段階はここに確立されたのである．ここで注意したいのは，これらの人達は前に述べた第2グループ，すなわち実験室で主な仕事を行った，理論を尊ぶ人達であったが（数学者や物理学者が多い），その研究に用いた資料は第3の野外研究グループ（人口資料調査を含む）の人達の行った仕事であったことである．理論は実際資料から生まれ，それはさらに実証に裏打ちされて本物となるというのは，物理学の発展の道と同じである．もちろんこれらの時期を通じて，ずっと個体（あるいは種）の生態の研究，すなわち第1全体性概念段階の研究が行われていたことは言うまでもない．

　さてここで，次の第3全体性概念段階へ移る準備をしようと思う．上に述べた Lotka や Volterra は，自分の主な仕事は個体群段階のものであったが，いずれも真のあこがれは群集的なものにあったらしい．Volterra は，数種の共存，つまり群集的なものへの試みに取り組み，そのあこがれの傾向を明らかにしていった．この傾向は，しばらく経って現れる G. F. Gause (1934) に至ってさらに明瞭になる．Gause の先生はモスクワ大学の W. W. Alpatov といい，アメリカの Pearl のもとで研究してきた人である．したがって Gause の研究のもとに Pearl の影がある．

　Gause は昆虫の自然個体群を対象にして，密度と温度・湿度などの環境要因との関係の仕事をしていたが，Alpatov の影響のもとで転じて原生動物などを材料とする生存闘争の研究を始めた．その中で，数種の単細胞生物の相互関係から，Lotka-Volterra モデルの検証を志した．これらの研究は個体群の実験生態学的研究の範囲内にあるが，しかも強く群集の動態に注目する姿勢を示している．

　実は Lotka, Volterra や Gause が個体群の研究を行いながら，群集的思考を見せていたのには理由があると思う．というのは，第3全体性概念段階としての群集の指摘は，すでに50有余年も前に，K. Möbius (1877) によって行われ，生態学の研究者の認識はそこまで到達していたからである．

　ドイツの人 Möbius はカキの養殖に関係し，その生育床（Oyster bed）の研究を行っていた．この生育床には，数種の植物が生え，カキはツヅミモ類（Desmids）やケイ藻類（Diatoms）を食物としてとっていた．おのおのの生育床は生物の群集として存在し，ある種およびある個体の集合体としてある．生育床のすべての部分は相互に関連し，多少とも調節された単位体としてあると考えた．この集合体は，十分学問の対象として取り上げる価値があるのに，今まで取り上げられず，名前もついていなかった．そこでこれを Biocönose (Biocenose) と呼ぶことにすると述べた．この Biocönose は，生活共同体（Lebensgemeinde）でもあり，物理化学的

要因および人間によって大いに攪乱されるとも述べた．こうして群集がはじめて明確に定義され，第3全体性概念段階が始まったのである．これは前に述べた，第3の野外研究グループの主たる働きに，第1の博物館グループが協力して得られた成果と考えられよう．こうして生態学研究の対象構造は複雑さを増していった．

前に Lotka, Volterra, Gause らが，その研究を群集を視野に置いて行ったことについて述べたが，群集問題を正面に置いて研究した著名な人たちに，F. E. Clements と V. E. Shelford がある．Clements (1916) は植物についてではあるが，有名な群落の生態遷移説（12章参照）を提唱し，Shelford (1913) は温帯アメリカの動物群集の研究をまとめた．後に (1939) この2人は，植物と動物をまとめてバイオーム (Biome 大生物群系) という大地域生物群集の説（後で説明する）を展開した．

Clements の生態遷移説については議論が尽きない．彼は，植生は（全体論的）超有機体 (Superorganism) で，気候に支配された極相状態 (Climax) に発展し，その状態で自律的に維持されると主張した．この主張は，実証的に真かどうかという問題と，科学思想上適当か，という二つの問題をはらんでいる．Shelford は後で Clements の考えに追随した．

この Clements 流の群集認識である全体論的有機体説については，世界的に大きな批判があり，我国では特に奥野良之助 (1978) が厳しく反対し，群集そのものの存在さえ否定している．しかし J. Kikkawa & D. J. Anderson (1986) も述べているように，今日群集という，特有の創生的 (Emergent) な性格をもった生物集合体の存在は，哲学的にではないにしても，多様性 (Diversity)，安定性 (Stability)，復元性 (Resilience) といった近代の群集説の性格をも持つものとして，少なくとも暗々裏に多数の研究者が認めているのは事実である．群集についてのさらに詳しい説明は次節および9章で行う．

さて時代は再び19世紀の終わりに遡るが，その時既に生態学の発展史にとって新しい段階，第4全体性概念の段階に入っていた．この火はアメリカ人 S. A. Forbes (1887)[4] によって灯された．Forbes は L. Agassiz, C. Darwin, H. Spencer 等の影響を受けて群集の中の昆虫，魚，鳥をめぐる食物網の研究を，進化生物学の中に位置づけて研究していた．Darwin の生存努力 (Struggle for existence) と Spencer[5] の力の平衡 (Balance of forces) を組み合わせて，自然選択 (Natural selection) が群集の調和安定をもたらすということを示そうとした．群集に関するこの考えを進めた結果，ついに歴史的な著作，The Lakes as a Microcosm (1887) に到達した．この中で彼は次のように述べている．"湖の内部では物質が循環し，陸上の類似した地域に匹敵する平衡状態をもたらす制御が働いている．この小宇宙では，いかなることでも，全体との関係がはっきり見えないかぎり，十分理解することができない"（McIntosh, 1985, 大串ほか訳より）．これで分かるように，彼はすべての湖の生物的，物理的属性をその概念の中に組み入れた．そしてその栄養構造の研究の中では，食虫植物のタヌキモまでも含めて考えていたのである．彼の考えはこのように新しい段階に入ろうとするものではあったが，なお考察の重点は群集に置かれた．Microcosm とは言いながら，これは種々の湖の中にそれぞれ調和群集があり，それぞれ小宇宙を作っているというくらいの意味で，群集と非生物環境とを一体をなすものとまでは明言していない．この点で彼の主張は，Möbius の段階から踏み出してはいるが，なお完全な第4段階の主張とは見えない，中間段階のものであった．

しかし流れはそれから，K. Friederichs (1927), A. G. Tansley (1935), A. Thienemann (1939) と続き，R. L. Lindeman (1942) の不朽の研究を生む基になる．Friederichs は昆虫の研究者であ

ったが，全体系（Holocoen）という言葉を用いて Forbes の考えを一歩進めた内容を表現し，Tansley は生態系（Ecosystem），Thienemann は生物系（Biosystem）という術語を提唱した．その後さらに V. N. Sukachev（1960）は生物地球集合（Biogeocenosis）という言葉を同じ意味で言い出しているが，今日では生態系という術語が広く用いられている．なお生態系という言葉・認識は，Tansley が提唱した後しばらくは生態学界で注目を引くことはなかった．現に宮地・森が1953年に「動物の生態」（岩波全書）において生態系重視の考えを打ち出した頃には，むしろ異端視する意見も強かった．それが今日生態学の研究の単位として，生態系の学問の上に重要な焦点が置かれるようになっている（E. J. Kormondy, 1996, 参照）．生態系についてのもう少し詳しい説明は，次節および10章で行う．

こうして生態学における全体性概念の歴史は発展し，認識はますます複雑になり，ついに4つの段階を数えるに至った．しかしここで一つ重要なことを指摘しておかなければならない．それは，第1～第3の段階と第4の段階の内容の相違についてである．第1～第3の段階では，研究の主な対象はすべて生物であった．非生物的な存在も考慮の内に入れたが，それは生物と切り離した，対立するものの存在としてであった．しかし第4の段階では，生物と非生物とを一体系として捉え，実際の自然の中の生物は，このような状態の中でのみ生活できると主張する．そこで筆者は，第1～第3の段階をA類の認識段階，第4の段階だけをB類の認識段階と呼ぶことにしたい．つまりA類とB類は，認識の次元が違うのである．A類はいわば平面上の問題，B類は立体中の問題と考えることも出来ようか．これらについての説明を，さらに次節で行う．

以上述べてきた，1800年以来の生態学の発展を，全体性概念の複雑化の道で示したものが，図1-2である．

1-3 個体・個体群・群集・生態系とは？

生態学では，個体・個体群・群集・生態系という言葉が常に用いられる．それらの説明は多少前節で行ったが，この節でもっと詳しく行うことにする．

1-3-1 個体とは？

生物個体は単細胞からなるものも多細胞からなるものもあるが，いずれも普通肉眼で見てはっきり輪郭の分かる形態をとっている．つまり一応全体性の完結した存在であるかのように見える．しかし機能的に見ると，けっして完結していない．個体の内部では自律性をもった生理が営まれるが，生物個体と外部の非生物的環境との間には，常時物質は交代し，エネルギーは流れ，とどまることはない．生物個体は膜で包まれて，一応一定の形を保つが，この膜は半透性であり，ある物質やエネルギーを通すことによって，生物個体は生きてこの世に存在できるということを深く記憶しておかねばならない．この点については，2章でさらに検討を重ねたい．

生物個体の本性は上のようなものであるが，それは一個の全体として，多少とも独立した生存努力を続けている．したがって，比較的はっきりとした生態学の研究対象の単位体とな

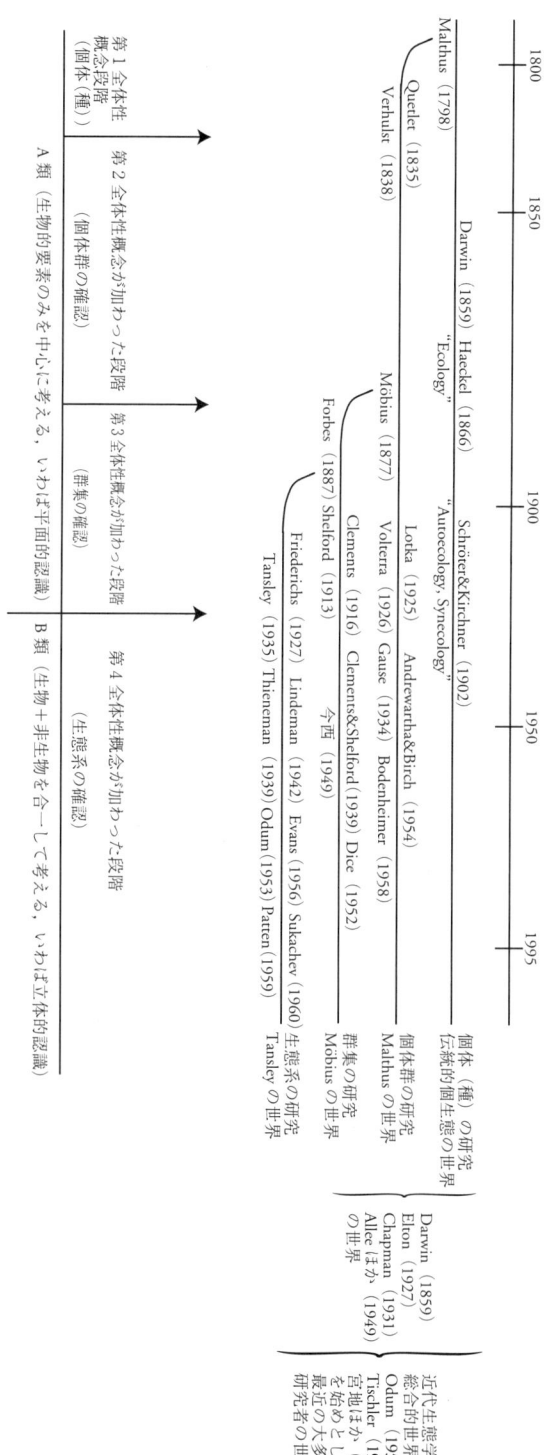

図1-2 1800年以降の生態学の発展を全体性概念の複雑化の道で見る。歴史の節となる人たちの名と，それぞれが関係した全体性概念などを記入。今までの説明の中で出てこなかった人名も合むが，これらの人は今後の記述の中に出てくる。下段に各段階の確認された時期を示す。

る.

　ただし種の永続という点から言えば，多くの生物は単一個体では存続できず，そこにふつう雌雄という両性の存在を必要とする．この場合，雌雄が一つの単位体となるが，現実の自然はノアの箱舟のようにいかない，つまりこのような対の相当数がなければ種は存続できないわけである．

　これらの関係は，生態を考える場合にその内容を複雑にする一つの要素であるが，次第に説明していくことにして，ここではその指摘だけにとどめる．

1-3-2 個体群とは？

　個体群が研究対象となったのは，1-2で述べたように18世紀の終わりに遡る．この長い研究史の間には，多くの人が多くの定義を述べてきた．ここでは最近のものをあげる．

　　E. P. Odum（1983）の定義： ある特定の空間を占め，生物群集の一部分として機能している同種（すなわち個体が互いに遺伝情報を交換することのできる集団）の生物の集合体．
　　Begon ほか（1996）の定義： ある地域における，ある種の個体の集まり，ただしその大きさと地域の性質は，研究の目的により任意に定められる．
　　伊藤ほか（1996）の定義： ある限られた空間にすみ，多少ともまとまりを有する1種類の個体の集合．

　Begonほかと伊藤ほかの定義は似ているが，Odumの定義は若干違う．後者では群集の構成部分という表現と，遺伝情報の交換可能性について触れている．Odumは生態系や群集の研究を重視する立場にあるので，全体の中の一部ということになるであろう．また遺伝情報の点については，特にドイツの研究者は必ず触れる個体群の特性である．

　上の定義ではいずれも同種の集合と述べているが，個体群生態学では，何らかの密接な関係に結ばれた数種の集まりについても扱うことが普通である．

　個体群は個体と違って，それが自然に生活しているかぎり，肉眼ではっきりと輪郭（境界）を示すことは出来ない．もっとも実験室の飼育容器の中で生物を飼っている場合には，その限界ははっきりしているが，この状態を自然の生物にそのままもっていくことは出来ない．この点で，個体群の自律性（または全体性）は個体に劣る．しかしその生長の様子がロジスチック曲線のような数式で表現される場合など，ある程度の全体的調整の行われている自律的生物集合体であることは明らかである．

1-3-3 群集とは？

　自然に生活する生物の世界に，群集という実体が存在するか，あるいはそのようなものが研究対象として意義があるのかという点について，多くの議論が行われてきた．ここでまず，最近の生態学研究者が述べた定義の若干を紹介する．

　　E. P. Odum（1983）の定義： ある地域にすむすべての個体群．
　　Begon ほか（1996）の定義： ある場所，時期に共に出現する種の集合．

伊藤ほか（1996）の定義： 一定の空間にすむ，さまざまな生物の個体群の集合．

上に見るように，これらの定義はBegonほかが時期を入れたのを除いて，ほとんど完全に一致している．

ところが，これが研究の対象として価値があるかどうかについては，今までの個体（種）あるいは個体群の場合と比べて，異論が多い．研究の対象として価値がある生物の集合体としては，そこに何らかの，その集合体（群集）を律する法則的なものが見いだされなければならない．またその集合体に実体があるなら，他の集合体との間に何らかの程度の境界が認められるはずである．これらの点について，人々の意見は分かれる．

異論を唱えたのは，まず動物生態研究者としては H. G. Andrewartha & L. C. Birch (1954, 1984) であり，これに F. S. Bodenheimer (1958) が続いた．前者は群集概念は実用に役立たない学究的観念の産物であると主張し，C. Elton (1927) のニッチ (Niche) の概念の不当ささえ持ち出して[6]群集実体の存在さえ否定した．また後者は，種の生活の独立性を主張し，たとえある地域にいくつかの種が生活しているとしても，その集合体は偶然の結果であると考えた．最近我国では奥野良之助（1978）が強烈に群集の実体批判論を展開している．植物生態研究者の方では，H. A. Gleason (1926) およびそれに続く R. H. Whittaker (1975にまとめ) が群集の全体論的存在を批判し，さらに J. T. Curtis (1959) もその論を継承している．これらについては9章でさらに説明することにする．

以上のように賛否両論がある中で，今日大多数の生態学研究者は，1-2で紹介した Kikkawa & Anderson (1986) の考えのように，公然と，または暗黙の内に，群集という実体の存在を認め，研究を進めているのが実状である．筆者もこの立場に同意したい．

なお最近 E.-D. Schulze & H. A. Mooney (1994) は第一線研究者38名の，生物多様性と生態系の機能に関する論文集をまとめたが，それらの諸研究の総括的結論として，群集は種が無作為に集まったものでなく，群集の中の種の間にしっかりした結び付きがあるのは普通のことであると述べて，群集の実態としての存在を明確に認めている．また片野修（1991）は特色ある，個体性に中心を置く群集研究論を展開しているが，これについては9章で触れることにする．

1-3-4 生態系とは？

1章2節に述べたように，Forbes (1887) に始まる生態系的概念は，Friederichs (1927) および Tansley (1935) に至って，はっきりした認識となった．次に最近の諸研究者の定義について述べる．

E. P. Odum (1971) の定義： 群集と非生物的環境が共に機能し合っている生態学的系．1983年の著書では別にはっきりした定義を述べていないが，Tansley の線に沿った説明をしている．

Begonほか（1996）の定義： 別にはっきりした定義は述べていないが，Tansley の定義をとって，その説明としている．すなわち，これは植物の全体論者の概念で，動物は彼らと結び付き，直接の環境または棲所のすべての物理化学的要素とともに作った，認識できる自律的全体である，とする．

伊藤ほか（1996）の定義： 群集とそれが依って立つ無機物環境（気候，土壌，水質など）の総体．

TansleyのEcosystemと同じような意味で使った言葉には，ForbesのMicrocosm，FriedrichsのHolocoen，ThienemannのBiosystem，SkachevのBiogeocenosisなどがあるが，今日Tansleyのものが最も広く使用されているので，筆者もEcosystem（生態系）をとって記述を進めたい．

ところでBegonほかは，群集と生態系を別々の実在（Entity）として研究することはよくない；すべての生態学的系（Ecological system）は，それが個体，個体群，群集のいずれであろうと，それらが存在する環境から切り離して研究することは出来ない；そこで我々は，組織体として独立した生態系レベルを区別することはしない；として，彼らの著書には特に生態系という章は設けていない．

著者は，実際の生物の世界はBegonほかの言うようなものであるとは認めるが，個体，個体群，群集段階の研究は，それらの存在が非生物環境とは，いわば対立した，それらとは別の存在として進められてきた事実を直視したい．その上で，前の1章2節の歴史のところで述べたように，個体・個体群・群集と生態系とは，次元を異にする実在として扱いたい．このことは筆者にとってはたいへん重要なものであると考えるが，それはF. C. Evans（1956）の論文の紹介とともに10章で説明することにする．

この節の最後に，自然の段階構造と，それらの研究法の関係について述べておきたい．生態系，群集，個体群，個体が，生態的自然の段階構造をなしていることはすでに述べた．そしてこれらのどの段階を研究対象にとっても，それらの状況を調べ尽くすことなど出来るわけがない．それぞれは何ほどかの創生的（Emergent）性格を持っており，したがって段階が違えばそれぞれに特有の研究方法がある．内包する下位段階の存在実体がすべて分からなければ，上位段階のものの研究は出来ないなどということはもちろんない．かつてR. Margalef（1968）は，"宇宙の中の地球の動きを理解するのに，地球上のもろもろの現象を理解しておらねばならないというようなことはない"，と述べた．もちろん筆者もこの考えに賛成するものであり，多くの研究者も同意するところであろう．さらに上述の生態的自然の，それぞれ何程かの全体性を備えた諸存在の相互関係をめぐる問題については，9章3，6節，10章5節をも参照されたい．

第1章註

1）この節については，'はじめに'に掲げた次の文献を参照されたい．W. C. Alleeほか，1949；渋谷寿夫，1961；生態学の歴史（宮地ほか，1961の中）；R. P. McIntosh,1985．
2）似た見解は最近，McIntosh（1985）によって述べられている．
3）以下の歴史については，森（1994c）の論説も参考になる．
4）Forbesの働きについては，R. P. McIntosh（1985）およびS. E. Kingsland（1991）に詳しい．
5）Spencerこそ生態系概念の思想的淵源者だという考えがある．Forbesは上のようにSpencer（1963，1984）の影響を受けたが，後にA. G. Tansleyもその影響を受けたという（P. H. Rich,1988）．
6）Eltonのニッチで言うと，ケムシとハツカネズミ，テントウムシとキツネが同じニッチを占めることになるが，こんな考えはおかしいと言う．

chap. 2 生物主体と環境

2-1 はじめに

　環境（Environment）は普通，生物環境（Biotic environment）と非生物環境（Abiotic environment）に分ける．しかし本章にかぎって，特に断らないかぎり，環境と言えば非生物環境の意味で用いることにする．

　さて生態学とはどのような学問かということについて，前章で説明してきた．生態学はどのような定義を与えるにしろ，生物と環境との関係の理解は必須のものである．この章では，あれこれの環境条件（温度とか水分とか）と生物の生活との関連を述べるのではなく，環境一般と生活する生物との関連を理解するための，基本となる事がらについて，総括することにしたい．

　ここで本論に入る前に，若干環境の定義などについて説明しておきたい．生物の生態を考える際，我々が直接注目する中心物質系が主体（Subject）すなわち生物であり，これを取り巻く事物あるいは条件の中で，生物主体と何らかの意味の交渉を持っているものを環境と言う（宮地・森，1953）．これが現在の生物学研究者，例えば Begon ほか（1996）も採用している普通の定義である．生物主体となるものは，個体，個体群，群集である．生物主体と何らかの意味の交渉を持つということは，環境の作用（Action）に対する生物主体の反応（Response）を通じてのみ認めることが出来る．ここで反応というのは広い意味で，その中には心理的なもの，生理的なものから，個体の数の変動，群集の変遷，なども含む．そして環境を測定する場合，物理化学的測器の目盛によって温度，pHなどとして捉えた場合，これを客体的環境（Objective environment）と称し，生物主体の反応を通じて捉えた場合，これを主体的環境（Subjective environment）とする（宮地・森，1953）．この二つの用語に関し，沼田真（1955）は客観的環境，主観的環境と紛らわしいので，客体的評価，主体的評価とすべきであると述べた．しかし筆者は，客体的に評価された環境，主体的に評価された環境の意味で，上記用語を本書でも用いたい．なお主体的環境は，J. von Uexküll & G. Krizat（1934）の

'Umwelt' に近いが，客体的環境は彼らの 'Umgebung' とは違う．後者は生物の生活に関係あろうとなかろうと，その生物を取り巻く一切の事物を言うからであり，これは渋谷寿夫 (1954) の言う環境と同一である．

また生態学で環境と言う場合，現にその生物が生活している環境を主に言うが（現在環境 Present environment），また進化してきた過去を考えに入れて過去環境（Past environment）について論ずることがある（11章参照）．最近地球の将来環境（Future environment）について論じられることが多くなっているが，これについては本書では原則として触れないことにしたい．

2-2 環境と生命の起源

現在我々の目の前に見る生物と環境との関係は，これらの物質系（生物と環境をひっくるめた，いわば生態系）の歴史的合終局状態として理解すべきものと考える．合終局状態とは，田宮博 (1941) によって使われた言葉で，原因から結果の実現，あるいは部分から全体の生成が，何らかの価値判断を混じえることなく，すなわち目的論的（Teleological）理解によることなく，単なる因果系列として認められるような状態をいう[1]．生物は過去の環境と相互に作用しながら，発展し，進化して現在に至ったものであるが，その現状には過去の歴史を陰に陽に内に秘めた存在としてあると思う．したがってその実態を理解するためには，生命の起源に遡る必要があると思う．

'生命あるものは生命あるものから' の原則が L. Pasteur によって確立されたといわれるが，地球上での生命の始まりについては，A. I. Opalin (1936) や T. D. Bernal (1951) 等の見解が一般に受入れられている（柳川弘志, 1989）．彼等は地球進化の過程で，38億年前と推測される頃，生命のない無機物あるいは有機物が化学進化の結果，生命ある物を生じたと考えた（この現象の今日的解釈については，前記柳川のほか，原田肇, 1991; 大島泰郎, 1995, 参照）．また今日でもまだ，例えば海底の熱水噴出孔（Hydrothermal vent）付近などで（柳川, 1989, 参照），生命初原体が生成されているかもしれないが，たとえそうであっても，バクテリアの存在はその存続を許さないであろう，ともいわれている．ここらの事情については11章4節も参照されたい．生命体は出来てしまった以上，生命のないものとは質的に大いに違うことは確かである．しかし現在我々の体で行われている代謝の現象を見ても分かるように，生命のない物質が絶えることなく生命のある物質に変えられ，またその逆の現象も休むことなく進行している．生命あるものはその起源において無機世界の落し子であり，この本態は何らかの形で尾を引いて現在に至っているという事実を，十分に認識すべきである．生物と非生物環境一般との関係の理解において，上の認識は基本的に重要なことである．

2-3 生命あるいは生物の特性

生物は生命を持った実体であるが，その生命にはいくつかの共通の特性が認められる．それらのうち，生物の生態の理解に関係あるものを三つだけ挙げて説明する．

第1は，生物個体は半透性の界面を持つ，ということである．個体は目で見て輪郭がはっ

きりわかる．しかも完全に環境と隔絶したものではなく，その個体の維持に必要なある種の物質やエネルギーはこの界面を通る．個体はこのような半閉鎖性の界面を持つので，その内部においては，ある程度自律的に現象が運ばれている．ここに個体の全体性がある．個体は生物の存在のいろいろの形態の中では，最も機能的に完結した全体性を備えている．これが個体群や群集になると，この界面，すなわち境界がはっきりしない．したがって，そもそも何らかの全体性があるのかないのか，学問の対象として自然の諸物の中で他と区別して取り出しうるものかどうかという点について，議論が巻き起こっている．これらの点については，前章でも多少触れたし，また後で9，10章でも考察したいと思う．

第2は，環境との間で激しい物質やエネルギーの交代があり，それによって環境との調和を保持していることである．これについてElton (1927) は彼の有名な著書「動物生態学」の中で，次のように述べている．"動物は死なない限り……厳密に言えば，動物がおわるのはどこで，環境がはじまるのはどこか，正確に述べることはできないのである．……死んだ動物またはその液漬け骨格の研究は，動物学上の研究のたいへん重要で必要な部分ではあるが，動物がその環境の中の一部分であるという重大な事実をあいまいにする傾向を生じた"（渋谷訳より）．つまり，生活する動物は環境と一体となってはじめて存在しうることを主張したが，その基礎に，環境との間の絶え間ない物質やエネルギーの交代があるという事実があろう．これをもっと明瞭に言った人に，J. S. Haldane (1931) がある．彼は次のように言う．"生命の概念の中には，生体の内にあるものと同時にその環境も包含されている"，すなわち"生命とは，実に空間的な境界をもたないところの，特異的な全体を形づくっている自然である．我々の自覚する世界に空間的な限界が存在しないのと全く同様に，一個の生物の生命にも空間的な限界は存在しない"（山県・稲生訳より）．似たことをロシアの生理学者 I. M. Sechenov[2]も言っている．"その存在を支える外部環境のない生物体はあり得ない．それ故に，生物体の科学的定義には，それに影響している環境も入らなければならない．なぜならば，後者なくして生物体の存在はあり得ないからである"（和気訳より）．

以上の理解は，1章で述べた生態系の理解につながるものである．Tansleyの生態系は，主として群集と非生物環境とを一つの統合した物理的系として認めたものであったが，上記3氏の言うところは，主として生物個体と非生物環境の一体的存在について述べている．このような理解は，実はTansleyの生態系の理解の裏に隠されたものであって，むしろTansleyの思想の根源をなすものであろう．実際，宮地・森 (1953)，F. C. Evance (1956)，K. Friedericks (1958) 等は，後になるけれども，そのことを指摘している．宮地・森は個体段階の概念に対して個体生態系，EvansはIndividual ecosystem（群集段階の概念にCommunity ecosystem），FriedericksはMonocoen（群集段階の概念に対してHolocoen）という言葉を，それぞれ用いている（10章参照）．筆者が，'生態系'概念と区別して'生態系的'概念の重要性を言うのは，ここらの事情を考えての上のことである．

ここで一つ注意しておきたいことがある．それは上にElton, Haldane, Sechenovの言葉を引用したが，彼等は生物個体が非生物環境と文字通り一体となってしまうような印象を与える記述をしている．しかしこれには筆者は別の考えがある．それは，生物個体には半透性の界面があって，非生物環境とは自律性の点で区切られているからである．彼等はその点は心得た上で，なお非生物環境と生物個体の関係の一体性を指摘したものと考えたい．

第3は，自己複製しながらも，なお変化し進化すること（すなわち自己改革すること）であ

る．短期的（数百年数千年の規模を含む）に見れば，生物は子々孫々に至るまで自己と似たものを複製し続けているように見えることは言うまでもない．しかし長期的（数万年数十万年以上の規模）に見れば，ある種の生物はその形態機能に遺伝的変化が明瞭に起こり，進化していく[3]．この際環境一般の変化との対応を保ちながら，この変化進化は起こるであろう．これについては，また11章で考察したい．

2-4 生物主体と環境の相関

　筆者は今，生物個体がいかにも非生物環境と融合してしまいそうなことを述べるとともに，界面の問題を持ち出して，また環境と対立させた．この二つの立場の統一の上に，はじめて生物の生活は成り立つのである．
　生物個体と環境の関係を考える場合，環境を作るいろいろの要素のうち，低次の物質，例えば酸素とか水とかの動きを指標とすれば，個体と非生物環境は融合するように見える．というのは，これらの物質はかなり自由に，そのままの形で生体界面を通過して体内に入り，たちまち体の構成にあずかるからである．ところが，より高次の化合物とか，複雑なコロイド物質などについて見ると，界面を境として内と外の系の対立が現れる．この後の場合は言い換えると，個体として調和した物質系と個体外部の別の物質系の対置である．つまり，ある点において異なった法則によって支配されている二つの物質系が，一つの界面で境され，この界面を通じてエネルギーや簡単な分子・原子の交流があるというのが，個体と環境の関係である．従って二つの物質系を支配する法則の違いに重点を置いて見れば対立性が現れ，交流するエネルギーや物質に注目すれば融合状態が現れてくる．
　以上の理解は個体と環境との関係を，主に生理学的に見た場合であるが，体内の生理状態は遅かれ早かれ外部に行動となって現れるから，個体の行動と環境の関係がいかに密接なものであるかの理解に役立つであろう．かつて渋谷（1956）は生理主義批判論を展開し，生態学の方法論として間違った機械論であると主張し，日本の生態学界に大きい影響を与えたことがあった．この影響は今でも日本のどこかに残っているようで，いろいろの生態現象理解に必要な非生物環境の簡単な測定さえ考慮しない場合があるように思われる．上の渋谷の論は筆者から見ると，いささか生態学の独自性の自己主張が過ぎた，学問の派閥主義とも考えられる．かつてC. G. J. Petersen（1918）はアマモ（*Zostera*）群集生態学を研究し，その動態を究めるためには，そこに棲む動物の数や重さを調べるだけでは十分でなく，"可能なかぎり代謝の原理を適応する必要があり，そのためにはこの底生動物がどのような物質のどのくらいの量によって養われているのかを理解しなくてはならない"（Petersenの文）としたが，このことをC. S. Elton（1966）は"生態学の言葉と同時に生理学の言葉でも理解することの必要性を説いた"ものとして，その先見性を高く評価したのである[4]．今日生態現象を生理的基盤の上で理解することは，各方面で行われている．例えば，動物が種や血族を認識する場合に，化学物質が広く用いられていることの証明（R. Yamaoka, 1990d）など，その例は多い（深海浩，1992）．D. M. Gates（1990）は次のように述べている．"生態学的過程の理解に基本的なものは，生物個体の中や，生物とその直接の環境との間に起こっている事柄である．……生態学の個々の研究が，還元主義的（Reductionistic）な道であるか全体主義的（Holistic）な道で

あるかは，問題でない．重要なことは，生態学の研究を，現代科学のすべての熟練，道具，分析および洞察を用いて行うことである．……生態学者はこれらすべての情報の総合者（Synthesyzer）である"と．

さてある生物がある土地に分布することは，その生物がその土地の非生物環境と物質やエネルギーの交代を行って生きているということである．このような立場からすれば，一般に環境と個体との間には，常に合終局的な生理関係があると言える．ここに合終局的とは，必ずしも合目的的ということではない．今数種の生物が，同じ環境に新しく入っていった場合を考えてみよう．各種の生物の生理状態は，それぞれ異なった様式で調節され変化するのが普通である．そして生理状態の変化は，行動なり，形態なりにそれぞれの仕方で表現されてくるであろう．このような変化を，環境の変化に対応する合終局的な変化と見る場合，生物の存在に対する環境決定的な面が強く出てくる．ところが種類あるいは個体による反応の相違や，個体や個体群の相互作用による分布決定などの現象を見ると，生物の存在は主体決定的に見える．

これらの事情を一層明らかにするため，R. N. Chapman ほか（1926）が行った砂丘生活の昆虫の活動に関する研究について，宮地・森（1953）の考えを紹介しよう．砂丘に棲む昆虫は，特有の環境を反映して，高温に対する抵抗性が強いのではないか，ということが一応考えられる．そこで Chapman ほかは，13種の昆虫（うち1種は砂丘昆虫ではない）をガラス管に入れて，0℃から始めて，次第に温度を上げて虫の反応を見た．結果の一部を表2-1に示す．

表2-1 砂丘昆虫の活動と温度との関係

種　名	活動開始温度（℃）	致死温度（℃）	活動温度範囲（℃）
Geopinus incrassatus	7.0	46.0	39.0
Melanoplus femur-rubrum	10.0	53.0	43.0
Psammacheres sp.	13.5	50.0	36.5
Sphex argentatus	15.5	51.5	36.0
Spharagemon aequale	16.0	55.0	39.0
Cicindela formosa generosa	18.0	54.0	36.0
Cicindela lepida	18.0	48.0	30.0
Nothopus grossus	18.0	49.0	31.0
Dasymutilla bioculota ♂	18.0	53.0	35.0
♀	20.0	55.0	35.0
Chlorion cyaneus aerarius	21.0	51.5	30.5
*Gryllus assimilis**	21.0	49.0	28.0
Bembix pruinosa	25.0	44.0	19.0
Microbembix monodonta	30.0	49.0	19.0

*コオロギ類でこのものだけは砂丘昆虫ではない．[Chapman ほか 1926]

この結果を表に出た数字だけで判断すると，砂丘昆虫の活動と温度抵抗の関係はまちまちで，はじめの予想に反して，砂丘という特殊環境と虫の生理機構との間には決まった関係がなく，環境と生物の性質の相関性が否定されるように見える[5]．ところで，砂丘にいろいろの生物が進入した時，あるいは気候の変化によって多種類の生物が棲む土地が砂丘になった時，彼等の間にどのような変化が起こるかを考えてみよう．言うまでもなく，環境と生物主体の相関関係に基づいて，種類ごとに合終局的な生理状態の変化が起こり，その結果行動型に変化を生ずることも予想される．変化した生物が，次の段階で生き残るか死滅するかは，

おそらく自然選択（Natural selection）が決めるであろう（11章参照）.

ここで今一度Chapmanほかの報告を見なおすと，また別の新しい事実が出てくる．それは，昆虫の種類による行動の著しい違いと，砂丘の生活に誠に都合のよい特性である．主な2，3の昆虫を取り上げてそれを説明しよう．

Geopinus（甲虫の一種）　低温で活動を始め，耐えうる高温限界も低いが，夜行性で昼間は1フィートも砂中に入っている．

Spharagemon（バッタの一種）　高温まで耐えるが，50℃以上になると足を立てて体を砂から遠く離す．

Nothopus（甲虫オサムシ類）　高温に耐えがたいが，夜か曇った日だけ活動する．

Bembix（ハナダカバチ類）　高温に最も弱いが，温度が高くなると空中に飛ぶ．砂の中に巣がある．風が吹いて穴の口がふさがった時など，ちょっと掘っては　6〜12インチも飛び上がり，また下りて掘る．次第に深くなると温度が低くなるので，飛び上がらなくてもよいようになる．

Dasymutilla（アリバチ類）　これはハナダカバチに寄生するハチで，雌と雄で高温抵抗性が違う．雌は羽がないので，高温になると草によじのぼるか，穴に入るより他に方法がないということと，抵抗性が強いということが連関している．雄は飛ぶことが出来るので，雌に比べて高温に弱い．

ちょっと例を挙げても以上の通りである．つまり砂丘に棲む昆虫は，極端な高温に耐え得るものから，その高温を避ける何らかの能力を持っているものまである．砂丘に多種類が棲む場合，環境への適応変化が高温抵抗性の増大という方向だけをとると考えるのは正しくない．行動の変化による抵抗というものもある．変化は多方向に，生理的必然性を基本としつつ，自然選択が合終局的な（合目的的なものでなく）結末をつける．言い換えると，同一環境の同一作用（Action）に対して，種々の異なる生物には異なった反応（Response）が起こる．そこには生物の主体性の一面がある．そしてこのような主体性は，生物が高等になるに従って，一層著しく現れるものと考えられる．なお上に挙げたような例については，11章でさらに説明する．

2-5 主体的環境と客体的環境

主体的環境とか客体的環境とかいう言葉は，読者にはなじみが薄いであろう．しかし生物の生態を考える場合重要な概念であるから，もう少し実例を挙げて説明しよう．

まずW. Köhler (1917)の実験を紹介する．庭に図2-1のような実験装置を作る．左側に壁があり，壁から2m離れて2m四方の垣がある．この垣と壁との間は2m巾の通路となり，行き詰まりとなっている．AからイヌをBに導き入れて，Cに食物を置く．イヌは一瞬ポカンとしているが，たちまち180度回転して垣を廻って食物の所へ行く．1年3カ月の幼児でもほぼ同じ行動をする．ところが，ニワトリでは状況は違う．ニワトリはBの柵に突き当たって右往左往し，イヌが別の行動を採ることが出来たほどの時間内にほとんどなすすべを知らない．この場合，物理的な客体的環境はどの場合も全く同一であるのに，示された行動には

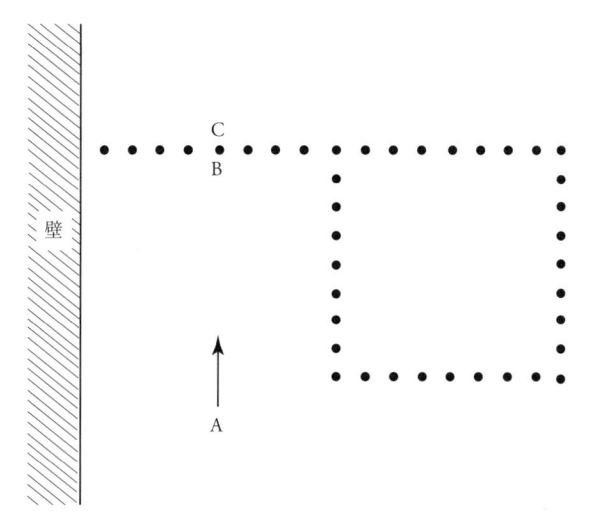

図 2-1 主体的環境と客体的環境の実験装置．[Köhler 1917]

大いに差がある．イヌや幼児にとっては，その行動の場に，垣でさえぎられた方向以外に，迂回路が開けていたのに，ニワトリにはそれが開けていなかったということであろう．客体としての環境は同一であるのに，生物の種類が違うと，その認めた主体的環境は全く違うことになる．そして動物の生活にとって実際に意味があったのは，この主体的環境である（相良守次，1947，参照）．なお人間の場合でも，'注意'がどの方向に集中しているかによって，環境を自覚する範囲が違ってくることについて，最近実証的知見が集積していることを付記しておきたい（熊田考恒・菊池正，1994; 茂木健一郎・彦坂興秀，1998，参照）．

上の例では，客体的環境が同じであるのに，主体的環境が違っていたが，次に客体的環境が違っても，主体的環境としては同じ場面について述べる．F. S. Bodenheimer (1930) はいろいろの温度と湿度のもとで，サバクトビバッタ (*Schistocerca gregaria*) について，その卵の死亡率を研究し，図 2-2 のような結果を得た．

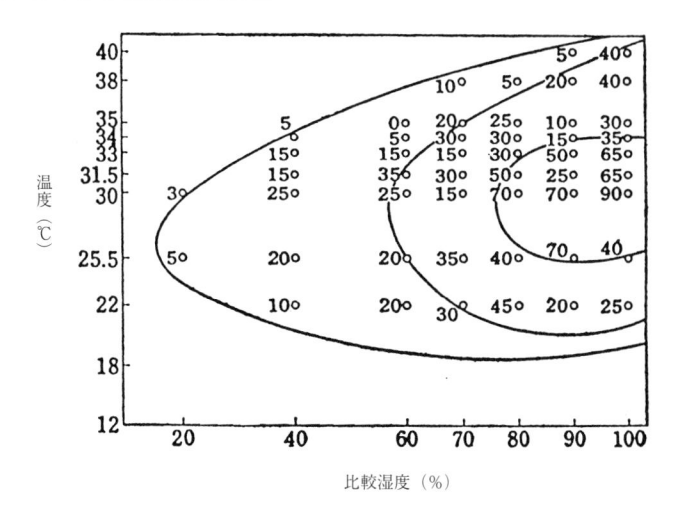

図 2-2 いろいろの温湿度のもとにおけるバッタの1種の卵の死亡率（図中の数字）．[Bodenheimer 1930]

この図で，例えば死亡率20％の温湿度を見ると，広い範囲がこれに相当することが分かる（具体的数字で示すと，38℃－90％ RH., 35℃－70％ RH., 25.5℃－60％ RH., 25.5℃－40％ RH., 22℃－60％ RH. となっている）．物理的測器によると，この範囲の温湿度条件には多様の組み合わせが考えられるのに，卵の死亡率という主体の反応を指標とした環境としては，一つのものとなる．

例を挙げるのはこれくらいでやめるが，読者は動物の生態を考える場合の，主体的環境と客体的環境の重要性は理解されたと思う．

2-6 個環境と群環境

まず例を挙げよう．50頭ばかりのシカが棲んでいる森があり，その中に一人の猟師が入って既に1頭のシカを殺し，別の獲物を求めてなお歩き回っているという場面を考えよう．これらのシカの中の1頭Aは，この猟師に出会ったことがなく，その存在にも全く気づいていない──反応を示していない──とすると，その時点において，この猟師はAの主体的環境に入っていない．ところが森の中のシカの群れ全体として考えると，この猟師は恐るべき敵であって，既に仲間の1頭は殺され，さらに別の仲間が殺されるかもしれない状態にある．つまり主体をシカの群れにとると，この猟師は群れの運命にかかわる重大な環境条件の一つである．

個環境（Individual environment）と群環境（Group environment）との関係は，この例によって明らかであろう．そしてこの両者にはどちらも，前節で述べた主体的および客体的環境の区別を認めうることはもちろんである．

次に個環境の種類について考えてみる．図2-3は1匹の虫を中心主体として，その環境を模式的に示したものである．そこには機械的なもの，生理的なもの，心理的なもの，社会的なもの，などいろいろあり，それぞれこの虫の生活過程での特定現象に対して意味を持って

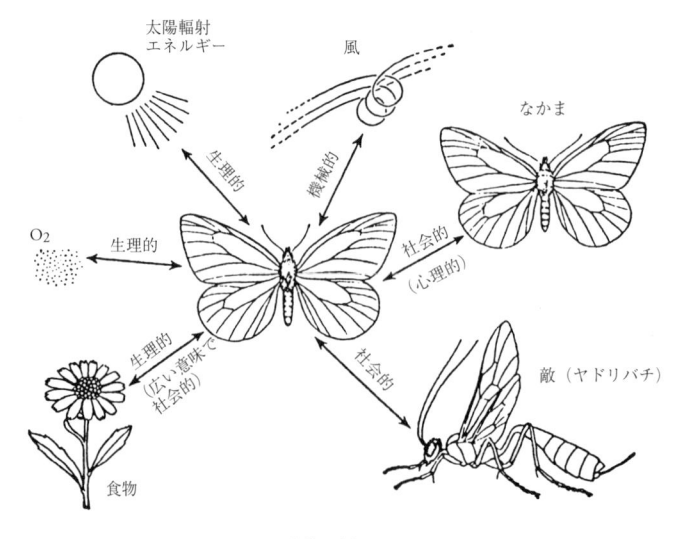

図2-3　ムシの環境の例．［宮地・森 1953］

いる．そしてこの虫の自然における生活は，これら諸関係の総合の上に成り立っているのである．

このような関係は，群環境に対しても言える．

2-7 環境の歴史性

現在生活している生物は，皆過去の自然環境条件を切り抜けて生き残ってきたものばかりで，ある意味で，過去環境に適応し，現在環境にも適応しているものである．過去環境に適応しなかったものは既に滅び，現在環境に適応しかねているものは現に滅びつつある．

11章で詳しく述べるように，環境は絶えず変動しつつあり，生物もまた変化しつつある．この大きい環境変動の中を乗り切ることは容易なことではなかったであろう．この意味で，生物の完全適応などというものはかつてなかったし，今もない．生物と環境の関係は終始変動の中にある．Begonほか（1996）は，生物は現在環境または将来環境に対して設計されたものではなく，彼等は過去の結末として，従って過去に適応していたゆえに，現存するのであると述べたが，真理の一面を物語っている．最近現在環境の中での生物の生活様式に対し，過去環境の中での生活の推測から意見を述べるものがあるが，それについては7章で触れる．

第2章註

1) この問題に関し，E. Mayer（1988）の'目的論'を中心とした論議は味わう必要がある．彼は自然における事物（生物および非生物）が，ある目標試行的とも見える動きをして終点に到達するプロセス（この言葉は C. S. Pittendrigh, 1958, がはじめて使った）について，二つの様式を区別した．一つは終局到達的（Teleomatic）プロセスで，他の一つは目的律的（Teleonomic）プロセスである．前者は非生物的自然におけるもので，自然の諸法則（重力とか熱力学の法則など）にだけ従う．後者は生物（および人工機械）だけに起こるプロセスで，目標指向的であり（求愛，食物獲得，移動など），何らかのプログラム（遺伝子型DNAあるいは学習などによって組み込まれた）によって導かれるものをいう．これらのプロセスによって何らかの終点に到達するが，これは上に述べた合終局状態とは少々違う．合終局状態は，Mayer の言う上の二つのプロセスによって到達する状態を含めた一般的表現であり，特に目的論的価値判断を伴わないことを強調するものである．

  なお，哲学的に目的論あるいは擬人主義について論議すれば大変難しいことになるが（R. Spaeman & R. Löw, 1981, 参照：彼らによればあらゆる自然科学は目的論の基礎の上にしか構築できないものであると言う），本書ではごく素朴な自然科学者の常識に従って論を進めていく．
2) 1829-1905. ロシア生理学の父と言われる．動物の心理過程の物質的性質を研究した．M. I. Melinikovほか著，1954：ダーウィニズムの基礎．和気朗訳を参照されたい．
3) 川那部浩哉（1995, 私信）によれば，アフリカの諸湖沼で大発展分化を遂げているカワスズメ科（Cichlidae）の種分化は，数千年の程度で可能であったのではないかと言う．
4) Elton が「生態学の言葉」による表現と「生理学の言葉」による表現の両方を重視したのは，V. E. Shelford（1913）の先駆的業績を評価しつつも，彼が生理学に傾いた道を進んだことを批判していることに表れている（Elton, 1966, 参照）．

5) 今西錦司 (1949) はこの事実を，群集の構成員間の生理的要求の不一致の例として引用し，いろいろの群集を分類するのに棲地の相違を用いる立場を否定する一つの材料とした．そして，生態学は生理主義を清算した，と言った．

chap. 3 行動理解の基本

　生態現象，特に動物の行動の生態の個々の事象については，5〜8章にわたって該当する箇所にそれぞれ述べてある．この章では，特に筆者が，動物の行動を理解する場合に基本的に重要であると考える事柄について述べることにする．

　なお行動生態学の全般にわたるまとまった標準的教科書としては，J. R. Krebs & N. B. Davies (1993) の「An Introduction to Behavioural Ecology」があり，さらにやや進んだものとしては同じ著者等 (1991) が編集した「Behavioural Ecology, An Evolutionary Approach」があり，いずれも優れた訳本がある．また関係ある歴史上の画期的論文を集めたものとしては，L. D. Houck & L. C. Drickamer (1996) が編集し解説をつけた「Foundations of Animal Behavior, Classic Papers with Commentaries」がある．それぞれ重要な参考文献として推薦しておきたい．

3-1 はじめに

　動物の行動について，古くは人間の行動に模した，おとぎ話のような説明が普通のことであった．この傾向に警告を発したのが，イギリスの比較心理学者C. L. Morgan (1896) で，次のような有名な'Morganの基準'というものを発表した（宮地伝三郎, 1969; E. O. Wilson, 1975; 関口茂之, 1991, 参照）．"いかなる場合においても，行為を解釈する際には，もしその行為の能力を心理学的に低級で解釈することが出来る場合には，より高次の心理能力を持つと見ないこと"．

　彼は動物の行動パターンは，愛，やさしさ，欺きなどの擬人的ないし高度の心理能力で記述されるべきでなく，かわりに作用が既知の最も単純な機構によって解釈されるべきだとした（Wilson, 1975, の伊藤監訳より）．

　この流れに沿って，J. Loeb (1916) はその研究を展開した（林泉, 1936; 本城市次郎, 1947; N. Tinbergen, 1952, 等参照）．彼は動物のある種の行動を生理学の知識に基づいて，走性 (Taxis)

として説明した．例えば，暗闇の中に電灯がついていると，昆虫が集ってくるとか，セミの雌が雄の鳴いている所へ飛んでくるとかいう行動がある．このように動物が刺激に応じて，方向性のある運動を起こすことを走性という．この際，刺激は一応中枢神経系を経由するが，特定の中枢興奮機構は持たず，単純な刺激に対する反応であるという（桑原万寿太郎，1989）．例えば，光と動物の行動の関係を律するものとして，刺激相称性（Tropotaxis）という原理で説明した．彼は動物の形態的相称面が同時に生理的相称面であることを指摘し，体の左右両半に等量の刺激が与えられると，それに応じて両半に等量の反応が起こるという．図3-1において，Aは暗室の一方向から光を照らした時のプラナリア（*Planaria*）の行動，Bはこのような行動をとる機構としての体の相称構造，Cは片眼を塗りつぶした時の行動を示している．これらの図は，刺激相称の事実を明らかにすると同時に，環境作用が動物の生理を通じて特定の行動を強制することの根拠とした．

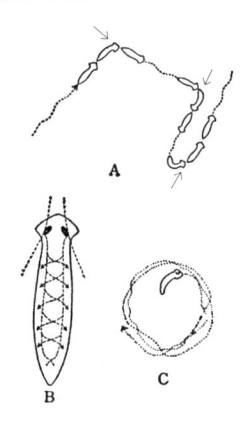

図3-1 刺激相称原理をプラナリアについて示す．
　A：矢印の方向から順次光をあたえたときの進路．
　B：プラナリアの神経系の光学的興奮経路．
　C：右眼をぬりつぶされたプラナリアが上方から光をあたえられたときの運動経路．
［Kühn 1919］

走性はこの他にいろいろの型が分類されている．例えば，トンボの雄が雌を発見した時に，その目標に向かって進む保目標性（Telotaxis）とか，川の流れの中でメダカなどが一定の位置にとどまる機構を説明する対刺激性（Menotaxis）など，多数の型がある（宮地・森，1953，参照）．

ところでLoebは少し行きすぎて，説明不足のまま，生理的立場一本で人間の複雑な行動まで割り切ってしまう．すなわち，"特定の婦人に対する男子のたえざる求愛は永続的意志の例とみなされるであろうが，これは性ホルモンと一定の記憶像とが決定的要因をなす一つの複雑な趨性[1]である．生殖腺を除けば求愛は消滅するし，異性の生殖腺とおきかえれば性本能は完全に逆転する．故に永続的意志作用のようにみえるのは，本質的には趨性反応である．下等動物の趨性反応と違う点は，人間の場合，ホルモンの性質上，また一定の記憶像の定位効果が加わる点で異っているにすぎない"（本城，1947，より）．

誠に還元主義（Reductionism）一筋の面目躍如としているが，真実の点も多少は含んでいる．人間は進化の頂点にあるが，その進化の道筋で通過した動物的段階の本性は内包した上で，新しい，高級な特質が加わっているものと考えられる．食欲，性欲などは，動物的本性として内包していると考えられるからである。この点については，また付章で触れることにする．

上のようなLoeb流の考えに対し，当然反発が起こる．その第一人者としてH. S. Jennings（1923）の立場を説明する必要がある．彼は，下等動物でも試行錯誤（Trial and error）を繰り返して，ついに目的に到達するので，それは高等動物の選択と呼ぶ活動に比べられると考えた．図3-2のゾウリムシ（*Paramecium*）の行動で，そのことを説明する．

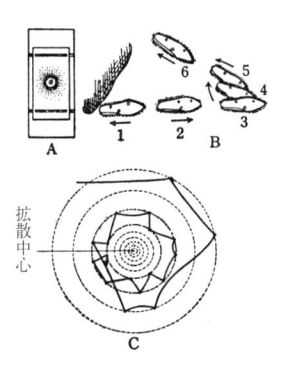

図3-2　炭酸ガスの気泡とゾウリムシの行動．
　　　　A：スライドグラス中央の気泡をとりまくゾウリムシ．
　　　　B：障害物をさけるときの試みと失敗の連鎖による行動．
　　　　C：Aのような集合を作る際の一個のゾウリムシの行動．
　　　　　　　　　　　　　　　　［Kühn 1919；Jennings 1923　による］

　ゾウリムシの培養液中に炭酸ガスの気泡を入れると，ゾウリムシはやがて図のAに示すように一定の場所に輪状に集まる．この時の動作を見ると，図のBに示すように，動物はあちこちと運動しているうちに，たまたま炭酸の濃度が濃すぎるか淡すぎるような境界に到達する．すると繊毛が突然逆の方向に動いて動物は後退し，次にまた少し違った方向へ進む．こうした動作を続けているうちに，図のCのように，ある濃度の区域に集まってくる．この濃度帯が最適濃度帯である．すなわち，動物の刺激に対する反応は常に適応的で，多くの試行錯誤を繰り返した後，ついに目的とする最適地帯に達する．このような試行錯誤は下等動物の最も本質的な特徴をなすもので，それは適応的，調整的であって，高等動物の選択と呼ぶ活動に比べられる．もし経験によって試行回数が減るならば，ここに理知が発生することになると言う．

　以上のように，Jenningsの見解は目的論的（Teleological）であり，また擬人的（Anthropomorphic）である．このような主張に対し，Loeb流の生理学派は，感差反応または分差反応（Differential reaction, Kinesis）という行動を持ち出して反論するが，これについては詳しくはここで述べない（宮地・森, 1953, 参照）．

　このような状況のもとで，上の両傾向に批判的で，まず動物の自然における状態をすなおに観察し，ありのままを詳しく記録することが最も大切だと言う人たちが出てきた．その代表者として，E. S. Russel（1934）の言うところを聞いてみよう．例えばカニの指向的な行動（Directive behavior）について次のように述べている．"海岸を歩いていて，干満潮線の間で，カニを見つけてこれを捕らえようとする．この攻撃に対してカニはいかに振る舞うであろうか．カニはその両方のはさみを差し上げて，うっかり人が指でも出せば，すぐ挟めるようにしながら大急ぎで逃げ去る．そして石の下に隠れたり，あるいは砂を掘って潜ってしまう．もしこれを捕らえて引っぱり出すと，ピンと足を伸ばして全力を尽くして抵抗し，地面に足が

かりを得ようとする．……また足を固く捕らえて締め付けると，ついに最後の手段として自らの足を断つ．これはまた指向的な活動で，ねばり強く，変化にも富んでいる．種々雑多な行動は，すべて危険から逃れようという終局目的に向かってなされる．以上の率直な記述においては，カニ自身の感情とか欲求などを一切仮定していないし，また予想もしていない．客観的な事実をただ簡単に分かりやすく述べたまでである．我々はカニが如何なる体験をしたか分からないし，また知るすべもない．カニに感情や欲求が果たしてあるのか，あるともないとも確かには言い切れない．我々が直接知りうるのは目に見える振る舞いだけであって，動物自身の生活に立ち入って直接何かを知ることは出来ない．出来るのは推測だけである"（永野・石田訳より）．

　上のRusselの考えをさらに説明すると，次のようになる．'逃げる'という終局状態（End-state）に向かってカニが行動していることは明らかであるが，この終局という言葉は動物が最期の状態を予知して，これに対して意識的に行動しているというような，合目的的な意味を含むものではない．まして足を切って逃げる行動は，逃げるために足を切るなどという，高次の目的を意識している行動とは全く考えない．とはいえ，行動が，客観的に見て，ある一つの終局状態に方向づけられていることは認める．この場合，動物自身の内から発する指向的活動といったものを考える必要がある．指向的活動が単純な機械的なものでないことは，プラナリアの吻の切り離された時の行動と，体に完全についている時の行動を見た，W. A. Kepner（1925）の観察例で明らかであるとRusselは言う．*Planaria albissima* の吻を体から切り離すと，ちょうど独立した一個体のように泳ぎまわり，何でもむさぼり食う．ガラスの粒でも，かつて自分がついていた体にさえも食らいついていく．ところが，この吻が体の正常の位置についている時には，食物に対して見事な選択能力を示し，食物と食物でないものとをよく見分ける．Kepnerの観察した，このような指向的調整的な自発的行動を機械的に説明しようと努力することは必要であるが，それだけでは完全な一個の動物の行動の理解は得られないとRusselは言う．彼は別のところで，自分は生体論的（Organismal）または全体論的（Holistic）な見方をするとも述べている．

　以上のように，Russelが機械論的な見方を排する態度は，目的論的な見方を排する場合よりよほど強い．またJ. von Uexküll（1934）はRusselに近い主張を持っているが，しかし目的論的見解を排することには一層の熱意を示している．高等な哺乳類を除いて，動物は目的を持って行動することはないと言い切っているが，一方強く生理学的機械論にも反撃している．なおD. R. Griffin（1992）は上に述べたような歴史的経過の考察を経て，Russel系統に近い立場をとり，さらに動物の種類によっては何らかの意識（Consciousness）を持つことを認める意見を持つに至っているが，これについては後でまた触れることにする．

　以上の文脈の延長線上に，C. S. Pittendrigh（1958）の考えを説明しておく必要がある．彼は適応（Adaptation）と進化現象，特にDarwinの言う自然選択（Natural selection）との関係を考察した．1859年の「種の起原」出版以前においては，ずっと昔のAristoteles（384-322B.C.）による自然現象の説明原理としての目的論（Teleology）使用の時代はさておいて，生物現象の目的論的解釈は長く禁句となっていた（R. Spaeman & R. Löw, 1981, も参照されたい）．例えば，'カメは産卵のために海岸に来た'と言う代わりに，'カメは海岸に来て産卵した'と述べる類である．これは単なる言葉の問題ではない．これは終局指向的機構（End-seeking mechanism）の単純な記述さえも究極原因の効力（Efficiency of final causes）に含まれるという誤った認識のた

めに，目的論的言い回しにためらいがあったためであった．しかし，1859年に自然選択説が発表され，また物理学において目的探索的自動機械（End-seeking automaton）の発展があったために，方向性ある適応の概念について正当に語られるようになった．ただしその終局指向性の記述における内容は，Aristoteles 的目的論とは違うので，彼はこれに Teleonomy（E. Mayr, 1988, のいわゆる目的律論）という言葉を用いたいと述べた．要するに，Loeb でもなく，Jennings でもなく，Russel でもない，第4の立場の主張である．このことについては2章でも若干触れたとおりであるが，現在の生物学会の平均的考えを示していると思う．筆者も本章5節の内容，特に進化段階による発展を考慮に入れた上で，この考えを参考にして記述を進めていきたい．

さてこのような状況が，その後具体的にどのように発展するか．その道は，結局大きい二つの道になって進んできたように思われる．その一つは，広い意味で生理学や心理学の発展を基盤として進む道（A）で，他の一つは，自然誌的知識を基盤として進む道（B）である．Aの道はさらに二つに分かれ，一つは本能（Instinct），学習（Learning）や意識（Consciousness）について探究する道（A - 1）と，他は周期行動（Rhythmic or periodic behavior）などを研究する道（A - 2）である．Bの道も二つに分かれ，一つは社会生物学の発展の中で，生物社会の中での行動——社会行動学（Social ethology）とでも言うべき道（B - 1）で，他の一つは生物進化の道程の中での行動の意味づけ——進化行動学（Evolutionary ethology）とでもいうべき道（B - 2）であろう．特にこの B - 2 の道には，集団遺伝学や数理生物学といった，数理科学の発展が関与している事実がある．

なおここで特に注意しておきたいことは，前に述べた Russel の道，すなわち純粋観察の道に，K. Lorenz（1973, 1983）のようなノーベル賞を授かる碩学が出たことである．彼は現代科学に一般的な傾向である，不自然な実験と数式的表現に反対し，動物と生活を共にして行った自然な観察と，文章だけによる表現を断固として押し通した．この道は，我国のハックスリー賞受賞者伊谷純一郎（1954, 1990）をはじめとする霊長類研究グループの研究法とも共通の独自の道であった．これについては，また次節でも触れることにする．

このいわゆるナチュラリストの道を独自の方法を考えながら歩んだ人に，あの碩学 R. H. MacArthur（1972）があることを追記しておきたい．彼は自らの立場をナチュラリストであると強く主張し，しかもその観察結果を数理論的に取り扱うことを始めて大きい成果を上げた（それらについては後で各所で説明する）．天才 MacArthur は42才でこの世を去ったが，27才で亡くなった R. L. Lindeman（p.327参照）とどこか似たようなところがあるように思う．

さてここでは，上のAについて続けて述べることにして，Bについては本書の別の適当な場所で述べることにしたい．

まず A - 1 の方向，本能，学習と意識について，そのあらましに触れ，次に A - 2 の道，すなわち周期行動について知識の現状を紹介しよう．

3-2 本能，学習と意識

3-2-1 本　能

　本能（Instinct）とは，種の歴史の中で遺伝的にその神経系の中に組み込まれた適応的行動を言い，学習（Learning）とは，個体の歴史の中で獲得された適応的行動を言う（A. Manning, 1979）．

　前者は種の記憶（Species memory）とでも言うべきもので，すべての動物の種に見られ，その複雑なものとしてはクモの巣の作りかたなどに見られる（桑原, 1989）．ある種に属するすべての個体にほとんど同じように見られる定型的行動（Stereotyped behavior, Behavior by fixed action pattern）である．単なる反射（Reflex）とか走性と違う点は，これらは一応中枢神経系を経由するが，特定の中枢興奮機構（Central excitation mechanism, CEM）を持たないのに，本能はCEMを持ち，生体内に自発的に蓄積された衝動に基づくとされる点である（桑原, 1989）．もちろん本能は，個体の発生の進行に伴って発展する．交尾行動の発現などはその著しい例である．

　本能行動としてよく研究された有名な例を，いくつか挙げておこう．まずN. Tinbergen（1942, 1952）の研究したイトヨ（*Gasterosteus aculeatus*）の交配行動である（図3-3a, b）．

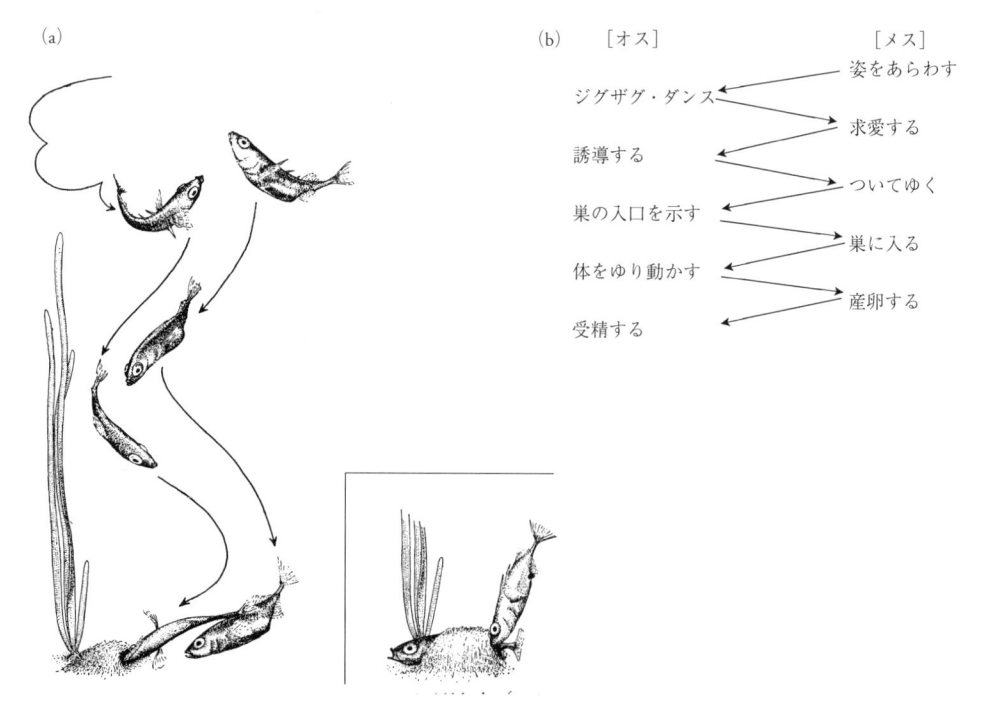

図3-3　(a) イトヨの交配行動の連鎖図．腹のふくれているのが卵を持った雌．
　　　　(b) 雄と雌の間の交配行動開発連鎖の順序．
　　　　［Tinbergen 1952］

雄と雌は一定の行動の因果の連鎖に導かれて、産卵・受精に至る．今一つは，K. von Frisch (1965, 1971) および彼を取り巻く人たちの研究したミツバチ (*Apis mellifera*) の仲間に対する餌場への導き行動である．これはミツバチの尻振りダンス (Tanzsprache) として知られているものである (図3-4, 5)．餌を見つけたが，巣に帰って，仲間にその所在を，方向と距離までつけて尻振りダンスによって知らせるのである．方向は太陽光線との方位角によって[2]，距離はダンスの速さによって知らせる（遠いほど速さはゆっくりしている）と同時に，羽の振動音の周期的繰り返し頻度によっても知らせる (7-5参照)．我々人間にとっては，奇想天外な情報伝達の本能的手段であり，自然の深さを思い知らされる．

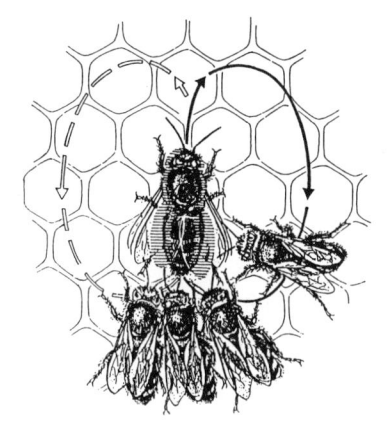

図3-4　ミツバチの尻振りダンス．4匹のミツバチが，餌場を発見して巣に帰って，尻振りダンスにより情報を伝えている仲間の後を追いながら，情報を受けている．伝達者は，図の矢印のように，右に左にと回って情報を伝える．[v.Frisch 1965]

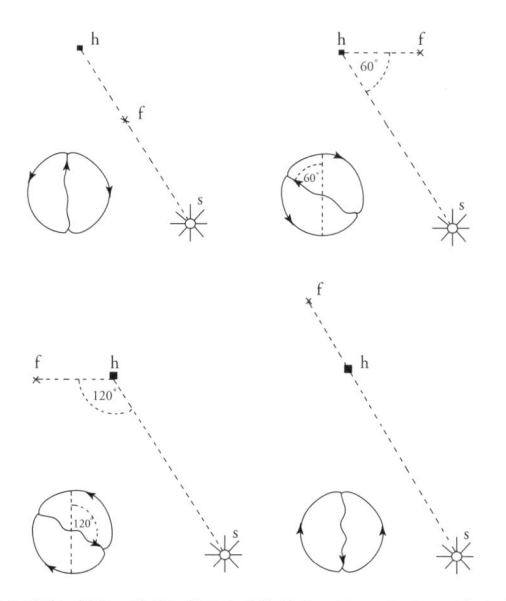

図3-5　餌を見つけたミツバチが巣に帰り，仲間に餌のある位置を，ダンスによって知らせる様子．h：巣箱，f：餌場，s：太陽の位置．それぞれの左側の円形図は，垂直な巣板の上で，ハチのダンスが，餌場の方向を，太陽の位置と如何に関係しているかを指示している．太陽の方位は，垂直面では真上である．[v.Frisch 1971]

ここで一つ，本能行動と進化の関係について考えさせられる例を挙げておきたい．それは超正常刺激（Supernormal stimulus）に関するものである．巣についているセグロカモメ（*Larus argentatus*）は，巣の外縁にある卵（模型でもよい）を，くちばしで転がして巣の内に入れる行動をする（G. P. Barends & J. P. Kruijt, 1973）．この時，自分の卵より大きい卵の模型を好んで選択し，また自然の卵の色（地色は褐色）よりも緑色の模型を好んで選択する．つまり正常の刺激とは異なった刺激（超正常刺激という）に対してより強く反応するのである．この現象は，長い選択の歴史を経て到達した現在の本能より，もっと適した本能があるかもしれないことを示しているのか，また現在の本能による選択基準が，形の大きさや色の他に何か別の基準があることを示しているのか．生物の行動には，所詮最適の状態というのはあり得ないと考えたいところである．

なお，最近本能を分子遺伝学の面から研究しようという流れが出てきたが，その一端が山元大輔（1994）によって紹介されている．

3-2-2 学 習

次に学習について述べよう．動物の世界では，学習は環形動物以上の進化段階のものに見られる（W. H. Thorpe, 1956; A. Manning, 1979）．上に一応本能と区別する定義を与えたが，よく考えると，遺伝的神経生理機構の上に発現されるものであるから，本能の発現と基本的に区別することは難しい（R. A. Hinde, 1982）．とは言っても，個体の発育の中で獲得されるものであり，その行動自体は遺伝するものでない点は異なっている．どれが本能的行動であり，どれが学習的行動であるかを区別するのによく用いられる方法に，個体の分離飼育実験がある．分離飼育しても似た様式で現れれば，それは本能的行動とされる（Manning, 1979）．

無脊椎動物の中で頭足類は最大の脳を持つ．それは1億6,800万もの細胞からなり，シナプスを含めて複雑な構造をしている．したがって，いろいろの学習を行う能力をもっていることが知られている（V. G. Dethier & E. Steller, 1970）．タコは楽々と迷路を学習し，またいろいろの図形を視覚によって区別することも出来，さらに物体にいろいろの切り傷を与えたものを触覚によって区別することも出来る．餌であるカニと，ある図形に電気ショックを連動した装置とを同時に見せて，この餌に近寄らないように訓練することも出来る（B. B. Boycott, 1967）．切り取る脳細胞の数が多いほど，学習における誤りの割合は多くなり，また頭頂葉の中の細胞のある場所には関係がない．

学習に関する歴史的に有名な例に，I. P. Pavlov による条件反射（Conditioned reflex）の実験がある（D. O. Hebb, 1872, 参照）．これは反射というけれども立派な学習の実験である．イヌに餌を見せると，唾液が分泌される．この餌を見せる刺激は無条件刺激（Unconditioned stimulus, US）であり，唾液分泌は無条件反射または無条件反応（Unconditioned reflex or response, UCR）である．餌をやる前に，ベルやブザーの音のような餌と直接関係のない音を聞かせると，次第に餌がなくても音を聞いただけで唾液が分泌されるようになる．このような刺激を条件刺激（Conditioned stimulus, CS）といい，その時の反応を条件反射または条件反応（Conditioned reflex or response, CR）という．Pavlov がロシアで活躍した頃，アメリカではネズミやネコやハトを実験材料として，例えば問題箱の中に入れ，その中のある場所（テコのようなもの）を押すと動物は開放され，餌にありつける，といったような学習実験が盛んに行われていた（Manning,

1979, 参照). その中心となったE. L. Thorndike は, ネコを問題箱の中に入れて広範な実験を行い, 心と学習の問題につき, 動物心理学の面で大きい業績をあげたが, ここでは述べないことにしたい (Hebb, 1972, 参照).

　学習に関して, どうしても述べなければならない現象に, 刷りこみ (Imprinting) がある. これは古く1870年代にイギリスのD. A. Spalding によって研究が始められたが, 後に有名なKonrad Lorenz によって詳しく研究された (J. E. R. Staddon & R. H. Ettinger, 1989, 参照). 地上に巣を作るガンやキジのような鳥のヒナは, 孵化するとすぐ走りだし, 母親に従って行動する. この際, 母親に従うという行動は, 孵化後1日以内に, 母親と違う別の動くもの——人間でもよい——を見せると, それに従って動く. つまり生後非常に限られた時間に, 記憶が固まってしまうので, この現象を刷りこみというのである. Lorenz は「ソロモンの指環」という著書で, 大変分かりやすく面白くこの現象を説明している (Lorenz, 1983). 図3-6はマガモ (*Anas platyrhynchos*) のヒナを従えて移動するLorenz の姿を描いたものである. ハイイロガン (*Anser anser*) のヒナの場合は, 孵化して最初に目にした生きものである人間に, 何一つ疑うことなく自分の母親として受け入れついてくるが, マガモの場合は, 人間は腰をかがめて姿勢を低くし, ゲッゲッという鳴き声を出し続けて進まなければついてこない.

図3-6　マガモのヒナが, 刷りこまれて, 人間について歩く様子. [Lorenz 1983]

　子ガモの刷りこみに有効な生後の時間 (感受期) について, E. H. Hess (1958) の研究結果を掲げておく (図3-7).

　刷りこみは, トガリネズミ (*Sorex*) やヤギ (*Capra*) でも見られる (Staddon & Ettinger, 1989). またサケの類 (Salmonidae) も子供の時に育った川のにおいを刷りこまれていて, 数年後に海から帰ってきた時に, この刷りこみに従って昔の母なる川に遡ってくる (A. D. Hasler, 1966; 青木清, 1991).

　刷りこみは系統発生の中で遺伝的に伝えられてきた生得的定型行動の発現という点では本能に似ているが, 行動を開発する鍵刺激 (Sign stimulus) が, その動物の個体発生の早い一定の時期にかぎって特別に選択採用される点で学習とされる (桑原, 1989). ただし刷りこみは全く不可逆的なものではなく, はじめ不自然なものに刷りこみが行われても, 後になって自然なもの (母親) を見せられると, はじめの刷りこみは消えてしまう. しかしまた一方, ガチョウ (*Anser ansle* var. *domestica*) やアヒル (*Anas platyrhnchos* var. *domestica*) に刷りこまれたマガモが, 親になって, マガモの他にガチョウやアヒルも共に泳いでいる湖に放たれた時, マガモの雄が, 自分の種の雌にではなく, 刷りこまれた種の雌に交尾行動を示した例もある (Hinde,

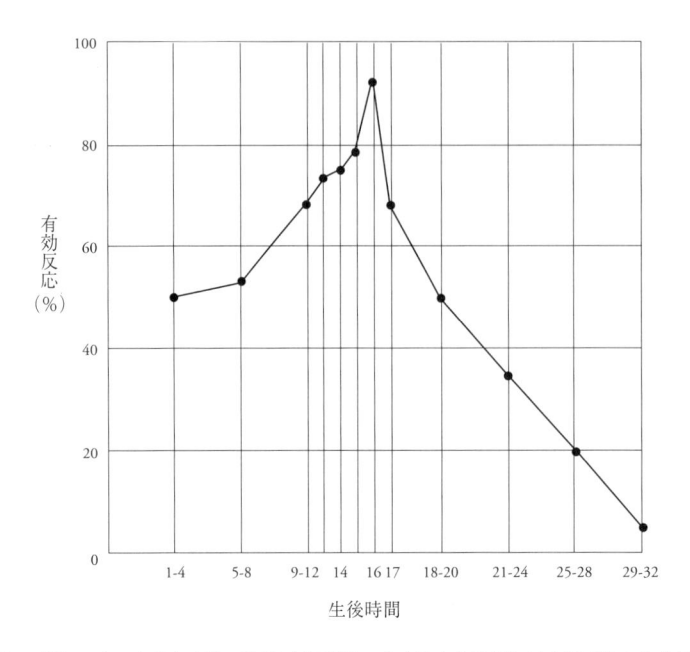

図3-7 コガモの刷りこみに有効な生後の時間（感受期）．各点は生後時間に対する平均の有効反応成績を示す．[Hess 1953]

1982; Staddon & Ettinger, 1989)．この刷りこみ現象にはまだまだ研究が必要なようである．

前にあげたミツバチでは，餌と刺激物体をいろいろに組み合わせた学習実験が行われている．においに対しては，たった1回そこへ行くだけで確実に反応するように学習できるが，色に対しては3回学習することが必要であり，形の特徴に学習するには20回以上かかる．またある特定の植物のにおいには早く学習する．異なる品種のミツバチを比較すると，各品種は自分達の地元の植物に特有なにおいを最も早く学習する．学習の選好性の違いが遺伝的に決定されているのである（M. Lindauer, 1975)．学習がある種の遺伝的な型に制約されていることは明らかである．

3-2-3 意 識

次に意識（Consciousness）について述べる．前述のように，動物が意識を持って行動するかどうかという点については，従来激しい論議が交わされてきた．さて意識とは，『岩波生物学事典（第4版）』によれば，"現実に与えられた心的現象の総体といわれ，直接経験とされている個人の主観的現象である．それゆえ自身以外のものの意識については，主体があらわす外的表現から推測して判断するほかはない．……生物学的に考察すれば，生体の存在のための適応活動のうち，発達した中枢神経系により生ずる主観的側面が意識であるということが出来る．……ヒトでは言語・文字などの通報手段により伝達されたところから，その主観的状態の相似性を認知できるが，動物では全く行動から察知する以外にない"．つまりある動物の行動が意識してなされているかどうかを確実に知ることは大変難しいので，（正当？）行動心理学者（行動主義者, Behaviorist）は，出来るだけ意識という言葉を用いないで，'擬人主

義（Anthropomorphism）'排除の立場を厳格に守ってきたといえる．しかし動物の行動の観察が積み重なるにつれて（下記のGriffinの書に多くの例が挙げられている），次第に人間の感情移入（Empathy）の範囲が拡がる傾向にある．D. R. Griffin（1992）などはその堅実な旗頭で，割合慎重に膨大な歴史的資料を吟味し，脊椎動物ではもちろん，無脊椎動物でもミツバチ（*Apis mellifera*）の行動などに意識的意味合いを認めようとしている．特に上の定義説明にあるように，脊椎動物では中枢神経系の発達が連鎖的に認められるので，意識の発達もまた連鎖的であると考えているようで，さらに進んで神経節神経系を持つ昆虫でも認められるのではないかと推測している．また苧阪直行（1996）は実験心理学や神経生理学の立場を交えて，意識を"志向性をもつ高次な脳の情報処理の一様式"と定義し，さらに説明を加えて"意識のはたらきは生態的環境に適応するために最適化に向けての情報の束ねを可能にすることにある"とした．彼はこのような働きをする脳の部分の一義的局在説を退けているので，結局脳またはそれに準ずる組織をもつ動物にはすべて意識を持つことを認めることになる．つまりGriffinの考えに同情的である．

ここで筆者の意見としては，中枢神経系の連鎖的発達に感情移入を加えて，少なくとも脊椎動物にはその進化段階に応じた何ほどかの意識的思考を認めてよいと思っている．なおこの点については本章5節も参照されたい．またGriffinの上記著書は読みごたえがあり，訳本もあるので，苧阪（1996）のものと併せて読むとよい参考になる．

この章で今まで述べてきた走性から学習に至る適応行動と，それらに知能を加えて，動物の系統発生の上での発現状況を図3-8に示す（Dethier & Steller, 1970）．この図の細かい点については異論も多いとは思うが（特に知能の点で），おおまかな関係は知ることができよう．

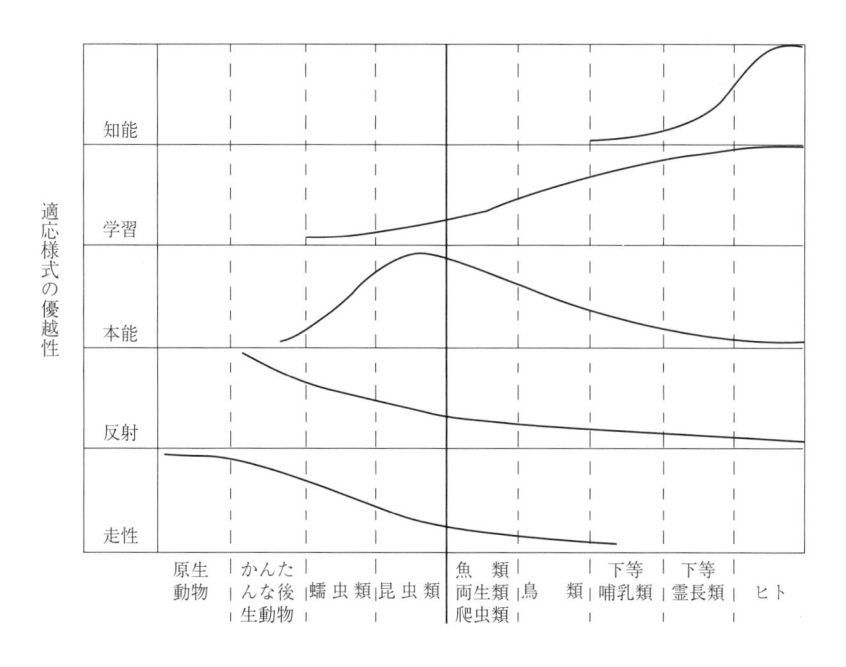

図3-8　各種の動物の各種の適応的行動が，系統発生の上で，どのように変化していくかを示す．図の左から右へ見ていくと，いろいろの適応的行動の様式が相対的にどのように発達してきているかが分かる．また上から下へ見ていくと，系統発生の各レベルでの適応様式の相対的パターンが分かる．
［Dethier & Steller 1970］

3-3 周期行動

1節で述べた，A-2（p.27）の内容である周期行動について説明する．

生命あるものはその本質において周期的である．細胞の原形質の周期的流動や心臓の周期的拍動から，カワリウサギ（*Lepus americanus*）やオオヤマネコ（*Lynx canadensis*）の個体数の周期的変動までいろいろある．考え方によっては，生物の世代交代もその類と考えることも出来る．

しかしこの節では，動物の行動に直接関係ある現象の周期性について考えることにする．周期行動を二つの型に分けることが出来る．一つ（A）は，環境条件（例えば光や温度）の周期的変化とともに起こるものであり[3]，他の一つ（B）はそのようなこととは無関係に（または無関係のように見えて）起こるものである．前者のような現象の起こる原因を追求して，さらに二つに分けられる．一つ（A-1）は，環境条件の周期的変化を除いて，恒常条件のもとに動物を置くと，周期的行動が消えてしまうもので，このようなものを外因起原の周期（Exogenic rhythm）あるいは他律周期（Allogenic rhythm）という．今一つ（A-2）は，恒常条件のもとに置いても，少なくとも若干期間は周期行動を持続するもので，内因起原の周期（Endogenic rhythm）あるいは自律周期（Autogenic rhythm）という．この内因起原の周期は，進化史的には，外因起原の周期から発達してきたものと思われるが，それについては後で触れる（O. Park, 1940; 森, 1948; J. L. Cloudsley-Thompson, 1980; 井深信男, 1990, 等参照）．なお周期行動のいろいろの知識については，井深信男（1990）「行動の時間生物学」，千葉喜彦・高橋清久編（1991）「時間生物学ハンドブック」，富岡憲治（1996）「時間を知る生物」や，特に潮汐周期行動と日周期行動については J. D. Palmer（1995）「潮間帯動物の生物周期と時計」，千葉喜彦（1996）「からだの中の夜と昼」が参考となろう．

3-3-1 環境条件の周期的変化に明らかに同調して起こる周期行動

いくつかの例を，周期の短い方から挙げる．

潮汐周期行動（Tidal rhythmic behavior）

月の及ぼす周期的現象は大きく分けて二つとなる．一つはその引力によっておこる潮汐（干潮満潮，大潮小潮）の現象で，他の一つは月光の変化（満月新月）の現象である．このうち生物に与える影響としては，前者特に干満潮に伴うものが大きく，周期も短い．そこでまずこの問題から述べ，月光に関するものは後で述べる．

潮汐（ふつう1日2回の干満）に伴う周期行動の環境条件としては，水の流動，水圧，湿度，温度，敵，食物などがある．

自然の妙を示す潮汐周期行動の例として，フジノハナガイ（*Donax semignosus*）の行動を挙げる（森, 1938, 1950b）．この小型の2枚貝は砂浜の干満潮線付近の砂中に棲み，水面の上下とともに，小潮の時は水平距離にして3〜6 m，大潮の時は30mも移動することが観察された．その移動の方法が，上げ潮の時と下げ潮の時で微妙に違う（図3-9）．上げ潮の時には砕ける

波頭に先立って急に砂の中から躍り出して，波に乗って岸の方に運ばれ，波が引く前に急速に足を動かして砂の中に入る．この動作を繰り返すことによって岸の方に移動できる．下げ潮の時は打ち寄せた波がまさに引こうとする直前に砂の上に躍り出し，引く波に流されて沖の方に移り，次の波が寄せてくる直前に砂の中に入る．この動作を繰り返して沖の方に移動する．この行動を起こす要因としては，上げ潮時には砕ける波が砂浜に与える振動であり，下げ潮時には打ち寄せた波が沖に引く時に出来る水流が関係することが分かっている．上げ潮下げ潮の転換に伴う微妙な行動の転換の詳しい機構については，分かっていない．

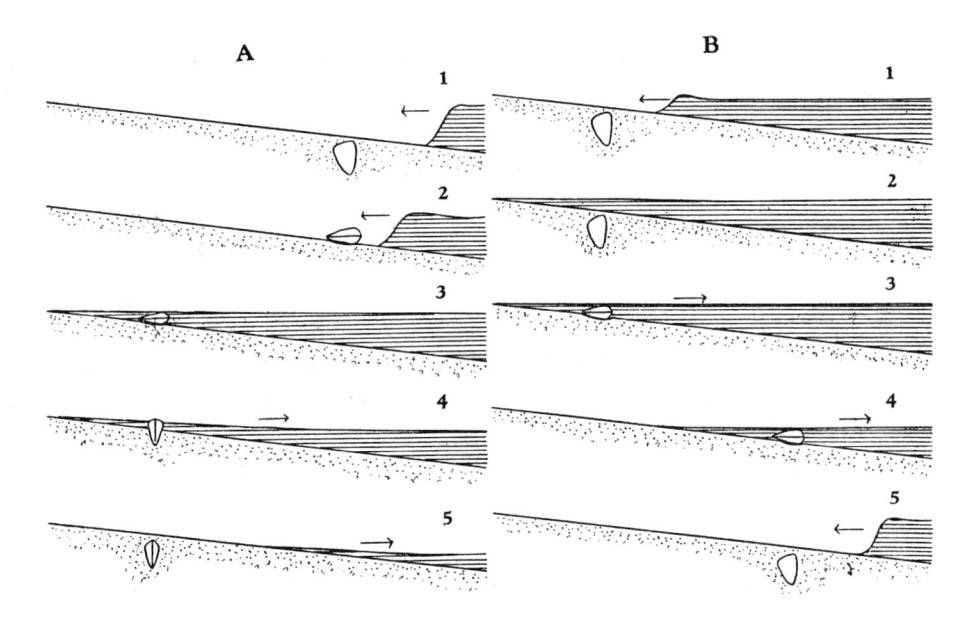

図3-9 フジノハナガイの潮汐周期移動の方法を示す模式図．
A：上げ潮時，B：下げ潮時．黒の点々の部分は砂底を，横線の部分は波頭を示す．[森 1938]

　潮汐周期行動は，上のような単純に干満に伴うものだけでなく，月の齢との関係，すなわち大潮小潮とも関係して現れることがある．しかもそれが地球の公転とも関係して，一年のある時期の大潮の満潮の時，といった具合で現れることがしばしばある．その例として，海岸に棲むカニ類でよく研究されてきた．
　アカテガニ（Sesarma haematocheir）は，自然では7，8，9月の大潮の頃，抱卵と幼生の放出を行う．このカニを実験室で，14時間照明10時間暗黒（LD 14：10という）の恒常条件下で飼っても，野外の自然と同じ頃に幼生放出を行うので，この周期行動は内因性となっていて，体内に時計機構があると考えられている（図3-10）[M. Saigusa（三枝誠行），1980]．
　この体内時計を，概潮時計（Circatidal clock）と言う．circa はおよそ，tidal は潮汐の意味である．この幼生放出は夜間の満潮時刻にだけ起こるが，満潮時刻が夜明けに近づくと，幼生放出はもはやその時に起こらないで，次の日没直後の満潮時に起こるようになる．そして再び夜間の満潮時刻が遅くなるにつれて，幼生放出の時刻も遅くなっていく．またこの行動は恒常暗黒下でも起こるので，内因性であることが確証された（Saigusa, 1982）．つまりアカテガニのこの幼生放出は，日周期的要素と潮汐周期的要素の連合のもとに，内因性をもって起

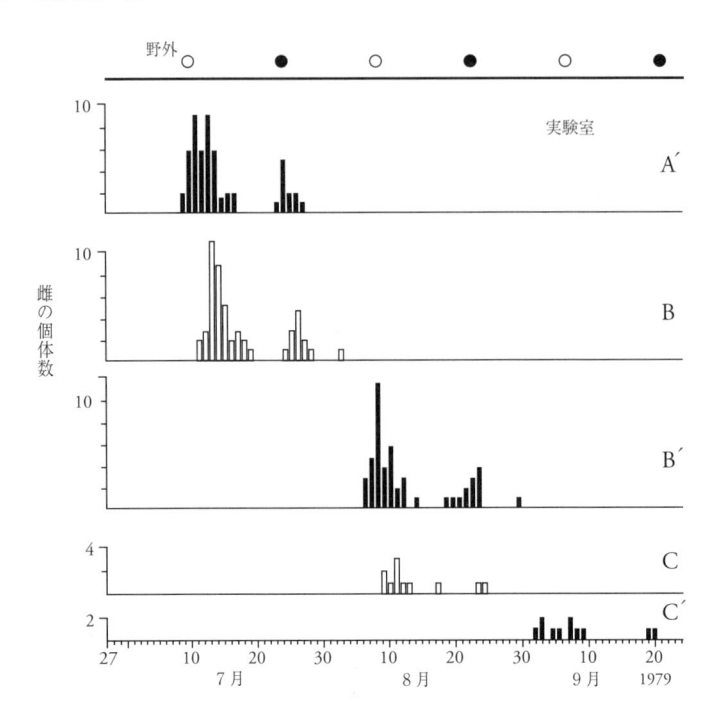

図 3-10　実験室で，14時間照明10時間暗黒（LD14:10）の光条件下で飼い続けた場合の，アカテガニの抱卵と幼生放出の周期行動．カニは6月27日に海岸近くの丘で採集し，直ちに実験室に運び，実験光条件下においた．彼等は既に抱卵していた．上欄の○印は野外の満月，●は新月．
　　A´　第1回幼生放出，
　　B　　第2回抱卵，
　　B´　第2回幼生放出，
　　C　　第3回抱卵，
　　C´　第3回幼生放出．
　　［Saigusa 1980］

こるのである．またこの行動は，実験室で，24時間LDのもとで，その暗期に0.2 Luxの光を用いた人工月光を自然周期に似せた24.8時間周期で与えると，それに同調して起こる（三枝誠行, 1983）．つまり月光周期も関係をもっている複雑な行動である．さらにこの幼生放出行動は，カクベンケイガニ（*Sesarma pictum*）について，実験室で24時間の明暗を与える時刻をずらすと，それに同調してずれることなどから，日周期的要素の方が潮汐周期的要素の方よりも強いのではないかと考えられている（Saigusa, 1992）．

　なお潮汐周期行動は，他の多くの動物，例えばヒメウミユスリカ（*Clunio pacificus*）の羽化行動，扁形動物のコンボルータ（*Convoluta roscoffensis*）の活動，アレニコラ（*Arenicola*）の産卵行動，トビハゼ（*Periophthalmus modestes*）の活動などで知られている［森, 1948; Cloudsley-Thompson, 1980; Saigusa, 1988; Palmer, 1995a; Y.Ikebe & T.Oishi（池辺裕子・大石正）, 1997, 参照］．また上述の概潮時計は不正確な点が多いなどの理由から，次に述べる概日時計と同一のものであるという説を唱える研究者もある（Palmer, 1995b）が，筆者は疑問に思っている．現に潮間帯に棲む動物で，概潮周期はあるが，概日周期のないものがいくつか見つかっている（B. G. Williams, 1998, 参照）．

日周期行動（Daily rhythmic behavior）

最も人の目につきやすく，したがってよく研究された周期行動である．環境条件としては，太陽光線の明るさの変化が第一で，温度因子がこれに次ぎ，湿度，風，などの非生物的要因も関係する．また日周期行動が起こる基本において，敵とか食物も関係があることは言うまでもない．

日周期行動に関する研究は，脊椎動物や節足動物で広く行われたが，下等なものでは腔腸動物や原生動物でも研究例がある．自然では環境条件の日周期変化と同調して起こるが，それらの外界条件を恒常に保っても相当期間行動を続ける（前述のA-2型活動をする）ものが多い．腔腸動物で例を挙げると，浅海砂底に棲むイソギンチャクの一種 *Chondractis* は昼間活動性であるが夜間および恒常暗黒下では活動しない，すなわち外因周期性（A-1型）である．一方同じく砂底に棲み群体を作るウミサボテン（*Cavernularia obesa*）は，夜間砂底上に50cmも伸びて活動するが，昼間は10～15cmに縮んで砂底中に潜んでいる．このものは3カ月も恒常暗黒中においても日周期行動を続ける，A-2型の行動を示す．しかしこの動物を，実験室で人工的に周期を制御した照明暗黒中におくと，非常に意味のある活動をする（図3-11）[S. Mori & Y. Ondo（恩藤芳典），1957]．すなわち自然の12時間照明12時間暗黒（LD 12：12）またはそれに近い照明暗黒周期のもとでは，この人工周期に同調した活動をする．しかしLD 6：6, 18：18, あるいは6：18, 18：6とかの実験光周期条件下では，活動周期が乱れてしまう群体から，環境光周期を無視して本来のLD 12：12周期を示すものまで，いろいろの様式が見られる．自然の行動は，環境の光周期の力と体内の生理周期の力とのバランスのもとに行われている様子がよく分かる．つまりA-1型とA-2型の関係について示唆されるところが多い現象である．なおこのような下等動物でも，群体による個性が著しいことは注目を要する（森，1945b）．

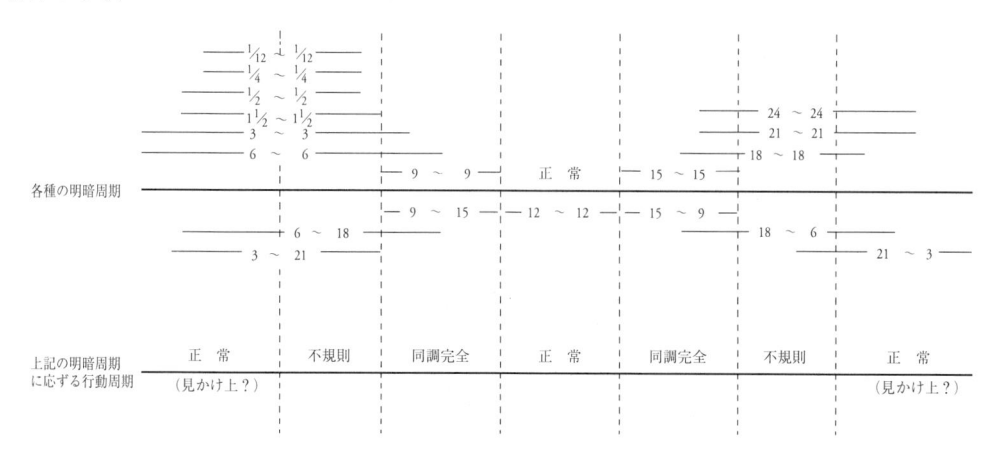

図3-11 人工明暗周期をいろいろに変えて，それらの条件のもとで，ウミサボテンの周期行動がいろいろに変化する様子を示す．明暗周期条件の記号については，例えば3～3とあるのは，LD3時間：3時間のことを示す．自然光周期に近い周期条件下では，それに同調した周期行動を示すが，それからはずれた光周期条件になるに従って，行動周期は乱れ，ついに実験光周期を無視して本来の24時間周期行動を示すように見える．
[Mori & Ondo 1957]

また原生動物で例をあげると，ミドリゾウリムシ（*Paramecium bursaria*）がその細胞内に共生している単細胞緑藻クロレラ（*Chlorella*）によって，接合活性や光集積作用の日周期に著しい

第3章 行動理解の基本

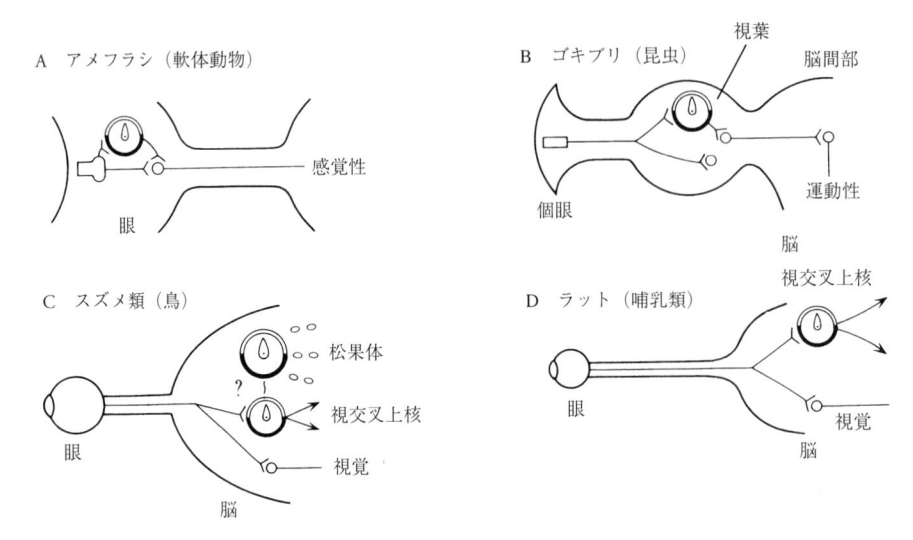

図3-12 生物時計が確認されている動物とその場所．いずれの種においても，生物時計は視覚系の一部を構成し，視覚系と密接に関係する部位に局在することに気づく．[Kawamura & Ibuka 1978；井深 1990]

影響を受けることが知られている．クロレラの光合成産物（酸素など）の増減が大きく関与している．ゾウリムシにはクロレラを共生していない白色の異変株があり，このものは日周期を示さないが，その細胞内にクロレラを移入するとたちまち日周期を示すと言う〔I. Miwa（三輪五十二）ほか（1996），田中みほほか（1997）〕．

内因型の日周期行動を示す動物には，いわゆる内部時計（概日時計 Circadian clock）があると考えられているが，それはどんなものか．今まで多くの動物について各種の研究が行われ，その所在について多様な結果が発表されてきた．その確認されているものについて井深信男（1990）がまとめたものを，図3-12に示す．

いずれの動物でも，'時計'は視覚系の一部を構成し，視覚と密接に関係する部位に局在することが分かる．これらは'時計局在説'と考えられるが[4]，これに対し'行動—代謝連鎖仮説'とでも言うべきものが提出されている．これは上に挙げたようないろいろの器官が発達していない下等な動物であるウミサボテンについて，森（1950a, 1994）により主張されたものである．ウミサボテンでは，日周期的伸脹収縮行動に伴って，体液の水素イオン濃度，その他の要素が周期的に変化する（森, 1950a; Mori, 1960）（図3-13）．このうち特に水素イオン濃度（pH）に注目して説明する．夕方18時頃，すなわち砂中に縮んでいて伸脹する直前の群体の体液では，pH が7.4くらいになるが，夜明けの6時頃，すなわち収縮する直前には，pH 7.8くらいになる．これは伸脹に伴って，pH の高い（8.3）海水が動物の体内に入り，pH の低い体液を薄めるからであり，昼間収縮し活動休止中には体液の循環が悪く，代謝産物などが蓄積してpH は低下するからである．すなわち行動と体内生理状態とは連鎖的に循環し，全体として24時間周期現象を起こしており，これがウミサボテンの体内時計の実態であると考える．この体液水素イオン濃度（pH）の周期的変化と，図3-11に示した各種光周期条件の変化に伴う行動周期の変化の様相とは，うまく結びつけて理解できるが，詳しくはここでは述べない（Mori, 1960, 参照）．

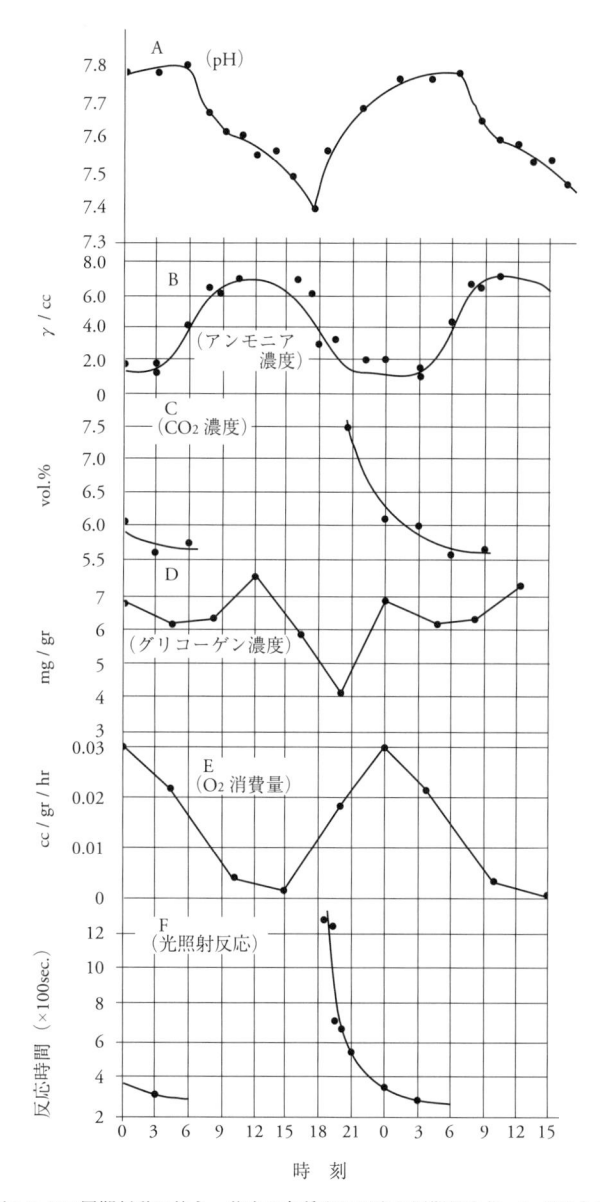

図 3-13 ウミサボテンの日周期行動に伴う，体内の各種生理要素の周期的変化．いずれも数群体の平均値．A：体液 pH の変化，B：体液アンモニア濃度の変化，C：体液 CO_2 濃度の変化，D：体のグリコーゲン濃度の変化，E：O_2 消費量の変化，F：光反応の変化（伸脹している群体に光を突然に照射し，伸びた体長が半分に縮むまでに要する時間の変化）．[森 1950；Mori 1960]

この行動―代謝連鎖仮説を一応支持する事実を二つ挙げる．一つは，朝になって砂中に縮んだ直後の群体に，その上端から，炭酸ガスで飽和した海水（pH 5.2）を注射すると，すぐに伸脹行動が起こり，自然と同じような過程を経て，数時間後にまた縮むこと（Mori, 1960），二つは，このようにして人為的に伸脹収縮を起こさせた群体の活動周期は，その後恒常微照明条件下において，この伸脹収縮を起点として 24 時間周期相を維持する（すなわち注射前の周

期相から移動する）こと［M. Imafuku（今福道夫），1973］である．この仮説にはもちろん異論もあるが（Imafuku, 1973），筆者は今も一つの仮説としてもっている（Mori, 1994a）．

　上に自律日周期行動を起こす'時計'について若干述べたが，時計局在説でもその本体は何であるかは分かっていない．J. D. Palmer（1995a）は（未知の）時計（Clock）というものがあり，これが外からの観察可能の行動（Overt behavior）と体内生理過程（Internal physiological processes）を仲介・制御し，周期を産み出すと考えているようであり，これが多くの研究者の代表的考えであるように思われる．しかし筆者には，この時計を何かの物体と考え，それを求めて分析を進めれば，結局タマネギの心を求めて皮を剥ぐように，行き着くところは何も残らない，というようになるのではないかと思われる．これはどうしても生化学的代謝環に注目し，これこそ時計の本体であると考えなければならないと思う．巨大単一細胞の緑藻カサノリ（*Acetabularia mediterranea*）では光合成に伴う酸素生産の概日周期があるが，これはその核を除いても数週間は保たれ，さらにこの細胞を数個に切断した細胞質片のそれぞれでも同じような周期が存在することが証明されている（D. Mergenhagen & H. G. Schweiger, 1975）．このような現象の理解には，時計は行動―代謝生理連鎖環そのものである，つまり'生きている'ということそれ自体の中にあるという仮定が，最も取りやすい考え方ではなかろうか．

　以上動物の日周期行動の解析を，主として非生物環境について行った例を挙げてきたが，ここで光の他に，生物環境である敵が関係する例を説明しよう．S. Dodson（1990）は，アメリカの24の湖における動物プランクトンの日周期垂直移動について調べた．動物プランクトンは昼間深所に入り，夜間表層まで垂直に移動してくることは，よく知られた事実である．彼はその移動距離と湖の透明度（セッキー板で測る）との関係，および捕食性の魚の生息密度

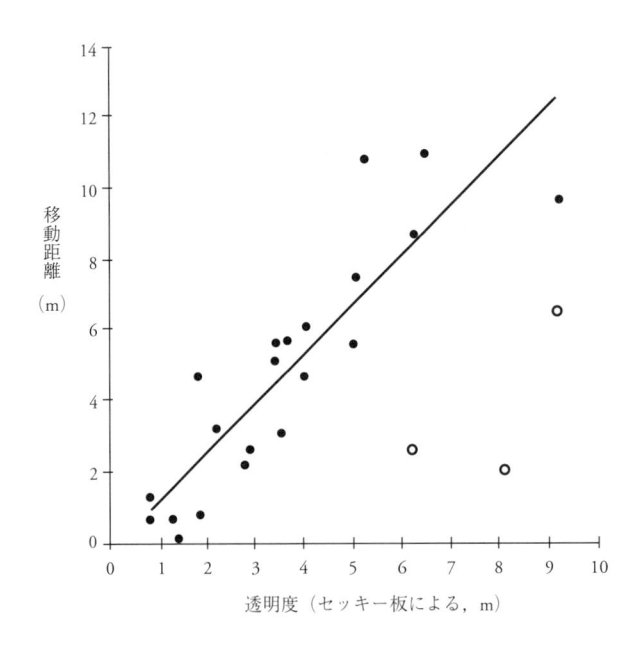

図3-14　アメリカの24の湖における透明度と動物プランクトン（主に*Daphnia*）の垂直移動距離との関係．●印は，平均光合成速度が288mgC/m^2/日またはそれ以上で，プランクトン食の魚が2g/m^{2}以上いる，ふつうの湖の場合．直線は，（移動距離）M=1.4Ds（透明度）-0.32となり，移動距離は透明度から予測できる．○印は超貧栄養 または貧栄養の湖における例外的な場合．［Dodson 1990］

や月光との関係を調べた．結果の一つを図3‐14に示す．動物プランクトンは夜間垂直移動することによって，目で見て襲ってくる捕食魚から逃げる道を開き，またその状況のもとでの自らの採餌効果を上げるのに役立っている．透明度の大きい湖では垂直移動距離も大きい事実は，上のことから容易に理解できる．この行動はまた月光によっても影響を受け，その明るさと移動距離は逆相関の関係にあると言う[5]．

月周期行動 (Lunar rhythmic behavior)

先にアカテガニの幼生放出に月光周期も関係があることを述べたが，海の生物の場合には常に潮汐周期も加わってくるので，なかなか分離が難しい．例えば南洋のパロロ虫（多毛類 *Eunice fucata*）の生殖時の浮上遊泳体の群泳など，月光，潮汐何れの影響かという点で研究者によって主張が違う（森，1948; Palmer, 1995a, 参照）．しかしその区別をした研究もある．例えば，B. Kennedy & J. S. Pearse (1975) はカリフォルニアの Santa Catalina 島のガンガゼの一種 *Centrostephanus coronatus* の産卵周期が，7月下旬から8月上旬のうちの，満月に続く1週間内に起こり，これは月光周期と同調したものであり，潮汐周期とは関係がないと報告した．海の動物の周期活動については，上述のように月光と潮汐の影響を区別するのは難しいが，陸上や内陸湖沼の動物については，その点単純である．かつて G. L. Youthed & V. C. Moran (1969) は，ウスバカゲロウの一種 *Myrmelon obscurus* の幼虫（アリジゴク）が捕食のために掘る穴が，満月時に最大，新月時に最小となると報告したことがある．彼等によればこの周期現象は，恒常照明，暗黒中でも若干期間続くので，内発的な性格を持つと考えた．Z. M. Gliwicz (1986) はアフリカの Zamvezi 川のダム湖で動物プランクトンの数の増減を調べ，月光周期の影響を主張した．そこには4種の枝角類（*Bosmina, Diaphanosoma, Ceriodaphnia, Daphnia*）と2種の橈脚類（*Eodiaptomus, Mesocyclops*）がいるが，その密度の増減を，1982－1983年にわたって調べたところ，新月を中心に増加し，満月を過ぎると急に減少した．その間に1桁以上の周期的変動があった．その原因を調べたところ，動物プランクトン食魚のタンガニカイワシ（*Limnothrissa miodon*）が，日入後の満月の明かりを利用して，夜間上層に移動してくるこれらのプランクトンに対する捕食圧を強めるためであることが分かった．さらに H. Fukuhara ほか (1992), 福原晴夫 (1994) は，ブラジルの Dom Helvécio 湖に棲むフサカの一種 *Chaoborus magnificus* の羽化が，年中水温もほとんど変化しない熱帯湖であるにもかかわらず，7月の新月およびそれに続く数日間に集中して起こることを見て，月光の影響の重要性を指摘した．

このように月光は，単独で重要な周期的影響を与えることもあるが，また地球の公転と関係のある一年のうちのある時期とか（この場合は年周期行動ともなる），潮汐周期と結び付いて影響を与えることも多い．

年周期行動 (Annual rhythmic behavior)

四季の移り変わりに従って，動物の行動は著しい変化を示す．冬眠，夏眠，渡り，生殖行動，食性の変化などの現象から，昆虫などの世代交替に伴う諸現象まで，多様である．奈良のシカ（*Cervus nippon*）の生活を詳しく研究した川村俊蔵は，彼等の生活の年周期を明らかにした（川村，1957）．図3‐15はその結果をまとめたものである（川村，未発表）．雄は2～8月にかけて群れとなって行動するが，10, 11月の交尾期には分散して，そのうち強力なものはなわばりを作る．交尾期が終わればまた群れを作る．雌は11～4月に群れを作り，5, 6月

に子供が生まれると分散して行動する．その後交尾期に多少集合して動き，交尾が終わる頃には再び群れを作る．

シカのこのような生殖を中心とする行動の年周期変化は，日長の年変化（光周期，Photoperiod）を通じて引き起こされる．交尾行動は，秋になって次第に昼間の時間が短くなることが引き金となるので，短日動物（Short-day animal）と呼ばれる．反対に，春になって昼間の時間が長くなる時に生殖行動が起こるものは長日動物（Long-day animal）で，鳥の生殖行動などがこの類である．春にさえずるウグイス（*Cettia diphone*）を，夏の終り頃から人工照明を20時頃までつけて明るい時間を長くしてやると，10月頃からさえずらせることが出来る．この処理によって，1月1日にウグイスの声を放送することが出来る．このウグイスに関する技術は我国で開発され，'夜飼い（Yogai）'という言葉を外国でも使っている（森, 1946）．

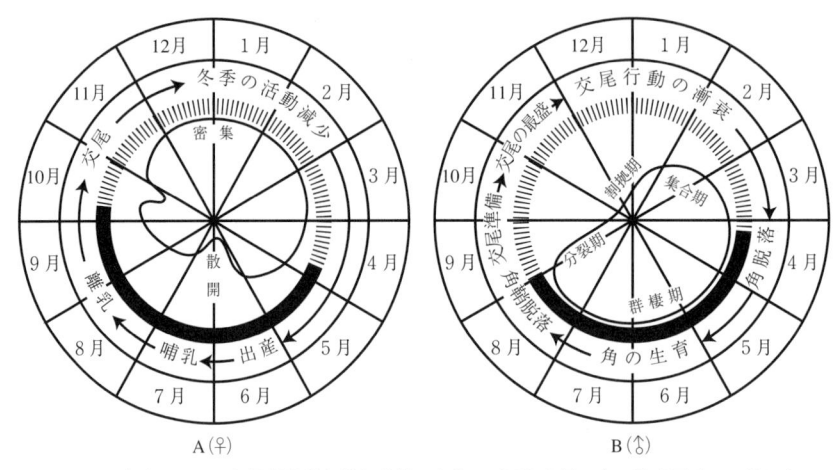

図 3-15　奈良のシカの年周期行動と外部形態の変化．両図とも黒い太い線は夏毛の，横しまの線は冬毛の期間を示す．[川村未発表]

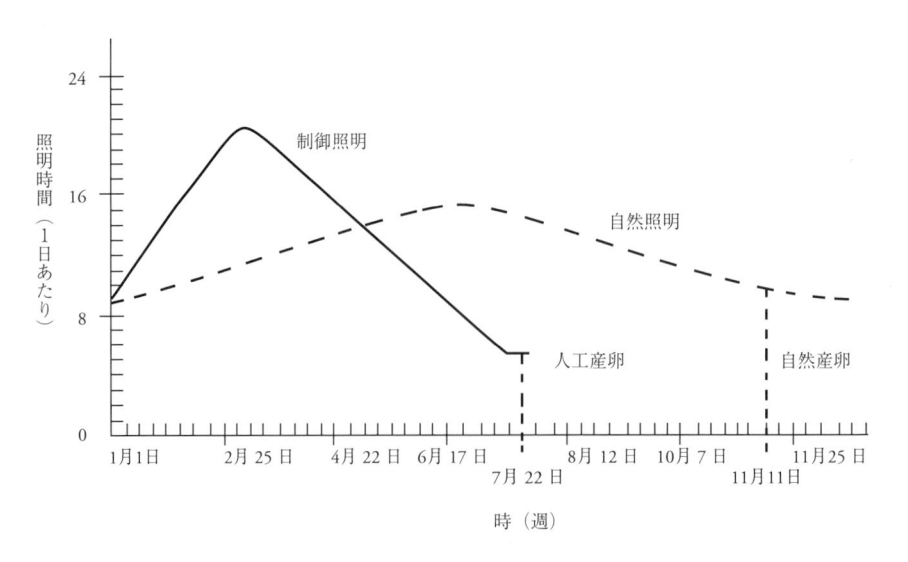

図 3-16　カワマスを用い，人工照明時間を変えて，産卵時期を早めた実験．[Hazard & Eddy 1950]

魚でもこのような研究がある．カワマス（*Salvelinus fontinalis*）は秋（10〜11月）に産卵するが，人口照明によってその産卵時期を早めることを，T. P. Hazard & R. E. Eddy（1950）がはじめて発見した（図3-16）．

我国での研究としてはアユ（*Plecoglossus altivelis altivelis*）に関する，旧農林省淡水区水産研究所や滋賀県立彦根水産試験場で行われた一連の研究（主として白石芳一，伏木省三等による）が有名である．アユは秋に産卵する短日魚であるが，夏8月以降人工照明によって短日になるのを防ぐと，秋に産卵せず，したがって秋に生涯を終わらず，翌年まで生き延びさせることが出来る．こうして正月の食膳にアユをのせることが出来るようになった．また春季に一定期間長日処理をしてから，自然日長に帰すと，産卵時期を早めることが出来る（伏木，1979，に総説がある）．

年周期行動はまた温度変化にも大きい影響を受け，冬眠などが起こる．下泉重吉（1943）の研究したヤマネ（*Glirulus japonicus*）などその例である．この動物は気温24℃以上では一日中活動しているが，22〜16℃では昼間眠り，夜間起きて活動する．12℃以下では冬眠するが，面白いことに−15℃以下になると目覚めて凍死を防ぐのである（ただしこの温度に長くおくと凍死してしまう）．ただし最近 R.Otsu & T. Kimura（大津良英・木村武二，1993）は，ヤマネの冬眠入りは，温度も大切だが，むしろ食物の入手可能性の方が大きい影響を与えると述べた．真冬の自然気象条件下で，絶食させると安定した冬眠状態に入るが，餌を十分に与えると安定した冬眠状態に入ることが出来なかったという．またN. Kondo（近藤宣昭）& T. Joh（1995）はシマリス（*Tamias asiaticus*）が冬眠に入る際，肝臓で年周期的に生産される冬眠特異蛋白質（Hibernation-specific protein, HPs）が血中に入ることが，低温と同時に必要であるという．なお哺乳類の冬眠をめぐる生態生理については森田哲夫（1995）の総説が参考になる．

昆虫でも幼虫齢の進行，蛹化，羽化，産卵と進む一連の生活史現象は，年周期的に行われるものが多い．この年周期行動が，日照時間と温度の変化の組み合わさった条件変動に支配されている例として，カイコ（*Bombyx mori*）に関する研究を挙げることが出来る（諸星静次郎，1949）（図3-17）．

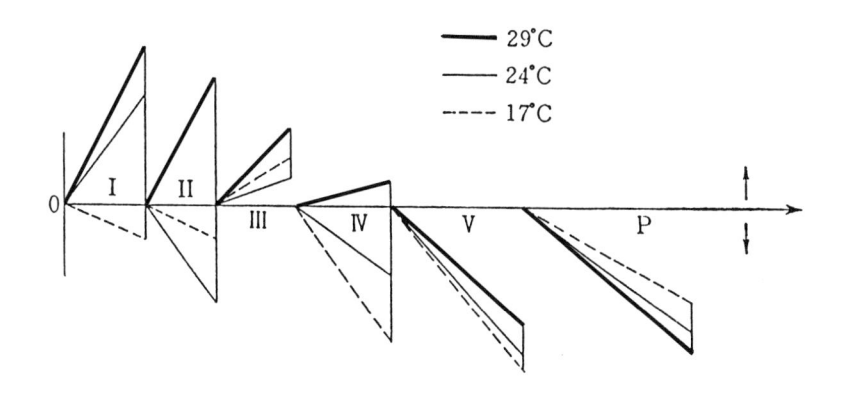

図3-17　カイコの各齢の発育と，明暗および温度の関係．Ⅰ〜Ⅴは幼虫の齢，Pは蛹，上方は明よりも暗の方が発育良好で，下方はその逆，中央の0線より上下に離れるにしたがって発育促進が大．したがって3齢ごろまでは暗において発育が進み，4齢以後は明において進む．また低温では稚蚕期でも明において発育が進む．
　　　［諸星 1949］

昆虫が休眠に入るかどうかは，日照時間の長短が主要因となり，これに温度などの組み合わせで決まるものが多い〔この件に関する研究はおびただしい数に上る（日高敏隆・松本義明（監修）の環境昆虫学（1999）に載せられている正木進三ほか数名の研究者の総説は参考になる）が，ここでは諸星の研究を除いて省略する〕が，河野義明（1994）の研究したニジュウヤホシテントウ（*Epilachna sparsa*）では，さらに栄養条件も重要な関係を持っているという．この虫は短日条件で産卵を停止し休眠状態に入るが，その時大いに食って脂肪体を増量しなければ，休眠状態に入ることが出来ないという．さきのヤマネの冬眠入りの条件でも栄養状態が関係したが，栄養は内分泌などを含めた全身状態の決め手として，さらに研究を要する．

　年周期行動のきわめて大規模なものに，鳥[6)]や魚の年周期移動がある．なかでもキョクアジサシ（*Sterna paradisaea*）の移動は，その規模において群を抜いている．この鳥は北極の繁殖地から南極まで1万6000kmを毎年旅行する．カナダ東部で繁殖するものは，大西洋を2回渡って南へ行く（B. Kullenberg, 1946）（図3-18）．この旅行は何によって導かれるか，的確には分かっていないが，太陽の相対的位置を認識して，これをコンパス（Sun-compass）として行うとされている（桑原万寿太郎, 1965; K. Schmidt-Koenig & W. T. Keeton, 1978; T. Alerstam, 1990, 参照）．なお鳥の年周期移動は長距離にわたるものが多いので，そのルートの確定は容易でない．最近人工衛星ノアを使って，アルゴスシステム（Argos system）というデータ収集が行われるようになり（図3-19），マナヅル（*Grus vipio*）の移動ルート（鹿児島県出水－中国黒竜江省）が確認され（樋口広芳, 1993, 1994; 藤田剛・樋口広芳, 1995; H. Higuchi ほか, 1996），またタンチョウヅル（*Grus japonensis*）についても大陸に二つのルートがあることが確認された（H. Higuchiほか, 1998）．

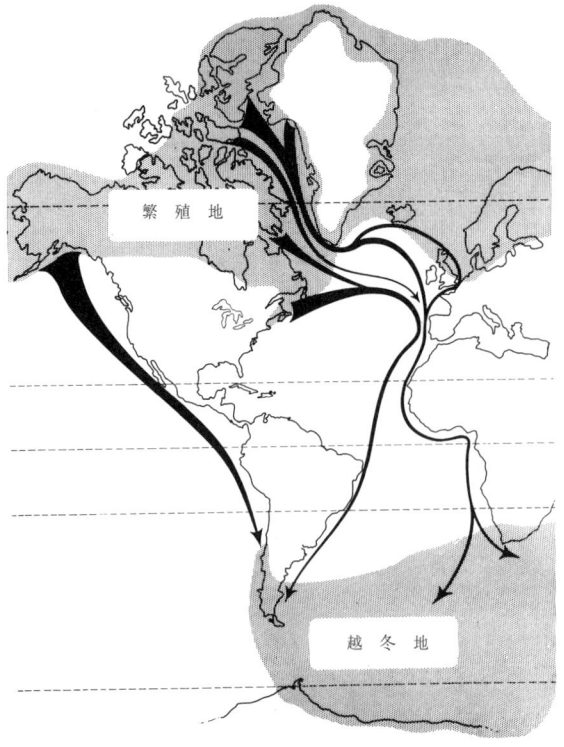

図3-18　キョクアジサシの年周期移動のルート．[Lincoln 1950]

図 3-19　人工衛星を利用した渡り鳥の移動ルート追跡の仕組み．情報は，鳥につけられた送信器→気象衛星ノア→アメリカ・フランスにある地上受信局→アルゴス情報処理センター→緯度・経度の位置情報に変換→研究者，の順で流れる［樋口 1993］

　このような年周期行動は全く外界条件の年周期的変化に依存して行われるのか，または多少とも体内の生理周期が内因性のものとして関係があるのか．これについて興味深い研究が，E. T. Pegelley & K. C. Fisher（1963）により，ジリスの一種 *Citellus lateralis* について行われた．この動物を恒温（0℃，21℃および35〜38℃）恒明暗状態（LD 12：12）のもとで，2年にわたって飼育したところ，0℃および21℃飼育の場合，体重，摂食量，体温および冬眠期間について明瞭な年周期が見られたのである（図3-20）．ただし35〜38℃飼育の場合は冬眠現象は見られなかった．このような年周期現象を概日リズムにならって，概年リズム（Circannual rhythm）と言う．この種の概年リズムは，その後の研究で，30種ほどの動物について知られているが，それらについてはE. Gwinner（1981）の総説がよい参考になる．

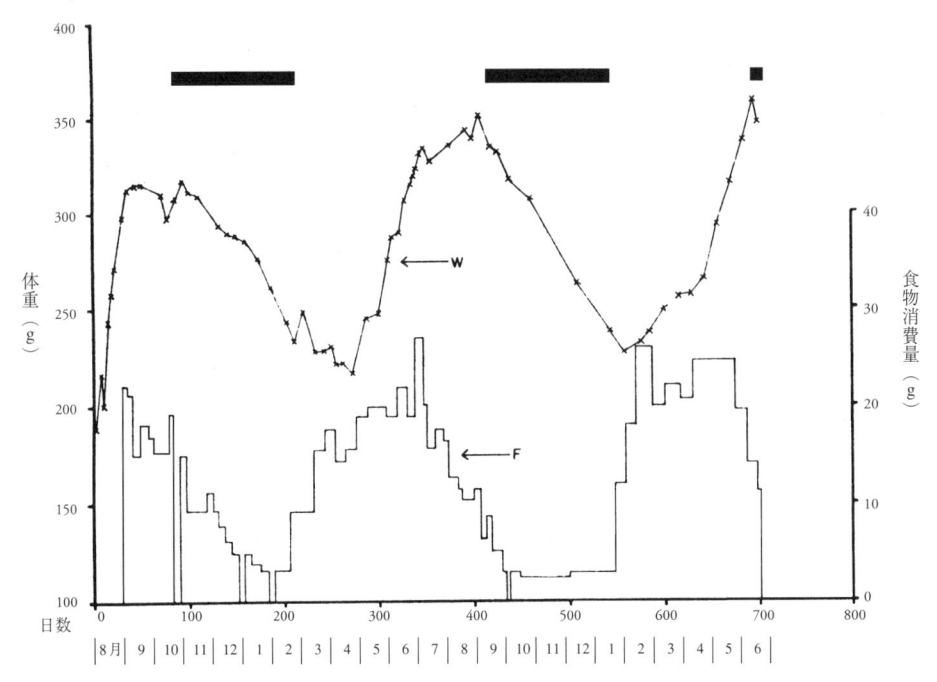

図 3-20　恒温（21℃），恒常照明暗黒（LD12：12）条件下で，ジリスの一種 *Citellus lateralis* に見られた，冬眠，体重，摂食量の年周期リズム．黒横棒：冬眠期間，W：体重，F：日々の摂食量．［Pengelley & Fisher 1963］

概年リズムの計時機構がどうなっているかについては，諸説があるが，現在確かなことは分かっていない（井深，1990）．

前にアカテガニなどの生殖行動のところで述べたが，このような無脊椎動物の生殖は年周期的に行われるが，一年の経過の中で何時生殖行動が起こるかについて，いろいろと要因分析が行われている．例えば，ニッポンウミシダ（*Comanthus japonica*）の放卵行動の発現について紹介する．この現象はK. Dan & J. C. Dan（団勝麿・団ジーン，1941）によってはじめて報じられたが，H. Kubota（久保田宏）がこれを受けついで，28年間にわたる研究結果を1989年にまとめた．このウミシダは日本の温かい太平洋岸に棲み，限定された条件のもとで産卵行動を行う．おおよそ毎年9月末から10月中旬の，水温が23℃以下に下がる，第1・四半月および第3・四半月のうちのある日の，14：30－16：00に集中して起こる（この日を主産卵日と言う）．9月末から10月中旬という，一年のうちのある時期の決定は，その頃低下する水温が決め，同時に上弦および下弦の頃というのは月に基づく何らかの影響が考えられ，一日のある時刻というのは地球の自転に関係がある．どうも海の動物の生殖行動には，前に述べたように，このような複雑な要因に関係がある現象がしばしば見られるようで，筆者（1994a）もウミサボテンの放卵放精が10月中，下旬のある特定の日の，日の出後2～2時間半経った頃（午前8時頃）起こるのを見た．群体を別々に離して独立に飼育しているにもかかわらず，一斉に起こったのである．ハナヤサイサンゴ類（*Pocillopora verrucosa, P. eydouxi*）でも似た現象がある．この両者はいずれも日の出後すぐに放精放卵が行われるが，その時期は，前者は5，6，7月の新月後1～6日の間に，後者は6，7月の満月後1～5日の間に行われる（R. A. Kinzie Ⅲ，1993）．

3-3-2　環境条件の周期的変化との同調が明らかでない周期行動

これにはいろいろのものがある．20時間以下の周期で起こるものもあれば，数年の周期で起こるものもある．その原因としては，体内の未知の生理周期によると考えられるものもあるし，また生物群集の中の相互の関係から起こると考えられるものもある．

S. Daan & S. Slopsema（1978）はハタネズミ（*Microtus arvalis*）の個体群で，摂食活動に数時間のリズムがあることを見出した（図3-21）．このような周期活動を超日周期（Ultradian rhythm）と称している（井深，1990）．この場合，群の他個体の動きが刺激となって，全体として周期を現すことも考えられる．なお，原生動物 *Tetrahymena pyriformis* にも環境温度不依存の超日周期として，酵素の Tyrosine aminotransferase の活動に4～5時間の（J. Kämmerer & R. Hardeland，1982），また呼吸の酸素消費活動に約30分の（F. Kippert，1996）周期現象が見出されているが，これらは心臓拍動周期のような生理周期への結びつきを示唆するものとして興味深い．

魚ではサケやマス類の移動が有名である．太平洋のマス類のうち，Yukon川で産卵する*Oncorhynchus*属のものは，海に下って4,000kmも沖に出て，1～7年間そこで暮らし，また生れ故郷の川に帰る．この太平洋での航海は，太陽の位置を認識し，これをコンパスとして行うと言う（A. D. Hasler，1966）．しかしまた，北太平洋を回遊するサケ類が，太陽コンパスを利用するのは困難であるという考えもある（上田一夫・青木清，1984）．ここは曇天で霧が立ちこめた日が多く，しかもかなり深いところ（水深60m）を泳ぐこともあるからである．この際磁気感覚が重要でないかと言う．なお母川回帰の行動は，Haslerほかの発見したにおい物質の

嗅ぎ分けが重要だということになっている (Hasler & W. J. Wisby, 1951). いずれにしろこの行動には, サケやマスの生長に伴う体内生理状態の変化が関係するであろうが, 詳しい因果関係は分かっていない.

　哺乳類と鳥類について, 固体数が数年周期で変動する例が知られている. 伊藤 (1959) は従来の知見をまとめ, ツンドラに生活するものでは4年周期のものが多く, タイガに生活するものでは10年周期ものが多いと考えたが, これについては8章を参照されたい.

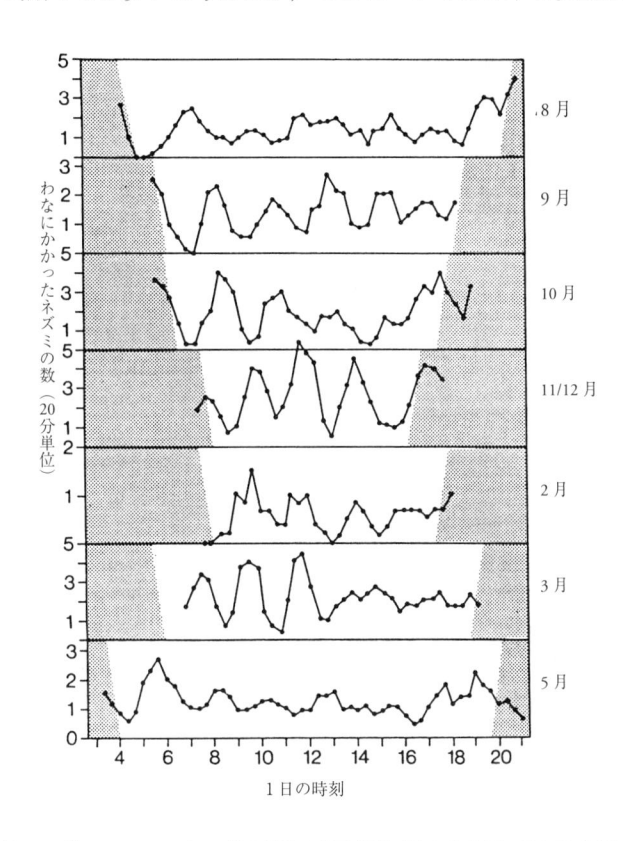

図3-21　ハタネズミの1種 *Microtus arvalis* の摂食行動の超日周期 (ウルトラディアンリズム). 野外トラップにかかるハタネズミの数を, 細かい時間経過に伴って計ると, 日中に少なくとも3回のピークをもった, 数時間の周期がある. これには季節性があり, 11・12月に最も著しく, 5・8月に明瞭さを欠く.
[Daan & Slopsema 1978]

3-3-3 自律周期行動の発生と進化史

　自律周期行動は他律周期行動から発達してきたという説は, 多くの研究者が抱いている考えである (森, 1945a; 井深, 1990). その説明を図3-22について行う.

　図のイ-経路とは, 行動に対し外界要因が直接に影響し周期を維持する場合で, 外界要因の働きがなくなれば周期は乱れる (前記A-1型の場合). 動物はもともと, ある環境周期条件のもとに棲むようになった当初は, 皆このような型式をとるものと考える. このような環境条件のもとで長く棲んでいると, 周期的に変化する外界要因の刺激がなくても, ロ-経路の

48　第3章　行動理解の基本

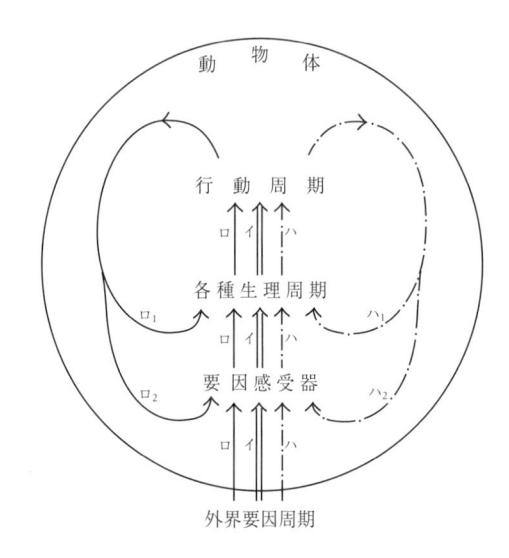

```
          動　物　体

        行　動　周　期
          ロ イ ハ
        各種生理周期
     ロ₁   ロ イ ハ   ハ₁
        要　因　感　受　器
     ロ₂           ハ₂
           ロ イ ハ

        外界要因周期
```

図3-22　自律周期行動の起源と発達を示す一般的模式図.
　　　　イ（2重実線）：始原（型的外発周期）経路.
　　　　ロ（単一実線）：第一義的自律周期経路.
　　　　ハ（鎖線）：第二義的（型的）自律周期経路.
　　　　　　　　働く場合も働かない場合もある経路. ［森1945aを改修］

ように体の内部の生理代謝の周期的変化によって行動周期は発現されるようになる（前記A-2型）．この際高等動物では，外界刺激感受器（主として視覚器）が強力に介入した経路（ロ2）となり（時計器官が存在する状態），下等動物で中枢神経系や特別の感覚器官を欠くものでは，ロ1-経路のように生理代謝周期（第一義的代謝周期とする）と行動周期が直接結びついた状況（前記行動—代謝連鎖仮説に述べたような型）が現れる．このロ段階では外部の周期条件の影響はまだ受けているので，外部条件の周期的変化が自己の内部周期の許容範囲内であれば，それに従う（同調する）．その範囲外となれば，自己本来の周期を固執することになる．多くの動物の自律型周期行動は，この段階のものである．次にハ-経路による周期行動は典型的自律周期行動で，今まで棲んでいた外部環境からの周期的エネルギー供給がなくなっても，すなわち恒常環境条件のもとでも，長い期間にわたり，場合によっては代を重ねて，従来の周期行動を維持し続けるような場合である．この周期行動が遺伝的なものであることが証明されたものもあり，遺伝子の特定さえ行われていることについてはすでに述べた［千葉・高橋, 1991; 近藤孝男・石浦正寛, 1994; 山元大輔, 1994, 1995; J. D. Palmer, 1995a, b; Y. Takanaka（高中陽子）ほか, 1995 等参照］．もっともこの場合でも，外部環境の周期的変化（ある周期内のものに限る）を与えれば，それに同調する（Entrain）のが一般であろう．

　なおA.T. Winfree, 1987; Y. Takanaka（高中陽子）ほか, 1995, は概日周期を中心として，心臓や呼吸の自律周期も含めて，それらの形相解析的分析を詳しく行い，それらを起こす生化学的機構にせまろうとしているのは参考になる．

　この点に関して，いささか伝統的生態学の範囲をはみ出すとは思うが，ここでA. Goldbeter（1996）と山元大輔（1997）の研究に触れておくのは価値があると思う．Goldbeterは単一細胞内の周期現象，多細胞からなる心臓周期や細胞分裂周期から，生態的日周期行動や月経周期

に至るまで各種の生物周期現象を，生化学的，分子生物学的，生理学的解析を中心としてではあるが（純粋化学的周期現象も視野に入れて），実験と理論の両面から統一的に理解しようとし，その機構として各種の正負のフィードバック過程を重要なものとした．また山元大輔（1997）は岡野・深田（1997）の研究などを参考にして，遺伝子（例えばショウジョウバエの*per*と*tim*）との産物であるタンパク質（例えばPERとTIM）の間にフィードバック構造が，生化学過程を介して，存在することを主張し，さらに進んで生物の生涯をかけたリズム（1回起こるだけ）と1分以下の短いリズム（生涯に反復される）との生起機構に本質的な差はないとまで考えた．これはGoldbeterの考えと併せ，また行動－代謝連鎖仮説と併せて，慎重に検討する必要があると思う．要するに生物に見られる周期事象の統一観に対する研究態度を筆者は'自然科学の進歩'の上から高く評価しておきたい．

3-4 行動のカオス的およびフラクタル的理解

カオス（Chaos）の一般的記述については，10章11節で述べるので，詳しくはそちらを見ていただくとして，ここでは行動のカオス的理解に関するB. J. Cole（1994）の見解を紹介したい．というのは，この問題は動物の行動の研究で今後大きく発展するだろうと考える方向を暗示していると思うからである．

まず，"行動で認められる最も大きい特徴はその変異性である．この変異性は行動現象に多様性を生み，我々が一般的結論を出そうとする能力を制限する"ということから始める．この変異性に基づいて，"動物の行動にはカオスが一つのありそうな結果として出てくるという思いに我々を導く．行動は非線形（Nonlinear）の過程の複雑な集合からなっている．……例えば，2個体の間に2回の攻撃行動があった場合の効果は，1回の攻撃行動の正確に2倍の効果を持つということはない．……行動はその複雑性のゆえに我々をカオスへの期待に導くのである．……相互作用をする非線形の要素をたくさん持っている複雑な系は，カオスを含む複雑な非線形動態（Nonlinear dynamics）を示しやすいのである"．

このような思考を経て，彼はFlorida Keysで，草の茎の穴に棲む小さいアリ（*Leptothorax allardycei*）の行動を材料として研究した．このアリは，コロニー全体としての行動を見ると，25分間隔の周期を持って活動する．ところが一匹一匹の個体の活動を見ると周期らしいものはなく，全く不規則に見える．しかしこの一匹ごとのアリの活動記録を詳しく分析すると，そこには一つのアトラクター[7]（Attractor，軌跡を引き寄せるもの，10章参照）があることが分かった．つまり単独のアリの活動におけるカオス的現象の出現である．

動物体内部の生理的，神経生物学的ネットワークは多分にカオス的要素を持つことは，多くの研究で実証されている．これらの体内機構の上に発現される行動は，したがってカオス的要素を持つことになる．一般に相互作用する変数が多くなればなるほどカオス的結果は多くなり，ニューラル・ネットワーク（p.92）などその著しいものである．これらの変数の中に正のフィードバックと負のフィードバックの機構を混合して含む場合，結果は非常にカオス的になりやすい．そして行動的機構はしばしば混合フィードバック機構（刺激と抑制など）を持つので，カオス的性格を現しやすいことになる．

また周期的な系は，周期的な刺激を受けてカオス的な型に入りやすい．流行病の感染に周

期的変化がある場合，カオス的現象が現れることについては，はしかの流行について論じられている．日周期および年周期現象もカオスと結びつきやすい．飢餓の増大が線形に起こり，ある閾値に達すると摂食が始まり急速に飢餓感がなくなるという繰り返し周期にも，その例が研究されている．

　社会生活における各個体の相互作用も，もしそれが他個体のタイミングに影響するならば，その集合的行動（Collective behavior）の結果は体内の生理的ネットワークと同じ効果，すなわちカオス的現象を生じる可能性が出てくる．

　Cole は以上の趣旨の論を述べた後で，動物の行動の研究に非線形動態を持ち込むことは，動物行動の理解に革命的結果をもたらすと主張している．筆者もこの論に賛成で，我々はますますこの方面の研究を深めていく必要があると考えている．なお彼は，カオスは決定論的（Deterministic）なものであるので，その事象の予測（Prediction）はある意味で可能であると述べている．しかしこの予測可能性については，一般には，遠い将来の状態は予測不可能とされていることを付け加えておきたい．

　なおカオスと密接な関係にあるフラクタル（Fractal）事象も動物行動の研究に利用されるようになっている[8]．その一例として，I. Shimada（嶋田一郎）ほか（1995）の研究を挙げよう．もともとフラクタルは自己相似模様（Self-similar pattern）の集合を一つの特徴として持っているが，彼等はキイロショウジョウバエ（*Drosophila melanogaster*）が摂食する際，餌場における移動速度の変化などに時間的自己相似現象のあることを見出した．そしてこのようなフラクタル性（Fractality）は，環境→中枢神経における情報処理→行動という適応的過程として理解したいと述べた．

3-5 行動を理解する際の擬人主義の思慮ある排除

　動物の行動を理解する際に，その本質的過程についての洞察を無視して，人間の行動や，その社会で行われている現象に単純に擬して理解する道をとらないことについては，既に述べた（まえがき参照）．このような道は，生物の世界の進化の事実を無視することになるからである．なるほど人間の行動なり考えの中には，動物的要素を内包しているが（例えば食欲，性欲など），しかし動物段階にはない高度の知性も備えている（付章1参照）．

　最近の生態学の論文や著書に，動物一般の行動を理解するのに（時として植物の生活を理解する時でさえ），戦略（Strategy）とか戦術（Tactics）とかいう言葉が頻繁に用いられるようになったが，このような言葉は人間の社会生活における高度の'かけひき'に関するものであり，同じ内容のことを動物（植物）の世界一般には到底考えることは出来ない部類に属するものである．これは擬人主義（Anthropomorphism）の典型例と思われるので，本書ではそのような言葉は簡単には用いない．例えば昆虫で，子供を産む際，雄と雌の比率を戦略的に産み分ける，といった表現が用いられることがあり，さらにそれに対して難しい数式を用いた説明が行われることがある．子供の雄と雌の比率が種の維持に都合のよい合終局的'結果'となっていることはあろうが，そのような現象の現れる'過程'に，何らかの戦略が用いられたなどとは到底考えることはできないのである．結果の評価と過程の機構は区別しなければならない．

実はこのようなことは，戦略という語を用いる研究者にもよく分かっている場合があるとみえて，例えば粕谷英一（1990）は，"行動生態学を含む生態学で使われる戦略という言葉には，生物が意識を持って考えてあることをしているという意味は全然ない．戦略ということばは，生物の性質とほとんど同じ意味である．……大部分の研究者にとっては擬人的な表現は，問題をあいまいにするものになっている．動物がいつもその結果を考えて行動を決定しているような表現は有害であり……"．このように述べながら，その著書にはけっこう随所に戦略という言葉を用いているのはどういうわけか．また伊藤嘉昭ほか（1996）も，生活史戦略という言葉の使用について，繁殖開始齢や寿命，繁殖にまわすエネルギー分配量などの生活史の諸形質は相互に関連していて，一つの環境条件のもとで諸形質の傾向がセットとなって進化するから，そのセットを戦略という言葉で表しているにすぎないので，生物学的にはそれ以上の意味はないと述べている．それなら'進化要因セット'とでも言った方が適当でなかろうか．D. J. Futuyma（1986）は戦略とは，遺伝子の表現型のことと考えているが，粕谷の性質や伊藤ほかの進化要因セットと同じ考えであろう．とにかく戦略などという語は，よほど高等な動物を除いて，簡単に用いるべき言葉ではないと考える．

　もっとも人間社会の用語が用いられている例は，生態学では相当にある．競争とか協同などという術語もこの例である．ただしこの場合は，人間社会の用語といっても，人間の動物的要素に基づくものであり，高度の過程としての'かけひき'などに関するものではない．したがって，用いることに大きな抵抗はなく，かえって過程の本質の理解に役立つであろう．

　この点について，かつて擬人主義追放の論を展開した今西錦司（1951）の意見は，味わうべきものを持っている．彼は，バクテリアやミミズは人間と同じように感じたり，思ったりすることはない，そういう類推（Analogy）に立脚した見方は排すべきである．そうは言っても，トリやケモノには，進化論的立場から言えば，人間に認められるのと同じものではないとしても，本質的には違わない，しかし程度の違った，程度の低いものなら，認められる可能性を保留しておかねばならないだろうと述べた．これは河合雅雄（1955）がカイウサギの生活の研究において，ある雄と雌とが'仲がよい'と表現したことについて，自ら吟味し，言いすぎた擬人的表現ではないと考えたのと一致する．

　ここでK. Lorenz（1983）の意見を紹介するのは意味が深い．彼はコクマルガラス（*Corvus monedula*）の社会順位について観察した時，群れを離れていた一羽の雄が，ある時群れに帰り，その群れのボスと闘い，ボスを負かせて自分がボスの位置について，若い雌とつがいになった．するとこの雌は，すっかり'大統領夫人'の気になって，威圧的な身振りで，荒っぽい行動で群れの連中をやっつけたと言う．この状況をLorenzは，"彼女はきわめて俗物的にふるまった"と述べた．そして続けて，"こんな表現をしても，私はけっして擬人化しているわけではない．いわゆるあまりに人間的なものは，ほとんどつねに，前人間的なものであり，したがって我々にも高等動物にも共通に存在するものだ，ということを理解してもらいたい．心配は無用，私は人間の性質をそのまま動物に投影しているわけではない．むしろ私はその逆に，どれほど多くの動物的な遺産が人間に残っているかをしめしているにすぎないのだ"と（日高訳による）．つまりこれは，擬人主義に対して，'動物主義'ともいうべきものかもしれない．少なくともLorenzの言うような'動物主義'は，擬人主義に比べて進化の事実に根を置いている．

　上のようなLorenzの思いは，ましてチンパンジー（*Pan troglodytes*）のような類人猿の研究者

に共通以上のものがある．J. Goodall（1990）は30年にわたってアフリカでチンパンジーとともに生活し，その詳細な日常行動を観察してきた．そして次のような心境に到達している．"人間以外の動物の感情を人間の感情によって推しはかろうとすると，擬人的だとされ，それは行動学における最も根本的な過ちだとされる．しかし……チンパンジーと長い間親しくつき合ってきた人たちは，躊躇なしに，私たちが喜び，楽しみ，悲しみ，怒り，退屈などと呼んでいる感情と同じものを，チンパンジーも持っていると主張する．チンパンジーの感情状態のあるものは，あまりにも人間のそれと共通しているので，慣れていない観察者でも，何が起こっているのかを容易に理解することが出来る．……（チンパンジーと人という）二つの種が持っている基本的な情緒や感情や気持ちなどは，ほとんど同じなのだと考えるのが理論的ではなかろうか．"（高橋・高橋・伊谷訳より）．こうしてGoodallはチンパンジーとの間の感情移入（Empathy）を強調し，その行動の理解が決して擬人主義といわれるようなものではないことを力説するのである．これに関し伊沢紘生（1994）は，同じく類人猿研究者として，自らは擬人主義を極力避けながらも，行動科学におけるその有効性を評価したいとしている．

さらにD. R. Griffin（1992）は，多数の動物の行動観察の資料から，中枢神経系などの発達段階に応じて，動物にも意識・思考（場合によっては空想や夢のようなものまでも）を認めざるを得ない場合があることを論考しているが，この件については本章1節，2節に引用したので，ここでは省略する．

いずれにしろ，行動の過程の理解に，生物進化の幹を置き，下等で単純な構造機能のものから高等複雑でヒトに近い構造機能を持つものまで慎重に類別し，その上で安易な，人の気を引く擬人主義は排さねばならないと思う．この点についてはF. de Waal（1996）も同じ意見であるが，なお彼は慎重な吟味を経て，人間の'道徳性'に関する感情や認知能力の多くのものの底流とでも考えられるものが，霊長類などの行動にも認められることを主張している．

ここで一つ，物理生理学者R. Rosen（1983）の説を紹介しておきたい．彼は'科学的モデル'について，詳細な科学哲学的吟味を行った．そしてニュートン物理学では，目的論は排除され，目的因を考えることは科学の領域外としているが，複雑な系である生物は物理学的な記述方法の全く埒外にあり，ニュートン力学の立場から見ると，生物はシステムでさえないとまで言っている．そして生物では，ニュートンシステムを離れて，ある場合には目的について考えることもあり得るとした（これらの点に関し，2章2節，特にE. Mayerの考えも参照されたい）．ただし筆者は，これは人間的能力感性を，生物にまで拡張することではないと考えている．もっとも生物には，ある場合人間的能力を越えた能力を持つことがある（例えばコウモリの超短波探餌能力など）ことは，考慮に入れておかねばならないことも事実であるが．

なおA. C. Kamil（1994）は広く動物の知能[9]（Intelligence）について研究し，"動物の自然や実験室で得られた資料は，彼等の知能力が今まで考えられていたものよりはさらに偉大なものであることを示している"と結論している．M. S. Dawkins（1993）も似た意見を持ち，各種の動物の行動と心に関するきわめて慎重な吟味の後で，動物にも心の状態の自覚，すなわちある程度の意識（Consiousness）といったものも考えた方が事態の合理的理解が得られる場合があり，いわゆる純粋行動主義を乗り越えねばならないと主張している．このような見地からすると，先に図3-8に掲げた内容も，修正を要する可能性がある．また擬人論の内容も慎重な配慮のもとに吟味する必要があろう．ただし筆者は，上に述べた本旨には基本的な変更を加える必要はないものと考えている．

第3章註

1) 走性と向性（Tropism）を併せた用語．後者は固着生物が刺激方向に向く行動をいい，屈性ということがある．

2) ミツバチは餌場の方位を決めるのに，ある場合はここに述べたように太陽の方位を利用（太陽コンパス Sun-compass）するが，また地理的目標がはっきりしている場合（例えば森の縁に沿って巣と餌場がある場合など）にはその目標を利用する（桑原、1965、参照）．太陽コンパスの利用は，海洋を回遊するサケ類，季節移動する渡り鳥から，各種節足動物に至るまで広く知られている．海岸に棲むハマトビムシ類（Orchestiidae）も太陽コンパスを利用する能力があるとされるが，イタリアの西海岸のものを東海岸に持って行って放したところ，西方の内陸方向に動いたことから，地域個体群によって性質が違い，学習も関係あると言う（G. L. Cloudsley-Thompson, 1980, 参照）．

3) 環境条件に同調（Synchronize）して起こるといい，この時の環境条件を同調因子（Zeitgeher）という．

4) 脊椎動物の概日時計機構に関し，その歴史的な発達史も併せて，岡野俊行・深田吉孝（1995）が最近の知見をまとめている．もともと脊椎動物のこの機構は，光受容（入力）系，時計発振系，情報全身伝達（出力・メラトニン合成）系の3系からなるが，網膜（Retina）と松果体（Pineal body）はこの3系に絡み合った役割を果たしている．ただ哺乳類だけは器官の役割分担ははっきりしており，入力系は網膜，発振系は視交叉上核（Suprachiasmatic nucleus, SCN），出力系は松果体が働いているとされる．各系の研究はそれぞれ進められているが，肝心の発振系の研究が最も遅れていると言う．岡野・深田はその後（1997）脊椎動物にアメフラシやショウジョウバエ等の知見を加えて，分子生物学的探究（遺伝子の働きや生化学的過程を含む）の現状を解説している．また脊椎動物の時計遺伝子について海老原史樹文・吉村崇・鈴木亨（1997）は多数の文献を紹介し，哺乳動物の視交叉上核の働きについて"Chronobiology International", Vol. 15, No. 5（1998）が特集号となって，今までの知見をまとめている．

5) ここで日周期行動と遺伝子との関係について，温度不依存（Temperature independency）現象も含めて説明しておきたい．最近概日周期（時計）をある種の遺伝子が統御しているという研究が見られるが，Z. J. Huang ほか（1995）のキイロショウジョウバエ（*Drosophila melanogaster*）を用いた研究を紹介する．概日周期は一般にある温度範囲では温度不依存であり（環境温度が変わっても周期時間は変わらないということ），これが時計の存在を裏付ける大きい理由となっているといわれるが，現にキイロショウジョウバエの野生種では環境温度が15℃〜30℃と変化しても，周期は0.5時間ほどしか変わらない．この際の温度補償（Temperature compensation）には *per* という遺伝子が働いているが，これが変異して per^L というものになると温度補償がきかなくなり，上記温度変化の範囲で周期は27時間〜33時間と変化する．その際の遺伝子とタンパク質の関係も解析されている．さらにキイロショウジョウバエでは別に村田武英（1995）によって *ritsu* という遺伝子が発見され，このものは24時間の概日周期を27時間に延ばすことが分かった．最近このハエで *tim* という遺伝子も発見され，上記の *per* とともに光の照射に反応して概日周期の位相変化を起こすという（M. Baringa, 1996, 総説）．またアカパンカビ（*Neurospora*）で *frq* という遺伝子が関係あることが分かり（J. C. Dunlap ほか，1995），藍藻（*Synechococcus* sp.）についても関係する遺伝子の研究が行われている（近藤孝男・石浦正寛, 1994）．これらの生物時計の分子生物学的研究の発展の全貌が，海老原史樹文・深田吉孝編集の「生物時計の分子生物学」に詳しく解説されている．

なお温度不依存の問題に関する論議については森（1994a）を参照せられたい．また国際専門誌「Chronobiology International」14巻5号（1997）は温度補償の問題の特集号となっているので参考になる．

6) 鳥の年周期移動についての多くの文献が，T. Alerstam（1990）の「Bird Migration」に引用されて

いる.
7) アトラクターとは，摩擦のようなエネルギーの散逸を伴う一般のシステムにおいて，我々が定常的に長時間安定して観測し続けることのできるようなシステムの状態のこと．アトラクターの近傍を初期状態とする解は，アトラクターに引きつけられていく（合原一幸, 1993）.
8) フラクタル事象の指摘には長い歴史があるが，これを明確にしたのはB. B. Mandelbrot (1982) とされている．このフラクタルとカオスとの関係については，山口昌哉（1993）を参照されたい.
9) Kamil (1994) は次のような知能の定義のもとに問題を考察した．"動物の知能とは，動物が環境に関する情報を得てそれを保持し，行動を決定する際にその情報を利用する過程をいう".

chap. 4 作用および反作用

4-1 はじめに

　図2-3に示したように，生物の個体または種は，その環境との間に密接な関係を結んで生活している．環境には大きく分けて2種類あり，一つは非生物的（無機）環境で，もう一つは生物的環境である．その関係の様子を，分かりやすく図4-1に示す．

　非生物的環境から生物への働きかけを作用（Action），生物から非生物環境への働きかけを反作用（Reaction），生物同士の働きかけを相互作用（Coaction）と呼ぶことにする（F. E. Clements, 1904，による）．

　これらのうち，作用については古くから研究され，動物の生態理解に欠かせない重要なものではあるが，詳しく説明している教科書が他にもあるので，本書では省略する．必要な読者は，次の書を参照されたい．W. C. Allee ほか, 1949; H. G. Andrewartha & L. C. Birch, 1954; 森, 1961a; F. Schwerdtfeger, 1963; R. L. & T. M. Smith, 1998; G. N. Louw, 1993; M. Begon ほか, 1996; P. Stiling, 1999 など．なおその際次のような事項について注意する必要がある．1）現在までに研究者がほとんど注意しなかったような環境作用：例えば地震の際に発生する地磁気の作用（池谷元伺, 1996）など．2）相互作用の影響を受けて変化する環境作用：例えば M. E. MacGregore（1929）の研究したヤブカの一種 *Aedes argenteus* の酸性環境での生育状況の変化など——このカは普通 pH 4 くらいまでの水域に生息しているが，もし微生物がいなければ pH 2 くらいまで棲むことが出来る，すなわち微生物の相互作用を仲介として環境水の酸性作用があるのである．

　また相互作用については，章を改めて説明する．5, 6, 7 および 8 章を参照されたい．

　そこでこの章では，特に反作用について説明することにする．反作用とは，上に述べたように，生物が非生物的環境に働きかけ，それによって非生物的環境の状態を変え，結果としてその生物の生存に都合のよいような（ある場合都合の悪い）条件を作り出すことである．反作用の大がかりなものは，陸上では主として植物の働きに見られる．これによって生態系の

状態は大きく変えられ，延いては動物の生活状態にも大きい変化を生ずる．水中では動物の反作用にも著しいものがある．以下にいくつかの反作用について説明する．

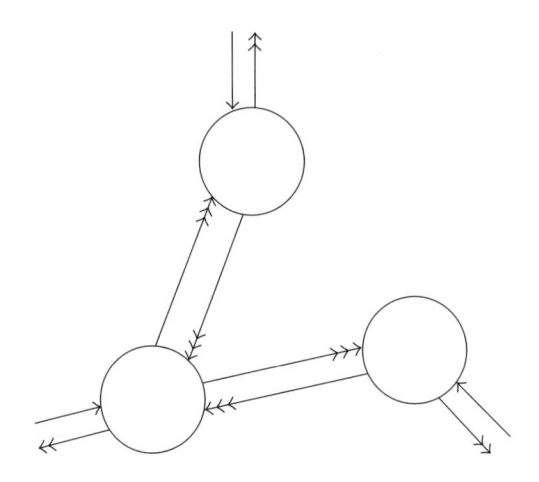

図4-1 自然に生活する生物（図中の○印）はどのような基本的関係のもとにあるか．
←─非生物環境の作用，◂◂─非生物環境への反作用，◂◂◂─生物相互作用．［Clements 1904に基づく］

4-2 対地反作用

　生物は，底質形成，地殻保護，地殻破壊の反作用に関与する．これは植物に著しいものが見られる．植物は地表を覆い，その浸食を防ぎ，自らの立地を固め，また落葉などの枯死体は，分解過程で栄養分となって次の世代を養う．この関係の文献は植物生態の教科書にたくさん出ている．

　動物に目を向けると，陸上ではシロアリやミミズなどの反作用が著しい．シロアリは熱帯地方でアリ塚を作る．これは深い所の土壌を地表に運び，高さ1〜4m，基部の直径1〜13m，地下12mくらいにも達する構築物を作り，中に100万〜200万の個体が棲むという．この深層土を地表に運ぶ働きは注目に値する．ミミズの土壌変革作用はさらに著しい．有名なDarwin（1881）の研究によると，イギリス本土では，ha当たり約13万匹のミミズが棲み，これが毎年約45トン/haの土壌を地表に運び，そのため厚さ0.5cmの地層が地表に新生したという．彼はまた，ある工場跡地で大きい石（163×43×25cm）が，ミミズの働きにより，35年間に3.8cm土中に沈下したこと，あるいは古代遺跡の埋没に，ミミズが大きい働きをしたことを観察している．なおこのミミズの生育個体数については，ha当たり60万〜120万に達したという報告もある．また深層土の地表への運搬については，毎年90トン/haに達したという報告もあり（北沢右三, 1961a），さらにタイの草原では毎年225トン/haの記録があり，これにより地面上に厚さ1.4cmの土を敷くことになったと言う［H. Watanabe（渡辺弘之）& S. Ruaysoongnern, 1984］．ミミズは土壌のA1層およびA2層[1]の所に多く，深い所では1〜3mに達する層まで分布する．熱帯には長さ1〜2mにもなる巨大なミミズもおり，その土壌運搬作用は上述のように莫大なものがある．このようにしてミミズは絶えず土壌を耕し，その中に通気し，団粒構造の作成に力を及ぼし，栄養分の交換をもたらしている．反作用を通じて，

生態系の改変に偉大な効果を及ぼしていると言わねばならない[2]．

動物の陸上における対地反作用の今一つの例を挙げれば，鳥糞によるグアノ形成であろう．中でもペルー地方のグアノは有名で，1800年代に島によっては30～40mの厚さに積もっていたという．1840～1880年にわたる40年間はペルー史でグアノ時代とされ，これを肥料として掘り出してヨーロッパ諸国に輸出した量は2,000万トンに及ぶとされている（室田武，1993）．

さて水の中に目を向けると，陸上に比べて，動物の反作用にもなかなか著しいものがある．その最大のものがサンゴ礁（Coral reef）の形成である．始原の地球の大気にはきわめて多量の二酸化炭素が含まれていたが，このガスの固定に，サンゴ礁の生長がある程度の大きい役割を担ったことは確かであろう．もちろん共生する緑色藻類の働きと合わさってのことであろうが，巨大なサンゴ礁は，他の多くの生物に棲所を与え，魚類の生息場所としても水産資源を保持育成するうえで大きな役割を果たしてきた．また広大な海底が動物プランクトンの遺骸で出来ているという事実を忘れてはならない．世界の全海底面積の34％（4,775万2,500平方マイル）に有孔虫グロビゲリナの遺骸が堆積している（*Globigerina* ooze）．これは深さ約800mから6,000mの海底に分布し，赤道太平洋では100年に厚さ約2mmの割で積もっていると言う（H. V. Sverdrupほか，1942）．この成分の30％以上は炭酸カルシウムで，このものも大気の二酸化炭素の減少に歴史的役割を果たしているであろう．

海底や湖底の堆積物の中に棲む動物たち（多毛類，二枚貝，甲殻類，ナマコ類など）も，常に大きい反作用を示す．菊地永祐・向井宏（1994）は生物攪拌（Bioturbation）として，海底堆積物中に棲むこれら動物たちの反作用のみならず，相互作用についても優れた総説を試みている．その中に引用されたところによると，甲殻類のスナモグリ類（*Callianassa*）は30cmの砂層を，1ヵ月に59％も回転させ（G. M. Branch & A. Pringle, 1987），またナマコの一種 *Leptosynopta tennis* は表層堆積物を0.7～4日に1回の割で回転させると言う（A. C. Myers, 1977）．さらにこれらの動物の存在によって，堆積表層部の物質交換（有機物分解に伴う炭素，窒素，硫黄の循環など）にかかわるバクテリアの活性は，例外なく促進される．さらにH. Mukai（向井宏，1998）は多毛類のタケフシゴカイ科（Maldanidae）の生物攪拌について研究を進めたが，日本水産資源保護協会（1997）の資料を用いて計算したところ，大船渡湾（平均生棲密度442.7個体/m^2）で，毎日346cm^3/m^2の底土を表層に運び，これは毎年厚さ12.6cmの表層土を造成したことになるという驚くほど高い値を得た．中型底棲動物[3]（Meiobenthos）を含めた生物攪拌は，今後の大きい研究課題と思われる．

湖底や川底に棲むイトミミズの働きも，陸上のミミズに比べられるものがあることが分かっている．このものは水底の泥を飲み込んで有機物の一部を取り入れ，糞を排出する．諏訪湖では，イトミミズの個体数は季節によって変動するが，年間平均では1m^2中に，浅い所で120～180，深い所で2,900～10,000以上を数えた．またその消化管を通過する泥は，一年間1haにつき，浅い所で約52トン，深い所で147トンと計算され（北沢，1961a），これは先に述べたイギリスのミミズに匹敵する．これらのイトミミズは底表面から深さ約4～10cmの層に最も多く，彼等が新しい生物遺体を含む表面の泥土を深部に運び，同時に酸素を底土中に運ぶことによって，バクテリアなどの有機物分解能を高めていることは注目すべきである．

河をせき止めてダムを作るビーバーの働きも相当なものである．北米に広く棲むアメリカビーバー（*Castor canadensis*）についてM. M. Pollockほか（1995）の研究によると，カナダの

Quebec 地方ではダムの長さ1kmあたり1万m³の堆積物を作り，これから河水中に大量の炭素化合物（DOC, POC, メタンなど）を放出し，また付近の河辺林の種多様性を大幅に増すと言う．しかしこれらの働きは地方的なもので，地球規模のものとは言いにくい．

この他，海岸の岩礁地帯で岩石に固着して生活するフジツボやカキ・イガイなどが，多少水流を妨げ，露出時に湿気を保ったりする反作用があり，これが固着生物幼生の着生に影響を与えていることが報告されているが（岩崎敬二, 1990），海藻や高等水生植物に比べると，このような反作用は微々たるものであろう．

4-3 その他の反作用

大気や水に対する物理的反作用，化学的（栄養的）反作用など，すべて植物には顕著なものがあるが，動物には，人間を除いて，地球的，生態系的スケールのものとしては，著しいものはない．個体群をめぐる程度の環境改変反作用には多少その例がある．例えば，セイヨウミツバチ（$Apis\ mellifera$）は冬に巣の中に閉じこもっているが，これは冬眠をしているのではなく，巣の中で集団（Cluster）を作り，めいめいがその中心に入ろうとして（蜂球を作って）動き回っている；その際この運動によって体熱を放出し，外温が−17℃であっても，巣の中の温度は＋18〜32℃に保たれているのである．仮に10,000匹の集団とすると，発生する代謝熱の85〜95％が集団の温度を上げるのに使いうると言う（K. Schmidt-Nielsen, 1990; J. Davenport, 1992,等参照）．最近の別の研究によると，ミツバチは冷えてくると蜂球の形成と飛翔筋の運動により−80℃の外気の中で巣内の温度を＋35℃に保ち，また熱くなると扇風と水や蜜の蒸発熱の放散を使って，＋60℃の外気の中で巣内の温度をやはり＋35℃に保つと言う（佐々木正己, 1993, 参照）．さきに述べたようにシロアリは巨大な構築物を作って対地反作用としては見るべきものがあるが，一方D. A. Schaefer & W. G. Whitford (1981) がNew MexicoのChihuahuan 砂漠の $Gnathamitermes\ tubiformis$ について研究したところによると，その代謝に伴って大気中から取り入れる窒素はわずかに66g/ha/年 で，大気中に現存する窒素量（約77,320kg/ha）に比べると全く問題にならない量である．

さて人間は動物の頂点にあるが，あらゆる意味で例外的存在である．その反作用によって，地球上のすべての生物の死命を制するほどの影響を引き起こしているが，これらについては13章および付章1を参照されたい．

第4章註

1）土壌の層分けは普通 $A_{00}, A_0, A_{1-3}, B, C, R$ のように行われる．A_{00} は最表層の落葉・落枝層（リッター層）で，A_0 はその下の腐植質に富んだ層，A_1 はその下の暗色の有機質に富んだ層，A_2 はさらにその下の明色の有機質のやや少ない層で，総じてA層は生物活性の豊かな無機物質の溶脱層である．以下B, C層は溶脱された各種無機物質の集積する層で，Rは基盤岩である（R. L. Lincoln ほか, 1982, による）．

2）ミミズ類の生態に関する文献は多くないが，前記 Darwin（1881）によるもののほか，畑井新喜

司 (1931), C. A. Edwards & J. R. Lofty (1977), J. Minnich (1977), H. Watanabe (渡辺弘之, 1994), 中村方子 (1996) 等によるものが参考になろう．またシロアリの対地反作用については，H. Watanabe (1994) の論文が文献引用もあり参考になろう．

3) 1 mm 目の篩を通り，0.1 mm 目を通らない程度の大きさの生物．

chap. 5 相互作用を考えるはじめに

5-1 相互作用と作用・反作用の本質的関係

　前章で作用と反作用および相互作用の関係について，図4-1に模式的に示して説明した．この3作用は生物の生活にとって，いずれもきわめて重要なものであるが，筆者は，そのうち作用と反作用が1次的な作用関係であり，相互作用はそれら両作用の上に成り立っている作用関係であると考えている．相互作用が生物同士の作用関係であるといっても，その関係を媒介するものは反作用であり，反作用を起こすもとは，過程を厳密に考えると，作用である．例えば，二つの個体が何らかの相互反応を示す場合，一般的にまず相互の存在や行動を認識する必要があるが，その認識は，光とか音とか化学物質を通じて視聴覚器官あるいは他の感覚器官を刺激し，また刺激されることによって生ずるものである．光とか音とか化学物質の変化は，物理的には，作用と反作用を通じて起こされるものであるから，その過程を経た後で相互作用は起こることになる．

　生物が自発的に発光したり，発音したり，化学物質を出すことはあるが，その場合でも空気とか水とか土地とかいった非生物環境を媒介としてはじめて作用関係は成り立つものである．Alleeほか（1949）も似たような認識をしており，作用と反作用を生態系の第1次作用環（Primary cycle），相互作用を第2次作用環（Secondary cycle）としている．ただし，第1次とか第2次とかいっても，重要さの程度を示すものではない．

　この間の事情は，特に植物の世界では明確であり，原登志彦（1993）は次のように述べている．"各個体は光や土壌という環境条件を通じて間接的に隣接個体と相互作用している．……この意味では，それぞれの種の各個体の生長は，群集を構成するすべての種の個体が作り出す環境条件に依存している．植物における各個体間競争は（同一種内であれ，異なる種間であれ），常に環境条件を通じて起こっているのである．"

　要するに，非生物的環境と作用・反作用は結び付いており，それにまた結び付いたものとして相互作用があるという状態の認識，すなわち生態系的認識が，この場合も生物の生活を

理解するための基本的認識となると考える．

5-2 相互作用理解の基本

　従来ほとんどすべての教科書において，相互作用に，競争・協同その他，いろいろの類別が行われている．この場合，相当に擬人的表現も含まれているが，それらの類別の言葉が広く知られているので，この章では，その概略の説明を一応行うつもりである．しかしその前に一つ，基本的な事項について，ぜひ触れておきたい．
　生物たちは自然で生活するのに，周囲から起こるいろいろの問題を解決しながらやっていかなければならない．この周囲ということの中には，非生物要因（光とか温度など）もあれば，生物要因（仲間とか敵，食物など）もある．これらの要因にかかわって起こる諸問題の解決に対し，Darwin（1958）は，生存努力[1]（Struggle for existence）という語を用いた．そして生物要因のうち，特に同じ（または似た）ものを要求する生物（すなわちCompetitor）との関係についてCompetitionと称し，敵（Enemy）などとの関係に対しては特別な用語を用いていない．その後の生態学研究者も，生物の生活について基本的にはDarwinの主張の内容を理解していても，主な関心が上のCompetition，すなわち競争に移り，その内容を深めることに努力を集注してきた．その結果，Struggle for existenceを生存競争と同義的に用いる人が多く現れた（例えば，G. F. Gause, 1934; 吉田敏治, 1967など）．しかし筆者はこの傾向に賛成でなく，Darwinの述べた内容そのままを重視して論を進めたい．作用，反作用，相互作用のすべての世界の中で，言い換えると生態系の中で，生活のために努力しているのが生物の生きざまの実態であると考えるからである．なおDarwinがCompetitorとEnemyを区別して考えているのは大変意義が深いと思っている．
　ここで相互作用と進化学説との関係についての重要なポイントとなる思想上の一，二の歴史に触れておきたい（11章も参照されたい）．Darwinは進化の重要な機構として，個体を中心とした自然選択（Natural selection）説を持ち出したが，これには相互作用関係としては，相互闘争（次節に述べる搾取作用や競争など）も相互扶助（次節に述べる協同作用や相利作用など）も共に含まれている．これに対しP. A. Kropotkin（1902）は，個体であると群であるとを問わず，相互扶助（Mutual aid）を最重要な機構として，多数の例証を挙げて（やや勝手な解釈もあるが）主張した．後に今西錦司（1949）はすみわけ（7章4節参照）論を進化機構に関係させて展開したが，筆者はこれは相互作用の結果現れた形相的事象に解釈を加えたもので，その由来経過の機構を示すものではないと考えている．

5-3 主として結果に基づき解釈した相互作用の類別

　前述のように従来多くの教科書で，相互作用の類別が行われてきた．それらを，主に相互作用の結果として現れたものに基づいて，筆者なりにまとめたものが，表5-1である．
　以下文献によってごく簡単に内容を説明する．
　① 不偏関係（Neutralism）　関連を持って（Associateして）生活しているが，相互に有利不利

主として結果に基づき解釈した相互作用の類別 | 63

表 5-1 相互作用の類別．ふつうの教科書に挙げられているものこれらは主として相互作用の結果として起こる現象について示したもので，相当に擬人的要素を含んでいる．関係生物種は個体または個体群である．

相互作用の名称	関係生物種 (A,B) の利害				明確な定義の最初の提唱者
	相互作用のない場合		相互作用のある場合		
	A	B	A	B	
① 不偏関係 Neutralism	0	0	0	0	E.P.Odum（1953）
② 協同作用（または原始協同作用） Cooperation（or Protocooperation）	0	0	＋	＋	F.E.Clements & V.E.Shelford（1939） W.C.Allee（1938）
③ 相利作用* Mutualism	－	－	＋	＋	一般用語（？）
④ 偏利作用 Synoecy or Commensalism	－	0	＋	0	L.A.Borradale（1929）
⑤ 相害作用 Disoperation	0	0	－	－	F.E.Clements & V.E.Shelford（1939）
⑥ 偏害作用** Amensalism	0	0	－	0	E.P.Odum（1953） 宮地伝三郎・森主一（1953）
⑦ 搾取作用 Exploitation 寄生 Parasitism 捕食 Predation ｝を含む	－	0	＋	0	W.C.Alleeほか（1949）
⑧ おれあい作用 Toleration	0	0	0 (?)	0 (?)	W.C.Alleeほか（1938）

* 共生［Symbiosis, A.DeBary 1879］は，相利作用（Mutualism），寄生（Parasitism），偏利作用（Commensalism）等を含んだ広い意味の言葉．［V.Ahmadjian & S.Paracer 1986; A.E.Douglas 1994 参照］
** 宮地・森はこの関係をPartial harmfulnessとした．

0：これという有利不利の関係のない場合
＋：関係生物種の生存に有利な場合
－：関係生物種の生存に不利な場合

の影響を与えない関係．このような関係が実際にあるのかどうか；近くに棲んで影響を全く与えないということは，あり得ないことであろう．

②協同作用（Cooperation）　相互に独立に生活すれば有利不利の問題はないが，作用し合えば互いに有利になるものの関係．例えば家族内の個体間の一般的関係など（手伝い Helper の問題など著しい）．なお原始協同作用（Protocooperation）とはAllee（1938）の造語で，下等な生物が無意識（Unconscious）に行う協同作用をいう．例えば魚が集団で生活している場合，自らの分泌物などによって，皆が毒物に対する抵抗性を得るなどの現象をいう．Alleeは意識的か無意識的かにこだわっており，擬人的内容の批判に対して何らかの自覚は持っていたようである．しかし，Unconscious disoperation という表現を使っているが，Protodisoperation という語を使っていないところに不徹底さがある．

③相利作用（Mutualism）　関係種の生存にとって相互作用は不可欠であり，その結果皆が有利になる場合．例えばシロアリとその腸内のセルロース分解バクテリアの関係，小鳥と種子植物の関係，昆虫と花粉・蜜を作る植物との関係など．なお生物の進化を相互作用の進化（共進化 Coevolution）まで取り入れて理解すると，真核細胞の起源が，いろいろのバクテリアの共生的結合（Symbiotic association）の結果にあると考える人もある（L. Margulis, 1978; C. Tudge, 1991）．

④偏利作用（Synoecy or commensalism）　ある種は相互作用がなければ生存に不利であるが，他方の種は有利不利に無関係である場合．例えばフジナマコ（*Holothuria monacaria*）とその肛

門にかくれるカクレウオ（*Jordanicus sagamianus*）の関係など．

⑤ 相害作用（Disoperation）　関係種双方に不利な場合．例えば捕食者とその餌の関係のある場合で，捕食者が増えて，餌を食い尽くした場合，捕食者自身も共倒れで絶えてしまう．ヤノネカイガラムシ（*Unaspis yanoensis*）は温州ミカンにつくが，いったん増え始めるとその勢いは止まらず，ついにその木を枯らしてしまい，自分も死滅する（大串龍一，1990）というものなどその例であろう．

⑥ 偏害作用（Amensalism）　一方は普通に生活するのに，他方は害を受ける場合．例えば毒物を出すものが他方を害するが，自身はそのまま生きている場合．有害な二次生産物を出す植物と食植動物の関係など．

⑦ 搾取作用（Exploitation）　AはBが無ければ生きられないが，BはAが無いときに普通に生きて，Aがあれば害を受ける場合．捕食者（A）とその餌（B）の関係（Predation）や寄生者（A）と寄主または宿主（B）の関係（Parasitism）などがこれに入る．食物連鎖関係はこの相互作用の根幹となる．別に稀な例であるが，鳥類の托卵現象（Brood parasitism, 奉仕作用, Servitude, ということもある, L. A. Borradaile, 1923）もこの部類に入るだろう．ホトトギス科の鳥（A）が，卵をウグイス，オオルリ（B）などに托して育ててもらう現象である[2]．最近淡水魚でも似た例が発見され，ムギツク（*Pungtungia herzi*）が自分の卵を，オヤニラミ（*Siniperca kawamebari*）やドンコ（*Odontobutis obscura*）の巣に産んで保護育成してもらう（托卵）現象があると言う [R. Baba（馬場玲子）ほか, 1990; 長田芳和・前畑政善, 1991]．

⑧ おれあい作用（Toleration）　これは強い相互作用があるが，その結果いずれも共存する場合．つまり自然にバランスが保たれている場合．搾取作用や相害作用などの，ある現実の形と見ることが出来る．しかし考える時間の長さをどうとるかによって，何とでも考えられる面があるので，あまり意味のある用語ではない．

以上に普通の教科書に見られる相互作用の結果についての類別を挙げた．これらははじめに述べたように，擬人的解釈を含んだ表現が多く，特に経過を考えるとその恐れが多分にある．特に下等な動物については（植物についても）そうである．生物の進化の事実の上に，最も慎重に考えねばならないものが多いので，本書ではその多くのものについて，これ以上の論及はしない．

ここで競争（Competition）について一言しておきたい．多くの研究者は，相互作用する双方にとって不利な結果になる場合に，競争という言葉を用いている．筆者は競争とは相互作用の経過に関する現象についていうのであって（宮地・森, 1953, 参照），その結果は必ずしも双方にとって害がある（例えば共倒れ競争 Scramble competition のような）とはかぎらない．一方には害があるが，他方には益がある場合（例えば勝ち残り競争 Contest competition のような）も多いと考える．相互作用の結果双方に害がある場合は，相害作用として，競争とは区別する．

なお最近 P. A. Abrams（1987）は，1973年以降に発行された主な生態学の教科書の内容を検討し，論考を重ね，相互作用の類別をする場合，結果（Effect）についていうのか，過程（Mechanism）についていうのか，不明確で不統一である；また結果についていう場合も，一般に，それが個体群の大きさ（Population size），成長率（Growth rate），あるいは個体繁殖適応度（Individual fitness）のいずれについていうのか，その時間スケール（Time scale）はどうか，などについて明らかにしていないと述べている[3]．よく考えると，一義的に＋，－，0の組

み合わせで説明できるものではないと言う．さらに従来の類別では，直接の相互作用（Direct interaction）を主に扱い，間接の相互作用（Indirect interaction）を扱わないのはおかしいとも言う[4]．

　本書では，前述のように，ひとまず相互作用の結果について類別したが，その結果の内容までには立ち入っていない．そのため，Abrams が言うように，＋，－，0の組み合わせで単純に割り切ることには難があるとは思うが，従来の知見をまとめるという立場で類別した．また間接的な相互作用を入れると，群集を論ずることになり，またその内容に際限がなくなる可能性がある．つまり相互作用の結果がどうなるか，当たるも八卦当たらぬも八卦のような状態が出てこよう．したがってこの章では，この問題に深く立ち入らないでおく．

5-4 相互作用における基本的な力

　相互作用によって結ばれた個体あるいは個体群は，互いに引き合い，また反発しあうなどして生活している．つまり，牽引する力（牽引力 Attractive force）と反発する力（反発力 Repulsive force）の狭間に生活している[5]（宮地・森, 1953）．いずれの場合でも，能動的な方を能動者（Coactor），受動的な方を受動者（Coactee）とする（Clements & Shelford, 1939）．山岸宏（1989）も，行動における誘引性と反発性をもって社会生活する個体間の関係を量的に表すことを提唱している．

　ところが実は既に河合雅雄（1955）が，カイウサギ（*Oryctolagus cuniculus*）の社会生活において，この牽引，反発の量的表現を試みているのである．彼は自宅の裏庭でカイウサギの群れを育て，2年半にわたってその生活を観察した．群れにはAとLという二つのグループがあり（後にKグループが加わる），なわばりを作って，対立した社会生活を営んでいた．その生活の中で，互いの間の闘争，攻撃などの回数を反発の指標とし，集合して休息している行動や，相手をなめる'ねぶり'の行動，雌雄の間の背乗り，性交の行動などの回数を牽引の指標とすることを提唱した．図5-1 (a) は牽引の一例として，Aグループ（雄5匹，雌3匹からなる）における集合休息の回数を，同図 (b) は反発の一例として，同じグループにおける攻撃・闘争の回数を示した．これらは，1951年5月3日〜11日の間の10時間にわたる観測統計から作ったものである．同図にあるガブロと名付けた雄は第1順位の優位者（Dominant）で，雌たちをほとんど独占して共にいることが多い．彼等の間に攻撃行動はない．ところが他の雄たちとは攻撃闘争が常に見られた．

　また Begon ほか（1996）も，牽引力・反発力（Attractive and repellent force）による，牽引・反発（Attraction and repulsion）の現象に言及しているが，これは相互干渉が食物資源をめぐって見られる現象について述べたものである．その際，相互作用のない場合を，Poisson 分布を用い，理想自由分布（Ideal free distribution）といい，その分布からのずれを，これらの力の存在の証拠と考えた．

　上の'力'の直接の量的表現はさらに検討を待つとして，この相互作用を量的に表現する試みとして，梅棹忠夫（1949, 1950, 1951）の社会的干渉（Social interference）に関する研究は興味深い．というのは，この種の問題の取り扱い方についての重要な示唆（帰無仮説 Null hypothesis の利用など）を含んでいると考えるからである．

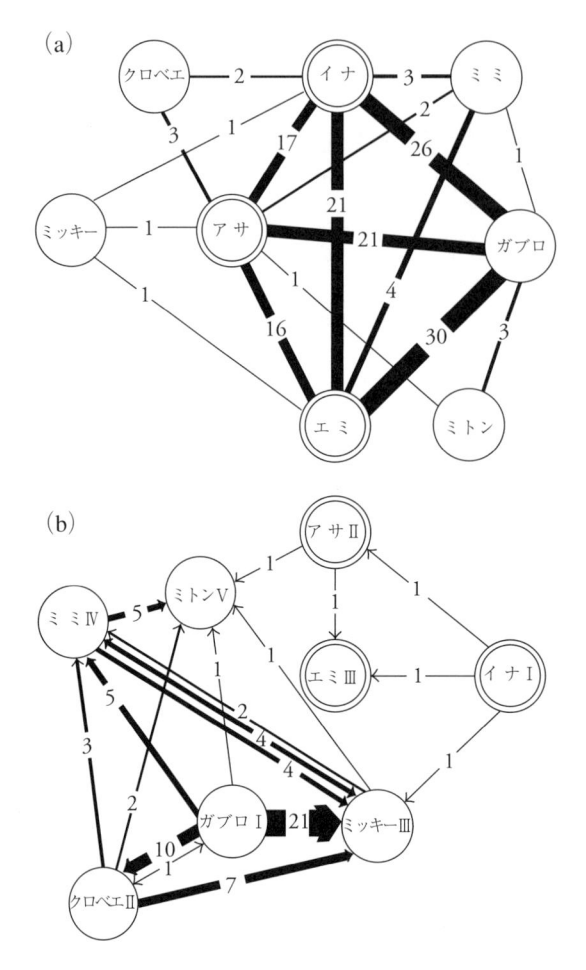

図5-1 カイウサギの社会生活における，牽引および反発行動の強さを示す．図中の名前は，各個体の呼び名で，もともとの構成は，ガブロ，クロベエ，アサで，他の連中は後で加わった．
　(a) 集合休息回数による牽引図．
　(b) 攻撃闘争回数による反発図．
○雄，◎雌．数字は回数．(b) のⅠ，Ⅱ……等はグループ内の順位；←攻撃，←→闘争．[河合 1955]

彼は社会的干渉を次のように定義した．"個体Aが個体Bと機能的に隔離されている場合といない場合とで，その行動に違いを現すならば，AはBから'行動における社会的干渉'を受けたという"と．つまり社会的干渉は，行動における相互作用であり，梅棹の目的は，このような相互作用を量的に表現する道を探ることであった．

実験はヒキガエル（*Bufo vulgaris*）のオタマジャクシを用い，ガラス製バットまたは円い木製タライに入れて行った．この容器を均一な n 個の区画に分け，水を入れ，r 匹のオタマジャクシを入れる．容器は円形であるから，中心を通る何本かの直線を引いて，等しい面積・状態の区画に分けることが出来る．もしこの r 匹のオタマジャクシが相互作用なく独立に行動しているとすれば，n 区画の中の特定の区画に r 匹の中の i 匹が同時に入る理論的確率（F）は，$\left(\frac{1}{n}+\frac{n-1}{n}\right)^r$ の二項展開の一般項，すなわち

$$F = \frac{r!}{i!(r-i)!} \cdot p^i q^{r-i}$$

$$\text{ただし } p = \frac{1}{n}, \quad q = \frac{n-1}{n}$$

で表されるはずである（帰無仮説の設定）．

ところが実際に実験し，ある特定の区画に r 匹のうちの i 匹が入る確率 f を求めると，この値はすべての r に対して，

$$|f - F| > 0$$

となった．このことは，オタマジャクシの間に社会的干渉（相互作用）が存在することを示し，その内容は Attractive なものであり，Repulsive なものでなかったと述べた（帰無仮説の棄却）．

梅棹は r の値として 2 匹から 10 匹までのすべての数について実験し，それぞれ実測値を得た．そこで実測確率 f を，ある一つのパラメーターを変えることによって示すことが出来るような一般式はないものかと考えた．もしそのような一般式があれば，そのパラメーターは干渉（相互作用）の度合を示す有力な手がかりとして用いることが出来る．種々検討の結果，Polya-Eggenberger の伝染に関する確率分布の式が有効に用いうることが分かった．相互作用がある場合，総数 r 個体のうち，i 個体が一つの区画内に入る確率 P (r, i) を示す式は次のようになる．

$$P(r,i) = \frac{r!}{i!k!} \times \frac{p(p+\delta)(p+2\delta)\cdots(p+\overline{i-1}\delta)q(q+\delta)(q+2\delta)\cdots(q+\overline{k-1}\delta)}{(1+\delta)(1+2\delta)\cdots(1+\overline{r-1}\delta)}$$

$$\text{ただし，} \delta = \frac{\Delta}{n}, \quad k = r-1, \quad p = \frac{1}{n}, \quad q = \frac{n-1}{n}$$

  n ：区画数．

  Δ ：ある 1 個体による場の指数の変化量．

  場の指数：それぞれの区画が，他の区画に対して何個分のウエイトを持っているか
      という計数

この式の中のパラメーター δ は，干渉（相互作用）の大きさを示す数値として都合がよいので，場の指数と定義し，n δ ＝ I を干渉度（相互作用度）とした（詳しくは梅棹の諸論文を参照されたい）．この研究は，相互作用の量的表現に道を開いたものとして重要なものとなるが，将来はこの取扱い過程を分析し，牽引力，反発力などといったパラメーターを入れて考える方向が残されていよう．

5-5　相互作用の 2 本の基本柱

自然の群集は多数の種から構成されているが，これらの種の個体または個体群は，相互作用のしがらみの中に生きている．このしがらみの内容はいろいろ考えられるが，大きく分けて 2 本の柱を考えることが出来る．その 1 本は，食う食われるの関係に結ばれた柱であり，他の 1 本は同じ，または似たものを要求する関係に結ばれた柱である．前者を食物連鎖関係

(Food chain relationship)，後者を仲間関係 (Fellow relationship) とする．図5-2に示すように，群集の中において，前者は一方的なエネルギーや物質の流れに直接関係するので縦の関係 (Vertical relationship)，後者はいわば横並びの関係であるので横の関係 (Horizontal relationship) ということがある[6] (A. Macfadyen, 1957; 加藤陸奥雄, 1961; S. H. Faeth, 1987; 木元新作・武田博清, 1989; W. Arthur, 1990; 大串隆之, 1993a)．

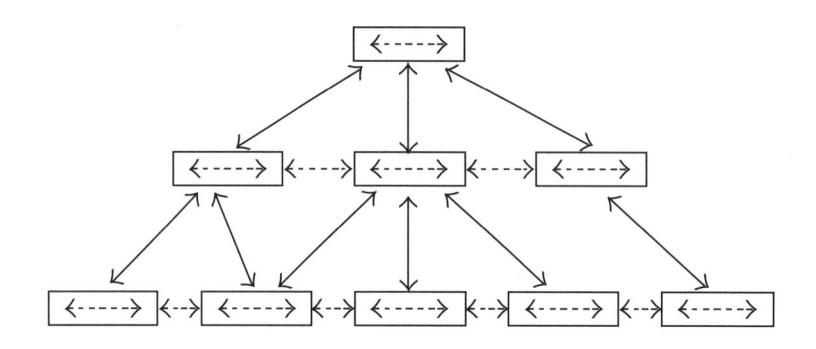

図5-2 群集内の相互作用の2本の柱の模式図.
─── 食物連鎖関係（縦の関係）
------ 仲間関係（横の関係）
□ 種個体群

3節で相互作用のいろいろの類別を述べたが，その中には相当に擬人的表現を含んでいた．しかし食物連鎖関係とか仲間関係という表現には，そのような要素は少ない．以下本書ではこの2本の柱に沿って記述を続けていく．

第5章註

1) この語を生存闘争または生存競争と訳す人もあるが，この語の本質的意味を考えて，本書では生存努力とする．
2) 托卵現象を数理的に取り扱う研究が盛んになりつつある．S. I. Rothstein, 1990; 山内淳, 1995; 高須夫悟, 1995, 等参照されたい．また種内托卵の例も知られている．Y. Yamaguchi（山口泰弘, 1997）及びYamaguchi & T. Saitou（斉藤隆史, 1997）によると，調査したムクドリ *Sturnus cineraceus* の巣の21％に托卵が見られたという．
3) R. L. Smith（1986）は相互作用の類別を結果に基づいて行い，その基準を明確に繁殖適応度 (Fitness) におく，としていたが，後にR. L. & T. M. Smith（1998）はその基準をあいまいにした．
4) 資源消費型競争 (Exploitative competition) は間接相互作用であるが，これに対し干渉型競争 (Interference competition) は直接相互作用である (C. Elton & R. S. Miller, 1954; Miller, 1967, 1969). なお資源消費型競争とは，A種の要求する資源（食料など）がB種によって消費されることによって，A，B種の間に起こる間接的競争のことで，干渉型競争とは，A種が要求する資源（場所など）がB種によって占拠されることによって起こる直接的競争のことである．前者の場合は資源そのものが減少するが，後者の場合は資源そのものは物理的には，依然として元のまま存在す

る．なお資源消費型競争も干渉型競争も，いずれもはじめて言い出したのは T. Park（1962）である．
5）およそ宇宙において，物が物理的に存在し得る根本原理の一つに，引力と反発力の存在がある．例えば原子核がバラバラにならないのもそのためである（日笠健一，1993）．生物についても，これは基本原則と考えてよいと思う．
6）橘川次郎（1995）は上記のような'縦横の関係'の用語を一般の使用例に従って用いているが，また別の箇所で，'縦のきずな'として遺伝的に継承されたものに対し，'横のきずな'として相互作用に対し用いている．

chap. 6 食物連鎖関係
― 相互作用の第1の柱

6-1 食物連鎖関係発生の根源

　生物が生きているということは，絶えず物質が循環し，エネルギーが流れており，さらにその循環や流転に伴い発生する諸問題を矛盾なく解決している，ということである．そのためには，何よりも物質・エネルギーの補給がなければならない．特に動物の場合，それは他の有機物，つまり食物を通じてはじめて可能である（極めて稀な例であるが，底泥中の体の軟かい蠕虫類は溶存有機物を取り入れると言う：W. Lampert & U. Sommer, 1993）．食う食われるの関係－食物連鎖関係は，生物の相互関係として必然の関係であり，むしろ動物の存在条件そのものであるといえる．実に食物連鎖関係は，動物が生きていくための最も重要な相互関係である（C.S. Elton, 1966, も同じ見解）．

6-2 種内の関係

　食物連鎖関係を，種内の関係と種間の関係に分けて考えるのが自然である．'種'はやはり，自然で動物が生存し続けていく，ある段階の基本単位であると考えるからである．
　まず種内の問題から始める．
　同種の他個体を襲って殺すというのに，いくつかの場合がある．一つは食物として殺す場合で，また雄同士が闘って相手を殺す場合もある．さらに性欲を満たすために雄が雌の育てている子を殺すという場合もある．この後の二つの場合は，むしろ同類関係の問題として考えた方がよいので，7章で述べることにする．ここでははじめの，食物として殺す場合について触れる．
　まず甲殻類のスナガニ科（Ocypodidae）で共食い（Cannibalism）の例がかなり報告されている．一例として，タイ国の潮干帯に棲むシオマネキ（*Uca tetragonon*）では雄が雌（時として雄）

を食う場合があることが観察されている．なおこの雌も稀に雌を食うことがあると言う［T. Koga（古賀庸憲）ほか, 1995］．

コムギ粉を食う昆虫ヒラタコクヌストモドキ（*Tribolium confusum*）の生態について詳しく研究したR. N. Chapman (1928) は，その成虫が自身の卵を食うことを報告した．同様な例は昆虫でたくさん報告されている．例えばイタリア品種のミツバチ（*Apis mellifera ligustica*）の働きバチが，巣の周辺に産まれた卵をさかんに食うということを坂上昭一ほかは観察し，その激しさはW. C. Myser (1952) によると，産まれた117個のうち24時間内に103個が食われたと言う［H. Fukuda & S. F. Sakagami（福田弘巳・坂上昭一）, 1968, 参照］．コロラドジャガイモハムシ（*Leptinotassa decemlineata*）では，D. C. Harcourt (1971) の研究によると，その卵の10％近くが成虫によって食われると言う．N. Osawa（大沢直哉, 1993）はナミテントウ（*Harmonia axyridis*）の野外個体群の生活を研究し，その幼虫が，自分が産まれた同じ卵塊の発生の遅れた卵や未受精卵，あるいは他の卵塊の卵を，卵の全体数の52〜55％も食い，また蛹の全体数の10〜20％を食ってしまうことを見た．このような大規模の共食いが，日常食として行われていると考えると，幼虫や成虫の包括繁殖適応度の問題ともなるので，彼はその点からの検討も行っている（Osawa, 1992）．また雄が雌の生殖口にくっつけた精包を雌が食って栄養分とするヘビトンボ（*Protohermes grandis*）の例もある．この場合受精は食われていない残りの精包中の精虫によって行われる．そして精包を多量に食った雌の寿命が長く，産卵数も多く，繁殖適応度も高いと言う〔F. Hayashi（林文男）, 1998〕

このような共食いの例は，もっと高等なものでもしばしば見られる．肉食の淡水魚 Walleye（*Stizostedium vitreum*）は，夏に餌が少ない時に共食いをすると言い（J. R. Chavalier, 1973），アユ（*Plecoglossus altivelis altivelis*）が産卵期に卵をさかんに食うことはよく知られている．カワムツ（*Zacco temmincki*）で産まれた卵の，実に97％以上が成魚によって食べられたという観察もある（片野修, 1999）．両生類でも多くのサンショウウオやある種のカエル類が，自種の卵や幼生を食うと言う（H. N. Wilbur, 1984, 参照）．M. Wakahara（若原正己, 1995, 1997）はエゾサンショウウオ（*Hynobius retardatus*）の幼生に大小の２型があり，小型のものは共食いをしないが，大型のものでは共食いが起こり，それは餌が少ない時に多く起こり，また注目すべきことに血縁個体の間では共食いの起こる率が小さい（血縁のない場合の 1/2）ことを見ている．鳥でも多くの例が知られているが（藤田正博, 1992, 参照），著しい例としてセグロカモメ（*Larus argentatus*）が卵やひなを23〜46％も共食いすると言う（J. Parson, 1971）．霊長類でもチンパンジー（*Pan troglodytes schweinfurthii*）が，赤んぼうを殺してその肉を食べるということがA. Suzuki（鈴木晃, 1971）によってはじめて報告されて以来，多くの観察例がある（長谷川真理子, 1992）．

これらの共食いは，普通考えられている（あるいは報告されている）よりは，さらにしばしば起こっていることで，特に環境が不適で餌が不足した時に起こりやすいであろう．思うに，植物の密植時によく見られる，光や栄養物の取り合い競争に基づく自己間引き（Self-thinning）の現象と共通するものがあろう．その現象の根源には，生物の現に生活する存在形態としては個体が最も完結した全体性を備えた実体であり，生物はその存在のために，種という存在を越えた生存努力をしているという，自然則があるのではなかろうか．

さてここで共食いの変形であるが，母親が自分の産んだ子の体から栄養をとる，しかももっぱらその栄養だけによって生きているという珍しい例がアリ類（Formicidae）にあるので，触れておきたい．ヤマトムカシアリ（*Leptanilla japonica*）というアリは暖帯広葉樹林の林床の

地中深さ10cmばかりのところで，構成員が200個体に満たないコロニーを作って生活し，ジムカデ（Geophilomorpha 目）を狩って栄養源としているが，その生態を増子恵一（1988a, b, 1992, 1993）が調べ，驚くべきことを発見した．この女王（コロニーに1匹）はもっぱら栄養を，自分の産んだ幼虫の血リンパ（Hemolymph）を吸い取ることによって得ている（血リンパ食 Hemolymph feeding）というのである．このアリの働きアリはジムカデを食っているが，時として自分たちの妹である幼虫の血リンパを食物とすることがある．幼虫はもっぱらジムカデを食っている．このヤマトムカシアリに近縁のノコギリハリアリ（*Amblyopone silvertii*）の女王も同じように幼虫の血リンパを栄養源とするが，その働きアリはジムカデだけを食って，幼虫の血リンパを食うことはないという．上のいずれの場合も，血リンパを吸い取られた幼虫も発育し，変態して成虫となることが分かっている．上に親が子から栄養をとる事実を述べたが，次に子が親を殺して食い栄養をとる事実を述べる．カバキコマチグモ（*Chiracanthium japonicum*）の雌は繁殖のため巣を作り，その中で産卵・育児をするが，その1令幼虫は何も食べないが，脱皮して2令となると母（雌）の体を食べて生長し，3令幼虫となる．このような母親の自己犠牲的現象をMatriphagyと言っている〔M. Toyama（外山晶敏）1999〕これらの生態は，共食いの一歩上を行くもののようで，まことに動物の世界の不思議さに驚くばかりである．

6-3 種間の関係

Lamarck（1809）は既に次のように指摘した．"同一種のものが食い合うことはまれで，他の種類のものと戦いをするのである"と．まさに食物連鎖関係の根幹は種間関係にある．近年において，群集構造の理解の上でこの食物連鎖関係を重視して，生態的地位（Niche）の概念を提唱したのはElton（1927）であるが，これについては8章で触れる．

6-3-1 種間の食物連鎖関係の2大類別

食物連鎖関係の一つの大きい部類は，生物から生物へ，つまり食われる生物から食う生物へと，物質・エネルギーが流れる関係である．この関係にも2種類あり，一つは餌（Prey）と捕食者（Predator）の関係で，捕食関係[1]（Predation）といい，今一つは宿主（Host）と寄生者（Parasite）の関係で，寄生関係（Parasitism）という．捕食関係と寄生関係の相異点などについては，Elton（1927）がはじめて詳しく論じたが，それらについては後で述べる．今この二つをまとめて，捕食系[2]（Predation system）としておこう．

食物連鎖関係の他の一つの大きい部類は，生命のない有機物，例えば林床の落葉・落枝・倒木などの堆積物[3]（Litter）とか，水底の生物遺骸堆積物[3]（Detritus または Debris），あるいは動物の排泄物（Faeces）や死体（Dead bodies）などと，それらを食って生活している生物，すなわち腐食者（Detritivore）との関係である．この場合も，第1段階の，生命のない有機物を食う生物をさらに食う動物の段階以後の現象は，もちろん前の捕食系と同じになる．この関係を上の捕食系に対して，腐食系（Detritus feeding system）としておく．この腐食系は森林生態系（及川武久, 1993）や水界生態系の維持にとって，特に重要な役割りを担っている．

ここで一つ重要なことを追加して述べておきたい．それは分解系（Decomposition system）のことである．捕食系にしろ腐食系にしろ，その中で生活している生物はいずれは死ぬ．その死体はバクテリアおよび菌類によって分解され[4]，有機無機の物質となり，腐食系に入り，または植物に再び取り上げられて，結局は動物に還ってくる．この分解系の存在は，自然の生物の生活にとって必須のものであるが，それを担っている生物はバクテリアおよび菌類という動物の世界に分類されないものであるので，本書ではここで大きく取り上げない．しかし生態系におけるその働きの重要な部分については，10章で取り上げることにする．

上述の件に関係して，一風変わった食物連鎖様式を示すものとして，シロアリについて述べておきたい．このものは植物遺体だけでなく，空中窒素を固定して，'食べる'ことが知られている（安部琢哉・陀安一郎，1993）．'食べる'といっても，これはその体内のバクテリアが空中窒素を固定し，その窒素をシロアリが自分の組織に取り込むのである．つまりシロアリが外部から取り入れる窒素源は，木材や落葉などの食物と空中窒素の二つがあることになる．そしてシロアリの体を作る窒素の実に50％が空中窒素由来らしいと考えられている．たとえそれが腸内バクテリアが固定したものであるとしても，シロアリの体内で生産されたことには変わりはない．マレーシアのPasoh森林のシロアリからその捕食者に流れる窒素量は，1年間に7kg/haであることが分かっているが，その半量の3.5kg/haは固定された空中窒素由来という計算になる．このような動物をめぐる食物連鎖の様式をどう位置づけるべきか，さらに整理を要するところであろう．

6-3-2 種間の捕食系食物連鎖の一般的性格

次に種間の食物連鎖関係について，今まで研究されてきた知識を整理して示そう．

a）原則として一方的関係で，対等の立場にあるものの関係ではない

これは物質・エネルギーが一方的に流れることから，原則として容易に言いうることである．しかしまた，この関係によって生じた結果を群の存続という点から解釈して，その価値が相互的である場合もあると説く人もいる．

例えばElton（1929）は，Galapagos島にいるベンケイガニ（*Grapsus grapsus*）について次のように述べている．このカニはササゴイ（*Butorides sundevalli*）に食われるが，その時に自切によって足を切り離して逃げる．これによって両方の動物がおのおのその欲するもの——ササゴイは食物，カニは生命——を得ると言う．あるいはまた，シカとその敵との関係について，敵の存在しないことがシカにとって不幸であり，個体のシカにとって敵であるものに，全体としてのシカは依存しているとも言う．同じようなことをA. E. Emerson（1949）も述べている．捕食は常に食われる種にとって有害であるとは限らない；食うものと食われるものの双方に利益のある調和とか相対的平衡状態が得られることがある；A. Leopold（1943）のシカの個体数変動の資料（図6-1）について，捕食動物（ピューマ，コヨーテなど）のちょうど良い数が，シカの個体数をその食物の供給によく適合させており，植物もまた群集の中で間接の利益を受けている，と．このような考えから，Alleeほか（1949）のおれあい作用（Toleration）という言葉も出てくるのである．

ここで考えの段階を整理する必要がある．個体段階で考えると，つまり個体維持の立場で

考えると，文句なく上に述べたように一方的関係であるが，群段階で考えると，つまり種族維持の立場で考えると，結果として，ある場合には捕食者の種族と餌の種族とは相互適応があったり，時として餌となる種族の生産量の増大さえあったりするということになろう．しかし種族維持現象は個体維持現象の結果としてあるという立場から見ることも出来るが，そうすると生物の生活における基本として，食物連鎖関係はすべて一方的関係と見ることが出来る．ある意味において，群の段階の食う食われるの関係は，進化の過程における自然選択が，個体の段階の関係より，より強く反映した結果のできごと――偶然性の強いできごと――であると考えることも出来よう．

ところでいわゆる相利作用といわれている場合は，個体段階でも，結果として一方的かどうか分かりにくい場合がある．例えば，小鳥と種子植物の関係，昆虫と花を咲かせ密を出す植物の関係，あるいはアリとアリマキの関係などがこれである（これらについての多くの例が，V. Abmadjian & S. Paracer, 1986, に挙げられている）．

しかしこの場合でも，物質・エネルギーの流転という点で見ると，一方的関係である．個体維持現象が基本にあり，その結果としての社会的相補現象は，前にも言ったように，進化の過程における自然選択をより強く受けた末の所産であると考えることも出来るからである．

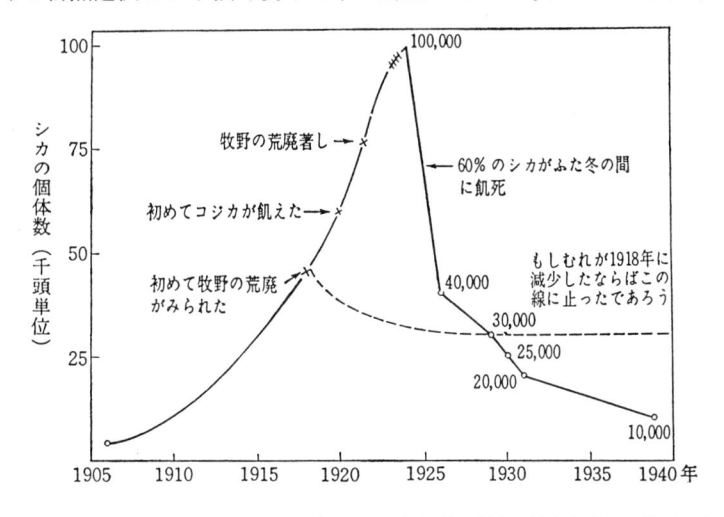

図 6-1 Arizona 州 Kaibab 平原（72 万 7 千エーカー）のシカの個体数に対する捕食者除去の影響．ピューマが 1907～1917 の間に 600 頭，1918～1923 の間に 74 頭，1924～1939 の間に 142 頭除かれた．オオカミは 1907～923 の間に 11 頭除かれ，1926 に絶滅．コヨテは 1907～1923 の間に 3,000 頭，1923～1939 の間に 4,388 頭除かれた．[Leopold 1943]

b）食物連鎖関係は直接の物質・エネルギーの流転の関係である
この件については今までしばしば言ってきたことであるので，特に説明の必要はない．

c）食物連鎖関係は種間関係が原則である
共食いなどを除いて，種間の関係が原則であり，そこに動物の生活のいろいろの相が現れてくる．まずこの関係の結果，ある種の絶滅までいくことがある．ただしそれは特に閉鎖環境で多く見られることであって，開放環境では，たいてい相互に盛衰が変動する（Fluctuation）か，または食う方が餌を別のものに変更する（切り替え Switching）か，あるいはどちらかが棲

所を移動する（Emigration）か，などという現象が見られる．以下多少例を挙げて説明しよう．

上の絶滅の例として有名なのは，G. F. Gause（1934）の研究した原生動物の実験結果である（図6-2）．ゾウリムシ（*Paramecium caudatum*）を実験室でオートミール培地で単独で飼うと，増殖したバクテリアを食って増え，図6-2-(a) のような個体群の典型的な増加の安定曲線[5]（シグモイド曲線 Sigmoid curve またはロジスチック曲線 Logistic curve）となる．この飼育容器に，このものを食う他の食肉性原生動物（*Didinium nasutum*）を入れると，同図 (b) のようになり，まず *P. caudatum* が食い尽くされて死滅し，引き続いて *D. nasutum* も餌がなくなって死滅してしまう（相害作用の適例）．しかし自然ではこんな場合はおそらく稀で，生息環境はもっと多様であろうから，両種とも絶滅するということはなかろう．上の実験でも，もしこの容器にオートミールの塊が底に沈んでいると，*caudatum* はその中に入りこんで隠れ，*nasutum* の捕食を避け，同図 (c) のように，後者が餌がなくなって死滅するのに，前者は生き残って増殖する．

(a) *caudatum* のみ

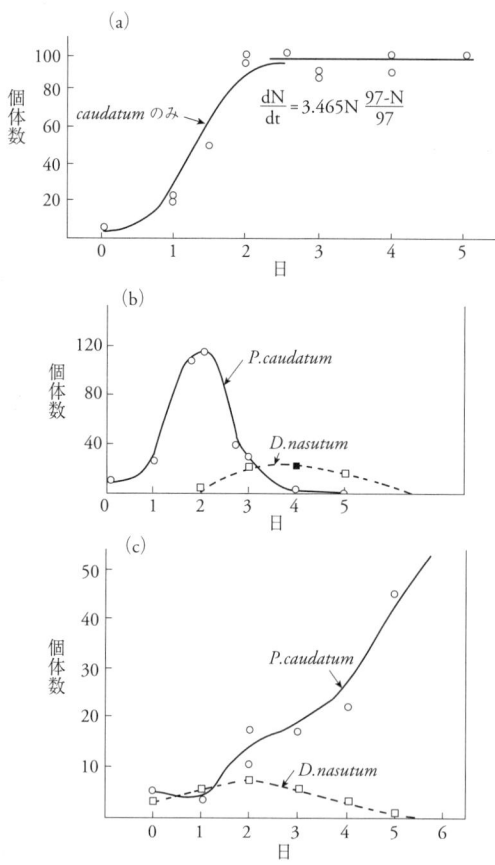

$$\frac{dN}{dt} = 3.465N \frac{97-N}{97}$$

図 6-2 オートミールを培地とした実験容器の中での，食物連鎖に結ばれた2種の繊毛虫，*Paramecium caudatum*（餌）と *Didinium nasutum*（捕食者）の個体数変動の図．
(a) *P.caudatum* だけを飼育した場合．
(b) *P.caudatum* をまず増殖させ，2日後に *D.nasutum* を入れた場合．
(c) 実験容器の底にオートミールの塊が沈み，*P.caudatum* の隠れ場所を作った場合．*D.nasutum* は自分の摂食できる範囲の *P.caudatum* を食い尽くし死滅するが，その後で隠れ場所に生き残った *P.caudatum* は増殖した．［Gause 1934］

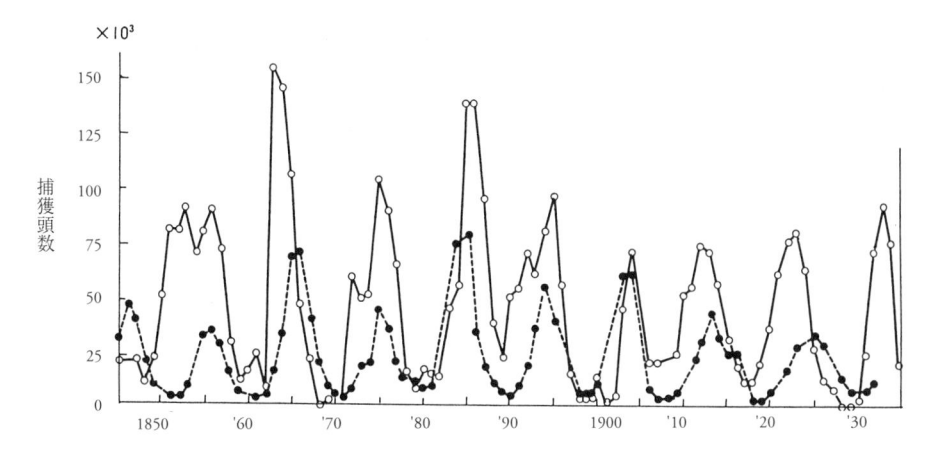

図6-3　オオヤマネコ（捕食者，●印）とカワリウサギ（餌動物，○印）の個体数変動．[MacLulich 1937]

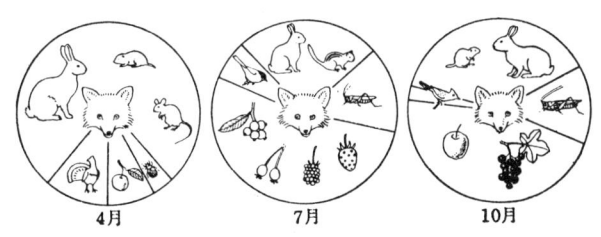

図6-4　キツネの食物の年変化．[Cook & Hamilton 1944]

　捕食者とその餌動物の個体数の相互的変動の例として，オオヤマネコLynx（*Lynx canadensis*）とカワリウサギVarying hare（*Lepus americanus*）の変動に関するD. A. MacLulich（1937）の研究は有名である（図6-3）．この両者はカナダの針葉樹林に棲むが，約9～10年の周期で個体数が変動し，その際まず餌のウサギが増え，ついで捕食者のヤマネコが増える．これはHudson Bay Co. が集めた毛皮資料を根拠にしたもので，野外における見事な例である．この事実は既に1921年にC. G. Hewittによって指摘されていることが，Elton（1927）の本にも引用されている．

　自然では単食性（Monophagous）のもの，つまり専門食者[6]（Specialist）は比較的少なく，いくつかの餌をもつ多食性（Polyphagous）のもの，つまり汎食者[6]（Generalist）がふつうであろう．特に高等な，連鎖の上にくるような動物ではそうであろう．従って餌を食い尽くすということは稀であって，捕食者と餌生物との調節的現象が見られることになる．一年を通じての食性の変化を見ると，このことは明らかである．その一例として，図6-4にキツネの食物の年変化を示した（D. B. Cook & W. J. Hamilton, 1944）．

　もっと短い時間単位でも，好む餌が少なくなると，2次的嗜好の餌を多く採るようになる現象がしばしば見られる．餌の切り替え（Switching）である．一例を図6-5に示そう．グッピー（*Poecilia reticulata*）に餌としてイトミミズ（Tubificids）とショウジョウバエ（*Drosophila*）を与えた場合，イトミミズが十分にあれば，それを好んで食べる割合が増えるが，イトミミズが

少なくなるとハエを食べる割合が増える（W. W. Murdoch & A. Oaten, 1975）．用いた容器は83ℓで，イトミミズは容器の底に沈み，ハエは水面に浮く．したがって，採餌行動の切り替えは，採餌場所の切り替えを含み，多少の努力を要する．なおグッピーの中には，イトミミズを特に好むもの（Tubificids specialist）とハエをより好むもの（*Drosophila* specialist）があることが分かっているので，餌としてイトミミズが少ない時にはイトミミズ専食者が食性を変更する割合が多く，その多い時にはハエ専食者が食性を変更する割合が多かったことになる．またMurdoch & Oaten は，この行動切り替えを，採餌努力と報酬率（Reward rate）の問題に結びつけているが，これについてはまた後で述べる．

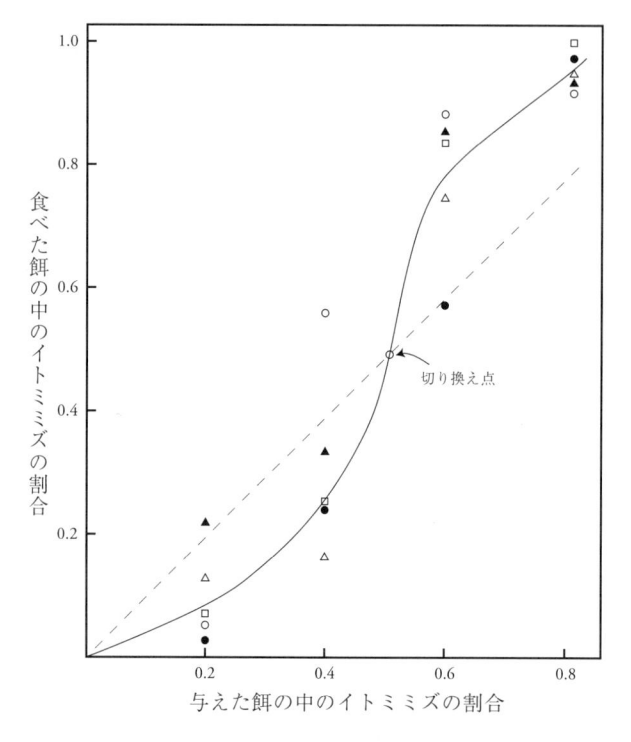

図6-5　グッピーに餌として，イトミミズとショウジョウバエを与えた場合に，それらの数と，実際に餌として食べた数との関係．各点はそれぞれ5匹のグッピーの成績を示す．与えた餌の中のイトミミズの数が少なければ，それを食べる割合は比較的少なく，その数が多ければ，それを食べる割合は比較的多い．つまり供給割合の多い方の餌を食べ，その間に餌の切り替え（Switching）が起こる．餌の中のイトミミズとハエの数の割合は，1：4，2：3，3：2，4：1と変化させた．実線：切り替えのある場合の実験値．点線：切り換えのない場合の理論値．［Murdoch & Oaten 1975 に森加筆］

d）食うもの（栄養段階の上のもの）は体が大きく，食われるもの（栄養段階の下のもの）は体が小さい

これは既に Lamarck（1809）も指摘し，Elton（1927）が強調した事項である．なお食うものは体が大きく食われるものは体が小さいというのは一般的関係であるが，さらに詳しく見ると，食うものは餌の中でも特定の大きさのものを選択して食うというのは広く認められている事実である．例えば J.D.Allan ほか（1987）の研究した，川に棲むカワゲラ類幼虫がカゲロウ類幼虫やブユ類幼虫を食う時に，体の大きい捕食者はより大きい餌を好んで食い，小さい捕食者はより小さい餌を好んで食うという現象が見られる．これらについては本章3節の

「最適メニュー」の項や「機能の反応」の項を参照されたい．

なお体の大きさに関する食うものと食われるものの関係には，もちろん例外がある．アリ類，クモ類などの無脊椎動物や，哺乳類でもリカオンなどでは，自体よりはるかに大きい動物を食う．これらはどれも群となって大きい動物を襲うのが特色である．最近クモ類について，パナマからアルゼンチンにかけて広く分布しているヒメグモ科（Theridiidae）のムレアシブトヒメグモ（*Anelosimus eximius*）の数百，数千の個体（体長数mm）が集って作る径数mにおよぶ巨大な巣と，その巣にかかった獲物の大きいバッタの様子が紹介されているが，大変印象的である（小原展嗣，1996，参照）．

もっとも以上は捕食関係（Predation）の事実であるが，寄生関係（Parasitism）ではむしろ逆になる．ただし，物質・エネルギーの流転の見地から扱うと，一方的に流れることから，統一的に見ることができる．寄生関係については後でまとめて述べる．

e）食うものは食われるものより個体数が少ない

これはElton（1927）が個体数ピラミッド[7]（Pyramid of numbers）として指摘した事実である．Lamarck（1809）もちょっと触れている．一例を挙げると，A. Leopold（1933）は，Arizona州Santa Ritaの牧場における各種動物の数を調査し，次の結果を得た（表6-1）．これで見ると，栄養段階の高い肉食動物の数は少なく，その段階の低い餌となる動物の数は著しく多いことが分かる．

この現象も寄生関係では逆になるが，物質・エネルギーについては流れは一方的である．この問題についてもまた後で触れる．

表6-1 Arizona州Santa Ritaの牧場における，繁殖中の各動物の，1平方マイルあたりの数．大型肉食動物の数は少なく，小型の餌動物の数は多い．

動 物 名	数
Coyote	1
Horned owl	2
Redtail hawk	2
Blacktail jackrabbit	10
Hognosed and spotted skunk	15
Road runner（ミチバシリ）	20
Cattle（1年以上のもの）	25
Saled quail	25
Cottontail（ワタオウサギ）	25
Allen's jackrabbit	45
Gambel quail	75
Kangaroo rat	1,300
Wood rat	6,400
Mice and other rodents	18,000

[Leopold 1933]

f）食うものの生育場所は食われるもののそれより，面積・様式ともに広い

これも上のd），e）とともに，それに付随して，Elton（1966）の指摘した事実で，生育場所逆ピラミッド（Inverse pyramid of habitat）という．ここに様式というのは，例えば鱗翅類幼虫がある種の植物しか食わないのに，その幼虫を食う鳥類は他の種類の餌も広汎に食うという

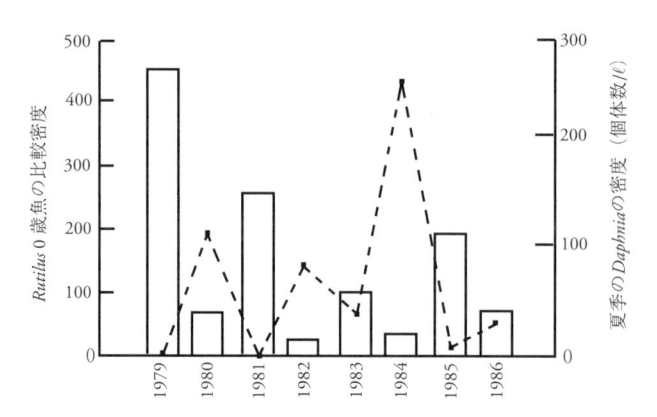

図6-6 イギリスの小さい湖における，動物プランクトン食のコイ科の1種（*Rutilus rutilus*）（□印）の0歳魚と*Daphnia*（─■─印）の年次変動関係．両者の数の変動には逆相関があり，群集の安定性を保つのに一つの役割を果たしていると考えられる．[Townsend 1988, 1991]

ようなことをいう．この現象も寄生関係では逆になることが多いが，これも d），e）と同じである（図10-2および10章5節参照）．

g）群集の安定性に貢献することがある

食物連鎖関係は群集の安定性に役立っている場合がある．群集の安定性（Stability）についての詳しいことは，その多様性と併せて9章で述べるが，ここではきわめて簡単な例を一つ挙げておく．図6-6に見るように，湖沼群集の安定性保持に，食うものと食われるものの相互関係が寄与している様子がうかがえる．

h）一般的に言って，食うものは食われるものより進化の段階が高い

捕食連鎖の上端にくるものほど進化の段階が高くなる．捕食のためには運動器官や感覚器官を活用する必要があり，また知能も発達し，餌発見の効率（10章で触れる）も高くならねばならない．この事実はまた生物界の進化に伴って，食物連鎖の段階（栄養段階）の数が多くなり，食物網（Food web）も複雑になることを示している．ただしこれにも例外があり，フクロウがネズミを食ったり，イソギンチャクが小魚を捕えたりする場合がそうである．

またこの進化の段階の問題でも，寄生関係では逆になることが稀でない．

i）食物連鎖関係は副次的にいろいろの効果を生みだす

この関係は単純に直接の食う食われるの関係だけでなく，副次的にいろいろの効果を生みだす．竹門康弘（1992；Y. Takemon, 1989, 参照）は，上の直接の関係を本作用（Main effect），副次的な関係を副作用（Side effect）と称した．本作用とは，捕食者が被食者の個体数，現存量を減少させる作用を言い，副作用とは捕食者の活動に伴い被食者の生息環境を変える場合のように，食べることによる減少以外の影響を言った．後者の例を挙げると，Tanganyika 湖にカワスズメ科（Cichlidae）の *Neolamprogus mondata* という魚がいるが，そのなわばり内で，底生動物（餌）の現存量が周辺より高いことを見た．観察および実験の結果，次のような原因を考えた．1）なわばりによる同種および異種の個体の排除が，なわばり内の被食率を低下させ

た，2）採餌や繁殖行動のため，なわばり内の沈み石を浮き石にして，石表面に棲む底生動物の生息場所を増やした，3）採餌行動により砂層内の酸素含量を増やし，砂中に生息する動物を増やした．似た現象は，牧草と家畜の関係で古くから知られており，またアフリカ草原の草本現存量と有蹄類との関係でも知られている（S. J. McNaughton, 1976, 1979, 1985）．副作用については広範に見られることであり，さらに研究を進めていく必要がある．

　j）寄生関係は大切な食物連鎖関係であるが，いろいろの点で捕食関係とは性格を異にしており，進化史的にみると，大まかに言って，その側枝的位置にある

　寄生関係の性格を，Elton（1927）は次のように表現した．"（寄生虫は）本質的には肉食者と全く同じ方法で食べている．その主なちがいは，後者（肉食者）が食物の資本で生きているのに，前者（寄生虫）は食物の利子を食べて生きている点にある"（渋谷訳より）．この理解は，ある面において寄生関係と捕食関係の本質をついているが，しかし次の二つの点で問題がある．一つは個体段階と群段階の混同であり，他の一つは捕食寄生者（Parasitoid）と一般の寄生者（Parasite）の混同である．次にこれらについて説明する．

　j-1：Eltonの理解は，個体段階の問題としてはもっともな場合がかなり見られるが，群段階の理解としては不十分である．肉食者（捕食者）も群段階の問題としては，資本まで食い尽くして，餌動物を絶滅させてしまうようなことはめったにないことについては，既に述べた．また昆虫の寄生蜂など，いわゆる捕食寄生者は宿主を結局は殺してしまうので，利子だけ利用して済ませるわけにはいかない．

　しかしまた彼の言う意味とは少し違うが，捕食寄生者と宿主の数の変動が，一般捕食者と餌動物のところで見たように，周期的に起こる例も知られている．つまり群段階における利子の使用ということになろう．例えば，内田俊郎（1951, 1957）の研究したアズキゾウムシ（*Callosobruchus chinensis*）とその捕食寄生蜂（*Heterospilus prosopidis*）の関係は有名である（図6-7）．この図から，資本と利子の利用法の理解について，個体段階と群段階の違いがよく分かる．

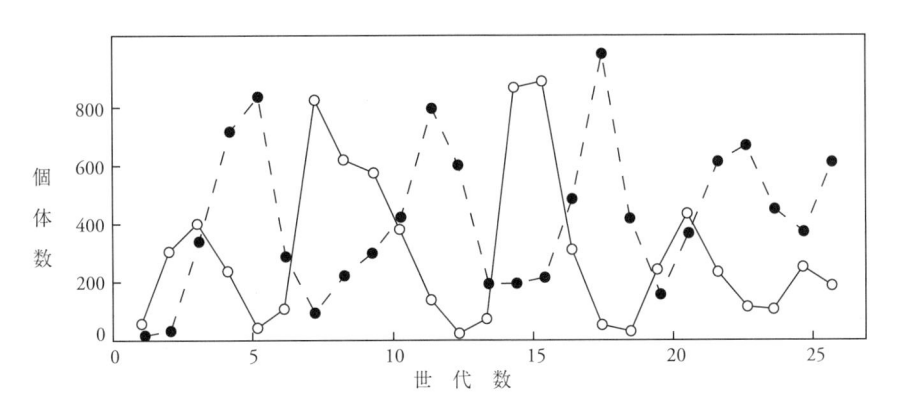

図6-7　アズキゾウムシ（*Callosobruchus chinensis*, ○印）とその幼虫の寄生蜂（*Heterospilus prosopidis*, ●印）を一定の環境条件下で共存させると，両種個体数は振動して持続する．［内田 1951］

　j-2：一般の捕食関係に比べて寄生関係は，寄生者と宿主の間の，イ）個体数の多寡の関係，ロ）体の大小の関係，ハ）進化の程度の関係で，様子が違うことを既に述べた．この点

を統一的に理解しようとすれば，イ）とロ）については生体量ピラミッド（Pyramid of biomass）あるいはエネルギーピラミッド（Pyramid of energy）として処理すると，可能となる．これは重要な操作であるが，このやり方は結局，万物の基本法則――熱力学の第2法則――に基づく操作ということになる．さらにまた，そうしても，ハ）進化の上の高等下等の関係については，捕食関係の一般則に合わない点が残る．このような点から，筆者は，寄生関係は生物界の重要な関係ではあるが，進化史上では基本的に側枝と見るのである．

j-3：捕食関係と寄生関係で今一つ違う点がある．寄生者と宿主の関係は，ある意味で，一般捕食者と被食者の関係より緊密である（C. A. Toft ほか，1991）．前者の関係は，個体段階の問題としては，後者の関係より一層緊密で，宿主が死ねば，寄生者も死ぬ；ところが後者の場合，被食者が死んでも捕食者は生きている（ただし個体群，または群集段階の問題としては，両者とも似た状況になると思うが）．

j-4：上に寄生関係を進化史上で基本的に側枝の位置にあると述べたが，それは上に述べたような理由による．しかしこれが相互作用関係の重要な部分を占めるということについて，ここで補足して述べておきたいと思う．それには二つの理由がある．

① まず第一に，寄生種の数の多さである．例えば線虫類（Nematoda）について，その総種数29,500のうち，寄生者は15,000種で，実に全体の50％を占め（J. M. Hawdon & G. A. Schad, 1991），また昆虫類全種数100万のうち，捕食寄生者は10万種で，全体の10％を占める〔寄生蜂だけで20％に達すると推測する人もいるという（市岡孝朗，1996，参照）〕．種数が多いということは，動物界の相互作用関係として軽視し得ないことを示している．

② 第二に，寄生関係から転じて共生関係に進む例が推測され，またその数理論的探求も行われ，その進化史上の重要さが指摘されるようになったことである．アリマキ類（Aphididae）の菌細胞に共生する微生物が（この二つの生物を切り離すと生きていけない），宿主の腸に寄生する微生物と非常に似ており，腸寄生から菌細胞共生に進化したのではないかと推論されている（p.398；石川統，1994；深津武馬，1996，参照）．一方寄生が共生に変化しうる条件について数理論的研究が山村則男（1995）によって行われている．寄生者の伝搬様式で，親から子への垂直感染率が高くなれば，寄生的（搾取的）様相から共生的（扶助的）様相になる割合が高くなるというのである．

なお寄生者−宿主の相互関係についてC. A. Toft ほか（1991）が，また捕食寄生者−宿主の関係についてはRes. Popul. Ecol., Vol. 41, No.1（1999）の特集号が，共に多くの文献を引用して解説しているので参考になる．

k）食物連鎖関係は進化の原動力として最も重要な相互作用である

食う食われるの関係は，特に個体段階の問題としては，生物の生活上の最も重要な，厳しい関係である．また群段階の問題としても，種族の生存がかかっている．食う方も食われる方も，手段を尽くして争ってきた．適応は適応を生み，生物進化の原動力として大きい力を発揮してきた．進化史上におけるカンブリア紀前後の生物種の爆発的多様化発展の原動力に，食物連鎖関係の発展が考えられるようになっている（NHK取材班，1994a，進化の不思議な大爆発）．

上の問題よりは規模は若干小さいが，いわゆる共進化（Coevolution）といわれる現象もその一つの具体的な現れであり，それについて少し説明しよう．

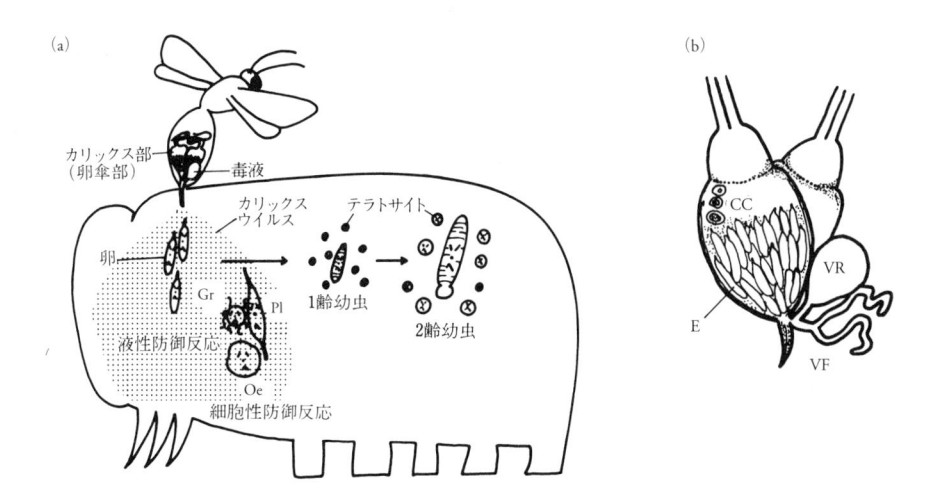

図6-8 (a) コマユバチ科寄生蜂の発育と宿主の生体防御の関係．Gr：果粒細胞，Pl：プラズマ細胞，Oe：エノシトイド（Oenocytoid）．
(b) 卵巣の略図．CC：カリックス細胞，VR：毒囊，VF：毒腺，E：卵．
[田中 1990]

　その一例を，昆虫宿主とそれに寄生する寄生蜂の攻防の様子について紹介する．宿主の体内に産みこまれた寄生蜂の卵は，宿主にとっては一種の異物であるが，その害作用を防ぐために宿主はいろいろの反応を示す．これには大きく分けて，イ）細胞性防御反応と，ロ）液性防御反応がある（G. Salt, 1970）．イ）では，異物は血球によって摂食されたり，異物を血球が取り囲んで瘤を作ってその中に閉じ込めてしまったり（これを包囲作用 Encapsulation という，H. C. J. Godfray & M. P. Hassell, 1991），異物が出す毒性物質の排除のためにマルピギー氏管などを働かせたりする．ロ）では，異物に対して感染防御物質を生産したり，フェノール酸化酵素系の活性化を行うなどの現象を起こす．
　宿主のこのような防御手段に対して，寄生蜂（コマユバチ科 Braconidae に属するものを考える）の方も攻撃手段を用意する．この様子を図6-8に示す（田中利治, 1990）．
　現在知られている寄生蜂の攻撃手段について，その概略を田中利治（1990），早川洋一（1995a, b）および高林純示・田中利治（1995）によって記そう．まず寄生蜂は，自分の卵を宿主が異物として認識しないような処理をする．そのために寄生蜂の側輸卵管のカリックス部の細胞に共生している，カリックスウイルス[8]（Kalyxvirus）というDNAを，ある種の毒液を加えて，自分の卵とともに宿主の体内に入れる．このウイルスは宿主のいろいろな組織の細胞中に入り込み，mRNAを作って遺伝情報を翻訳し，宿主を制御する物質を生産する．その物質の中に，宿主が産みこまれた卵を異物として認識しないようにするものもある．その際寄生蜂の卵を取り囲むべきプラズマ細胞の数を著しく減少させるという現象も起こる．またコマユバチ科の寄生蜂では，卵の発育が進むとその表面の細胞がテラトサイト（Teratocyte）と呼ばれる細胞に分化し，卵の孵化時に宿主の体内に放出される．この細胞から分泌される物質も宿主のプラズマ細胞の寄生蜂卵包囲作用阻止などに何らかの役割を果たしているらしく，特に後期には宿主の体液中の物質を吸収し，寄生蜂幼虫がこれを食べ，その発育上で何らかの栄養的役割を果たしているらしい．上述のような寄生蜂が宿主に対して取る手段の他に，

さらに別の重要な手段を取ることが分かっている．それは寄生蜂による宿主の発育制御である．宿主があまり早く生長しすぎて，蛹化してしまうと，寄生蜂の羽化が阻害される．そこでカリックスウイルスの伝染と毒液とテラトサイトの三者の影響として，宿主の生長阻害物質が生産され，寄生蜂の生育を保証するという現象がある．

　以上のように寄生蜂と宿主はきわめて複雑な関係に結ばれている．カリックスウイルスのDNAは寄生蜂のDNAの中に組み込まれており，すなわち寄生蜂の遺伝子の一部をなすと考えられているが，このウイルスDNAと宿主DNAの関係はどうなのか，進化史上の大変興味ある問題を提供しているようである[9]．

　ここで今一つ微生物の世界の食物連鎖関係に基づく共進化の例を挙げておこう．それは大腸菌とこれに寄生するファージの間の共進化に関するものである（L. Chao, B. R. Levin & F. M. Stewart, 1977）．大腸菌（*Escherichia coli*）のB_0株の培養液にファージの$T7_0$株を移植すると，$T7_0$に対し耐性のあるB_1という突然変異体（一重耐性）が出来る．そうするとファージの方にも$T7_0$から，B_0とB_1を攻撃できる$T7_1$という突然変異体が出現する．これに対しさらに大腸菌の方にも，B_0とB_1から$T7_0$と$T7_1$に耐性のある突然変異体B_2（二重耐性）が出来る．こうして群集の多様性は増大する方向に進化すると言う．ただしこの一連の進化競争において，バクテリアの防御的突然変異体の出現は，ファージの攻撃的突然変異体の出現よりも容易であるとされる（R. E. Lenski & B. R. Levin, 1985）．理由は，バクテリアの方は細胞表面のレセプターの化学的性質を少し変えるだけでファージの攻撃をかわすことが出来るのに，ファージの方は変化したレセプターを認識し，吸着し，DNAを注入するという次元の高い仕事をするために，遺伝子の特異的かつ大幅な代替えを必要とするためだと言う（栗原康，1994a，参照）．大腸菌とT_4ファージの関係にも注目すべきものがある．大腸菌には *Prr* 遺伝子があり，このものの作るタンパク質は，T_4ファージの寄生に際し，このファージの作るポリペプチドによって活性化され，大腸菌のリジン（アミノ酸）を作るtRNAを切断する．そのため大腸菌はタンパク質合成ができなくて，T_4ファージがウイルス粒子（Virion）を作る前に死んでしまう（アポトーシスApoptosis現象）．つまり大腸菌はウイルスとともに死に絶えるはずである[10]．ところが一方ファージの方も，大腸菌のtRNA切断をもとに修復する二つの遺伝子産物——Polynucleotide kinase と RNA ligase ——を持っており，感染した大腸菌が死なないようにする（小林一三，1996）．小林は，このような寄生の本質は，'宿主を殺す'ところにあるのではなく，'宿主の死命を制する（自己の増殖に最適なように宿主の生死を支配する）'ところにあると述べ，共進化の例とした．ウイルスが意識を持っているかのような説明文は感心しないが，現象自体は注目すべきものと思う．

　上は寄生者と宿主の攻防の一面を見たにすぎないが，ここに見られた各種の現象は，もちろん一時に現れたものではなく，長い期間を経て相互に逐次現れてきたものであろう．その進化をもたらした根源は，食う食われるの厳しい関係にあることは確かである．

　なお共進化の問題については，11章をも参照されたい．

1）食物連鎖関係は言うまでもなく生態系の中の関係である

　上にいろいろと食物連鎖関係にみられる一般的性格について述べてきたが，それらはもちろん生態系の中の関係であることを常に心に留めておかねばならない．ここに簡単な一例を挙げておく．

オランダの森林土壌の80％は貧栄養状態にあるが，そこでシジュウガラ（*Parus major*）や他のスズメ類が産む卵の殻が薄く，多孔質になる割合が次第に多くなった．それに従って一はらの卵数が減り，また空き巣の数が増してきた．そのような現象の起こった原因は，これらの鳥が主として餌のカタツムリ類から卵の殻を作るCaを採っていたのに，このカタツムリ類の個体群密度が土壌のCaが減ったために減ってしまったからである．このことは次の二つの事実からも分かる．1）正常な殻の卵を産んだ鳥の胃から見つかったカタツムリの殻の断片は平均4.4個であったのに，欠陥卵を産んだ鳥の胃の中からは平均0.27個しか発見されなかったこと，2）ある貧栄養の土壌の森に棲むカタツムリ数が，1970年には45 /m^2であったのに，1992年には3.4 /m^2に減ったこと（他の貧栄養の土壌の森でも同じこと．このようなことは富栄養の土壌の森では起こっていない）．そしてこの土壌のCaの減少は酸性雨による溶脱によって起こったと考えられる．つまり，酸性雨→土壌中のCaの減少→カタツムリの減少→小鳥の生殖失敗という連鎖図式が分かったのである（J. Gravelandほか，1994）．ヨーロッパの湖の生態系では1970年代から酸性雨による大きい変化が知られていたのに，それがこの研究によって森の鳥類にまで重要な影響を与えていたことが初めて具体的に明らかになったのであるが，その間長い年月を要したことになる（K. A. Vogtほか，1997）．生態系的視点を常に持って相互関係などを見る必要があることを示す例とされよう．

6-3-3 種間の捕食系連鎖に関係あるその他の現象

種間の捕食系食物連鎖関係について，いろいろと一般的な見地から取り扱ってきたが，この項ではその他の生態的事項で，古くから知られてきた事実と，やや特殊な事実について，いくつか触れることにする．

①保護色

保護色（Protective coloration）はまた隠蔽色（Concealing c. またはCryptic c.）とも言われる．共進化の一つの側面と見ることが出来よう．一般に餌動物は環境の色と似せて，捕食者から自分を守るといわれるが，L. C. Cole（1943）はこれに批判を加えている．砂漠動物の体色は，確かに環境の色に似ている場合が多いが，体色と環境の色の関係はもっと深く考えねばならないと言う．黒い体色は岩質の砂漠地に棲むものに見られるが，同時に夜行性のものにも見られ，これには環境温度との関係も考えねばならない．J. P. Kirmiz（1962）も砂漠の動物の色を決めるのは，気候的なものか，栄養的なものか，隠蔽的なものか，あるいは他の原因によるものか正確に言うことはできない，と述べている．北極地方の動物に詳しいElton（1927）も，ホッキョクギツネ（*Alopex lagopus*）の体色に2型あり，1型は夏は褐色冬は白色で，いわゆる保護色と考えられているが，他の1型は夏は灰色または黒色であるが冬は青色となり，これは環境から際立ってよく見える色である．さらにまたこのキツネは，冬には氷上でシロクマの残した腐肉を食って命をつなぐか，陸上にいるとしても秋に集めて貯えた食物にほとんど依存しているので，保護色の意味は薄い．その他似たような例は他の動物にも多数あり，これらの進化的説明としては，体色の環境に対する直接の適応でなく，何らかの事態に適応している特徴（おそらく生理的なもの）に関係したものであると考えてよかろうと言う．加藤勝（1987）もノウサギ（*Lepus brachyurus*）の体色変化について文献を検討して詳しく論じ，環境の色に必ずしも同調したものでなく（すなわち保護色の意味は薄く），上のEltonの結論と同じ

く，繁殖代謝のメカニズムに連動した，色素形成系の活性化によるものと考えた．

以上のような考えが一方においてあるが，保護あるいは，隠蔽の意味のある体色が存在することは確かである．F. B. Sumner（1934, 1935）はカダヤシ（*Gambusia patruelis*）とペンギンを使って実験をした．魚を2群に分け，内側をペンキで黒く塗ったタンクと，白く塗ったタンクに入れた．7〜8週間もすると，魚は背景の色に反応し，それぞれ黒く，また白くなる．そこで黒タンクと白タンクに黒色魚と白色魚を取り混ぜて入れ，ペンギンを放った．数分の間にペンギンに食われる魚の割合は，黒タンクでは黒27％，白73％，白タンクでは黒62％，白38％で，保護色の効果は明らかであった．

保護色に関連して有名な例に，鱗翅類の工業暗化（Industrial melanism）現象がある．1850年以来イギリスの工業地帯で，鱗翅類の少なくとも50種類で，黒化型が急速に出現域を広げる現象が起こった．この現象の起こった原因として，煤煙でよごれた地域で，黒化型の個体が環境に適合し，小鳥類の摂食を免れて，よりよく生き残ったからであると考えられた．この現象の詳しい内容については11章4節2項を参照されたい．

②警戒色

保護色と対照的なのは警戒色または警告色（Alarming coloration, Warning c. またはAposematic c.）である．環境から目立つ色彩をして，捕食者に対し，自分が毒を持っていたり，味がまずい，などのことを知らせる役割をしていると考えられている．その有名な例として，マダラチョウ科のオオカバマダラ（*Danaus plexippus*）が挙げられる．このチョウは春にメキシコやカリフォルニアの越冬地から飛び立って，カナダロッキーのふもとまで移動し，秋には逆に北から南へ，片道4,000kmの距離を大集団を組んで季節移動をすることでも有名である．このチョウの英名Monarch butterflyは帝王蝶という意味で，鮮やかで華麗な色調をしている．ところがこのチョウの体には，幼虫の食草であるガガイモ科の*Asclepias*に由来するカルデノライド配糖体（Cardenolide glycoside）という毒物を含んでいる．この植物はその毒によって多くの昆虫の食害を逃れてきたが，オオカバマダラの幼虫はその障害を乗り越えて，この草を食うことが出来るのみならず，これを蓄積して成虫まで持っていくことが出来る．フロリダ大学のL. P. Brower & J. M. Corvino（1967），Brower（1988）はアオカケス（*Cyanocitta cristata*）で摂食実験をした．キャベツで育てたオオカバマダラ（毒物をもっていない）をこの鳥に食わせ，それに慣れさせた後で，野外から捕ってきた毒をもったチョウを食べさせる．鳥はそれに食いつくが，激しい嘔吐に苦しみ，その後は再びこのチョウを食べなくなる．オオカバマダラの独特の色彩と紋様に学習したのである．

さらに興味深いことに，毒をもつ野外のオオカバマダラの個体数の割合は全体の25％に過ぎないことである．食草を調べると，ガガイモ科のある種類は全く毒を持たないことが分かった．さらに研究を進め，この25％の有毒チョウの存在が，チョウ全体の個体群に対してどのような有効な結果を生じているかを思考実験した．前提として，捕食鳥がオオカバマダラ集団に会った時，次々とそれを食うが，毒のある個体を食った後では，続けて食うのをやめる，とした．その結果を図6-9に示す（深海浩, 1992, に分かりやすい紹介がある）．

似た例が，幼虫がグラヤノイド（Grayanoid）という毒物を持つアセビ（*Pieris japonica*）の葉を食って育つヒョウモンエダシャク（*Arichanna gaschkevitchii*）にある．幼虫，成虫ともにこの毒物を体中に蓄積しており，またいずれも目立つ色彩をしていて，成虫はガでありながら昼間活動する．この毒物の効果を実験するため，ヤモリ（*Gekko japonicus*）の餌としてミールウォー

ム（ゴミムシダマシ *Tenebrio nidae* の幼虫）を食べ慣れさせておき，ある時この餌にグラヤノイドを塗って与えると，たちまち吐き出して，以後この餌を採らなくなったという（深海，1992）．

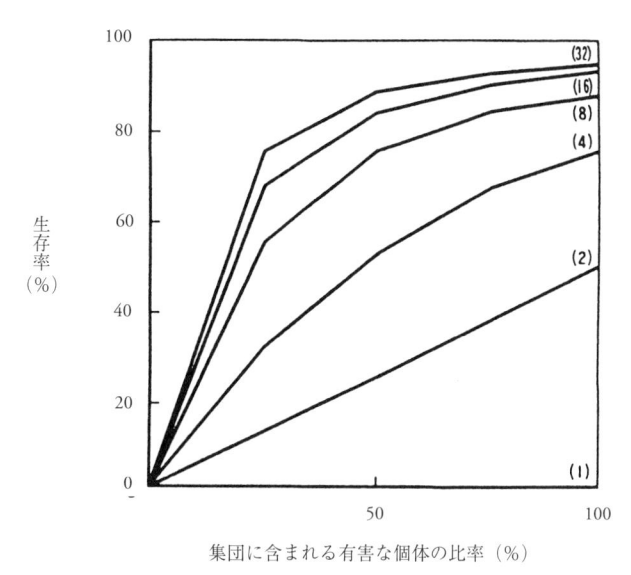

図6-9 オオカバマダラ集団の捕食による死亡率．集団中の毒を持った個体の比率が少なくても，集団個体全体の生存率は著しく高くなる．例えば，集団構成個体数（（ ）内の数字）が32個体の場合，有害個体25％で，生存率75％．[Brower 1988 に基づき，深海 1992 より]

③擬　態

ある動物が，他の生物や非生物環境と似た色彩・形・姿勢をもつことを擬態（Mimicry）という．餌動物が捕食者から逃れ，また捕食者が餌動物を捕る時に役立つ生態現象である．

上に述べた保護色や警戒色も，一種の'擬態'である．ただしこれは色に関してであるが，ふつう擬態という場合は形まで含めたものをいう．枯葉に形・色が似たコノハチョウ（*Kallima inachus eucera*），環境の岩肌や海藻に似た魚のイザリウオ（Antennaridae）などがその例である．後者には，口の直上の背鰭第1棘が触手状に延びて，先が多毛類に似たふくらみとなり，餌動物を誘って捕食するものがある．

擬態はいくつかの種類に分けられているが，上のイザリウオのような場合は攻撃型擬態（Aggressive mimicry）という．まずくない（Palatable）餌動物（Mimicとする）が，まずい（Unpalatable）餌動物（Modelとする）に似ている場合を，ベーツ型擬態（Batesian mimicry），まずい餌動物とまずい餌動物が相互に似ている場合を，ミューラー型擬態（Müllerian mimicry）という．ベーツ型擬態の例としては，琉球列島産の毒チョウ，ベニモンアゲハ（*Pachliopta aristolochiae*）およびヘクトールアゲハ（*Atrophaneura alcinous*）とその擬態種シロオビアゲハ（*Papilio polytes*）があり [K. Uésugi（上杉兼司），1991, 1992, 1996a, b, 1998]，ミューラー型擬態の例としては，前に述べた毒チョウのオオカバマダラとその擬態種カバイチモンジ（*Limenitis archippus*）がある（D. B. Ritland & L. P. Brown, 1991）．

ここでシロオビアゲハとベニモンアゲハの関係をもう少し説明する．このシロオビアゲハは東洋熱帯（インド―琉球列島）に広く分布する．雄の翅は黒色で，後翅に白い帯がある．と

ころが雌には3型あり，Ⅰ型は雄の翅と似た色・紋様をしているが，Ⅱ型（*P. p. f. polytes*），Ⅲ型（*P. p. f. rumurus*）は別の種かと思うほど雄とは違った色・紋様をしている．そしてⅡ型は上記のベニモンアゲハに，Ⅲ型はヘクトールアゲハに酷似している．このモデル種は，いずれも体内にアルカロイド毒を持っている．

　シロオビアゲハは昔から琉球列島に分布していて，雌は大体Ⅰ型で，Ⅱ型の出現率は20％未満であったと考えられる．一方ベニモンアゲハは分布していなかった．ところが1968年になって，この有毒チョウが台湾に隣接した八重山諸島に入ってきて定着した．シロオビアゲハの正確な出現記録は1972年以来残っているが，そのⅡ型の出現率の変化を図6-10に示す．モデル種の定着した1968年の約10年後，1980年頃から出現率は次第に上がり，ついに約50％に達して横ばいとなった．この横ばいとなる理由について，上杉兼司（1992）は次のように考えている．シロオビアゲハの雄は本来Ⅰ型の雌と交尾することを好む傾向があることと，モデルの数と比べて擬態種があまり多くなると捕食者（小鳥など）の学習効果を減少させることが原因ではないかと言う．実際彼は，モデル種を食べたことのない沖縄島のヒヨドリ（*Hypsipetis amaurotis*）を用いて学習実験を行い，Ⅱ型の擬態効果があることを見ている．その効果は単に擬態種自体を避けるだけでなく，その棲む場所も避けるという［K. Uésugi（上杉兼司），1991, 1992, 1996a, b］．

　なお「生物科学」49巻1号は擬態特集号となっているので参考になる．

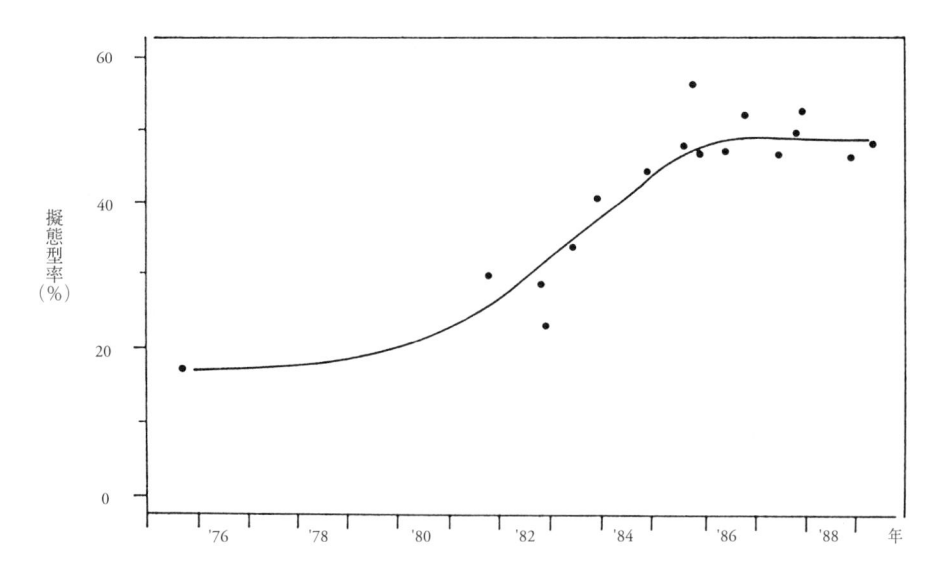

図6-10　宮古島のシロオビアゲハ雌Ⅱ型の出現比率の変化．1968年にモデル種の毒を持ったベニモンアゲハが定着したが，1975年以来正確な記録があり，擬態型のⅡ型雌の出現比率が次第に大きくなっていく様子がよく分かる．［上杉 1992］

④化学的情報伝達のいくつか

　ある生物が作った化学物質が，他種の生物にいろいろの行動的，生理的，形態的反応を引き起こすことは，ふつうに観察されている事実である．これは同類関係でも多く知られているが，それについては後（7章5節）で述べることにして，ここでは食物連鎖関係事項について述べる．

化学物質が生産者と受領者に相互影響を与える場合，生産者に利益がある場合にその化学物質をアロモン（Allomone）といい，受領者に利益がある場合にカイロモン（Kairomone）という．例えば，花の出すにおい物質は昆虫を誘い，受粉に利益があるので，花の側から見ればアロモンであり，昆虫の側から見ればカイロモンということになる．前に述べた動物の分泌する忌避物質もアロモンといえる．

カイロモンについての面白い例を，湖沼の動物プランクトン群集の中の諸現象について，K. Hanazato（花里孝幸, 1991, 1994, 1995），Hanazato & T. Ooi（大井高）(1992) が研究している．動物プランクトンの多くの種（*Brachionus, Keratella, Bosmina, Daphnia* など）は，いくつかの捕食者（魚，*Chaoborus* 幼虫, *Notonecta, Asplanchna*, Copepoda など）に食われるが，これらの捕食者はカイロモンを出し，被食者はその物質に反応して，捕食されにくいような形態変化（体に刺を生ずるなど）を起こしたり，また日周垂直移動をするという行動変化を示す，という．一例をブリューギル（*Lepomis macrochirus*）とその餌のミジンコ類との関係について挙げる．ミジンコ類をブリューギルを飼ってきた水（魚は除いてある）に入れると，その成長過程がミジンコ類の生存に有利なように変化する．大型（体長 0.6～2.0mm）のカブトミジンコ（*Daphnia galeata*）の場合は，自身の成熟サイズは小さくならなかったが，その産む子のサイズは小さくなり（つまり成長過程が速く進むようになり），また小型（体長0.4～1.3mm）のマギレミジンコ（*D. ambigua*）の場合は，自身の成熟サイズは小さくなったが，その産む子のサイズは小さくならなかった．この現象はいずれも捕食魚が小型のミジンコを好んで食うという傾向に対する，各種ミジンコの異なる生存適応と考えられた．

なお食物連鎖関係の化学物質による情報伝達について，日本陸水学会第60回大会（1995）において，花里孝幸をコンビーナーとするシンポジウムが開かれ，研究の現状について幅広い討議が行われたが，その概要が同会誌57巻（1996）に報告されているので，参照されたい．

6-3-4 採餌資源の利用に関する諸問題

採餌に関し，最近理論生物学者がいろいろの考えを提出している．まず動物たちは本来，現に採っている餌の範囲よりも広い範囲の餌を採る能力を持っているのに，進化の道筋において選択された結果，狭い範囲の餌を採るようになった．なぜそうなったかを考えるのに，最適採餌説（Optimal foraging theory）を出してきた．この説の基礎にはいくつかの仮定がある．その一つは，最適の状態とは，エネルギー獲得の純率（Net rate）の高い状態である，つまり，獲得した全体エネルギー（つまり利益 Benefit）からそのエネルギーを得るために費やした費用（Cost）を差し引いた値が高い状態であるということで，他の一つは，考察の対象となる動物の行動が，その採餌に最も適した環境（つまり彼等が進化してきた自然環境に非常に近い環境）において観察されるということであった．

しかしこれらの仮定は，簡単には受け入れ難いという考えもある．というのは，まず動物は採餌に際し，餌自体の問題よりもさらに大きい影響を自分を襲ってくる捕食者から受けるはずであり，また餌の全体エネルギーの獲得よりもその餌の中に含まれている特別の成分（例えば窒素）の取り入れがより重要なことである（つまり混合した，平衡のとれた餌を採ることが重要）からである．しかしこの最適採餌説は，捕食者がどんな餌を取る決心（Decision）をするかということについて，重要な洞察を与えると言う人もある（Begon ほか, 1996, 参照）．

これらの問題について，その理論と現実を考える際に重要であると思われる前提を，Begon ほか（1996）が指摘しているので，まずそれを引用する．"最適採餌説の典型は，採餌行動の予想を，モデル生態系に関するかぎり全知主義者（何でも知っている Omniscient）である理論生態学者が作った数学的モデルに基礎を置いている．そこで疑問が出てくる．もし適当な最適戦略（Optimal strategy）を採用するならば，現実の採餌動物にとって，すべてを知りかつ数学的であることが必要なのであろうか？　答えは否である．この説は単に，ある採餌者があって，ある適当な環境で，何らかの方法で適切に事柄を処理するならば，その個体は自然選択で有利になる，と言っているだけである．そしてもしその能力が遺伝されるなら，進化的な時間の間に，その能力は個体群の間に広がるはずである"と．

実は最適モデルを主唱している J. Maynard Smith（1978）もそのあたりの事情はよく知っているので，モデルは生物が最高に適応していることを決して前提にはしていないと考えている．生物はさまざまな制約のもとで，最適点に達することはないという考えである．

これらの考えは，関係した問題を考えていく際の，大変重要な前提であると思う．その上に立って，採餌の問題に関し，若干の記述をすることにする．

a）最適メニュー（Optimal diet）

ある動物が採餌している時に，n 種類の餌があるとする．どの種類の餌をどのくらい食べれば，平均採餌効率が最大になるか，という問題である．その際，その動物にとっては，餌を探す時間（探索時間 Searching time）と餌を処理する時間（処理時間 Handling time）が必要である．この二つの組み合せを考えねばならない．例えば，大きくて処理に時間がかかる餌だけ食べていると，探索時間が減って，1日に食べる総量は減るかもしれない．このような項目に，その動物が専門食者（Specialist）か汎食者（Generalist）かという問題も関係してくる．

さて一つの餌から得られるエネルギーの量を e，その探索に要する時間を s，処理に要する時間を h，単位時間に遭遇するその餌の密度を λ とする．また探索時間の合計を T_s，処理時間の合計を T_h とする．餌が1種類とすると，その採餌効率 R は，

$$R = \frac{餌の量}{捜索時間+処理時間} = \frac{T_s \cdot \lambda \cdot e}{T_s + T_h}$$

$T_h = T_s \cdot \lambda \cdot h$ であるから，

$$R = \frac{T_s \cdot \lambda \cdot e}{T_s + T_s \cdot \lambda \cdot h} = \frac{\lambda \cdot e}{1 + \lambda \cdot h}$$

となる．

今餌が n 種類あり，i 番目の餌について，その量を e_i，その餌の処理に要する時間を h_i，単位時間に遭遇する餌の数を λ_i とすると，

$$平均採餌効率 R = \frac{\sum_{i=1}^{n} \lambda_i e_i}{1 + \sum_{i=1}^{n} \lambda_n h_i}$$

となり，これは n 種類の餌を，すべて好き嫌いなく食べるという場合であるが，もし i 番目の餌を，確率 P_i（$0 \leq P_i \leq 1$）で食べるとすると，

$$R = \frac{\sum_{i=1}^{n} P_i \lambda_i e_i}{1 + \sum_{i=1}^{n} P_i \lambda_i h_i}$$

となる．

理屈は以上のとおりであるが，実際の研究ではいろいろと困難なことが出てくる．その例として次に，最適採餌モデルの設定と，その実験結果への適合性の検討に関する，E. E. Werner (1972), Werner & D. J. Hall (1974) の研究を紹介する．彼等はブリューギル (*Lepomis macrochirus*) にいろいろの大きさのミジンコ (*Daphnia magna*) を，密度を変えて食わせ，その大きさ選択が，餌密度に応じてどのように変化するかを調べた．体長70～80mmのブリューギルを，直径1.3～1.7m，深さ15～28cmの円形の容器に10匹入れ，この中にいろいろの大きさの餌を，密度を変えて入れる．魚は実験前24時間絶食させておく．ミジンコの大きさは，4階級に分ける．Ⅰ級：体長3.6mm（体重371μg）程度，Ⅱ級：2.5mm（108μg）程度，Ⅲ級：1.9mm（37μg）程度，Ⅳ級：1.4mm（18μg）程度．上記容器にそれぞれの階級のものを，20～25匹ずつ（低密度），50～200匹ずつ（中密度）および300～350匹ずつ（高密度）入れる．ミジンコを上記容器に入れて均等に分布させるのは迅速に行い，魚に食わせる時間は5分～30秒（図6-11の場合は30～60秒），水温は18～25℃の状態で，食わせ終わると魚は直ちに取り上げ，固定し，胃の内容を調べた．

採餌モデルを作るにはいろいろと検討を重ねたが，結局できたものは次のようなものであった．

採餌のための費用 (Cost) は，探索時間 (T_s) および処理時間 (k) の合計と考え，得る利益 (Benefit) は胃中に入ったミジンコの生体量 (B) と考える．すると，

$$R' = \frac{費用}{利益} = \frac{T_s + kN}{B} \quad (N：魚の胃中の餌の個体数)$$

を最小にするように餌を食った場合，魚は餌の最適の構成幅と量を選択したということになる[11]．

これらの数値とその取り扱いには，それぞれ詳しい内容があるが，ここでは省略する．ただ一つここで説明しておかねばならないのは，魚が目で餌を認める際に，餌の大小によって，認めうる距離が違うことによって起こる問題である．魚は小さい餌は近い距離からでなければ認めることが出来ず，大きい餌は遠い距離からでも認識することが出来る．したがって各大きさの餌が，魚にとって等しい有効分布 (Effective distribution) である（つまり遭遇率が等しい）ためには，小さい餌は密度が高く，大きい餌は密度が低い状態で計算する必要があることになる．予備実験によると，魚が餌を認めて反応を起こす距離は，餌の級別によって次のように異なる．Ⅰ級：51.5cm，Ⅱ級：40.8cm，Ⅲ級：35.4cm，Ⅳ級：24.6cm．魚は立体空間の中に棲んでいるので，その視野 (Visual field) の比としては，Ⅰ級を1とすると，Ⅱ級0.71，Ⅲ級0.54，Ⅳ級0.27という計算になる[12]．この比で考えると，魚のミジンコに対する遭遇率が同等になるためには，ミジンコの大きさ別の密度が，Ⅰ級を25匹とすると，Ⅱ級30匹，Ⅲ級46匹，Ⅳ級93匹の割合となる．餌の実際採取を考える時，彼等はこの値も理論値の算出に組み入れている（すなわち有効分布を考慮に入れている）が，詳しい説明は省略して，ただこんな所にも配慮が必要であったことを指摘しておきたい．

さてそうして，彼等は実際魚が食った胃の中のいろいろの大きさのミジンコの量的分布と，

理論的に大きさの選択のない状態（最低密度の時がこの状態）で捕食する時に起こるであろう結果とを比較して，図6-11を作った．餌密度が低い時には，大きさの選択はしないので，遭遇した餌をそのまま食うが，密度が高くなるにつれて，大型の餌をより選択して食うようになる．そして結果は，単に遭遇した餌をすべて食うという率を理論的に計算したものと，実際食った量とには大幅な違いが出てきたのである．この結果は実は，V. S. Ivlev（1961）も既に大筋を指摘していることであった．

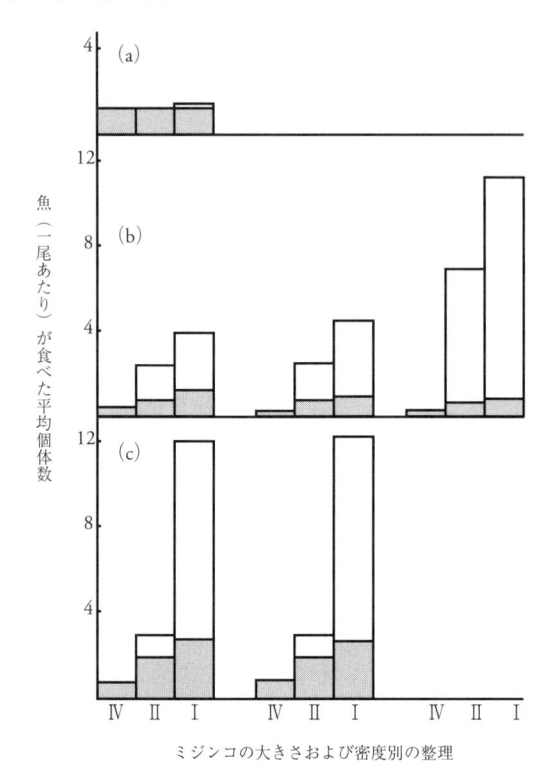

図6-11 ブリューギルに食われたミジンコの，大きさ別・密度別の平均個体数．Ⅰ，Ⅱ，Ⅳは，ミジンコの大型(3.6mm前後)，中型（2.5mm前後），小型（1.4mm前後）を示す．この図の実験ではⅢ型（1.9mm前後）は用いなかった．
(a) ミジンコの低密度（各型それぞれ20～25匹ずつ）における8実験の平均結果（実験時間は30～45秒）．
(b) 中密度の結果．左から，各型それぞれ50匹ずつ，75匹ずつ，200匹ずつのミジンコを供した場合の結果（実験回数はそれぞれ1～2回，実験時間は30秒～1分）．
(c) 高密度の結果．左から，各型それぞれ300匹ずつ，および350匹ずつ供した結果（実験は1回ずつ実施，実験時間は30秒）．
ヒストグラムの点刻域は，餌が遭遇率に従って食われた場合の胃の中の理論的個体数を示す．低密度ではこの理論値と実験値はよく一致するが，中密度，高密度と進むに従い，くい違いは大きくなり，特に大型のものが著しく選択摂食されることが分かる．なお小型のものはいつも理論的遭遇率に従って食われている．
［Werner & Hall 1974］

b）最適パッチ利用（Optimal patch use）

生息場所の中で餌を採る場所（Patch）がいくつかある場合，それぞれのパッチでどれだけの時間滞在して採餌するのが最も効率がよいかという問題がある．そのモデルを，限界値の定理（Marginal value theorem）のモデルということがある（E. L. Charnov, 1976）．ここで採餌時間は，パッチ間の移動時間（Travelling time）とパッチに滞在する時間（Patch time or Time in patch）の二つからなる．ここらの事情を図6-12に示す（粕谷英一，1990，参照）．

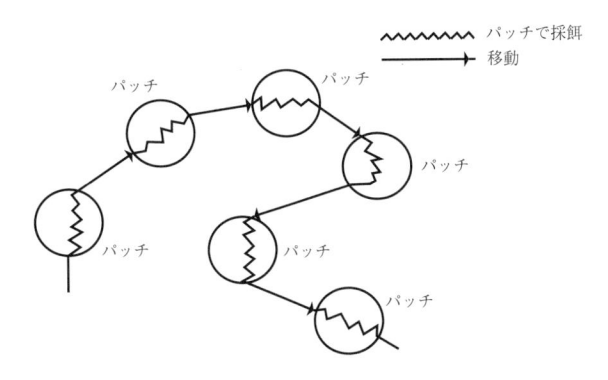

図6-12 採餌行動の模式図．パッチの餌の良し悪し，多寡，とパッチ間の移動時間の多少とに，いろいろの関係がある（本文参照）．[粕谷 1990]

あるパッチに捕食者が入った時，そこで餌を採るうちに次第に餌が少なくなり，時間をかけるわりに採れる餌が少なくなる．つまり採餌効率が悪くなる．それがある程度になると，採餌者はそのパッチを出て，別のパッチを探す．その状況を図6-13-(a)に示す．そしてあるパッチで採餌しているうちに，どのような状況になった場合に採餌をやめてそのパッチを出るか，その時一番効率のよいパッチの去り方はどのような状況の時かを示したのが同図-(b)である（J. R. Krebs & N. B. Davis, 1978, に基づき，Begon ほか, 1996, より）．

この理論によると，良い生産力を持ったパッチの滞在時間は，悪い生産力を持ったパッチの滞在時間よりも長くなるはずで，図6-14-(a)にその状況を示す（J. R. Krebs & R. H. McCleery, 1984）．また長い移動時間のあとで到着したパッチでの最適滞在時間は長く，短い移動の後では短くなることが，理論的に考えられる．同図-(b)にそのことを示した（Krebs & McCleery, 1984）．

さてこのような理論を実証するような実際資料はあるのか．上の移動時間とパッチ滞在時間の関係をシジュウガラ（*Parus major*）を使ってR. J. Cowie (1977) の行った実験は，その適合性を示した一例である（図6-15）．この図の (a) は実験装置を示し，(b) には実験結果を示す．

c）最適メニューおよび最適パッチの利用の理論の問題点

以上の最適メニューおよび最適パッチ利用の問題は，個体段階の，きわめて単純な仮定の上でのもので，現実の動物の生活にはさらに多くの考慮すべき条件がある．例えば，餌の種類の認識，餌の栄養価，餌の運搬，餌の襲いやすさなど多くの問題がある．また同じ餌を求める他の競走者がいるとどうなるか，あるいは採餌中に襲ってくる捕食者などの問題もある．しかし本書ではこれらについては特に述べないので，興味ある読者は粕谷（1990），特に河川動物についてはJ. D. Allan（1995）などを参照されたい．

d）ニューラル・ネットワーク（Neural network）とその訓練

ニューラル・ネットワークとは，簡単に言えば，生物神経システム（生物神経網組織）のことである．生物神経システムは，ニューロン（Neuron）とシナプス（Synapse）の網からなり統合的に働いて，生物体の生理・行動全体を支配している．これは生物の長い歴史を通じて，変異と選択を経て，いわば鍛え上げられてきたものである．生物神経システムの人工的実現は工学者の夢となっており，現在広範な先端研究が行われている[13]．

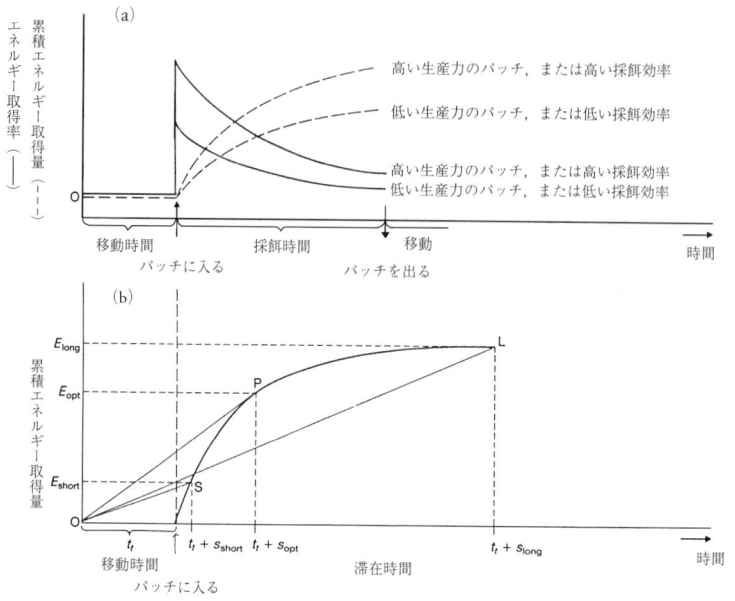

図 6-13 限界値の定理解説図 [Begon ほか 1996]．
　(a) 採餌者がパッチに入ったとき，始めはエネルギー取得率は高い（特に高い生産力を持ったパッチの中とか，採餌者が高い採餌効率を持っている処では）が，この割合はパッチの資源が少なくなるにつれて，時間とともに減少する．
　(b) 採餌者の選択図．太い実線：平均的パッチからの平均累積エネルギー取得量．t_t：平均移動時間．エネルギー取得量（これが最大限になってほしい）は，取得エネルギーを時間で割ったもの，即ち，原点からの直線スロープである．パッチの中で滞る時間の短い場合（スロープ＝ $\frac{E_{short}}{t_t+S_{short}}$）と長い場合（スロープ＝ $\frac{E_{long}}{t_t+S_{long}}$）は共に，エネルギー取得率が適正滞在の場合（スロープ＝ $\frac{E_{opt}}{t_t+S_{opt}}$）よりも小さい（スロープが緩やか）．適正滞在（$S_{opt}$）の場合は，累積エネルギー取得量のカーブに接線となり，全体のエネルギー取得率が最大となる．総てのパッチから去るときは，これと同じエネルギー取得率のとき（つまり OP 線に平行に接線が引けたとき）がよいといえる．

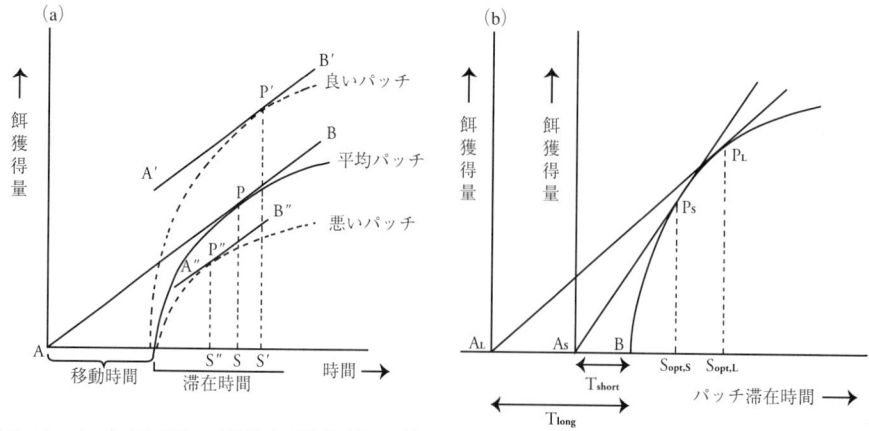

図 6-14　パッチの生産力の良悪および移動時間の長短によるパッチ滞在時間の変化．[Krebs & McCleery 1984 による]
　(a) 良い生産力を持ったパッチと悪い生産力を持ったパッチに滞在する最適時間．移動を始める時点 (A) から，パッチに到着して始まる餌獲得量の曲線に引いた接線（A—B）の接点 (P) に対応する滞在時間 (S) が最適採餌の時間．A—B は平均的なパッチの場合．A′—B′ は良いパッチ，A″—B″ は悪いパッチの場合で，最適採餌点はそれぞれ P′，P″ となり，それに対応する滞在時間は S′，S″ となる．S″＜S＜S′ の関係となる．
　(b) 移動時間の長短と滞在時間の長短の関係．移動時間が長いとパッチ滞在時間は長くなる．T_{long} と T_{short}：それ移動時間の長短．$S_{opt,L}$ と $S_{opt,S}$：それぞれ T_{long} と T_{short} の場合に対応する最適採餌時間　A_L と A_S：それぞれ長期および短期移動の出発点．B：パッチ到着点．P_L と P_S：それぞれ最適採餌時間を決める接点．

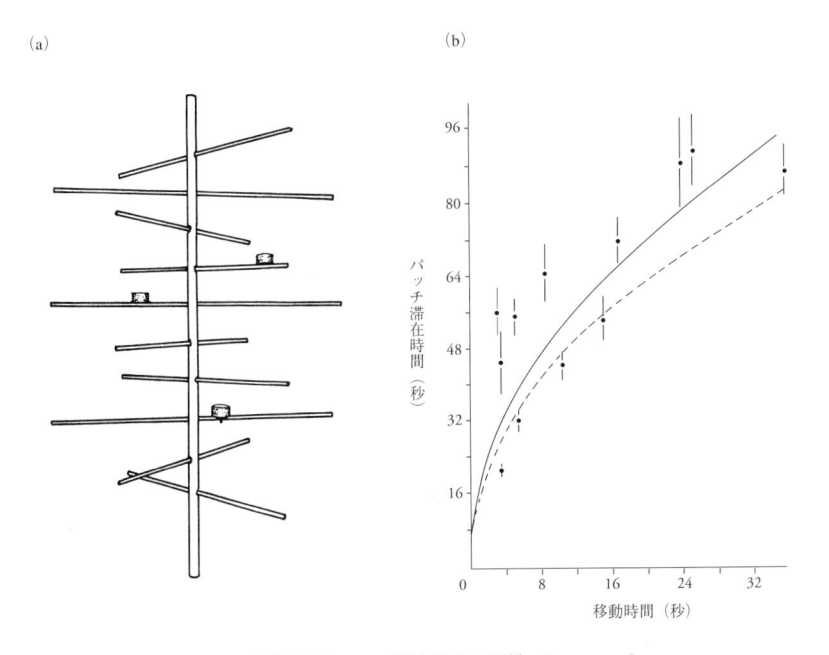

図6-15　シジュウガラのパッチ間移動時間とパッチ滞在時間の関係．[Cowie 1977]
　(a) 実験装置．鳥小屋の中に'樹'状の装置を立てて，その'枝'のところどころに餌箱（プラスチック箱におがくずを入れたもの）を置き，中にミールワーム（Meal worm）を入れる．箱はパッチと考え，中に同数の虫を入れる．箱はボール紙で蓋をするが，しっかりしたものから緩いものまで作り，したがってその蓋を開くのに時間の差ができるので，それを移動時間の差とする．小鳥は一羽ずつ実験するが，1系列6羽を用い，装置の状態を変えて，他の6羽で繰返し実験する（全使用数12羽）．
　(b) 移動時間とパッチ滞在時間の関係．それぞれ平均値と標準偏差を示す．二つの系列の実験（実験装置の構造が若干違う）で，結果に多少ずれがあるが，傾向は同じである．点線：予測した最適採餌時間の線．実線：それに移動の間のエネルギー使用量を考慮に入れて修正した線．

　さてここで先に紹介したBegonほか（1996）の意見に関して，一言述べておきたいことがある．それは山内淳（1994）の考えに関するものでもある．動物が最適行動などを決める際に，数理生物学で示されたような複雑な計算を行った上で決めるのかどうかという問題である．そんなはずはないとBegonほかも言い，また山内も言う．筆者も，動物たちに具体的にそんな計算など行う能力はなく，また時間もないというのが真実であると思う．数億年もかけて進化の上で練り鍛えられてきた生物のニューラル・ネットワークは，経験・学習の結果と現実の実態の'入力'さえあれば，短時間のうちに最適の'出力'（最小のエネルギーの消費のもとで最大の効果を収めるべき行動の種類など）を決めてしまうであろう．野球のホームラン・バッターを例にとって考えてみよう．時速150kmで投げられた球を，バットの芯で捕らえてホームランを打つ．その際の投げられた球の筋道とバットを振る角度・速度など，もちろん厳密な物理法則に合っているはずであるが，バッターとしてはそんなむずかしい計算を瞬時に行えるはずはない．ニューラル・ネットワークの訓練の結果できることである．現実の生物ニューラル・ネットワークと工学ニューラル・ネットワークには，いろいろな点で大きい違いがあるが，動物の生態を学ぶ者としては，このあたりの思索も十分にしておく必要がある．人間の指先の微妙な動きなどについて，計数工学者有本卓（1995）は言う．"人間は何気なく出来るとしても，何も頭の中で（運動方程式で表すと頭が痛くなるくらいに）複雑な計算をしているわけではないはず"と．そして電気回路を問題としている．なお，菊池豊彦

(1990), J. E. Dayhoff (1990), F. H. C. Crick (1994) などはよい参考になろう[14].

以上述べたところに関し，この機会に少し突っ込んだ筆者の意見を述べておきたい．もともと自然の事物はNewtonの運動の数式法則を知るはずもないが，しかもそれに従って動いている．生物の生活や行動を説明するのにいろいろな数式理論を考え出すのは，人間の学問生産そのものであって，自然の生物の具体的意識などにはほとんど関係のないことは，上の事物とNewton法則の関係に似ている．動物の生態を学ぶ者は，生物進化の段階を理解し，その上に立ってこのあたりのことを思考することを心得ておかねばならないと思う（付章2参照）.

e）動物の無機的資源の利用について

高等動物の無機的資源の利用は，水や酸素の利用などを除いて，捕食を通じてということになっているが，ここで特に触れておきたいのは，共生による利用についてである．海底の熱水噴出孔の周辺に広く見られる熱水噴出孔生物群集（Hydrothermal vent community）を作っている高等動物と，その体内に寄生（共生）する細菌との関係に注目すべきものがある．高等動物のうち二枚貝のシロウリガイ（*Calyptogena* 属）は消化器官をほとんど欠き，また環形動物のチューブワーム類（ハオリムシ類, *Lamellibranchia* 属）は消化器官を全く持たないが，前者はその鰓の中に，後者は栄養体（Trophosome）という組織の中に，いずれも無機環境の硫化水素を酸化する等の働きをする化学合成細菌を持っている．上記動物はこの細菌の作る物質・エネルギーをもらって生活している（小島茂明, 1996; 橋本惇, 1996）．これは高等動物の生活様式としては全く特異のものである．もっとも動物の中には細菌が無機物から作った有機物である菌体を食って生活をするものは多く，また植食動物は植物が光合成によって無機物から作った有機物を食うが，これらは明らかに捕食関係である．シロアリの腸内細菌はセルロースという有機物から栄養物を作っているので（10章9節参照），これも部類が違う．やや注目すべきものにアブラムシ科の昆虫とその腹部の菌細胞体の中の細菌（アミノ酸などを合成する）との共生関係がある（11章2節参照）．この場合は両者を切り離すと生きていけないというので，依存関係は相当に強いが，アブラムシは消化器官を持っており，また時としてこの細菌を食うこともあるので，シロウリガイやハオリムシと化学合成細菌との間に見られるほどの徹底的依存関係にはないと思われる．その意味で，上述の無機物から直接栄養を産み出す化学合成細菌と高等動物との共生関係は，きわめて特異な共生関係として注目したい．

6-3-5 捕食系食物連鎖に関係のある個体群に関する若干の数理論的取扱いをめぐって

前節にもいくらかの数理論的取り扱いを述べたが，それらは個体段階の現象に関するものであった．本節では，個体群段階の若干の数理論的取り扱いについて述べることにする．

①Lotka-Volterra モデル

食うものと食われるものの関係を，はじめて数学モデルに作ったのは，アメリカの数学者 A. J. Lotka（1925）と，イタリアの数学者 V. Volterra（1926）である．これが今日 Lotka-Volterra のモデルとして広く知られているものである．

このモデルは二つの要素を持っている．一つは捕食者（Predator）または消費者（Consumer）の個体数であり，今一つは餌動物（被食者）（Prey）の個体数である．もし捕食者がいない場合は，餌動物だけの数（N）の変動となり，その変動の初期には次のような形となる（7章も参照）.

$$\frac{dN}{dt} = rN$$

ただし，r ＝内的自然増加率（Intrinsic rate of natural increase）

捕食者がいると餌動物は食われ，それは捕食者と餌動物の遭遇の機会に依存して起こる．この遭遇は，Nが増え，また捕食者（C）が増えるのに従って，増える．その際，特に捕食者の餌を探索する能力（Searching efficiency）（a）が重要な影響をもつ．捕食者と餌動物の遭遇機会は，CNに比例するので，捕食者の能力を考えると，aCNが餌動物の数の増加の圧力となる．

$$\frac{dN}{dt} = rN - aCN \quad \cdots\cdots\cdots (6-1)$$

ところで，捕食者は餌がないと，飢えて体重も減じ，ついに死んでしまうので，捕食者の数は餌がないと飢えにより指数函数的に減少することが考えられる．即ち，

$$\frac{dC}{dt} = -qC$$

ただし，q：捕食者の死亡率（Mortality rate）

一方捕食者の出生率（Birth rate）は，次の二つの事項に依存する．
(i) 捕食率，即ち aCN
(ii) 捕えた餌のエネルギーを捕食者の子供に変換する能率 f

そうすると捕食者の増減率は，結局次のようになる．

$$\frac{dC}{dt} = faCN - qC \quad \cdots\cdots\cdots (6-2)$$

上の（6-1）（6-2）式を併せて，Lotka-Volterra モデルという．

この式は実は，仲間関係における，同じ資源・環境を求める者の間の競争現象にも使いうるものであって，むしろその際の理論として開発されたのである．しかしこの問題については，ここでは触れない（7章参照）．

このモデルの性格を，少し検討してみよう．今捕食者の数（C）は変動するけれども，餌動物の数（N）の変動がないとすると，

$$\frac{dN}{dt} = 0 \;,\; 即ち \;\; rN = aCN，つまり \; C = \frac{r}{a} \; となる．$$

rとaは定数であるから，Cも定数となり，この際の捕食者—餌動物の変動関係を図にかくと，図6-16-(a)のようなものになる．これが餌動物の変動率ゼロのアイソクライン（Prey zero isocline）である．同様に，もし捕食者の変動がないとすると，

$$\frac{dC}{dt} = 0 \;,\; 即ち \;\; faCN = qC，つまり \; N = \frac{q}{fa} \; となる．$$

f，a，qいずれも定数であるから，Nは定数となり，その際の捕食者—餌動物の関係を図にかくと，同図 (b) のようなものになる．これが捕食者の変動率ゼロのアイソクライン[15]（Predator zero isocline）である．

今この両者を結び合わせると，同図 (c) のようになる．二つのゼロ・アイソクラインの交点が中にあり，それを回って無限に続く時計逆回りの変化線がかける．これを時間の経過を入れてかくと，同図 (d) のように振動する個体数変動の線が生まれる．

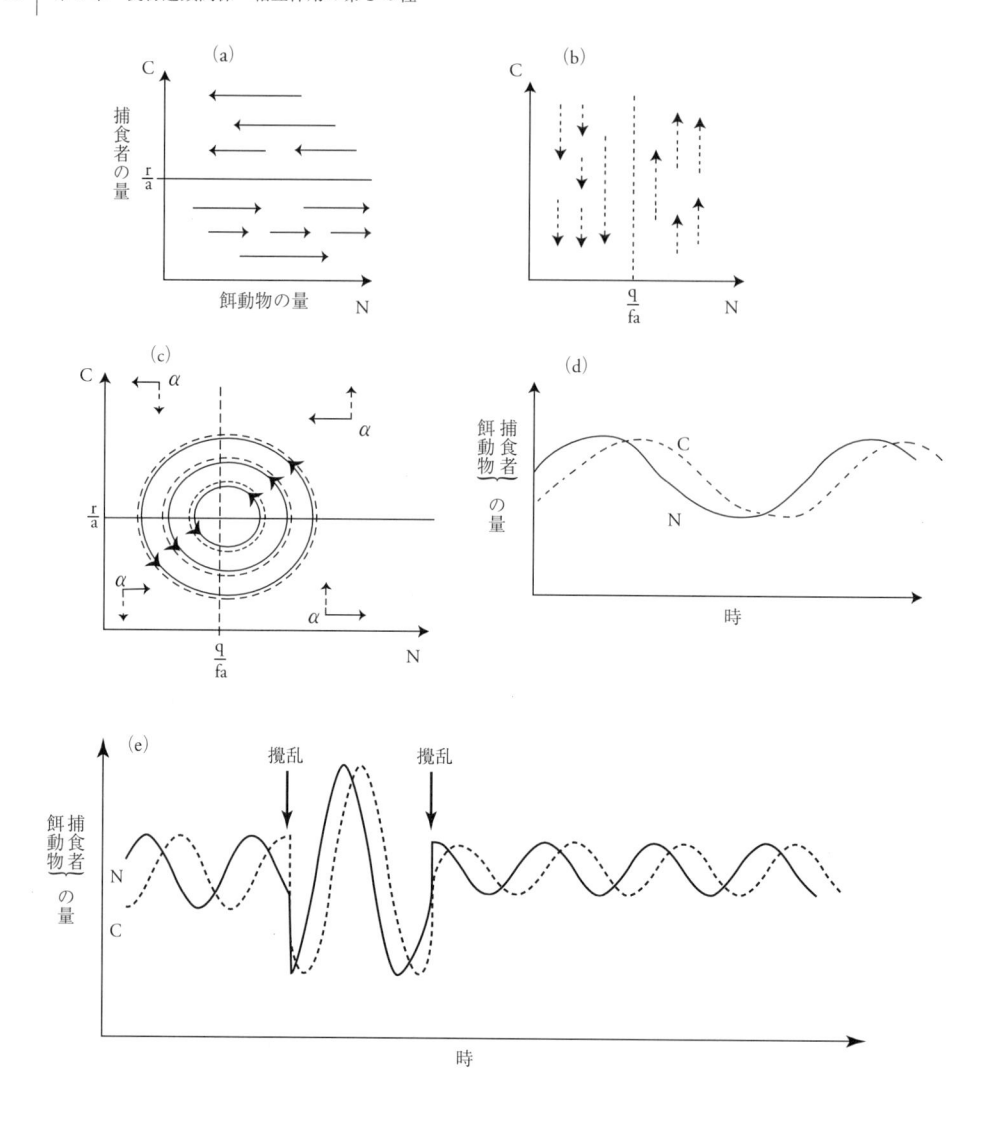

図 6-16 Lotka-Volterra の捕食者―餌動物の変動相関モデルの説明図．[Begon ほか 1996 に基づき，森加筆]
 (a) 餌動物ゼロ・アイソクライン．dC/dt=0 であるが，捕食者の密度が低い場合には餌動物は増え，捕食者の密度が高い場合には餌動物は減る．
 (b) 捕食者ゼロ・アイソクライン．dN/dt=0 であるが，餌動物の密度が低い場合には捕食者は減り，餌動物の密度が高い場合には捕食者は増える．
 (c) 二つのアイソクラインを結合した場合．上の二つの線は交わり，全体で四つの区画を作る．左下は捕食者，餌動物共に少ない場合，右下は捕食者は少ないが，餌動物は多い場合で，その他これに準じて示す．このそれぞれの場合に，両者の数がどのように変動するか，α はその両者の変動方向を示し，全体としてその合力の方向に変動する．
 (d) 上の変動を時間軸に示した場合．無限振動が起こる．
 (e) しかし，攪乱 (Disturbance) が加わると，様相が違ってくる．図の場合，振幅が違う．

　以上は簡単な仮定の上に立った思考実験の結果を示したものであるが，既に述べた内田 (1951) のアズキゾウムシとその寄生蜂の個体数変動の実験結果（図 6-7）や MacLulich (1937) のカワリウサギとオオヤマネコの野外における個体数変動の統計結果（図 6-3）など，かなりよくこのモデルに適合している．

現実の自然では，動物の生活をめぐる環境条件はさらに複雑である．例えば気候などの攪乱がある時，この様相は変動し，図6 - 16 - (e) のような結果も生まれよう．自然の環境は絶えず多かれ少なかれ変動しており，捕食者と餌動物の関係は簡単にはいかないであろう．しかし総じて言えば，この両者は何らかの連関振動（Coupled oscillation）をしていることは確かであろう．

　その他Lotka-Volterra モデルに関して，多くの理論的発展と実験例があるが、詳しくはBegonほか（1996）や伊藤ほか（1996）等を参照されたい．

　b）Nicholson-Bailey モデル

　オーストラリアの昆虫学者A. J. Nicholson（1933）と同国の数学者V. A. Bailey は共同して（1935），Nicholson-Bailey モデルと呼ばれるものを作った．今まで説明してきたLotka-Volterra モデルは，世代が重複している個体群に関したものであった．しかし多くの昆虫などで，世代の重複しないもの，つまり卵を産んだだけで，その世代の成虫は死んでしまうものが多い．つまり捕食者と餌動物の，相互の数の変動に対する反応に，遅滞時間（Lag time）が入るものが多い．Lotka-Volterra モデルでは，これらの点が十分考慮されていない．これらの点を考慮に入れて，Nicholson-Bailey はモデルを提案した．

　このモデルの前提はいくつかある．伊藤（1976），伊藤ほか（1996）の整理によると，次のようなものである．

　i）宿主と寄生者はいずれも世代が離れているが，年間の世代数は同じとする．

　ii）ある地域で，時間 t において，単位面積あたり C_t 匹の寄生者が，単位面積あたり N_t 匹の宿主を無作為に探索し，N_t 匹のうちの $N_t\{1-\exp(-AC_t)\}$ 匹の宿主に寄生卵を産みつける．

　iii）寄生されなかった宿主は，繁殖して次の世代に λ 倍の宿主を残す．

　iv）寄生された宿主からは，次世代に1匹の寄生者が羽化する．

　これらの仮定のもとで，次世代の宿主と寄生者の密度について，次式（6 - 3）および（6 - 4），が成立すると考えた．それがNicholson-Bailey モデルである．

$$N_{t+1} = \lambda N_t \exp(-AC_t) \qquad \cdots\cdots\cdots (6\text{-}3)$$
$$C_{t+1} = N_t\{1-\exp(-AC_t)\} \qquad \cdots\cdots\cdots (6\text{-}4)$$

　　　ただし，A = aT
　　　　a：寄生者が宿主を探索する能力
　　　　T：寄生者が宿主探索を行う期間

　この式によると，平衡点は不安定で，N_t, C_t はそれぞれ平衡点の周りに振動しながら，次第に振幅は大きくなり，ある時点で $N_t = 0$ となる．そうすると寄生者（C_t）も次の世代で0となるはずである．このようにNicholson-Bailey モデルでは，Lotka-Volterra モデルのように永続振動をしないで，何回かの振動のあとでまず餌動物が絶滅し，ついで捕食者も絶滅する．この状況は，前に述べたGause（1934）の原生動物 *Paramecium caudatum* と *Didinium nasutum* を用いた実験の結果（図6 - 2）とよく似ているが，さらにT. Burnett（1958）の次の実験は，まさにNicholson-Bailey のモデルによる予測と一致した（図6 - 17）．つまり実験室で飼ったオンシツコナジラミ（*Trialeurodes vaporariorum*）とその寄生蜂オンシツツヤコバチ（*Encarria formosa*）の個体数変動の実測値とNicholson-Bailey モデルによる理論値は，大変よく適合したのである．

　その後このNicholson-Bailey のモデルは，Lotka-Volterra モデルの特殊な場合であることが，T. Royama（蠟山朋雄, 1971a）の研究によって明らかになった．つまりNicholson-Bailey モデル

は，Lotka-Volterra モデルで，内的自然増率（r）が０となった場合として導くことが出来るというのである．これらの点，および各モデルの一般についてなお詳しく知りたい読者は，伊藤（1975），伊藤ほか（1996）を参照されたい．

ところで自然の生物の生息環境は複雑で，上のように食うものも食われるものも絶滅してしまうような，モデルどおりの現象はむしろ少ないであろう．さきに述べた Gause（1934）の

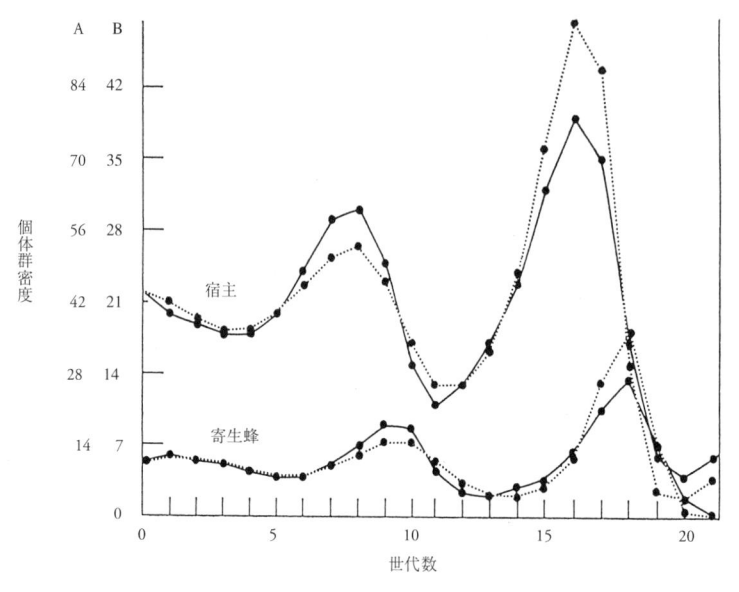

図6-17　Nicholson - Bailey モデルの実証例．オンシツコナジラミ（*Trialeurodes vaporariorum*）とそれに寄生する寄生蜂オンシツツヤコバチ（*Encarria formosa*）の個体群動態．――：Burnett の実証値，-----：Nicholson - Bailey モデルによる理論値．A：宿主の密度，B：寄生蜂の密度．[Burnett 1958]

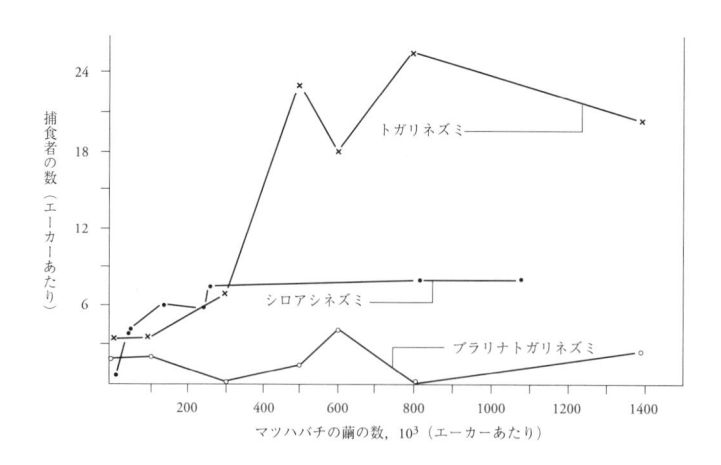

図6-18　カナダのマツの森林に棲む３種の小型哺乳類の数の反応．カナダのマツ林の害虫マツハバチ（*Neodiprion sertifer*）は林床のリッターの中に繭を作るが，その繭を開いて中の蛹を食べる３種の小型哺乳類がいる．それは，シロアシネズミ（*Peromyscus leucopus*），トガリネズミ（*Sorex cinereus cinereus*）およびブラリナトガリネズミ（*Blarina brevicauda talpoides*）である．この３種は繭の開け方が違うので，どの動物が食べたかは分かる．[Holling 1959]

Paramecium と *Didinium* の間の例のように（図6-2-(c)），隠れ場所があるとたちまち状況は変わり，一方が生き残る．このような例は多いが，中でも多く引用されている例に，C. B. Huffaker（1958）の植食性のダニ（*Eotetranychus sexmaculatus*）（Eとする）と捕食性ダニ（*Typhlodronus occidentalis*）（Tとする）の関係に関する実験がある．捕食性ダニが植食性ダニを食べやすいような環境条件下では，短い期間の間に両者とも型通り死滅するが，捕食者が餌を食べにくいような障害などの条件を作ると，両者とも生き残り，個体群の相互振動の様相を呈する．ここで餌のパッチ状分布の，生物の存在に対する効果などを考えると面白いが，ここではその指摘にとどめておく．なおこのような現象をBegonほか（1996）は，比喩的に'かくれんぼ劇（Hide-and-seek play）'と言った．

c） 数の反応，機能の反応および発生の反応

捕食者は餌動物の密度の変化に対し，二つの方法で反応する（M. E. Solomon, 1949）．一つは数の反応（Numerical response）と言われるもので，捕食者の個体群の大きさが餌動物の密度の変化に従って変化するが，捕食者当たりの攻撃率（捕食率）は恒常である（Lotka-Volterraモデルのように）ような反応である．今一つは機能の反応（Functional response）と言われるもので，捕食者の各個体はその攻撃率を，餌動物の密度に従って変化する；すなわちLotka-Volterraモデルとして前に挙げた（6-1）式のaが変化する場合である．これら二つの反応は，別々に起こったり，また同時に起こったりする．しかし捕食者の個体群について考えると，餌動物から捕食者へのエネルギーの流れは，上の二つの違った道で達成される；一つは捕食者個体群の大きさを変えることによってであり，今一つは個々の捕食者に基礎を置いた道によってである（S. J. McNaughton & L. L. Wolf, 1979）．

餌動物の状態に対する捕食者の反応について，W. W. Murdoch（1971）はさらに別の一つの反応，発生の反応（Developmental response）というのを追加した．捕食者の個体の発育段階が進むに従って，餌動物の種類，量や捕食率が違ってくるという事実に基づいている．ただしこの反応は，上の二つの反応と違い，捕食者の状態の主体的変化に伴って起こるものである．

さて上のうち，数の反応は，先に数理論的モデルの所で説明したが，特に捕食者が移住（Migration）したりする時に著しい変化がある．レミング（*Lemmus trimueronatus*）が増殖した時にユキフクロウ（*Nyctea scandiaca*）がやってきて密度が増すなどこれである（F. A. Pitelkaほか，1955）．カナダの森林害虫マツハバチ（*Neodiprion sertifer*）の繭を食う3種の小型哺乳類，シロアシネズミ（*Peromyscus leucopus*），トガリネズミ（*Sorex cinereus cinereus*）およびブラリナトガリネズミ（*Blarina brevicauda talpoides*）の数の反応の例を図6-18に示す（C. S. Holling, 1959a, b）．

機能の反応については少し説明を加えたい．この反応に三つの型があると言ったのはC. S. Holling（1959）であるが，これにLotka-Volterra型による反応も加えて，図6-19に示す．

第1型の機能の反応は，餌を無選択にろ過して食べる動物に例があるという（図6-19, b-iii）．しかしハリナガミジンコ（*Daphnia longispina*）や *Eodiaptomus japonicus* でも餌を選択して食べるということが報告されているので［K. Okamoto（岡本州弘），1984，この論文中に多くの文献引用あり］，第1型は非常に稀な型ということになろう．この型の特徴として，餌生物密度が高くなると，捕食者の密度依存的効果（Density-dependent effect）が働かないということである．捕食者の個体群が密度依存的効果を十分に持つためには，その数の反応が働かねばならない．これについては後で説明する．

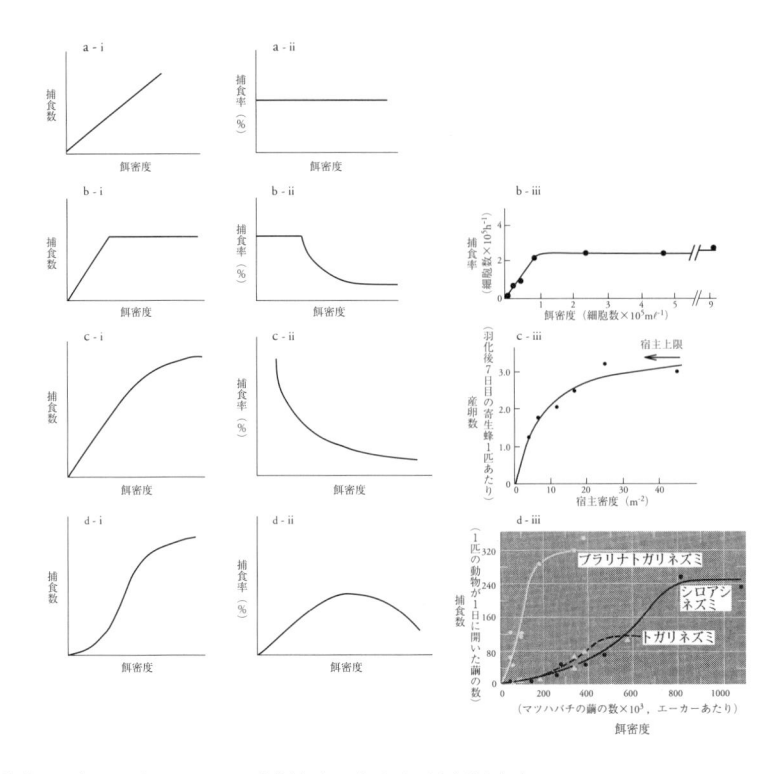

図 6 - 19　機能の反応の 3 型についての理論曲線（i, ii）および実証例（iii）．
　　　　 a：仮定上の曲線（限りなく食欲のあるもの）．本来の Lotka - Volterra 型で，自然では例がない．
　　　　 b：第 1 型．b - iii：オオミジンコ（*Daphnia magna*）が餌のイースト（*Saccharomyces cereviciae*）を食べる場合．[Rigler 1961]
　　　　 c：第 2 型．c - iii：寄生蜂ヒメバチの一種 *Pleolophus basizonus* がマツハバチ（*Neodiprion sertifer*）に産卵する場合．矢印は宿主密度が増して，寄生能力を超える場合を示す．[Griffiths 1969]
　　　　 d：第 3 型．d - iii：マツハバチ（*Neodiprion sertifer*）の繭を開いてその蛹を食べるシロアシネズミ（*Peromyscus leucopus*），トガリネズミ（*Sorex cinereus cinereus*）およびブラリナトガリネズミ（*Blarina brevicauda talpoides*）の場合 [Holling 1957．図 6 - 18 参照] [a, b, c, d, それぞれの図の i と ii は，Colinvaux 1986 による]

　　第 2 型の機能の反応は，最も広く見られる型である（図 6 - 19, c - iii）．この場合も密度依存的効果は，餌密度の高い場合には働かない．捕食者の数は，餌動物の密度が増すにつれて，はじめは増加するが，次第に飽和して，ついに餌動物の密度に対する影響はなくなる．この飽和点への到達は，第 1 型よりもゆっくりしている．この経過は，処理時間（Handling time）の概念を入れることで説明されている（Holling, 1959b）．捕食者は餌を見つけても，それを捕らえ，食べられる状態に処理し，食べ終わっても，次の餌を探さねばならない．そのため，餌密度が大きくなっても，この処理のため一定時間はぜひ必要で，ついに使用可能時間を処理にとられて，餌があってもそれを採りうる量が限界に達する．Holling（1959b）はこの処理時間を入れて，第 2 型の機能の反応の式を導いた．

　　今，　T_s：探索時間
　　　　　P_e：T_s の間に捕食者が食う餌の数
　　　　　N：餌密度
　　　　　$á$：捕食能力（Searching efficiency or Attack rate）
　　とすれば，

$$P_e = áT_sN \qquad \cdots\cdots (6\text{-}5)$$

さらに，T：使いうる全体時間
Th：処理時間
とすれば，
$$T_s = T - T_hP_e$$
これを（6-5）式に入れると，
$$P_e = á(T - T_hP_e)N$$
この式を書き換えて，
$$P_e = \frac{áNT}{1+áT_hN} \qquad \cdots\cdots (6\text{-}6)$$

この式はHollingの円盤方程式（Disc equation）とも呼ばれている．この式は実は，最適採餌理論の時に得られた式（p.88）と本質的に同じものであるが，詳しい検討は伊藤ほか（1996）を参照されたい．

次に機能の反応第3型について述べる．第3型は，S字型曲線（シグモイド曲線）となる．脊椎動物に特に広く見られる型であり，餌動物に対し密度依存的効果を発揮する．これは高等動物の知能に依存する（学習などによって）ところがあるようである．図6-19, d-iii に示したのは，カナダのマツ森林の林床にあるマツハバチの繭を用いて，その中の蛹を食べる3種の小型哺乳類の第3型機能の反応を示したものであるが，これらに関する数の反応については既に図6-18に示した．この数の反応と機能の反応を組み合わせたものが，図6-20に示す捕食率の変化曲線である．餌（繭の中の蛹）の個体群密度がエーカーあたり数個体から600個体あたりまでは，全体の捕食率は上昇して，密度依存効果はあるが，それ以上の餌密度では，かえって捕食率は減少して，捕食者の制御は効かなくなることが分かる．

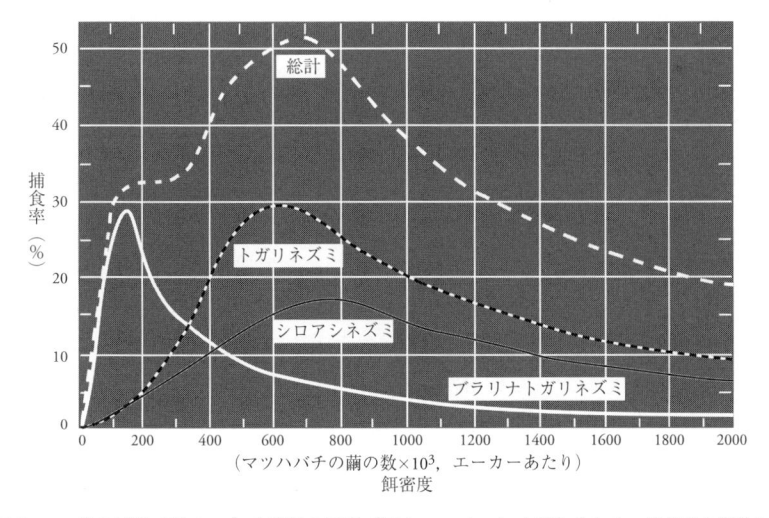

図6-20　数の反応（図6-18）と機能の反応（図6-19, d-iii）を組み合わせ，捕食率を縦軸として描いたもの．'総計' の曲線は，3種の哺乳類の影響を組み合わせたもの．二つの影響は加算的である．全体の様相は，捕食者による制御は餌の臨界密度まで有効のようで，この密度を超えると餌動物の増殖力は捕食率を上回り，制御できなくなる．［Colinvaux 1986］

発生の反応については，常識でも容易に考えられることである．捕食者はその個体発生の過程で，餌の種類を変え，また量も変え，餌の探索能力も変化して成長していく．一例はH. Harada（原田英司, 1962）の研究した，瀬戸内海に棲むメバル（*Sebastes inermis*）について図示する（図6-21）．この魚は胎生で，冬1月頃仔魚は雌から出てくる．はじめ沖部中層にいるが，次第に成長して，ついに岩礁のホンダワラ（*Sargassum fulvellum*）群集中に定着するまでの食性変化を示したものである．なお食性変化は，変態する昆虫などで最も明瞭に見られる．

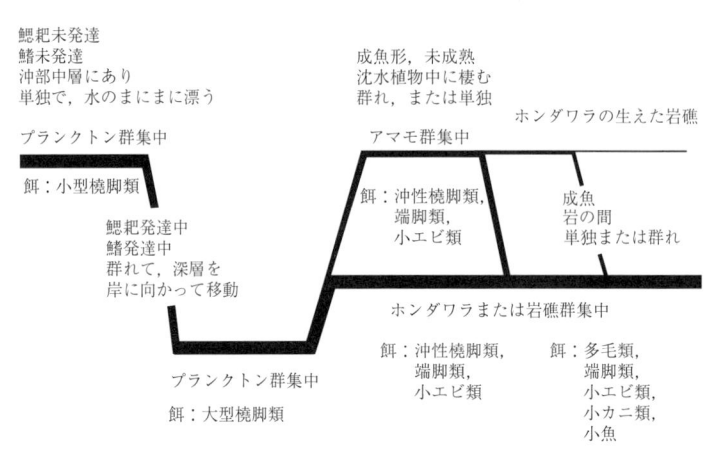

図6-21 メバル（*Sebastes inermis*）の発育に伴う食性，棲所変化の模式図．[Harada 1962]

d）共存と絶滅

松田裕之・巌佐庸（1993）は各種が共存する条件を論じたが，これは主として資源利用に関係しており，同類関係の場合の異種間の共存の事情であるので，次章で論じることにする．

食物連鎖関係の若干の共存事項については，既に述べた．ここでは松田&P. A. Abrams（1994a, b）が研究した，適応による自滅の問題に触れることにする．

彼等はある動物が，天敵に捕食されながら，自分も餌を採る場合の，進化的に安定な摂餌時間を求めた．そしてある形質値がある値を超えた時，急に絶滅する可能性があることを示した．

この動物は常に天敵の捕食圧にさらされているのではなく，その動物自身が餌を採っている間だけ，天敵に狙われるとする．されに摂餌量がある程度増えても，その動物の繁殖適応度（Fitness）はそれに比例して増えるのではなく，頭打ちになるとする．そして天敵がその動物を食うときの処理時間を考慮に入れると，その動物の繁殖適応度F（6-7式）およびその微分（選択差）（6-8式）は次のようになる．

$$F(\hat{C}, C) = -(d+\delta N) + \frac{\hat{C}}{1+b\hat{C}} - \frac{\hat{C}P}{1+hCN} \qquad \cdots\cdots (6-7)$$

$$\left.\frac{\partial F}{\partial \hat{C}}\right|_{\hat{C}=C} = \frac{b}{(1+b\hat{C})^2} - \frac{P}{1+hCN} \qquad \cdots\cdots (6-8)$$

ただし，$\hat{C}$：その動物のある個体の採餌時間
　　　　C：個体群の平均採餌時間
　　　　$d+\delta N$：被食以外の原因による死亡率

N：その動物の個体数

δ：密度効果の係数

$\dfrac{\hat{C}}{1+b\hat{C}}$：採餌時間の個体の採餌による繁殖適応度の増分

$\dfrac{\hat{C}P}{1+hCN}$：天敵による死亡率

P：天敵の個体数

h：天敵の餌の処理時間

ここで天敵による死亡率は，自身の採餌時間$\hat{C}$だけでなく，個体群の平均採餌時間Cにも左右される．なぜなら，Cが長いほど，天敵が他の個体を捕らえやすくなり，それらを食べるのに要する平均時間が長くなり，したがって餌を探す天敵の数が実際上減るからである．

上式の個体数Nは，繁殖適応度Fが正なら増え，負なら減る．Fの価は平均採餌時間Cとともに変わり，上の選択差が正ならCは増える方向に進化し，負なら減る方向に進化する．その状況を図6-22に示す．

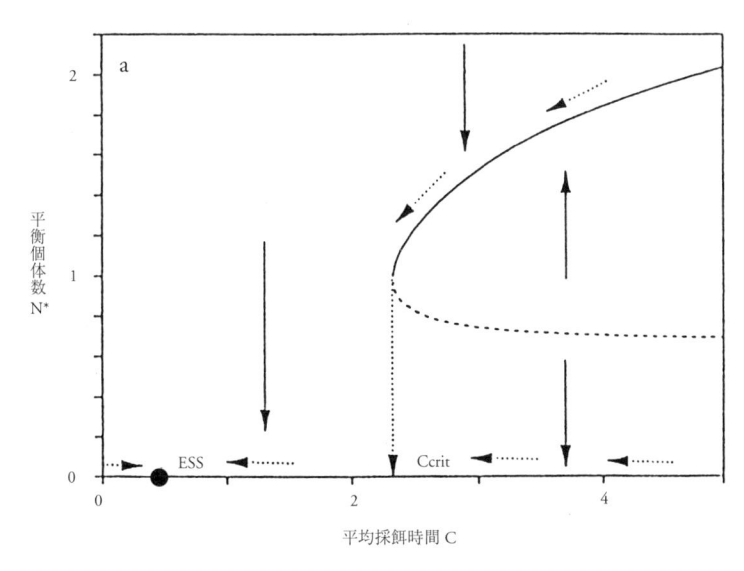

図6-22 平衡個体数N^*と平均採餌時間Cに対するゼロ等値線．
実線：ある採餌時間Cに対する安定平衡個体数．
点線：同じく不安定平衡個体数．
矢印実線：dN/dtのサイン．
矢印点線：Cの進化方向．
初期個体数が点線より下だと絶滅する．またC=Ccritより左では個体群は必ず絶滅する．CはESSと書かれた点より右側では減少する方向に進化する．なおこの図は，式（6-7）において，P=0.5, b=0.1, d=0.1, δ=0.25, h=1のときのものである．Pの値が変われば，ゼロ等値線の様子やESSの位置などは違ってくる．[Matsuda & Abrams 1994b]

この図の場合，採餌時間がある程度長ければ被食者は存続できるにかかわらず，被食圧が高いときには採餌時間がより短い方が選択の上で有利であり，その結果CはCcritを下回って絶滅することになる．

なお上の例で，P = 0.45, 0.425, 0.4 などと，その値を小さくしていけば，進化的に安定な採餌時間は，この図のCcritよりも長くなる．つまりこの動物はPが低い間は存在できたのに，Pが増えた時，採餌時間を個体選択によって短くしてしまうために，自滅してしまうことになる．採餌時間の進化は，常に個体群存続につながるとは限らず，被食圧が高い時には採餌時間を減らし，ついに絶滅をもたらす可能性があるのである．応用的には，高い漁獲圧をかけられた魚は，自らの絶滅を招く可能性があることが分かる．松田＆Abramsがその論文の表題に，'弱気な捕食者' とした理由はここにある．

共存様式の研究は，だいたい2種の関係する系についてのものが多いが，最近多種系の問題についても研究が行われるようになってきた．特に病原体（菌）と宿主の関係について，研究が進展しつつあり，包括繁殖適応度（11章2節参照）を提唱した有名なW. D. Hamiltonも，その重要性を強調した（1993年11月京都賞受賞講演において）．

この問題に関する研究例として，M. Begonほか（1992）の研究を挙げる（Begon, 1992, に簡単な紹介がある）．彼等は2種の宿主（Host）と1種の病原体（Pathogen）よりなる3種の相互作用系のモデルについて，その関係する生物がどのような状態の時に安定生存するかを研究した．そのモデルは次のような考えに基づいて作られた．2種の宿主が，それぞれふつうの微分方程式で示されるような個体群生長を続けるが，それぞれ密度調整（Self-regulation，すなわち種内競争）を行い，病気がなければ環境収容力まで成長する（簡単のため，この密度依存性は宿主の出生率についてだけ働くものとする）；1種の病原体は各宿主の死亡率を高め，直接伝播されるが，ここではその個体群は数として明白には表現しない．したがって結局微分方程式は，次のように各宿主の伝染した個体の数の動的変動を示すものとなる．

$$\frac{dH_1}{dt} = r_1 H_1 \left(1 - \frac{H_1}{K_1}\right) - \alpha_1 Y_1 \qquad \cdots\cdots (6\text{-}9)$$

$$\frac{dY_1}{dt} = \beta_{11}(H_1 - Y_1)Y_1 + \beta_{12}(H_1 - Y_1)Y_2 - \Gamma_1 Y_1 \qquad \cdots\cdots (6\text{-}10)$$

$$\frac{dH_2}{dt} = Y_2 H_2 \left(1 - \frac{H_2}{K_2}\right) - \alpha_2 Y_2 \qquad \cdots\cdots (6\text{-}11)$$

$$\frac{dY_2}{dt} = \beta_{22}(H_2 - Y_2) + \beta_{21}(H_2 - Y_2)Y_1 - \Gamma_2 Y_2 \qquad \cdots\cdots (6\text{-}12)$$

ただし，　　H_1：宿主1の全個体数の密度
　　　　　　Y_1：宿主1個体群の中の感染個体の密度
　　　$H_1 - Y_1$：宿主1の感染の可能性はあるが，まだ感染していない個体の密度
　　　　　　r_1：宿主1の内的自然増加率
　　　　　　K_1：宿主1の環境収容力

したがって，$1 - \dfrac{H_1}{K_1}$：宿主1の種内競争の強さを示す測度

　　　　　　α_1：宿主1が問題の病原体によって引き起こされた死亡率
　　　　　　Γ_1：宿主1の感染個体の純消失率
　　　　　　　　（病原体による死亡率＋自然死亡率－感染からの回復率）
　　　　　　β_{12}：宿主2から宿主1への感染率[16]

したがって，$\beta_{12}(H_1 - Y_1)Y_2$：宿主1が宿主2と相互作用することによって生ずる宿主1の感染率

このモデル式によって，感染個体群と非感染個体群のいろいろの組み合せを与えた場合の計算を行い，どのような場合に種1と種2が平衡に達するか，単に数式上の平衡でなく，生物学的に意味のある安定平衡はどのようなものかを吟味した．この場合，生物学的に意味があるのは，r，α，K，β，Γ の価がそれぞれ＋である場合である．

その計算の結果，宿主1および2が共に病原体に感染して，しかも病原体とともに3者が安定生存をする条件を満たすものとして，図6-23を得た．なお上記および図6-23のような結論を得るに至った経過およびその他の組み合せの場合の結果についての詳しい説明は，Begonほか（1992）を参照されたい．

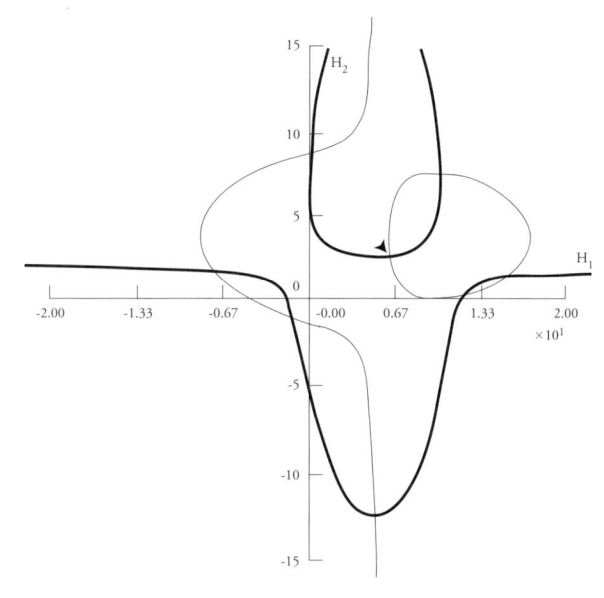

図6-23　宿主1（H_1）——病原体——宿主2（H_2）という相互作用系において，宿主はそれぞれ病原体に感染し，しかもそれぞれの個体群は密度調整を行う場合のモデルによって作った個体群変動図．H_1，H_2 軸の数値単位は任意のもの．細線（H_2 軸を含む）は，$\frac{dH_1}{dt} = \frac{dH_2}{dt} = \frac{dY_1}{dt} = 0$ の場合のグラフ曲線図；太線（H_1 軸を含む）は，$\frac{dH_1}{dt} = \frac{dH_2}{dt} = \frac{dY_2}{dt} = 0$ の場合のグラフ曲線図．平衡状態（Equilibrium）は上述の二つの曲線の交点で示され（それは16個ある），そのうち生物学的に意味があり，3者が共存する安定平衡点（Stable equilibrium point）はただ1点，矢印で示したところにある．［Begonほか1992］

なおBegon & R. G. Bower（1993）は上の研究に準じ，1種の有害無脊椎動物（害虫など，目標とする宿主）を駆除するために1種の病原体を導入するとして，その病原体が前記有害動物に関係ない別の宿主（それが有用無脊椎動物の場合もある）を攻撃する可能性のある場合，その病原体を導入すべきかどうかについて理論的検討を行った．その理論のモデルはR. M. Anderson & R. M. May（1981）のものに基づいて作った．結果は，イ）目標外の宿主動物は病原体によって脅かされることはない，ロ）目標有害動物に対する病原体の作用が薄められることはない，ハ）目標外の宿主動物の存在はむしろ有害動物に対する病原体の働きを促進さえする，という楽観的なものとなった．ただし彼等は，この理論的結果に満足してはならず，十分注意して事を運ばねばならないと付け加えている．

6-3-6 腐食系

腐食系の連鎖[17]（Detritus food chain）の第1段階のところの，死んだ有機物（植物・動物）を食う動物——例えばミミズ類，線虫類，トビムシや各種昆虫類など——とその食物であるデトライタス（Detritus）との関係は，生態学における一つの大きい盲点で，個々の詳しいことはほとんど分かっていない．ただ生態系の中のエネルギーや物質の流れの問題としてはきわめて重要な食物連鎖系であり，若干の研究があるが，この点については10章の生態系の中で触れることにする．

ここで一つ指摘しておきたいことは，死んだ有機物を分解するバクテリアと菌類の働きとその重要性についてである．彼等の働きには，二つの道がある．一つは，デトライタスを分解して無機物にまでもっていき，植物の栄養源を作ることで，他の一つは，デトライタスを栄養源として自身が繁殖し，これを動物が食ってその栄養源となる道である．前者は分解系の問題であり，後者は腐食系の問題である．分解系の問題は10章で触れることにして，ここで腐食系の問題について若干述べることにする．

デトライタスを食べる，すなわちデトライタスを胃の内容物として持っている動物は，従来多く報告されている．ではこれらの動物が死んだ有機物を自ら消化できるのかということになると，終局的にはよく分からない．しかしデトライタスの中のバクテリアや菌類を消化し栄養を得ている事実については，多くの結果が報告されている．

まずデトライタスが胃の内容物としてどれくらいの割合を占めるかについての資料を，一つ述べる．D. S. Cherry & R. K. Guthrie（1975）はある新造の人工湖で，魚の生産の研究を行った．この湖には18種類の魚が棲んでいたが，その中でコイ（*Cyprinus carpio*）とアメリカナマズの一種（*Ictalurus platycephalus*）が主要なものであった．そしてコイおよびアメリカナマズ類の胃の内容物の，それぞれ60～70％および70～80％がデトライタスであった．この量は相当なものであるが，これらの魚が果たして死んだ有機物を消化できたのか，それともその中のバクテリアや菌類を食っていたのか，明らかでない．最近岩田勝哉ほか（1992）は，中国上海市郊外の淀山湖湖畔にある中国綜合養魚系の飼育池（Chinese integrated fish culture pond）で，ソウギョ（*Ctenopharyngodon idella*）やブショウギョ（*Megalobrama amblycephala*）の糞をめぐる腐食系の問題で，面白い知見を出している．この池では，上記二種の魚の池に，ハクレン（*Hypophthalmichthys molitrix*），コクレン（*Aristichthys nobilis*），ギンブナ（*Carassius auratus*），カワチブナ（*C. a. cuvieri*），およびコイ（*Cyprinus carpio*）を総合養殖しているが，その主な餌としてセキショウモの一種 *Vallisneria spiralis* を与えている．その量は毎日 3 t/ha にも達するが，これをソウギョやブショウギョが食べて，莫大な量の糞を出す．この糞を他の魚が食べて成長する．この糞の中には，それを基質として繁殖したバクテリアを多量に含み，魚たちはこれらバクテリアやその生産物を食べて栄養としていると言う．糞の分解実験をすると，ソウギョの糞の単位乾燥重量あたりの窒素やアミノ酸の含有率は，分解8日後までは時間の経過とともに増加する．この現象はバクテリアの増殖を示している．この糞を魚だけでなく，池に棲む他の無脊椎動物，例えばユスリカなども食って栄養源としていることは確かである．なお糞の中に残った水草破片を魚たちが直接消化しているかどうかであるが，その可能性はほとんどない．ただしハクレンで調べたところ，糞の体内滞留時間は23℃で13時間を超えるほど長かったので，あるいは嫌気的バクテリアを糞とともに取り込み，消化管内で嫌気発酵させ，遊

離してくる低級脂肪酸などを利用している可能性はあると言う．その後高村典子ほか（1994）は同様に，平望養魚池で，草食魚の糞由来の水草破片が水中の微生物によって栄養価を増し，それによって各種の魚の生産が支えられていることを見た[18]（N. Takamura ほか，1994）．

このような微生物の働きが捕食者にとって不可欠であることは，M. Tsuchiya & Y. Kurihara（土屋誠・栗原康，1979）および栗原（1980）のゴカイの一種 *Neanthes japonica* の研究で明らかになっている．ゴカイはデトライタスの基質成分であるアシの葉や珪藻は食べず，これらを餌にして繁殖したバクテリアや原生動物を食べることが分かった．同じような成分をもつ下水汚泥も盛んに食べるのである．

さて上に述べた消化管内のバクテリアや原生動物の働きについては，かなりの知見がある．シロアリは腸内に棲むバクテリアや原生動物などの助けを借りて，セルロースやリグニンなどを消化するし（V. Abmadjian & S. Paracer, 1986；安部琢哉・東正彦，1992；等参照），ウシなどの反芻動物の瘤胃（Rumen）の中にも繊毛虫類やバクテリアなどがいて，同じくリグニンやセルロースを消化する（栗原康，1975）．これらは腐食系の重要な内容となるが，また生態系の機能としてきわめて重要な内容となっているので，改めて10章で触れることにする．

なお腐食系の一般的知識については Y. Kurihara & J. Kikkawa（1986）に，また特に陸上の土壌腐食系については D. C. Coleman & D. A. Crossley, Jr.（1996）に詳しいことを付記しておく．

第6章註

1) 特に羊などが牧草などを'むしり食う'場合にGrazingといい，キリンなどが木の若葉などを'かじり食う'場合にBrowsingという．
2) 註記1)の場合に対応して，それぞれGrazing system, Browsing systemということがある．
3) これらの堆積物の中にはもちろんバクテリアなどを含むが，この場合，生命あるものとないものを区別することは困難であるから，自ら両者の含まれたものとなる．
4) 高等な動物でも死体を食ってその分解に関与するものがあるが，結局のところ最終分解者はバクテリアと菌類である．
5) このことについては7章でさらに説明する．
6) ここでは食性について言っているので，一般的表現としては，Specialist を'専門家'，Generalist を'なんでも屋'ということがある（伊藤ほか，1996）．
7) エルトンのピラミッド（Eltonian pyramid）ということがある．
8) このウイルスはポリドナウイルス（Polydnavirus）科に属する．カリックスウイルスの代わりにポリドナウイルスということがある．
9) 昆虫の生体防御一般について和合治久（1995）の総説がある．特に生理学的，生化学的内容が詳しく述べられ，参考になる．
10) 小林はこの現象を，大腸菌は自らを殺して，仲間への伝染を防ぐ効果があるとして，'利他性'（7章参照）現象と考えた．しかしこの考えでいくと，例えばヒトがコレラ菌に感染して死んだ場合も利他性現象と見られ，利他性現象が世界に溢れることになる．利他性・利己性という言葉は任意に解釈して用いるべきものではなく，同類関係に限定して用いるべきものと思っている．
11) R'と上段のRとの意味が違っているが，R'はWerner等の原著によったものである．
12) これは2章で説明した主体的環境の問題である．

13) ニューラル・ネットワークという言葉を，人工ニューラル・ネットワークと生物ニューラル・ネットワークの二つに分けたり（J. E. Dayhoff, 1990），また主として人工ニューラル・ネットワーク（大脳を模したコンピュータ利用の）に対して用いる人（F. H. C. Crick, 1994）もある．ただしCrickの書は，強烈な還元主義哲学に貫かれていることは注意しておかねばならない．
14) 桜井芳雄（1996）および藤井宏（1996）の所論からすると，動物が行動するためには，ほぼ同期的に興奮するニューロン細胞がいくつか集まったもの（細胞集成体）が，多数の細胞集成体を通じて順序よく興奮していくことが必要と思われるが，学習・訓練の効果はそれらの興奮がニューラル・ネットワークの中で自動的に順序を決めて起こりうるようにすることを意味しよう．
15) アイソクラインを等値線または等高線ということがある．
16) この感染によって，宿主1と2の間には見かけの競争（Apparent competition）が起こる（R. D. Holt, 1984）．
17) 屑食食物連鎖ということもある．
18) これらの総合養魚池における諸種の魚類の食性について，上に述べた以外の事項を，N. Takamuraほか（1993）が報告している．

chap. 7 同類関係
——相互作用の第2の柱

　同類関係（仲間関係）とは，生活のために，同じ，または似たようなものを求める生物の間の関係を言う．同じ，または似たようなものとは，食物，異性，生活場所（巣などを含む），社会的地位が主なものである．この点から考えると，植物はすべて光，栄養物，生活場所などをほぼ同じくしており（もちろん温度や土壌条件その他の細かい点は除いて），そのかぎりではすべて同類関係にあると言ってもよい．そう考えると，動物の世界は植物の世界より段違いに複雑である．ギルド（Guild）（R. B. Root, 1967）という言葉があるが，これはここにいう同類関係よりはもっと狭い使用制限があるようで，同じような環境資源を似た方法でとる種の群のことである．

7-1 同類関係発生の根源

　上に述べたように，同類関係は，同じ，または似たものを求める個体，個体群または種の間の関係である．動物は生活のために，あるいは生活をより良くするために，食物をはじめとして，異性，生活場所，あるいは社会的地位の獲得をめぐって努力を続けている．ある場合は闘争し，ある場合は協同して，目的達成のため努力を続けている．当然それぞれの個体，個体群または種の間には矛盾が発生し，その解決のための行動が起こされる．これが同類関係発生の根源である．

7-2 生活要求の達成努力についての考察方針

　生活のために，同じ，または似たものを要求する個体，個体群または種とは何か．これは一義的に，群集構造における同じ栄養段階（Trophic level）に属するもののことである．栄養

段階とは，9，10章で詳しく説明するが，生物の食う食われる（食物連鎖）の関係に基づいて考えた，群集の構造の一つの見方で，独立栄養（Autotrophic）生物の緑色植物から，それらを食う従属栄養（Heterotrophic）生物である動物へ，またそれらを食う動物へと，段階を経て物質・エネルギーが流れる構造の，その段階のことを言うのである．したがって生活要求における同じものとは，一義的には食物（栄養物）を意味することになる．つまり本章での考察は，まずは食物を中心に進めることになる．

この際重要なことは，上述の生活のため要求するものと同時に，その要求するものを獲得しうる能力について考察することも大切である．ものと能力は，いつも切り離さないで考えていきたい．

次に考察は，食物連鎖関係の時と同じように，種内の問題と種間の問題に分けて進めることにしたい．'種'は生物の生活における，一つの全体性を備えた，繁殖を続ける存在実体であると考えるからである．

7-3 種内の同類関係

7-3-1 種内の同類関係の基本

種内の各個体は，生活のため要求するものと，それを獲得しうる能力がほぼ等しいことが最大の特徴である．この'ほぼ等しい'ということは，種が繁殖集団であることから，自然に出てくる結果である．したがって種内の各個体の間には，きわめて密接で，ある意味で激しい問題が発生し，関係を結ぶことになる．

従来の動物の種内相互作用の研究例を見ると，神経組織（特に中枢神経組織）の発達していない，またはその発達程度の低いものと，それが高度に発達したものとでは，相互関係の起こる過程について，同日に論じられないものがある．前者では一般に生理的過程（特に物質代謝に関する）の働きが大きく作用し，下等な動物や植物に見られるもので，後者ではさらに心理的過程が大きく作用し，発達した社会的構造をもつ高等な動物に見られるものである．

以上を基本として，この章の考察を進める．

7-3-2 生理的過程（特に物質代謝に直接関係ある過程）の大きく働く場合の種内の同類関係

これは神経組織の未発達，または発達の低いものの場合で，植物に適例があるので，まずそれによって説明する．

吉良竜夫およびその学派の人達は，歴史的に有名な種内同類関係の実験を行った（吉良ほか，1956；吉良，1995）．図7-1は，圃場でダイズ（*Glycine max*）について，その栽植密度と平均個体乾燥重量の関係が，種子を蒔いてから日が経つに従ってどのように変化するかを示したものである．これで見ると，生育の初期から栽植密度が増すにつれて，平均個体重は小さくなっている．明らかに栄養の不足度を反映した結果で，種内の同類関係の現実の姿である．平均個体重はこのような変化を示すが，この個体群を構成している個々の個体はどのような

変化をしているのであろうか．吉良らは何種かの植物でそのことを検討しているが，ここにトウモロコシ（*Zea mays*）についての研究を引用しよう（吉良ほか，1956）．

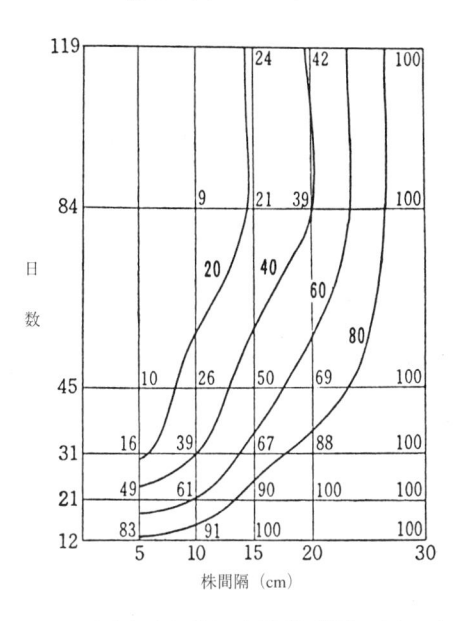

図7-1　株間（横軸，δ）をいろいろに変えたダイズが，生育日数（縦軸，t）につれて，平均個体乾重（w）がどのように変化するかを示す．wは最も株間の広い区の平均乾重を100とし，各調査期日ごとにそれに対する比数をもって表す．［吉良ほか 1956］

トウモロコシの種子を2cm間隔で，細長い木箱に1列に蒔き，2週間経って草丈が30cm前後になった時から，2～3日おきに，前後12回，草丈（l）を各個体ごとに計った．草丈の伸長曲線は，短い期間に対しては，ほぼ指数曲線で近似できることが分かっているので，草丈の比較生長率rを次の式で計算する．

$$r = \frac{\log l' - \log l}{t' - t}$$

ただし　l：t日目の草丈
　　　　l'：t'日目（t'＞t）の草丈

ここでrとlの相関関係を求めると，表7-1のようになった．これで見ると，rとlの相関は，成長の期間を通じて大体マイナスで，特に初期には強い有意の逆相関がある．また両隣の個体との草丈差hとrの相関を見ても，同じような状況のマイナスである．つまり背の低い個体の方が，急速な伸長をしていることが分かる．言い換えると，背ぞろい[1]が起こっているのである．この現象には，栄養分の獲得能力とともに，何らかの微気候に対する反作用も関係があるかもしれない．もっとも成長の最後のところでこれらの相関はプラスになり，背の高いものはますます高く，低いものはますます低くなる傾向が見える．個体の栄養分（光を含めた）獲得能力の違いが現れた，背ぞろいの限界ということであろうか．植物によっては，例えばクサフヨウ（*Hibiscus moschentos*）ではこの相関の逆転がもっと早い時期から起こるようである（吉良ほか，1956）．

表7-1　1列に植えたトウモロコシ苗の草丈とその伸長率との相関

	8月 2-4日	4-5	5-7	7-9	9-11	11-13	13-15	15-19	19-21	21-23	23-27
Rlr	**−0.50**	**−0.42**	**−0.49**	**−0.50**	**−0.50**	−0.11	−0.19	−0.16	−0.21	−0.07	0.13
Rhr	**−0.54**	**−0.37**	**−0.36**	**−0.62**	**−0.47**	0.03	−0.29	−0.10	−0.20	−0.18	0.21
Rlh	**0.38**	**0.86**	**0.86**	**0.90**	**0.87**	**0.84**	**0.86**	**0.82**	**0.81**	**0.81**	**0.76**

R：相関係数，l：草丈，r：草丈の伸長率 $\left(=\dfrac{\log l' - \log l}{t' - t}\right)$.
h：両隣の個体との草丈の差［列中の i 番目の個体の草丈を l_i とすると，$h_i = (l_i - l_{i-1}) + (l_i - l_{i+1})$］.
太字：p<0.05で有意.
［吉良ほか 1956］

　ある種の植物の生える面積が決まっておれば，そこにある栄養分（光も含めて）も決まっており，したがってその面積内に育ち得るその植物の総重量も決まってくる可能性があることが，理屈の上では考えられる．T. Kiraほか（1953）は実際に各種の実験を行い，同種同齢の植物個体群で，個体群密度 ρ を変化させると，はじめは収量 y に大きい差があるが，時間が経つとともにその差は縮まり，最後に密度に関係なく収量はほぼ一定になることを見い出した．つまり，

　　　　最終収量 $y = w\rho = \dfrac{W}{\delta} = $ 一定

　　　ただし，w：成長が十分進んだ時の平均個体重
　　　　　　　ρ：個体群密度
　　　　　　　δ：個体当たりの平均占有面積，$\dfrac{1}{\rho}$

彼等はこれを最終収量一定則（Low of constant final yield）と名づけた（K. Hozumi ほか, 1956；穂積和夫・篠崎吉郎, 1960；吉良, 1995）．

　この最終収量一定則は，種内の同類関係を律するきわめて重要な法則であるから，今少し，説明を加えることにする．

　前に述べたダイズの圃場実験で，個体密度 ρ を増加させると，平均個体重 w は減少するが，その様子を図7-2に示す［吉良ほか, 1953; K. Shinozaki（篠崎吉郎）& Kira, 1956］．ρ の増加に伴う w の減少は，両対数軸上で直線的である．この関数関係は双曲線で，次の式で表される．

　　　　$w\rho^a = K$　　　　　　　　　　　　　　　　………（7-1）

　a，Kはある時期に対して一定の正の値を持つ係数である．ただしある限度以上 ρ が小さくなると，個体間の相互作用はなくなり，直線は ρ 軸に平行となる．この限界密度は，若い時ほど高く，成長とともに低下する．そのような ρ の状態では，もちろん（7-1）式は成りたたない．

　さて ρ で示された図7-2の回帰直線の傾きは，0日（種子の状態）の時最小で a = 0，以後次第に増加して直線は急傾斜し，十分の日数を経た後，45日（a ≒ 1）に達して安定し，その後はあまり変化しない．このaの値の増加は，日数（t）の対数に対してほぼ直線的である（図7-2）．すなわち，

　　　　$a = m\log t + n$　　（$1 \geq a \geq 0$）　　　　　　………（7-2）
単位面積当たりの生産量を y とすると，
　　　　$y = w\rho$
これは（7-1）式と併せ考えると，

$$y\rho^{a-1} = w \quad \cdots\cdots\cdots (7\text{-}3)$$

となる．すなわち，種子の時（a = 0）には，y は ρ に正比例し，0 < a < 1 の間は ρ が大きいほど y も大きいが，最後に a = 1 となってからは個体群密度がどのようであろうと，面積当たり生産量は一定となる．これが最終収量一定則である．なお a は大変重要な指数であるので，特に C-D 指数（競争密度効果，Competition-Density effect，よりとる）と名づけた．

この最終収量一定則は，その後の検討によって，きわめて広い範囲（植物種，植物体の部分，人工林と自然林，を問わず）に成り立つことが分かっている．またある種の動物にも適応しうることも分かっている．これらのその後の研究例については，Begon ほか（1996）を参照されたい．

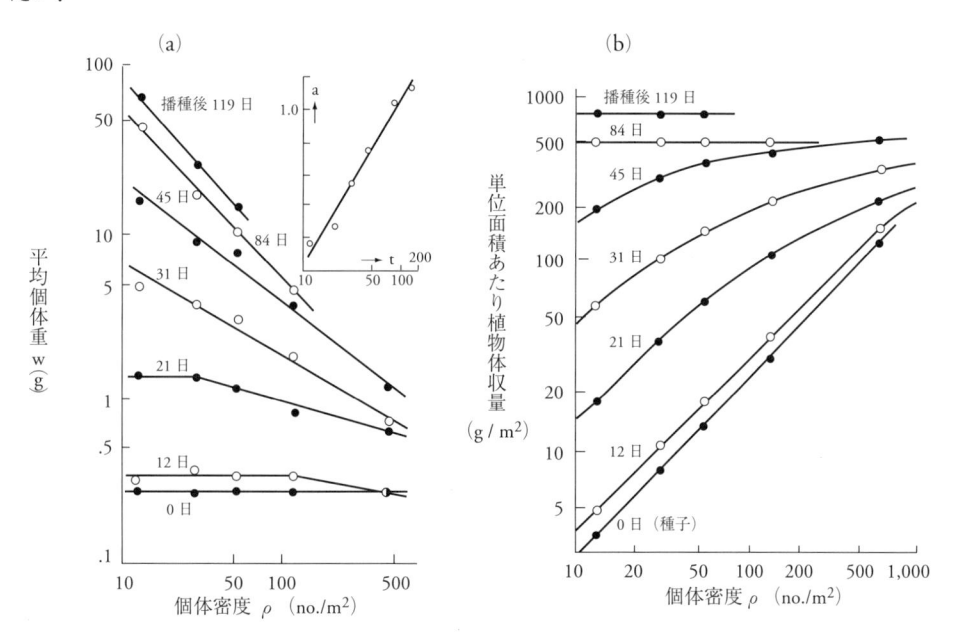

図 7-2 ダイズの圃場実験における個体密度と生長の関係．
 (a) 個体密度（ρ）と平均個体乾重（w）の関係が，日数の経過に伴って変化する様子．t：生育日数，a：C-D 指数．[Kira ほか 1953]
 (b) 単位面積あたりの植物体収量が，日数の経過に伴って，個体密度の如何にかかわらず，一定方向に進行する様子．[Shinozaki & Kira 1956]

最終収量一定則は，個体群を律する法則であるが，ではその内部の各個体の状況はどうなっているのか．これについては先にトウモロコシの背ぞろいのことを書いたが，ダイズに関する図 7-2 を見ても重要なことが分かる．すなわち高密度区において，日が経つにつれて，直線が引かれていない密度の部分が，次第に多くなる．このことは，それらの密度区で，皆一斉に枯れて，どれかの個体が生き残ることがなかったので，計測値を出せなかったことを示している（吉良ほか，1953）．これはいわば，背ぞろいの延長としての，生きぞろいの現象と言える．反対に，枯れる（死ぬ）という面から見て，またこれが競争の結果起こる現象という立場から，A. J. Nicholson（1954）はこの種の現象に対し，共倒れ競争（Scramble competition）と呼んだ．この現象は，生活のために要求するもの（生活要求物）と，それを獲得しうる能力（生活能力）とがほぼ等しいか，よく似ている場合に起こるものと考える．

この場合，多少生活能力が違っていればどうなるか．それについて沼田真・山井広（1955）の研究を紹介する．彼等は千葉大学構内の空地の雑草群落で，ブタクサ（*Ambrosia artemisiaefolia*）の生長を調べ，図7-3のような結果を得た．

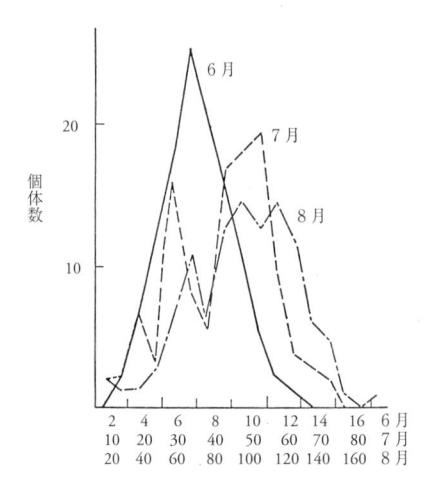

図7-3 ブタクサの生長に伴う草丈の分布型．6月は単峯型で，7，8月は双峯型となる．[沼田・山井1955]

ここではブタクサは4月に発芽し，6月には個体数が出揃った．草丈による個体数分布を見ると，6月には単峯型であるが，7，8月には双峯型となり，上下の2層となった．しかし8月まで枯れるものはなく，すなわち個体数の変化はなく，9月に入って一斉に枯れはじめ，10月初旬には全く枯れてしまった．つまり2層に分かれるというところに生活能力の差が現れているが，どれかが生き残って他は枯れる，というところまではいっていない．かつて例の T. D. Lysenko（1946, 1954）が，ゴムタンポポ（ロシア名 Cok-saghyz）などについて行った実験結果を解釈して，農業実践においては種内の競争は存在しないと述べたのは，ここらのところを言いたかったのであろうか[2]．

しかし植物の世界ではいつでも上のような結果になるとはかぎらない．時として自己間引き（Self thinning）という現象がみられる．単一種の植物がある密度で成長した場合，ある大きさ（重量）に達するまでは上述のようにどの個体も生きて成長するが，その大きさを越えるとある個体は枯れ死んで，残った個体は成長を続け，次第に密度が減少していくという現象がみられることがある．この現象を自己間引きという．いわば生き残り競争（Contest competition）（後文参照）の見られる場合ということも出来，個体間の生存能力のちょっとした違いの現れである．大沢晃（1996）はこの現象の研究の歴史的過程から現状まで詳しく検討した．

ある1種類の同じ年齢の植物が生えている場合，その平均個体重は，単位面積当たりの植物の本数（密度）のおおよそ$-3/2$乗に比例して変化するという趣旨のことをはじめて言ったのは，吉良竜夫・依田恭二（1957）であった（吉良, 1995, 参照）．その後この考えには賛否の意見が多く出されたが，大沢は自らの野外調査と諸文献の検討の結果，上の値が大筋において正しいものと認めた．例えば，アカマツ（*Pinus densiflora*）について，図7-4に示すような野外林の調査結果を得たのである．そして樹木におけるこの現象の起こる機構として，樹冠の形，葉量などが関係していると考えた．

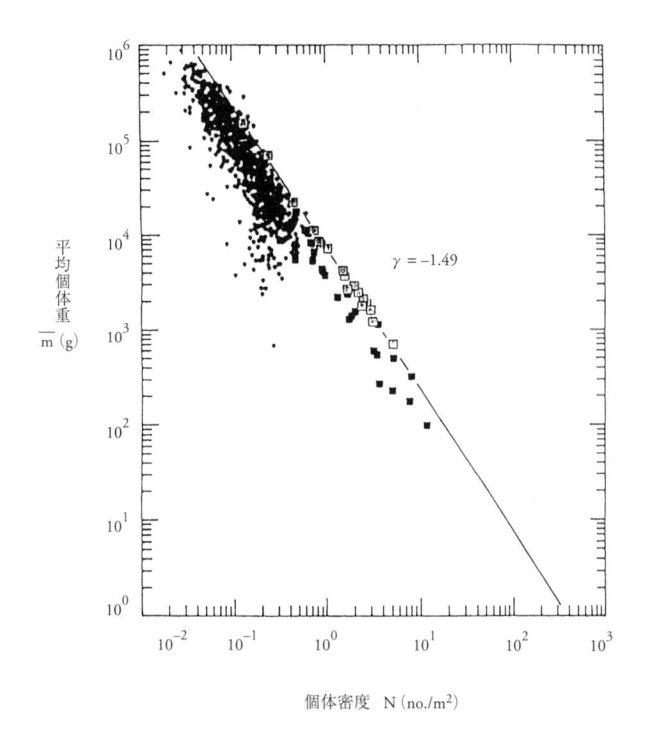

図7-4　アカマツ（*Pinus densiflora*）の同年齢林における個体密度と平均個体重の関係．図示した直線は自己間引き限界線で，それ以上生長し平均個体重が増すと，枯死するものが出て，個体密度は減少する．γは自己間引き限界の個体密度（N=no./m^2）と平均個体重（$\overline{m}$）をそれぞれ対数目盛に取ったときのグラフ上での傾き（$\overline{m}=kN^\gamma$より計算）を示す．重量は樹幹径で代用した．□印は自己間引き限界値の野外計測データを示し，その他の黒色の印はその限界値以内のもの．なおこの値はミヤマブナ（*Nothofagus solandri* var. *cliffotioides*）では–1.13，バンクスマツ（*Pinus banksiana*）では–1.43，スギ（*Cryptomeria japonica*）では–1.56であった．
　　　［Osawa 1995に基づき，大沢 1996より］

　以上植物の世界で例をとって述べたが，これは生物の本性のある面を示すものであっても，動物の世界に入ると，多少事情が違ってくる．まず第一に動物は動いて，よい環境を求めて移動するということがある．また同一種内といっても，生活能力などの点でさらに個性が出て，多様性を増し，その結果として植物一般の世界とは多少は違った様相が出てくる．神経系が次第に発達してくることも関係があろう．ただしJ. M. Fryxell & P. Lundberg（1998）は自己間引き現象は植物の世界だけでなく動物の世界にも広く見られ，要するに種内競争の現象以外の何ものでもないとして，数式をまじえた説明をしている．

　ショウジョウバエ（*Drosophila melanogaster*）で一例を挙げて説明しよう．小さいビンに餌を一定量入れ，これにハエの孵化直後の幼虫を，いろいろの数入れる．ハエは成長して，やがて羽化してくるが，その時の羽化率と，ハエの体長を調べて，図7-5の結果を得た（森, 1951）．これで見ると，幼虫密度が増すにつれて羽化率は落ちる．すなわち発育途中で，生き残るものと死ぬものがでることになる．これは結果としては，上の植物の背ぞろいの場合とは明らかに違う．ハエの各個体の生活能力の差が，このような不揃い生存の結果を招いたと思われる．

　この結果は，普通には競争の末に起こった現象に見えるであろう．現にA. J. Nicholson（1954）は競争という観点から，このような現象を生き残り（勝ち抜き）競争（Contest competition）と呼び，前の共倒れ競争に対比した[3]．しかしまた別の考え方をする人もあるかもしれない．つまり，密度が増すと羽化成虫の体長が小さくなることに注目すると，ハエたちは自らの体長を縮めることによって，仲間たちの生存を出来るだけ図った，と考える．そうするとこれは協同の現象ということになる．競争とか協同とかいう言葉は，人間世界の感情を含んだ表現で，その人の立場・思想によって，いろいろと違った結果が出てくるものである．したがって筆者は，そこのところをよく吟味して神経系の発達程度を，ヒトのそれとの比較を考慮に入れて，これらの言葉を慎重に使っていきたいと考える．つまりハエの場合には，競争とか協同とかという言葉を，深い意味を持たせて使うのはよくないと思うし，植物の場合にはなおさらである．思うにAllee（1938）が原始共同（Proto-cooperation）と言ったのは，ここらのところを考えたのであろう（3章参照）．ただし個体を生存の基本単位とする立場からすれば，上の現象は軽い意味で，競争の現象であるとしてよいのではなかろうか．

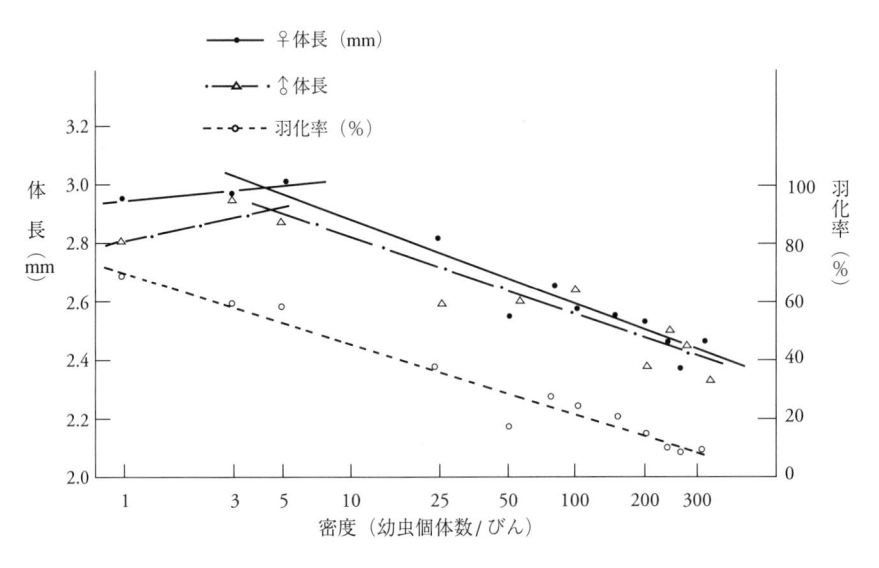

図7-5　ショウジョウバエの幼虫密度と，羽化率および羽化成虫の平均体長との関係．飼育びんは，径3.7cm，高さ8cmのガラス製．餌はPearlの合成培地．各びんにこの餌を15ccずつ入れ，孵化直後の1齢幼虫を入れる．
［森 1951］

さて，図7-5に示したショウジョウバエの実験を，さらに少しく別の角度から見ることにする．幼虫密度240匹の場合の，時間の経過とともに羽化してくる成虫について，その体長と羽化率の変化を調べてみる．図7-6にその結果を示す（森，1951）．これで見ると，羽化率（％）の少ない時（すなわち同じ程度の発育段階にある個体数の少ない時）には，羽化の初期であるとその終期であるとを問わず，体長が総じて大きく，反対に羽化率（％）の多い時，すなわち盛んに羽化する羽化中期には，体長は総じて小さい．羽化の初期には，ビンの中の個体数は多く，終期には少ないのに，同じように体長の大きいものが羽化してくるのは注目を要する．結局，生活要求とその要求を満たし得る能力が同じものの間で，資源をめぐる衝突がより激しく起こることが分かる．

なお動物の生活は，もちろん餌資源を求めるだけでは成り立たない．非生物環境との関係も大切である．これについてM. Kawata（河田雅圭, 1993）はヒダリマキガイ（*Physa acuta*）を用

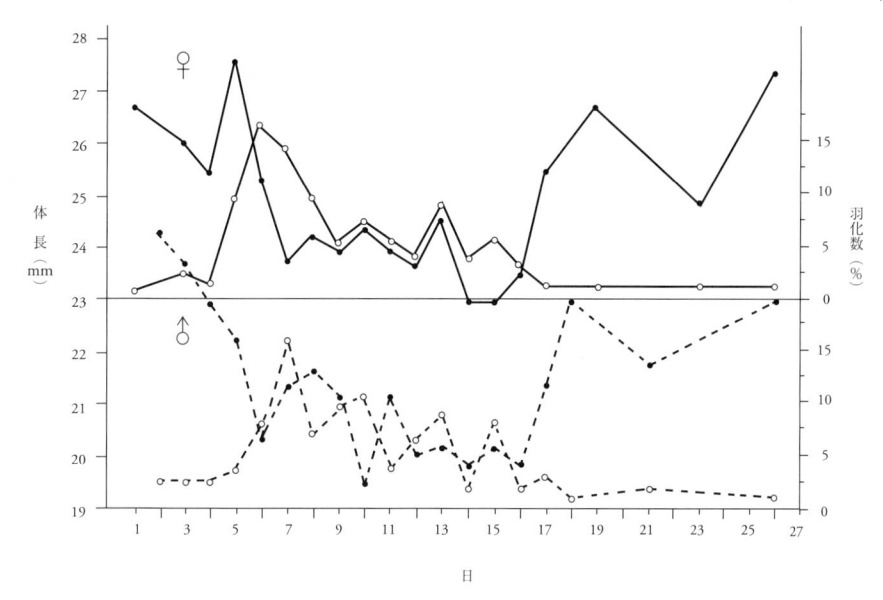

図7-6 ショウジョウバエの羽化経過に伴う、日々の平均体長と、羽化全数に対する日々の羽化数（%）の関係。ガラス製の飼育びん（径3.7cm、高さ8cm）に、Pearl餌料15ccを入れ、孵化直後の1齢幼虫240匹を入れる。羽化は26日間にわたって行われる。上段：雌、下段：雄。●体長、○羽化数（%）。[森 1951]

いて成長実験を行い、餌資源をめぐる行動に基づく直接の相互作用は負の影響を与えるが、水環境の中に出る水溶性物質を介する間接の相互作用は正の影響を与えることを見た。ここでも生物の生活を、生態系的関係の中において見ることを忘れてはいけないことが示されている。

7-3-3 生理的過程の働きに加えて、心理的過程の働きも多少考えられる場合の、種内の相互作用

直接の代謝生理的過程はもちろんであるが、これに心理的過程も少々加わってきたと考えられる場合について述べよう。高級な社会構造があるというわけではないが、やや社会的現象もかいま見える場合である。

社会現象と言えば、まず現れるのは、順位（Dominance order）となわばり（Territory）であろう。これについては、また節を改めて詳しく論じるつもりであるが、ここでは今までの流れに従って、これらの現象のかいま見えるアユ（*Plecoglossus altivelis altivelis*）の生活について説明しよう。

京都府の丹後半島を流れる宇川には、毎年多数のアユが遡上してくる。このアユの行動を、川那部浩哉たちが研究した（1957）。アユは友釣りで知られるように、なわばりを作ることで有名であるが、1955年に非常に多数の個体が遡上した時には、なわばりを作ることなく、群れて行動した。ところが翌1956年には、遡上個体数は比較的少なく、なわばりを作るものが多く見られた。アユのなわばりは$1m^2$の餌場（珪藻の生えた岩場）を確保する行動であり、なわばりに入ってきた他個体を追い払ってこれを守る。ところが棲息個体数が多くなり、侵入してくる個体が多くなると、次々と追い払うのに時間を取られて、自分が食う時間が少なく

表7-2 京都府宇治川のアユの生息密度と社会行動型の変化. 1955年には密度高く, 群れ生活をするものが多いが, 1956年には密度低く, なわばりを作って生活をするものが多い.

観察年	川全体の生息密度	河床型（場所）	その付近の生息密度	示した社会行動型の尾数と比率	
				群れ生活	単独またはなわばり生活
1955	5.4尾/m²	早瀬（マエカケ-カイジリ間）	3～10尾/m²	70～78尾（94～98％）	1～2尾（2～6％）
		平瀬（上宇川橋）	2.0	204 (98)	4 (2)
		淵（カイジリ）	1.7～3.3	86 (95)	4 (5)
1956	0.9	早瀬（同上）	2.5～3.5	2～3（22～34）	7～8（66～78）
		平瀬（同上）	0.4	37 (69)	16 (31)
		淵（同上）	0.0～0.1	0	0

［川那部ほか 1957, および川那部 1957 より, 森合成］

なる. こうなると, なわばりを作ることをやめて, 群れて行動した方が餌をうまく採れる. 誠に生活の調節の妙と言える. 表7-2にその状況を示す.

なお, なわばりと順位の関係は別の節（7章3・6節）で詳しく述べるが, なわばりには良い場所と悪い場所があり, 良いなわばりは, そこらに棲むアユたちの中で順位の上のものが占める. 生活のために要求するものが場所（この場合なわばり）である時, その獲得は順位に従って行われ, ここに順位となわばりの関係が基本的に現れていると考える. 最も先占権の問題もあり, ここではこれくらいにして次に進みたい.

7-3-4 生理的過程の働きに加えて, 心理的過程の働きが大いに加わったと考えられる場合の, 種内の同類関係

まず, R. L. Strecker ほかの, ハツカネズミを用いた実験から紹介しよう. R. L. Strecker (1954) は, Wisconsin 大学の地下の, 242 m²の部室で, ハツカネズミ (*Mus musculus*) を放し飼いにして, 個体群がどのように変化するかを見た. はじめに雌5頭, 雄5頭を入れ, 合成飼料を毎日250g与えたところ, 個体数はどんどん増えて, 食物が足らなくなると, 屋外に脱出する個体が出てきた（図7-7）. そこでStrecher & J. T. Emlen (1953) は出口をふさいでみたところ, 食物量一杯に個体数が増えたところで, その増加は止まり, 以後多少減少しながらもほぼ一定の数を保った（図7-8）. 日々の食物消費量は, 個体数がある段階に達すると一定となり, 以後変化しない（変化できない）. ところが個体数は少々減る. これは死亡する個体が出るからである. 一方個体の成長は止まっていないので, 総体重は変わらず, これが餌の消費量の一定となる原因である. ここで個体数の増えない原因を調べてみたところ, 子供が生まれないということが分かり, またその原因として, 主として雌の卵巣が活動を停止したということが分かった. これは栄養不足による直接の生理的変調によるのか, あるいは心理的影響も関係があるH. Selye (1936, 1976) のストレス学説[4] (Stress theory) のようなものによるのか, おそらくその両者によるだろうということは, 次の二つの研究で分かっている.

C. H. Southwick (1955) は, 長さ7.5m, 幅108mの飼育箱を6つ作り, ハツカネズミをそれぞれの箱に雌雄4対ずつ入れ, 餌を十分に与えて飼った. また各飼育箱には, 48個の小さい巣箱を置いた. 個体群はある安定した数に達したが, その安定の内容は上の場合とは大いに違っていた. この場合子供は次々と生まれたが, 出産後に踏み殺されたり, 噛み殺された

り，雌の乳汁分泌が止まって哺乳をしなかったりで，幼者の死亡率は異常に高く，親も攻撃的で，その死亡率も高かった．つまり前のStrecher & Emlenの実験で，子供が産まれない状態で，群れの総重量が一定に保たれた現象は，その機構として，別に個体群としての調節的現象とでも言うべきものがあったのではなく，個体レベルの生理的・心理的現象の結果と考えるべきものであったと考える[5]．

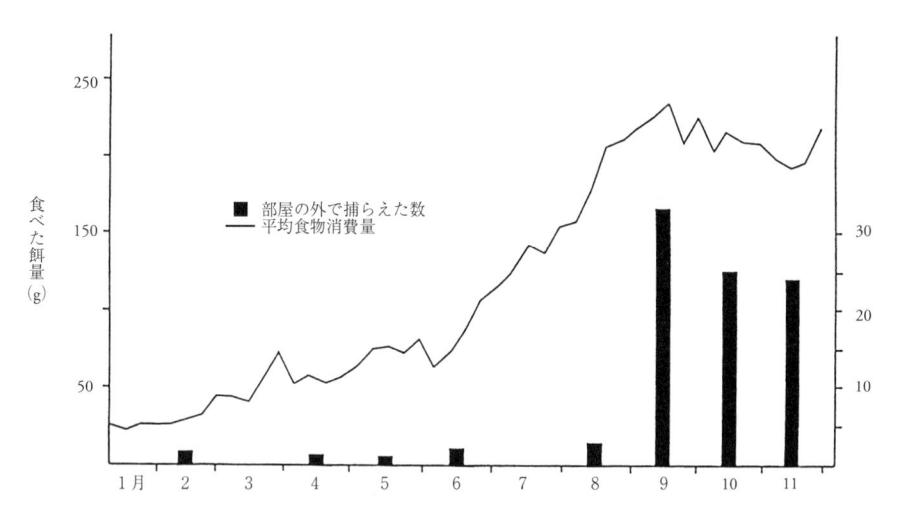

図7-7　消費餌量と部屋の外で捕らえたハツカネズミの数の変化．食物消費量が限界に達すると，部屋の外へ脱出する個体が急に増える．[Strecker 1954]

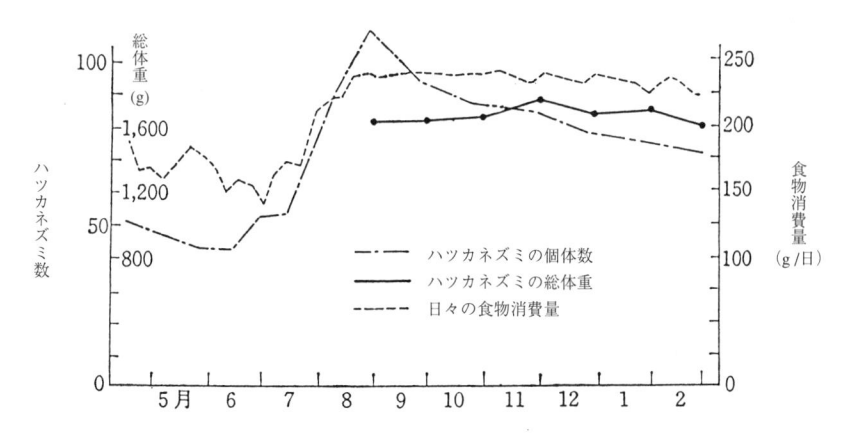

図7-8　出口のない部屋の中で，限られた食物量のもとで，ハツカネズミを飼った場合の，個体群の状態の経過．[Strecker & Emlen 1953]

さらに別の証拠として，C. D. Louch（1956）の研究を挙げることが出来る．Louchの研究は，J. J. Christian（1950）によって提唱された仮説——個体群密度が増すとストレスが増大し，それが副腎脳下垂体系の異常を導き，一般適応症候群（General adaptation syndrome = GAS）という'病気'が引き起こされ，これが哺乳類個体群の周期的変動の原因となるという仮説——を検証するために計画された．さてLouchはハタネズミの一種 *Microtus pennsylvanicus* を

野外で捕らえ，Southwickが用いたと同じ飼育箱に入れ，2年間にわたって研究を進めた．用いた飼育箱は3個で，はじめにそれぞれ雌5～6頭，雄3頭を入れた．事故がなければこの箱の個体数は15～16カ月後には50～60頭に増加した．その間，血液のエオシン好性細胞（Eosinophil）の数を随時測定したが，これは副腎皮質の活動（Adrenocortical activity）が盛んになると，この細胞数が減るからである．結果を図7-9に示す．これで見ると個体数密度が増すと，傷つく個体が多くなり，反対にエオシン好性細胞数が減少する（副腎皮質の活動性が増す）ことが分かる．結局，個体数の増加を抑制し，これを減少させた要因は，密度の増加に伴う幼者と成者の死亡率の増加であった．そしてこの幼者の死亡は，高密度による母親の異常行動による哺乳の失敗に関係し，また成者の死亡は高密度による病気の発生に関係があったとした．そしてこの研究はChristian説の一つの実証と考えた．

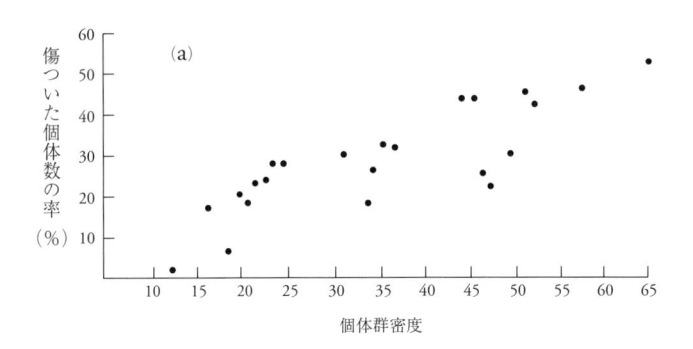

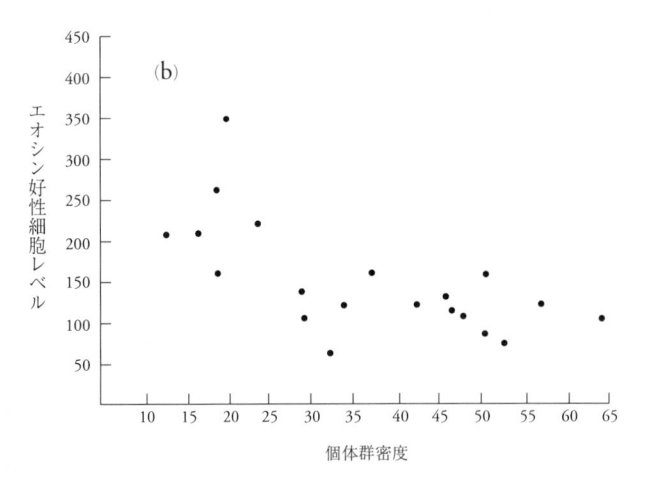

図7-9 飼育囲い中のハツカネズミの傷ついた成体個体群密度の変化（a）と，それに伴うエオシン好性細胞レベルの変化（b）の一例．横軸は飼育囲い中の個体数．(a) の縦軸は，調査期間各月の終わりの，傷ついた成体個体の総個体中に占める率．個体群密度が増えると，傷つく個体の率は増える．(b) の縦軸は，血液 1 mm^3 中のエオシン好性細胞の，調査月間の平均数．個体群密度が増えると，エオシン好性細胞数は減る．
[Louche 1956]

この節で取り上げた段階の動物の生活について，今一つ，北海道大学苫小牧演習林で行われた斉藤隆（T. Saitoh, 1981; 斉藤, 1990c）の一連の仕事を見よう．彼はエゾヤチネズミ（*Clethrionomys rufocanus bedfordiae*）を，演習林の中に設けた二つ（A, B）の実験区に，1977年6月

に，表7-3のように入れた．この実験区には囲いがあり，外部と行き来が出来ないようにしてあった．放した雌の数はいずれも37頭であったが，A実験区では若齢雌21頭と越冬（成熟）雌16頭，B実験区では若齢雌だけの構成とした．そして1カ月後に，図7-10のような結果を得た．その時A区の若齢雌はすべて成熟できなかったのに，B区では10頭が成熟した．A区で若齢雌が成熟できなかった原因は，そこには成熟雌がいてなわばりを作っていたので，若齢のものは実験区の片隅に押し込められ，圧迫されて，なわばりを作ることが出来なかったことによると考えた．反対にB区で若齢雌が相当数成熟できたのは，彼等が自由に実験区を走り回り，なわばりを作るものもあったことによる．さらに2カ月後（9月）には，A区でも越冬雌が死亡し，未成熟であった若齢雌も多くのものがなわばりを持ち，成熟した．なわばりを持つということは，繁殖のために必要な場所を確保するということであり，群れの中にその場所を獲得するものと獲得できないものという構造が生まれたことになる．この間に，前に述べたような，心理的・生理的原因が介在したことは確かであろう．

表7-3 野外囲いの実験区AおよびBに入れた個体群の構成（本文参照）

	A区 若齢雌と成熟雌	B区 若齢雌のみ
総個体数	49	49
雌（総数）	37	37
越冬（成熟）	16	0
若齢（未成熟）	11	18
若齢（成熟途上）	10	19
雄（総数）	12	12
越冬（成熟）	5	5
若齢（未成熟）	7	7

［斉藤 1990］

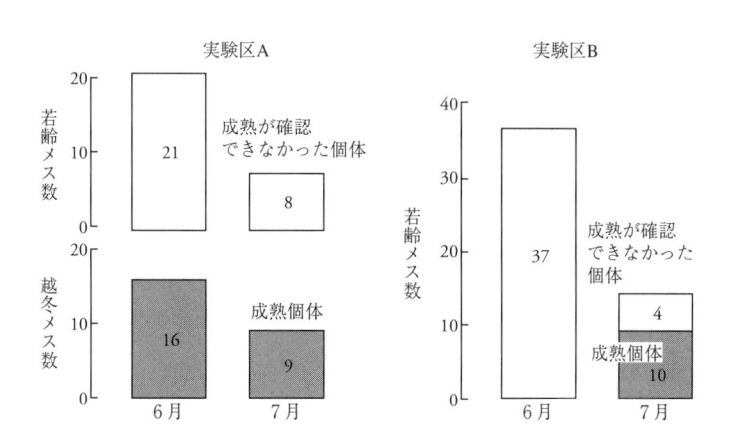

図7-10 実験区AおよびB（表7-3参照）における，エゾヤチネズミ雌の齢構成と性成熟の関係．□ 未成熟，■ 成熟．［斉藤1990］

ここで一つ注目すべき現象をつけ加えておきたい．上の若齢のヤチネズミに繁殖の早く始まるものと遅く始まるものとある場合，一生の繁殖成功度はどうなるかという問題である．これについては，S. K. Wasser & D. P. Barash（1983）の仮説というものがある．それは哺乳類

の雌は，状況が思わしくない時は，繁殖を抑えて状況が良くなるまで待ち，その成功度を高めようとするというものである．T. Saitoh（1990a）はこの仮説の検証を目指して，前の実験と同じく苫小牧演習林で，1984年から1986年にかけて，やはりエゾヤチネズミを用いて実験を行った．その結果，表7-4のような結果を得た．すなわち，最初に妊娠した平均齢が，非抑圧型で57日，抑圧型で132.4日と大きい差があるのに，一生にわたって育てあげる子の数は，前者が3.79頭，後者が3.70頭と，ほとんど差がない．これは平均寿命が，前者で150.1日，後者で255.9日と，後者が100日も長生きしたことによっている．これは一見自然の調節の妙と見えるが，このような現象の起こる過程は，全く個体の生理・心理的状態によるもので，目的を意識して調節したものとは，筆者は考えない．もちろん自然選択の働いた結果であることは確かである．

表7-4　エゾヤチネズミの早く繁殖を始めた雌（非抑圧型）と遅く始めた雌（抑圧型）の一生の繁殖成功度

	観察した雌の総数	最初に妊娠した平均齢（日）	妊娠した平均回数	平均寿命（日）	一生の間に育てあげた子の平均数
繁殖非抑圧型	34	57.0	2.52	150.1	3.79
繁殖抑圧型	23	132.4	2.15	255.9	3.70

［Saito 1990 より］

7-3-5　社会構造が大きく発展してきた場合の，種内の同類関係

個体の生活要求を基礎としつつも，社会的組織・構造が大きく問題となる場合について述べる．この場合，心理的な過程が次第に大きく関与し，また生活能力の違いも次第に大きく働いてくることになる．

まずきっかけとして，河合雅雄のカイウサギ（$Oryctolagus\ cuniculus$）の研究（1955）を紹介する．彼は自宅の裏庭（約100 m^2）をウサギに開放し，そこでAおよびLという二つのグループ（後にKグループを加える）を，生後間もない子ウサギから育て，1951年4月から1953年7月まで，約2年半にわたる観察を行なった．この二つのグループとも，それぞれ4匹のウサギ（Aグループ：雄3，雌1；Lグループ：雄2，雌2）から構成され，いずれも個体ごとに識別されていた．グループ内でははじめ順位というものはなく，互いに組んずほぐれつして遊んでいたが，次第に順位のようなものが出来，生後50日頃に一応の順位が確立した．その順位とは，Aグループでは，1位アサ（雌），2位ガブロ（雄），3位ツキノワ（雄），4位クロベエ（雄）となり，雌のアサが第1位となった．この段階では雌雄にかかわらない順位が出来たのである．しかしその後成熟するに従って，7月下旬には雌はおとなしくなり，順位は変わって，ガブロ（1）―ツキノワ（2）―クロベエ（3）―アサ（4）となった．カイウサギの場合，順位と言っても，第1位のものが圧倒的に強く，いわば専制者（Despot）的に振る舞い，雌もほとんど独占した．この間5月に，別のLグループが加わることになるが，AとLの二つのグループでなわばりを異にして対立した．その際なわばりとは，Aグループの首長（専制者）ガブロと，Lグループの首長ジローのなわばりと言ってもよいものであった．これは S. D. Fretwell（1969）が専制者的分布（Despotic distribution）と言ったものにあたる．

ところがその後，Aグループ内の雄の間の抗争は激しさを加え，クロベエとツキノワはいずれもグループから押し出された格好となり，いわゆるあぶれ雄（Solitary male）となった．

こうなると，雌のアサが近づいても，さらにアサの子供が近づいても，逃げるようになり，ついにAグループとLグループの境界付近に辛うじて自分のなわばりを作るようになった．その状況を図7-11に示す．あぶれた個体がなわばりを，主グループの境界に作るというのは，動物一般に通ずる原則であろう．

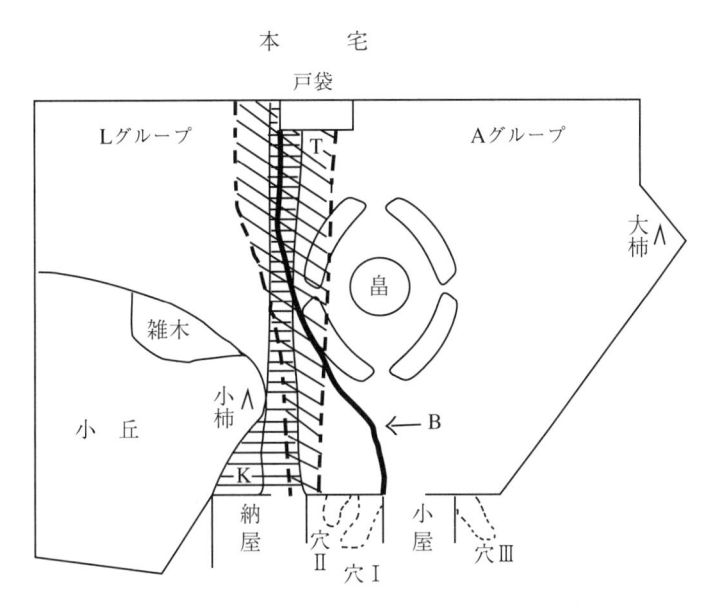

図7-11 河合雅雄氏宅裏庭のカイウサギのA, L両グループのなわばりと，2頭のあぶれ雄（クロベエとツキノワ）のなわばり（1951年11月段階）．太い実線（B）：A, L両グループのなわばりの境界（事実上両グループの専制者，ガブロとジロー，のなわばりの境界）．
横線域：クロベエのなわばり，Kはその休息場．
斜線域：ツキノワのなわばり，Tはその休息場．［河合1955より森作図］

あぶれ雄になると，雌や子供を見ても逃げ，しまいには雌に対して全く性行動を取らなくなる．ところが面白いことが起こる．専制者や他の雄どもを隔離して，あぶれ雄を雌と一緒に置くと，この性不能者になったかと思われた雄は，グループのなわばり内を歩き回り，たちまち雌と交尾し，生き生きと元気づいてくる．この状態で数時間あるいは数日も置いてから，専制者たちを隔離所から出して一緒にしてやると，前に臆病に逃げ回っていたあぶれ雄は，見違えるように勇敢に専制者たちと戦う．つまり，土地と雌──すなわち生活要求物──を自分のものとすると，雄はとたんに強くなるのである．数時間の間に，戦う体力が急に強くなるということは考えられないので，これは心理的，社会的原因を考えざるを得ないのである．

さらに高等な社会生活を営む動物に話を進めよう．霊長類のニホンザル（*Macaca fuscata fuscata*）の生活について，先駆的研究を行った伊谷純一郎の業績（1954, 1991a，および最近の私信）を紹介する．彼は大分県高崎山で，1950年4月から，そこに棲んでいたニホンザルの社会生活に関する研究を開始した．はじめの2年間は，もっぱらサルの群とともに山を駆け巡って生活の観察を行った．1953年1月からは，サルの遊動域の中にあった寺（万寿寺別院）の庭に設けられた人為餌場に集まった群について，詳しい内部構造の解析を中心に研究を進めた．この研究は現在も多くの後継者によって続けられており，その後いくつかの重要な知

見も加わったが，伊谷の初期の研究は霊長類の社会生活の研究として画期的なものであり，世界における高い評価を得たものであったので，その中から今の論考に関係あるいくつかの事項を取り出して述べたい．

ニホンザルの生活は，今まで見てきたような，より下等な連中とは違い，これこそ'意識'に基づいた社会と言えるものを作って営んでいる．その社会には，10に近い階層がある．雄については，ボス（Leader），ボス見習い（Subleader），若者（Adolescent male），少年（Juvenile male）があり，雌については，オトナ・メス（Adult female）（アカンボ，Infant とともにいる），ムスメ（Adolescent female），少女（Juvenile female）があり，別にコドモ（Juvenile）という雌雄が性区別なく同居する階層がある[6]．またヒトリザル（Solitary male）というものがあることを認めたが，これは1954年当時の認識（群れからはみ出した雄がなるという）とは違い，現在ではニホンザルの社会におけるきわめて重要な構成要素であることが認められている．というのは，ニホンザルの社会で群れの中心にあるボスなどの雄たちは，一度は生まれた群れを出て，他のに入るか，または生まれた群れに帰ってきたサルたちで，つまりニホンザルの社会は母系社会であるからである．雌は生まれた群れの中で育ち，その群れの習慣（文化 Culture という）を伝承する．このような立場で，ニホンザル社会の模式的構造を，1954年当時に発表されたものを多少修正して，図7-12に示す．

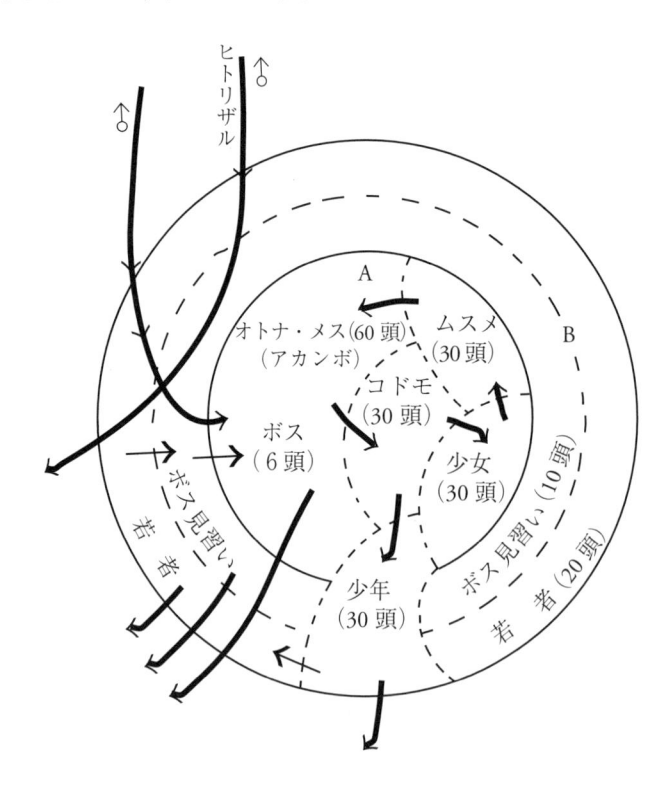

図7-12 ニホンザルの社会の模式的構造図（1953年5月の高崎山の群れを基本とする）．
　これは餌場におけるもので，山を行進している時は列をなして進むが，基本は変わらない．ニホンザルの社会は母系社会であり，雄は生育の途中で1度は群れの外に出るのが原則である．太い矢印は生育に伴う原則的ルートで，細い矢印は例外的なルートである．A：群れの中心部，B：群れの周辺部．
　　［伊谷1954を基にして，1991その他の知見により1993修正されたもの］

図にあるボス以下の各階層は，それぞれ多少とも違った振る舞いをして生活している．なかでもボスは群れの生活の中心であり，1954年当時には，厳格な直線的順位のある6頭の雄から成り立っていた．なかでもジュピターと名付けた第1位の雄は，"筋肉質の強靱な体で，最も精悍な相貌をし，その腕（腕力ではない）と覇気でこの大きい群れ（当時220頭）を統御している"と伊谷は表現した．ボスは群れの騒ぎを静め，外敵に身をもって当たる．騒ぎを静めるのに，必要あれば6頭のボスが協力して行う．また山を帯状となって行進している時，外敵（犬や人など）が現れると，その付近で順位が最高のもの（ボスとは限らない）が留まって防御・監視の任に当たり，本隊は行進を続けるが，上述の任に当たっているものよりも順位が上のものが来ると，一声をあげてそのものと任務を交替する．ここで交代するほうもまた一声をあげる．こうして結局行進して来るもののなかで順位最高のものが最後まで残る．順位は'だて'ではない．身をもってその責任を果たすのである．

　群れの中核（A）には，ボスの他にオトナメスとそのアカンボ，去年生まれたコドモもいる．オトナメスにも相互に順位が認められ，ボスと仲のよいものの順位は高い．そして生後2～3歳の少女，その成長したムスメ（出産経験のない雌）もいる．ムスメはそのうちオトナメスとなるのであって，結局雌は終生群れの中核に留まることになる．一方雄は2～3歳（少年）を越えると群れの周辺（B部）に行き，若者となる．後の研究で，この雄達はそのうち群れの外へ出て，他の群れに入るか，再帰してくるか，という行動を取ることが分かっている．つまりニホンザルの社会は，母系社会なのである．

　以下いくつかの特徴のある行動について述べる．

　順位：特に雄の順位は大変はっきりしている．伊谷は順位を確認するため，ミカン・テストというのを行った．AとBがいて，その順位を確認しようとする時，その2匹の間にミカンを投げる．そうすると順位上のもの（Aとする）が必ず取る．たとえBの足元に投げても，Bは知らないふりをしており，Aが取る．Aがもしミカンが欲しくない時には，Bの背の上に乗って交尾の姿勢（背乗りMounting）をとる．あるいはBの方が積極的にAの傍らに行き，自分の背にAに乗ってもらう．この行動によって，BはAの許可を得て，ミカンを取る．

　なわばり：ニホンザルは自然の木で餌を採っている時に，個々にはっきりしたなわばりを作る．しかしこれはその主の順位に従って現れるものである．秋にムクの実を採る時には，ムクの木一本に1頭ずつがいて実を食う．春にムクの新芽を食うときには，一本の枝に1頭ずつが分布する．もしそこへ順位上のものが来ると，黙ってそのなわばりを明け渡して，別の空の場所または順位下のもののいる場所へ移る．つまりなわばりは順位に付随して，場所を要求する時に現れるものである．

　遊び：遊び（Playing）という行動は，アカンボやコドモなどに特に目立つ行動である．特にコドモは一日の中の大部分の時間を遊びに費やしている．こうしているうちに，彼等は順位その他の群れ生活に必要な'作法'を学ぶのである．

　尻尾のシンボル：順位上のものと下のものが遭遇した時，上のものは尻尾をピンと上げ，下のものは垂れる．戦いに勝ったものは上げ，負けたものは下げる．いかにも心の内を示した行動である．

　ボスたるの要件：群れのボスたるの必須要件の一つに，多数の雌達を従えることの出来る器量が必要であるということがある．上に述べた群れはその後1958年には600頭まで増えたが，1959年に若者上位の雄数頭を中心にして，雌を含めた約100頭のものが分裂して新しい

群れを作った（Y. Sugiyama, 1960）．ボスになるには単に体力が優れているだけではだめで，雌を引きつける'人気'とか'器量'とでも言うべきものが必要なのである．

なお彼等は年齢集団や性集団を作ることは上に見てきたが，これについてはまた7章3節9項で取り上げる．

文化：霊長類研究者の間で文化（Culture）と呼ばれている問題について述べる．高崎山の群は，はじめ落花生というものを知らなかった．これを与える人があって，まず若者やコドモが食べ始め，ついに全員が食べるようになるのに丸4カ月かかった．群れの中に新しい習慣——カルチャーという——が出来たのである．宮崎県幸島のニホンザルの'いも洗い'の伝播も有名な例である（宮地, 1966, 参照）．

これはチンパンジー（*Pan troglodytes*）の話であるが，彼等は道具を利用して餌を取ることで有名である．しかしその道具や使い方が，異なった地方に棲むものの間で違っている，いわば地方文化とでもいうべきものが見られる（杉山幸丸, 1991; Y. Sugiyama, 1992）．その状況を図7-13に示した．6章2節に述べ，また7章3節8項で述べるチンパンジーのアカンボ食いを，伊谷は文化の一つとまで考えている（伊谷, 1991b）．チンパンジー社会の相互作用としては，さらに高度の詐欺的行動（Deceptive behaivor）が報告されている（西田利貞, 1989）．"マハレの4才の雌シルビーは生後3カ月の妹に興味をもち，さわろうと近づいた．そのたびに母親はアカンボを引き寄せ，腕でカバーしてさわらせなかった．シルビーはあきらめて母親から離れ，次に戻ってきたときに，熱心に母親の毛づくろいをした．そのうちに，シルビーは毛づくろいをしつつ，片足をゆっくりのばし，アカンボにさわりはじめた．母親は全くそれに気づかなかった"．相互作用もここまでくると，人間の社会生活を彷彿させるものがある．

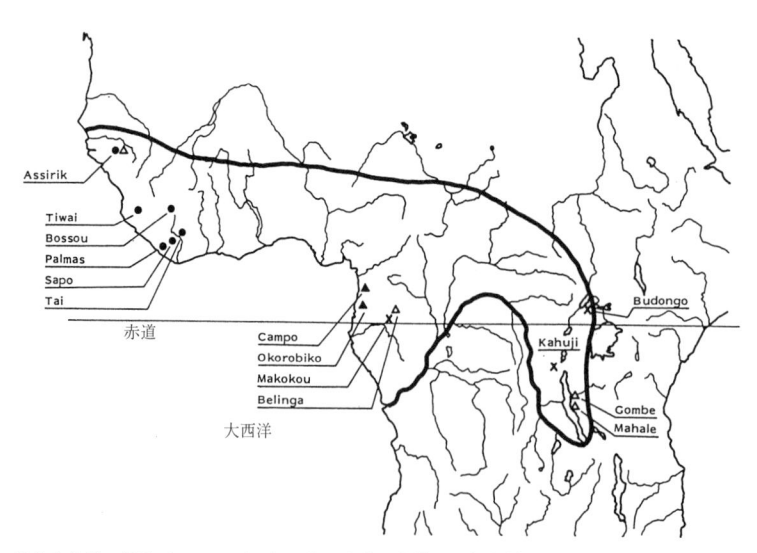

図7-13 異なる地域に棲むチンパンジーが，違った道具を使って餌を採る状況．
太線：チンパンジーの分布域．
△：シロアリの巣穴を，柔軟な草の茎やつるで探って，シロアリを採る（シロアリ釣りという）習慣を持つ群れの分布地．
▲：シロアリの塚を，堅い棒で掘って，シロアリを採る習慣を持つ群れの分布地．
●：堅果を，石や堅い木をハンマーとして用い，割って中の実を食う習慣を持つ群れの分布地．
×：上記3様式の道具使用の認められない群れの分布地．
［Sugiyama 1992］

以上高崎山のニホンザルの生活を中心として，霊長類の高度な社会生活のいくつかの面について，かいつまんで述べてきた．そこには心理的・社会的，あるいは知能的な要素が色濃く含まれ，下等な動物たちの生活とはかけ離れているものがある．むしろ我々人間の面から，感情を移入して理解し得るものが多々あった．さらにニホンザルの生活について詳しく知りたい読者は，宮地伝三郎（1966）『サルの話』，水原洋城（1971）『サルの国の歴史』，杉山幸丸（1990）『サルはなぜ群れるか』などを参照されたい．また霊長類一般の最近の知識は，伊谷純一郎（1987）『霊長類社会の進化』，西田利貞ほか編（1991）『サルの文化史』，によって，また特に南米のサルについては，西邨顕達ほか（1994）「生物化学，46 (1)，特集号」，マダガスカルのサルについては，斉藤千映美（1995）「科学，65」によってそれぞれ得ていただきたい．なお霊長類の社会関係と食物の栄養生理関係の連関については，次章において展開すべきであろうが，今後の研究にまつべき点が多いので，ここで簡単に触れるにとどめておく．この二つの事柄は重要な結び付きがあると思うが，前者の非常な発展にもかかわらず，後者との結び付きはきわめて不十分である．中川尚史（1996）は霊長類の食物選択の栄養生理学的総説をまとめたが，これは一般動物に関する栄養生理生態学と同じカテゴリーの内容で，上の社会関係との結び付きがない．ただし中川（1999）の紹介によると，C. Saito（斉藤千映美，1996）は金華山のニホンザルについて，またC. Janson（1985）は飼育中のフサオマキザル（*Cebus apella*）について，いずれも高順位のものが総じて単位時間あたり総カロリー摂取量が多いという報告をしているようであるが，いずれにしろ筆者はこの方面の開拓が早急に望まれると思っている．

7-3-6 順位制となわばり制

　順位（Dominance order）となわばり（Territory）は，動物の生活の中で最も目立つ現象の一つである．したがって今までに発表された研究業績の数は膨大である．ここでは，順位制（Dominance system or Dominance hierarchy）となわばり制（Territoriality）を中心に，その関係の論考に必要な文献についてだけ引用することにする．順位とは，動物が何か要求物を手に入れようとする時，群れの中で優位（Dominant）と劣位（Subordinate）の個体が出来ることをいう．これが群れの体制の維持機構として力を持つ時，これを順位制という．これは群れと群れの間でも成り立つ関係である．

　またなわばりとは，動物の個体あるいは群れが生活のために要求する（直接または間接に）対象が地域（空間）である時，それを確保して侵入者を排除する地域（空間）をいい，このような地域の存在が群れ生活の体制の維持機構として力を持つ時，これをなわばり制という．これも群れと群れの間でも成り立つ関係である．

　順位制もなわばり制も，共に種内の問題を主とする現象であるが，稀によく似た生活要求を持つ種間にも成り立つことがある．

　まず順位制についてはっきりと述べたのは，T. Schjelderup-Ebbe（1922）である．彼はニワトリの研究で，つつきの順位（Peck order）ということを言った．ニワトリの群れの内の各個体は，このつつく―つかれる関係で，直線的に（Peck right）に，強い個体から弱い個体へと結ばれている．このようにして順位の確定した群れへ新しい個体が加わると，その個体は今までいた個体の一羽ずつと対決し，この群れの中の順位――社会的地位（Social status）――を

決めねばならない．順位の決まらない段階の，ざわめいている群れでの総産卵数は少なく，順位が決まって安定した群れでの総産卵数は多くなる．つまりこの場合，順位は群れ生活を安定させるもので，順位制の社会がここにあると言ってよいことになる．もともと動物には，争いがあれば順位が出来る．かつてコオロギの間に争いの順位があることを加藤陸奥雄・早坂和子（1958）は報告したが，それが順位制の問題となると，コオロギの世界ではちょっと認めにくいであろう．もっと限られた，比較的高等な動物に関する現象となる[7]．前に述べたニホンザルの社会などで，典型的な順位制が見られるのである．

なわばりについては，鳥の研究で早くからその事実が知られていた．E. Howard（1920）は初めてそれを明確にした人として知られている．その後，G. K. Nobel（1939）がこの問題に関する総説で，なわばりに対し'防衛された地域'（Any defenced area）という定義を与えたが，これが今日広く用いられている．P. Colinvaux（1993）はこれを，'行動域の中の防衛された地域（Defenced part of home range）'と定義することもあるとしている．多くの小鳥類は特に繁殖期になわばりを作り，なわばり制社会が実現するが，日本の小鳥類に関する羽田健三およびその学派の広範な仕事が，羽田編，1986：「鳥類の生活史」に多数収録されている．

なお順位およびなわばりに関する文献は，伊藤（1987）に詳しいが，そこに引用された以後の文献については，R. L. Smith（1986），Colinvaux（1993），Krebs & Davies（1993），Begonほか（1996）等を参照されたい．

さてここで問題とするのは，順位制となわばり制の関係についてである．Alleeほか（1949）やL. R. Dice（1952）は，順位制となわばり制を認め，この両者の間には密接な関係があるとしたが，密接の内容については特に論じていない．Smith（1986）は，順位制となわばり制は，いずれも生き残り競争（Contest competition）の一つの形であり，相互に移行すると述べ，またColinvaux（1993）も，なわばりを失った動物は順位が低くなる傾向があると述べているが，いずれもこの二つの制度の関係を深くは追求していない．またBegonほか（1996）はKrebs（1971）のシジュウガラ（*Parus major*）の仕事を引用しながら，なわばりは生き残り競争の一つの形であるという考えを採用したが，生き残る個体は総じて順位上の個体であることを考えると，順位制との関係をほのめかしたものとして注目に値する．

上の問題についてはっきりした意見を表明したのは，わが理論生物社会学の先駆者今西錦司であった．彼は都井岬のウマの研究（1950）で，群れの順位の高いものがよりよい土地をなわばりとすることを見て，次のように述べた．"ここにおいてterritorialityの問題が，social hierarchyあるいはdominance - subordinationの問題として，取り上げられるようになるのである……小松が辻[8]においては，その行動に他の世帯に対する依存のほとんどが見られない，大世帯[9]の101グループが社会的に最も優位にある，ということになる"．ところがこのような発想を，翌年（1951）には改め，次のように述べた．"順位制とテリトリー制とは，一つの社会がオーガナイズされる際に現れた，一応別個な，お互いに浸透しあうことのない，二つの構成原理の現れである．……テリトリー制の方にスイッチを入れれば，順位制は消え，順位制の方にスイッチが入っている間は，テリトリー制の方が消えている，というように考える"．この内容は次のようなものであると説明されている．今カナリアを何羽か狭い籠の中に入れると，そこに順位が出来る．しかしこのカナリアを広い場所に出すと，それぞれがなわばりを持ち，たとえ順位の低いものでも自分のなわばりに入ってきた他個体を追い払う．これを順位制に生じた混乱と考えてはいけない．順位制は解体し，なわばり制が成立したと

解すべきであるという.

　この今西の考えに対し，森下正明（1961）および伊藤（1978）はともに，今西ほど明確に対立制度とは言わないが，つまり順位制となわばり制は相互浸透するとしながらも，原則として，今西の主張に賛成の立場をとっている.

　これに対し森（1956）は，別の考えを提唱した．彼はタイドプールの中のメジナ（*Girella punctata*）の幼魚の社会構造の研究から，"順位制となわばり制は基本的に対立する社会構成原理ではないように思う．なわばり制は順位制の一つの現れ――場所に対する順位行動の発現――と考えられる場合が多いのではなかろうか，"と述べた．森下や伊藤は森の考えを引用した上で，それに反対する立場をとったのである．ここで筆者の考えを少し詳しく述べたいが，その前に上記メジナの場合について，今少し説明を加えたい.

　メジナ幼魚は，岩礁地域の浅いところを群れを作って泳いでいる．これが引き潮時タイドプールに数匹閉じ込められると，餌を求めてまず順位ある行動をとるようになる．さらに時間が経つと，餌に加えて隠れ場所を求める行動が現れ，ついになわばりが出来る．この時最も良い場所（出ばった岩の下など）は，順位1位のものが占め，順位の最も低いものは開けた水面近くに活動域を求める．つまり順位だけの見られる段階から，なわばりの現れる段階へ進むのであるが，なわばりを作る地域は順位に従って決まる．順位の高いものが良いなわばりを持つのである[10].

　このような例は，実は枚挙にいとまがないくらい数多く報告されている．例えば，B. Greenberg & G. K. Noble（1944）は，アメリカカメレオン（*Anolis carolinensis*）が大きい温室の中でなわばりを作って棲むが，その際順位上の大型のものが，より良い場所を占めたと言う．スコットランドのアカライチョウ（*Lagopus lagopus scoticus*）についてD. Jenkinsほか（1963）は，順位の低い個体は悪い場所に棲み，順位の高い個体が死ぬと順位の低い個体がその場所を占めると言う．これはアユでも同じ現象が知られている．アユの好む場所は，餌の珪藻がよく生え，岩の形や流速の適当に良い場所で，そのような場所になわばりを作る．その最も良い場所には，付近の個体群の中で順位の最高のものがなわばりを作る．友釣りの名手はそんな場所に釣り場を構え，まず順位1位のものを釣り上げる．するとすぐ次の順位のものがその場所を占めるので，これを続いて釣り上げる．こうして順次何尾も同じ場所で釣り上げる．このような場所を見つけるのが，友釣りの名手の一つの条件である．先に述べたニホンザルの採餌なわばりは固定したものでないが，それを設定する自由度は，順位に従って上位の個体ほど高い（伊谷，1954）．有名な奈良のシカ（*Cervus nippon*）は，秋の繁殖期になると雄がなわばりを作り，奈良公園を分割する．その際，1等地は最も強力な個体が占め，順位下のものはそこらをうろうろしている．発情した雌がなわばりの中にはいると，原則としてその所有者が優先的に交尾する．この強大なボスが何かで倒れると，その跡目争いは熾烈である（川村俊蔵，1957）．似た例は昆虫でも知られている．トモンハナバチ（*Anthidium septemspinosum*）の雄には，なわばりを作るものと作ることの出来ないものがある．なわばりを作る雄は優位で，一般に体が大きく，交尾成功度も高い［N. Sugiura（杉浦直人），1991］．つまり順位となわばりは相伴ってこのハチの繁殖生活を律しており，そのうち順位の方がより基本動因となっていると思われる.

　その他このような関係文献は多数あるが，前に引用したように，Begonほか（1996）は総括して，なわばり制は生き残り競争的なものであり，この性格があることから，環境条件によ

り多少の変動はあるが，生き残り繁殖する数は比較的一定に保たれるのであると述べている．

これらの事実，およびその他の多くの事実から，筆者は次のように考える．動物の生活の重要な規範は順位制にあり，その大きい網で覆われた中の一部として地域に関する事柄が関係する場合，なわばり制が浮き出してくる．動物の生活を個体識別して具体的に詳しく調査すれば，このような結果が普通に出てくるものと思う．動物の具体的生活の考察において重要なことは，何を生活のために要求するかということと，それを獲得し得る能力である．生活のため要求するものとは，食物であり，異性であり，場所である．場所とは，食物獲得，異性獲得，巣作り，休息等のために，ある場合必要となる地域である．ここに'ある場合'と書いたが，これは上の諸資源が本性的要求を満たし得るだけ十分にない場合のことである．一方，これらが十分にある場合というのは，各種条件の変動する自然では，長期間を考えると，常に実現しうるとはかぎらないことであろう．種の各個体は，生活要求や生活能力がほぼ似ているが，高等になるに従って，それらの微妙な差が結果の大きい違いを生むようになる．ここに順位制が発生し，その一部としてなわばり制が見られるようになるものと考える．これは理念の問題ではなく，つまり動物の社会生活をいかに魅力的に説明するかの問題でなく，具体的に生活の実態がどうなっているかの問題なのである．

ここで一つ重要な問題がある．それは先占効果（Effect of prior occupation）の問題である．これは今まで特に場所の先占について，すなわちなわばりの先占について，先住効果（Effect of prior residence）として知られてきた（伊藤ほか，1996，参照）．いったんなわばりを作ると，その主は，普通後から入ってこようとする個体が自分より強力と思われるものであっても，これを排撃する．この事実も広く知られており，多数の研究があるが，その例については，p.130に挙げた諸文献を参照されたい．問題はこの事実をもって，順位性となわばり制のスイッチの切り換えとするかどうかである．確かにこの先住（占）効果がある場合，なわばり制が順位制の中の一つの現れとはただちに言い難い印象を受けるが，しかしここで動物の場所と結び付いた力というものを考えたいのである．つまり生態系的認識（特に個体生態系的認識）に基づいた動物の生活の実体を考えるといってよかろう．場所を考えない場合の順位と，場所を一緒にして生活の実体を考えた場合の順位とは違うのである．

上に先占効果と先住効果を区別して用いたが，この現象はなわばり制についてだけでなく（つまり住まいだけの問題でなく），順位制そのものについても認められるからである．これはニホンザルの順位第1位の個体が，その座を保持する実力がなくなったのに，交代に際して今までの歴史がいかに大きく作用するか，に示されている（伊谷，1954）．高崎山のボス第1位であったジュピターの最後の状況は誠に哀れであるが，その実力が失われた後も，そこには先占効果，つまり今までの順位第1位であったものに対する周辺のサル達の'恐れ'あるいは'敬意'の念の表れを示す状況が，克明に描写されている．一種の自然界に広く共通する履歴現象（Hysteresis）と言ってよかろう．先占効果の有無によって，順位制となわばり制が別の基本原理によって成り立っていると考えることは出来ないのである．

なお先住効果も限度があるという例を，二つばかり挙げておく．その一つは，オオヨシキリ（Acrocephalus arundinaceus orientalis）に関する羽田健三・寺西けさい（1968）の研究である．この鳥は渡り鳥で，渡りつくに従って，巣の保持のためにアシ原になわばりを作る．ある調査で，5月下旬にはじめて来た雄が5,000 m^2の地域をなわばりとしたが，後から次々と到着する雄のためそのなわばりは狭められ，ついに6月下旬には1,000 m^2に縮小された．そしては

じめにおよそ1羽で占めた地域を，12羽で占めることになった．その間何羽かの雄（多分弱い？）は追い払われたが，割り込んで棲みつくものもあった．今一つの例はアユに関する京大河川生態研究グループの仕事である．アユが中流河川で，1 m^{2}あたり約0.7尾の割でなわばりを作って餌場を確保することは，宮地ほか（1952）の研究以来よく知られた事実である．ところが1955年には京都府の宇川で溯上数が格段に多く，1 m^{2}あたり約5.4尾の棲息数を数えた．こうなるとなわばりを確保して他個体を追い払うのには時間をとられすぎて自分の餌（藻）を食う暇がなくなるのが大きい理由らしく，多くの個体はなわばりを作らず，群れ生活をするようになった（川那部ほか, 1957）．しかし翌1956年には溯上数が少なくなり，普通のアユの生活様式，すなわち瀬では多くのものがなわばりを持つ形が見られた．その際，両年の成長状態を比べると，1955年の群れを作っていたアユと，1956年のなわばりを持っていたアユとの間に，大きい違いはないことが分かった（川那部, 1957）．図7-14はその状態を示したものである．なお藻類の生産量，アユの食藻量などを調べると，藻類は約115 g/m^2/日（湿重）が生産され，一方アユは約20 g/日/1尾食うということになった．1 m^{2}あたり5.4尾が生活すると，その摂取量は約108 gとなり，なんとか生きていける（川那部ほか, 1960）．しかしなわばりを作ると，餌はあり余ることになる．この場合，なわばりは非常事態などをしのげるだけの余裕を持った機構ということになろうか．

　以上2例を先住効果の限度を示し，またその効用について示唆されるところがあるものとして述べた．

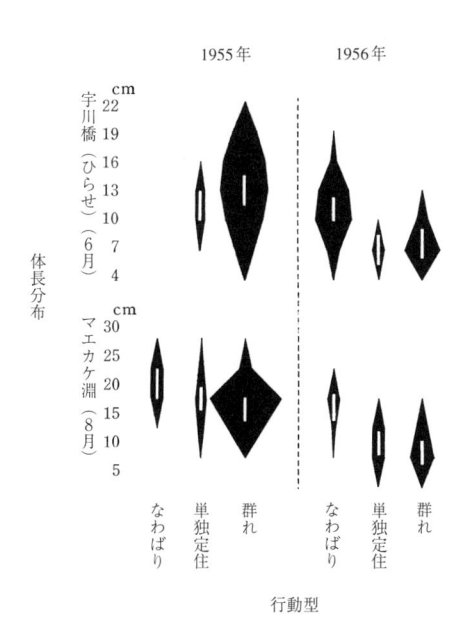

図7-14　アユの行動型と体長分布の年変化．1955年の溯上数が多く，瀬でほとんどなわばりを作らなかったときと，1956年の溯上数が普通で，瀬でよくなわばりを作ったときの，アユの体長分布．各塊状グラフの中央の白線は，その調査地点で，その行動をとっていたアユの平均体長を示す．単独生活者には，なわばりを作っているものと，単に定住しているだけのものがある．また群れの中には，単独で移動しているものも含む．
　　［川那部 1957］

7-3-7 年齢集団と性集団

動物の種内の関係として，同年齢や同性で集まる傾向があることが目につく．これらを年齢集団（Agers assemblage）および性集団（Sexual assemblage）という（宮地・森, 1953）．

年齢集団は，生活要求と生活能力が非常に似ていることによって起こる．前に説明したニホンザル社会の，アカンボ，コドモ，少年，少女などのグループはその適例である．魚などでも明瞭に認められるもので，前に説明したメバルなど，生長段階に伴って棲所や行動も変えて年齢集団は動く．これと似た現象に齢間分業（Age polyethism）というものがある．アリやミツバチの社会などで認められている．一般に社会性昆虫の働き手（ワーカー）の仕事分担は，若いうちは巣の中にとどまって，巣の掃除→幼虫・蛹・成虫などの世話→餌の貯蔵作業などと分担変更があるが，さらに齢が進むと巣の外に出て餌を集める仕事などをする（東正剛, 1993；佐々木正己, 1993，など参照）．ただし社会の年齢組成の変更に伴って，若齢者が少なくなると老齢者でも卵の世話を続ける場合があると言う（中田兼介, 1993, 講演）．

性集団についても例を挙げるまでもない．トビケラ類はよく群飛（Swarming）するが，この集団は雄で構成されており，雌がふらふらと中に入ってくるとたちまち雄につかまり，交尾して群飛を離れ，葉陰などに入る．前に説明した奈良のシカでも，高崎山のニホンザルでも，性集団は明確である．これらも生活要求と生活能力が同じことから生ずるものであろう．性集団について注目すべき現象の一つに，レック（Lek）がある．繁殖期に，ある種の鳥や獣類の雄が一カ所に集まり，羽ばたいたり，吠えたりして，やってきた雌に対して求愛行動（Display）を行う場所のことである（S. L. Vehrencamp & J. W. Bradbury, 1984; 長谷川真理子, 1990; J. Höglund & R. V. Alatalo, 1995, 参照）．この場所で雄はごく小さいなわばりを作っているが，その中心部になわばりを作っている強い雄の繁殖成功率は高い．ただしこの場合，雌の選択行動も強い力を持っているように見える．交尾が終われば，雌はレックを去るが，雄はその後繁殖についての何のかかわりも持たない．上のようなレックを作る動物としては，鳥ではライチョウ類（Tetraonidae）やハチドリの一種（*Phaethornis guy*），哺乳類ではコーブ類（*Kobus kob*），ダマジカ（*Dama dama dama*），セイウチ（*Odobenus rosmarus divergens*）などで知られている（長谷川, 1990, 参照）．

考えようによっては昆虫の群飛やカエルの集団鳴きなどもレックと言い得るであろう（Höglund & Alatalo, 1995）．

その他，年齢集団や性集団の効用，進化の道筋などについて，いろいろと知られており，また考えられるところもあるが，ここではこれ以上述べないで次に進みたい．

7-3-8 利己性と利他性

利己性（Selfishness）と利他性[11]（Altruism）とは，最近動物の生態を考える時に，大きく取り上げられる題目である．これは包括繁殖適応度（Inclusive fitness）や血縁選択（Kin selection）という問題に関連づけて，動物の進化の問題として熱心に論議されている．しかし進化に関係した話は11章に譲り，この節では動物の日常生活における，種内の相互作用としての利己性と利他性について述べることにしたい．

動物は基本的に利己性，つまり自己の維持発展を求めて生活するものと考える．これは体

を構成する諸組織の機能を見ても分かる．呼吸，循環，消化，排泄，運動，分泌，感覚の諸機能は，すべて個体維持機能で，他個体のために働くものではない．ただ二つ，神経と生殖機能は，多少とも他個体の存在にもかかわる機能である．生殖機能は異性個体と子個体に関係するといっても，もともと自己の満足のために働くのが基本であり，その結果として子の生産があると考えるのが実態であろう．神経組織の機能も，それをもつ個体の保全が基本であろうが，ただ脳神経が発達するにつれて，心理的，延いては社会的な他個体との結び付きを，意識的に媒介する重要な役割を果たすようになる．

生物の個体は，前に繰り返し述べたとおり，生物界を通じて，最も完成した全体性を備えている存在実体である．したがって，上に述べたように，生活において利己性が基本となることは，いわば当然のことである．

7-3-8-1 子殺し

利己制の一つの例として，子殺し（Infanticide）について説明しよう．6章2節で述べた共食いとは違った子殺しは，従来鳥類および哺乳類でかなり報告されている．

（a）鳥の場合

まず鳥類について述べる．藤岡正博（1992）はその総説をまとめたが，その中で子殺しを次のように定義した．'行為者が，同種の子（母親の体を出てから独立して生きていける前までの個体）を直接的な攻撃を主要な原因として死に至らしめる行為'．この定義には共食いが含まれるので，筆者はこれに，'餌としてではなく，すなわち共食いではなく'という語を付け加えたい．つまり子殺しと共食いとは，動機の点で雲泥の差があるからである．藤岡の総説から，いくつかの例を紹介する．

（イ）兄弟殺しの場合　これはわが国のイヌワシ（*Aquila chrysaetos*）などその典型例で，親は2卵を産むが，孵化した雛のうち，はじめに孵化した大きい雛が，後から孵化してくる小さい雛を殺してしまう．これはおそらく，はじめの雛の独占欲によるものであろう．

（ロ）親が子を殺す場合　いくつか報告されているが，ヘラサギ（*Platalea leucorodia*）に関するE. Anguilera（1990）の報告は目を引く．1985年に5羽の雛を持った雌雄がいた．そのうち最も小さい雛に対し両親が攻撃をかわるがわる繰り返し，数日かかってついに死なせてしまった．残った4羽は無事巣立って行った．この行為を，Anguileraも藤岡も，親の給餌能力を超えたための間引きと見ている．

上に述べたイヌワシやヘラサギに関する現象を，イヌワシやヘラサギの個体群の維持のためとする見方がある．つまり種族維持を目的とする行為であるとするものである．しかし筆者はそれは結果論であって，過程は，雛の餌の独占欲や親がその能力を超えて給餌できないということ，すなわち個体維持に関する利己性の問題と考える．

ところがここに，鳥としては珍しい行為例があるので，一言しておく（長谷川真理子，1992，参照）．レンカクの一種（*Jacana spinosa*および*J. jacana*）は，雌が雄よりも大きく，雌が繁殖場所になわばりを持ち，複数の雄と交尾して，なわばり内に複数の巣を作る．卵の世話は雄の仕事である．1雌1雄の社会を作るが，雌は他の雌のなわばりに入ってその所有者を追い出し，そのつがいの雄を乗っ取って，その雄が抱いていた卵を壊し，新たにその雄と交尾する（M. L. Stephens, 1982; S. T. Emlenほか，1989）．この場合，雌による子殺しが起こるので，その原因として，上に述べたような栄養物に関係する要因を考えるのは難しい．むしろ次に述べる哺

乳類の行為を思い浮かべるものがあるが，利己性の問題であることには間違いない．

(b) 哺乳類の場合

つぎに哺乳類の子殺しの例について述べる．

(イ) ライオンの場合　まずよく知られているライオン（*Panthera*（*Leo*）*leo*）の子殺しについて述べる（B. C. R. Bertram, 1975）．群れを乗っ取った雄，あるいは雄グループは，そこにいた子供を殺し，その母親であった雌と交尾する．雌は子を育てているうちは発情せず，したがって交尾しないので，雄は交尾するために子供を殺すのであろう．この場合，雄は自分の子供を一刻も早く設け，自分の勢力を拡大するために子殺しを行うという説があるが，筆者はこの考えを取らない．雄は自分の性欲を満たすため，この行為に及ぶのであって，自分の子孫が残るのは，その結果として起こる現象にすぎないと考える．もちろんこの行為が遺伝子選択の網にかかることは確かである．この場合，雌が特に雄に抵抗しないのは不思議であるが，強い雄には抵抗しないというところであろうか（Krebs & Davies, 1993, 参照）．

しかしこの行為の原因を一方的に雄に帰すわけにもいかないことが，最近明らかになった．NHKが，1993年2月15日のテレビ番組「生きもの地球紀行[12]」で放映した，ンゴロゴロ自然保護地域（Ngorogoro National Park）における光景は，印象的であった．アフリカのサバンナで，ある夜，子を持つ雌ライオンが野牛の群れに襲われ，その子が殺されてしまう．すると間もなくこの雌ライオンは，雄にすり寄って執拗に交尾を求め，遂に成功する．子がいなくなるということは，ライオンの雌雄共に性交に駆り立てるものと見える．

(ロ) 霊長類の場合　霊長類にも子殺しが見られることを最初に報告したのは，杉山幸丸（1964, 1965）であった．彼はインドのハヌマンラングール（*Presbytis entellus*）の生活を観察し，しばしば子殺しが起こることを発見した．このサルは原則として1雄多雌の群れを作り，雄がリーダー（ボス）となり，数頭から数十頭の雌を従え（時に数頭の雄を含むこともある），群れを導き，群れとしてのなわばりを作る．別に雄グループがあるが，その中の優位の雄が，1雄多雌の群れのリーダーを襲い，群れを乗っ取ることがある．その直後，乗っ取った雄が，その時点で母親が持っていたアカンボを，次々と殺すことを見た．子を殺された雌は発情し，新リーダーと交尾し，次々と妊娠し出産した．この場合リーダーの子殺しも，ライオンの場合と同じく，雄の利己性が最も大きい理由と考える．この点で筆者の考えは，杉山の主張と基本的に一致している（杉山, 1993：Sugiyama, 1994）．

この考えを別の面から支持する一つの事実として，Himalaya 山脈中腹の2,000 m付近に棲むハヌマンラングールの例がある．ここでは群れが広い行動域を持ち，その統制も緩やかなので，雄グループの雄も，時として雌と交尾する機会があり，群れを乗っ取っても子殺しの頻度は下がっているように思われる（杉山, 1993）．さらに別の事実がある．群れの外部の雄に群れが乗っ取られた直後，雌が流産や早産をし，結果として雄が交尾の機会を早く得て，子殺しは起こらないという例がいくつかある．長谷川真理子（1992）によれば，マントヒヒ（*Comopithecus hamadryas*），ゲラダヒヒ（*Theropithecus gelada*），パタスモンキー（*Erithrocebus patas*）などに，そのような観察がある．

この他多くの霊長類で子殺しが観察されているが，それらの例について長谷川真理子（1992）を参照せられたい．

(ハ) ハツカネズミの場合　次に子殺しが系統間に差があり，遺伝子が関与している例を挙げよう．ハツカネズミ（*Mus musculus*）を限られた空間の中で，餌は十分に与えて飼うと，

妊娠出産は盛んに行われるのに，子殺しなどが起こる結果，個体群の総重量は一定に保たれることを見た（p.118）．この場合は，各個体の巣作りやその他の活動のための空間に対する要求が，供給を上まわったことによって，各個体にストレスが溜まり，一種の病的な状態（一般適応症候群）に陥った結果と考えられる．

このハツカネズミの子殺しについて，最近注目すべき現象が，関口茂久（1992）によって発表された．子殺しの遺伝要因に関する研究である．彼は4系統の近親交配系のハツカネズミを，20代以上にわたって飼育し，遺伝的に均一にするのに努力してきた．その雄または雌を一頭ずつ実験箱に入れ，この箱の中に新生子[13]を入れ，これに対する雄または雌の行動を観察した．その行動の類別は次の通りである．まずはじめに，新生子に近づき，においを嗅ぐ（子嗅ぎ），次いでその体をなめ回す（子なめ）．この段階で，動物の中に全く無関心のものもある（無視）．続いて見せる行動は，2方向に分かれる．一方は，子の体をくわえて自分の巣に運び（巣運び），自分の腹の下に抱え込むようにしてうずくまる（授乳態）ので，子育て行動と呼ぶ．他方は，子嗅ぎ行動に続いて，新生子の体を噛んだり，喰い殺したりするので，子殺し行動と呼ぶ．

さてその実験結果を，系統別にして表7-5に，また雌雄別にして表7-6に示す．これで分かることは，系統によって行動型に大きい差があることと，雌雄に差があることである．C57BL系統とBALB系統は特に子食いの行動をとるものが多く，C3H系統は子育て型の行動を取るものが多い．これはこれらの行動に，遺伝子が関与している可能性を示すもので，重要な結果と思う．また総じて雄は子食い型であり，雌は子育て型であることも著しい特徴である．これらの行動の真の要因を決めることは，大変難しい．というのは，雄を成熟した雌と同居させたり，交尾した雌の出産に立ち会わせたりすると，子殺しは起こらず，雌の子育てに協力するからである．

表7-5 近交系ハツカネズミの各系統において，各行動型を示した個体数およびその率．（ ）内は各系統ごとの出現率．いずれも雌雄を合計した値．

系統	使用個体数	無視型	行動型 子食い型	子育て型
C57BL	302	53（17.5）	157（52.0）	92（30.5）
DBA	253	99（39.1）	60（23.7）	94（37.2）
BALB	365	24（6.6）	197（54.0）	144（39.4）
C3H	290	36（12.4）	45（15.5）	209（72.1）

[関口 1992 に森加筆]

表7-6 近交系ハツカネズミの雌雄別の，各行動型を示した個体数とその百分率．（ ）内は雌雄別の出現率．いずれも4系統を合計した値．

性別	使用個体数	無視型	行動型 子食い型	子育て型
雌	557	94(16.9)	99(17.8)	364(65.3)
雄	653	118(18.0)	360(55.1)	175(26.9)

[関口 1992 に森加筆]

7-3-8-2 手伝い

以上子殺しを中心にして，種内相互作用としての利己性，あるいはそれらしい現象を見てきた．しかし自然では，利他性と考えられる現象も相当に観察される．種内相互作用に関する行動の面でも，自らの生存・繁殖を犠牲にして，他個体あるいは群れの生存・繁殖を'助ける'利他的行動が観察される．ここに'助ける'という言葉を使ったが，これは動物が主体的にそのことを意識しているかどうかは，別問題とする．

ここではその典型的な一例として，手伝い[14] (Helper) の存在について説明する．

鳥では1雄1雌で営巣することを原則とするが，中には自分の子を産まずに，他の雌雄の子育てを助ける個体がいる．そのような個体を手伝いという．これは前に述べた奉仕作用 (p.62) とは違う．奉仕作用では，例えば，ウグイスがホトトギスの子を育てるように，自分も子を産むが，その子はホトトギスの子に巣から押し出されて殺され，結局ホトトギスの子だけを育てることになる．この場合，結果は別として，ウグイスはホトトギスの子育てを手伝うとはいわない．

鳥の手伝いについては，A. F. Skutch (1935) 以来多くの例が知られ，1987年に J. L. Brown が全鳥類の2.5％にあたる222種で見られると記した．わが国でも羽田健三の学派を中心にして精力的に研究が進められたが（羽田，1986），規則的に手伝いが見られるのは，バン (*Gallinula chloropus*)，エナガ (*Aegithalos caudatus*)，オナガ (*Cyanopica cyana*) およびカケス (*Garrulus glandarius*) の4種であるとされている（原田俊司・山岸哲, 1992）．

よく調べられたオナガの手伝いの状況を，原田・山岸 (1992) によって説明する．オナガは9～45羽（平均23羽）の群れ生活をし，周年群れのなわばりを持っている．原則として1雄1雌でつがいとなり，なわばりの中に巣を作り，年1回繁殖する．抱卵は雌があたり，雄は雌へ餌を運ぶ．長野県安曇郡では3群があり，1984～1989年間に103つがいを観察したが，その中で17羽の手伝いが見られた．これは全巣の4％にあたり，1巣についた手伝いの数は原則として1羽，多い時には4羽もいた．これらは普通独身の雄の個体で，別に繁殖を終わったか，または失敗した雄の個体も手伝いの中に見られた．独身の雄はほとんどすべて手伝いとなるようである．また雌は手伝いとはならないように見える．彼等のする仕事は，巣材運び，造巣，巣の中にいる雌への餌運び，雛への給餌，雛の糞の運び出し，捕食者への攻撃など，広い範囲にわたっている．特定のつがいの造巣から育雛まで，ずっと手伝うことが多い．

ところで手伝いの出身はどうか．調査したかぎりでは，その繁殖期に両親または父親が居る場合，あるいはそのどちらも居なくても兄弟が居る場合には，必ずその巣を手伝い，これらの個体が群れの中に生存しない時には，血縁のないつがいでも手伝うと考えられた．父親が息子を手伝ったのも一例あった．ただし最近の知見では（中村浩志談, 1993），手伝いは血縁とは関係なく，広く，なわばりを作れない若い雄によって行われていると言う．

では手伝いの効果はどうか．卵から，それが孵化して15日後まで雛が育ったかどうかを，手伝いのついた巣とつかなかった巣で比べると，前者では生存率79％であったのに対し，後者では65％で，また雛から巣立ち後一カ月までの生存率を見ると，前者で74％に対し，後者で54％であった．つまり手伝いの効果はあったと考えられる．ところが手伝い自身は，手伝うことによって，その後の繁殖に関する利益を得ていない可能性が高かった．つまり全くの利他性の行動であると言える．

ではこの行動は，何によって引き起こされるのか．血縁者同士は互いに識別している可能性が高いので，血縁者に引かれてということも一つの要因として考えられるが，それでも自分に利益のない行為をする主体的理由は分からない．

7-3-8-3 カストある社会性動物

カスト（Caste）ある動物社会とは，昆虫の膜翅目（ハチ，アリ類），等翅目（シロアリ類），同翅亜目（アリマキ類）の社会と，哺乳類のハダカモグラネズミ（*Heterocephalus glaber*）他2，3種の社会に見られるものである．カストとは原則として，同一の性の中に多型現象が見られ，集団の生活の上で異なった機能，特に繁殖機能や労働機能・防衛機能を分担している，社会的地位のことである．

（a）社会性昆虫の場合

社会性昆虫では，普通女王（Queen）と働き手[15]（Worker）があり，女王は卵を産み，働き手は女王および卵・幼虫などの世話をする．防衛を担当する働き手もあることがある．ハチ・アリ類では働き手は普通雌がなるが，シロアリでは両性とも機能分化する．図7-15に模式的にその様子を示す（伊藤ほか, 1996, による）．

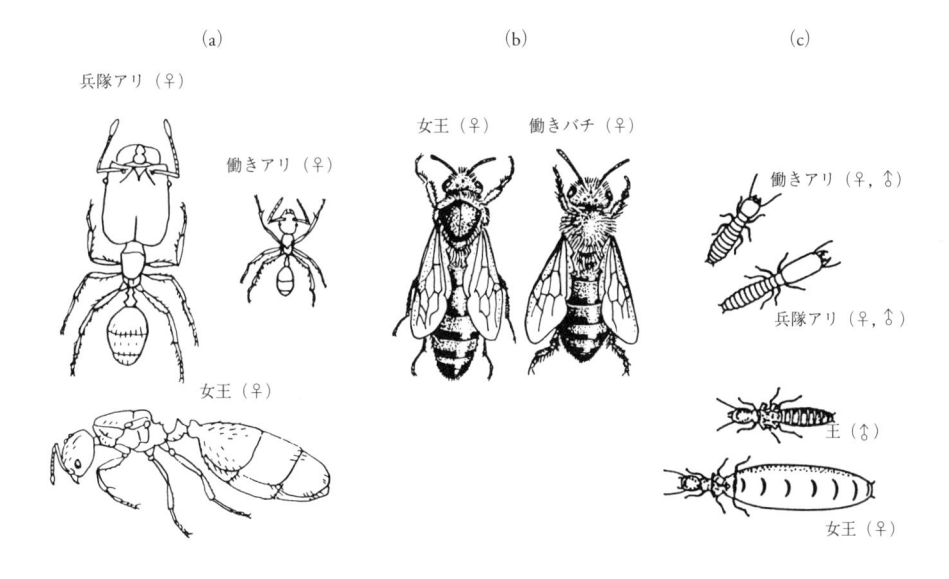

図7-15 社会性昆虫のカスト．
(a)オオズカアリの1種（*Pheidole tepicana*）．
(b)ミツバチ（*Apis mellifera*）．
(c)ヤマトシロアリ属（*Reticulitermes*）．
アリ，ハチ類の働き手は総て雌であるが，シロアリ類では雌も雄も働き手になる．
［伊藤ほか 1996］

この社会性昆虫の働き手の行動は，利他性の典型例である．働き手は，自分自身にとっては何の利益にもならない行動をする．それでは女王にとって利益になるかと言えば，自分の子孫を残せるから利益になると言えないことはないが，しかしそれよりも群れ（個体群）全体にとって，その存続のため利益になる，と言った方が適切でなかろうか．

最近アブラムシ類で20種以上も不妊の兵隊アブラムシを持つ種類が見出されている（青木

重幸, 1984；秋元信一, 1996). この社会を松本忠夫（1993a, 1994）は吟味し，真社会性[16]（Eusocial）と言ってもよいとしている．このアブラムシの利他性についても，ハチ・アリやシロアリの場合と同じように考えられよう．ただしアブラムシには妊性のある1齢幼虫全員が防衛行動を行う種や，1齢幼虫に兵隊個体と非兵隊個体があるが両型とも妊性のある種もあり，この場合には不妊の個体のみが防衛行動を行う場合とは事情が異なるようである（秋元, 1996；柴尾晴信, 1999；深津武馬, 1999；青木, 1999).

ここでもちろん昆虫のどの個体も，他個体のためとか群れのためとかを意識しているわけではないことに注意が必要だ．結果として群れの存続にプラスになっているだけであろう．要するに進化における自然選択の結果として理解される現象であり，包括繁殖適応度（Inclusive fitness）とか血縁選択（Kin selection）という現象に関係があるが，これらは11章で取り扱うことにする．なお社会性昆虫の利他性の問題については，伊藤（1987, 1990），粕谷（1990），辻和希（1992），松本・東編（1993），伊藤ほか（1996）等を参照されたい．また，カストの発生について生理学的，分子生物学的研究が行われる趨勢があるが，その昆虫に関する事情については三浦徹（1999）の総説が参考になる．

　（b）ハダカモグラネズミの場合

ハダカモグラネズミ（*Heterocephalus glaber*）はアフリカのケニア，エチオピア，ソマリアの乾燥した半砂漠地帯の地中に棲む齧歯類で，シロアリに似た社会を作っている．これをはじめて報告したのは，R. D. Alexander（1974）であった．この動物は長いトンネルを掘って，300頭にも及ぶ大きい群れ社会を作って棲んでいる（図7-16). 一つの群れの棲むトンネルは，数万m²の範囲に広がっている．彼等はその範囲の地下にある，植物の根や塊茎を食っている．一つの群れにはただ1頭の女王が居て，子供を産み，その世話もする．他の雌や雄達は働き手となり，子供の世話をし，餌を採集する．働き手の死亡率は高いが，女王は年に100頭もの子を産んでこれを補う．女王が死ぬと，働き手の間で激しい争いが起こるが，勝った1頭が女王となって，またもとの状態に返る．これは昆虫の真社会性と似ているが，昆虫の世界では働き手は原則として一生働き手であるが（女王のいない昆虫社会などは除く），ここでは機会があれば働き手も女王となることが出来る．女王との血縁の点でも，昆虫社会の働き手のように深くないので，文字通りの利他性生活である（S. H. Braude, 1991；P. W. Sherman ほか, 1991, 1992；日高敏隆, 1992；松本, 1993b, 1994；N. C. Bennett & C. G. Faulkes, 2000). このような性質がどうして進化し得たのか，自然による偶然の事象の選択としか考えようがない．

7-3-8-4 利己性と利他性をめぐる近接要因と究極要因

　（a）一般論

だいぶん長々と利己性と利他性について述べてきたが，ここで利己性と利他性を例にとって，近接要因[17]（Proximate factor）と究極要因（Ultimate factor）と言われるものについて，少し考えてみたい．

行動の直接的要因を近接要因と言い，これと別に究極要因を考えるやり方が，近代的な研究の方向であるという主張が，最近よく見られる（伊藤ほか, 1996, 参照）．この二つの要因の意味は，子殺しを例にとると，性欲を満たすため，というような生理的直接的要因が近接要因であり，一方，群れの組織構成を安定に導くためとか，個体群密度を調節する（密度調整）ためとか，自分の血縁者を群れの中に増やすため（血縁選択）とか，少ない機会を捉えて自

分の繁殖成功度（Reproductive success）（包括繁殖適応度, Inclusive fitness）を最大にすることが出来るから，といった長期にわたる見通しを含めた要因が究極要因であるとされる．最近は，この究極要因を重視して，動物たちが（時として植物さえも），主体的に，さもこの要因に適合するような行動をとっている，そのような'戦略（戦術）'をとっている，といったような表現や研究が目立つようになった．

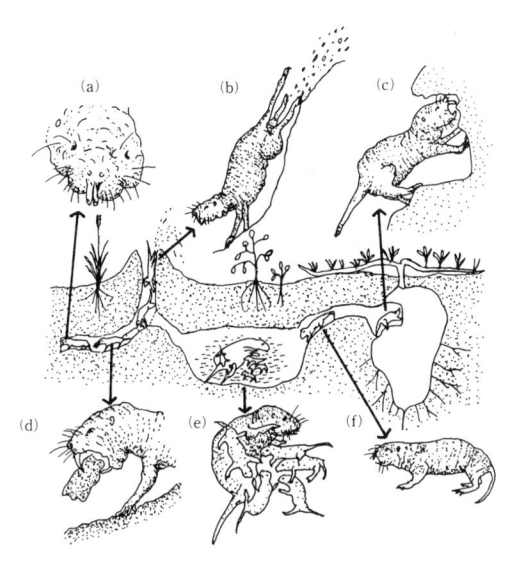

図7-16　ハダカモグラネズミの社会．女王と働き手の役割行動を示す．
　(a) 鋭い出ばった門歯を持っているので，デバネズミとも言われる．
　(b) 働き手が土を外へけとばしている．比較的大きく活発な個体が一番外側にいる．
　(c) 地中にある植物の塊茎をかじっているところ．この塊茎は再生するので，何度も食料として利用できる．
　(d) 鋭い門歯で物を運ぶ．
　(e) 中央の巣室に女王（繁殖雌）とその子供がいる．
　(f) 補助する成個体．
　[Jarvis 1985；Sherman ほか 1991 に基づき，松本 1993 b 作る]

筆者はこの二つの要因は，長谷川真理子（1992）も言うように，非常にかけ離れた，別の部類（次元）に属するものと思っている．近接要因は，動物を実際行動に駆り立てる要因であるが，究極要因は，総じて言えば，動物を具体的に動かす何の力も持っていない．究極要因は要するに，その動物の進化過程において，自然選択の網をくぐり抜けるのに必要であった要因ということで，動物たちが日常生活において，具体的に意識して，その対応を決めるようなものではない．このことは多くの研究者は分かっているが，具体的な言葉や文章の表現となると，間違っているか，少なくともその誤解を与えるような場合がしばしばある．もちろん究極要因を研究することは，学問の上から大変重要なことであり，動物の進化過程の機構を探る必要は多いにある．しかしこれは，我々人間の主体に関する問題，我々の学問上の問題であり，動物が意識ある主体としてかかわる問題でない．進化上の問題は，動物にとっては主体的にどうしようもない問題で，自然の選択に任せるより他に道はないのである．動物は遺伝子の存在など知るよしもないのであるから，遺伝子選択（Gene selection）など，主体的に動物の生活に関係がないことである．重ねて言うが，どういう行動をとれば，動物自身の進化の行く手に有利か不利かなど，動物は知るよしもないのである．

最近の生態学研究者，特に動物行動学や社会生物学研究者に，特に意図したことではない

だろうが，いささか勢いに乗り過ぎた風潮，具体的に動物の行動を推進する要因と，動物の意識上の主体性に無関係な学問上の問題とを混ぜて取り扱ってしまうような風潮が見られるので，利己性と利他性の論議の場を借りて，一言述べた次第である．

(b) 個体維持と種族維持

Lamarckは既に古く「動物哲学」(1809)において，動物の運動・移動する能力は，自己保存とその種の保存とに関係することを述べた．つまり動物の生活現象に，個体維持と種族維持という二つの側面があるという認識を持っていたのである．その後多くの研究者がこの問題を取り上げてきた．

これを利己性と利他性に関係づければ，総じて言って，利己性は個体維持に主として結び付くが，なお種族維持とも多少の連関はあり[18]，また利他性は種族維持に結び付くと考えられる．そして前に述べたように，利己性は近接要因によって個体維持現象と強く結ばれ，利他性は究極要因によって種族維持現象と強く結ばれる．この場合，前者は個体を維持するという目的に対する動物の主体的意識的行動と関係し，後者は種を維持するという目的に対する動物の主体的意識の行動と直接関係はなく，自然選択の網をくぐり抜けてきた合終局的結果としての，本性による駆動的行動と関係があると考えられる．

7-3-9 性の問題

7-3-9-1 はじめに

最近性の問題が生態学で大きく取り上げられる傾向にある．これは生物の進化の前提としての繁殖に大きく関係し，生物の生活の上での大問題であるから，当然のことであろう．

この問題はDarwin (1871)の論じた性選択説 (Sexual selection theory) に始まる．この説は一般の理解とは多少違うかもしれないが，筆者はその本質において，自然選択説 (Natural selection theory)の一部をなすもので，雌雄の間の形質差をはじめとして，いろいろの相互作用を含めた選択問題を扱うものと考えている．自然選択を起こす原因は生物的および非生物的環境要因にあるが，性選択を起こす原因は生物的要因の一つである性的競争者にあるという理解からすれば，後者は前者の一部と考えてよかろう (J. L. Brown, 1975, 参照)．しかし上の自然選択説が早い時期に一般に受け容れられたのに比べて，この性選択の問題はなかなか受け容れられず，その事実があるかどうか疑いの目で見られてきた．それが1970年代に入って，まず遺伝学およびゲーム理論の分野で支持を得，また実際の経験データからも資料を得て，確かな前進を遂げることになった．現在関係する内容としては，性比，交尾，婚姻，性徴，性的誘因の問題から，遺伝子の関与，さらにこれらの数理論的取り扱いから進化の問題まで，広範なものがある．これらすべての問題についてここで述べることは出来ないので，それは別の成書に譲り，問題をしぼって，主として性比と交尾阻害について，一部遺伝子の関与について述べることにする．興味のある読者は，R. E. Ricklefs (1990)，粕谷英一 (1990)，巌佐庸 (1991, 1996)，Krebs & Davis (1993)，M. Andersson (1994)，伊藤嘉昭ほか (1996)，W. G. Eberhard (1996)等を参照されたい．特に最後の著者には多数の文献が引用されている．

7-3-9-2 性　比

生物界には一般に両性があり，その接合によって，老衰した個体がある意味で新生する．

そして海綿動物以上の多細胞動物には，雌と雄の繁殖細胞があり，さらに高等になれば雌と雄の個体が分かれる．ここに性比の問題が発生する．適応の問題は11章で詳しく論ずるが，その中でも繁殖に成功するかしないかは大問題である．これは繁殖適応度（Fitness）がどうなるかという問題であり，種の存続がかかっている．これには性比がどうなるかということが直接影響する．

性比が詳しく検討されているのは，昆虫と哺乳類についてである．動物は総じて雌：雄の比が1：1である．その理由は遺伝的性決定の機構から，機械的に配偶が行われる場合に容易に考えられることであるが，またR. A. Fischer（1930）の理論によってでも，個体がそれぞれの繁殖成功度を高めようとする結果として，性比が1：1に進化すると考えられている．もっともその後，1：1の性比と違う場合が次々と発見されてきて，いろいろのモデルも開発され，現在においても盛んな議論が続いている．ここでは2，3の例を引いて，どのような点が問題になっているかを説明しようと思うが，詳しくは，Ricklefs（1990），粕谷（1990），巌佐（1991），長谷川真理子（1994），長谷川英祐（1996），江口和洋（1999），佐々木謙（1999）等を参照していただきたい．

R. L. Trivers & D. E. Willard（1973）のモデルというのがある．これは1雄多雌で，雌雄の体格に大きい差がある哺乳類では，条件のよい（体格のよい）雌親は，雌の子を産むより競争に強い雄の子を産んで育てた方が，自分の孫の数が多くなり，条件の悪い（体格の悪い）雌親は，体格などが劣り，競争に弱い雄の子を産むより，体格などの差の影響のあまりでない雌の子を産むように進化するという考えである．そして実際 T. H. Clutton - Brock ほか（1984）は，スコットランドのアカシカ（*Cervus elephus*）でこのことを実証した．

ところが上のTrivers - Willardのモデルと反対の現象を，ケニヤのサバンナに棲むキイロヒヒ（*Papio cynocephalus*）で，J. Altmann ほか（1988）が見出した．このヒヒでは順位の高い雌親が雌の子を多く産み，その低い雌親は雄の子を多く産むというのである．彼等はこのような現象の起こる原因は，環境や栄養からくるストレス，社会的ストレス，それに親の産子能力などが総合されたものだと考えた．

このような現象について，J. B. Silk（1988）は別の視点からの説明を加えた．彼はカリフォルニア大学で飼育中のボンネットザル（*Macaca radiata*）について研究した．その群れの雄の数は雌の数より多かったが，その原因を，順位の低い雌（LFとする）の子の生き残りに性差が出来るからであるとした．順位の高い雌（HFとする）の子の雌雄比は1：0.98であったのに，LFのそれは1：1.67であった．LFに雄の子が多く生き残ったのは，HFがLFの産んだ雌の子を乳離れした後で攻撃して死なせることがあったからである．またそのようなLFの雌の子は生き残ったとしても，群れの中の順位は低いものであった．同時にまたLFは雄の子をよく世話して育てた．Silkの実験期間中（12年間）に，LFには雌の子を通じる孫は生まれなかったのに，HFには雌の子を通じて12頭の孫が出来たと報告している．群れの中にとどまる雌の間には餌などをめぐって，局所的資源競争（Local resource competition）というものが生じるが，HFはLFの産んだ雌の子を攻撃して数を減らし，またそのような雌の子の順位を下げることによって，この競争を有利に導いていたことになる．微妙な性比調節の事実である．

なお以上のような現象の説明の場合，よく雌親が雌雄の子を'産み分ける'という言葉が使われるが，哺乳類などではこれは誤解を招く表現である．雌が意識してそのようなことを出来るはずがない．上記のSilkの研究のような，あるいはまた他の原因（生理的，心理的など）

によって生ずる事態の，合終局結果として子の性比がある，と筆者は考えている．

　一般にハチやアリの類では，受精卵（2倍体）は皆雌になり，未受精卵（半数体）は雄になることが知られている．雌を産むか雄を産むかは，雌親が産卵の時に貯精嚢の精子を出して卵を受精させるかどうかで決まる．ふだんは雌ばかり産むが，一年のある特定の時期に雄を産む種類では，何かの機構（例えば日長，温度の感知）で雌親は雌雄を産み分けているに違いない．実際セイヨウミツバチ（*Apis mellifera*）もその例外でなく，K. Sasaki, T. Satoh & Y. Obara（佐々木謙・佐藤俊幸・小原嘉明）（1996）の研究によると，4，5月の繁殖期には女王の産む卵の約75％は雌卵で，約25％は雄卵となるのに，盛んに個体群が増大する7，8月にはほとんど雌卵ばかり産む．彼らはこの現象の起こる機構について文献も参照して考察し，これには雌の年周期性による自律的決定の他に，自然では働きバチの同じく年周期性による自律的働きも関係している（雌雄の育つ産室の準備や花粉・蜜などの供餌率を通じる）ようだと考えた．

　今一つの例を，W. D. Hamilton（1967）が局所的配偶競争（Local mate competition）と名付けた現象について説明しよう．寄生バチでも多くの種では性比は1：1であるが，一つの宿主に多くの卵を産みこむ種類では，子の性比は大きく雌に片寄るという事実がある．このようなハチでは，宿主の中で羽化したハチの雌雄の間で交尾が起こるので，少数の雄で効率よく子供が作れるということから，性比を雌に片寄らせることによって，子孫の生産に雌親の投資が少なくて済むと言う．Hamiltonはこのような現象に，生まれた雄の子の間の配偶競争を考えて，局所配偶競争と名付けたのである．

　しかし寄生バチではいつも上のような現象が起こるわけではない．J. H. Werren（1980）の研究した，イエバエなどの蛹に寄生するキョウソヤドリコバチ（*Nasonia vitripennis*）では様子が違う．このヤドリコバチは複数の雌が一つのハエの蛹に重複産卵する．生長したハチの蛹はほとんど同時に羽化し，雌はすぐ翅のない飛べない雄と交尾する．そしてハエの蛹に産卵するが，その際同じハエの蛹に卵を産む順序によって，性比が違ってくる．最初に産卵するハチは雌に片寄った（雌91.3％）卵を産み，2番目に産卵するハチは，自然選択モデルによって予測されるような局所配偶競争のレベルまで雄の方に寄った卵を産む．この場合第2の雌の産む卵の数が重要な関係を持ち，もし比較的少数の卵を産むなら，100％雄になる卵を産む計算となる．もし第1の産卵雌と第2のそれとが同数の卵を産むなら，第2の雌の産む卵の性比は雌の方に片寄り，19～25％が雄になる計算となる．このような現象の起こる機構として，前述のように，第1の雌バチの雄の子と，第2の雌バチの雄の子の間に，配偶競争が起こることを考えた．そしてこれらの予測は，実際の資料とよく適合したという．

　以上の寄生バチははじめに説明したような半数体の遺伝様式を持っているが，似たような現象が普通の2倍体の動物でも見られることをY. Yamaguchi（山口陽子, 1985）は見出した．彼女の研究材料は2種の樹木に寄生するアブラムシの一種トドノキオオワタムシ（*Prociphilus oriens*）で，この動物は普通の2倍体の遺伝様式を示す．秋に1回だけ有性繁殖するが，産む子の性比を調べると，小さい雌親は雄だけを産み，大きい雌親は雌を多く産むことが分かった．産卵能力というのは産卵集団に対する寄与と見ることができ，体の大小はその能力の大小を現す．つまり産卵集団にわずかしか寄与しない雌親は雄ばかりを産むが，多く寄与する雌は雌の子を多く産む（図7-17）．その機構として，雌親が受精卵に栄養分を供給する時に，まず雄卵に供給し，余裕ができると雌卵にも回すためであると考えた．

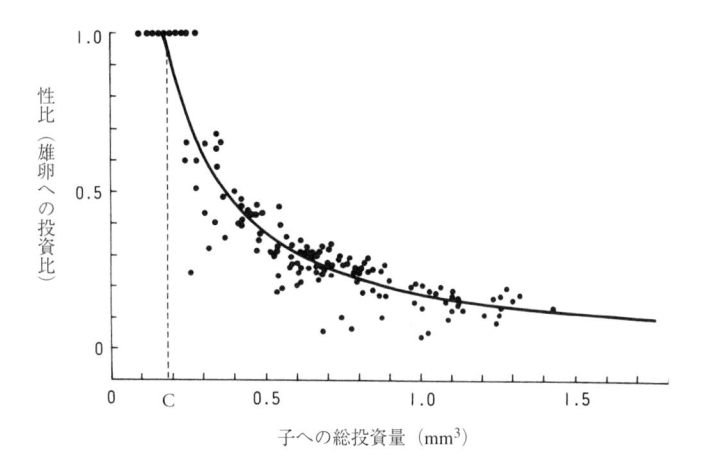

図7-17 トドノネオオワタムシの雌親の繁殖投資総量と産む子の性比．子への繁殖投資総量は，1匹の雌が産んだ子の体積の合計量．性比は，使われた総投資量のうち何割が雄の産出に使われたかで示す．雌1匹の平均体積は $0.126mm^3$，雄のそれは $0.047mm^3$ として計算．Cmm^3 よりも総投資量が少ない場合には雄だけが産まれ，その投資量が増すに従って雌の割合が増える．その他計算式などは原著を参照されたい．
[Yamaguchi 1985に基づき，巌佐 1991 作図]

似た例が線虫類の紙片虫科（Mermithidae）の *Romanomeris culicivorax* について知られている（J. J. Petersen ほか, 1968）．この線虫はカの幼虫に寄生するが，寄生虫の密度と寄主のカの幼虫の体の大きさ（種によって違う）によって性比が違ってくる．寄生密度が大きくなるに従って，線虫の体は小さくなり，性比は雄に片寄ってくる．また寄主の体が大きくなるに従って，寄主密度が同じレベルなら，線虫の体は大きくなり，性比は雌に片寄ってくるという．

反対の傾向の例が，単独性のハナバチのトモンハナバチ（*Anthidium septemspinosum*）で見つかっている．N. Sugiura（杉浦直人, 1994）はこの雌バチが育て上げる子バチの性比を調べたところ，それが大型の若い母バチであれば雄の子が多くなり，小型の老いた母バチであれば雌の子が多くなることが分かった．ちなみに雄バチは雌バチより体が大きく，また体の大きい雄ほど交尾成功度は高い．この性比に関する結果は上のトドノキオオワタムシや線虫（*Romanomeris*）とは反対で，はじめに述べた Trivers & Willard の哺乳類に関する結果と（たまたま？）同じである．

上述のように，寄生現象の場合，性比の決定が寄主の状況と寄生者の状況の両者の兼ね合いで行われる場合が多い．寄主の状況によって決まる明確な例を今一つ挙げておく．K. Nishimura（西村欣也）& G. C. Jahn（1996）はアズキゾウムシ（*Callosobruchus chinensis*）の幼虫・蛹に寄生する3種のハチ，*Dinarmus basalis, Anisopteromalus calandrae, Heterospilus prosopidis* の，羽化してくる虫の性比を調べた．寄主が若い時（9日齢幼虫で体重約 0.3mg）にハチの産卵が行われると，ほとんど雄ばかり羽化してくるが，寄主が大きく育って前蛹または蛹になったとき（14〜16日齢で約 7 mg）に産卵された場合には，雌が70〜80％にも達する．この現象は3種の寄生バチで同じように起こり，彼らはこれは産卵雌の制御によって行われると考えた．

昆虫の中で甚だしい集中羽化をするものがあり，これが捕食者から逃げるのに役立っているという，逃れ理論（Escape theory）というのがある．17年周期で発生する十七年ゼミ（*Magicicada septemdecim*）などについて，M. Lloyd & H. S. Dybas（1966a, b）が言い出した．日本中西部の河川に棲むアミメカゲロウ（オオシロカゲロウ *Ephoron shigae*）の集中羽化について，

伴幸成および中部水生昆虫研究会は上の逃れ理論を適用し（捕食者はコウモリ，魚など），しかも性比も問題をこれに結び付けた（中部水生昆虫会, 1993a, b; Y. Ban & Chubu Aquatic Insect Research Group, 1994）．このカゲロウは9月上，中旬のうちの1，2日に集中して大量に羽化し，その時刻も夕刻に集中しているが，その集中度が個体群の性比によって違う．ほとんど雌ばかりからなる個体群（単為生殖をする）では，羽化時刻は19：15〜20：00の45分間ですむが，雄も相当数含む個体群（両性生殖もする）では，これが前後3〜4時間もかかる．つまり性比が雌に片寄り，単為生殖度の高いものが，'逃れ度'は高いと言える．個体群によってこれらの現象に差があることは，進化の考察におもしろい材料を提供している．なお渡辺直（1996）及びN. C. Watanabe & S.Ishiwata（渡辺・石綿進一, 1997）は，このカゲロウについて日本中の河川における雌雄団体群の分布を調べたが，その様相の生じる原因については明確な結論を出すに至っていない．

　進化の問題といえば，性比と集団有効サイズの関係および個体群の衰退絶滅との関係も考えねばならない．集団有効サイズ（Effective size of population）とは集団遺伝学の言葉で，集団の遺伝的変異量を決定するサイズのことである．このサイズが小さくなるほど，即ち集団の遺伝的多様性が小さくなるほど，その集団が衰退し絶滅に近づく可能性が大きくなるとされる（牧雅之・増田理子, 1994）．交配にかかわる雌と雄の数をそれぞれN_fとN_mとすれば，集団有効サイズは $N_e = 4N_fN_m/(N_f+N_m)$ で計算され，性比が1からずれるほどこのサイズは小さくなる，即ち集団は衰退の方向に進むという．この現象と上述の性比の各種の場合との関係は，今後の大きい研究課題であろう．

　次に性比決定が共生微生物に関係して行われるという特異な例を述べておく．共生微生物にはいくつかの種類があるが，菌細胞微生物のように，それを宿している宿主の属している種のどの個体もそれを宿し，また宿す場所も菌細胞だけというものの他に，宿主の属する種の中でそれを宿す個体もあれば宿さない個体もあり，また宿す場所も宿主の体のいろんな細胞に見られるという，ゲスト微生物というのがある．このゲスト微生物を持ったショウジョウバエやテントウムシでは，それを宿した（感染した）雌は雄の子を産まない（雄性致死現象）と言う（石川統, 1994, 参照）．このゲスト微生物と菌細胞共生微生物の関係など，面白い研究課題になると思われる．

　最後に非生物環境が性決定に大きい役割を果たしている場合があることを述べておきたい．昆虫や甲殻類などで単為生殖と両性生殖を繰り返すものがたくさんあるが，この現象はもちろん性比の問題であり，その生起に日長周期や温度周期が重要な要因となっていることが多くの研究で知られている．ここに脊椎動物での例を述べておきたい．D. Crews（1996）はカメ類の一種 *Trachemys scripta* の性決定の機構を研究し，それが温度によって決定的影響を受けていることを発見した．孵卵温度が20〜28.6℃では成体はすべて雄となり，29.4〜35℃ではすべて雌となる．その間わずかに1℃の間でだけ雌雄を同時に作る．総じて悉無律（All or none law）的現象であるといえる．彼はこのように温度作用は，性決定に重要な役割を果たす性ステロイドホルモン（Sex steroid hormone）と同等の役割を果たしていると考えている．この現象の生態的，進化史的意味については，さらに今後の研究に俟つところであろう．

　上に述べてきた内容は，個体の性が一生固定している動物に関するものであったが，動物（例えば魚類など）の中には一生の間に雌雄の性が転換するものがある．これらについては別の考察が必要である〔狩野賢司（1998）のサンゴ礁の魚類に関する総説などは参考になろう〕．

7-3-9-3 交尾阻害

生物が生き残っていくためには，原則として世代交替が必要であり，そのため繁殖行為として一般に動物は交尾をする．交尾行動は，本質において産子を目的としてでなく，個体自身の欲望に基づいて起こり，産子はその結果として出来ることであるとは思うが，長い生物進化の歴史は，産子とその養育に優れた結果を生むものを生存させてきた．したがって交尾行動を考える際には，交尾そのものだけでなく，その結果の産子も同時に考えに入れなければならない．

その見地からすると，交尾行動にはいろんな現象が付随して起こる．その一つに，交尾阻害（Copulation hindrance）の現象がある．動物個体の欲求としては，交尾行為が終わればそれでよし，としてもよさそうであるが，結果として招来する産子のことまで'考えて'，いろいろと処置を講じているかのような行動が見受けられる．交尾阻害の行為も，その類の現象である．いくつかの著しい例を挙げて説明しよう．なお交尾阻害は個体の段階で現象を見た言葉であるが，精子の段階に立って現象を見る場合，交尾阻害のある現象は，精子間の競争，すなわち精子競争[19] (Sperm competition) として捉えられるものがある．しかしこれについてはここでは特に述べない．

上に産子との関連を述べたが，交尾阻害は常に自己の子孫だけを残すという道筋で行われる．雄が自分の精子を確かに雌に渡し，また他個体の精子をその雌が受け取らないようにする行動に対して主として用いられる．もちろん雌が主体的に交尾拒否をすることもあるが，これは後で多少触れることにする．

さて交尾阻害には，交尾前から雌を守って他の雄を近づけないようにする行動（Premating guard or Precopulatory guard），交尾時に相手の雌の受精器に入っていた他個体の精子を取り除いてから自分の精子を入れる行動，交尾終了後も他の雄が自分と交尾した雌に精子を渡さないように，その雌の生殖口をある物質でふさいだり（交尾栓 Mating plugの使用），あるいはその雌を守って他の雄が近づかないようにする（交尾後ガード Postmating guard）など，いろいろの例が知られている．

交尾前ガードの例としては，ヨコエビ（*Gammalus pulex*）がある（草野晴美・草野保，1989，参照）．この雄は体長が雌の1.4倍もあるが，繁殖期になると雌の背にしがみつき，雌を持ち運ぶようにしてゴソゴソ這い回る．雌の交尾可能時間は，その脱皮直後の短時間に限られているので，それまで雄は雌を抱えて動いている．雌が脱皮すると直ちに交尾し，終われば分離する．雌がその後で他の雄と交尾するようなことがあっても，それはほとんど成功しない．最初の雄の精子の受精成功度は80％以上の確率があるという（T. R. Birkhead & S. Pringle, 1986）．また甲殻類の十脚類（Decapoda; テナガエビ，ヤドカリなど）やソコミジンコ類（Harpacticoida）にも交尾前ガード（前者については数時間〜10数日間，後者については数日間）が見られるが，それらについては朝倉彰（1990, 1998）及び嶋永元裕（1998）の総説が参考になる．

先に交尾した他の雄の精子を雌の受精嚢から排除する例としては，J. K. Waage（1979）のアオハダトンボの一種（*Calopteryx maculata*）の例が有名である．彼はこのトンボのペニスは2役をすることを発見した．一つは精子を雌へ輸送する普通の役で，今一つはその雌が先に交尾して受精嚢の中に貯めていた他の雄の精子を取り除くという役である．このトンボの雄の真のペニスは尾の先にあるが，交尾の時にはこの尾の先で雌の頭をつかんで尾つながり（Tandem）となるので，他の用に使えない．そこであらかじめ精子を腹部基部にある偽ペニス

に移しておく．この偽ペニスの構造が特別で，先に角状の突起があり，その先に逆トゲが多数ついている．交尾の時，これを使って雌の受精嚢の中に前からあった精子を引っ掻き出し，後へ自分の精子を入れる．その掻き出し率は88～100％に及んだという．誠に念の入った行動で，こうして交尾阻害の実効を上げるのである．

前に交尾した他の雄の精子を除くのに，上のような掻き出し法とは違った，押し出し法とでもいったものをやるものもある．アオマツムシ（*Calyptotrypus hibinonis*）はペニスの先から精液を強力に噴射して，その圧力で前から受精嚢に入っていた精子を押し出し，自分のものと置換する．この押し出しによって，90％近くの精子置換が実現すると言う（T. Ono ほか，1989；小野知洋，1989）．

上のように掻き出しまたは押し出しのように，既に受精嚢に入っていた精子を取り出して自分のものと入れ換える方法の他に，ある種のトンボ（例：*Erythemis simplicicollis*，ただしこのトンボは掻き出しも行うという）では，偽ペニスを受精嚢の中にのばして，既に入っていた精子を奥に押し込んで，その働きを弱めてしまう方法をとると言う（M. T. Siva-Jothy, 1984；東和敬ほか，1987）．

次に交尾後に受精口（腟口）を封鎖する例を説明しよう．L. G. Abele & S. Gilchrist（1977）によれば，鉤頭虫類[20]（Acanthocephala）の *Moniliformis dubius* の雄は，輸精管に連絡したセメント腺を持っている．雌と交接後，その腟口をこの腺から分泌したセメント物質で封鎖し（交尾栓），その後の交接を不可能にする．この交尾栓のうち，腟口をふさいだものは数日でなくなるが，生殖管の中に入ったものは数十日も存在し，産卵の時に消散するようである．この虫でさらに驚いたことに，ある雄（A）が他の競争相手の雄（B）と同性的に交接することがあり（彼等はこの現象を Homosexual rape と言っている），その時AはBの交接口を前記セメントで封鎖して，交尾行動をとることを不可能にしてしまうことさえある．この同性交接率は，雄の50％に達するかもしれないと言う．そしてこの際AからBへは精子は輸送されないので，虫は雄と雌を明確に区別していることが分かった．

交尾栓は昆虫ではチョウ類［ギフチョウ類（*Luehdorfia*）やウスバシロチョウ類（*Parnassius*）やジャコウアゲハ（*Atrophaneura alcinous*）］でその例が知られている．また哺乳類でも齧歯類やコウモリ類でその報告がある．ただし哺乳類の場合は，その効果を疑問視する人もいるようである［斎藤隆，1990；K. Matsumoto & N. Suzuki（松本和馬・鈴木信彦），1995参照］．

交尾後ガードの例は多い．トンボをはじめとして多くの昆虫の例が報告されている．トンボは交尾中および交尾後も'尾つながり'となって産卵したり，また連結しなくても産卵中も雄がその場所の付近を飛行してガードしているのをよく見かける．オンブバッタ（*Atractomorpha lata*）はいわゆる'おんぶ'行動をすることで知られているが，この行動も交尾後ガードの例である[W. A. Muse & T. Ono（小野知洋），1996]．交尾後ガードの変わった例が，L. E. Gilbert（1976）によって報告された．新大陸に棲むアカスジドクチョウ（*Holiconius erato*）の雌は，交尾後特有のにおいがする．新大陸にはこのチョウに4亜種があるが，それぞれ独特のにおいがする．このにおいは Phenylcarbylamine 様のもので，交尾した時に雄が雌の腹腺部に入れたフェロモンから発せられるものである．この物質は雄に対し，交尾欲を減退させる効果がある，一種の抗催淫臭（Anti-aphrodisiac smell）を発するものと言える．これによって，自分の交尾した雌に他の雄が近寄り交尾することを防いでいるのである．Gilbert はこのにおいは，雌に1雄1雌制（Monogamy）を強いるものであると言っている．

動物の種類によっては，交尾時間の長いものと短いものの2型があるものがある．例えばカメムシの1種（*Lygaeus equestris*）がそれである（B. Sillen-Tullberg, 1981）．ただし精子の移送は交尾のごく初期に終わっているので，長時間の交尾は交尾後ガードの行動と考えられる．

　なお交尾前の雄の行動として，これから交尾すべき雌のガードをするべきか（ガード型），また行き当たりに雌を求めて行動するべきか（探索型），という二つの道を考えることができる．雄にとってこの2型の行動のどれをとったほうが有利かを，数理論的に N. Yamamura（山村則男, 1989）が検討した．この問題に関し，M. Ridley（1983）は雌の交尾期間の短いものに，ガード型が多いと考えた．Yamamura は交尾受容期間の長さを変数としたESSモデル（p.390）で，この二つの行動型を比較したところ，雄の行動はガードのコストと探索のコストの大小によって決定され，雌の交尾受容期間の長さは関係がないということになった．なお Yamamura（1986a, b）は交尾後ガードの問題についてもESSモデルで検討を行っているが，関係している動物の性比が雄に片寄るほど，また雌雄の出会いの指数が大きいほど，ガード型が有利となる，という結果などを得ている．

　以上交尾ガードは大体雄の主体的行動として現れているが，交尾するかしないかを雌が決定する例も知られている．まずカニ類で，Y. Fukui（福井康雄, 1995）の報告によると，ヒライソガニ（*Daetice depressus*）の雌は，より大きい雄を選び，特に自分の大きさよりも小さい雄との交尾は拒否するという．これが昆虫になると例が多くなる．再交尾するかしないかを雌が決定しているかもしれないという事実を，H. Kuba（久場洋之）& Y. Ito（1993）がウリミバエ（*Batrocera cucurbitae*）で見出した．このハエの雌は8時間交尾すると，その後再交尾しないが，3時間の交尾では再交尾が起こる．また雌バエの生育履歴によって，再交尾の行動が現れる傾向に強弱が見られる．野生のものより，人工で大量に飼育した雌が，再交尾する傾向が強い．つまり再交尾行動をとるかどうかを雌が決めている可能性があると考えられる（ただし交尾の際雄が出した物質による再交尾阻害の可能性も否定はできないが）．

　上の雌の交尾拒否に関し，別のはっきりした例がモンシロチョウ（*Pieris rapae crucivera*）について，I. Ito & Y. Obara（伊藤純至・小原嘉明, 1994）によって発見された．このチョウの既に交尾を終わった雌は再交尾を拒否するが，その反応を触発する機構は，雄の'白さ'と'羽ばたき'にあることが分かった．白い羽がバタバタ羽ばたくのを知覚して拒否反応を起こすのである．この白さの臨界は，マンセル番号（Munsell No.）のNo.7〜No.10の間にあり，またバタつきは刺激表面の面積の増減として測定し，それが6回／秒の時に最高の反応を起こし，これはちょうど雄の羽ばたきの頻度にほぼ等しいものであった．

　ただし昆虫などの雌の交尾拒否現象は，結局は活力ある雄の強制行動によって決着する現象であるかもしれない点について，よく見極める必要がある．C. Koshio（小汐千春, 1996）は鱗翅目のウスバツバメ（*Elcysma westwoodii*）の交尾行動を研究したが，その交尾が雌か雄のどちらの主導によって起こるかについて，明確な結論を避けたように思える．交尾の際一匹の雌に多数の雄が集まるが，結局活力のある雄が実効のある交尾に成功する．そのような雄を雌が選んだのか，雄の活力がすべてを決定したのか，解釈の問題でもある．ここらはさらに生理的原因をも探求して結論を出すべきであろう．

　雌の交尾拒否行動は高等動物に普通に見られ，雌の雄に対する選択（性選択, Sexual selection）として知られており，生物進化に深くかかわる事象であるが，ここではこの問題にこれ以上立ち入らないことにする．

多くの鳥類や哺乳類は巣を作り，交尾後も雌雄が協力して子を育てる．この時期の行動の主目的は子育てにあるが，また一部は，雄の交尾前後のガード行動も含まれているという見方もできるのでなかろうか．

ここで交尾問題に関し，W. G. Eberhard (1996) の説に触れておきたい．彼はこの問題を考えるのに従来二つの傾向があったと言う．一つは外から観察できる交尾行動の成功率に注目が集まり，二つには雄の能動性と雌の受動性の重視があったとし，これらをDarwin以来の古典的立場とした．彼はこれらはもちろん重要であるが，さらに雌の主体的'隠れ選択'（Cryptic female choice）も重要なものとして考えるべきであると言う．この隠れ選択には広い意味を持たせているようであるが，特に重視しているのは，たとえ行動としての交尾は成功しても，その後の精虫の運命，つまりそれが産子に結び付く過程で，雌の体内で起こる，外部観察では分からない，雌主体の現象（雌の生殖器の形態，生理，行動に大きく関連している）に関係したものである．その典型例はV. Rodrigues (1994) の研究したカメノコハムシの一種 *Chelymorpha alternans* の交尾現象に見られる．この甲虫の雌の生殖器はきわめて複雑な構造をしており，たとえ交尾が行われたとしても，その貯精嚢まで精虫を送り込むには雄は特別に長い交接器を必要とする．その短いものは雌が受けつけない，すなわち雌は'ひそかなる選択'をすると言う．確かにこの種の現象は動物界（特に昆虫と哺乳類）に広く認められるようで，生物進化と結ばれた将来の大きい研究問題と考えられる．

7-3-9-4 両性間の闘争と進化

ここに述べるのは特殊の問題であるように見えるが，生態現象として注目すべきものがあると思うので，簡単に触れることにする．雌と雄の両性は和合と闘争の対立関係にあり，両性はこの関係の中で互いに適応し共進化を遂げてきたと言われる．

W. R. Rice (1996) はキイロショウジョウバエ（*Drosophila melanogaster*）を用い，実験的に雌の適応変化（進化）をやめて，雄だけの適応度を変化（進化）させ，40代でその目的の現象を確認したと言う．Riceの実験の経過および関連の他の研究者の説については，V. Morell (1996) によくまとめられている．

ショウジョウバエの雄の精液中には雌に毒となるある種の化学物質（Peptide）が含まれている．これは雌の性欲を減退させるが，同時にその産卵率を上げる作用があり，また多量の精液は雌の寿命を縮める効果もある．これは交尾した雄にとっては，自分の精虫だけが授精に働く結果を生む．しかしこれに対抗して雌は産卵管にある種の化学物質を分泌するが，これは雄の精液物質を受け流したり，精虫の数を減少したりする．射精された5,000の精虫のうち500だけを精虫嚢に入れて貯える．要するに雌雄の間に対立があり，雌の体がその対立の具象場となるのである．Riceは実験を工夫して雄のゲノムが，雄に起こった適応的突然変異とともに，父から息子にだけ伝わるようにした；すなわち雄のクローンとでもいうべきものを作った．雌については変化を子に伝えず，単に産卵機械として働かせた．このように変化させた雄を'超雄バエ（Supermale fly）'と称したが，このものは40代後には，雌の再交尾欲を高めたが，それを早死にさせ，自分の子孫を多数作るという結果となった．つまりこの実験では超雄バエは，雌が不変の状態下で，自分の適応度だけを高めたのである．

7-4 種間の同類関係

7-4-1 種間の同類関係の基本

種内の同類関係の節で述べたように，この関係は生活のために要求するものと，それを獲得し得る能力の組み合わせに依存する．そして今の場合は，種内の場合と違い，個体間の交配が出来ないので，どうしても上の両者の違いが出てくる．たとえ類似の種でも，種内の個体間の差以上に違っているのが一般である．この違いの程度が相互作用にいろいろの様相をもたらすのである．

7-4-2 生活のために要求するものが，大いに似ている場合— Gause の原理など

まず生活のために要求するものが大いに似ていて，相互作用の結果が明らかに認められる場合から話を始めよう．その最も明らかな場合として，古くから知られている Gause の原理 (Gause's principle) というのがある．これはまた，競争排除の原理 (Competitive exclusion principle) とも言われ，一つの生態的地位 (Ecological niche) には一種しか棲めない (One species to a niche) ということである．生態的地位については8章で説明するが，上の原理は要するに，似た生活要求を持っている動物種は，同じ空間に棲めない，したがってそのような条件においては，生活能力の違いに従って，繁栄か衰退か，時により生存死滅の差が出てくるということである．この原理に従って研究を進めた人は数多いが，なかでも生態学界全体に大きい影響を与えた人に，R. H. MacArthur (1972) がある．彼の「種多様性」，「種の詰め込み」，「ニッチ分割」，「島の生物地理」，「r－，K－選択」などに関する有名な理論の根底には，競争種の類似性が増せば，事態は非共存の方向に進む，即ちGauseの原理がある．これらの理論についてはそれぞれ関係の箇所で説明するとして，Gause の原理についてしばらく一般的な説明を続けたい．

G. F. Gause (1934) は原生動物を用いて広範な実験を行ったが（その一部は6章で述べた），その中に *Paramecium caudatum* と *P. aurelia* を一緒に飼った実験がある．食物となるバクテリア（*Bacillus pyocyaneum*）が入った培養液（Osterhout's salt solution）で培養すると，食物獲得競争が起こる．そしてその能力が優れた *aurelia* が勝ち，*caudatum* はついに亡びてしまう[21)22)]（図7-18）．昆虫でも S. Utida（内田俊郎, 1953）の研究したアズキの害虫アズキゾウムシ（*Callosobruchus chinensis*）とヨツモンマメゾウムシ（*C. maculatus*）の関係は，Gause の原理を典型的に示している（図7-19）．上の諸例では勝つものと負けるものがいつもはっきりしているような印象を与えるが，動物の環境は絶えず変動し，また生活要求物と生活能力が文字通り全く同じという種は存在し得ないので，相互作用の結果がいつも同じということは，実際にはあり得ない．そのよい例が，T. Park (1954) の研究したヒラタコクヌストモドキ（*Tribolium confusum*）とコクヌストモドキ（*T. castaneum*）の関係に見られる（表7-7）．この表を見ると，単一種の場合と2種混合の場合で，繁殖力の傾向に違いがある場合があることに気づく．気温24℃，湿度70％の場合，単一で飼えばヒラタコクヌストモドキよりもコクヌストモドキの個体数が多いのに，両種混ぜると，逆にヒラタコクヌストモドキの方が優勢になる．その他環境条件が違

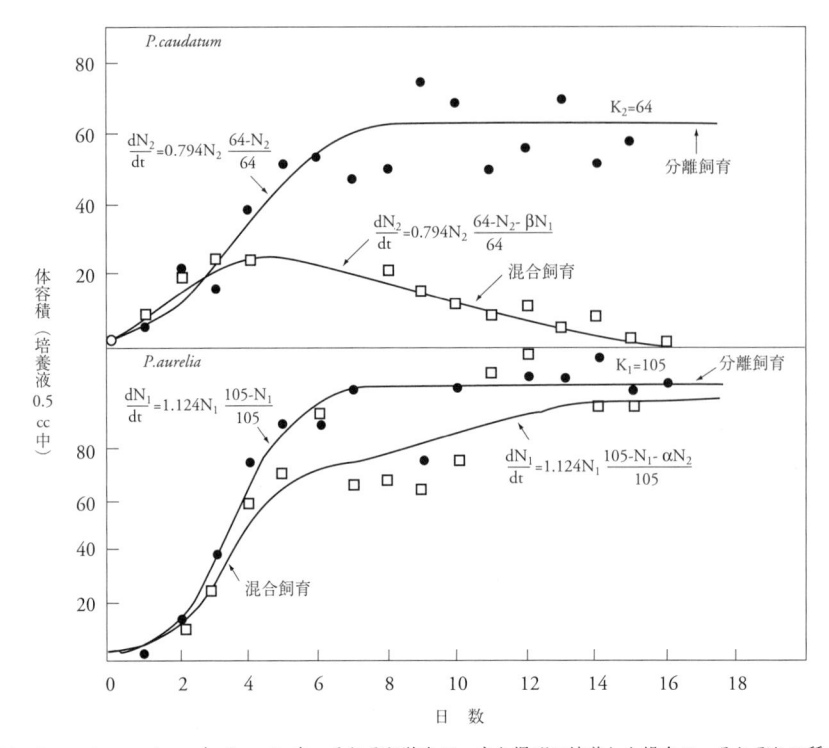

図7-18 *Paramecium caudatum* と *P.aurelia* を，それぞれ独立に，また混ぜて培養した場合の，それぞれの種の体容積の変動．横軸：培養日数，縦軸：培養液0.5cc中の体容積．体容積は，*caudatum* を1とし，これに0.39を乗じた値を *aurelia* のものとして計算．図中の数式は，Gauseが実験した場合のロジスチック式で，参考までに示す．[Gause 1934]

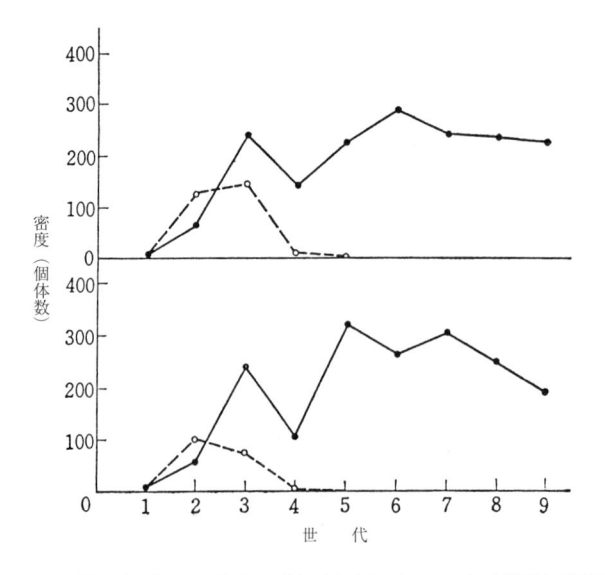

図7-19 ヨツモンマメゾウムシ（——●——）とアズキゾウムシ（－－●－－）を同時に容器に入れて飼育した場合の，両種の消長．繰り返し2回の実験結果を示す．[内田 1953]

表7-7 穀物害虫ヒラタコクヌストモドキ（*Tribolium confusum*）とコクヌストモドキ（*T.castaneum*）の種間競争．温度と湿度をいろいろに組み合わせた実験の結果．

気温 (℃)	比較湿度 (%)	気候	単一種を飼った場合の 個体数の多少	2種を混ぜた場合の 生存率（%）	
				confusum	*castaneum*
34	70	暑-湿	conf.=cast.	0	100
34	30	暑-乾	conf.>cast.	90	10
29	70	温-湿	conf.<cast.	14	86
29	30	温-乾	conf.>cast.	87	13
24	70	冷-湿	conf.<cast.	71	29
24	30	冷-乾	conf.>cast.	100	0

[Park 1954 に基づき，Krebs 1985 まとめ]

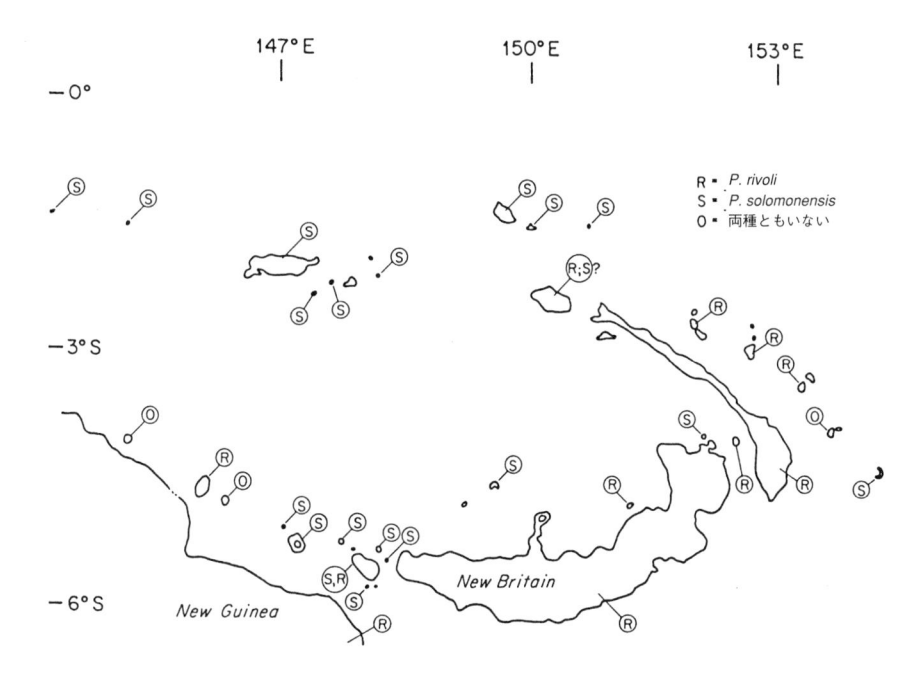

図7-20 Bismarck 諸島におけるヒメアオバト属（*Ptilinopus*）の近縁の2種 *P.rivoli*（Rで標示）および *P.solomonensis*（Sで標示）の分布．チェック盤分布と称している．32島のうち，Rのみ分布するもの9島，Sのみ分布のもの18島，両種の共存するもの2島，両種ともいないもの3島．[Diamond 1975]

えば，両種の優劣が逆転することがあることは明らかに示されている．動物の活力などというものは，環境と結びつけて理解すべきもの，つまり生態系的理解が必要なことが分かる．

上の2種の *Tribolium* はその後もよく競争実験に用いられるが，ここで D. M. Craig & D. B. Mertz（1994）の実験を紹介しよう．彼等はこの2種を環境恒常条件下で混合飼育するとどちらかが亡ぶことを見たが，その際 *T. castaneum* についてその初期個体群は結果に関係があり，その密度が低いと競争力が落ち個体群の衰退に導くことを発見した．それは低密度では近親交配が強く起こる結果，卵の孵化率が異系交配の場合より格段に落ちるからであると結論した．

しかし自然界では，このような競争排除則がそのまま適用される場合は珍しいという考えが多い．例えば鈴木信彦（1989）は，共存する植食性昆虫群集について，その時までに発表

された研究82例について共存の内容を詳しく検討し，競争が確認されたものは15例（18％）にすぎないことを述べている．環境条件は変動するし，ごく細部まで種の性質が一致するということはあり得ないことで，また種の性質も時によって変動する（11章参照）からである．そのような中にあって，J. M. Diamond（1975）の研究したBismarck諸島のいくつかの動物分布は，競争排除則を示すものとして注目される．これらの動物の中で，ヒメアオバト属（*Ptilinopus*）の近縁の2種（*P. rivoli* および *P. solomonensis*）の分布を図7-20に示す．彼はこの分布をチェック盤分布（Checkboard distribution）と呼んだ．

7-4-3 生活のために要求するものが似てはいるが，多少違う場合

a）一般的記述

以上競争排除の原理について説明してきたが，例として挙げたものは実験室の実験によるものが多かった．

しかし実験室の実験でも，環境（容器）の構造を複雑にすると，上とは違った様相が現れる．次に挙げるのは種間関係の例ではなく，種内の突然変異種の間に見られた現象であるが，種間関係に準ずるものとして，ここで述べることにする．キイロショウジョウバエ（*Drosophila melanogaster*）の野生種（眼色 red）と目の白くなった突然変異種（white）を同じ飼育箱に入れておくと，whiteがredに負けて，次第に数を減ずることは良く知られた事実である（S. C. Reed & E. W. Reed, 1950，など）．ところが飼育箱（長さ60cm，巾18cm，高さ10cm）を若干工夫して，その中間をガラスで，ハエの行き来できる隙間を残して区切り，半分は自然光を受けるままとし（L部），残る半分を黒布で覆って暗くする（D部）．その中にredおよびwhiteのハエを，それぞれ10対ずつ入れる．対照として，全部黒布で覆ったもの（DD）と，全く自然光を受けるままとしたもの（LL）とを準備し，それぞれに同じように10対ずつのredとwhiteのハエを入れる．各箱の中には餌として小さいガラス容器にPearl培地を入れたものを，各半部に数個ずつ入れ，別に標本採取のための培地を，各半部に1個ずつ入れる．この標本採取用培地を2週間ごとに取り出して，羽化してくる成虫の数を，redとwhiteに分けて調べる［S. Yanagishima（柳島静江）ほか，1953］．9代にわたる実験結果を，図7-21に示す．環境を複雑にするとwhiteはredと対等に生き残るが[23]，単純な環境では一般に知られているようにwhiteは衰微に向かう．

自然ではむしろ，このような現象が普通のことであろう．図7-19に示したDiamondの研究結果はむしろ例外的なものでなかろうか．ただしBismark諸島全体を一つの地域と考えれば，原理的には，このキイロショウジョウバエの場合と同じとも考えられる．さらに例を挙げて考えてみよう．ニホンイタチ（*Mustela itatsi*）とチョウセンイタチ（*M. sibirica coreana*）の関係について注目すべき状態が報告されている（徳田御稔, 1951, 1970；渡辺茂樹, 1994）．わが国には従来ニホンイタチが広く棲んでいたが，1930年頃明石市付近で，また1945年頃九州北部で，飼育されていたチョウセンイタチが野放しにされた結果，付近でニホンイタチが駆逐され，次第に関西地区一帯にチョウセンイタチがはびこるようになった．1970年頃の生息地は，図7-22のとおりである．現在ではこの図のチョウセンイタチが棲むとして印がついている地域でも，それは都市部に多く，山野に入るとニホンイタチが棲んでいることが分かってい

る．大阪市，神戸市，京都市などの市街地では，全くチョウセンイタチだけが棲んでいる．この2種は生活要求は大変似ているが，微妙なところで違うらしく，市街地の条件はチョウセンイタチに，山野の条件はニホンイタチに適しているらしいが，詳しいことは分からない．そしてどういう訳か箱根の山を越えて関東にはチョウセンイタチは入っていない[24]．

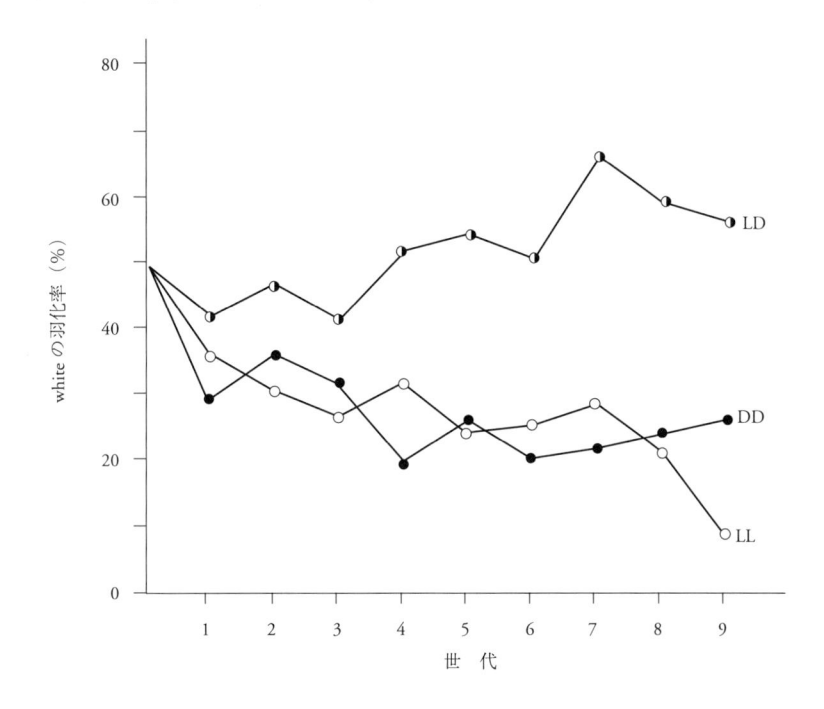

図7-21　キイロショウジョウバエの野生種（眼色 red）と白眼（white）突然変異種を，特別の飼育箱（本文参照）に入れた場合の，white の羽化率の推移．LL：自然光下の飼育箱，DD：全部暗黒の箱，LD：半分自然光，半分暗黒の箱．[Yanagishima ほか 1953]

図7-22　日本におけるチョウセンイタチ（シベリアイタチ）の生息地（1970年頃）．[徳田 1970] 現在（1993年）でもこの分布はあまり変わっていないようである．[渡辺茂樹 私信]

似たような現象が，アメリカのGeorgia州の西南部で，元からいたクマネズミ（*Rattus rattus*）と，新しく入ってきたドブネズミ（*R. norvegicus*）の間で（D. H. Ecke, 1954），またイギリスで従来いたキタリス（*Sciurus vulgaris*）と新しい侵入者のハイイロリス（*S. carolinensis*）の間で起こっていると言う（R. Hengeveld, 1989）．またヘビ類でもアメリカのMichigan湖の周辺で，従来棲んでいたButler's garter snake（*Thamnophis butleri*）の分布地が，新しく侵入して来た大型の攻撃的なPlain's garter snake（*T. radix*）によって分断されたことが観察された（D. D. Davis, 1932. なおDavisが報告した当時の分布の状態は，現在においても基本的に変わっていないようである―― D. A. Rossmax, N. B. Ford & R. A. Seigel, 1996, 参照）．これらの自然観察の場合，相互作用の結果が確かにあることが分かっても，生活要求の内容などについては十分に報告されていない．しかしとにかく，いくつかの種がある条件の地域に棲むことに固執して，どれかの種が滅びてしまうというのではなく，多少の生活要求の違いが，違った生活地域への棲みつきを導き，全体として関連種の共存を許す結果となっており，これが自然の実態であろう．

b）すみわけ

さてここで，すみわけ（Habitat segregation）と言われる現象について説明する時が来た．これは二つ以上の生活様式の似た種が，空間的，時間的に，互いに生活の場を違えている現象を言う．これはその結果として，これらの種がより高次の全体社会の構成員となる現象でもある．この現象を日本で初めて指摘したのは今西錦司（1941）であり，ついで可兒藤吉（1944）が論じた．彼等は渓流性昆虫の幼虫を材料として取り上げたが，似たことをA. A. Crombie（1947）は穀物害虫についてEcological separation[25]と称した．今西はこのような現象の起こる過程を協調的[26]に説明したが，可兒は過程としては競争的なものを考え，結果としては自然の相補的構造を述べた．Crombieも過程としては競争的なものを考えた．

ここで少し一般的にこの現象について考えてみたい．図7-23によって説明する．この図で，縦軸は生息密度，横軸は環境条件の傾斜度を示す．相互作用がない場合（a）には，A種およびB種は自由に本性に従って分布する（基本分布，Fundamental distribution, の場合）が，相互作用がある場合（b）には，若干の移行帯（Transition zone）を経て，両種は棲む場所を違える――棲みわける（現実分布，Realized distribution, の場合）．移行帯には両種が棲息するが，その幅は狭いこともあれば広いこともある．この分布境界［R. K. Weyl（1966）の表現による生存境界（Life boundary）］のできかたに，二つの過程がある．一つは非生物環境条件の傾斜度に対する関係動物の本性に基づく好み（つまり生理的なものを主とする）と，各条件における関係動物の生活能力（つまり生態的なものを主とする）とが結び付いて出来る場合（I型とする）で，今一つは地史的条件によって出来る場合（II型とする）である（森, 1952, 参照）．ただしこのII型の場合，現実に近い過去の間に相互作用がないので，すみわけ現象と言うには問題がある．

まずI型の例をいくつか挙げる．先に説明したニホンイタチとチョウセンイタチの分布の由来を考えると，I型のように思われる．もっとはっきりと，自然観察と野外移植実験などによって研究された例に，N. G. Hairstone（1951, 1980a, b）の研究したサンショウウオがある．北米のAppalachia山脈の南部に，2種の陸生サンショウウオ――*Plethodon jordani* と *P. glutinosus* ――が棲んでいる．図7-24に示すように，高度による棲み方は地域によって非常に違う．Great Smoky山地（Block山地でも同じ）では明瞭に棲みわけており，*jordani* は高所に，*glutinosus*

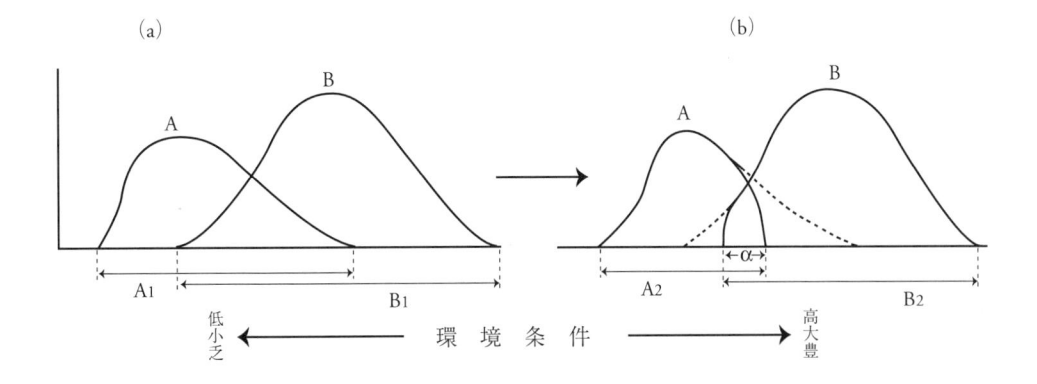

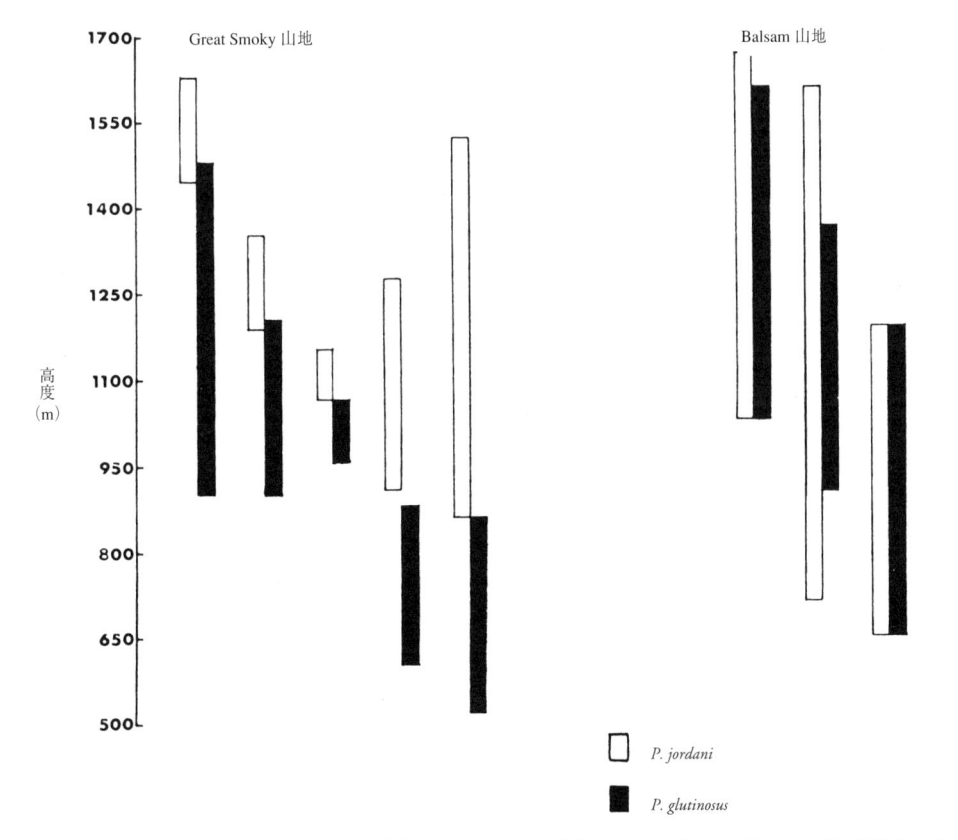

図7-23 すみわけ概念の説明模式図. A,B 2種がある環境条件の地域に棲む場合のすみわけ発生図.
(a) 両種の間に相互作用がない場合の基本分布の図. A_1はA種の, B_1はB種の, その分布図.
(b) 両種の間に相互作用がある場合の現実分布の図. A_2はA種の, B_2はB種の, その分布図. それぞれの分布域は狭くなり, すみわけが起こる. B種の方が相互作用にやや優勢である. α：移行帯.

図7-24 Appalachia 山脈の南部にある二つの山地, Great Smoky 山地と Balsam 山地, における, 2種の陸棲サンショウウオ, *Plethodon jordani* と *P.gultinosus* の垂直分布. Great Smoky 山地では明確にすみわけ, 重複高度は70～120m にすぎないのに, Balsam 山地では標高差1,200mにわたって重複して棲んで, すみわけは見られない.
[Hairstone 1980b]

は低所に分布し，その間重複分布する高度差は70～120 mにすぎないが，Balsam 山地では両種は高度差1,200 mにわたって重複して棲んでおり，棲みわけをしないと言える．

Great Smoky 山地の方でこのような棲みわけをする要因を調べたところ，分布境界は落葉広葉樹林の内部にあって植物との関係は考えられず，結局 *jordani* の分布下限は温度が決めており，*glutinosus* の分布上限は *jordani* との相互作用（競争）によって決まっているように思われた（Hairstone, 1951）．さらに Balsam 山地の重複棲息の現象に関し，生息地による種の性質の違いが実際にあるのかどうかも問題であった．

そこで Hairstone は除去実験（一方の種を除去する）および除去－移植実験（ある山地の *jordani* を除き，他山地の同種を移植する；この種は両地で若干色が違うので，移植後の目印が出来るが，*glutinosus* は両地間に形態上の区別が出来ないので用いない）を考えた．実験は高度1,036～1,128 mの場所で行った．

除去実験結果： 両地とも，*jordani* を除いた実験区では，*glutinosus* が増加した．そのうち Balsam 山地での増加は徐々に起こった．*glutinosus* を除いた実験区では，*jordani* の若干のものが増加する傾向が見られた（Hairstone, 1980a, b）．

除去－移植実験結果： Great morky 山地の *jordani* を除いて，その後へ Balsam 山地の *jordani* を移植すると，*glutinosus* は3年目から明らかに増加した（図7-25）．ところが Balsam 山地の *jordani* を除いて，その後へ Great Smoky 山地の *jordani* を入れた場合には，*glutinosusu* は4年目からしか増加しなかった（Hairstone, 1980a, b）．彼はこれらの結果を吟味して，Great Smoky 山地の両種は互いに強く競争排除しているが（*jordani* の方が競争に主導的），Balsam 山地の方の両種はあまり競争をしない性質を持っていると結論した．

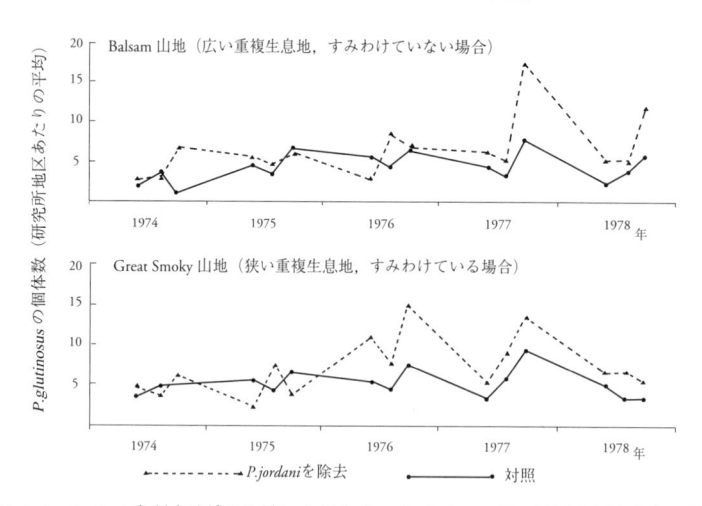

図7-25 *Plethodon jordani* を研究地域から除いた場合の，*P.glutinosus* の，研究地区あたりの平均生息数の変化．対照地区（*jordani* を除かない）の個体数変動も示す．研究期間 1974～1978（5年間）．Great Smoky 山地から *jordani* を除いた場合には，*glutinosus* は3年目あたりから増加するが，Balsam 山地の場合は4年目あたりからの増加となる．[Hairstone 1980b]

I型すみわけの他の有名な例として可児（1944）の研究したカゲロウ類幼虫の分布を挙げよう．彼は京都市鴨川上流に棲む各種底棲昆虫幼虫の生活について，広範な研究を行った．そのうちの一部として，カゲロウ類幼虫の河川構成単位内の分布を，図7-26に示す．ここ

に河川構成単位とは，川が早瀬，平瀬，淵という，流速その他の条件の違う段階的構造を持っていることを言う．この図を見ると，ウエノヒラタカゲロウ（*Epeorus uenoi*），ユミモンヒラタカゲロウ（*E. curvatulus*），エルモンヒラタカゲロウ（*E. latifolium*）とシロタニガワカゲロウ（*Ecdyonurus yoshidae*）が見事にすみわけていることが分かる．ただナミヒラタカゲロウ（*E. ikanonis*）は他のヒラタカゲロウ類と生息域が重複している．このようなすみわけが起こる原因として可児が考えたのは，一義的には各幼虫の好む流速が違うという条件があることであるが，次にその移行帯における相互排除の現象があるということである（可児，1944）．

潮間帯は場所的すみわけを見るのに格好の場所で，多くの研究が行われてきた．その一例として K. Iwasaki（岩崎敬二, 1995b）が京都大学瀬戸臨海実験所で行った，ムラサキインコガイ（*Septifer virgatus*）とヒバリガイモドキ（*Hormomya mutabilis*）のすみわけ研究を挙げよう．いずれも岩礁潮間帯に棲み，前者は平均潮位＋70cm〜−30cmの間に，後者はその下方−10cm〜−70cmの間に分布する．分布は若干重複するが，−20cmで相当はっきりと分かれる．自然観察と移植実験により，ムラサキインコガイの分布下限はヒバリガイモドキが盛んに集積する堆積土の存在によって決められ，ヒバリガイモドキの上限はこの貝の乾燥に対する生理的耐性によって決められていることが分かった．

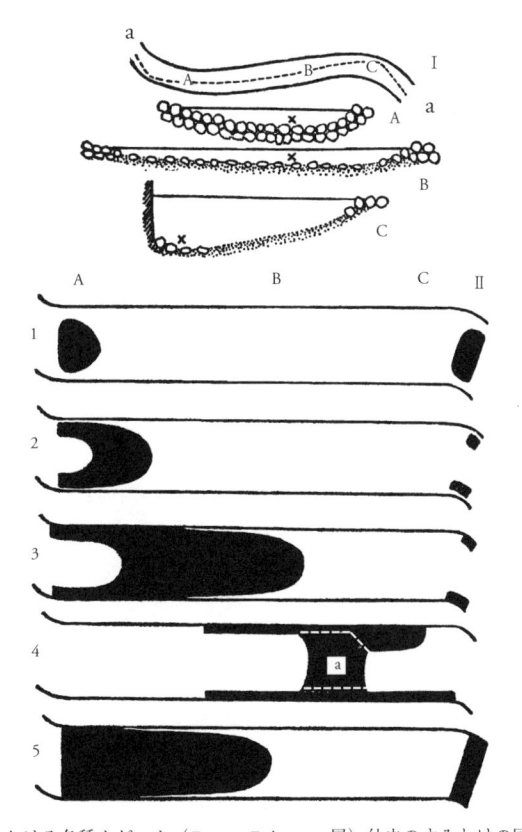

図7-26 京都鴨川上流域における各種カゲロウ（*Epeorus-Ecdyonurus* 属）幼虫のすみわけの図．
 Ⅰ：川の流路（a-a，流心線）と，その構成単位部分における横断面．A：早瀬，B：平瀬，C：淵．
 Ⅱ：カゲロウ幼虫のすみわけ分布図．
 1：ウエノヒラタカゲロウ，2：ユミモンヒラタカゲロウ，3：エルモンヒラタカゲロウ，4：シロタニガワカゲロウ（中央の白点で囲んだa印の区域は，この種が繁栄する季節の分布域），5：ナミヒラタカゲロウ ［可児1944］

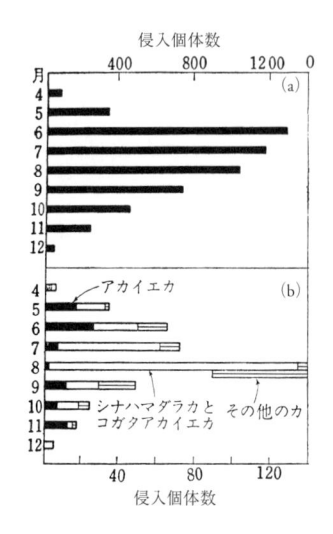

図7-27 人家(a)と牛舎(b)における，アカイエカとシナハマダラカ＋コガタアカイエカの，ある採集法による，侵入個体数の季節的消長．■アカイエカ，□シナハマダラカ＋コガタアカイエカ，▫ その他のカ．［加藤 1961］

　食物によるすみわけの例として，加藤陸奥雄(1961)の研究した人家と牛舎における3種のカの消長を挙げる．図7-27はその様子を示す．夏期にアカイエカ (*Culex pipiens*) の人家に侵入する個体数は著しく増えるのに，牛舎では反対にシナハマダラカ (*Anopheles sinensis*) とコガタアカイエカ (*C. tritaeniorhynchus*) に押されて減少する．アカイエカはもともと人および鳥が好きであるが，シナハマダラカとコガタアカイエカは家畜を好む本性があり，上のような結果を引き起こしたと考えられる．

　時間的すみわけの例を挙げておく．イスラエルの死海地域の岩の多い砂漠地帯に，アフリカトゲネズミの2種，*Acomys cahirinus* と *A. russatus*，が同じ場所に，生活様式も同じように棲んでいる．この2種の生活様式で違う点は，*cahirinus* の方は夜行性であるのに，*russatus* の方は昼行性であることである．一般に砂漠に棲むネズミ類は夜行性であるのに，*russatus* が昼行性であるのは不思議なこととされた（A. Shkolnik, 1971）．野外観察をすると，夜が明けかかると，夜中活動した *cahirinus* は活動をやめるが，同時に *russatus* は活動を始め，5時間くらい続ける．一旦休みに入るが，夕方近くまた活動を始め，2時間ほど活動したところで *cahirinus* が活動を始めると，夜の休止に入る．つまり *cahirinus* は夜中ずっと活動するが，*russantus* の方は午前（日の出後）と午後（日没後）の2回活動する．そしてこのような日周期活動は，*cahirinus* の方に主導性があるらしい．そこで次のような実験を行った．この両種がたくさん棲んでいる所で，長さ60mの堆石場所を二つ作り，間は石を除いて隔離しておく．夜間だけトラップを置き，一方の実験地 (A) ではかかった *Acomys* のうち，*cahirinus* だけを除いて *russatus* の方はその場へ放ち，他方の実験地 (B) では，両種ともその場へ放す．これを長く続けていると，Aでは次第に *russatus* が夜活動し，トラップにかかるようになるが，Bでは依然として *russatus* はほとんどかからず，*cahirinus* が圧倒的に多い（図7-28）．

　この相互干渉は相手を見て起こるということもあるが，異種の尿や糞に対する反応もまた関係しているらしい．A. Haim & F. M. Rozenfeld (1991) は *russatus* が *cahirinus* の尿や糞を嗅がされると，活動相の開始が5時間ほど早くなることを見た．これは本来夜行性の *russatus* が，

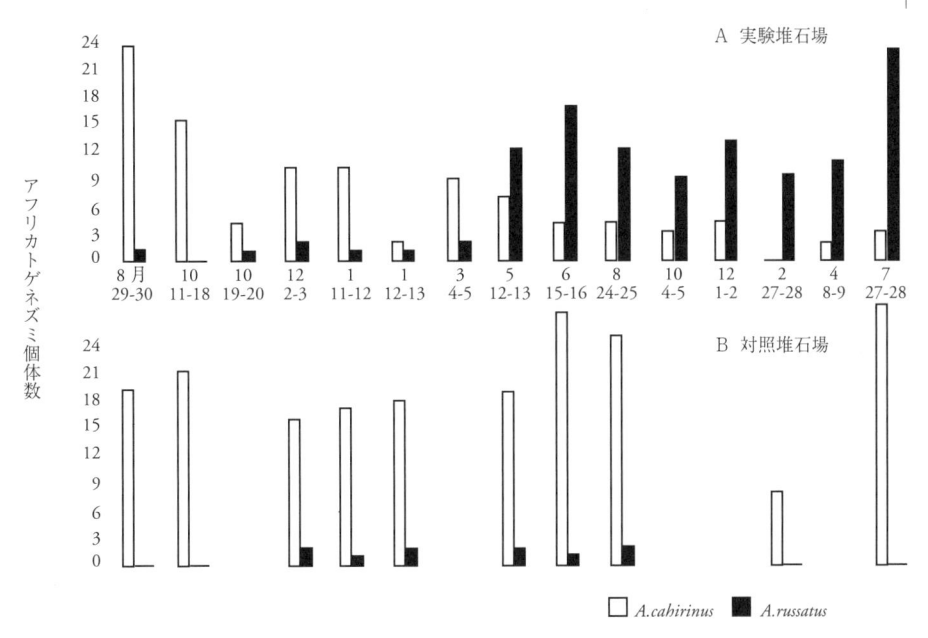

図7-28 アフリカトゲネズミの2種，Acomys cahirinus および A.russatus が，夜間にしかけたトラップにかかる数（縦軸）の，約1年半の間の変化．A：トラップにかかったネズミの中で，cahirinus のみ取り除いた場合．次第に russatus が夜間活動するようになる．B：トラップにかかったネズミは，すべてその場へ放った場合．russatus のトラップにかかる数は，常に非常に少ない，ということは夜間に活動しないということである．[Shkolnick 1971]

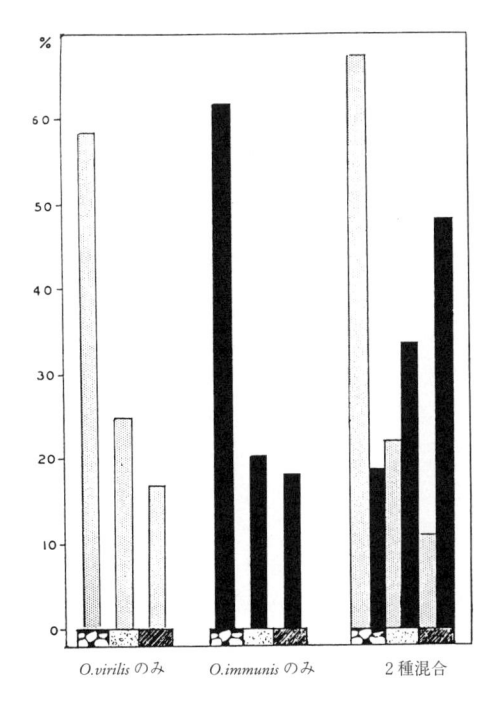

図7-29 底質を岩，礫，泥の3部に分けた実験容器（長さ4m）の中の，2種のザリガニのすみわけ．2種を混合飼育した場合，Orconectes virilis は本来の好みに従って岩質のところに多いが，O.immunis は泥のところに追いやられる．底質：岩石，礫，泥．[Bovbjerg 1970]

cahirinus の存在によって昼行性となることと符合している．またS. Fluxman & A. Haim（1933）は，*cahirinus* のにおいを嗅がされた *russatus* は，ストレスのため酸素消費や体温の日周期型が変化することを見た．とにかくこのような経過によって両種の時間的すみわけは起こり，その共存に導いているのである．

　今一つ見事なⅠ型すみわけ例を紹介する．R. V. Bovbjerg（1970）は2種のザリガニ類，*Orconectes virilis* と *O. immunis*, の競争排除とすみわけの関係を研究した．自然では前者は流れや湖岸を好み，後者は池や沼を好んで棲んでいる．池や沼は夏には乾燥し，また時として低酸素条件となるので，*virilis* は棲めない．*immunis* が川にいないのは，流れや底質の関係からでなく，攻撃的な *virilis* の存在のためである．このことは実験によって確かめられた（図7-29）．長さ9m，幅70cmのタンクに流水を導き，水深10cmに保った．底を3等分し，それぞれに岩，礫，泥を置いた．これに40匹の，ラッカーで色別したザリガニを入れ，6回実験を繰り返した．それぞれの実験では，ザリガニを入れて1日後から観察を始め，8時，14時，20時に計数して，4～5日継続した．いずれの種も単独でいるときは岩の底質を好むが，共に棲むと *immunis* は *virilis* に排除され，泥の所に多く棲むようになる．もちろん *virilis* は依然として岩の底質に優越している．

　さらに例を挙げる．ニジュウヤホシテントウ（*Epilachna sparsa orientalis*）とオオニジュウヤホシテントウ（*E. vigintioctomaculata*）は，京都市東北部の鞍馬川沿いに，単独で生息する地域と混棲する地域がある．市原付近のいつも混棲している場所で厳俊一（1954）が調査したところ，ニジュウヤホシテントウは食草として主にナス（*Solanum melongena*）を選択し，オオニジュウヤホシテントウはもっぱらジャガイモ（*S. tuberosum*）を選択し，この食草によるすみわけのため混棲が可能となっていることが分かった．この場合，小地域的に見ればすみわけであるが，少し地域を広げると混棲となる．

　上に述べてきたことは，非生物環境に対する生理的好みの差によるか，食物に対する好みの差によるか，あるいはこの二つの要因が重なって，生活様式が似た種間に起こるすみわけ現象であった．ここで今一つ，別の角度から見たすみわけ現象について述べる．それは繁殖（交尾）行動様式の違いに基づくすみわけである．

　琵琶湖には多くの種類のトビケラ類が棲んでおり，成虫は湖岸の樹木や建造物に沿って，朝夕に群飛をし，交尾の機会を求める．成虫は液体を飲むことはできるが固形物は食べず，生殖が最大の目的で生きている．群飛の時に飛ぶ速度は大変早く，種によって群飛する空間場所を違えないと，衝突してうまく目的が達せられない．琵琶湖の京都市への疏水取り入れ口付近で，大型種について，群飛場所の配置と，それが行われる時期および時刻（朝か夕か）を調べた結果が，図7-30である（森主一・松谷幸司, 1953）．

　この図で明らかなように，大型6種（クロスジヒゲナガトビケラ *Ceraclea nigronervosus*, ビワアシエダトビケラ（学名未詳），カスリホソバトビケラ *Molanna moesta*, シンテイトビケラ *Dipseudopsis* sp., ビワアセトトビケラ *Leptocerus biwae*, ビワアオヒゲナガトビケラ *Mystacides* sp.）は，微妙に群飛場所と時間を変え，すみわけている．まず湖水面で群飛するクロスジヒゲナガトビケラ，樹木の茂みの下面で群飛するビワアシエダトビケラ，樹木の茂みの上端で群飛するビワアオヒゲナガトビケラは，他に同じ空間で飛ぶものがいないので自由に行動する．問題は樹木の茂みの側面で飛ぶ3種である．カスリホソバトビケラは4月下旬から5月中旬までは朝と夕の2回群飛するが，5月中旬から7月上旬にかけては朝だけ飛ぶ．この時期，夕方にはその空間

が空くことになるが，そこへちょうど5月下旬から6月下旬にかけてビワセトトビケラが現れ飛ぶ．このものは朝は飛ばないので，カスリホソバトビケラと衝突することはない．ところがその空間へ，同じく夕方に，6月中旬からシンテイトビケラが現れ，7月上旬まで飛ぶ．シンテイトビケラはカスリホソバトビケラとは朝夕の時刻が違うので衝突することはないが，ビワセトトビケラとは6月の一時期，群飛を共にすることになる．ところがうまい具合に，ビワセトトビケラは樹葉の表面から40〜80cm離れたところで群れるが，シンテイトビケラは20〜40cm離れたところで群れるので，原則的に重なることはない．もっともこの2種は時として他種の領域まで飛び入るが，その時は相互に避ける傾向が見られる．なおカスリホソバトビケラが夕方の群飛を5月中旬からやめるのは，その時の気温が18℃以上になるからで，またビワセトトビケラは18℃以上でないと飛ばないので，この交代の主要因は気温の変化ということになる．すなわちトビケラ類の生殖群飛は，空間と気温に対する好みの違いと，若干の相互回避によって，すみわけて行われているのである．

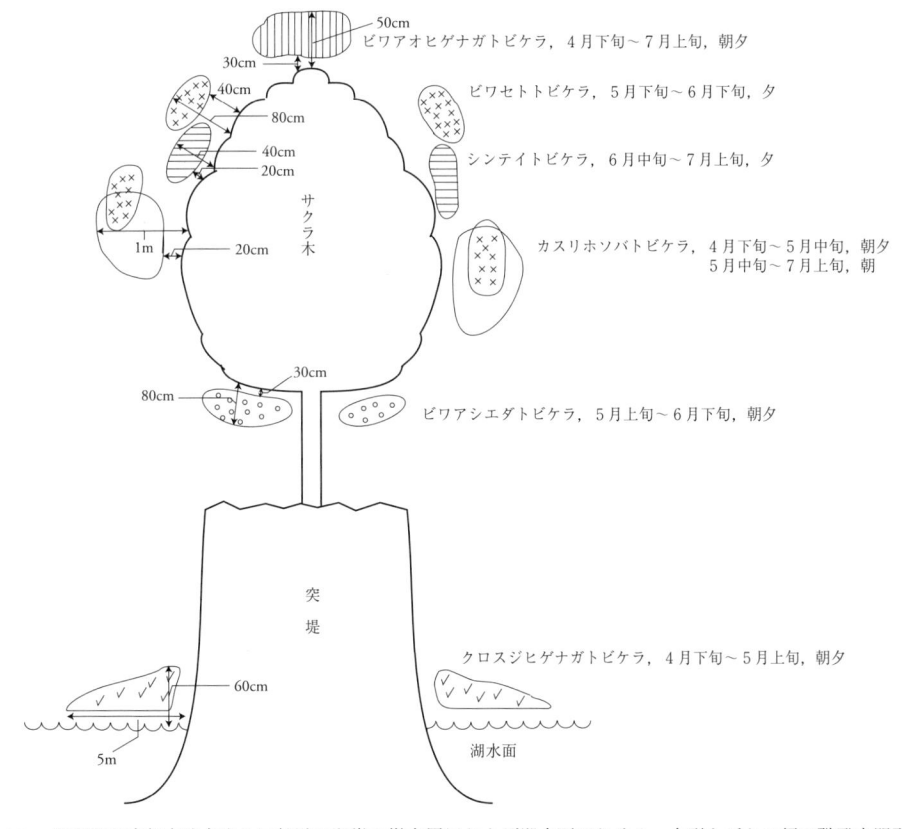

図7-30　琵琶湖の京都市疏水取入口付近の湖岸の樹木周辺および湖水面における，大型トビケラ類の群飛空間配置．群飛が行われる時期および1日のうちの時刻（朝か夕か）と，群飛の行われる微細位置（樹木表面および湖水面からの距離）を併記してある．[森・松谷 1953 を改修]

この生殖すみわけについて，E. Kuno（久野英二，1992）はチョウ類の食べる植物や，飛翔活動時刻の違いなどに関する福田晴夫ほか（1983）の具体的資料を基にして論じた．一般に植食性昆虫には食物資源を通ずる競争排除則は適用しにくいとされているが（N. G. Hairstone ほ

か, 1960；D. R. Strong Jr ほか, 1984, など), 生殖干渉を通じて競争排除が起こり, すみわけに導いた可能性を, 理論的に主張した.

ここでⅠ型のすみわけの珍しい例を挙げておく. それは脊椎動物の腸に寄生する条虫類 (Cestoda) の *Hymenolepis diminuta* と鉤頭虫類 (Acanthocephala) の *Moniliformis dubius* の, 寄主腸内におけるすみわけである. J. C. Holmes (1961) は寄主としてネズミを使い, 実験的にその腸の中にこの2種をそれぞれ単独で寄生させた場合と, 一緒に寄生させた場合の生活場所（腸壁への付着点）の相違を調べた. Holmes の得た資料を R. K. Colwell & E. R. Fuentes (1975) が図に示したものが 図7-31 である. 単一種が寄生した場合は両種は同じ好みの棲所を占める（条虫の方がより広く分布する）. しかし両種が共生した場合は *M. dubius* は本来の自分の好む棲所に近い, 腸管のはじめの方を占めるが, *H. diminuta* の方は腸管の後部の方に押しやられる. Holmes はこのようなすみわけの起こる原因は腸管内の炭水化物の分布量の違いにあり, 胃から腸の後部に進むに従って濃度が薄くなり, 競争に弱い *H. diminuta* が後部へ押しやられるからと考えている. Colwell & Fuentes は相互作用のない場合の分布を基本ニッチ (Fundamental niche) に従ったもの, 相互作用のある場合の分布を現実ニッチ (Realized niche) の具体化と表現している[27].

今まで述べてきた例は生息場所や活動時間に対するすみわけに関するものであったが, 多少様子の違うものに'なきわけ'[28]とでもいうべきものがある. M. J. Littlejohn (1965) はオーストラリアのアマガエル類の *Litoria* (=*Hyla*) *ewingi* と *L. verrlauxi* の鳴き声が, 同所に棲む場合と異所に棲む場合で違うことを発見した. これら2種が違った場所に棲む場合にはよく似た調子（音階波長）で鳴くのに, 同じ場所に棲む場合はどちらかの種のなき方が違ってくる. どちらの種がなき方を変えるかは, オーストラリア内の地理的分布地の違いによって異なると言う. 似た例はさがせば他にもありそうに思う.

Ⅰ型のすみわけの記述を終わるにあたり二つのことを述べておきたい. 一つは'過去競争の幻' (Ghost of competition past) ということである (J. H. Connell, 1980). これは似た生活様式の種間では, たとえ現在競争が行われていなくても, 過去において競争があった可能性があり, 自然選択の結果すみわけが実現しているのである, すなわち過去の競争の幻影を背負っていると考える. 今一つは競争排除則とすみわけ説の関係である. これは今までの説明から分かるように, 実は'盾の両面'の関係にあるとも言える. 小地域とか短時間を取れば競争排除的であっても, 大地域とか長時間を取ればすみわけ的となる. 生息地がパッチ状に分布している場合, あるパッチでは他種に競争排除されても, 他のパッチでは生き残り, 大地域を取り長時間を取って全体として［メタ個体群 (Metapopulation)[29]として］考えれば, すみわけが実現している場合もある（東正彦, 1992；杉田厳佐, 1993, 参照). そしてその長時間を進化史的時間まで延ばすと, 上の幻の競争排除の考えに到達する. これが自然に生活する生物の実態であろう. なおⅠ型すみわけに関する多くの具体例が R. H. MacArthur (1972) の「地理生態学」に挙げられており, よい参考になる.

次にⅡ型のすみわけの例を挙げる. これは河谷とか海峡があるため, すみわけが起こっている場合である. 例えば, Colorado 大渓谷はいろいろの動物の分布を分けている. ハタリス類の *Citellus leucurus* は Nevada 側に, 類似の *C. harrsii* は Arizona 側に, ポケットネズミ類の *Perognathus formosus* は Nevada 側に, 類似の *P. intermedius* は Arizona 側に, 同じく *P. parvus* は Nevada 側に, 類似の *P. ampulus* は Arizona 側に, それぞれ分かれて棲んでいる. またキツネ類

の *Vulpes nacrotis*，シマリス類の *Eutamias dorsalis*，ホリネズミ類の *Thomomys bottae*，ポケットネズミ類の *Perognathus penicillatus*，バッタネズミ類の *Onychomys torridus* などは，渓谷の両側でそれぞれ亜種が違う（E. R. Hall, 1946）．これらの種または亜種は，互いに峡谷の他の側に棲み得ないというのではなく，峡谷の存在がその棲み場を限定していると見るべきであろう．この際相互作用は直ちに考えられないので，純粋のすみわけとは言えない．

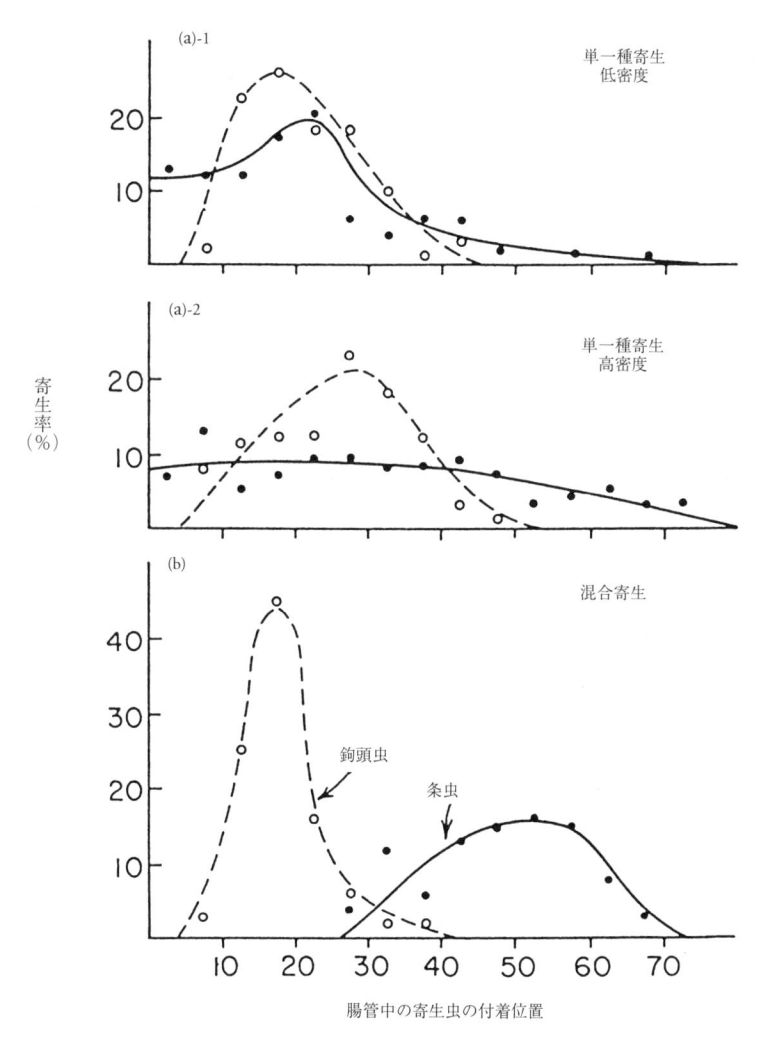

図7-31 条虫の1種 *Hymenolepis diminuta* と鉤頭虫の1種 *Moniliformis dubius* が，ネズミの腸管内に，単独で寄生した場合(a)と共寄生した場合(b)の，腸管内の付着点の分布状態の相違．
──●──：*H.diminuta*，----○----：*M.dubius*．横軸は腸管の長さを100とし，その始部からの距離を割合（%）で示す．［Holmes 1961 の資料に基づき，Colwell & Fuentes 1975 描く］

c）形質置換

すみわけというのは，種間の生活要求が似ているため，相互作用が関係して，棲み場所や活動時間などを変える現象であった．しかし生活要求が似ている場合，上のような現象だけ

でなく，自らの形態的性質（形質）に変化が起こって，同所に同時に棲み得る場合がある．このような現象を形質置換（Character displacement）と言い（P. R. Grant, 1975），進化の上の自然選択の所産である．D. Lack（1947）の研究した Galapagos 島のダーウィンフィンチ（Darwin's finch, アトリ類）が，そのよい例である（図7-32）．現在この島には13種の，嘴や体の形や活動場所の違ったフィンチが棲んでおり，それらは5群に分けられる（伊藤秀三，1983，参照）．第1群は *Geospiza* 属のもので，植物種子を主食とし，昆虫をほとんど食べず，餌を採る時間の半分はサボテンの樹間を飛び回り，他の半分は黒い溶岩の地表を飛び回っているので，地上フィンチと呼ばれ，6種が知られている．嘴は最も太い．第2群は植物の葉や芽を主食とする．第3群と第4群は昆虫主食であるが，樹間で棲む時間は第4群の方が長い．いずれも嘴は次第に細くなる．第5群は全く樹間棲で，樹皮の割れ目などから昆虫幼虫などを引き出して食べるので，嘴は最も細長い．図7-32に示したものは，上の第1群の地上フィンチの中の3種（*Geospiza fuliginosa*, *G. fortis* と *G. magnirostris*）について，嘴の高さの置換を示したものである．このうち，前2者が単独で棲む島では，嘴の高さはほぼ同じであるが，共に棲む島では *fuliginosa* は低くなり，*fortis* は高い．前述のように両種とも種子を食べるので，嘴の高さは食物の大きさの違いを示すものと考える．

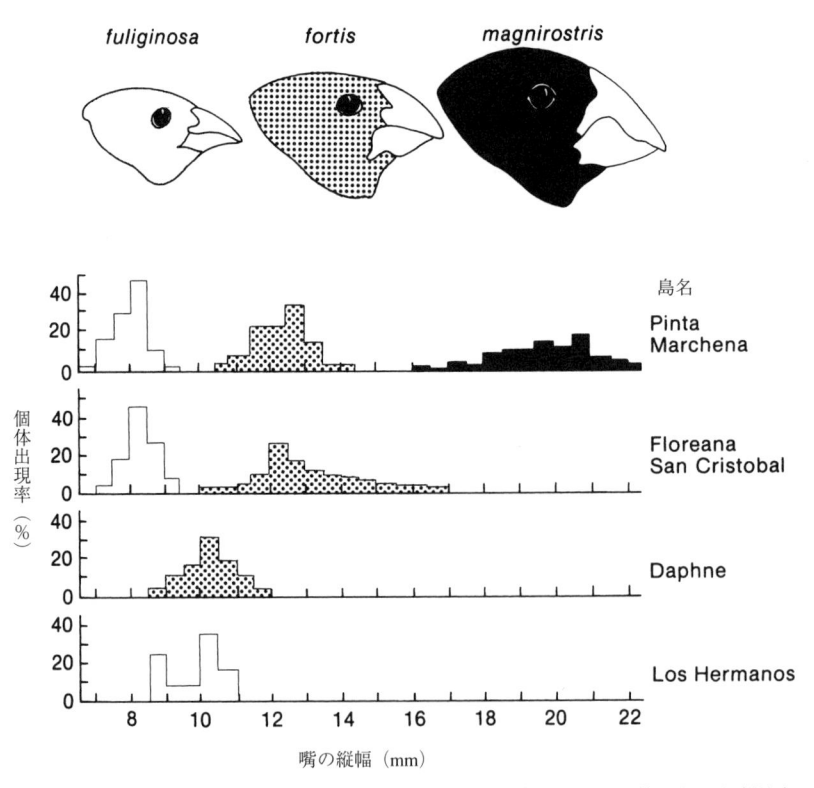

図7-32 Galapagos 島のいくつかの島の地上に棲むアトリ類（*Geospiza* 属）の，主要3種の嘴の形（縦幅）の頻度分布．*G. fuliginosa* と *G. fortis* が同所的に棲む島では形質置換が見られる．[Lack 1947に基づき，Ricklefs 1990による]

似た例がカリブ海のLesser Antilles 諸島の，主として樹上に棲むトカゲ類（*Anolis*）で知られている（J. Roughgarden, 1996, に総括記述）．ここには多数の島があり，それぞれ固有のトカゲが

1〜2種ずつ棲んでいる．2種が棲む島のトカゲの顎（あご）の大きさは総じて大小2山に分かれているが，1種しか棲まない島のトカゲでは総じてその中間の大きさのものだけである．Roughgardenはこの現象を重複するニッチの分割の立場から重視した．

d) 発生段階による生活要求の変化

発生段階——年齢——によって生活要求や生活能力が違い，相互作用の内容も違ってくることについては，今さら述べるまでもないが，大変重要なことであるので，ここで一言しておきたい．

例をJ. H. Connel (1961) の研究したフジツボにとる．彼はスコットランドの海岸の岩礁に棲む2種のフジツボ類，イワフジツボ (*Chthamalus stellatus*) とフジツボ (*Balanus balanoides*) の間の相互作用と，彼等をめぐる環境要因の影響などについて研究した．成体のイワフジツボは潮間帯の上部に固着して生活するが，フジツボは潮間帯のそれより下方に固着生活する．ところがイワフジツボの幼生はずっと下方まで分布し，フジツボ幼生とかなり重複して生活する（図7-33）．この際環境要因として乾燥が関係し，フジツボの分布上限はこれによって定められる．イワフジツボ成体は乾燥には強いが，フジツボ成体との競争には弱く，したがって前者の分布下限は後者の分布上限によって決定されることになる．要するにイワフジツボとフジツボの分布は，物理的要因と相互作用の要因および幼生か成体かによって，決められているのである．

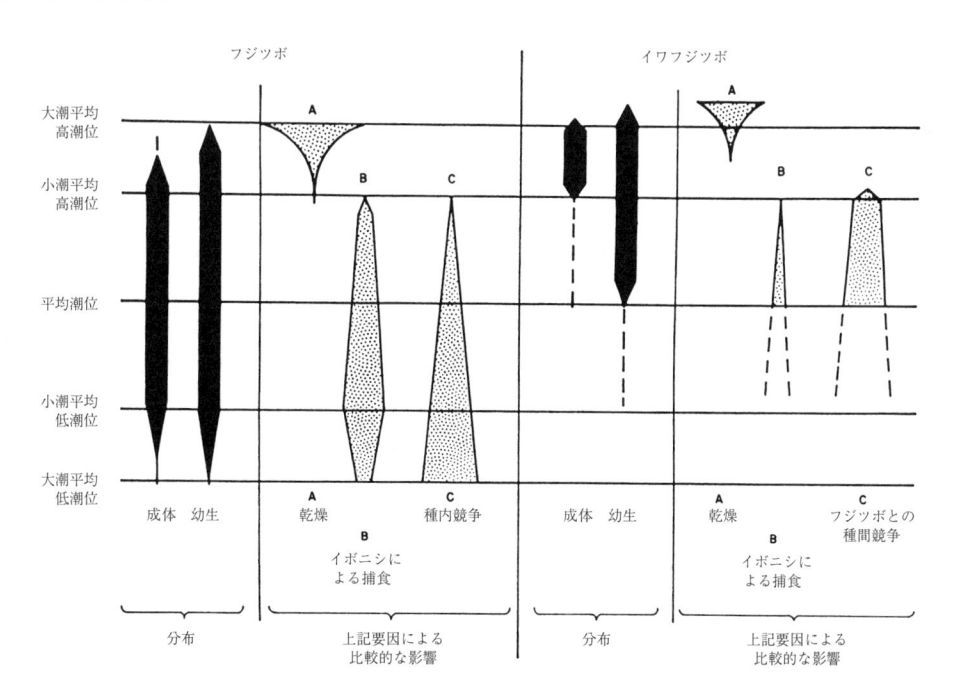

図7-33 潮間帯におけるフジツボおよびイワフジツボの，成体および幼生の分布と，乾燥，イボニシの捕食，および種内と種間の競争による比較的影響度．それぞれの種の幼生は広い範囲に分布するが，成体はより限られた範囲にしか生きられない．乾燥はフジツボの分布上限を制限するが，一方フジツボの上限はイワフジツボの下限を制約する．イボニシの捕食はフジツボにかなりの影響を及ぼすが，イワフジツボに対する影響は少ない．[Connell 1961]

e）生活要求・生活能力が似ていながら共存する場合

　生活のために要求するものが似ていれば，当然そこに相互作用があり，生きていく上で何らかの変化——Gauseの原理とかすみわけとか——が起こるはずであると考えられる．今まで述べてきたことは，そのような道筋に沿った内容を主としていた．しかし自然を見ると，例えばごく普通に目につく雑草群落など，多種類の雑草が生い茂って共に生活している．なるほど養分をとる根の深さなどが，種類によって異なっていることによって，共存が実現していることがあるかもしれない（J. E. Weaver & F. E. Clements, 1938年以来，根系分布の研究は広く行われている；M. L. Cody, 1986, 参照）．また長期にわたって見れば，徐々に遷移があることも事実であろう．しかし現に目前に，一見したところ，資源（栄養物や空間）に余裕があるとも見えないのに，多種類が群生している．この現象の起こる説明として，従来いくつかの説が出されている．まず大竹昭郎（1959）は次の三つの場合を挙げた．i）物理環境や天敵などの存在によって，関係種の必要とする資源（食物，空間など）に，実際には余裕がある場合，ii）物理環境や天敵などの存在によって，種間競争の優劣の方向が絶えず逆転する場合，iii）上のような条件がなくても共存する場合．最近東正彦（1992）は一般論として，次のような四つの項目を挙げた．イ）捕食があるために，関係種の繁殖が低く抑えられる，ロ）環境の攪乱（Disturbance）によって，関係種の繁殖が適当に抑えられる，ハ）パッチ状に分かれて棲息していることにより，興亡が相互に補償される．ニ）空間的時間的すみわけによる共存可能性．なお東は1998年にも，基本的に同じ考えを述べている．

　上の大竹と東の挙げた項目の中には当然重複するものもあるが，筆者はこれらを次のように整理したい．生活要求の似た種が共存できるのは，（1）非生物的環境や生物的環境（天敵など）によって，関係種の繁殖が適当に抑えられ，資源（食物，空間など）に余裕がある場合，（2）非生物的および生物的環境が変動し，そのため関係種の優劣の方向が絶えず逆転する場合，（3）パッチ状に分かれて棲息していることにより，興亡が相互に補償される場合，（4）上のような条件はないが，生活能力が同じ，または大変似ているために，共存する場合[30]．

　上の四つの場合について，例を挙げながら，簡単に説明しよう．

　まず（1）の資源に余裕がある場合であるが，大竹（1955, 1956）の研究したニカメイガ（*Chilo suppressalis*）の天敵の，ズイムシアカタマゴバチ（*Trichogramma japonicum*）とズイムシクロタマゴバチ（*Phanurus beneficiens*）の共存関係がある．この２種の寄生バチは，地域的にも季節的にも混棲している．両種の親バチがニカメイガ卵塊に卵を産む場合，他種が既に産んでいるかどうかに無関係に産む．その結果競争が起こるが，両種の幼虫が一つの寄生卵の中にある場合には，クロはアカに負ける．それにもかかわらずクロが消え去らないのはなぜか．アカの寄生は，１卵塊中の卵粒数のいかんにかかわらず，１卵塊について30粒以上の卵には産卵しない．ところがニカメイガの産む１卵塊の卵粒数は90〜100であるから，60〜70以上の卵粒はアカの寄生をまぬがれている．そこでクロはアカの寄生していない卵粒に自分の卵を産みつける余裕ができてくることになる．共寄生が起こってクロが負けるとしても，なおクロの生き残る割合は高いのである．したがってもし，ニカメイガの１卵塊中の卵粒数が何かの原因で少なくなれば，クロの寄生には大きい影響がでることが考えられ，実際そのような場合も観察された．

　（2）の環境条件の変動による優劣の逆転の例については，既に述べたT. Park（1954）の実験したコクヌストモドキとヒラタコクヌストモドキの混合個体群の変動（表7-7）が挙げら

れる．温度と湿度の組み合わせで，結果は逆転してくる．

　(3) のパッチ状分布による共存の問題であるが，ある種の個体群がパッチ状に分布する場合，パッチによって環境条件が違えば，上記 (2) のような事情によって生き残るパッチが出来る．そこからまた既に死滅したパッチへ移入してくることもあろう．P. J. den Boer (1968) はこれを危険の分散 (Spreading of risk) と呼び，H. G. Anderwartha & L. C. Birch (1984) も個体群の生き残りの立場から大変重視した．そして A. J. Underwood (1978) の岩礁地帯に棲む腹足類のアマオブネの一種 (*Nerita atramentosa*) とヨメガカサの一種 (*Cellana tramoserica*) の関係の研究を例として挙げている．この両種はオーストラリアの東海岸の同じ岩礁に共棲している．実験籠の中では，*Nerita* の密度が増すと，*Cellana* の死亡率は高くなる．両種は岩の表面についている微細藻類を分け合って食べているが，歯舌の構造が多少違うので，食物の種類は多少違うらしい．しかし自然の潮間帯における両種の密度は，実験の場合と同じである．*Nerita* が普通に居る所では，*Cellana* は食物不足のために劣勢である．それでも *Cellana* がどこかで生きていけるのは，このカサガイが，*Nerita* の棲めない亜潮間帯にも棲めるので，そこから自分の幼生を *Nerita* の少ない場所に補給しているからである．

　似たようなことを，M. L. Cain ほか (1985) はキャベツとそれを食うモンシロチョウ (*Pieris rapae*) の幼生との関係で述べている．キャベツを圃場に等間隔で植えた場合と，何株かを集めてパッチ状に植えた場合で，モンシロチョウの幼生のキャベツの発見率を比較すると，等間隔の場合の発見率はパッチ状の場合に比べてはるかに優れている (P. Kareiva, 1986, 参照)．もしもここにモンシロチョウとそれよりも競争力の劣る別の種が居るとすれば，モンシロチョウの食い残したキャベツのパッチを利用して，その別種は共存することになろう．

　競争関係にある 2 種が，ある場所を早く占めた方が生き残る可能性のある場合（先占権のある場合）がある．吉田敏治 (T. Yoshida, 1966) は，アズキゾウムシ (*Challosobruchus chinensis*) とヨツモンマメゾウムシ (*C. maculatus*) をアズキの餌に同時に入れて飼ったが，数世代でアズキゾウムシが勝ってヨツモンマメゾウムシは絶滅する．ところがこの培地に先にヨツモンマメゾウムシを入れ，棲み場所を先取りさせ，28 日経った後でアズキゾウムシを入れると，今度はアズキゾウムシが絶滅することを報告した．餌場がパッチ状に分散している場合，弱いものでも生き残る機会があることから，全体として共棲の可能性を示す現象であると考えられる．

　S. Nee & R. M. May (1992) のパッチ状環境における共存の理論というものがある．いま 2 種 A と B を考え，種 A は闘争力で種 B より強いが，移住力では B に劣るとする．彼等はパッチ状の地域に生息しているとして，もし生息地の状況変化がなければ，2 種が入ったパッチでは次第に A だけとなる．しかしもし生息地破壊などの激変が起こると，B はすばやく別のパッチに移住して助かるが，A はそのパッチで亡びてしまう．こうして広い範囲の地域にわたる個体群，すなわちメタ個体群としては，両種は共存することになると言う．

　ここで D. Tilman (1994b) の空間競争仮説 (Spatial competition hypothesis) というものについて紹介しておこう．これは Minnesota 州の草原や熱帯林に見られる多種共存の起こる機構について考えたものである．共存は，資源に関する各種の類似性限界 (Limiting similarity, p.239 参照) と，競争能力・移住能力 (Colonizing ability)・寿命の 3 要素またはそのうちの 2 要素間の取り換え (Trade-off) 現象がある場合に実現すると言う．例えば，競争能力に劣る種でも，その移住能力が競争能力の高い種よりも優れておれば，共存は起こり，こうして群集の多種共存は

実現したものと考えた．この説も棲息空間のパッチ状構造に関するものであろう．

(4)の場合の機構はもっと微妙である．さらに詳細に調べれば，生活様式などにどこか違いがあるのかもしれないが，そのような違いが分からないで共存している場合がある．筆者はそのような場合，むしろ生活能力が同じ，または大変似ていることによって起こる現象であることもあろうと考えている．その例として，伊藤(1954)の研究した，オオムギ (*Hordeum vulgare* var. *hexastichon*)に寄生するムギヒゲアブラムシ (*Macrosiphum granarium*)（以下Mとする）とトウモロコシアブラムシ (*Aphis maidis*)（以下Aとする）の関係がある．前者は主として下葉に寄生し，後者は心葉を好む．今苗床に60cm×60cmの木枠を置き，縦横等間隔に17本（4×4cmとその中央に1本）のオオムギを植え，それが3葉出た頃，中央の株に，A，M1匹ずつを接種した．その後の増殖を株および葉位別に，2カ月以上にわたって調べた．まず中央の株に接種された2種のうち，Aは心葉へ，Mは下葉へと移り，そこで増殖するが，それぞれの棲み場所での密度が飽和に達すると，両種ともすべての葉へ棲み場所を拡大し，混棲するようになる．全体として飽和に達すると，周囲の株へ移動するものが出はじめ，脱出したAは本来の好みである心葉へ，Mは下葉に棲みついた．ここで問題は上記の混棲の可能な原因であるが，伊藤はこれについて特別な原因を見ておらず，単に混棲すると表現しているが，筆者はこれを生活能力をほぼ等しくすることによって，一種の拮抗状態のもとに実現した現象であると考えている．

このような生活能力の似た複数種の共存可能性は，環境変動と併せて，P. L. Chesson & R. R. Warner (1981)の富くじ競争モデル (Lottery competitive model) を援用して理論的に考え得ると，松田裕之・巌佐庸 (1993, 1994) は考えている．このモデルは，ニッチをくじを引いて誰かが埋める場合の理論で，次のようなものである．

　今，i, j：種 i, j
　　　t：時刻
　$x_i(t)$：時刻 t での i の生体量
　　δ_i：単位時間当たりの種 i の成体の死亡率
　　β_i：幼生の定着する確率

等とすると，次の時刻（定着個体が成体になるまでの時間を1単位とする）では，x_i の量は次式で表せる．

$$x_i(t+1) = (1-\delta_i)x_i(t) + \left(\sum_j \delta_j x_j(t)\right)\frac{\beta_i x_i(t)}{\sum_j \beta_j x_j(t)} \qquad \cdots\cdots\cdots (7\text{-}4)$$

もしも δ_i や β_i が一定の値をとるなら，複数種の共存はあり得ないが，β_i が時間とともに変動すれば共存は可能となる．δ_i が小さく（攪乱が大規模でなく），β_i の時間的変動が種間の変動を凌ぐほど大きいと，特に多くの種が共存することが出来る．この理論は動かない植物や，潮間帯の固着性動物などで，攪乱が空間的に不均一に起こる場合などに有効であると考えた．

なお松田裕之・巌佐庸 (1993)，およびY. Iwasa ほか (1995) は，熱帯多雨林（特に年中十分降雨のある地域のもの）の種類数が，温帯林や寒帯林よりも著しく多いことについて，その共存の原理として，互いに生活能力が似ており，有利不利の差が少ないこと（つまり広い範囲のニッチの重複）も一つの大きい理由として生じたものと考えた．また気候の年変動のある地

域（年のある時期に寒かったり乾燥していたりする所）では，樹木の成長は好適な気候の始めの時期に多くの種類が集中するので，そこで競争排除が起こり，種類数は少なくなる．ところが年中成長に好適な気候の地域では，それぞれの種が数カ月もの間成長の始まる機会を持つことが出来ることになり，たとえ種ごとに多少違った更新のピークを持つとしても，多くの種がいつかは成長が可能となり，結果として共存種の多様性を増すことが出来ると考えた．

種の共存論は植物の世界でよく発展しているので，今少し植物の世界の話を続けたい．それについて，原登志彦（1984a, b, 1993a, b, 1995）の論は参考になると思うので，簡単に紹介する．原の研究の前提には，次のような思考過程がある．従来多種共存や遷移の機構としてニッチ理論があり（例えばD. Tilman, 1990, など），それによって種間競争や遷移の過程および結果は予測可能であると考えていた（決定論的要因論）．しかし草原植物群における多種共存などは，とてもそのニッチの分割では説明できない．また一方個体のばらつきがある場合とか（M. Begon & R. Wall, 1987, など），予測不可能な撹乱がある場合（M. Huston, 1979）にも，多種共存が可能であるという考えもある．これはいわば確率論的要因論といえる．この個体間のばらつきに，サイズ（例えば胸高直径など）の違いが重要であるという主張もある（原, 1993a, 参照）．原は上記の個体間の成長率のばらつきとサイズ構造を同時に取り入れた拡散モデル（Diffusion model）を考え，多種共存の機構を考えた．それは次式のようなものである．

$$\frac{\partial}{\partial t}f(t,x) = \frac{1}{2}\frac{\partial^2}{\partial x^2}[D(t,x)f(t,x)] - \frac{\partial}{\partial x}[G(t,x)f(t,x)] - M(t,x)f(t,x) \quad \cdots\cdots (7\text{-}5)$$

ただし，$f(t, x)$：サイズ分布の密度関数； x：サイズ，t：時間
$\quad$ $G(t, x)$：時刻tにおけるサイズxの個体の平均生長速度
$\quad$ $D(t, x)$：時刻tにおけるサイズxの個体の生長速度における分散
$\quad$ $M(t, x)$：時刻tにおけるサイズxの個体の死亡率

上式は単一個体群に関するもので，$G(t, x)$，$M(t, x)$関数は平均的な種の特性，すなわち種の競争能力を表し，$D(t, x)$は種特性のばらつきを表している[31]．

上式の1種個体群モデルを2種の群集モデルに拡張すると次のようになる．

$$\frac{\partial}{\partial t}f_i(t,x) = \frac{1}{2}\frac{\partial^2}{\partial x^2}[D_i(t,x)f_i(t,x)] - \frac{\partial}{\partial x}[G_i(t,x)f_i(t,x)] - M_i(t,x)f_i(t,x) \quad \cdots\cdots (7\text{-}6)$$

$\quad$ ただし，i：種1, 2, ……

今ここに強弱2種があるとして，その存続の関係につき，原は上式から，種々の論考を経て，次のような結論を導いた．もし生長におけるばらつきが両種で等しければ，弱い種は排除されてしまう．しかし弱い種の生長におけるばらつきが強い種に比べてある程度大きければ，両種は安定的に共存可能である[32]．この共存はニッチを分割しなくても起こる．上にばらつきの大小を言ったが，環境条件の変化を考えると，共存か絶滅かは決定論的には予測不可能ということになる．自然の草原植物群集では，種々な変動要因の複雑な組み合わせが常に起こり，共存・絶滅は常に繰り返され，結果として確率的に多種共存が起こるのである，と考えた．

なおL. W. Aarssen（1992）は遺伝的ばらつきに注目し，種内のそれが種間のそれより大きければ，多種共存の可能性があると主張した[32]．またJ. B. Wilson（1989）は3種の多年性草本（*Deschampia flexuosa, Festuca ovina, Nardus stricta*）が，土中の栄養分をめぐって競争能力に大きい差があるのに，自然では長期間にわたって共存していることを見て，'なにかある強力な機構

(Some powerful mechanizm)' があるにちがいないと述べた．あるいは原の示したような機構も関係しているかもしれない．

　もちろん上のようなモデルだけでは，とても動物までも含めた草原群集の多種共存の機構を説明し切ることはできないであろう．しかしその解明に向けての一歩として味わう必要がある．

　さて再び動物の世界に目を向けると，多様な多種共存が目につく．サンゴ礁を作るサンゴ類，そこに棲む多種類の魚類，アフリカのサバンナに群れる多種類のシカ・カモシカの類など，共存の例は多い．これらの動物達の共存の機構の説明は，上に述べた四つの項目だけではおそらく不可能で，さらに探求を要する大問題であろう．Tanganyika 湖で多種類の魚が共存できる原因として，そのために餌の獲得効率が上がるからというようなことが考えられているが（堀道雄，1991；遊磨正秀，1992），これについては敵から逃れる効率が良くなることとともに，次の8章で述べることにする．

　とにかく目前の自然には，誠に多種類の動植物が，G. E. Hutchinson（1959）をまつまでもなく，ともに生活している．なぜそれが出来るのか．ここで最近 M. Loreau（1996）が生態系内のいくつかの並存する食物連鎖の共存と持続の関係について，モデルを提出して論じた内容に触れておく必要がある．彼は種間およびいくつかある食物連鎖間の変異性が少なければ少ないほど，関係者間の競争における優劣はなくなり，共存と持続が実現する可能性が高くなることを述べた．これは筆者の上記（4）の中で述べた，生活能力の似たものの間に共存が実現する可能性があることを，生態系内の現象として述べたもので，きわめて興味深い意見であるが，後の10章11節においてさらに詳しく見ることにする．

　いずれにせよ我々の学問の現状は，巨象を知るのに，やっとその毛の1本2本を調べている状態という感が深い．しかし自然の実態に迫りたいという我々の欲求に導かれ，一歩一歩進むより他に道はないと思う．

7-5 同類関係における情報伝達

　種内，種間を問わず，同類を結び付ける情報伝達は，個体や個体群（種）の生活維持にとって大変重要である．その手段として広く見られるのは，主として動作，発光，発音および化学物質排出である．はじめの3項目は古くからよく知られたものであるので，ざっと触れる程度にして，最後の化学物質排出については最近知見が集積しつつあるので，やや詳しく述べることにしたい[33]．

7-5-1 動　作

　動作によって同類の間に情報を伝達する現象は，節足動物以上の動物界に広く見られる．倍脚類のババヤスデ類（*Japonaria*）やアカヤスデ類（*Nedyopus*）が大発生して行進し，列車を止めることがあるが，その時同類の行進は，相互刺激を与えることによって生じているのであろう．昆虫類ではミツバチ（*Apis mellifera*）の複雑な動作は，情報伝達の典型例とされる（p.29, 171）．季節移動をするチョウ類やトンボ類は，多数が同方向へ群れて飛ぶが，この際

飛ぶ動作が相互刺激となっていると思われる．トビケラ類やカゲロウ類は交尾のため群飛 (Swarming flight) をするが，その時の各個体の動作は相互刺激のもととなっていることは確かである（森・松谷，1953）．

陸生カニ類の産卵時の海岸への集団移動の際には，多分相互刺激の効果があるであろうが，あるいは各個体の独立の本能だけの問題かもしれない．というのは，十七年ゼミ (*Magicicada septemdecim*) が17年ごとに一斉に羽化するという不思議な現象に，動作の相互刺激など考えにくいことからも想像される．

魚類には群泳する多くの種類が知られているが，その時相互の動作が大いに情報を与え合っているであろう．個々の動作についても相当に知識が集積されているが，特に N. Tinbergen (1951) によって研究されたイトヨ (*Gastrosteus aculeatus*) の生殖時の動作など，著名なものである．

両生類や爬虫類でも，群棲しているものは，相互の動作がいろいろの情報を与え合っていることは確かである．オタマジャクシの群泳行動（p.67）では，各個体は他個体の動作による情報を受け取っている．

鳥類でも渡りの際の集団行動は適例である．彼等は日常生活においても，相互の行動はいろいろの情報を与え合っている (Lorenz, 1983)．特に繁殖時の誇示行動 (Display) は複雑である．

哺乳類でも，上述の鳥類と同じような事例は多い．ここではさらに複雑微妙な動作が見られる．尻尾の上げ下げによって，優劣の情報を与えるものは多い．カイウサギ (*Oryctolagus*)，シカ類 (*Cervus*)，イヌ類 (*Canis*) をはじめ，サル類 (*Macaca*) などでもそのことは知られている．霊長類ではさらに複雑な動作がある．ニホンザルは危険に際して木に登り，その枝を揺すって対抗し，チンパンジーは木の枝を引きずって誇示を行う．優劣関係の確認のための背乗り行動（p.127），親愛の情を示す毛づくろい，威嚇のための歯のむき出し，その他意味の深い情報を伝える行動手段は多い．

7-5-2 発　音

発音もまた同類関係における重要な情報伝達方法である．これもまた進化の段階が上がるほど，多様で，重要性を増す．主として昆虫類以上で認められる．音声を発する機構としては，呼吸器に付随した空気の出し入れに伴って'肉声'を発するものと，それ以外の物理的に体をこすったり，発音器を使ったりするものがある．

① 肉声以外の方法によるもの

秋の鳴く虫は，機械音を出す典型である．彼等は翅をこすり合わせたり（コオロギ類，キリギリス類），肢と体部をこすり合わせたり（バッタ類）して発音する．またセミ類は特別の発音器を備えている．これは腹部第 1 節の外側にドーム状に突き出た円形の振動膜と発音筋からなり，この発音筋の収縮弛緩に伴って振動膜が凹んだり原形に戻ったりする時に発音する．これらの昆虫類の発音は，いずれも雌雄会合の機会を作る情報を伝える．彼等は 1 匹が鳴き出すと仲間が揃って鳴き出し，やめる時も揃って鳴きやめる．'共鳴き'の現象である．オンシツコナジラミ (*Trialeurodes vaporariorum*) のような昆虫でも配偶行動時に雄が腹部や翅を規則的に動かして独特の音響を発する [K. Kanmiya（上宮健吾），1996]．

昆虫類でも社会生活を営むミツバチでは，発音も微妙な情報伝達の手段として用いられている（NHK取材班，1994b）．このハチの尻振りダンスの動作による情報伝達については既に述べた．その尻振りダンスをする時，動作に加えて独特の羽音を立て，餌のある場所までの距離を伝えるのである．羽を震わせ振動音（周波数250Hz）を発する時，それは断続的で，1回の継続時間は約20ミリ秒，その音の続いた間隔で餌場までの距離を伝える．例えば1秒なら，600mという関係がある．

クモ類にも雄雌が振動信号を交換して交接に入るものがある．熱帯に棲むシボグモ科（Ctenidae）の一種 *Cupiennius salei* は，木の葉の上に居る雄が雌の出す糸についたフェロモンを感じて雌に近寄り，腹部を葉に打ちつけたり（Drumming），触肢で葉をこすったり（Scratching）して振動信号を雌に送り，雌はこれに応じて腹部を葉に打ちつけて振動信号を送り返し，やがて交接に入る（清水勇，1996; I. Shimizu & F. G. Barth, 1996）．この振動信号は，葉を伝わる振動なのか，または直接発生する振動音なのかはっきりしないが，おそらく両方併せての効果があるのであろう．

魚類の発音は，昆虫の発音に比べると発達の程度は低い．イシモチ（*Argyrosomus argentatus*）やホウボウ（*Chelidonichthys kumn*）では，浮き袋に圧力を加えて変形し，発音する．その他魚では歯と食物の摩擦音を出すが，同類に対する情報伝達の役割を果たしているかどうか．

霊長類のゴリラ（*Gorilla gorilla*）のボス（雄）の胸たたき（Drumming）は有名である．胸に大きい共鳴袋があり，密林の中の互いの連絡に重要な役割を果たしているが，同時に害敵の威嚇に威力を発揮している（河合，1961）．

②肉声を発する方法によるもの

両生類のカエル類になると，その発音は明確に同類，特に異性に対する情報伝達の役目を持つ．主に呼気により声帯膜を震わせ，音は共鳴によって増幅される．その内耳には，有毛細胞という毛の生えた聴覚細胞がある．爬虫類のナキヤモリ（*Gekko gecko*）になると，この有毛細胞が一層発達し，音の世界が広くなる．脊椎動物に見られる内耳の有毛細胞数を，表7-8に示す（立田栄光，1983）．脊椎動物の進化段階が高くなるに従って，その細胞数が多くなるのが分かる．

表 7-8 各種の動物の内耳有毛細胞数

種　名	有毛細胞数
ウシガエル *Rana catesbeiana*	60（両生類乳頭）／600（基底乳頭）
カメレオン *Chameleo vulgaris*	50
ナキヤモリ *Gekko gecko*	1,600
カメ・ヘビ類	数100
ワニ類	11,000〜13,000
フクロウ *Strix uralensis*	12,000
イルカ *Delphinus delphis*	16,000〜17,000
ヒト *Homo sapiens*	15,000

［立田 1983］

鳥は言うまでもなく繁殖期によくさえずるが，多くは雄の発声による．恋の歌であり，なわばり宣言の歌でもある．さえずりの他に地鳴きというのがあり，日常の連絡に使われている．さえずりには地方によって'方言'がある．さえずりとは言えないかもしれないが，ツ

ル類（Gruidae）とかライチョウ類（Tetraonidae）に，繁殖期に盛んに鳴いて誇示を行う現象が見られる．とにかく鳥類では，発声はきわめて重要な情報伝達手段である（川村多実二, 1947; C. K. Catchpole & P. J. B. Slater, 1995; 岡ノ谷一夫, 1995）．

表7-8に示すように，爬虫類から鳥類，哺乳類と進むに従って，聴覚に関係ある有毛細胞数は増える．このことは，また発声が次第に重要性を増し，その情報内容も豊富になることを示している．クジラ類（Cetacea）やイルカ類（Delphinidae）が複雑な音声を発し，しかも'方言'があることさえ分かってきた．これらの知識は第2次世界大戦中に，潜水艦を探知するために発達した音響探知機に，大いに負っている．

コウモリ類（Chiroptera）が超音波を発信して餌を採ることはよく知られているが（Tinbergen, 1969；立田栄光, 1983；松村澄子, 1988），これがまた仲間や親子の連絡に使われていることが分かっている．人間の可聴域は15Hz〜20kHzとされているが，コウモリ類は17kHz〜200kHzと大変な超音波を聞くことが出来，このような音を聞くことが出来る機械を用いると，コウモリの棲む洞窟の中は大変騒々しいと言う（松村, 1988）．R. A. Suthers（1967）によると，ウオクイコウモリ（*Noctilio leporinus*）が仲間との空中衝突を回避するのに，周波数が低域へ延びた特別の音を使い，J. W. Bradbury（1977）によると，アフリカのウマズラコウモリ（*Hypsignathus monstrus*）の雄はレック（Lek）において，なわばり宣言音を出すと言う．コウモリ類は多数の個体（多い時には2,000万頭に及ぶ）集団が一つの洞窟中に棲むが，親子の絆となる相互の音声が特別にあることが分かっている（松村, 1988）．要するにコウモリの音声は，反響定位（Echolocation）という定位用の感覚手段としての機能と連絡のための機能を共存させているものと考えられる（松村, 1988）．

霊長類になるとさらに複雑になる．原始的なマダガスカル島のワオキツネザル（*Lemur catta*）でも，群れの成員をまとめる声，夕暮れ泊まり場で雄が発する声，地上の犬などに対して発する警戒音声，猛禽類に対して発する警戒音声，攻撃を受けて退散する時の音声，悲鳴の声，怒りの声，置いてきぼりになったアカンボが発する音声，など多種類がある（小山直樹, 1991；小田亮, 1999）．ニホンザルの音声を研究した伊谷（1954）は，30種類余りの音声を識別し，それを四つの類型に分けた．一つは防御的な悲鳴に類するもの，二つ目は攻撃的なもの，三つ目は緊張感を持った非常警戒のもの，四つ目は激しさという要素を欠き，平静で，変化に富んだものとした．そしてこれらの音声には，群れの構成員のどれでもが発するものと，特別の社会的地位にあるものだけが発するものとある．例えば，攻撃的な声の中で「クワン」というのがあるが，これは外敵に出会った幾頭かの中の年長者の発するものである．彼等の音声の世界は，行動（音声以外の）の世界とは独立したものであり，森の中では身近の数頭を除いては目でその存在を確かめられないのに，音声を通じて群れ全体の状態を的確に把握していることを見た．ウガンダの森林に棲むブラックマンガベイ（*Cercocebus albigena*）は，大きく分けて2種類の声を発する．一つは吠え声（Whoop-gobble）で群れの間の信号として，他の一つは叫び声（Scream）で群れの内の攻撃的出会い時に使われる．前者は周波数が低く，遠方までとどくが，後者は高く狭い範囲にとどくだけである（表7-9）．

7-5-3 発 光

視覚を持った動物は，相互の認識，食物や敵の認識に，もちろん光を用いている．それは

表7-9 ブラックマンガベイの2種類の鳴き声の比較

鳴き声	機能	届く距離（人の耳で）	5m離れた地点での音の強さ（dB）	周波数（Hz）
吠え声	群れの間のなわばり防衛	1,000m	75	300～400
叫び声	群れ内の攻撃的出合い	300m	78	1,000～3,000

[P.M. Waser & M.S. Waser 1977]

主として太陽光を利用したものである．これらとは別に，自ら発光して同類に対する情報を伝達している動物があり，その代表としてホタル類（Lampyridae）を挙げることが出来る．

その光は可視波長域の赤色部から緑色部にまでわたり，人間の目には黄青色または黄緑色に見える．熱線をほとんど含まない冷光であるから，光度は強くないが効率は非常に良く，97％に達する．ルシフェリン（Luciferin）とルシフェラーゼ（Luciferase）の反応によって発光することはよく知られている．

光の明滅の頻度は，東日本のゲンジボタル（*Luciola cruciata*）と西日本のものとで多少違う．東日本の雄は4秒に1回光り（1～2秒光って，2～3秒休み），西日本の雄は2秒に1回（1秒光って1秒休み）の割で光るとされている．その境は中部地方のフォッサマグナの付近にあると言う [N. Ohba（大場信義），1984；遊麿正秀，1991, 1993]．光る時は群れで一斉に光る，'共光り' 現象がある．飛びながら発光するものは雄に多く，草木に止まって光るものは雌に多い．また雌はゆっくり，雄はせっかちに光る傾向がある．この発光の意味については古くから議論され，S. O. Mast（1912）やF. A. McDermott（1910～1917）をはじめとして多くの人は雌雄会合の合図説を述べた（神田左京，1935，参照）．しかし神田自身は，卵も幼虫も光ることを挙げ，発光器官があるから光るだけであって，特別の意味はないと主張した．なお珍しい例であるが，J. E. Llyoid（1971）によれば，北米では他種の雌の発光をまねてその種の雄を狩る雌ホタルがいると言う．

7-5-4 化学物質の排出（分泌）

排出または分泌する化学物質が情報伝達の手段として用いられることについては，古くから知られていた．哺乳類のなわばりを守るためのにおいづけなどがそれである．しかし最近は分析技術の向上などもあって，この方面の知識は飛躍的に前進しつつある．そのあるものは，鈴木健二（1974），戒能洋一（1990），深海浩（1992），三宅崇（1997）等の論文著書に紹介されているので参照されたい．

従来研究された代表的情報伝達物質は，いくつかに分類されている．戒能洋一（1990）によると次のようになる．排出（分泌）した化学物質が，同種間の情報伝達に使われる場合，その物質をフェロモン（Pheromone）と言い，異種間に使われる場合には，その物質をアレロケミカル（Allelochemical）と言う．さらにこの後者の中で，物質を受け取る側が利益を得る場合は，その物質をカイロモン（Kairomone）と言い，出す側が利益を得る場合，その物質をアロモン（Allomone）と言う．また出す方も受け取る方も利益を得る場合には，その物質をシノモン（Synomone）と言う[34]．

排出（分泌）した化学物質が同類識別の情報伝達手段として確かに用いられている例は，

昆虫類以上の進化段階のものにある．特に社会性昆虫では，多数の個体が一つの巣で共同生活をするので，仲間の識別は不可欠の要件である．この問題について山岡亮平（1990a, b, c, 1995）は，大変興味深い研究結果を発表した．それは上の分類で見ると，フェロモンとも言えるし，アレロケミカルとも言えるものであろうか．野外で見ると，多くのアリ類が地面を徘徊し，出会った時は触角で相手の体に触れて，探り合っている．自分と同巣のものでない時は，噛みつくか逃げるか，とにかく激しい反応がある．この触角で探る行動を調べたところ，シグナルとなる物質は，クチクラ上層部のワックス層にあることが分かった．このワックスエステルの主成分は，体表炭化水素（Cuticular hydrocarbon = CHC）である．その構造は，化学的には，直鎖飽和，不飽和，分岐と三つに大別される．不飽和のものはその数に応じて，モノエン（Monoene），ジエン（Diene），トリエン（Triene）に分かれ，分岐は枝分かれするメチルの数に応じてモノメチル（Monomethyl），ジメチル（Dimethyl），トリメチル（Trimethyl）などに分かれる．アリのCHCは，これらの炭化水素の混合物よりなることが分かった．図7-34は，数種のアリのCHCのキャピラリー分析結果を示したもので，種により特異性があることが分かる．同種であっても，巣が異なれば多少は違う．

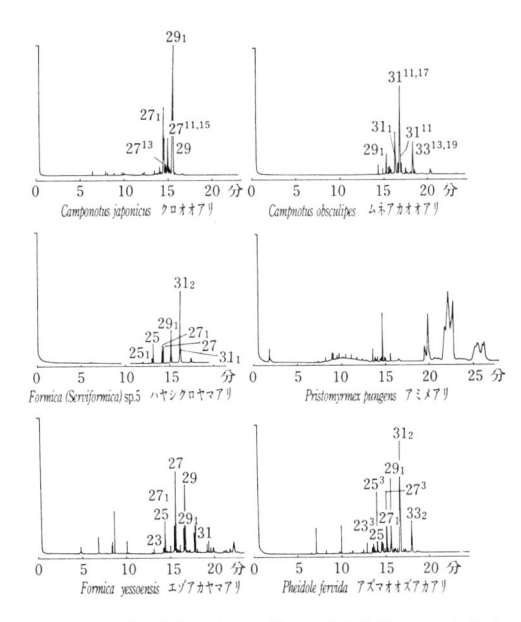

図7-34 6種のアリのCHCの種特異性．大きい数字：炭素鎖数．下つき数字：2重結合の数．上つき数字：メチル側鎖の位置．[山岡 1990b]

ところでアリの中には他の種のアリを奴隷として生活を共にしているものがあるが，このような現象がどうして可能なのであろうか．サムライアリ（*Polyergus samurai*）はクロヤマアリ（*Formica japonica*）またはハヤシクロヤマアリ（*F. sp.5*）を奴隷としている．サムライアリのCHCはこの2種の奴隷のどちらを使うかによって違ってくる．つまり奴隷のCHCと大変一致したCHCを示すようになり，それによって共生が可能となることが分かった．この際サムライアリ自身はほとんどCHCを作っていないが，奴隷アリのCHCを自分の体にすりつけて化学擬態をしているらしい（山岡，1999）．図7-35にその様子を示す．さらに面白いこと

に，ハヤシクロヤマアリで，女王のいる巣では群れを構成する働き手のCHCは皆一致した組成を示すのに，女王のいない巣では構成員のCHC組成が個体によって相当に不一致となっていたことである．つまり女王の存在が，巣の構成員のCHC組成を一致させていたように見えた．そこで女王を，女王のいる巣から取り除き，女王のいない巣に移したところ，その巣の構成員のCHC組成は次第に一致してきたのに，女王を取り除いた巣では，次第に構成員のCHC組成がばらばらになってきた（図7-36）．その後の研究で，働き手だけを密集して飼っても，CHCの組成比が統一してくることが分かり，上記女王の実験結果と照合すると，女王は働き手を自分の周囲に集合させ，それによって自分のCHC組成との統一が実現していることが分かった（山岡, 1993）．

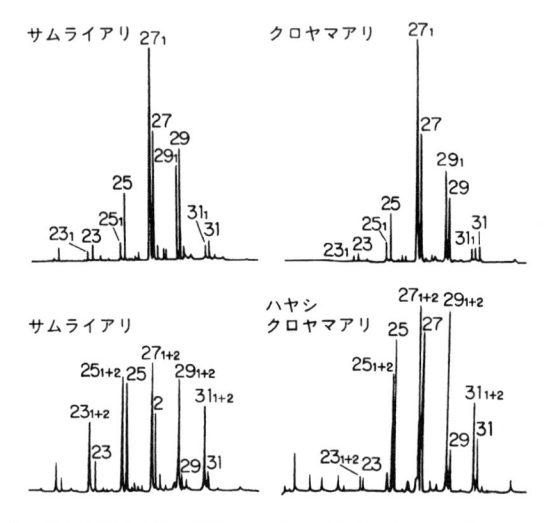

図7-35 サムライアリとそれぞれの巣内に棲む奴隷，クロヤマアリとハヤシクロヤマアリ，の体表炭化水素（CHC）の組成が一致することを示す．同じサムライアリのCHCでも，奴隷の種が違えば違ってくる．[山岡 1990a]

またクロヤマアリは仲間が死ねばその死体を巣の外に運び出すが，その際死体の表面に含まれるオレイン酸（Oleic acid）がその刺激となると言う．このオレイン酸は体液中のトリグリセリド（Triglyceride）が死後に分解して生じる物質であり，死後48時間で最も多くなり，死体の運び出しもその頃に最大となる（秋野順治・山岡亮平, 1996）．

以上のように，アリの体表分泌物は，仲間の同定に大変重要なシグナルを送っていることが分かる．さらにアリの巣の中に棲み，働きアリ同士の栄養交換物を横取りなどして生活しているアリヅカコオロギ（*Myrmecophilus* sp.）は，アリの体と接触することにより，その体表炭化水素を奪い取って自身の体表につけ，これが化学的カモフラージ（Chemical camouflage）となって寄生生活を全うすると言う（秋野順治, 1998；秋野ほか, 1996）．

交尾行動の誘発にも，接触フェロモンが重要な役割を果たしている例が知られている（G. Kim ほか, 1993）．スギカミキリ（*Semanotus japonicus*）の雌の体表には，特別の炭化水素群が分泌され，雄は触覚でこれを受容した後で，雌の上に乗って交尾する．ところがさらに雄もまた別の炭化水素を分泌し，これは上記フェロモンの活性を抑える作用を持つことが分かった．つまり雌雄の体表炭化水素によって，交尾行動は触発・抑制されるのである．

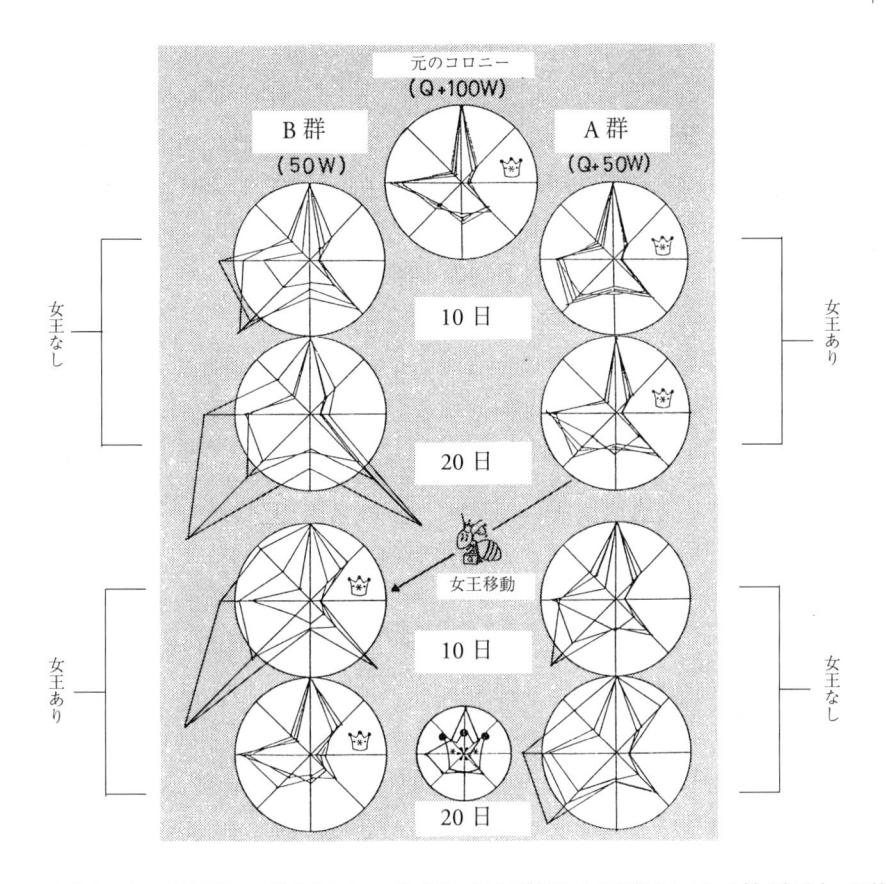

図7-36 ハヤシクロヤマアリの個々の働き手のCHC組成が，女王の存在により制御されている様子を示す．野外でハヤシクロヤマアリの巣を掘り，女王アリと働きアリ約150匹を採取し，これを2群に分け，A群は女王アリ＋働きアリ50匹，B群は働きアリだけ50匹とした．10日目，20日目に，それぞれの群から3〜4個体を取り出して，CHC組成を調べた．20日経った時点で，A群の女王を取り出し，B群に移し，さらに10日目，20日目と同じ調査をした．中央上段は原群のCHC組成，下段は女王そのもののCHC組成を示す．上記実験経過に伴う各群のCHC組成の変遷は見事である．[山岡 1990a]

　化学物質の排出について忘れてならないのは，A. Butenandt ほか (1959) による性フェロモン物質の構造決定である．彼等はカイコ (*Bombyx mori*) の雌50万匹を用い，性フェロモンのボンビコール (Bombykol) を結晶として取り出した．この物質はカイコの雄にかぎって活性を発揮し，$1\,m^3$ に数分子あれば十分な誘因作用を及ぼすと言う．この研究が刺激となって同様の研究が非常に進み，現在ではおよそ400種のガについて性フェロモンが発見されている．この際，400種ものフェロモンがあるのかというと，そうではなく，数種類のフェロモンの組み合わせの違いで効果を発揮していることが分かっている (深海, 1992, 参照)．

　性フェロモンには，上述のように空気中に放出されて効果を発揮するものと，接触によって効果を発揮するものがある．チャバネゴキブリ (*Blattella germanica*) の雌雄が出会った時，ある種の型にはまった性行動をとるが，そのきっかけは，雌雄の触角を交えることである．その時雌の触角には一種の性フェロモンが分泌されていて，雄の触角はそれに触れて反応し，次の行動に進むことが，R. Nishida（西田律夫）ほか (1974) の研究によって明らかになった．この性フェロモンもチャバネゴキブリだけに有効であることが分かっている (深海, 1992, 参

照).両生類でもアカハライモリ (*Cynops pyrrhogaster*) で雄の腹腺から出される物質が,雌を誘引することが分かった (豊田ふみよほか,1994).その物質はアミノ酸10残基からなるペプチドで,ソデフリン (Sodefrin, 新命名) と名付けられた.

哺乳類では,D. J. Fletcher (1987) が血縁個体を嗅ぎ分ける能力を持っていることを主張した.遺伝子型が同じ,または似ている個体は,同じ,または似たにおいを出すと言う.関口 (1992) は子殺しマウスの実験 (p.134) でこのことを確かめ,子の認知に関し,子殺し型の雄マウスの方が,子育て型の雄マウスや雌マウスよりも,自子と他子の区別が顕著であることを見て,においや味の効果を考えた.優劣2種のアフリカトガリネズミの相互関係で,優者のにおいが劣者に逃避行動を起こさせることは,既に述べた (p.158).多くの哺乳類で,なわばり宣言のため,各種のにおいが用いられることは,よく知られた事実である.

最後にT. Eisner & J. Meinwald が編集した書「Chemical Ecology」(1995) は,上記の情報交換における化学物質の作用だけでなく,広く生物活動(防御,寄生,生殖,空間定位,社会制御など)における化学物質の作用に関する知識を統括したものとして,大いに参考になるので特記しておく.

7-6 同類関係における個体数に関する若干の数理論的取扱い

個体群生態学 (Population ecology) と呼ばれる分野では,古くから個体数の変動が大きく取り上げられてきた.そして膨大な資料が集積され,農業や水産業の実際の面でも大きく貢献してきた.最近では生活史の進化の道筋などについても,著しい知見の展開がある.その全貌については別の成書(例えば,伊藤・桐谷圭治,1971;内田,1972;桐谷・志賀正和,1990;伊藤ほか,1996;A. Hastings, 1998,など)を参照していただくとして,本節ではその端緒的事項について述べることにしたい.

7-6-1 生命表

ある種の個体群の個体数がなぜ増えたり減ったりするのか,それが作物や水産物などに害を与える程度はどのくらいかなどを知るためには,まず基本として,問題となる種の個体の生まれてから死ぬまでの,生活史の各段階における個体数の変動を知っておかねばならない.その変動を数字で表したものが生命表 (Life table) であり,その一例を,カナダのコロンビアジリス (*Spermophilus columbianus*) にとって,表7-10に示す.

生命表の資料からはいろんなことが読み取れるが,その一つとして生存曲線 (Survivorship curve) がある (図7-37).これは横軸に時間 (年令 x),縦軸に生存率 (l_x) をとって描いたものである.

Ⅰ型は若年では死亡率は低いが,晩年に至って急に死亡率の増すもの,Ⅱ型は一生を通じて死亡率がほぼ一定のもの,Ⅲ型は若年時に高い死亡率を示すが,晩年には死亡率は低いものを示す.Ⅰ型は大型動物の多くのもの(ヒトを含めて)が示す型で,Ⅲ型は幼生が浮遊生活をするカキやフジツボなどに多く見られる.Ⅱ型は実際にはほとんど存在しないが,完全変態をする昆虫などで,これに近いものが考えられる.またⅠ型のものは,K-選択 (K-selection) の動物，Ⅲ型のものは r －選択（r-selection）の動物に多いことが考えられる．この K, r －選択については，11 章を参照されたい．なお純増殖率（Basic reproductive rate）R_0 がほぼ 1 に等しければ，その個体群は安定状態にあるので，その個体群は環境収容力[35]（Carrying capacity）［シグモイド曲線の K 値（p.182）］に達していると考える．

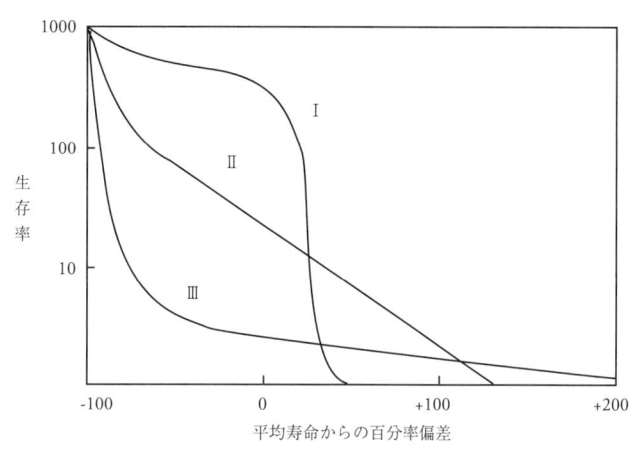

図 7-37 　生存率曲線の 3 型．
　　　　　Ⅰ型：死亡率が生涯の終わりに急に大きくなるもの（例えば富んだ国の人間）．
　　　　　Ⅱ型：死亡率が生涯を通してほぼ恒常であるもの（例えば多くの野鳥）．
　　　　　Ⅲ型：死亡率が生涯の初期に非常に大きく，その後小さく保たれるもの（例えば多くの魚類）．
　　　　　［Pearl 1928，Deevey 1947 に基づき，伊藤 1959 修正］

表 7-10 　コロンビアジリスの生命表（時間別）

| 年齢（才） | 年齢別生存個体数 | 年齢別生存率 | 年齢別期間生存率 | 年齢別死亡率 | 年齢別期間死亡率 | 年齢別期待余命 | 年齢別出生率 | 期間純増殖率 |
x	N_x	l_x	p_x	d_x	q_x	e_x	m_x	$l_x m_x$
0	180	1.000	0.250	0.750	0.750	1.067	0.000	0.000
1	45	0.250	0.600	0.110	0.440	1.768	1.143	0.286
2	27	0.150	0.593	0.061	0.406	1.613	1.917	0.288
3	16	0.089	0.561	0.039	0.438	1.376	2.533	0.225
4	9	0.050	0.560	0.022	0.440	1.060	2.500	0.125
5	5	0.028	0.000	0.028	1.000	0.500	2.750	0.077

上表の各項の説明および計算式を次に示す．ただし，年齢別生存個体数を，$N_0, N_1 \ldots\ldots N_k$ とし，年齢別生存個体あたり産子数（出生率）を，$m_0, m_1 \ldots\ldots m_k$ とする．

年齢別生存率（出発時の個体数に対する各年齢期間の生存率）　$l_x = \dfrac{N_x}{N_0}$

年齢別期間生存率（各年齢期間の始めに生きていた個体数に対する各年齢期間の生存率）　$p_x = \dfrac{l_{x+1}}{l_x} = \dfrac{N_{x+1}}{N_x}$

年齢別死亡率（出発時の個体数に対する各年齢期間の死亡率）　$d_x = l_x - l_{x+1}$

年齢別期間死亡率（各年齢期間の始めに生きていた個体数に対する各年齢期間の死亡率）　$q_x = \dfrac{d_x}{l_x} = 1 - p_x$

年齢別期待余命（各年齢期間に達した個体の期待余命）　$e_x = \sum_{y=x}^{k} \dfrac{d_y(y - x + \frac{1}{2})}{l_x} = \dfrac{1}{2} + \sum_{y=x+1}^{k} \dfrac{l_y}{l_x}$

純増殖率　$R_0 = \sum_{x=0}^{k} l_x m_x$　（上表の場合，1.001 で，安定した年齢分布を示す）

［Zammuto 1987 の資料を，伊藤ほか 1996 が一部改編したものに，森 加筆］

次にオビカレハ（ウメケムシ，*Malacosoma neustria testacea*）の生命表について，一生のうちのどの段階の死亡が個体群の維持について重要であるかを詳しく分析した研究があるので，それを紹介する（表7-11）（志賀正和，1979）．これで見ると，オビカレハの死亡率は幼虫期に最も高く，幼虫になったものの約94％が死亡する．そのうちでも，5齢に達したものの約90％が捕食［スズメ（*Passer montanus*）やアシナガバチ（*Polistes japonicus*）などによる］と寄生（ウイルス病）によって死んでしまう．次に蛹期には，蛹化したものの約89％が死ぬが，なかでもムクドリ（*Sturnus cineraceus*）による捕食はその約59％に及ぶ．結局，7,186個の卵のうち，成虫になったのは30匹で，死亡率は99.6％，産卵する雌成虫となったのはわずか8匹で，卵の99.9％が死んでしまった．天敵（Natural enemy）の作用の偉大さを知ることができる．

表7-11 オビカレハの生命表（1970年平塚市での調査による）

発育ステージ		生存数	死亡要因	死亡数	死亡率（％）
卵*		7,186	卵寄生蜂（4種）	1,811	25.2
			ふ化失敗	473	6.6
			不明	266	3.7
			卵期死亡	2,550	35.5
幼虫	初齢	4,636	不明	582	12.6
	2齢	4,054	不明	325	8.0
	3齢	3,729	クロヤマアリなど	223	6.0
	4齢	3,506	ウィルス病，クロヤマアリ，ヒメバチ，コマユバチ（2種）など	506	14.4
	5齢	3,000	ウィルス病，スズメ，アシナガバチなど	2,710	90.3
			幼虫期死亡	4,346	93.7
前蛹		290	ヒメバチ，ヤドリバエ（5種）	23	7.9
			アリ	4	1.4
			前蛹期死亡	27	9.3
蛹		263	ヒメバチ（4種），ヤドリバエ，アシブトコバチ	62	23.6
			ムクドリ	154	58.6
			アリ，ゴミムシ	15	5.7
			不明	2	0.8
			蛹期死亡	233	88.6
成虫		30	雄[*2]	19	63.3
雌成虫[*3]		11	移出，死亡	3	27.3
産卵雌成虫[*3]		8			

* 24卵塊
[*2] 雄は死亡に準じて扱う．
[*3] 卵から雌成虫まで，および産卵雌成虫までの死亡率は，それぞれ，99.85，99.89％．次世代は8卵塊2,284卵であった．
［志賀 1979］

7-6-2 個体群の年齢組成

動物の繁殖様式は大きく分けて二つになる．一つは，一生の間に繁殖（生殖・出産）を一回だけ行うもの（一回繁殖，Semelparity）で，今一つは，一生の間に繁殖を2回以上繰り返すもの（繰り返し繁殖，Iteroparity）である．後者の場合，普通年齢ができ，個体群は異なった年齢のもので組成されることになる．つまり，個体群には年齢組成（Age distribution）が出来る．それを模式的に示したものが図7-38である．

この図の (a) 型は若い個体の占める割合が大きく，個体群は増大する傾向にあり，(c) 型

はその割合が小さく，個体群は縮小する傾向にある．(b) 型は中間で，個体群は比較的安定していると見られる．

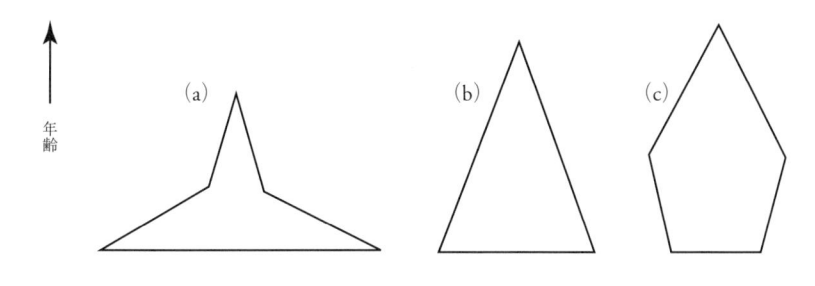

図7-38　年齢組成（年齢ピラミッド）の3型．説明本文．[E.P.Odum 1971]

7-6-3 単一個体群の生長

ある種の個体群において，移出入がなく，生命表や年齢組成で安定であり［つまり出生率（Birth rate, Natality）と死亡率（Death rate, Mortality）が一定であり］，環境（空間，食物など）が要求に対して十分にある場合（つまり増殖に対する制限要因のない場合），個体数は幾何級数的に増加するはずである．今 N_0 を最初の個体数，N_t を t 時間後の個体数とすれば，

$$N_t = N_0 e^{rt} \qquad \cdots\cdots (7\text{-}7)$$

e：自然対数の底（2.718…）

この式は，瞬間的な個体数の変化をdN/dtとすれば，

$$\frac{dN}{dt} = rN \qquad \cdots\cdots (7\text{-}8)$$

という微分方程式を解いて得られる差分方程式である．ここに r は内的自然増加率（Intrinsic rate of natural increase）という．これはかつて R. N. Chapman（1931）が生物繁栄能力（Biotic potential）と呼んだものと本質的に同じものである．T. Fenchel（1974）はこの r について吟味し，動物の重量（w）に逆相関があるとして，次式を提案した．

$$r = aw^{-b} \qquad \cdots\cdots (7\text{-}9)$$

ここに a, b は定数で，b の値はこの場合現実に 0.27 となるとした（図7-39）．当然のことであるが，r の値は動物が高等になればなるほど小さくなる．

上記 (7-7)，(7-8) 式によって個体群が増殖すると，図7-40 の a 曲線のようになる．この a 曲線がどのような意味を持っているかを大腸菌を例にとって示すと；この菌は条件がよければ15分ごとに分裂する遺伝的性質を持っているので，1 g の大腸菌は1日後には 99×10^{27} g となる；ところで地球の全重量は 16×10^{27} g であるから，大腸菌の増殖力が恐るべきものであることが分かる（瀬戸昌之, 1992, による）．

しかし自然には環境条件に制限がある．空間も限られているし，供給される食物量にも限度がある．そのため個体群の生長曲線は模式的に図7-40のbのようになる．この曲線をシグモイド曲線（Sigmoid curve）あるいはロジスチック曲線（Logistic curve）という．これを式に示すと次のような微分方程式となる．

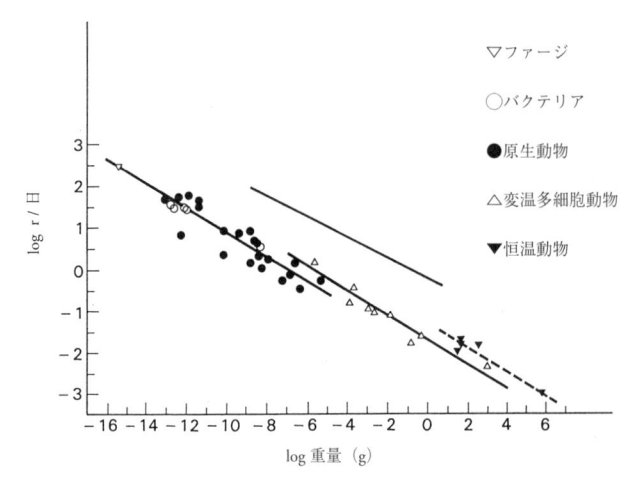

図7-39 各種動物の理想的条件におけるr（内的自然増加率）と体重との関係．測定点のない直線は，体重と新陳代謝率（単位重量に対する）の関係を示し，この場合，本文 (7-9) 式のrの値は，0.249 である．[Fenchel 1974]

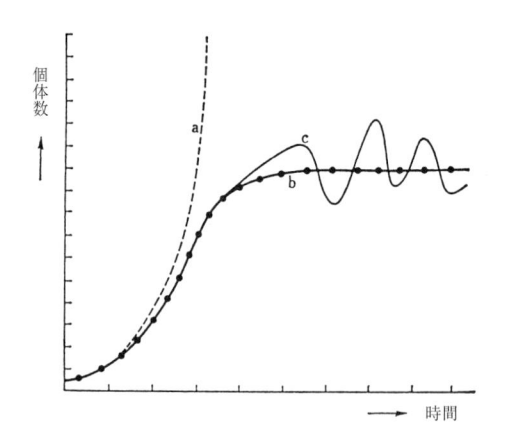

図7-40 個体群の生長曲線．a：幾何級数的生長曲線．b：シグモイド曲線．c：bの修正曲線．
[Clarke 1954 に基づき，森 1983]

$$\frac{dN}{dt} = N(r - hN) \quad \cdots\cdots (7\text{-}10)$$

この式は (7-8) 式のrの代わりにr−hNを入れたもので，Nの増加に比例して，生長率が低下することを示す．r−hN = 0，すなわち dN/dt = 0 の時，生長は止まる．この時 N = K とおけば，r = hK，K = r/h となり，このKの値が環境の収容力を示し，個体数は飽和密度に達したことになる．このh，すなわち r/K を Verhulst 定数と言い，個体数の生長に対する環境の抵抗を示す指数である[36]．

従って (7-10) 式はまた次のように書くことができる．

$$\frac{dN}{dt} = N\left(r - \frac{rN}{K}\right) = rN\left(1 - \frac{N}{K}\right) \quad \cdots\cdots (7\text{-}11)$$

なお (7-10) 式を解けば，次の差分方程式を得る[37]．

$$N_t = \frac{\dfrac{r}{N}}{1+\left\{\dfrac{r}{h}N_0 -1\right\}e^{-rt}} \qquad \cdots\cdots\cdots (7\text{-}12)$$

(7-11) 式から1個体当たりの増加率は，

$$\frac{1}{N}\cdot\frac{dN}{dt} = r\left(1-\frac{N}{K}\right) \qquad \cdots\cdots\cdots (7\text{-}13)$$

この1個体当たりの増加率と，個体群密度（N）との関係を示すのが，図7-41である．

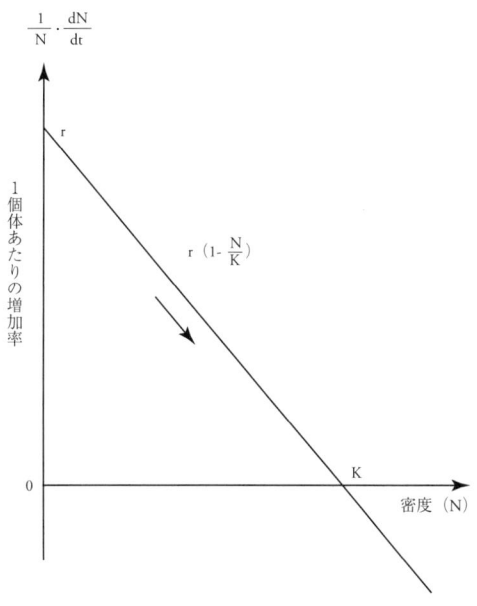

図7-41 ロジスチック式の概念図．1個体あたりの増加率は，密度に応じて，直線的に減少すると仮定してある．
[伊藤 ほか 1996]

　ロジスチック式に適合する個体群の生長例を一つ挙げておく．図7-42はR. Pearl（1927）の先駆的業績である，ビンの中のキイロショウジョウバエ（*Drosophila melanogaster*）の個体群の生長を示したもので，理論と実際がよく一致している．この実験で彼は，キイロショウジョウバエの飼育ビンの中に，バナナをつぶして寒天で固め，これに酵母を振りかけたものを餌として与え，この餌を一定時間間隔をおいて加えたり，新しい餌の入ったビンにハエを移し換えたりして，いろいろの実験を行った．
　しかし自然で起こる現象は，ロジスチック曲線で示されるようなもの，あるいはビンの中のハエのような，単純なものではない．個体群の増殖力や環境の収容力は常に変動しており，従って個体群の生長様式も変動し，簡単に考えた場合でも，図7-40のcのような形をとる．さらに実際には競争種もいれば，捕食者，寄生者もおり，非生物環境も変動する．それに従って生長様式はさらに複雑さを増すのである．

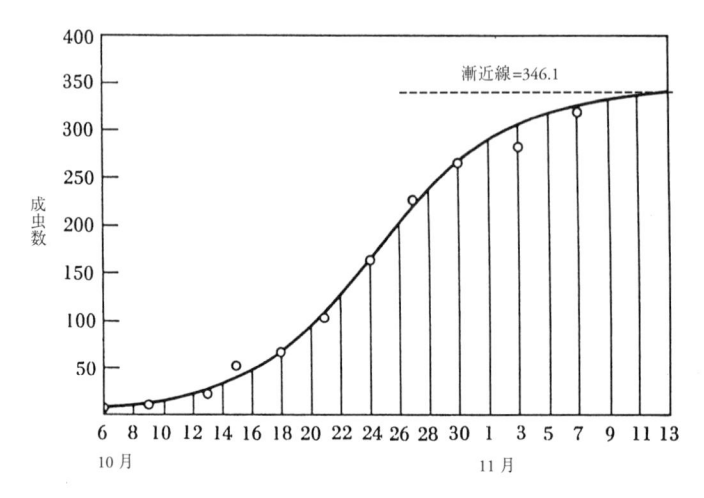

図7-42 キイロショウジョウバエの実験個体群の生長. ○印：実測値. 曲線：理論計算値. K値：346.1 [Pearl 1927]

7-6-4 競争的相互作用のある場合

同じ資源（食料・空間など）を要求する動物がある場合，その存在様式をめぐって古くから数理論的解析が進められてきた．よく知られているのは，Lotka-Volterra モデルによるロジスチック式を用いるものである（A. J. Lotka, 1925; V. Volterra, 1926）．

すでに述べたように，ロジスチック式は次のようなものである．

$$\frac{dN}{dt} = rN\frac{(K-N)}{K} \qquad \cdots\cdots\cdots (7\text{-}14)$$

ただしこの（ ）内は種内競争の項目である．

今，種1と種2が競争関係にあり，それぞれの個体数をN_1, N_2, 内的自然増加率をr_1, r_2とする．相互に干渉し影響しあうが，この競争係数（Competition coefficient）を次のように考える．今，種2の3個体が，種1の1個体と同じ競争的抑止力を持つとすると，種1に対する混合個体群全体の競争効果は，種内と種間を合わせて，種1の個体に換算して，$N_1+N_2/3$の力（種1に対する等価力）を持つことになる．この場合，1/3を競争係数と言い，1 α_{12}（種1の個体に対する種2の競争的影響力）として表す．そこで $\alpha_{12}N_2$ は，N_2 を N_1 に換算した競争影響価である．もし$\alpha_{12}<1$であれば，種2の諸個体が種1の諸個体に対して持つ影響力が，種1の諸個体が自種の諸個体に対して持つ影響力より小さいということで，$\alpha_{12}>1$であればその反対である．これをロジスチック式にあてはめると次のようになる．

$$\frac{dN_1}{dt} = r_1 N_1 \frac{\{K_1-(N_1+\alpha_{12}N_2)\}}{K_1} \qquad \cdots\cdots\cdots (7\text{-}15)$$

$$\frac{dN_2}{dt} = r_2 N_2 \frac{\{K_2-(N_2+\alpha_{21}N_1)\}}{K_2} \qquad \cdots\cdots\cdots (7\text{-}16)$$

そこで各種がどんな状況の時に，増加し，また減少するかを考えてみる．まずN_1を横軸に，N_2を縦軸にとり，N_1とN_2のいろいろの組み合わせ図を作る（図7-43）．この図では，N_1, N_2とも下左方では個体数は少なくなり，上右方では個体数は多くなり，またその中間に数の

変化しない線が引ける．この線をゼロ－等値線[38)]（ゼロ－アイソクライン，0-isocline）という．
　種1に対してゼロ－等値線を引くには，$dN_1/dt=0$，すなわち (7-15) 式で，$K_1-N_1-\alpha_{12}N_2=0$ とすることが必要で，これから，

$$N_1 = K_1 - \alpha_{12}N_2 \qquad \cdots\cdots\cdots (7\text{-}17)$$

を得る．この直線上のN_1とN_2の個体群密度では，いつでも$dN_1/dt=0$となる．この直線は式 (7-17) から容易に描ける．すなわち，

　　$N_1 = 0$ の時には，　$N_2 = K_1/\alpha_{12}$
　　$N_2 = 0$ の時には，　$N_1 = K_1$

この2点を結ぶ直線が，種1のゼロ－等値線である（図7-43a）．同様にして，種2のゼロ－等値線（図7-43b）を得ることが出来る．

　さてこの2種の競争の結果を得るためには，図7-43 の (a) および (b) を結び合わせて，両種の行動を見なければならない．その際，図7-44 は，図7-43 の作用ベクトルの合成法を描いたもので，両種の混合個体群の増大方向と大きさを示したものである．

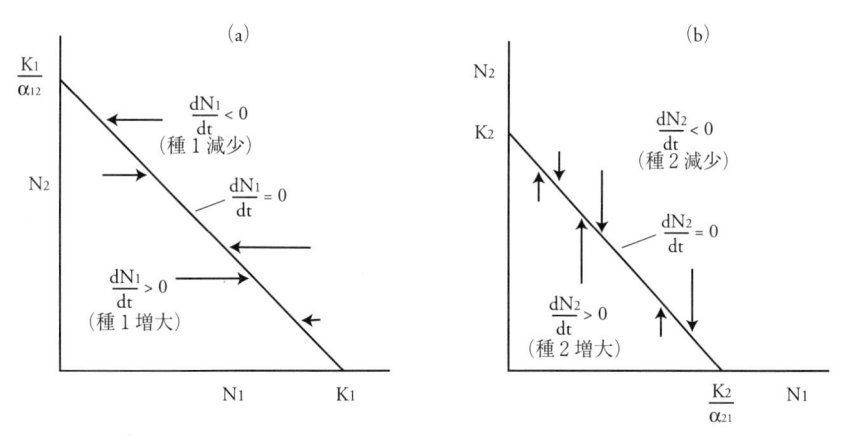

図7-43　Lotka-Volterra 競争式によるゼロ－等値線．
　　　　(a) N_1ゼロ－等値線．種1はこの線の左下では増加し，右上では減少する．
　　　　(b) N_2ゼロ－等値線．個体群増加，減少の区域は (a) に準ずる．
　　　　矢印：作用方向と大きさのベクトル．[McNaughton & Wolf 1979 および Begon ほか 1996 による]

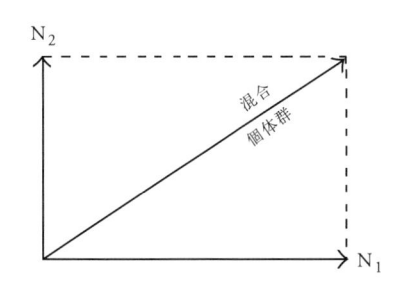

図7-44　種1および種2のそれぞれの増大ベクトル（N_1, N_2）と，混合個体群の増大ベクトル．[Begon ほか 1996]

　ところで図7-43 の二つのゼロ－等値線を組み合わせるのに，四つの方法がある．それを図7-45 (a)〜(d) に示す．

まず (a) の場合は,

$$\frac{K_1}{\alpha_{12}} > K_2 \quad および \quad K_1 > \frac{K_2}{\alpha_{21}}$$

すなわち,

$$K_1 > K_2\alpha_{12} \quad および \quad K_1\alpha_{21} > K_2$$

これは,種1の種内競争の結果が,種2から受ける種間競争の結果より大きいこと(始めの不等式),および種1の種2に及ぼす種間競争の結果が種2の種内競争の結果より大きいこと(後の不等式)を示す.全体としての相互作用の結果は,種2は種1によって亡ぼされ,個体数は種1のK_1に収斂する.

(b) では同様にして,種1は亡び,種2だけ生存し,個体数はK_2に収斂する.

(c) では,

$$K_2 > \frac{K_1}{\alpha_{12}} \quad および \quad K_1 > \frac{K_2}{\alpha_{21}}$$

すなわち,

$$K_2\alpha_{12} > K_1 \quad および \quad K_1\alpha_{21} > K_2$$

となり,両種はそれぞれ種内競争よりも種間競争により強く影響される.その結果,平衡は不安定となり,安定点は二つに分かれる.

(d) では,

$$K_1 > \frac{\alpha_{12}}{K_2} \quad および \quad \frac{K_2}{\alpha_{21}} > K_1$$

すなわち,

$$K_1 > K_2\alpha_{12} \quad および \quad K_2 > K_1\alpha_{21}$$

となり,両種とも種内競争の影響が種間競争の影響よりも強い.その結果,混合個体群は両種の0−等値線の交点で安定する.

上の論議で,これらの現象の結果には,K(環境収容力)とα(競争係数)が関係あるが,r(内的自然増加率)は関係ないことは注意すべきである.もっともrは現象の起こる速度には関係する.ただし3種以上が競争する場合には,K,α,rのすべての組み合わせで結果が決まると言う (C. Strobeck, 1973).

上記の理論の実例としては,図7-45の (a),(b) の場合は,前に説明したGauseの原理(競争排除原理)の場合がこれにあたる (p.148).図7-45 (c) の場合は,Park (1954) の実験したコクヌストモドキとヒラタコクヌストモドキの場合(表7-7)がこれにあたる.同図 (d) の場合はどうだろう.自然では似たような生活要求を持つのに,競争排除もしないで共存している場合がしばしば見られる.形質置換やすみわけの現象はよく見られるが,そんな現象のない場合でもともに生活している場合はよく見られる.生活能力が似ているために,共存している場合もあろう.ここらの事情については,7章4節3項 (e) で述べたが,今後の動物の生活に立ち入った研究が望まれるところである.

なお本節で述べたことは,資源問題やニッチの問題とも深いかかわりがあり,8章や9章も参考にしていただきたい.

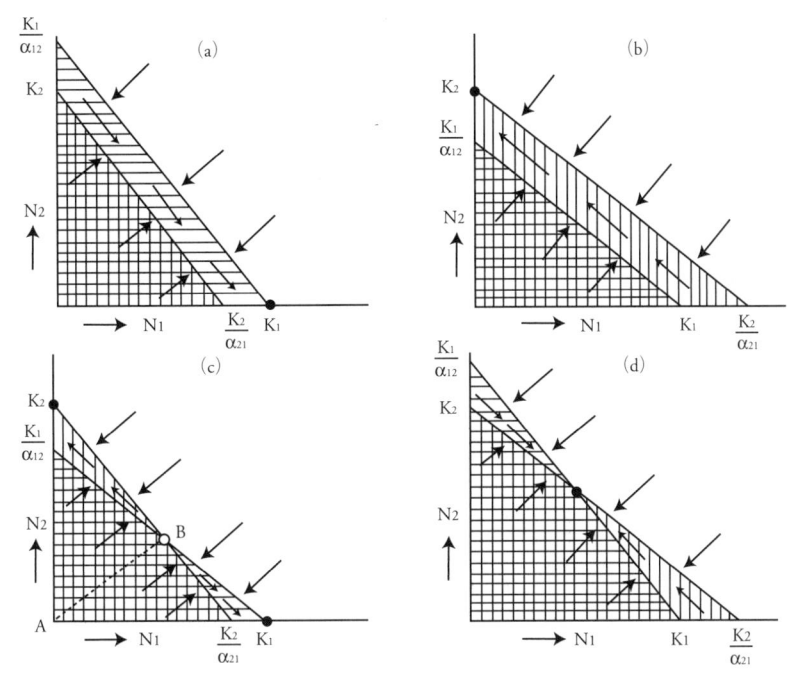

図7-45 2種（N_1, N_2）が競争した場合の，Lotka-Volterra 競争式に基づく，ゼロ一等値線の四つの組み合わせ．ベクトルは混合個体群の変化方向を示す．(a) 種1だけ生存，(b) 種2だけ生存，(c) 不安定平衡（結果は初期条件に依存し，AB線より左上方の領域では種2だけ生存，右下方の領域では種1だけ生存），(d) 安定共存平衡．●印：安定平衡点（dにあるだけ），○印：不安定平衡点（Cにあるだけ）．
[McNaughton & Wolf 1979；Hutchinson 1979；および Begon ほか 1996 による]

7-6-5 密度依存と密度独立の現象

自然に生活する動物の数は，何らかの要因によって制限されている．これは T. R. Malthus (1798) 以来ずっと論じられてきた命題である．この制限の問題は，いろいろな角度から考えられているが（A. R. E. Sinclair, 1989；伊藤ほか，1996，参照），関係種の個体群の内部問題（競争など）としてか，種間の問題（食物をめぐってなど）としてか，あるいは非生物環境の問題（気温，湿度など）としてか，関係は複雑である．これを個体群の密度の点から見て，ある種の個体群の密度が小さい間は速やかに増加が起こるが，増えてくるに従って増加の速度が遅くなり，ついに数の増加が止まってしまうような現象（図7-39のシグモイド曲線で示されたようなもの）を，密度依存（Density dependent）の現象と言い，個体群の密度いかんにかかわらず，影響を与える割合が変わらないような現象を，密度独立または密度不依存（Density independent）の現象と言う．

時として，個体数の変動が個体群内部の問題（競争など）によって制御されている場合に，密度依存の現象が見られ，非生物環境の作用による場合に密度独立の現象が起こるといわれることがあるが，そのような場合が多いとしても，必ずしも常にそうだとは言えない．特に非生物環境の作用が，生物相互作用を通じて働く場合などに，そのことは見られる．動物にはすべて気候などの好みがあり，その最適のところでは種内関係によって密度が決められるが（つま

り密度依存的),だんだん不適の気候などの場所に棲むようになると,非生物環境の直接の作用を受ける度合いが強くなる(つまり密度独立的な現象が見られる).このことは既にDarwin (1859) も言っているし,W. R. Thompson (1939),O. W. Richards & T. R. E. Southwood (1968) も主張したところである.また温度の高低によって,飽和密度が変化することも,既に古く1928年に,わがA. Terao & T. Tanaka(寺尾新・田中友三)によって発見されている(図7-46).

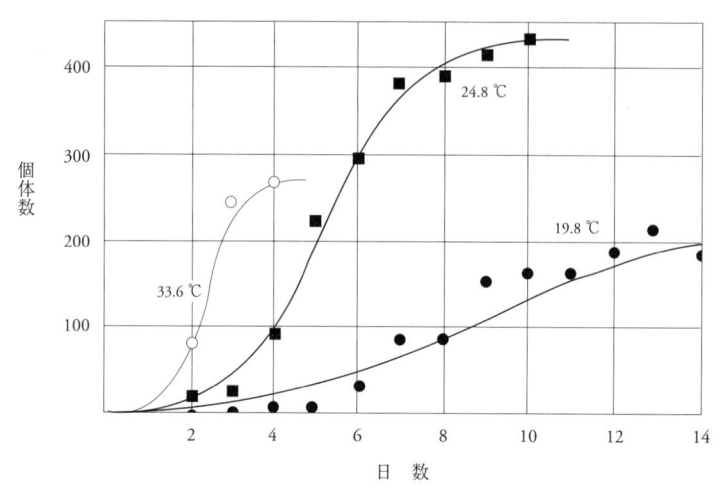

図7-46 タマミジンコ(*Moina macrocopa*)の実験個体群のシグモイド型増殖曲線.飼育温度によって飽和密度が違う.これは寺尾新らによって,古く1928年に行われた,この方面の草分け的研究で,記憶すべきものである.[Terao & Tanaka 1928]

ここでA. R. E. Sinclair (1989) による,密度依存および密度独立の理論的モデルについて説明しておきたい.図7-47はそれを示したものである.

まず個体群には,入力(Input)として,出生(Birth)+移入(Immigrant),すなわち生産(Production)があり,出力(Output)として,死亡(Death)+移出(Emigrant),すなわち喪失(Loss)がある.図7-47は,この生産と喪失の過程を,縦軸に個体数Nに対する割合をとり,横軸に個体群密度をとって示した.ただし簡単にするため,生産Pは密度にかかわらず一定とする(この仮定には少々無理があるが).経過時間中ずっと恒常の密度独立の死亡率 m_1 が働き,生産を P_1 まで減少する.これに対し,密度依存の死亡率 m_2 が,個体数が増すにつれて直線的に増大するとする.その様子を,図7-47 (a) に示す.もし m_1 がなければ,個体群密度は K_1 で平衡に達するが,m_1 があれば,m_2 の線が P_1 を切る点,すなわち K_2 で平衡に達する.一時的な攪乱(Perterbation, Disturbance)によって密度が K_2 以上になっても,それはやがてまた K_2 に帰る.もし密度依存の死亡率 m_2 が増して m_3 になると,傾斜は増して,平衡密度は K_4 となる.すなわち平衡点は密度依存と密度独立の二つの要因によって作用されて決まる.この際平衡点を決める過程,つまり生産または喪失の変化を起こす過程を制限(Limitation)と言い,それを起こす要因を制限要因(Limiting factor)と言う.また平衡点からはずれた密度を平衡点に帰す過程を調節(Regulation),それを起こす要因を調節要因(Regulating factor)と言う.また密度独立の死亡率 m_1 は,密度依存の死亡率が大きい時(m_3 の場合)には,その小さい時(m_2 の場合)よりも,平衡点における密度に起こす変化は小さい(つまり $K_1 \to K_2$ の場合より,$K_3 \to K_4$ の場合が小さい).

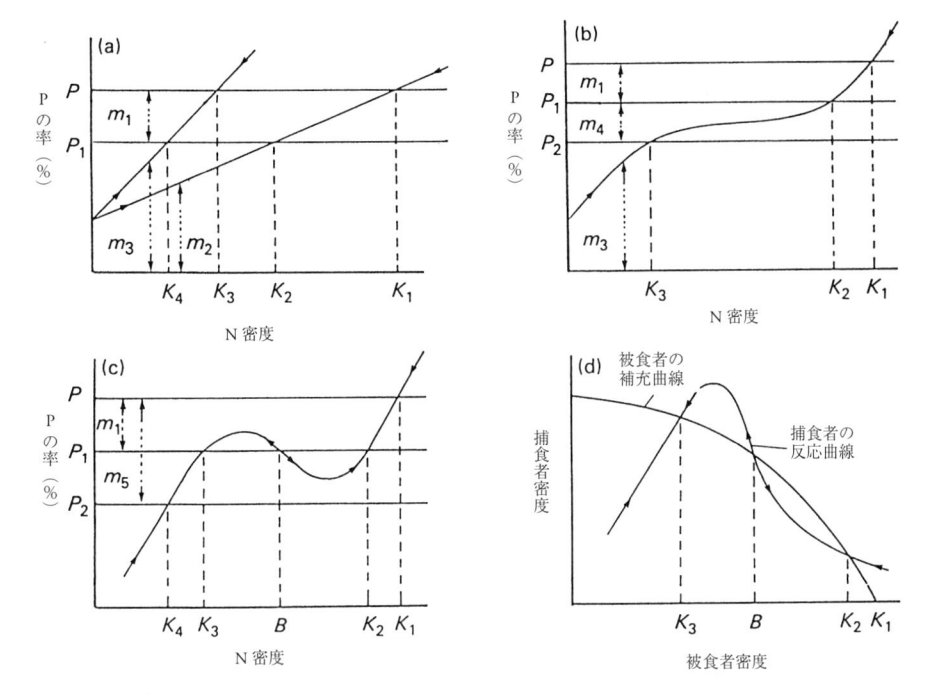

図7-47 密度依存および密度独立の過程のモデル．
　(a) 生産 (P) は総ての密度を通じて一定．常時密度独立死亡率（DIで表す）m_1 は，生産を減じて，P_1 とする．さらに密度依存死亡率（DDで表す）m_2 または m_3 が働く．密度依存の死亡率の線が生産の線を切るところが，平衡密度 K_1〜K_4 である．[Enright 1976に基づき，Krebs 1985より]
　(b) DD (m_3) が曲線の場合．DIの m_1 および m_4 は，同じ程度に生産を減ずるものとする．DIが同じであるにかかわらず，平衡点を減ずる程度は，DDが強い場合に起こされる $K_1 \to K_2$ は程度が低く，DDが弱い場合に起こされる $K_2 \to K_3$ の程度が高い．
　(c) DDを示す二つのN密度の範囲と，密度逆依存死亡率を示す一つのN密度範囲のある場合．DI (m_1) は，二つの安定平衡密度 K_2 および K_3 と，その中間に一つの不安定平衡密度Bの原因を作る．DIがもっと大きければ (m_5)，一つのより低い平衡密度 K_4 を導く．
　(d) 資源の不足によって起こされたDDに基づく生産は，Lotka-Volterraのロジスチック式に似せると，平衡点 K_1 を持った被食者の補充曲線となる．捕食者の反応曲線は，二つの平衡点 K_2 および K_3 と，一つの不安定平衡点Bにおいて，被食者の補充曲線と交わる．[b, c, d は Sinclair 1989による]

　図7-47(a)は生産が単純に恒常として考えたが，その結論は，生産が密度依存として考えた場合と違わない．またこの図 (a) では，密度依存はすべてのNの値に対して直線的であると考えたが，もちろん曲線的である場合もあり，図7-47 (b) はそれを示したものである．この場合，Nには二つの区域——一つは密度依存が強く，他は弱い——がある．また密度独立の死亡率（m_1 または m_4）は，それがNの中央部に働く時には，端に働く時よりも，平衡点をより大きく移動させる（$K_2 \to K_3$ の場合が $K_1 \to K_2$ の場合より大きい）．

　図7-47 (c) では，Nの中間値で，個体群が密度逆依存（Inverse density dependent）の死亡率を示している．そして密度依存の死亡率（m_1）は，二つの安定平衡点（K_2 と K_3）と一つの不安定平衡点（B）を作る働きをする．また密度独立の死亡率が大きいと（m_5 の場合），ただ一つの安定平衡点（K_4）ができる．このような経過は，餌動物の個体群密度が低い時に捕食者によって調節された時とか，高い密度の時に資源をめぐる種内競争によって調節されている時に見られるのである．

　この図の (c) に示したような関係は，原則的に食物連鎖関係の場合にも見ることができる．

それは餌動物の補充（Recruitment）と捕食者の反応（Predator response）に関する曲線についてのRosenzweig-MacArthurのモデル（1963）と同じ趣旨のものであり（R. E. Ricklefs, 1990, 参照），その様子を図7-47（d）に示した（A. R. E. Sinclair, 1989）．

図7-47（c）に示すように，一つの個体群に対し複数の平衡状態（Multiple stable states）がある場合があることは事実である．図7-48にその例を示す．このような複数の平衡点のある多くの場合，低い密度の調節は異種の捕食者の作用により，高い密度の調節は同種の食物に対する競争により行われるという（Sinclair, 1989）．

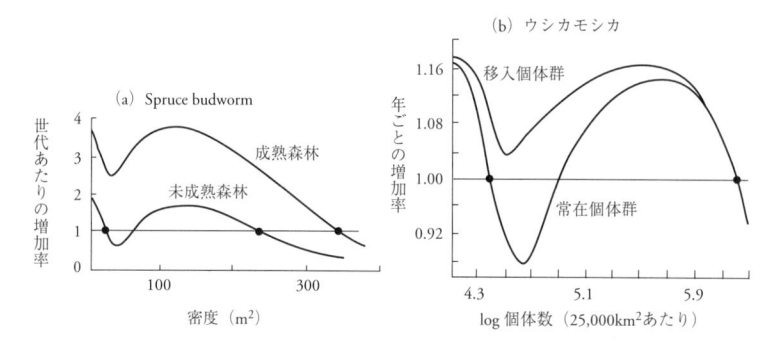

図7-48 複数平衡状態の実例．横軸：個体群密度，縦軸：Nt+1／Nt．
(a) 北方針葉樹林を害する鱗翅類の1種 spruce budworm（*Choristoneura fumiferana*）について．未成熟の針葉樹林では二つの平衡点（・），成熟した森では一つの平衡点を持つ（低い密度の平衡点が消える）．
[Peterman, Clark & Holling 1979 より]
(b) ウシカモシカ（*Connochaetes tausinus*）について．タンザニアのSerengeti生態系の25,000 km²における状況．常在個体群は二つの平衡点，移入個体群は一つの平衡点を持つ（低い密度の平衡点はなし）．
[Fryxell, Greever & Sinclair 1988]

密度依存の現象が存在することについては，多くの研究者の認めるところであるが，それが個体数の安定を保つための調節要因として作用しているかどうかについては，多くの論争が行われてきた．その中で気候学説（Climatic theory）と生物学説（Biological theory）の対立は著しいものであった[39]．前者は，個体数はほとんど気候によって決定されると主張する人たちで支持され，B. P. Uvarov（1931）をはじめとして，H. G. Andrewartha & L. C. Birch（1954, 1984），F. S. Bodenheimer（1958）などが有名である．これに対して生物学説は，個体数の決定は生物学的要因（競争・捕食など）が大きい役割を果たしていると主張する人たちによって支持され，L. D. Howard & W. F. Fiske（1911）をはじめとしてA. J. Nicholson（1933），G. C. Varley[40]（1947），D. Lack（1954）などが有名である．最近ではM. Hasegawa（長谷川雅美, 1997）による三宅島のトカゲの一種 *Eumeces okadae* についての，野外実験による個体数密度依存の確実なデータがある．

このような状況の中で，M. E. Solomon（1947）はいわゆる包括学説[41]（Comprehensive theory）と言われるものを明確に主張し，伊藤（1959, 1961）はこれを発展させた．もっともこのような考えの先駆的なものは，すでにW. R. Thompson（1929），N. F. Meiyer（1940），A. D. Voûte（1943, 1946）らの研究に見られるという（伊藤, 1959, 参照）．包括学説の主要な論点は，要するに次のようなものである．ある種の動物個体群の密度の変動やその平衡維持機構は，やれ気候だ，それ生物だと言って，単純に決めこむことはできないものである．ある時は気候などの非生物的要因が働き，ある時は生物的要因が働く．また働きを受ける側の状態，特にそ

れが低密度状態にあるか，高密度状態にあるか，あるいはその生理状態はどうであるかなどによっても，働く要因の種類や程度が違ってくる．ある種の分布の周辺域にある個体群と，中央部にある個体群とでは，有効に働く要因の違う可能性がある（p.187）．

この三つの学派の論争は，いろいろの曲折を経ながら今日に至っているが，詳しくは，R. H. Tamarin（1978），Sinclair（1989），伊藤ほか（1996）などを参照されたい．また H. Volda（1995）は，個体群の調節要因をめぐる密度依存と否依存の論争は今や無意味となっており，問題は個体群がどのようにして調節され，この調節力とそれを破壊する力とはどの程度のものかを研究すべき時であると述べて，事実上包括学説を支持している．最近，T. Saitoh（斉藤隆）ほか（1997）は，1962～1992年の31年間にわたって北海道北部の広範な地域におけるエゾヤチネズミ（*Clethrionomys rufocanus*）の，90に及ぶ標本の個体数変動を調査し，3～5年の周期を認めたが，その中で相互干渉と汎食捕食者による直接的密度依存現象と，専門食捕食者や気候条件による遅れ（1年程度）密度依存現象の存在を認め，包括学説の見解に立った．その後T. Saitohほか（1998）は上の事実の確認に加えて，北海道西南部では個体数変動の周期性がはっきりしないことや，周期性変動が気候条件と密接に関係すること（より温かい地域では非周期的になる）などを報告している．なお筆者も包括学説を支持する立場であることを述べておきたい．

なおこの論争について，さらに三つのことを追加しておきたい．その一つは，D. Chitty（1960）が行ったハタネズミの一種（*Microtus agrestis*）の自己調節仮説（Self-regulation hypothesis）で，この個体群は高密度状態で食物不足などから相互に攻撃的になり，結局個体群の衰退に導き，調節が起こるとする．彼はこの説から，遺伝的性質の変化を示し，遺伝仮説（Genetic hypothesis）を主唱し，これが弟子のC. J. Krebs（1978，ほか）によって大発展されることになる．この点についてはまた後で触れる機会がある（p.218）．

二つ目は，J. J. Christian（1950, 1961, ほか）が取り上げて野外個体群の密度変動とその調節の原因とした，H. Selye（1936, 1952）の発見したストレス学説[42]（Stress theory）である．これについては改めて8章で取り上げることにする．

三つ目は，k値（因子）分析（k value or k factor analysis）と言われるものである．個体群の密度調整が実際に行われているかどうかを決める手っ取り早い方法に，調査したデータ（Census data）を統計的に分析するやり方がある．それはR. F. Morris（1959）によって言い出されたものであるが，G. C. Varley & G. R. Gradwell（1960）やM. P. Hassell（1975）の方法が広く用いられている．次にHasselによる式を示す．

$$k値 = \log N_t - \log N_{t+1} = \log \frac{N_t}{N_{t+1}} = b\log(1+aN_t)^{[43]} \qquad \cdots\cdots\cdots (7\text{-}18)$$

ただし，N_t ：最初（種内競争などの始まる前）の個体数
N_{t+1} ：ある過程（種内競争など）を経た後の個体数
b ：直線の傾斜で，密度依存の強さの尺度

つまり死亡率が増えるに従ってk値は大きくなり，個体群は衰退の方向へ向かう．図7-49はその若干の例を示したものである．この図で，bの値に注目していただきたい．図の(a) の密度が高くなると，直線の傾きは b = 1 となり，正確な補償が起こっていることを示す．これがNicholson（1954）の勝ち残り競争（Contest competition）の場合である．同図 (a) の低密度でb＜1となっているのは，密度にかかわらず死亡率の変化が少ないということで，密度

独立の要因が関係していることを示している．反対に，同図 (b) に見るように，b＝∞ となり，直線が縦に立つ状態は，過剰補償（Over compensation）の極端な場合で，$N_{t+1} = 0$ となる，Nicholson (1954) のいわゆる共倒れ競争（Scramble competition）の場合である．しかし普通はそこまでいかない，同図 (c) のような，∞＞b＞1 の場合で，生き残り型と共倒れ型の中間型を示すのである．

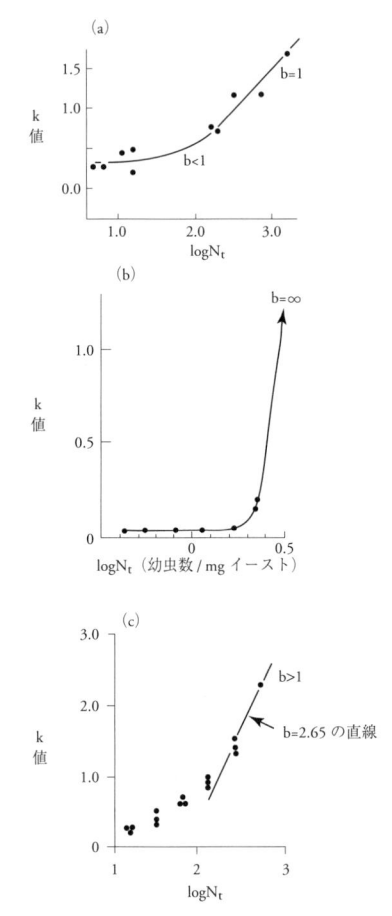

図 7-49　密度依存死亡率の様子を示すのに，k 値を利用する図．本文参照．
　(a) コナマダラメイガ（*Ephestia cautella*）の卵・幼虫の死亡率に対する k 値．N_t が大きくなると，b＝1 となり，正確な補償が起こっている．[Benson 1973]
　(b) キイロショウジョウバエ（*Drosophila melanogaster*）の幼虫死亡率に対する k 値．N_t が大きいと，b は無限に大きくなり，極端な過剰補償となる．[Bakker 1961]
　(c) アズキゾウムシ（*Callosobruchus chinensis*）の雌あたり孵化卵数の変動についての k 値．N_t が大きいと，b は 2.65 の傾きをもつ直線となり，この場合も多少過剰補償となっている．[Shimada 1989]

以上は死亡率について述べたが，増殖率や成長についても，この k 値分析を用いて検討することが出来るが，ここでは省略する．必要な読者は，Begon ほか（1996）を参照されたい．

7-6-6　連動振動と遅れ密度依存

これは食物連鎖関係とも関係するが，都合によりここで述べる．連動振動（Coupled

oscillation）とは，例えば餌動物の数の変動と捕食者の数の変動が，図7-50のように，若干時間はずれるが，連動して増減する現象を言う．これはLotka-Volterra モデル（p.94）からも考えられることである．これに関して，G. C. Varley（1947）は遅れ密度依存（Delayed density dependence）という言葉を使った．捕食者が餌の個体群の増減に対し，連動振動的に増減して，時間相の遅れた制御効果を発揮する場合を言うのである．図7-50にその一例を示した（S. Erling ほか，1983）．餌動物の密度を横軸にとり，捕食された率を縦軸にとると，反時計回りの線が引けるのが特徴である．横軸をそのままとして，そのk値を縦軸にとると，散在した点となるが，その点を代から代へと結ぶと，反時計回りの線となるのである（Sinclair, 1989, 参照）．

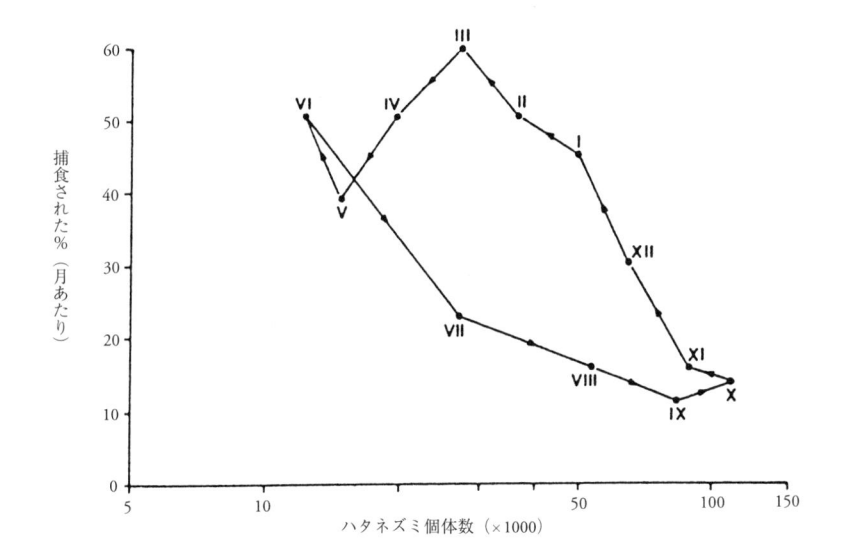

図7-50 スウェーデン南部の各種植生の混じった40km²の地域に棲むハタネズミの1種（*Microtus agrestis*）の密度と，キツネ（*Vulpes vulpes*），家ネコ（*Felis catus*）およびノスリ（*Butes butes*）を主とする捕食者に食われた率との関係．図中のローマ数字は月を示す．毎月の資料を月順に結ぶと，反時計まわりの曲線となる．これはIBPの仕事のまとめである．[Erling ほか 1983]

7-6-7 分布型

種内あるいは種間（主として種内）の諸個体が自然においてどのように分布しているかを知ることは，ある意味で同類関係の研究の第一歩である．これについては，特に分布型について，今まで多くの研究が行われてきたが，ここではごく基本的なことだけについて述べる．詳しくは，森下（1961），伊藤（1963），巌佐（1991），伊藤ほか（1996）等によい記述があるので参照されたい．

動物の分布型には，ある地域に諸個体が機会的に分布する型（図7-51a），地域のある部分に集中して分布する型（図7-51b）と，全く一様に分布する型（図7-51c）とを考えることが出来る．

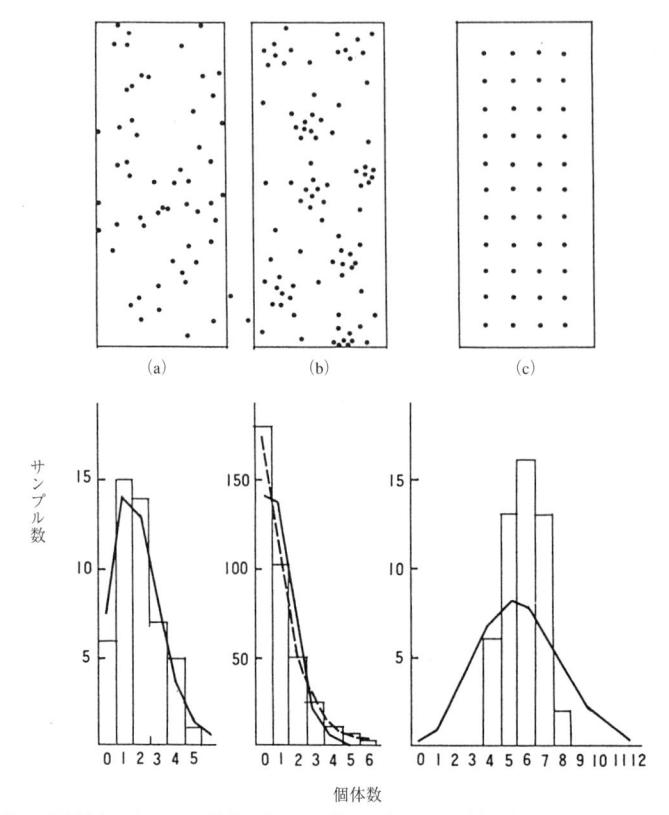

図7-51 諸個体の分布様式．上図．a：機会分布，b：集中分布，c：一様分布．下図．実例．a：イネ25株あたりのニカメイガ（*Chilo suppressalis*）の卵塊分布．b：キャベツ1株あたりのモンシロチョウ（*Pieris rapae*）の卵の分布．c：アズキ1粒あたりのアズキゾウムシ（*Callosobruchus chinensis*）の卵の分布．ヒストグラムは実測値，実線はポアソン分布理論値，破線は負の二項分布の理論値．［伊藤ほか 1996 より］

機会分布（Random distribution）

分布が機会的であるかどうかを判定するには，普通二項分布（Binomial distribution）またはその限定された形のポアソン分布（Poisson distribution）に適合するかどうかを見る．
二項分布は次の式で表される．

$$P_r = {}_N C_r p^r q^{N-r} \qquad \cdots\cdots (7\text{-}19)$$

これは地域の全面積をAとし，その中にN個体が全く機会的に分布している時，その地域の中の部分面積Sを任意に取り出すとすると，Sの中にr個の個体が見出される確率である．ここで，pは任意の一個体がS中に見出される確率で，この場合 $p = S/A$，$q = 1 - p$ である．自然ではpは非常に小さく（$p \to 0$），Nは非常に大きい（$N \to \infty$）ので，$Np = m$（1サンプル当たりの個体数の平均値）とすると，(7-19)式は近似的に次式となる．

$$P_r = \frac{e^{-m} m^r}{r!} \qquad \cdots\cdots (7\text{-}20)$$

ただし，e：自然対数の底（2.718282……）

この (7-20) 式はポアソン分布を示す．

集中分布（Contagious or Aggregated or Clumped or Underdispersed distribution）

自然の動物の分布は，機会分布であることはほとんどなく，多くはこの集中分布を示す．産卵が同じような場所で行われたり，微細な非生物環境の違いに反応したり，また個体間に誘引があったりするからである．

最も普通の集中分布型は，負の二項分布（Negative binomial distribution）である．負の二項分布の一般式は，通常の二項分布の二つのパラメーターを形式的に負に変えたものである．

すなわち，その第 x 項（個体数 x の項）の確率が，

$$P_x = \begin{bmatrix} k+x-1 \\ x \end{bmatrix} q^x (1+q)^{-k-x}$$

である．

この分布の平均は，$m = kq$，分散は $v = kq(1+q)$ で，分散が平均より大きい．k は正の整数で，その無限に大きくなったとき（$k \to \infty$）にポアソン分布と一致し，逆に集中度が強まって $k \to 0$ となった時に対数級数分布と一致する．また Polya-Eggenberger 型分布（p.65）は負の二項分布に等しいものである．

パラメーター k の逆数，$\dfrac{1}{k} = \dfrac{v-m}{m^2}$ は分布の集中度（ポアソン型分布からのずれの程度）を表す［久野英二（1968）はこれを集中度指数（C_A index）と呼んだ］．

一様分布（Uniform or Regular or Even or Overdispersed distribution）

これは時々見られる分布型である．個体間に反発がある場合（例えばなわばりがあるなど）とか，他個体がある個体のあまりに近くに棲むために，どちらかの個体が死んでしまうなどの場合に見られる．一様分布に対する分布型はほとんど知られていないが，次に述べる I_δ 指数によってその型の判定はできる．

I_δ 指数（I_δ index）

個体の空間分布の形式，つまり集中や一様の程度を表現するために，いくつかの分散指数（Index of dispersion）が考えられている．その中で，S. Morishita（森下正明, 1959a）の考えた I_δ 指数は大変有用であるので，ここではそれについて説明する．

$$I_\delta = k \frac{\sum_{i=1}^{k} x_i(x_i-1)}{N(N-1)} \qquad \cdots\cdots (7\text{-}21)$$

ただし，k ＝方形区数
N ＝ Σ x_i ＝総個体数

この I_δ は次のように分布型の判定に用いられる．

$I_\delta > 1$　　集中分布
$I_\delta = 1$　　機会分布
$I_\delta < 1$　　一様分布

上の分布判定のうち，一様分布の判定の時には多少の注意を要するが，それについては森下（1961）などを参照されたい．

第7章註

1) 特別の英名はない．Cooperative interaction ということもある（吉良，1994，私信）が，これではあまりにも一般的すぎる．文章として Tendency toward eqalization of plant height（K. Hozumi ほか，1955）と表現した（吉良，1994，私信）が，内容はよく表現されているが，述語ではない．
2) Lysenko は接木雑種に関する J. V. Michurin の説を強く支持し，春化処理（Vernalization）の研究を展開した点で優れた業績を上げたが，I. V. Stalin に密着して政治的に動き，ソ連の学界から Mendel 遺伝学者たちを追い出し，自分の人格のみならず，科学上の業績にまできずをつけ，延いては世界の科学発展を阻害したのは，許せない不幸なことであった（Z. A. Medvedev, 1965，参照）．
3) この勝ち残り競争と共倒れ競争は，種によって特有のものではなく，同種内でも系統によって違った型を示す場合がある．Y. Toquenaga (1993) は，ヨツモンマメゾウムシ (*Collosobruchus maculatus*) について，この二つの型を示す系統の間の干渉機構を研究している．
4) この学説の内容は次のようなものである．ストレスが増すと，脳下垂体前葉から分泌される副腎皮質刺激ホルモン（Adrenocorticotropic hormone = ACTH）が増し，副腎皮質が刺激され，そこからのホルモン分泌増加により，胸腺—リンパ系の萎縮が起こる．さらにこの傾向が続くと，体内にいろいろの炎症が起こるが，同時にその炎症に対する抵抗力も増す．しかしさらに長時間ストレスが続くと，結局は全身が疲労し，副腎皮質は今度は退化し，ホルモン分泌量は減り，抵抗力も失われて，ついに死に至る (p.218)．
5) ここで書き留めておきたいことは，かつての太平洋戦争の末期，日本社会においてもかなりの若い女性の月経がなくなる現象が見られたが，原因はここに述べたようなものであったと思う．つまり一般に生活の非常事態下では，生活力は種族維持機能から個体維持機能の方へ振り向けられるということであろう．
6) 最近はボスとかボス見習いとかいう言葉が使われなくなった—ボスはリーダーとか α オスとか言う—という意見もあり（杉山幸丸，1990，私信），それなりの理由があるが，本書では従来の言葉を用いる．
7) ここに高等な動物と書いたが，順位制の始まりのような現象が，有肺類のキクノハナガイ (*Siphonaria sirius*) で，K. Iwasaki（岩崎敬二，1995）によって見出されている．この動物の集団には何段階かの順位があり，優位のものは休む場所（家という）の面積が広く，またその場所をしばしば変えるようなことをしないが，劣位のものは優位のものとの競争に負けて家を変える頻度が高い．
8) 小松が辻は，都井岬の半野生馬の行動の一つの中心となっていて，よい採食地である．
9) 8頭よりなる．他のグループの構成員はこれよりさらに少ない．
10) 森のこの仕事に対して，これは閉じ込めという非正常な条件下の現象であり，あまり価値がないという意見がある．確かに動物は一般に狭い場所で生活すると，対立抗争が激しくなり，順位制が明瞭となるが，これはかえって動物の本性を引き出したものではなかろうか．
11) 愛他性ともいう．
12) 「赤道直下のアフリカ・サバンナにライオン家族の掟を見た」という題で，写真家岩合光昭氏の記録を中心に編集されたものである．
13) 上の4系統以外の雑系統の子．
14) 助け手と言う人もあり（山岸宏，1989），また原語のままヘルパーと言う場合も多い．
15) 原語のままワーカーと言うことも多い．
16) 真社会性とは，E. O. Wilson (1971) によれば，イ）親子世代の成虫が共存し，ロ）生殖カストと非生殖カストの分業があり，ハ）成虫による幼虫の保育が見られる，3条件揃ったものをいう．

17) 至近要因ともいう．
18) 利己性と種族維持の主体的結び付きは，動物の系統上の位置，それが高等か下等かによって，程度が違う．高等になればなるほど，その主体的結び付きは強くなると思われる．
19) 精子競争の本来の定義は，多数個体の雄に由来する精子が，1個体の雌の卵と受精する過程で起こる競争をいう（G. A. Parker, 1970）．例を Y. Yasui（安井行雄，1995）の研究したハエダニ科（Macrochelidae）の一種 *Macrocheles muscaedomesticae* にとれば，このダニの雌が引き続いて2匹の雄と交尾した場合，生まれる子の 99.8% は最初の雄の精子によって受精した子であり，この現象を精子優先（Sperm precedence）という．ただし受精が成功するかしないかという点から見れば，精子競争という現象はもっと複雑な事情を考慮する必要があるようで，雄の精子の遺伝子型（Genotype）と雌の卵の遺伝子型が適合するかしないかということにも関係があることが分かっている（A. G. Clark ほか, 1999, のキイロショウジョウバエ *Drosophila melanogater* の研究による）．
20) 鉤頭虫類は線虫類に近く，雌雄異体で，成虫は各種哺乳類の消化管の中に寄生しているが，幼虫は甲殻類の中で発育する．
21) この Gause の実験では，毎日10%ずつの培養液を流出させ，新しいものを追加しているので，経過の要素は多少複雑になる．これらの点については伊藤ほか（1996）を参照されたい．
22) 丸山千由利・高木由臣（1994）は，2種のゾウリムシ（*Paramecium tetraurelia* と *P. multimicronucleatum*）を混合飼育すると，普通は後者（P_m とする）が滅び，前者（P_t とする）が生き残るが，P_m の別の系統では共存することを見た．そしてこの関係の変化は，食胞を形成して餌を旺盛に取り入れる能力に関係していることを見た．普通の P_m 種では食胞形成能力が低かったが，別の P_m 系統では P_t と同じような能力を持っていた．
23) 別の実験では，対等とまではいかなかったが，しかし単純環境の場合に比べてはるかに white の生存率は高かった．なお均質環境の中でも種内の遺伝子の種類が違うものが競争的共存をする研究例がある．W. Xu ほか（1996）および T. Yomo（四方哲也）ほか（1996）は大腸菌 *Escherichia coli* についてグルタミン合成酵素遺伝子の異なる3系統が共存すること，それは相互作用の結果同じ生長率を持つようになることが原因であることを見た．これも自然の一つの実態であろう．ただし四方（1997）はこの現象を一般の種間関係にまで拡張し，適者生存・自然選択の原理を否定して生物進化の道筋を説明しようとしたが，これは行き過ぎた論であろう．
24) 渡辺茂樹（1994）によれば，イ）チョウセンイタチという亜種名より，シベリアイタチという種名そのものを使った方がよく，ロ）シベリアイタチがニホンイタチを駆逐したのではなく，ニホンイタチを駆逐したのは人間であり，その後へシベリアイタチが入って行ったと考えると言う．
25) 別に Ecological isolation ということもある．
26) 今西はこの問題に限らず，すべて生物間の相互作用に競争を持ち込むことを嫌った．例えば，生態遷移について，関西地方ではマツ林からシイ・カシの森に移る現象があるが，その際マツはシイ・カシに場所を譲って，自ら適当な場所に去るのであると述べた（今西，1949）．なおこの考えは P. A. Kropotkin（1902）の影響もあるものと考える（5章2節参照）．今西の業績については大串龍一（1992）が参考になる．
27) ニッチについては8章4節を参照されたい．
28) Calling segregation とでもいうか．
29) メタ個体群とは，局所的な小集団（パッチに分かれた個体群）の集合体として考えられる地域集団の個体群のこと［R. Levins（1969）がはじめて用いた］．現実に遺伝子交流の行われる最上位の個体群である．メタ個体群という概念で扱う現象は島の生物地理学（Island biogeography）で扱うものと似たところがあるが，歴史的には前者は比較的小地域の1～2種の個体群を扱うのに対し，後者は比較的大地域の群集の，主として種多様性を扱う点が違うとされたが，I. Hanski & M. E. Gilpin（1997）によると，最近後者も前者に取り入れて扱う傾向になっていると言う．この概念は

身近な生物個体群の動態に深く関係しているので最近保善生態学（Conservation ecology）でよく用いられる（鷲谷いずみ，1994；嶋田正和，1994，参照）．なお，Hanski（1999）の著書"Metapopulation Ecology"はメタ個体群について，その研究の歴史を含め，野外の経験的研究と理論研究を組み合せ総括して論じたものとして大いに参考になる．

30) Darwin（1859）は多種共存の機構を，種間の多様な構造の違いに帰している．小地域で競争が激烈にならざるを得ないところでは，そこに棲む生物は常に著しく多様になると言う．これを，農民が輪作をして小地域を利用するように，自然が同時的輪作をしていることになると述べている．ただしこの考えは，その基本において，Gauseの原理がちらちら見える．

31) この関数にはなお，個体間競争の様式（対照か非対照か），遺伝性，環境条件，個体の空間分布などの各項目のばらつき，などをすべて含むという．

32) 上記の'ばらつき'に関連して，B. R. Levinはすでに1971年に，ある種の種内競争による影響が，他種との種間競争による影響よりも大きい場合，両種の共存が実現するということを理論的に述べている．

33) 本節では情報伝達の具体的諸様式について紹介するが，情報（シグナル）伝達に関する一般問題についての数理論に基づく説明が，進化の過程に照らして，谷内茂雄（1994）によって行われている．シグナルをどう理解し，どう使いどう受け取るか，その際正直さ（Honesty）の持つ意味，シグナルの意図と質の内容，伝達効率等を論じ，性選択や血縁度の関係も取り入れて，最後の進化的機構に照らした評価は主としてESS処理によって結論に導くというものである．彼は主用文献を多数紹介しながら論考を進めているので，興味ある方は参照されたい．なお昆虫に見られる化学物質や音による情報伝達に関する最近の知見について，日高敏隆・松本義明（監修）の環境昆虫学（1999）に載せられた数氏による総説は大いに参考になる．

34) 同種内作用物質のフェロモンに対し，異種間作用物質一般をアロモンと言う人もある（例えば，J. B. Harborn, 1992）．またこれらの物質すべてをセミオケミカル（Semiochemical）と言う人もある（D. A. Nordlund, 1981）．

35) 飽和密度または包容力ともいう．

36) P. F. Verhulst（1838, 1845）は，弾丸が飛ぶ時の空気の抵抗が速度の2乗に比例することの相似として，人口増加に対する環境抵抗のモデルを，次式のように考えた．はじめてlogisticという言葉を使ったのは1845年である．

$$\frac{dN}{dt} = rN - hN^2$$

37) これらの微分方程式およびその解の差分方程式またはそれに近似の差分方程式の関係についての数学的理解については，山口昌哉（1993）の解説があるので，興味ある読者は参照されたい．なお，そのカオス的理解については，11章で説明する．

38) ゼロー等高線ということもある．

39) この二つの要因—気候要因と生物要因—を明確に指摘したのは，H. S. Smith（1935）とされる（伊藤，1969，参照）．

40) R. H. Tamarin（1978）はVarleyを次の包括学説主張者に入れている．

41) Tamarinはこれを妥協学説（Compromise theory）と言っているが，"言い得て妙"の感がある．なお都城秋穂（1995）の論を引用すると，このような包括学説の出てくる理由は，対立するように見える学説も，原理的対立があるのではなく，もともと複合的性格を持ったものであるからということになる．

42) 一般適応症候群学説（General adaptation syndrome theory）とも言う．

43) この式を導く過程については，伊藤ほか（1996）を参照されたい．

chap. 8 食物連鎖関係と同類関係を結ぶ基本

8-1 はじめに

前々章および前章で,食物連鎖関係および同類関係について話を進めてきた.しかしこの二つの関係は,具体的には切り離して考えることは出来ない関係であって,実は群集の内部構造そのものなのである.食物連鎖関係を縦の関係(Vertical relationship),同類関係を横の関係(Horizontal relationship)と明確に言ったのは,A. Macfadyen (1959)で,その後多くの研究者がそのような理解を示している.これはもちろん群集を前提とした関係である.この縦横の結び目に個体なり個体群があるが,R. Margalef[1] (1991)は,生態学の研究はこの網の糸をエネルギーや物質の相互作用の流れ(Flow)と見,この研究と結び目(Nod)の研究とをあわせて成り立つものとした.

しかし群集の存在は,現在でも,茫漠として適確につかみにくい様相が多い.したがってこれを部分に分割し,その部分について考えることもまたやむを得ない――むしろ必要なこと――と思う.部分に分割すれば,生態学では具体的存在として個体まで行きつくが,本章ではそこまで行かない,個体群または種の段階で,総合した連鎖関係について考えたいと思う.なお前記Margalefの'流れ'のうち,物質・エネルギーの流れについては,10章「生態系」の章で詳しく述べることにする.

8-2 食物連鎖関係と同類関係を結ぶ基本

上に述べたように,群集および生態系の構造や機能を決める基本は,食物連鎖関係と同類関係にある[2].この縦横の糸に結ばれた網目構造の結び目(Margalefの言うもの)に,個体群または個体がある.

この縦横の糸のどちらが大切かと言えば,どちらも大切だ,と言うほかはない.しかし強

いて言えば，縦の糸，すなわち食物連鎖関係の糸の方が太いと考える．すなわち群集や生態系を維持するのに，食物連鎖関係の糸が同類関係の糸よりも，より中心的な働きをしていると考えられる．

同類関係発生の根源に，生活のために同じ，または似た'もの'を要求する，ということがあったが，その'もの'とは，個体維持のための資源としては食物と空間（場所）が，種族維持のためには異性の存在が，主たる'もの'であった．このうち，種族維持は個体維持がなければ全く考えられない内容のものであるが，個体維持は，当面の問題，つまり一生に限った程度の問題としては，種族維持を考えなくても成り立つことがらである．そして個体維持の問題として，高等な動物から下等な動物までを通じて最も重要で，一日たりとも揺るがせに出来ないものは，食物である．物質やエネルギーを取り入れなければ，生きていけないのである．

このように食物連鎖関係は同類関係よりも一層生理的で，生命の維持にとって基本的であり，一方融通のきかない面を持っている．例えば，食性などは遺伝的に決まっていて，容易に転換できるものではない[3]．これに比べて同類関係は，特に高等なものになればなるほど心理的な要素が関係して，食物連鎖関係よりは融通のきく面を持っている．

なお N. G. Hairstone ほか（1960）はかつて，肉食動物と独立栄養生物は，その盛衰が競争によって制御されることが多いが，一方植食動物は捕食によって制御されることが多いと述べた．似たことを述べた人はその後もあり，生物界を広く見るとそういう面もあろうが，上に述べた考えを損なうものではない．

8-2-1 食物連鎖関係によって同類関係が規制される場合

上に述べたように，食物連鎖関係と同類関係は相互に影響しあう，群集内の網目構造をなすものであるが，記述の都合上，まず食物連鎖関係によって同類関係が規制される例を，いくつか挙げる．

内田俊郎（1952）は，アズキゾウムシ（*Callosobruchus chinensis*）とヨツモンマメゾウムシ（*C. maculatus*）をアズキ（*Phaseolus angularis*）の実を餌にして一緒に飼うと，前者は亡びて後者だけが生き残るが（図7-18），この容器に両種の寄生蜂であるゾウムシコガネコバチ（*Neocatolaccus mamezophagus*）を入れると，ゾウムシ2種は共存することを見た（図8-1）．

これは寄主—寄生蜂の食物連鎖関係が，寄主の同類関係を変化させた例であるが，同じゾウムシ2種を用いて，今度は両種にとってあまり好適でないダイズ（*Glycine max*）の子実を餌として与えると，両種が共存したり，またどちらかの種が生き残る不定の結果となる［T. Yoshida（吉田敏治），1966］．その状況を図8-2に示す．よく似た例がD. J. Merell（1951）によって報告されている．彼はショウジョウバエの2種，キイロショウジョウバエ（*Drosophila melanogaster*）とスジショウジョウバエ（*D. funebris*）を飼って実験した．この2種を一緒に飼育し，餌を特別に補給しないと，常に前者が亡び後者が生き残るが，定期的に新鮮な餌を補給すると，両種とも共存した．これは，餌が古くなると *funebris* が増えたが，新しい餌をやると *melanogaster* が増えるからである．あるいはまた，L. C. Birch（1953）の，コクゾウ[4]（*Sitophilus zeamais*）とココクゾウ[4]（*S. oryzae*）の競争関係が，餌としてコムギ（*Triticum aestivum*）の粉を与えた場合と，トウモロコシ（*Zea mays*）を与えた場合で逆転する例も挙げることで

きる．小麦粉の場合にはココクゾウが勝ち，コクゾウは絶滅したが，トウモロコシの場合にはコクゾウが勝ち，ココクゾウは亡びてしまった．

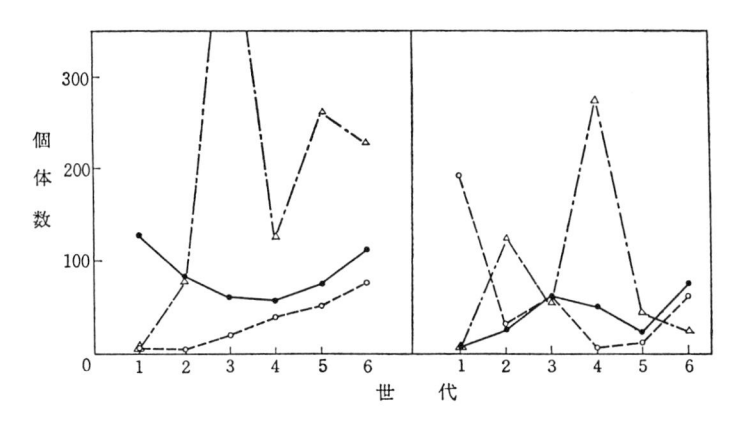

図 8-1 アズキの実を食うアズキゾウムシ（--○--）およびヨツモンマメゾウムシ（—●—）をいっしょに入れた容器に，この両種の寄生蜂であるゾウムシコガネコバチ（--△--）を入れた場合の生存関係．2回の繰り返し実験結果．寄生蜂を入れない場合は，アズキゾウムシが亡び，ヨツモンマメゾウムシだけが生き残るが，その状況は図 7-19 に示した．[Utida 1953]

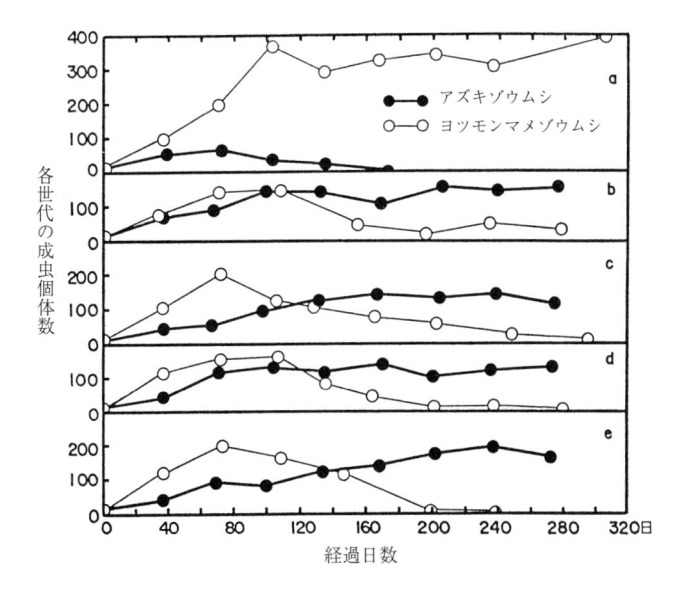

図 8-2 ダイズの実を餌に与えた場合の，アズキゾウムシとヨツモンマメゾウムシの密度変化．この2種にとって，ダイズはあまり好む餌ではない．結果は共存することもあるし，またどちらか一方だけ生き残ることもある．5回の繰り返し実験結果を示す．なおアズキを餌に与えた場合の結果の図 7-19 と比較されたい．[Yoshida 1966]

カナダの Ontario 州 Sudbury 付近には各種の酸性度（pH 4.2〜7.7）の小湖沼がたくさんある．D. K. McNicol & M. Wayland (1992) は65の湖を調査したところ，そのうち39の湖では魚 (Cyprinidae, Gasterosteidae, Percidae など) が見られたが，26の湖では全く魚がいなかった．このいない理由として，水の酸性の強いことが一つの大きい理由であった．そのような湖では反対に，ホオジロガモ (Bucephala clangula) やハジロガモの一種 Aythya collaris の数が多くなってい

た．これは魚と水鳥の共通の餌が水棲の昆虫類［トンボ類の幼虫やマツモムシ（*Notonecta*），ミズスマシ（*Gyrinus*）など］であり，魚がいなくなることで水鳥たちに食料が多くあたるようになった結果であると考えられた．これはまた消費型競争（Exploitative competition）とも見ることができる．

以上単純な例を挙げたが，食物連鎖関係が同類関係を規制することは普通に見られる現象である．

8-2-2 同類関係によって食物連鎖関係が規制される場合

前に述べたように，同類関係によって食物連鎖関係の本質が規制されることは，めったにないであろう．群れ生活をする動物の優位者がよい餌を採り，よい餌のある場所をなわばりとして保つということはよく見られるが，その場合でも，劣位者がその種として食べることが不可能なものを食べるようになるということはない．その種として遺伝的に許容できる範囲の食物の中で，より好ましいものとより好ましくないものを，優位者と劣位者が食い分けるだけである．

まず種内の同類関係によって食物連鎖関係が影響を受ける例を挙げよう．ニホンザル（*Macaca fuscata*）の群れにいる子ザルが，今まで食べたことのない落花生を食べることを覚えると，それが風習となって群れ全体に広がるのなどその例である（宮地，1966，に各種の例の紹介がある）．またB. G. Galef, Jr. とその学派は，ドブネズミ（*Rattus norvegicus*）を用いて多くの実験を行い，群れの中のある個体（A）の食物経験による情報が，嗅ぎ合い（Sniffing）などを通じて，生活を共にしている他の仲間に伝わり，その結果その仲間の食性が変化する例（例えば今まで食べたことのない餌を食べたり，今まで好んで食べていた物を食べなくなるなど）を多く報告している（Galef, 1986, 1991; Galef & Clark, 1971; Galef & Wigmore, 1983）．

種間関係としては，次のような例もある．京都大学の河川生態研究グループは，京都府の河川を中心にして，その群集の解析を行ってきた．その結果の一部として，川那部浩哉（1960）の行った河川群集の食物連鎖関係と同類関係の解析の研究を紹介する．これは9章で述べるべき群集の問題に直接関係するものであるが，ここでは特に縦横の関係の問題として引用したい．

図8-3は京都府の宇川（1955年調査）と上桂川（1957年調査）の，夏季の，それぞれ中流域の食物連鎖関係を中心として，魚類，昆虫類の種類関係と，藻類を含む関係を示したものである．かなり複雑な線で結ばれているが，二つの点に注目していただきたい．一つは，藻類食のアユ（*Plecoglossus altivelis altivelis*）が多いか（2尾/m^2以上，宇川の場合）少ないか（0.3尾/m^2以下，上桂川の場合）と関連して，コイ科の浮き魚であるカワムツ（*Zacco temmincki*），オイカワ（*Z. platypus*），ウグイ（*Leuciscus*（*Tribolodon*）*hakuensis*）が，陸上昆虫を主食とするか藻類を主食とするかという違った現象が現れることである．他の一つは，コイ科の底生魚のムギツク（*Pungtungia herzi*），ズナガニゴイ（*Hemibarbus longistris*），カマツカ（*Pseudogobio*（*Pseudogobio*）*esocinus*）がいるか（上桂川の場合）いないか（宇川の場合）に関連して，同じ底生のヨシノボリ（*Rhinogobius* spp.）やシマドジョウ（*Cobitis biwae*）が藻類を主食とするか底生昆虫（主として幼虫）を主食とするかという異なる現象が現れることである．藻類を食うか昆虫を食うかということは，大変大きい食性の転換であるが，強い競争相手のいない時には本来好きな餌を採り，

その相手のいる時には次善の餌を採ると考えてよいであろう．上と同じ傾向は，宇川の1958年，上桂川の1959年，犬飼川の1958年，上由良川の1958年の各研究においても認められたので，ほぼ確かな事実としてよい．宇川における年変化を見ても，アユがいない時にはオイカワは川の中央の瀬で藻類を主として食っているが，アユが現れるに従ってヤナギの生えた川岸や淵よりに移動し，そこでは当然藻類が少ないので，陸上性昆虫主食に移ることが観察された（川那部，1960）．

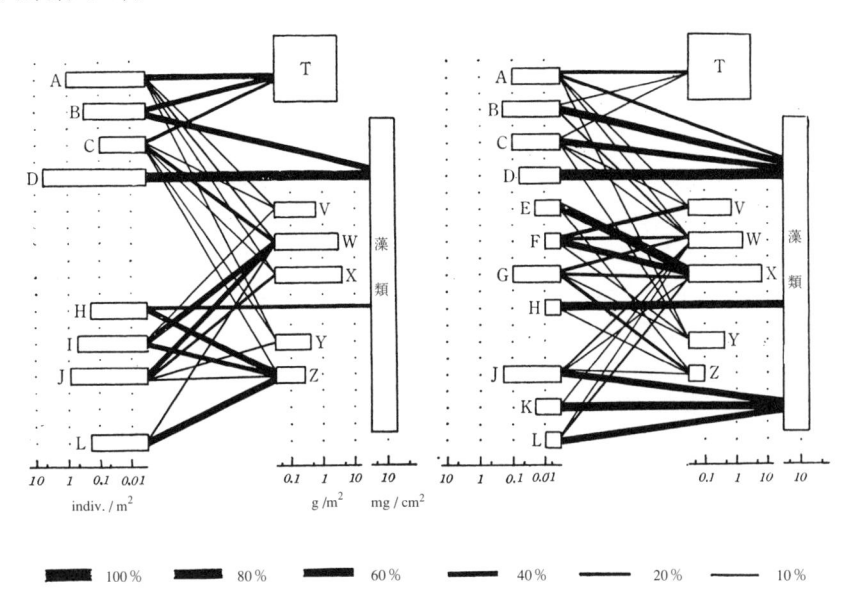

図8-3 京都府宇川（左）と上桂川（右）の中流域の，夏季における，魚—昆虫—藻類の食物連鎖関係と，それぞれの段階の同類関係の連関図（連関の内容は本文参照）．A～L：魚類，T：陸棲昆虫，V～Z：水生昆虫．密度，現存量は下の対数目盛による．陸生昆虫の量は未詳．
A：カワムツ（学名本文，以下同様），B：オイカワ，C：ウグイ（以上3種コイ科の浮き魚），D：アユ，E：ムギツク，F：ズナガニゴイ，G：カマツカ（以上3種コイ科の底魚），H：ギンブナ（Carassius gibelio），I：ウキゴリ（Chaenogobius urotaenia），J：ヨシノボリ，K：アジメドジョウ（Niwaella delicata），L：シマドジョウ．V：カワゲラ類（Plecoptera），W：カゲロウ類（Ephemeroptera），X：トビケラ類（Trichoptera），Y：ナベブタムシ類（Aphelochiridae）およびドロムシ類（Dryopidae ほか），Z：ユスリカ・ガガンボ類（Diptera）．
［川那部 1960］

以上の事実は，同類関係が食物連鎖関係を規制した例として注目される．

8-2-3 総合関係

上に一応食物連鎖関係と同類関係のどちらかが，生活の相互関係において力を持つ場合について述べた．しかしもちろん自然における生物の生活はそんなに単純なものでなく，我々の予測を越えて一つの関係は別の関係を生み，とどまるところが分からないのが実態である．文字通り網の構造は，すべての目を結び付けている．我々が知っているのは，そのごく限られた一部の関係である．その一部の状況——と言っても我々にとっては複雑なものであるが——を，大串隆之（1992b, 1993）は概説している．その中から一例を，S. H. Faeth（1985, 1986, 1987）の一連の研究にとって紹介する．なおここまでくれば，それはもはや群集の問題と言ってもよいものであるが，全体よりは部分の関係を重く見ているので，この章で扱うことに

する．

　Arizona 州に生えているカシの一種 *Quercus emoryi* の葉をかじったり（葉かじり者集団，Leaf-chewing guild），中にもぐったり（葉もぐり者集団，Leaf-mining guild）して，害を与える昆虫達がいる．葉をかじるのは，鱗翅目の幼虫，ハムシ類，ゾウムシ類，膜翅目の幼虫などで，葉にもぐるのは，鱗翅目の幼虫のハモグリムシ（*Stilbosis juvantis*）である．そしてまたハモグリムシに寄生する寄生蜂（ヒメコバチ，ヒメバチ，コマユバチ類；Parasitoid guild と言ってよかろう）もいるし，その病気を起こすバクテリアや菌類（Parasite guild と言ってもよい）もいる．彼等の間の縦横の関係を示したのが，図8-4である．春（5月頃）にはこのカシの葉はそれをかじって食う昆虫の害を受ける．その際カシの葉は，防御物質として2次生産物のタンニンを生産する．夏（6月末から7月）になるとハモグリムシが現れ，葉にもぐりこんでそれを食うが，またカシの葉は同じようにタンニンを生産するので，その量は蓄積する．ところがこのハモグリムシに寄生する寄生蜂は，タンニンに誘引されてハモグリムシに近づき，寄生率を上げる．タンニンはまたハモグリムシの生長を抑え，その発育期間を長期化することによってますます寄生率が上がる．ところが一方で増加したタンニンは，ハモグリムシに病気を起こすバクテリアや菌類の増殖を抑え，ハモグリムシの死亡率を低下させる（縦の間接効果）．葉かじり昆虫と葉もぐり昆虫は出現時期が違うのに，前者は食べる植物の化学成分の変化を通じて，後者の生存率などに大きい影響を与えている（横の間接効果）．この種の縦横の関係は，非生物環境の影響と相俟って，自然ではごく普通に見られる状況であろう．

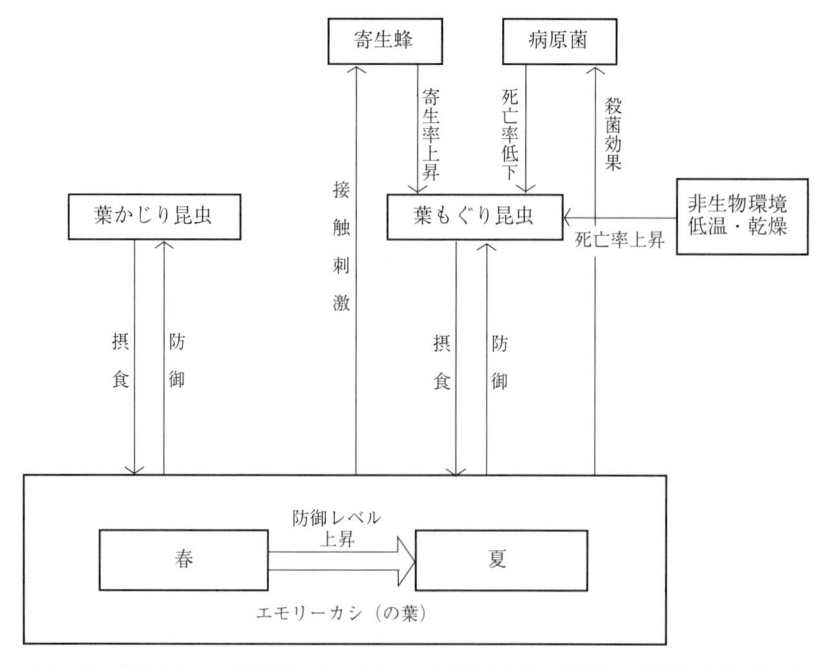

図8-4　カシの木と，その葉をかじって食う昆虫，中にもぐって食う昆虫とその寄生蜂の，縦横の直接間接の相互関係．その他説明は本文．[Faeth 1986 に基づき，大串 1993 を森 改編]

　次に今一例を，土壌中の微小節足動物と微生物の相互作用について説明する．ここに言う微小節足動物とは，重さ10〜100mg程度の節足動物で，トビムシ類（Collembola），ダニ類

(Acarina), カマアシムシ類 (Protura), ヤスデモドキ類 (Pauropoda) などを言い, 微生物とはバクテリアと菌類を言う. これらの微小生物は土壌中で腐食系 (Saprophytic system or Detritus chain) を作って, 生態系の維持変転に重要な役割を果たしていることは確かであるが, その実態の研究は大変遅れた分野である. そこには食物連鎖関係と同類関係が結び合った興味深い現象があるようで, その若干の様相を J. Lussenhop (1992) の概括図によって説明する (図 8-5). この図は多数の文献を参照してかかれたものである.

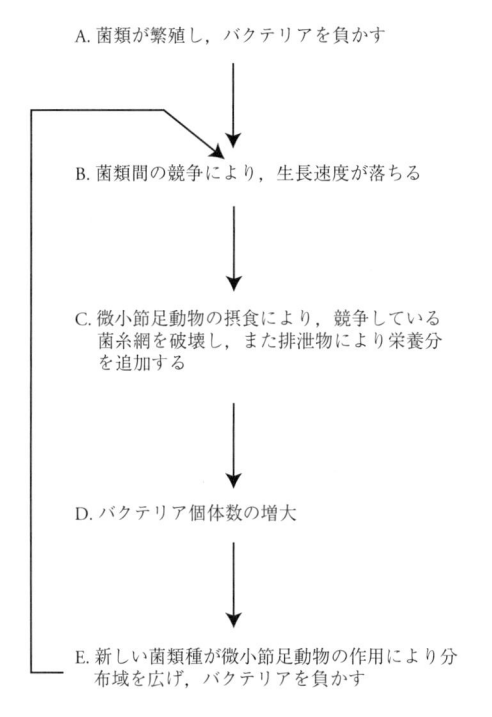

A. 菌類が繁殖し, バクテリアを負かす

B. 菌類間の競争により, 生長速度が落ちる

C. 微小節足動物の摂食により, 競争している菌糸網を破壊し, また排泄物により栄養分を追加する

D. バクテリア個体数の増大

E. 新しい菌類種が微小節足動物の作用により分布域を広げ, バクテリアを負かす

図 8-5　土壌中の腐植系における, 微小節足動物―菌類―バクテリアの相互作用環の大綱. 説明本文.
　　　　[Lussenhop 1992]

まず菌類が旺盛に繁殖している土壌があるとする (図のA). そこでは菌類は競争によってバクテリアを排除するが, 同時に同類の種内種間競争が起こり, 互いの生長を阻害する (B). この時微小節足動物の選択的摂取が働き (微小節足動物のうち大型のものは菌類を, 小型のものはバクテリアを食う傾向がある), 菌糸網を破壊し, 菌類の生活力はさらに衰える (C). その結果再びバクテリア個体群の増殖が起こる (D). 再び微小節足動物の選択的摂取を逃れた新しい菌類の増殖が起こり, その分布拡大を微小節足動物の活動が助け, 結果としてまたバクテリアの減少に導く (E). 以上は土壌腐食系の変遷のある面を示したものであり, もちろん大型動物 (ミミズ類, ヤスデ類, ワラジムシ類など) が加わり, また落葉落枝の状況や土壌自体の物理化学的性質などによって, 様相は大いに変わってくることもあろう.

次に岩礁の生物群集の相互作用による動態の一面を, K. Iwasaki (岩崎敬二, 1993a, b, c) の研究によって述べる. 彼は京都大学白浜臨海実験所付近の岩礁で, カサガイ類, イワフジツボ (*Chthamalus charengeri*) および海藻類の消長関係を, 潮間帯群集の中のギャップに実験的に設置した場所で調べた. なおこの潮間帯の下部の群集は, 主としてヒバリガイモドキ

(*Hormomya mutabilis*) から構成されていた．1983年4月に，上の潮間帯ギャップにセメントで水平の基盤を作り，その上に底面27×18cm，高さ9 cmのステンレス製の網籠を固定し（底質はセメント面となる），中にヨメガカサ（*Cellana toreuma*），キクノハナガイ（*Siphonaria sirius*）などを個別に，または一緒にいれて，付着生物の変化状況を，1984年8月まで調べた．網にいれた個体数は，上記自然のギャップ中の最大密度または平均密度であった（キクノハナガイは100cm^{2}当たり最大3.66，平均1.46個体で，ヨメガカサガイは同じく4.51と2.37個体）．この実験場に出現した海藻類は，多葉状に生長するサンゴ藻のピリヒバ（*Corallina pilulifera*）と緑藻のアオノリ（*Enteromorpha* sp.），基底を覆って生長するサンゴ藻のウミサビ（*Spongites* (*Lithophyllum*) *yedoi*）と褐藻のイソガワラ（*Ralfsia* sp.）の4種である．なお実験はツタノハガイ（*Patella flexusa*）についても行われたが，その結果は省略する．

得られた結果の一部を図8-6に示す．貝を入れない対照籠（a）では，まず多葉状に生長するアオノリが旺盛に成育するが，冬になった頃からアオノリの葉状体（Thallus）間に同じく多葉状に生長するピリヒバが生長しはじめ，翌春にはその単純群集となった．ここではイワフジツボは生育しなかった．

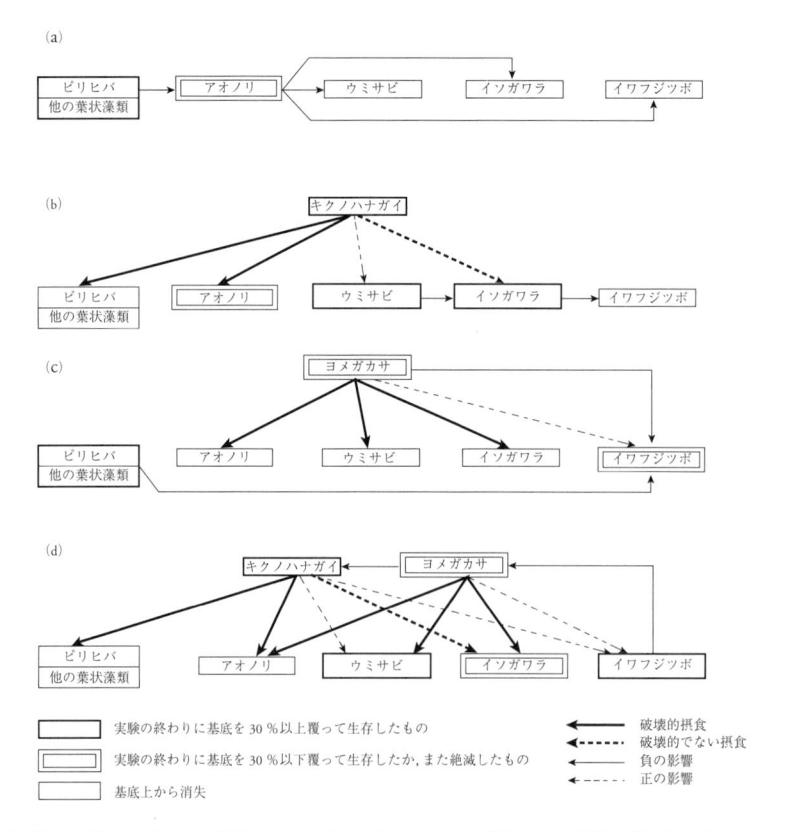

図8-6　カサガイ類を3種類の組合せで網籠に入れた場合（b, c, d）の群集の遷移状態．(a) 何も入れない対照で，葉状に生長する藻類だけが生長する．(b) キクノハナガイだけを入れた場合．基底を覆って生長する型の海藻が旺盛に生長して貝と共存し，イワフジツボは出現しない．(c) ヨメガカサだけを入れた場合．ピリヒバのような葉状に生長する海藻が繁殖し，他の藻類は出現せず，イワフジツボはわずかに現れる．ヨメガカサも実験の終わりに死滅．(d) 両種のカサガイを同時に入れた場合．基底を覆って生長するウミサビが旺盛に，イソガワラもかなり生長するが，葉状生長の藻類は生長せず，またイワフジツボが旺盛に生長する．この場合もヨメガカサは終わりに死滅した．[Iwasaki 1993a, b より]

キクノハナガイを入れた籠（b）では，基盤を覆ってイソガワラが急速に生長する．キクノハナガイの歯舌（Radula）は繊細で，このイソガワラの表層を食べるだけで，その植物自体を食べ尽くすことはない．秋になるとやはり基盤を覆って生長するウミサビがイソガワラの上に着生し，旺盛に生長を始める．一方多葉状のアオノリやピリヒバが生長しないのは，基盤を覆うイソガワラやウミサビの上に着生したアオノリやピリヒバの葉状体をキクノハナガイがすべて食べてしまうからである．結局実験の終わりにはウミサビがキクノハナガイの間接の助けによって，最も優勢に基盤を占めることになった．次にヨメガカサガイだけを入れた籠（c）では，この貝の歯舌が強力なため，すべての藻類を食い尽くし，初めの2カ月間は基盤は裸であった．しかし夏になるとイワフジツボが着生しはじめ，ヨメガカサガイはこのフジツボの上を這うことが出来ないので，イワフジツボが大きくなるに従ってヨメガカサガイは食物が不足し，ついに秋の終わりには全滅してしまった．それに伴ってピリヒバが多葉藻の間に芽生え，イワフジツボの殻の間隙に生長し，冬の半ばにはイワフジツボをほとんど殺してしまった．他の藻類はヨメガカサガイの旺盛な摂食のため，ついに出現しなかった．こうしてヨメノカサガイは間接にイワフジツボの着生と生長を助け，反対に後者は前者の生存を阻害したのである．

では両種のカサガイを同時に入れるとどうなるか（d）．最初の2カ月間は両種の旺盛な摂食により基盤は裸の状態であった．その間ヨメガカサガイの生長は，単独の場合と変わりがなかったが，キクノハナガイの生長は，単独の場合より非常に悪かった．夏になってイワフジツボが着生し，裸底の2/3を覆うようになった．そこでヨメガカサガイは単独の時と同じく，秋には死に絶えた．イワフジツボの生長していない1/3の基盤にはイソガワラが急に現れたが，冬の半ばにはウミサビがこれに取って替わった．イワフジツボは実験期間の終わりまで生育したが，これはその群集の上を這うことのできるキクノハナガイが，フジツボの間に発芽してくる多葉藻類を食ってしまったからである．カサガイ両種の混合摂食がイワフジツボの生存を間接に助け，またイワフジツボはキクノハナガイを，その競争種のヨメガカサガイから，逃げ場を作って間接に守った．イワフジツボとキクノハナガイは間接の共生関係にあったと言える．こうして岩礁の生物群集の，複雑な縦および横の相互作用のもとでの生存の一面を見ることが出来たのである．

今一つ興味深い例として，T. Itioka & T. Inoue（市岡孝朗・井上民二，1996a）及び市岡孝朗（1997）の研究したカイガラムシとそれを捕食する昆虫，およびカイガラムシを守るアリの間の関係を引用しよう．和歌山県のウンシュウミカン園（省農薬栽培）にその害虫ミカンヒメコナカイガラムシ（*Pseudococcus citriculus*）が発生する．そこにはこの虫を捕食するヒメアカホシテントウ（*Chilocorus kuwanae*）とクサカゲロウの一種（Chrysopidae sp.）が棲み，さらにカイガラムシの出す甘露を食べているトビイロケアリ（*Lasius niger*）が棲んでいる．このアリは捕食者を攻撃してカイガラムシを守っている．この四者は常時には平衡状態にあって，個体群の大きさは変化しない．ところが実験的に2種の捕食者を除くと，カイガラムシの第1世代個体群は5倍に増えるし，またアリを除くとカイガラムシの第1世代個体群は94％もの減少を示した．彼ら（1996b）はまた似た例を，ルビーロウカイガラムシ（*Ceroplastes rubens*）とその寄生蜂ルビーアカヤドリコバチ（*Aniceus beneficus*）およびトビイロケアリの3者間の関係についても報告しているが，その詳細は省略する．このような状態はおそらく自然では至る所に見られる現象であって，生物生存に対する縦横のきずなの実態を示すものであろう．

8-3 大発生

8-3-1 大発生の事実

自然に生活する動物の個体数は，年ごとに変化する．ある年は多く，他の年は少ない．そしてこの多い年と少ない年とは，何年かの周期で，次第に移行するのが常である．普通，大発生（Outbreak）したというのは，この漸次移行の中で個体数が特別に多くなった時を指して言う．したがって異常な大発生があったとしても，そのためにその動物種が絶滅するというようなことはなく，次に減少した後で，また盛り返して増えてくる．つまり，大発生は，長い目で見ると，動物の世界では日常的なことであると言える．

この大発生は，言うまでもなく食物連鎖関係と同類関係の総合の上に起こる現象である．

大発生の例には事欠かない．それは哺乳類，鳥類，魚類および昆虫類について特によく知られている．哺乳動物については，例のハドソン湾（Hudson Bay Company）の毛皮の資料が，多くの研究者によって繰り返し利用され，その事実を証明してきた．そのうち D. A. MacLulich（1937）がカワリウサギ[5]（Varying hare, *Lepus americanus*）とカナダオオヤマネコ（Lynx, *Lynx canadensis*）の相互変動についてまとめた資料がよく引用されるが，ここではカワリウサギとカナダオオヤマネコの他にアカギツネ（*Vulpes vulpes fulva*）について C. G. Hewitt が1921年にまとめ，Elton（1927）が引用したものを示そう（図8-7）．

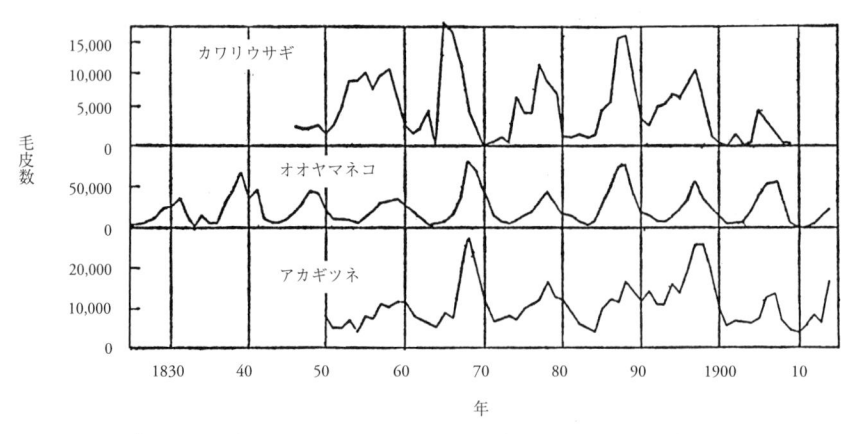

図8-7 カナダの3種の哺乳類（カワリウサギ，カナダオオヤマネコ，アカギツネ）の約90年間にわたる個体数の変動．Hudson 湾会社の毛皮の記録から，Hewitt（1921）がまとめたもの．トラップは冬季に行われるので，各数値は各動物の前年の増加の影響を示している．[Elton 1927 より]

さらによく知られた例に，北極圏のツンドラ地帯に広く棲むタビネズミ類（Lemming）の発生の消長がある．Scandinavia 半島方面にはタビネズミ（*Lemmus lemmus*）が，カナダ方面にはチャイロタビネズミ（*Lemmus trimucronatus* （=*L. sibericus*））が棲んでいるが，いずれも約4年の周期で個体数の変動を示す．この最高・最低の変動幅は，1955年から1974年にかけてのカナダ Barrow 岬の調査で，F. A. Pitelka（1972）は約600倍と言い，G. O. Batzli ほか（1980）は約230

倍と言っている．相当の食い違いはあるが，とにかく数百倍の差があることは事実であろう．なおこの動物の普通年の生棲密度は，1 ha 当たり 30～50 個体である．このタビネズミについての科学的検討が始められたのは，Elton（1942）以来のことで，その後多くの研究が積み重ねられてきたが，それらの成果については，L. B. Keith（1963），Colinvaux（1993），Begon ほか（1996），伊藤ほか（1996），などの教科書を参照されたい[6]．

以上のような哺乳類発生周期は，もちろん日本でもその研究例はある．例えば，北海道北部の森林において，T. Saitoh（斎藤隆，1987）の研究したエゾヤチネズミ（*Clethrionomys rufocanus bedfordiae*）の個体数変動周期などよい例である（図 8-8）．

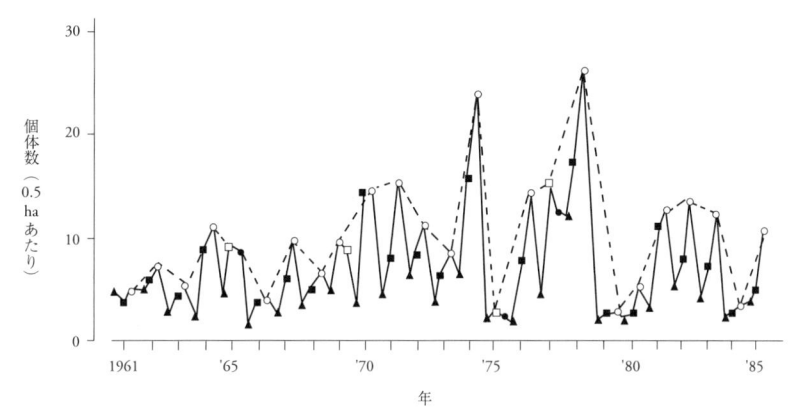

図 8-8 北海道北部地域でのエゾヤチネズミ個体数の変動．▲：春，■：夏，●：秋の各個体数．その年の最大数は大体秋に見られ，白抜きで示した．[Saitoh 1989]

鳥類でもいくつかの周期的大発生の例がある．特にライチョウ類の狩猟鳥について知られている．例えばエリマキライチョウ（*Bonasa umbellus*）など，約 10 年周期の発生消長を示すことで有名である（Keith, 1963, 参照）．しかしここでは鳥類についてはこれ以上詳しくは述べないことにする．

以上のように，哺乳類と鳥類では大発生に周期が見られることが多いが，伊藤（1959）はこれらを表 8-1 のように整理した．植食者について 4 年前後と 10 年前後の周期が卓越しているが，これと組になって捕食者も周期を示すことが多い．

表 8-1 周期的大発生をする恒温動物．実線は食物連鎖関係

	植食者	捕食者
4 年周期	ツンドラ タビネズミ エゾオオライチョウ 極地草原と森林ツンドラ ハタネズミ エゾオオライチョウ	ホッキョクギツネ シロフクロウ アカギツネ ノスリ テン エゾフクロウ
10 年周期	タイガ カワリウサギ ライチョウ類	オオヤマネコ アカギツネ テン オオタカ ミミズク

[伊藤 1959]

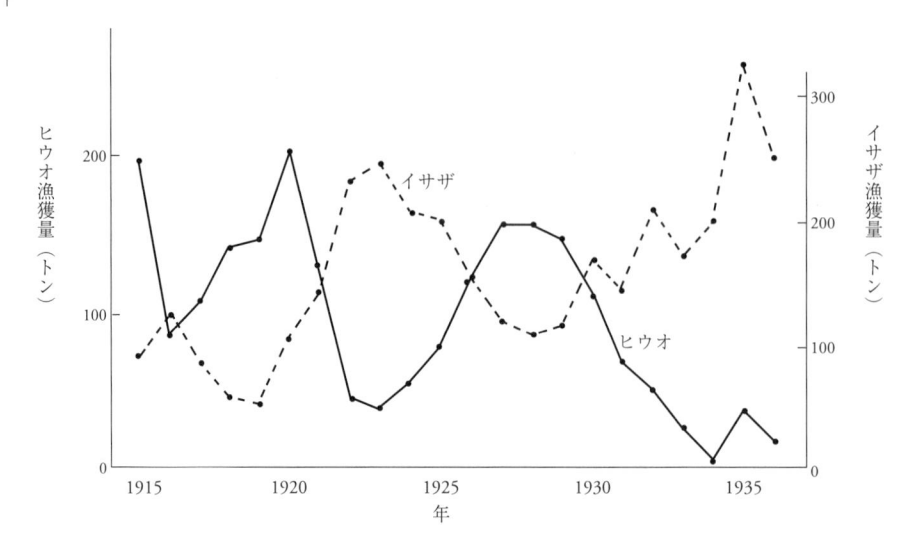

212 | 第8章 食物連鎖関係と同類関係を結ぶ基本

図 8-9 琵琶湖におけるヒウオとイサザの漁獲量の年変動．アユの寿命は 1 年，イサザのそれは 2 年であるのに，年を重ねた漸次的変化（Gradation）が見られる．ここに図示した年代間には，漁具および漁獲努力に大きい変化はなかった．[三浦ほか 1966]

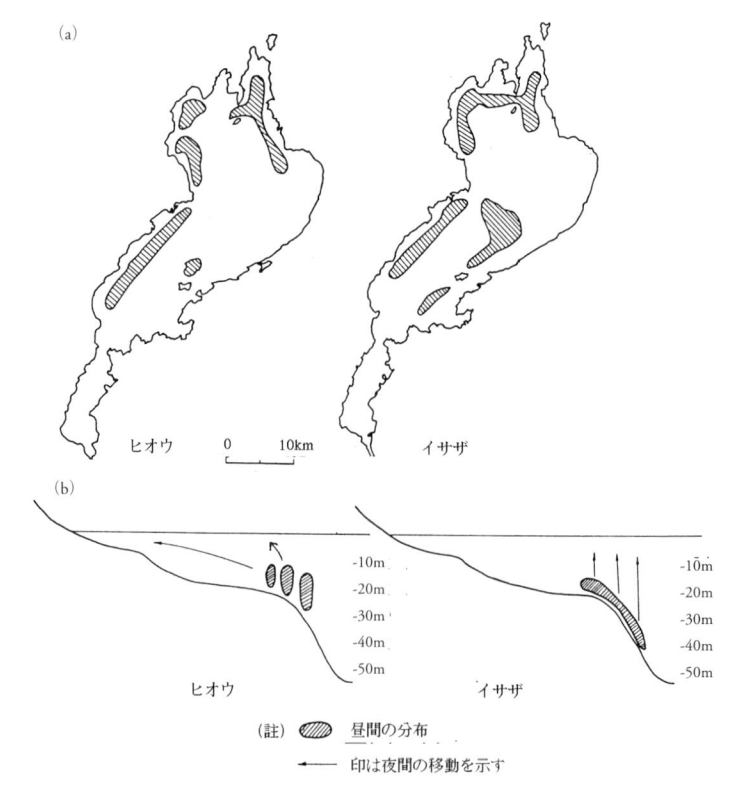

図 8-10 冬期の琵琶湖におけるヒウオとイサザの昼間の分布(a)と，昼夜移動(b)．両種の昼間の分布場所は大変似ている．夜間はヒウオは鉛直方向のみならず沿岸方向にも分散移動するが，イサザは鉛直方向のみ移動する．[三浦ほか 1966；東幹夫 1993 私信]

魚類については，まず三浦泰蔵ほか（1966）の研究した，琵琶湖におけるヒウオ（アユ，*Plecoglossus altivelis altivelis*，の稚魚）とイサザ（*Chaenogobius isaza*）の発生消長を挙げよう．図8-9にその状況を示す．まことにきれいな相反変動を示している．その変動の各相が，代を重ねて方向性をもって達成されていることは著しい．アユの寿命はわずか1年，イサザのそれは2年であることは注目を要する．なぜこのような変動が実現されるかについて，彼等はまず棲む場所が似ていること（図8-10）と，餌が似ていることによる相互作用を考えている．ヒウオの主な食物は，*Diaphanosoma*, *Eodiaptomus*, *Cyclops* などの動物プランクトンであり（東幹夫，1964），イサザは *Diaphanosoma* を主とした動物プランクトンを採り，大型になるとヨコエビ類の *Anisogammarus* を食っている．棲み場所については，いわゆる干渉型競争（Interference competition, p.66参照）が，餌についてはいわゆる資源消費型競争（Exploitative competition, p.66参照）が考えられることになる．なお三浦ほかはこの変動の主動因はイサザにあり，その密度変動に伴ってヒウオの変動が起こると考えている．ではイサザの変動の原因は何かについては，特に述べてはいないが，かつて小林茂雄（1952）は密度依存変動を示唆した．

魚類については，さらに他の例として，H. Matsuda（松田裕之）ほか（1992，一部私信）の研究を挙げよう．彼等は，1905〜1990年の間にわたるいくつかの漁業統計を処理して，日本近海のプランクトン食の浮魚類の消長を，図8-11のようにまとめた．この図で明らかなように，1930〜1940年にかけてのa群のマイワシ（*Sardinops melanostrictus*）が盛期を過ぎて衰えてくると，次にc群のカタクチイワシ（*Engraulis japonica*），マアジ（*Trachurus japonicus*），ムロアジ（*Decapterus muroadi*），サンマ（*Cololabis saira*）の漁獲量が増え，その1955〜1965年の盛期を過ぎると，次にb群のマサバ（*Scomber japonicus*），ゴマサバ（*S. tapaeinocephalus*）の1970〜1975年の盛期を迎える[7]．さらにそれに引き続いて，今度ははじめのa群が，1980年以降急増してb群と交代し，今日を迎えている．彼等は上のa→c→b→aと交代する優占群の間に，動物プランクトン食に基づく種間競争[8]と，水温変動という非生物環境要因の変化に対する反応の違いに基づいて，三すくみ説（Cyclic advantage hypothesis）を唱えた．そしてマイワシの一世代は3〜4年であるが，個体数の増減周期は数十年を要し，また最高時の数は最低時の数の数百倍になるとした．

次に昆虫類を見ると，その有名な例は，トビバッタ（Migratory locust）に関するものであろう．北アフリカ中心のサバクトビバッタ[9]（*Schistocerca gregaria*），アジアのアジアワタリバッタ[10]（*Locusta migratoria manilensis*）の他に，アメリカ大陸にも，オーストラリア大陸にも，類似のものが分布する．大体世界の穀倉地帯には必ずいずれかの種が分布し，時として農作物に大害を与えてきた．そのためアフリカに関係あるヨーロッパ諸国では，相次いで研究所を創設したりして（例えば1945年にイギリスで設けられたB. P. Uvarov が所長となった Anti-Locust Center など），研究を行ってきた．1948年から1968年の20年間に，7,000編の研究報告が出たと言うが，現在でもまだ害の予防法は確立されていないと言う（バッタの大発生およびそれに伴う生態については，伊藤ほか，1990，参照）．サバクトビバッタの大発生は10年以上も続くことがあり，終わると30年も平静なこともあり，また1年経っただけで再発することもある．つまりバッタの大発生は不規則なことが多い．その際最も注目を集めた現象の一つに相変異（Phase variation）というものがあり，ロシアの学者B. P. Uvarov（1921）によって確認され，それによってアジアワタリバッタがトノサマバッタと同一種であることが分かった．この相変異については，また後で触れることにする．

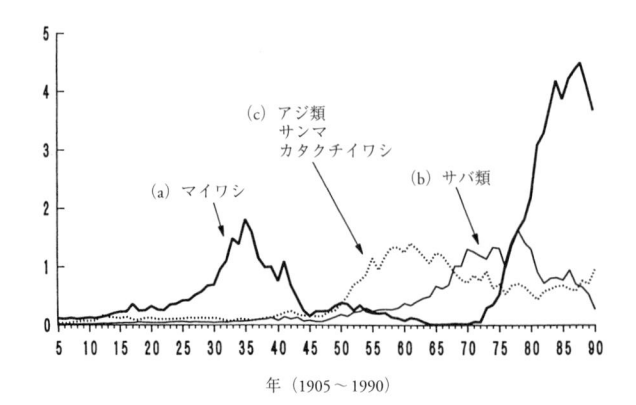

214 | 第8章 食物連鎖関係と同類関係を結ぶ基本

図8-11 日本近海産のプランクトン食浮魚類の，1905〜1990年間の，漁獲統計．a群（マイワシ）→c群（マアジ，ムロアジ，サンマ，カタクチイワシ）→b群（マサバ，ゴマサバ）→a群と移行する．
[いくつかの資料をまとめ，Matsudaほか1992]

サバクトビバッタは，1941年から1947年にかけて，また1949年から1962年にかけて大発生をしたが，それまでの歴史を検討して，1966年にZ. Waloffが移動経路を発表した．図8-12にそれを示す．トビバッタの場合，周期の規則性がなく，その点で哺乳類などの場合と違い，真に突発的大発生である．昆虫類にはそのようなものが多い．したがってその大発生の原因については，哺乳類などの場合と違い，考察の範囲がやや狭くなるように思われる．これについては次節で述べる．

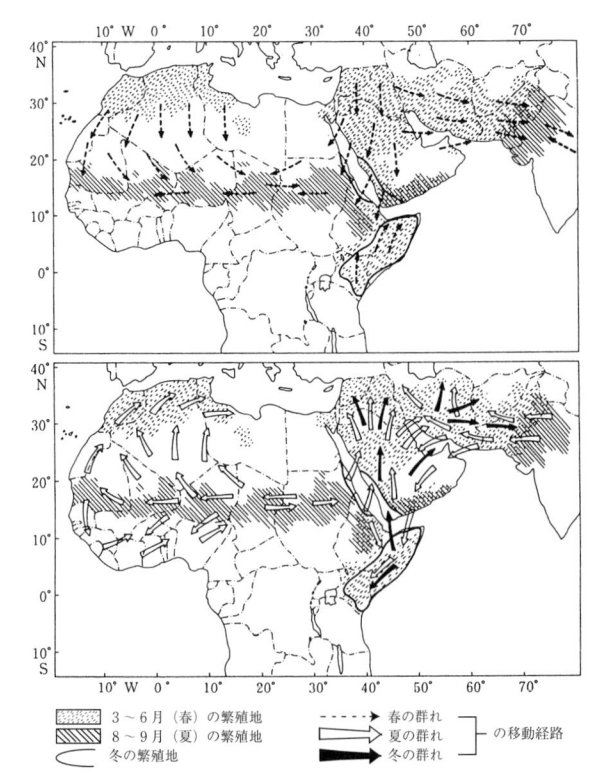

図8-12 1937〜1963年のサバクトビバッタの繁殖地および群飛の主な道筋．[Waloff 1966による]

昆虫の大発生についての日本の文献も数多い．ここではまず，K. Miyashita（宮下和喜, 1964）によって発表されたドクガ（*Euprotis flava*）の発生消長の例を挙げる（図8-13）．これは秋田県農業試験場の光トラップで捕えたガの数の，16年間にわたる資料である．宮下は7～9年周期での消長を認めた．この場合宮下は，食物連鎖との関係を指摘していないので，この章で触れるのは適当でないかもしれないが，都合によってここで事実を挙げておく．今一つの例として，ブナ（*Fagus crenata*）の葉を食べる昆虫のブナアオシャチホコ（*Quadricalcarifera punctatella*）を挙げる．このガは8～11年の周期で大発生することが知られている（A. Liebhaldほか, 1996）．その大発生を起こす原因については，後で「食物説」のところで述べる．なお日本のトノサマバッタではめったに大発生現象が見られないが，その原因を田中寛（1996）が研究し，発生の母体となる生息空間が限られていること，生活史の地理的変異が著しいこと（大発生が長続きしない）にあると考えた．

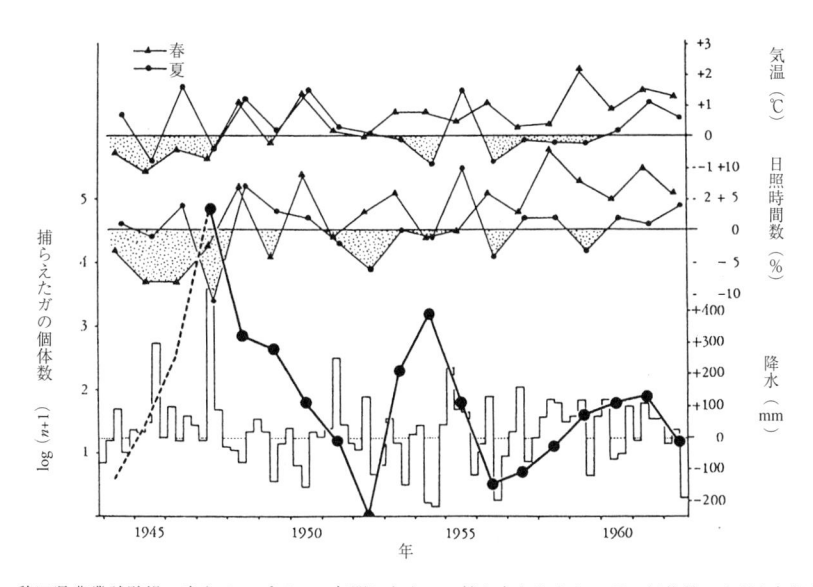

図8-13　秋田県農業試験場の光トラップで，16年間にわたって捕らえられたドクガの個体数の変動と気候統計．気温は1886～1962年間の，日照時間は1904～1962年間の，それぞれ平均からの偏差を示す．
　　　　［Miyashita 1964］

8-3-2　大発生を起こす原因のまとめ

　前節で大発生を起こす原因について多少触れたところもあるが，この節では改めてまとめて述べることにする．

　哺乳類，鳥類，昆虫類などは世界で目立つ大発生を起こし，人間の経済活動にもしばしば大きい影響を与えたこともあって，そのような現象の起こる原因については，古くから研究が行われてきた．何かの種に大発生が起これば，当然この種を取り巻く群集や生態系に大きい影響を与え，または反対に，群集や生態系の変動の結果としてある種に大変化が起こるのであるから，大発生要因の検討には包括的な考察を要することは言うまでもない．しかし従来，ある面を強調して論じられたものが多いので，まずその線に沿って以下に述べることにする．

表8-2 野ネズミおよびバッタ類個体群の変動因に関する主な仮説

仮　説	提唱者あるいは主な支持者
A. 偶然変動説	P.Palmgren（1949）
B. 非生物要因説（気候説）	C.Elton（1924），S.A.Graham（1939），F.S.Bodenheimer（1958），K.Miyashita（1963），B.P.Uvarov（1966,1977），W.A.Fuller（1967）
C. 生物要因説	
a.食物連鎖関係	
1. 食物説	D.Lack（1954），F.A.Pitelka（1957），G.O.Batzli（1983）
2. 捕食説	O.P.Pearson（1966），L.Hansson & H.Henttonen（1988）
3. 寄生説	L.O.Howard & W.F.Fiske（1911），J.H.Myers（1988），L.Hansson & H.Henttonen（1988）
b.同類関係	
1. ストレス学説	J.J.Christian（1950），J.J.Christian & D.E.Davis（1964）
2. 遺伝行動多型説	D.Chitty（1958,1960） C.J.Krebs（1964,1973）
3. 血縁行動説	E.L.Charnov & J.P.Finerty（1980），N.C.Stenseth（1983）
4. 本性変動説	V.E.Shelford & W.P.Flint（1943），森主一ほか（1958）
D. 多要因説	L.R.Clark（1962,1964），R.H.Tamarin（1978），M.Begon（1990），P.Colinvaux（1993），森主一（本書）

［斉藤1990を参考にし，昆虫類に関する資料等を森加筆］

　そのため，斎藤隆（1990b）が野ネズミの個体群の変動の原因についてまとめた結果を，多少加筆して引用する（表8-2）．これはその他の動物群についても適用できるものと思う．以下この表に基づいて概略を説明する．なお斎藤の1984年の著作も参考になる．

A.偶然変動説（Random fluctuation theory）

　P. Palmgren（1949）は，北ヨーロッパの鳥や哺乳類の短期変動の平均周期が，乱数表の平均周期に似ており，これはある主要因（Master factor）（多分気候）の偶然変動に基づくものであろうと言った．これに対しL. C. Cole（1951）は，個体数の変動には多くの要因が関係しているのが常であるが，そのような場合には，多くの悪影響の結果として偶然変動が起こるとした．しかしL. B. Keith（1963）は，彼等は貧弱な資料を使ったからそうなったのであって，やはり10年周期はあると考えた．その後この偶然変動説を強調する論は見ない．

B.非生物要因説（Abiotic factors theory）

　これは主として気候説（Climatic or Meteorological theory）で，Elton（1924）によってはっきりと主張された．カナダのカンジキウサギ（*Lepus americanus*）が，太陽黒点の11年周期に合致して増減すると言ったのである．しかしこの説はその後の論議を経て誤りであるとされ，生物起源の10年周期が定説となった．その間に出された説の中には，オゾン周期（Ozone cycle），紫外線周期（Ultraviolet cycle），月光周期（Moonlight cycle）など，多数ある．そしてそれぞれ難点が指摘されているが，しかし今日でもなお関心を引いているのには，二つの理由があると，Keith（1963）は述べた．それは一つには，10年周期に著しい規則性があること，もう一つには生物的系は，その内因によって10年周期を生み出すにはあまりにも複雑すぎるという点にある．

　図8-14は，広大なHudson湾をめぐる8つの地域で，チャイロタビネズミ（Lemming,

Lemmus trimucronatus) とホッキョクギツネ（Arctic fox, *Alopex lagopus*）の数の変動およびシロフクロウ（Snowy owl, *Nyctea scandiaca*）の主な移動が，同時的に起こったことを示す［H. Chitty, 1950b; なおH. Chitty（1950a）はカンジキウサギについても，Nova Scotia から Alaska に至る広い地域において，類似の現象が起こっていることを報告している］．H. G. Andrewartha & L. C. Birch（1984）は，このような広い地域での数の変動の周期性には，やはり気候による時揃えが考えられる（気候による植食者の餌を通じての影響がある）と述べている．ただし最近 D. Chitty（1996）は周期の同時性は，気候の影響が大きいように見えるが，それだけでは説明しきれないということを強調している．

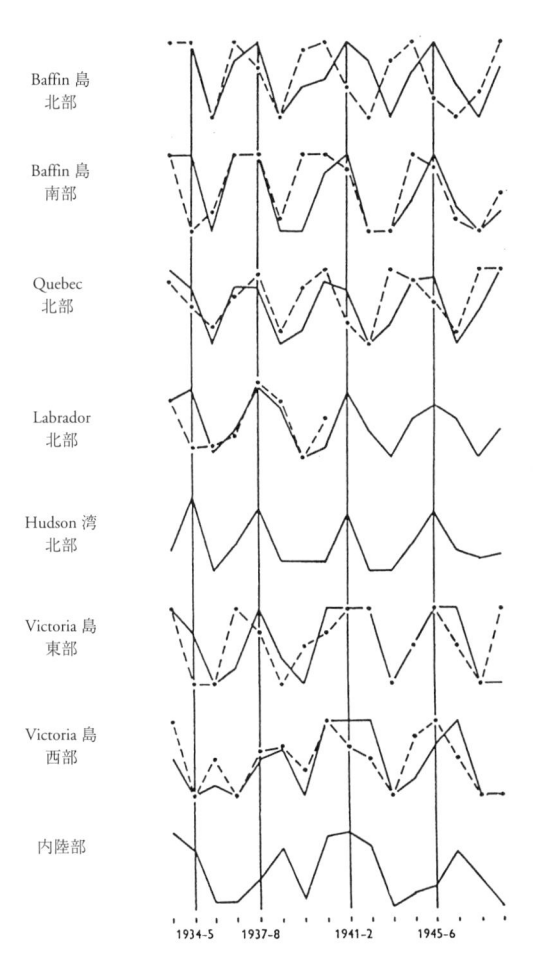

図 8-14　1933～1949年間に広大な Hudson 湾地域に見られた，タビネズミ（点線）とホッキョクギツネ（実線）の数の変動およびシロフクロウの大移動の起こった年（縦線）．総ての8地域で，これらの変化が同時的に起こっていること，およびいつも被食者の数の増加が捕食者の数の増加の前に起こっていることに注意.
　　　　　［H.Chitty 1950b］

昆虫の大発生の原因については，気候説が多い．まずK. Miyashita（宮下和喜, 1963）の仕事から引用しよう．彼は日本の農業害虫の主要なもの7種（ニカメイガ *Chilo suppressalis*, サンカメイガ *Schoenobius incertellus*, セジロウンカ *Sogatella furcifera*, クロカメムシ *Scotinophara lurida*, フタオビ

コヤガ *Naranga aenoscens*，コバネイナゴ *Oxya japonica*，ヨトウガ *Barathra brassicae*）の大発生について調べ，サンカメイガを除く6種についてはいずれも気候要因によって大発生が引き起こされると結論した．気候は，昆虫自身に対してか，あるいは食草の状態を通じてかで働くと言う．ただし大発生の終わりは多少複雑で，天敵，過密，食物不足，病気，生殖力低下などの要因が関係あるとした．

サバクトビバッタ（*Schistocerca gregaria*）の大発生については，B. P. Uvarov（1966, 1977）は気候の作用に大きい力を考えている．アフリカ地域で1949年から1962年まで13年間も続いた大発生は，1948年10月に南東アラビアに豪雨とともに襲来したサイクロンが引き金となったと言う．この時吹いた風により，広い地域からの成虫が吹き寄せられ，個体数の増加と，相変異が起こったと考えた．そして1963年になって，この大発生の終わりをもたらした要因もまた，気候的要因であったと言う（藤崎憲治，1990，参照）．またフィリピンのトノサマバッタ（*Locusta migratoria manilensis*）の大発生は，異常な干ばつと関係があると言う．（藤崎，1990，参照）．中国のトノサマバッタの大発生について，Z. Zhang & D. Li（1999）は1905〜1959の間の資料を検討し，El Niño年の1年または2年後の乾燥気候の時に起こると考えた．

なお森林昆虫の大発生についての気候説は，S. A. Graham（1939a, b）によってはじめて主張され，以後多くの研究が発表されているが，それらについてはP. J. Martini（1987）を参照されたい．

C.生物要因説（Biotic factors theory）

a.食物連鎖関係

1．食物説（Food theory）

これは食物（主として植物）の量と質に起こる変化に基づいて，それを食べる動物の個体数が変化するという説である．D. Lack（1954）は，カンジキウサギ（*Lepus americanus*）の数の変動は餌植物の量との関係で起こると考えた．F. A. Pitelka（1957）はタビネズミ（*Lemmus trimucronatus*）は大発生によって食草を食い尽くし，減少すると考えた．Lack の場合も，Pitelka の場合も，こうして減少傾向になった群れに，さらに哺乳類や鳥の捕食者が襲いかかり，減少に拍車をかけると言う．植食者の数が減ると，また植物は回復し，植食者の数も増加に転じる．さらに餌動物の数の減少に従って，捕食者も移動して数が少なくなり，これも餌動物の増加の理由を作るとも言う．こうして食物説と，次に述べる捕食説とは常に連動して働くことになる．

では具体的にどれくらい植物が繁茂し，またそれを食べたら数の増減が起こるのか，という点については若干の調査があるが，地域差もあることで，確かなことは分かっていない（斎藤，1990，参照）．

植物の栄養状態が植食動物の繁殖事情に関係していることについては，いくつかの報告があるが，ここにA. M. Schultz（1969）の研究を引用する（図8-15）．すなわちアラスカのBarrow 岬におけるタビネズミの個体群の消長が，食草の燐含量と密接に関連して起こっていることがよく分かる（C. J. Krebs & J. H. Hyers, 1974, も参照）．G. O. Batzli（1983）も北極地方の齧歯類の個体数の増減に，食草の栄養状態が大きい影響を与えていると主張している．消化可能のエネルギー，蛋白質，鉱物質などの含量が低く，植物体の中の二次生産物[11]の含量が

高い場合，植食者の生長，生殖，生存などを減少させると言う．上の記述に関連して，先に述べたブナの食葉性昆虫ブナアオシャチホコの大発生に関し，植物の誘導防御反応（Induced defense response）（E. Haukioja & S. Neuvonen, 1987）を重視したのは鎌田直人およびその共同研究者である（鎌田直人, 1996, に総説）．ブナに関する食害が大きいと，その翌年の葉の窒素含量が減り，フェノール含量が増え，この影響は数年も続く．これが周期的大発生を起こすのに重要な関係があると言う．

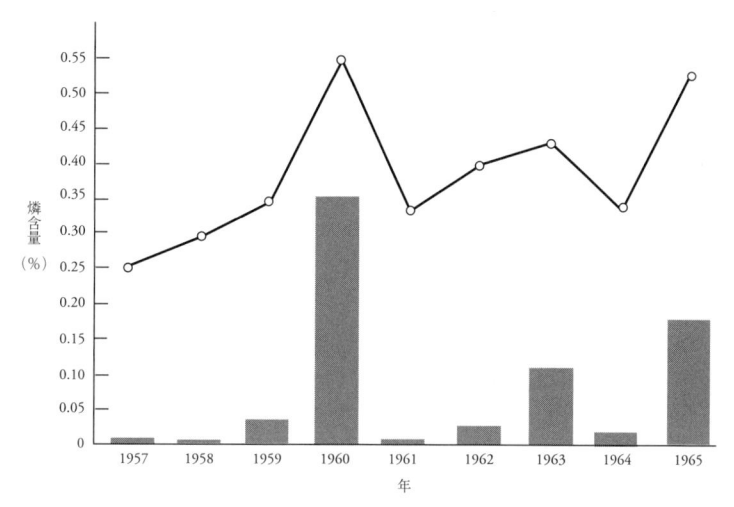

図8-15　アラスカのBarrow岬における夏季のタビネズミの個体群の大きさと食草の燐含量との関係．実線：食草の燐の比較含量（％）．縦棒：タビネズミの個体数の比較的な大きさ．タビネズミの大量発生の後で食草の燐酸塩含量が落ちることは，無機物が土壌に還元されたことを示す．[Schultz 1969]

植物の栄養に関係した物質が，農薬によって広範に変えられることについてはよく知られているが，これが大発生とどのように関係しているかは，よく研究されていない．その一つの理由として，S. J. Risch（1987）は昆虫の死活に関する農薬の直接作用が，植物の質の変化を通しての作用に比べて著しいことを挙げている．しかし気候によって起こる植物の質の変化については，さらに検討を要するであろう．

2．捕食説（Predation theory）

図8-7のカワリウサギ，カナダオオヤマネコ，アカギツネの個体数変動の連関の事実，あるいは図8-14のチャイロタビネズミとホッキョクギツネ，シロフクロウの個体数変動の連関の事実を見ると，捕食がこれら動物の大発生の発現終息に重大な関係があるように見える（例えばC. J. Krebs, 1987; R. E. Ricklefs, 1979, 等）．しかしよく調べてみると，なかなかこの関係は難しいことが分かる．例えば，一般に野外において，植食動物の繁殖速度は捕食者の繁殖速度よりも著しく大きいので，植食者の増殖を捕食者が抑えることは難しいという考えもある．これに対し，捕食者はその餌動物の数が増えたところへ，他地域から移動してくるという事実もあるが，さらにまた図8-14のように広い地域にわたって同じような変動が見られることから，捕食者の移動は問題にならないという考えもある．

多くの説をあわせて考えると，6章の食物連鎖関係で，理論的に，また室内実験について述べたように，餌動物と捕食者の個体数の相互関連は，野外における実態では，餌動物の数

の変動が基本となり，それに依存して捕食者の数の変動が起こると考える人が多くなっている．つまり捕食効果を軽く見るのである（C. Elton & M. Nicholson, 1942; J. P. Finerty, 1980; 斎藤, 1990; P. Colinvaux, 1993）．実際捕食者のいない地方とか[12]，賞金目当てに捕食者が捕獲されて数の減った地方でも，餌動物の周期的変動が保たれている例がある（Finerty, 1980）．

3. 寄生説（Parasite theory）

寄生者，特に微小な病原菌などの寄生者（Microparasite）は，植食者よりも増殖速度が格段に早く，寄生説の出てきた大きい理由の一つはここにある．そして病原菌の作用は，寄主個体群の衰退期に著しいとする考えが有力である（G. Stairs, 1972）が，寄生虫や病原菌などの働きが，一般に寄主が弱った時に厳しいことを考えると当然であろう．このような説に対する数理論的検討もP. W. Ewald（1987）によって行われているが，ここでは省略する．

ここで一つ，A. Fischlin（1982）によるハマキガの一種 *Zeiraphera diniana* の，1949年から1977年にかけての変動資料を，J. H. Myers（1988）がまとめて図示したものを掲げておく（図8 - 16）．このガは，図に見るように9〜10年の周期で大発生するが，それを終わらせるのにGranulosis virus という，鱗翅目に特有の病原菌による流行病が，力を持っていたという．なお衰退している間に，昆虫の遺伝的要素に変化が起こり，Virus に対して抵抗性を得ていくという説もある（Myers, 1988, 参照）．わが国では北海道網走地方のカラマツ林の害虫ミスジツマキリエダシャク（*Zethenia rufescentaria*）の大発生を終わらせる要因について，原秀穂・東浦康友（1995）が考察した．その結果，1991年の大発生を終わらせた要因はいろいろ考えられるが，その第1要因は昆虫疫病菌（種名未詳）の流行であったと言う．またH. Wolda & R. Foster（1978）はパナマの熱帯林に棲むガの一種 *Zunacetha annulata* の大発生を終わらせるのに，菌類の作用があったと報告している．

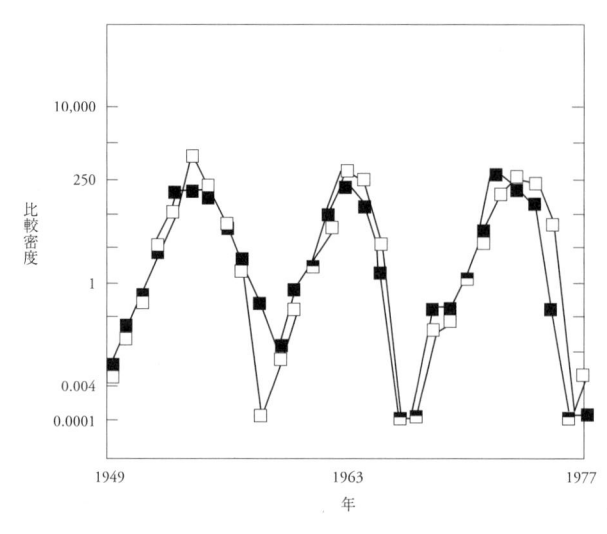

図8 - 16　スイスの Engadine Valley の2地点におけるハマキガの1種 *Zeiraphera diniana* の個体群変動の図．
　　　　　［Fischlin 1982 の資料により，Myers 1988 描く］

b．同類関係

1．ストレス学説（Stress theory）

これはH. Selye（1936）の一般適応症候群学説（General adaptation syndrome theory = GAS theory）に端を発している（Selye, 1976; Selye & T. McKeoun, 1936; 田多井吉之介, 1992; 林峻一郎, 1993, 等参照）．ネズミに対するさまざまな傷害性外因（寒気，打撃，病原菌感染など）の刺激により，脳下垂体からの副腎皮質刺激ホルモン（Adrenocorticotropic hormone = ACTH）や成長ホルモンの分泌が増加し，これが副腎皮質ホルモンの分泌を増加させる．これが原因となって，副腎皮質の肥大，胸腺の萎縮，低血糖，胃腸の出血性潰瘍など，いわゆるストレス病が起こるとする[13]．この説に刺激を受けて，J. J. Christian（1950）は，ネズミの個体群増加に伴って起こるストレスを受けて，脳下垂体―副腎皮質系が刺激され，そのホルモンの分泌によって病気や寄生者に対する抵抗力が低下し，悪い環境にも耐えられず，繁殖力の低下をまねくと考えた．そしてこのことを家ネズミを使う実験によって確かめた．さらに，Christian & D. E. Davis（1964）は，このことを強調し，これによって過密になり攻撃的になった個体群を縮小させるのに役立つとした．もちろん環境諸要因（食物，捕食，病気，物理的要因）は個体数の制御に役立つであろうが，哺乳類ではその働きが十分でない場合が多く，このストレス学説は有用であると考えた．この行動―内分泌のフィードバック系は，ネズミ類のみならず，ウサギ類，シカ類，その他の哺乳類一般に密度依存の減衰要因（Density-dependent damping factor）として重要であると言うのである．

しかしこの説に対して，重要な反論が出てきた．C. J. Krebs（1964）は，タビネズミの衰退期に4,000頭を集めて検体し，ストレスの徴候を調べ，副腎の重量などの計測を行ったが，すべて正常で，適応症候群は発見されなかった．ノルウエーでチャイロタビネズミ（*Lemmus trimacronatus*）の大発生の時に大行進し（Lemming's march），海にまで入って死んでしまうという話があったが，Krebsはそんなことは決してない，それはフィクションである；ノルウエーの山岳地帯では山の頂上付近に棲んでいるタビネズミが，大発生の時には密度が数百倍にもなって，山を下って町にまで入ってくるのを見て，話を作ったのであろうと述べている．R. V. Andrews（1968）は副腎代謝の研究をして，チャイロタビネズミの大発生のいろいろな時期に，脳下垂体によって生産される副腎皮質刺激ホルモンの濃度を調べた．確かに密度の高い時にはACTHの量は数倍に増したが，副腎の外見にも重量にも変わりはなかった．C. J. Krebs（1964）は，タビネズミは高密度というストレスに対応する生理的反応は示すが，これはタビネズミの大発生において重大なショック病（Shock disease）を起こすものではないと結論した．

これに関し，斎藤（1990）は，個体群密度が社会関係を通じて繁殖に影響を与えていることは確実であるから，ストレス学説はなお多面的に検討を要すると述べているが，筆者もこの考えに賛成したい．現に心理的苦痛を伴う肉体的ストレスは免疫機能を低下させることが，神経内分泌免疫学的に知られているが（村松繁, 1995），このことは直ちに各種の病気発生と関連づけることが出来ると思う．

2．遺伝行動多型説（Genetic-behavioral polymorphism theory）

ストレス学説は一時大変有力な説と見られたが，上のような経過で力を落としてきた．その際，上に述べたようなC. J. Krebsの論議は大きい力を持っていたが，彼はストレス学説に

代わるものとして，D. Chitty（1958, 1960）の唱えた遺伝行動多型説を発展させた．なおC. J. KrebsはChittyの弟子である．

Chittyは小型哺乳類の周期はいつも選択圧を受けており，大発生の周期相により，密集した生活に適した遺伝型のものが優先したり，また低密度の生活に適した遺伝型のものが優先したりすると述べた．Krebsはこの考えを発展させ，ハタネズミ（*Microtus* spp.）には二つの系統がある；一つは闘争に強く，また間合い取り行動（Spacing behavior）が著しいが，繁殖力は低い遺伝形質を持つもので，他の一つは闘争に弱く，間合い取り行動も著しくないが，繁殖力は高い遺伝形質を持つものである．これは密度の高い群れの中では攻撃力の強いものが繁殖により成功し，密度が低ければ攻撃はあまり必要な特質ではなく，繁殖力の高いものがより生存に成功することを意味する．今少しく説明すると，攻撃的な個体が多くなれば，繁殖量は減少し死亡率は高くなるだろうから，密度は減少する．そうなれば攻撃力の弱い個体でも繁殖力の高いものが生存活動し，再び密度は増加の方向に動く．

Krebsはこの説を支持する具体的証拠を集めるためにいろいろな努力をしたが，個体群密度の変化に応じて，彼が考えたように，違った社会的性質を遺伝形質として持つ個体に有利になるように選択が働いていることを確かめたという（C. J. Krebs & J. H. Myers, 1974; Krebs, 1978）．

しかしながらM. S. Gains & L. R. McClenaghan, Jr.（1980）は，今までの多くの資料を検討し，高密度個体群からの移住・分散について，優位の個体は原群にとどまり，劣位の若い個体が分散することの多いことは確かであるが，この残留個体と移住個体の遺伝的，行動的，生殖的性質には変異があり，一般的結論は出しにくいことを述べた．要するに，遺伝行動多型説もさらに検討を要する状態にある．

3．血縁行動説（Kin-behavioral theory）

これはW. D. Hamilton（1964）が言い出した血縁選択説（Kin selection theory）に関係がある．この血縁選択説については，また11章で触れるが，ここでは大発生との関係で説明する．

この説を大発生の現象に適用して説明したのは，E. L. Charnov & J. P. Finerty（1980）である．その内容の概要は次のようなものである．今問題とする野ネズミの密度が低いとする．そのような場合には，環境に余裕があり，ネズミたちはあまり走り回って分散することもなく，血縁の濃い家族などが，パッチになって散らばってそれぞれまとまって生活している．血縁の濃い個体間には攻撃行動など起こりにくいので，したがってエネルギーは生殖行動の方に多くまわり，個体数は増大する．数が増すにつれて個体間の摩擦も増え，攻撃行動によって移動も激しくなり，したがって家族などはパッチにまとまることは難しくなり，分散傾向となり，血縁の薄い，またはそれの無い個体が接触する機会が増える．そうなるとますます攻撃行動を取る回数が増え，社会的ストレスの増大によって生殖の方にまわるエネルギーは減り，子どもの数は減る．こうして個体群の衰退が起こる．

前に述べた行動遺伝説が，攻撃的な遺伝形質と温和な遺伝形質を持つ個体の割合の変化を重視したのに対し，この血縁行動説では遺伝形質の違いなどは問題にしない．血縁が近いか遠いかによる攻撃行動の差に重点をおき，同じ個体でも状況によって違った行動をとるとするのである．

その後，この血縁行動説をN. C. Stenseth（1983）は強く支持した．しかしこの説を検証す

るための実験がいくつか行われたが，結果は支持できるとするものもあれば支持できないとするものもあり，評価は定まっていない（斎藤，1990；M. Kawata, 1990, 参照）．河田雅圭は多くの資料を検討して次のように述べた．"血縁相互作用はハタネズミの社会行動や繁殖成功度に影響を与える重要な要因ではあるが，血縁と友好行動あるいは繁殖率との間の関係，さらに隣接個体と個体群密度との関連などは，想像以上に複雑なものである"，と．

4．本性変動説（Basic character fluctuation theory）

これはある生物種が本来持っている，生理的あるいは遺伝的性質が，変動あるいは振動することによって，環境に対する抵抗力とか増殖力などが変動し，それによって生息密度の消長が起こると考えるものである．上の遺伝的性質の変動には，いわゆる遺伝的浮動（Genetic drift）も関係する．そしてここで言う本性の変動は，恒常生息条件のもとで，内発的に起こるものとする．いささか正体が分かりにくい点があり，また本章で述べるのが適所であるかどうか疑問もあるが，とにかくこの考えの出てきた現象を説明する．

1943年 V. E. Shelford & W. P. Flint は，長年調査してきた上部 Mississippi 川流域におけるコバネナガカメムシ（*Blissus leucopterus*）の個体数変動（4～17,500個体／m^2 に及ぶ）に関する論文を発表した．この変動の原因について，実験なども行っていろいろと検討したが，その中で越冬から目覚めて羽化してくる虫の活力（Vigor）に，年により説明の出来ない差があることを見て，昆虫自身の生理状態を調べることの重要性を力説した．ここに活力とは，散布薬剤に対する抵抗力や，繁殖力などを言う．さらに W. E. Agar ほか（1954）は，ハツカネズミ（*Mus musculus*）を用いて数十年にわたりある種の迷路学習実験を続けたが，その学習成績に，飼育条件が終始同じであるにかかわらず，代を重ねて定方向的変動があり，これが対照系列でも実験系列でも同じように起こっていたと言う．W. McDougall（1938）は，前にこの現象を，Wave of decline of vigor と表現した．別の例として，ネズミ類の系統保持で有名な Wister Institute で，永年ネズミの飼育に携わってきた M. J. Greenman & F. L. Duhring（1931）は，最良の恒常状態で保たれたシロネズミも，数代にわたる体重変動があることを見た．

以上のような，本性の変動と考えることも出来る事実を，さらに確実にする実験結果が，森ほか（1958）によって報告された．彼等は京都大学理学部遺伝学研究室で，長年コウジ培地で25℃のもとで飼ってきたキイロショウジョウバエ（*Drosophila melanogaster*, Oregon RS系統）を，パール（Pearl）培地に移し，そこで25℃のもとで45世代飼育の後，1対の雌雄を取り出し，これを増殖して，独立の5系統（3n, 5n, 6n, 7n, 8n）を作った．この各系統についていろいろの性質を調べる実験を行ったが，そのうちここでは硫酸銅に対する抵抗性実験の結果についてだけ述べる．

この抵抗性実験は，パール培地に硫酸銅を，2mM, 4mM, 8mM になるように入れ（対照は硫酸銅を入れない），その中に，正常培地（硫酸銅を含まない）で累代飼育し，孵化してきた直後の1齢幼虫を入れて，25℃に保ち，羽化してくる成虫数を数えるのである．実験容器は小さいガラスビンで，中に15ccのパール培地を入れ，幼虫20匹を入れる．この幼虫数は，それが成育するのに最適密度である．このようなガラスビンを1系統について，上記各濃度について，それぞれ7本ずつ作る．

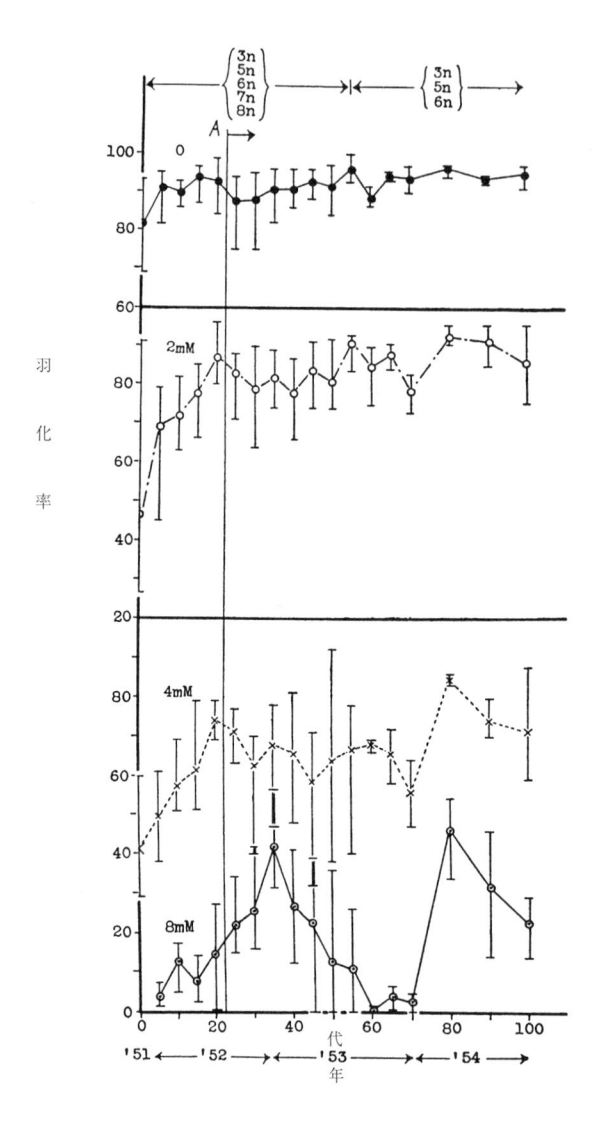

図 8-17 キイロショウジョウバエ幼虫の硫酸銅含有実験培地における抵抗性（羽化率で示す）の，代を重ねての変化．22代まではすべての5系統（3n, 5n, 6n, 7n, 8n）を京都大学で，23代以後（A線）は3系統（3n, 5n, 8n）は大阪市立大学で，他の2系統（6n, 7n）を京都大学で分離し飼育実験を行った．ここでは3n, 5n, 6nの3系統だけの結果について示す．グラフの線は平均値の変化を示し，またその中の縦線は各代における各系統の羽化率の変化範囲を示す．—●—：対照，・—○—・：硫酸銅含量 2mM，⋯×⋯：4mM，—○—：8mM．特に硫酸銅含量8mMの場合の，代を重ねての漸進的抵抗性変化と，大阪と京都に分けた後でも現れた平行的変化に注目のこと．[森ほか 1958]

このような実験を10代ごとに実施し，10回繰り返して100代まで行う．なおこれらの実験は京都大学理学部動物学教室で始めたが，23代になったところで2群に分け，1群（3n, 5n, 8n系統）は大阪市立大学理学部生物学教室に移し，他の1群（6n, 7n系統）は京大でそのまま保存し実験を続けた．また7n, 8nの2系統は，55代で実験を打ち切った．3n, 5n, 6nに関する結果を，図8-17に示す．

この実験で系統保持は硫酸銅を含まない培地で行うので，ハエは試験の時にはじめて硫酸銅に接することになる．図に見るように，幼虫の抵抗性は，各系統とも，特に8mMの場合，似たような変化を示している．各系統とも独立に飼育し，特に23代以降は大阪と京都という離れた土地で飼って試験しているにもかかわらず，またハエにとっての生活条件は一定に保たれていたと考えられるにもかかわらず，長期にわたってこのような結果が得られた意味は大きい．実験に使ったハエの系統が持つ本性の変動（動揺）の結果と考えるのが，最も考えやすい道であろう[14]．

　なお筆者らはさらに，11章3節で述べるショウジョウバエの暗黒適応の実験の際にも，その成績の上で，Agar 等の見たような，実験処理とは関係のない，各系統に平行的に起こる変動を見た（森ほかの暗黒適応に関する文献の原資料を参照されたい）．

　以上のような現象は，動物を注意して長年飼育した者なら，誰でも多少とも経験を持っていることと思う．これを遺伝子の集団における組成変動（遺伝的浮動など）の結果と考えることも全く消し去ることは出来ないが，また何か未知の生理的な性質における動揺の結果とも考えられよう．とにかく恒常条件で生活し，生活個体数にも変化がないのに，代を重ねる方向性のある変化が見られることは，大発生の原因として見逃すことが出来ないものと考える[15]．最近の研究では，前項までに述べてきたような原因が強調されているが，ここに報告されたような現象があることを忘れてはならないであろう．実際前項までに述べてきたような論文でも，そのようなことがちらちら書かれてあることを筆者は気づいている．

　ここで植物の例であるが，上記の事実に関係ある Masting の現象について述べておきたい．Masting とは，植物の開花・結実に，数年〜数十年をおいた大きい山があることで，いわゆる"なり年・不作年"現象のことである．その著しい例はタケ・ササ類に見られる（西脇亜也, 1995）．D. H. Janzen (1976) によれば，この現象はインド・アジア地域のタケ・ササ類に顕著に見られ，その周期は普通15〜60年であるが，マダケ（*Phyllostachy bambusoides*）では3〜120年であると言う．この事実は中国では紀元1,000年頃からの記録がある．日本に移入されてからも，1716年，1735年，1844〜1847年に開花の記録がある．その後日本からイギリス，アメリカ，ロシアへ移出されたが，日本を含めていずれの土地でも1960年代の終わり頃に開花した．また千葉県有林（成田）に，日本各地から移植したマダケが，同じく1960年代に開花したという（M. Numata, ほか, 1974）．この現象を Janzen は内部生理カレンダー（Internal physiological calendar）によるものとし，遺伝的な性質のものであるが，同時に気候等の環境要因の影響も受けると考えている．この事実は先に述べた，ショウジョウバエの系統を京都・大阪に分離した後でも見られた硫酸銅抵抗性の強弱についての同調的変化傾向とよく似ている．さらに V. L. Sork ほか (1993) はカシ（*Quercus*）の類3種について研究し，Masting が見られること，その種に固有の周期（Inherent cycle, 開花・結実に必要な同化物質の蓄積に必要な期間を考える）は，*Q. velutina* で2年，*Q. alba* で3年，*Q. rubsa* で4年であること，またこの固有の周期は気候の影響を受けて多少変更することを述べている．また井鷺裕司（1995）も物質収支モデルによる Masting を考え，A. Yamauchi（山内淳, 1996）も数理論モデルによって，植物体内の貯蔵物質の蓄積臨界量とそれを使っての増殖による Masting 現象（貯蔵量依存'戦略'）を考えている．

　なおこの現象の進化的究極要因としては，捕食者飽食仮説[16]（Predator satiation hypothesis）が Janzen 以来主張され，今日でも多くの研究者の同意を得ていることを付記しておく（個体群生

態学会報, 1995, No.52；柴田銃江, 1999, 参照).

ところでこのタケ・ササ類の周期的同時開花現象は，実は古く1927年に S. Kawamura（川村精一）によって報じられ，彼は同時にこの現象が十七年ゼミ（*Magicicada septemdecim*）の同時羽化現象と似ており，いずれも外界要因（気候・土壌など）とは関係がないと述べているのは興味深い.

要するに環境との直接の関係を見出しにくい，このような生体内部に発する性質の変動は，動物植物を問わず起こっていることを注目し，大発生の際の原因考察にはぜひ加えておきたいと思うのである.

D. 多要因説 (Multiple factors hypothesis)

上に述べてきたような経緯で，大発生の原因を何か一つの要因にもっていくことは，多くの場合，不自然と思われる．実際，上のようないろいろな説を主張してきた人達も，何らかの他の要因も関係があることを述べている．生物の種類が違い，棲む時期・地域が違うに従って，大発生を起こす原因として，多要因説（ある意味で包括説 Comprehensive theory）はますます力を持ってくる．そのよい例が，L. R. Clark (1962, 1964)，Clark ほか (1967) の研究に見られるので，それを紹介する．なお包括説の意味づけについては，7章註40を参照されたい.

その研究対象はオーストラリアに棲む，半翅目のキジラミ科の一種 *Cardiaspina albitextura* で，ユーカリ類の *Eucalyptus blakelyi* の葉液を吸って生きている．普通の個体数密度の段階では，若虫・成虫は木の若枝（数葉をもつ）の5～10％に棲みついているだけであるが，個体数が増えるとこの割合は増え，葉から葉へ，枝から枝への移動が起こる．この移動の際，多くのものは地上に落ちて死んでしまう．Clark は1952年以来十数年間にわたり，この虫の生態を調べ，その個体数の変動原因を研究した．主な個体数計数法は，野外で，ユーカリ樹の葉のうち，地上10フィート以下のものについている若虫・成虫の数を，1回15秒間，1本の木について10回数え，それらを平均して数の目安を出した．普通の密度では，この指数は20以下（一つの若枝に10～15匹の老齢若虫がつく程度以下）であるが，20を超えると大発生段階に入り，最大300に達する．ユーカリの葉は，食物と産卵場所を提供する．雌は一生に，1～300卵を産むが，密度の増減によって葉に適当な産卵場所を見出せるかどうか，また葉の質の変化などによって，産卵数は変動する．研究結果を図8-18に，説明を付けて示す (Clark, 1964).

Clark の辛抱強いキジラミの大発生に関する仕事を紹介したが，そこに述べられている内容は，全く多要因説そのものである．何かの動物の生活を細かく見ると，いつもこのような結果になるものと思う．これは生態系的認識であって，Clark (1964) も結論の最後を，個体群動態の研究では，生態系概念は他のどの説よりも満足のゆく研究の方向や思考をもたらしてくれるという言葉でしめくくっている.

最近の研究者も大体この多要因説をとっているようで，かつて R. H. Tamarin (1978) は多くの著名な研究者の歴史的著作集を編集し，その中で総括的に次のように述べている．これらの研究者はすべて個体群の制御について何らかの特定要因だけを強く主張することはしないで，結局は包括的な説 (Comprehensive theory) を述べるようになっている，つまり統一説 (Unified theory) といったものは見当たらないとした．実際，Begon ほか (1996) や Colinvaux (1993) の教科書でも，この考えを支持している．筆者も基本的にこの多要因説に賛成するものである.

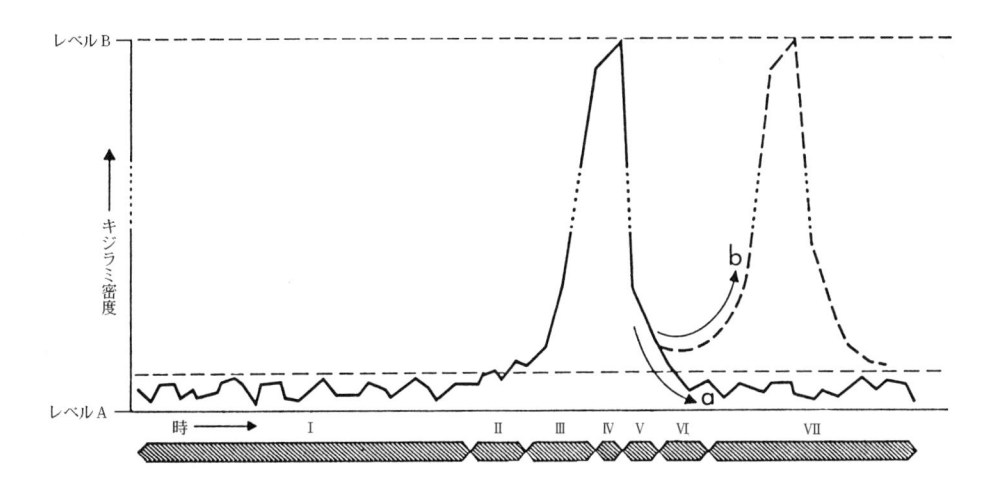

図8-18 キジラミの1種 *Cardiaspina albitextula* の個体群動態．レベルA：これ以下は普通の低密度状態．この密度を超えると大発生で，2次寄生虫 *Echthroplexis psyllae*（以下E.P.）およびヒラタアブ *Syrphus* sp.（以下S.sp.）の攻撃が起こる．レベルB：この密度は成虫に対する食物と産卵場所の供給が間に合わなくなる密度．以下，時の進行に伴う経過について説明する．I 期：密度は次の複合要因によって安定する．(a) 鳥，アリ，1次寄生虫（トビコバチ科の蜂が主）による捕食——これはキジラミの密度とは独立の作用．(b) 気候，特に気温の作用．(c) 成虫に対する鳥の密度依存作用．II期：安定過程が，特に低温による1次寄生者の減少のため，くずれる．さらに2次寄生者（E.P.）が1次寄生者を減少させ，S.sp.が若虫を攻撃するようになる．III期：キジラミの数は次の理由によって急速に増える．(a) 鳥，アリ，1次寄生者の減少．(b) S.sp.の作用が，他の捕食者の作用の減少分を補なうことができなくなる．IV期：若虫の食害の増大により，個体数の増大に対する環境抵抗が増える．V期：食害の増大が深刻．個体数は次の理由により著しく減少．(a) 雌あたりの産子数の減少．(b) 好適な食葉に対しキジラミの数が多すぎる．VI期：キジラミの個体数は次の要因に依存する程度にまで減少．(a) キジラミ個体数の減少とともに増大する，鳥，アリ，1次寄生虫の捕食の強度．(b) ユーカリ樹の葉の交代と食害による落葉．VII期：(a) もし2次寄生者 E.P. が働くレベル以下にキジラミ個体数が保たれると，数年は低い密度で推移する．(b) もしこの密度A以下に密度が下がらないと，キジラミ個体数は増えて，レベルBまで至る．［Clark 1964］

次に中村浩二ほか（K. Nakamura ほか，1990；中村，1993, 1994）の，Sumatra 島中部の Padang におけるニジュウヤホシテントウ（*Epilachna vigintioctopunctata*）に関する興味深い研究について述べる．この虫はナス科の半低木 *Solanum torvum* の葉を食べる害虫で，Padang では年8世代繰り返した．その成虫個体数は，1982〜1984年の3年間に三つのピークを持つ変動を示し，変動幅は百倍以上にも達した（図8-19）．注目すべきことは，そのピークをめぐる個体数の増減が3〜5カ月かけて徐々に生じたことである．

Padang の気温は年中ほとんど変化せず（月別平均気温26.7〜27.5℃），また食物の *Solanum* の開花・結実なども年中だらだらと行われて，これらの要因との一義的関係はつけにくい．ただ雨量との関係は，その少ない時にテントウムシの個体数は増加し，多いときに減少する傾向があるようである．1982年後半から1983年前半にかけてのエル・ニーニョ期の雨量減少と個体数増加（第2ピーク時）とは何らかの関係があるかもしれず，また1984年後半の多雨と個体数減少とも関係するかもしれない．結局個体数増減の真因は分からないが，筆者はこの現象もまさに多要因説（本性変動説も含めた）によって，その原因を検討すべきものと思っている．

最後に，北極圏近傍の研究者の業績に詳しいドイツのH. Remmert（1980）も，個体群の周期的変動に関する多くの研究を参照し，その原因について多要因説に基づき，それらが各周期ごとに，場所ごとに，あるいは種ごとに異なっていると結論していることを記しておく[17]．

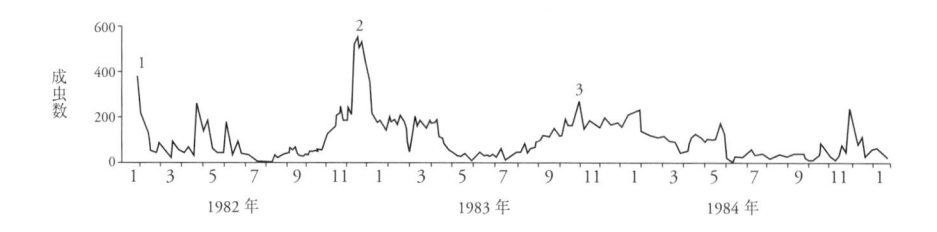

図 8-19　1982年1月～1985年1月の間の，スマトラ島 Padang における気候条件の推移とニジュウヤホシテントウの成虫個体数の変遷．
上図：月あたり降雨量（ヒストグラム）と平均気温（折れ線グラフ）．
下図：成虫の観察個体数に基づき，Jolly-Seber 式によって計算した個体数の変化曲線．1, 2, 3 は 3 回の個体数ピークを示す．
［Nakamura ほか 1990 に基づき，中村 1994 より］

8-3-3　相変異

　相変異（Phase variation）は主に昆虫の大発生に関係して見られる現象である．この現象をはじめて確認したのは，ロシアの昆虫学者 B. P. Uvarov（1921）である．その研究によって，ワタリバッタ（Locusta migratoria）がトノサマバッタと同一種で，相の異なったものにすぎないことが明らかになった．相変異とは，同一種の個体の形態，色彩，生理，行動などの諸特徴が，個体群の密度によって変化する現象を言う．個体群密度の低い時は孤独相（Phase solitaria）が，高い時には群生相（Phase gregaria）が生じるが，トノサマバッタ類について，それらの諸特徴を厳俊一（1972）がまとめたものを，表 8-3 に示す．これによって分かるように，孤独相と群生相の特徴は，それぞれの生活様式に適したようになっている．例えば，群生相の幼虫の体色が黒味がかっていることは，太陽光を吸収し，体温を上げて，活動性を高めるのに役立つ．呼吸量も高く，脂肪含量も多いことは，長距離飛行に耐えるようになっている．齢期も 1 齢少なく，成虫に早くなって，ひたすら飛び続けることにエネルギーを使う．群生相の成虫では前翅が相対的に長く，昼間も飛ぶ．産卵数は少ないが，卵や孵化幼虫の大きさは大きく，体内の保有栄養量が多く，飢えに堪える能力が高い．

　このような形態的，生理的変化のもとに，群生相のワタリバッタが，長大な移動をすることについては既に述べた（p.212，図 8-12）．ところで孤独相から群生相への転換は，2～3 世代にわたって累代的に漸次行われることは注意すべきことである．その際集合性などについて，心理的学習効果なども知られている．その転換の過程を，厳（1967）から引用しよう（図 8-20）．

　以上トビバッタ類について述べたが，相変異はその他の昆虫，例えば鱗翅目や半翅目などで広く知られている．一般に相変異についてさらに知りたい読者は，次の諸著書を参照されたい．伊藤・桐谷（1971），厳（1972），藤崎（1990），伊藤ほか（1996）．また特に進化的視点からの論考は，藤崎憲治（1994）の多数の文献を引用した論文が参考になる．

表8-3 ワタリバッタ類の相変異——こみあい効果（Crowding effect）による形質の変化．

			低密度型 （孤独相 ph.solitaria）	高密度型 （群居相 ph.gregaria）
幼虫		体　色	緑色、褐色	黒と黄（またはオレンジ色）
	△	齢　数	多　い	少　な　い
		活動性	不活発	活動的
		集合性	な　い	強　い
		行進行動	発達せず	よく発達
		草のにおいに対する反応	無反応	においの方向に向かう
		呼吸量	少　な　い	多　い
		脂肪含有率	少　な　い	多　い
		水分含有率	多　い	少　な　い
成虫		形　態	後腿節の相対長大	前ばね相対長大
		性による大きさの差	♀ > ♂	♀ ≒ ♂
	○	性的成熟の斉一性	ばらつく	斉　一
	○	性成熟に伴う体色変化（♂）	な　い	黄色化
		飛しょう行動	夜間	昼間も飛ぶ
	△	集合性	発達せず	集合する
	△	産卵数	多　い	少　な　い
卵・ふ化幼虫	○	卵・ふ化幼虫の大きさ	小さい	大きい
	○	卵期間	長　い	やや短い
	○	ふ化幼虫卵巣小管数	多　い	少　な　い
	○	体色（ふ化幼虫）	淡　色	暗　色
	○	脂肪・水分量	少　な　い	多　い
	○	絶食に対する抵抗力	弱　い	強　い

○：主に成虫期の密度によって影響される形質．△：一部分成虫期の密度によって影響される形質．
なお多くの形質（体色，形態，行進行動など）については2世代以上の密度の累積的影響があることが証明されている．
［主にLocusta, Schistocerca, Nomadacris についての研究結果による］［巌 1972］

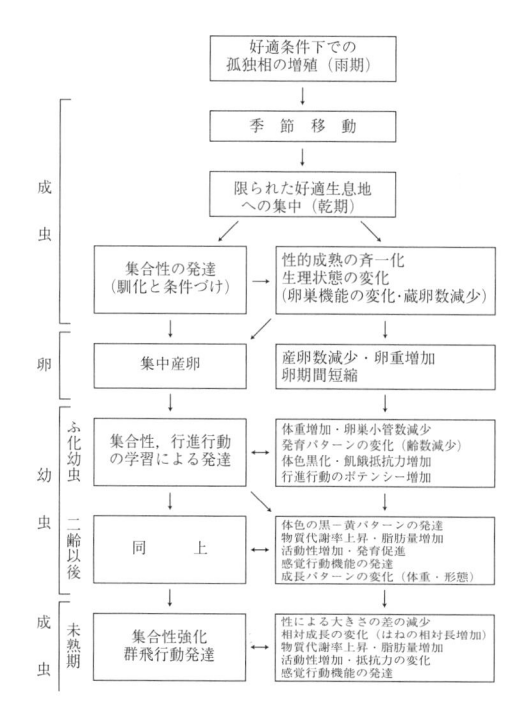

図8-20 ワタリバッタ類の孤独相から群生相への転換の過程の模式図．［巌 1967］

なおこの問題に関する生理的な基礎を探る一つの道として，生棲密度と神経伝達物質（各種のamine 類，例えばoctopamine, dopamine, 5-hydroxytryptamine など）との関係が注目されようとしている[M. Iba（射場美智代）ほか，1995]．彼等はクロコオロギ（*Gryllus bimaculatus*）を単独または群れ（40匹）で飼育し，生長率，体色，行動などと脳などに含まれるamine 類の量の多少との関係を見た．ただし彼等の得た結果は上記の厳その他の一般的見識とは違った点があり（例えば単独飼育のものが群れ飼育のものに比べて，生長率がより大きく，体色がより黒く，行動はより攻撃的であるなど），さらに一層の検討を要する．

8-3-4 大発生の系統的制約仮説

P. W. Price（1994）は大発生現象を起こす種と，それを起こしにくい種があることを認め，そのような生態的特質が，生物の系統的な制約のもとにあると言う，系統的制約仮説（Phylogenetic constrainsts hypothesis）を提起した．彼は昆虫を特に取り上げて研究したが，大発生をする種は，雌親の産卵場所選択（Female preference という）と生まれてくる幼虫の摂食行動（Larval performance という）との間に特別な結び付き（Link）のないものに見られ，大発生現象の起こりにくい種は，上の雌親の選択と幼虫の行動に密接な結び付きがあるものに見られると述べた．前者の例としては，マイマイガ（*Lymantria dispar*）やナミスジフユナミシャク（*Operophtera brumata*）のように，晩夏から冬にかけて樹木の幹に集団産卵をし，春になって孵化した幼虫は新葉を食うという，雌親と幼虫の行動に直接の結び付きのないものが挙げられる．また後者の例としては，虫こぶを作る昆虫，例えばハバチ科（Tenthredinidae）の *Euura* 属のもの（*E. amerinae* など）やタマバチ科（Cynipidae）の *Diplolepis spinosa* などが挙げられ，*Euura* の場合は雌親は卵を，まさに幼虫が摂食する場所（若木の最も長い若枝）に産む．個体数変動について見ると，前者は3〜5桁にも及ぶのに，後者は2桁以内にとどまる．これらの特質は系統的制約を受けたもので，つまり系統の歴史が現に生きているものの生態を決めている．この現象は，現に生きている世代の生態が形質を決める‘形質置換’のようなものとは基盤のスケールが違う．Price は系統的制約を受けているような現象を‘大進化的Macroevolutionary’なスケールのものとすれば，現に生きている生物の生態が形質を決めるような現象は‘小進化的Microevolutionary’なスケールのものと考える，と言った．

8-4 ニッチ

ニッチ（Niche）または生態的ニッチ（Ecological niche）ほど生態学の中で大きく取り上げられた言葉は他にないであろう．例えば，Begon ほか（1996）の教科書の中でも，全巻を通じて至るところでこの言葉が出てきて，これなくして生態学は成り立たない感がある．

そしてまたこの言葉ほどの内容が変化成長して止まないものも，他に少なかろう．言葉の優先権は全くぼけてしまった．筆者としては多少気にかかるところであるが，本書ではあえてそれに異を唱えることはなく，学界の大勢に従って，ただ歴史の経過は明らかにしながら，概略の説明を試みたいと思う．それについては多くの総説があるが，なかでもR. H. Whittaker & S. A. Levin（eds）(1975)，G. E. Hutchinson（1978）およびT. W. Schoener（1989）に

よるものが参考になると思う．

　歴史を一言で表すと，はじめは群集の中の生活上の位置あるいは生活様式の意味で用いられ，計量の難しい漠然とした概念であったが，次第に競争と関係づけて計量可能性が探られるようになり，最近では資源利用の様式の色彩が濃くなってきた．

　普通の知識に従って，まず J. Grinnell（1914, 1917）から始めよう．彼は Colorado 河流域の鳥類や哺乳類の生活を広く調べ，ニッチという言葉を使った．植物群落（Plant association）との関係について，すべての鳥の種は一つひとつのニッチを占めるが，一つのニッチをすべての種が占めることはないと述べた．彼のニッチ概念は棲所（Habitat）の意味が強かったが，ただそれだけでなく，食物や捕食者との関係で考えるべきことや，競争排除の考えも出していた．さらに生態的同位種（Ecological equivalent）の考えも提出し，北米砂漠のカンガルーネズミ（*Dipodomys*）は，アフリカ Sahara 砂漠のトビネズミ類（Dipodiae）と完全に対応すると述べている．

　ここに至って Grinnell の概念は，棲所を重視しつつも，C. Elton（1927）の概念に非常に近いもの，むしろ全体としては同じ部類に属すると言ってもよいものになっている．Elton の概念を一口で言えば，群集の中の食物連鎖上の位置をニッチと名付けた．動物がどこにいるかではなく，何をしているか（What it is doing?），いわば栄養段階上の位置に対して言ったのである．ただし彼の言うニッチは，食物連鎖上の大ざっぱな概念（生産者，一次消費者，……）とは違って，肉食者，植食者，昆虫食者といったような細かい区分まで考えたものであるが，一方'種'には特別にこだわってはいない．例えば，腐肉を食うという点で，北極に棲むホッキョクギツネ（*Alopex lagopus*）とアフリカに棲むハイエナ（Hyaenidae）は，ニッチについての同位者であると言う[18]．

　なお E. P. Odum（1971）は，人間の生活用語に例えて，生活場所（Habitat）を'住所（Address）'，生活様式（Niche）を'職業（Profession）'にあたるとした．しばしば住所はより Grinnell 的であり，職業はより Elton 的であると言われる．Darwin（1859）はしばしば生物の生態的関係を自然の経済（Economy of nature）の中の位置（Place）として捉えているが，その位置が機能的な意味の場合と，空間的場所の場合とある．そして前者の意味が後に Elton 的意味に発展し，後者の意味が Grinnell 的なものに発展したという理解もある（渋谷, 1959）．そのような面がないでもないが，上に見てきたように，両者の主張は時として混じり合って，本質的に大きな違いはないように考えられる．

　さて Grinnel にせよ Elton にせよ，その主張するニッチを量的に表現することは難しい．これを打開する道を開いたのが，G. E. Hutchinson（1944, 1957）であるとされる．彼は1944年に，Gause の意味におけるニッチを，生物に働く環境要因の総称と考え，これは n 次元超空間（n-dimensional hyper-space）の一つであるとした．そして1957年にはさらに説明を加えて，その意味を明確にした．彼の言う'空間'というのは，生物が生活するのに必要な非生物的および生物的環境要因の総体をいう'抽象的'なものである．図8-21は，彼が専門とする陸水学から最初に得た発想に基づく考えを描いたものであり，また図8-22はその後の発展に基づく考えを描いたものである．この図8-22では，ある動物（リス）の3次元空間に生きる基本ニッチ（Fundamental niche）あるいは相互作用前ニッチ（Pre-interactive niche）を示したものである（Hutchinson, 1978）．ここに3次元とは，温度，食物の大きさ，および枝の繁みの程度の3要素である．そして基本ニッチとは，同類関係によって乱されない，種または個体の本来の

ニッチのことである．これは同類関係によって，他種または他個体のそれと重複する場合には影響を受け，その結果原則として修正されるが，この修正されたものが具体的自然の生活では実現されているので，これを現実ニッチ（Realized niche）あるいは相互作用後ニッチ（Post-interactive niche）と表現した．この二つの関係を，図8-23に示す（Hutchinson, 1978）．この現実ニッチの現れた結果は，すなわちすみわけ現象に他ならない．

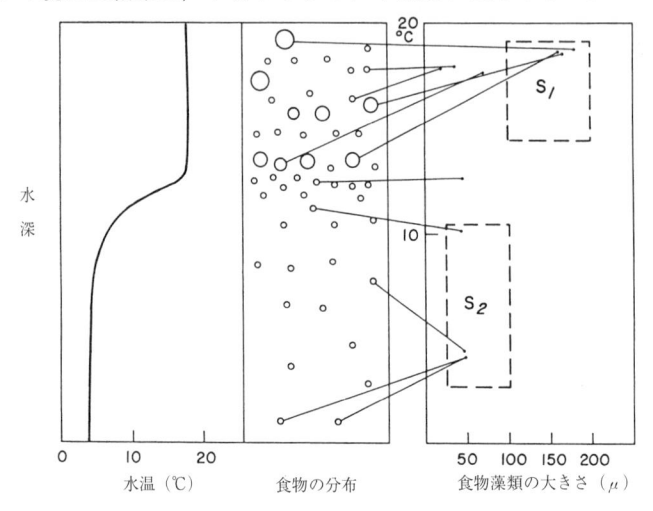

図8-21 単純な湖沼生態系における，水温と食料となる藻類の大きさの変化についての，生活環境空間（Biotope space，左図）とニッチ空間（Niche space，右図）の関係．ニッチ空間のどの点も，生活環境空間の多くの点と対応するが，図にはその若干のものについて描いた．S_1とS_2は，ニッチ空間における，それぞれの種のニッチを示す．この図ではニッチは重複していないので，基本ニッチが現実ニッチとなる．○印は植物プランクトンの大きさの分布．[Hutchinson 1957 を，1979に自ら改修]

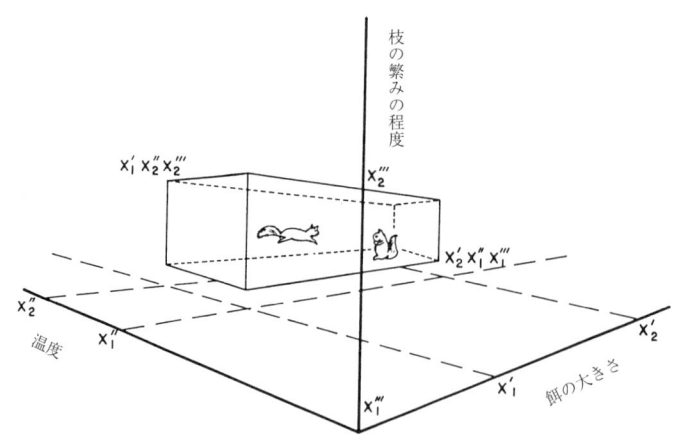

図8-22 ある動物（リス）の3次元基本ニッチ．直交する線で表してある．x'：食物の大きさに対する好み．x''：気温に対する耐性．x'''：枝の繁みに対する好み．x軸は生態的なもの（Bionomic axis ── 種間競争に関係ある軸），x''軸は非生物環境的なもの（Scenopoetic axis ── 種間競争に関係ない軸），x'''軸は直観的に分かりにくいが，明らかに重要なものである．[Hutchinson 1979]

Hutchinsonn は上の次元の数はいくらでも考えうるもので，多次元（Multidimentional）であると言い，これによってニッチを量的に表現することが可能となったとしている．多次元ということは，取りもなおさず生態系的認識の中に生物の生活を理解しようとするもので，当

然のことながら興味が深い．ただしHutchinsonは，ある種のニッチについて考える時には多次元であるが，2種の間の違いについて考える時には，通常2～3次元のニッチ空間（Niche space）について考えればよいとしている（Hutchinson, 1978）．

こうしてHutchinsonの考えは，ニッチの占有者である種個体群に関して，群集の中における位置ということについて，GrinnellやEltonよりはさらに厳密に，比喩的ではあるが，定義したのである．そしてまた，種間競争という現象を大きく取り入れたところに特徴の一つがある．

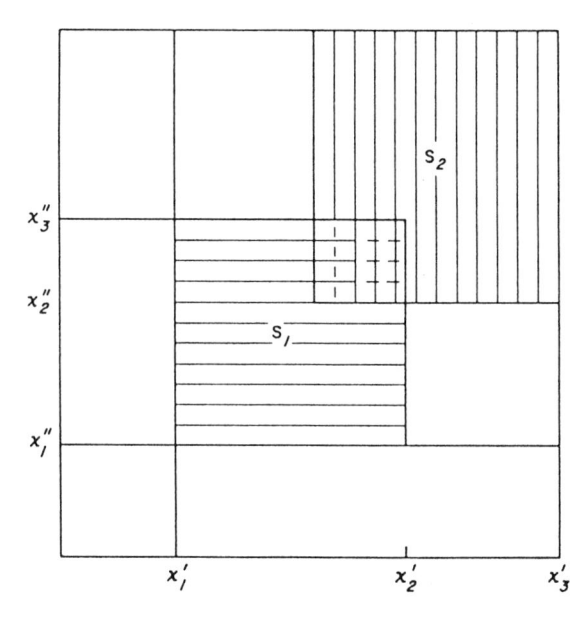

図 8 - 23　2種（S_1, S_2）の重なる2次元基本ニッチ．直交する線で表した（Two-dimensional orthogonal fundamental niche）．重なるところでは競争排除が起こり，どちらかの種が排除されるか，あるいはニッチ空間を分割し（すなわちすみわける），現実ニッチ（Realized niche）が実現する．[Hutchinson 1979]

その後のニッチ説の発展は，Hutchinsonの考えを基礎としつつも，特定の種個体群が諸資源の諸部分をどのように利用するかという，利用分布（Utilization distribution）の問題として用いられるようになった（Schoener, 1989）．この際資源を，一つまたは多数のニッチ軸（Niche axes）に並べて，その各部分がどのように利用されているかを見るのである．一例を，図8 - 24に示す（Schoener, 1986）．

この資源利用に関しては，次節で説明する．そこで今までこの節で説明してきたニッチ説の骨子について，Schoener（1989）が概念表を出しているので，紹介する（表8 - 4）．ただしこの表を詳しく見るといろいろと問題を含んでいるが，まず大綱は示していると思う．

以上の諸研究が進展する間に，R. H. Whittaker, S. A. Levin & R. B. Root（1973）によって，ちょっと違った視点からの説が発表された．彼等は現在言われているニッチを3種類に分けた．それは，① 機能的な意味——つまり群集の中における種の位置または役割，② 棲所ニッチ（Habitat niche）または場所ニッチ（Place niche），③ a + b のニッチ，である．彼等はこの3種の概念は現在混用されているが，明確に区別すべきものであり，自分たちは①の機能概念をとると主張した．棲所を広くとると，種と種が接触できない場合もあり，また同じ群集

に属さない場合も出来，競争排除を理解するためのニッチ概念の利用が不可能になると言うのである．これに対してSchoener（1989）は，ある部分では同意しつつも，棲所を広くとるか狭くとるかの間には線を引きにくいこと，また①にいうニッチと②にいう棲所との区別もつきにくいことから，彼等の主張にはなお検討の余地があると考えている．筆者自身は，いろいろの理由から，心情としては彼等の言う①に理解を持っているが，しかしあえて学界の流れに異議を唱えるつもりもない．

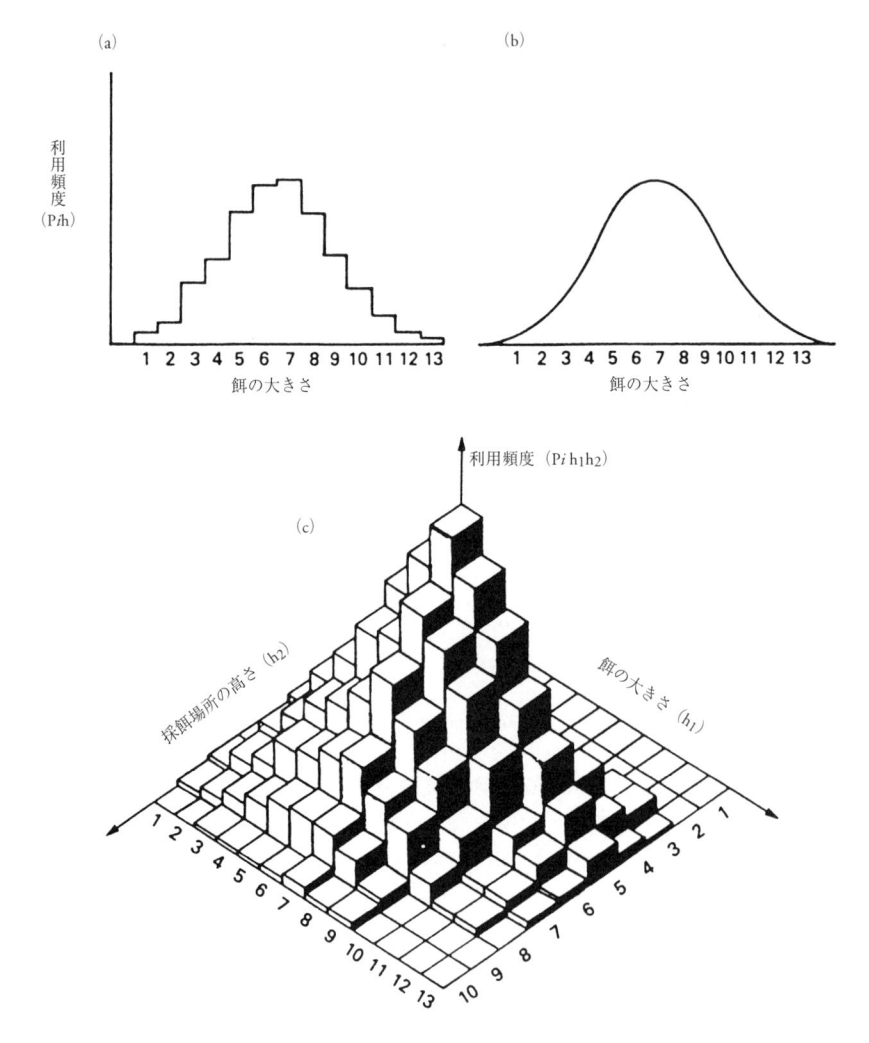

図 8-24 種個体群による資源の利用模式．(a)種 i による利用頻度ヒストグラム．この利用は，餌の大きさ，という1次元要因に関するもので，餌の大きさに対する指標 h で示した．(b)同じヒストグラムを平滑曲線にしたもの．(c) 2 次元（餌の大きさと採餌場所の高さ）の資源利用図．[Schoener 1986]

8-5 ギルド

第7章の初めにちょっと触れたが，同じような環境資源を似た方法でとる種群を，R. B.

表 8-4　四つの主要ニッチ概念の比較表

項　目	Grinnell 説	Elton 説	Hutchinson 説	資源利用説
場所または地位（Recess）に基づいて考えるか占有者（Occupant）に基づいて考えるか	場所または地位	場所または地位	占　有　者	占　有　者
考える棲所空間の広さ（Spatial scale）	主として小規模棲所（Microhabitat）	小規模棲所	小〜大規模棲所（Macrohabitat）	小〜大規模棲所
主として食物資源（Food resource）について考えるかまたは餌生物（Food）と捕食者（Predator）の両方について考えるか	両　　方	両　　方	主として食物資源	主として食物資源
分類群の幅（Breadth of taxonomic group）	1種のみ	時としてもっと広い	1種のみ	1種のみ
生き残り（Survival）か出現（Occurrence）か	特定しない	特定しない	生き残り	出　　現

[Schoener 1989 による]

Root (1967) はギルド (Guild) と呼んだ．いろいろな段階・内容のニッチがあるが，それぞれのニッチ毎に，それらを共有する種群と言える．この言葉は最近よく使われるようになった．例えば，花の蜜を吸う鳥のハチドリ類（*Trochili*）と昆虫のハチミツ類（*Apis*）は同じギルドに属するといったぐあいで，関係種の系統分類上の位置とは関係はない．また花といってもいろいろの種類があり，それぞれに異なったギルドが見られよう．同じギルドに属する種間には，各種の相互作用が見られるのが普通である．

ところで T. Volk (1998) はちょっと変わった観点からギルドという言葉を使った．彼はガイア（13章3節参照）概念を主張したが，その生理的全体性を具えた存在を構成する諸器官（Organs of gaia）として種々の生化学的ギルド（Biochemical guilds）があると述べた．ガイアを大きい視点から見たとき，光合成生物（Photosynthesizers）ギルドと呼吸生物（Respirers）ギルドという二つの器官から成り立っていると言う．しかしこれらの表現は，生態系に関する既存の諸用語（生産者・消費者・分解者とか栄養段階とか）を使って十分説明可能のように思われるがどうであろうか．

8-6 資源利用をめぐる若干の問題

8-6-1 はじめに

上にニッチについて考えているうちに，資源（Resource）の問題に到達した．この節では，その利用をめぐる若干の問題について考えることにする．この問題は，まさに食物連鎖関係と同類関係の織りなす自然の実態に関するものであり，次章以下の群集や生態系の問題を考

える入口として，避けて通ることの出来ないものと考える．

まず資源とは何か．いろいろの定義があるが，ここではBegon ほか（1996）の定義をとることにする．"生物の資源とは，彼等の体を作っている原材料であり，その活動を支えるエネルギー（源）であり，また彼等が生活を遂行する場所（Place or Space）である"．これは上に見てきた，Hutchinson の多次元的要因の総合そのものとも言える．その点から，ある意味で，資源はある種にとって，ニッチと同義のものと考えられる．

今まで数章にわたりあちこちで，生物の資源利用の際に起こる相互作用（主として競争）の諸形式について述べてきたが（特に5章参照），ここで一応それらを整理しておきたい．その考え方は二つある．一つは純粋に現象の過程に関するもので，他の一つは主として結果に関するものである．はじめのものとして，消費型競争（Exploitative competition）と干渉型競争（Interference c.）について述べた．この二つの用語は T. Park（1962）がはじめて用いたことはすでに述べた．前者は関係する種（個体）がそれぞれ同じ資源を消費することによって間接に起こる相互作用であり，後者は直接の相互作用によって起こるものである．これに R. D. Holt（1977,1984）は第3の型として見かけの競争（Apparent c.）というものを追加したが，これは中島敏幸（1995, T. Nakajima, 1998）によって捕食者媒介競争（Predator-mediated c.）と名付けられたものである．これは"ある安定に存続する捕食者－餌動物系に，増殖率がより高い，または捕食率の低い（食われにくい）餌個体群が加わると，捕食者個体群の平均密度が高まり，これにより高い捕食圧となって先住の餌個体群は数が減少し，消滅に至ることがある"（中島による）というものである．この中島の文には見かけの競争の結果としての現象が書かれているが，その関係で市野隆雄（1996）のドロバチ類（Eumeridae）の研究を紹介すると，そのような競争の結果としてドロバチ類に天敵回避のニッチ分割が起こると言う．

二つ目の結果に関する競争的相互作用は，共倒れ型競争（Scramble c.）と勝ち残り競争（Contest c.）といったものであり（この二つの用語は A. J. Nicholson, 1954, がはじめて言った），その内容は既述したが，読んで字のとおりの結果に至るものである．なお至るところで見られる共存的現象（Coexistence）は，過程として真の共同（Cooperation）であることもあろうし，また競争はするが生活能力が等しいことなどによって起こる結果であることもあろう．この件については，7章を参照されたい．

8-6-2 動植物の資源利用について

資源利用の有様については，動物と植物で大いに異なる．そこで一応分けて以下に述べる．

a）動物の資源利用について

動物の資源（食料，空間，時間）利用については，今まで多くのページを使って説明してきたので，特に付け加えることはないが，一応以下に，新しい研究も加えて，まとめておく．なおT. W. Schoener（1986）は，従来の研究をまとめて，資源分割（Resource-partitioning）は最も普通には棲所（Habitat）について起こり，ついで食物について，3番目には時間について見られると述べているのは，まず当を得た見解であると思う．

まず同種の個体が同じ資源を利用する場合には，なわばりを作る時もあるし，時として群れていることもある．群れている場合には，しばしば個体間に順位ができる．しかし順位ら

しい構造が認められないままで，群れていることもある．例えば，アユの生活は，なわばりを作ったり，群れたり，状況によって大変順応性のあるものである（p.130）．

　異種の場合は，同じような資源を求めると言っても，多少は違うのが普通である．従って，資源の質，それを獲得するために行動する地域，時間などに，何らかのすみわけが出来る．同じ場所に棲み，同じ餌を採っているように見えても，よく調べると細かいところで何らかのすみわけ的様相が見られることが多い．例えば，Tanganyika 湖に棲み，底棲のエビ類を食っているカワスズメ類（Cichlidae）の生活を見ると，次のようなことが分かった（遊磨正秀，1992）．この様式の生活をしている魚は4種ある．*Lamprologus callipterus*（1），*Lepidolamprologus elongatus*（2），*Gnathochromis pfefferi*（3）および *Altolamprologus compressiceps*（4）である．これらはエビを捕る行動が違うので，同じ岩場に共に生活することが出来るという．その様子を図8-25に示す．(1) は口から水を吐き出してゴミを吹き飛ばし，逃げ出したエビを捕り，(2) は岩の表面のエビをかなり遠くから突進して捕り，(3) は岩の表面を探して，口の近くでじっとしているエビを捕り，(4) は底から50cmほどのところを泳いでエビを探し，見つけるとエビの方に徐々に頭を向けながら慎重に定位して飛びつく．彼等は同じ岩場に異種集団を作って棲み，集団で餌を探し，互いに餌の発見効率を高めている．特に，(1), (2), (3) の3種の魚は，一列に隊列を組んで，岩の表面をねり歩くようにゆっくりと餌を探しながら泳いでいる光景をよく見かけると言う．また Tanganyika 湖には，他の魚の鱗を食って生活している（Scale eater）珍しいカワスズメ科の魚が2種いる．*Perissodus microlepis*（a）と *P. straeleni*（b）である．ところがこの2種が，互いに50cm以内の距離にいる場合と，他種が近くにいない場合の捕食効率を M. Hori（堀道雄, 1987, 1991）が比べたところ，他種が近くにいる場合の効率が，単独でいる場合の1.5〜2.0倍も高いことを見出した（図8-26）．この2種が襲う魚の種類はほとんど同じで（共通度80％を超える），鱗を剥ぎ取る部位，襲う時の相手の状況，その場所の状況，襲う時刻など，いろいろ調べてみたが，いずれも70〜100％の共通度を示した．違いといえば，摂食方法だけであった（図8-27）．どちらの魚も中層をゆっくり泳ぎながら探索しているが，なわばり争いや餌を採るのにかまけてすきのある魚を見つけると，(a) の方は底沿いに忍び寄り，遠くから突進し，(b) の方はヒラヒラとちょうど無害な藻食魚に似た泳ぎかたで近寄り，近くからいきなり飛びつく．要するに襲われる魚にとっては，二つの異なった方法で襲ってくるものに対して同時に注意することは難しく，それだけ襲う方にとっては有利になる．そこのところが共存できるかぎであろうと言う．Tanganyika 湖にはカワスズメ科の魚が驚くほど多数，多種類棲んでおり，100〜400m^2の面積内に38〜48種も発見され，その密度は4〜15尾／m^2にもなると言う．これらの魚は，上に挙げた2例のように，生活様式に何らかの違いがあって，ともに似た資源に頼って生活できていることは，注目すべきことであろう．

　上の Tanganyika 湖の魚の同所的共存の問題について，H. Matsuda（松田裕之）ほか（1993, 1994）は従来の説を含めた数理論的検証を，現場観察に照らして行い次の結論を得た．ある捕食者（A）に対する餌動物の特別の警戒行動などの反捕食者行動（Antipredator behavior）が増えると，その餌動物を襲う別の捕食者（B）に対する警戒がおろそかになり，Bなどの数の増加を導き，その結果多種共存が実現する可能性があると言う．

　動物の資源利用に関する例として，さらに R. H. MacArthur（1958）の研究した有名なアメリカムシクイ属（Warbler, *Dendroica*）5種の資源分割（すみわけ）の例を挙げておこう．5種と

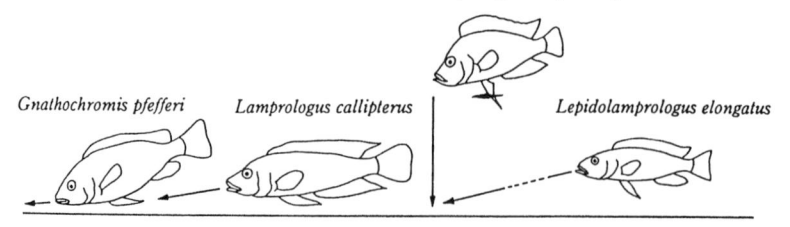

238　第 8 章　食物連鎖関係と同類関係を結ぶ基本

図 8-25　Tanganyika 湖で小エビをねらうカワスズメ科 4 種の行動模式．説明本文参照．
　　　　　［遊磨 1992］

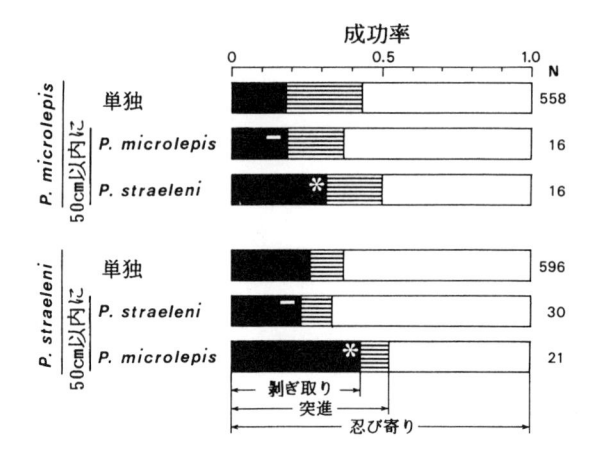

図 8-26　Tanganyika 湖の 2 種の鱗食魚，*Perissodus microlepis* と *P.straeleni*，の襲撃成功率．観察個体の周囲 50cm 以内に他個体（同種または異種）がいる場合と単独時の成功率の比較．成功率は忍び寄りを始めた回数に対する剥ぎ取り成功の回数の比で示す．異種がいる場合に成功率は高い．＊5％有意，－有意差なし，N は観察回数．
　　　　　［Hori 1987，1991］

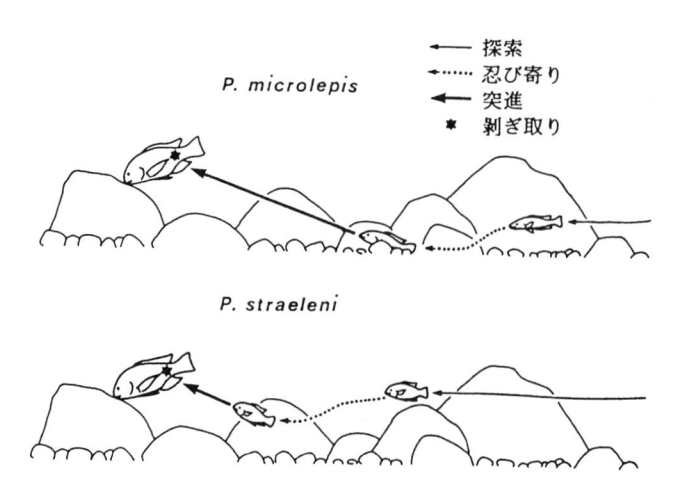

図 8-27　Tanganyika 湖の鱗食魚 2 種の摂食行動．岩上で摂食中の藻食魚を襲う場合を模式的に示す．説明本文．
　　　　　［Hori 1987，1991］

は，*D. tigrina, D. coronata, D. virens, D. fusca* および *D. castanea* を言い，特に繁殖期には亜寒帯の常緑針葉樹林の同じような場所で棲み，いずれも同じような大きさで，主として昆虫食である．かつてはこれらの小鳥の生活要求の違いは見出し難いとされていたが，よく調べてみると，棲み場所，餌，行動などの点で微細な違いがあることが分かった．図8-28はそれらの違いの中で，採餌場所の違いを示したものである．そして結局，これら5種の個体群密度を制御している要因は，異種間の競争よりも（資源分割により競争を緩和している），同種内の資源利用競争（なわばり行動を含む）がより重要であると結論した．

同じ場所に棲む類人猿のゴリラ（*Gorilla gorilla*）とチンパンジー（*Pan troglodytes*）の間にも食物や行動範囲を違える資源分割現象が見られると言う（山極寿一，1999）．コンゴ国のある山地で果実が豊富な時期には両者とも果実をよく食べるが，その種類が違い，ゴリラは季節変化の少ない果実を食べ，チンパンジーはある季節に集中して熟する果実を食べる．また果実が不足する時期には，ゴリラは狭い遊動域の中で葉や樹皮を専門に食べるが，チンパンジーは果実をさがし回って遊動域を広げると言う．

次に動物の資源利用に関する生態的多能性（Ecological versatility）について述べておきたい．これはR. C. MacNally（1995）が古今にわたる多数の生態学一般の文献を検討して主唱したものである．多能性とは，ある地域環境において，利用可能の資源（Available resource）を，完全に利用・開発できる（Exploit）度合いを言うので，この利用・開発という事象には，結果として個体維持・種族維持を導くすべての能力を含むものとしている．つまり多能性の大きい動物は汎食者（Generalist）と結ばれ，その小さいものは専門食者（Specialist）と結び付いている．彼によると，一般に個体数の多い種は少ない種よりも，体の大きい動物は小さい動物よりも，また栄養段階の高い位置にある種は基底に近い種よりも，それぞれ多能性は大きいなどと考えられる．ただしこれには彼自身も言うように例外も多く，筆者はなかなか統一的結論は出しにくいものと思っている．

なおいくつかのパッチ（Patch）に分かれた価値の異なる資源を利用する際の動物の行動には，森下正明（1952）の言う環境密度（Environmental density）の問題，S. D. Fretwell & H. J. Lucas（1970）の言う理想自由分布（Ideal free distribution）の問題，あるいは R. H. MacArthur（1972）の言う機会均等原理（Principle of equal opportunity）の問題などが絡んでいるが，これらについては10章3節の個体群生態系の項を参照されたい．

b）植物の資源利用について

上のように動物では生活要求物が似ている場合でも，行動様式を変えたりして，資源をうまく利用している．ところが植物の場合は，生活のため必要な資源は，光にしても，窒素・燐その他の栄養物にしても，およそどの植物でも必須に要求する．どれも欠かせるものはない．しかも自然で現実に共存しているのは，どんな機構が働いているのであろうか（7章4節3項参照）．

本書では植物を主題にして取り上げることはなるべく控えているが，上の機構に関する説明は現代生態学で大いに重要さを増しており，またその理論は動物にも適用できるので，ここでその概略を説明しておきたい．上のような植物の資源利用について，理論的な説明を深めたのは，D. Tilman（1982）である．その考えは，P. A. Jumars（1993）が分かりやすく解説しているので，それを引用させてもらう．図8-29はその概略を示す．

240 | 第8章 食物連鎖関係と同類関係を結ぶ基本

また実際に2種の植物プランクトン，*Asterionella formosa* と *Cyclotella meneghiniana*，を用いた実験でも，この仮説は実証された（図8-30）．

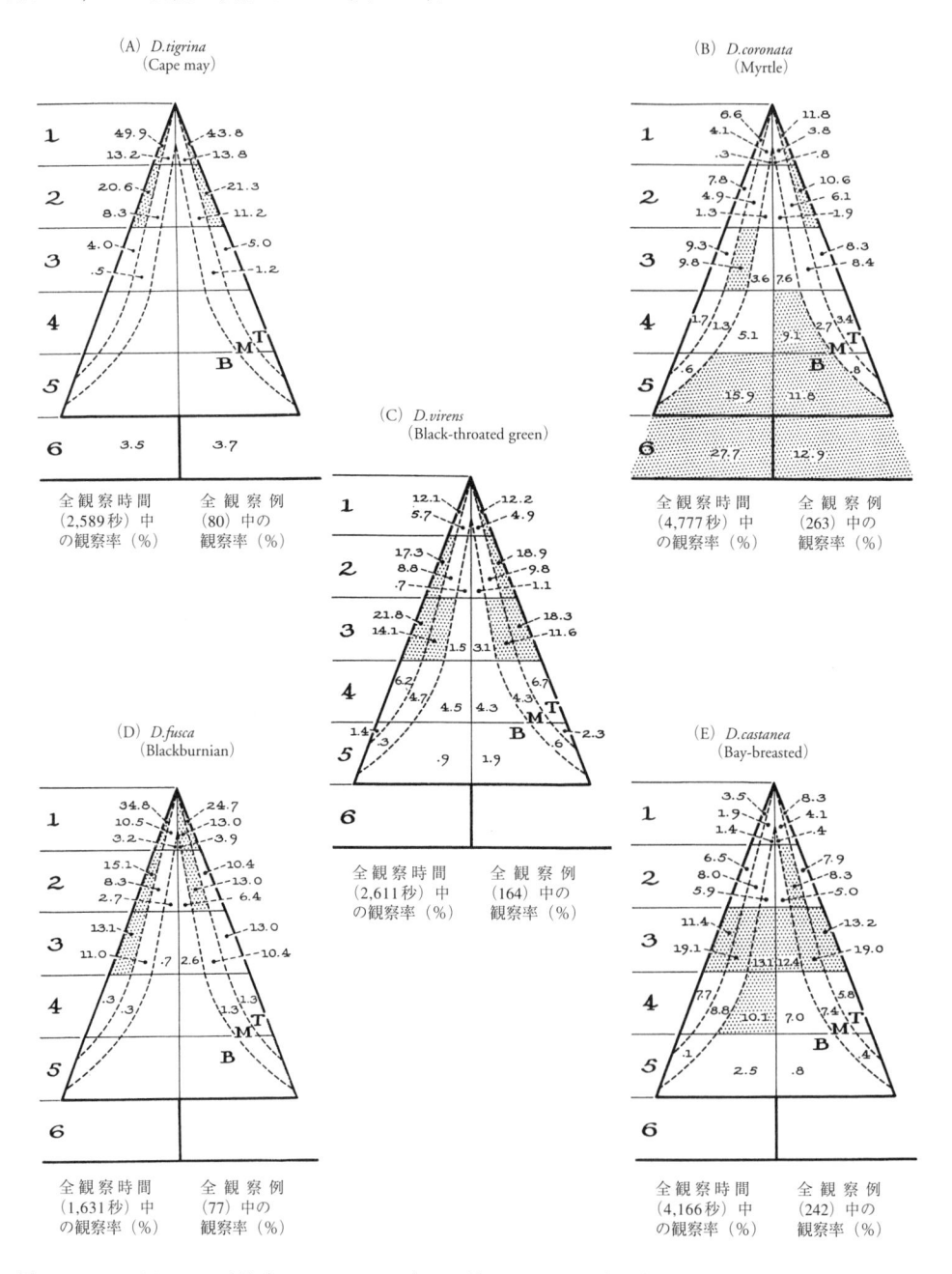

図8-28 アメリカムシクイ属（Warbler, *Dendroica*）の5種が，トウヒ属（*Picea*）の針葉樹で採餌場所を違える図．1〜6の高さの区画は10フィート単位（全高60フィート）．点線で縦に三つに区切った木の部分：外縁部（T）は新葉部，中間部（M）は古葉部，最内部（B）は太い枝や幹部．点々を打った部分：採餌活動の盛んに行われた場所．木の左半分は観察された時間（秒），右半分は観察された個体数で表した利用区分．[MacArthur 1958]

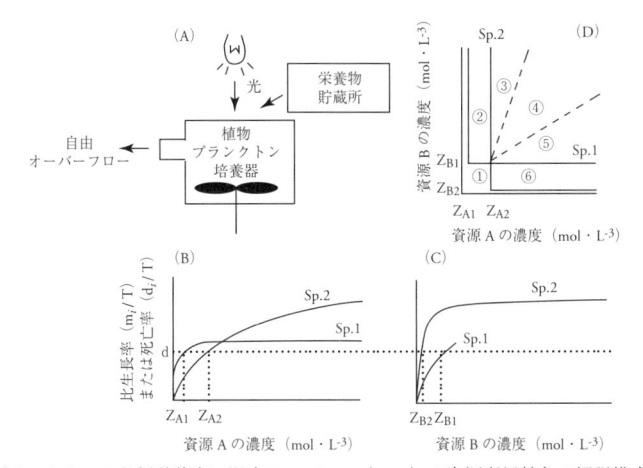

図 8-29 植物プランクトンの必須栄養素に関する，Tilman (1982) の資源利用競争の解説模式図．
A：化学培養器中へ，栄養資源が定常割合（L^3/T）と濃度で，流し込まれる．オーバーフローの割合を培養器の容積で割り，死亡率 d/T を出す．もし d が植物プランクトンの生長速度より大きいと，プランクトンは洗い出されてしまう（培養器中で滅亡してしまう）．
B, C：2種のプランクトン（Sp.1, Sp.2）に対し，2種類の栄養素（A, B；他の栄養素は過剰に供給される）が，生長制限濃度で供給された場合の，理論的結末．各種が二つの資源のうちの一つを，より能率よく取り入れる場合の典型的な結果を示す．あるオーバーフローの割合，すなわちある死亡率 d の割合における，すべての四つのゼロ生長点，Z_{xn} を示してある．ここで，x は栄養資源（A または B）を，n はプランクトンの種番号（1 または 2）を示す．濃度 Z_{xn} と死亡率 d で，種 n の生長は止まり，個体群密度は，もし単独で培養すると，恒常となる．しかしもし両種を同じ容器中で培養すると，低い Z_x を持った種は生長を続け，他種を亡ぼしてしまう．したがって，図の場合，Sp.1 が A 資源に対して競争の優位者となり，一方 Sp.2 は B 資源に対して優位者となる．
D：両種の一定の d に対し，それぞれゼロ純生長等値線（Zero net growth isocline, ZNGI）を，両方の栄養資源に対して引くことが出来る．いずれの線についても，このゼロ純生長等値線は直交する線となる．点線のスロープは，両種の生長に対し，それぞれの栄養資源が最適に供給された場合の割合を示し，それは Sp.1 と Sp.2 が一緒に培養されたときの両種の運命を示している．区域を①～⑥の六つに分けて，それぞれの区域の両種の運命を述べると：①では両種とも生きることが出来ない，②では Sp.1 のみ生き残り，⑥では Sp.2 のみ生き残る．③，④，⑤では，両種単独のときには，それぞれ生きることが出来る範囲（基本ニッチ内）であるが，点線および ZNGI の位置から考えて，③では Sp.1 が勝ち残り，⑤では Sp.2 が勝ち残り，④では共存する．
［Tilman 1982 に基づき，Jumars 1993 を森加筆］

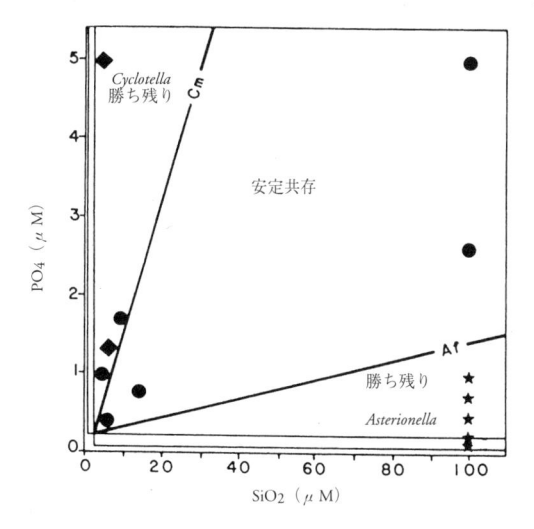

図 8-30 2種の珪藻，*Cyclotella meneghiniana* と *Asterionella formosa*，の ZNGI と，SiO_2 および PO_4 の濃度．結果は図に示すとおりで，予測を裏づける結果となった（ただし境界線に近い2点は例外）．◆ *Cyclotella* 勝ち残り，★ *Asterionella* 勝ち残り，● 安定共存．［Tilman 1977, 1982］

8・6・3 ニッチの異同と共存制限

　生物は多次元資源の中で，共存したり，相互排除したりして生活している．その実状や理論について，今までいろいろと述べてきた．前に述べたTilmanの説もその一つである．かれはさらに，多種類の共存について論考を進めたが，それについて簡単に説明する．

　まず図8-31を見ていただきたい．この図の説明に述べてあるように，資源量の少ない棲所で，資源量の多い棲所よりも，共存できる種の数が多くなるというところは，この取り扱いの難点になると思われる．水域で言えば，富栄養化した水域の群集が，貧栄養の水域よりも，単純な種の数で構成されるということになる．さらに言えば，熱帯降雨林の構成が，砂漠の種構成よりも単純であるということになりかねない．おそらく問題点は，図8-31に述べたような，'微細環境の異質性' というところにあって，熱帯降雨林と砂漠の環境の比較まで問題を広げるのは，Tilmanの考えの外にあるとも思われる．ではこのような大規模の異環境の問題を理論的にどう扱えばよいのか，それについては7章4節3項に述べた松田裕之・巌佐庸（1993）や巌佐ほか（1995）の論説にその一つの解答が示されているように思う．彼等は熱帯降雨林から温帯林を経て寒帯林または乾燥地帯植生に至る，あるいは緯度に沿う植生変化について，植物が年間に実際生長できる期間の長さ，その生長に際しての種間競争，各種の占めるニッチ（資源とも見られる）の幅の大小などを大きい原因として共存問題，あるいは植生構成種の多様性を論じているが，詳しくは前記諸論文を参照していただきたい．

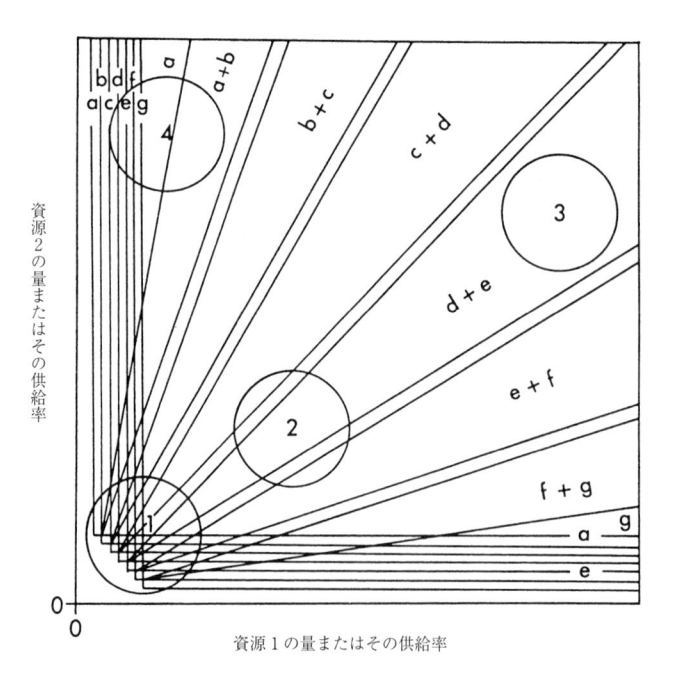

図8-31　7種が資源1および2に対して競争した場合の理論的結果．7種のZNGIをa〜gで示す．2種が共存できる棲所はa+b, b+c, c+d, d+e, e+f, f+gの6通りある．棲所①では7種が共存でき，資源量が増えるに従って，②ではc, d, e, fの4種が，③ではd, eの2種が共存できるという具合に，次第に共存できる種の数が減ってくる．④では資源1は少ないが，資源2は多く，a, b 2種が優先して生存できる．資源量の乏しい棲所で多数種が共存し，その豊富な棲所で少数種しか共存できないという結論は，この理論の問題点であろう．本文参照．[Tilman 1982]

次に別の視点からの論として，ニッチの類似限界説（Theory of limiting similarity of niches）について触れておきたい．この説は，種による資源利用の異同，すなわちニッチの分化とそれらの種の共存可能性について，R. H. MacArthur & R. Levins（1967）が考えはじめたもので，R. M. May（1973）によって発展させられた．もし異種が共存しようとするならば，ニッチの類似性には越えてならない限界があると言うのである．まず図8-32を見ていただきたい．ここでは資源（例えば餌の大きさ）の状態を直線上に配列したとして，3種（種1，2，3）がその生活要求に従って分布していると考える．この問題はまた，種1と種3があらかじめ分布していて，どのような条件の時に，種2が間に割って入るか，と考えてもよい．この場合の競争係数（Competition coefficient）α は次式で与えられる．

$$\alpha = e^{-d^2/4w^2}\ [19]$$

　　　　ただし，w：曲線の標準偏差
　　　　　　　　d：隣り合った曲線の頂点の距離

すなわち，d/w＞1 の時は α は小さく（競争は比較的少なく），d/w＜1 の時は α は大きい（競争は比較的激しい）．

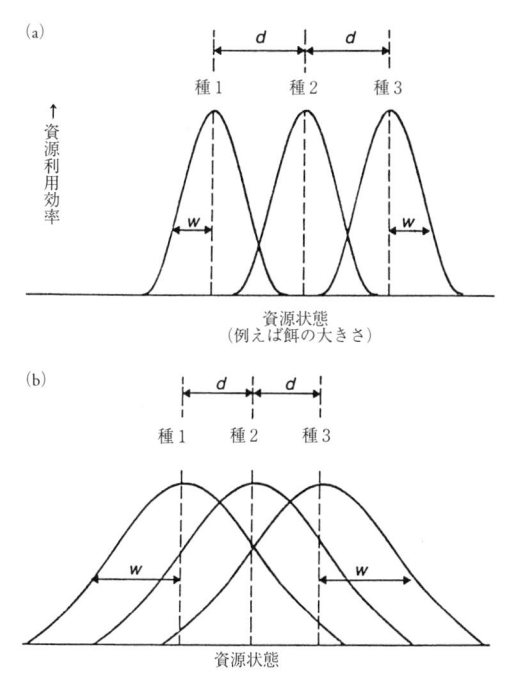

図8-32　1次元の資源に対して，3種（種1，2，3）がその生活要求に従って分布していると考える．3種とも利用する資源の状態は多少違うが，その利用曲線は同じ形をしているとする．d は資源利用曲線の頂点の距離で，それぞれの曲線は標準偏差wを持つ．(a)狭いニッチで，d/w＞1．この場合は種間競争は比較的小さい．(b)広いニッチで，d/w＜1．この場合は種間競争は比較的大きい．［Begonほか1996］

では隣り合った種間の共存はどのような条件の時に可能なのか．今，種1および種3の飽和密度（Carrying capacity），K_1 および K_3 が等しいとして，飽和密度 K_2 を持つ種2の共存の条件を考える．その結果を図8-33に示す．この図に基づいて，K_1，K_2 の割合，および d，w の割合によって，3種が安定共存できる条件がどのようなものかが分かる．d/w＜1 の時には，K_1/K_2 がきわめて限定された場合を除いて，総じてどのような値でも不安定となるが，

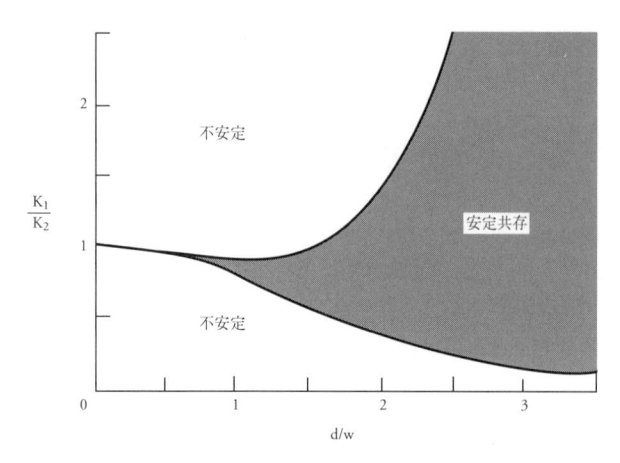

図 8-33 3種の平衡系において，d/w と K_1/K_2 （$K_1 = K_3$ とする）の関係により，いろいろの可能なニッチ重複度を示す．この関係は，競争係数 $\alpha = e^{-d^2/4w^2}$ として求めた．K_1, K_2, K_3 と競争係数との関係の数理については，伊藤ほか（1996）を参照されたい．[May 1973]

d/w＞1 の時には，その値と K_1/K_2 の値との組み合わせによって，共存条件はいろいろに違ってくるが，安定共存の可能な状態はこの場合の中で大きく実現できる．

この説に対して，P. A. Abrams（1983）をはじめとして何人かが異論を提出した．特に，d/w＜1 の場合でも，もっと安定共存の範囲は広い場合もあると言うのである．また資源量が時間的に変動する場合には，類似限界は決めにくい．これらについては，T. W. Schoener（1986），D. J. Futuyma（1986），Begon ほか（1996），伊藤ほか（1996）等を参照されたい．

共存に関するちょっと違った視点からの研究として，D. S. Wilson & J. Yoshimura（吉村仁）（1994）の，資源（餌，棲所など）をめぐる専門家（Specialist）となんでも屋（Generalist）の共存に関する業績を述べておきたい．専門家 A は資源 Ra に適応しており，専門家 B は資源 Rb に適応して生活しているとする．資源に変動が起これば，当然 A，B の個体数は変動する．この際資源 Ra も Rb も利用できるなんでも屋 C が入ってくると，Ra が余っている時には C はその資源を主として利用して繁殖し，Ra が少なくなって Rb が増えてくると，C は Rb に主活動域を移して繁殖する．A や B は当然 C の影響を受けるが，C が調節者として働き，3者の共存は実現する．この現実は，A，B，C を別種と考えてもよし，また種内の遺伝型（Genotype）あるいは表現型（Phenotype）の違うものと考えてもよい．彼等はこれらの共存の現象を，モデルを作ることによって検討している．

さらに求める資源（あるいはニッチ）が似ていても，その資源を探索・取得する能力（Ability）が違う場合には，結果に違った様相が現れることが予想される．これは個体群の本性としての飽和密度（K）などとはまた次元の違う本性の問題であり，これを考えに入れると結果はさらに複雑になると思うが，ここでは問題の指摘にとどめておきたい．

第 8 章註

1）Margalef の言う流れは，群集を成り立たせる要素（個体，個体群）間の関係すべてを含む意味が

あり，単にエネルギー・物質の流れだけでなく，競争など横の相互関係も含んだもののようである（森, 1972, 参照）．
2）生態系の場合には，これにさらに非生物環境という異次元の要素が加わる．
3）ただしこれについても，絶対的に転換できないというものではないが，これについては11章を参照されたい．
4）Birch はコクゾウを large strain of *Calandra* (=*Sitophilus*) *oryzae* とし，ココクゾウを small strain of *C. oryzae* としている．
5）カンジキウサギ（Snowshoe hare）ともいう．
6）最近 R. J. Brooks ほか (1993) はレミングの周期的大発生やその移動の記述は確実な証拠に基づいたものではなく，一種の'神話（Myth）'にすぎないと主張し，もっと動物の個体（個体群ではなく）の生活に根を置いた観察実験をすべき時であると言う．筆者は多くの先人の努力がすべて'作り話'であるとは全く考えないが，一方個体を中心とする生活史の研究を深めるべきであるという提言は結構なことと思っている．
7）いくつかの魚種を a, b, c 群にまとめて分けたのは，それらの魚種の漁獲量変動が，各群間で相関が見られないことと，各群間で棲所や生活史の点で多少の差が見られたことによる．
8）これはいわゆる資源消費型競争（Exploitative competition）の部類に入るだろう．
9）聖書に出てくるバッタ．
10）トノサマバッタと同種．例のパール・バックの小説に出てくる中国のバッタの大群はこれである．
11）捕食者にとって有害となる物質も含む．
12）L. B. Keith (1963) によると，カナダの Alberta 州中・南部，Saskatchewan 州，および Manitoba 州南部で，オオヤマネコがいなくなって以後25年間も，カンジキウサギの周期的変動は続いたと言う．
13）今日では，医学的にストレスに関係した多くの病的症状が，すべてこのホルモン過程で説明されるものではないとされている．
14）この性質の変動の原因として，コージ培地で長年飼育してきたものをパール培地に移した影響ではないかという意見もある（伊藤嘉昭, 私信）．
15）動物を長年飼育していると，意図的選択を行わないのに，諸性質の変化が起こることについては，古く Darwin (1859, 1868) も指摘している．これはここに言う本性変動説にはそのまま結びつかないが，最近の文献を若干紹介する．

　　S. Utida（内田俊郎, 1957）は，アズキゾウムシ（*Callosobruchus chinensis*）とその寄生蜂 *Heterospilus prosopidis* を容器の中で長年飼い続ける実験をしたが，寄生蜂の内的自然増加力が，数十代を経るうちに次第に変化してきたように考えられると述べた．実はこの内田の使ったアズキゾウムシの方も，その後性質の変化が見られることが分かった．この虫はその後も同じ実験室で飼い続けられ，飼い始めてから約55年後の1991年に500世代以上に達したが，その実験室系統（Ls とする）と，新しく野外から採取した系統（Ws）との性質の比較を，E. Kuno（久野英二）ほか (1995) が行った．その結果，Ls は Ws に比べて，格段に増殖力が強く（1.5倍も），こみあいに対する感受性が低い（平衡に達する密度は3倍大きい）などの変化が見られた．彼等はこの変化は実験室のこみあった飼育条件と恒温（32℃）条件が生み出したと考えた．内田や久野の研究と似たようなことは，沖縄のウリミバエ（*Bactrocera cucurbitae*）の長年にわたる集団飼育中にも現れることが知られ〔T. Miyatake & M.Yamagishi（宮竹貴久・山岸正明）, 1993〕，活力が衰え，寿命が短くなるが，これに"取り換える"ように羽化してから産卵開始までの時間が短くなる，などの変化が起こるという．

Miyatake (1998) はその原因を，先在する遺伝的変異の人為選択に求めている．

　これらの結果を自然選択と結びつけ，また遺伝行動多型説や本性変動説と関連づけることによって，大発生の原因の探求の参考にすることは出来よう．

16) 長期間をおいて多数の個体が同時に開花・結実することによって，捕食者が食いきれず，余ったものが次世代の生産に残されることによって，種が存続維持されてきたという仮説．

17) S. T. A. Pickett ほか (1994) は，生態学の諸説の統合 (Integration) の重要さを指摘し，無用な論争はこれによって避けられ，生態学は発展する，これは科学の哲学の常道であると主張した．今の場合，包括説はこの統合の一つの形態と見ることが出来る．

18) Elton のニッチの概念の先駆けとなるものに，V. E. Shelford (1931) の Mores という概念がある．これは同じような生活要求を持ち，似た行動特性を持つ（特に生理的に）生物（動物）のグループを言う．後に同様な趣旨で，Clements & Shelford (1939) は Mune という言葉を用いた．Elton の後で，R. Root (1967) は，Elton と似た趣旨で，ギルドという言葉を使った．これは同じような資源を同じような方法で獲得し生活する種のグループの意味を持つ．この言葉も最近よく使われる．

19) この競争係数の導き方については，伊藤ほか (1996) を参照されたい．

chap. 9 群集

9-1 はじめに

前3章で述べてきた内容，特に前章で触れた内容の中には，群集（Community）に関する事柄と言ってよいもの，普通の教科書では群集関係事項として扱われている部分もたくさんあった．しかし本章では，群集論としてまともに取り上げて考えていくことにする．

9-2 群集概念の歴史的発展

群集概念の歴史的発展については，1章で多少触れたが，ここでは全体論的観点（Holistic viewpoint）と個別論的観点（Individualistic viewpoint）を中心に，やや詳しく述べることにする．なおこの問題に関する一般的論考文献として，R. P. McIntosh（1985），D. J. Anderson & J. Kikkawa（1986），木元新作・武田博清（1989）の諸著作を挙げておきたい．また種の多様度（Species diversity）の観点からの群集概念発展の歴史については，D. Schluter & R. E. Ricklefs（1993b）が要領よく解説している．さらにプランクトン群集については，U. Sommer（1989 a, b）の論説が参考になる．

1章で述べたように，群集概念を最初にはっきりと，Biocönose という述語をもって述べたのは K. Möbius（1877）である．この段階では，各種の生物のからみ合いについては認識したが，それが全体論的存在であるとまでは主張しなかった．

およそ自然科学としての生態学の研究対象となるためには，その存在が多少とも全体的統一的自律性があり，したがって他の同様の存在と区別される必要がある．Möbiusはこの認識を持っていたようであるが，その自律性が何らかの意味で生物の個体の自律性と比べられるような，有機体的統一性（Organismic unity）を持つとまで考えていなかったように思う．ところが Clements や，その主導のもとに Shelford も，1939年に共著の中で，生態遷移（Ecological succession) の研究を通じて，そこまで進んだ見解を述べた．彼等はその中で次のように述べている．"群集は……その個々の部分の合計以上のものであり，それは実に新しい秩序を持った有機体である．すなわち群集は複合有機体 (Complex organism) であると考えられる．……これは新しい提案であるから，批判を招いたのは当然であるが，それにもかかわらずこの概念は徐々に，特に機能生態学者に受け入れられつつある．……しかしながら，ここで'複合'という言葉の重要さを心に留めておく必要がある．というのは，この言葉は群集が，植物または動物の個体によって代表されるような有機体とは違った部類 (Category) に属することを表現しているからである．この点を明確にする目的で，A. G. Tansley (1920) は'準有機体 (Quasi-organism)'という述語を用い，またW. H. Wheeler (1911) はかつて'実在有機体 (Real organism)'と言ったが，後に (1923)'超有機体 (Super-organism)'と改めたのである"．以上のようにClements & Shelford はTansley の準有機体という表現を，自説の複合有機体概念の発展として見ているようであるが，Tansley (1935) は後に複合有機体という表現を批判して，その上で準有機体という表現を使っているのは興味深い．

さてこのClements & Shelford 等の群集を複合有機体とする概念はその後も発展を続け，Allee ほか (1949) に至っていく所までいった感がある．彼等は，細胞段階，多細胞段階，群集段階の三つの教理 (Doctorine) を比較して，表9-1を作り，多細胞生物 (個体) を細胞と群集を結び付ける結節点とした．ここに見られる思想は，細胞，多細胞生物 (個体)，群集に代表される三つの生物集合体[1]を成り立たせている基本教理が，相同のものであるとするものである．そこには自律性を備えた全体 (Whole) があり，諸部分 (Parts) はその統制下にあること，この自律体は発生し，成長し，老衰し，死滅すること，そしてある部分がこの全体自律体に加入する際には，全体はその存続にとって好ましいものだけ受け容れ，全体の調和を損なうものは拒絶する，とされている．これらの教理の中には，現実の事態としては確かに認められるものもあり，それらについては後で述べることにするが，しかし全体の思想は哲学上の全体論 (Holism) の流れに沿ったものであることは否定できないであろう．

表9-1 細胞段階，多細胞生物段階，群集段階の，三つの存在状態の比較．

細　胞	多細胞生物	群　集
1. 原形質から構成	細胞および組織から構成	個体および種から構成
2. 自己発生する（細胞発生）	自己発生する（発生学的）	自己発生する（遷移）
3. 部分の再生あり	部分の再生あり	部分の再生あり
4. 原形質間の分業あり	細胞間の分業あり	個体および種間の分業あり
5. 自己維持機構あり（動的平衡）	自己維持機構あり（動的平衡）	自己維持機構あり（動的平衡）
6. 統合せられた全体は，部分の生存および繰り返し（Repetition）を決定する	統合せられた全体は，部分の生存および繰り返し（Repetition）を決定する	統合せられた全体は，部分の生存および繰り返し（Repetition）を決定する
7. 細胞の老衰と若返り	個体の老衰と若返り	群集の老衰と若返り
8. 原形質構成物質を選択しまた拒絶する	組織構成物質を選択しまた拒絶する	群集と調和する個体または種を選択し，調和しないものを拒絶する
9. 細胞構造の退行進化（クロロプラスト）	組織構造や器官の退行進化（洞穴魚の眼）	種の消去による退行進化

［Allee ほか 1949 の要点を簡略化］

しかしまたこのような全体論哲学とは関係なく，自然を深く観察したナチュラリストの立

場からするC. S. Elton（1966）の群集存在を当然のこととして主張する論は，大いに味わう必要があろう．彼は言う，"群集は相互関係と可変性が作り上げた巨大な迷宮"であるが，その中に棲む"いかなる種といえども，他種と何らかの関係を，それもふつうは多くの関係を持たないで存在することは実際上できないと断言してよい"，と（川那部浩哉ほか訳より）．

さて，そこに当然反対の考えを表明する人達が出てくる．それらの人達の数は多いが，なかでもアメリカの植物生態学者H. A. Gleason（1926）の名はぜひ挙げておかなければならない．彼は植物群落（Plant association）の中の各種の植物は，単に非生物環境に対する要求や耐性が似ているから集まって生活しているだけである；つまり個々の種が生活要求の類似性ゆえに集まっている，ある種の偶然の産物が群落である，と言う．この説を，群集個別説（Individualistic theory）と呼び[2]，Clementsの群集有機体説（Organismic theory）あるいは群集単位体説（Community-unit theory）と対置された．前者をGleasonian concept，後者をClementian conceptということもある（U. Sommer,1987）．群集個別説から考えると，当然統一体としての群集の性格はなくなり，したがって，一つの群集と他の群集との境界も影が薄くなる．そして各種または各種の個体群の分布が大きく浮かび上がってきて，非生物環境の傾斜に伴って，各種が自分の好みに応じて分布する，すなわち各種個体群が連続的に分布するのが自然の実態であると考えるようになる．植物生態学者R. H. Whittaker（1951, 1967, 1975）はGleasonの考えを発展させ，群集連続の原理（Principle of community continuity）を強力に提唱した．図9-1はそれを模式的に示し，また図9-2は具体例を示したものである．Whittakerは図9-1の四つの模式（A～D）のうち，実例と合うのはDの型である，すなわち群集個別説による種個体群の連続分布が実際であるとした．なおGleasonの概念でいくと，方向性ある遷移などと言うものは意味がない，ということになる（Sommer, 1989）．

動物の方でClements説に反対を表明した人も多いが，ここではなかでもF. S. Bodenheimer（1958）をまず紹介する．彼の立論の基礎には種の独立的性格がある．種はそれぞれ独自の性質を持っているので，2種の棲む地域が一致することはない．しかも種の性質は時間とともに独自に変動し，また環境とともにも変動するので，1種についても棲む地域を確定することは難しい．まして多くの種が，ある結び付きをもって，ある地域に棲むといったことは考えられない．たとえある環境（Biotope）に幾種類かの生物が，常に一緒に出現するとしても，その理由は，各種がそれぞれ自身の本性に基づいて棲んでいるのが，偶然に一致しただけのことである．例えば，糞を食うタマオシコガネ類（Scarabaeid beetles）と，その糞をする哺乳類の関係について言えば，この関係は全く一方的なもので，哺乳類はこの甲虫がいなくても棲んでいるのである．つまり動物群集というものは，歴史と自然選択によって作られた偶然の産物なのである．池には多くの種類の生物が棲み，群集を作るというが，そこに魚類が居なくても群集はあり，バクテリアの分解が不完全でも群集はある．群集における部分と全体の関係というのはこんなもので，超有機体的実在（Supra-organismic reality）と言われるようなものはないのである．そこにあるものは，非生物環境に依存した各種の独立の生活があるのみである，と主張する．もっとも彼も，ある地域に棲む動物群の間で，調整的現象が見られることがあることは認めているが，上に述べたような基本的考えに変更を加えるようなものではないとしている．

最近では奥野良之助（1978）が群集有機体説を強く批判している．彼は有機体としての群集が認められるためには，完結性，統一性が高く，境界もはっきりしており，またそのある

部分が壊れるとやがて全体が自己崩壊を起こすような存在でなくてはならないと考える．ところが自然の群集にはそのような性格は認められない，したがって生態学の対象として取り上げることは不適であると主張する．彼によれば，そのような性格を備えた存在は，個体が典型的なものであり，せいぜい個体群までであると言う．

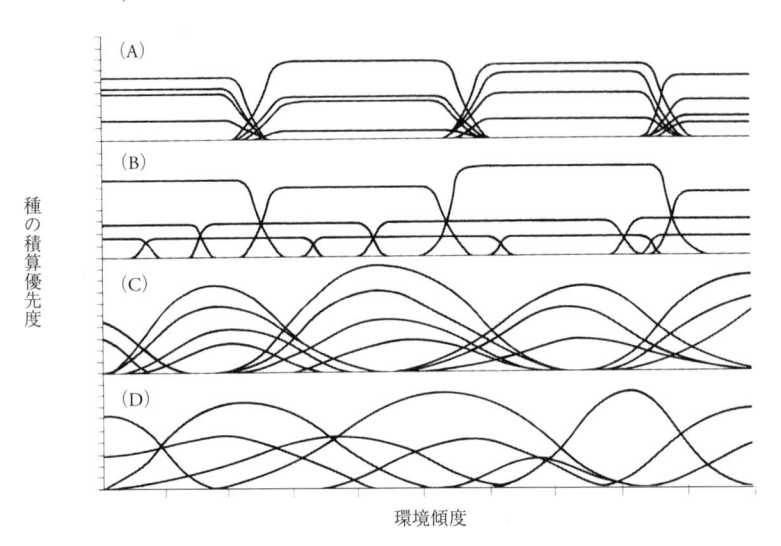

図9-1 環境傾度に沿って種個体群がいかに相互に関連して分布しているかを示す仮説図．図（A～D）の各部分のカーブのそれぞれは，一つの種個体群が環境傾度に応じて分布する様子を表している．
(A) 優占植物種を含めて各種個体群が，明確な境界でもって互いに排除し合っている場合．群集統一体説による型的な場合．
(B) 優占して競合し合っている種ははっきりした境界で排除しあうが，似たような分布をもったグループには分けられない．
(C) 種個体群の間に明確な境界はできないが，それでも同じような分布をもったいくつかのグループに分けることはできる．これらのグループはいろいろの群集を特徴づけるが，各群集は連続的に移行する．
(D) 競合する種個体群の間に明確な境界は見られず，同じような分布をもった明確なグループ化も認められない．その結果，種個体群の分布の中心や境界は，環境傾度に沿って散在する．個別説または群集連続説による型的な場合．
［Whittaker 1975］

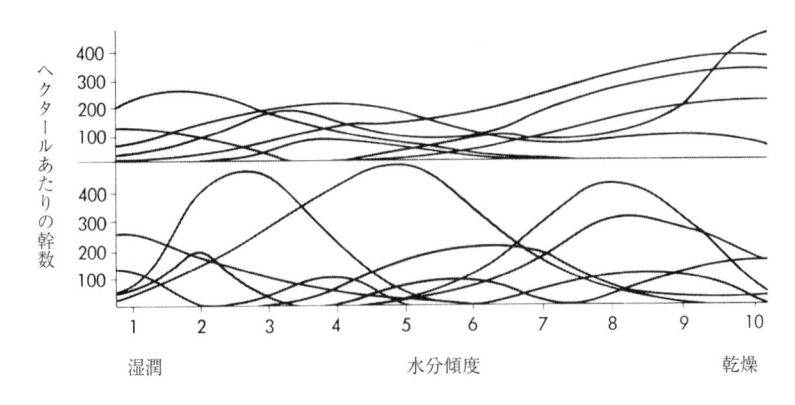

図9-2 環境傾度に沿っての種個体群分布の実例．
縦軸：直径2cm以上の樹幹の1haあたりの数．
横軸：谷の湿った環境から山の南斜面の乾燥した環境までの地形的水分傾度．
上図：Oregon州のSiskiyou山脈の，高さ760～1,070mの所の種個体群の分布．
下図：Arizona州のSanta Catalina山脈の，高さ1,830～2,140mの所の種個体群の分布．［Whittaker 1967］

以上のように，歴史的には群集を全体性・統一性を備えた存在として見る立場と，種の個体群を中心に，それが同じ環境を求めて（偶然に？）集まった集合として見る立場があり，今日でもこの二つの見方は続いている．しかし多くの研究者は，この二つの立場を極端に求めるのではなく，群集の存在は一応認めた上で，その内部構造と機能を深めていく立場を取っている．例えば，T. F. H. Allen & T. B. Starr (1980) は階層説（Hierarchy theory）を唱え，高い階層の全体（例えば群集や生態系）は，低い階層の成分（例えば個体群）の性質とは独立の創生的性質（Emergent properties）を持っていると考える．さらに D. J. Anderson & J. Kikkawa (1986) は，上のような立場に関する論議はもはや生態学の中心議題ではなくなり，群集の創生的性格は暗黙のうちに認めた上で，多様性（Diversity），安定性（Stability），攪乱（Perterbation），復元性（Resilience）などの，系（System）としての概念の追究に向かっていると述べた．P. R. Erlich & J. Roughgarden (1987) も同じく，今や上の二つの立場がすべて'真実'であるとは誰も言わないで，ある人達は主として個体群の相互作用，特に種間競争に関心を示し，また他の人達は捕食の問題に大きい興味を示している．またある群集では，全体を部分に分割することが不可能なこともある．したがって群集生態学では，これらすべての点について，自由な気持ちで効果的処理を行うことを心掛けるべきであると結論している．Begon ほか（1996）はどちらかというと個別概念の方に傾きつつも，群集段階の研究を，その創生性を認め，時間空間にあまり限定をつけることなく［すなわち境界問題（Boundary problems）などにあまりこだわることなく］，研究を進めていくべきことを述べている．さらに群集の学問は，種とその環境の間の相互作用，各種集団の構造と活動などを，通常時間と空間の一点で取り扱っていくべきことも述べている．なお U. Sommer (1989) は，このような第3の立場，またはそれに近い立場を，Darwin の「種の起源」の第3章の'生存闘争'の内容と結び付けて，ダーウィン的概念（Darwinian concept）と言い，この立場を深めていかねばならないと主張している．ただし W. Lampert & Sommer (1993) がこのダーウィン的概念を主張する際に，群集が中心ゲノム（Central genome）を持たないこと，従って再生産することもできず，自然選択の対象にもなり得ないことなどを主な理由に，群集の超有機体概念を批判したが，筆の勢い余ってか，ある非生物条件のもとで方向性を持った生態遷移の結果到達する，相当期間続く極相の存在を疑問視するような記述をしているのは，我々の経験的事実に反することである．

筆者の立場もまた，最近のこれらの人達の言と同じく，創生的性格が群集にあることを認め，その内容を深めていくことがよいと考えている．

ここに'内容を深めていく'と書いたが，その道はいろいろ考えられ，上にもそのいくつかを述べたが，ここに別の変わった視点からの論があるので紹介しておきたい．それは片野修（1991）の個体重視の考えである．彼は群集の存在とこれを研究する必要性は認めるが，個性を持った個体の徹底的研究から出発すべきことを強く主張する．しかし具体的に群集の研究でその個体重視の主張をどの程度生かせるかに問題がある．群集を構成する多数の種と，無限とも思える数の個体の存在を考える時，研究法の点ではたと行き詰まる．例えば普通の海底の砂の一握りの中にも線虫が 1,000 個体，50 種も現れると言う（白山義久，1996）．他の類も加えると驚くべき個体数と種数となろう．この群集を個体重視の立場からどうして研究していくか．しかし彼はここで'個体モザイク論'[3]というのを持ち出し，錯綜した群集の内部を切り開くには，是が非でもそれを構成する個体の生態をさらに細かく類型化して進むのが当面の方策と考える．上記個体モザイク論はこの類型主義の上に立つものであるとする．こ

の考えでどこまで研究が進むか，筆者は将来を注目したいと思っている．

9-3 群集の性格の創生性

　群集が創生的性質（Emergent properties）を持っているかどうかは，従来各方面から論じられてきた．個体群の性質を調べたのでは知り得ない性質を，その集まりである群集は持っているかというのである．したがって研究の方法論としては，還元主義（Reductionism）と全体主義（Holism）に関係がある事柄であると言える．かつてA. Einsteinはブラウン運動の研究をしていた時，系の中のすべての分子の状態を知れば，その系の将来を予測できると述べたが，しかも同時に付け加えて，"読者よ，皆さんはそれが出来ると信じてはいけない"と言ったという（L. R. Pomeroyほか，1988）．この現実主義（Realism）的見解は，群集の創生的性格をよく表している．前記のPomeroyほかは生態系の創生性について論じているが，その内容は群集の問題に置き換えてよいものと思うので，以下にその論について考えてみる．彼等はまず遷移を例に出して説明する．生態遷移がどうなるかは全体として予測できるが，その群集を構成する各種個体群は出現消滅という激しい事態を経過する．この群集の安定性は，特別のニッチをめぐって競争する種個体群の性質とは違った，群集の創生的性質なのである．しかし群集の創生的構造と機能は，しばしば個体群段階の出来事の結果として理解できることもあるので，群集の真の全体的研究は，変動する環境に対する，群集と個体群の機能的反応の連続（Continuum）として考えられるものであろう．今や全体主義か還元主義かを論ずる時ではなく，現実主義の時代であると言う．

　Begonほか（1996）も群集の性格の創生性を認めている．彼等も創生性は，群集の存在を注目した時にはじめて現れる性格であると考える．例えば，菓子はその材料である小麦粉，砂糖，香料などの一つひとつを総計したものからは考えられない，別のきめと香りを持っている．生態的群集の場合，食物網の構造などは正にそのようなものである．群集生態学の主たる目的の一つは，上のような集合的（Collective）創生的性格の繰り返しがあるのかどうかを決めることである；たとえ集団を作る特定の種が大きく違っていたとしてもと言う．

　このBegonほかの見解は，前に述べたElton（1927）のニッチの理解や，Pomeroyほか（1988）の見解と同じようなものである．栗原康（1998）もまた同じような立場である．筆者もまたこの立場に賛意を表し，以下の記述もそれに従っていく．もちろんBegonほかの例に挙げた菓子の場合，その素材料の変化によって菓子の味が微妙に違うことは言うまでもない．ここにPomeroyほかの'連続'の考えも出てくるのである．なお彼等に限らず，先に述べた最近の諸研究者も，ほとんどすべて，群集論（創生性を含めて）を進めて，生態系論に行きつき，むしろ生態系を自然の構造として重視し，これにより多くの頁を割いて説明していることを，ここで一応指摘しておきたい[4]．

9-4 群集の規模と所在

　群集の性格を，その規模と所在の面から考えてみよう．まず群集の大きい規模を考えると，

結局地球的規模に行きつく．そこでは気候（温度と降水量）と植生が結び付き，違った群集（生態系というのがより正しい）が出現する．ここらの事実については10章で述べることにして，ここではそのような大規模な群集[5]（バイオーム，Biome）の中の，より小さい規模[6]の群集について考えることにする．

　群集とは地域と結びついた生物群を言い，その規模（Scale）や大きさ（Size）はいろいろで，段階構造をなしていることについては既に述べた．例えば広葉樹林はその中に棲む動物や植物を含めて一つの群集を作り，その林の中の一本の樹木の洞に溜まった水の中には無脊椎動物や藻類，バクテリア類を含む生物集団があり，これも群集である．また林内に棲むシロアリの腸の中にも，原生動物を主とする群集がある．これらの生物がそれぞれの種の好む環境を求めて集まってきたものとしても，L. R. Dice（1952）やP. Greig-Smith（1986）も言うように，共に棲めばそこには必ず何らかの関係（俗に言う向こう三軒両隣り以上の関係）を生じ，一度関係を生ずると，そこへ別の新しい生物種が今まで居た集団の中に割り込むことは容易なことではなくなるのである．これが群集であると考える．

　上に群集は地域と結びついた存在であると述べたが，この地域との結び付きのなかには，現在の気候条件などを介するものもあるし，また進化史的な結び付きなどもある．また似たような地域環境条件のところには，似たような性格の種から構成されていた群集が出現する．例えば，海の内湾砂泥底にはアマモ類の群落が出来る．その群落は，北方海域ではアマモ（eelgrass, *Zostera marina*）から，熱帯海域では turtle grass（*Thalassia testudinum*）または manatee grass（*Cymodocea manatorum*）から構成される．これらの植物は，海底での重要なデトライタスの供給源であり，また似たような軟体動物や甲殻類を宿すなど，似た機能を果たす群集を作る．つまりある性格の群集は，似たような性格を持つ交換可能な生物種から構成されるので，このことも群集の性格の一つである（H. B. Moore, 1958, 参照）．

　さらに群集の性格をもっと別の面からも検討してみよう．

9-5　群集の境界と推移帯

　群集が何らかの自律性を備えた全体的存在であるとすれば，当然隣接する群集との間の境界が問題となる．ただし前にも述べたように，自律性といっても群集の場合には生物個体のようにはっきりした完結性はないから，個体のような明瞭な界面はない．そこにはある幅を持った移りゆきの群集，すなわち推移帯群集（Ecotone community）がある．表9-2はE. P. Odum（1950）が研究した，アメリカのAppalachia山脈の中の平原にある，灌木地帯とツガ地帯およびその推移帯における，鳥の種類の数の変遷の状況である．この三つの群集は遷移系列にあるもので，灌木群集→中間群集→ツガ群集と進む．ここでは植生と鳥だけでなく，昆虫その他の動物にも確かに変遷が認められるであろう．なお鳥の巣の数の密度は三つの群集であまり差がないのに，鳥の種類数は中間推移帯で多いのが目につく．

　この推移帯の幅は，もちろん広くなったり狭くなったりする．多くの研究者はこれを柔軟に考えているが，ある研究者は鋭い境界を考える．そのことを明確に述べた人にElton（1927）がいる．彼は言う，"我々が隣り合った二つの植物群落を注意するとき，その境界が比較的鋭く区切られていることに気づくであろう．湖の周囲の植生や，山の斜面の植生の帯状分布

がその例である．……そして植物群落は，その中に棲む動物にとってそれぞれ特殊な気候条件を伴っているので，群落の端の状態の急激な差は，そのまま動物に反映する．このことは動物の種が，漸次的変化をするのではなく，異なった植物帯に適応した群に分割されることを意味している"．そう言って彼はJ. R. Baker（1925）の研究したNew Hebrides 諸島のサンゴ礁の生物の帯状分布（図9 - 3）を引用している．Elton は群落の端の急激な変化に言及しているが，これはいわゆる周縁効果（Edge effect）（E. P. Odum, 1971, 1983）と言われるものに関係があり，ここに棲む動物の種類が多様な環境のため増える（多様性が増す）ことが知られている．表9 - 2の事実はその一例である．

表9 - 2　Appalachia 山脈中の遷移系列に伴う鳥の種類と数の変化．種類数は中間林に非常に多いが，巣の総数は三つの樹林でほぼ等しいことは注目を要する．

	100エーカーあたりの巣の数		
	灌木林	中間林	ツガ林
Song sparrow	126	—	—
Chestnut-sided warbler	49	—	—
Catbird	42	25	16
Field sparrow	22	—	—
Towhee	14	—	—
Goldfinch	14	—	—
Brown thrasher	14	—	—
Indigo bunting	7	—	—
Wood thrush	—	42	10
Black-throated blue warbler	—	40	75
Blue-headed vireo	—	30	25
Black-and-white warbler	—	27	12
Rose-breasted grosbeak	—	17	2
Blackbarnian warbler	—	10	49
Flicker	—	10	—
Red-breasted nuthatch	—	8	17
Junco	—	8	—
Veery	—	8	—
Wood pewece	—	8	6
Scarlet tanager	—	7	27
Cedar waxwing	—	7	—
Ovenbird	—	5	—
Carolina chickadee	—	5	8
Red-eyed-vireo	—	3	—
Cardinal	—	3	—
Parula warbler	—	3	17
Hooded warbler	—	2	—
Robin	—	2	—
Canada warbler	—	—	33
種の総数	8	21	13
巣の総数	288	270	297

［E.P.Odum 1950 に森 加筆］

先にWhittaker 等が植生連続説を唱えたことを述べたが，傾斜する環境の上に基本ニッチに沿って分布する2種の生物が，その分布の重複する付近で，分布域を互いに狭める現象，つまり現実ニッチを実現する現象が知られている（8章参照）．すなわちすみわけ現象（7章参照）

である.図9-4はこれについてH. G. Andrewartha & L. C. Birch（1954, 1984）が理論としてかいたものである.この理論をさらに一歩進めて，2種が明確に分布域を分ける実例が，J. M. Diamond（1972a, 1986）によって示された（図9-5）．2種の鳥，ヤマネズミムシクイ（*Crateroscelis robusta*）とネズミムシクイ（*C. murina*）がニューギニアのKarimui山（標高2,500 m）に棲んでいるが，高度1,643 mではっきりと分離して生活している．このような分布境界のはっきりした現象が起こりうることを，山村則男（1974）は数理的に明らかにした．その理論はLotka-Volterraの競争理論に基づき，カタストロフ理論を使って，分布域が一部重複している2種の分布境界が，時間の経過につれて，明瞭なものとなることを導いたものである（図9-6）．巌佐庸（1991）もこの理論を認めた．さらにこの理論に基づいて説明できるとする自然の群落構造の変化が，渡辺定元・芝野伸策（1987）によって報告されている．彼等は北海道島牧郡の大平山で植生調査を行った．頂上付近にはハイマツ（*Pinus pumila*）帯があり，推移帯を経て，ブナ（*Fagus crenata*）帯に続く．ところが1955年に調査した時に比べて，30年後の1986年の調査時には，この推移帯が非常に狭くなり，ブナ群落が10〜20 m上昇して，ハイマツ群落にほとんど接するようになったと言う．彼等はこの現象の原因を山村の理論に求めている．

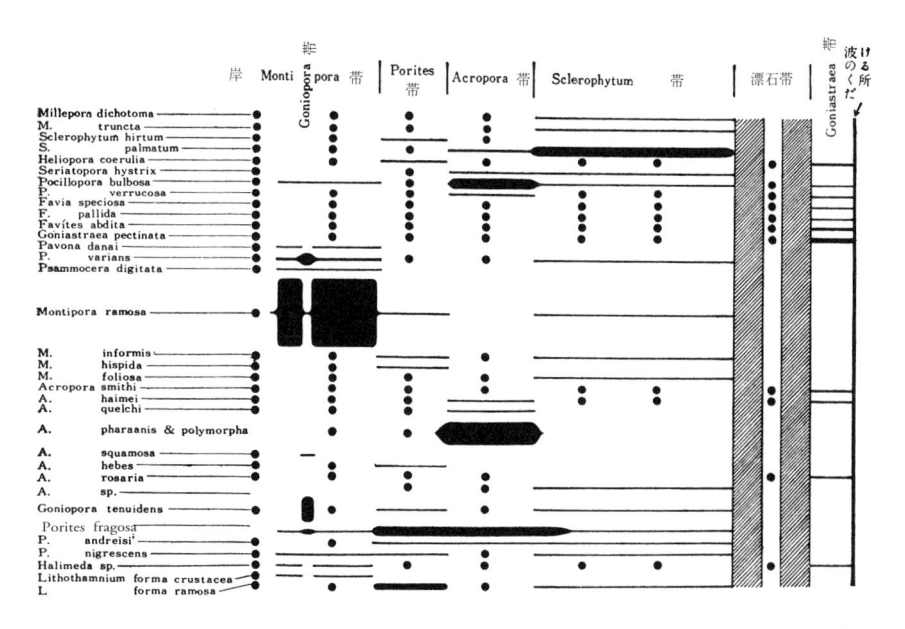

図9-3 New Hebrides島のサンゴ礁における生物の分布．サンゴの間に分布優占種がある．図の左端は島の岸を，右端はサンゴ礁の外の端（砕波線）を示す．黒棒の幅は各種の生体量を示す．[Baker 1925]

上述のDiamondのニューギニアの高地の鳥の分布や，渡辺・芝野の北海道の植生分布に見られた群集境界とよく似た現象が，幸島司郎（未発表）によって，氷河の植物群集で発見された（図9-7）．ネパールヒマラヤの氷河は高度5,450 m付近で発生し，5,300 mまでは積雪の量が溶ける量を上回り次第に発達する（この地域を氷河涵養域という）が，それから下ると次第に溶ける量が多くなり，5,100 mくらいで氷河は終わる（この地域を消耗域という）．氷河中には藻類群集がよく発生しているが，図に見るように，涵養域には緑藻の*Chlamydomonas* sp.が大変多く，同じく緑藻の*Hormidium* sp.や*Raphidonema* sp.も相当に発生する．ところが5,300

m以下の消耗域になると群集の構成種は突然がらりと変わり，緑藻の *Cylindrocystis* sp. が *Chlamydomonas* に取って替わり，これに藍藻の *Phormidium* sp. が加わった群集となる．その推移帯は高度にして近々50〜100mの幅である．高度による変化とは言いながら，まことにはっきりした境界を作っている．

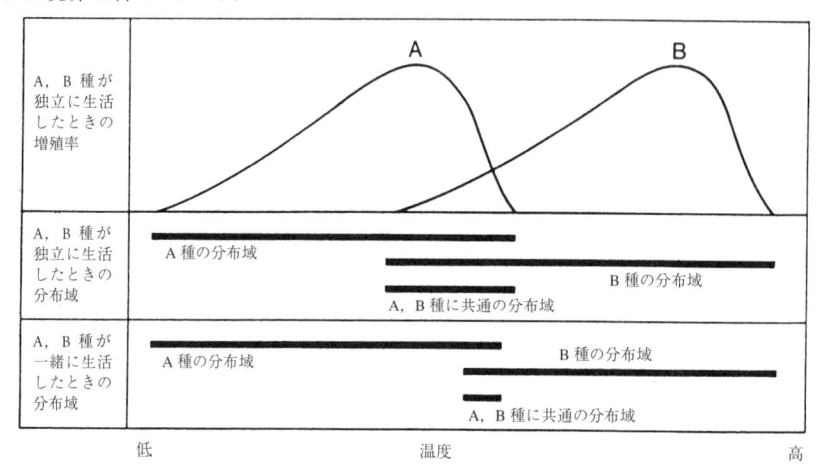

図9-4 同じ資源を要求する2種（A, B）が，環境のある要素（ここでは温度）に関して，互いに分布域を狭める状況を示す．[Andrewartha & Birch 1972, 1984]

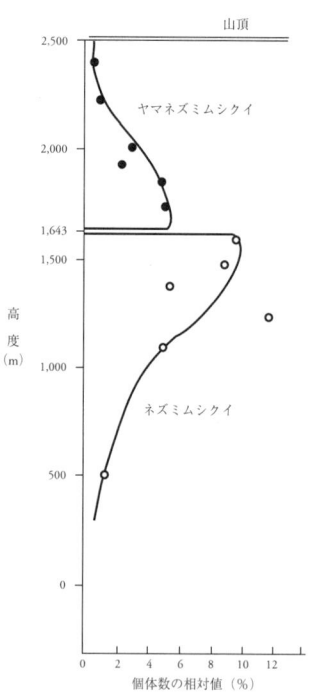

図9-5 ニューギニア高地のKarimui山における近縁の鳥2種，ヤマネズミムシクイとネズミムシクイの垂直分布．横軸の個体数の相対値とは，総ての鳥の種の総個体数の中で，ヤマネズミムシクイおよびネズミムシクイと推定された個体数の百分率．1,643mの高度で分布境界がはっきりと分かれており，両種の最大の個体数は境界の直上および直下で見られる．このような現象の現れる原因は，資源（配偶者を含む）をめぐるなわばり的競争にあるだろう．というのは，この高度では植生の変化はなく，推移帯はここより338m高い所にあるからである．[Diamond 1972a]

群集の境界と推移帯 | 257

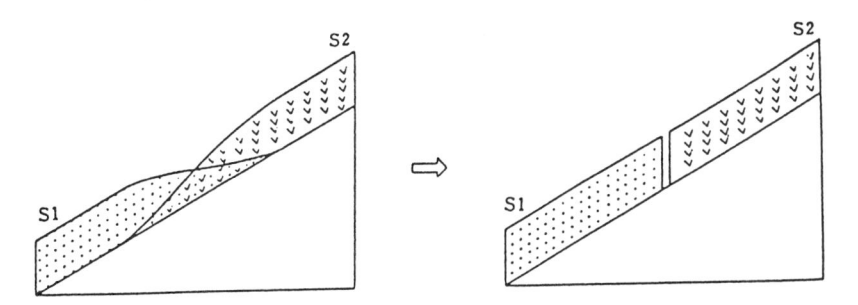

図9-6 環境因子（温度，湿度など）が空間的勾配をもち，各々の種が自分の環境条件を改良する傾向にあるなら（植物の場合，土壌条件などを次第に自分の生活に適するように変えていくこと），最初の共存状態を含む連続分布（左）は，時間の経過とともに不連続となり，2種（S1, S2）の間に明確な境界線が現れてくる（右）ことを示す図．［山村 1974］

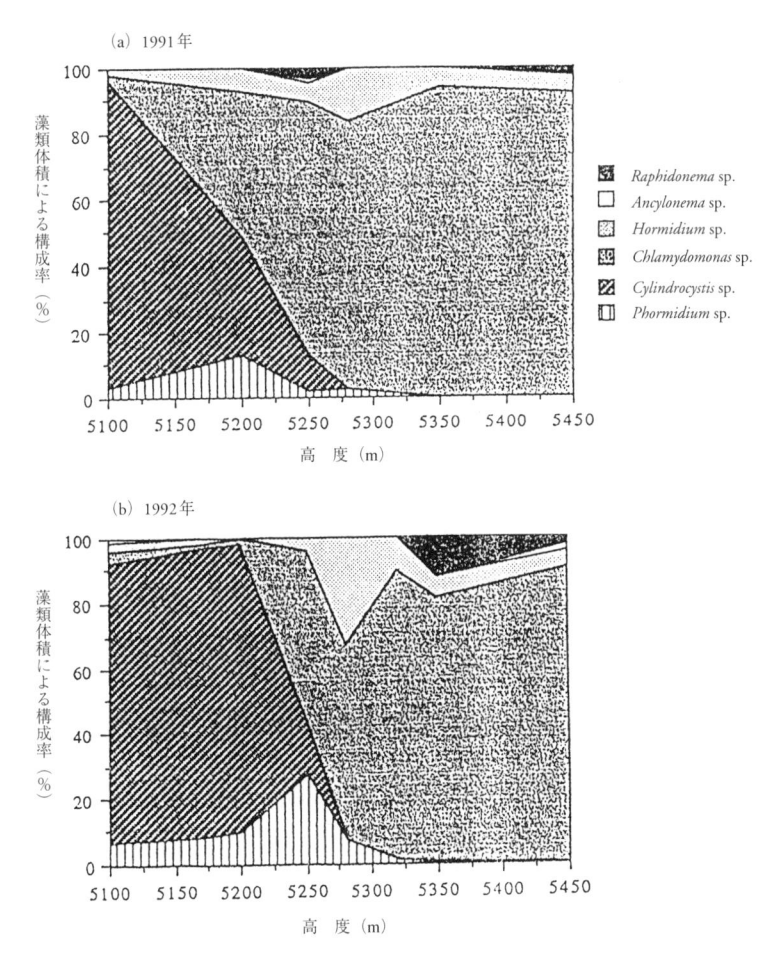

(a) 1991年

(b) 1992年

図9-7 1991年（a）および1992年（b）における，ネパールヒマラヤの氷河の藻類群集の分布と境界．特に1992年の境界は明瞭である．高度 5,450〜5,300m は氷河の出来る地域（涵養域），5,300〜5,100m は氷河が解けて消失する地域（消耗域）．藻類分類群は次のとおり．緑藻：*Raphidonema* sp. および *Hormidium* sp.（ヒビミドロ類）*Ancylonema* sp. および *Cylindrocystis* sp.（ツヅミモ類），*Chlamydomonas* sp.（ボルボックス類）．藍藻：*Phormidium* sp.（オスキラトリア類）．［幸島（未発表）］

ここで境界と結び付いて，群集の自律性の問題を少しく考察したい．ある群集が自律性を持っているなら，L. R. Dice（1952）の言ったように，新しい種がその群集に侵入する時に，境界面において何らかの抵抗にあうはずである．例えばシイ・カシなどのいわゆる極相林（Climax forest）は陰樹からなり，特別の事情がないかぎり，マツなどの陽樹の類は中へ入ることは出来ない．つまり一種の界面（Surface）があることになる．この界面は，シイ・カシなどは通って中へ入ることが出来るので，広い意味で'半透性（Semipermeable）'であるといってもよい．つまりシイ・カシ林は一種の自律性を備えていると見ることが出来る．陸上群集と水中群集の間にはもっと明瞭な界面（この時は物理的なものと一致）がある．もちろんこの界面は比較的な存在であって，何億年かの昔，水中生物が陸に上がってきたような時間スケールの問題ではない（この問題については11章で述べる）．

要するに各種の生物は，それぞれの好みに従って生活し，もし非生物環境が連続的に変化していれば，分布域は連続的に変化するはずであるが，基本ニッチ通りにはいかないで，相互交渉の結果，現実ニッチが実現することになる．ここに群集発生の根拠がある．群集と群集の間には推移帯が出来るが，この幅はある時は広く，ある時は狭い．山の高さに伴う群集の移りゆきや，湖沼・海岸の縁などでは[7]，この推移帯は極端に狭く，群集境界ははっきりしたものとなる．これらの群集の所在や形は大局的には植生が決めるが，これに伴って動物がその群集に加わり，生物群集（Biotic community）を作る．この植生が群集の基本型を決め，これに動物が入っていく順序は，食物連鎖発生の歴史的必然の結果でもある．

なお群集の自律性発生の根源は，植物の光獲得努力にあると考えているが，これは次の生態系の章（10章）で述べたい．

9-6 群集の認識

以上群集の性格について若干論じてきたが，以下群集の認識の問題について考えていくことにする．

9-6-1 群集の自律性・全体性の認識

群集はいろいろな方法で認識されている．例えば優占種（Dominant species）による方法で，植物と動物を含んだ群集の場合には，普通樹冠を作る植物で部類分けをするか，これに大型動物（シカのような）を加えて認識する方法である．また樹冠を作る植物に，林床のシダ植物などを加えて部類分けをすることもある．あるいは地形の上で部類分けをする（例えばA地群集のように）こともある．さらに時間的要素から，夏の群集，冬の群集，昼の群集，夜の群集などということがあるが，この場合にはむしろ，ある群集の夏の型，夜の型などと呼んだ方がいいように思う．

いずれにしろ何程かの自律性を備えた生物集合体でなければ意味がないが，植生連続説を唱えるWhittaker（1975）の説明は面白い．彼は連続した太陽光線スペクトルの一部を主観的に〇〇色と言うように，構成種の分布が連続していても，〇〇群集を認めてもよいではないかと表現している．真実の面もあるが，いささか苦しい説明のように思われる．

さて自律性（組織性）の内容であるが，これについては筆者は，P. Greig-Smith（1986）とともに，はっきりしたことは群集の中の各生物の間の相互作用が詳しく分かった後でなければ言いにくい，と言わざるを得ない．Greig-Smith はその困難な一例として，球根を持ったユリ科（Liliaceae）の一種 *Hyacinthoides nonscripta* の出現に関する G. E. Blackman & A. J. Rutter（1954）の研究を挙げている．この植物は直射日光のあたるところを好み，著しい日陰では生活できないのに，現実には主として陽のあまり当たらない森林の中に生えている．その理由は，そこには攻撃的なイネ科の植物がなく，また草食家畜もいないからと言う．何かの種の基本ニッチを探っただけでは，群集の組織性（自律性）を明らかにできない．基本ニッチのごく端の方で現実ニッチを持っている種があるからである．また相互作用の実態に，探れば探るほどますます新しい事実が出てくることは，川那部浩哉監修（1992～1993）の「地球共生」シリーズ（1～6巻）や H. Kawanabe ほか（1993）の著書の中に明らかにされている．同じ場所に接触して生活している生物の間の関係は，すなわち群集の自律性の内容となるのに，それらをすべて知ることは容易なことではない．

そうは言っても，今まで知られた相互作用や遷移の方向性などの諸事実から，大なり小なり自律性を持った群集の存在は認めてよいものと思う．遷移については12章で述べることにするが，群集の中に生活するある一種の存在が，構成種全体に著しい影響を与えている例を，R. T. Paine（1966）の研究から引用しよう．彼はアメリカ西海岸のある潮間岩礁帯で，最上位捕食者が群集の構造に与える影響を，その捕食者を取り除くことによって調べた．そこでは動植物合わせて15種類が棲んでいたが，その主な食物連鎖構造を図9-8に示す．彼は岸に沿って長さ8 m，幅2 mの区域内のヒトデ（*Pisaster ochraceus*）をすべて取り除く処置を，1963～1964年にわたって続け，別に何も処置をしない対照区も設けた．そして不定期間隔で変化の状況を調べた．結果は対照区では何の変化もなかったが，実験区では著しい変化が見られた．まず数カ月のうちにフジツボ（*Balanus glandula*）が付着し生長したが，間もなくムラサキイガイ（*Mytilus californicus*）とカメノテ（*Mitella polymerus*）が生長しはじめ，ついにそれらに追い出されてしまった．そのうちムラサキイガイが優勢となり，カメノテは散在することになった．藻類は1種（*Porphyra*）を除いて適当な付着場所がないためすべて消滅した．藻類を食っていた動物（ヒザラガイ，カサガイなど）も，棲み場所の不足と，良い餌の不足から姿を消した．カイメンやイソギンチャクのような，直接食物連鎖につながっていなかった動物たちも，場所の不足から姿を消した．結局ヒトデの除去は，ムラサキイガイ1種の繁殖を導き，15種いた生物を8種に減らしてしまう結果を引き起こした．なおこの実験区ではイボニシ（*Thais emarginata*）は10～20倍に増えたが，生物の多様性には明瞭な影響を与えなかった．つまりヒトデは結果として競争種の共存を導いていたことになり，群集のかなめ種（Keystone species）であったと言える．そしてまた同時にこの現象は，ある意味での群集の全体性，自律性の一面を示すことになったのである．なお岩礁帯群集の変遷については8章2節も参照されたい．

上のヒトデとよく似た役割を哺乳動物のラッコ（*Enhydra lutris*）が果たしている事実が，J. A. Estes & D. O. Duggins（1995）によって発表された．Alaska および Aleutian 列島における，3～15年にわたる研究の結果である．この列島には，ラッコの長く棲んでいた島，最近再入植した島，それの棲まない島などいろいろの島がある．そこで岩礁に生える大型藻類や無脊椎動物の状況を調べ，表9-3のような結果を得た．すなわち，ラッコのいる所ではウニ類（ミドリウニ，*Strongylocentrotus polyacanthus*，が多い）が食われて減り，代わってコンブ類（*Laminaria* が

60〜80％を占める），岩面被覆藻類（主として紅藻類）および植食性無脊椎動物（主として浮遊物を食う；二枚貝，フジツボ，コケムシ，ナマコ，イソギンチャク，海綿，ホヤ，など）が増えた．食物連鎖関係の変動の結果である．ウニ類の減少の状況は，Aleutian 列島で 50％，Alaska のある湾で 100％にも達したが，それは生体量のことで，殻径 20mm 以下の幼者はラッコが食わないので，それほど減少しなかった．

```
                                    ヒトデ
                              (Pisaster
                               ochraceus)
                                  1種
                    ↑    ↑    ↑    ↑    ↑
                  3-41  5-5 27-37 63-12
                                    x-2   1-3
                                イボニシ
                                (Thais
                              emarginata)
                                  1種
                              ↑    ↑
                            5-10  95-90
  ヒザラガイ   カサガイ  ムラサキイガイ  フジツボ   カメノテ
  (Katherina    2種    (Mytilus     (Balanus  (Mitella
   tunicata)          californianus) glandula) polymerus)
    他1種               1種         他2種      1種
```

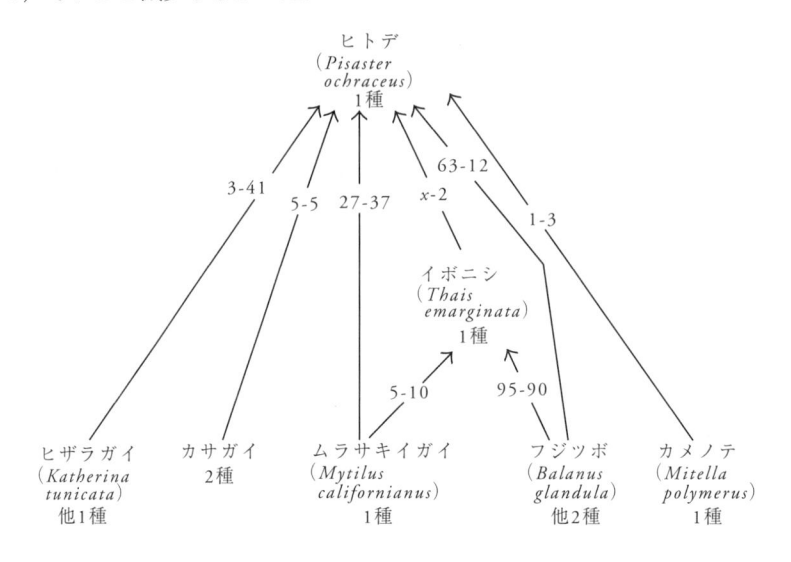

図 9-8　北米太平洋岸の Mukkaw 湾における岩礁帯群集の食物連鎖図．ヒトデおよびイボニシが下位のものをどれくらいの割合（％）で食うかを，図中の数字で示す（その左側が個体数の割合，右側がカロリーの割合）．またヒトデが食った食物の種類は 1,049，イボニシの食ったそれは 287 に及んだ．ヒトデーイボニシ連鎖の x は，1 以下の値．[Paine 1966]

表 9-3　Aleutian 諸島におけるラッコの存否と藻類および植食性無脊椎動物の盛衰．

	Shemya 島	Attu 島	Adak 島
ラッコの状態	居ない	最近再入植，個体群平衡に達せず	長く棲む，個体群平衡状態
ウニの密度			
個体数（no/0.25m^2）	29.6	39.8	25.4
生体量（g/0.25m^2）	434.7	208.6	38.4
最大殻径（mm）	77.3	40.5	26.7
コンブ密度（個体数/0.25m^2）			
下生え	0.27	1.46	6.56
藻冠	0.37	0.65	0.85
岩面被覆藻類（主として紅藻）			
被覆度（％）	18.1	26.3	50.4
植食無脊椎動物（主として浮遊物を食う）			
被覆度（％）	21.7	64.8	88.2

[Estes & Duggins 1995 より森 抜粋]

今一つよく似た，魚とプランクトンに関する実験例を示しておこう．S. H. Hurlbert ほか（1972）は深さ 30cm，直径 2 m の円形のプール 6 個を作り，1970 年 10 月初め，それぞれに砂を 2 cm の深さに入れ，その上に蒸留水を深さ 20cm まで入れ，栄養源として乾燥アルファル

ファ・ペレットを1リットル入れた．これに付近の湖から採集した少量のプランクトンと，培養したミジンコ (*Daphnia pulex*) を入れた．プールは数週間放置した後で，10月23日に内3個に体長3～5 cmのカダヤシ (*Gambusia affinis*) を50匹ずつ入れ，他の3個はそのまま放置して対照とした．その後適当な間隔をおいて水質，プランクトン，ベントスを調べた結果を表9-4に示す．

表9-4 プールの生態系に対するカダヤシ (*Gambusia affinis*) の影響．
カダヤシを入れたプールと入れないプールの生態系の違い．
( ) 内数字はそれぞれ三つのプールの平均値．

生物類別と環境要素（観察日）	魚のいないプール	魚のいるプール	左の結果の差の $P=0.1$ での有意性
動物プランクトン (no./10ℓ)			
Daphnia pulex （2月3日）	610～2,480 (1,837)	0	あり
Chydorus sphaericus （2月3日）	230～620 (377)	0	あり
輪虫（総計）（12月2日）	602～1,646 (1,134)	3,744～8,399 (5,927)	あり
同上　　　　（2月3日）	5～55 (32)	0～8 (4)	なし
植物プランクトン（細胞 no./1mℓ×10^{-6}）			
Coccochloris peniocystis （1月10日）	0	88～150 (117)	あり
同上　　　　（2月2日）	0	209～227 (219)	あり
群体性藻類　（2月2日）	34～156 (79)	0～81 (52)	なし
底生藻類 (g/プール)			
Spirogyra sp.（2月6日）	174～490 (312)	1～54 (29)	あり
Chara sp.（2月6日）	14～32 (16)	23～43 (31)	なし
底生無脊椎動物 (no./cm^2)			
Chironomus 幼虫 （2月7日）	23～30 (26)	0	あり
貧毛類 (*Chaetogaster* sp.)（2月7日）	10～18 (14)	0～1 (0.7)	あり
水面採集昆虫類			
（11月5日～2月7日採集数）			
コカゲロウ類 (Baetidae) 成虫（死体）	18～148 (100)	0	あり
ミギワバエ類 (*Brachydeutera* sp.) 蛹	61～99 (81)	0	あり
同上 (*Ephydra* sp.) 蛹	206～453 (303)	0	あり
P含量 (μg/ℓ)			
溶存無機P（2月3日）	2.7～13.3 (9.7)	0.2～0.4 (0.3)	あり
溶存有機P（2月3日）	15.9～21.5 (18.4)	30.6～98.8 (54.7)	あり
懸濁P　　（1月19日）	4.5～28.5 (17.5)	310.5～398.5 (366.3)	あり
全P　　　（1月19日）	25.5～27.0 (26.0)	15.0～60.0 (38.5)	あり
光透過度（深さ10cmを透過した光の%）			
λ=4,250 A（青紫）（1月10日）	57～63 (60)	0.05～0.36 (0.17)	あり
λ=6,800 A　（赤）（1月10日）	90～96 (92)	6.4～14.0 (10.0)	あり
水温 (℃)			
10：45　　（1月9日）	7.7～8.0 (7.8)	7.9～8.0 (7.9)	なし
14：10　　（1月9日）	13.6～14.0 (13.9)	14.3～14.9 (14.6)	あり

[Hurlbert ほか 1972 より森 抜粋]

これで見ると，カダヤシがいる場合，その餌となる大型動物プランクトンは減少し，代わって小型の輪虫類は増える場合がある．これは大型動物プランクトンが輪虫類を食っているからと思われる．また魚のいるプールでは，大型動物プランクトンの捕食圧が減るからであろう，単細胞藻類が大増殖し，透明度を減らす．反対に，魚のいないプールでは底生アオミドロ（*Spirogyra*）が増える．また魚の居るプールではその食物となる底生無脊椎動物が減少する．また著しいことには魚の居るプールでは燐が大いに動くが，これは魚が動物を食って，その体中に保有していた燐が魚の排泄物に入って出てきたからであろう．

このようにして魚は，生態系の多様性と複雑性を大いに減少させる働きをしたのである．前のヒトデやラッコの場合も，この場合も，食物連鎖の上端の位置にあるものの働きで，生態系の構造と機能が大いに変化させられたので，このような現象を頂上さがり現象（Top-down phenomenon）という．なおかなめ種に関する一般論としてK. A. Vogtほか（1997）が参考になる．

この頂上さがり現象と反対に，群集構造の決め手として底あがり現象（Bottom-up phenomenon）というのがある．つまり食物網の基底の生物群（緑色植物など）は，これを食う上位の生物群の資源となるが，その基底生物群の状態が，延いては群集構造を決める重要要因であるという考えである．上のどちらの影響が群集構造の決め手として重要であるかという議論があるが，プランクトン生態学研究グループ（Plankton ecology group = PEG）という30人あまりの専門研究者の討論と自身の研究結果に基づいて，U. Sommer（1989）と R. W. Sterner（1989）は，プランクトンの世界では両方とも重要で，どちらかが排除されるものではないと述べた．筆者もこれが真であると考えている．

9-6-2 群集内のニッチの充実度

群集の構成種間に見られる食物連鎖関係や同類関係を通ずる構造については，今までいろいろと見てきた．そして群集というものが，何らかの意味の全体性，自律性を備えた存在であると考えてきた．しかしまた一方，種は機会的に分布するだけであるという説もあることも述べてきた．特に草食の動物（特に昆虫）について，餌植物はいつも余っており，したがって同類の間の競争など存在しないという考えが多くの研究者によって述べられてきた（この場合もちろん餌植物との食物連鎖関係は存在するが）．例えばN. G. Hairstoneほか（1960）やその学派のL. B. Slobodkinほか（1967）などは，一般に植食動物はめったに食物によって制限されることはなく，したがって共通の資源に対して競争することもないように見えると述べた．この考えを主唱者Hairstone, F. E. Smith, Slobodkin の頭文字を取って，HSS 仮説と呼ぶことがある．この考えでいけば，群集の存在はおぼろなものとなってくる．

この問題についてさらに考えるために，J. H. Lawton（1982, 1984），Lawton ほか（1993）の研究した，ワラビ類の植物*Pteridium aquilinum*の各部位と，それを食う昆虫類の関係について述べる．図9-9にその様子を示す．この図の中には，あちこちに空欄があり，特にアメリカのSierra Blanca やブラジルのRio Claro のものに多い．Lawton 等はこれらの資料から，群集の中のニッチは空いた所がたくさんあり，一般に植食昆虫の数を制限するものは餌ではなく，また同類相互作用（競争）でもなく，捕食者（捕食寄生者を含む）や病気などの食物連鎖相互作用や，越冬場所の不足や気候などの非生物環境の厳しい作用であると述べた．

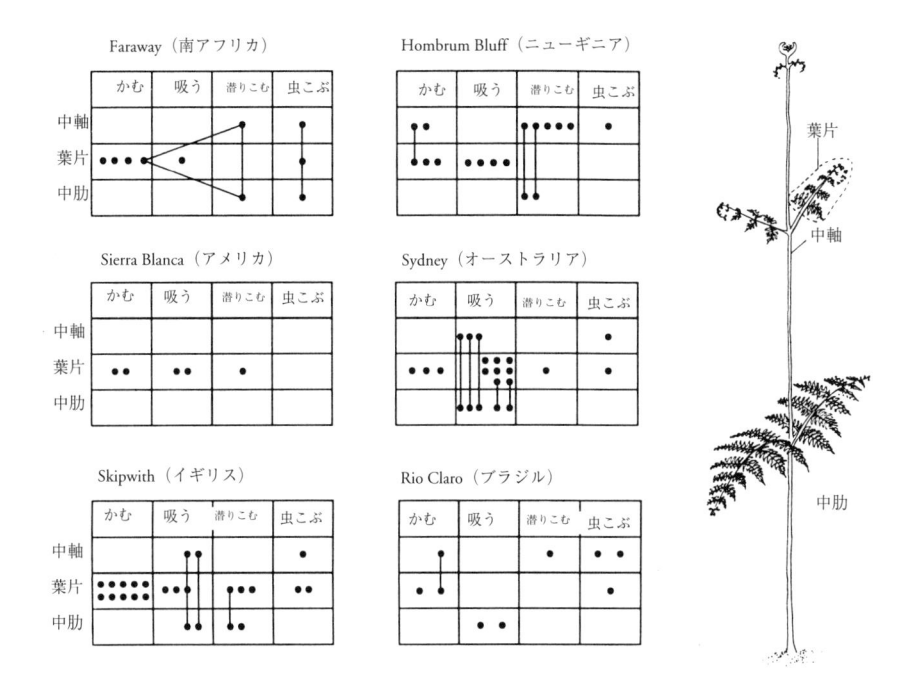

図 9-9 大陸を異にした六つの地域で土着している，同種のワラビ *Pteridium aquilinum* (右図) を食う昆虫類の，摂食箇所と摂食方法 (左図). 植食昆虫類はワラビのいろんな部分を，いろんな方法で食う. かむ昆虫は植物体の外部を大きく食う；吸う昆虫は個々の細胞や管系から液を吸う；潜る昆虫は組織の中に入りこむ；虫こぶを作る昆虫は組織の中に入りこんで虫こぶを作る. 1種で植物体のいろんな箇所を食うものは，縦線で結んである. この図から，葉片を食うものが最も多いが，多くの空いたニッチがあることが分かる.
[Lawton 1992 ; Lawton ほか 1993]

　同じようなことを Lawton の共同研究者である D. R. Strong, Jr. ほか (1984) も，バショウ科の植物 *Heliconia* の若葉につくハムシ類の *Cephalolcia* について述べている. このハムシは数十種類もおり，1枚の巻葉に5種類もつくことがあるが，その餌となる *Heliconia* の若葉は余っており，種間競争は全く見られない. ハムシの個体群密度が低く抑えられている原因は，成虫に対する捕食や，卵，幼虫，蛹に対する捕食寄生者のためであると言う.

　植食昆虫の場合には上のような結果が一般的に認められることについては，Begon ほか (1996) や伊藤ほか (1996) も認めているが，さらに他の植食動物，特に植食哺乳類などではどうであろうか. これについては J. H. Lawton & M. MacGarvin (1986) は，昆虫の場合と違い，群集構成に対しまず第一に重要なのは同じ餌植物に対する種間競争であり，捕食，病気，寄生などは第二となると述べている. この点についても伊藤ほか (1996) は同じ意見のようである.

　また T. W. Schoener (1986b) は Bahamas 諸島において，陸生脊椎動物群集と節足動物群集の比較を行い，次のような結果を得た. 鳥類やトカゲ類 (脊椎動物) は規則的な群集を作る；その種類数と島の面積には正の相関があり，結果は予測できる；個体数の変動は少ない；種類のリストも変動することは少ない；その他要するに規則的な構成をしているとして，脊椎動物群集の存在をはっきり認めた. 一方節足動物のクモ類は，トカゲ類のいる島では強い捕食圧を受け，しばしば絶滅し，激しく分散し，また風や水のような非生物環境の影響を強く

受けることを見た．こうして一般に言えることは，捕食は競争に比べて不規則で予測不能の結果を導き，脊椎動物群集と節足動物群集の相違点となっていると言う．このことは脊椎動物にとってはニッチは相当に充実しているが，無脊椎動物（特に植食性のもの）にとってはニッチの充実度は比較的に低いことを示しているであろう．

　上にSchoenerの島の仕事を引用したが，島の群集については節を改めて（9-11）まとめて考えることにするが，ここで一つだけこの節に関係ある島の生態に関する報告を引用しておきたい．それはI. Abbott (1978)のオーストラリア南西端にある諸島における鳥に関する仕事である．島の群集は種の侵入と絶滅の釣り合いで成り立っているが，その率が低いほどニッチは空いているとされている．ところが上記の諸島では，鳥についてこの二つの率とも大変低く，種類は飽和に達していないとされている．これは種の数の問題であって，個体数の問題でないが，種ごとの習性はほぼ決まっているので，ニッチが飽和していないと考えてよいであろう．つまり無脊椎動物だけでなく，脊椎動物の場合でもニッチの不飽和の場合があることになる．その例にびわ湖（これは島に例えられる存在）の脊椎動物群集の中で，深底部に大量に棲むイトミミズ類やユスリカの幼虫類を食うものがいない；すなわち底棲ニッチが空いているという事実を述べておこう．上の無脊椎動物は魚類にとってはよい餌であるのに，それを食うものがいないのである．びわ湖の魚類の中にはフナ類のように，独自の新しいニッチへ適応放散していったものがいるのに[8]，深底の餌群集を求めての適応放散は現在までなかったということになる．

　ここに別の視点から群集内におけるニッチの余裕について考えたい．P. Kareiva (1986)は実験圃場で，カナダノアキノキリンソウ（*Solidago canadensis*）を連続的に植えたりパッチ状に植えたりして同質および異質の環境（Homogeneous or heterogeneous environments）を作り，それにつくアリマキの一種 *Uroleucon nigrotuberculatus* と，このアリマキを食うナナホシテントウ（*Coccinella septempunctata*）との関係を研究した．連続植え付けは 1×20 mの細長い畑で行い，これに観察のため1 m^{2}の方形区をいくつか設け，またパッチ畑は1 m^{2}の畑を1 m間隔でいくつか並べる．植物はいずれも1 m^{2}に50本ほど植えるが，そのうち10～20本を検査する．6月にアリマキがつき，8月に終わりを迎える．結果を図9-10に示す．棲息環境がパッチ状になっている時には，連続環境の時よりアリマキのコロニーは大きく生長し，さらにテントウムシを除くともっと多く棲むことが出来る．テントウムシを除くと多く棲めるということは，それだけニッチ自体は余裕があることを意味しているように思われる．自然では棲息環境はパッチ状に分布しているのが常であり，また捕食者がいることも常である．したがって自然では常にニッチ自体に余裕があることを示しているように見える．しかしニッチが空いているからといって，群集の存在の確かさに直ちに疑問を投げかけることは出来ない；捕食者などとの関係でそうなっているのかもしれないからである．

　さてN. G. Hairstoneほか（1960）以来，世界は緑に覆われて，植食昆虫にとって食物資源は有り余っており，この点では彼等の生活は保障されているという考えが一般であり，また上に述べたようにその事実を支持するようなデータも出されてきた．そうなれば，自然におけるしっかりした群集の存在に対する疑問にも関係してくることになる．しかし植食昆虫の生活の実態をさらに深く追求してみると，彼等の生活は食物連鎖関係と同類関係の網目の中にあり，これに植物の側からの抵抗手段（例えば有害2次代謝産物の生産など）も加わって，一側面だけから簡単に結論づけることは出来ないことが分かる．上のKareivaの研究にもその一

端が見えているが，さらに大串隆之（1987, 1992a,b, 1993a,b, 1996）の研究によってそのことは明らかに示されたので，その概要を説明する．

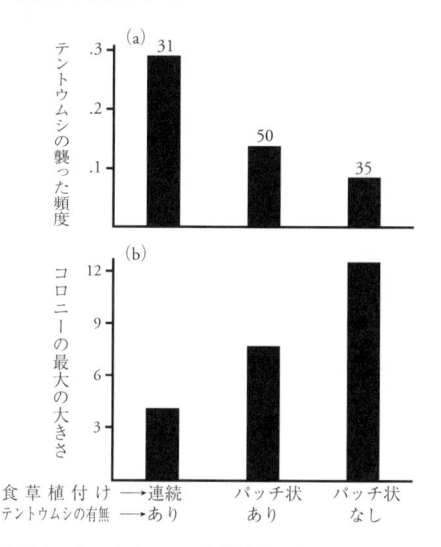

図9-10 連続およびパッチ状にカナダノアキノキリンソウを植付け，それについたアリマキのコロニーと個体数の状況を，ナナホシテントウの居る所と，それを取り除いた所で調べた結果．コロニーは週に3〜5回，1983年の夏を通じて，アリマキが居なくなるまで調べた．
(a) テントウムシに襲われた頻度．テントウムシを除いた区でも襲われるが，すべてのテントウムシを取り除くことは不可能であったからである．結果の差は統計的に有意．黒棒の上の数字は調査中追跡したコロニーの数．
(b) 各処理で調査期間中に見られた最大コロニーの大きさ（個体数）．結果の差は統計的に有意．調査コロニー数は (a) に同じ．[Kareiva 1986]

滋賀県西北部の安曇川の支流の川岸には，カガノアザミ（*Cirsium kagamontanum*）がパッチ状に生えており，このアザミの葉を専食するヤマトアザミテントウ（*Epilachna niponica*）が生活している．このテントウムシは成虫で越冬し，春に出てくるとすぐアザミの葉を食い，交尾・産卵する．産卵期間は普通5〜7月で，孵化した幼虫はアザミの葉を食い，4齢を経て蛹となり，羽化は7〜8月に行われる．このテントウムシの天敵として主なものに，卵と幼虫を食うハサミムシ（*Anechura harmandi*）がある．1976〜1980年の5年間にわたり食草のアザミの葉を調べると，その食害程度は普通食べうる葉の20〜40％止まりで，食物資源は相当に余っているように見える．ところが生えているアザミの茎数の5年間にわたる年次変動とテントウムシの産卵数の年次変動を調べると，図9-11のようになり，アザミの葉の量の変化と産卵数の変化は平行している．つまり現実事象としては，アザミの食物としての資源量には余裕はそれほどなかったということになる．

ではテントウムシの雌成虫は，餌が十分あるように見えるのに，何を感知して産卵量を調節していたのか．そこで大串はまず産卵成虫の生理的な反応に注目して実験を行った．生息地で同じ大きさのアザミ8株を選び，これをナイロン製の布で囲い，中に成虫の雄雌各1匹ずつ入れ，アザミの食害状況と産卵状況を調査した．その実験経過を3通り考えた．イ）上のような実験処理をそのまま続けて観察する（5セット），ロ）雌はアザミ葉の食害程度が40％を越すと産卵を中止するが，そこで新しい株に移す（2セット），ハ）実験囲の中にハサミムシ2匹を入れる（1セット）．結果の一部を図9-12に示す．

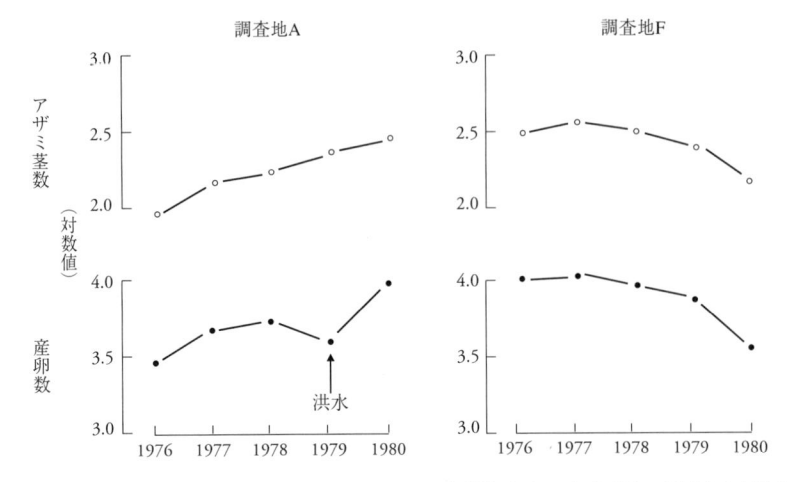

図9-11 カガノアザミの茎数（○）とヤマトアザミテントウの産卵数（●）の年次変動．両者とも対数値で示す．全体として傾向のよく一致した変動を示している．調査地Aでは1979年に洪水があり，一時的にアザミが流されてしまい，産卵数が落ちたが，すぐ翌年には回復している．［大串 1987, 1993b］

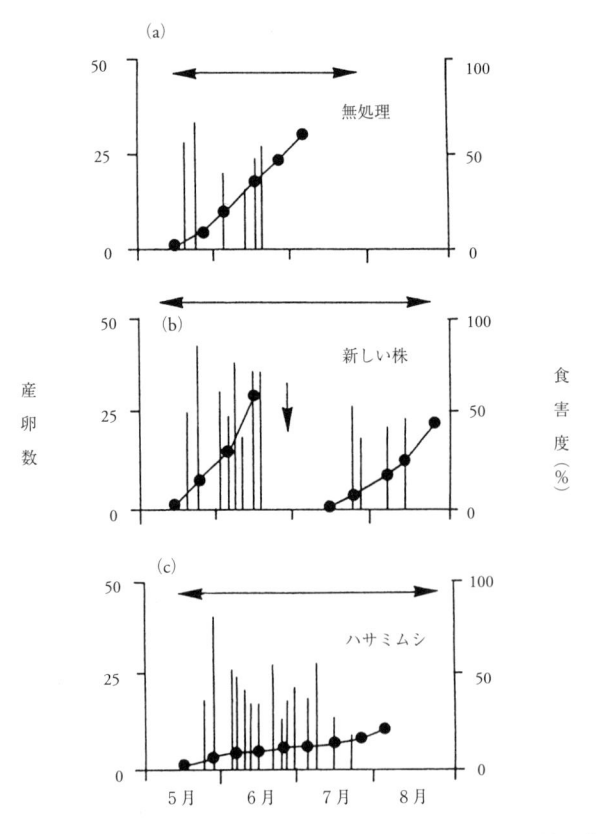

図9-12 野外ケージにおける，ヤマトアザミテントウの産卵数と食草カガノアザミに対する食害状況および天敵ハサミムシとの関係を示す実験経過の一例．(a)対照実験区，(b)対照実験区と同じように産卵を終わった成虫を，矢印の時期に新しい株に移す，(c)ハサミムシを入れた実験区．棒グラフ：産卵数，●印：食害程度（％），水平矢印：雌成虫の生存期間．その他説明本文．［大串 1987, 1993b］

この図から分かるように，イ）実験区では産卵は6月中旬に終わり，7月中旬の寿命の終わりまで産卵しない；産卵を終わった時点での食害状況は40％程度で，資源には余裕があるように見える．ロ）実験区では新しい株に移された雌は間もなく再び産卵を始め，寿命が延びて8月中旬まで生きる．ハ）実験区では産卵を7月中旬まで続けるが，ハサミムシに卵と幼虫が食い殺されるので，アザミ葉の食害状況は20％以下にとどまる．イ）実験区で6月中旬に産卵が終わるのは，その時雌の卵巣で出来かかった卵が吸収されるからであることは，別の実験によっても確かめられている．ロ）実験区では一度卵が吸収されかかった卵巣が再び甦り，再活動を始めるためであり，ハ）実験区では食害率が低いので卵巣は活動を続ける，ということが分かった．では雌成虫は何を目安にして出来かかった卵巣の卵を吸収してしまうのか．これについては十分に分かっていないが，大串は次のように考えている．アザミの葉は食害を受けると窒素やアミノ酸の含量が低下する，つまり食物としての質が低下することや，多くの植物で食害を受けた際に防御的化学物質の生産レベルを高めることなどが分かっているので（鷲谷いずみ・大串隆之，1993，参照），おそらくこのような事象の生理的効果がテントウムシの行動を変えるのであろうと考えている．なお大串はこの他に，卵の密度と幼虫の生存率に逆相関があること，つまり雌成虫が卵密度の高い株に産卵すると幼虫の適応度は低下することも見出している．またこのテントウムシは洪水に際し，アザミが倒れて食草が少なくなると，一旦産卵を停止し，しばらくして新しいアザミが回復してくるに従ってまた産卵活動を始めることも分かっている．このような結果をテントウムシが予測して生きているわけではないが，進化の過程における選択の結果，現在の性質をもったテントウムシが生き残ってきたと考えるべきであろう．

　とにかく一見食物に余裕がある，あるいはニッチが空いているように思われても，生物の生活についてさらに深く立ち入って調べてみると，決して余裕があるわけでなく，ぎりぎりの生活をしている；あるいは普通の状況で多少余裕があるように見えても，その余裕は不測の事態に対する備えであると考えるのが，順当な考えではなかろうか．ただしワラビの葉のニッチの空白や，びわ湖の底生生物群集のニッチの余裕などは，真にニッチが空いているものと考えられ，これは発展しつつある進化史の中の事象として考えるべきものであろう．

9-7 群集構造の多様性

　生物の生態の多様性は，表現型の面と同時に，遺伝子型の面においても解明することが必要である．しかしこの両者は従来別々の学問分野として発達してきた歴史があり，両者の統一的理解はなかなか困難であり，また本質的に異質の面もある（例えば自然選択説と分子進化の中立説の関係など——11章参照）．けれども最近この両者を統合して理解しようとする研究が進展しつつあり，個体群生態学（狭義の社会生物学）と集団遺伝学の相互乗り入れの現象に見られるところである（7章および11章参照）．進化の面においてではあるが，宮田隆（1994）の解説は大いに参考になる．

　ただし本節においては，表現型の多様性の面にかぎって論じることにする．

9-7-1 多様性の形相的把握

群集をあるがままの姿で把握する，即ちナチュラリストの立場から見るという姿勢をとった第一人者は，R. H. MacArthur（1972）であろう．彼は種多様性は群集の属性であって，その構成要素である個々の種の属性ではないと考えた．そして種多様性の事実は，群集の存在に気づいた人たちによって明らかにされ，個体中心の現象に興味を持った人たちはこの問題について何も貢献しなかったと述べた．

そこでまず群集のあるがままの姿を把握し表現する場合の問題について述べる．群集はいくつかの種で構成されているが，それらの種の数が多いか少ないか，つまり種の豊富さ（Species richness）は一つの重要な多様性（Diversity）の尺度である．しかしさらにそれらの種の中で，ごく少数の種の個体数が群集の全個体数の中の大きい割合を占めて，他の多数の種の個体数はそれぞれ大変少ないか，または各種に属する個体数がなるべく似た数を占めているかということ，つまり種の均等性（Species evenness）または公平性（Species equitability）も，多様性の重要な尺度となる．普通この二つの要素を併せて群集の多様度を考える．例えば10種からなるA，B二つの群集を考えて，Aの方はそれぞれ10個体，総計100個体から構成され，Bの方は1種が91個体，他種はそれぞれ1個体，総計100個体からなるとすると，Aの方がBより多様度は高いと考える．

a）Shannon-Wiener およびSimpson の多様度指数

この多様度を考えるのに，いくつかの指数が提案されている．

イ．Shannon-Wiener 指数（Shannon-Wiener index）

この指数はまたShannon-Weaver 指数（Shannon-Weaver index）あるいは単にShannon 指数（Shannon index）と呼ばれることがある（C. E. Shannon & W. Weaver, 1949）．これは次式で表される．

$$H' = -\sum_{i=1}^{s}(P_i)(\log_2 P_i) \qquad \cdots\cdots\cdots (9-1)$$

　　H'：種多様度
　　S：種の数
　　P_i：全個体数の中の種 i の個体数の割合

この指数は情報理論に基づいている．これは不確実さの程度を測るものである．もし多様性が小さい時には，ある特定の種を無作為に選び出す確率は高い．多様性が大きいと，無作為に選び出す個体がどの種に属するかを予測することは困難で，つまり高い多様性は高い不確実さと結び付くのである．

ここで種の豊富さと均等性は別々に求めることが出来る．種の豊富さは，簡単に群集の中に現れる種の数で示すことが出来る．一方種の均等性は，まずすべての種が等しい個体数を持つ場合，すなわちH'maximum を計算する．

これは

$$H'_{max} = \ln S$$

　　　ln：自然対数
　　　S：種の数

その上で均等性（J）は，

$$J = \frac{H'}{H'_{max}} = \frac{-\sum_{i=1}^{s} P_i \ln P_i}{\ln S} \qquad \cdots\cdots (9\text{-}2)$$

で計算する．

このShannonの多様度指数（H'）および均等性指数（J）を実際に適応した例を一つだけ紹介しておく．それは沖縄の瀬底研究所において，ハナヤサイサンゴ（*Pocillopora damicornis*）を中心とする群集について行われたものである［M. Tsuchiya & C. Yonaha（土屋誠・与那覇千秋），1992］．この群集には上記サンゴの他に，サンゴガニ（*Trapezia*）5種，テッポウエビ（*Alpheus lottini*），ダルマハゼ（*Paragobiodon*）3種，計9種の動物が棲んでいる．ハナヤサイサンゴの種々の大きさが群集の大きさの基本を作るが，その群集の大きさ（2〜3,782cm^3）の変化範囲が大きくなるに従って，H'および動物の個体数は増したが，Jは変化がなかった．このような結果に，動物たちの相互作用が大きい関係があったと言う．

ロ．Simpsonの指数（Simpson's index）

群集の中からある種に属する1個体を取り出し，これをまた元の群集に返し，さらに個体を取り出した場合，はじめのものと後のものが同一種に属する確率を求め，その逆数を多様度指数とするものである．

上の確率〔Simpsonの単純度指数（Simpson's index of concentration）という〕は，

$$\sum \pi^2 = \sum_{i=1}^{s} \left(\frac{n_i}{N}\right)^2 \qquad \cdots\cdots (9\text{-}3)$$

 S：種の総数
 n_i：種iの個体数
 N：総個体数

この指数の逆数がE. H. Simpson（1949）の多様度指数（D）である．
すなわち

$$D = \frac{1}{\sum \pi^2} = \frac{1}{\sum_{i=1}^{s} P_i^2} = \frac{N(N-1)}{\sum_{i=1}^{s} n_i(n_i-1)} \qquad \cdots\cdots (9\text{-}4)$$

ただし，

$$P_i = \frac{n_i}{N}$$

この場合も均等性は，

$$E = \frac{D}{D_{max}} = \frac{\sum_{i=1}^{s} P_i^2}{S} \qquad \cdots\cdots (9\text{-}5)$$

なおこのSimpsonの多様度指数と同じものを森下（1967）は群集分岐指数（β）として，次式により提案している．

$$\beta = \frac{T(T-1)}{\sum x(x-1)} \qquad \cdots\cdots (9\text{-}6)$$

 x：各種の個体数

T：全種についての合計個体数

これらの指数の実際計算例がどうなるか，Begon ほか（1996）から引用して示そう（表9-5）．

表9-5 仮定の四つの群集における Shannon および Simpson 多様度指数の計算例．

群集1			群集2			群集3			群集4		
P_i	P_i^2	$P_i \ln P_i$	P_i	P_i^2	$P_i \ln P_i$	P_i	P_i^2	$P_i \ln P_i$	P_i	P_i^2	$P_i \ln P_i$
0.143	0.0205	-0.278	0.40	0.16	-0.367	0.1	0.01	-0.23	0.40	0.16	-0.367
0.143	0.0205	-0.278	0.20	0.04	-0.322	0.1	0.01	-0.23	0.20	0.04	-0.322
0.143	0.0205	-0.278	0.15	0.0225	-0.285	0.1	0.01	-0.23	0.15	0.0225	-0.285
0.143	0.0205	-0.278	0.10	0.01	-0.230	0.1	0.01	-0.23	0.10	0.01	-0.230
0.143	0.0205	-0.278	0.05	0.0025	-0.150	0.1	0.01	-0.23	0.025	0.0006	-0.092
0.143	0.0205	-0.278	0.05	0.0025	-0.150	0.1	0.01	-0.23	0.025	0.0006	-0.092
0.143	0.0205	-0.278	0.05	0.0025	-0.150	0.1	0.01	-0.23	0.025	0.0006	-0.092
						0.1	0.01	-0.23	0.025	0.0006	-0.092
						0.1	0.01	-0.23	0.025	0.0006	-0.092
						0.1	0.01	-0.23	0.025	0.0006	-0.092

$S = 7$ ， $S = 7$ ， $S = 10$ ， $S = 10$

$H = -S P_i \ln P_i = 1.95$ ， $H = 1.65$ ， $H = 2.30$ ， $H = 1.76$

$J = \dfrac{H}{\ln S} = 1.00$ ， $J = 0.85$ ， $J = 1.00$ ， $J = 0.76$

$D = \dfrac{1}{S P_i^2} = 6.97$ ， $D = 4.17$ ， $D = 10.00$ ， $D = 4.24$

$E = \dfrac{D}{S} = 1.00$ ， $E = 0.60$ ， $E = 1.00$ ， $E = 0.42$

S：種の豊富さ（種数），P_i：全個体数の中の種 i の個体数の割合，
H：Shannon 多様度指数， J：Shannon 均等性指数，
D：Simpson 多様度指数， E：Simpson 均等性指数．
［Begon ほか 1996 より］

森下（1996）はまたサンプルの大きさが各種の多様度指数に与える影響を，均等性指数も含めて比較検討し，さらにサンプルから群集総種数を推定する新しい方法を提案しているが，詳しくは原著を参照されたい．

b) α, β, γ 多様度

上に Shannon および Simpson の二つの指数について述べたが，R. H. Whittaker（1972, 1975）は別の視点からの多様性を測る指標を提出した．ある大地域に棲む種の全体の多様度（Total diversity）を γ 多様度（γ diversity）と言い，これは二つの構成部分に分けられる；一つは地区の多様度（Local diversity）で，これを α 多様度（α diversity）と言い，他の一つは棲所（Habitat）または地区（Locality）の間で種が移り変わっていく程度，すなわち種の回転（Turnover）の程度で，これを β 多様度（β diversity）と言う．β 多様度はまた種の棲所の幅と考えることも出来る．したがって，γ 多様度＝α 多様度×β 多様度として考えうるとした．α および γ 多様度は種の数が単位となるが，β 多様度は大きさのない数（Dimensionless number）である．わが国では伊藤秀三（1979, 1995），S. Itow（1993）がここらの関係を吟味し，植生多様度指数（Index of vegetational diversity）という概念を提出したが，これについては木元・武田（1989）の

解説も参照されたい．また小林四郎（1995）によるこれら多様度の吟味と，特にβ多様度の群集分類への応用も参考になる．

さてこれらについてD. Schluter & R. E. Ricklefs（1993b）およびM. L. Cody（1993）は，ある地域（Region）の中の調査標本（棲所）の数もβ多様度に関係あるものと考え，次の式を提案した．

γ多様度（ある地域の種の全数）＝α多様度（棲所または地区当たりの種の平均数）
　　　　　　　　　　　　　　　×β多様度（各種が占めた棲所または地区の平均数の逆数）
　　　　　　　　　　　　　　　×標本数（棲所または地区の全数）

この式に基づいてSchluter & Ricklefs（1993b）は，G. W. Cox & R. E. Ricklefs（1977）のカリブ海のTrinidadの九つの棲所のスズメ科の鳥の種（全数108）の多様度，および北部Lesser AntillesのSt. Kitts島の，やはり九つの棲所のそれ（20種）の多様度の資料を用いて計算して，次のような結果を得た．

Trinidad：108種（全種数）＝28.8種（棲所当たりの平均多様度）×0.42（棲所$^{-1}$）
　　　　　　　　　　　　　（種間の平均β多様度）×9（棲所標本数）

St. Kitts：20種＝11.9種×0.19（棲所$^{-1}$）×9

すなわち棲所標本数は同じでも，その他の多様度指数は大幅に違う．なおSchluter & Ricklefs（1993b）はα多様度がニッチ空間に分割可能であることも考えている．

c）種の多様度の収斂

同じような環境にある群集を構成する種の多様度が，その群集が歴史的に独立に作られてきたものであっても，互いに似ているかどうかということは，昔から自然誌研究者の大問題であった．D. Schluter & R. E. Ricklefs（1993）は多数の文献を考証して，その事実があること，それは例外的なものでなく，法則といってよいものであることを結論し，これを種多様度の収斂（Convergence of species diversity）と言った．

一例として，世界の違った棲所，気候帯に棲むトカゲの種類数の収斂について，表9-6に掲げる．大陸が違っても，棲息環境の違いによる多様度の変化傾向は大変似ている．地域群集の性格が大変似ていること，つまり群集の実態的存在が浮き彫りになっている現象と言える．

表9-6　世界の異なる場所，気候帯に棲むトカゲの種類数（種多様度）の収斂．

		南米	北米	南アフリカ	オーストラリア
	温かい砂漠	15	13	22	61
生息環境	熱帯湿地	—	—	6	14
	地中海性低木地	8	9	—	—

数値はいろいろな場所で変化する数の総計を示す．—印は資料がないことを示す．
［Schluter & Ricklefs 1993が各種の資料から作成］

9-7-2 多様性の機能的把握

上に群集の多様性をどのように理解するかという問題のうち，そのあるがままに存在する，

形の上からの把握について述べてきた．しかしさらに大切なことは，その機能の上からの多様性の把握である．地球生態系の中の群集の多様性はどうして出来てきたものか，それはどうして維持されているか，その将来はどうなるのだろうという問題である．最後の，将来どうなるかという問題はとても我々の現在の知識では解けない謎として残るだろうが，はじめの二つの問題——どうして出来てきたかと，どうして維持されているか——については，現在盛んに研究が行われているところである．

　実はこれらの問題については別の章で多く論じてあるので，重複を避けるため，読者は次の各章を参照されるようお願いしたい．'どうして出来てきたか'については，6, 7, 8章を，'どうして維持されているか'については今まで述べてきた各章，特に5, 6, 7, 8章を参照していただきたい．なお総括した論考が東正彦（1994）によって行われているので，これもよい参考になると思う．

　ここで'どうして多様性が維持されているか'という問題について，いくつか例を挙げて触れておきたい研究がある．その一つは琵琶湖の大型藻類群集の，琵琶湖の全体群集の多様性に対する働きに関する川幡佳一（1994）の研究である．琵琶湖では大型藻類（20 μ m 以上のもの，例えば *Ceratium hirundinella* とか *Staurastrum dorsidentiferum* など，一つのギルドを作るといえる）の発生割合が，琵琶湖とよく似た大きさのヨーロッパのBoden湖に比べて非常に多く，その結果これらの藻類を食わない（食えない）甲殻類（例えば *Diaphanosoma brachyurum* とか *Daphnia galeata* など，これらも一つのギルドをなす）の生存量が少なくなる——つまり甲殻類の多様性は貧弱になる．一方多量の大型藻類は多量の生産物を排出し，これが微生物（これも一つのギルドをなす）の発生を促しその多様性を促進していると考えられる．つまり群集の中のある生物集団が，他のある集団の多様性を阻害し，同時に別の集団の多様性を促進するという二面の働きをしているのである．このようなことは自然によくある実状である．

　次に高等植物に関する例であるが，T. Kohyama（甲山隆司，1992, 1993a,b）の森林構造仮説（Forest architecture hypothesis）についてである．熱帯低地の雨林では，温帯林の10倍もの林木種が共存している．なぜこうも多くの樹種が共存できるのか（したがって動物種の共存にもつながる）．この場所の樹木の生存エネルギー源として最も重要なものは，太陽エネルギーである．この放射エネルギーは，60〜70ｍもの高木の樹冠によってまず吸収され，残りが林内に下りてくる．林床に達するのはわずかに数％にすぎない．このエネルギー傾度の中に多くの樹種が生えるので，大木が高ければ高いほど生育できる樹種は多くなる．そして高所よりはむしろ林床近くに樹種は多いのである．以上のような実状を理解するために，彼はこの仮説を提出した．森林構造を，まず木のサイズ分布の動態を記述するモデルを考え，これに林冠のギャップ・モザイクを組み込んでとらえようと考えた．その結果，高く生長する樹種と，耐陰性のある樹種が共存し，しかも安定平衡に達することを理論的にも証明した．なお安定平衡に達するには，サイズ分布動態モデルでは約1万年を要するが，ギャップ・モザイクを組み込むと収束までの時間が桁違いに短くなった．彼はこの結果をD. Tilman（1982）の資源比モデルに基づく共存機構と比べたが，Tilmanの場合は局地的な資源条件に対応した多様性の型であるとし，自分のものは気候的な高エネルギー環境下での多様性の存続の型と考え，両説の併立は可能であるとした．

　なお熱帯多雨林などの多種共存の機構については，7章4節3項に巌佐庸等の研究（1993, 1995）を紹介したので，これらも参照されたい．

上は森林植物の共存の問題であるが，草原植物の共存問題を扱ったものに，広瀬忠樹ほか（T. Hirose & M. J. A. Werger, 1994）の研究がある．この草原はオランダの低地にあり，ヨシ（*Phragmites*）・カヤ（*Calamagrotis*）・スゲ（*Carex*）の類が優占種として上層（地上 0.5〜1.3 m）を占め，下層には劣位種としてイヌノフグリ（*Veronica*）・ヤナギ（*Salix*）の類・チドメグサ（*Hydrocotyle*）の類が生えている．上層の優占種は十分な光を受けて生活していくことは当然として，下層の光の乏しいところに生える劣位種はどうして生活を続けられるのか．研究の結果，これらの劣位植物はそこで窒素利用効率（Nitrogen use efficiency, 取り入れられた単位窒素量当たりの乾重量の生産力）を，上層優占種と同等またはそれより高い値を保持して機能を営んでおり，これによって優占種に並んで生活していけることが分かった．草木群落の各種共存（多様性維持）の機構の一面がここにあったのである．

9-7-3 群集の構成における多様な種の存在の意義

上に群集が多くの種によって構成されている状況を，その形相・機能の面から述べてきたが，ここでそれらの種が時間的に変化する環境の中で，群集の存続にとってどのような価値を持っているかについて述べておきたい．

この問題について従来大きく分けて二つの説が提唱されてきた．一つは'リベット種仮説（Rivet species hypothesis）' というもので，他の一つは '重複余剰種仮説（Redundant species hypothesis）' というものである．前者は P. R. Ehrlich & A. H. Ehrlich（1981）が主唱したもので，すべての種は生物圏（生態系）の統合において，それぞれ小さいけれども重要な役割を果たしており，その状態はちょうど航空機を組み立てている一つひとつのリベットのように，どれも欠くことの出来ないものであるとする．後に P. R. Ehrlich & E. O. Wilson（1991）もこの説を取り入れている．また F. S. Chapin III ほか（1997）も，群集中で果たす機能が似た種の間（例えば草原を構成する種間）の問題であるが，その構成種が多様であっても重複余剰ということはないとして，基本的に前者の立場をとっている．後者は J. H. Lawton & V. K. Brown（1994）の考えで，種の豊富さというものは，生態系の生産者，消費者，分解者などの生体量の維持には無関係であり，地球の生命維持システムや生態学的過程は非常に少ない種の存在でも完全に機能すると言う．

筆者はこの両説ともに若干の問題を感じているので，まずその点について触れ，次いで解決説について述べてみたい．リベット種仮説の問題点は，各構成種の存在価値が平等に取り扱われる傾向が強いということである．それぞれの種は群集構成上何らかの役割を果たしていることは認めるが，そこには群集の機能的存続にとって重要な役割をするかなめとなる種もあれば，現環境下ではそのかなめ種の補助的役割しかしていない種，あるいはひっそりと孤独に生活している種もあろう．すべてが航空機のリベットの役割をしているわけではない．このような役割の軽重分けが必要であると思うので，その点次の広い意味での（E. P. Odum のいう）重複余剰種の存在も考慮に入れる必要があろう．

次に Lawton 等の重複余剰種説であるが，これにはかなめ種の存在などを考えに入れる余地はあるが，しかしあまりにも生態系の機能的側面（特にエネルギーや物質の流れの面）を重視しすぎているように思う．筆者は考えるのに，生命始原の当初群集を構成したのは原生生物であり，そのものだけで生態系の根幹的機能は維持されていた．この点から厳しく考えると，

多細胞生物は総じて重複余剰種ということになりかねない．ところがここに重複余剰 (Redundancy) についてやや違った視点からの考えを E. P. Odum (1990, 1993) は出した．群集の中にはかなめ種に対して，群集の構造・機能の現時点における維持にあまり役割を果たしていないような種，あるいはかなめ種と似てはいるが副次的役割しか果たしていないように見える種があり，これを重複余剰種 (Redundant species) と言う．ところがこの重複余剰種の存在は，環境変動を考えに入れると，群集の構造・機能の安定に重要な役割を果たしている．例えば，1940年代に北米南部の Appalachia 地方で優占種であったクリの木に菌類による胴枯れ病が流行して枯れてしまった後に，重複余剰種であった数種のカシの類が代わって繁殖し，50年後には林木密度はクリが枯れる前の状態に回復したと言う．またカナダの実験湖沼地域 (Experimental Lake Area) での D. W. Schindler (1990に総括) の研究例も挙げている．そこで彼は大規模な湖沼実験を行ったが，現存生態系に対する環境ストレスとして富栄養化（窒素・燐添加）および酸性化（硫酸添加）を与えることを試みた．その結果注目すべきことに，ストレスを加えた湖沼の食物網に最も大きい打撃が与えられたのは機能的重複余剰種のいない湖沼であった．また Schindler (1995) は北方，高地または貧しい自然の生態系では群集の重複余剰種は乏しく，食物網は単純で，かなめ種は少数であり，ストレスに対する変化が速く起こる．ノールウェーの湖沼では単一種の個体数が多く（ある湖ではアミ類の *Mysis relicta* が，また他の湖ではソコエビ類の *Pontoporeia affinis* が単独優占種），酸性化に対して弱いのはそのためだと述べている．

　以上のように E. P. Odum の考えている重複余剰種は Lawton 等の考えているものとはかなり内容が違い，変転する環境に対し，変遷して対応する群集の中の種の存在を考えているということである．ここに当然かなめ種などの存在もその考えの中に入ってくるし，またリベット種仮説に言う各種の重要性も入ってくる．E.-D. Schulze & H. A. Mooney (1994) も重複余剰種は群集の維持の上で役割を果たしていて，主要種が環境の変化などのために衰えた時，その代役をすると考えている．M. Loreau (1996) も短期的な視点と長期的な視点の違いを重要と考え，短期的に見ると少数の重要種があって他は余剰種のように見えても，長期的に見ると群集構成要素は皆何らかの役割を果たしているという考えを述べている．これらは群集存続のための余裕とでもいうべきものであろうか，この立場は筆者の立場でもある．なお C. Birkeland (1996) は長年にわたる世界のサンゴ礁群集の動態の研究に基づき，その機能に強い影響を与える点から，かなめ種あるいは影響種 (Influential species)（例えば西太平洋のオニヒトデ *Acanthaster planci* など）の存在を重視し，サンゴ礁の機能維持には，リベット種仮説に基づいた種多様性の論議より，かなめ種の考察がより重要であると主張した．もっともサンゴ礁生態系の機能維持について，我々はどの種を無視してよいというような十分な知識は持っていないし，したがって重複余剰種を除外するのは出すぎた行為であるとは断っているが，少なくとも人間の管理の面からは，種多様性に目を向けるよりかなめ種に注目すべきであると述べている．これは上の Loreau の短期的視点そのものであろう．また P. Stiling (1999) はこれら両仮説の折衷仮説 (Compromise theory) が自然の生態系の機能をよく説明するように見えると述べたが，これは上記の Loreau のような分析的考察を欠き，単に自然の容易に握み難い奥深さを指摘しただけのものであろう．

　なお上の問題は特に本章6節の群集内のニッチの充実度や，10節の安定性，復元性，さらに10章11節にも大きい関係があるので，そこらの記述も参考にしていただきたい．

9-8 群集内の数的構造

前節で述べた多様性も一つの構造であるが,この節では,各種を構成する個体数の多少の順位などを中心にして,数的構造について述べる.

9-8-1 等比級数則

元村勲[9](1932)はD. Miyadi(宮地伝三郎,1931)の日本湖沼の湖底生物群集の広範な資料を検討し,出てくる種類を個体数の順に配列したところ,その順位と個体数の間に一定の関係があることを見出した.今いくつかの湖について,横軸に順位をとり,縦軸に個体数の対数をとってグラフに書いて見ると,図9-13のような直線関係が得られた.この一般式は,次のようになる.

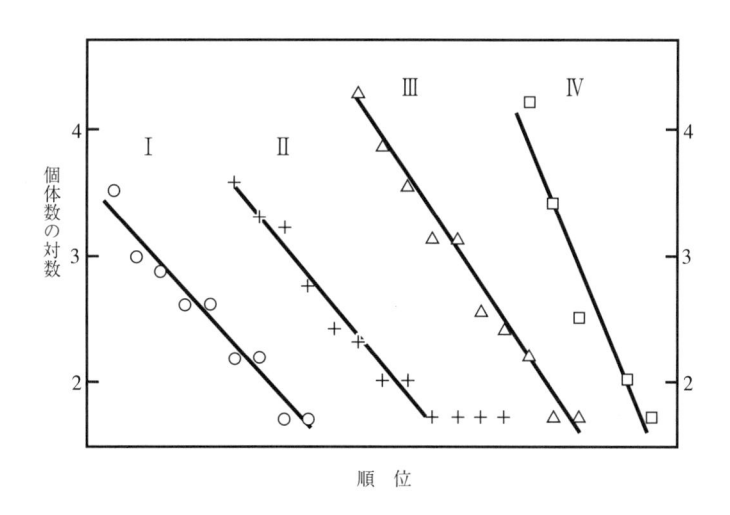

図9-13 いくつかの湖底群集に見られる等比級数則の適用例.
　　Ⅰ:中禅寺湖の夏,Ⅱ:同じく秋,Ⅲ:湯の湖,Ⅳ:西の湖.[元村 1932]

$$\log y + ax = b \qquad \cdots\cdots\cdots (9\text{-}7)$$

　　y:個体数
　　x:順位
　　a, b:恒数

この式のaは個体数の対数($\log y$)を縦軸にとった場合の,直線の傾斜角の正接であるから,aの大小はすなわち個体数の減少の割合の大小を示すものと考えられる.aが大きければ,その群集の順位第1位の種の個体数が著しく多いことを示し,aが小さければおのおのの種の個体数の差が少ないことを示す.そして個体数の対数は順位が一つ低下するに従ってaずつ減少するのであるから,個体数はaの真数を公比としていることになる.つまりaは等比級数の公比の対数である.そこで元村はこの現象に対し等比級数則(Motomura's geometric series)の名を与えた.

その後この法則はいろいろの群集について適用が検討されたが，うまくいく場合もあり，そうでない場合もあった．現にこの図のⅡ（中禅寺湖の秋）の場合，順位の低いところで個体数の対数がよく似ていて，順位の高いところの直線と傾向が食い違っている．このような現象はしばしば起こることが分かっている．そこで適合の検討が行われたが，大群集の場合には適合が悪く，それを小群集に分割すると適合がよくなることが分かった．この事実から，この法則は生活型の似たものの間に成り立つ法則であると言われ，逆にこの法則に適合するかしないかによって，生活型の異同の判定さえ行われることがあった．生活型の似たものの間には競争が盛んであるはずで，競争を考えることによってこの法則は数理的に導きうるとして，内田俊郎（1943）はそのことを試みた．そして群集の中に生存競争が行われ，平衡状態になると，各種の個体数が強弱の順に等比級数的に並ぶことを見た．

この等比級数則に引き続いて，以下述べるように，この種の法則がいろいろ提案されるが，それらが自然の群集の存在にどのような意味を持つのか，後でまとめて筆者の考えを述べることにする．

9-8-2 調和級数則

A. S. Corbet（1942）はMalay半島のチョウの種ごとの採集個体を調べ，次式を導いた．

$$S_r = \frac{C}{r^m} \qquad \cdots\cdots\cdots (9\text{-}8)$$

　S_r：r匹いた種の数

　C, m：定数

Corbetの資料ではほぼm=1となるので，この場合上式は調和級数となる．これを調和級数則（Corbet's harmonic series）という．この調和級数則は，等比級数則の標本数を大きくした場合にあたることは，篠崎吉郎（1955）の検討によって知られている．

9-8-3 対数級数則

調和級数則の最大の欠点は，種の数の総数Sも，個体数の総和Nも，ともに無限大となることである（篠崎，1955）．これを有限となるように，R. A. Fisherほか（1943）は新しいモデルを提案した．

$$S_r = \alpha \frac{X^r}{r} \qquad \cdots\cdots\cdots (9\text{-}9)$$

　　ただし，$X = \frac{N}{\alpha + N}$

　　　S_r：r匹いた種の数

　　　N：すべての種の個体数を合計した総個体数

　　　α：定数

この式がFisherの対数級数則（Fisher's logarithmic series）である．彼等は農場の誘蛾灯に飛来したガの数でこの式を吟味している．この式ではαが大きいほど各種の個体数の差は小さくなり，したがって群集は複雑になると考え，αを多様度指数（Fisher's index of diversity）と呼ん

だ．ここで多様度という言葉を使っているが，今日では前節で説明した各種'指数'を多様度と言っているので，αはFisherの多様度指数と言うことにする．なお篠崎は，調和級数則は対数級数則で標本数が無限大になった極限に相当するとしている．

9-8-4 対数正規則

前節の対数級数則では，1個体しか採れない種の数が一番多いことになる．しかし常にそうなるとは限らない．もっと広域から大規模に標本を採集するとどうなるか．さらにまた標本個体数の増加に伴って，種類数はいくらでも増大することになるが，この点も不自然である（森下，1961，参照）．

F. W. Preston（1948）は野外における繁殖中の鳥の種類と数や，誘蛾灯に集まったガの種類と数に関する膨大な資料を検討して，新しい提案を行った．まず標本数1個体以下（ちぎれた足だけのものなど）および1～2個体だけ採集された種を第1階級（階級のことをOctaveと言う），2～4個体のものを第2階級，4～8個体のものを第3階級……というように分け，標本数が4個体というような種類は半分が第2階級，半分が第3階級に属するものとする．そして各階級に属する種類数を縦軸に，個体数（階級数）を横軸にとると，それらの間の関係は次式のようになる．

$$n = n_0 e^{-(aR)^2} \qquad \cdots\cdots\cdots (9\text{-}10)$$

　　n：任意の階級の種類数
　　n_0：曲線のモードにあたるところの種類数
　　R：曲線のモードに応ずる階級とnに応ずる階級の差

この曲線は対数正規分布を示すので，対数正規則（Preston's log-normal series）という．C. O. Dirks（1937）の行った4年間にわたる誘蛾灯に集まったガの種類と個体数に関する資料に基づき，Prestonがかいたものが図9-14である．この場合の式は

$$n = 48 e^{-(aR)^2}$$

となった．この他多くの例では，aは常に0.2前後の値となった．ただしこの図で，標本の大きさが小さいと曲線の右側の部分が現れるだけになるが，標本を大きくすると曲線は右にずれてその全貌を現すようになる．

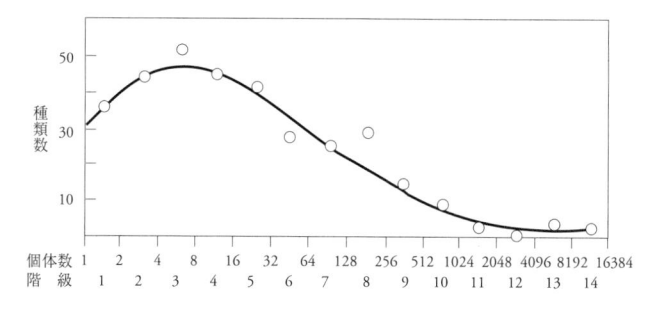

図9-14　誘蛾燈に集ったガの種類数と個体数の関係．縦軸：各階級（オクターブ）ごとにまとめた種類数．横軸：各種の出現個体数と，その個体数を階級分けした数値．図中の○点は，各階級（の個体数）に応ずる種類数．
　　　　［Preston 1948］

9-8-5 等比級数則から対数正規則までのまとめ

元村が等比級数則を唱えてから Preston の対数正規則まで，わずか15年ほどの間に急速な発展があったと言ってよい．それら各法則の間の関連について，篠崎 (1955) および森下 (1961) が詳しく論じているが，森下のまとめた図9-15がよくその間の事情を明らかにしている．それによると，対数正規則が標本の大小にかかわらず，最も広範な適用範囲を持つと言うことになる．

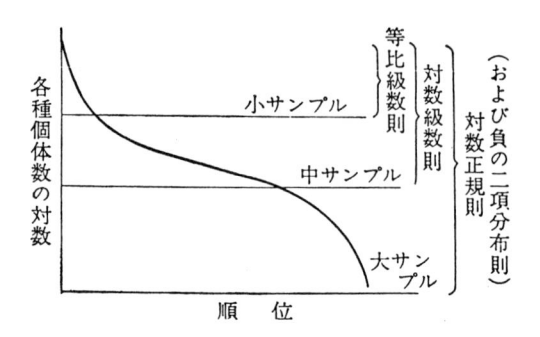

図9-15 標本の大きさと各法則の適用範囲．[森下 1961]

次にこれらの法則の持つ意味についてここで二つのことを述べておきたい．一つは篠崎 (1955) の等比級数則の吟味の結果であり，今一つは自然に生活する具体的な群集について持つ意味である．

まず篠崎の等比級数則の吟味結果であるが，彼はこの関係は一般に自然や人為の存在において広く認められることを見た．例えば「理科年表」の，太陽系惑星の質量，世界の主な運河の長さ，同位元素存在比，あるいは英文における文字の分布，果ては1950年の全国区参議院議員の選挙における46都道府県別有効投票数においてさえ，すべて順位と数の間に等比級数関係を見出した．そして結局この法則は，広くある種の偶然による一特性と考えてよいもので，しかも小標本においてよく適合する性格を持っていることを証明した．

次に言いたいことは，これらの法則は元村の等比級数則の場合を除いて，主として人為的な，例えば誘蛾灯などに集まった生物集団を取り扱った結果生まれたもので，実際の群集について見出されたものでないことである．したがって森下 (1961) も述べているように，これらは何等の生物学的な根拠を持っていないものである．誘蛾灯に集まった特殊な生物集団などの，ある種の構造を示しているではあろうが，自然の群集とはほど遠い存在についての，単なる数理的取り扱いに関するものである．そしていつも無作為の操作が根底にある．自然の生物群集は，そんな仮定と操作だけで理解することが出来るものであろうか．この点については，次の R. H. MacArthur (1957) の棒切れモデルについて説明した後で，また触れることにする．

9-8-6 MacArthur の棒切れモデル

R. H. MacArthur (1957) は，元村の等比級数則は生物的な意味が分からない，もっと実り

の多い方法，生物学的原則の上に立った方法があるはずである，ということから考えを進めた．その生物学的原則というのは，似た生活要求を持つ生物の間のニッチは隣り合うか，また重複しないという，競争排除の原理の上に立つものであった．この基礎の上に，環境を1本の棒になぞらえ，これを分割するが，そのやり方は無作為である．n－1点で分割すると，n個の棒切れとなるが，そのそれぞれの長さはn種の生物の個体数を表すと考える．棒切れの長さに従った順位が出来るが，その短い方からr番目（順位）の棒の長さ（すなわち個体数）N_rは，

$$N_r = \frac{m}{n} \sum_{i=1}^{r} \left(\frac{1}{n-i+1} \right) \qquad \cdots\cdots\cdots (9\text{-}11)$$

　　　ただし，n：全種数
　　　　　　m：全個体数
　　　　　　i：最も稀な種と順次並んだ種の間の間隔

　このモデルをMacArthurの棒切れモデル（MacArthur's broken stick model）といい，熱帯林や温帯林の鳥のセンサス結果によく適合すると言った．また大地域をとれば適合は悪い（異質な環境を含むからと言う）が，小地域をとれば（例えば谷ごとに区分するなど）適合はよくなる（この点等比級数則に似る）とも言う．

　このMacArthurの考えは，はじめ元村のやり方を批判して，生物学的意味を求めて出発したのに，立論の基礎に機会的なものを置いたのは理解しにくいことであった．森下（1961）もMacArthurの仮定が果たして生物学的な仮定と言いうるかどうかに疑問を投げかけている．果たしてその点をついた批判が，N. G. Hairstone（1959）から出された．

　Hairstoneによると，実際の群集について，MacArthurの式から期待される個体数と観察された値を比較すると，しばしば非常に食い違うことがある．もし群集が組織された系であるなら，機会的なものに基礎を持った期待値と適合するということはあり得ない．すなわちMacArthurの予想とは逆の結果が起こるはずである．P. H. Ovenburg[10]はこのことを客観的に示す方法を考えた．それは期待値と観測値の分散を比較する方法である．

　Ovenburgによると，MacArthurの式の期待値分散は次の式で計算する．

$$S^2 = \left[\frac{m^2}{n^3} \sum_{i=1}^{r} \left(\sum \frac{1}{n-i+1} \right)^2 \right] - \frac{m^3}{n^2} \qquad \cdots\cdots\cdots (9\text{-}12)$$

　そこで，観測値分散／期待値分散の値（X）を求めると，Xが大きければ大きいほど観測値と期待値は食い違い，それはとりもなおさず組織性が大きいことを示し，またXが小さければ小さいほど観測値と期待値は接近し，それは組織性が小さいことを示すことになるはずである．そこでR. Margalef（1951）の研究した海の植物プランクトンの標本A（21種1,032個体よりなる）と，N. G. Hairstone & G. W. Byers（1954）の土壌節足動物の標本B（25種494個体よりなる）を考え，上記のXを計算すると，Margalefの標本Aでは62.63，HairstoneらのB標本では11.76となったが，このAおよびBを加えた，いわば全くでたらめの群集のXは7.89となり，最も小さい値となった．つまりMacArthurの式は無作為性の強さを示すもので，群集の内部構造の組織性を示すものではない，とHairstoneは主張した．

　どうもMacArthurがはじめに考えた意図と実際に行ったこととは，食い違いがある．これも立論の基礎に機会的なものを持ってきたことに原因があるように思われる．このことは今

まで述べてきた各種の法則にも当てはまるように思われるので，ここで棒切れモデルをやや詳しく取り上げて考えてみたのである．自然の群集が何らかの創世的自立性を持ち，統一全体性を持つなら，それを探るのにふさわしいやり方を考えねばならないであろう．機会性を基とした理論は，ある意味で逆に帰無仮説の一方法として用いうるかもしれないが（現にHairstone は MacArthur の説に対しその種のことを行った），それでは少し寂しい感じである．将来考えるべき方向は，Hairstone も上記論文で多少触れていることであるが，(1) 直接の相互関係の辛抱強い観察と，(2) 食物連鎖関係を考慮に入れた理論式の組み立て，からまず始めるべきでなかろうか．この点についてはまた10章で述べる機会がある．

9-9 群集の数的比較

異なった群集の構成を数的に比較する方法は，いくつか報告されている．そのうち若干のものについて紹介する．

(a) まず簡単なものに T. Sørensen (1948) の方法がある．それを次式に示す．

$$C_s = \frac{2j}{a+b} \qquad \cdots\cdots (9\text{-}13)$$

  a, b：a, b 二つの群集の種の数
   j：二つの群集に共通の種の数

ただしこの式では種の個体数は考えに入れていないので，比較の内容に問題が残る．

(b) Morisita の C_λ 法

M. Morisita（森下正明, 1959b）は個体数も考慮に入れて次式を作ったが，これはよく用いられている．

$$C_\lambda = \frac{2\sum_{i=1}^{s} n_1 i \cdot n_2 i}{(\lambda_1 + \lambda_2) N_1 \cdot N_2}, \quad (0 \leq C_\lambda \leq 1) \qquad \cdots\cdots (9\text{-}14)$$

$$\text{ただし，} \lambda_1 = \frac{\sum_{i=1}^{s} n_1 i (n_1 i - 1)}{N_1 (N_1 - 1)}, \quad \lambda_2 = \frac{\sum_{i=1}^{s} n_2 i (n_2 i - 1)}{N_2 (N_2 - 1)}$$

  N_1, N_2：群集1および2の標本総数
  $n_1 i, n_2 i$：群集1および2における種 i の個体数

C_λ は群集1および2の構成種が同じ場合にはほぼ1となり，この二つの群集の間に共通種がない場合には0となる．ただし C_λ の値は，1個体よりなる種の数が多いほど λ_1 および λ_2 は小さくなるので，両群集の構成種が同じであっても，1より大きくなる．これが C_λ の欠点とされる．

(c) Kimoto の C_π 法

S. Kimoto（木元新作, 1967）は上の C_λ の欠点を修正するため，次式を提案した．

$$C_\pi = \frac{2\sum_{i=1}^{s} n_1 i \cdot n_2 i}{(\sum \pi_1^2 + \sum \pi_2^2) N_1 \cdot N_2}, \quad (0 \leq C_\pi \leq 1) \qquad \cdots\cdots (9\text{-}15)$$

ただし，$\sum \pi_1{}^2 = \dfrac{\sum\limits_{i=1}^{s}(n_1 i)^2}{N_1{}^2}$，$\sum \pi_2{}^2 = \dfrac{\sum\limits_{i=1}^{s}(n_2 i)^2}{N_2{}^2}$

C_π では群集1と2の種類組成が同一の場合には，正しく1となり，共通種が存在しない場合には0となる．

(d) Pianka の $\alpha_{1,2}$ 指数

E. R. Pianka（1973）は群集1および2の重複度を計る指数として次式を提案した．

$$\alpha_{1,2} = \dfrac{\sum\limits_{i=1}^{s} P_1 i \cdot P_2 i}{\sqrt{\sum\limits_{i=1}^{s}(P_1 i)^2} \cdot \sqrt{\sum\limits_{i=1}^{s}(P_2 i)^2}} \qquad \cdots\cdots\cdots (9\text{-}16)$$

ただし，$P_1 i$，$P_2 i$：群集1および2における種 i の割合

以上が群集構成の数的比較によく使われる指数であるが，なお詳しくは木元（1978, 1989, 1993），木元・武田（1989）等を参照されたい．

9-10 群集構造の安定性と復元性および種間結合度

本節の内容も，本来なら前節の数的構造に入れて考えるべきものであろうが，研究者によって意見が異なり，いわば甲論乙駁の状態にあること，また内容が群集（生態系）の奥深い内容にさらに立ち入ろうとしていることもあるので，節を改めて述べることにした（木元, 1989, 1993; Begon ほか, 1996; 伊藤ほか, 1996, 等参照）．なお本節に関係して要領の良い説明が J. Kikkawa（橘川次郎, 1986, 1995）にある．また佐藤広明ほか（1996）の企画した日本生態学会大会の自由集会の記録（1995年度のものが同会誌46巻3号にある）も参考になる．

1960年以前の我々の知識では，群集の構造に複雑性（Complexity）があればあるほど，その安定性（Stability）は高いというものであった．R. H. MacArthur（1955）も C. S. Elton（1958）も，この見地から研究を進めた．前者は食物連鎖の構造を問題とし，後続の研究者たちへの道を開いた．また後者は熱帯降雨林では昆虫の大発生は起こりにくいのに，人間の耕作などで単純な生態系にされた所ではしばしば大発生が起こることを指摘した[11]．

要するに彼等の論点は，群集が攪乱（Perturbation）を受けても，それを静めてまたもとへ帰す力[12]（すなわち復元力 Resilience）は，群集構成が複雑であるほど強いというものであったといえる．ところが1970年以降，上のいわゆる'慣習的な知恵（Conventional wisdom）'とは反対のこと，すなわち群集構成が複雑であればあるほど安定性は弱いという論が，数理的にも実際群集の観察上からも証明されるという主張が現れてきた．この数理論ではまだ一部に機会的な取り扱いが残されている（群集の構成と機能の機会的理解は現実の群集の存在の否定につながる可能性がある）が，相当の実証的根拠もあり，生態学にある意味で混乱（新風とも言える）を持ち込むことになった．

その流れを組織的に持ち込んだのは，R. M. May（1972, 1981）およびその共同研究者たちであった．彼等は食物連鎖網（Food-web）と群集の安定性を問題としたのであるが，ここでま

ず食物網の中の種間の結合度（Connectance or connectivity, Cという）ということについて説明しておかねばならない．この結合度というのは群集構成の複雑性の指標となるもので，種間の可能な食う食われるの相互作用対のすべてを含んでおり，次式で表される．

$$C = \frac{2k}{S(S-1)} \quad \cdots\cdots (9\text{-}17)$$

　　　S：食物連鎖網の中の種の総数
　　　k：捕食者−被食者の相互作用対の総数

すなわち種間結合度Cは，食物連鎖関係（群集内の縦の関係）の数の函数で，群集の安定性に影響を与えるものとされる．種の数Sが大きければ，食う食われるの相互作用対の数がそれに見合って大きくならないと，Cは一定とならない．上式で一般にSが大きくなっても，それに見合うほどkは大きくならないのが普通であるから，結局SとCは双曲線的関係で増大減少する．Mayは捕食者被食者相互作用対を機会的に数え挙げ，群集内の各種はそれぞれ他の種と相互作用があるとして，β_{ij}またはβ_{ji}という因子を考えた．ここにβ_{ij}とは，j種の密度がi種の増殖率に及ぼす影響度を測る尺度である．この影響がないときには，$\beta_{ij}=0$で，i種とj種が競争関係にある時にはβ_{ij}およびβ_{ji}は共に−となり，またiが捕食者，jが餌である時にはβ_{ij}は＋，β_{ji}は−となる．

このような仮定の上で，彼は自己制御する系（β_{ij}, β_{ji} 等）での値を−1とし，他のすべてのβの値を機会的に分布させた．したがってβは−1と＋1の間の値をとる．そうすると，次式に示されるような場合にだけ，食物連鎖網は，多少の攪乱があっても，やがて平衡を回復し，安定になることを見出した．

$$\beta(SC)^{\frac{1}{2}} < 1 \quad \cdots\cdots (9\text{-}18)$$

　　　ただし，S：種の総数
　　　　　　C：種間結合度（すべての種が直接に相互作用によって結ばれる場合の）
　　　　　　β：平均相互作用強度（Interaction strength, $\beta \neq 0$ の，すべてのβの値の平均値）

即ちSが大きいほど（群集を構成する種類が増えるほど），(9-18)式の左辺の値は大きくなり（0を超えてなお＋1に近づく），群集は不安定となるということになった．もちろんCの増加も，βの増加も，群集を不安定にする要素となる．

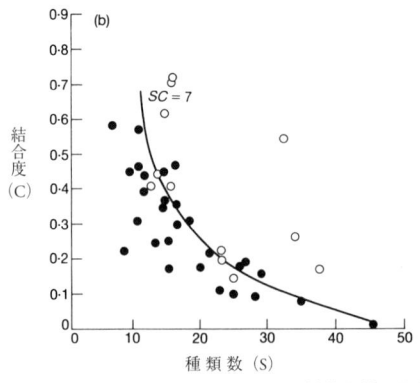

図9-16　世界の陸上，陸水，海洋における，40種類の食物連鎖網の，種数と種間結合度の関係．SC≒7の場合の双曲線関係を実線で示す．黒点は変動環境にあると考えられた群集についての，白点は恒常環境にあると考えられた群集についての値を示す．［Briand 1983］

そこで多くの研究者がSとCの関係を研究したが，その多くの場合でMayの結論のような結果を得た．その中に，F. Briand (1983) が世界の陸上，陸水，海洋で調査された40ほどの群集についてSとCの関係を吟味した研究があるが，その結果を図9-16に示す．すなわちSとCは双曲線的関係にあることが分かる．なおP. Yodzis (1980) も似たような結果を得ている．

ところが別にD. Goodman (1975) もいろいろの複雑性を持った食物網について多面的なシミュレーションを試み，経験的な資料も参考にして，これら複雑性と個体数変動（つまり群集安定性）の間には，Mayの結論と違って，相関はないという結果を得たと報告した．またP. J. Morin (1999) も両説を説明しているが，どちらかというとMayの主張を支持しているようで，主として原生生物群集についてではあるが，食物連鎖が長くなり（種類が多くなる），群集生産力が増せば，その安定性は減ると考えている．

もちろんMay等のモデルにも欠点がある．まず第一に，彼等はAがBを食い，BがCを食い，CがAを食うと仮定したが，生物学的にそのようなことは不合理である．

第二の欠点に，もし食物網について，捕食者の数は被食者によって影響されるが，被食者の数は捕食者によって影響されない場合（すなわち $\beta_{ij} > 0$，$\beta_{ji} \leq 0$ のような，いわゆる餌生物決定系，Donor-controlled system, の場合，あるいは底上げ系，Bottom-up system, のある場合）には，安定性は複雑性によって影響されないのみならず，時に増大さえすることがあることが分かった（D. L. DeAngelis, 1975）（腐食連鎖はこの部類に入る）．さらにS. L. Pimm (1979, 1982) は6種〔うち2種はトップ捕食者（Top predator），2種は中間捕食者，2種は基底種（Basal species, 植物または死体）〕からなるモデル群集を考え，各構成種のうち1種を順次取り除いた場合の群集の安定性（Species deletion stability）の変化と群集の複雑性との関係を見た．ここに群集の安定性とは，

$$S = \sum_{i=1}^{n} r_i P_i \text{（0と1の間を変化する指数）} \quad \cdots\cdots\cdots (9\text{-}19)$$

ただし，n：群集を構成する種の総数
r_i：i番目の種が除かれる確率（r_i の合計は1.0）
P_i：i番目の種を除いた時に，他の種が除かれることのない確率（$P_i \leq 1$）

また，複雑性とは捕食者—被食者相互作用対の数で測るので，実際は種間結合度と同じと考えてよい．その結果，基底種を取り除いた場合には，Mayの予測と反対に，そしてMacArthurのもとの仮説のように，結合度の減少（すなわち複雑性の減少）は，安定性の減少を導くことになった．しかし一方トップ捕食者を除いた場合，またはすべての種を順繰りに除いた場合には，Mayの言うように，結合度の減少と安定性の増大は相伴って起こった（図9-17）．結局彼はこの結果から，自然の生態系の複雑性と安定性の関係を，何か一つの結論に簡単に持っていくことが困難であることを指摘した．

ここでこの問題に興味を持って各種の観点から研究と論考を行っているS. J. McNaughton (1994) の仕事について述べておきたい．彼はアメリカのYellowstone National Parkの草原とNew York近くの放棄農耕地，およびタンザニアのSerengeti National Parkの草原で，群集を構成する種の多様性と生態系の生産力およびその安定性の関係を研究した．その結果，アメリカの前2者の草原の場合，多様性が大きければ一次生産力は小さいか，あるいはこの両者の間には関係がないということになったのに，アフリカの場合には多様性の大小は生態系機能の安定性と正の相関があることが分かった．つまり一義的結論を出しにくい結果となったの

である.

　第三に，M. Loreau（1994）の理論的研究によると，単純な生活史を持つ種だけでは共存は困難であるが，それが複雑な生活史を持つものと一緒に棲むと，ニッチの分化が実現し，安定な共存が可能となるという．例えば，資源の乏しいときに，ある種は幼体の時期に，また他種は成体の時期に，その資源を効率的に利用できることから共存できると考える．自然の群集は普通これらの異なる生活史を持つものの集合であるから，その構成が複雑になるほど安定共存するという点で，May の主張とは違ってくる.

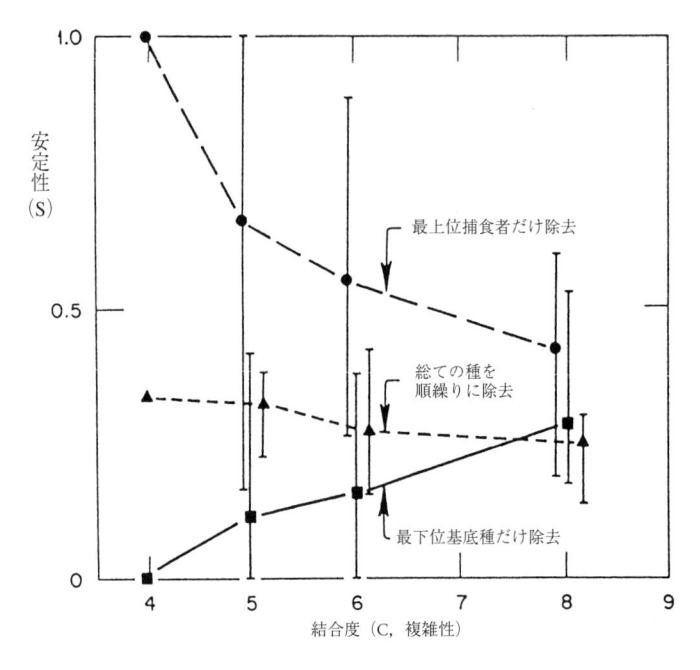

図 9-17　Pimm のモデル群集において，種を除去したときの群集の安定性と群集の複雑性（結合度と実際上は同じ意味）の関係を示した図．モデル群集は，最上位捕食者 2 種，中位捕食者 2 種，基底種 2 種の合計 6 種からなる．実験は 3 通りで，(i)最上位捕食者 1 種を除く，(ii)基底種 1 種を除く，(iii)総ての種のうちから順繰りに 1 種を除く．結果は，(i)，(iii)では結合度（複雑性）が増すと安定性は減るが，(ii)では結合度が増すと安定性は増した．[Pimm 1979]

　第四に，これも Pimm（1979, 1982）の研究によるが，もし群集の復元性を考えに入れると，群集の複雑性（つまり結合度）が増大すると復元性も増大する（つまり安定性が増大する）ということがあることが分かった．これも May の考えと違うことである.

　以上の論議に関連して，J. H. Connell（1978）の論もぜひ紹介しておく必要がある．彼はそれまでに提出された各種の説を引用吟味した後で，自身の長年にわたるサンゴ礁の研究を基に，熱帯降雨林の資料も参考にして，次のような説を提唱した．まずこれらの群集構成種の間には非平衡状態（不安定状態）があると言う．というのは，これらの群集の中に生活する種の要求する資源（植物では光，栄養物，場所など；サンゴ礁では動物プランクトン等）は総じて共通しており，もし平衡説をとれば，それらの資源は熱帯降雨林の 1 ha あたり 100 種以上もある樹木に分割されていなければならないが，そんなことはあり得ない．非平衡状態にあると考えれば，頻繁に起こる攪乱（気候などの環境変動など）によって，そうでなければ劣位

であることによって亡びてしまうべき競争種も生き残る機会を得て，種多様性も保たれるであろう，と考える．彼によれば攪乱中等度で種多様性は最も高い，攪乱が少なすぎても，またあまり多すぎても（つまり生態系が不安定すぎても安定すぎても），種多様性は減ると言う．これを中間攪乱仮説（Intermediate disturbance hypothesis）と称した．その状況は図9-18に示す．D. L. DeAngelis（1995b）も基本的にこの説を採用し，これにエネルギーの大小と空間の広狭を加えて，種の多様性の貧富を論じた．例えばエネルギーの豊富な場所では種の多様性が大きくなるといった具合である．

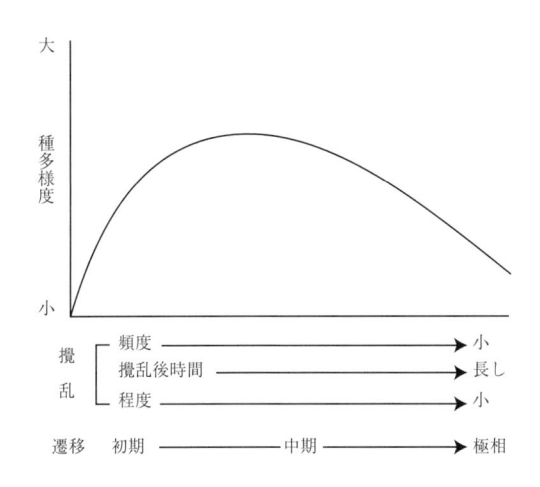

図9-18　中程度の攪乱のとき（従って遷移中期）に最も多様度が大きくなる．'中間攪乱仮説'の図．
　　　　［Connell 1978 より］

　以上，要するに1970年以前の慣習的な理解は，ある面では覆されたが，別の面では正しい面もあり，結果はいろいろで一概にすぐ結論を出すことが出来ない状態となっている．Begonほか（1996），K. A. Vogtほか（1997）やP. Stiling（1999）も多数の研究結果を参考にして，この問題に一般的結論を出すのは現状では不可能であると述べている．特に以上の理論的考察の中では，機会的な取り扱いが関係していることが多いが，群集を機会の構成物と見ることには問題があると思う．したがって結論についても慎重に考えねばならない．なおPreston（1969）はかつて自説に絡めて，ある種の個体数変動が長年にわたり安定であり，滅亡しないという事象は，その数が対数正規則（p.277）に合致している場合に起こることであると述べた．これは群集の複雑度と安定度を対数正規則に合うかどうかで判定しようというもので，群集構成の真の姿をつかんだものかどうか問題が多い．
　筆者はMay等の最近の仕事，群集の構造が複雑になると安定性が損なわれてくるという結論を，そのような場合もあろうと認めた上で，やはりEltonやMacArthur等の深い自然研究に基づく考え，群集構造の複雑性はその安定性を導くという考えを，大筋において認めたいと思っている．これは数者択一（Alternative）の考えとでも言うべきもので，多数の種から群集が構成されておれば，数者択一の事象により，特定の種の破滅が救われるということもその基礎にある．捕食者の餌種の切り替え（スイッチング，p.75）も余裕を持って起こるであろうし，エネルギーや物質の流れも，この道が悪ければあの道をと，滞ることが少なく行われるであろう．多少の振動はあっても，復元性は発揮されるであろう．反対に人工の加わった群

集（農耕植林群集など），いろいろの意味において選択の道の少ない群集における大変動も，そのよい例である．少し変わった例を免疫現象について挙げると，多田富雄（1993）の面白い説がある．最近アレルギー病が多くなる傾向にあるが，これは細菌やウイルスが相互に抑え合う共存関係が薬剤の多用などによって崩れ，先進国では人類始まって以来の無菌に近い状態になったことによると言う．微生物の多様性（集団の複雑性）が，相互共存によるある種の安定状態を導くと説くのである．

ここで H. Wolda（1978, 1992）の説を紹介しておくのも意味があると思う．彼はパナマの自然の熱帯林で，14年間にわたり，誘蛾灯で集めた昆虫（主として同翅類 Homoptera）の個体数の変動率を調べ，次の結論を出した．イ）数の変動は種によって大いに違い，ある種の数は恒常に保たれるが，また別の種の数は大いに変動し，その程度は温帯の昆虫と変わりがなく，著しい場合には絶滅することもあるので，個体数の調整は認められない．ロ）変動の大きい種は乾湿条件の季節変動の大きいところに棲むものに見られる．このロ）項は，8章3節に述べたインドネシアの Sumatra 島のニジュウヤホシテントウの数の変動と関係があるように見える．要するに，熱帯林のような種多様性に富む場合でも，個々の種個体群を見ると，それは必ずしも恒常に保たれていない場合がたくさんあり，その場合には Elton の見解と反して温帯の状況と変わりがないと言うのである．

そこで将来の探求の方向には，数理的な取り扱いに際しても，具体的な群集についてはもちろん，その基盤となっている具体的な生態系についての深く入った探求（Colinvaux, 1993, 参照）の上に進めることが是非必要なことと思っている．具体的な自然の群集は，とても現在のような単純なモデルでは探り得ない深い事象を含んでいると思う．その際目標とする時間スケール，短期のものか長期のものか（地質学的なものも含む）を，是非明らかにしておく必要がある．

最後に，こんなところにも群集の形を整えた生物集合体があり，群集構成の諸元もきちんと備えている，という例を挙げておこう．上に数理論などを含んだ検討例をいろいろと述べたが，似たような多数の例もその検討の中に入れるべきであるという意味で今ここで述べておきたい．それは食虫植物ウツボカズラ（*Nepenthes*）の袋状器官の中の消化液をめぐる群集で，R. A. Beaver（1985）の研究によって明らかになったものである．

インドやマレーシアはウツボカズラの本拠地で，多くの種が知られているが，Beaver はそのうちセイシェル，スリランカ，マダガスカル，西マレーシアの数地点で，消化液群集の食物網を中心に調べた．構成種数は非常に少ないもの（セイシェルの5）からかなり多いもの（西マレーシアの14）までいろいろあるが，西マレーシアの1例を図9-19に挙げておく．この群集を支えるエネルギー・物質の源は，いつでも消化液に最近溺れた昆虫の死体（資源B）が中心であり，これに古い有機物残渣（資源C）が加わる．まれに生きた昆虫（資源A）のこともある．溺死した昆虫などの死体は他の動物に食べられる部分と液中に分解する部分に分けられるが，その分解して出てきた栄養分の一部はウツボカズラが吸収し，他の部分は微生物が取り入れて増殖する．溺死体を食べる昆虫の中にはカの幼虫（ボウフラ）などがあるが，食物連鎖は遂に液の外縁に棲むクモ類（*Misumenops*）や大型の肉食のカ類（*Toxorhynchites*）に結び付いて完成する．上に群集の構成種について書いたが，構成種とは図中の食物網の結節点にくる生物種のことで，Beaver はこれを栄養型（Trophic type）と言っている．例えば，ナガハシカ属 *Tripteroides*（2種）もイエカ属 *Culex*（2種）もカ科のものであるが，後者は微生物のろ

過食者であるのに，前者はそのろ過食と同時に溺死した昆虫の死体もかじり食うので，多少生活型が違うところから，違った栄養型に入れてある．ただし大局的に見て，栄養型の数はほぼ種の数と考えて処理できよう．

さてセイシェルから西マレーシアまでの5つの群集の食物網を中心にした群集構成諸元を，表9-7に示す．上表から次のようないくつかの特質を考えることが出来るが，それらは群集一般について考えられる事柄である．

1. 各種（各栄養型）は3～4の他種（他栄養型）と相互作用がある．
2. 捕食者-被食者相互作用対の数は総種数が多くなると多くなる．
3. 結合度（C）は総種数（S）が多くなると小さくなる．ただしC×Sの値はどの群集でも似た値となる．
4. 食物網の複雑さは資源の数とは無関係である．

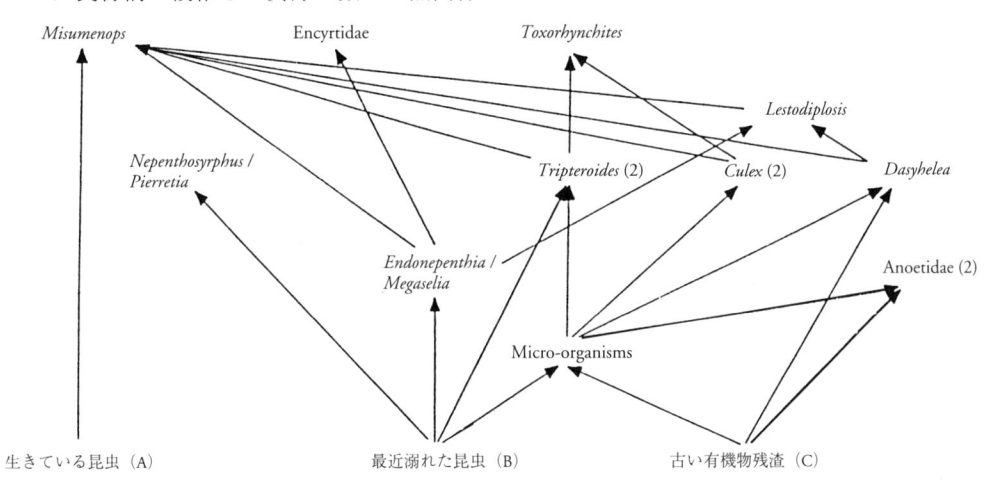

図9-19 食物網の一例として，西マレーシアにおけるウツボカズラ（*Nepenthes albomarginata*）の袋器官の中の消化液群集の食物網を示す．セイシェルなどではずっと簡単な食物網となる．液中には各種生物が生活しており，また液の周辺にはクモなどが居て，一つの群集を作っている．三つの資源源（A, B, C）からエネルギー・物質は流れ，最後にハナグモ（*Misumenops*）等に至る．トビコバチ（Encyrtidae）という寄生蜂も現れる．食物網の結節点には動物種名や微生物が書かれてあるが，これはそれぞれ栄養型（Trophic type）で，1種のことが多いが，生活型を同じくする2種（2属）のまとまりのこともある（図中に数字で種数を示す）．本文中では栄養型を種に準じて扱っている．[Beaver 1985]

表9-7 セイシェルから西マレーシアまでの5地域のウツボカズラの食虫液群集の食物網構成諸元表（説明本文）．

地域名	Seychelles	Sri Lanka	Madagascar	West Malaysia（1）	West Malaysia（2）
ウツボカズラ属（*Nepenthes*）の種名	*N.pervillei*	*N.distillatoria*	*N.madagascariensis*	*N.ampullaria*	*N.albomarginata*
栄養型の総数*（S）	5	7	8	11	14
捕食者-被食者相互作用対の総数（k）	6	8	10	18	22
結合度**（C）	0.67	0.40	0.40	0.35	0.25
C×S	3.39	2.8	3.2	3.8	3.5
占められたギルド数	2	4	4	5	6

*栄養型の数とは，食物網の各網目（結節点）にくる生活型を同じくする生物群の数．大局的に見て，群集構成の種数にあたると考えてよい．

**結合度 $C = \dfrac{2k}{S(S-1)}$ で計算［C.Yodzis 1980 の方法による］

[Beaver 1985]

9-11 島の群集

9-11-1 はじめに

島の群集の研究の利点は，島が海に取り囲まれているために群集の境界がはっきりしていることと，それに伴って移入したり移出したり絶滅したりする生物の調査がやりやすいことにある．R. H. MacArthur & E. O. Wilson (1967) はこの利点を十分に生かして，島の生物地理学を展開し，生態学の世界に大きい影響を与えた．今や，どの生態学の教科書にも島の群集の問題は大なり小なり取り扱われているが，この節でもその要点を説明する．なお M. L. Rosenzweig (1995) は島の問題に限らず，一般の生物の種類数（多様性）とその棲む空間および時間の変化との関係について，多数の文献も引用して，広範な論議を展開した．その内容は生物の生態全般にも関係のあるものを含み，大いに参考になると思う．

9-11-2 面積と種類数

島の面積と種類数の関係はよく調べられているが，もともと群集の調査に際し，調査面積の大きさと発見される生物の種類数の間にはある関係があることは古くから知られていた．それについて O. Arrhenius (1921) は次式を提案した．

$$S = Cq^z \quad \cdots\cdots\cdots (9-20)$$

ただし，S：種類数
q：面積
C, Z：定数

調査面積が大きくなるに従って種類数も増えるが，その増える速度は次第に低下する．なお L. G. Rommell (1920) – H. A. Gleason (1922) の次式もよく用いられる．

$$S = a\log q + b \quad \cdots\cdots\cdots (9-21)$$

ただし，a, b：常数

この他にもいくつか関係式が提案されているが，沼田真・篠崎吉郎 (1959) を参照されたい．

実際の植生についての適用例を図9-20に示す．また動物について，試料数と節足動物の種類数の関係の例を図9-21に（試料数が増えることは調査面積が増えることを意味する），流域面積と淡水産二枚貝の種類数との関係を図9-22に示す．

ここで本題に帰って，島の面積とそこに棲む生物の種類数の関係を見よう．図9-23はモルッカ海とメラネシアの島々の面積とハリアリ類 (Ponerinae) の種類数を示したもので，さらにこれらの種の分布の本拠地と考えられるニューギニア本島のいろいろの面積に応ずる種類数も示してある．

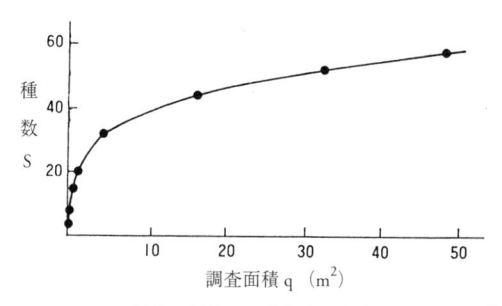

図 9-20　千葉県のマダケ林における植物の種数－面積曲線．実線はArrheniusの式による．［沼田・依田 1955］

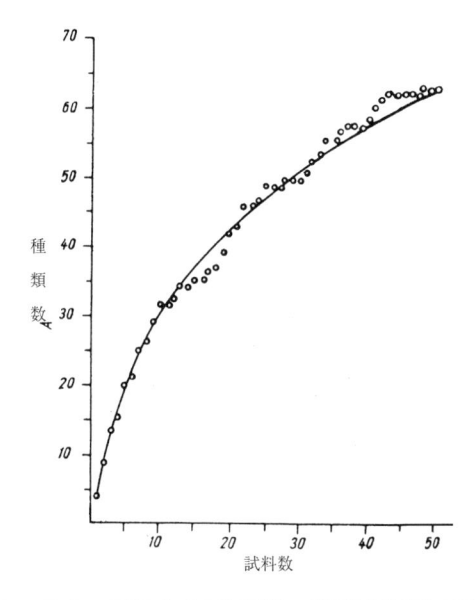

図 9-21　ウマゴヤシの草地における節足動物の種類数と試料数の関係．［Balogh & Loksa 1956］

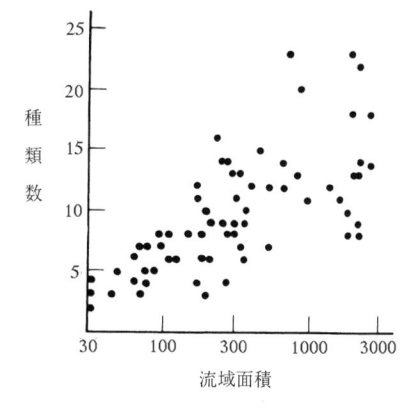

図 9-22　淡水域における種数－面積関係の一例．Michigan 川の流域面積と二枚貝の種数との関係．
　　　　　［Strayer 1983 に基づき，Gee 1991 より］

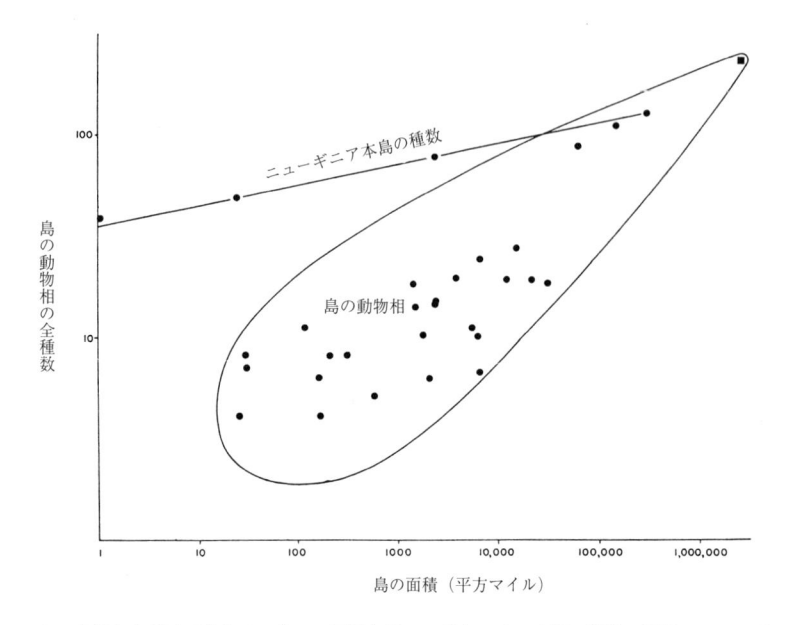

図9-23 モルッカ海およびメラネシアの島々の面積とそこに棲むハリアリ類の種数の関係．ニューギニア本島のいろいろの大きさの面積と（直線部分），熱帯アジア中央部（■印）に発見される種数も示してある．島の面積が増えると種数も増える．ただしニューギニア本島（熱帯アジア中央部は特別）のこれと同じ面積に発見される種数と比べると，大変少ない．[Wilson 1961]

　島が大きくなればニッチの数も増え，食物連鎖の段階も多くなり，それだけ棲息する種の数も増えることが考えられる．動物にとってのニッチの数は草本より灌木に，灌木よりは樹木に多いので，島が広くなり植生が複雑となるに伴って，それだけ動物の種類数は増えることになるのは当然である．図9-24は島の研究ではないが，その証拠の一例を示す（S. R. Leather, 1986）．似たことが鳥の種類数とその棲む樹木の高さとの間にあることが，H. F. Recher（1969）によって報告されている．彼はオーストラリアおよび北米の鳥について調べたが，木の高さが高いほど（棲所の多様度が増すほど）棲む鳥の種類数が多い（多様度が増える）ことを見た．

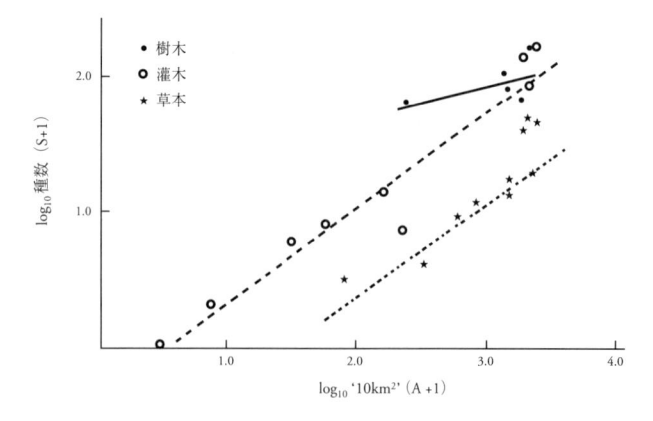

図9-24 ある面積に生えている，イギリスのバラ科の樹木，灌木，草本の各植生あたりの，植食昆虫の種類数．面積が増えれば種類数が増えることと，同じ面積でも樹木＞灌木＞草本の順に種類数が多いことを示す．
[Leather 1986]

以上，島の面積が小さいと棲む動物の種類数が少ないことは，自然の島で確かめられたが，人工的に島の面積を変える（この場合小さくする）とどうなるか．D. S. Simberloff（1976）はFlorida湾のマングローブ（*Rhizophora mangle*）の生えた島の，ある部分の木の樹冠を動力ノコギリで切り払い，根はスコップで掘り出し，島の面積を実質的に小さくして，そのマングローブに棲んでいた節足動物の種類数がどう変化するかを見た．用いた島は九つで，そのうち一つは処置をしないで対照島とした．結果の一部を図9-25に示す．なお図中に島の面積の変化を記したが，各調査年にはそこに記した面積を調査し，その後でマングローブ林の一部を取り除いて面積を減じ，1年後に次の調査を行った．結果は島の面積が小さくなるに従って節足動物の種類数は減ってくることが分かった．

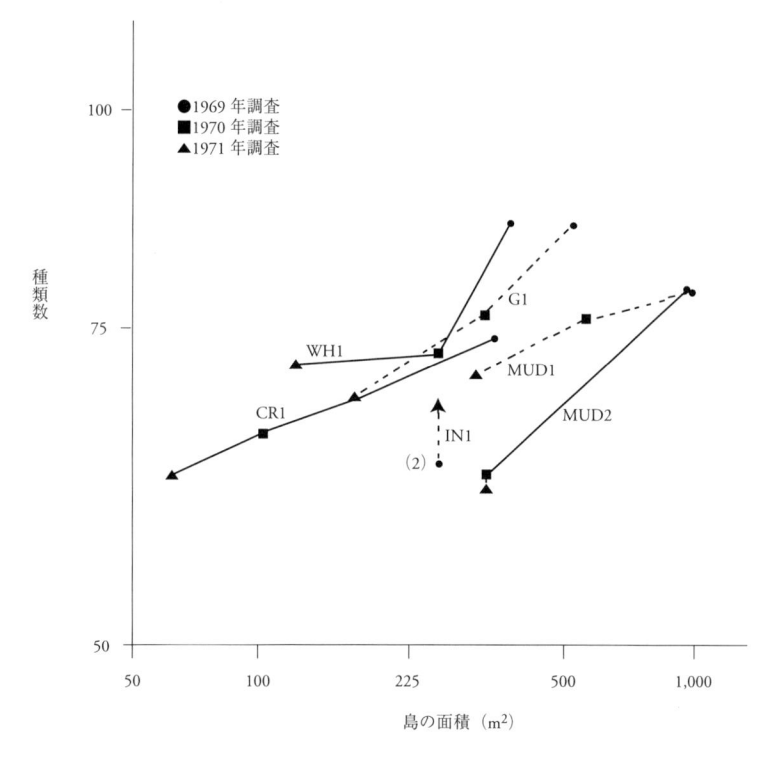

図9-25　フロリダ湾のマングローブの生えた五つの小さい島の面積を，マングローブを取り除くことによって実験的に狭くした場合の，節足動物の種類数の変化．島は図中の記号によって示すが，IN1は対照（マングローブを除かない）．1969年には総ての島で面積を減じたが，1970年にはMUD2を除いて再び面積を減じた．マングローブを取り除いて面積を実質的に狭くすると種類数は必ず減少する．対照島（IN1）の種数は，1969年と1970年には63であり，1971年には68となったが，これは機会的な変動の結果であった．
［Simberloff 1976］

　なおこの島の面積と種類数の関係は，実質的には棲所の多様性の大小に関係するものと考えられるが（M. L. Rosenzweig, 1995），さらに地史上の大陸移動や気候変動に際し生じた，大陸をめぐる浅海の面積とそこに棲む生物の種類数の変遷の問題として取り上げられ，生物種の絶滅の原因の考究の際に利用されているが，この件については13章2節を参照されたい．

9-11-3 大陸からの距離と種類数

島の面積が大きければ棲む生物の種類数も多いことは分かったが，では島のある位置が移住種の供給源と考えられる大陸または特別に大きい島からどの程度離れているかということとの関係はどうか．これについて島が大陸から離れているほど，種類数は少ないと言われている．その証拠の一例を図9-26に示そう（J. M. Diamond, 1972b）．

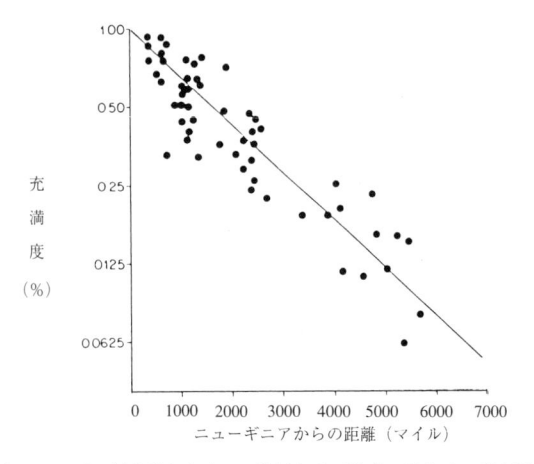

図9-26 ニューギニアから300マイル以上離れた島々の陸地および淡水に棲む鳥の種類数．ニューギニアからの距離が遠いほど充満度は指数函数的に低い（種類数は1,620マイル離れるごとに半数となる）．ここで充満度とは，ニューギニアから300マイル以内の位置にある，同じくらいの面積を持つ，ある島の種類数を100とした場合の比率．種類数（S）と面積（A）の関係は，$S=15.1A^{0.22}$ で計算．［Diamond 1972b］

なお生物には分散能力の高い種（A）と低い種（B）がある．Aはあちこち飛び回って島に固有の土着種となることは少ないが，Bは一度島に入るとそこで居着いて固有種となる可能性が高い．図9-27はその一例を示したもので（J. D. Holloway, 1977），島の群集の構成の特徴を考える際に注意すべき点であろう．

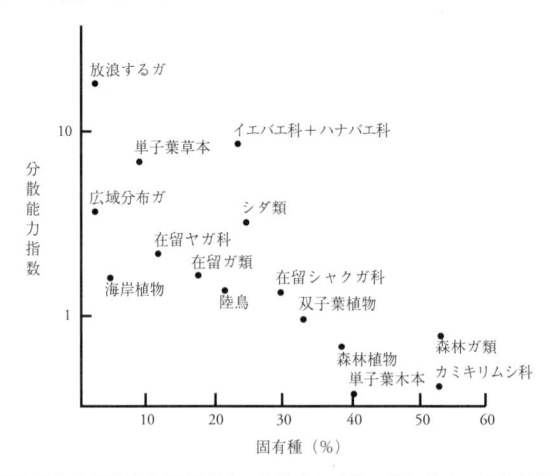

図9-27 Norfolk島の鱗翅類その他の動植物の固有種は，分散能力の低い種に多く，またそれらは遠いオーストラリア大陸から来たものよりは，近いニューカレドニアまたはニュージーランドから来たものに多い．分散能力の高いものは固有種は少なく，またオーストラリアから来たものの割合が高い．

$$\text{分散能力指数} = \frac{\text{オーストラリア起源の種の数}}{\text{ニューカレドニアまたはニュージーランド起源の種の数}}$$

［Holloway 1977による］

島の群集 | 293

島の面積の大小と，種の供給源からの遠近という二つの要因を組み合わせて扱った研究がある．T. W. Schoener & A. Schoener (1983) はBahama諸島の51の島々について，トカゲ類と鳥類の数を，いろいろの要因との関係について調べた．その結果の一部を図9-28に示す．当然のことながら島の大小や遠近の影響の受け方は生物の種類によって違う．この図の鳥は留鳥についてであるが，移動する鳥ではまた状況が違うという結果が出ている．

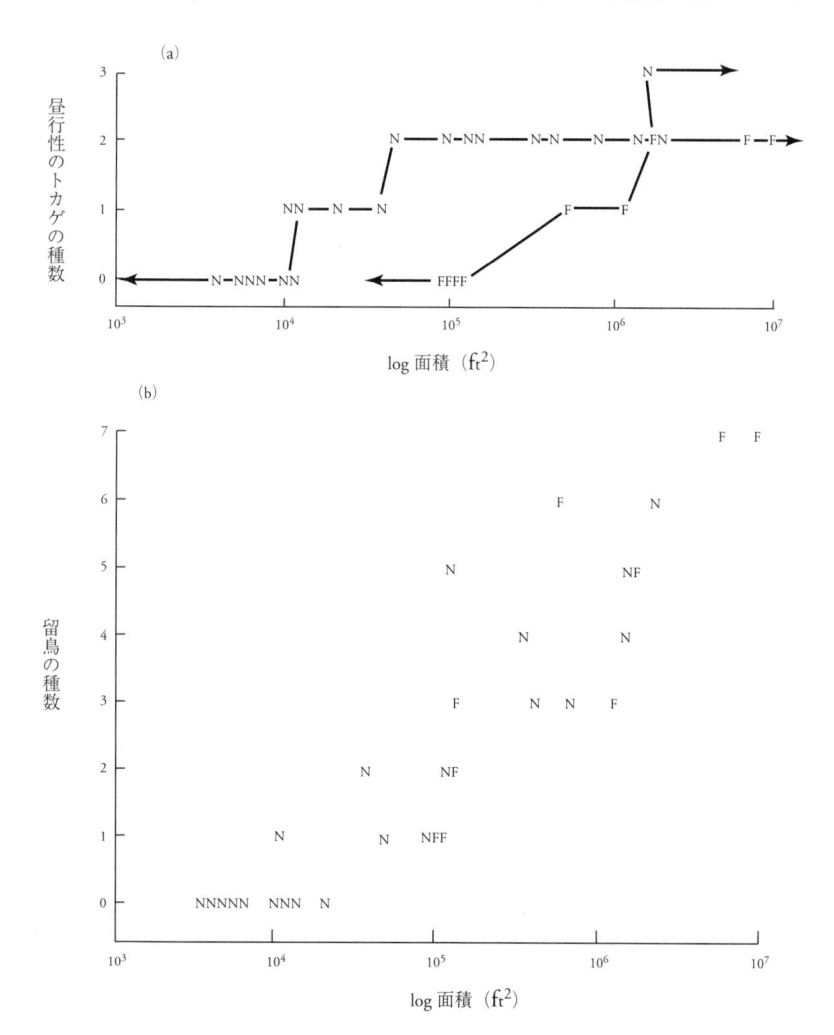

図9-28 Bahama諸島の島々の面積と，種の供給源から近い (NEP) か遠い (FEP) かによって，昼行性トカゲ類 (a) と留鳥類 (b) の分布種数が違うことを示す図．近い (N) とは，供給源と考えられる大きい島から1マイル以内の島で，遠い (F) とは，5〜10マイルの間にある島である．(a) ではトカゲ類の種類数が遠近によって違い，近い島では $10^4 ft^2$ 以内の島には棲まないのに，遠い島では $10^5 ft^2$ の島まで棲まない．そして面積が増すにつれて，階段状に種類数が増す．一方 (b) の留鳥では，面積の影響は強く受けるが，遠近の影響はあまり受けない．[Schoener & Schoener 1983]

9-11-4 移入と消滅およびその平衡

島への生物の移入 (Immigration)，消滅 (Extinction)，およびその平衡 (Equilibrium) について

は，MacArthur & Wilson（1967）の説に負うところが大きい．その説とは，島の生物の種の数は移入と消滅の動的な平衡の上に成り立っており，そこに棲む種は次第に消滅し（死滅および移出による），同種または異種の移入によって置き換わっているというものである．この移入率と消滅率が平衡に達した時点で，その島の平衡定住種数は決まる．そしてこの平衡状態において，単位時間当たりに入れ換わる種の数が置換率（Turnover rate）である．図9-29はその説明図である．この図にあるように，移入と消滅の平衡点は，島の大小とその生物の供給源からの遠近の組み合わせで決まると考えられる．この説に刺激されてその後多くの研究が行われ，そのいくつかは既に紹介したが，今一つ大がかりな野外実験があるのでそれを紹介する．

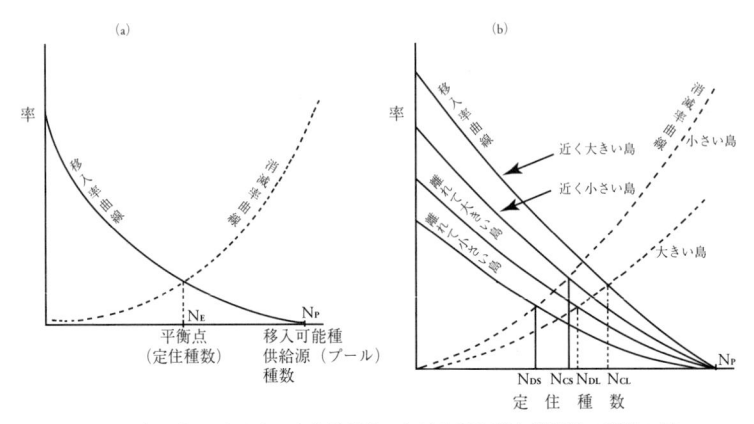

図9-29 MacArthur & Wilson（1967）による島の生物地理学における移入種と消滅種の平衡の図．
(a) 移入と消滅の平衡原理．縦軸：それぞれの率．横軸：種類数．N_E：平衡点，ここで定住種数が決まる．N_P：移入種の供給源となる大陸または特別に大きい島の移入可能種数（プールにおける種数）．
(b) 供給源から遠く離れた島，近い島，または大きい島，小さい島における，移入と消滅率の関係．N_{DS}，N_{CS}，N_{DL}，N_{CL}：それぞれ遠い島（D），近い島（C），小さい島（S），および大きい島（L）を組み合わせた場合の平衡定住種数．

D. S. Simberloff & E. O. Wilson（1969, 1970）は1966〜1967年の間にアメリカのFlorida Keysにある6つの非常に小さいマングローブ（主として*Rhizophora mangle*）の茂った島で実験を行った．まずこれらの島をテントで覆い，中に臭化メチルのガスを満たし，棲んでいた節足動物をすべて殺し，その後でテントを除いて2年間にわたり彼等の回復状況を見た．そのうち四つの島（E_1, E_2, E_3, ST_2）における結果を図9-30に示し，また各島における最初の1年間の各種の移入と消滅の資料を表9-8に示す．この4島のうちでE_1島は種の供給源から最も遠く離れた島で，そのため処置前の種類数になかなか達しない．また各島における置換の激しい状況などMacArthur & Wilson の説をある程度実証したものと考えられる．

この置換率についてはT. W. Schoener（1983）の論説がある．彼はMacArthur & Wilson の移入と消滅の間の動的平衡仮説の最も重要な点は，島の種類構成が時間とともに引き続いて変化するというところにあると考えた．そして諸文献を調べて，1年当たりの比較置換率を計算し，次のような結果を得た．原生動物では年当たり1,000％，付着海産動物で100％，陸生節足動物で100〜10％，陸生脊椎動物と維管組織のある植物で10〜1％．すなわち置換率は大体世代の長さに直線的に比例し，それは下等から高等に進むに従って減少するというものであった．

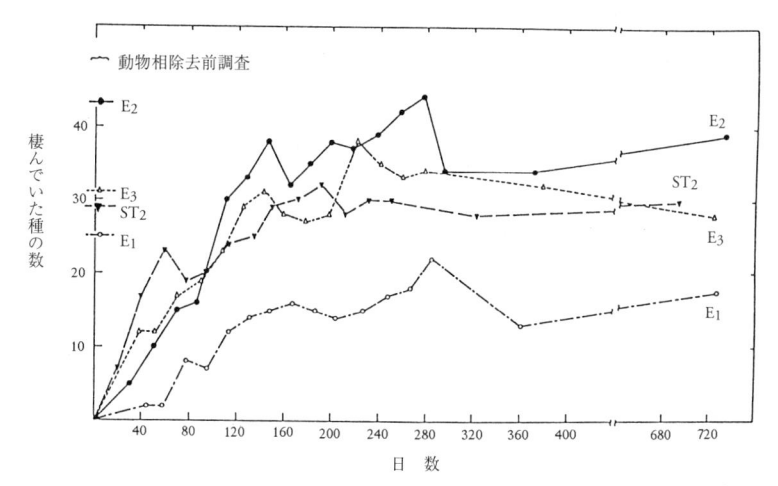

図9-30 Florida Keysの四つの極く小さいマングローブ島に棲んでいた節足動物の種が，臭化メチルの燻蒸により取り除かれた後で，新しくどのように移入し，また消滅したかを示す経過図．4島のうち，E_1は供給源から最も遠く，従って種数は少ない．E_2は最も近く，従って種数は多い．E_3とST_2はその中間に位置している．除去後200〜240日でほぼ元の種数に回復し，すなわち平衡点に達し，以後ずっとその平衡状態で720日まで保たれている．左端に示した各島の位置は，処理前の調査による種類数である．[Simberloff & Wilson 1970]

表9-8 図9-30に掲げた4島における，燻蒸処置前，および処置後約240日と約1年経った後の，節足動物の具体的な種名に基づく変遷の経過．処置後約240日も経つと，種類数はほぼ平衡に達し，その後ずっとその平衡状態は続く．しかしその群集を構成する種は大いに変化し，処置前にいた種の割合は，240日後で出現種の18〜43％，1年後で18〜50％にすぎない．その途中でも新しく出現し，また消えていった種も多く，置換率は大変高い．

島名	処置前 (A)	種類数								
		処置後約240日経った頃				処置後約1年経った頃				
		総数 (B)	Bのうち Aに含まれていた種の数 (A_{240})	$\frac{B}{A} \times 100$ (%)	$\frac{A_{240}}{B} \times 100$ (%)	総数 (C)	Cのうち Aに含まれていた種の数 ($A_{1年}$)	$\frac{C}{A} \times 100$ (%)	$\frac{A_{1年}}{C} \times 100$ (%)
E_1	20	17	3	85.0	17.6	11	2	55.0	18.1
E_2	35	39	11	111.4	28.2	29	10	82.9	50.0
E_3	22	35	9	159.1	25.7	27	8	122.7	29.6
ST_2	25	30	13	120.1	43.3	23	11	92.0	47.8

[Simberloff & Wilson 1967 に基づき森 作成]

さてもともとMacArthur & Wilsonの説は生物地理学的な考えに立つものであり，群集の構造機能——食物連鎖関係や同類関係など——に深く立ち入ったものではない．種の数の構成といった群集の形相的把握について論じたものであった．そしてその後の研究も概してこの線上のものであった．

この点について，I. Thornton (1996) のインドネシアのKrakatau島の火山大爆発後の群集復活の観察記録は重要である．この島はSumatra島とJava島の間のSunda海峡にあったが，1883年8月に起こった大爆発により島の3分の2が吹き飛び，後に深さ366mに及ぶカルデラの海が出現した．その時に付近の島に押し寄せた津波は高さ30〜40mに達し，また数百度の熱い火山灰が20mの厚さに積もった．これらが原因で付近の160の村が全滅し，37,000人が死亡した．その47年後，1930年にこのカルデラの海の辺縁に，噴火により新島 Anak Krakatau が出現する．しかしこの島にも大きい爆発が，1932〜33年，1939年，1952〜53年の3回起こり，そのたびに復活しかけた群集は全滅した．しかし今日群集はかなり再生し，

植物200種,無脊椎動物数千種,脊椎動物70種が棲みつくようになっている.この新島における群集復活の記録から,まず島に現れる群集は海岸に打ち寄せられた植物遺体に棲む無脊椎動物と,これらを食う水辺の鳥たち(サギ,チドリ)である(これは後述のRicklefs & Coxの記述と一致する).さらに陸上では鳥たちの姿が現れ,その運んできた種子から植物が芽生えてくる.これが育つに従って,各種の動物たちが本格的に棲みつくようになる.この順序はいつも決まっている.群集組成が決定論的(Deterministic)に決まっているか,でたらめか(By chance)という議論があるが,Thornton は自分の観察に基づいて決定論的な方にくみしている.彼は J. A. Drake (1991) の考え[13]を参考にして,移住 (Colonization) の順序配列 (Sequence) の重要性を主張している.群集再生が同じような順序で,同じような結果に至るのは,ある意味で同じ資源からの補給であることから当然であるとも考えられる.

とにかく,このような研究例はあるにしろ,移入と消滅の問題は今後さらに生態学的検討を深めていく必要がある重要課題であると思っている.

9-11-5 分類群輪回

前節の移入,消滅,平衡に関係がある現象として,E. O. Wilson (1961; 1992も参照) は分類群輪回[14] (Taxon cycle) という説を提出した.これは島に限ったものではなく,広く一般に認められる現象と考えているが,島を例にとって考えるのが最も考えやすいので,その線の上で R. E. Ricklefs & G. W. Cox (1973) に従って説明する.

島に移入してきたある種の動物は,まず海岸およびその近傍に定着する(第1段階).移入当初は種の活力は高く,盛んに増殖し,在来種を駆逐して分布域を広げ,内陸にも侵入する(第2段階).内陸森林の奥深く広く分布を広げるに従って,生活は落ち着くが,同時に活力が衰え,分布域は分断されるようになり,ある分断個体群は消滅してしまう(第3段階).そして残った個体群はその地域の固有種となっていく(第4段階).しかしこれらの個体群の中で再び海岸(生活周辺部)にたどり着くものもあり,新しく移入してきたもの(別種の場合もある)とともに,はじめの道を繰り返すことになる.これが現在理解されている分類群輪回の大筋である.

Ricklefs & Cox (1972) は西インド諸島の鳥類相について上の見地から研究を行い,結果を表9-9のように整理した.

表9-9 西インド諸島における鳥類相に関する分類群輪回の諸段階と個体群の消滅率の関係.

輪回段階	島における分布	島における個体群の分化	諸島の個体群の全数 (x)*	最近消滅したかまたは消滅しかかっている個体群の数 (y)	消滅または危険に瀕している率 (y/x)
I	分布域を広げる	個体群は小さい	428	0	0
II	さらに広げる	個体群の広域分化	289	8	2.8
III	ある個体群は消滅し分布域は分断せられる	広域分化	229	12	5.2
IV	島ごとに固有種となる	単一形 (Monotypic) 種となる	57	13	22.8

*広域分布種には諸島の個体群が多数あるが,ある固有種は一つの個体群のみ.
[Ricklefs & Cox 1972]

北部カリブ海諸島に棲むイグアナ科のトカゲ類 *Anolis* 属の体の大きさに関する進化的変化と，同属内の種間競争との関係に基づいて起こる分類群輪回の仮説の例は，なかなか面白いので次に引用する．*Anolis* 属はこの付近で大いに種分化を遂げ，160種以上が見出されている．J. Roughgarden ほか（1987）はこのトカゲについて，各島の現存種と化石種の関係から，図9-31のような分類群輪回の模式図を作った．

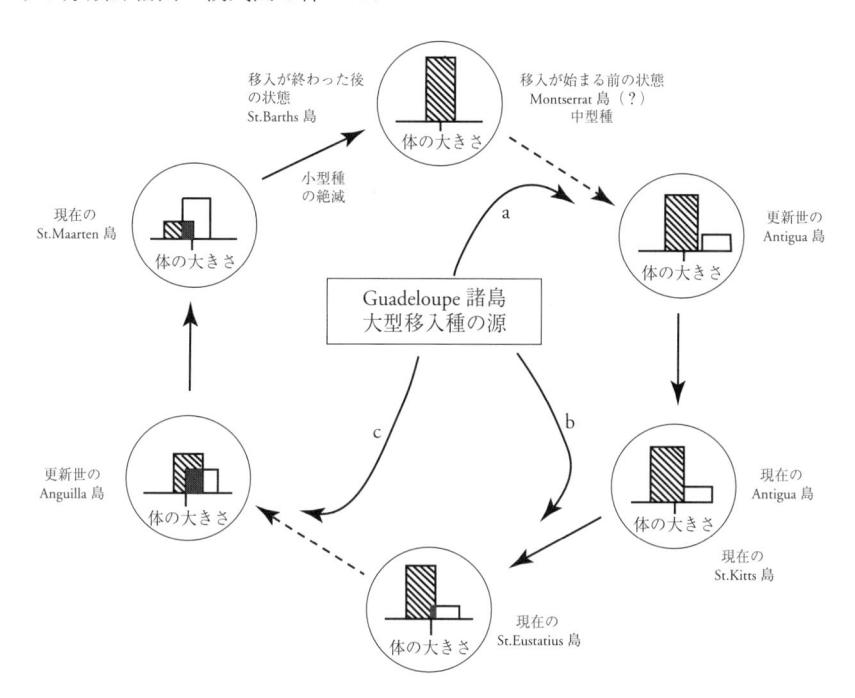

図9-31　カリブ海諸島の北 Lesser Antilles における，*Anolis* 属のトカゲに見られる分類群輪回の図．もともと一つの島にただ1種棲んでいたトカゲの体の大きさは，その島の餌となる昆虫の体の大きさに適合した，中型のものであった．トカゲの種間競争では体の大きいものが勝つので，移入種は原住種より体が大きい．この移入種が餌に適合した大きさまで体を小さくしていくうちに，原住種は圧迫され，さらに小さくなり，遂に絶滅して，またもとのただ1種が棲む世界となる．この道筋が繰り返されると考える．Guadeloupe 諸島は移入種の原棲地で，a, b, c は大型種の移入経路を示す．上の現象は，数千年にわたる化石によって証明される．図の各円内の白柱は移入者，斜線柱は原棲者の，それぞれ生息密度；横軸は体の大きさ．
[Roughgarden ほか 1987 に基づき，P.R.Ehrlich & Roughgarden 1987 より]

　ある一つの島にもともと1種の *Anolis* が棲むと考える．この現住者の体の大きさは，そこにいる餌となる昆虫の体の大きさに見合った中型のものである．そこへより大型の種が移入してくる．種間競争では体の大きい方が勝つので，移入種は当然現住者より体が大きい．こうして現住者は圧迫された状態で2種共存の段階に入る．一方餌となる昆虫類の大きさは決まっているので，それを食うのに適した体の大きさも決まっており，それはもともと居た現住者の体の大きさである．したがって移入者の体の大きさは時間の経過とともに小さくなり，それにつれて現住者の体の大きさはさらに小さくなり，ついに2種共存の状況は終わり，現住者は消滅する．そしてまた以上の変遷の起こる前の状態，単一種生存の状態に帰り，現象は輪回することになる．この仮説は化石その他の証拠によって裏付けられていると言う．
　一度優勢になった新移入者の生産力が衰えていく原因について，Richlefs & Cox（1973）は島に棲む全生物群集による反進化的反応（Counterevolutionary response）というものを考えた．

新移入者は島の諸資源を利用して増殖するが，従来島にあった諸資源の側もこれに対抗して反撃すると言うのである．そして結局群集の調和体勢の中に組み込まれていくということであろうか．進化の本筋の問題についてはここではこれくらいにしておこうと思う．

なお以上のような生物群輪回の現象は島に限ることなく，広く主大陸でも見られる現象であるとされている．

第9章註

1) Allee ほか（1949）はさらに個体群と社会を加えて五つの段階を考えている．
2) ソ連の植物生態学者 L. G. Ramensky も独立に，1924年 Gleason と同じ様な考えを発表している．
3) 個体モザイク論とは，個体差を重視する立場から，動物社会や群集を研究する方法論として提唱したもの．個体を種々の生活要素（体長，性，年令，食性，生活場所，運動性，繁殖法，その他）に分けて見ると，ある場合は規則正しくグループ分けできるが，またある場合は錯綜してグループ分けできない．このように個体の生活実態が群集の中でモザイク状に絡まっていることを個体モザイクと言い，この現実から出発してそのモザイク状になっている理由を考えようと言うのである（片野, 1987, 1991）．
4) 自然の入子構造的段階構造（素粒子から宇宙に至る）の，それぞれの全体性を備えた入子の相互関係について，A. Koestler（1978）の説というのがある．群集自体の問題というよりは，生態的自然のすべての構造を含む説であるが，便宜上ここで述べることにする．その説は，各段階の入子要素［これを彼はホロン（Holon）と言う］は，それぞれ二面的性格を持ち，下位のものに対しては自律的性質を示し，上位のものに対しては従属的性質を示すと言う［この構造をホラーキー（Holarchy）と言う］．例えば，水素分子と酸素分子はそれぞれ独自の（自律的）性質を持つが，水分子を作ると，それら独自の性質は消えて，水分子としての特性に組み入れられる（従属的性質を示す）と言う．この考えを，個体・個体群・群集・生態系というそれぞれ何らかの程度の全体的性質を持った入子的存在の相互関係に適用すると，例えば個体群は下位の個体に対して自律的に行動し，上位の群集に対しては群集の自律性に従属して動くということになる．これは徹底した反還元主義の立場からのものである．筆者はこのような理解はある面では自然の実態を示すが，またすべてが必ずしもこの関係に収まるとは思わない．個体群の行動がそれを構成する個体の本性に何程か規定され，群集の状態が種個体群の性質によって何程か制約されることは当然起こり得よう．このような関係は，それぞれの入子的存在の相互関係によって何程か変わってくるものと考えており，Koestler のホラーキー性は上述の生態学的系の創生性には柔軟に適用するしかないと考えている．なお団まりな（1996）は Koestler の考えに基づいて生物体の構成を段階構造的に理解したが，生態学にも参考になると思う．
5) 今西（1949）の言う第1生態系構造．
6) 今西（1949）の言う第2生態系構造．
7) 群集及び生態系の境界の解析，特にその決定の際の手順などについて，K. A. Vogt ほか（1997）は参考になる．また特に水界—陸界群集の推移帯についての詳しい多面的な論考が，UNESCO の MAB（Man and Biosphere）の業績として，R. J. Naiman & H. Décamps（1990）によってまとめられ

ており，参考になる．
8) びわ湖ではまず日本に広く分布するギンブナ (*Carassius gibelio langsdorfi*) が岸に棲みつき（底生生物食），独自に分化したニゴロブナ (*C. carassius grandoculis*) が沿岸域から亜沿岸域に（半底生浮遊生物，底生生物食），同じくゲンゴロウブナ (*C. cuvieri*) が沖帯（浮遊植物食）に棲む．
9) 元村は高校時代，数学を専門としようか生物学にしようかと迷ったくらい，数学が好きで得意であったが，結局発生学の道に進んだ．
10) Hairstone の論文中に引用した仕事．
11) 熱帯でも，特に昆虫に，大発生が起こるという報告がある（8 章 3 節で述べた Sumatra 島のニジュウヤホシテントウやパナマの熱帯林のガの一種 *Zunacetha* の例，あるいは本説の後で述べる H. Wolda の研究など参照）．
12) Resilience は復元速度（Rate of recovery）の意味で用いることもある．なお群集が攪乱を受けた際，その構造・機能が変化する程度を出来るだけ小さくおさえる力を抵抗力（Resistance）という．
13) Drake はフラスコと水槽の中に，植物プランクトン 4 種，原生動物 2 種，植食動物プランクトン 5 種，*Gammarus*, *Cypris*, バクテリア数種を用い，いろいろの組み合わせで，順序も変えて，入れて，群集形成の過程を，60 日〜1 年にわたって観察した．結果は種類の組み合わせと加入の順序の違いに応じて，いつもある決まった組成の群集が現れた．すなわち群集組成の条件が同じなら，その結果は決定論的に決まると考えた．そして群集の状態を知ろうとするならば，その歴史を知る必要があることを強調した．
14) 系統循環ともいう（松田裕之・巌佐庸，1993，参照）．

chap.10 生 態 系

10-1 生態系概念の歴史的発展の補足

　生態系概念の歴史的発展については1章であらましを述べた．しかしそこで書き残した重要なことがあるので、ここで述べることにする．
　まず先覚者A. G. Tansley (1935) の主張する生態系の内容について、少し説明したい．彼は生物複合（Organism complexes）と環境複合（Environmantal complexes）は地球上では一体となった体系を作っており，これを生態系（Ecosystem）と名付けたことについては既に述べた．この場合，生物複合としては生物群系[1]（Biome）程度の大きさのものを考え，環境複合としては気候複合（Climatic complexes）と土壌複合（Soil complexes）を併せたものを考えた．生態系の中では生物要素と非生物要素の間に，不断の相互作用や物質・エネルギーの交流がある．この系は宇宙から原子までに至る多種多様の物質的系の一種であり，いろいろの大きさの種類がある[2]．この系を研究するには，H. Levy (1932) の科学方法論を適用する．つまり，科学の方法は常に系を分離し取り出して（Isolate）行うのが常道であるが，今の問題に関しては，宇宙から原子に至る系列の中のある部分を取り出して研究するということになる．分離し取り出した系は，より大きい系に含まれるが，また互いに重なり合い，組み合わさり，干渉する．分離取り出しは若干人為的であるが，科学の研究を進めるただ一つの道である．これがLevyの科学方法論を適用した生態系研究法である[3]．さらに分離について論を進め，この分離度が強く，自律性が高いほど，その系の統合度（Integration）は高く，その動的平衡は安定性を得てくる．普通の自発遷移（Autogenic succession）は，より統合したより安定した系へと進むのであって，その最高の段階のものが極相（Climax）である．極相は数千年の安定性を持つが，しかもなお徐々に変化している．
　以上がTansleyの考えの大要である．ここで生態系の規模としては，前に述べたように生物群系程度の大きさのものを考えていたようであるが，最近の研究者はもっと小規模の生態系，例えば竹筒の中に溜った水とその中に居る群集を一緒にして，竹筒の中の生態系などと言う

ようになっている．

とにかく普通の意味の生態系は，生物群集要素＋非生物環境要素の全体系を言うので，その境界は生物群集の境界に一致する．境界は半透性（Semipermeable）で，通過する生物種もあれば，通過できない種もある．このような生態系概念の萌芽がS. A. Forbesに見られることは既に述べたが，Tansley以後どうなったか．

湖沼生物学者A. Thienemann（1939, 1956）も同じ概念を提出する．彼は生態学の発展に三つの段階を置き，個体を扱う個体学段階（Idiographische Stufe），群集を扱う集団学段階（Zönographische Stufe），生物部分と非生物部分を分離し難い全体として扱う全体学段階（Holographische Stufe）を考える．そして全体学段階で扱う対象物を"生物で満たされた生活場所（lebenerfüllte Lebenssätätte）"として，Biosystemと呼んだ．これは明らかに生態系を意味している．しかし彼の認識はここで止まって，1956年に発行された著書にはR. L. Lindeman（1942）の注目すべき業績は引用されていない．実は生態系的自然把握の大きい利点の一つは，生物と非生物環境をめぐる物質・エネルギーの流転の解明にある．生態系という概念の学問上の価値が云々される中で，その価値を確固たるものにした業績がLindemanの湖沼生態系の研究であったにもかかわらず，陸水学の大御所Thienemannがこれを引用していないのは不思議なことである．

しかしここで次のステップに結び付く重要な推測を，Thienemannの論文からもすることが出来る．それは個体段階でも個体群段階でも，群集段階と同じように，非生物環境と一体のものとして捉えられる次元の場面があるはずということである．すなわち個体生態系，個体群生態系といった系を考えることが出来るのではないか．

実は1953年，宮地・森はその著書「動物の生態」において，そのことを既に指摘した．彼等は"個体生態系から地球生態系"までの現象を扱うことを明言して生態学の体系を立てた．これに続いて沼田真（1955）も，個体生態系，個体群生態系という概念を用いることの可能性を指摘した．続いてF. C. Evans（1956）は生態系の概念の生態学における有用性を述べ，これを生態学における基本単位（Basic unit）とすべきこと，およびその基本理念から考えて適用範囲を拡大し，大きい生物圏（Biosphere）レベルに対して巨大生態系（Gigantic ecosystem），群集レベルに対して群集生態系（Community ecosystem），個体群レベルに対して個体群生態系（Population ecosystem）などなどとして研究できると述べた．またこれらの系は開放系であり，物質・エネルギーは流通し，それによって生物はその生活を成り立たせること，およびこれは重要なことであるが，この流通ということによって生態系の境界を決めることが困難となり，延いてはある生態学者たちが生態系概念の非現実性を唱えたと指摘している．彼はこのことに関し，'種'の概念を引き合いに出し，それが祖先種またはその派生種から明瞭に区別出来ないからといって，種概念の価値を壊すものではないのと同じであると述べて反論しているが，いささか焦点が違うように思う．また生態系概念は個体群や個体段階よりも群集段階で最も有用であるとしているが，これは学界一般の傾向に従って物質・エネルギーの流転を重く考えてのことであろうが，私見としてはいささか考えが浅いように思う．

なおこれらの議論に加えて，1章で述べたK. Friedrichsは1958年に再び論文を書き，Ecosystemという用語より先に（1927）自分はHolocoenという用語を出したので，先取権はHolocoenにあること，および個体または種（個体群？）段階の存在に対して，Evansの個体生態系に代えてMonocoenと称したいと主張した．またロシアの学者V. Sukachev（1960）は

Ecosystem という語を使うことを拒否し，生物複合と地質複合（Geological complexes）の合一をはっきりと示すBiogeocenosis という語を使用することを提唱した．しかし結局は同じような意味の言葉であったと思う．

しかしその後の多くの生態学者はEcosystem の用語を採用し，多くの教科書ではその記述が個体，個体群，群集，生態系の順序で進められている．そして生態系の内容として，物質・エネルギーの流転は必ず取り上げる（したがって食物連鎖関係を取り上げる）が，その内容で止まっているものもあるし，またそれを越えて同類関係も含めて記述しているものもある．E. P. Odum（1971, 1983）の有名な教科書などは生態学の全体の論述を，生態系の論議を中心柱として進めている．

しかしまた一方，ちょっと変わった意見もあって，M. Begon, J. L. Harper & C. R. Townsend（1996）の著書には生態系の章がない．その意見については1章で触れたので，ここでは再記しない．なおその著者の一人Townsend は別の場所で（1991），B. A. Menge & J. P. Sutherland（1987）の論文（図10-1）を引用して群集の構造機能を論じているが，その考えは全く生態系概念の基礎の上に立ったものである．上記論文は潮間帯の岩礁における生物群集の構造を支える要素として，非生物環境，同類競争関係，および捕食関係の絡まり合いを述べたもので，そのまま生態系の構造機能として考えることが出来るものである．したがって筆者はBegonほか（1996）の言いたいことは分かるし，一つの見識であると思うが，生態学というものをあまりにも'自然界'を研究する学という見地から切り離し，自然に存在するものに対する思慮がやや浅すぎるように感じている．筆者は，生物は地球の自然に最も深く根を張って溶け込み，地球の変化と一体になって生活しているものと考えている．

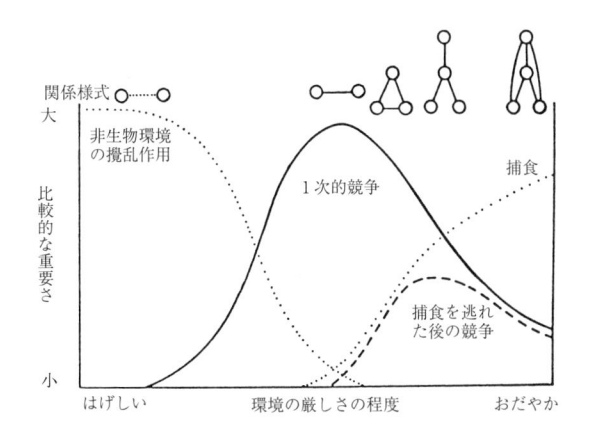

図10-1 岩礁潮間帯における付着生物をめぐる，非生物環境の厳しさの程度と，群集の構造を決める要因との関係．非生物環境が厳しく，ストレスの強い場所では，捕食者の数は少なく，競争者の密度も低いので，群集の構造は非生物環境の攪乱作用によって決まる．環境がおだやかになるにつれて，まず競争者が現れ，この要因が強く働くようになる．さらに一段とおだやかな環境になると，捕食者が多くなり，競争者を低密度に抑えて，捕食作用が群集の構造を決めるようになる．図の上段の関係様式には，横の関係（同類関係）と縦の関係（食物連鎖関係）の働く様相を模式的に示してある．［Menge & Sutherland 1987］

ところで普通の教科書では上述のように群集生態系を単に生態系の名のもとに取り上げ，個体生態系や個体群生態系としては述べていない．今まで述べてきたところで，後2者の生態系の存在は理論的に察しがつくとは思うが，なお念を入れるため，節を改めて個体生態系および個体群生態系をめぐって詳述したい．

10-2 個体生態系の概念をめぐって

　個体生態系の問題については筆者は別の論文で詳述したが（森, 1994c）, ここではそれにならって説明したい.

　生物個体は生物の世界では最も自律性・自己完結性の高い存在である. しかしその輪郭が明瞭に認められるのは死んだ生物ではじめて可能なことであって, 生きて機能している生物では環境との境界は明らかでないことを知らねばならない. この点については従来の何人かの有名な研究者が既に明確に指摘している. それらの中にはC. Elton (1927), J. S. Haldane (1931), I. M. Cechenov (1954年ソ連教科書より) 等があるが, これらの人たちの考えは既に2章3節に説明した.

　これらの人たちの生物体（主として個体）の認識は一致している. 生きて活動している生物は環境（主として非生物環境）と一体となって存在しており, そこに境界を設けることは不可能であるということである. この見解は当然, 個体群にも群集にも適用できるものである. これらの考えは生態系概念の強力な支柱となりうるものであるが, しかし筆者は上の人たちの考えに全面的に賛成するものではない. それはなぜか.

　それは生物体の界面の問題を考えるからである. この界面は半透性であり, ある種の物質はこの界面を通って生体内に入る, 即ち非生物環境と一体の面が見えるが, また他の物質はこの界面で阻止され通ることが出来ない, 即ちここに環境との対立性の面が出て来るのである. 生態系的概念の理解にはここのところをよく含んでおく必要がある. むやみに生体と環境の一体化を主張するのではなく, 生体内で行われている法則と, 環境の中にある法則との区別, つまり生物の主体的自律性をも考えに含んでいるものと理解しておかねばならない[4].

　以上, 物質・エネルギーを中心において主として個体生態系をめぐる性格を見てきたが, 筆者はさらに心理的な生態系といったものについても考えている（森, 1994c）. これは耳新しい言葉であるが, 以下その内容について説明する.

　今A君が居室を持っているとする. 扉は閉まっているが, もちろん誰でも開けて入ることは出来る. しかし現実には誰でも何時でも自由に入ることが出来るものではない. そこには厳として境界がある. その部屋の机, 椅子, 書棚, そして空気までも, A君の勢力圏を形作る非生物環境である. それらはA君と一体となって存在しており, 別の誰かが入ってきてもその人はA君に対して多少とも劣位の状態である. もしA君の不在の時にその部屋に入ろうとすれば, 大手を振って入るわけにはいかない, そっと入ることになろう. これがA君の生態系の実態であり, 彼はその生態系の一員（この場合主体）として存在しているのである. そこに物質・エネルギーの循環だけが特別にあるというのではない, 心理的雰囲気があるのである. 各家族が住む家についても, 類似のことが考えられる.

　上は人間の話であるが, 動物でも似たことが言える. なわばりなどよい例である. 裸にすれば弱い個体も, なわばりの中では肉体的により強い個体よりも強い. これはなわばりという地域と結びついた生態系的存在として考えれば, 自然に考えられることである. 先住権などもこの延長線上で考えられる. 動物個体に限らず, もっと大きい生物群（グループなど）の領域についても同じことが考えられる. かつてTansley (1935) は孤立した一本の木と, その木が森の中の一本としてある時では性格が違うと述べたが, 生態系の中に生きる植物として

は当然であろう．
　以上個体生態系の性格について説明してきた．繰り返しになるが，生態系概念は個体→個体群→群集と進んできた全体性認識の次元とは違う，1次元複雑な次元の全体性に関する概念である．そしてまた個体生態系→個体群生態系→群集生態学と移るに従って，自律性は次第に低くなり，全体性の程度は弱くなり，相互の環境も不明瞭になっていくことも，まとめとして述べておきたい．

10-3 個体群生態系の概念をめぐって

　自然では生物主体要素＋非生物環境要素という全体系，すなわち生態系の中で生物たちが生活を営んでいることを述べてきた．またこの生物要素として個体を考える場合の，個体生態系をめぐる問題についても考察してきた．
　さて個体群生態系という系も考えうることを述べてきたが，この言葉もめったに出会う機会のないものである．そこで筆者の理解する個体群生態系について若干説明したい．
　7章6節において個体群の生長について説明し，次のロジスチック式を挙げた．

$$\frac{dN}{dt} = N(r - hN)$$

生物はある理想的な環境条件の下において，それぞれ遺伝的な理想的増殖能力を持っている．上式のr，すなわち内的自然増加率はその能力を示す．この能力をR. N. Chapman（1931）は生物繁栄能力（Biotic potential）と言った．しかし環境は理想的であることはなく，生物は増殖するに従って種々の原因による障害，すなわち環境抵抗（Environmental resistance; Chapman, 1931）を受け，増殖能力は次第に落ちて，やがてある密度，即ち環境収容力に至って増加は止まる．ここに種々の原因というのが問題点である．これには生物相互のいろいろな干渉や食物の量などという生物的要因と同時に，非生物的環境要因——例えば温度，湿度，生育面積など——を含み，要するにその生物（群）をめぐるすべての条件を合わせたものである．これは正に生態系を指している以外の何ものでもない．つまりロジスチック曲線は，生態系を考えてはじめて理解できるものなのである．ここに個体群生態系という概念の有用性がある．
　個体群生態系の有用性を示す今一つの具体例を挙げる．森下正明（1952）はアリジゴク（ホンシュウウスバカゲロウ *Glenuroides japonicus* の幼虫）の個体群が環境である砂地でどのように分布するかを研究し，アリジゴクの個体と砂地が一体となって存在し，この虫の生活を律していることを見出した．彼は小さい箱を準備し，半分に細かい砂を，他の半分に粗い砂を入れ，アリジゴク1匹をその境目に置いた．虫はまず細かい砂の方に入り，巣を作る．次いで2匹目，3匹目と数を増していくと，a匹までは細かい砂の方に巣を作る確率が高いが，a＋1匹目で両者の確率は等しくなったとする．この場合虫の選択について，粗い砂の側にはあらかじめ何匹か（この場合はa匹）の'仮定'のアリジゴクが入っていて，そのため後から入る虫は粗い砂を避けて細かい砂にまず入ったという想定ができる．あるいは細かい砂の側に何匹か入ると，はじめて棲みつく条件が粗い砂と等しくなるとも考えられる．つまりアリジゴクとしては，同類個体の数と砂の細粗の条件を考え併せて行動していると言える．この際どの環境にもはじめから何匹ほどかの仮定の個体が棲んでいて，それが新しく入る個体

に影響を与えると考えると，その仮定の密度をアリジゴクの環境評価の基準とすることが出来る．今細かい砂（A）と粗い砂（B）のこのような密度をE_A，E_Bとし，Aの方にa匹入って巣を作った場合に，次の個体がA，Bに入って巣を作る確率が等しいとすると，

$$E_B = E_A + a \qquad\qquad (10\text{-}1)$$

今AおよびBに入る率はそれぞれE_AおよびE_Bの大きさに逆比例するものと仮定し，最初の個体がAに入る確率をPとすると，

$$P = \frac{E_B}{E_A + E_B} \qquad\qquad (10\text{-}2)$$

実際にAにm個体，Bにn個体入っている場合，次の個体がAに入る確率をP(m,n)とすると，

$$P(m,n) = \frac{E_B + n}{E_A + E_B + m + n} \qquad\qquad (10\text{-}3)$$

これらの理論式を実測値と比較すると，E_A，E_Bの値が出てくる．今実験容器として面積10.6×8.3cmの箱を用い，これに深さ2cmまで，半分に細かい砂（径0.25～1.0mm），半分に粗い砂（径0.5～2.0mm）を入れ，気温17～29℃で実験したところ，$E_A = 0.06$，$E_B = 0.59$の値を得た．

なおアリジゴクは相互反発性のある動物であるが，相互牽引性のある動物でもこの理論は応用しうること，この場合は上記（10-2）式は，

$$P = \frac{E_A}{E_A + E_B}$$

として利用できることを述べている．

森下は以上のような棲息密度に換算された場所の価値（E_A, E_B）を環境密度（Enviromental density）とし，種々の環境条件が動物から切り離されたものでなく，動物と密接に結びついた総合的なものとして動物がどのように受け取っているかを示す値を考えた（3章参照）．これは全く個体群生態系の概念を具体化したもので，同時にその有用性をも示したものであると思う．

なお上の森下の理論に関連して，S. D. Fretwell & H. J. Lucas（1970）の提唱した理想自由分布（Ideal free distribution）およびR. H. MacArthur（1972）の主唱した機会均等原理（Principle of equal opportunity）に触れておく必要がある．前者は，場所A, Bがあって，それぞれの場所の非生物的条件やそこにおける種個体群の詰まり具合（つまり相互作用状態）などによって，問題とする動物個体にとっての価値に違いがある場合，その動物はA, Bの価値が等しくなるまでA, B間を自由に移動するという現象を，理想自由分布と述べた．後者は，その間A, Bに入る割合が等しくなる場合があり，その場合移入は機会的に均等になると考えた．いずれも基本的に森下の創意と似たところがある．ついでにT. Royama（蠟山朋雄，1971b）の仕事に触れておこう．森下は棲所の無機環境（砂粒の細粗）を問題としたが，彼は餌密度の大小を問題として，似たような理論を述べたが，これも理想自由分布の問題でもある．後にW. J. Sutherland（1996）はこの理想自由分布を大きく取り上げて，動物の行動と各種の個体群動態現象を結び付け，本節で述べた個体群生態系論とでもいうべきものを広範に展開した．また箱山洋（1996），Hakoyama & K. Iguchi（井口恵一朗，1997）も理想自由分布論の最近の展開について考察し，特に具体的な魚の行動と餌場の関係について論じた．いずれも大いに参考に

なるが，その詳細については原著を参照されたい．

10-4　Golleyの生態系概念に対する思考

　F. B. Golley は1993年，「生態学における生態系概念の歴史」という本を著した．これは生態系概念の発生と発達の歴史，その難点と批判，およびそれらに対する反論，将来の発展方向等について，社会事情の文脈も交えて，総括したものである．彼はE. P. Odumのもとで研修を積み，国際生態学会の会長も勤めた逸材で，その総説の中には多くの学ぶべきものを持っている．大筋において筆者はそれらの意見に賛成するものであるが，そのうち，生態系概念を吟味する上で注意する必要があると考えたものを，本章での議論を補足する意味も加えて，筆者の意見とともに次に摘記する．

　a）生態系を構成する要素である各生物種の特性をどう考えるか
　生態系の構造を5〜6の栄養段階に分け，多数の構成種をそのどれかの段階の中に押し込んで研究するという方法は，生態系の伝統的研究方法である．その際，各種の生物的差異を大筋で無視してよいのかどうかということは，V. S. Ivlev（1945）以来指摘され，各所で論争を重ねてきた大問題であった．Ivlev は栄養段階による研究法は各生物種の現実の食性を無視していると述べた．この問題は科学方法論の還元主義的（Reductionistic）方法と総合主義的（Synthetic）方法の対立に関係がある．Golley はもちろん総合主義的方法をとることを考えている．大規模の生態系を構成する莫大な数の生物種の一つひとつに気を配っていたのでは，生態系の研究はついに解消せざるを得ない．かなめ種[5]（Keystone species）に注目するというやり方も一つの方法であるとしている．生態系の創生的，真正の性格（Emergent, genuine character）は，それを構成する諸部の総和以上のものがある（More than the sum of the parts）というのが彼の立場であり，筆者もこの立場を支持したい．なお本節については，本章11節も参照されたい．

　b）Evans の述べた生態系概念をいろいろの規模のものに適用する問題
　宮地・森（1953）が述べ，F. C. Evans（1956）やK. Friedrichs（1958）が指摘したような個体段階の存在にも生態系の概念を適用する件について，Golley も気がついている．しかし，この問題は歴史的に無視されてきたとし，それ以上のことは述べていない．

　c）生態系に関するいくつかの基本性格
　生態系は開放系（Loose system）で，彼はそれを弱い全体（Weak whole）と呼んでいる（生物個体のような強い全体，Strong whole，に対して）．
　また環境が変わればそれに従って生態系は変わるが，逆に生態系は環境に対して働き，その変化を減衰させ，制御する作用もする，つまり生態系は環境に単に反応するだけのものではないと言う．この後の方のGolley の考えは，生態系の本来の定義に対してやや不注意に口が滑った感があるように思う．というのは生態系は非生物環境も含んだものであるからである．ここで環境の意味が明確でないが，一つの生態系に対してその隣接する生態系を環境と

言うのであれば，前述の発言は了解しうる．
　また生態系には究極の平衡状態はないということも繰り返し述べている．その適例として G. E. Likens ほか（1977）による Hubbard Brook 地域における数年にわたる研究を挙げている．この地域の生態系の性格は大規模に変動し，平衡状態というよりはむしろ環境とともに動的に変わる反応系であることが分かったという点を重視している．
　生態系はフィードバックによって制御されたサイバネティック系（Cybernetic system）の性格を持っているというのが一般の理解であるが，1979年 J. Engelberg & L. L. Boyansky は生態系はサイバネティク系でないという考えを発表した．彼等はサイバネティク系においては，それを構成するすべての部分が情報網によって結ばれており，その結果として系は安定である，人間の体や細胞はその例である．ところが生態系ではその構成要素が情報網によって結ばれておらず，構成要素間の主要な情報交流は非特異的な物質およびエネルギーによるのにすぎないからと考えたのである．これに対して Golley は，ことがらはそんなに簡単でない，生態系はサイバネティック系か非サイバネティク系かという二者択一の，決定論的（Deterministic）存在ではない，生態系における情報の定義もむずかしいもので，いろいろの生物相互関係も情報流通の一面と考えると，構成要素はプラス・マイナスの情報で結ばれているとして，実例を挙げて反論している．そしてかなめ種の存在や，共進化の事実の重要性を指摘している[6]．
　前に生態系が安定した存在でないと考えていることを述べたが，これは永続的極相の存在を認めないという考えに通ずる．これは Clements（1916）や Clements & Shelford（1939）の考えに抵触するものであり，R. Whittaker（1953）の考えを思い起こすものである．どの地域にも絶対的極相というようなものはなく，環境の変化に従って構成種個体群のバランスは変動する．生態系概念はこれらの遷移説を内包したものであるとする．なお生態遷移については章を改めて（12章）取り上げる．

d）「生態系の進化」という表現はよくない
　生態系の進化という言葉が使われることがあるが，これはよくないと言う．進化という言葉は遺伝的変異，自然選択，新しい遺伝子型や表現型の形成等に関係して使われる科学的用語であるが，生態系は遺伝子構造など持っていないので，生物種の進化があるのと同じような意味で生態系の進化を考えることは出来ない．しかし生態系は時間とともに変遷するので，それについては発展（Development）という語を用いたいと言う．Golley のこの考えには一理があるが，筆者の考えでは，生態系の構成要素である生物種には彼の言うような厳密な意味の進化はあるのだから，常識的に生態系の進化という表現を使っていきたいと思う（13章参照）．

e）生態系概念の将来
　Golley はさらに生態系概念の将来について論じている．この概念はいろいろな批判（例えば超有機体的，決定論的，非サイバネティック的など）を受けており，もはや過去の概念であって，これからの生態学の研究では進化生態学（Evolutionary ecology）こそ中心となろうという意見が，あちこちで叫ばれている．しかし生態系概念はエネルギーの流れ，物質の循環，情報の流れなどを明確にする系の概念として，成熟していくものと考えている．

最近環境問題が大きく世間に浮かび上がって，生態学や生態系概念が環境学と同義語として使われる場合が出てきた．生態学と自然の倫理学との境がどこにあるのか分からなくなってきた．実際生態学は人間同士やその環境との諸関係の問題を考える時，厳密な科学的問題を越えて進展していく基礎を備えているように見える．そういった意味で，生態系概念はより大きな目的に役立つように成長と発展を続けていくであろう，と結んでいる．

10-5 生態系構造の地域性と段階性

10-5-1 生態系構造の地域性について

H. G. Andrewartha & L. C. Birch（1954）は群集概念の有用性に否定的な意見を持っていたことは既に述べたが，彼等は棲息場所（Habitat）という概念さえも否定的に考えていた．この言葉は主観的なもので，人為的に境界を区切るから客観性がないと言うのである．

しかし生物の具体的生活は地域（棲息場所 Habitat，立地 Biotope）と密接に結び付いたもので，これを切り離すことは出来ない．地域と混然一体となって生活は成り立つと言ってよかろう．

では地域とは何か．これはある土地の条件（地形・地質），気候の条件，生物的条件のすべてを言う．中でも我々の直観に訴えるものは，地形であろう．地形，地質，気候は大きく植物の生活に影響し，植物群落の形を決める．似た非生物環境には似た植物群落を生ずる．これは当然動物に影響を与え，似た植物群落にはたとえ種が違っても似たような生活様式を持った動物が棲んでいる（9章4節参照）．

この際地域との結び付きは，動物の高等下等の別によって様相が違ってくる．高等な動物は非生物環境からの独立性が強く活動力も高い，すなわち大きい地域と結び付いてくる．一方下等な動物は非生物環境からの独立性が弱く，活動力も弱く年変化も著しい，すなわち小地域と結び付いている．これを森下（1961）の考えを参考にかくと図10-2のようになる．小型の昆虫類などはより小地域と結び付き，大型の哺乳類や鳥類は生活に大地域を必要とする．

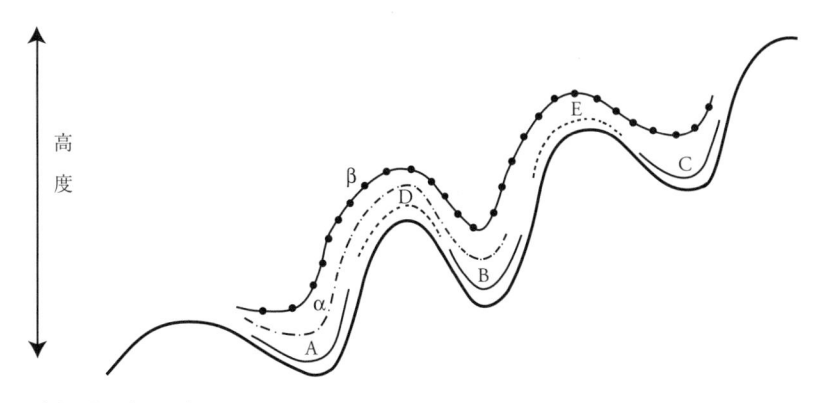

図10-2　地域と生物分布の概念図．
　　　A,B,C,D,E：ある種の植物および無脊椎動物の分布域．A,B,Cは谷を好み，D,Eは峰を好む．これらは比較的狭い地域に分布する．
　　　α,β：脊椎動物，特に哺乳類，鳥類の分布域．これらは比較的広い地域を生活のため必要とする．
　　　［森下1961の概念を参考に，森描く］

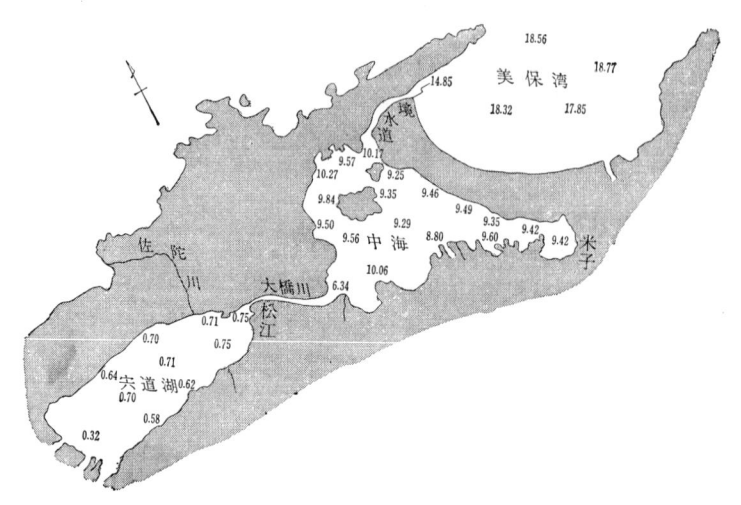

図10-3 宍道湖・中海・美保湾の表面塩分（‰）分布（1959年4月）．[宮地調査団の資料に基づき，森1969]

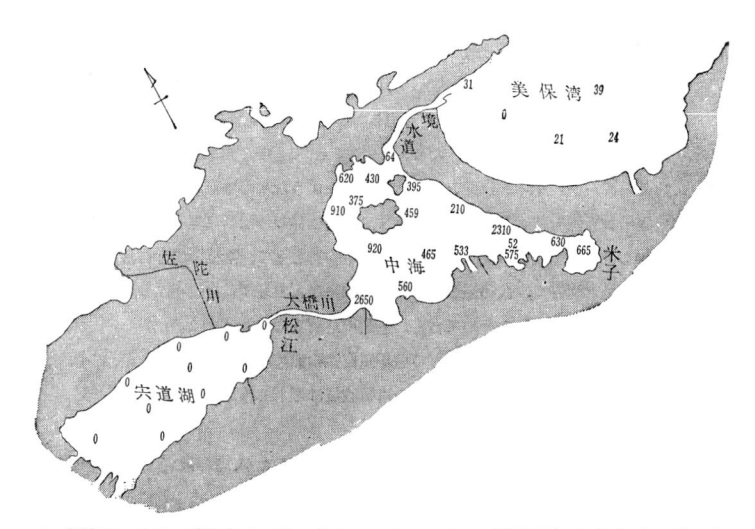

図10-4 宍道湖・中海・美保湾のプランクトン，*Acartia clausi*（橈脚類）の分布（no./ℓ），（1959年4月）．[宮地調査団の資料に基づき，森1969]

　実例を水系で結ばれた宍道湖・中海・美保湾という三つの水域の生態系の状況について見よう．図10-3, 4, 5および表10-1にその状況を示す．これらの図表は，中海干拓・淡水化事業に伴う魚族生態調査として，宮地伝三郎を団長とする調査団が，1959～1961年にわたり実施した調査結果の中から，森（1969）が必要な要点を引き出して作ったものである．図で見るように，宍道湖と中海は大橋川で，中海と美保湾は境水道で結ばれており，海水は宍道湖まで流入する．なおこの図は中海干拓事業の始まる前のもので，現在は中海は若干の水域が埋め立てられているが，本文の趣旨には影響はない．

　さて塩分濃度を見ると，三つの水域で非常に違っており，中海は丁度中間の状態である（図10-3）．プランクトンとベントスの状態を表10-1で見ると，これまた相当に種類構成が違っている．どの程度に違うかという一例を橈脚類の *Acartia clansi* について見ると，表では中

海にcc，美保湾にrとあるが，その実状は図10-4のようになり，非常に差があることが分かる．では，やや大型の魚ではどうか．その状況を図10-5に示す．即ち魚類はプランクトンやベントスと違ってかなり自由に三つの水域を泳ぎ回る．したがってプランクトンやベントスを中心として考えた場合，かなり強く印象づけられた三つの水域生態系の特殊性が，魚類を中心に見るとぼやけてくる．生物が高等になればなるほど，非生物環境からの独立性が強くなることによって起こる現象である．

表10-1 宍道湖・中海・美保湾の主なプランクトンおよびベントス（1959年4月の状況）．
cc：きわめて多数，c：多数，＋：普通，r：稀，[r]：ごく稀．

	プランクトン	宍道湖	中海	美保湾
藍藻類：	*Chroococcus limneticus*	＋		
ケイ藻類：	*Cyclotella meneghiniana*	cc		
	Melosira varians	c		
	M. granulata	＋		
	M. borreri		c	
	Synedra rumpens	＋		
	Diploneis puella	＋		
	Chaetoceros affinis		cc	
	Pleurosigma formosum		c	
	Nitzschia seriata		c	[r]
	N. filiformus		＋	
	N. longissima		＋	
	Bacillaria paradoxa		＋	
	Coscinodiscus wailesi		r	cc
渦鞭毛類：	*Peridinium crassipes*		c	
	P. oceanicum		＋	
	Ceratium tripos		[r]	＋
橈脚類：	*Sinocalanus tenellus*	cc	r	
	Acartia clausi		cc	r
	Oithona nana	c		
	Paracalanus parvus			＋
枝角類：	*Podon* sp.		＋	
原生動物：	*Noctiluca scintillans*		r	cc
	ベントス			
軟体動物：	*Corbicula japonica*（ヤマトシジミ）	cc		
	Theora lubrica（シズクガイ）		c	
	Raeta rostralis（チヨノハナガイ）		c	
	Brachidontes senhucia（ホトトギス）		cc	
	Fravocingula sp.（カワグチツボ）		c	
多毛類：	*Prionospio pinnata*（ヨツバナゴカイ）		c	
昆虫類：	*Chironomus plumosus*（オオユスリカ）	c		

[宮地調査団の資料に基づき 森 1969]

それではこの場合，生物群に魚を入れて考えると，地形に基づいて考えられた三つの水域生態系の意味は薄くなるのであろうか．筆者はそうは思わない．魚類の具体的生活を考えるとそのことは理解できる．例えば中海に入ってきたスズキ（*Lateolabrax japonicus*）はそこに棲む小魚やヨコエビ（*Gammarus*），動物プランクトンなどを食うが［H. Kawanabe（川那部浩哉）ほか，1968］，これらの小魚や小動物は結局中海に特有なプランクトンやベントスたちである．つまり中海のスズキは中海の生態系の一員として生活しているのである．このスズキが宍道湖に入っても同じことが言える．つまり一個のスズキは夏なら自由に中海と宍道湖を股にかけて泳ぎ回るが，その食う餌を辿ると結局各水域に固有の生物群に行き当たる．餌が違えばそれを食う方式も違うであろうし，それがまた魚の生理に影響を与えているであろう．さらに塩分濃度の違いももちろん無視できない．つまり一個のスズキでも，美保湾にある時，中

海にある時，また宍道湖にある時で，それぞれその状態は違うのであって，それぞれその水域生態系の一員となってはじめて生活出来るのである．この事情は他の魚でも違いはない．

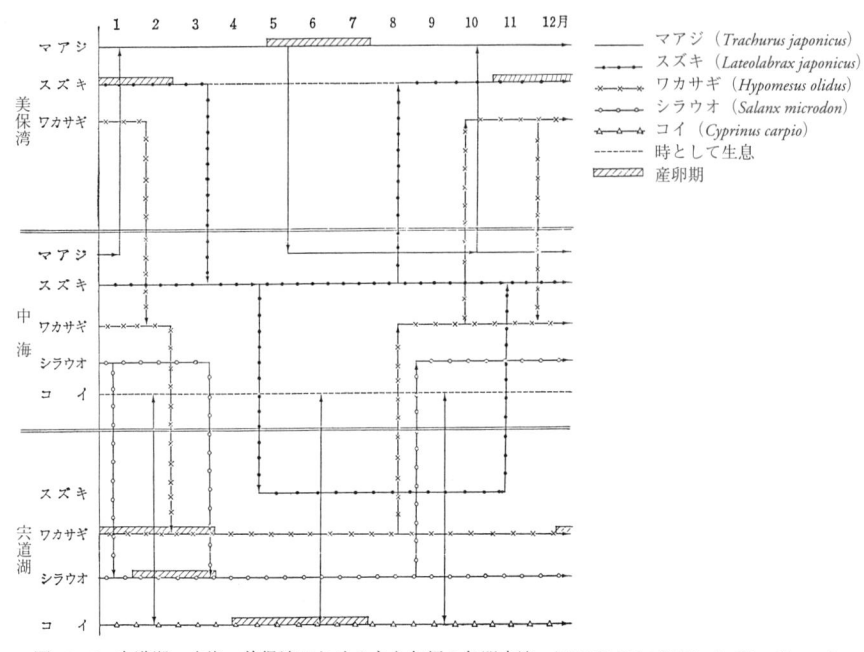

図10-5　宍道湖・中海・美保湾における主な魚類の年間交流．[宮地調査団の資料に基づき，森 1969]

以上は魚類がある水域の生態系に入った場合の影響の受け方について考えたものであったが，またある水域に入った魚類は必ずその場所の生態系の構成要素に影響を与え，その状態は水域ごとに異なると考えることが出来る．すなわちスズキ（一般に魚類）がある水域に入ることは，その水域の生態系の一員となることであり，他の異なった水域に入るとまたその異なった水域生態系の一員となる．一員となるということは，生態系全体の規制を受けることを意味すると同時に，生態系全体の状態を多少とも変えることを意味している．こうして見ると，高等動物の独自性といえども決してある地域の生態系の性格をあいまいにするものではないと言える．

上に宍道湖・中海・美保湾というかなり大きい地域で，かつ相互に明瞭な境界を持つ生態

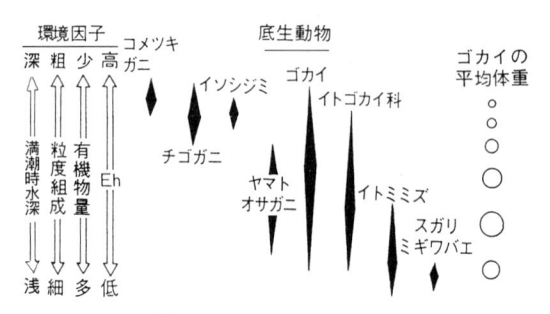

図10-6　仙台市蒲生干潟の生態系構造．非生物環境の勾配と生物群集分布の関係がよく分かる．
[栗原 1994bに基づき，森 加筆]

系について説明したが，ではそれぞれの水体の内部の生態系の構造はどうなっているか．そこにはもちろん，またそれ相応の構造がある．その例を栗原康等の研究した，仙台市七北田川の河口に発達した干潟の生態系にとって説明しよう（土屋誠・栗原康 1976；栗原，1994b）．この干潟の付近の潮位は，満干に伴って30〜40cmの変化がある．この潮汐に伴って水流が生じ，これが基となっていくつかの非生物環境条件（底土の粒度組成，有機物含量，Eh 等）が変化する．底生動物の方もこれに伴って種類と量を違えた分布をする．その状況を図10-6に示す．

満潮時に水深が深くなるところは水流に洗われる時間が長く，有機物や細土の流される量は多くなり，したがって粒度は粗く，有機炭素含量は少なく，Eh値（酸化還元電位）は高くなる．そのような場所にかぎってコメツキガニ（*Scopimera globosa*），チゴガニ（*Ilyoplax pussilus*）やイソシジミ（*Nuttallia olivacea*）などが棲んでいる．これと反対の条件の場所にかぎってミズヒキゴカイ（*Cirriformia tentaculata*），イトミミズ類（Tubificidae）やスガリミギワバエ（*Ephydra* sp.）などが棲んでいる．これらの中間的性格を持った生態系の所には，ゴカイ（*Neanthes japonica*），イトゴカイ科の一種（*Capitella capitata capitata*）やヤマトオサガニ（*Macrophthalmus japonicus*）などが多数出現する．

即ち生態系構造としては大まかに三つの地域構造が区別できるように見えるが，もちろんこの干潟と陸上生態系の間にあるような明瞭な境界はない．明瞭な境界はなくても，ある地域をとれば，そこには決まった種類の生物がいて，特有の群集を作り，生態系を作っている．生態系（群集）の存在とその境界との関係は，自然では普通このようなものであろう．その際やはり'地域'というのが重要な意味を持っている．ここらの関係については9章5節も参照していただきたい．

こうして生態系の地域性は保たれ，地域ごとに多少とも違った構造と機能のもとに動いているのである．

10-5-2　生態系構造の段階性について

生態系には地域性があることを見たが，そのような地域性は段階をなして次第に高次の地域に包み込まれ，ついに地球生態系に至る．前節の例で言えば，宍道湖，中海，美保湾という三つの水域生態系はつながって一つの水系に結ばれた水域生態系となり，それは日本海生態系と，日本本土の地質と気候のもとにおける陸水生態系との接点に位置するということになろう．

このように生態系には段階がある．より小さい段階のものはより大きい段階のものの内に包み込まれる．このような段階構造について熱心に主張したのは今西錦司である．彼の1949年出版の「生物社会の論理」には，すみわけ論（7章4節参照）の発展として，段階論が詳しく展開されている．彼は要旨を次のように言う．夏の鴨川中流部のカゲロウ社会におけるすみわけは，緩流部から急流部にかけて次のようになっている．

Ecdyonurus yoshidae — *Epeorus latifoliun* — *Ep. curvatulus* — *Ep. uenoi*[7]

ところがずっと上流部になると，*Ec. yoshidae* や *Ep. latifolium* の棲めるような緩流部はなくなるので，上記系列は次のような単純なものに変わる．

Ep. curvatulns cumulus — *Ep. hiemalis*

ここでは *Ep. curvatulus* の亜種 *cumulus* が，中流部で *curvatulus* の占めていた場所を占め，*Ep. uenoi* の代わりに *Ep. hiemalis* が現れ，一つの変わった系列を作る．この二つのすみわけ系統は，それぞれが一つの段階の現象であるが，二つが集まってまた一つの，より高次の，鴨川全体としての，系列を作ると考えた．なお今西は上の二つの，主として流れの速さに基づく構造を第2段階構造と考え，鴨川と日本アルプスに見られるものとの出現種の違いによる（それは主として水温の相異に基づく構造の違いであるが）ようなものを第1段階構造と考えた．そして鴨川に見られる構造に関する体系を第2生態系と呼び，鴨川にある体系と日本アルプスにある体系を含めたような大地域の体系を第1生態系と呼んだ．

今西はさらに論を進めて東アジアの生態系に及ぶ．これは村松繁樹・川喜田二郎・吉良竜夫の努力によって考え出された経験的指数である温量指数（Warmth index）（章末付記1参照）と乾湿指数（Humidity - Aridity index）（章末付記2参照）を用いて東アジアの植生分布との適合性を考えたもので（章末付記3参照），図10-7（今西，1949）にその概要を示す．上記二つの指数の内容およびその組み合わせについては，本章末の付記を見ていただきたい．そうするとこの東アジアの大きい生態系（今西の第1生態系）の構造が，気候の温湿度の条件に基づいて現れたものであることがよく分かる．

図10-7 東アジア生態系の地域性構造（今西の第Ⅰ生態系構造）．図中の記号の性格は次の通り．
　　　　乾燥系列　　　　　　　　　　湿潤系列
　　B_1' 乾燥ツンドラ生態系　　　　A_2 湿潤タイガ生態系
　　B_2' 乾燥タイガ生態系　　　　　A_3 冷温帯落葉濶葉樹林生態系
　　B_3' 満州サバンナ生態系　　　　A_4 暖温帯落葉濶葉樹林生態系
　　B_4' 北支サバンナ生態系　　　　A_4'' 照葉樹林生態系
　　B'' 中幹草原生態系
　　B''' 低幹草原生態系
またこれらの各種生態系にすみわけているシカ科（Cervidae）およびウシ科（Bovidae）の主要種は次の通り．ツンドラ＝トナカイ（*Rangifer*），タイガ＝ヘラジカ（*Alces*），濶葉・照葉樹林＝シカ（*Cervus*），草原＝ガゼル（*Gazella*）．［村松・川喜田・吉良の資料に基づく，今西1949より］

ではこのような植物要素の構造と動物要素の構造はどのような関係にあるか．この関係は前記の図10-2，図10-3〜5，表10-1によって説明したように，大型動物について考えると植物帯にまたがって棲息していることが分かる．シカやカモシカの類に例をとると，東アジアではツンドラ生態系にはトナカイ（*Rangifer*）が棲み，タイガ生態系（湿潤および乾燥）にはヘラジカ類（*Alces*）が棲み，広葉樹林生態系（落葉および照葉）にはシカ類（*Cervus*）が棲み，草原生態系にはカモシカ類のガゼル（*Gazella*）が棲んでいる．そしてこれらの大型哺乳類と地域生態系の関係は，宍道湖・中海・美保湾水系の生態系で説明したようなものであるのに違いない．

なお図10-7にあるような，ツンドラとかタイガとか照葉樹林とかいう程度の大地域の植物群を群系（Formation）と言い（A. H. Griesebach, 1938），これに動物を含めた生物集団を植物－動物群系（Plant-animal formation）または生物群系（Biotic formation あるいは Biome）と呼ぶことがある（Clements & Shelford, 1939）．これは生態系の段階としては地球生態系についで大きい段階の生態系である．この段階の地上植物の各種群系の地球上における分布を図10-8に示す（C. B. Cox & P. D. Moore, 1999）．これらの群系にはまた東アジアの生態系で見たように特有の動物群が結び付いて，生物群系を作っているのである．

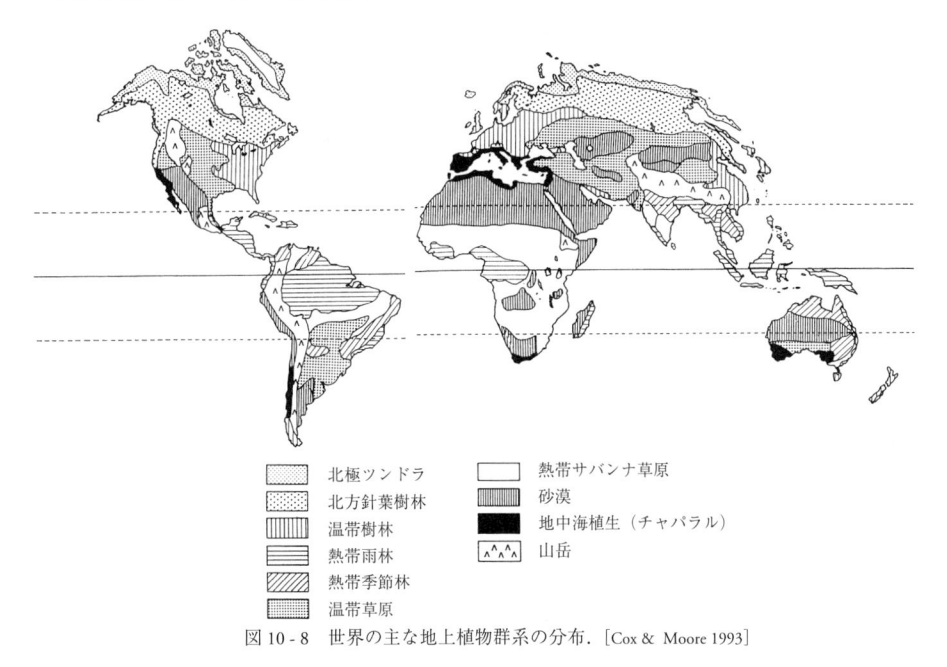

図10-8 世界の主な地上植物群系の分布．[Cox & Moore 1993]

10-6 地球生態系をめぐって

10-6-1 大規模の地球生態系について

話が次第に地球規模の生態系の問題に近づいてきた．地球上にはさまざまな場所でさまざまな生物がさまざまに生活しており，細かく見ればその様子は際限なく個別的に細かくなっ

ていくが，しかし宇宙に浮かぶ地球号という一つの船に例えられるように，すべての生物や非生物環境が含めて一つの運命共同体，すなわち地球生態系を作っていることは，今や何人も否定し得ない現実であろう．

　日本の稲作が昔からはるか南方で発生する台風によっていかに大きい影響を受けてきたことか．炭酸ガス，メタンガス，フロンガス，硫酸関係ガス，硝酸関係ガス，その他もろもろの化合物が，地球上をめぐりめぐって至るところに影響を与えている状況は，正に地球生態系の問題である．

　ここで2，3の例を挙げて，地球生態系が現実にいかに一体的存在であるかを説明しよう．なお地球生態系の進化については13章で詳しく述べることにする．

　まずエル・ニーニョ (El Niño) 現象について説明しよう．日本の気象（したがって日本の生態系）にエル・ニーニョが関係があるらしいということは，気象関係者をはじめとしてよく言われることである．エル・ニーニョとは，日付変更線の東の赤道太平洋を中心に，海面水温が半年以上にわたって平均から1～2℃程度上昇する現象をさしている（長井嗣信, 1994）．事柄が南米西海岸（ペルー，チリ沖）で起こる現象であることを考えると，これは正に地球生態系の現象である．これが日本の気候にどのような影響を与えているかについては，現在盛んに研究が行われている（木本昌秀, 1995；住明正, 1996）．

　海岸の底層水中には植物プランクトンの生長にとって必要な栄養分が豊富に含まれている．この底層水が海表面に湧き出る（上昇流が起こる）場所が世界にいくつかある．赤道付近の南米西海岸とかアフリカ西海岸とかで，そのような海域は植物プランクトン（延いては動物プランクトン）が豊富に繁殖し，直接または間接にこれを食べて生長する魚類も豊富となる．そのような海域の漁業生産高は実に世界の1/4を占めている．このような普通年の状態をエル・ニーニョに対しラ・ニーニャ (La Niña) という．

　ところがこのような南米沖の海域で上述のエル・ニーニョという現象が起こり，湧昇流が表層の植物プランクトンの増殖可能な浅海層まで昇ってこないことがあり，その時は不漁が起こる．それは3～7年の間隔で起こり，特に間隔20年くらいで最大のものが見られるという．最近では1982～83, 1986～87, 1991～92年にかけて顕著なものがあった．

　エル・ニーニョとはスペイン語で The Child の意味で，普通キリストの誕生したクリスマスの頃に現象が始まるので，この名がついたとされる．ちなみに上述のラ・ニーニャとはスペイン語で女の子の意味である．最近の気象学，海洋学の進歩で，これが風や海流の関係で起こる地球的規模の現象であることが分かってきた．これは南方振動 (Southern oscillation) と言われる気象学的現象と海洋現象とが結び付いて起こるので，ENSO (El Niño-Southern Oscillation の頭字をとったもの) といわれることもある．ここで南方振動とは，熱帯西太平洋と東太平洋の気圧変動に関するもので，普通の年には西太平洋の気圧が東太平洋より相対的に低く，偏東風が吹くが，エル・ニーニョ年には西太平洋の気圧が東より相対的に高くなり，負の風（つまり西風）が吹く．要するに熱帯西太平洋と東太平洋のシーソー的気圧変動（したがって風向風速変動）を南方振動というのである (S. G. H. Philander, 1990)．その様子を図10-9に示そう．その(a)は普通年の状況を，(b)はエル・ニーニョ年の状況を示す．

　風は普通は南米の西海岸で，気圧差と地球の自転の影響で沖へ向かって吹く．この風は温かい表面海水を西方へ送り，東方の表層水を薄くし，上昇流を導く．エル・ニーニョ年では西太平洋の気圧が高く，南米西海岸で沖に向かって吹く風の力を弱める．この気象現象は東

南アジアモンスーンが弱い状況と結び付いていると言う（安成哲三・小池信雄，1993）．その結果上昇流は弱められ，温かい表面海水が残留する．そして漁業，農業の荒廃が起こる．イワシの漁獲が減るので，逆に蛋白源としてダイズの価格の上昇を招く（図10-10）．海鳥さえ飢えて数を減少し，グアノの生産は減り，雑草の繁茂と害虫の増加をもたらすという．海水温は表層水の動きが悪いので若干上昇し，嵐が来た時に被害を増大する（R. T. Barber, 1988; D. B. Enfield, 1989; D. W. Schindler, 1991, 参照）．1982～83年にかけてのエル・ニーニョは前世紀最大のものであったと言われているが，ボルネオ東部で平年100mm以上の月降雨量があるのに，この時には平年の10％の雨しか降らず，湿潤な熱帯雨林も乾燥し，大規模な山火事が起こっ

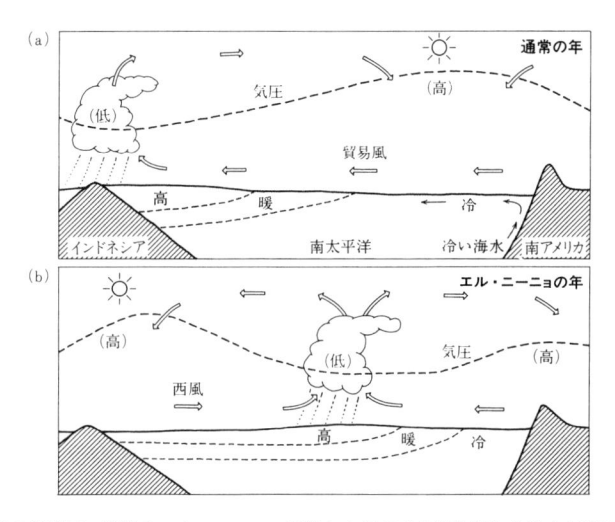

図 10-9　ENSO現象の説明図．海洋のエル・ニーニョ現象と大気の南方振動現象を併せた説明図．
　　　（a）普通年の状態（海洋のラ・ニーニャ状態）．海の水温躍層が南米西海岸で上昇し，冷たい栄養豊富な深層水が表層に上昇する．この冷たい海水は貿易風とともに西太平洋に送られ，次第に温かくなり，気圧を下げ，雨を降らす．
　　　（b）エル・ニーニョ年の状態．東太平洋の水温躍層はあまり上昇せず，冷たい上昇流は中断され海水温は上昇する．一方西太平洋の気圧は東太平洋より高くなり，西風とともに低圧部を東に移し降雨域を変える．
　　　　　　［住 1996］

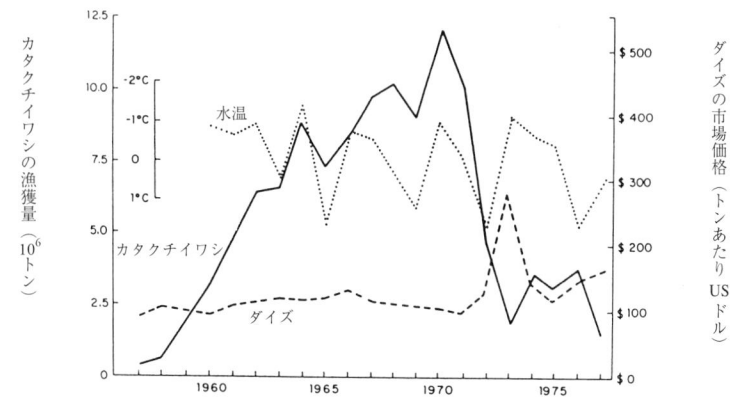

図 10-10　1972年のエル・ニーニョ年の物理的，生物的および経済的事象の関連．太線：ペルーのカタクチイワシ（Anchovy, *Engraulis ringens*）の年間漁獲量．点線：ガラパゴス沖の水温変動（上昇流が強いと水温が低い）．破線：1972年の世界市場のダイズの価格．1973年にカタクチイワシの漁獲が減ると，ダイズの価格が世界的に上がり，その栽培のためブラジルでは数百万エーカーの森林が伐採され，北米でも1974年以降大規模な森林伐採と湿地の干拓が行われた．［いくつかの資料に基づき，Barber 1988］

たと言う（井上民二，1993c）．またボルネオ島全体やインドネシアの，1982～83年および1997～98年のエル・ニーニョ年における降雨量の減少と森林火災や泥炭層・石炭層の火災の大発生との関係については，藤間剛（1998）の論説が参考になる．さらに最近国立極地研究所の小野延雄（1993）は，エル・ニーニョ現象と北極のSpits Bergen島の氷河の増減との間に関係があることを見出した．エル・ニーニョ年には夏の氷河の解け方が明らかに少ないと言うのである．

要するにエル・ニーニョ現象は海洋と大気が結び付き，物理学的，化学的，生物学的現象の総括として起こるもので，地球生態系の典型的現象である．

上に風の話をしたが，世界的な風の問題を取り上げよう．図10-11は地球表面の空気の流れの大要を示したもので，(a)は1月の，(b)は7月の状況である．もともと風の発生には大陸および海洋の熱気が関係がある．冬には大陸が冷たく海洋は温かく，したがって大陸の気圧が海洋より高く，大陸から海洋へ風が吹くが，夏にはその逆となる．夏にしばしば発生する西太平洋の台風（Typhoon）やインド洋のサイクロン（Cyclone）はその付随現象で，地球生態系の著名な大現象である．これが地球温暖化ガスの輸送などに果たしている役割もまた重大である．

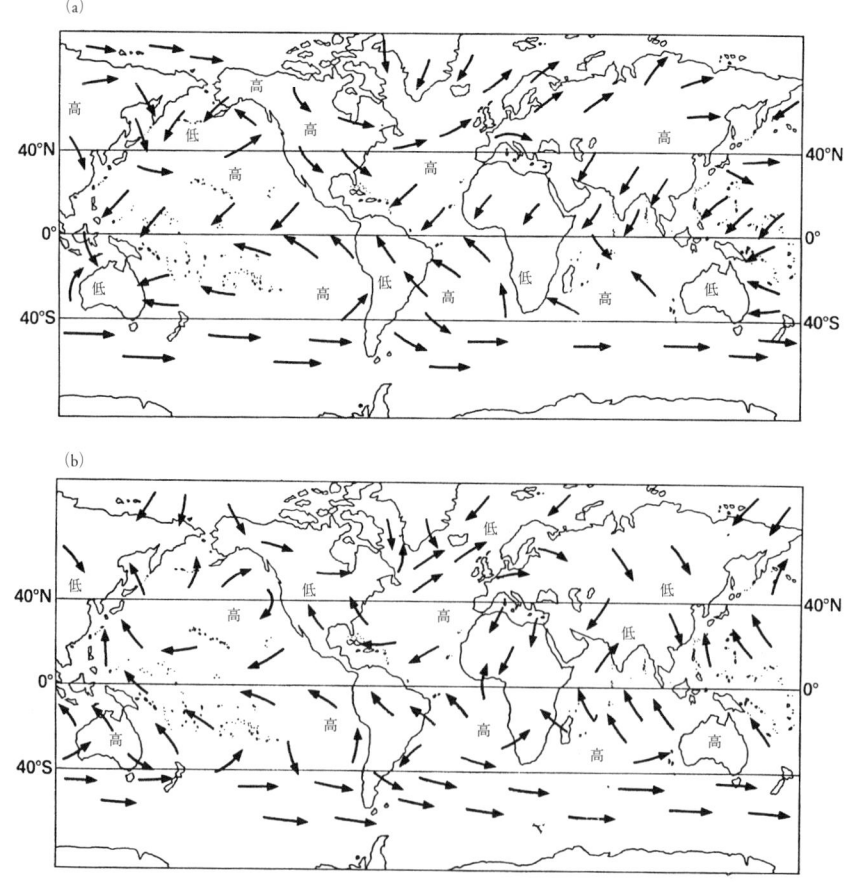

図10-11 地表の空気の流れの一般的な型．高気圧および低気圧の分布も示す．(a) 1月，(b) 7月の状況．インド洋および西太平洋の風向きが7月に変わり，日本，インド，東アフリカに季節雨を降らせる．
［Cox & Moore 1993］

さらに地球生態系は一つという現象を明確に示しているものに，海洋水の大循環がある．その様子を図10-12に示す（C. B. Cox & P. D. Moore, 1999）．遠洋水の化学組成が世界の至るところでほぼ同様である事実などは，この海洋水の大循環によって容易に理解できる．この大循環を起こす原動力は，海水比重のわずかな違いにあり，その調節作用によって海洋生態系の一様化は起こるのであるとされている．この大循環によってもたらされるエネルギーも莫大なもので，北大西洋では北上する温かい海流がそこに注ぐ全太陽エネルギーの30％をももたらすと言う（Cox & Moore, 1999）．この海流が停止するとどうなるか．かつての氷期にはこの海流が何らかの原因で停止し，高緯度地方への熱伝達が止まり，氷床の生成を導いたという説もある（Cox & Moore, 1999）．

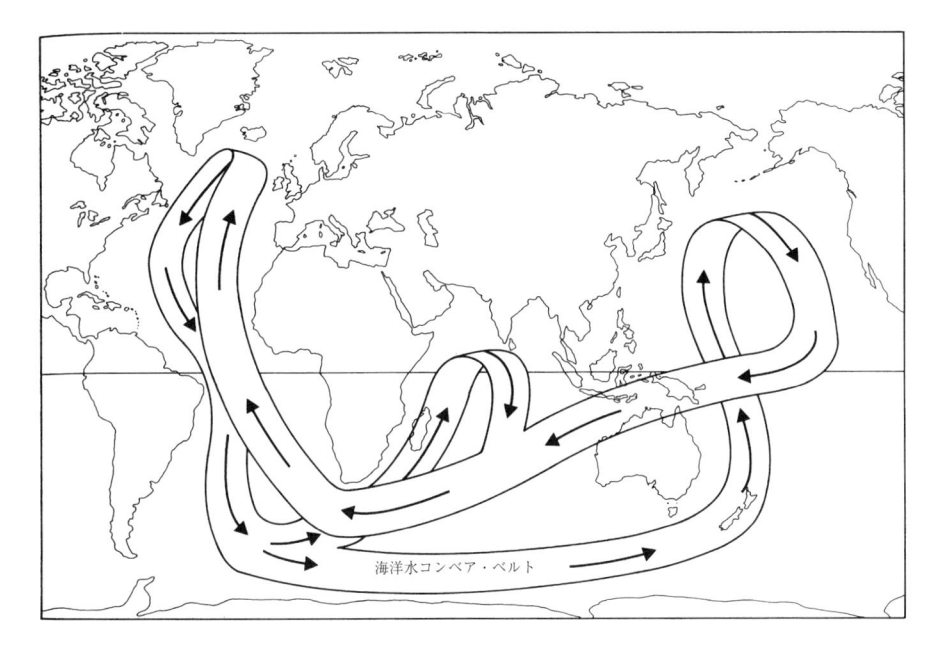

図10-12 海洋水がコンベア・ベルト（Conveyor belt）によって循環する様子を示す．この循環は水の温度と塩分濃度の変化によって起こされる．大西洋で温かい，低塩分濃度の水が北方に流れると，冷され，密度が高くなり，底層水となって南方に帰る．この水は南緯度を流れて，インド洋や太平洋に入り，熱帯地方で暖められて，また表層に浮かび，もとに流れ帰ってくる．[Cox & Moore 1993]

10-6-2 腐植（土）生態系について

前項で地球生態系の大きい規模の現象について見てきた．そこで述べた内容はかなり動的な変動循環をする内容であったが，さらに短い時間の内ではあまり変化しないが，しかも地球規模の生態系の実態については，我々はかなりの知識を持っている．10章5節2項の段階性の項で述べたこともこれに関係があるが，他にポドゾル（Podozol）とかラテライト（Laterite）などの土壌に関係した事項，あるいは腐植質（Humus）に関係した事項など多くの事象がある．そのような事象の一例としてここで腐植（土）をめぐる事項について述べることにする．なおこの項の参考文献として J. A. Wallwork（1973），R. L. Smith（1986），武田博清（1994, 1996），D. C. Coleman & D. A. Crossley, Jr.（1996），R. L. & T. M. Smith（1998）を挙げておく．

植生の枯死体は地表に腐植（土）を作る．その性状は植生の種類と非生物環境（気候，土壌）

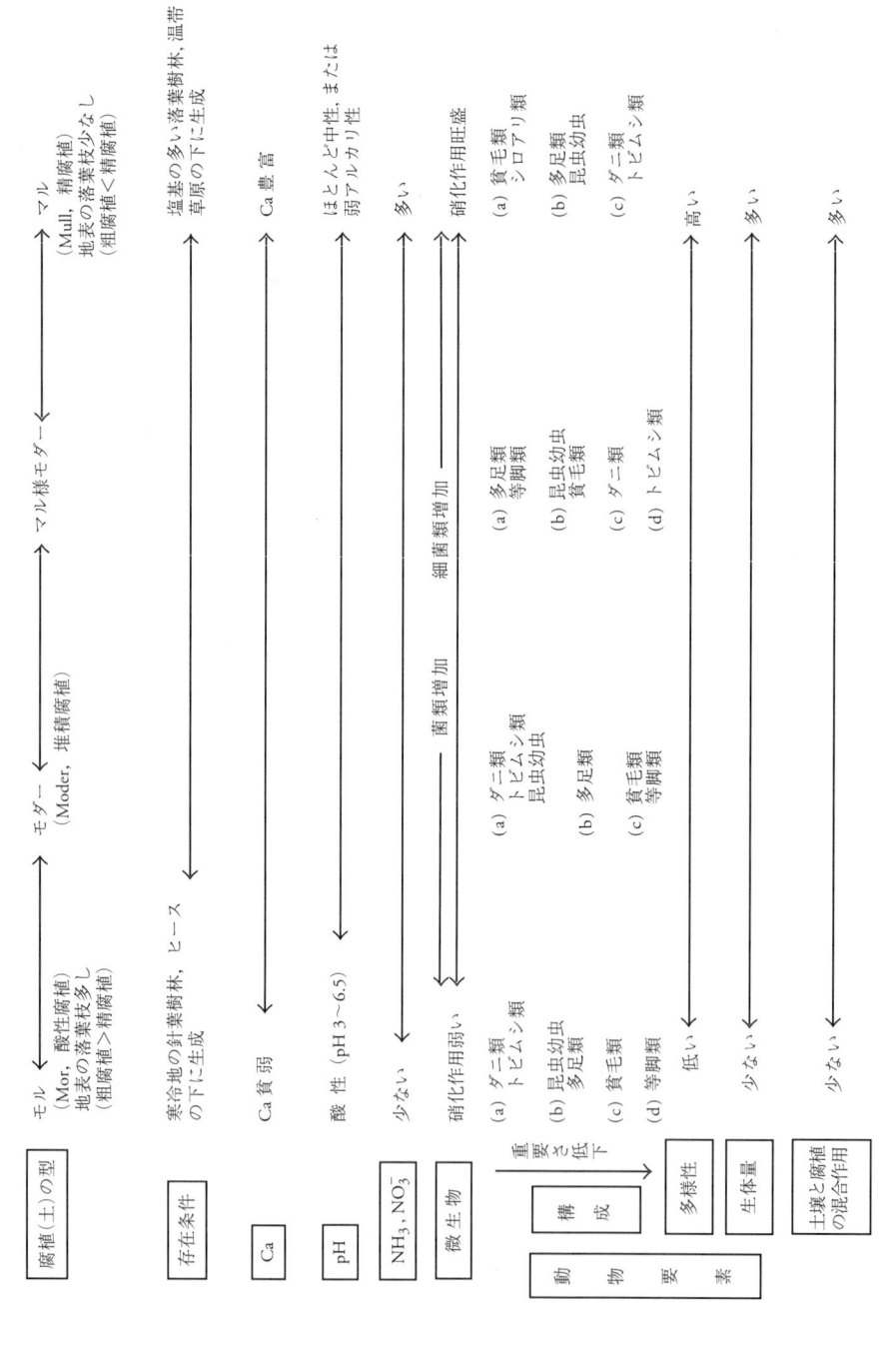

腐植(土)の型	モル → (Mor, 酸性腐植) 地表の落葉枝多し (粗腐植＞精腐植)	モダー → (Moder, 堆積腐植)	マル様モダー →	マル (Mull, 精腐植) 地表の落葉枝少なし (粗腐植＜精腐植)
存在条件	寒冷地の針葉樹林，ヒース の下に生成			塩基の多い落葉樹林，温帯草原の下に生成
Ca	Ca 貧弱 →			Ca 豊富
pH	酸性 (pH 3〜6.5) →			ほとんど中性，または弱アルカリ性
NH_3, NO_3^-	少ない →			多い
微生物 構成	硝化作用弱い ←菌類増加 — 細菌類増加→ 硝化作用旺盛			
動物要素	(a) ダニ類 トビムシ類 (b) 昆虫幼虫 多足類 (c) 貧毛類 等脚類 (d) 等脚類	(a) ダニ類 トビムシ類 昆虫幼虫 (b) 多足類 (c) 貧毛類		(a) 多足類 等脚類 (b) 昆虫幼虫 貧毛類 (c) ダニ類 (d) トビムシ類
多様性	低い →			高い
生体量	少ない →			多い
土壌と腐植の混合作用	少ない →			多い

（重要さ低下）

図10-13 腐植(土)生態系の型とその中に棲む各種生物の働き．モル型腐植土は酸性で，菌類の働き大きく，ダニ類やトビムシ類が多い．マル型腐植土は中性に近く，細菌類の働き大きく，ミミズ類やシロアリ類が多い．[Wallwork 1973 に基づき，森加筆]

の状態によって大きく異なる．その腐植（土）の中にはまた多くの生物が棲んでおり，一つの特有で重要な生態系を作っている．その見方はいろいろあろうが，一つの見方を図10-13に示す．

　腐植（土）に関する対照的存在状況として，モル（Mor）とマル（Mull）があり，中間にモダー（Moder）という状態がある．モルは総じて寒冷な酸性基質のところに生じ，針葉樹の特質と結び付いている．バクテリアが少なく菌類が多いので，落葉など比較的分解しにくく，落葉枝（Litter）は地表に堆積する．動物は酸性に耐える小型のものが多い．これに反し，マルは温暖な気候と結ばれた落葉樹の下に発達し，Caが豊富で，菌類は少ないがバクテリアはよく働き，硝化作用も盛んで，落葉枝をよく分解するので，それが地表に堆積することは少ない．pHは中性か弱アルカリ性となる．バクテリアの数が増え（表10-2），無脊椎動物では大型のもの（特に貧毛類）が多く，よく働き，鉱物質と生物由来の腐食をよく混合して，生物にとって良好な土壌を作る．なお植生遷移に伴う土壌動物の遷移については12章3節を参照されたい．

　こうしてJ. A. Wallwork（1973）も言うように，気候，土質，植生，動物が一体となって地域に特有の一つの生態系（腐植土）を作っているのである．しかしこのような腐植（土）の中の生物相互関係については，ほとんど研究されていない．多少探りを入れて見た研究によると，大変複雑なものがあるようである．食物連鎖については腐食連鎖が優先することになるが，その複雑な様相の一端を図10-14に示す（K. Killham, 1994）．ただしこの図ではミミズ類が欠けており，その点完全なものとは言えない．

表10-2　3種の植生下の，ミミズの糞中と，付近の土中のバクテリアの数（×1000/g）

	カシ林	ライムギ畑	草原
ミミズの糞	740	3,430	3,940
付近の土	450	2,530	2,000

［Ghilarov 1963 に基づき，Wallwork 1970 より］

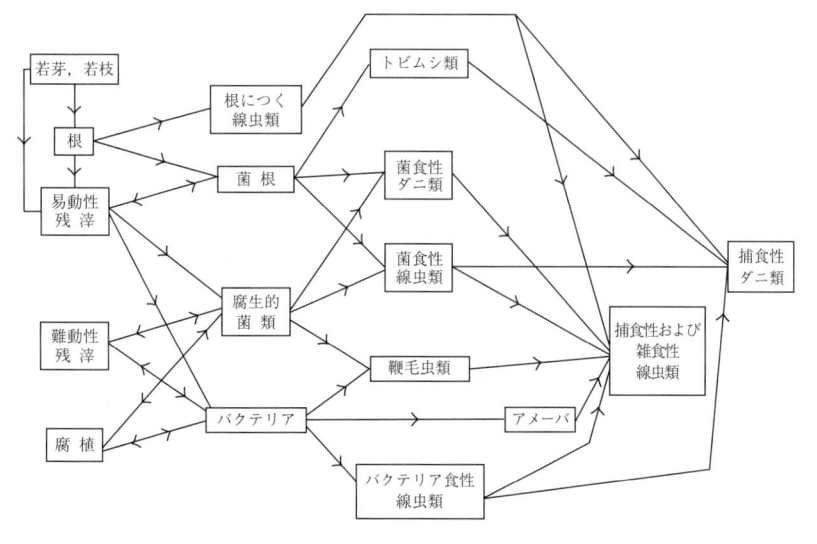

図10-14　草原の土壌中の腐食連鎖．炭素の移動経路に沿って示す．ただし系への二酸化炭素の流入，系からのその流出（呼吸による）は示していない．［Killham 1994］

なおもっと大まかな土壌生態系中の腐食連鎖における物質一般の循環について，土壌動物を中心にした模式が，武田博清（1994，1996）によって発表されている（図10-15）．彼によれば，植物遺体は土壌動物に対して直接に二つの役割――一つは住所の提供，他の一つは食物の提供――を果たしている．そしてこの食物の線をたどると，温帯林では（図の左）腐食連鎖に結び付く．その際土壌の動物群集は，主として菌類を食物原とする消費者と，枯死菌体や分解産物を利用する腐食性の動物から構成されている．その腐食性の動物は，モルやモダー型の土壌では枯死菌体や分解産物を利用してリサイクル系に寄与し，マル型土壌では腐食物質を利用して分解系のリサイクル系に寄与すると言う．熱帯林では少し様子が違う（図の右）．ここでは菌食性の動物はよく働くが，腐食性の生物は種類数も個体数も温帯に比べて格段に少なく，したがってリサイクルシステムの発達が大変悪いという特徴があると言う．

　上に述べたのは陸上生態系の状況であるが，海洋沖部では陸上のような腐植の堆積といったようなことはなく，溶存あるいは粒子状の無機物・有機物とバクテリア，植物プランクトン，鞭毛虫類などが一体となった分解系を作っている．この方面の研究も進展を始めているが，その一端は永田俊（1994）の総説的論文によって知ることができる．

　以上のような状況は，地球生態系の存在する場所によって細かい様子はいろいろ違うとは思うが，基本構造は同じであろう．なおエネルギー流転等については本章8節2項も参照されたい．

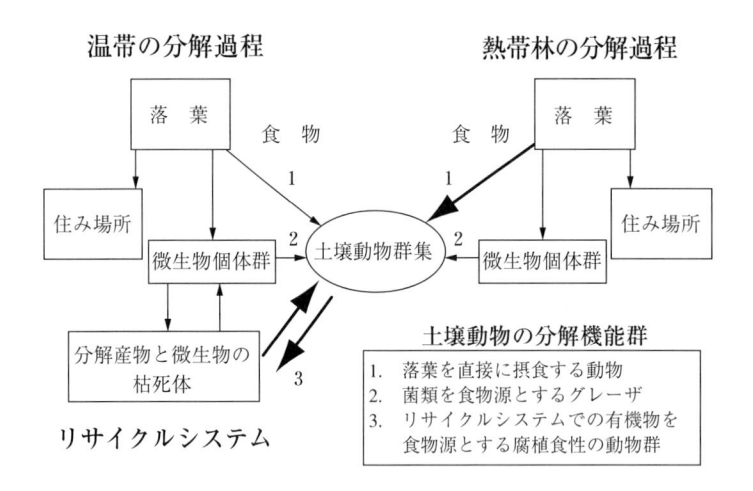

図10-15　腐食食物連鎖系と土壌動物群集とのかかわり．矢印は物質の移動を示し，その太さは比較的な大きさを示す．（左）温帯林では，土壌動物の中で新鮮な落葉を利用できるものは少ない（矢印1）．多くの土壌動物は微生物によって分解された有機物を摂食する腐食性の動物から成り立っている．その分解の初期には有機物の上に定着した菌類を食う菌食性の動物が働き（矢印2），有機物の分解が進行するとその分解産物や枯死菌体を利用する動物が働くようになる（矢印3）．図に見るようにこの最後の道が主要な循環路であり，土壌動物群集の区画から分解産物・微生物体の区画への流れは土壌動物群集の糞や死体が主な内容をなしている．（右）これに対し熱帯林では，落葉や菌類が動物に多く利用されるが（矢印1，2），腐食性の動物は少なく（矢印3ほとんどなし），リサイクルシステムの発達は悪い．［武田1994，Takeda 1996］

10-7 栄養段階

10-7-1 はじめに

6章で食物連鎖関係を述べ，そこで捕食系（寄生系を含む），腐食系および分解系について触れた．生態系の構造と機能に関して，この食物連鎖関係（それは栄養連鎖関係とも言える）は基本をなす関係である．それは物質・エネルギーの流転の関係と見ることも出来る．

物質は宇宙創生の頃はいざ知らず，現在は地球上に存在し，これに太陽エネルギーが加わって上記の流転が起こる．その始まりは緑色植物の炭水化物の同化生成作用にあることは周知の事実である．そこでこの作用を1次生産（Primary production）と呼び，1次生産を行う植物を1次生産者（Primary producer）という．1次生産物は，一部は動物に食われて捕食連鎖系に入り，枯れて死んだ物質は腐食連鎖系と分解連鎖系に入る．

従来よく研究されたのは捕食連鎖系で，他の系の研究は十分とはいえないので，まず捕食連鎖系について説明することにする．捕食連鎖系に入る物質はまず動物に食われるが，この直接植物を食う動物を1次消費者（Primary consumer），またはしばしば植食者（Herbivore）と言う．この1次消費者を食わなければ生活できない，すなわち1次生産者（植物）を食うことの出来ない動物の立場から見ると，この1次消費者は全体の生態系の中では2次生産者（Secondary producer）と呼ぶ方がより適切な表現でないかとも思われる（O. W. Heal & S. F. MacLean, 1975, 参照）．以下こうして食物連鎖は，2次消費者（すなわち上記の趣旨では3次生産者），3次消費者（すなわち4次生産者）……と続いて，最後に肉食の大型動物に達する．この最後の動物を頂点肉食者（Top carnivor）と言う．上に生産者，消費者の呼称について多少意見を述べたが，本書では習慣に従い，1次生産者，1次消費者等の名のもとに記述を進めていくことにする．

さて1次生産者にも多くの植物があり，各消費者にもそれぞれ多くの動物が関係している．それぞれの生産者，消費者に属する生物グループをひっくるめて，それぞれ栄養段階（Trophic level）と言う．違った栄養段階に属する植物，動物は食物連鎖で結ばれており，各栄養段階の内部では同類関係が成立することは，5章で述べた通りである．

腐食系では，死んだ動植物の遺体や排泄物，またはその遺体や排泄物について繁殖しているバクテリアや菌類を食っている動物が1次消費者で，以下2次消費者等と進むことは，捕食系と同じである．

分解系は，同じく死んだ動植物の遺体や排泄物についてこれを分解し，植物の簡単な栄養素になる物質にするバクテリアや菌類より成り，系は1次消費者で終わる．なお消費者のところで述べたように，物質やエネルギーを次の栄養段階のものに利用できるような状態に作り出すという立場から見ると，分解者も一種の生産者であるという見方もできる（砂原俊彦, 1996）．

こうして見ると，バクテリアや菌類は時として植物に分類されるが，生態系の中の働きとしては，緑色植物よりは動物の1次消費者と似た働きをする面が強いことが分かる．またその体が小さいので，極小の棲所の中にも多種類が多数にぎっしり詰まって棲息している．高等の動植物の各種が世界的に広い地域に散らばって分布しているのに比べて，微生物は普通

の庭園の1gの土壌中にも主な分類群は見出される（O. Meyer, 1994）．これら微生物が生態系の諸機能（物質・エネルギーの循環等）の進行に果たす重要な役割について，O. Meyer（1994）が具体的な例を挙げてやさしく説明しているのは参考になる．

10-7-2 栄養段階に関する個体数，生体量，および生産力

a）食物網

栄養段階の一応の説明をしたが，次の内容に入る前に，自然界における食物連鎖関係の実際像について例を挙げておいた方がよいと思う．それは食う食われるの関係で結ばれた網目のような構造で，食物網[8]（Food web）と言われるものである．図10-16は可児藤吉の研究した渓流群集の食物網の図（川村多実二，1938）に，若干加筆したものである．

自然に生活するある種の動物は，すべていずれかの同一栄養段階に属するというわけにはいかない．雑食性（Omnivority）のものも多いのである．例えばこの図で，シマトビケラ亜科（Hydropsychinae）は藻類を食う（1次消費者の面）一方で，ユスリカ科（Chironomidae）の幼虫も食う（2次消費者の面）．このような動物を栄養段階の中でどう扱うかについては後で述べることとして（本章8節3項），しばらくは仮にいずれかの段階に属するものとして記述を進めていく．

b）個体数，種数，生体量および生産力

栄養段階ごとの個体数，種数，生体量（Biomass）およびそれらの生物が生産される速度，すなわち生産力[9]（Productivity）はどのような状況になっているか．

ここで生体量とは，生態系のある栄養段階全体またはある生物群の，単位面積（普通1 m^2）当たりの総重量（普通gまたはkg）を言う．この重量を保有熱量（普通calまたはJ）で表すこともある．現にそこに存在している生体量という意味を持たせる場合には現存量（Standing crop）と言う．

次に生産力とは，普通ある栄養段階全体またはある生物群が単位時間（普通1日または1年）当たり，単位面積（普通1 m^2）当たり，どれだけの重量または保有熱量を増加させるかで表したもので，呼吸などの熱として失われるものを含めたものを総生産力（Gross productivity, GP），その量を総生産力から差し引いたものを純生産力（Net productivity, NP）と言う．

また一つの生態系の中の栄養段階の数については，既にElton（1927）は多くて五つぐらいと言っているが，普通はそのくらいであろう．その理由は二つくらい考えられている．一つはエネルギーの消失問題に絡んで，一つの栄養段階を越えて次の栄養段階へ移りうるエネルギーは消費者の場合わずか数％前後から数十％にすぎないので，段階の上の方の高等動物の生活を支えうるには限度があること，二つには，しかも上の段階のものは一般に体が大きく，また呼吸によるエネルギーの消失も大きいので，それを支えるのに多くのエネルギーを要するというものである．Elton は既にこの二つの理由を考えていたようであり，R. L. Lindeman（1942）も特に呼吸消失が累進的に大きくなることを述べている．さらに P. Yodzis（1984）は栄養段階が上がるごとに，それに属する恒温動物と変温動物の種の数が減少する率の違いから（恒温動物の減少率が大きい），上の説の確かさを述べている．しかし上の理由にはいろいろと異論の入る余地がある．例えば寄生連鎖の場合には上にくるものが体が小さい．捕食連

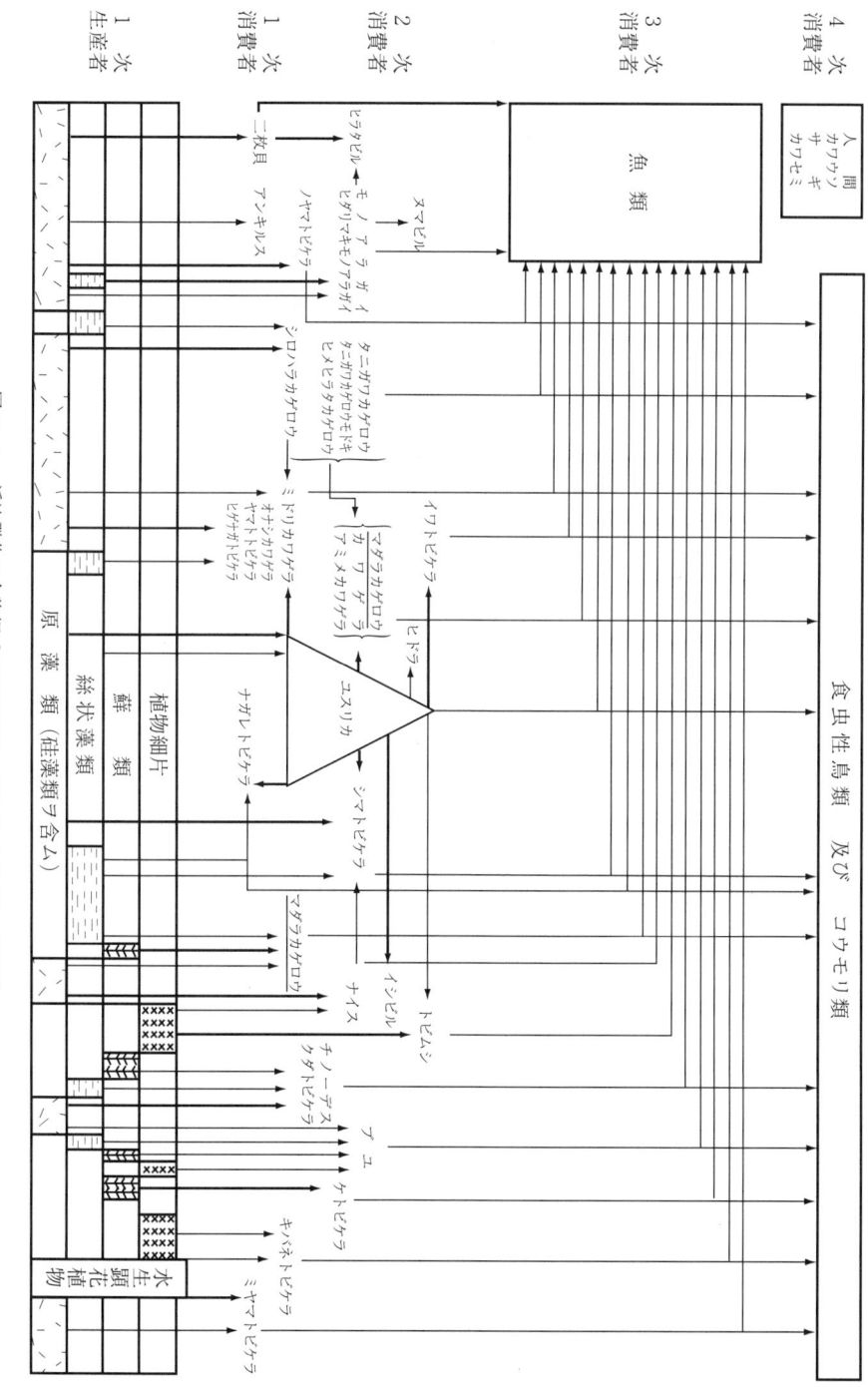

図10-16 渓流群集の食物網 [可児藤吉原作，川村1938に基づき，森加筆]

鎖の場合でも狩りをする動物（アフリカのリカオン *Lycaon* など）は自分よりはるかに大きい動物を狩る．しかし現実には栄養段階の数の限度は5か6である．

ただしこれは酸素生活者の世界のことで，T. Fenchel & B. J. Finlay (1995) によると，無酸素世界に棲む生物群（主として単細胞生物群）では，栄養段階を重ねる際のエネルギー減少率が大きく，その生産が三つの栄養段階を重ねると基礎生産の1％になって段階は終わるのに，酸素生活者群ではそのエネルギー減少率が比較的少なく，基礎生産の1％に達するまでに六つの栄養段階を重ねられると言う．

なお M. L. Rosenzweig (1995) は各栄養段階に属する種の多様性 (Species diversity) を調べる立場から，特別な論議を展開した．彼は各種の文献や具体的群集構成の資料を検討し，栄養段階の数は，熱力学的動態仮説 (Thermodynamics hypothesis) の他に，地球の広さ仮説 (Area hypothesis) と個体群の動態仮説 (Dynamic hypothesis) によって決められると言う．そうすると上述の説明は，さしあたり熱力学動態仮説に属することになる．彼によると，従来言われた熱力学動態仮説は，極寒や極貧栄養の地では真であるが，その他の地域では別の要因も働いていると言う．すなわち，地域が広くなればなるほどその群集の栄養段階数は増すと言い，また栄養段階が長くなればなるほど攪乱の後で平衡状態に戻る回帰時間 (Return time) は長くなり，結局状態は不安定となる（つまり段階の数は減少傾向を強める）と結論している．この後者の論は，S. L. Pimm & J. H. Lawton (1977, 1978) の理論的研究を大いに参考として考えたものである．さらに Rosenzweig は生産力と上述仮説についても考察している．それによると，狭い面積の所には短い食物連鎖環（栄養段階数は少ない）しかできないが，長い連鎖環（栄養段階数は多い）は各種の生産力の所に実現している，つまり大面積は大連鎖環を実現する必要条件であるが，それは高い生産力とは必然的に結び付くものではないと述べている．

なおこの節に述べた諸点について，J. H. Lawton (1989) の論文は参考になる．

以上を具体的資料について若干説明する．

まず図10-17に，栄養段階ごとの個体数のピラミッド状の変化 (Pyramid of numbers) を示す．Elton (1927) は体の大きさ別に見ると，群集の中で小さい動物から大きい動物までピラミッド状に存在すると述べた．これが今日 Eltonian pyramid として知られているものである．結果としては栄養段階に似た面もあるが，内容は機能的なものを考えてないので大分違う．

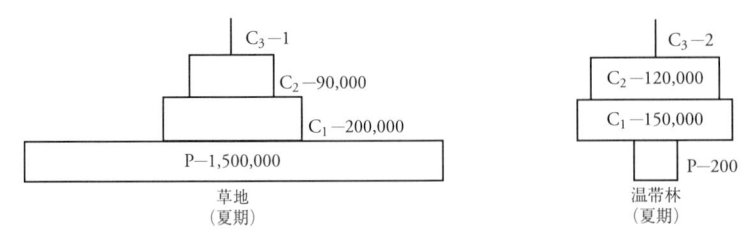

図10-17 夏期における草地および温帯林に見られた個体数ピラミッド，0.1ha あたりの数．微生物および土壌動物は除く．P：1次生産者，C_1, C_2, C_3：それぞれ1次，2次，3次消費者．
　　　　［種々の資料に基づき，E.P.Odum 1971 より］

次に図10-18に栄養段階ごとの生体量の変化の一例を示す．この図の Panama 熱帯林で分解者のグラフがあり，これが植食の1次消費者よりもかなり多いことは注目を要する．今までの調査で欠けていたものがここに示されている．

最後に図10-19に栄養段階ごとの生体量（現存量）と生産力の比較を示す．この図の (b)

で現存量は逆ピラミッドを示すのに，生産力は正ピラミッドを示すことに注意されたい．植物プランクトンなどは現存量は少なくても，旺盛な生産力は消費者の生活を十分に支えていくのである．一方2次消費者（魚）は現存量は多くても生産力は低いので，生産者や1次消費者（動物プランクトン）と調和して生活していくことが出来る．なお，分解者（主としてバクテリア）の生体量や生産力は研究が進むに従って，海洋生態系の中で大きい割合を占めることが分かってきており，永田俊（1997）によると，海洋全体としてバクテリアの現存量は植物プランクトンのそれを上回っており，海洋一次生産炭素の半分はバクテリア群集に流れていると言う．

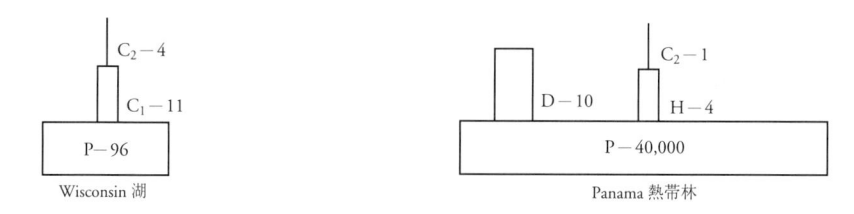

図 10-18　二つの生態系の栄養段階に見られる生体量の例．$1 m^2$ あたりの乾燥重量（g）．符号説明は図 10-17 に準ず．D：分解者（バクテリア，菌類，腐食者），H：植食者．H に比べて D が多いことに注意．
［種々の資料に基づき，E.P.Odum 1971 より］

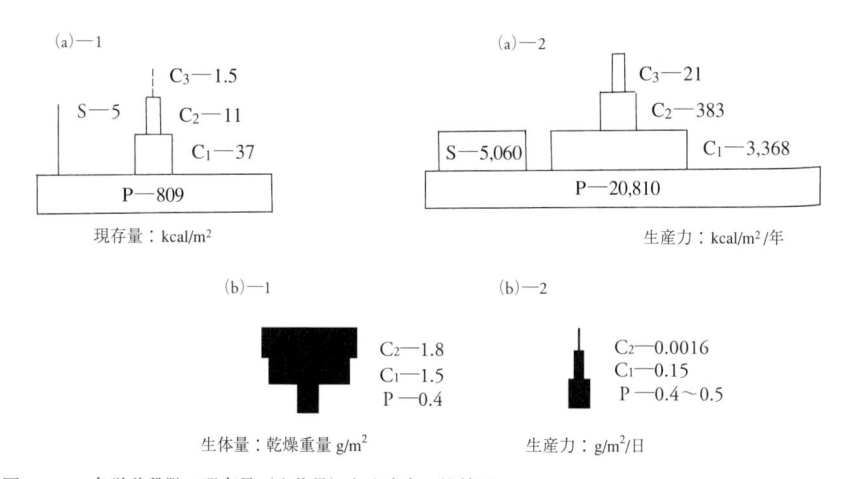

図 10-19　各栄養段階の現存量（生体量）と生産力の比較図．
(a) Florida 州の Silver Springs 生態系の現存量（1）と生産力（2）．S：腐食者（バクテリア，菌）．この図は概念図で，詳細は図 10-23 と 24 を参照せられたい．［H.T.Odum 1957］
(b) イギリス海峡における沖部生態系の生体量（1）と生産力（2）．［Harvey 1950 より］

10-8　生態系のエネルギー流転

10-8-1　はじめに

生態系概念の有用性を示す重要な側面として，生物と非生物環境をめぐるエネルギーと物質の循環の問題がある．太陽エネルギーの入射に始まり，それを固定する生産者（緑色植物），

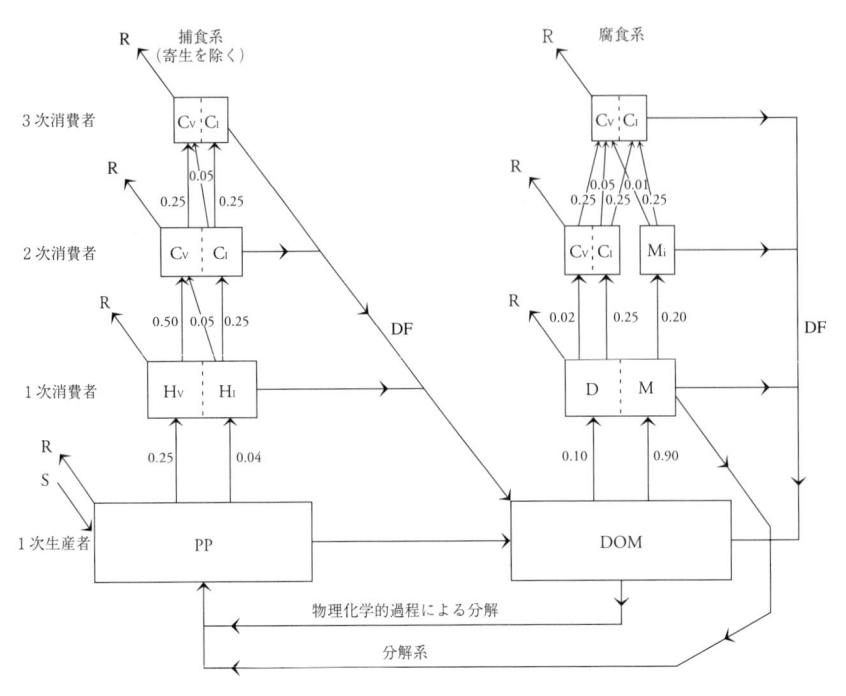

図10-20 生態系においてエネルギーおよび物質が各栄養段階を経て流れる様子を示した模式図．
矢印：エネルギー流，書き入れた数字は草原における一般的な消費効率

$\dfrac{C_n}{NP_{n-1}}$ の価で，大体の概念がつかめる $\left(\begin{array}{l}C_n\ :ある栄養段階に取り入れられたエネルギー，\\ NP_{n-1}：その一段階前の栄養段階の純生産エネルギー\end{array}\right)$.

S：太陽光，PP：1次生産物，H：植食者，C：消費者，V：脊椎動物，I：無脊椎動物，DOM：死んだ有機物，D：デトライタス食者，M：微生物（バクテリア・菌），Mi：微生物食者，R：呼吸，DF：死体・排出物，捕食系で寄生捕食者を除いたのは，後者は無脊椎動物でも脊椎動物を襲うからである．
［Heal & MacLean 1975に基づき，森加筆］

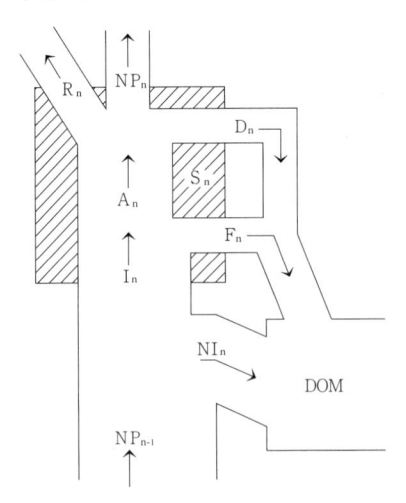

図10-21 捕食系の栄養段階を流れるエネルギーの経路の模式．NP_n：n次栄養段階の純生産量．R_n：n次栄養段階における呼吸熱による消失．D_n：n次栄養段階における死亡による消失．S_n：n次栄養段階の現存量．A_n：n次栄養段階の同化量．F_n：n次栄養段階における排泄による消失．I_n：n次栄養段階に対するエネルギー取り入れ．NI_n：n次栄養段階に取り入れられなかった量．DOM：死んだ有機物（分解系，腐食系の働く段階）．NP_{n-1}：（n-1）次栄養段階からn次栄養段階へ移る純生産量．
［Begonほか1996に基づき，森加筆］

それを食う1次消費者……と巡り，そのような流れから未利用のまま離れた排出物や死体からまた始まる流れなど，多くの道を流通する．その間もちろん代謝熱として失われるものがあるので，栄養段階が進むに従って利用できるエネルギーは少なくなる．

上記の諸関係を模式的に図10-20に示す．さらにn次消費者段階のエネルギーの流転経路の詳しい内容を図10-21に示す．

10-8-2 生産力と生産効率

生産力と生産効率についてはじめて明確にしたのは，R. L. Lindeman（1942）である．彼は生態系という概念が非現実的で実際の学問に役に立たないものであるという，とかくの批判を見事に打ち破った，正に生態学に一里塚を築く業績を成し遂げた．しかも彼はわずか27才で，この論文の発表とともにその短い生涯を終えたのである（1915～1942）．彼のこの有名な論文の発表にまつわる逸話は教訓的である．彼はかねてからEltonの著作に学び，その内容の具体化を考えていた．そして生理学的生態学［個生態学（Autecology）で短期間的なもの］と群集生態学［群生態学（Synecology）で長期間的なもの］の総合を目指して，Trophic dynamic aspect of ecology を建設する目的でMinesota州のCedar Creek Bogで研究を行い，その結果をまとめて雑誌'Ecology'の編集部に送った．ところが編集者の大御所Chancy JudayとPaul Welchは，その論文があまりにも理論的すぎ具体的資料不足であるという理由で，採択を拒否した．Welchはさらに10年待って資料を整えて出せとも言った．しかしG. E. Hutchinson（Lindemanは当時この人のところで勉強し，その思想の影響を受けていた）の強い支持で，ついに主任編集者Thomas Parkは掲載に踏み切った．そして歴史に残る論文は日の目を見ることになったのである．すこし事情を詳しく述べすぎたかもしれないが，独創性のある論文の発表にまつわる話として，読者の参考までに記した（S. E. Kingsland, 1991, 参照）．

そこで具体的な生産力と生産効率の話に入る．まず順序としてLindemanのCedar Bog湖の研究を紹介する．図10-22はLindemanのつかんだ生態系の全体構造をよく示した図である．現代の知識から見ても，若干修正すべき点はあるが，基本的に認めうるものである．例えば軟泥（Ooze）は陸水学用語で，デトライタス（Detritus）とした方がよいであろう．しかし最近デトライタスおよびデトライタス食者（Detritivore）の重要性が言われているが，この図でそのものを中心に据えたところは先見の明がある．

この図を参考にして説明を続ける．

栄養段階の中で，はじめの生産者の段階の生体量をΛ_1，1次消費者の量をΛ_2，……とする．今Λ_3段階の量の変化を考えるとすると，一つ前の段階Λ_2から入ってくるエネルギーの割合をλ_3，Λ_3から出ていくエネルギー量（Λ_4に入るものもあり，また消散するものもある）の割合をλ_3'とすると，エネルギー量変化の割合は，

$$\frac{d\Lambda_3}{dt} = \lambda_3 - \lambda_3'$$

となる．そしてLindemanはλ_3がΛ_3における真生産力（True productivity）を示すものと考えた．またλ_3'の内容として，呼吸による消失（Respiration loss），捕食による消失（Predation loss）および死後分解による消失（Post-mortem decomposition loss）の三つがあるとした．ここで呼吸消失というのは，摂取量（Ingestion）－排出量（Defecation）＝同化量（Assimilation），同化量－生長量

(Growth)＝呼吸量で計算する．捕食消失とは，上の栄養段階に消化されて入るエネルギーに，上の段階に摂取されたが同化されることなく排出される量を加えたもののことである．また死後分解消失とは，ある段階のエネルギーで，上の段階に摂取されることなく死体となり分解される量のことである．

　上のような考えのもとに，Cedar Bog 湖の具体的な生産関係について計算して，表10-3を示した．ここで彼はまたはじめてある栄養段階の内部，または一つの栄養段階から他の栄養段階へのエネルギーの移動の効率ということを考えた．その内，$\lambda_n/\lambda_{n-1} \times 100$を累進効率（Progressive efficiency）と呼んだ．表10-4はCedar Bog 湖のものとC. Juday（1940）のMendota 湖の資料をLindeman 流にまとめたものとの累進効率を示したものである．表から想像されるように，Lindeman は累進効率は栄養段階が進むにつれて値が大きくなるようだと控えめながら述べている．その理由として，栄養段階が進むにつれて動物は高等になり，その餌を探す能力が次第に向上することを挙げている．

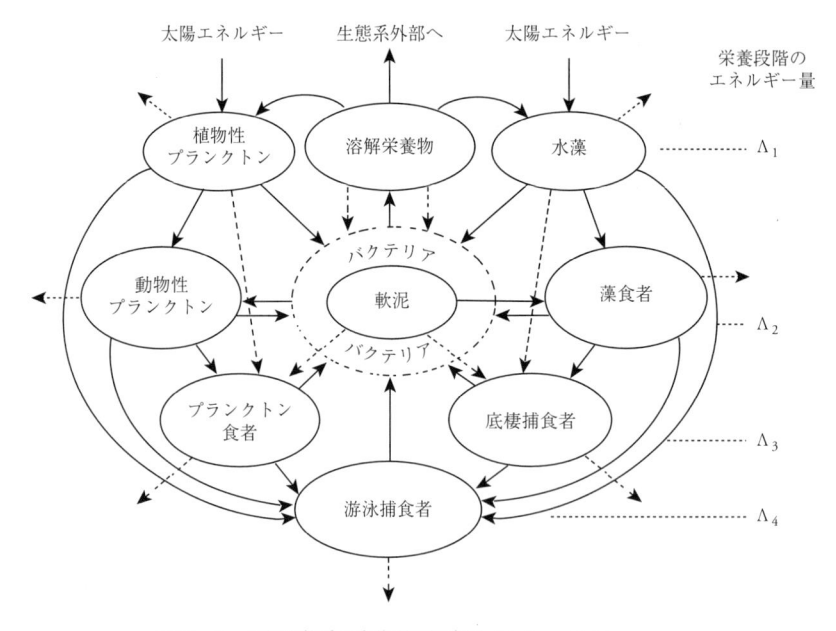

図10-22　湖沼生態系の食物環の概念図［Lindeman 1941］

　Lindeman の論文は最後に湖の遷移の論説で終わっている．これは彼がはじめから目指していたものであるが，それについては12章で触れることにする．

　その後Lindeman 流の研究は急に盛んに行われるようになり，内容の改良も行われて現在に至っている．その近代的な姿のさきがけがH. T. Odum（1957）のSilver Springs（Florida 州）の研究に見られるので，それを説明する．

　Florida 州中央部には多くの湧泉があり，その一つにSilver Springs がある．水温は比較的恒常の21〜25℃に保たれている．この泉の湧泉源付近の長さ450 m，幅は広い所で100 mほどの部分で研究した．まずその栄養段階ごとの生体量の状態を図10-23に示す．当然のことながら見事なピラミッド状となっている．この図で注意すべきことが二つある．その一つは分解者と捕食連鎖とは別の枠としてあることで，それまで普通にはなかった先見的な試みであ

る．今一つはスタンプ・ノッカー（Stump knocker, *Lepomis punctatus*）という淡水産のスズキ類の生体量を二分して，違った栄養段階に属させたことであり，雑食性の動物の処置としてこれも先見的なことである．この種の動物の取り扱いについては最近面白い考えが発表されているので，また後で触れることにする（本章8節3項）．

表 10-3 Cedar Bog 湖の生産力 （g cal/cm^2/ 年）

栄養段階	補正してない生産力	呼吸消失	捕食消失	死後分解消失	補正した生産力（真生産力）
生 産 者 Λ_1	70.4 ± 10.14	23.4	14.8	2.8	111.3
1次消費者 Λ_2	7.0 ± 1.07	4.4	3.1	0.3	14.8
2次消費者 Λ_3	1.3 ± 0.43*	1.8	0.0	0.0	3.1

*この価は，ここに棲む小さいコイ科の魚の生産力を含む．[Lindeman 1942]

表 10-4 Cedar Bog 湖と Mendota 湖の累進効率

	Cedar Bog 湖		Mendota 湖	
	真生産量 (g cal/m^2/ 年)	累進効率 (％)	真生産量 (g cal/m^2/ 年)	累進効率 (％)
太陽輻射エネルギー Λ_0	≦118,872		≦118,872	
生 産 者 Λ_1	111.3	0.1	480*	0.4
1 次 消 費 者 Λ_2	14.8	13.3	41.6	8.7
2 次 消 費 者 Λ_3	3.1	20.9	2.3**	5.5
3 次 消 費 者 Λ_4	—		0.3	13.0

Lindeman は，* はあまりにも高すぎ，** はあまりにも低すぎる，と註記している．[Lindeman 1942 を森 修正]

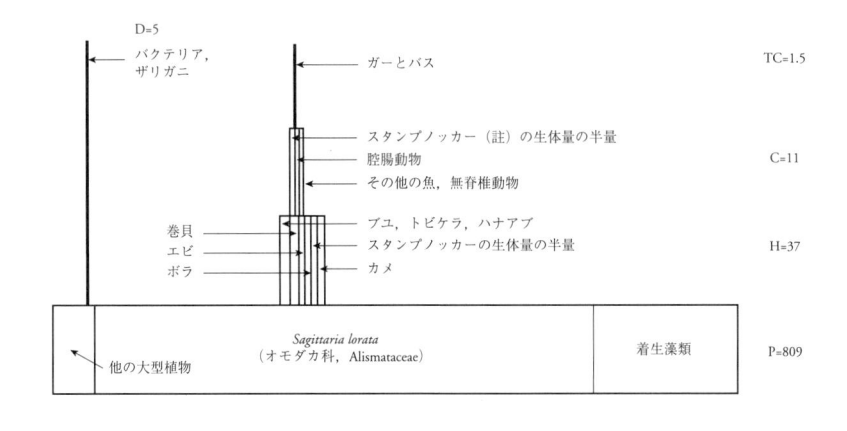

図 10-23 Silver Springs における生物群集の生体量ピラミッド．P：生産者，H：植食者，C：肉食者，TC：頂上肉食者，D：分解者．スタンプノッカー（Stump knocker, *Lepomis punctatus*）とは淡水産のスズキ類で，湧泉に普通の小魚．これは雑食性であるから，生体量を半分に分けて，1半を植食者に，1半を肉食者に入れる．[H.T.Odum 1957]

さて上のような生体量ピラミッドが現存する生態系で，エネルギーがどのように流れるか．その概念をかいたものが図10-24である．この図に示された若干の重要な点は，1）生産者（植物）に到達した入射光エネルギー量のおよそ5％強が生産者の総生産量となる，2）生産量の大部分は呼吸に使われ，植物総生産量のおよそ12％が粒状物として下流に流れていく，3）バクテリアは現存量としては少ないがエネルギー利用に関しては生産者についで重要な位置を占める．なお図では示されていないが，物質は年間8回循環すると言っている．

このH. T. Odumの研究以後各種の生態系において，エネルギーの流動に関し多くの研究が発表されているが，それらの紹介は他の成書に任せて，次にエネルギーの流れの中のいくつかの効率について述べる．

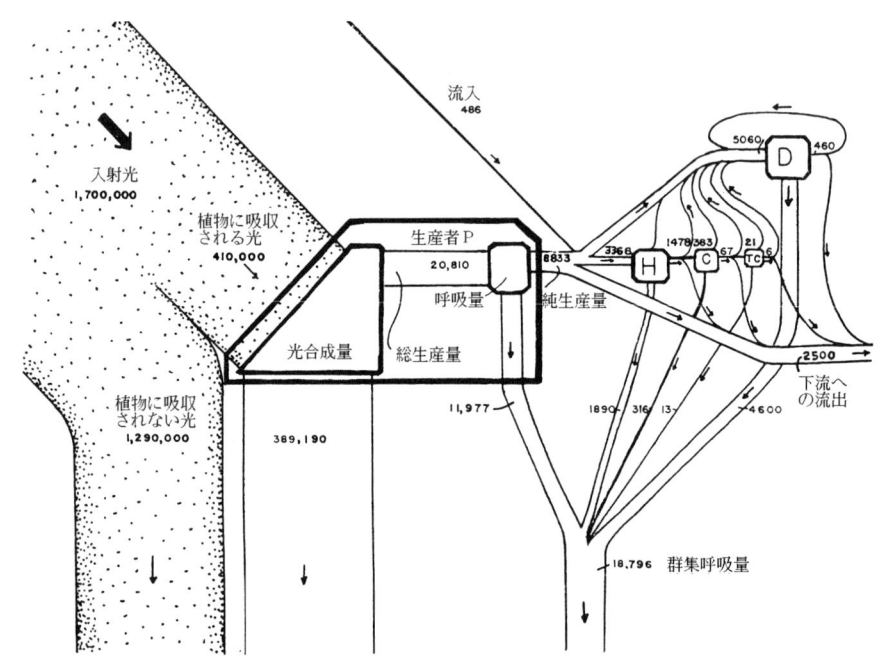

図10-24 Silver Springsの生態系のエネルギーの流れ．各栄養段階の現存量は図10-21にしたがって考えればよい．エネルギー単位：kcal/m^2/年．[H.T.Odum 1957]

まず生産者（緑色植物）の生産効率について述べる．太陽から入射する光の波長の44％が植物の光合成に利用しうる光であるが，その利用効率は樹種により，場所により異なる．針葉樹は上記の光合成利用可能光エネルギーの1～3％を純生産量に変換しうる．広葉樹は0.5～1％で，砂漠ではわずかに0.01～0.2％が現存生体量に変換しうるとされている（W. L. Welbほか，1983）．しかし穀物類ではもっと効率がよく，3～10％という評価がある（J. P. Cooper, 1975）．

消費者の転送効率（Transfer efficiency）については図10-21に示すように，いくつかの段階に分けて考える．まず摂食効率（Ingestion efficiencyまたはConsumption e.）であるが，これは単純に消費者が餌を食べた量に関する効率で，次式で計算される（図10-21の記号を用いる）．

$$摂食効率 = \frac{I_n}{P_{n-1}} \times 100$$

具体的にこの効率の値は0.5～40％と変化の範囲が広い．雑草を無脊椎動物が食べる場合0.5％以下のこともあり，植物プランクトンを動物プランクトンが食べる場合に40％に達したという報告もある（種々の資料に基づき，Begonほか, 1996, による）．

次に同化効率（Assimilation efficiency）がある．これは消費者が食べた餌のうち，腸管で消化される量に関するもので，次式で計算する．

$$\text{同化効率} = \frac{A_n}{I_n} \times 100$$

具体的には植食動物，デトライタス食者および微生物食者で20～50％，肉食者で80％くらいと言われている．植食動物の効率が悪いのは，植物体にはセルロースとかリグニンとか，普通には動物には消化できない組織があることによっている．もちろん腸管の中にこれらの植物組織を消化する酵素を持った微生物を宿している動物もあり，そのような場合には効率は上がる（11章参照）．なお種子や果実を食うものは効率がよく，60～70％に達し，また若葉を食うものでは50％に達するものもある（Begonほか, 1996, による）．

次に生産効率（Production efficiency）というのがあり，同化されたエネルギーのうち新しい生物体になる量に関するものである．次式で計算する．

$$\text{生産効率} = \frac{P_n}{A_n} \times 100$$

これは動物の分類群によって大きく異なり，無脊椎動物は一般に高く，同化されたエネルギーのうち20～55％が捕食者の体の構成に使われる．この効率は脊椎動物のうち変温動物では大体10％，恒温動物では1～2％にしかならない．特に体の小さい食虫類などは0.9％にしかならないという（W. F. Humphrey, 1979）．

なおO. W. Heal & S. F. MacLean（1975）は捕食系と分解系について，上記各種効率を比較しているが，注目すべきことは，仮に純1次生産が100 Jとすると，そのうち55 J以上は分解系に流れ，捕食系に流れるのはわずか1 Jに満たないくらいであるという計算をしている．またJ. R. Goszほか（1978）はNew Hampshire州のある森林でエネルギーの流れを調べたところ，1次生産者（植物）の生産したエネルギーの大部分，74％が腐食連鎖へ，わずか1％が捕食連鎖へ，残り25％が貯蔵へ流れたと言う．生態系のエネルギーの流れを大きく支配するのは分解系であると言えるが，我々の学問の現状ではあまりにも分解系の研究が不足していると言わねばならない．

このような状況の中で，H. Petersen（1995）のデンマークのHestehaveのブナ林床の落葉枝・デトライタス・腐食に始まる分解系におけるエネルギー流転の研究は注目される．これは1964～1974年間に行われた国際生物学事業計画（IBP）の仕事を総括して生まれたもので，エネルギー量の具体的数値は各種の手段を経て計算した．図10-25はその結果を示す．生息動物は線虫類，ダニ類，トビ虫類，その他数百種に及ぶが，バクテリアや微小植物も加えて栄養段階に整理して計算した．捕食系との比較はできないが，上級栄養段階のものは捕食系とも結ばれているはずであり，したがって効率の計算などは困難であるが，生態系の全体を含めた膨大な分野が今後の解明を待っているといえる．

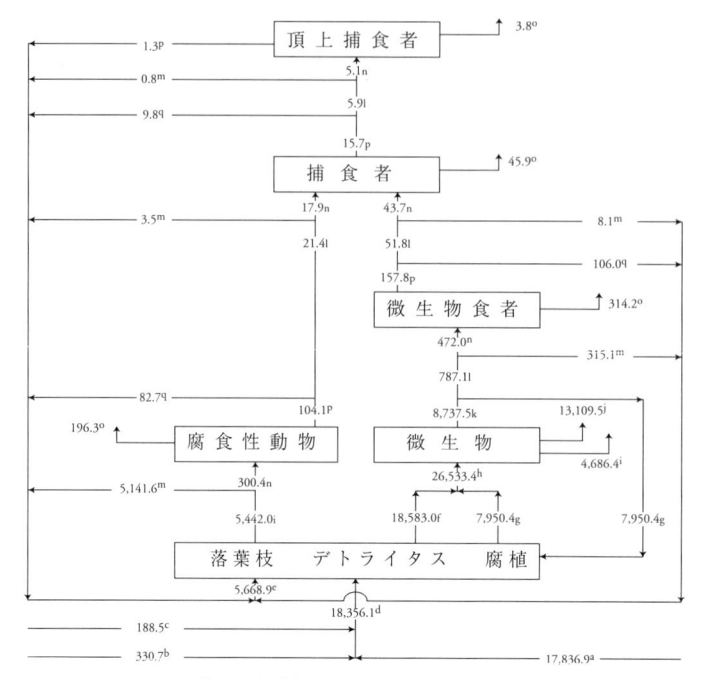

図10-25 デンマークのHestehaveブナ林の土壌群集内のエネルギーの流れ（kJ/m²/年）．a：落葉枝を通ずる流入，b：地上動物よりの流入，c：地下植食者・捕食者よりの流入，d：土壌への全流入，e：全動物を通ずる再循環，f：1次微生物の利用，g：微生物を通ずる再循環，h：全微生物の利用，i：微生物の維持，j：微生物の呼吸，k：微生物生産，l：動物の消費，m：動物の排泄，n：動物の同化，o：動物の呼吸，p：動物の生産，q：動物の捕食によらない死亡．[Petersen 1995]

10-8-3 栄養段階の構成改修と食物連鎖網の解きほぐし

　食物連鎖を栄養段階に整理すると，ある種の動物特に雑食性の動物はどうしても一つの段階に収まりきれない．その状況は渓流群集について図10-16に示したし，またSilver Springsの群集について図10-23に示した通りである．栄養段階間のエネルギーの流れを一本の流れにまとめようとすると，図10-23に示したスタンプ・ノッカーの場合のように，生体量の半分は上の段階に，半分は下の段階に属するものとして処理するというようなことも起こる．また特に食物網の中でエネルギーや物質が循環するという事態はしばしば起こるが，そのような場合の処理は，エネルギーや物質が直線的に流れる場合と違って大変困る．

　このような問題について，エネルギーや物質の流れに従って合理的に，生物種や生物群を，順次並んだ栄養段階のいずれかに属させる処理法はないかということで，まず提案したのはR. G. Wiegert & D. F. Owen（1971）であった．それは食物網の中の各種を，生体食者（Biophage）と死体食者（腐食者，Saprophage）とに分けて整理するというものであった[10]．この道に沿ってさらに研究を深めたのはR. G. Wiegert（1988）で，その考えを以下に紹介する．

　彼はまず図10-26のような食物網を考えた．このような食物網を栄養段階に整理するのに三つの原則を設けた．(1) 図の示すように，生体食者と死体または不同化（不消化）排泄物を食う死体食者が存在する．ここで死体食者には従属栄養微生物だけでなく死肉を食う大型動物も含まれている（区画6など）．(2) 食われたが同化（消化）できなかったエネルギーの

流れは，栄養段階を進めて考えるのではなく，もとの栄養段階の問題とする．(3) 生体食者と死体食者の系列の間には相互にエネルギーの交流を認める．すなわち生体食者は生きた死体食者を食い，また死体食者は生体食者の死体またはその死んだ細胞生産物を食う．このような設定で栄養段階を作ると図10-26となった．Wiegertはこのように処理して出来た栄養段階を改修栄養段階構成（Revised trophic scheme）と呼んだ．図10-26で区画6から区画5に至る流れ5単位は，区画6の不同化物の流れで，その内容には区画2（すなわち第2栄養段階）からの流れが10単位と区画3（すなわち第3栄養段階）からの流れが5単位の割合で寄与がある．前に述べた原則（2）によって，この5単位をその割合で分けて，第2栄養段階の自己ループ（Self-loop）に3.3単位，第3栄養段階のそれに1.7単位を当てる．こうして整理したものが図10-27である．この整理に基づいて改修栄養段階間のエネルギーの流れの割合を示したものが表10-5である．この表では図10-27の，$B_1 \to S_1$への流れ15単位と，$B_2 \to S_2$への流れ5単位は，同一段階内の流れであるから除いてある．

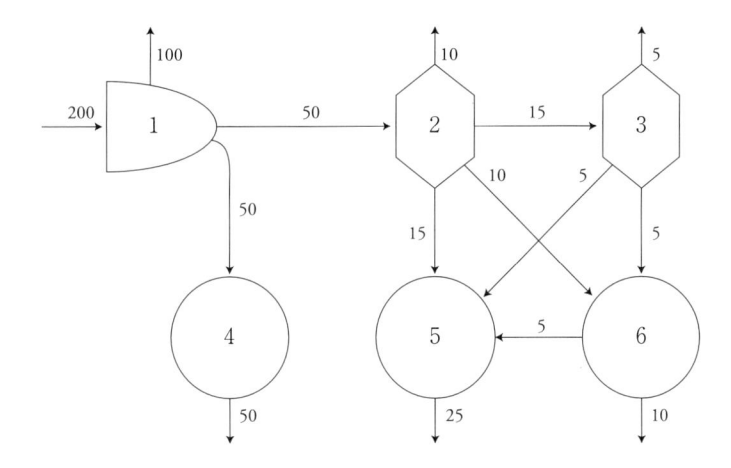

図10-26　仮想的食物網．
　　　　　1：1次生産者，2，3：生体食者，4，5，6：死体食者（生物の死体および不同化排出物を食う）．
　　　　　6は特に頂上消費者とする．矢印の数字：エネルギー流量．[Wiegert 1988を森改修]

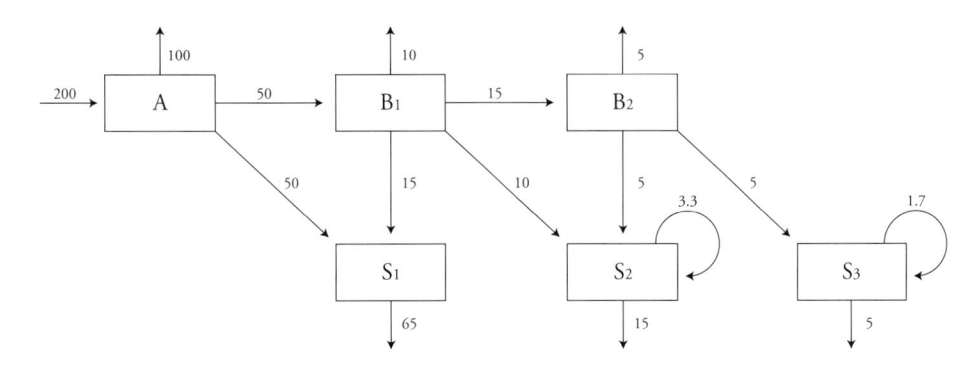

図10-27　図10-26の食物網を，栄養段階に整理して配列した図（改修栄養段階構成図）．
　　　　　A：1次生産者，B：生体食者，S：死体食者，S_3は死肉食者で頂上消費者である．S_2とS_3では自己回転するエネルギーがある．[Wiegert 1988]

336　第10章　生態系

以上のWiegertに続いて，この問題の処理にさらに一歩を進めたのはM. Higashi（東正彦）ほか（1991）である．それは食物連鎖関係を別の方法で解きほぐし，配列し直すやり方である．彼等はこの処理法を食物網の解きほぐし（Unfolding of food web）と称した．その例を図10-28および図10-29に示す．

この食物網解きほぐし法を具体的な生態系に適用するとどうなるか．その例をB. C. Patten（1985）の研究したカキ床（Oyster bedまたはOyster reef）の生態系の構造機能から引用する．まずその生態系の構造は図10-30のようになっている．この図でzは外部からの流入エネルギー，yは外部への流出エネルギーであり，$z = y_1 + y_2 + \cdots + y_6$という状況が10年間にわたり恒常に保たれていたと言う．

さてこの生態系の食物網を前記の方法で解きほぐすと，栄養段階は九つになった（Higashiほか，1991）．そのおのおのの現存量，総生産率および累進効率を示すと，表10-6のようになる．またその資料の主要部分を図に示すと図10-31のようになる．

表10-5　図10-27の異なった栄養段階間のエネルギーの流れる割合．同図の$B_1 \to S_1$および$B_2 \to S_2$の流れは，同一段内の流れであるから，この表には入っていない．

		改修栄養段階			
		I	II	III	IV
流	$O \to A$	200	—	—	—
	$A \to B_1$	—	50	—	—
	$A \to S_1$	—	50	—	—
れ	$B_1 \to B_2$	—	—	15	—
	$B_1 \to S_2$	—	—	10	—
	$B_2 \to S_3$	—	—	—	5
	計	200	100	25	5
	$O \to A$に対する割合	1	0.5	0.125	0.025

[Wiegert 1988]

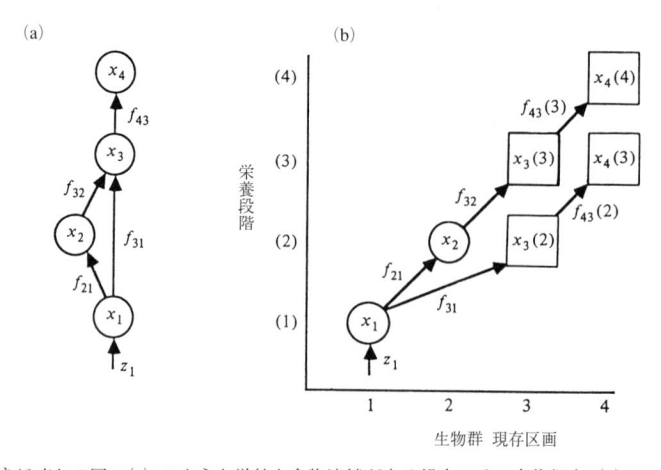

図10-28　食物網解きほぐしの図．(a)のような単純な食物連鎖がある場合，その食物網を(b)のように解きほぐして，各種群または生物群を各栄養段階に属させる図．x_n（$n=1,2\cdots\cdots$）：各種群または生物群の現存する区画（Compartment）．f_{ji}：x_iからx_jへのエネルギーの流量（$i<j$）．z_1：外部よりこの系へ入るエネルギーの流量．(b)図で，x_3生物群は二つに分かれ，x_2とともに第2栄養段階に入るものと，x_4とともに第3栄養段階に入るものとに解きほぐされる．x_4生物群についても同様の処理をする．[Higashiほか1991]

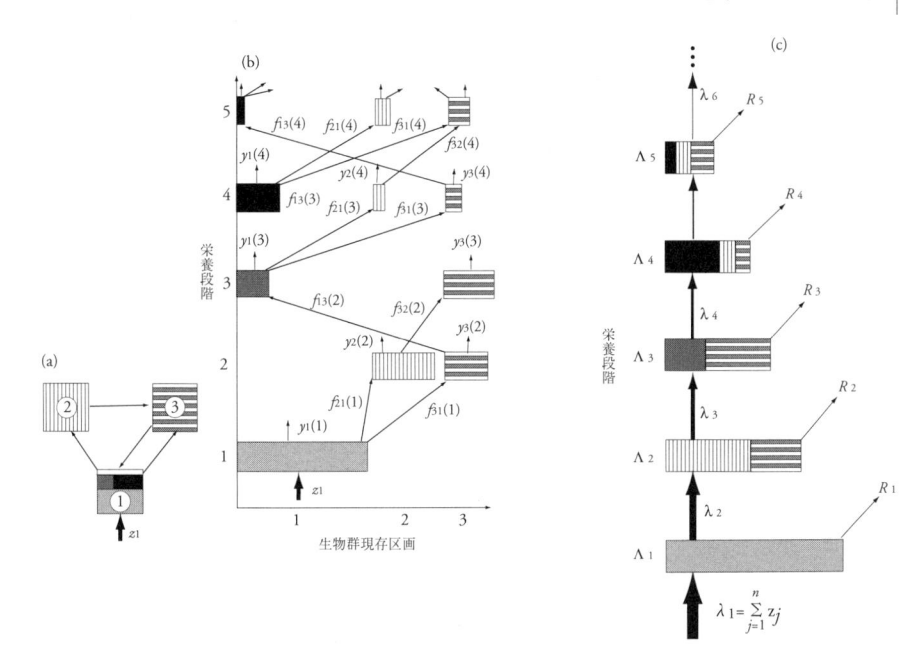

図 10-29 食物網解きほぐしの操作と結果．(a) エネルギーが系内を循環する場合の食物網．四角枠は現存する種群または生物群．この図で栄養段階は二つであるとも，三つであるとも考えられる．(b) 同上を解きほぐした図．図の模様で (a) 図との対応を考えられたい．y：呼吸消失量．その他の記号は図 10-28 に準ずる．( ) 内の数字は栄養段階の番号．(c) (b) を大まかな栄養段階に整理した図．Λ：現存量（例えば g/m^2），λ：総生産率（例えば g/m^2/日），R：呼吸・排泄・死亡による消失率（例えば g/m^2/日）．
[Higashi ほか 1991]

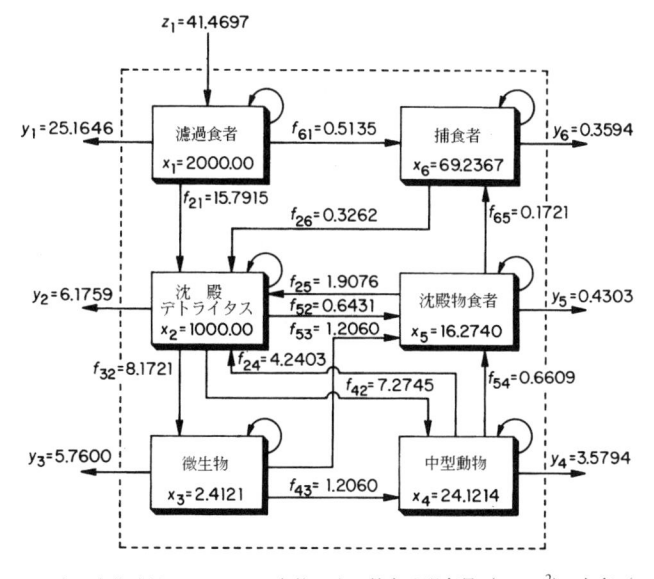

図 10-30 潮間帯のカキ床の食物連鎖のモデル．四角枠の中の数字は現存量（kcal/m^2），矢印（f で示し，13本ある）はエネルギーの流れ（kcal/m^2/日）．濾過食者：カキ・二枚貝，沈殿デトリタス：沈殿物中の有機物，微生物：バクテリア・菌類，中型動物：1mm目の篩（ふるい）を通るが0.063mmの篩は通らない動物，沈殿物食者：底土中の大型動物，捕食者：カニなど．点線枠はこのカキ床生態系．z：外部からの有機物エネルギー流入，y：呼吸などによる流出エネルギー（沈殿デトリタス区画のところの流出エネルギーは生物の呼吸によるもの以外のものも含む）．[Patten 1985]

表 10-6 潮間帯のカキ床生態系の食物網を解きほぐした場合の, 各栄養段階の現存量, 総生産力および移送効率.

解きほぐした 栄養段階 K	現存量 (kcal/m^2) Λ_k	総生産力 (kcal/m^2/日) λ_k	移送効率 λ_{k+1}/λ_k
1	2,000	41.47	0.393
2	761	16.31	0.714
3	30	11.66	0.452
4	145	5.25	0.713
5	77	3.74	0.561
6	34	2.10	0.584
7	27	1.23	0.614
8	14	0.75	0.578
9	9	0.44	0.597

[Higashi ほか 1991 より, 森 抜粋]

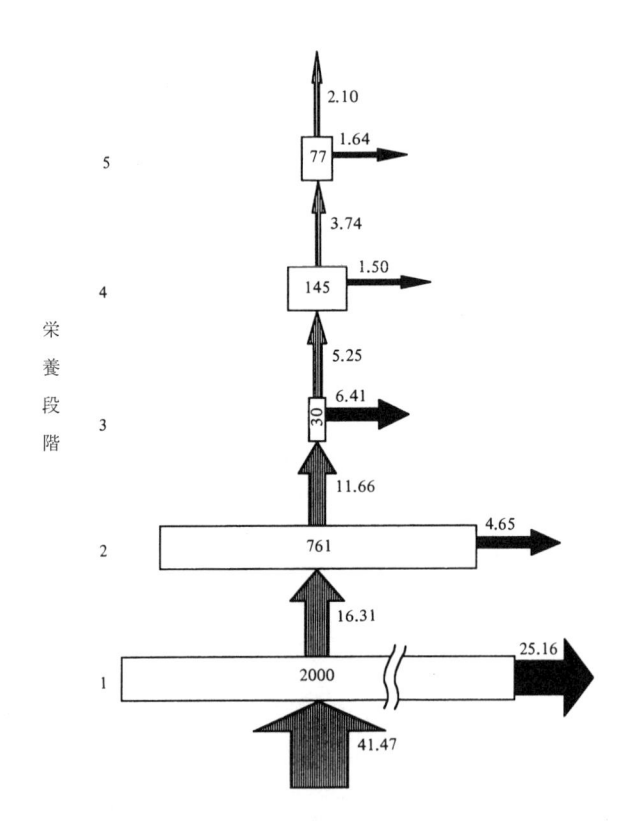

図 10-31 カキ床生態系の食物網を解きほぐした場合の大よその栄養段階. 枠内の値は現存量 (kcal/m^2), 縦の矢印は生態系内のエネルギーの流れ (kcal/m^2/日), 横の矢印は生態系外へのエネルギーの流れ.
[Higashi ほか 1991]

　これらの図表を見ると生態系内のエネルギーの流れは, 栄養段階が進むにつれて確実に値が小さくなっている. しかしその効率は累進的であるとは言えず, 必ずしも Lindeman (1942) の予想したようにはなっていない. また現在量は栄養段階が進むにつれてほぼ小さくなっていくが, 第3栄養段階が不調和に小さい. しかしエネルギーの流れは上に述べたように, この栄養段階を通る場合でも順序よく小さくなっていることは注目を要する.

いったい生態系の栄養段階はいくつぐらい存在するのか，あるいは存在しうるのか．寺本英（1993）は上記Higashiほか（1991）の食物網の解きほぐし法を用いて，この問題を理論的に研究した．彼は数理論を展開したが，その詳細は原著を参照していただくとして，ここでは結論だけを述べる．生産者の純生産速度を ε （これは無機環境条件に関係しているという意味で遷移軸と考える），消費者のエネルギー利用効率を γ （これはエネルギーの有効利用能力に対応した進化軸と考えられる）とし，この二つの要因を縦横軸とする組み合わせで，ピラミッド構造の成立の可否が判定できると考えた．その結果の一例を図10-32に示す．

図に示されたように，安定した栄養段階（解きほぐした）ピラミッド構造を持っている生態系から最高位の捕食者を除くと，崩れた形の1階層低い栄養段階を持った定常状態に変換する（図10-32のb〜d図の右から左へと移る）．逆に言えば，ピラミッド型の崩れた生態系では，さらに上位の捕食者が侵入して一つ栄養段階の多い定常ピラミッド型の階層構造の実現が可能であるという計算になる．そのことはこの図で示されているが，その点から見ると図10-31の栄養段階構造は不安定なものとなる．また γ と ε のある値のもとで系全体の総生体量について見ると，栄養段階数の多いものほどそれが一般に大きいとは言えないことになる．さらにまた γ がある限定された値を持つなら，ε がたとえどのように大きくなっても栄養段階の階数（すなわち食物連鎖の長さ）にはある上限があり，逆に γ がいかに大きくなっても，栄養段階の階数は ε の値によって限定されるという結果となった．

以上のように食物網の解きほぐし法によるエネルギーの流れからみる生態系構造の研究は，まだ初期の段階であるが，将来の大きい発展の可能性を秘めていると言える．

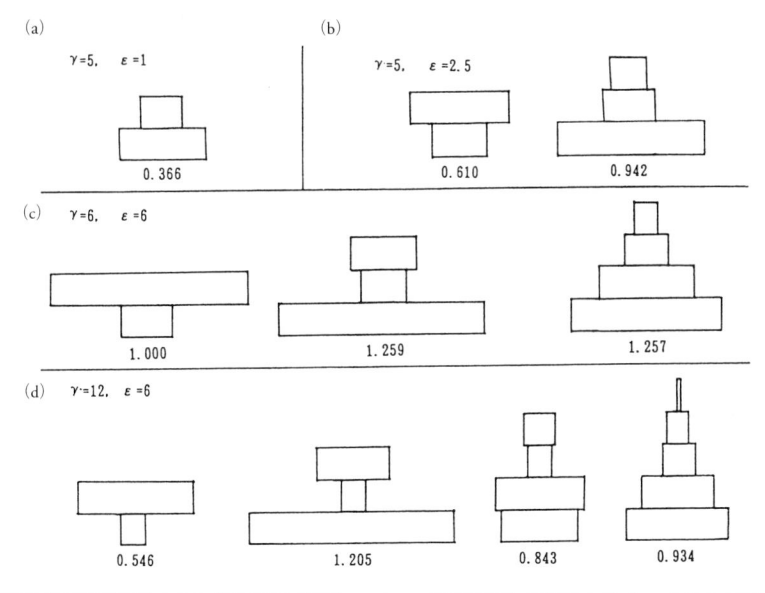

図10-32 定常な栄養段階に対する生体量分布の諸型．γ と ε （本文参照）に各種の値（a〜d図の上端に示す）を与えた場合，その条件下で可能な階層数をもった定常な栄養段階（解きほぐしたもの）について，各階層が持っているエネルギー生体量の相対的大きさを計算した結果を示した図．図形の下に示してある数値は，全生体量の値とする．[寺本 1993]

10-9 生態系における物質の循環

10-9-1 はじめに

生態系概念の有用性を示す重要な側面として，食物連鎖と非生物環境をめぐる物質の循環の事実がよく理解できる点がある．炭素や窒素をはじめとして，生物の存在を支える諸物質は生態系の中を巡ってとどまることがない．生態系概念の根幹の一つがここにある．その中で重要な役割を担うわりにあまり知られていない微生物の働きについて，小柳津広志ほか（1996）が分かりやすい解説を行っているのは参考になる．

10-9-2 若干の物質の循環

以下では生物の生存に必須の若干の物質について，その循環の様子を見ることにしたい．

(a) 炭素（C）

炭素は言うまでもなく生物体を構成する最重要元素の一つである．緑色植物が空気中（または水中）の炭酸ガスを取り入れて炭水化物を合成し，この有機物が基となって生物界を流れ，また非生物環境に還って循環を繰り返す．その流路にはいろいろの模式が考えられているが，図10-33はその一つを示したものである．

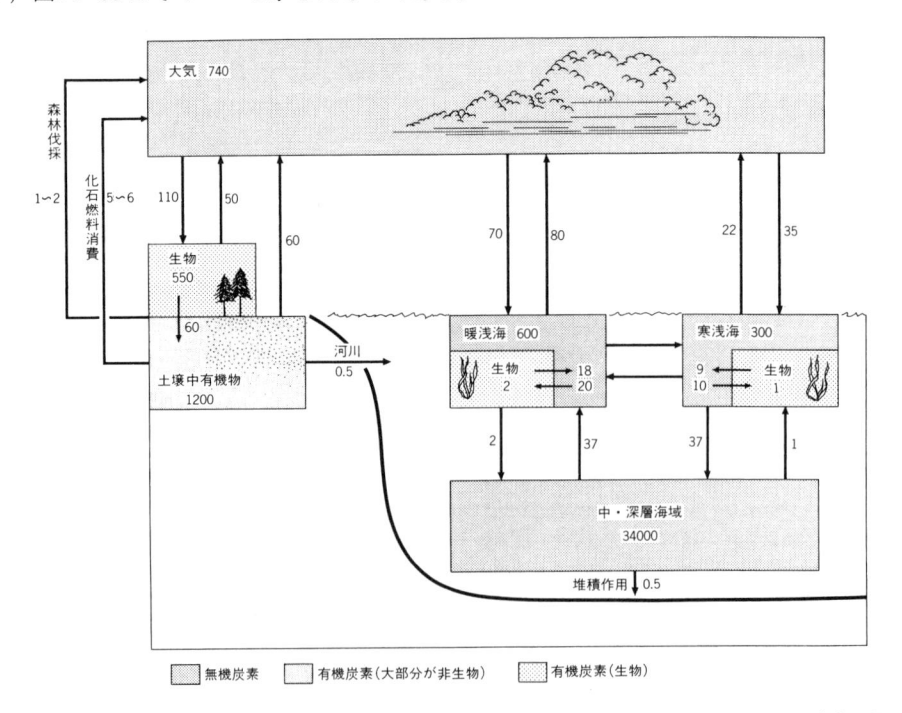

図10-33 地球生態系の炭素循環の模式図．海底堆積物や地中の石灰岩などについては，図に示した炭素に比べると桁違いに長い時間スケールで動いているので，ここでは省略．枠内の数字：炭素現存量（単位は10^9トン）．矢印：炭素流動量（単位は10^9トン/年）．浅海は200m（付近に水温躍層あり）以浅の海域．
[Moore & Bolin 1986/87 に基づき，高橋 1992 作図に，森 加筆]

この図で見ると，大気中に炭酸ガスとして7,400億トン，陸上植物体の有機物として5,500億トン，土壌中に大部分が有機物として1.2兆トンが存在している．また海では，主として無機物の重炭酸イオン（90％），炭酸イオン（10％），炭酸ガス（0.5％）の形で，200m以浅の暖海に6,000億トン，寒海に3,000億トンが溶けている．また200m以深の海には莫大な量があり，34兆トンにも達すると思われる．しかし海の生物現存量は少なく，暖海に20億トン，寒海に10億トン，計30億トンにすぎない．また海水中には生物体以外にも有機物の形で炭素が分布しており，その量は1兆トンくらいもあるかと思われるが，確かでないので省略してある．

このようにして現存している炭素の動きはどうか．陸上植物の光合成による固定量は年間（以下略）1,100億トン，そのうち植物の呼吸や植食動物を経て地上で炭酸ガスに還る量が500億トン，残りの600億トンは土壌中で微生物などを経て炭酸ガスに分解されていると思われる．植物体を作っている分解しにくいリグニン，セルロースなどの炭素の循環時間は，数十～数百年を要すると思われる．

海に関係した流れは図にあるように，暖海と寒海を併せて，空気中からの呼吸と放出の差し引きをすると，年間30億トンの炭酸ガスが大気から海に入っていることになる．特に寒海で吸収された炭酸ガスの一部は深層まで沈み，深層大循環流（図10-12）に乗って暖海に移動し，やがて表層に浮上するが，その流動量は炭素として年間370億トンと推測されている．こうして寒海で沈んだものが暖海で浮上するまでに，平均で数百～数千年の時間がかかると考えられる．

海洋で生物によって固定される炭酸ガス量は，暖海と寒海併せて300億トンで，そのうち270億トンはすぐに炭酸ガスに分解される．

年間生産量を生物量で割った回転速度は，陸上植物で0.6，海の生物で14となり，後者が23倍の速い速度で回転していることになる．これは陸上植物が大量の分解しにくい組織を持つのに比べて，海洋植物の体の大部分は分解しやすい組織で出来ているからである．

要するに地球生態系における炭素の流転とは，総重量約38兆トンの炭素が，いろいろの形をとって流動している姿ということが出来る．なお地中埋蔵の石炭・石油・天然ガスの中の炭素量の推定は10兆トン，地殻中の炭酸塩などの中には推定60,000兆トンがあるという説もある．

なお炭素の流転に関するその他の事項については，高橋正征，1992；瀬戸昌之，1992，等を参照されたい．

(b) 窒素（N）

窒素は言うまでもなく生物体を構成する必須元素で，栄養源としての重要さは古くから知られてきた．そして地球生態系におけるその循環の模式は多くの様式が考えられてきた．ところが不思議なことに，循環路中の各種のプール（例えば空気中，生物体中，堆積物中など）にどれくらいの量があるのか，またそれらのプールの間の移動速度などはどうなっているのか，などという地球生態系における具体的な資料については，前項の炭素などと違って，よく知られていない．その中でやや古い資料であるが，具体的数値をつけたC. C. Delwiche (1970)のものがあるので，図10-34に掲げる．なお単なる循環模式については，E. P. Odum (1971)，P. R. Ehrlich & J. Roughgarden (1987)，瀬戸昌之（1992），R. L. & T. M Smith (1998)等の教科書を参照されたい．皆それぞれに工夫した図が見られる．

空気中のNO$_x$濃度は酸性雨の原因として重要であるが，そのうちNO$_2$濃度は最近多少減少したが，大局的には大きい変化はない．

以上は地球生態系の中の窒素の状況を説明したものであるが，もちろん地域の生態系ではもっと細かい配慮の下に調べる必要がある．図10-35は琵琶湖の北湖の塩津湾内の生態系における窒素の分布とその循環の様子を示したものである．これは国際生物学事業計画（IBP）の研究として，その琵琶湖研究班の行った仕事である．琵琶湖では夏は表層が28℃前後になるが，底層は7℃前後で，深さ10〜15mの付近に水温躍層が出来る．表層と底層の水はこの水温躍層を境として，普通混じることはない．しかし冬には全層が6〜7℃となって，水は全層を循環する．調査を行った7月は夏の状態であり，11月は全層同一水温とまではなっていないが，水は全層に循環している．

一方動物プランクトンの主要種である甲殻類の*Eodiaptomus japonicus*，*Cyclops vicinus*，*Diaphanosoma brachyurum* などは昼夜移動するが，その動く範囲は夏には水温躍層を突き抜けて移動することはない．しかし冬には水温躍層がないので全層に動く．

このような水温躍層の存在や動物プランクトンの行動を考えに入れて，塩津湾沖部生態系の窒素の動態を図に示した．調査は1969年11月から1972年11月まで，毎年夏7月と初冬11月（12月）に，水深約40mの所で行った．図にはそのうち1971年と1972年の結果だけを示す（S. Mori, 1975; Mori ほか，1984）．

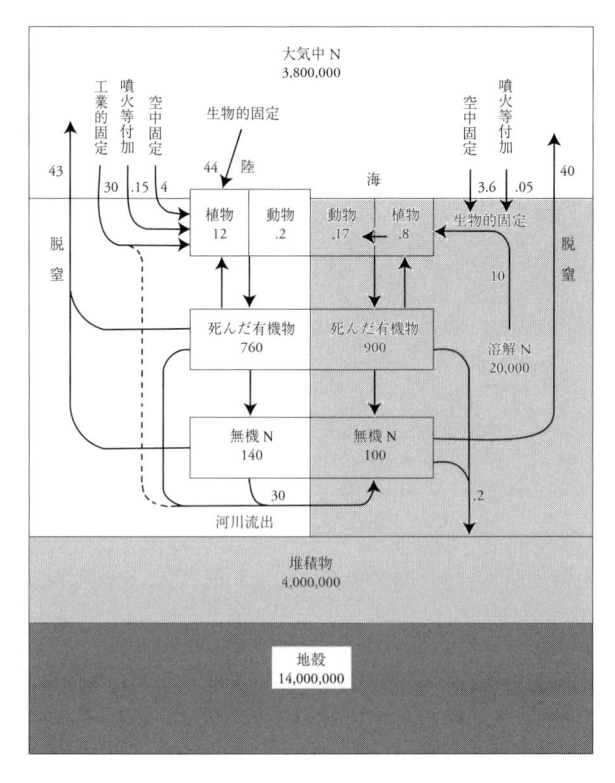

図10-34　地球生態系中の窒素の分布（枠内数字，単位10億トン）および窒素の移動（矢印，単位100万トン/年）．極く大まかな骨子を示すもので，例えば海に関する空中固定や生物的固定の数字は10%前後の誤差があると思われる．[Delwiche 1970]

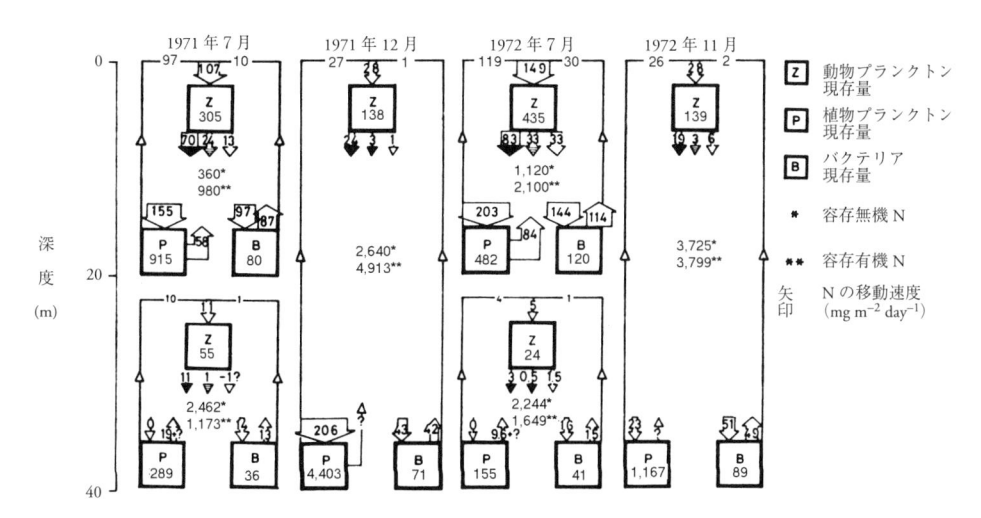

図10-35 琵琶湖北湖の塩津湾における窒素の分布とその移動．1971年7月，12月および1972年7月，11月の状況を示す．動物プランクトン，植物プランクトンおよびバクテリアが群集の主要構成要素である．夏は水温躍層の存在によって水塊が二分されるが，冬は水温躍層がなく全水層が循環する．
[種々の資料に基づき，Mori 1975；Moriほか 1984]

　この図から次のようなことが分かる．1）植物プランクトン，動物プランクトン，バクテリアの中の窒素の現存量比はおよそ17：3：1であり，植物プランクトンの中に圧倒的に多い．2）塩津湾生態系の生物要素の間を巡る窒素の代謝回転率（Turnover rate）は，夏にはほぼ5日，冬には20日である．3）動物プランクトンの排泄，排出，死亡による窒素供給だけでは植物プランクトンとバクテリアの要求を満たし切れない．これには生態系のもっと多くの要素や，他系からの流入・流出をも含めた窒素循環の全体像の中で考えねばならない．

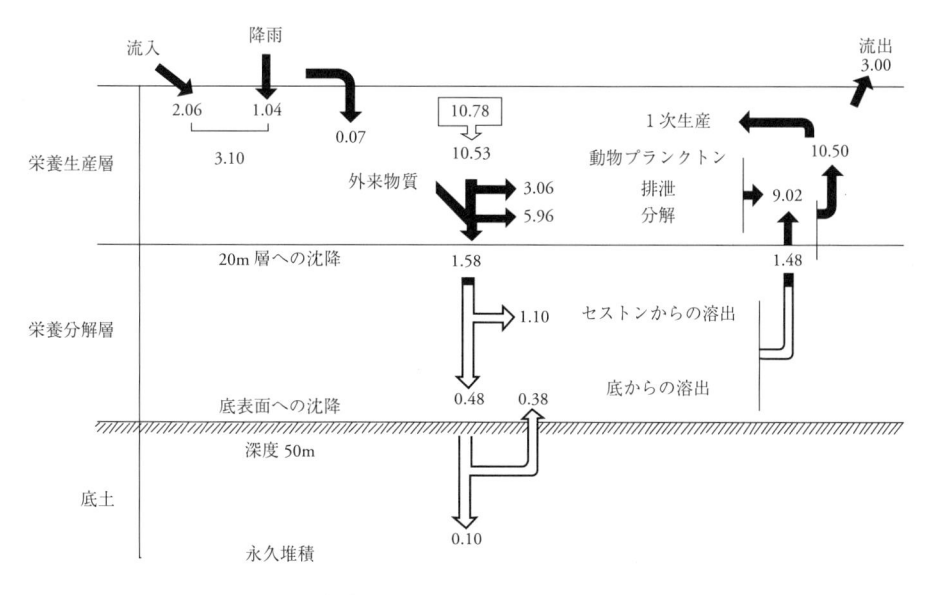

図10-36 琵琶湖の沖部生態系におけるおおまかな窒素循環の様子．単位は$g/m^2/$年．
[西条ほか 1966；Saijo & Sakamoto 1970]

琵琶湖におけるそのような全体像をかいた例がある．少し古い資料で，今では諸要素に変更があるはずであるが，研究の具体例として図10-36に掲げておく［西条八束ほか，1966; Y. Saijo & M. Sakamoto（坂本充），1970］．これで見ると植物プランクトンによって合成された窒素の約90％は，20m以浅の栄養生産層（Trophogenic layer）で分解され，その層内で循環し，約10％が分解層（Tropholytic layer）に沈降し，さらに約1％が底土上に沈積するというおおまかな像が描ける．

以上は沖部生態系を中心に琵琶湖の窒素循環の全体状況を見たのであるが，しかし沿岸帯生態系について見るとまた地域特有の状況がある．T. Miura（三浦泰蔵）ほか（1976, 1978）は，1974年当時に琵琶湖一円に大繁殖していたオオカナダモ（*Elodea densa*）群落中の窒素代謝を研究した．窒素の最も大きい流れはこの植物自体が死滅分解して出来る窒素を利用して再生産する流れであるが，その状況は表10-7のようになった．これで見ると春には自給体制にあるが，夏6，7月になるとその量だけでは足らない．ところがその補給が，その群落中に棲んでいるエビ類（ヌマエビ *Paratya compressa*，テナガエビ *Macrobrachium nipponensis*，スジエビ *Palaemon paucidens*）や巻貝類（ヒメタニシ *Sinotaia histrica*，イボカワニナ *Semisulcospira decipiens*）の排泄する窒素を計算に入れると，収支がほぼ成り立つことが分かった．その状況を図10-37に示す．

表10-7 密生したオオカナダモ群落において，その利用する窒素が，自身の死滅分解した資源だけに頼ると考えた場合の収支計算（mgN/m²/日）．

1974年	オオカナダモによる要求量	オオカナダモの死滅による供給量	収支
3月	116	195	79
4月	191	263	72
5月	318	334	16
6月	484	382	−102
7月	188	140	−48

［Miura ほか 1976］

(c) 燐（P）

燐もまた核酸，骨，ATPなどの構成要素として生物の存在に必須の元素である．この元素は空気中にはなく，またその化合物を含めて蒸発することもないので，循環路は大変閉ざされたものとなっている．燐の生物体中の含量は，乾量にして木本の約0.01％，草本の約0.3％，動物や微生物では約1～3％である．また土壌中には平均して1,000mg/kg，陸水中には0.02mg/ℓ，海水中には0.07mg/ℓ程度含まれている．燐の供給源は地中の燐灰石（Apatite）で，その風化，浸食，流出，人工による掘り出しなどによって放出され，植物が利用し，また海に流出する．海では動物の骨や貝殻，または魚から海鳥を経てグアノ（p.57参照）ともなって循環する．

燐化合物は溶けにくいので，地球生態系における燐の循環速度は大変遅く，生物学的と言うよりむしろ地質学的時間で進行する．したがってしばしば植物の生長を制御する臨界物質となる．

その循環模式の例を図10-38に示す（P. R. Ehrlichほか，1977; Ehrlich & J. Roughgarden, 1987）．

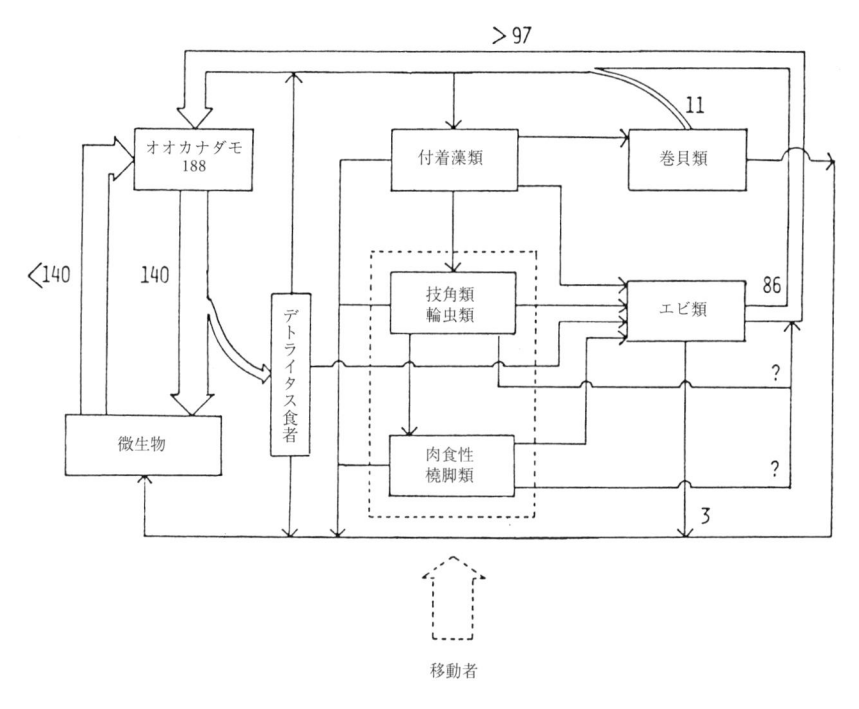

図 10-37　琵琶湖沿岸のオオカナダモ群落をめぐる生態系における主要な窒素循環図（1974年7月の状況）．四角枠内：現存量（mgN/m^2）．矢印：窒素の流れ（mgN/m^2/日）．いずれも分かっているものだけ数字を記入したが，大きい流れは理解できる．[Miura ほか 1978]

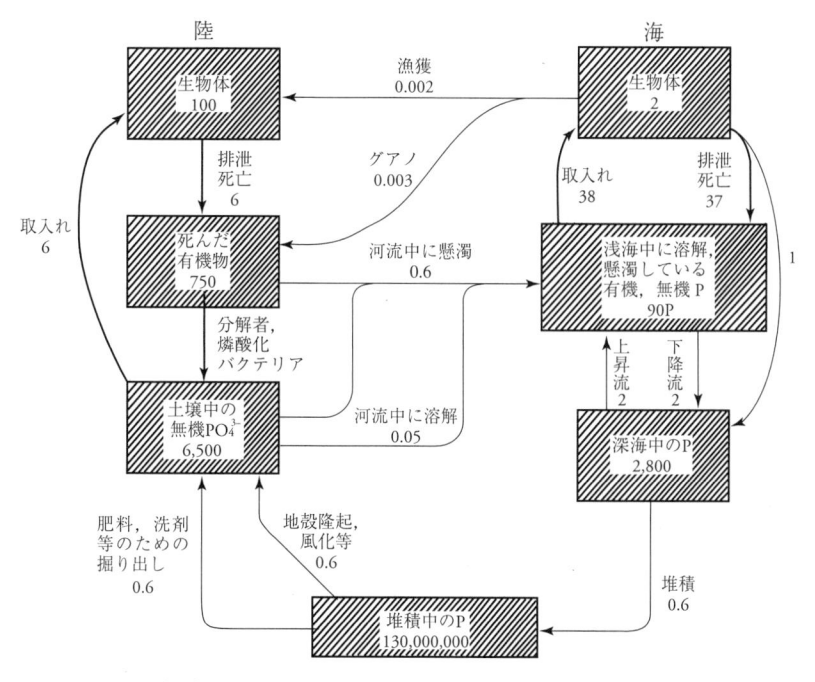

図 10-38　地球生態系中の大まかな燐の循環模式図．
　　　　　角枠内：現存量（単位 10^{12} mol P）．矢印：流れ（単位 10^{12} mol／年）[Ehrlich ほか 1977]

なお燐や窒素の循環を考える場合，漁獲によるものなどを除く自然の海から陸への回帰については，ともすれば注目されにくいが（グアノを通ずるものなどは知られているが），遡上する魚類を通じる道が，対象地域によっては無視できないことが，室田武（1995）の総説によって示された．例えば Alaska の Illiamna 湖への燐流入量（292トン/年）の58％が産卵のため遡上したベニザケ（*Oncorhynchus nerka*）の死体によるという報告（J. R. Donaldson, 1966）があるなどの諸事実が指摘されている．

またH. Tiessen（1995）はICSUの事業であるSCOPEの1987～1993年にわたる世界の研究をまとめたが，燐循環に関する知識の現状がよく説明されている．その中で特に N, C, S との密接な相互連関と人間の関与について強調されているのは注目に値する．

(d) 硫黄（S）

硫黄は蛋白質の組成に欠かせないもので，気体状態を循環路の中に持つ点でも窒素と似ている．ただし窒素ほど膨大な大気蓄積はない．硫黄の存在量はごく大まかに言って，土壌中に平均して400mg/kg，陸水中に4mg/ℓ，海水中に900mg/ℓ含まれている．ただし最近の酸性雨等の影響で，特に土壌や陸水中の値に多少の変動があるのは事実である．さらに大気中の硫黄量も化石燃料の消費の実態によって大きく変動している．例えば，SO_2の大気中の濃度は1960年代後半には 50ppbv であったのに，1980年代には 10ppbv にまで減少した（村野健太郎, 1993）．ただしこれらの環境問題については今回は触れないでおく．

地球生態系における硫黄の循環模式を図10-39に示す（Ehrlichほか, 1977）．硫黄は燐と違って割合に移動しやすいので（大気中のSO_2滞留時間は数日），植物の代謝制限要因にはなり難い，むしろ公害を引き起こす物質となるくらいである．なお硫黄循環に関する研究は，その重要さにもかかわらず，炭素，窒素，燐に比べて著しく少ないが，微生物が関与するその循環についての S. Takakuwa（高桑進, 1992）の総合文献は参考になる．

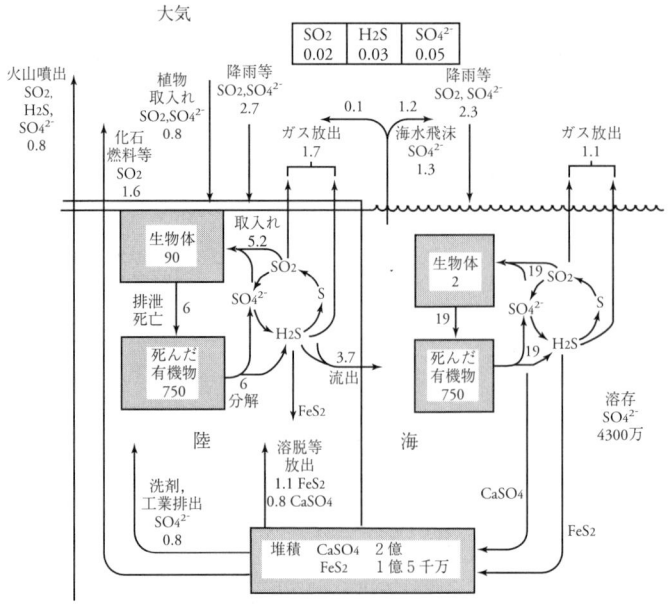

図10-39 地球生態系中の硫黄の循環．
現存量の単位：10^{12}モル (S)．矢印の流れの単位：10^{12}モル/年．[Ehrlichほか 1977]

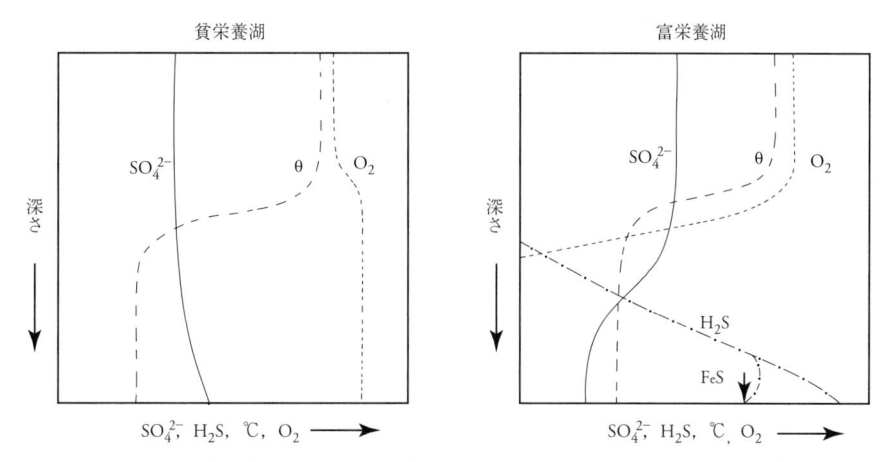

図10-40 生産力の小さい湖（貧栄養湖）と大きい湖（富栄養湖）における硫黄化合物の分布状態．[Wetzel 1983]

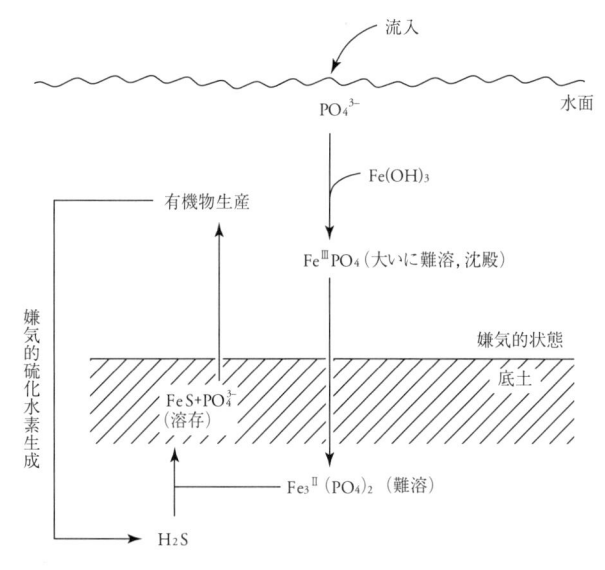

図10-41 湖沼底層の燐の循環における鉄と硫黄の役割．[瀬戸1993に基づき，森加筆]

(e) 鉄（Fe）

鉄は生物体にとってヘモグロビン，チトクローム，ある種の酵素などの構成要素として重要な元素である．しかしこの元素は地球上に大量に存在するので，普通にはそれ自体では生活の制限要因となることはない．おおまかな存在量は，土壌中に約50,000mg/kg，陸水中に約0.005mg/ℓ，海水中に約0.003mg/ℓということになっている（瀬戸，1993）．

その重要な役割の一つとして湖沼の富栄養化に関係することがある（R. G. Wetzel, 1983）．湖沼ではプランクトンその他の有機物が底に沈み，腐敗分解して酸素を消費し，還元状態となって硫化水素を発生する．特に夏季成層している時には水が循環せず，表層の酸素を豊富に含む水が下層まで来ないので，そのような状況が発生する．そのような時，底に沈殿していた還元状態の燐酸化鉄［$Fe_3(PO_4)_2$］が硫化水素（H_2S）と反応して，一方において硫化鉄

(FeS) を生じ沈殿するが，他方において 3 価の燐酸イオン（PO_4^{3-}）を遊離して水中に燐資源を溶出する．季節が進み成層が解けて水が循環するようになると，この燐は生産層まで運ばれ，植物プランクトンの大増殖を起こす．しかし同時に酸素が底層まで運ばれ，その付近が酸化状態の方へ進むので，溶けていた燐酸イオン（PO_4^{3-}）は水酸化鉄 [$Fe(OH)_3$] と化合して難溶性の燐酸化鉄 [$Fe_3(PO_4)_2$] となって沈殿する．こうして循環が繰り返されるが，この過程は時間スケールを長くとると，また富栄養化（Eutrophication）進行の過程でもある．富栄誉化した湖沼では底層に酸素が乏しく，燐は沈殿しにくく，植物が大増殖することになるのである．なおこの過程は鉄の他にマンガン（Mn）もまた同じように関係する．その状況を図 10 - 40 および図 10 - 41 に示す．

(f) C：N 比など

生物体および土壌等の C：N 比は，生態系の中の物質循環の実態を知る上で非常に重要な指標となる．植物体の C：N 比は普通 40 〜 100：1 であるが，これに比べてバクテリア，菌，デトライタス食者，植食者，肉食者などの従属栄養生活者はおしなべて 8 〜 10：1 である（Begon ほか, 1996）．水中生物については懸濁粒状物（Seston）で 5 〜 16：1，プランクトン甲殻類で 5：1 という値も出ている［占部城太郎, 1992a, b; J. Urabe & Y. Watanabe（渡辺泰徳）, 1992］．植物体には炭水化物が多く，中でもセルロース（Cellulose）やリグニン（Lignin）は植食者には普通直接には消化できない物質である．つまり 1 次消費者は植物体組成元素の中から窒素をより多く選択して食べるために，食物となる植物をたくさん食べねばならないということになる．したがって植食者の糞の中には炭素が多く含まれるが，肉食者の糞の中にはその割合が少ない．このこともある生態系の栄養段階を考える時，1 次生産者の生体量よりも消費者の生体量が次第に小さくなるという現象の一つの原因となる．若干の生物の体を構成する物質の割合を図 10 - 42 に示す．これで見ると木材よりは葉の方が蛋白質（つまり窒素）の比較量が多く，炭水化物や繊維質（つまり炭素）の量が少ない．菌や豆は蛋白質の比較量がさらに多い．魚や牛になると蛋白質や脂肪の量が著しく多く，炭水化物の比較量は大いに減っている．

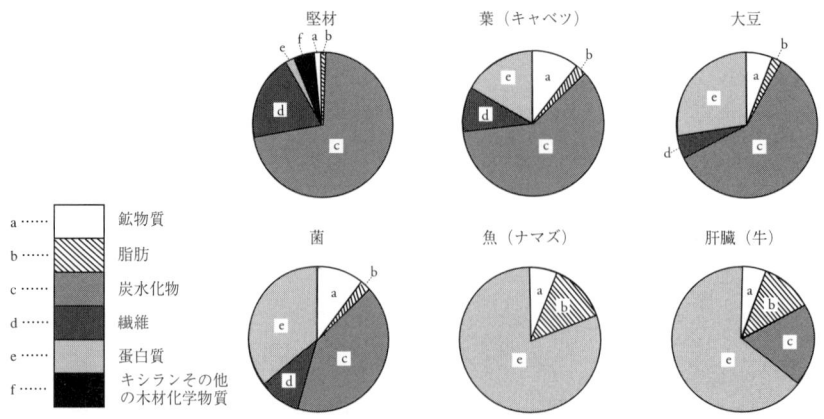

図 10 - 42　若干の生物体またはその部分の化学成分の構成概念図．［諸種のデータから Begon ほか 1996，より抜粋］

このような事情があるので，今ある生態系の中の微生物の生長を考えて見ると，同じ量の微生物が植物（遺）体を食って生産される場合には，動物（遺）体を食って生産される場合に比べて，大変多くの食物量を必要とすることになる．また水中生物の橈脚類（Copepoda）

が窒素含量の少ない食物を採った場合には，その餌から窒素を必要量だけ取り入れるために，消化管内の食物滞留時間を長くするという現象も考えられると言う（占部, 1992）．

ちなみに橈脚類の *Diaptomus kenai* が，食物として与えた緑藻の *Selenastrum minutum* の窒素含量の多い細胞を，その少ない細胞よりも余計に選択してとるという報告もある（N. M. Butler ほか, 1989）．

要するに植物などのC：N比の大きい餌を食う場合には能率が悪く，時間がかかり，それだけ生産効率が落ちる．動物が動物を食う場合には，C：N比はほぼ似ているので，能率がよく，生長に必要な代謝過程は速やかに進行する．

このような事情は燐についても窒素と同じように考えられている（占部, 1992）．その結果，動物プランクトン優先種が燐の要求度の高いミジンコ類（主として *Daphnia*，*Holopedium* からなる）から窒素要求度の高い橈脚類（主として *Tropocyclops* からなる）へ変化すると，藻類の種類組成だけでなくその生長速度を律する元素も燐から窒素へ変化すると言う（J. J. Elser ほか, 1988）．

土壌のC：N比は10：1前後で恒常に保たれていると言う．もし乾物重量に占める窒素の割合が1.3％以下の物質を土壌に加えると（例えば落葉樹の窒素量 0.1〜0.6 %），アンモニアガス（NH_3）が吸収され，1.8％以上の物質を加えると（例えば菌類は 1.3〜3.6 %，デトリタス食者は 5.8〜10.8 %），アンモニアガスは放出される．こうして土壌のC：N比は一定に保たれるとされる（Begon ほか, 1996）．

ここで注目すべき事実として，生態系の中でC：N比問題の解決に一つの活路を見出して，新しいニッチを開いたとされるシロアリ類（Isoptera 目）に関するC：N比問題について述べたい（安部琢哉・東正彦, 1992; 安部琢哉, 1995）．いずれの生物の細胞原形質のC：N比はおよそ5：1であるのに，植物遺体ではそれが100以上にもなる場合がある．したがって植物遺体を食べて生きているシロアリ類は，植物のC：N比を変更して自分の体のC：N比に近づける何か特別の手段を講じねばならない．その手段には二つ，窒素を付け加えるか，炭素を選択的に除くか，がある．シロアリではまず窒素を付け加えるのに，腸中に寄生している窒素固定バクテリアの作用で空中窒素を固定してこれを利用し，また自身の出す排泄物中に含まれる窒素を共生するバクテリアや菌によって同化（アミノ酸合成）して取り入れる道をとっている．空中窒素の固定利用に関して，I. Tayasu（陀安一郎, 1997）が食材性のコウシュウシロアリ *Neotermes koshunensis* について調べたところ，体の構成窒素量の実に30〜60％が腸中共生バクテリアによる固定由来のものであった．また炭素を取り除くためには，やはり共生するバクテリアや菌類の作用で炭酸ガスやメタンガス（CH_4）の形で放出している．その状況を図10 - 43に示す．なおこのメタンガス排出の率（単位体重・時間あたり）は，シロアリ類が進化するに従って，すなわち材食性から土壌食性（腐食性）に進化するに従って，増大することが知られている〔A. Sugimoto（杉本敦子）ほか, 1998〕．またこの傾向は体組織の構成要素 $\delta^{13}C$ 量についても認められ，土壌食性のものには材食性の者よりも多量に含まれている（I. Tayasu, 1998）．

なお造礁サンゴおよび共生褐色藻類，さらにそこに棲む魚類やプランクトンなどを含めたサンゴ礁生態系全体としてのC：Nバランスについて，サンゴ骨格（$CaCO_3$）の生長と関係づけて，東正彦・安部琢哉（1992）は論考した．とにかく生態系が存在していくためにはC：Nバランスの保持は必須の要件で，進化の過程におけるその実現の様子は十分に注目していかなければならない．

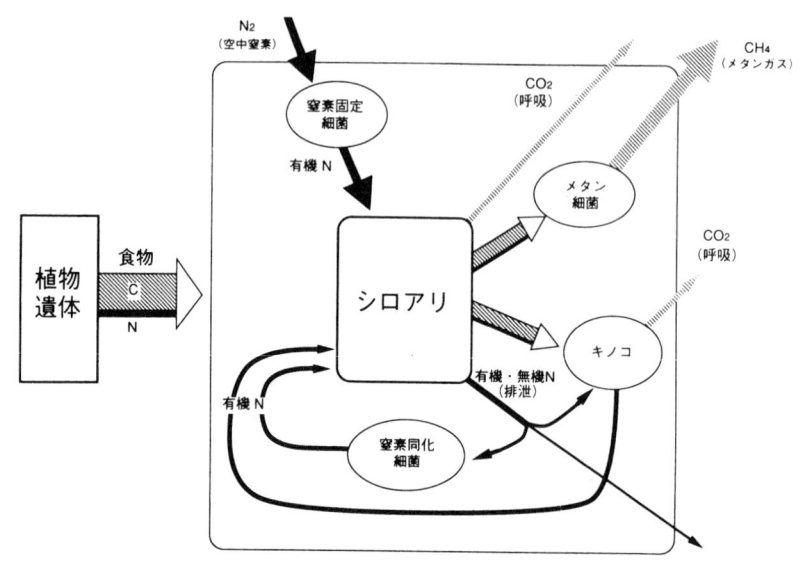

図10-43　シロアリ共生系——シロアリ類の C：N 平衡を維持するための機構．窒素の付加取入れと炭素の排出を，いずれも寄生または共生するバクテリアと菌類の協力で行い，C：N 比の平衡を調整している．
　　　　［安部・東 1992］

　以上のような生態系を構成する生物種の元素の存在状態や流転状態を詳しく考えに入れた動的研究は，今ようやく始まろうとしている段階にあると言える．どこまで細かく入るか，どこは大まかな暗箱状態で考えておいてよいのか，知ろうとする目的と使いうる技術との兼ね合いで，研究はさらに難しい段階に入って行こうとしていると言える．

　以上 C：N 比について述べたが，これに燐（P）を加えて，C：N：P 比の問題も生態学で重要視されるようになってきた．そのきっかけを作ったのはA. C. Redfield ほか（1963）で，彼らは海洋植物プランクトンの C：N：P のモル比が 106：16：1（重量比≒40：7：1）となっていると述べた．しかしその後この比と食い違う場合がしばしば見出され，その機構をめぐって研究論議が行われてきた．例えば盛夏の琵琶湖北湖の植物プランクトンの C：N：P 重量比は 200：20：1 が観測され，Redfield 比から見ると著しくP不足であり，これが琵琶湖生態系全体のP不足の現象と結び付いていることが分かった［Y. Tezuka（手塚泰彦），1985］．しかしここでは C：N：P 比の問題については詳しくは省略する．興味ある読者は，手塚泰彦（1992），小川吉夫（1992），占部城太郎（1992a, b），松田治（1992）等による総論および引用された文献等を参照されたい．これらは水域生態系を取り扱ったものであるが，この方面の研究の現状には十分触れることが出来ると思う．

　なお N：P 比だけの問題についてであるが，霞ヶ浦のプランクトン群集の変遷の原因に関する研究が N. Fujimoto（藤本尚志）ほか（1995）によって発表された．霞ヶ浦では1970年頃から *Microcystis* が大増殖して水の華を作ったが，1975年頃から *Microcystis* が減少し，代わって *Phormidium* や *Oscillatoria* のような糸状藍藻が増大した．彼らはこの原因を霞ヶ浦周辺の無燐洗剤の使用その他の原因に伴う窒素の相対比の増大に求め，実験を行った．その結果，N：P 比が小さく（例えば5）かつ高温（例えば 30℃）環境では *Microcystis aeruginosa* が優勢になるが，N：P 比がより大きく（例えば 40）かつ低温（例えば 20℃）環境では *Phormidium tenue* が優勢になるという事実を得て，予想を確かめ得たと考えた．

上例は植物の生長に関する問題であるが，その植物体のP：C比がさらに植食動物の生長率に影響を及ぼす事実が知られている．J. Urabe（占部城太郎）& R. W. Sterner（1996）は緑藻プランクトン *Scenedesmus acutus* とそれを食う動物プランクトン *Daphnia obtusa* の生長の関係を調べた．彼らはまず，図10-44のようなモデルを考え，その真実性をいろいろの実験で確かめた．この環境液中には栄養物としてNは常に十分にあるようにして，Pの量を調節した．光が弱い状態では藻類の生長は光に制限されるが，光が強くなるに従って生長量は増える．これに従って動物の生長率も上がる．しかし次第にP：C比が減少すると，藻類量は増え続けるのに，動物の生長率は落ちる．*Daphnia* の最大生長率はP：C比が 0.0032 ぐらいのところにあり，それよりもこの比が減ると *Daphnia* の生長率は落ちる．彼らはこの結果は栄養段階に伴う累進効率を考える場合（本章8節2項参照），重大な影響を及ぼす可能性があることを指摘したが，累進効率問題はさらに複雑さを加えてきたと言える．

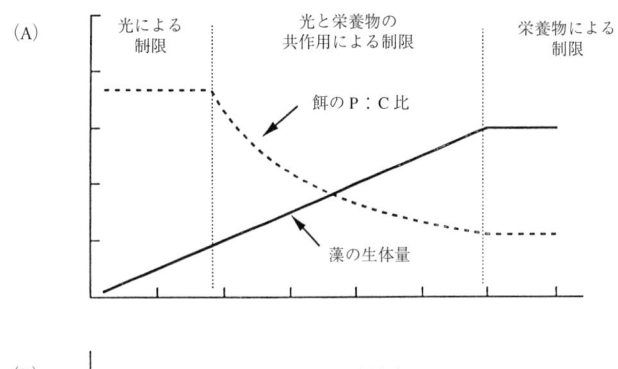

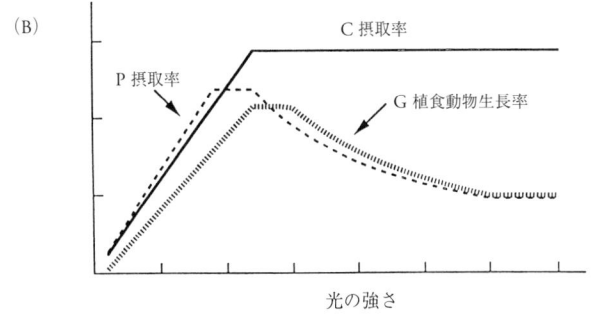

図10-44 光の強さの変化に対する，藻の生体量とその構成P：C比（A）および植食動物の摂餌率と生長率（B）のそれぞれの反応を示すモデル図．このモデルの真実性は数種の実験によって確かめられた．まず光の強さが増すに伴って藻類量は増加するが，同時に環境のP量の比較的低下（Nは十分に供給する）に伴って植物体の質が変化し，そのP：C比は低下する．植食動物については餌のP：C比がある値に達するまでは，藻類量の増加に伴ってP接取率が増え，生長率も大きくなるが，餌のP：C比がそれより小さくなるとP接取率は減り（C摂取率は同じであるにかかわらず），生長率は減少する．餌の絶対量でなく，その体のP：C比がある値のところ（光強度のある値のところ）で，植食動物の生長率は最大となる．図の縦軸の目盛りはパラメターによって異なり，特定していない．[Urabe & Sterner 1996]

(g) 安定同位体（Stable isotope）

同位体は物質の流転を通じて，生態系の構造機能の解析，特に食物網の動態解明に威力を発揮してきた．同位体には安定なものと不安定なものがあるが，そのうち安定同位体の重要性は比較的最近，1980年代に広く認められるようになった．安定であるという性質が特に物質の移動ルートの解明に有利で，長期にわたる現象——古生態学的事象など——にも探求の道を開きつつある．なお安定同位体に関する一般的知識は，杉本敦子・和田英太郎（1992, 1996），

和田・半場祐子（1994）に分かりやすく説明されており，また次の著書も参考になる．P. W. Rundel, J. R. Ehleringer & K. A. Nagy, 1989; K. Lajtha & R. H. Michener, 1994.

生態現象に重要な関係のある，自然の安定同位体の存在量（％）を示すと，次のようなものがある（J. R. Ehleringer & P. W. Rundel, 1989）．

^{1}H : ^{2}H（Deuterium）－99.985（％）: 0.015（％）; ^{12}C : ^{13}C － 98.89 : 1.11 ; ^{14}N－^{15}N－99.63 : 0.37 ; ^{16}O : ^{17}O : ^{18}O － 99.759 : 0.037 : 0.204 ; ^{32}S : ^{33}S : ^{34}S : ^{36}S － 95.00 : 0.76 : 4.22 : 0.014.

安定同位体の表示は，標準物質（HとOについては標準海水，Cでは海洋水中のHCO_3^-と同じ組成をもつ炭酸カルシウム，Nの場合は大気中の窒素，Sの場合は鉄隕石中の硫化鉄）の中の量とサンプルの中の量との差を‰で表して行う．例えば最もよく調べられている^{13}Cについて計算法を示すと［A. Sugimoto & E. Wada（杉本敦子・和田英太郎），1993］，

$$\delta^{13}C = \left\{ \frac{(^{13}C/^{12}C)サンプル}{(^{13}C/^{12}C)標準物質} - 1 \right\} \times 1000(‰)$$

つまり標準物質とサンプル中の$^{13}C/^{12}C$比の割合から求めるのである．1,000を掛けるので，‰の表示となる．

δ^{13}Cは生物体中では普通マイナスの符号がつく（Ehleringer & Rundel, 1989）．生物体中では^{13}Cの削除（^{13}C-deletion）が起こるのである．

B. Fry & E. B. Sherr（1989）は各種の動物および微生物の体のδ^{13}Cとそれらの食物のδ^{13}Cとの関係を，多数の文献によって調べ，図10-45のような結果を得た．食物のδ^{13}Cは－10～－30‰の範囲に変化したが，それらを食う動物や微生物のδ^{13}Cは食物の値によく比例して，±2‰の範囲内で変化した．また小さい湖の植物プランクトンのδ^{13}Cは－35～－45‰，湖に流入する陸上植物の遺骸のそれは－28‰で，水中動物がどのような餌を食っているかがよく分かったと言う．

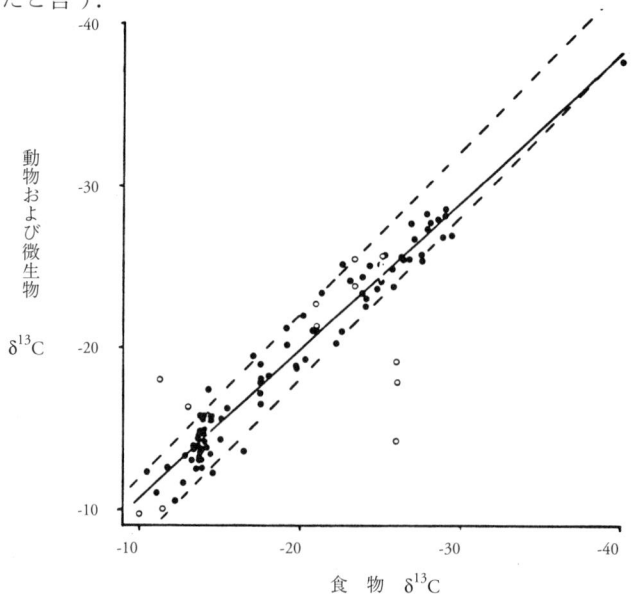

図10-45 動物（●印）および微生物（○印）の体とその食物のδ^{13}Cの関係．実線：動物だけについての最も適合した関係を示し，その式はY＝0.904－1.68（n＝89），95％信頼限界は±0.046．点線：Y＝X＋2およびY＝X－2．多くの測定値はこの範囲内に入り，動物は通常その食物の±2‰の範囲のδ^{13}Cを持っていることが分かる．［各種の野外および実験室のデータからB. Fry & E. B. Sherr 1989，作成］

$\delta^{13}C$ は植物の種類により値にかなりの違いがある．したがって動物が植物を食った場合，その餌植物の $\delta^{13}C$ 値を反映して，動物体の $\delta^{13}C$ の値が違ってくる．植物に C_3 植物と C_4 植物というのがある．C_3 植物というのは，還元的ペントース燐酸回路という炭酸ガス固定経路により光合成を行う植物で，すべての樹木，権木，広葉草本，および寒冷・湿潤気候に生えるイネ科草本を含み，その $\delta^{13}C$ 値は低い（典型的な C_3 植物の $\delta^{13}C$ は $-26.7‰$）．C_4 植物というのは C_4 ジカルボン酸回路という炭酸ガス固定経路により光合成を行う植物で，高温・乾燥気候に適応した，高い水利用効率を持つイネ科草本に見られ，$\delta^{13}C$ 値は高い（典型的な C_4 植物の $\delta^{13}C$ は $-12.9‰$）．L. L. Tieszen & T. W. Boutton (1989) によると，この2型の植物を混ぜて食った動物があると，その体の $\delta^{13}C$ の値から，混ぜて食った植物の型の割合が分かると言う．

安定同位体を用いて水域生態系のグループ別を明らかにすることが出来るが，図10-46にその例を示す（Wada ほか，1991, 1993; 杉本・和田，1992）．この図は東北地方の大槌川―大槌湾水系と，七北田川―蒲生潟水系における食物連鎖に結ばれた生物群の，$\delta^{15}N$ と $\delta^{13}C$ の値の関係を示したものである．この図で陸上生態系と沿岸生態系，およびその混合生態系の食物連鎖によるグループ分けがよく分かる．

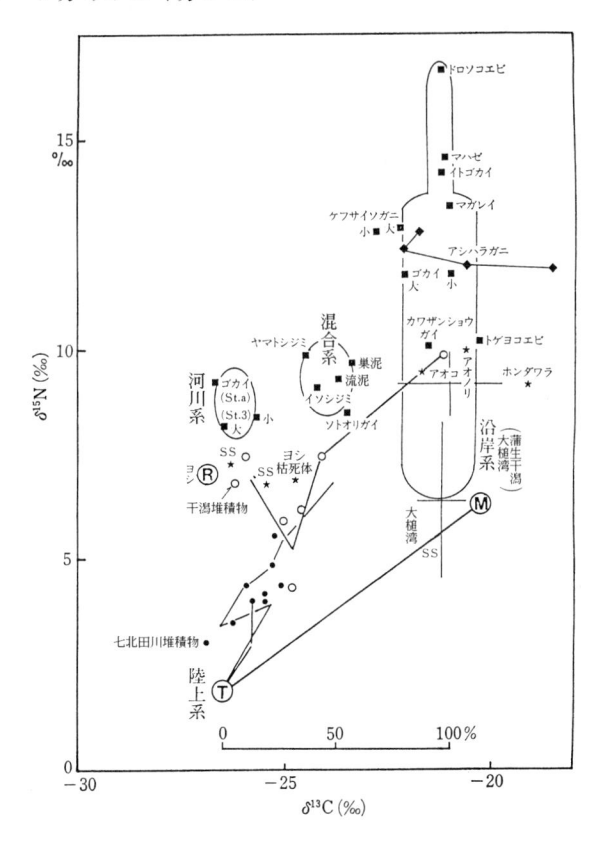

図10-46　大槌川―大槌湾水系と七北田川―蒲生干潟水系における生態系構成要素の $\delta^{15}N$ および $\delta^{13}C$ の関係．沿岸系，河川系，混合系の三つの生態系グループがあることがよく分かる．
　　　　［Wada ほか 1991, 1993 の資料等により，杉本・和田 1992 作成］

同位体比はまた栄養段階の判定にも使える．窒素同位体比は栄養段階が1上がるごとに3.3重くなる（ただし炭素の場合は変化しない）．Baikal 湖沖帯では食物連鎖はケイ藻（主として *Aulacoseira baicalensis, A. islandica*）→動物プランクトン（主として *Epischura baicalensis*）→魚（主としてオームル，*Coregonus autumnalis*）→バイカルアザラシ（*Phoca sibirica*）と進むが，各栄養段階ごとの $\delta^{15}N$ はよくその法則にあって変化する［K. Yoshii（吉井浩一），1995; 和田，1996］．その様子を図10-47に示す．

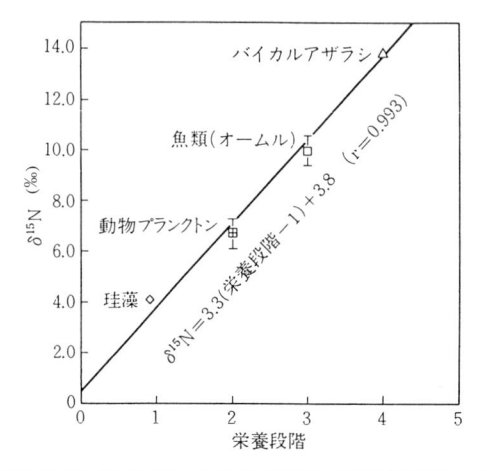

図10-47 Baikal 湖沖帯の典型的食物連鎖における栄養段階と窒素同位体比との関係．
$\delta^{15}N_{TL=n}=3.3(n-1)+\delta^{15}N_{TL=1}$（TL：栄養段階）の式から計算．栄養段階が1上がるごとに3.3重くなっている．［Yoshii 1995］

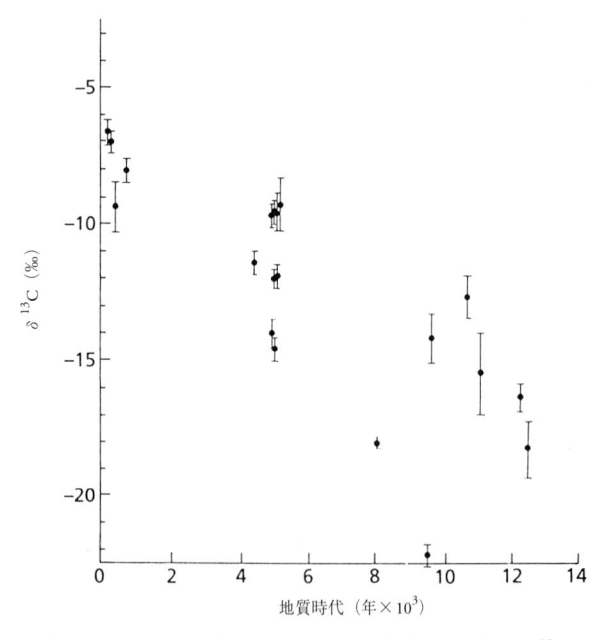

図10-48 アメリカ西南部高原から発見される化石バイソンの膠原質（Collagen）の $\delta^{13}C$ の変遷．約13,000年前（後期更新世）以来現在（完新世）に至るまで $\delta^{13}C$ の値は上昇しつつあるが，これはこの地域の草原の C_4 植物（$\delta^{13}C$ 値が C_3 植物より高い）の重要性が増大しつつあること，同時に気候が高温・乾燥の方向へ進みつつあることを示す．［Stafford ほか1994］

また一方，栄養段階が上がるに従って，雑食性が増すという説がある（Lindeman, 1942; Hutchinson, 1959; R. H. Peters, 1977）．そうであるなら，種内の個体間の$\delta^{15}N$の変動幅が栄養段階が上がるに従って増大するはずである．R. L. France（1997）はこれを実証するため世界各地の淡水および海水の食物連鎖のデータ（各栄養段階について取り上げた標本数は15～142）について検討し，それが事実であることを認めた．すなわち，1次消費者（植食者）の変動幅は約2‰であるが，栄養段階が上がるに従ってこの変動幅は増大し，頂上捕食者（5次，6次消費者）で約3‰となったと言う．
　安定同位体による古生態資料の解析の例として，T. W. Staffordほか（1994）による，アメリカ西南部高原における化石野牛（*Bison* sp.）の膠原質（硬タンパク質の一つ）の$\delta^{13}C$の変遷の研究を挙げよう．今から約13,000年前の後期更新世以来，現在から100年前（完新世）までに発見された野牛についての研究で，その変遷状態を図10-48に示す．$\delta^{13}C$の値は約－19‰から－7‰へと，時代の進展とともに上昇しつつあり，これはこの地域の草原を構成するC^4植物の重要性が増大してきたこと，すなわち気候が，寒冷・湿潤状態から温暖・乾燥状態の方へ進んできたことを示している．もっと古い，大規模な古生態系研究例として，松本良・角和善隆（1998）による報告を挙げよう．先カンブリア時代末期のエディアカラ（Ediacara）生物群の繁栄と衰退から，カンブリア紀に入ってのバージェス（Burgess）生物群の大発展と衰退にかけての約7千万年間の，イランElburz山脈における炭酸塩の$\delta^{13}C$の変遷が見事に解析された．生物群の繁栄・衰退に伴って，$\delta^{13}C$が増大・減少するのであるが（＋5‰～－15‰），詳細は原著を参照されたい．
　現在安定同位体に関する知識は生態研究者の間でまだ十分利用されていないが，今後各方面に多用され，効果を発揮するものと思われる．

10-10 生物圏の生産力と生産量

　地球の生物圏（Biosphere）の全体としての生産力と生産量はどのくらいか．生物圏の部分部分の資料は今までの説明にもあったように，かなり見出すことが出来るが，生物圏全体の資料は案外少ない．今地球生態系が大変革の最中であるから，概算するのさえなかなか難しいのであろう．
　研究例を挙げれば，植物生産に関し，陸上群集（河川，湖沼，沼沢を含む）についてG. L. Ajtayほか（1989）や依田恭二（1982）のものが，海洋を含めたものとしてF. B. Golley（1972）やR. H. Whittaker & G. E. Likens（1975）のものなどがある．しかしいずれも動物には触れていない．そこで植物動物を含み，また陸上海洋をも含むものとして，R. H. Whittaker（1975）の資料を挙げざるを得ない．表10-8はその要項を抜粋したものである．この表の作成のためWhittakerはきわめて多種類の原資料を用い，またいろいろの値の換算も試み，大まかな見積もりも入っている．その中には古く1950年代の資料も含まれている．したがって現在のものとは大分様子が違うと思うが（まず第一に森林伐採などによる面積の減少がある），ごく大まかな概念は得られるだろう．
　この表から海と陸の比較をすると重要ないくつかの傾向が読み取れる．表10-9を見ていただきたい．つまり植物では陸上群集は海洋群集に対し，生産量について約2倍，生体量は

実に470倍も多く存在している．これに反し動物では，同じく生産量について約 1/3，生体量についてはほぼ等しい量が存在する．つまり大まかに言って陸上群集は植物の世界であり，海洋群集では動物が比較的活力を持った生活をしていると言える．

その他生物圏の陸上と海洋，植物と動物，を巡るいくつかの考察については，前記諸文献，特にWhittaker（1975）の原著を参照されたい．

表 10-8 地球生物圏の植物および動物の生産量と生産力．生体量は乾量で示す．地球生態系は最近大変動をしているので，この表の数値は大幅の改定を要するものと思われる．

生態系のタイプ	面積 ($10^6 km^2$)	植物		動物		
		世界の純生産量 (10^9 ton/年)	世界の生体量 (10^9 ton)	世界の摂食量 (10^6 ton/年)	世界の生産量 (10^6 ton/年)	世界の生体量 (10^6 ton)
熱帯多雨林	17.0	37.4	765	2,600	260	330
熱帯季節林	7.5	12.0	260	720	72	90
温帯常緑樹林	5.0	6.5	175	260	26	50
温帯落葉樹林	7.0	8.4	210	420	42	110
北方針葉樹林	12.0	9.6	240	380	38	57
疎林と低木林	8.5	6.0	50	300	30	40
サバナ	15.0	13.5	60	2,000	300	220
温帯イネ科草原	9.0	5.4	14	540	80	60
ツンドラ，高山荒原	8.0	1.1	5	33	3	3.5
砂漠，半砂漠	18.0	1.6	13	48	7	8
岩質，砂質の砂漠，氷原	24.0	0.07	0.5	0.2	0.02	0.02
耕地	14.0	9.1	14	90	9	6
沼沢，湿地	2.0	4.0	30	320	32	20
湖沼，河川	2.0	0.5	0.05	100	10	10
陸地合計	149.0	115.0	1,837	7,810	909	1005
外洋	332.0	41.5	1.0	16,600	2,500	800
湧昇流海域	0.4	0.2	0.008	70	11	4
大陸棚	26.6	9.6	0.27	3,000	430	160
藻場，サンゴ礁	0.6	1.6	1.2	240	36	12
入江	1.4	2.1	1.4	320	48	21
海洋合計	361.0	55.0	3.9	20,230	3,025	997
地球合計	510.0	170.0	1,841	28,040	3,934	2,002

［Whittaker 1975 より，森 抜粋］

表 10-9 表10-8の数値について，陸と海における植物と動物の存在量の比較．

	面積	植物		動物	
		生産量	生体量	生産量	生体量
陸：海の比	0.4	2.1	471	0.3	1.0

［Whittaker 1975 に基づき，森 計算］

10-11 種生態学と生態系生態学の結びつき

さきに9章2節で群集という実態を理解する中で個体の生態をどのように生かしていくかについて，片野修の考えを紹介した．本節では種（あるいは群集）の生態と生態系の生態の結び付きについて考えてみたい．この問題が生態学の歴史の中できわめて大きい論点であった

ことについては，本章4節のGolleyの考察を紹介した際に触れておいた．彼はここに大きな問題があることを指摘したが，その解決についてはかなめ種の利用について述べたにとどまっていた．

　生態学の歴史の中で種（または群集）生態学と生態系生態学が分離して発展してきたこと，および自然の実態としてはこの両分野は結んで理解しなければならないことについては，1993年にNew YorkのInstitute of Ecosystem Studiesで「Linking Species and Ecosystems」の表題のもとに開催された第5回Cary Conferenceで，参加者が等しく主張したところであった．このシンポジウムの内容は，59名の研究者の参加を得て，1995年にC. G. Jones & J. H. Lawtonの編集した「Linking Species & Ecosystems」として公にされている．

　この書の内容については後で触れることにして，まず歴史上の象徴的な一齣として，1958年にGeorgia州Sapelo Islandの臨海研究所において催された湿地生態系の研究集会における討論を紹介しておきたい（詳しくはGeogia大学のSapelo IslandにあるMarine Institute編集のProceedings of Salt Marsh Conference, 1958, を参照されたい）．そこで有名な生態系研究者A.E.Smalleyがヨシの一種*Spartina*の生長周期と昆虫個体群の関係について発表したときに論争は起こった．ある出席者からヨシの種類の違いが生産に反映するかもしれないことを考慮したかという質問があった．これに対しSmalleyは，自分が関心のあるのは生産であり，種を分けることには興味がない，生産は生産であり，少々の分類学的差異より，機能的側面を計測するのがよいと考えると答え，大討論となった．最後にE. P. Odumが割って入って論点がぼけ，結局議論は決着することなく終わった．

　なるほどE.-D. Schulze（1994）が言うように，生態系の研究においてはすべての種について個々の機能的特徴を把握するようなことは望まない（望めない）ことであり，種の集合としてのある機能グループについて考えればよい（ここに言うグループは研究の目的によって異なる）と言うことにも一理がある．しかしJones & Lawton（1995）も言うように，個々の生物個体，種個体群および群集は生態系の中に棲んでおり，したがって生態系の諸過程（栄養物の流れ，生産，非生物環境の動きなど）の影響のもとにある．逆に生態系の諸過程はその構成要素の一員である生物体によって影響されていなければならない——植物がなければ1次生産はなく，微生物がなければ窒素循環はないのである．このように述べた後で彼等は，一般的に言って，我々はいかにして個々の生物の活動，個体群動態，あるいは群集を，生態系の諸過程に結び付けるべきかを知らないし，またこれを関係づける一般説はわずかしかないと振り返っている．

　ここで本章8節3項で述べたR. G. Wiegert & M. Higashi（東正彦）の「食物網の解きほぐし」について触れておきたい．彼等の食物網の解きほぐしの発想のもとに，種によって複数の栄養段階に関係するものがあり，エネルギーの流れを栄養段階を通じてよどみなく通すための処置というものがあったと理解している．そうするとこの解きほぐしは，いわば種の存在を，生態系の枠組みの中に取り込む処置であるとも考えられる．種の独自性を生かす面があるかもしれないが，また他面では種を消して生態系のエネルギーの流れに秩序を与える処理とも見える．したがって本項で扱う主題とは多少ずれていると考える．

　スイスの研究者C. Pahl-Wostl（1995）は別の視点から栄養段階の分解（Resolution）を通じて生態系の中に種の位置を与えようとした．彼女はまず生態系の安定と平衡を非線形のもの，従って原理的にカオス（Chaos, 本章12節参照）と秩序（Order）の結合したものとして捉える．

個々の軌跡（Trajectory）——例えば種個体群の変動——は厳密には予測不可能であるが，系全体としてはある Attractor に引き寄せられて動的平衡状態（Dynamic equilibrium state）を保っている，すなわち大局的には秩序があると考える．そしてこの系の動態を考えるのに最も大切なことは，空間・時間的（Spatio-temporal）な視点を持つことであるとする[11]．そこに自己組織系（Self-organizing system）としての生態系ができあがると考えるのである．

以上の前提の上で，彼女は生態系の食物網を，三つの階層の入れ子構造（Triadic structure）からなるものと見る．それは生物体レベル（Organism level），区画レベル（Compartment level）および全体系レベル（Whole system level）である．そしてまたこの入れ子構造を，次のようないくつかの段階に分解する．

　　まず動態階層（Dynamic class, C とする）を考える．これはすべての生物をそれらの示す回転時間（Turnover time）で分けたものである．それはある比率のもとで個体の大きさ（Size）または重量（Weight）で分けてもよい．ここで注意すべきことは，大型生物は生長に伴って属する動態階層が違ってくることである．
　　この動態階層（C）は，その性格を同じくする構成単位——動態構成単位（Dynamic module, DM）に分ける．
　　ここで空間・時間的変遷が入ってくる．さらに各動態構成単位（DM）は，同じ機能ニッチ（Functional niche）を持つ，一つまたはいくつかの栄養動態構成単位（Trophic dynamic module, TDM）に分解される．
　　これは食物網の基本単位である．ここに機能ニッチとは，特定の食うもの食われるものの連鎖に結ばれた生物の集まりである．この際緑色植物の食うものとは非生物環境である．つまり TDM とは，食物網の中で，同じ動態特性（Dynamic characteristics, 回転時間または大きさあるいは重量で表される）と同じ機能（Function, 栄養連鎖で表される）を持ち，同じ有限の空間・時間に共存する，すべての生物を含む．例えば同じ場所に，春の一時期に共存する，ある大きさのすべての植物プランクトンは一つの TDM であるとする．

この TDM が生態系について観察できる単位要素であり，空間・時間軸を入れると系の首尾一貫した理解ができると言う[12]．

まず以上の関係を図10-49，50にして説明しよう．図10-49（a）は普通の栄養段階といろいろの動態階層に属する生物の集まりの総重量との関係を表したもので，同図（b）はその食物連鎖を栄養動態構成単位（TDM）に分解して示したものである．動態階層の上級のものが関係するに従って，関係したフィードバック環（矢印）の規模は大きくなり，時間単位も長くなる．

図10-50は図10-49（b）に基づき，栄養段階が進むに従って TDM の入れ子構造が変化する様子を示したものである．同時に空間と時間の入れ子関係も示されている．

以上は Pahl-Wostl の生態系構造の分解方法を示したものであるが，残念ながらその全体を具体的数値を挙げて説明するような例は示されていない（時々部分的な実例は述べているが）．つまり現在のところ彼女の考えは理念的な段階であると思われる．そして大切な種の生態と生態系の生態の結合に関しては，十分に成功しているとは言いがたい．というのは，個体の発育に従ってそれぞれの生物種を分解して違った TDM に属させている点と，各種をひっくるめた生体量で表現している点である．小型生物では一応趣旨の通る面はあるが，大型生物

ではその一生が生長に伴う大きさまたは重量(あるいは回転時間)の違いによって分解されてしまい,種の同一体性(Identity)はなくなるからである.この点では先に述べたWiegertや東のやりかたと似た面がある.

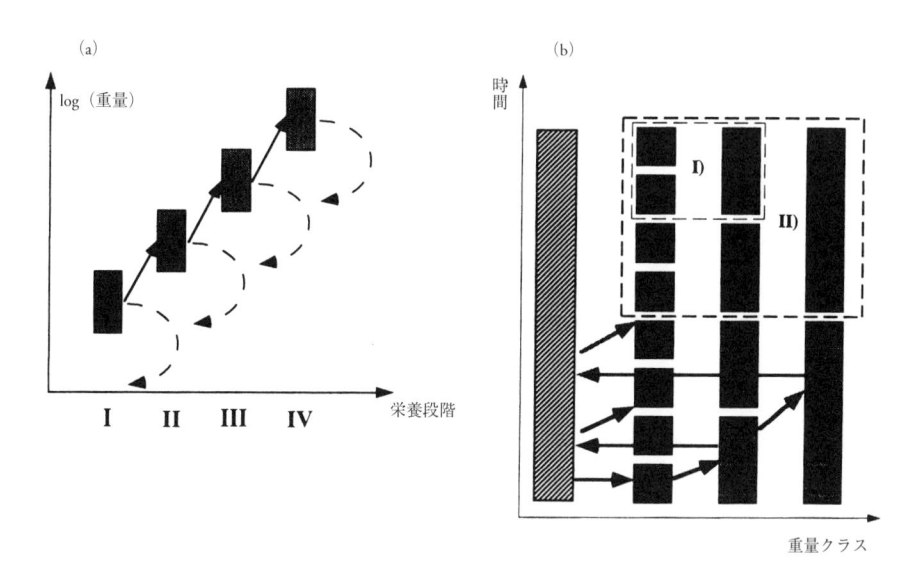

図 10 - 49　(a) 海洋沖部生態系のエネルギー流転について,動態階層を重量で示し,栄養段階にどのように分布するかを示した図.点線は栄養分の循環を示す.(b) 上記食物連鎖を分解し,重量を指標としたTDM(栄養動態構成単位)による組成として示した図.斜線部は栄養物のプール.矢印は2通りのフィードバック環を示し,上級のTDMが関係するほどその規模は大きくなる.点線で囲んだところは,TDMの入れ子構造を示している(これについては図 10 - 50 を参照)[Pahl-Wostl 1995]

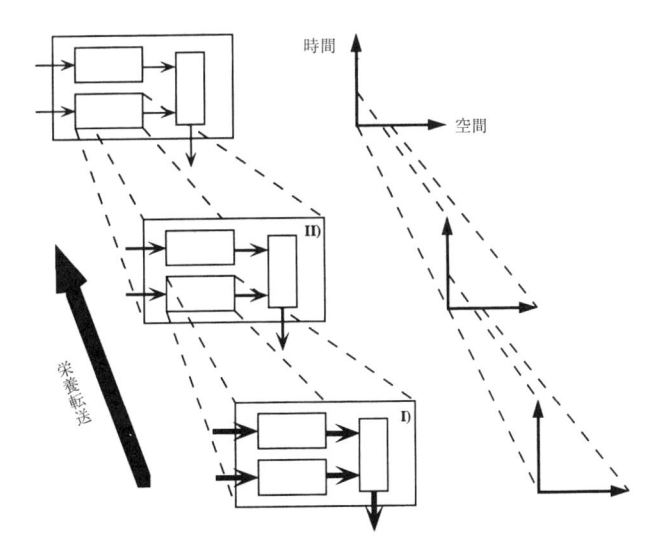

図 10 - 50　図 10 - 49 (b) のⅠ),Ⅱ)で示した食物連鎖の入れ子構成単位による組み立て.右側の空間・時間目盛りはレベルからレベルへと大きくなる.左図の矢印はフィードバック環を示し,太さで流れの強さを表している.[Pahl-Wostl 1995]

ここでM. Loreau（1996）の説について説明しておくのは意味があると思う．彼もまた生態系生態学と群集（種，個体群）生態学の分離傾向が自然の実態を正しく反映していないとして批判し，何とかそれを統一しようとして，一つの考えをモデルとして発表した．彼が統一しようとしたのは，生態系機能としては物理的環境と結ばれた栄養塩類やエネルギーの供給，輸送，循環という内容であり，群集機能としては多様な食物連鎖環の共存性，種多様性，種間競争という内容である．

そこで彼は，M. A. Huston & D. L. DeAngelis（1994）の概念を参考にして，図10-51のようなモデル生態系を考えた．まず大地域の栄養塩資源プール（Regional resource pool, その塩濃度をRとする）があって，その上に植物が生えている．各植物（種，個体群，個体，あるいは遺伝子型のどれでもよいが，今は'種'として考える）にはそれぞれを直接に養う局地的資源消耗域（Local resource depletion zone）があり，そこの塩濃度をLとする（植物iに特に関係あるものをL_i）．今は唯一種の栄養塩が関係あるものと考える．各植物体に含まれる栄養塩濃度をPとする（植物i種の場合はP_i）．そして各植物には植食動物があり（それのない場合もある），その植食動物の体に含まれる栄養塩濃度をHとする（P_iに対応するものはH_i）．これらの食物連鎖環は供与者制御系（Donor- or plant- controlled system）のこともあれば，植食動物制御系（Recipient- or herbivore-controlled system）のこともある．植物と植食動物はそれぞれデトライタスに結ばれるが，植物i種に対応するデトライタスをD_{Pi}，植食動物i種に対応するものをD_{Hi}とする．この2様の道を考えるのは，それぞれの道によって生ずるデトライタスの質が違うからである．デトライタスからの物質は大地域資源プールおよび局地的資源消耗域へと循環する．

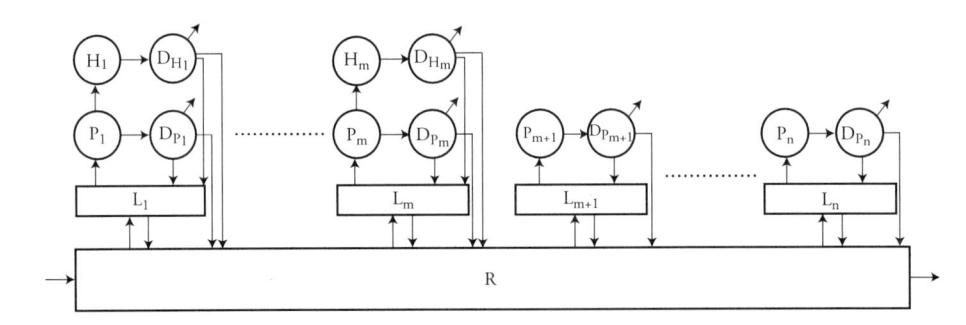

図10-51 モデル生態系の構成図．大地域資源プール（R）は，局地的資源消耗域（L），植物（P），および分解者と結びついたその植物由来のデトライタス（Dp）よりなる，n個の食物連鎖環を支えている．さらにm個の食物連鎖環は，植食動物（H）および分解者と結びついたその動物由来のデトライタス（D_H）を持っている．矢印は栄養塩およびエネルギーの流れを示す．［Loreau 1996］

このようなモデルについて，各食物連鎖環の共存（Coexistence）と持続（Persistence）に必要な条件を探る．その際の若干の前提となる条件・傾向として次のようなものがある．1）植物の生育には光と栄養塩が必要であるが，光の弱い状態では光が制限要因となるが，光が強くなれば栄養塩が制限要因となる．今はこの後者の栄養塩が制限要因となる条件下の問題を扱う．また関係栄養塩は単一であるとする．2）RからLへの栄養塩の流れは，物理的過程（拡散，水流など）だけを考える．3）Rへの流入水の栄養塩濃度をR_0とし，流入率をqとすれば，Rの単位体積当たりの新しい栄養塩の流入量はqR_0となる．4）Rは全生態系に共通であるが，Lは種によって違う．L_1～L_n（1～nは種の番号）があることになる．5）植食動物には専門食者（Specialist）だけあるものとする．6）植物種iによる，単位栄養塩あたりの

取り上げ量は，その取り上げ率を a_i とすると，$a_i L_i P_i$．7）i 種植物と i 種植食動物間の栄養相互作用（Trophic interaction）は $f_i(P_i, H_i)$．これは供与者制御系の場合と植食動物制御系の場合で異なり，前者の場合は $f_i(P_i, H_i) = c_i P_i$（c_i：植食動物 i による植物 i の消費率），後者の場合は $f_i(P_i, H_i) = ć_i P_i H_i$（$ć_i$：同前）．8）i 種植物によるデトライタス生産率を b_i，それに対応する植食動物のデトライタス生産率を h_i とする．9）その他モデルを作るのに当面必要な記号を次のようにする．L_{Pi}：栄養塩が植物 i から，無機物の形で，局地的資源消耗域に放出される率．L_{Hi}：同上植食動物 i からの率．r_{Pi}：栄養素が植物 i 由来のデトライタスから，無機物の形で，大地域プールへ放出される率．r_{Hi}：同上植食動物 i からの率．

以上の前提の上で次のようなモデルを考えた．

$$\frac{dR}{dt} = q(R_0 - R) - \kappa \sum_j \sigma_j (R - L_j) + \sum_j \sigma_j (r_{P_j} D_{P_j} + r_{H_j} D_{H_j}) \qquad \cdots\cdots(10-4)$$

ただし，κ：栄養塩が単位時間に，R から L に輸送される率．
σ_j：植物種 j に関する，大地域プールの容積（V_R）に対する局地的資源消耗域の容積（V_j）の比（V_j/V_R）．

$$\frac{dL_i}{dt} = \kappa(R - L_i) - a_i L_i P_i + l_{P_i} D_{P_i} + l_{H_i} D_{H_i} \qquad \cdots\cdots(10-5)$$

$$\frac{dP_i}{dt} = a_i L_i P_i - b_i P_i - f_i(P_i, H_i) \qquad \cdots\cdots(10-6)$$

$$\frac{dH_i}{dt} = f_i(P_i, H_i) - h_i H_i \qquad \cdots\cdots(10-7)$$

$$\frac{dD_{P_i}}{dt} = b_i P_i - (l_{P_i} + r_{P_i} + q) D_{P_i} \qquad \cdots\cdots(10-8)$$

$$\frac{dD_{H_i}}{dt} = h_i H_i - (l_{H_i} + r_{H_i} + q) D_{H_i} \qquad \cdots\cdots(10-9)$$

ここで彼はこれらの微分方程式を解いて，これら各要素の共存・持続の条件を探る．まず供与者制御系，すなわち $f_i(P_i, H_i) = c_i P_i$ の場合について，次いで植食者制御系，すなわち $f_i(P_i, H_i) = ć_i P_i H_i$ の場合について検討した．これに加えて，エネルギーの流れについても共存・持続の検討を行った．それらの検討経過や結果の詳細は原著を見ていただくとして，得た結論のうち主なものを，次に摘記したい．

1）食物連鎖環の共存の可能性は，それが供与者制御系の場合には，栄養塩やエネルギーの輸送効率が食物連鎖環の中で増せば増すほど，常に減少する．しかし植食動物制御系の場合には，輸送効率が増せば増すほど共存・持続の可能性は引き続いて増加するか，または輸送効率の中間の値のところで最大となる．

2）大地域資源プールに，より高い濃度の栄養塩が流入するほど（R_0 が大きいほど），平衡持続の可能性は大きくなり，食物連鎖環の共存へと導く．

3）一般にデトライタスの分解が速ければ速いほど，また大地域資源プールへ再循環して入ってくる栄養塩の量が多いほど，植物は関係資源プールから栄養塩を得やすくなり，取り上げ効率の悪い植物でも共存・持続が可能となる．

4）供与者制御系の食物連鎖環の共存・持続は，栄養塩の取り上げ効率の大きい植物が

より小さい空間を占め，栄養塩のより少ない成分が局地的に再循環される時に，促進される．

　5）異質の性格を備えた環境において重要な影響を持つ要因は，種と食物連鎖環の変異性である．この変異性の小さいほど共存の可能性は大きくなる．特に同じような食物連鎖環の場合には，理論的には無制限に共存の可能性がある．というのは競争が全く相称的（Symmetrical）に起こり，いかなる種も，いかなる食物連鎖環も，他より有利となることがないからである．

　6）一般に栄養塩の取り上げ効率のよりよい植物に対する動物の食害が強いほど，それらの植物の優越性を消し，食物連鎖環の共存に有利となる．

　7）群集全体の存在に対し，その中の少数の種だけが重要な働きをしているか，あるいはすべての種は何らかの働きをしているかについての論争があるが（9章7節参照），今回の結果から見ると，それは短期的に見るか，長期的に見るかの違いによると思われる．短期的に見れば，少数の種が群集を動かしているように思われても，長期的に全生態系の見地に立てば，すべての種は何らかの働きをしていると考えられる．

　以上が Loreau の得た大まかな結果であるが，もちろんこの論にも難点がある．例えば，まずそのモデルを実証する具体的資料が示されていない．また食物連鎖は自然では網目構造をなしており，植食動物には何でも屋も多く居るので，この傾向に拍車をかける．そのような複雑な状況のもとでどうなるかは知ることが出来ない．これらの点は彼もよく知っており，今回の試みは将来の理論的発展の暫定的な基礎である，ただ異質な性格を併せ持った環境を扱った点と，群集過程と生態系過程を単一の試考に組み入れたという点で重要であると述べている．

　これらの点に関し先述の Jones & Lawton の編著書では，多くの研究者がいろいろの提言をしている．具体例を挙げて種個体群や群集の生態と生態系の生態を結びつける努力をしているものも多く見られるが，ここでもまた全体として成功しているものは少ない．その中の一例を挙げておこう．

　M. Shachak & C. G. Jones（1995）はイスラエルの Negev Desert Highland において，1972〜1993年にわたり，そこに棲む等脚類の一種 *Hemilepistus reamuri* の生活と，水の流れ，土壌の変転との相関関係を研究した．この動物は腐食者で，土壌の穴の中に1雌1雄の親と子が棲む．2月に成虫（長2cm，重200mg）が自分の孵化し育った穴から出て，時として1kmも移動し，新しい自分の穴をさがす．雌の10％だけがやっと新しい場所を見つけることが出来，まず深さ5cmの穴を掘って雄を受け入れる．4月までに妊娠し，5月に80〜120匹の子虫が生まれる．親子は5〜11月の乾期を，50〜70cmも深く穴を掘り進んで過ごす．この掘り進んだ穴の土壌はかなりの湿気（6〜10％重量）を含んでいなければならず，そのような場所を見つけることの出来るのは家族の50％で，その他のものは死んでしまう（即ち生まれた雌の5％が生き残る）．

　この場所（パッチ）の土壌湿度は，そのパッチの真上に降る雨水がしみこんだものと，付近の表面流水（Runoff）がこの穴の所まで流れてきてしみこんだものとに支えられる．雨期（12〜4月）に降る雨量は90mmにすぎず，この石灰岩砂漠高地の集水域は$0.02〜0.2km^2$で，この水の上手な利用がきわめて重要である．この場所の表面は固い泥岩で覆われているが，

ところどころに土壌パッチがあり，そこからしみこんだ水が命の水である．掘り返されていない自然の土壌は小型植物（藍藻，苔など）で覆い固められ，浸蝕されにくい．この虫は著者等によると一種のエンジニアで，穴掘り，摂食の間に大量の土壌を食い，糞の成分はほとんど土で，穴の入口の周りに積もる．これが浸蝕土壌（Erodible soil）となる．1973～1990年の間の浸蝕土壌の生産量は約170kg/ha/年に達し，この量はこの集水域の全浸蝕土壌生産の60％に達した．この浸蝕土壌を流すような流水は年に10回ほど起こり，これがこの虫の棲所を作るのに重要な要因となっている．

　以上の諸関係を生態的流通鎖（Ecological flow chain）として示したのが，図10-52である．三つの流通鎖がかかれているが，それらは相互に深い関係に結ばれており，その状況によって生態的組織状態（Ecological organizational state）は変わってくる．

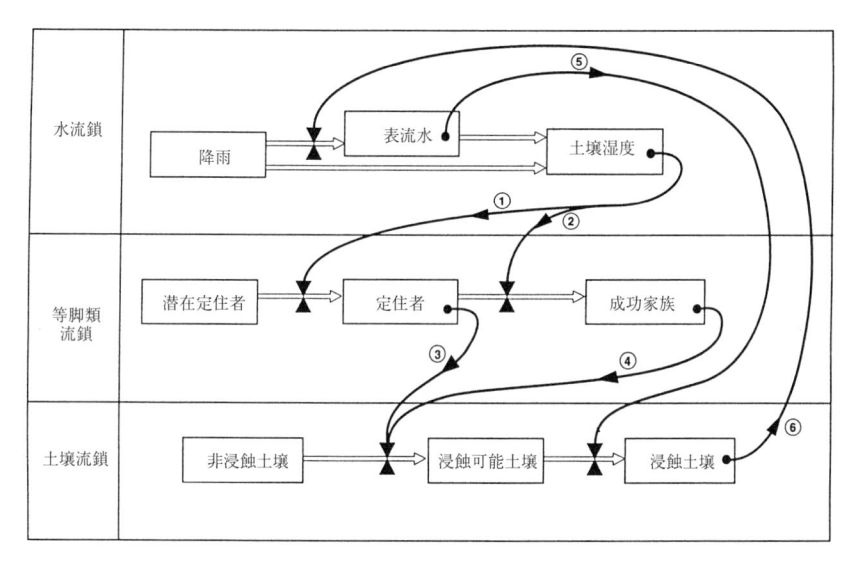

図10-52　イスラエルのNegev Desert Highlandにおける等脚類の1種 *Hemilepistus reamuri* の個体群の動き，土壌の浸蝕状態の変化，および水の流れの間の関係を，生態的流通鎖（Ecological flow chain）として示す図．流れを説明するためには，各流動鎖の間の相互の結びつきを説明する必要がある．一つの流動鎖の内部の組織化の状態は，他の流動鎖の組織化状態の変化を制御している．この図では生態学的系における六つの相互の結びつき（①〜⑥）を示した．[Shachak & Jones 1995]

　このような割合単純な生態系では，系全体の動きと種個体群の動きとは相関した統一相として捉えうるが，熱帯生態系のような複雑な系では，ここ当分の間は相関関係を含めて明瞭に捉えることは不可能と言うものであろう．

　今一つ，将来の発展が期待されるように思われる研究を紹介しておきたい．それはJ. J. Elserほか（1996）による化学量論（Stoichiometry）を用いた研究である．彼等は生態系の構成要素間を結びつける，いわば"通貨（Currency）= 共通尺度"として，従来エネルギーが考えられてきたが，その各種要素——細胞・組織・個体・種の個体群・群集・生態系——をもっと詳細に，首尾一貫して結びつける"通貨"としては，エネルギーとは別の，各種元素の化学量比的な取り扱いも優れた方法であると考えた．そして元素のうち，生物の生態に特に関係の深いものとして，窒素と燐を取り上げ，N：P比について考察を進めた．具体的に取り扱った生態系は，Michigan州にあるいくつかの小さい貧栄養の湖の生態系である．そこで魚の移

出・入などを含めて各種の実験・観察を行い，次の結果を得た．

1）これらの生態系の主な魚食性魚はバス（Bass）で，小魚のミノー（Minnow）を食っている．主要動物プランクトンはミジンコ類（*Daphnia*）と橈脚類（*Tropocyclops*）であるが，ミノーはミジンコ類を好んで食っている．

2）図10-53（a）が示すように，ミジンコ類はNに比べてPの含量が多く，橈脚類は対照的にPに比べてNの含量が多い．乾燥重量に対するPの割合は，ミジンコ類の1.5％に比べ，橈脚類は0.6％である．一方Nの割合は，いずれも同じように8～10％の範囲にある．このことはミジンコ類が増殖すると生態系中のPを比較的多く取り入れ，橈脚類が増殖するとNを多く取り入れることを示す．

3）すなわち植物プランクトンにとっては，ミジンコ類が増えると生存条件はP制限的となり，橈脚類が増えるとN制限的となる．

4）ミジンコ類と橈脚類のこの性質の違いは，各種の文献資料から見ると，体を構成する細胞の中のリボゾーム（Ribosome）のrRNAの量の多少に関係がある．まず図10-53（b）を見ると，各種細胞内小器官や細胞構成体の乾燥重量に対するN含量比はほぼ10～15％の範囲内にあるが，P含量比はほぼ0％のタンパク質から6％のリボゾームまで大きい変異がある．そしてミジンコ類のリボゾーム量は橈脚類のそれよりも量が多く，したがってrRNA量も多いのである．なお体全体のRNA量でみると，ミジンコ類は10％に及ぶのに，橈脚類はわずかに2％である．

5）リボゾームは増殖に関係ある細胞内小器官であるが，その量の多いミジンコ類は増殖速度が大きく，これらの湖では年に数世代も重ねるのに，橈脚類は1～2世代である．

6）したがってミジンコ類は橈脚類に比べて自ら多量のPを要求するため，Pの再循環を遅くする．

7）これらの事実が魚種とどのように関係しているかを示したのが，図10-54である．二つの湖で野外実験を試みた．Tuesday湖では魚食性魚のバスはいなかったが，Peter湖ではその魚がいた．そこでPeter湖のバスを取り除き，Tuesday湖に移入した．図の（a）ではTuesday湖で起こったN：P比の変化を，（b）ではPeter湖で起こった変化を示した．Tuesday湖では移入したバスがミノーを食ったので，ミノーが減少し，その食っていたミジンコ類が増えた．その結果動物プランクトンのN：P比が減少し，植物プランクトンにとってはP制限的な傾向を増大した．一方Peter湖ではバスが居なくなったのでミノーが増え，ミジンコ類が減り，その結果動物プランクトンのN：P比が増大する方向の変化が起こり，植物プランクトンにとってはN制限的な条件を強くしていった．

Elserたちは以上のようなN：P化学量比という共通尺度を用いて，細胞内小器官の段階から，種の生活史を経て，生態系の動態まで一貫した因果関係の説明が出来たと考えた．

筆者は彼等の研究にはまだ生態系の多くの要素の具体的資料が欠けているし〔ただしこれらの湖の生態系の構成・動態に関しては，S. R. Carpenter & J. F. Kitchell（1993）の編著にかなりの資料が報告されているが〕，また対象とした生態系の例も少ないので，さらに補充が必要とは思うが，エネルギーの共通尺度（"通貨"）とはまた一味違った尺度の使用と考え，将来の明るい展望を期待している．

さて本節では種生態学と生態系生態学が分離して発展してきたが，自然の実態から見るとこれは統一せねばならないという主張のもとに述べてきた．そして，さらに細かく，種生態

の中でさえ個体の行動学と個体群の動態学が分離して発展してきたので，それらを統一せねばならないという主張が，W. J. Sutherland（1996）によって行われている．これは9章で述べた片野の論よりさらに細かい集団に関する論であり，ここで述べるのは適当でないかもしれないが，前述のイスラエルの砂漠の等脚類をめぐる研究とも多少関係があると思うので，簡単に触れておきたい．Sutherland は主として脊椎動物を取り上げ，それらの個体の行動と個体群動態を結び付ける中心機能として理想自由分布を考える．個体は最適のパッチを選んで行動するという仮定を置くが，理想自由分布を修正・阻害する要因として，なわばり，各種資源の利用と枯渇，移住，Allee効果など多くの現象の影響を考え，これらを統合することによって個体群動態を考えるとする．とにかく分析と統合の両面の必要性は今や生態学界の常識となっているが，その実際への適用は，自然の複雑さゆえに，部分的なものを除いて，なかなか進まないというのが実状である．

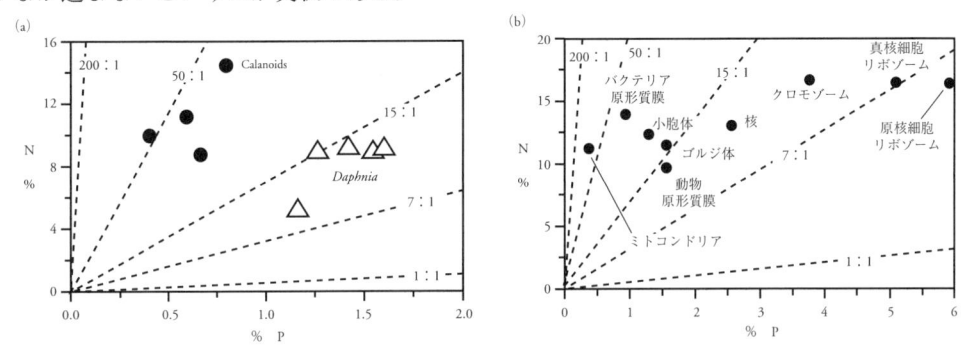

図 10-53 　（a）主要な植食性動物プランクトンの2グループ——カラヌス類（黒丸，4種類，橈脚類の仲間）とミジンコ類（白抜き三角，5種類）——の体の乾燥重量に対するNおよびPの割合（％）．点線はN：Pの標準原子量比．[Anderson & Hessen 1991 および Hessen & Lyche 1991 の資料に基づき，Elserほか，1996より]
　　　　　（b）主要細胞内小器官および細胞構造体のNおよびP組成の化学量比．数値はそれぞれの乾燥重量に対するもの．点線はN：Pの標準原子量比を表した図．[Bowen 1979 に基づき，Elserほか 1996 より]

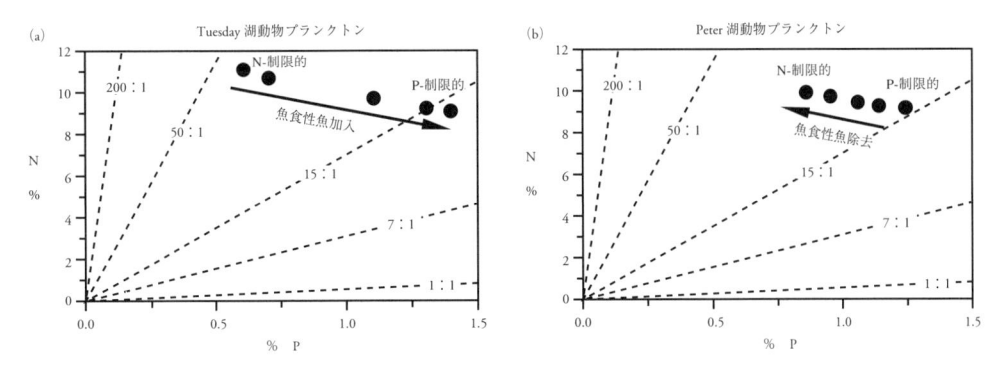

図 10-54 　魚食性魚のバスを移入（a）または除去（b）し食物網を変化させた場合の，動物プランクトンのN：P化学量比の変化と，その結果として起こる植物プランクトン群集の栄養制限（N：P）の本性の変化を示す．点線はN：P原子量比の標準値．N，Pのパーセントは乾燥重量比．動物プランクトン群集のN：P化学量比の評価は，橈脚類やミジンコ類の生体量の変化と，これらプランクトン・グループのNおよびPのパーセントについて発表された値を用い計算した．図中の黒丸は動物プランクトン群集が速やかに変化している期間に，一週間毎に測定した値を示す．これら両湖はMichigan半島北部のNotre Dame大学のEnvironmental Research Centerの中にある．[Elserほか 1988，1996]

10-12 システム生態学とカオス理論

システム生態学（Systems ecology）やカオス理論（Chaos theory）は生物的自然の段階構造のうちの生態系に限った問題ではなく，個体，個体群や群集段階でも考えられる問題であるが，便宜上この章でまとめて触れることにする．

なお行動のカオス的理解については，既に3章4節で触れたので，その箇所も参照していただきたい．

10-12-1 システム生態学

システム生態学はアメリカのOak Ridge National Laboratoryを中心にして発展してきた学問である．H. T. Odumをはじめとして，S. Auerbach, J. Olson, G. Van Dyne, B. C. Patten 等俊秀が輩出し，別にCaliforniaのK. Watt，カナダのC. S. Hollingもこの学問を築いてきた．システム生態学は生態系概念の上に大きく発展したと言える．生態系の構造があまりにも膨大な場合があったので，特に系のモデルを作るのに有効であったのである．

システム生態学とは何かということについて，世界における最初のシステム生態学者の一人と考えられているVan Dyne（1966）は，次のように述べている．"システム生態学のおおよその意味は群集生態学に等しい．……システム生態学は広い意味で，生態系の発達，動態および崩壊を研究する学問と定義される．私はこの学問は二つの面——理論・解析的な面と実験的な面——を持つと考える"．この定義やその他の諸説を併せ考えると，システム生態学は生態系生態学の理論的側面を担うのに大きい力を発揮する学問と理解される．

さてシステムとはH. T. Odum（1983）に従って，相互作用している部分（Parts）の集まり（Group）としておく．鳥海光弘（1996）もほぼ似た趣旨の定義を与えている．その集まりが全体（Whole）であり，それは部分の単なる総計以上のものを持ち，部分の相互作用によって創生的（Emergent）性質（9章3節）を現す．それを研究するためにはシステム分析（Systems analysis）の手順を応用する．その手順とは，物理学的，生物学的概念を一組の数学的関係に直すプロセス，およびそこからできるモデル（Model）を操作することを言う．つまり数学的システムを作ることである（C. J. Walters, 1971）．そしてモデルとは，システムを単純に数式を用いて翻訳したもので，たとえその時々のシステムのすべてを知ることができなくても，単純化したモデルなら理解できるという利点がある（H. T, Odum, 1983）．なお島津康雄（1973）は，事象の"個々の因果関係の仕組みを分析的に扱うことをやめ，全体の仕組みを総合的に捉えるのを「システムとして考える」と呼ぶ"ことにすると述べた．これは系の中の暗箱（Black box）の取り扱いなどを念頭においての記述と思うが，系に普遍的な階層構造（Hierarchial structure）を考えると，ある段階では総合的でも，その上の段階から見ると分析的ということになることもあろう．また系の研究の重点が全体性（Wholeness）におかれることもあろうし，部分の分析におかれることもあろう（H. T. Odum, 1983）．ところで上の島津やOdumの考えに本質的に似たところのある考えを，G. Dickinson & K. Murphy（1998）は述べた．彼等は，全体系を構成するある部分が理解不可能な暗箱であっても，それはそのままにして全体を操作できるということを，自動車の部分の働く機構を十分理解できなくても，自動車

を運転できるのに例えて述べた．しかし暗箱の機構を十分理解している場合が，その理解が不十分な場合に比べて，さらに運転操作効率は上がるであろう．

　ある一つの系は内部にいくつかの亜系（Subsystem）を持つのが普通である（図10 - 55）．この亜系を示す箱を区画（Compartment）ということがある．そしてそれらの亜系の間にフィードバック（Feedback）機構がある場合，その系をサイバネティック（Cybernetic）系という（同図(b)，(c)）．この種の系の問題を生態系ではじめて大きく取り上げたのはPatten (1959) であろうか．彼はLindemanその他何人かの陸水系研究者の資料を用いて，エントロピーの増減など情報関係について論じた．上のフィードバック機構はある特定の目的を持って操作される場合［同図(c)］と，目的が散漫な場合［同図(b)］とある．前者は人工的に制御が行われる場合で，例えば農業・工業生産系の場合で，後者は自然生態系などである（Patten & E. P. Odum, 1981）．そして右頁図の亜系を暗箱のまま置いて全体系を考える立場もあり，さらにこれらの亜系の内部に立ち入って分析する立場もあることは上に述べた通りである．

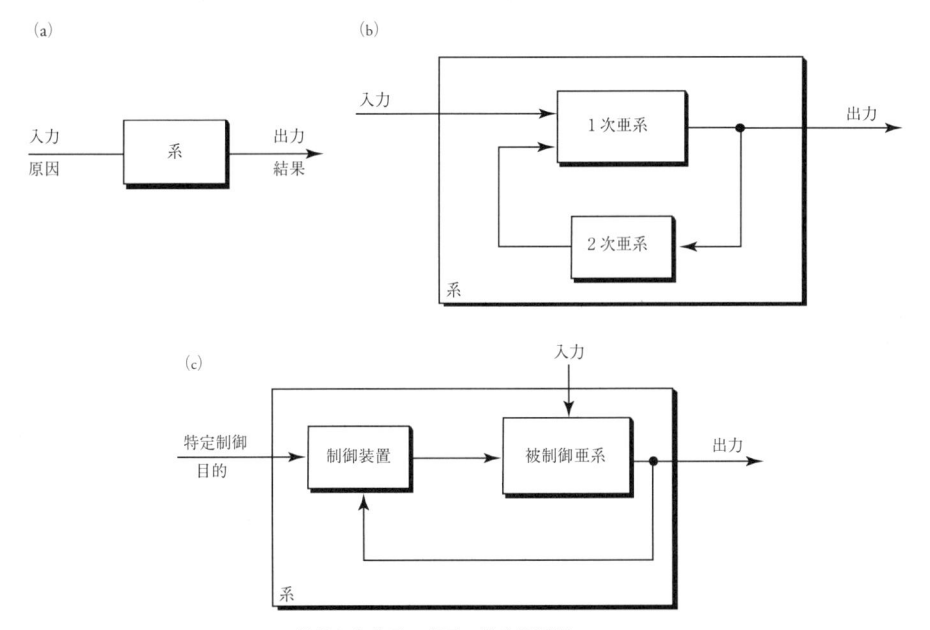

図10 - 55　システム・アナリシスに関係した若干の事項の模式的説明．
　　　　　(a) 基本的入力（Input）—出力（Output）系．
　　　　　(b) フィードバック（Feedback）を持った入力—出力系．
　　　　　(c) フィードバック制御系（Feedback control system）．
　　　　　(b)，(c) はいずれもサイバネティック系（Cybernetic system）．
　　　　　モデル(b) は目的を持たない系で，生態系を含む．モデル(c) は人工の自働制御系（Automatic control system）で，恒常系（Homeostatic system）であり，また目的を持った有機体系（Organismal system）である．制御機構は(b) では散漫（Diffuse）であり，(c) では特定の構造に収約している．
　　　　　[Patten & E.P.Odum 1981]

　系の成り立つ条件としてそれを構成する要素間に相互作用があることが必要であるが，この相互作用の内容としてエネルギー・物質の流れのこともあり，競争やなわばりのような場合もある．Lindeman (1942) は前者の流れを起こし，R. Margalef (1968) はそれに加えて後者の流れをも起こした人として記憶されるべき人たちである．H. T. Odum (1983) はMargalefの道を継いで進んでいると言える．

368 第10章　生態系

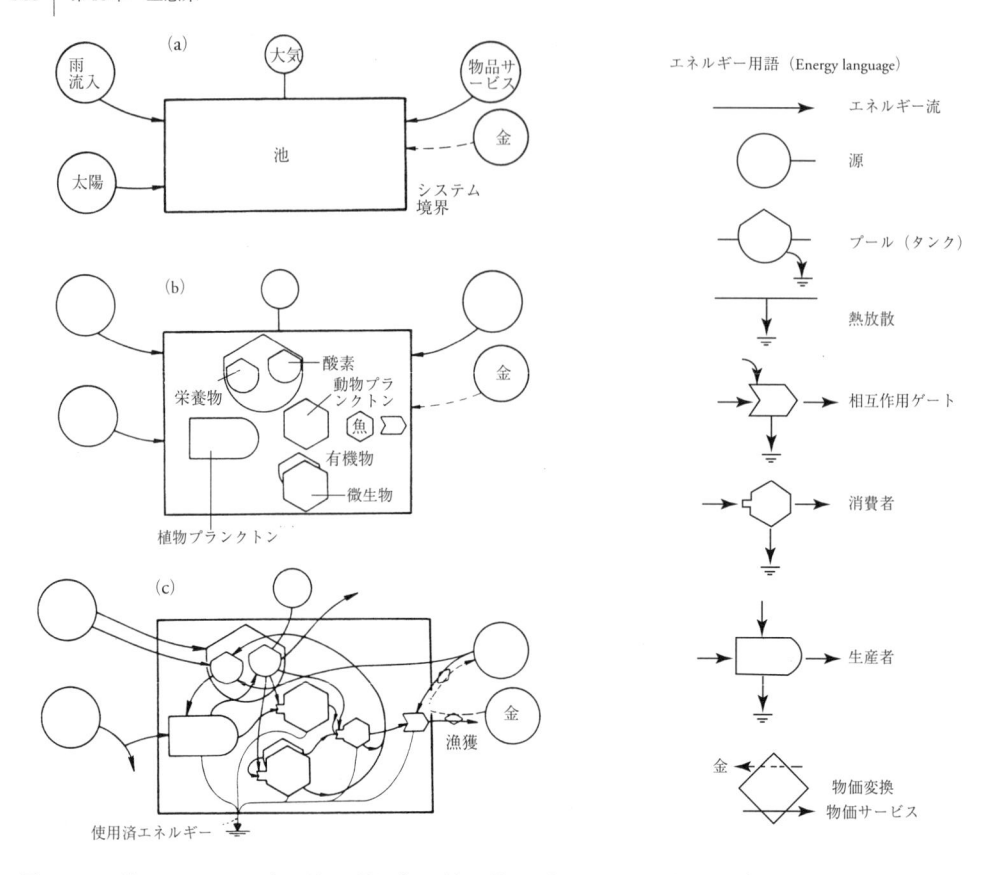

図 10-56　池のシステムのエネルギーの流れを，電気工学のエネルギー用語で作図する手順．(a) 系の境界とエネルギー源．(b) 構成要素（区画），(c) 完成したシステム図．右側にエネルギー用語の説明あり．
　　　　　［H.T.Odum 1983］

$$\dot{Q}_1 = r_1 Q_1 \left[1 - \frac{Q_1}{K_1} - \frac{\alpha_2 Q_2}{K_1}\right]$$

$$\dot{Q}_2 = r_2 Q_2 \left[1 - \frac{Q_2}{K_2} - \frac{\alpha_1 Q_1}{K_2}\right]$$

エネルギー用語等
図 10-56 に示した以外のエネルギー用語．

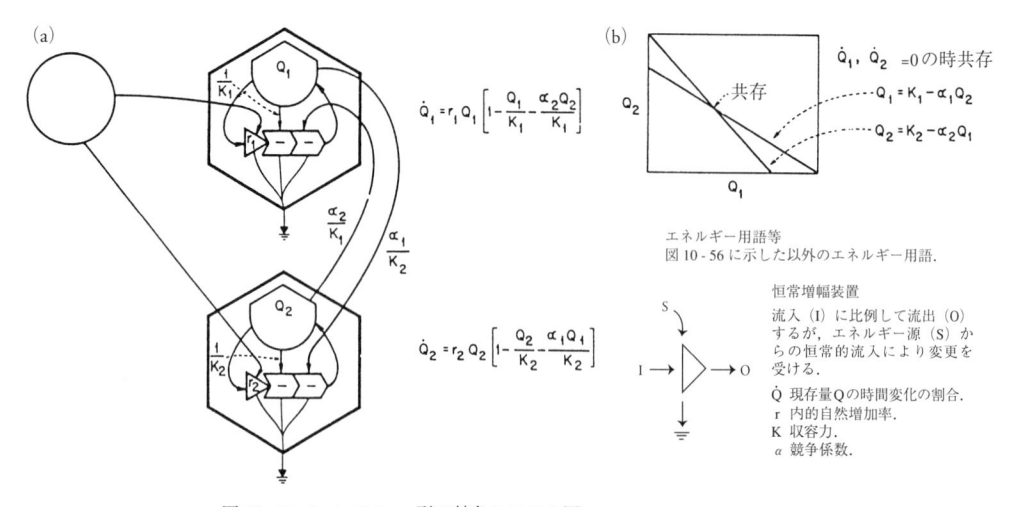

恒常増幅装置
流入 (I) に比例して流出 (O) するが，エネルギー源 (S) からの恒常的流入により変更を受ける．
$\dot{Q}$ 現存量Qの時間変化の割合．
r 内的自然増加率．
K 収容力．
α 競争係数．

図 10-57　Lotka-Volterra型の競争システム図．
　　　　(a) エネルギー流動図形．
　　　　(b) 両種の生長率が0で共存する場合の状態図．
　　　　　［H.T.Odum 1983］

要素間の相互作用関係（エネルギー・物質の流れに関する食物連鎖関係や競争協同などを含む同類関係）のシステムやモデルについては，今まで相当に記述してきた．H. T. Odum（1983）はそれらの関係を電気工学的手法で示したが，その例を図10-56および図10-57に示す．図10-56はシステム図を作成する手順で，出来上がったものは人間の漁獲による儲けまでも要素に入れてある．また図10-57は7章に述べた競争現象のシステム的表現である．いずれも電気工学的手法で表示してあるが，H. T. Odumはこれらのやり方について一つの意見をもっている．それはシステムを説明するモデルはいろいろ考えられてきたが，どんな分野でも結局同じような結論のところへ行くから，よく考えられてきた電気工学的システム表示法によってモデルを作ることで無駄な労力を省くというものである．

とにかく生態系や各種生態現象の取り扱いを科学的に深めようとすれば，今後ますますシステム的理解と数学的処理の必要性が増大するものと思われる．もちろんそれには実証的裏付けが絶対に必要であるが，従来生物学をやってきた者は現実生物界の実証研究は得意である（好む）が，数学的処理によって理論化することは不得意である．能力不足というよりは，むしろ気がすすまない面があった．しかし今後の自然科学としての生態学の進路では，好むと好まないにとかかわらず，それではすまない事態になることは確実と思われる．なおシステム生態学に関する参考書としては次の人たちの論文・著書を挙げられよう．

B. C. Patten（1966），C. J. Walters（1971），島津康雄（1973），H. T. Odum（1983），巌佐庸（1991），M. Higashi & T. P. Burns（1991），B. C. Patten & S. E. Jørgensen（1995），鳥海光弘（1996）．

なお最近小室自動機械（Cellular automaton）というモデルが使われることがある．システム生態学のモデルの一種で，小室は暗箱に似ている．菌類を食べるショウジョウバエをめぐるモデルについて，M. Kreitmanほか（1992）の論説があるので参照されたい．

10-12-2 カオス理論

既に行動のカオス的理解について，3章4節で簡単に述べたが，ここではカオス（Chaos）という事象についてやや詳しく論ずることにしたい．

カオスとは何か．その語源はギリシャ語のカオスにあり，これは「天地創造以前の混沌とした状態あるいは事象」を意味するという．はじめてこの言葉が学問の世界に用いられたのは1970年代前半のことで，数学・物理学の分野ではT. Li & J. A. Yorke（1975）が，理論生物学の分野ではR. M. May（1975）が，それぞれその言葉を論文の中に書いた．しかしその現象の内容が複雑なことと，また広い学問分野にわたって類似の事象が見られることから，現在でも諸学者の間で科学的定義について一致したものはないと言う（J. Gleick, 1987）．その間に共通した気持ちとしては，"非線形[13]の確定系（未来永劫まで予測される規則で表現される系）に生じた不規則（未来の状態が予測不可能）な振動現象"というものがあると言う（上田睆亮, 1993）．また合原一幸（1993）は同じ意味であるが別の表現をしている．"カオスとは，あるシステムが確固たる規則（決定論的法則）に従って変化しているにもかかわらず，非常に複雑で不規則かつ不安定な振る舞いをして，遠い将来における状態がまったく予測できない現象のこと"．つまり不規則で複雑なパターン，すなわち"混沌"の中から見出された"秩序"とでも言おうか．なお齊藤了文（1998）が複雑系の科学としてのカオスについて，分かりや

すい説明をしているので参考になる.

さてわが国で最も早くこの現象に気づいたのは電気工学者上田睆亮で，それは1961年のことであった．結果はジャパニーズ・アトラクターとして広く知られている（合原一幸, 1993, 等参照）．その後物理学者富田和久が1970年代からカオス問題に興味を示し，1985年に物理学の視点から，生物現象も含めて，広くこの問題について論じた.

普通に挙げられるカオス現象の例として乱流がある．今ビーカーに水を入れ，下からバーナーで熱する．しばらくは水はそのままであるが，次第に底から温かくなってくるに従い底の水はバーナーの上で柱状に上に流れ，表面の冷たい水はビーカー壁を伝って下に流れ，また底で熱せられて上に流れる．水の中の一点に注目すると，はじめ静止していたものに，こうして周期的な循環が起こることになる．さらに続けて底から熱していると，次第に周期は早くなり，ついにその流れは不規則（でたらめ）の周期となって沸騰する．この最後の状態が乱流であり，その状態をカオス状態という．広く見られる自然界の時間発展として，はじめは単純な安定状態で，次に簡単な周期的振動が起こり，最後にカオス状態（乱流状態）がくるという考えがあり，現在具体的に目前の事象がどの状態にあるかは，その系の初期状態がどうあるかに強く依存している場合があるとされる（D. Ruelle, 1991）.

このようなカオス理論についてこの生態系の章で触れるには二つの理由がある．一つは上述のMayの数理生物学的な仕事が，生態系についての仕事ではないが，個体数の種内変動（周期的および非周期的）に関する先駆的なものであり，個体群生態学における最も驚くべき発見の一つであったからであり（H. C. J. Godfrayほか, 1992），今一つはいわゆるチョウ（蝶）の効果（Butterfly effect）といわれるものが生態系の状態を決めるのに深くかかわっていると考えられるからである.

まずMayの仕事について紹介する[14]．個体群の生長式について，世代が重複しない場合（いわゆる一回繁殖Semelparousの場合に多い）の差分方程式（非線形）の基本的なものとして次の式が考えられている.

$$N_{(t+1)} = \frac{\lambda N_t}{(1+aN_t)^b} \quad [15)] \qquad \cdots\cdots\cdots (10\text{-}10)$$

ただし，N_t：t世代の個体数
　　　　λ：期間増殖率（内的自然増加率を1世代あたりに換算したもの）
　　　　a：$\frac{\lambda-1}{K}$（K：環境収容力），個体群が変動するレベルを決める係数
　　　　b：密度依存性の強さを表す指標で，$b=1$の時は個体群密度の増加分と1個体あたりの増加率の減少分がつり合う完全補償（Complete compensation），$b>1$の時は1個体あたりの増加率の減少分が大きい過大補償（Overcompensation），$b<1$の時はその反対の過少補償（Undercompensation）を示す.

このような差分方程式の示す挙動は振動を生じやすいとされているが，Mayはコンピューター・シミュレーションでλやbを次第に増加していくと，個体群密度は次のような変化を示すことを見出した（図10-58）．i) はじめは単調に環境収容力に収束する（単調減衰，Monotonic damping），ii) ついで上下に振動しながら一定値に収束する（振動減衰，Oscillatory damping），iii) さらに1周期中に何回か振動する安定限定周期（Stable limit cycles）となる，iv) ついに周期性を失った不規則な振動状態，すなわちカオス状態に至る．ただし上の様なカオ

ス状態を生ずるようなλやbの大きい状態は，現実の生物界には考えられないもので，せいぜい振動減衰止まりだと言う（M. P. Hassellほか，1976）．なお図10-58でb＞1の場合過大補償が生ずるが，この時には環境条件の変化がなくても自己振動を起こす可能性があることは，前述のカオスの本性から見て注目したいところである．またMayは，もし自然界が100％予測可能だとしても，すなわちすべてが決定論的に理解できたとしても，密度依存の制御機構を持った個体群の動態には，ある場合予測不可能なカオス状態を示すことになると述べて，生物現象の予測不可能性に言及しているのは注意を要する．

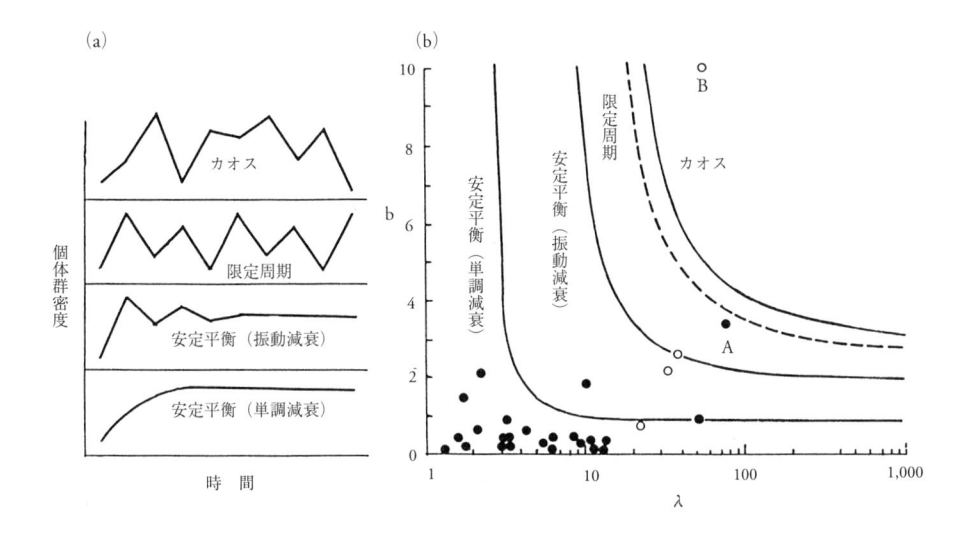

図10-58 個体群密度変動とカオス発生の条件．
(a) 差分方程式（10-10）（本文）により計算した場合の時間の推移に伴う個体群密度の変動型．
(b) 式（10-10）の密度依存パラメーターbと個体群生長率λの間の安定性境界を示す．図の●点は調べられた各種の野外個体群（24種），○点は実験室個体群（4種）の状態を示す．
個体群変動様式はbとλの組合せで決まる．この二つの値がいずれも小さい場合には，安定平衡（Stable equilibrium）となるが（その様子は(a)に示す），これに二つの状態がある．始めは単調減衰（Monotonic damping）で，次に振動減衰（Oscillatory damping）がくる．この二つはいずれも環境収容力（K）に収斂して安定する．次にくるのが限定周期（Limit cycle）の状態で，一定の収容力に安定することはない．その周期は，一定時間に1，2，4，8，……回と倍々に増すことがあり，この現象を周期倍化（Period doubling）現象という．この状態を超えたところでカオス（Kaos）状態が現れる．[May 1975；Hassellほか1976；伊藤ほか1996；Godfryほか1992に基づき，森加筆]

次に'チョウの効果'について述べる．これは気象物理学者E. Lorenzが1960年以来，天気予報について考え続けてきたカオス的事象の中から出てきたことである．天気予報の数値計算をいろいろとやっているうちに，ストレンジ・アトラクターという事象を見出した[16]．これは要するに，現実の気象現象の仕組みを簡単な非線形の3連立微分方程式モデルとしてコンピューターにかけて結果を検算しているうちに，初期値に鋭敏に依存して変動する事象を得たが，その際かかれた図形がちょうどチョウが羽を広げているような形であったことから名づけられた．しかもその羽をかく軌跡が絶対に重なることなく，ある平衡点をまわってかき続けられるという不思議なものであった．このようなシステム（あるいは領域）をアトラクター[17]（Attractor）というが，このアトラクターの近傍を初期状態とする方程式の解は，文字通りアトラクターに引きつけられていく．この現象から導かれて，例えば北京に棲んでいるチョウの羽ばたきほどの小さい空気の乱れが，気象変化の初期条件を変え，1，2週間もす

ると日本の天気の状態を全く変えてしまうこともありうるし，また宇宙のどこかにある1個の原子の引力によって地球大気のある分子が影響を受け，1分後には巨視的事象にまで拡大し，数カ月後にはアメリカを襲うハリケーンの状態を全く変えてしまうことさえありうるということが言われるようになった．

　生態学系の中のカオス現象について，A. A. Berryman & J. A. Millstein (1989) の次の考えは味わう必要がある．彼等は，生態学系の中でカオス現象が起こるのは，正のフィードバック機構が優越している時か，あるいは負のフィードバック機構が，働く時間が遅れて（Time-lagなどがあって），過剰に働く（Overcompensate）ようになった時である；しかし自然には普通の負のフィードバック機構が十分に働くので，カオス的現象の起こる'種（タネ）'はあるとしても，実際にはそんなに起こるものではない；自然選択がそのような世界を作ってきたのである；もしカオス的現象が起こるとすれば，それは思慮を欠いた人間の作用で系が変化させられ，正のフィードバック機構が優越するようになった時である；この際問題は，生態学的系の予測不可能性が決定論的カオス（Deterministic chaos）によるのか，環境変動の推計学的カオス（Stochastic chaos）によるのかということである；と述べている．なお S. L. Pimm (1991) は上のようカオス状態は，動物個体群では体の小さい種の特徴であると考え，それは復元速度（Resilience）が大きく，また変動も大きい（したがってチョウの効果が起こりやすい）個体群に生じやすいと考えている．

　さて以上のような現象が起こる可能性は数学的物理学的に証明されたことであるというが，そうだとすれば生態学においても無視できない重大な事態を招く可能性がある事柄である．しかしこのような方面の研究は，先に述べたMay 等の研究以来，3章4節で述べたようなものを除いて，あまり進展がないように見える．カオス的な現象が生物界において普通のことか稀なことかは，経験的な証拠からは何とも言えない現状である（H. C. J. Godfray ほか, 1992）．この現状についてD. Ruelle (1991) の次のような意見は参考になる．"生物学，生態学，そして経済学をはじめとする社会科学の分野でなぜカオスを研究するのが難しいか，その理由を説明しておこう．何らかの系で定量的にカオスを研究するためには，その系のダイナミックス（動力学）が定量的に分かっていなければならない．そのためには時間発展を記述する基本方程式がよく分かっていなければならず，その方程式がコンピューターで精度よく積分できなければならない．それができるのは太陽系天文学や流体力学であり，気象学も一応そうだと言える．その他の場合，例えば化学反応などでは，そもそも基本となる運動方程式が分かっていない．……生物学などいわゆる「柔らかい」科学の分野では運動の基礎方程式が分かっていない（データを定性的に再現するモデルはあるけれど，それでは不十分だ）．……（生態学，経済学，社会科学の）多くの場合には時間発展の基礎方程式そのものが時間とともにゆっくり変わってしまうのだ（系が「学習」するのである）．そんな場合には，カオスの影響がいかに大きいと言っても，当面は定量的な科学というよりは科学哲学のレベルにとどまらざるを得ないだろう"（青木訳より）．

　なるほど数学や物理学から見れば，生態学のこの方面の現状は哲学の段階にあるように見えるであろう．筆者はしかし，この哲学は重要であって，この方面の進展こそ生態学の将来の活路を開く大道の一つであると思っている．S. L. Pimm (1991) はこのような研究が個体群研究の中心になるべきだとさえ言っている．現に，本質的にカオス動態的（Genuinely chaotic dynamics）である現象が，カナダのオオヤマネコとハタネズミ類の個体群の周期的変動，アザ

ミウマ類（*Thrips*）のような害虫やハシカのような子供の流行病の周期的大発生について存在することが，何人かの研究者の努力によって見出されつつある実情は，この方面の研究の端緒が見えてきているといえるだろう（R. J. Putman, 1994, 参照）．May や Pimm は種内個体群の動態について理論的な研究を行ったが，群集，生態系へと着実な努力が要請されていると思う．ただしその際，決定論，確率論，カオス論を含んだ，偶然と必然の厳密な吟味を必要とすることは言うまでもない．真に偶然なるものと必然なるものの区別，単に現在我々が知らないだけなのか，本来的に知り得ないものなのか，の腑分けがきわめて大切なことを指摘しておかねばならない（池内了, 1993; R. J. Putman, 1994, 参照）．なおカオスに関連してフラクタル（Fractal）構造[18]などは，将来生物の分布構造などに案外応用の道が開かれるかもしれない．またカオスと生物進化現象との関連の理論的考察については，次の11章のr－選択とK－選択の項も参照されたい．

10-13 景観生態学をめぐって

景観生態学（Landscape ecology）はまた，景域生態学（井出久登・武内和彦, 1985），地球生態学（武内, 1991），景相生態学（沼田真, 1991）あるいは地生態学（小泉武栄, 1996）といわれることがある．しかしここでは一応日本で広く流布している景観生態学という言葉を用いて説明する．その意味するところは世界の研究者によって多少違うようであるが，この概念は遠く A. von Humboldt に発し，Landscape ecology という述語をはじめて作ったドイツの C. Troll（1938）を経て現在に至るものであって，特にドイツやオランダで発展した．すなわち地理学の線上で，特に航空写真による地上景観を考慮して生まれたが，次第に生物学と合体し，1970年頃からアメリカの E. P. Odum の生態系（Ecosystem）概念を取り入れ[19]，"総合" という視点を重視して進んできた．

近代的概念は，1981年オランダで開かれた国際景観生態学会議を機に，一段と練られたものと思う．この会議の基調講演でオランダの地理学者 I. S. Zonneveld は，その発祥の精神をふまえ，次のような要旨のことを述べている．"景観生態学とは，陸上景観（Landscape）を，複合生態系［Complex ecosystem; 客体的（Objective）および景相的（Aspective）な分野を含む］として研究する学問分野である．これは生物学，地学，人文科学，応用諸科学も同様に含むものであり，それを切り離すことのできない統合した（Coherent）全体的（Holistic）見地から研究する学問である" と．これらの骨子は実は既に C. Troll（1966）によって述べられたものであり，その発祥の精神を敷延したものであるといえる．

Zonneveld は生態系生態学は地域存在の物的科学（Object science）であるが，これに景相的（Aspective）視点を加えたものが景観生態学であると考える．その際人間が関与してくるのが自然の実態である．

W. Haber（1990）は景観生態学はいくつかの異なった生態系の集合体を取り扱うものとして，生態系生態学が取り扱う生態系なるものを狭く，同質の要素[20]よりなるものと解釈しているようである．この点は Zonneveld（1982, 1990）もよく似ており，どうも地理学出身者の共通の認識であるらしい．一般の景観生態学研究者は，その学問の対象として取り上げる土地の広さは，1 km〜数百 km の直径のものを考えているようである（S. P. Tjallangii & A. A. de Veer, 1982;

R. G. Bailey, 1996, 参照). 例えば, ある村の林は一つの生態系であり, その周囲の畑は他の別の生態系であり, この両者を総合してその全体 (Whole) を取り扱うところに景観生態学は生まれると考える. しかし生態学研究者は生態系を必ずしもこのように狭く考えていないことは, 今まで述べてきた通りである. 生態学研究者は, 例えば小さい生態系ではウツボカズラの捕虫嚢中の捕虫液生態系, 大きいところでは群系 (Biome) 生態系などを考えるのである[21].

なおこの概念が人間と関係があることは Troll (1966) も指摘しているが, 沼田真 (1991); Numata (1992) はこの立場を一歩進めて, 景相を, 非生物, 生物, 人間の各条件の全体を包含するものと考え, 特に人間については認知科学で説明されるような心の世界 (五感の世界) も含めたものと解釈している. 世界的認識は前に揚げた Zonneveld の考えのようなものであるが, 沼田の考えはさらに明確に感性の世界の重要性を指摘したものである. なお Z. Naveh & A. Lieberman (1994) は人間生態系学 (Human ecosystemology) という言葉を提唱し, 景観生態学の最高の認識段階としている.

さて筆者はこの学問の将来は, 特に人間の立場からする土地利用計画, 自然改造計画などを作成する際に, 総合科学として重要な役割を果たすであろうが (図10 - 59, 参照; F. B. Golley, 1989, の考える応用面の問題), その他の点については少なくも生態学の立場からは, 生態系生態学で十分であろうと考えている.

なお景観生態学に関する参考文献として, 前記, Zonneveld (1982), Haber (1990) の他に, 浜端悦治 (1992, 1996), Naveh & Lieberman (1994), 武内和彦 (1994), 横山秀司 (1995), 浜端ほか (1995), 小泉武栄 (1996), 沼田真 (編) (1996) 等を挙げておきたい.

図10 - 59　広島市伴(とも)・大塚地区土地利用構想イメージ図.
[広島市安佐南区・農村計画学会 1991, 横張眞原図; 武内 1994 より]

付記 1

温量指数とは, 一年のうち月平均気温 5℃以上の月を選び, そのおのおのの月平均気温から 5℃ を減じた価を総計した価. 実際の植物分布とこの温量指数との関係は次の表10 - 付1のようになっている.

付記 2

乾湿指数は全く経験的なもので次のように計算する.

乾湿指数をK, 温量指数をT, 年平均降水量をPとすれば,

$T > 100°$ の時　　$K = \dfrac{P}{T+20}$

$T < 100°$ の時　　$K = \dfrac{2P}{T+140}$

この指数によって地球上の気候帯を分けると表10 - 付2のようになる．

付記3

温量指数および乾湿指数による2種の気候帯を組み合わせて次の表10 - 付3を得る．

表10 - 付1　雨に不足のない湿潤な地方の，熱帯から極への植物帯の配列と温量指数との関係．温量指数とは，1年のうち月平均気温5℃以上の月を選び，そのおのおのの月平均気温から5℃を減じた価を総計した価．

符号	気候帯	植物帯	温量指数の範囲
0	極　帯	氷雪帯	0°
1	寒　帯	ツンドラ帯	0〜15°
2	亜寒帯	針葉樹林帯	15〜(45〜55°)
3	温　帯	落葉広葉樹林帯	(45〜55)〜85°
4	暖　帯	常緑照葉樹林帯	85〜180°
5	亜熱帯	亜熱帯降雨林	180〜240°
6	熱　帯	熱帯降雨林	240°以上

[村松・川喜田 1950]

表10 - 付2　乾湿指数と気候帯

符号	気候帯名	乾湿指数
A	湿潤気候帯	7.0 以上
A″	極湿潤気候帯	10.0 以上
A′	準湿潤気候帯	10.0〜7.0
B	乾燥気候帯	7.0 以下
B′	準乾燥気候帯	7.0〜5.0
B″	中乾燥気候帯	5.0〜3.0
B‴	極乾燥気候帯	3.0 以下

表10 - 付3　温量指数および乾湿指数の組み合わせと地球上の生態系構造

	A 0　氷雪帯		
	A 1　湿潤ツンドラ帯		
	A 2　常緑針葉樹林帯		
	A 3　落葉広葉樹林帯		
A″4　照葉樹林帯		A′4　暖帯雨緑林帯	
A″5　亜熱帯降雨林帯		A′5　亜熱帯雨緑林帯	
A″6　熱帯降雨林帯		A′6　熱帯雨緑林帯	
B′1　乾燥ツンドラ帯			
B′2　落葉針葉樹林帯		B″2　(亜寒帯) ステップ帯	
B′3　(温帯) サバンナ帯		B″3　(温帯) ステップ帯	
B′4　(暖帯) サバンナ帯		B″4　(暖帯) ステップ帯	
B′5　(亜熱帯) サバンナ帯		B″5　(亜熱帯) ステップ帯	
B′6　(熱帯) サバンナ帯		B″6　(熱帯) ステップ帯	
	B‴2　(亜寒帯) 砂漠帯		
	B‴3　(温帯) 砂漠帯		
	B‴4　(暖帯) 砂漠帯		
	B‴5　(亜熱帯) 砂漠帯		
	B‴6　(熱帯) 砂漠帯		

B′0, B″0, B‴0, B‴1などの類型は実在しないようである．[村松・川喜田 1950]

第10章註

1) ツンドラ，針葉樹林，広葉樹林など，地球上の気候帯と関連した，大地域の生物群集をいう．
2) いろいろの種類と言っているが，先に生物群系程度の大きさについて考えたのと矛盾する．しかしここで述べている内容が，Tansley の考えの理論的帰結としては正しいであろう．
3) このような方法論は，R. Speaman & R. Löw（1981）によれば，自然からの'切り抜き'で，研究の目的論的性格を示すことになると言う．筆者は，なるほどこの切り抜きについては目的論的な操作であるが，その後の研究は因果論的（合終局論的，合法則論的－カオス的なものを含む）に展開しうると考えている（2, 3章参照）．この際，D. Bohm（1980）の言うように，切り離した断片が，より大きい全体に包み込まれて（Enfold）いることを十分に認識しておくことは，もちろん必要な前提である．このことなくしては自然の実在は遂に理解し得ないであろう．なおこの Levy の方法論は物理哲学者 E. Mach（1883）の科学方法論にそのまま通じるものがあり，またこの思想の淵源は R. Descartes（1644）のホリズム（Holism）自然哲学に発するものと考えられる（小林道夫, 1996, 参照）．
4) このような考えは，さらに大きい集団の規模をとって群集などを考えても同じことである．日本の暖帯のシイ・カシなど（陰樹）の極相林の中へは，原則としてマツなど（陽樹）は入ることはできないが，同種のシイ・カシなどは入っていくことが出来る．この際光という非生物要因と樹木の存在とは一体として考えねばならない．ここに群集生態系の半透性の一面が現れている．
5) かなめ種の性格の検討については，W. J. Bond（1994），N. B. Grimm（1995）を参照されたい．
6) D. L. DeAngels（1995a）も似た考えを述べている．生態系は種個体群の利己的相互作用（Selfish interaction）に基づいて存在している．つまり種個体群を構成する個体の有利・不利に関する問題を除いて，生態系の原理が実現されるかどうか疑問である．生態系はエネルギーや情報のフィードバック機構をたくさん持っているが，種はこれらすべてのフィードバックの活発な仲介者である．しかしまた生態系がたまたま共存する種のセット以上の何ものでもないと考えるのは間違いであり，生態系がサイバネティック的なものを持っているという全体論的主張は認めねばならない．そこで生態系はサイバネティック系そのものでなく，むしろ共働系（Synergistic system）と考えたいと言う．
7) 今西は各種がそれぞれ同位の種社会を作り，その同位種社会が集まった系列全体を複合同位社会と言った．
8) 川村多実二（1938）はこれを食物錯雑（Food complex）と称し，V. E. Shelford（1913）に最初の例があるとした．
9) 生産速度（Production rate）とも言う．
10) この生体食者と死体食者（腐食者）に分ける考えは，すでに C. S. Elton（1966）も重要なこととして述べている．
11) このような空間・時間を考えることの重要性は多くの研究者も指摘している（例えば N. B. Grimm, 1995; O. E. Rhodes, Jr. ほか, 1996）．
12) ミジンコとゾウは栄養機能から見ると同じ植食動物であるが，Pahl-Wostl の空間・時間概念ではミジンコはむしろ藻類に近い．H. G. Andrewartha & L. C. Birch（1954）は群集というものの実在に反対し，Elton のニッチ概念を一つの批判材料に挙げ，この概念によるとケムシとハツカネズミ，テントウムシとキツネが同じニッチを占めることになるが，これはおかしいと述べた．Pahl-Wostl の考えはこの批判に対する一つの答えを与える見解であろうか．
13) 非線形とは原因と結果が何らかの意味で比例的でないものをいうが，詳しくは山口昌哉（1993）

14）このMayの仕事には内田俊郎のゾウムシ類の仕事が深く関係があり，彼は内田の研究を引用しているが，それについては山口昌哉（1993）を参照されたい．
15）この差分方程式をめぐる詳しい吟味については，M. Begon & M. Mortimer（1986），H. C. J. Godfrayほか（1992），伊藤ほか（1996）を参照されたい．
16）詳細はJ. Gleick（1987），D. Ruekke（1991），山口昌哉（1993），会田一幸（1993），森肇（1995）等を参照されたい．
17）アトラクターの意味については会田（1993），森肇（1995）を参照されたい．
18）フラクタルについては，J. Gleick（1993）や山口昌哉（1993），森肇（1995）等を参照されたい．
19）小泉武栄（1996）は「地生態学」の説明で，「生態系をそれを乗せる土地ごとに把握する」時に，「地生態系」概念が成立すると述べたが，生態学でいう生態系概念にはその構成要素として土地（一般に無機環境）は入っているので，この表現は誤解を招く．
20）この同質の要素をEcotopeといい，最小景観単位を作るものとする．
21）ただしZ. Naveh & A. Lieberman（1994）は地球生態系（Global ecosystem）も景観生態学の対象となりうると考えている．またT. F. H. Allen & T. W. Hoekstra（1992）にもその傾向が見られる．

chap. 11 種の適応とその諸性質の変動

11 - 1 はじめに

　推定約46億年前頃,地球が形成されたとされる.そして約37億年前,最初の生命体が水中に発生し,やがて約5億7千万年前のカンブリア紀 (Cambrian period) 前後に生物種の大爆発的分化があり,約4億年前地上に進出,多方面の進化を遂げた結果今日に至った.これは壮大華麗な一大'物語'であるが,その道筋は生物界と非生物界が相互連関し一体となった変遷の歴史であった.その間に生物界に起こった事象を,生態関係事項に限ったとしても,すべてここに説明することは到底できない.そこでこの章では,生態系やその構成要素としての生物界に見られた変遷・適応・進化の生態関係事項のうち,根幹をなすと考えられる事項——それは種の適応の現象が中心となる——について,その要点を述べることにしたい.

　これら変遷の時間規模は数カ月から数億年に及ぶ.その短い規模のもの（数カ月から数百年のものなど）は繰り返しが可能であるが,長い規模（数億年のものなど）は繰り返しがきかない.また地球規模にしても,小地域（例えば島）の現象では繰り返しが可能であるが,大地域（例えば大陸規模）の現象では繰り返しがきかない.ここに繰り返しと言った内容は,地球進化の中で似たような現象が何回も起こったか,1回限りのものであったかということである.もちろん何回も繰り返すといっても,それはある現象についてであって,ある特定の種についてその歴史の中で何回も起こるという意味ではない.ある特定の種にとっては,その歴史はかけがえのない,1回限りの現象であることが普通である.本章では主として現象として繰り返し起こったに違いない適応の諸問題や生態遷移について述べ,1回限りの現象であった大規模生態系の変遷などについては12章,13章で述べることにする.なお本章の参考文献として特にE. Mayr (1989, 1991) の「進化論と生物哲学」および「ダーウィン進化論の現在」を挙げておきたい.この著者のいくつかの説（特に獲得形質遺伝と定向進化の全面的否定,セントラルドグマ説への全幅的信奉,自然選択万能的考えなど）には筆者はにわかに同意しにくいものを感じているが,しかもなおその優れた生物学的思索と多数の文献に対する厳密な考

証は，大いに参考になる．

11-2 適応の諸問題

11-2-1 はじめに

　本節では，生物存在の段階としては個体または個体群段階の適応の問題，つまりあちこちで繰り返し起こったに違いない現象について述べる．
　まずDarwinの自伝の文句を紹介する（八杉, 1950, 訳より）．"環境条件の作用も生物の意志（特に植物の場合において）も，例えばキツツキやアマガエルが木に登ったり，種子が鉤や羽毛で散布したりするような，みごとな適応の沢山の場合を説明できないことが明らかであった．私はいつもこのような適応につよく驚嘆させられていた．それで，これらの適応が説明されるまでは，種が変化したものであることを間接の証拠で説明しようとしても，ほとんど無駄であろうと思った"．Darwinにとっては適応現象のはっきりした説明がされない限り進化学説は成り立ち得ないものであって，彼がまず解決をめざしたところも実はここにあった．彼の有名な「種の起源」は，「適応の起源」といってもよいほどのものであるとは，W. C. Alleeほか（1949）の言葉である．
　さて生物は生きていくために様々な問題を解決しなければならない．例えば，鳥類は各種の環境に棲んでいるが，皆それぞれに生活に都合よくなった足を持っている．カモの足には水中を泳ぐのに都合のよい膜があり，ダチョウには草原を速く走る力強い足があり，サギの足は水中を歩くのに適して長くなり，タカの足は餌物をつかむのに都合のよい鋭い爪を持っている．このように見れば鳥の足は皆それぞれ生活上の問題をうまく解決しているように見える．このような状態を普通適応（Adaptation）と呼んでいる．
　しかし生活上の都合から理想的な状態を考えてみると，現状は必ずしも最適の状態であるとはいえない．例えばタカの足がもっと大きく力強ければ，失敗することなくもっと多くの餌物を採ることが出来るであろう．つまり適応の状態は，常に生物の進化のある時点における状態を，いわば人間の恣意的ともいえる解釈の要素を多く含んで表現したもので，客観的に表現するには工夫がいる．まして完全適応などという状態はないのである（J. Segar & J. W. Stubblefield, 1996; G. J. Vermeij, 1996, 等も同意見）．むしろ完全適応の状態とは，生物が死んで，熱力学の第2法則が完全に充足された時にはじめていえることかもしれない．
　数十億年に及ぶ生物の歴史は多くの種の興亡の歴史であった．今日生き残っているものは，既に亡びた種よりは何らかの点で諸環境との間の関係を，少なくとも結果として，よりうまく処理してきたものばかりである．そして何が適応しているかは，環境の内容，時，場所などによって変動する．具体的な一例を挙げる．イギリスでドブネズミ（*Rattus norvegicus*）を駆除するためにWarfarinという毒物が使われるが，ネズミにはその毒物に抵抗性のある対立遺伝子（RW^2という）がある．Warfarinの使用される地域ではこの対立遺伝子は選択上有利なので，時として集団の中で頻度100％に近くまで増える．ところが一方この抵抗性遺伝子はネズミが傷ついた時の血液凝固に必要なVitamin Kの合成能力を低下させる（特に雄で）ので，抵抗性のホモ接合体は感受性のホモ接合体に比べて54％もの不利を被る．したがって

Warfarin の用いられない地域では，群はその抵抗性遺伝子を持たない個体から主として構成されることになる（J. A. Bishop, 1981）．とにかく総体としては，いずれの対立遺伝子をもホモに持つ個体は生存に不利で，どのような環境にも対応できるように，群は多くヘテロの個体で構成される多型性（Polymorphic）のものとなる．何が不適か好適か，何が不幸か幸か，世間はすべて'塞翁が馬'[1]の喩，生物たちは事態の変転を知る由もない．前適応（Preadaptation）という言葉の生まれる理由がここにある．しかしこのような事情は今後も変わりなく続くであろうから，適応の内容もまた変化し続けるであろう．要するに適応の本質は，今現に生活し得ているということに他ならないと考える（森，1977）．

11-2-2 適応の諸相

適応は環境との関係の問題であるが，環境には非生物環境と生物環境がある．この両者は深く結ばれたものであるけれども，ここでは考察の便宜上一応分けて考えることにする．

a）非生物環境に対する適応

ある動物がある新しい非生物環境（以下本節では単に環境という）に入って行った場合，あるいはその動物の現在環境が他の環境状態に変わった場合，その動物はどのように反応するか．これには大きく分けて二つのやり方がある．一つはその環境にあくまでもとどまって（滞留適応）自身の本性をその環境に適するように変化させるか，またはその環境状態を自身の本性に適するように変化させるかで，他の一つはその環境から逃げ出して別の環境を求めるか（移動適応）である．

（イ）滞留適応

これには上述のように二つの処理の仕方がある．一つは自身の本性を変化させて適応するやり方で，いわば受身の適応（主体性変化適応）であり，他は自身の存在に都合がよいように環境を変える，いわば積極的適応（主体性保持適応）である．ここに積極的という言葉を用いたが，もちろんこれは人間的意志を意味するものではなく，多くの場合，進化の過程における合終局的結果として現れるものである．

イ-1　受け身の適応

変えるべき自身の性質には，生理的なもの，形態的なもの，生態的なものなどが考えられる．

生理的適応例　P. F. Scholander ほか（1950）の研究例（図 11-1）は有名である．一般に哺乳類，鳥類は環境の温度が下がってもある限度（臨界温度 Critical temperature, Threshold t.）までは基礎代謝は変化せず，熱生産は増さない．しかしこの臨界温度は動物の棲む場所によって大きく違い，熱帯型のものでは高く，寒帯型のものでは低い．図 11-1 の各動物の熱代謝直線の位置と傾斜の度合いは，基礎代謝の割合と環境からの体の隔離（皮下脂肪および羽毛による）の度合いにかかっている．そしてその本質は長年の生物進化の過程を経て達せられたものである．

図 11-1 でいろいろの種について生理的適応の違いを示したが，実はその一種をとっても適応の内容はさらに深い．例えば季節によってもその差がある．図 11-2 は変温動物についてではあるが，ナマズに近い魚 *Ictalurus nebulosus* の温度抵抗性が季節によって大きく変化する

様子を示している（F. E. J. Fry, 1947）．その他生理的適応例はK. Schmidt-Nielsen（1997）の教科書に詳しく挙げられている．

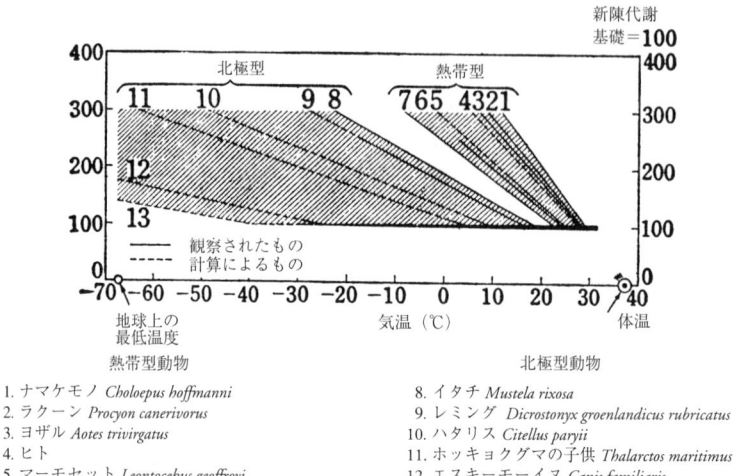

熱帯型動物
1. ナマケモノ *Choloepus hoffmanni*
2. ラクーン *Procyon canerivorus*
3. ヨザル *Aotes trivirgatus*
4. ヒト
5. マーモセット *Leontocebus geoffroyi*
6. ジャングルネズミ *Proechymis semispinosus*
7. ハナグマ *Nasua narica*

北極型動物
8. イタチ *Mustela rixosa*
9. レミング *Dicrostonyx groenlandicus rubricatus*
10. ハタリス *Citellus paryii*
11. ホッキョクグマの子供 *Thalarctos maritimus*
12. エスキモーイヌ *Canis familiaris*
13. ホッキョクギツネ *Alopex lagopus*
および大型哺乳類

図11-1 熱帯型および寒帯型の各種哺乳類の体温適応の状態．暖かい地域に棲む動物は，少々温度が下がってもすぐ代謝の割合を増して熱を生産しなければならないが，寒い地域に棲む動物は，気温がマイナス数十度に達してはじめて代謝の割合を増せばよい．
縦軸：基礎代謝を100とした場合の新陳代謝の割合，横軸：気温．
実線：観察結果，点線：計算結果．[Scholanderほか1950]

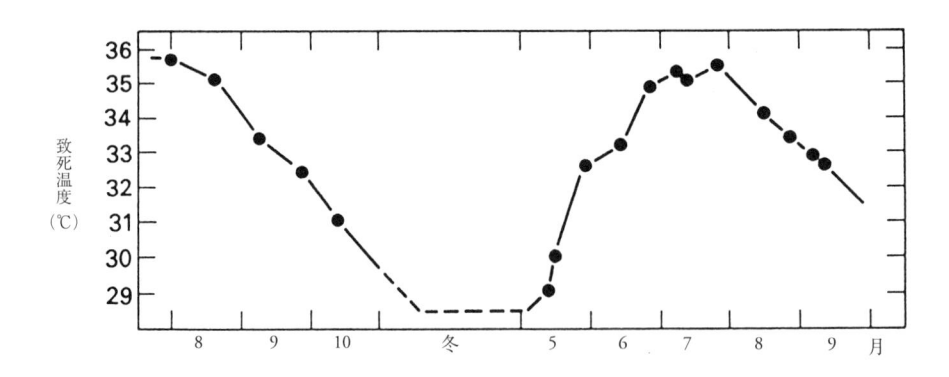

図11-2 ナマズに近い魚，*Ictalurus nebulosus*が季節によって致死上限温度を変える様子．各点はこの魚を12時間その温度に置いたときの50％死亡率．[Fry 1947に基づき，Schmidt-Nielsen 1997 より]

形態的適応例 動物界を広く眺めると形態上の適応の例は多数ある．古くR. Hesse（1924）の本に挙げられた例で，図11-3のようなカエル，ワニ，カバの水面に対する頭部形態の類似性がある．これは水陸両様生活（Amphibious life）による形態の収斂（Convergence）の例として有名なものである．魚類，ウの類，クジラ・イルカの類など形態上の収斂適応例も著しい．亡びたものでは爬虫類に*Ichthyosaurus*や*Tylosorus*がある．

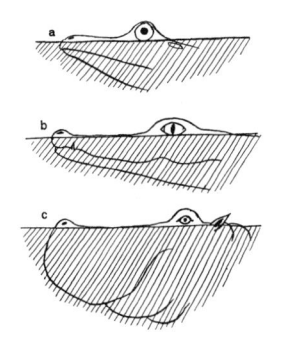

図11-3 カエル（a），ワニ（b），カバ（c）の頭部．水陸両様生活の形態収斂例．[Hesse 1924]

　この収斂適応と反対の分岐（Divergence）適応または適応放散（Adaptive radiation）もある．オーストラリアの有袋類やGalapagos諸島のDarwin finch類の例など有名であるが，ここにHawaii諸島固有のハワイミツスイ類（Drepanididae）の例を挙げておこう（C. B. Cox & P. D. Moore, 1999）．図11-4はその状況を示したものである．アジアのどこからか渡ってきたマシコ類の祖先から，ハワイ産の植物の花蜜，種，および花に集まってくる昆虫を求めて，それらの餌が採りやすいように嘴の形が分岐していった．太く短い嘴は果物や実を食べるのに適し（図のNo. 2～5），蜜を吸うには長く曲がったのが適し（No. 8, 9, 13, 14），木皮の割れ目などにいる昆虫をほじり出したり（No. 7），枝を引き裂いて昆虫を食う（No. 6）のには嘴の上半分が鋭く伸びたのがよいなど，それぞれの用途に応じて適応放散した．なお最近亡びた*Ciridops*はヤシの柔らかい実を食うのに適した軽少な嘴を持っていた．

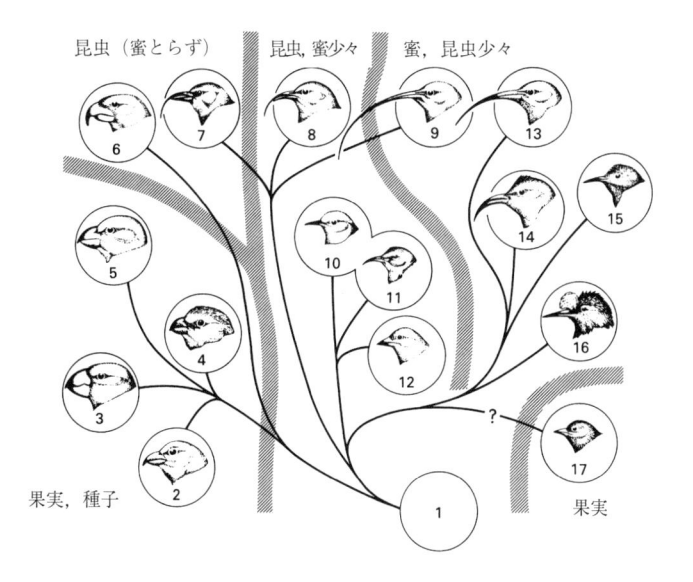

図11-4 ハワイミツスイ類（Hawaiian Drepanididae）の嘴の適応放散．1. 未知のアジアからの最初のマシコ類の移住者．2. *Psittacirostra psittasea*（キガシラハシブト），3. *P.kona*（コーナマシコ），4. *P.bailleni*（キムネハシブト），5. *P.cantans*（レイサンハシブト），6. *Pseudonestra xanthophrys*（オウムハシ），7. *Hemignathus wilsoni*（アキアポラウ），8. *H.lucidus*（ヌクプウ），9. *H.procerus*（カラアイハシナガ），10. *Loxops parva*（アニアニアウ），11. *L.virens*（アマキヒ），12. *L.coccinea*（アケパ），13. *Drepanitis pacifica*（ハワイミツスイ），14. *Vestiaria coccinea*（イーワイ），15. *Himatione sanguinea*（アパパーネ），16. *Palmeria dolei*（シロフサハワイミツスイ），17. *Ciridops anna*．[Cox & Moore 1993]

このような形態的適応は，種間だけでなくて種内でも認められる．その一例を挙げよう．和歌山県白浜町の京都大学理学部附属臨海実験所の付近の岩礁には，クロフジツボ（*Tetraclita squamosa*）が多数付着棲息している．この場所の気温は夏には大層高くなり，干潮時の岩上で40℃にも達する．このフジツボは高潮線近くから低潮線近くまで付着しているので，温度に対する抵抗性に潮間帯上下の生活者の間で差があるのではないかと考えた．上の方の個体は長時間（ある測定では連続5時間）直射日光にさらされるのに，下の方のものはごく短時間（ある測定では連続2時間）ですむからである．そこで温度の上昇に付随して起こる，乾燥に対抗するしかけに差がないかどうかを調べて見た［N. Suzuki（鈴木紀雄）& S. Mori, 1963］．

このフジツボの側方と下面は堅い石灰質の殻（周殻）に包まれ，下面は岩に固着している．この周殻は多孔質で，生きた細胞を含んでいる．体の上面は可動性の，やはり石灰質の薄い板（蓋板）で覆われ，海面上に露出した時にはしっかり閉じて殻の中の水分を失わないようにしている．海水に浸るとこの蓋板は開き，夜間だと中から蔓脚を盛んに出して採餌する．殻の中の肉体の周囲には若干の海水が満ちている．

そこでクロフジツボが海面上に露出するに従って，肉体中の水分量，殻の中の肉体を除いた部分に保有する水分量，殻そのものの中に含有する水分量がどのように変化するかを調べた結果を表11-1に示す．この表で見ると，肉体中の水分量は棲所による差はほとんどないが，肉体と殻の間の腔所および殻そのものの中の含水量は，明らかに高潮線近くに棲むものに多い．この差は形態の違いによって起こされたもので，幼生が岩に固着して以来の生長過程で起こった乾燥に対する適応状態の差といえる．これと同じような現象は岩礁に固着して生活している動物に一般に見られることで，カサガイの一種 *Acmaea limatula* についてE. Segal（1956a, b）の詳しい研究がある．

表11-1 干潮時にクロフジツボの体の各部に含まれる水分量．肉体中および殻と肉体間の腔所に含まれる水分量については肉体重1gあたりのg量で，殻そのものに含まれる水分量については殻の乾重1gあたりのg量で示す．（ ）内は調べた個体数．1959年7月の調査．

調査シリーズ NO.	調査時環境	動物の種類（時刻）	含水量 肉体中	肉体外腔所中	殻 中
A	露出1時間後	高潮線近くにすむ動物（10a.m.）	3.2（13）	2.7（14）	0.35（14）
B		低潮線近くにすむ動物（正午）	3.3（14）	1.3（15）	0.27（15）
C	水中に没する直前	高潮線近くにすむ動物（2p.m.=露出5時間後）	2.8（15）	2.6（15）	0.28（9）
D		低潮線近くにすむ動物（1p.m.=露出2時間後）	3.0（11）	1.4（13）	0.26（13）

［Suzuki & Mori 1963］

生態的適応例 砂漠という環境は，昼間は非常な高温になるが夜間は冷える．ここに棲む昆虫類の適応については，既に2章で説明した．R. N. Chapman ほか（1926）の仕事で，高温抵抗が各種の生態的手段によって達成されていることを見た．この種の例はG. N. Louw & M. K. Seely（1982）にいろいろと挙げられている．

流れの速い渓流に棲む動物など，岸の岩の陰とか，中央部でも石の下，石の後，砂の中など，生態的に棲所を選んで結構生活を続けている．

イ−2　積極的適応

　これは，環境を自らの生活に都合の良いように変えることによって適応生活をすることである．この型の適応は地球上に圧倒的に大きい集団を作る植物に見られるのが普通である．この問題に関する記述は数多いが，古く1911年に内村鑑三が行った「デンマーク国の話」という講演は，生態学の見地から大変面白い（内村，1993）．1864年デンマークはドイツ・オーストリア連合軍と戦い，敗戦の結果国土の重要な部分を失った．しかし残った土地の中の荒廃地であった北部 Judland 地方を，E. M. Dalgas とその息子 F. Dalgas の親子が二代かかって苦心の結果緑の森林に変える話である．その過程の，アルプスモミ（*Abies alba*）とフィンランドモミ（*A. sibilica*）の協同と競争の相互作用の微妙な関係も面白いが[2]，ここでは出来た森林がその地方の気候を変えてしまった話が興味をそそられる．森林の出来る以前は昼は熱気に満ち，夜は夏でも霜が下りたが，森林が出来てからは気候は温和となり夏の霜はなくなった．海岸地方では吹き送られてくる砂塵が防がれ，また洪水の害もなくなった．こうして森林は自身の生存のための好適な環境を造成したことになる．このような例は世界各地で一般に見られるものである．

　植物のこのような非生物環境の積極的改変に比べると動物の例は少なく，4章の反作用のところで説明した程度である．この間にあって，全く物理化学的過程によるものであるが，W. C. Allee（1938）の研究した集団防御（Mass protection）の現象は注意する必要があろう．渦虫類 *Procerodes wheatlandi* は Woods Hole 付近の海岸の石の下に集団を作って生活している．このものを淡水または薄めた海水中に入れると間もなく死んで分解するが，集団で入れると長生きする．それは早く死んだものからカルシウムが水中に溶け出て，このものが水を条件づけ（Conditioned），その結果残りのものの命が助かるのである．似た現象は他の動物にもあるが，これを積極的（または主体的）環境改変と言うのには問題があるとしても，とにかく非生物環境が変わって，結果として集団の命が延びるのである．動物界の微妙な環境適応の問題として記憶しておく必要があろう．

（ロ）移動適応

　これは動物界に著しく見られる現象である．環境の悪化に伴ってその場所から逃げ出して，好適の場所に移動するものである．3章で述べたように魚や鳥の地球規模の移動はその良い例である．それよりは移動距離は短いとしても，哺乳類でも偶蹄類には季節移動の例は多い．

b）生物環境に対する適応

　生物は食物連鎖関係と同類関係という相互作用の網の中で生活している．当然これらの諸関係をうまく，あるいは何とか，処理していなければ生きていけない．これは進化史の合終局的結果である．その実態は，5，6，7，8章で説明したことそのままであるから，特にここで重複して述べないことにする．

c）両がけ現象

　生物は環境の変動に対応してきたものが生き残ってきたが，その対応の仕方に繁殖の危険に対するものがある．著しい環境変動は，産子・育子や種子の発芽・生長に致命的影響を与えることがある．その際，今年繁殖に失敗すれば，あるいは失敗する可能性がありそうであれば，今年は自重して繁殖を控え，来年を期するとでもいうべき現象がある．一年生草本の

種子の発芽でも，散布された種子がすべて同時に発芽するのでなく，ぽつぽつ数年にまたがって発芽するという現象がある．

このような現象を両がけ現象[3]（Bet-hedging phenomenon）と言う（S. Stearns, 1976）．そうであるならば，数年にわたって繁殖する繰り返し繁殖（Iteroparous）のものばかりになりそうであるが，一回繁殖（Semelparous）のものが結構存在しているのは，前述の一年生草本の種子・発芽で説明したような方法があることも一つの理由であろう．

なお動物で数回繁殖のものが生存に有利であるということを，理論的に証明した人がいる（G. I. Murphy, 1968）．海のプランクトン食の魚では，幼時に環境の変動により生存に有利な年と不利な年がある．親の寿命が長く，繁殖を多数回繰り返す数回繁殖のものが，結局子孫を多く残す結果になると言う．つまり両がけ効果があるといえる．誠に生物の適応の諸相は複雑である．

d）変化の停滞について

上に生物が非生物環境および生物環境の中にあって，それらの状況に適応・変化（進化）していく様相を述べた．ところが驚くべきことに，数億年もの間，一般の地球環境は大きく変化してきた事実にもかかわらず，ほとんど形態上の変化がない状態で続いてきた生物がいる．進化（変化）の停滞（Stasis）である．例えばシーラカンス（*Latimeria chalumnae*）は2億5千万年前の石炭紀後期からほとんど変わらず，またカブトエビ（*Triops cancriformis*）も1億8千万年前の三畳紀の化石と区別が出来ないので同じ種名が与えられている（S. M. Stanley, 1979）．もっとも現在の古細菌と数十億年前の古細菌との違いはどうかという問題はあるが，この場合生理的性質まで同じであるかどうかは分からない．しかし前述のシーラカンスやカブトエビの場合は，形態と同じく，おそらく生理的性質にも大きい変化はないものと考えてよかろう．

この変化（進化）の停滞の事実をどう考えるか．適応との関係はどうか．筆者は次のように考えている．多かれ少なかれ環境との間に何ほどかの適応がなければ，生物は生き残れないことは確かである．したがって進化が停滞している生物の環境にほとんど変化がなかったか，あるいは形態や生理が変化しなくてもよいような環境を自ら求めて棲所を移動していったか（移動適応）のいずれかが原因でなかろうか．この際棲所の環境を自らの生存に適するように変革して生きてきた（積極適応）と考えることは，普通の動物には無理である．

なお停滞の問題については，D. J. Futuyma（1986）も参考にされたい．

11-2-3 適応度

a）はじめに

ある生物の個体または集団の性質が，その生物の生存（延いては繁殖）に都合がよいか悪いかの価値を判断した時に，適応（Adaptation）という語を用いることについては既に述べた．これはどこまでも比較の意味しか持たないので，完全適応などというものはない．そして比較するためには，まず第1に'比較する事柄'を決めることが必要であり，第2に'比較する基準'を決めることが必要である．

比較する事柄としては，大きく分けると，現生生物の間で比較するか，進化してきた問題の系統の先祖との間で比較するかの2つがある（P. H. Harvey & M. D. Pagel, 1991; M. R. Rose & G.

V. Lauder, 1996). ここでは後者はまずおいて, 前者の場合について述べることにする. その場合個体がその一生をよりよく送ることを考えて決めることもあれば (Survival の問題), その個体が産む子供の数またはその持っている遺伝子の増減で決めることもあり (Reproduction の問題), この両者を併せて考えることもある. 産んで繁殖できるまで育つ子供の数で考える場合は特に Fitness という言葉が使われることが多い[4] (I. M. Lerner, 1958; W. D. Hamilton, 1964; C. H. Waddington, 1968; V. Grant, 1977). この場合は'繁殖適応'または'産子適応'とでもいうべきものと思うが, わが国ではどういうわけか単に'適応度'という述語が使われることが多く (粕谷, 1990; 伊藤, 1990; 伊藤ほか, 1996), Adaptation という語と紛らわしいので, 本書では Fitness に対して繁殖適応(度)という語を用いることにする. これに関する事柄については項を改めて述べることにする. なお Begon ほか (1996) の Adaptation についての説明は参考になると思うので掲げておく. 彼等は Adaptation は紛らわしい用語であり, 次の意味を持つとする. イ) 進化の過程において自然選択を経て出来た生物の特質で, 環境と密接に対応したもの, ロ) 生物の一生の間に環境の刺激に反応して起こった形態または行動の変化, ハ) 継続刺激の結果として起こった感覚器の感受性の変化.

ここで上記の事項を例を挙げて説明しよう. サギとカモの足の適応の比較である. もし沖を泳ぐことが比較する事柄なら, カモの足がより適応していることは明らかである. 比較の基準については, カモの足がより適応しているのはサギの足に比較してのことで, もっと理想的なものを基準にとればカモの足といえども最善とはいえない.

比較する事柄と比較する基準が一応定められると, ある場合には適応状態を数量で表すことが出来る. 適応の度合いを一般的に適応度 (Degree of adaptation; この適応度は Fitness に限定しない) ということにする (宮地・森, 1953). 水中を速く泳ぐことが, 餌を追う場合にも, 敵から逃げる場合にも, 生活に有利であるとすると, 秒速5mで泳ぐ魚は1mで泳ぐ魚より, きわめて常識的に言って5倍の適応度を持つことになる. もし前述の産子数を比較する事柄にするなら, 子の数で適応度 (すなわち繁殖適応度) の算定ができる.

なお適応の問題は, 普通, 個体または種 (個体群) の段階の問題として考えられているが, 生物界の各階層——細胞から生態系に至る——で考えるとどうなるか. G. J. Vermeij (1996) は完系統 (Clade, ある分類群が進化の上で結びつけられた全体) でも適応現象はありうるとした.

b) 繁殖適応

比較する事柄として, 産子数または子孫の繁栄の度合い, 時として子孫の遺伝子の出現頻度をとった場合の適応の問題である. この方面の研究は生物の社会生活の進化と関連して, 最近特に発展しつつある. その全貌は粕谷栄一 (1990) 著「行動生態学入門」や伊藤嘉昭ほか (1996) 著「動物生態学」を参考にしていただきたいが, ここでは注目すべき主な点, 特に包括繁殖適応度と血縁淘汰についてだけ述べることにする. なお, この2項目についての分かりやすい解説が, 節足動物 (特にアリ類) についてではあるが, 長谷川英祐 (1996) によって述べられているが, よい参考になる.

なお最近 S. K. Mills & J. H. Beatty (1994) は Fitness の概念をやや生物哲学的に吟味し, これはいわば'気まま (Propensity)'なもので, 生物のある性質はある環境では信頼しうる能力を発揮するが, 他のある環境では信頼できないものであるとしている. 例えば工業黒化のガは汚染環境では Fit しているが, 非汚染環境では Fit していない. この状況はちょうど, 食塩は

水に溶ける性質を持つが，水銀には溶けないことと比べられると言う．Fitness は可能性を示すもので，その能力がいつでも必ずしも発揮されるとは限らないものだと言う．要するに完全適応はないということであろう．なおこの説は R. N. Brandon (1995) によって吟味され，支持されている．

包括繁殖適応度（Inclusive fitness）　適応度の判定は地球史的規模の長い生物進化史の中では，大変難しい問題である（前述の Mill & Beatty, 1994, 参照）．鳥であれば飛ぶことが生存に有利なように思うが，Passenger pigeon は亡び，ダチョウは生き残っている．したがって我々に数値的によく分かることは，数代あるいは数十代の経過のうちのことであろうか．

そう考えた上での適応現象の終局の総合的な姿は，結局どれだけの子を産み，それらがどれだけ育つかに現れると考えてよいであろう．すなわち繁殖適応の重要な理由である．

さて生物個体が各種の環境に適応しておれば，それだけ子を多く産み，子孫には親のような形質を持った個体が多くなるはずである．このことは常識的に何の疑いもないであろう．ところが生物の世界には，7章で述べたような利他行動（Altruism）というのがある．社会生活の中において，自分は子を産まないでもっぱら他個体の産む子を育てるような個体が生存するという社会構造が存在を続けてきたのである．有名な真社会性のハチやアリの社会では多数の働き手（Worker）や戦い手（Soldier）がおり，またアブラムシでも不妊の戦い手がいる社会を作るものも見出されている（青木重幸, 1984）．さらに鳥の社会などでは助け手（Helper）がいる．これらは自分では子を産まないのに，自然選択の関門をくぐって社会生活の中に生き残ってきた．

この現象をどう理解するか．これは Darwin 以来の大問題であった．彼は「種の起源」のなかで次のように述べている（第7章「本能」の文中，八杉訳より）．"それははじめ私にはとても克服できないもので，実際に私の全学説にとって致命的であると思われたものである．私がここで言うのは，昆虫社会における中性者すなわち生殖不能の雌のことである．……獲得された構造あるいは本能の変化が子孫に引き続いて遺伝していくということはできないのである．どうすればこのような例を自然選択説と一致させられるかは，当然問題となる．"と述べた後で次のように解決する．"この困難は，克服し難いものに見えるけれども，次のことを想起するなら，それは弱められるか，あるいは私の信ずるところでは消失するかするものである．それは，選択は個体とともに家族にも作用しうるものであって，望む目的をこうして達成することもあるのだ……ウシの育種家は肉と脂肪が十分に霜降り模様になっているのをよしとする．そうなっていた動物は屠殺されてしまっているわけだが，育種家は確信をもってそれの属する家族に注目する．……順次起こった軽微で有利な変化は，おそらく最初に……少数のものだけにあらわれたのであり，有利な変化をもつ中性者の大多数をうんだ生殖可能の両親がながくつづいて選択作用をうけ，それによってけっきょく，総ての中性者が望ましい形質を持つようになったのである．……何かの点で利益となる多数の軽微な，そして偶然的とよんでおかねばならぬ変量の集積によって……構造ある大きさの変化が達成される……．"

つまり Darwin は個体の適応とは別に，家族（群）の適応という問題を持ち出し，利他性の存在発展の自然選択的理由付けをしようとしたのである．これに端を発して，その後この種の現象に，Darwin の主張しようとした意味合いとは多少異なってはいるが，'個体の繁栄'と'種族の繁栄'という二つの原則が主張されるようになったと考えられる[5]．従来のこの

主張の中で種族の繁栄という場合は，集団の中の個体が犠牲となっても，集団の発展を図るという考えが内包されている．現象の大まかな形相的解釈としてはそのような考えも成り立つとは思われるが，生物個体の本性として，意識のあるなしにかかわらず，そのような理解は成り立つものであろうか．すべての個体はその本性として，精一杯生存努力を傾けていると考えるのが自然であり，他の個体の犠牲となってまで生存努力を続けるという考えは大変擬人的であり，大きい問題をはらむものと言える．ただし進化は個体レベルとは別に，種（群）レベルの問題としても極めて重要な側面があるので，上の問題は一言で片付けられない．この点についてはまた後で触れることにする．

さて，上のような事情があったところへ，W. D. Hamilton（1964）の生物社会現象の進化を遺伝的に理解しようという論文，有名な包括繁殖適応度（Inclusive fitness）に関する論文が出て，それを契機としてこの方面に大きい進展が始まった．その原理は，もちろん産子の多少を繁殖適応の基準とするものではあるが，その際問題の個体とか個体群だけを形相的に見るのではなく，関係者すべてを構成する同一遺伝子（Gene）の増減を適応判断の基準とするところにある．同じ遺伝子は自分の親，兄弟姉妹をはじめとして血縁者も持っており，そのような特定の遺伝子をすべて考えて（つまり包括して）それらが増大するかどうかを適応度の判断の基礎とする[6]．このような適応度を包括繁殖適応度というが，それは次の式で定義される[7]．

$$\text{Inclusive fitness(IF)} = W_{A0} + \sum r_{AB} \Delta W_B - \Delta W_A \quad \cdots\cdots (11\text{-}1)$$

W_{A0}：当該個体（A）が他個体と相互作用を持たない場合の適応度（一般に産子数）

r_{AB}：血縁度（または血縁度係数）（Coefficient of relatedness），すなわち当該個体（A）の特定の遺伝子と同じ遺伝子が相互作用をする他個体（B）に存在する確率

W_B：相互作用によって血縁個体（Related individual or kin individual）（B）に増加する適応度

$\sum$をつけたのは，2個体以上の血縁個体の適応度への影響を合計するため．

上式から相互作用がある場合の当該個体の包括繁殖適応度が進化する条件は，

$$W_{A0} + \sum r_{AB} \Delta W_B - \Delta W_A > W_{A0}$$

すなわち

$$\sum r_{AB} \Delta W_B > \Delta W_A \quad \cdots\cdots (11\text{-}2)$$

これがHamiltonの規則（Hamilton's rule）といわれるものである．

ここで血縁度について説明しておきたい．子は母親および父親の遺伝子の半分ずつを受けるのであるから，子と母親または父親の血縁度は1/2である．では兄弟姉妹の場合はどうか．仮に母親のゲノム（Genome）をAとB，父親のものをCとDとすると，子はAC，AD，BC，BDの4通りのゲノム構成があることになる．仮に子のゲノムをACとすると，兄弟姉妹の中には，自分と同じ場合1，自分の1/2の場合2，自分と全く違う場合（0の場合）1の割合となり，平均すると1/2となる．つまり親と兄弟姉妹はいずれも血縁度1/2である．なお同じような計算から，おじとおばの間では血縁度は1/4，いとこの間では1/8となる．

以上は普通の2倍体（Diploid）の生物の場合であるが，ハチやアリなどの働き手の場合はどうなるか．これらの働き手は普通女王の娘であるが，自身には生殖能力はなく，女王の子（主として自分の妹）を育てて生活している．上の場合雌は2倍体，雄は1倍体（Haploid）で，

このような繁殖様式を半倍数性（Haplodiploidy）という．受精して生まれた子はすべて雌となり，その姉妹間の血縁度は 3/4 となる．父親からの同じ遺伝子はすべて雌の子に入るからである．そして受精しないで生まれた子はすべて雄となるが，働き手のこの弟に対する血縁度は 1/4 となる．働き手にとっての包括繁殖適応度はここらの事情を考えて計算しなければならない．すなわち兄弟姉妹の数がどうあるかによって大きい違いがでてくる．真社会性昆虫の社会では働き手の妹の数は圧倒的に弟の数より多いので，包括繁殖適応度の値は，自分の子を産まないマイナスを補って余りあり，つまり自分の子を産まなくても社会性動物としての進化の道を進むことが出来たということになる．図11-5に2倍体および半倍数体の血縁度を模式的に示す．

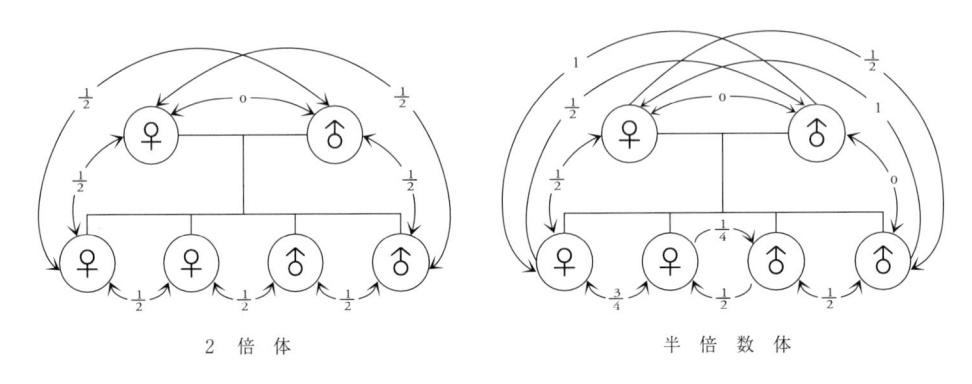

図11-5 2倍体および半倍数体の血縁度模式．
縦横の直線は親子および交尾関係（雌は1回交尾）を示す．半倍数体では雄には父親はいないが，母親と父親の子という形で示す．いずれも近親交配がない場合である．半倍数体ではどちらから見るかによって血縁度の違う場合がある．［粕谷1990に基づき，粕谷1993私信により，森 加筆］

以上は包括繁殖適応度の普通の説明であるが，ここで補足しておきたいことがある．Hamilton の説ではハチやアリ（膜翅目）の真社会性の動物種が生じた主な理由は，同じ父母を持つ姉妹同士の平均血縁度は 3/4 で，この値は雌親とその娘間の血縁度 1/2 より大きいので，雌の働き手が進化しやすかったと考えている．しかしミツバチの女王は複数の雄（時として8，9匹もの雄）と交尾するので，異父姉妹の働き手の間の血縁度は 1/2 にもならない．また多雌制の社会を作る種類でも働き手の間の血縁度は低くなる．この点について松本忠夫（1994）は，なるほど上述のいわゆる Hamilton の '3/4 仮説' といわれるものは多少分が悪くなったが，しかし真社会性のコロニーはどんな動物でも，家族という血縁度の高いものが出発点となっているので，血縁選択そのものの重要性は否定されないと述べている．とにかく Darwin の疑問に対する一つの答えは，現在ではゲノムあるいは遺伝子の動きを基礎にして，上のように説明する道が見出されているのである．

鳥類（2倍体性）で繁殖の手伝いがしばしば見られることについては既に述べた（7章）．このような利他性の進化についても，上の理論で一応説明できるとされる．鳥では前に述べたように，前年に生まれた雄が両親の繁殖行動を助けることが多い．つまり弟妹の産出を助けるのである．この場合，自分と弟妹との血縁度は 1/2 であるから，次式のようになる．

$$\mathrm{IF} = W_{A0} + \frac{1}{2} W_B - W_A \qquad \cdots\cdots\cdots (11\text{-}3)$$

この場合相互作用があるから $W_{A0}=0$；仮に親は本来5羽の子を育てるはずが，助け手があるために8羽育てたとすると，$W_B = 8-5 = 3$；助け手は若鳥であるため本来2羽を育てるはずが，助け手となったために子がなくなったとすると，その血縁度の減少分は $W_A = \frac{1}{2} \times 2$（ここで 1/2 を掛けるのは，助け手とその子の血縁度を考えるからである）．そうするとこのような条件下では，

　　　　IF $= 1.5 - 1 > 0$

となり，IF は 0 より大きく，自分のゲノム（遺伝子）の増加という点で進化的に有利ということになる．

ここで一つ注意しておきたいことがある．それは上の説明で，血縁度 1/2 とか 3/4 とか言ったが，これはゲノムについてのことで，遺伝子そのものを単位にするとまた別の理解がいる．およそ同一種に属するすべての個体は，普通遺伝子プールの中の90％以上，時に99％に及ぶかもしれない遺伝子を共有する．したがって血縁度を遺伝子そのものについて言えば，その残りのわずかの遺伝子を共有するかどうかという問題になる．このことを理解しておいていただきたい．

血縁選択（Kin selection）　上のように特定の性質を持った遺伝子（ゲノム）が血縁関係を通じて出現頻度を上げ，その形質が進化していく機構を，J. Maynard Smith (1964) は血縁選択と呼んだ．これは進化学，集団遺伝学および生態学の総合した学説である．一般に包括繁殖適応度を考えると，血縁の近いものは遠いものよりも進化の点でずっと多くの利益を得ていると思われる．特に利他性の進化の説明で注目される．親による子の保護は一般現象であるが，上の見地からすると血縁選択の特殊な場合とも考えられる（E. R. Pianka, 1978）．

上に包括繁殖適応度や血縁選択について述べてきたが，この問題と利他性（7章参照）の関係について P. J. B. Slater (1994) の考えは面白いので紹介しておく．彼は利他性を示す個体自身は包括繁殖適応度などで利益を得ているのだから，そのような個体に対して'利他'という言葉は不適当な言葉である．血縁がないにもかかわらず利他的行為をする性質が真の利他性であり，この場合血縁のないものの間の'相互的利他性（Reciprocal altruism）'を注目すべきである．これは一種の相利作用（Cooperation）とも考えられると言う．この考えの上で相互的利他性の実例やその性格等について検討し，その際'しっぺ返し（Tit-for tat）'行為を重要視する必要があることを述べている．ところが実は既に E. Mayr (1991) がさらに進んだ意見を述べている．彼は相互的利他性も，結局行為者に利益があるのだから，利他性という言葉は不適切である．利益を受けなくても他を利する場合に利他性というべきだと言う．その上でなお包括繁殖適応度や群れ適応の進化の上の重要性を指摘している．

上に述べた包括繁殖適応度や血縁選択は，進化を主として遺伝子（ゲノム）の行動の上で説明するものであった．このやり方は集団遺伝学の手法を利用したものであるが，進化現象をすべてこの道で説明しきれるものでないことは言うまでもない．進化現象は複雑多岐にわたるもので，遺伝子の主体的な動きだけで有利不利を判断して説明しきれるものでない．非生物環境の巨大な力は生物の存在様式（遺伝子の表現様式とも言える）を操り，さらにたとえ非生物環境があまり変化しなくても，多様な生物種の相互関係は変幻極まりない．その生物種自身が長期にわたって同じ性質でとどまるということは珍しいことと考えねばならない．

包括繁殖適応度を主唱した Hamilton は，1993年度京都賞受賞講演で今後の研究方向の一つとして性の問題を挙げ，有性生殖の進化発展の過程における病原菌やウイルスによる病気に

対する抵抗性の重要性を主張した（6章3節5項参照）．今までの包括繁殖適応度や血縁選択における遺伝子的理解は，主として種内関係の問題についてのことであったが，ここに種間の相互作用（上の場合は食物連鎖関係）に注目することの重要性が指摘されたことになる．

今後進化について語る時には当然これらの諸関係に慎重な配慮を加え，可能な限り深い奥行きを持った学説の展開を心掛けねばならないと筆者は思っている[8]．

なお血縁選択にはその前提として，当然血縁認識（Kin recognition）がなければならないが，多くの動植物が主体的にその認識を持ち，または生理的な反応の結果としてその事実を示している例が多く知られている．生物の生活を考える上で重要な要素を含んでおり，D. W. Pfenning & P. W. Sherman（1995）の解説文はよい参考になる．

(c) 進化的安定状態（Evolutionary stable state, ESS）

ある生物群の中に，それを構成する大多数の生物たち（A）とは少々違った性質を持つ変異品種（B）が出来たとする．今までAで安定していた群れにBが少数混じることになり，構成状態は少々乱されることになるが，そのような状態は長くは続かず，間もなくBは消えてAだけから構成される群れとなって安定する．これが進化的安定状態というものの基本現象で，その際AおよびBという性質を持った個体たちの示す動きが，一般に進化的安定'戦略'[9]（Evolutionary stable strategy）といわれている．

上の事情をJ. Maynard Smith & G. R. Price（1973）が使ったタカ－ハトのゲーム（Hawk-Dove game）の理論を用いて説明しよう．今ある動物集団を考え，これが2種類の性質を持った個体，一つはタカのような攻撃的性質を持った個体（タカ派，H），他はハトのような平和な性質を持った個体[10]（ハト派，D），からなるものとする（これらをタカ的'戦略'をとるもの，ハト的'戦略'をとるものと表現されることが多い）．これらの個体が何かの資源（食物とか異性とか）を得ようと競争する場合を考える．その競争の結果得る利益をV，損失（負傷などすることを含む）をCとする．タカ派とタカ派が争えば，勝率に差がないならば，1/2の確率でVを得，1/2の確率でCを失うので，平均利得〔E(H, H)とする〕は$\frac{V}{2}-\frac{C}{2}$である．タカ派がハト派に出会えば〔E(H, D)とする〕，前者が必勝であるから，E(H, D) = V．ハト派の方はすぐ逃げるが，どちらも怪我などしないので，E(D, H) = 0．ハト派同士が競えば，結果は機会的で，E(D, D) = V/2となる．これを表にしたのが表11-2である．

表11-2　タカ－ハト　ゲームの利得表.

		相手	
		タカ派（H）	ハト派（D）
自分の利得	タカ派（H）	$\frac{V}{2}-\frac{C}{2}$	V
	ハト派（D）	0	$\frac{V}{2}$

そこでこれらの結果が進化的安定とどう関係するか．今，ある個体はいつも変わることなくタカ派の性質を示し，また他のある個体はいつもハト派の性質を示すものとする．タカ派行動をとるもの（H）の集団に，ハト派行動をとるもの（D）が少数混じり，その頻度をPとすると，それぞれの型のものの平均利得は，

$$W(H) = W_0 + (1-P)E(H,H) + PE(H,D) \qquad \cdots\cdots\cdots (11-4)$$

$$W(D) = W_0 + (1-P)E(D,H) + PE(D,D) \qquad \cdots\cdots\cdots (11-5)$$

ただし W_0 は相互作用がなかった時の値.

そこでタカ派（H）が増加できるのは，W(H)＞W(D)の場合である．すなわちPは1に比べて非常に小さいので，上の式から次のような不等式が成り立つ場合と考えられる．

$$E(H,H) > E(D,H) \quad\quad\quad\quad\quad\quad\quad (11-6)$$

または，

$$E(H,H) = E(D,H), \text{かつ } E(H,D) > E(D,D) \quad\quad\quad\quad\quad\quad\quad (11-7)$$

表11-2から，

$$E(H,H) = \frac{V-C}{2} > E(D,H) = 0 \quad\quad\quad\quad\quad\quad\quad (11-8)$$

これから，V＞Cであればタカ派の利得はハト派を上回り，集団はタカ派で構成されて進化的安定状態となる．

もしハト派が安定状態を得ようとするなら，ハト派の行動をとる個体の割合が非常に大きい場合となり，1－Pが非常に小さくなり，11-3式および11-4式から

$$E(D,D) > E(H,D) \quad\quad\quad\quad\quad\quad\quad (11-9)$$

または，

$$E(D,D) = E(H,D), \text{かつ } E(D,H) > E(H,H) \quad\quad\quad\quad\quad\quad\quad (11-10)$$

でなければならない．そうすると表11-2からV/2＞Vでなければならないことになり，この関係は成立しない．すなわちハト派がESSとなることはないということになる．

ところでタカ派の行動がいつもESSとなるかというと，そうではない．上に述べた中でもしV＜C，すなわち得るものよりも負傷などして失うものが大きい時にはESSとならない．この場合はタカ派とハト派がある程度混じっている集団が安定となる．すなわち確率V/Cでタカ派，確率1－V/Cでハト派が混じっている場合，あるいは集団中のそれぞれの個体が上の割合でタカ派的に振舞ったりハト派的に振舞ったりする場合にESSとなるということが明らかになっている（山村則男，1986，参照）．またある個体がタカ派またはハト派一筋に行動する上記のような場合を純粋行動といい，ある個体が二様の行動を可逆的にとる時には混合行動というが，そのような場合にはV＜Cの条件下でもESSとなるのである．

N. Yamamura（山村則男，1993, 1995a, b, 1996）はESSモデルを用いて寄主－寄生者の関係を検討した．寄生者が寄主からその子孫へと直接に伝達される率の大小により，相利共生（Mutualism）が進化的に発達する経路を論じている（その率がある臨界点を越えて高い場合に相利共生は発達すると考える）．

ESSは進化に関する適応現象を述べたものであるが，また一面ゲーム理論でもある．ゲーム理論は20世紀になって発展してきたものとされているが，ハンガリー人の数学者 J. von Neuman（例のコンピュータ問題に端緒を開いた人）によって近代的衣装をつけたとされる（W. Poundstone, 1992, 参照）．その後多くの学者が関与してきたが，もともと数学理論として考えられたものが，多くの人間社会の現象に類似の現象が見られるとされている．その中には，囚人のジレンマ（Prisoner's dilemma），しっぺ返し（Tit-for tat，おうむ返しともいう），ドル・オークション（Dollar auction）など有名なモデルがある．これを生物現象にも応用しようとする傾向もあり，その際"戦略"という言葉を用いる人もあるが，前記 Poundstone は生物はそんな"戦略"などは考えていない，現象として数学理論に合うだけのものであるとしている．筆者も既に述べたように一般生物はそうであろうと考えている．興味ある読者は J. Maynard

Smith（1982, 1989），粕谷（1990），巖佐（1991），W. Poundstone（1992），I. F. Harvey（1994），M. Bulmer（1994），M. A. Nowak, R. M. May & K. Sigmund（1995），伊藤ほか（1996）等を参照されたい．またR. Dawkins（1989）はその言説にいろいろの問題をはらみつつも[11]，ESSについて多くの面白い考えを語っているので参照されたい．

なお上に進化という言葉を使っているが，それについて一言述べておきたい．この言葉を使う時には，何が進化するのか，また考える期間はどのくらいかという2点が重要である．生物の持つ形質は多様であり，生活方法も柔軟であり，それらはまた時間とともに変化する．これらのものすべてを考えに入れると，確定した答は容易に出せないであろう．しかしこれが現実の姿であるということを忘れてはいけない．

d） r－選択とK－選択

仮に海底からの噴火によって火山が出来たとする．この島の生物相の変化はどうなるであろうか．その変遷の様子は今までの多くの生態学的研究から，およその状況は次のようなものと考えられる．

まず最初の非生物環境の状況は生物の生存にとって大変厳しく，その変動の様子も予測し難いものであろうから，最初に入ってくる生物は，短時間の間に急速に繁殖するもの，すなわち個体群密度に依存しない死亡率の優先するもので，大量のエネルギーを増殖に注ぎ，非生物環境への適応や個体群の維持といった方面には少ないエネルギーしか使わないものであろう．しかし生態系が次第に安定してくるに従い，環境の状況の予測可能性が増し，生物間の競争などによる密度依存の死亡率が増し，より多くのエネルギーを増殖以外の個体維持，生長といった方面に注ぐような生物が増えることになるだろう．R. H. MacArthur & E. O. Wilson（1967）は前者の段階で行われる進化的選択をr－選択（r-selection），そこで生き残る生物をr－'戦略'者（r-strategist; 筆者はr－特質者，r-qualified, とでも言った方がよいと思う）と言い，後者の段階での選択をK－選択（K-selection），そこで生き残る生物をK－'戦略'者（K-strategist; 筆者はK－特質者，K-qualified, とでも言った方がよいと思う）と言った．rとかKとかいうのは，個体群の増殖曲線のうち，前者の状態をその初期の急増殖するr相の状態に比し，後者の状態を環境収容力に達して後安定するK相の状態に比して言ったのである[12]．

一例を浮遊性のサクラエビ科（Sergestidae）のユメエビ属（*Lucifer*）に関する橋詰和慶（1995）の研究について説明しよう．ユメエビ類は世界の温熱帯域の内湾から外洋にかけて広く分布し，プランクトン生活を送っている．内湾の環境は不規則に変動甚だしく，外洋のそれは安定しており，沿岸はその中間である．内湾に棲む *L. hanseni* の成熟速度は速く，小さい卵を多数産む．外洋に棲む *L. typus* と *L. orientalis* はいずれもゆっくり成熟し，大きい卵を少数産む．前者は明らかにr－選択種で，後者はK－選択種である．沿岸に棲む *L. intermedius* と *L. penicilifer* は中間の性質を持っている．

後にE. R. Pianka（1970, 1974）は上に述べた特質にさらにいくつかの特質を加えて，表11-3のような両者の特質表を作った．この表中，（C）生存率の項で第Ⅰ，Ⅱ，Ⅲ型とあるのはR. Pearl（1928），E. S. Deevey, Jr.（1947）による生存曲線の3型をいう（図7-37参照）．

この問題は前述のPianka以来多くの研究者によって，どの生物がr－特質者であり，どの生物がK－特質者であるかという類別が盛んに行われてきた．しかしまた別に，生物進化過程との関係付けも研究されるようになった．ここではこの後者の研究について簡単に述べる

ことにするが，詳細はH. C. J. Godfrayほか（1992）を参照されたい.

表11-3　r－選択適応種（r－特質者）およびK－選択適応種（K－特質者）の特質表.

項　目	r－選択適応種	K－選択適応種
a. 気候	変動し，予測不可能；不確定	かなり安定し，予測可能；より確定
b. 死亡率	しばしば破局的，方向性なく，密度不依存的	より方向性があり，密度依存的
c. 生存率	しばしば第Ⅲ型	普通第Ⅱおよび第Ⅲ型
d. 個体数	時間とともに変動し，非平衡状態；普通環境収容力以下；不飽和群集またはその部分；生体的空所（Ecological vacuums）があり，毎年再入植がある	時間が経過してもほぼ恒常で平衡状態；環境収容力を満たすかまたはその付近；飽和群集；再入植不要
e. 種内および種間競争	変動し，しばしばゆるやか	普通きびしい
f. 選択に有利なものは	1. 生長が早い 2. 最大内的自然増加率（γ_{max}）が高い 3. 増殖が早い 4. 体型が小さい 5. 1回繁殖型（Semelparous）	1. 生長がより遅い 2. 競争能力がより大きい 3. 増殖がゆっくりしている 4. 体型が大きい 5. 繰り返し繁殖型（Iteroparous）
g. 結果として	生産力（Productivity）	効率（Efficiency）
h. 遷移の段階	初期段階	後期段階，極相

[a～g：Pianka 1970, 1974；h：伊藤ほか 1996]

これにはまず単一種の個体群密度依存に関するRicker-Moran モデル（W. E. Ricker, 1954 およびP. A. P. Moran, 1950）と，R. M. May & G. F. Oster（1976）によるその式の安定性に関する解析について記す必要がある.

単一種の密度依存に関するRicker-Moran式とは，

$$N_{t+1} = N_t \exp\left[r\left(1-\frac{N_t}{K}\right)\right] \qquad \cdots\cdots\cdots (11-11)$$

ただし，exp(r)：低い密度の個体群における最大生長率
　　　　K：平衡個体数（環境収容力）

May & Osterはこの11-11式の安定性について研究し，それはパラメータrだけに関することを見出した（図11-6）．この場合には，取り替え[13]（Trade-off）などはないものと考えたの

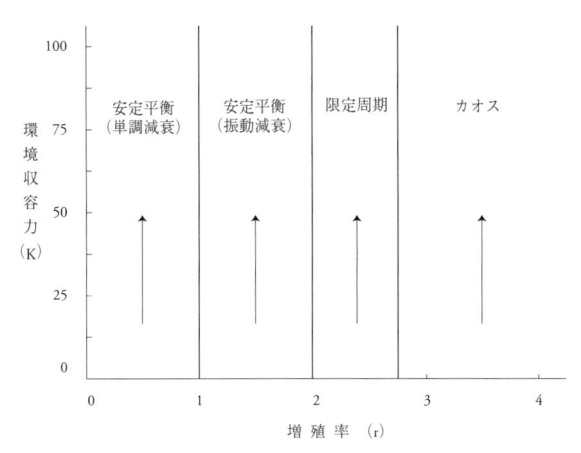

図11-6　単一種個体群における密度依存に関するRicker-Moranモデルの，rおよびKの函数としての安定性に関する性格．進化は矢印で示すように，Kを最大にするように働く．この図は，同10-58のカオスの図とともに見ていただきたい．[Godfrayほか 1992]

であるが，もし取り替えがあるならどうなるか．図11-7は増加率rと密度の高い個体群の中での競争能力との間に取り替えがあると仮定した場合の，進化の方向を示したものである（Godfrayほか, 1992）．この図でrとKの値が非常に小さい時には進化は起こらず，またrとKの最大値は取り替えによって制限されると考えている．こうして可能な表現型は三角形でかかれる．Kに対する選択が大きくなり，取り替えの線に到達すると，rが減少する方向に事象は進む．つまりRicker-Moranモデルでは自然選択はrの減少の方向に働くのである．

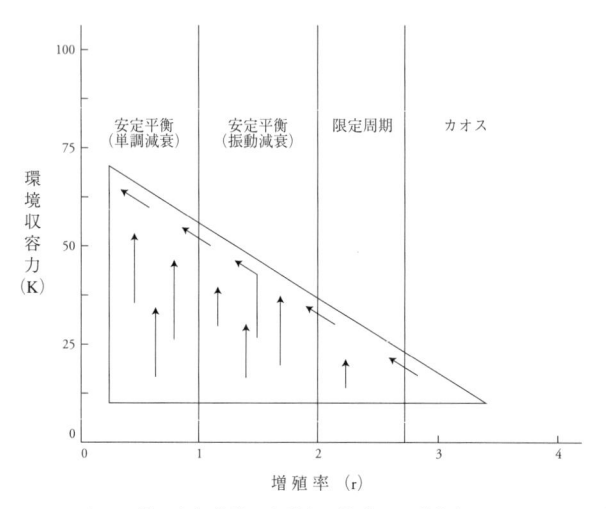

図11-7 Ricker-Moranモデルによって描いた個体群の生活史の性質が，進化史においてどのような方向に動いていくのかを示した図．矢印は進化の軌跡を示す．図11-6およびカオスに関する図10-58をともに見ていただきたい．[Godfrayほか 1992]

e) 最適化理論の問題

生物界に完全適応などという状態はあり得ないということについて繰り返し述べてきた．非適応 (Maladaptation) 状態はしばしば出会う現象である．ところで6章で摂餌における最適化 (Optimization) 理論について述べたが，これは動物が採餌する時に獲得する純エネルギーを最大にする方向の行動を取るという考えが基調になっていた．これも採餌行動における適応現象の一つとして考えられよう．

しかし動物の行動をはじめとしていろいろの生活様式に，すべて適応状態を仮定して考えていくわけにはいかないことについては，今まで述べてきた通りである．つまり最適モデルによる理論をいろいろの現象に適応することについて，当然異論が出ることになる．その一人にR. C. Lewontin (1978) がおり，またこの意見に対して J. Maynard Smith (1994) が反論するという事実がある．Lewontinの異論は広範であり，すべて紹介することは出来ないが，その一例として遺伝子の多面発現 (Pleiotropy) の問題を挙げる．これは一つの遺伝子がいくつかの形質の発現に関係する現象で，仮にある遺伝子の変化によってA形質が変化した時，同時に別のB形質その他も変化するということである．もしA形質が最適化理論に合うようになっていたとしても，B形質その他の多面効果によって結ばれた形質がそうなるとは限らない．つまり最適化理論ですべての現象は説明しきれないと言う．

Maynard Smithも，これは一般に前述の非適応といえるもので，最適化理論の難点の一つであると認めている．そして環境が変動すること，つまり過去環境の影響にその原因を考えて

いるようである（過去競争の幻，p.162参照）．その論考の中で鳥の育雛の例を挙げている．D. Lack（1966）は，鳥の産む卵の数は生き残りうる雛の数を最大にするようになっていると言った．ところが J. B. Nelson（1964）によると，北海のスコットランド沖の小島 Bass Rock で，カツオドリ（*Sula bassana*）が自然ではただ一卵を産むだけであるのに，もし2卵を巣にいれても両親は2羽とも育てあげたと言う．他にもこのような例はある．これは Lack の言うところと矛盾し，その意味で最適化モデルに合わない非適応の現象である．Maynard Smith は進化的形質変化は環境変化にすぐに対応しては起こらず，相当の時間がかかる，これは最適化理論の最も深刻な障害になっていると言っている．

11-2-4 共進化

a）はじめに

共進化[14]（Coevolution）という語をはじめて使ったのは P. R. Ehrlich & P. H. Raven（1964）とされている．彼等の定義によれば，密接で明瞭な生態的関係を持つ二つの大きい生物群の間の相互作用の一つの型というものであった．彼等はまた群集進化（Community evolution）という語も使っているが，これは遺伝的情報交換のほとんどない異種の生物間の進化的相互作用という意味で，これから見ると共進化は群集進化の中の一部の現象とも考えられる．E. P. Odum（1971）もほぼこの定義を用いている．その他多くの人がこの言葉を用い，今日生態学の教科書でこの言葉が出てこないものはないくらいの一種の流行語となっている．

いずれにしても，自然に生活する生物は同じようなところに居れば必ず何らかの関係に結ばれており，しかもそれは，普通長い進化の道筋の結果到達した状態，いわゆる合終局状態である．したがって見方によっては，すべての生物は共進化の結果，現在生きているといえる．

共進化の状態を表すのに，普通二つの言葉が用いられている．一つは一対共進化（Pairwise or one-on-one coevolution）といわれるもので，有名なアカシアとクシフタクシアリの関係や，見事で微妙なイヌビワ類とイヌビワコバチ類の関係（後述）のように，対となる2種が密接な関係の下に共に進化してきたものである．この中米熱帯産のアカシア属（*Acacia*）の植物とフタクシアリ亜科（Myrmicinae）のクシフタクシアリ属（*Pseudomyrmex*）の関係を少し説明しておこう．この植物はそのトゲをアリの棲所に提供し，葉柄の蜜腺から蜜を出して与え，若葉の先端の蛋白質に富んだ部分（ベルト体，Beltian body）を餌として与える．一方アリは植食者を防ぎ，またつる植物などを除く（D. H. Janzen,1967）．つまり栄養共生（Trophobiosis）である．これと似た関係が東南アジアの熱帯降雨林に生えるトウダイグサ科（Euphorbiaceae）の *Macaranga* 属の植物とフタクシアリ亜科のシリアゲアリ属（*Crematogaster*）の間にもある．この場合には上の共生に加えて，さらにアリはこの植物の茎の中に蜜を出すカイガラムシを飼うことさえあると言う（B. Fiala & U. Maschwitz, 1995）．なおアリ類の生活をめぐる諸生物との相互作用や共進化の事実は真に驚異的なものがあり，中には次に述べる拡散共進化にあたるものもあるが（Fiala & Masehwitz, 1995），その具体例を多数集めた東正剛（1995）の編著は大いに参考になる．

次に他の一つは拡散共進化（Diffuse coevolution）といわれるもので，2種以上が関係した共進化である．これは捕食者—被食者の一般的な関係など，考えようによっては群集内の諸生

物の関係には何らかの意味でこの種の共進化が見られるので，先に述べた Ehrlich & Raven の言う群集進化の内容そのものとも考えられる．今までこの書の6章3節で述べた共進化は一対共進化に関するもので，また特に8章で述べてきた内容は拡散共進化に関係した面が多かったと言ってもよい．

共進化の中には，対立を通じて進化してきたもの[15]（例えば肉食獣とその餌動物など）もあれば（6章3節参照），相互協力を通じて進化してきたもの（例えば植物と種子散布者など，後述参照）もあり，膨大な文献が蓄積されている．したがってそれらをいちいち説明するときりがないので，ここではまず共進化の起源について触れ，次いで具体例を三つだけ，一つはイヌビワ（イチジク類）とイヌビワ（イチジク）コバチ類の微妙で見事な例，次にリママメとそれを食うナミハダニ，さらにこのダニを食うチリカブリダニの微妙な三角関係の例，最後に普遍的にみられるもので種子植物とそれらの果実を食い種子を広く散布する動物たちとの間の例について述べるにとどめたい．そして共進化一般の問題について興味ある読者は下記の諸著書も参照されたい．W. T. Chaloner, J. R. Harper & J. H. Lawton (eds), 1991; 川那部浩哉（監修），1992-1993, 1994-1995; J. L. Chapman & M. J. Reiss, 1992; D. J. Futuyma & R. M. May, 1992; J. N. Thompson, 1994．なお特に複数種の植食性昆虫と植物との間に起こる相互関係については，大串隆之（1995）の総説が有用である．

b) 共進化の起源

生物界が共進化の現象で満たされている以上，その起源はいきおい生物の起源と結びついたものになる．これは生命の起源と関連して13章でまた触れるが，地球の歴史の中でいわゆる化学進化（Chemical evolution）の次に来る時代，生命発生当初の事情から始めねばならないだろう．しかしここらの事情を詳しく述べることは本書の範囲を越えると思うので，興味ある方は石川純（1992）や柳川弘志（1994）がやさしく解説しているのでそれを参照されたい．ここでは，現在次第に学界の支持を得つつある L. Margulus（改姓前 L. Sagan, 1970, 1981）の生物起源の共生説（Symbiosis theory）の説明から始めよう（L. Margulis & D. Sagan, 1986, はよい参考文献である）．

真核細胞（Eukaryote）は核の他に，葉緑体（Chloroplast）やミトコンドリア（Mitochondria）などをはじめとするいろいろの細胞小器官（Organelle）を持っている．彼女によればこのような真核細胞は，もともといくつかの独立した原核細胞（Prokaryote）が共生的に集まって生まれてきたものであると言うのである．これらの小器官は独立のゲノムを持っているが，その遺伝子を発現させるためには核・細胞質系で合成されたタンパク質が必要である．つまり一つの母体となる原核細胞があり，これに共生したいくつかの原核細胞が小器官となったが，現在ではそれぞれが分かれて独立には生きていけない程度にまで密接不可分の共生関係にあるのが，真核細胞の姿であると見ている．鞭毛などもスピロヘータ様の共生原核細胞に由来すると言う．ここらの事情を黒岩常祥・太田にじ（1995）は細胞学の最近の知識を駆使して詳しく検討した．その大きい筋道は Margulis の考えを取り入れているが（宿主と寄生者が原核細胞か原真核細胞かという点などを別にして），鞭毛のスピロヘータ起源説には賛成していない．

上の考えでいくと，生物はもともと共生的進化の産物ということになる．佐藤七郎（1994）はここらの事情を細胞共生進化説として広範に論じている．したがって至る所で共生関係が存在するのは当然の事象である．今目前に見る共生現象発生の起源について，石川純（1994），

深津武馬（1994, 1996），T. Fukatsu ほか（1994）が寄生と共生の関係から興味ある論を展開しているので以下に紹介する．アブラムシ類（Aphididae）は植物の汁を吸うだけで生きているが，この汁の中にはタンパク質やアミノ酸はきわめて乏しいので，その汁だけで生きていく機構は問題をはらんでいる．アブラムシ科の昆虫は現在4,000種以上知られているが，その99.5％以上の種類では腹部に菌細胞（Mycetocyte）と呼ばれる巨大細胞があり，その細胞質の中に原核細胞（つまり細菌と見られる）を共生体として多数保有している．この細胞内共生体（Intracellular symbiont）が必須アミノ酸等を合成し，アブラムシはこれを利用して生きている．さらに面白いことにアブラムシの一種（*Acyrthosiphon pisum*）が有翅型となって移動しようとする時には，ほとんど餌を採らないが，この時菌細胞は大いに容積を減じ，またその内部共生体の密度も減少すること，すなわちアブラムシはそのような事態で菌細胞や共生体を栄養源として利用していることを，Y. Hongoh & H. Ishikawa（本郷裕一・石川純, 1994）は発見した．まことに深い共進化関係である．この両者を切り離すともちろん両者とも生きていけない．またごく少数の種類（ツノアブラムシ族Cerataphidini の若干の種）では，このような細胞内共生体を持たないが，その代わりに細胞外の血体腔（Hemocoel）や脂肪体（Fat body）の中に真核細胞の酵母様共生体（Yeast-like extracellular symbiont）があり，このものが前記細胞内共生体と類似の機能を果たしている．この酵母様共生体はアブラムシ科（Aphididae）の進化史において，菌細胞共生体よりは後で出現するようで，つまり進化途中で共生体の状態が変わった，即ち共生体置換（Replacement of symbiont）があったと考えられている（Fukatsu ほか, 1994; 石川, 1994）．

いったいこれらの共生関係の起源はどのようなものか．これについて面白い事実が出てきた．この細胞内共生体は大腸菌と非常に近縁のものであるが，アブラムシの腸管の中にも大腸菌と非常に近縁のものが寄生していることが発見されたのである．深津等は腸内の寄生細胞が細胞内に入って共生細菌になる，つまり寄生から共生への道の可能性が出てきたと考えている．なお寄生から共生へ移る条件について，N. Yamamura（1993, 1995a,b）によってESSモデルを用いて数理的に検討されている（p.80）．ちなみに地球史上いつ頃前記の細胞内共生体が出現してきたかというと，約1.6億～2.8億年前のことであろうと推定している人もいる（N. A. Moran ほか, 1993; 深津, 1996）．まことに長い共生関係の歴史である．

以上共生体の起源について述べたが，このような起源と結び付けて生物界の多様性の出現の歴史が論じられる傾向がある．細胞共生が実に多様な起源を持つこと，即ち原核生物同士，原核生物と真核生物，真核生物同士等，多様な組み合わせの歴史を持つことについて井上勲（1996）の論考は興味深いものがある．これについて安部琢哉（1994）の次の言葉は味わう必要がある．"高等動植物の多様性は，代謝機能の独創性ではなく，独創的な機能を持つ原核生物の組み合わせによる，新たな機能を持つ相互作用系の創出，多細胞化による様々な大きさの生物の創出，様々なレベルの集団化によって特徴づけられるといえよう．"こうして共進化と生物多様性（Biodiversity）とは必然的に結ばれてくると思う．

c）イヌビワとイヌビワコバチの共進化

次に特殊で微妙な一対共進化の例を挙げる．イヌビワ（イチジク）類（*Ficus* 属）は世界に750種ほども知られているが，そのおのおのに特有のコバチ類（Agaonidae）が共生し（ある一種のイヌビワにある一種のコバチが対応するのが原則であるが，また数種のコバチが一種のイヌビワに，数種のイヌビワに一種のコバチが対応する場合もある），イヌビワ類の授粉を行い，またそ

の結果発達する胚珠を餌にして幼虫は発育する．イヌビワ類は特有の囊状の閉じた花序（頂上に小さい口が開く）の内面に花をつけるため，普通の手段では受粉できない．そこで微妙な植物－動物の共進化が起こってきたのである．

アフリカから地中海地域にかけて有史前から人間生活にとって重要な木材，果実資源であったイチジク類の*Ficus sycomorus*は，熱帯アフリカでは果実が出来るのに，地中海地域では実がならないため，この地域の農民は挿し木などをしてその増殖を行ってきた．その原因が共生コバチがいるかいないかにかかわっているということを，はじめて科学的に明らかにしたのは，J. Galil & D. Eisikowitch（1968）であった[16]．イヌビワ属には雌雄同株（Monoecious）の種と雌雄異株（Dioecious）の種とある．Galil等の研究した*Ficus sycomorus*は雌雄同株の種であったが，イヌビワ（*F. erecta*）やイチジク（*F. carica*）は雌雄異株の種である（F. Kjellberg ほか，1987）．これら二つの異なった様式の株の間での共生の様子は相当に違っているが，その概要を図11-8に示す．以下この図の要点を説明するが，詳しくは岡本素治（1983），横山潤（1993）およびその中に挙げられた諸文献を参照していただきたい．

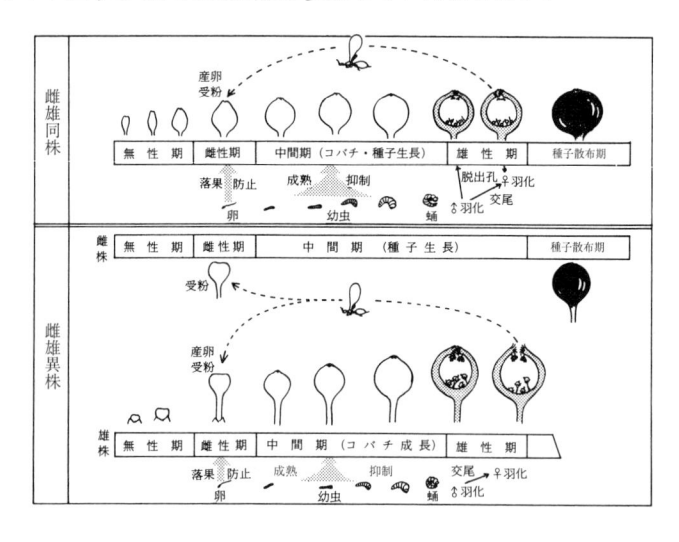

図11-8　イヌビワ属の果囊の発達とイヌビワコバチ類の生活史の共生関係．詳細本文．
　　　　［岡本1983，ただし雌雄同株の図はGalil 1977に基づく］

まず雌雄同株の*F. sycomorus*の場合を例として説明する．*Ficus*属では一般に雌花が雄花より大変早く成熟する（雌雄異株の場合も同じ）．雌花が受粉可能の状態になった頃（雌性期という）に，雌のコバチがやってきて，果囊に入り込む．この時入口が狭いので，羽や触覚の先端を落とすことがあり，また入ることが出来ないで死んでしまうものもある．宿主が*F. sycomorus*の場合には6種のコバチが関係するが，主なものは*Ceratosolen arabicus*である（Galil & Eisikowitch, 1968）．中に入ったところで授粉が行われ，次いで柱頭から産卵管を花柱に差し込み産卵する．この際雌花に2型あり，1型は花柱が短く，他型は長い（図11-9）．コバチの産卵管はこの短い花柱のものに差し込んだ時には胚珠まで達して産卵に成功するが，長い花柱のものに差し込んだ時には失敗する[17]．産卵成功の卵から孵化した幼虫は虫こぶを作り，胚珠を食べて生長し，やがて蛹となる（中間期，約3～4週間）．コバチが入らなかった果囊

はやがて落果するが，入って産卵した果嚢は発育する．しかしコバチが羽化・脱出するまでは熟することはない．コバチには何か果嚢の成熟を抑制する作用があるらしい．なおコバチが産卵できなかった長い花柱を持つ雌花は，受粉はするので，後で種子を作る．コバチの羽化は雄が早い．出てきた雄バチには羽はなく，雌バチの入った虫こぶに穴を開け，中の雌と交尾する．*Ficus* の雄花はコバチの羽化する頃ようやく開花する（雌花の開花より数週間遅れる）．前に雌バチが潜入した果嚢の穴は間もなく閉じられているが，ここで雄バチはさらに果嚢の頂上に小さい出口を開けて死ぬ．この時羽化した雄バチの数は一つの果嚢内で30〜35匹にも達するが，これらが協力して穴を開ける．羽化雄バチの数が少なく，穴を開けられない時には，虫こぶから出た雌バチもそのまま死んでしまう．やがて虫こぶから出た雌バチは，この花嚢の頂上の脱出口から出て他の花に飛んでいくが，その時花嚢の出口付近の雄花の花粉を体に付けていく[18]（雄性期）．雌バチが出ていった後で種子を持った果嚢は熟する（熟期）．熟した種子は鳥，コウモリ，サルなどによって散布される．こうしてまたはじめから述べたことの繰り返しが起こるのである．

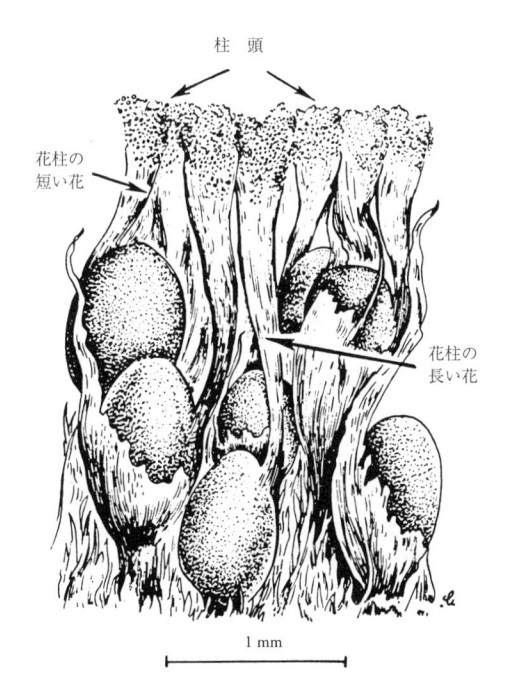

図11-9 *Ficus sycomorus*（雌雄同株）の果嚢内の雌花．花柱の短い花（柄が長い）と花柱の長い花（柄が短い）があるが，柱頭は結局一面に揃うので，受粉は総ての花で行われる．しかしコバチ *Ceratosolon arabicus* の産卵は短い花柱のものだけで行われる．[Galil & Eisikowitch 1968]

次に雌雄異株の場合を，イチジク *Ficus carica* とイチジクコバチ *Blastophage psenes* との関係（F. Kjellberg ほか, 1987）およびイヌビワ *F. erecta* とイヌビワコバチ *B. nipponica* との関係（岡本素治・田代貢, 1981b; M. Okamoto & M. Tashiro, 1981a）について説明する．まず雌株の花嚢には花柱の長い雌花ばかりであるから，コバチによって受粉し種子形成はするが，雌バチは産卵できないので，コバチの子は育たない．雄株の果嚢には雌花と雄花をつけることは雌雄同株の場合と同じであるが，雌花の花柱は短いものばかりで，すべてコバチの産卵用となり，種子

はほとんど生産されない．つまり雌株は Ficus の系統維持用であり，雄株はコバチの系統維持用となっているのである．なお雌バチが羽化交尾後花嚢から脱出する時，その脱出口は雌雄同株の場合と違い，雄バチが開けるのではなく自然に開くと言う（B. W. Ramirez, 1974）．また雌雄異株の Ficus は外部環境（例えば気温，降雨など）に季節性がある地域に多い．そのため雌バチが雄株から盛んに羽化し花嚢から出はじめる時季（例えば5月）に，雌株の花嚢がコバチを受け入れる状態になっていないことがしばしばある．この時雌バチは雄株の花嚢にだけ入り授粉産卵する．この時期が過ぎると，やがて（例えば7月）雌株の花嚢もコバチ受け入れ可能となり，そこに入った雌バチは産卵はできないが授粉はすることになる．

　上記のようなイヌビワ属とイヌビワコバチ類の共進化の歴史をさらに追求するためには，何らかの系統解析を行わなければならない．横山潤（J. Yokoyama, 1993, 1995；私信）は日本産イヌビワ類8種と，これに共生する8種のイヌビワコバチ類の系統解析を，前者については葉緑体DNAの塩基配列の違いを制限酵素断片長多型（RFLP）解析法により調べ，後者についてはミトコンドリアDNA上のチトクローム酸化酵素サブユニットⅠ遺伝子およびサブユニットⅡ遺伝子の一部の塩基配列を決定する方法によって行った．その結果を図11-10に示す．統計的検定であまり確からしくない部分を除いて，両者の系統関係はよく一致すること，つまり両者が現在見られるような関係を維持しながら共進化してきたことが分かった．なおイヌビワ類の雄花の減少とイヌビワコバチ類の花粉ポケットの出現が連関しており，その状態から雄花の多いイヌビワ類と花粉ポケットの消失したイヌビワコバチ類の連関した状態が進化してきたと考えられた．

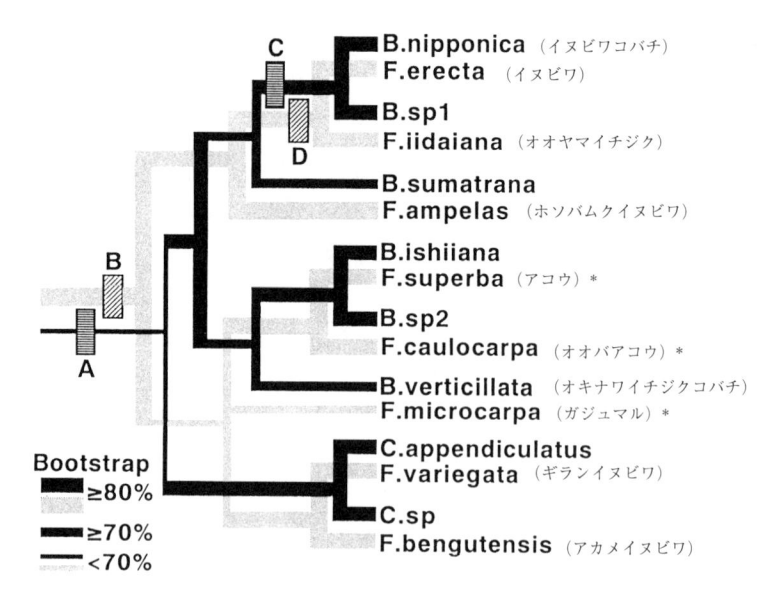

図11-10　日本産イヌビワ類（灰色線）とそれに共生するイヌビワコバチ類（黒線）の系統関係の比較．コバチの属名は，B：*Blastophaga*，C：*Ceratosolen*；イヌビワの属名はF：*Ficus*．線の太さはBootstrap法（統計学的検定法の一つ）による種間および系統間の類似検定結果を示し，線が太いほど確からしいことを示す．A〜Dは，系統的解析の結果，形態的変化の起こったと考えられる時期．A：コバチ類の花粉ポケットの出現，B：イヌビワ類の雄花の数の減少，C：花粉ポケットの消失，D：雄花の増加．ただしA，BおよびC，Dの変化の起こった時期的関係は目下不明．イヌビワ類のうち，＊：雌雄同株（3種），他の5種は雌雄異株．［Yokoyama 1995, および私信による］

とにかく見事な共進化の事実であるが，このような植物—動物の関係の由来を，よく繁殖'戦略'の結果という言葉で表現する．しかしイチジク類やイチジクコバチ類にそのような高級な'意志'はあるはずもなく，単純に適応変異と自然選択の合終局的状態として現在があると筆者は考えている[19]．

d）リママメ—ナミハダニ—チリカブリダニの共進化

植物は植食者から身を守るため，いろいろの方法を発達させてきた．直接的には消化の難しいセルロースやリグニンで身を固めたり，毒物質を生産したり，棘を生やしたり，粘着物質を出したりして植食者から身を守る．また間接的には特殊な物質を生産し，それにより植食者を攻撃する捕食者を引き寄せることもある．これによって植物—植食者—捕食者の三角関係，高林純示（1992）の言う三栄養段階相互関係（Tritrophic interaction）が生じることになる．それも調べて見ると単純な三角関係でなく，もっと複雑微妙な関係に結ばれている場合があることが分かる．その進化によってもたらされた見事な共生の例として，リママメ—ナミハダニ—チリカブリダニの深い関係について，M. Dicke ほか（1990），高林純示（1992, 1994, 1995），J. Takabayashi & M. Dicke（1993），J. Takabayashi ほか（1994）たちの研究に基づいて説明しよう．

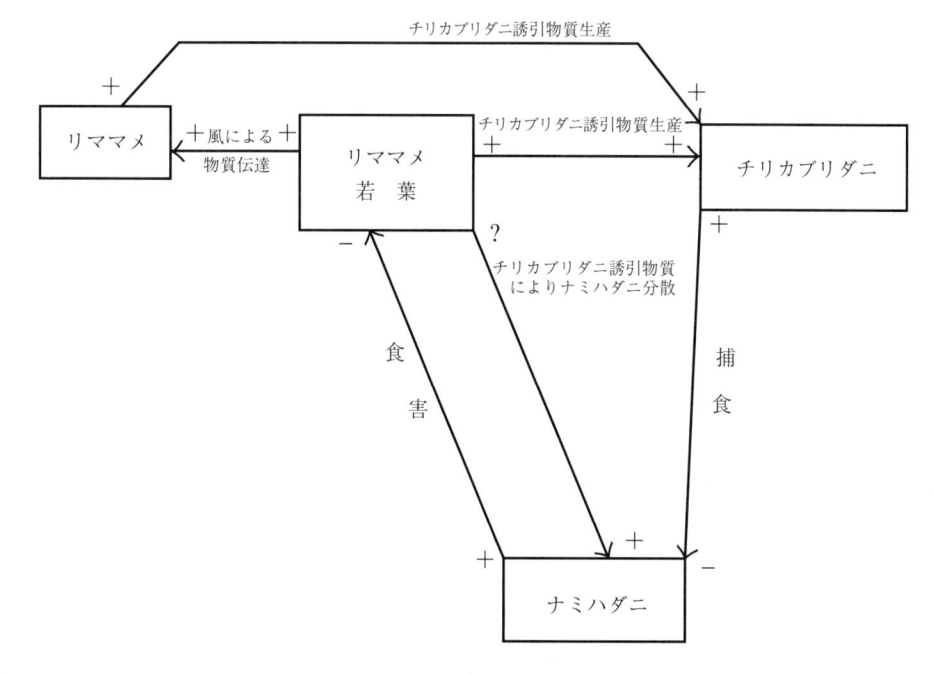

図11 - 11 リママメ—ナミハダニ—チリカブリダニの三栄養段階相互関係．リママメはナミハダニに食害されるとチリカブリダニを誘引する揮発性化学物質を生産し，引き寄せられたチリカブリダニはナミハダニを捕食する．別にこの化学物質はナミハダニを分散させる効果もある．また食害されていない隣のリママメも，食害されたリママメから出す揮発性物質に反応し，自らもその物質を出し，予防的SOSを発する．矢印は働きの方向，＋−はそれらの働きの結果を示す．［高林 1992, 1994 に基づき，森 作成］

リママメ（Lima bean, *Phaseolus lunatus*）の若葉を好んで食うダニ類にナミハダニ（*Tetranychus urticae*）というのがいる．ところがこのダニがつくとリママメはある特殊な揮発性化学物質[20]

を出し，同じくダニであるが肉食者のチリカブリダニ（*Phytoseiulus persimilis*）がこのにおいに惹かれてやってきて，ナミハダニを捕食する．上のような状況であるとリママメの出す化学物質はナミハダニにとって害を与える物質ということになるが，詳しく調べると効果はそれだけでなく，ナミハダニの方はこの物質を避けて分散することが分かった．そのため新しい食葉に到達し，また産卵などに過密を避けることになる．またマメは植物であるけれども意味深い行動を示すことも分かった．ナミハダニの食害している個体の傍らに生えている無被害のマメ植物の葉も，自らが食害されているかのように前記の化学物質を，大量ではないが生産するのである．風によって食害を受けた葉から出す化学物質を感知してのことらしい．つまり予防SOS信号ということになろうか．これらの事情のあらましを図11-11に示す．

e）植物の種子散布と動物の働き

次に生物界に広く見られる植物の種子散布と動物の働きについての一例を紹介する．N. Noma & T. Yumoto（野間直彦・湯本貴和）（1997）は1988～1989年にわたり，屋久島の植物の

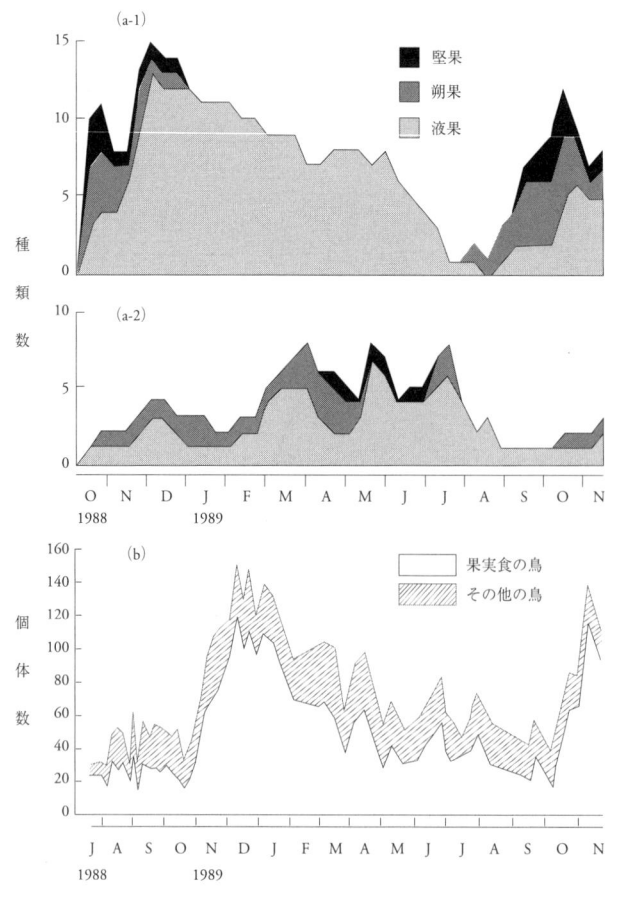

図11-12　屋久島西部における，年間を通ずる植物の成熟果実をつける種類数（a-1），開花種類数（a-2）および出現する鳥類の個体数（b）の関係．数値はロードサイド・センサスの結果．なお調査地近傍の月平均気温は，最低1月12.0℃，最高8月29.5℃，最も鳥の多い12月15.1℃．［Noma & Yumoto 1997 より］

果実が成熟する状態と，それを食う動物（特に鳥類）との関係を調べ，図11 - 12のような結果を得た．調査地域で見られた木本種は35種で，そのうち液果をつけるものが最も多く28種（このうち秋・冬に熟するもの25種で，その主なものはサカキ Cleyera japonica, タイミンタチバナ Myrsine sequinii, クロバイ Symplocos prunifolia, モクタチバナ Ardisia sieboldii など），さく果をつけるもの4種（ツバキ Camellia japonica など），堅果をつけるもの3種（ウラジロガシ Quercus salicia など）であった．またこれらの果実を食う動物は，メジロ（Zosterops palpebrosus），シロハラ（Turdus pallidus），ヒヨドリ（Hypsipetes amaurotis），リュウキュウヅカアオバト（Sphenurus formosae permagnus）などの鳥類とニホンザル（Macaca fuscata）であった．この図を見ると，液果が熟するのは11～1月の冬季に多く，またその時期に一致してそれらを食う鳥の個体数も多い．越冬のために小鳥たちが渡ってくる時期と，生育している大部分の樹種が液果を成熟させる時期とがうまく一致しているのである．その結果植物の種子は，自然に落下するものに比べて，広く散布されていることが分かった．似たことが北米の冷温帯落葉樹林でも見られ，ここでは液果の熟期は9－10月に集中しており，その時期に一致して南下する渡り鳥たちが途中に立ち寄ると言う（J. N. Thompson & M. Willson, 1979）．長い歴史の結果としての見事な自然生態系の共進化の一面を示している．

なお熱帯林における霊長類と各種の果実を実らせる植物との共進化については，丸橋珠樹（1996）の記述が参考になる．

11 - 3　赤の女王仮説

赤の女王仮説（Red Queen hypothesis）はL. Van Valen（1973）が言い出した説で，例の有名なLewis Carroll（1871）の「鏡の国のアリス」という児童文学の中の一節にちなんで名を付けたものである．Aliceという少女が「赤の女王」と一緒に走るが，精一杯，息も絶え絶えに走っても，気がついてみると走りはじめた木の下に居り，付近の景色も走り出す前のままである．驚いて尋ねるAliceに対し女王は答えて言う，"ここでは同じ場所にいるためには，力の限り走らねばならぬのじゃ．どこかほかの所へ行きたければ，少なくともその2倍の速さで走らねばならぬのじゃぞ"（岡田訳より）．

この物語と結び付けて，Van Valenは種の進化の話として，何かの種が生き残るためには，常に進化の道を走り続けねばならない，なぜなら他の種も皆進化の道を走り続けているのだからということを基本に，自然選択と適応の問題について「赤の女王」仮説を提出した．長い時間をかけた自然選択の結果，その棲むニッチに対する種の適応は完全になるはずである．適応が完全になれば種分化は起こらなくなるはずである．しかし現実には自然選択は動物の子供を選別し，変化を促進している．この矛盾をどう考えるか．結局自然選択の働く過程は，完全適応を実現するところにあるのではなく，あくまでも環境（気候，棲み場所，相互関係など）の変化と適応との関係を調整するところにあるのであると言う．

赤の女王仮説は化石の記録からも検証される．もしも仮説が正しければ，生活様式の似た種の地史的存続期間は，平均して似ていなければならない．もし自然選択がいつも種の適応を改善しているのであるなら，種の自然選択にさらされている期間が長ければ長いほど適応はよくなり，したがって絶滅する機会は減るはずである．しかし実際はそうでなく，赤の女

王仮説の考えるように，生活様式の似た分類群は恒常的な絶滅様式を示すのである．例えば，オウムガイ類（Nautiloidae），アンモナイト類（Ammonoidea）あるいは腕足類（Branchiopoda）はいずれも，縦軸に科または属の数（の対数）をとり，横軸に生存期間（千万年単位）をとってグラフをかけば，この両者の関係は直線となる（Van Valen, 1973）．すなわち生存・絶滅は恒常的に起こっており，どの分類群のものにとっても完全適応などはないのである．すべての生物は進化の道を厳しく永久に走り続けているのであると言う．

ところが食う食われるの関係に結ばれた動物が，共に進化の道を走り続けているとは言えない例もある．R. T. Bakker (1983) は第三紀に北米に棲んでいた有蹄類のいくつかの種と，それを捕食したと思われる肉食動物の，走る能力を骨の形態の変化から推測した．結果は餌動物の方は時代の進行に伴って走る速度を増大したが，肉食動物の方はほとんど増加しなかった．つまり走行速度に関する共進化はなかったということになった．捕食技術は走行速度だけに示されるものでないとは思うが〔Maynard Smith (1989) は肉食哺乳類は足を走るために使うだけでなく，巣穴を掘ったりするためにも使うが，有蹄類にはそのようなことはないという理由を考えている〕，とにかく捕食者と被食者がある方向へひたすら走ってばかりいるものではないことも事実であろう．このような停滞調和現象のもっと著しい例を挙げると，F. Fenner (1965) や J. Ross (1982) が研究し，R. M. May & R. M. Anderson (1983) が引用したオーストラリアへヨーロッパから移入されたアナウサギ（*Oryctolagus cuniculus*）とその防除のために導入された粘液腫症ウイルス（Myxoma virus）との関係がある．このウイルスは1950年に導入されたが，その後15年間に毒性が弱まる方向に変化した（表11-4）．ただし毒性があまり弱いとその出現率はかえって小さくなる．つまり宿主との共存と調和を保つように変化したのである．というのもこのウイルスはカによって媒介されるが，このカは生きたウサギの血しか吸わないからというのが一つの理由である．毒性の強いウイルスが寄生したウサギは早く死に，カによって伝播される機会は少なくなる．また毒性が弱すぎるとウサギの回復が早すぎて感染率が下がる．さらにウサギの抵抗性の進化もあったらしい．重定南奈子（1992）はこれらの関係を数理的に検討している．オーストラリアのウサギの大増殖はまだ続いているらしく（推定個体数3億匹），牧草などに大害を与えている（被害総額年間500億円）ようであるが，その制圧にまた新しいウイルス *Calicivirus* が使われはじめたという（朝日新聞1996年10月13日付朝刊による）．このウイルスは1984年中国ではじめて発見され，成体ウサギの肝臓その他諸内蔵に出血性敗血症（Haemorrhagic disease, RHD）を起こすが，その後世界的に分布することが知られ，アジアではさらに韓国，日本でも発見されている（J. H. Park ほか，1993, など参照）．しかしこのウイルスの制圧効果も前のMyxoma virusの場合と同様に，そのうち伝染力が弱まって，撲滅の期待は無理という観測があるという（同上新聞による）．とにかく赤の女王仮説も限界があるということであろう．

表11-4 オーストラリアのアナウサギに寄生する粘液腫症ウイルスの毒性変化．数字は毒性強度別の出現頻度．ウイルスは1950年に導入されたが，その後15年間に毒性は大いに低下し，ウサギとの共存が実現する方向へ変化した．

調査年	毒性度					
	Ⅰ（高）	Ⅱ	ⅢA	ⅢB	Ⅳ	Ⅴ（低）
1950〜1951	100	—	—	—	—	—
1958〜1959	0	25.0	29.0	27.0	14.0	5.6
1963〜1964	0	0.3	26.0	34.0	31.3	8.3

[Ross 1982]

なお赤の女王仮説に関連して，一般的に宿主―寄生者の共進化と，その間における両性生殖と単為生殖の関係や，主要組織適合複合体（Major histocompatibility complex, MHC）の多形性の発生の問題などについて，W. D. Hamilton & J. C. Howard（1997）の編書に載せられた諸論文が参考になると思う．

11-4 種の本性の変動

11-4-1 はじめに

種の本性とはいささかあいまいな表現であるが，これは表現型の性質と同時に遺伝子型も含めた意味に使っていく．そして単に種の性質という時には，主として表現型を指すものと考えていただきたい．

種の性質の変動に関し，C. Elton（1938）は次のように述べた．"一般に言って，多くの生態学的仕事では種（の性質）は恒常に保たれるということが仮定の一つにあった"と．A. J. Cain & W. B. Provine（1992）はこの言葉には今日においても多くの研究者は共鳴することができると述べた．この書で今まで述べてきたことから考えると，大局においてそのようにも見える．しかしまた一方，ESS 理論におけるタカ派的行動とハト派的行動の融通性に見られるように，性質の変動性を仮定した考えもあった．もっともこの場合でも，そのような行動を支配する遺伝子は変わらない，ある一つの遺伝子の命ずる行動が，そのような融通のきく行動を生物個体に取らせるだけであると，R. Dawkins（1989）なら言うだろう．

いったい現実に生活する種の本性とはどういうものか．もしその性質が我々の観察しうる時間の範囲内でもいろいろと変動するものならば，生活の諸事象について難しい理論を考えても，結論を与えることはなかなか出来ないことになろう．個体群密度の変動を考えるとしても，もしその種の本性が変動するものであるなら，環境の影響の点でも，密度依存性の作用の点でも，考え方を変えねばならないであろう．もとより筆者は種の本性がそんなにふらふらと変わるものとは思っていない．一般原則は遺伝の保守性・恒常性は十分認めるものである．しかしこれは比較的なものであり，その中でも微妙な性質の変動があって，その小さい変動がやがて大きい変動に結び付くのではないか（いわゆる'チョウの効果'も含めて）と思うので，このあたりの事柄について，これから考えてみたい．その考察は，時にいわゆる生態学を少々はみ出して，生理学あるいは遺伝学の領域，少なくとも境界領域に入ることがあるかもしれないが，種の本性の吟味は生物の生活を理解する基礎であると考えるので，しばらく論考を続けたい．

'種'は生物が生活を続ける上で一つの基本単位である．'個体'はもちろん種を構成する重要な基本単位であるが，繁殖存続という事象を考えると，種が持つ基本単位としての重要性は無視できない．今西（1949）は，地球上の生物世界の構成単位としての種の重要性を主張したが，この点については筆者も異論はない[21]．

このように，重要な種の性質はどのようにして変化（進化）してきたものであろうか．これは遠くギリシャ時代からの問題であり，J. B. P. A. de Lamarck（1809）から C. Darwin（1859）を経て次第に知識は豊富になるが，なお今日においても未解決の大問題で，関係出版物はち

またにあふれている．筆者はここでこのような大問題の全貌について論じようという考えはなく，またそのような資格があるとも思わない．ただ種の性質の変化の問題のうち，筆者の関心ある事項についてだけ述べることにしたい．ここであらかじめ指摘しておきたいことは，新しい種ができるのにどれくらいの期間が必要かということである．E. O. Wilson（1992）は，適当な環境さえあれば，昆虫では 1～数世代で新種が出来ると述べているが，これは特別に早い場合であろう．Hawaii 諸島には500種ものショウジョウバエ（*Drosophila*）が棲んでいるが，その種分化を永年研究してきた H. L. Carson（1995）は，7万年で分化した場合もあると述べている．とにかく想像以上に新種は早くできることを頭に置いて以下の文を読んでいただきたい．

さて前記 Lamarck の著書の第1部第4章の種について論じた内容を，彼は次の言葉で総括している．"種は自然と同じだけ古いものであり，どの種も同じく古くから存在していたというのは真実ではなく，種は次第に形成されたもので，相対的な恒常性しか備えず，一時的に不変であるにすぎないというのが真実である．"（高橋訳より）．ここに明確に種が変化することを述べているが，では種の本性の変化はどのような機構によって起こるのか．筆者は次のように大局的に理解している．

種の本性の変化の道を大きく二つに分ける．一つは当該種の棲息環境の状態と関連して変化することが明らかな場合（A）で，他は棲息環境との関連が明確でない場合（B）である．このいずれの場合にも，それが前成仮説（Preformation theory）的なものと，後成仮説（Epigenesis）的なものが含まれており，また自然選択（Natural selection）が関与する場合と，その関与が明確でない場合が含まれている．次項にもっと詳しく論じることにする．

11-4-2 種の本性の変動の諸様式

a）棲息環境と関連して変化することが明らかな場合

生物の存在が生態系的なものであることから，その諸性質が棲息環境と関連して変化することは自然に考えられる経過である．まず歴史的に有名な具体例を二つ挙げておこう．一つはアメリカの昆虫学者 A. D. Hopkins が主唱した宿主選択原則（Host selection principle）に関するものである．数種の植物（宿主）で生育することが出来る，ある種の昆虫があるとすると，その昆虫は自分が育った特定の植物で繁殖し続けることを好むというものである．Hopkins の弟子の F. C. Craighead（1921）はこの原則を実証する広範な実験を，14種の昆虫と21種の宿主植物を用い，45種類の組み合わせを作って行った．結果は上の原則が真であるとし，樹種に対する好みは同じ樹種で飼育を続けるとますます強くなること，宿主を変えてやるといくらかの個体が生き残り，系統を保って，その宿主に対する好みを次第に増していくことなどを見た．

今一つは旧ソ連の E. S. Smirnov ほか（1950, 1952）の，アブラムシ *Neomyzus circumflex* を用いての，食草としてのダイコン *Raphanus sativus minor*（R とする）とカラスノエンドウ *Vicia sativa*（V とする）に対する適応の研究である．このアブラムシは単為生殖で，普通 V の上で生活しており，R の上ではめったに育たない．しかし V の上で育った成虫を，一昼夜おきに R の上に移し，数世代にわたって成虫期に R の影響を与えると，ついに第6世代ころから R の上で幼虫期からの生育を完了する個体が現れるようになり，第13世代では R 上で生まれた子虫の

うち22％がそこで育って成虫となったと言う．

これら二つの例は棲息環境と関連して種の性質が変化していることは確かであるが，それ以上の，これから述べるような機構は明らかでない．時代の古さからして当然であろう．

さて上のような場合，大きく分けて二つの過程が考えられる．一つは，本性の変化（突然変異を含む）自体は偶然（Random）に起こる，即ちその変化に方向はない（Non-directed）が，環境の作用は自然選択という形で働き，結果として環境と連関した変化が残るという場合である（a－1）．今一つは，変化自体に環境と関連した方向があり（Directed），これにさらに自然選択が働く場合もある（この場合，仮に自然選択が働かなくても，環境と関連した変化はある）（a－2）．

a－1：偶然の変化と自然選択の組み合わさった場合

これは現在の遺伝学や進化学の学説の中で，最も普通に認められている筋道である．そのような道筋による結果を，J. A. Shapiro（1992）は盲目的結末（Blind consequence）と言っている．その典型例は前適応（Preadaptation）といわれている現象に見られる．生物の持っているある形質（遺伝子）の働きの結果が，現在の環境のもとでは特別に有利な生存価を持たない（あるいは不利な生存価を持つ）のに，時を経て変化した新しい環境のもとでは，偶然に有利な生存価を発揮する（自然選択に残る）というような場合である．これは一種の前成仮説的な考えである．その適例は，イギリスのBirminghamなどの工業地域に見られるオオシモフリエダシャク（*Biston betularia*）というガに見られる工業黒化現象（Industrial melanism）に見られる．この現象を詳しく研究したのはH. B. D. Kettlewell（1955, 1956, 1959, 1973）で，彼は地方の医者であったが，現象の面白さに惹かれてこの研究にのめり込んだ．このガの体色は大きく分けて2型ある[22]．一つは正常型（Typica）で，体色は青白色と白色のまだら模様で，他は黒色型（Carbonaria）で，体色は暗黒色である．このガの棲んでいる森林（ニレ，カバ，カシなどが生える）の樹幹の色は，本来地衣類などに覆われて灰白色であるが，工業が盛んな地域では煤煙に覆われて黒っぽくなってきた．この環境の色の変化に伴って，出現するガの色も次第にTypicaからCarbonariaへと移ってきた．1958年当時のイギリスにおける両型の分布状況を図11-13に示す．

黒色型がこのように分布を広げるのに約1世紀かかったとされている（Kettlewell, 1955）．この両型は対立遺伝子（Allele）によるとされ，本来のTypicaにCarbonariaの遺伝子が1〜5％程度含まれているとすると（この数値については実際の資料がある），このガは1年に1世代であるので，それが個体群の中に95〜99％まで自然選択によって広がるのに約50〜200年かかる計算になると言う（R. E. Ricklefs, 1990）．

上に'自然選択によって'と書いたが，Kettlewellの一連の研究によると，これは小鳥類（主としてヨーロッパコマドリ*Erithracus rubecula*とヨーロッパカヤクグリ*Prunella modularia*）の捕食圧によって起こるものである．そのことを彼は実験を繰り返して確かめた．表11-5と表11-6はその一つの結果を示す．表11-5によると，明らかに工業地域においては黒色型の再捕率が高く，非工業地域ではその反対となっている．この差の生じた原因は小鳥による選択捕食によると考える．表11-6はそのことをさらに確かめた実験結果である．

この事実を一層確かにする現象が出てきた．それは，イギリスで1956年に清浄空気法（Clean air legislation）が制定され，工業排出煤煙が減ってきたことによって起こったものである．煤煙が減ってきた結果，工業地域の森林の樹幹の黒色が薄らぎ，その結果黒色型の数が減少してきた（P. M. Brakefield, 1987）．その様子を図11-14に示す．

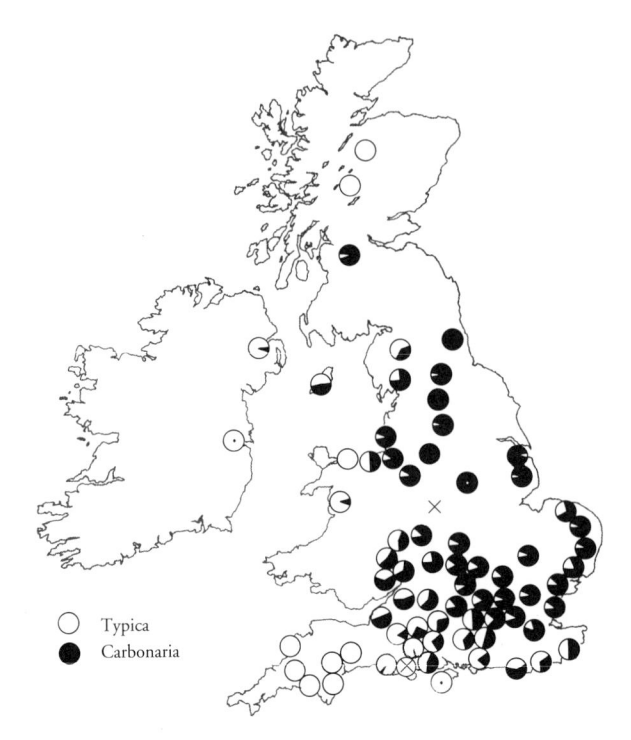

図11-13 イギリスにおけるオオシモフリエダシャクの青色白型（Typica）と黒色型（Carbonaria）の頻度分布．×印は Birmingham，⊗印は Dorset の所在地．[Kettlewell 1958 による]

表11-5 工業地域の中心 Birmingham と非汚染地域の Dorset において（その所在地は図11-13参照），オオシモフリエダシャクの両型の雄に目印をつけ，放し，それを再捕して数を調べた結果の一例．雄は雌を求めて飛び立ち，誘蛾灯に集まるので，この実験は雄だけについて行った．目印は蛾の下面につけるので，止まっているときには表面からは見えない．実験期間は約10日間．

	工業地域 (Birmingham)		非工業地域 (Dorset)	
	青白色型（Typica）	黒色型（Carbonaria）	青白色型（Typica）	黒色型（Carbonaria）
放蛾数	201	601	496	473
再捕数	34	205	62	30
再捕率	16.9	34.1	12.5	6.3

[Kettlewell 1955, 1956 による]

表11-6 煤煙汚染地域および非汚染地域において，樹幹に置いた両型同数のオオシモフリエダシャクが，小鳥に食われた数を，直接観察により数えた．1日間の観察結果．

	小鳥に食われた個体数	
	青白色型（Typica）	黒色型（Carbonaria）
汚染地域（P）	43	15
非汚染地域（U）	26	164
$\dfrac{U}{P}$	0.6	10.9

[Kettlewell 1955, 1956 による]

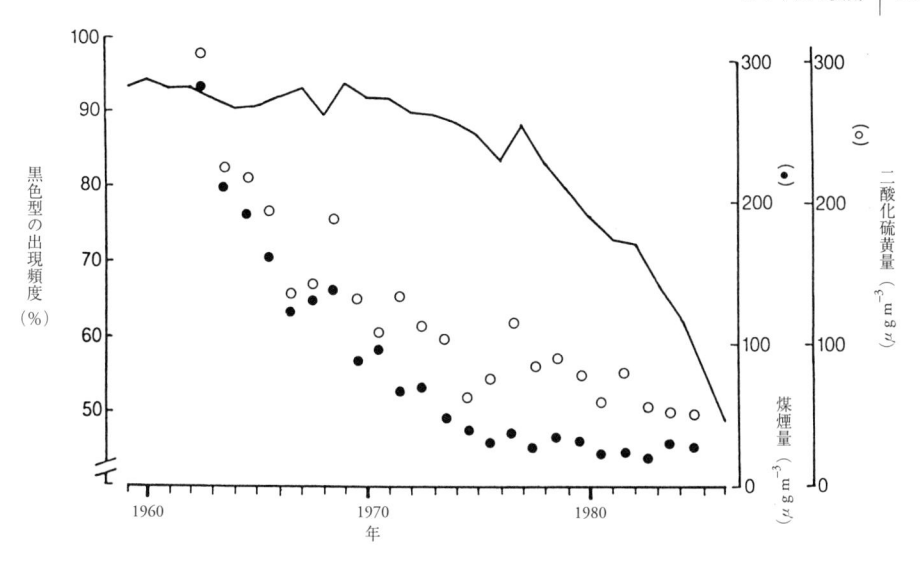

図 11-14　イギリスのLiverpool近くのWest Kirby付近の工業地域における，冬季の空気中の煤煙量（μg m^{-3}）と二酸化硫黄量（μg m^{-3}）の最近の減少傾向と，オオシモフリエダシャクの黒化型の減少傾向の連関．1956年に清浄空気法が制定された．[Brakefield 1987]

　なお生態関係の多くの形質はポリジーン（Polygene）に基づいて発現されているが，このTypicaとCarbonariaは単一対立遺伝子によっていると言う（もっともInsulariaは別の対立遺伝子によるらしい）．

　以上の現象の要点は，正常型（青白型）と黒色型との対立遺伝子は，工業が盛んになる前から存在していたが，たまたま環境に変化が起こったために小鳥による捕食圧の働く方向が変化して，黒色型が煤煙汚染地域において選択されて優勢に生き残る結果となったという点にあり，前適応の適例である．

　今一つ，ヨーロッパに普通のモリマイマイ（*Cepaea nemoralis*）に関する，古典的ではあるが今もよく引用されるA. J. Cain & P. M. Sheppard（1950, 1954）の研究例を挙げる．このマイマイは殻の色やその上にある色帯（Band）に変異が多い．殻色は黄色，ピンク，褐色とあり，色帯は黒色または暗褐色で，全くないものから5帯あるものまで変異は大きい．これらの安定多型性（Stable polymorphism）は新石器時代からあったことが分かっている．この多型性は，あちこちパッチ状に分布する集団の中で，基本的には遺伝的浮動[23]（Genetic drift）によってもたらされたものであり，したがって集団によって多少なった変異組成を示す．この変量はもともと無作為（Random）に起こったものであり，しかしさらにこれに視覚的選択（Visual selection）および非視覚的選択（Nonvisual selection）が働いて，現実の変異組成ができたと考えた．

　視覚的選択はイギリスのWythamの森では，主としてこのマイマイを食うツグミの一種*Turdus ericetorum*によって，殻の色と色帯について行われる．まず殻色の選択について述べる．その状況はマイマイの棲む背景の季節変化によって違ってくる．早春に森床が褐色の落葉で覆われたり地肌が露出している時には，殻の色が褐色またはピンク色のものが，黄色のものより捕食を免れる率が高い．しかし晩春になり地表が緑に覆われると，有利不利の関係は逆になる．次に色帯の選択はどうか．このツグミはマイマイを捕えると付近の石にたたきつけ

て殻を砕き（この石をツグミ石，Thrush stone, という），肉を食う．捨てられた殻を調べると，色帯の状況と捕食の関係が分かる．研究はやはり Wytham の森の近くの湿地で，約2週間にわたって行われた．捨てられた殻を調べると同時に，付近の棲息パッチをていねいに探し，生きた貝を全部集めた．結果を表11-7に示す．すなわち色帯のある貝がそれのない貝よりも多く食われることが明らかである．

表11-7 Wytham の森の近くの Marley 湿地における，モリマイマイの生貝とツグミに食われた貝殻の数の比較．この場合殻色に対する選択は認められなかったので，その関係事項は，この表では無視してある．また'事実上の無色帯殻'というのは，生きているマイマイでは下部の色帯がよく見えないものが多数あり，その場合第1,2色帯がなければ表型的に'事実上'無色帯殻と見なしてよいという考えによる．色帯のある貝が，そのない貝よりよく食われる．

	無色帯殻	事実上の無色帯殻	事実上の有色帯殻	計
生貝（L）	153	143	264	560
食われた貝（P）	204	173	486	863
$\dfrac{L}{P}$	0.75	0.83	0.54	0.65

[Cain & Sheppard 1954]

　次に非視覚的選択について説明する．そのはっきりした直接の証拠はモリマイマイでは分かっていないが，理論的に考えられたものである．もし上のような視覚的選択が一様な環境（例えば芝生など）が長く続く所で働くとすると，殻色の違いや色帯の存否に関する多型性は急速に失われることになる．ところが現実に散在するパッチの中の個体群には多型性が長い期間にわたって保たれてきた．その原因の一つの解決策は，パッチ間で貝の交流が盛んに行われることであるが，この貝の運動量から考えてそのことはありそうにない．別の考えとして R. A. Fisher (1930) が考えたような，場所にかかわらない多型性を維持する選択圧が考えられた．単一の対立遺伝子の場合，ヘテロの結合がホモの2種類の結合より自然選択に有利な場合には，この有利不利の理由にかかわらず，結果として安定多型性が現れ，そしてそれが維持されるという考えである．Cain & Sheppard はこの考えが，褐色型と色帯の存否を結び付ける関係として考えられると言う．褐色殻の貝の色帯は，褐色遺伝子がホモになった場合に表現され，ヘテロでは無色帯となると考える理由がある．ホモよりヘテロが自然選択に有利であれば（無色帯の貝は色帯を持つ貝より選択に有利である），褐色に対する多型性の維持に好都合となる．彼等は対立遺伝子と遺伝子連鎖（Linkage）の現象を入れて論考しているが，ここでは省略する．

　モリマイマイの場合の要点は，前述のガの場合と同じく，遺伝的浮動と自然選択の結果，今日のこの貝の平衡多型性（Balanced polymorphism）があるという点にあり，要するに前適応の例である．

　有名な Galapagos 島のフィンチ類の変異につき，1972年以来21年間にわたる P. R. Grant 夫妻を中心とする研究が，J. Weiner (1994) によって総括された．その研究は地上フィンチ，特にガラパゴスフィンチ（*Geospiza fortis*）の嘴と習性の変異に関する膨大なものである．1977, 78年の大干ばつの時には，大きい堅い種子を食べることの出来る大きい嘴を持った個体が選抜されて大幅に数を増やし，1982, 83年の大雨が降った時（エル・ニーニョ年）にはどの個体も

自由に食べることが出来たので変異は平均化され，次の1984, 85年の干ばつの時には前の干ばつの時とは反対に（本能の変化によるか）小さい実を多く食べることの出来る小さい嘴を持った個体が選抜されて生き残ったと言う．干ばつと湿潤という気候変化によって，種として確立できる一歩手前まで形質・習性が変化し，種の進化過程の現実を見たと言うので，これも前適応の例と考えられよう．

次に培地に対する細菌の適応機構に関する，F. Jacob & J. Monod（1961）の有名な研究について述べる．大腸菌（*Escherichia coli*）はガラクトシド（Galactoside, ガラクトースを糖成分とする配糖体）を含まない培地で発育している時には，ガラクトシドを細胞内に取り込むのに働くいくつかの酵素（β-garactosidase など）はほとんど合成されない（平均して5世代に1分子の割合でしか合成されない）．しかしガラクトシド（この場合誘導物質，Inducer, と言う）を培養器に加えると，ほとんど即座に（2分以内に）上記酵素の合成速度が1,000倍に増加し，誘導物質が存在するかぎり，この速度のままで続く．誘導物質を取り除くと，合成速度は2〜3分のうちにもとの非常に遅い速度にもどる．まことに見事な適応現象であるが，この現象を彼等は分子レベルで，既に存在する遺伝子の働きをもとにして説明した．これが有名なオペロン説（Operon theory）である．この際調節遺伝子（Regulater gene, この場合Repressor タンパク質を合成する），オペレーター遺伝子（Operator gene），構造遺伝子（Stractural gene），その他が微妙な連係行動を示すが，その説明はここでは省略する（興味ある読者は，Monod, 1981；田島弥太郎, 1981, を参照されたい）．要するにこの種の適応能力は遺伝的，先天的に決定されているので，前適応の例である．

前にHopkinsやSmirnovの食性変化の研究について述べたが，それに関連して，それに似た適応変化の機構が，偶然の変異と自然選択の結果として起こったと考えている例を紹介しよう．昆虫双翅目のTephritidaeに属する*Rhagoletis pomonella*の幼虫はサンザシ類（*Crataegus*）の果実を食べて北米に広く分布していた．17世紀の初めヨーロッパからNew Englandにリンゴ（*Malus pumila*）が移入されたが，初めこの果実を食害するものが居なかったのに，200数十年を経て1860年になってNew York近郊の農場で*Rhagoletis*による著しい食害があらわれた．G. L. Bushとその学派の人たちはこの事象を研究し，それが*R. pomonella*の同所的種分化（Sympatric speciation）によって生じた新種（種名はまだついていない）によって起こされたもので，その機構はいくつかの遺伝子座に起こった偶然の変異の特定の一揃えを具えたもの（羽化時期，宿主選択能力，繁殖適応度などで）がリンゴの摂食に適応し自然選択されたことによると結論した（これは直ちに前適応によるとは言い難いであろう）．また宿主がアンズ類（*Prunus*）の場合も似たことがあると言う（Bush, 1975；Bush & J. J. Smith, 1998. E. O. Wilson, 1992, も参照）．

その他本項に述べたような例は数多い．例えば昆虫の殺虫剤抵抗性獲得など適例であるが（大垣昌弘, 1956；深見順一ほか, 1983；浜弘司, 1992；正野俊夫, 1992；J. A. McKenzie, 1996；五箇公一, 1998等を参照されたい），この項はこのくらいにして次に進みたい．

a−2：環境の変化と関連した方向性ある変化が起こった場合

無作為に起こる変異に基づき，結果として種個体群の多型性が維持されることを重視したのはS. Wright（1931, 1948）であり，これに自然選択が重要な役割をなすと考えたのがR. A. Fisher（1930）である．このことは1920年代から30年代にかけて盛んに論議された（A. J. Cain & W. B. Provine, 1992）．しかし，とにかく変異の起点を無作為事象に置くことでは同様であり，この考えが今日遺伝進化学の基礎となり主流となっていることについては，a−1で述べた通

りである（木村資生，1988，の方向性淘汰，Directional selection，など）．

では起点となる種の本性の変異が，環境変化と関連した方向性を持ったものは全く考えられないのであろうか．この場合でも，もちろん自然選択が働くこともあろうし，また働かないこともあろう．Lamarck をはじめとする獲得形質（Aquired character）の遺伝説は，この問題に深く関係し，思想系列としては直接の後成仮説の部類に属すると見ることが出来る．例のT. D. Lysenko（1954）は作物の春化処理[24]（Vernalization）を基として獲得形質の遺伝を理論的（空理論と言う人もいる）に唱えたが，独裁政治家 I. V. Stalin と結び付き，学問と政治を混同して動き，自らの学問に墓穴を掘ったのは不幸なことであった．

さて，このような種の本性の変動の問題は，生態学にとっても重大問題であると考えられるのに，従来生態学研究者はこれを，対岸の火災視することが多かった．あるいはその火災を消すのに，自らの実験・思考努力によるのではなく，他人の力——この場合は主として主流的遺伝学研究者の力——を意識的または無意識的に利用して行動することが多かったと思う．例えば，有名で絶大な影響力を持ったE. O. Wilson（1975, 1992）などその代表的人物として名を挙げられよう．彼のこの種の問題に対する思考は，もっぱら主流的集団遺伝学者の説に則っている．その間にあってわが国の今西錦司（1949）の論説は目を引く．その説は特異であったが，自らの努力によって創り出したものであった．一方遺伝学者は我が事として真剣に対応してきた．わが国では古くは田中義麿（1930）の「生物環境学」があり，その後駒井卓（1963）の「遺伝学に基づく生物の進化」，田島弥太郎（1981）の「環境は遺伝にどう影響するか」など，関係する多くの力のこもった著書論説が見受けられる．しかしその主張するところは，いずれも遺伝学界の主流的考え，すなわち無作為変異とその自然選択による変化という説に基礎を置いている．

しかし筆者は彼等の考え，特に洞穴動物の起源についての考えなどに，どうしても割り切れないものを感じており，この問題はまだまだ根が深いと思っている．以下，その点について述べていきたいと思う．

まず，武田信之（1954）のケンミジンコの一種 *Tigriopus japonicus* の環境温度の変化に対する性質の適応変化の研究について述べる．この動物は海岸のタイドプールに棲んでいる．その卵を持った雌を採集し，卵を実験室で23℃で孵化する．その幼生を2群に分け，25℃（Hとする）と15℃（L）の高低2様の水温で育てる．こうして成体になったものを，実験前数日間20℃に置き，2種類の実験を行う．一つは，この成体自身の高温抵抗性を調べるので（A実験），他はこの成体を交配し，そのF_1の高温抵抗性を調べる（B実験）のである．

A実験では上の20℃に置いた成体を38℃の水中に入れ，死亡率の時間とともに変化する様子を見た．結果は図11-15aに示す．すなわち雌も雄もHの方がLより著しく抵抗性があることが分かる．しかしこの結果は個体一生の適応であって，普通に見られるものである．

次いでB実験では，このような性質を持った成体を20℃の中で飼い続け，H（♀）×H（♂），H×L，L×H，L×Lの4通りの交配を行い，そのF_1の38℃に対する抵抗性を見た．結果の一例を図11-15bに示す．これで見ると，H×HのF_1とL×LのF_1の抵抗性に明らかな違いがあることが分かる．つまり親の得た抵抗性は明らかに子に伝えられる．H×LおよびL×HのそれぞれF_1は，繰り返し実験の結果は必ずしも一致しない．ある時は父の影響が，また他の時には母の影響が強く出る．つまり親の経歴は子の性質に，方向性のある強い影響を与えたといえる[25]．

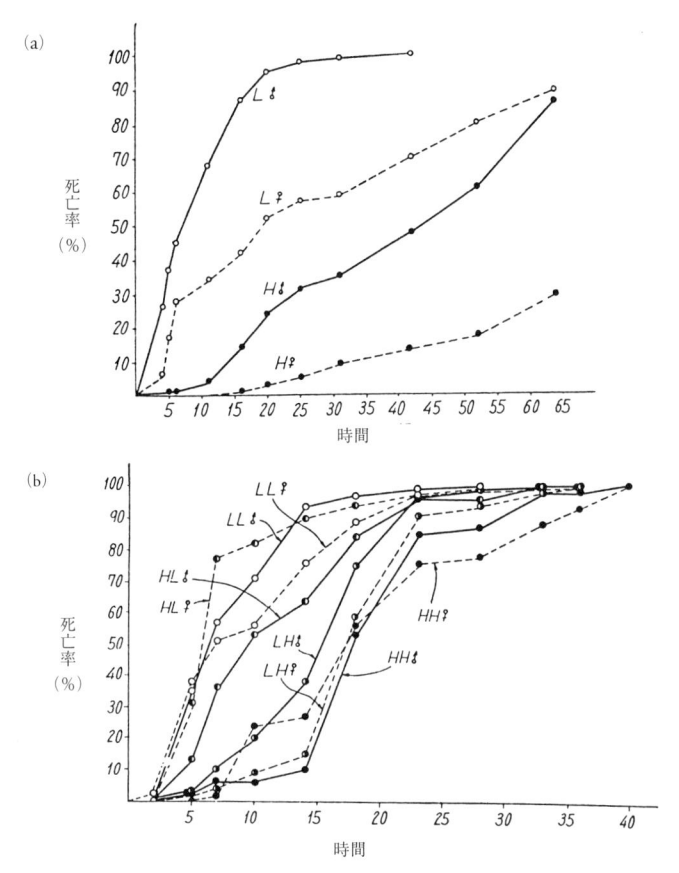

図 11 - 15　タイドプールに棲む橈脚類の1種 *Tigriopus japonicus* の温度抵抗性の獲得実験．(a) 15℃ (L) と 25℃ (H) で成長した動物を，38℃の水中に入れた場合の死亡率（％）．○：L系統，●：H系統．実線：雄，点線：雌．(b) 15℃ (L) と 25℃ (H) で成体となった動物を 20℃に移し，そこで交配し，交配後7日以内に孵化した F_1 を 38℃の水中に入れて死亡率を見る．その結果の一例をここに示す．○：L×L の F_1，●：H×H の F_1，◐：L×H の F_1，◑：H×L の F_1．実線：雄，点線：雌．[武田 1954 により描く]

次に S. Inoki（猪木正三，1950）およびその学派の研究した原虫トリパノゾーマ（*Trypanosoma gambiense*）の抗体に対する反応の変化について述べる（図11 - 16）．この原虫をハツカネズミに接種すると発病してやがて死ぬが，その血液を死ぬ前に別のハツカネズミに次々に注射して植え継いでいくと，系統を保持することができる．ネズミが発病して間もなく人の血清を適当量注射すると，病気が一時治る．しかし間もなく再発する．ところがこの再発したネズミから取った原虫と，もとのネズミから取った原虫（O型とする）とは抗体に対する反応が違う（図11 - 16 a）．このような変化の実態を顕微鏡下で観察することが出来る．もとの原虫（O型）を顕微鏡下において，このO型原虫の寄生しているハツカネズミから取った血清（抗O血清）を加えると，たちまち凝集反応が起こる．しかしこの凝集は間もなく解けてばらばらになるが，こうなったものに抗O血清を加えても，もはや凝集しない．上記再発原虫も同様に抗O血清を加えても凝集反応は示さない．再発型原虫を調べたところ，いくつかの型（R_1〜R_{23}）があり，抗O血清では凝集しないが，そのおのおのの寄主ネズミから取った抗血清には反応し凝集することが分かった．この場合の凝集も間もなく解けるが，この解けた原虫を調べたところ，すべてもとのO型に帰っていることが分かった（図11 - 16 a, b）．

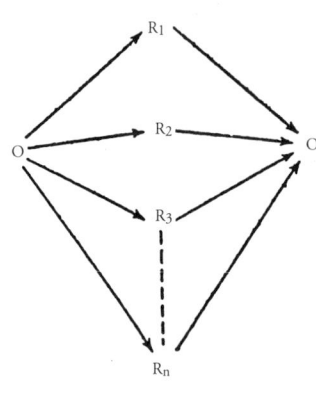

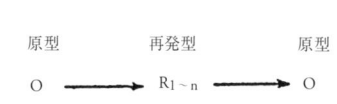

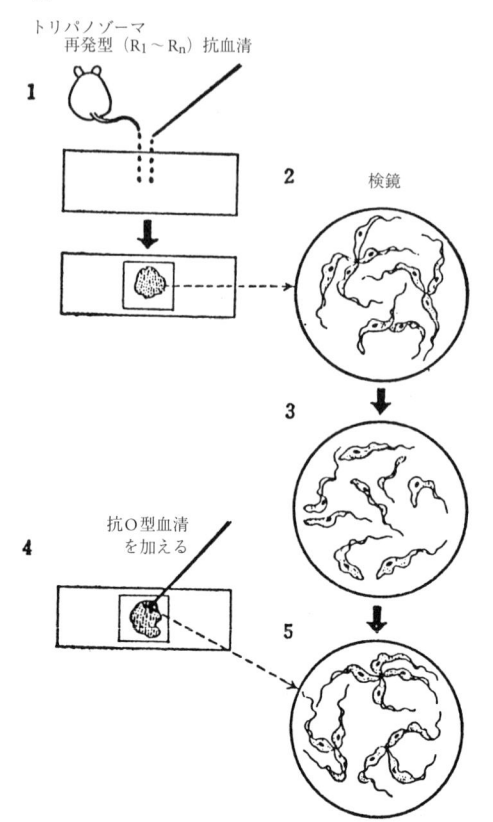

416　第11章　種の適応とその諸性質の変動

図11-16　トリパノゾーマの抗原性の変異と抗体の関係．
(a) トリパノゾーマの抗原性の変異型．
(b) トリパノゾーマの抗原性の変化を顕微鏡下に見る．再発型（R_1～R_n，本文参照）に，それぞれの寄主から取った血清を加えると（1），凝集反応が起こり（2），やがてそれが解ける（3）．このものに原型（O）に対する抗血清を加えると（4），また凝集が起こる（5）．この際はじめの再発型に抗O血清を加えても凝集は起こらない．従って上の経過を経て，再発型は原型に復帰したことが分かる．なおこの経過の間にトリパノゾーマは増殖しない．[Inoki 1952 に基づく]

　この抗原抗体反応の変化は，もちろん群れの構成員に同時に起こり，方向も一定である．変異したものの抗原性は，そのままネズミに植え継いでいくかぎり，その性質を変えない．つまりトリパノゾーマにおいても抗体に応じて一代に起こった方向性ある変異は，遺伝的な性質として固定していたといえる[26]．

　このトリパノゾーマの抗原性と遺伝子との関係は明らかでないが，とにかく原虫の重要な性質が方向性をもって，自然選択を受けることなく変化し，それが条件さえ変わらなければ持続することは明らかである．しかもその経過を顕微鏡下において直接観察できるというのは注目すべき事実である．後成仮説の線上の一つの事実である．

　次に引用しておきたいのは，大腸菌（*Escherichia coli*）の環境変化とそれに伴う適応的な方向性のある突然変異の生起に関する研究である．まず J. A. Shapiro (1984)，Shapiro & D. Leach (1990) は分子遺伝学的技術を用いて，アラビノース分解酵素を作る遺伝子（*ara B*）配列の下流に，プロファージ（Prophage）Mu を介して，ラクトース分解酵素を作る遺伝子（*lac Z*）を

結び付けた．この *ara B*—（Mu）—*lac Z* の遺伝子配列を持つ菌（前融合菌という）を，アラビノースとラクトースしか含まない寒天培地（選択培地という）で育てると，Mu の機能の大部分を失い，*ara B*—*lac Z* の融合遺伝子を持つ菌（融合菌）が多数現れ（全細胞数の40％近くが変化する），上記選択培地でだけ増殖し，アラビノースまたはラクトースだけの培地では増殖しなくなる．上記の前融合菌を栄養豊富な培地で育てた場合には，100億個の細胞の中でただ2個だけが融合菌となるので，彼等はこの現象を培地に適した方向性突然変異（Directed mutation）が起こったと考えた．

続いて J. Cairns & P. L. Foster（1991）の研究を挙げよう．大腸菌の品種の中で，乳糖を利用できず（Lac$^-$），さらにトリプトファンが無いと生育できない（Trp$^-$）ものがあり，これを乳糖を含むが，トリプトファンの無い培地に植える．そこでは菌は生育できないが，死滅してはいない．この死んでいないことは，毎日一部分を採取して生きている菌数を調べると分かる．このような培地にトリプトファンを加えるとどうなるか．乳糖は利用できないはずであるから，菌は生長しないはずであるのに，2日経つと生長したコロニーが観察できるようになる．つまり Lac$^-$の菌種が Lac$^+$に変わったと考えられるような現象が起こったのである．その状況を図11-17に示した．ここで注目すべきは，乳糖だけが培地にあっても Lac$^-$が Lac$^+$に変異せず，トリプトファンがあってはじめてその突然変異が可能となること，および突然変異はこの方向だけに起こり他の方向へは起こらないことである．Cairns もこのような変異を方向性突然変異あるいは適応的突然変異（Adaptive mutation）と呼んだ．

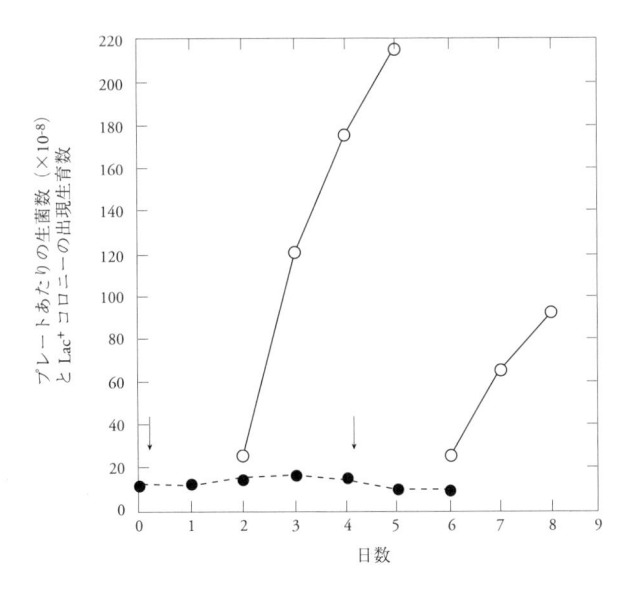

図11-17　大腸菌の復帰突然変異株の生産．大腸菌の Lac$^-$・Trp$^-$株を乳糖を含むプレート上に植え，これにトリプトファンを加えたときの，Lac$^+$復帰突然変異株（Revertant，○印）の生産．トリプトファン添加（↓印）は，実験開始直後に行ったプレートと，4日目に行ったプレートとある．トリプトファン添加後2日を経て生菌増加の観察が可能となるが，その間に Lac$^+$の突然変異株が徐々に増加していたと考えられる．●印は Lac$^-$・Trp$^-$株を乳糖もトリプトファンも含まない培地に植えた場合の生菌数．Lac$^+$コロニーの計数は実験に用いた6個のプレートの平均数．［Cairns & Foster 1991］

B. G. Hall（1988, 1990）も原理において上記 Cairns と同じような実験を，やはり大腸菌を用いて行った．'原理において同じような'とは，Shapiro や Cairns が方向性ある突然変異と呼

んだような変異は，無作為の突然変異ではなく，環境の働きかけに対する特殊の反応として起こる，またそれらの突然変異はそれらが起これば有利であるような状況の場合に，中立的である状況の場合より，よりしばしば起こると言うのである．例えば，トリプトファン・オペロンの点突然変異（Point mutation）における Trp+ への復帰（つまり方向性ある突然変異）が，長期にわたりトリプトファン欠乏の状態にあって復帰が利益になる時に，トリプトファンが十分に存在して復帰の利益が中立的である場合よりも，よりしばしば起こるということを見出した．Hall はこのような変異を選択誘発突然変異（Selection - induced mutation）とも，また Cairns 型突然変異（Cairnsian mutation）とも言っている．

これらは大腸菌という原核生物に関したものであったが，Hall（1992）および D. F. Steele & S. Jinks-Robertson（1992）はさらに真核生物の酵母（*Saccharomyces cerevisiae*）でも同様の現象を発見した．

なおこの Shapiro, Cairns, Hall 等の研究に対して，当然 Neo-Darwinists からの反撃があり，彼等の研究は細菌の数を数えるだけで内容の機構に触れていないといった批判があった．これに対し柴谷篤弘（1996）は，Shapiro（1992）や真木寿治（1995）の説を引用しつつ，"細胞自身が，環境変化への応答として，自分の DNA を主体的にいろいろに組み替える，というモデルが，いちばん状況の理解に適している"と述べ，さらに隠れた遺伝子（Cryptic gene）というものの重要性を指摘した．また池田清彦（1996）は構造主義生物学の立場から方向性突然変異の考えを支持し，進化の道筋を論じた．これらの事情について興味ある読者は長野敬（1994）も参照されたい．

先に殺虫剤抵抗性が前適応によって起こる例を述べたが，この抵抗性の起こる過程でも環境との関連について方向性ある変異が見られる例が報告されている．R. H. Ffrench-Constant（1994）は数種の昆虫の殺虫剤 Cyclodiene に対する抵抗性における GABA[27]受容体の変異について，タンパク質のアラインメント位置で同一のアミノ酸置換が起こること（Ala^{302} が Ser に変わる），すなわち方向性ある変異が見られることを見出した．このような発見が最近のこの方面の研究の一つの著しい発展であり，将来が期待されることを，河野義明・冨田隆史（1995）や J. A. McKenzie（1996）は指摘している．

次にいよいよ問題の洞穴動物について述べる．世界の洞穴に棲む動物の性質を見渡すと，どこでも同じような特徴を持っていることが分かる（上野俊一・鹿島愛彦，1978; K. A. Christiansen, 1992; D. C. Culver ほか，1995）．それらは，1）目が退化し，視神経が消失する，2）羽（特に後羽）が無くなる，3）皮膚が薄くなり，色素が無くなる，4）呼吸器官が退化し，皮膚呼吸を行う程度が高まる，5）物質代謝が緩慢となり，生長速度が遅くなる，6）飢餓に対する抵抗性が増す，7）概日周期が弛緩または消失する，8）驚報物質に対し反応が減退する，9）寿命が延びる，10）産卵数が減り，代わりに卵形が大きくなる，11）触角やひげ・体毛などが発達し，それに伴って触覚や嗅覚が発達する，12）振動に対し敏感になる，13）集合性が減る，14）種内攻撃性が減退する．Darwin（1859）も洞穴動物の起源に大きい関心を持ち，これらの現象のうち特に感覚に関するものに注目して，触角やひげの発達は無くなった目を補償する（Compensation）という言葉を残した．

さて上のような洞穴動物の特徴ある性質を Troglomorphy（K. A. Christiansen, 1962; 洞穴動物特性とでも言うか）と言うが，そのような性質が現れる道筋はどのようなものか．世界中至るところの洞穴で同じような現象が見られることから，洞穴の環境（暗黒，恒温，恒多湿[28]，食物

不足など）と結び付いたものであることは確かである．問題はその先にある．このような特質が現れる道筋は大きく分けて二つ考えられる．一つは，イ）これらの特質は環境の特質と直接に結び付き，方向性をもって生じたという考えで，後成仮説の線に沿ったものである．他の一つは，ロ）それらの動物が洞穴に入る前から持っていた変異（ロ－1），あるいは洞穴に入ってから生じた偶然の変異（ロ－2）に対して，環境による自然選択が働いた結果生じたものであるという考えで，これは前成仮説の系列に属するものである．特に（ロ－1）の考えは典型的な前適応の考えと言える．なお（ロ）に関して，選択の働きだけでなく，遺伝的浮動の働きも考える説（ロ－3）もあるが，これについては中立説の項（p.419）で述べる．この説も大局的に考えれば，前成仮説の範疇に入るものであろう．

この問題の解答には現在確定したものはないと筆者は考えている．しかし近代遺伝学者（およびその考えをそのまま受け入れている多くの生物学者）の間では，上の後者の考え（ロ）が主流となっている．しかし筆者はその傾向にすぐには賛成しがたいのである．というのは，世界中至るところの洞穴で見られる必然の結果が，至るところで同様な偶然の現象の選択の累積結果として，それぞれの洞穴で独立に起こったという説明には，十分な合理性を認めにくいからである．

以上のような事情のもとで，筆者はこの問題に何らかの実証的寄与をしようと考え，協力者を得て，キイロショウジョウバエ（*Drosophila melanogaster*）の暗黒飼育実験を始めた．実験に使用したハエの原系統は京都大学理学部動物学教室で長年イースト培地で飼ってきたもので，1948年パール（Pearl）合成培地に移して6年間（140代）飼い慣らしてきたものである．1954年11月，このハエの雌雄一対を選び，その子を独立の6系統に分け，内3系統を完全暗黒中に入れ（D系統とする），他の3系統を自然光状態（昼夜がある）の中に置き（L系統），累代飼育を始めた．以後数代または数十代ごとに諸性質を調べる実験を行った．これらの系統の中にはその後断絶するものもあったが，一部は1994年に至っても（1,000代を越えている）飼育継続中である．実験に使用する暗黒系統のハエは，実験する一代前に暗黒から自然光環境のもとに出し（もちろん系統保存用のものは暗黒で飼い続ける），産卵させ，その卵から孵化・生長・羽化して後3～5日の成虫を用いた．つまりD系統の実験使用個体はその生涯に恒常暗黒を経験していないのである．

実験はいろいろな種類の性質について行った．あらかじめどのような性質がどのようなかかわりをもって変化するか分からなかったし，また遺伝子の多面発現性（Pleiotropism）や複対立性（Multiple allelism）などを考えたからである．その結果についてここで詳しく説明することは出来ない．その総括報告は，S. Mori (1986)，森（1990）を見ていただくことにして，ここでは主な性質の変化について要点を述べることにとどめたい．

i) 光刺激に対する反応

走光性（Phototaxis）および光運動性（Photokinesis）の変化を調べた．結果は反応性，運動性ともに確実にD系統（以下単にDと言う）で有意に増大した．なお同じような結果は既に古く1910，1911年にアメリカのF. Payne が *D. ampelophila* について[29]，また後にドイツのG. Dürrwächter (1957) が *D. melanogaster* について出している．したがってこの結果は今や科学的に確立されたものと言える．なおこの変化の遺伝性を確かめるために，Dの一部のものを自然光条件のもとへ帰して性質の変化を調べたが，38代暗黒飼育のものは自然光条件のもとへ帰してから10代もするとL系統と同じようになったが，81代暗黒飼育のものは自然光条件に

帰してから117代経っても元のL状態に帰らず，変化は遺伝的に固定されていた．またDとLの交配実験を123代経過したものについて行ったが，F1の行動を見ると，Dの性質がLのものより優性であることが分かった．要するに，キイロショウジョウバエを暗黒飼育すると，光照射に対する反応が活発になるという方向性ある変化が起こり，しかもそれは遺伝的なものであったことを示している（森，柳島静江，鈴木紀雄，今福道夫の研究，文献出所はMori, 1986, を参照されたい）．

　ii）産卵数

　Dのハエの産卵数がLのものより多くなった．なお注意すべきことは，D，Lとも，暗黒中で産卵させると自然光のもとより産卵数が多かったことである（Moriほか, 1966）．

　iii）発育速度

　幼虫の発育速度はDで遅くなった．この場合もD，Lとも暗黒中で発育させると自然光のもとより速度が遅くなった．蛹については差がなかった（Moriほか, 1966）．

　iv）嗅覚

　一般にパール培地のイースト発酵の状態によって反応が違ってくるが，Dの方が発酵の進んだ培地を忌避する程度が強かった（鈴木, 1967）．

　v）複眼の微細構造

　これは江口英輔ほかの長年の研究によって著しい現象が明らかになった（E. Eguchi, 1986, にまとめ）．約800代のDのハエの複眼の感桿分体（Rhabdomere）は，Lのものよりも非常によく発達している．しかし羽化後3日間光に当てると，不思議なことにその構造は大きく崩壊する．Lではそんな崩壊はない．またDの560代以降，パール培地に比べてカロチノイドを多く含んだ餌で飼育した系統では，上のような崩壊は起こらなかった．

　vi）頭部の剛毛

　これはD 583代ころのハエについて今泉正によって見出された（T. Imaizumi, 1979）．ハエの頭部の6種の剛毛が，DのものでLのものより著しく長く伸びていた．このものを30代L状態に帰しても，その差は無くならなかった．

　vii）その他の性質

　異なる波長の光に対する反応（山元佳代子, 1981），羽化日周期（Moriほか, 1966）などについて実験を行い，それぞれD，Lの間に差を見い出しているが，省略する．

　viii）運動の遅速についての選択実験

　以上のような各種の実験において，暗黒飼育のハエは方向性ある変化を現しており，それらのいくつかは確実に遺伝的なものであることが分かった．ここで前適応の問題が出てくる．ハエの集団の中に，この実験を始める前から特別の性質（Dのハエが示したようなもの）の遺伝子を持った個体が混じっており，それが暗黒生活の代を重ねて選択され，ついに上記のような結果を生むようになったのではないかということである．そこで光の照射に対して鋭く反応するハエ（F系とする）と，反応の鈍いハエ（S系）を代を重ねて選択し，分離して育て，結果がどうなるかを見た（Mori & Suzuki, 1986）．実験項目は，光照射に対する反応運動性，羽化日周期，産卵数，発育速度である．結果は，分離選択16代まではF，S両系統のハエの間に差は見られなかったが，その後で両系統の間で光照射に対する反応性に明確な差が認められるようになった．羽化日周期についてもF：Sの間にD：Lと同じような差が出たが，しかし一方産卵数や発育速度については差はなかった．

つまり暗黒飼育の結果出来たハエと，光照射に対する反応についての選択の結果出来たハエの間には，いくつかの性質の違いがある，即ちD，L系統の間に出来た差はすべて前適応によるとは言い切れない，と筆者は考えている．ただし今泉（1979）は前記剛毛の変化を前適応の結果と考えている．なお目の退化と目以外の感覚器官の発達について，進化上のエネルギーの取り替え（Evolutionary trade-off）という考えがあり（T. L. Poulson, 1963; これは本質的にDarwin の言う補償現象である），D. C. Culver ほか（1995）もこの考えを取り入れて，脳に至る視神経の働きに使われなくなったエネルギーが，他の感覚器官の働きの強化に使われて，その結果それらの器官が発達する（Energy economy と言う），その過程には自然選択が働くという可能性を述べている．

　上の問題に関して，C. H. Waddington（1953）の言う遺伝的同化（Genetic assimilation）という現象に触れておかねばならない．もともと発生学では発生過程において後成仮説を取っているが，彼の説はこの発生学における後成仮説と遺伝学における前成仮説を結び付けたものとして注目される．キイロショウジョウバエのEdinburgh 野生系は，25℃で飼育している限り翅脈の欠失（Crossveinless）というようなことは起こらないが，その蛹になって21〜23時間のものを40℃に4時間置くと，いくらかの個体で表現型として翅脈欠失が現れてくる．そのような個体を選択し続けると，その出現率は次第に上昇し（方向性ある変化），14代経つと，熱処理を加えなくても表現してくるようになる．はじめは'獲得形質'であったものが，選択処理をした品種ではついに遺伝子構造に組み込まれたと考える．すなわち'獲得形質'に対する選択は，単にその出現頻度を増すだけでなく，ついに発生過程において道づけ（Canalize）され，安定（Stabilize）した形質となったのであると説明する．これは前適応機構を修正したものと理解できる．駒井（1963）はヒトの足の裏の皮が厚くなった過程にこの考えを適応し，皮が厚くなるという有利な形質の発現に働く遺伝子の選択結果と考えている．四方哲也（1997）や大塚公雄（1999）も，表現型の変化が遺伝子頻度の変化に先立つこともあり得る，という考えを述べているが，これはWaddingtonの言う遺伝的同化説の系列に属するものと考えることができよう．

　上のような説明は大いに考慮に値するが，選択の力を大きく借りるのではない，もっと直接的な生理的機構の変化を通ずる，方向性ある形質の変化（遺伝子の変化）は考えられないものであろうか．将来の大問題として残されていると思う．

b）生活環境の変化との関係が明らかでない場合

　生物の性質の変化と環境の変化との関係が明らかでない場合について，従来いろいろと考えが発表され，その進化との関係についても論議されている．

b−1：機会的遺伝浮動（Random genetic drift）

　これは集団の遺伝子頻度が偶然的に変動することをいい，S. Wright（1948）がはじめて強く主張したのでライト効果（Sewall Wright effect）ともいう．自然選択によって遺伝子頻度が定方向的・決定論的に変化することに対立して言われる現象である．遺伝的浮動の効果は小さい集団ほど強く現れる．I. H. Herkowitz（1965）は分かりやすい例でこの現象を説明している．"ある家族が幾代にもわたって大勢の子孫を生じたとする．もしこの家族の存在する社会集団が非常に大きければ，家族の氏名を名乗るものの数はたいして増えはしない．しかし集団が小さければ，（その）氏名を名乗るものの数はその社会集団の中で急激に増えるであろう．

このように集団が大きいときには遺伝子プールの遺伝子の頻度が変わる可能性は少ないが，集団が小さいと遺伝的浮動によって遺伝子の頻度が変わる可能性が出てくる"（柳沢・柳沢訳）．この文章の中に選択という事象が語られていないことに注意したい．

  b－2：分子進化中立説（Neutral theory of molecular evolution）
　前述のように種の本性の変化に関し，Wright[30]とFisherの間に，機会的遺伝浮動と自然選択の基本的な対立があったが，これを巧みに解決したのがM. Kimura（木村資生，1956, 1968, 1983, 1985, 1988[31], 1989）であった（Cain & Provine, 1992）．それは分子進化中立説の明確な提唱を通じてであった．生態学に関して言えば，この問題はElton（1930）にさかのぼる．彼は適応の起源は二つあり，一つは選択により，他の一つは偶然（Chance）によると述べ，選択万能の考えに反対した．このような歴史的問題に，巧みに決着をつける考えを出したのが木村であった．

　木村はその研究史の中で，表現型の研究から分子レベルの研究に目を移した．ヘモグロビンやチトクロームCなどのアミノ酸配列を調べ，哺乳動物のゲノム（半数染色体組）当たりの変化率から見ると，平均して2年に1回くらいの率で新しい突然変異（DNA塩基の変化）を種内で蓄積して（古いものと置き換えて）きたという結果を出した．さらに種内にはヘテロ接合子は非常に多く存在しており，これらを集団遺伝学的な立場で説明するためには，どうしても自然選択に中立な（Selectively neutral）突然変異体の遺伝的浮動による偶然的固定が，分子レベルでの進化の主役として働いていると考えざるを得ないという結論となった．これが木村の有名な中立説である．もちろん彼は表現型にまで及ぶ大きい進化の道筋には，自然選択も大切な役割を果たしていると考えている．つまり進化一般には中立的な変異と自然選択の組み合わせが大切なのであると考えている．彼は（1993）その中立説による世界観を"最幸運者生存（Survival of the luckiest）"と表現したが，自ら上手な表現だと考えている．というのはヒトのような種の存在は，"バクチを打って百万回立て続けに勝ち続けてきたくらいの幸運"によると考えているからである．

　なお木村（1989, 1991）は彼の中立説を地中生活をする動物の眼の退化過程に適用して，その機構の説明をしている．地中海東部地域にメクラネズミ（*Spalax ehrenbergi*）という地中に生活するネズミがおり，その目は皮膚下に埋もれている．W. Hendricksほか（1987）はこの動物の目のレンズ・タンパク質の成分 α A-クリスタリン（α A-Crystalin）の塩基配列を研究したが，木村はその結果を用いてその塩基配列の置換速度を計算し（2.5×10^{-9}アミノ酸/年となった），普通の哺乳類の標準的置換速度（0.3×10^{-9}アミノ酸/年）と比べて数倍も速いことを発見した．そしてこれは地中生活のため目を使わなくなった結果，その機能が自然選択に対して中立性を増し，遺伝的浮動の効果として速やかに現象が進行したと考えた（宮田隆，1994a, 1996, も参照）．この説明は進化の中立説には都合がよいかもしれないが，その一方，なぜ目が無くなる方向にだけ現象が進化するのかの説明にはなっていない．もっともD. C. Culver（1982）はこのような一方向的変化（彼は退行進化，Regressive evolution, と言う）について，選択が働いたのかまた遺伝的浮動の結果なのか分からないとしながらも，両者の協同作用をありうることとし，さらにエネルギー経済説（Energy economy theory）も紹介している．この説は，使用しない目の形成にエネルギーを使用するのは経済的でなく，洞穴動物の退行進化はこの原則に従って進んだ現象であるとする説であるが，反論も多い．

b-3：表現型の変動に関する他の例

すでに7章6節と8章3節で述べたように，自然に生活する動物個体群は個体数の大きい変動を示す．そのような変動の要因について，いろいろと考えられてきたことについては，特に8章3節で述べた．その中で，少なくとも実験者としては恒常の条件で動物を生活させていると考えているにもかかわらず，観察しうる性質（つまり表現型）にかなり著しい，しかも定方向的といいうる変動が見られることを述べた．このような現象は自然の生物の個体数変動の理解に大きい関係を持つと思われるので，ここで特に指摘しておきたい．

11-4-3 まとめ

以上本節では種の適応および種の本性の変動について，いろいろの例を引きながら述べてきた．ここでそれらの内容の大局的なまとめを，森（1990）を参考にして述べてみたい．興味ある読者はこの論文も参考にしていただきたい．

Darwinは環境と生物体の関係を，文字通り一体的存在として統一的に捉えようと努力した．しかしその後のDarwinの流れを引く学問は次第に，環境と生物の存在状態との関係を，生物体の内部状況にほとんど注意を払うことなく（あるいは遺伝学などの知識をそのまま援用することによって）探求する学問（生態学など）と，生物体の内部に特に注目し，環境との'有機的'関連をほとんど考慮することなく（機械的関連は考えるが）研究を行う学問（遺伝学など）に分岐し，この両者を真に総合して研究しようという方面の影が薄くなる傾向となった．特に遺伝子学説の進歩と，群れを扱う生態学の発展に伴い，この環境と生体の'有機的'統合を無視（意識的または無意識的に）する傾向は強くなった．E. O. Wilson（1975）の有名な「社会生物学」など，上のような統合を図るかに見えるが，実は集団遺伝学の知識をそのまま機械的に動物の社会現象の理解に当てはめたものといえる．彼の最近の著書（1992）もこの線に沿ったものである．イギリス生態学会は最近（1991）上に述べたような離反を正す目的でシンポジウムを実施し，その結果をR. J. Berryほか（1992）がまとめたが，その内容は筆者の期待に反し，上のWilsonの線の踏襲であるとの感が強い[32]．

筆者は生物の適応進化がすべて，または主として，偶然の（あるいは中立的）変異とその選択によって起こったという，鋳型にはまった考えには同調できない．前適応的考えを全く否定するつもりはさらさらないが，また環境の直接影響による，方向性ある変化の遺伝も重視すべきであると思っている．'偶然か必然か'と言えばこの両者とも重要であるという立場である[33]．

遺伝学界の指導者であったC. H. Waddingtonは，1953年に前項で述べたように遺伝的同化の説を発表したが，1957年に，適応酵素による体細胞の行動の変化が遺伝子に及ぼす影響について理論的モデルによる考察を行い，次のように述べた．"環境と関連して方向性のある，無作為でない突然変異の可能性を，頭から問題外として排除するのは危険である"と．遺伝学の巨頭であったH. Kihara（木原均，1983）の意味深い発言は無視してはならないであろう．"植物の種の進化は二つの遺伝単位——GenomeとPlasmon——の協力の結果である．獲得形質の遺伝は今まで実証されていないが，我々はそれを再考しなければならない[34]．なぜなら伝染性微生物は宿主の細胞質に入り，遺伝単位となり，核遺伝子の遺伝的表現を制御するからである"．ゲーム理論を生物学に導入して画期的な成果をあげてきたJ. Maynard Smith（1989）

は，その有名な著書「Evolutionary Genetics」の中で，適応現象の進化を理解する際の自身の立場をセントラルドグマ説に置きながらも，ラマルク説を頭から退けてはいけないという考えを，いくつかの例に限定しながらも，述べている．優れた発生学者であった丘英道（1985）は，その長い研究生活の結果到達した心境として，進化は体の内部状況と環境の協同作用のもとに現実化するものであるとして，獲得形質の遺伝に深い同情を示している．L. Margulis & D. Sagan（1986）によれば，"細菌の世界ではフリーランサー型のDNA断片が生物・無生物の状態を行き来しながら進化に対しいろいろ有力に作用する．……われわれの細胞でも細菌に似たところのある一部の細胞ではvirusやある種のDNAは相当自由に出入りできる"（田宮訳より）と言う．これに類した考えによる研究の方向は，免疫系の研究（多田富雄, 1985, 1993, 参照）とか，大腸菌の方向性変異の研究（J. A. Shapiro, 1984, 1992; J. Cairns & P. L. Foster, 1991; B. G. Hall, 1988, 1990, 1992, 等）とか，高等植物の研究においても（H. R. Highkin, 1961; K. G. Lark, 1987）示唆されているように思う．なお分子生物学における最近の進展には著しいものがあり，それはなお大局においてF. H. C. Crick（1958, 1970）のセントラルドグマ説（Central dogma theory）の範囲内において論じられているとはいえ，何か革新的な胎動を感じさせるようなものがあるように思う．現実に転写領域のDNA（シストロン，Cistron）の間に挟まれた，機能不明（非転写部分）のDNAスペイサー（Spacer）の存在，分断遺伝子（Split gene）の中の働きのあるエキソン（Exon）と働き不明のイントロン（Intron）の関係[35]，その分断遺伝子DNAから成熟mRNAを作る際のスプライシング（Splicing）の現象，RNAエディティング（RNA editing）やサプレッサーtRNA（Suppressor-tRNA）の現象，偽遺伝子（Pseudogene）やトランスポゾン（Transposon）の存在，遺伝子増幅（Gene amplification），遺伝子重複（Gene duplication），形質転換（Transformation），トランスジェニック植物（Transgenic plant）の問題など，重大な現象が急速に次々と発見されつつある（J. D. Watsonほか, 1987; 中村桂子, 1993; R. Schleif, 1993; 大沢省三・志村令郎編, 1993; B. Albertsほか, 1994; 半田宏, 1994; 柳川弘志, 1994; R. Pollock, 1994; 坂本健作・横山茂之, 1995, 等参照）．このような現象に免疫現象などが加わっても，なおセントラルドグマ説ですべて理解できるのか（理解すべきなのか），筆者はいささか疑問に思っている．

　セントラルドグマ説というのは言うまでもなく，1958年にF. H. C. Crickにより，遺伝情報がDNAからRNAへ転写（Transcript）され，それがまたタンパク質へと翻訳（Translate）されるという，情報伝達の一方向的な道として発見されたものである．しかし後に1970年になって，RNA→DNAの逆転写（Reverse transcription）の道もあることが見出され，最近またRNAエディティングというような現象もあることが分かり，結局RNA/DNA→タンパク質という流れとして定説となったものである．この際逆翻訳とでもいうべきもの，すなわちタンパク質→RNA/DNAという道は絶対にないものかどうか，筆者は密かに学問の進展はそのような道（類似の道も含めて）もそのうち見出されるのではないかと想像をたくましくしている．実際タンパク質を起源とする情報転送（逆翻訳）の道について，あのCrick（1970）は，"セントラルドグマ説の主張によれば，そのような転送は起こり得ないことは自明である"と言いながら，一方このような情報転送について"未知の転送（Unknown transfer）"という，意味深い表現も論文の中で用いている．生命の起源を化学進化の昔にさかのぼれば，その経過にいくつかの考えがある．その一つは，タンパク質がまず生じ（タンパク質ワールド），後から現れたRNA（原始ポリザイム）と協力して，生命始原としてのRNAゲノムの生長に貢献し（準RNAワールド），次いでDNAゲノムの発生に至る（DNAワールド）という考えであり（池原健

二，1999)，二つには原始 RNA がまず生じ，これに後からタンパク質が協力して働く段階（RNAワールド）を経て，DNA が基本となる段階（DNAワールド）に至るという考えである（柳川弘志, 1991, 1994, 1996a; 坂本健作・横山茂之, 1995)．また原始生命はタンパク質と RNA の共同作用によって発生したのではないかという考えもある（大島泰郎, 1995, 1996)．さらに原始の tRNA は実は原始のタンパク合成酵素（リボザイム）であったという考えもある（清水幹夫, 1991)．真核細胞のゲノムはいろいろな他の生物のDNA を取り込んでモザイク状になったものではないか（L. Margulis, 1981; Margulis & D. Sagan, 1986; 佐藤七郎, 1988)，そしてこの状況は原生生物でもあったかもしれないし，多細胞生物はもうやらないかといえば，それは分からない，という考えもある（宮田隆, 1994b)．始原の歴史は反復不能と言っても，基本的な性格は生物に内包され受け継がれている可能性はある．タンパク質とRNA，DNA の関係は，現在では一方的なセントラルドグマ説の中で解釈すべきものとされているが，生命の始原を考えると，全くそう言い切れるかどうか，筆者は密かに疑いを持っている[36]．このような獲得形質の遺伝的考えは，あるいは'異端'の考えかもしれないが [J. A. Shapiro, 1992, も同じ考えを持って Strange (theory) と言っている]，筆者はShapiro (1992) や池内了 (1994) とともに，科学は異端を決して排除すべきでないと思っている．

　ここで特に S. L. Rutherford & S. Lindquist (1998) がショウジョウバエについて発表した，環境温度ショックによって発現が誘導される$H_{sp}83$（ヒトでは同じ機能をもつ$H_{sp}90$がある）(Heat shock protein = H_{sp}) というタンパク質に関する研究について述べておきたい（H_{sp}の一般的性質については岩波生物学辞典第4版を参照されたい)．H_{sp}量の多少が，遺伝子変異量の多少および表現型変異量の発現程度の大小と組み合って現わされる現象は注目すべきものがある．ある形態（たとえば眼）の形成には複数の遺伝子が関与するが，その変異形態の発現には遺伝子変異のある量の集積が必要である．ある環境（例えば30℃の高温）のもとで発生させた場合には変異形態がよく現われ，ある環境（18℃の低温）のもとではそれが現われることが少ない．その理由として，普通の量の$H_{sp}83$の働きがあれば，低温の場合には形態変異をもたらすに必要な変異遺伝子の蓄積が少ないので，その発現を抑えて（つまり変異遺伝子の作用は隠されて）正常形態に保つが，高温になって遺伝子変異量が増すと，H_{sp}の調節能力を越え，正常形態は保てず，形態変異を起こすようになると考えている．この現象は直ちに獲得形質の遺伝と結びつくものではなく，基本的に前成仮説の上に乗ったものであるとはいえ，環境－タンパク質－遺伝子－表現型の4者を動的に結びつける現象として，今後の探究の飛躍的発展を期待したい（矢原一郎, 1999, も参照)．

　本来Darwinism は，いわゆる Neo-Darwinism と Lamarckism を包括したものであったと理解されるが[37]，筆者はこの包括的立場を支持するものであり，前記丘英通 (1985) も，また彼の父碩学丘浅次郎 (1904) も同じ考えを持っていたようである．この考えに基づいて，変異の発生と適応，および生物の生存一般との関係を模式的に描いたのが，図11 - 18である．以上のような論考は進化学の分野に入るかとも思うが，筆者は生態学の背骨は進化現象にあるという考えを持ち続けてきたので，あえて多くの頁をさいて説明することにした次第である．

　なお学界の大勢から言えばもはや考慮に値しないかに見える上のような仮説は，都城秋穂 (1994) の言うアド・ホックな仮説[38] (Ad hoc hypothesis) ということになるかもしれないが，筆者は真面目にそれがいつの日か芽を出すのではないかと思っている．A. Weisman (1885) は，Neo-Darwinism を強く主張したが，自分の説が絶対に真であるとして主張しているのではな

く，これは仮説で，新しい発見の工夫として提案したものであり，"後になってこの説を放棄する必要が生じることになったとしても，それでも私はこの説は我々の理解を進めるのに必要な踏み石だと思われる"と述べている（E. Mayr, 1988, 1991, より）．本質的によく似たことを，D. Chitty (1996) は，自分の動物個体群の変動に関する1923年から1965年にわたる長い探究の経過——仮説の提出とその反省の歴史——を振り返って述べている．筆者の立場もこれと同じものであるとして理解していただきたい．

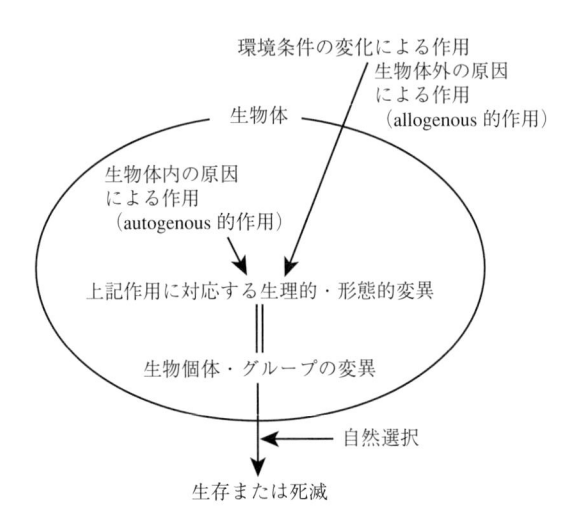

図11-18 変異の発生と生存の関係模式図．生物個体またはグループの変異の発生原因（体内的および環境などを含んだ体外的なもの）と，生物が具体的に生存しまたは死滅するに至る，自然選択の働きを含めた関係．生物体内の原因による作用には，偶然の中立的変異による作用や，定方向的要因（Orthogenetic factors）による作用などを含み，中村（1993）のいわゆる 'endo' のカテゴリーに入るものである．[森 1990 による]

第11章註

1）準南子（人間訓）にある言葉．ある日塞翁が飼っていた馬が逃げたのを悲しんでいたところ，その馬が駿馬を連れて帰ってきた．それを大いに喜び，息子が乗り回していたところ，落馬して大怪我をした．これを悲しんでいたところ，折から戦争が起こり若者が徴発されたが，息子は怪我のため徴発を免れてまた喜ぶという話．
2）大きく伸びるフィンランドモミだけを植えたのでは，やがて枯れてしまった．そこでこの大モミの間に小さいアルプスモミを植えると，2種のモミは育ったが，大モミは大きくならなかった．そこである程度育ったところで，小モミを切り払ったところ，大モミはすくすくと伸び育った．この事実はDalgasの息子の発見であるとされる．
3）この言葉は賭事で，両天秤を賭けることを言う．一般に両がけ戦略（Bet-hedging strategy）として知られているが，ここで戦略という言葉を用いることは避けた．
4）もっとも Fitness を Survival と Reproduction を併せた意味で使うこともある（J. F. Crow & M. Kimura, 1970; S. K. Mills & J. H. Beatty, 1994）．
5）Darwinは種の起源を起こす機構としての自然選択説の理由付けをすることを目的としたが，個

体の繁栄と群れの繁栄という場合，互いに矛盾対立する生物生存の原則としての主張が根底にあった（澁谷, 1956）．

6）このような取り扱いは集団遺伝学（Population genetics）と密接な関係があり，その学問で得られた知識はこの方面に非常に広く利用されている．

7）包括繁殖適応度のE. O. Wilson (1975) の文章による定義は次のようなものである．"ある個体のそれ自身の適応度に，その個体が直接の子孫以外の近親の適応度に対して与える影響を加えたもの．すなわちある個体に関した血縁選択の全効果"（伊藤ほか訳, 1983, より）．

8）池田清彦（1993）は，利他行動を引き起こすという遺伝子があると仮定した上で，利他行動の存続と自然選択の関係を論じている．彼は自然選択がなくても，利他行動遺伝子は生き残る場合があること，すなわちNeo-Darwinistが考えるような図式でなくても利他行動は生き残ることができる場合があることを，簡単な遺伝子組み合わせ図式で説明した．詳しくは原著を参照されたい．また辻和希（1998）が，血縁選択と利他行動に関し，研究の歴史と現状を，自説を加えて詳しく，かつ易しく解説し，将来の研究方向も指摘しているのは参考になる．

9）ただし本書では'戦略'という擬人的語は，既に述べた趣旨により用いないように考えている．

10）ここで誤解のないように一言付け加えておくが，ハトは決して平和な鳥でなく，種内の同類関係では激烈な闘争をする．

11）最大の問題点は，生物個体を利己的遺伝子が主人として宿ったロボット機械であると，比喩を通り越すくらいに強く語っていることである．

12）木元・武田（1989）によると，上述の考えはMacArthur (1960) の2種類の群集型，すなわち平衡種（Equilibrium species）からなる群集とオポチュニスト種（Oppotunist species）からなる群集が存在するという考えに由来していると言う．前者は自然の群集において個体数が平衡に達して増加率rの影響を受けない群集であり，後者はさまざまな個体群が環境に応じて変動している群集である．

13）'取り替え'はもともと交換商取引の意であるが，生態学で取り替えというのは，例えば鳥の一生の間に繁殖に用いうるエネルギーが決まっている時，産むべき卵の大小と数とは，取り替えの関係にあるという．大卵を産むなら数は少なくなるといった具合である．

14）相互進化ということもある．

15）このような対立，報復的な共進化を，いささか擬人的表現にすぎるが，R. Dawkins & J. R. Krebs (1979) は軍拡競争（Arms race）と言った．人間の世界の現象に似たところもあるが，このような人の気を引く'演出的'造語は生物学における邪道であると筆者は思っている．この場合はむしろ古生物学者G. L. Vermeij (1987) の用いた適応エスカレーション（Escalation）の語の方がよい．

16）既に古くTheophrastus (372-287B.C.) は*Ficus sycomorus* がエジプトでは種を作らないことを述べ（T. W. Brown & F. G. Walsingham, 1917），Aristoteles (384-322B.C.) もイヌビワとイヌビワコバチの関係について述べている（横山潤, 1993; 私信）．

17）*Sycophaga sycomori* というコバチは花柱の短いものにも長いものにも産卵管を差し込み産卵に成功するので，*Ficus* の種子は育たない．すなわちこの*Ficus* の単なる寄生者である（Galil & Eisikowitch, 1968）．

18）この時雌の胸部腹側にある花粉ポケットに花粉を入れるコバチ類や（Galil & Eisikowitch, 1968; B. W. Ramirez, 1969），そのようなポケットはないが，体についた花粉を足で拭って腹部のある箇所に集めたりする種もある（M. Okamoto & T. Tashiro, 1983）．この動作は雌雄同株につくものでも異株につくものでも似ていることが観察されている．

19）この際高級な意識的内容はないと強調しても，戦略というような言葉を使えば何の断りにもならない．フィクションとノンフィクションの混同が恣意的に行われることになるのである．R. Dawkins (1989) にその典型を見ることができるのは記述の通りである．

20) 5種類ある．うち4種類はテルペン化合物，1種類はフェノール化合物．
21) 種が生物社会を構成する単位としてきわめて重要であるという点で異論がないということであって，生態諸現象，例えば生態遷移の機構としての種の行動の説明内容などには大いに異論があることを付記しておきたい（7章4節参照）．
22) 実はさらに別の中間的黒色型（Insularia）があるが（Kettlewell, 1955），出現数が少ないのでここでは数の算定に入れない．
23) 無作為遺伝的浮動（Random genetic drift）またはライト効果（Swell Wright effect）ともいう．後節参照．
24) 秋播きコムギを春に播いても花芽を形成しない．これを春播く前に，数十日間0〜10℃の低温にさらして置いてから播くと，花芽を形成する．この処理を春化処理（Vernalization）といい，Lysenkoが深く研究して発育段階説を樹立した功績は大きい．しかし後にStalinの信任を得て，獲得形質の遺伝説（これを彼はMichurin説と称した）をもって旧ソ連の農業指導原理とし，N. I. Vavilovをはじめとして H. Timofeeff-Ressovsky その他の多くの優秀な Mendel遺伝学者を追放し，悪名を科学史に残した（Z. A. Medvedev, 1971; 岩波生物学辞典（第2版），1977）．
25) 植物について，この武田の研究とよく似ているが，さらに数代にわたる規模の大きい，説得的研究がH. R. Highkin（1960）によって，エンドウを材料にして行われた．興味のある方は原著を参照されたい．
26) この猪木学派の仕事については，その講座の後継者であった中林敏夫博士の私信（1986）によると，今日においてもその内容に付け加えるべきものはないとのことである．
27) GABAとはγ−アミノ酪酸（γ-aminobutyric acid）のこと．脳に見出され，抑制性神経伝達物質として作用する．
28) 恒常性多湿をきわめて重要視する研究者は多い（例えばR. Jeannel, 1956）が，これらは陸棲動物の研究者である．しかし洞穴内の水中に棲む動物でも同じ特質が認められるので，一般論としては重要要因から除いてよかろう．したがって最重要要因は恒暗（例えば D. C. Culver ほか，1995）ということになる．筆者もこの考えである．
29) Payneの実験データは明瞭に上記の状態を示しているのに，彼は結論の文章で69代の暗黒飼育によっても変化がなかったと書いたので，その文章が各種の論文に引用されることになった（森・柳島, 1959, 参照）．
30) Wrightは全く選択を考えなかったのではない．遺伝的浮動を強化するのに選択は力を持っていたと考えていた．
31) 木村のこれらの著作の中で，1988年の『生物進化を考える』は本章の内容全般についてよい参考になろう．
32) 古生物学と遺伝学の間にも進化の理解に関し似た事情があるようで，古生物学者G. G. Simpson（1944）がそのことを指摘している．その離反を正す方向も上のWilsonの方向とよく似ており，T. Dobzansky（1937）によって主張された，集団遺伝学に基礎を置く，Neo-Darwinism的色彩の強い，総合進化学説（Synthetic theory of evolution）を採用することに置いた．この学説の方向は，D. J. Futuyma（1986）の「進化生物学」でもその骨格をなしており，また古生物学者N. Eldredge（1989）も大筋として受け継いでいるようである．なお総合進化学説については，E. Mayr（1988, 1991），W. B. Provine（1989）を参照されたい．
33) 中村桂子（1993）は進化の段階に応じて，この2つの働きを分けているように見える．長野敬（1994）も生命の起源については本質的に必然性の方に傾きつつも，その後の進化については必然と偶然の妥協として考えざるを得ないという立場のようである．また鈴木理（1996）は構造生物学の立場から，タンパク質の構造は，その構築原理を考えると，J. Monod（1971）が考えたような偶然ではなく，必然的選択原理によって生じた可能性を示唆している．

34) この点について国立遺伝学研究所長を務めた田島弥太郎（1981）もほぼ同じような考えを持っているように見える．特に接木雑種の検討の必要性を主張している．

35) スペイサーやイントロンなど，働き不明のDNAの量は，細菌などではほとんど存在しないが，生物が高等になるほど増して，ヒトではDNAの97％以上は働き不明で，働いているDNAはわずかに3％以内であるとされている．

36) 上記のような仮説からは最初の生命体は従属栄養生物であったと考えることになるが，別に最初の生命体は独立栄養生物で，これはPyrite（黄鉄鉱FeS_2）の表面に発生した表面代謝体（Surface metabolist）から発展したという説を，最近（1988年以降）G. Wächtershäuserが提案したという．古賀洋介（1996）は原始スープ中にRNAワールドなどが発生するという伝統的な考えを"複製第一"の理論と言い，Wächtershäuserの説を"代謝第一"の理論として対立させた．詳しくは古賀の論文を参照されたい．とにかく生態学の骨格を支えるべき生命起源論は，こうしてますますあたらしく深い探究を要する分野であると思われる．

37) A. R. Wallace（1889）はDarwinismという言葉を初めて使ったが，しかしその内容は自然選択万能説（Neo-Darwinismのはしり）で，Darwinが最後に到達した獲得形質の遺伝（Lamarckism）を何程か認める立場とは違った自説を主張したものであったので，筆者は真のDarwinismとは考えていない（A. C. Brackman, 1980; 新妻昭夫，1997，参照）．

38) 二つ対立した研究プログラムがあり，一方（A）は進歩発展しつつあり（前進的段階），他方（B）は前者に破れつつある時（退行的段階），Bの立場を固執してあれこれ言い抜けの説を言うのがアド・ホック仮説であるとする．ただし都城秋穂も退行的段階が，新しい改良があって前進的段階に帰る可能性を認めている（都城, 1994）．

chap. 12 生態遷移

12-1 はじめに

　自然に生活する群集（生態系）は，時間とともにその状態（特に種構成）が変化する．それは短時間（数日あるいは数年）に起こることもあるし，長い時間（数十年あるいは数千年）かけて起こることもある．例えば前者は竹筒に溜まった水，砂漠に出来た小池，倒れた一本の木，獣の糞塊などに見られるし，後者は（裸地からの）自然林全体の変遷などに見られる．生態学の歴史においてより大きく取り上げられたのは後者の方で，そのような変遷を生態遷移（Ecological seccession）または単に遷移（Succession）という．そして前者のような短時間の小規模の変遷を特に微少遷移（Micro-succession）ということがある（Allee ほか，1949）．
　このような変遷は今まで述べてきたような生態現象のすべてを含んで行われる．食物連鎖関係，同類関係，適応現象，種の本性の変動などすべてを含んで行われる，いわば生物世界の壮大なドラマがそこにあるといえる．そのすべての様相をここで述べることはもちろん出来ないので，要点をかいつまんで記すことにしたい．

12-2 小規模の遷移

　まず時間，地域の小さい規模の遷移，上に述べた微少遷移について，いくつかの例を挙げて説明しよう．

　a）潮間帯群集の遷移
　岩礁の潮間帯は主として固着生物の世界である．その群集の変遷については，実験を交えて，比較的よく研究されてきた．ここでは例を一つ紹介する．
　まず T. Hoshiai（星合孝男，1958〜1961）の研究について述べる．彼は松島湾の外海（波が荒

い）と内海（波が静か）の数カ所の潮間帯の岩礁で付着動物群集の遷移を研究した．1956年5月に何カ所かの群集を調べ，次いでその場所の群集を剥ぎ取って裸岩とし，群集回復の状況を1960年まで3年数カ月にわたって追跡した．それらの結果のうち，外海に面した一カ所（飛が崎）の資料を図12-1に示す．図の（a）を見て分かるように，この場所ではムラサキイガイ（*Mytilus edulis*）の目立つ群集が潮間帯の一面に分布しているが，その貝の下にはマガキ（*Crassostrea gigas*）の死殻があり（ムラサキイガイの分布しない深さではマガキは生きている），さらにその下にマガキの死殻に覆われてイワフジツボ（*Chthamalus challengeri*）の死殻がある（マガキの分布しない深度ではイワフジツボは生きている）．マガキとイワフジツボはいずれも上位の動物の被覆により，深度分布が上下に分断されている．この群集を剥ぎ取ると，後で（b）図のように遷移が起こって，3年余りでまた元の状態に還る．上の説明ではシロスジフジツボ（*Balanus amphitrite albicostatus*）の説明を略したが，このものも少数出現し，その挙動はイワフジツボに準じる．またムラサキインコガイ（*Septifer virgatus*）とダイダイイソカイメン（*Remiera*

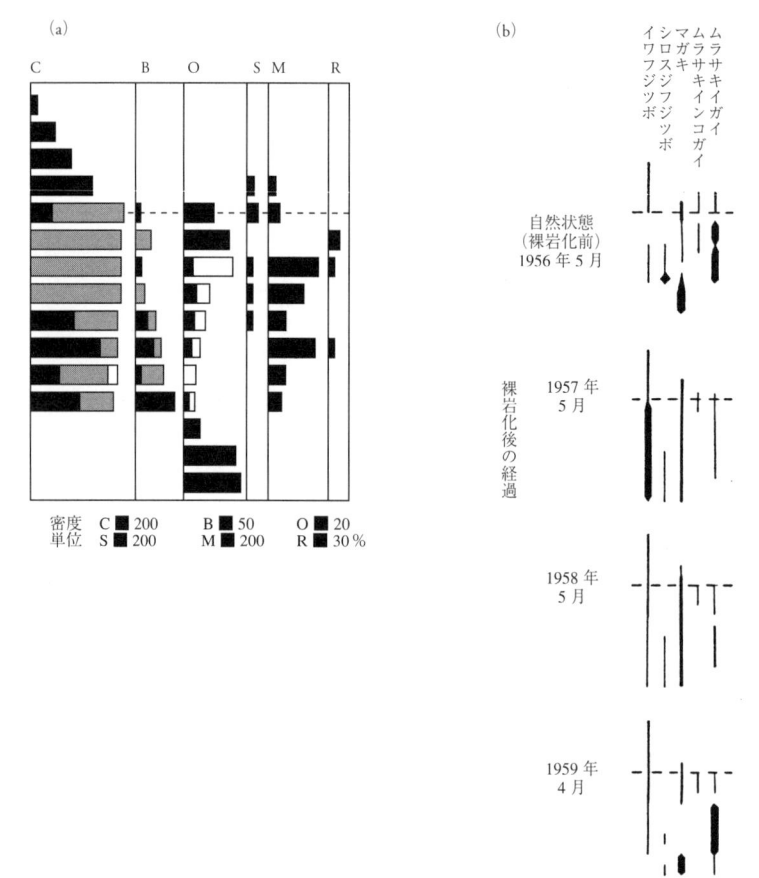

図12-1　松島湾外の太平洋に面した岩礁潮干帯の動物群集分布構造の自然状態（a）と剥奪実験後の変遷の状態（b）．
　（a）剥奪実験前の自然状態．各種個体数（10×50cm内の数）の分布とカイメンの場合はその被度（％）．点線：高潮線．C：イワフジツボ，B：シロスジフジツボ，O：マガキ，S：ムラサキインコガイ，M：ムラサキイガイ，R：ダイダイイソカイメン．黒棒：現在生存数，灰色棒：マガキに覆われた死殻，白棒：ムラサキイガイに覆われた死殻．
　（b）裸地からの群集遷移の状況．ダイダイイソカイメンは稀な種のため省略．始めイワフジツボが旺盛に付着するが，マガキに覆われて衰える．ついでムラサキイガイが優勢になり，マガキは2層に分断される．なおこの図ではイワフジツボ付着層が上下に分断せられる状況（a図参照）にまでは至っていない．［Hoshiai 1960, 1961］

japonica) も出現するが，少数であるのでここでの説明を省いた．

　以上を要約すると，裸岩にまず着生するのはイワフジツボであり，次いでマガキが現れてその上に着生し，下のイワフジツボを殺してしまう．その結果生きたイワフジツボの分布は上下に分断される．次いでムラサキイガイが現れてマガキの上に着生し，その下のマガキを殺してしまう．その結果生きたマガキの分布も上下に分断される．こうして遷移が起こり，一応の安定群集が出来るのである．星合はその後東北大学浅虫臨海実験所付近の岩礁でも同じような実験を行い，似た現象を見出している（Hoshiai, 1964）．なおこの遷移は生息場所をめぐる相互作用を通じて起こったものであったが，食物連鎖関係が入ってくればさらに複雑な様相を帯びると思われる（Iwasaki, 1993a, b, c; p.205参照）．

b）溜まり水生態系の遷移

　乾いた岩盤（基底）の窪みに雨水が溜まると，そこから遷移が始まる．そして水が蒸発し乾燥すると一連の遷移は終わり，また次の新しい遷移に移る．短期間（数日～数10日）ではあるが，生態系のきわめて小規模の遷移がそこにある．

　P. L. Osborne & A. J. McLachlan（1985）は中央アフリカのマラウィでこの溜まり水生態系の遷移を研究した．そこには乾期と雨期があり，雨期に雨が降ると岩盤の窪みに溜まり水が出来るが，この水は数時間で蒸発することもあれば，雨期の終わりまで数十日も溜まっていることがある．その間に状況に応じた生態系の遷移が見られる．彼等は4つの野外の溜まり水（最大溜水量24～310ℓ，深さ2～15cm）と，実験的に設けた溜まり水を用い，観察と実験を行った．その項目は，水の分析（特に栄養分P，N関係），出現する藻類［特にプランクトンと水表上藻類（Epineuston）］の種類と生産量，昆虫幼虫（ユスリカ，カゲロウなど）とオタマジャクシ（*Ptychadena anchiaetae*）の出現量，および付近に現れる鳥（シュモクドリ *Scopus umbretta* やカラス *Corvus albus* など）や獣（オオジャコウネコ *Viverra civetta* やジュネット *Genetta genetta*）の行動記録などである．得た結果をまとめたものが図12-2である．

　ここでは劇的な変化が起こる．干上がった岩盤の窪みは数分間で満水し，それがまた一日のうちに干上がってしまったり，朝にオタマジャクシが一匹も居なかったのに午後には$1\,m^2$に1,000匹も出現したり，水表上藻類が多量に繁殖していたのに激しい雨の後で全く無くなり透明な水になってしまったりする．遷移の出発点のPやNの栄養分は風が運んできた溜まった土の中にある．ここへ雨水が溜まると，これらの栄養分は24時間のうちに急速に溶出する．そして藻類が急激に増殖し，5～6日のうちにクロロフィルaの量が$200mg/m^3$に，時には350mgにも達することがある．また栄養分は鳥や獣の排泄物によっても追加される．栄養分の消失は，満水流失と昆虫幼虫やオタマジャクシの変態脱出によって起こる．雨の量が少ないとオタマジャクシの出現する前に干上がってしまうことがある．栄養分の溜まり水からの消失は，さらに干上がった後に残った動物遺体を，陸上の死体食者が食うことによっても起こる．一度オタマジャクシが出現すると，高密度の場合に食物が不足し，共食いが起こることもある．しかし彼等は底土をかき回し，栄養分を水中に溶出させ，それによって大量のプランクトンや水表上藻類の繁殖に導く．つまり藻類食者の活動が，植物生体量の増加を来すという逆説的現象を起こすのである．この時オタマジャクシはその食性を，底土上の食物から水表上藻類食に切り換える．そして水がまだ溜まっており，食物があれば，変態してカエルになる．

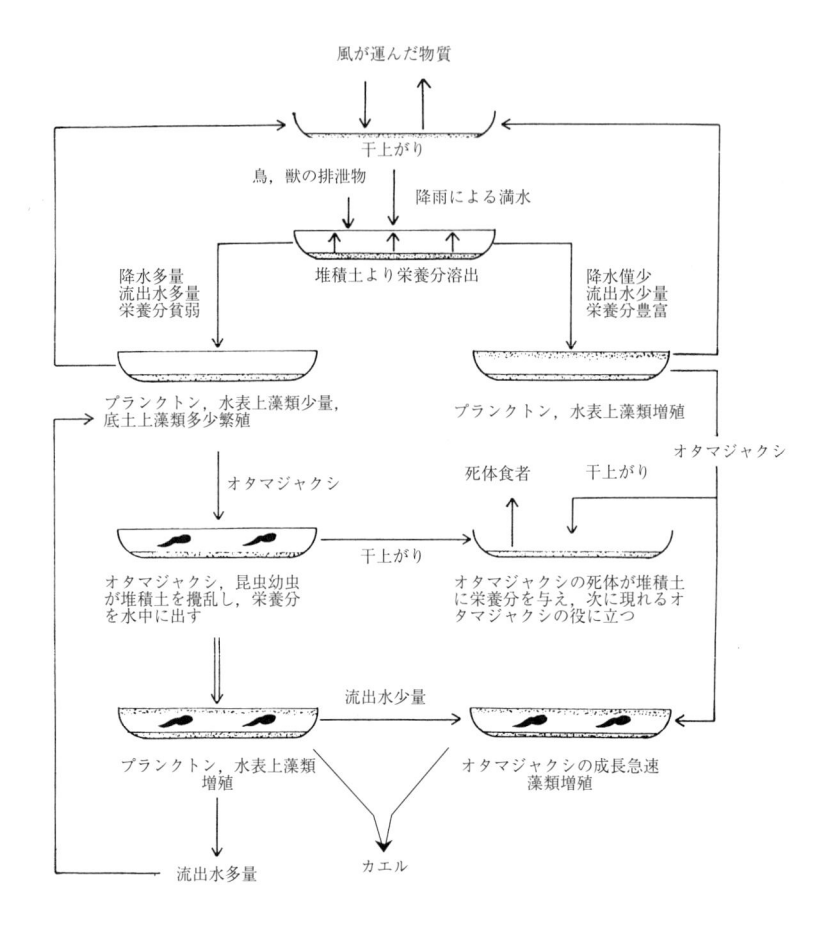

図 12-2 中央アフリカのマラウイの岩盤上の溜り水生態系の遷移．雨期に溜り水が出来る．遷移を起こす重要要因は，降水，水中栄養分，流水量，およびオタマジャクシの出現行動である．→遷移経過のいくつかの道筋．⇒逆説的な道筋（藻類食者の増加が藻類増殖を導く）．
[Osborne & McLachlan 1985]

c) フラスコ生態系の遷移

　栗原康（1960, 1975, 1978a, b, 1983, 1994a, c, 1998）は竹の切り株に溜まった小さい水体の生態系を調べたが，そこに遷移があると考え，これを実験室に持ち込んでさらに明らかにしようとした．まず竹幹の煮汁を作り，これをフラスコに入れて，空気の通る状態で野外に数カ月も置くと，中にほぼ安定した生物群集が出現する．これを実験使用原液として用いる．次にやはり年齢1年の竹幹の煮汁を作り，その液のpHが7.0で，全窒素を45mg/ℓ，還元糖を35mg/ℓ含むように，燐酸塩緩衝液で薄める．このように処理した煮汁150mℓを300mℓのフラスコに入れ，綿栓をし，滅菌する．これが実験液で，この中に前記原液5mℓを入れ，12時間照明（1,400 Lux）12時間暗黒，24℃の環境中に保ち，中の生物群集の変遷を調べた．実験は何回も繰り返し同じような結果を得たが，その一例を図12-3に示す．この図で分かるように生態遷移は見事に現れる．原液を入れてしばらくするとバクテリアが繁殖し，実験液は白濁する．バクテリア個体数の濃度は6日後に10^8/mℓに達する．1週間後にはこの白濁は少し

ずつ無くなるが，その時繊毛虫 Cyclidium が出現し，12日後にその密度は10^4/mℓに達した．その数日後クロレラの出現により液は緑色を帯びてきて，原生動物は減少し，半月後には全く緑色になった．クロレラの密度は3週間後には10^6/mℓに達した．この段階で一度減少したバクテリアは多少回復するが，原生動物は減少したままで安定する．約1カ月後フラスコの底に藍色の沈澱物が出来てくるが，これは糸状の藍藻である．そこでクロレラは若干衰え，緑色は薄く，液は透明になった．引き続いて線虫が現れ，さらに50日頃から輪虫が現れ，10日も経つと密度は10^3/mℓに達した．こうして逐次種数を増加して遷移は終わり，以後各種共存の安定状態で続くことを半年以上も観察したのである．

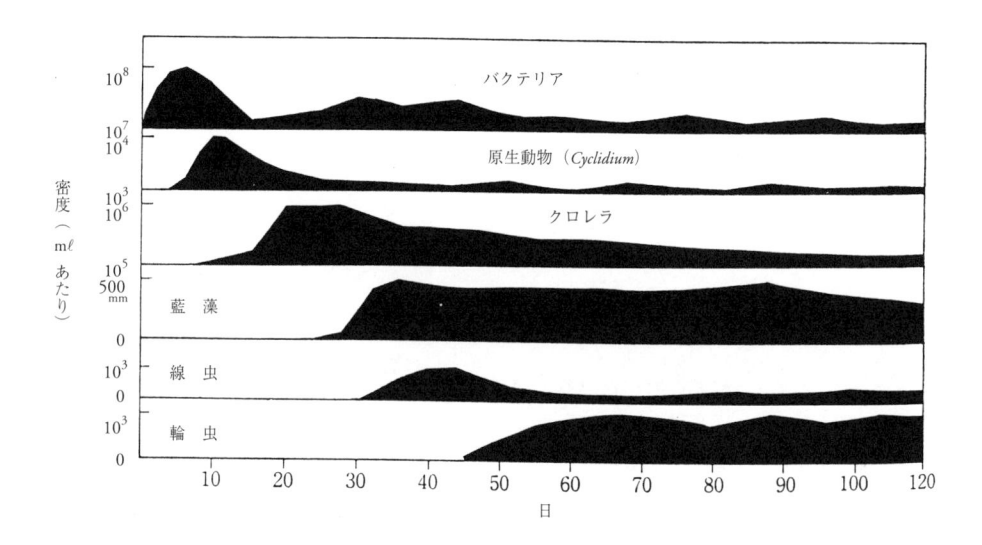

図12-3 年齢1年の竹幹煮汁を入れたフラスコ中の生態系の遷移．各種生物の出現順序や消長の様子は定まっており，2カ月後にはほぼ安定状態に達し，半年以上も継続した．煮汁を作る竹の年齢によって多少様子は違ってくる．[Kurihara 1978a]

ところでこの遷移の機構を探るためには，培養条件を整える必要があった．というのは竹の煮汁は成分が複雑で，またどの年齢の竹を使うかによって結果に違いが出たからである．そこで栗原はTaubの培地という人工培地にペプトンを加えたものを作り，実験液とした．そして実験を重ねた結果，生物体量と培養液中の栄養塩などの量との間に，図12-4のような変化があることを見出した（栗原，1975）．生物体の総量ははじめ急激に増加し，また溶存物質は減少するが，2カ月を過ぎる頃にはいずれも一定量に達して安定する．このような結果はもちろん各種の間の相互作用の結果として現れたものと考え，いくつかの実験を行った．それらの実験の結果の一部を図12-5に示す（栗原，1975）．まずバクテリア培養液を，主として生きたバクテリアだけを含む浮遊液（BFとする）と，主としてその排泄物だけを含んだ液（BE）とに分け，その中に原生動物を入れて，その消長を見た．原生動物はBFの中では増殖し，BEの中では数を減少する．輪虫についても同様である．クロレラと藍藻は，BFの中では数に変化がないが，BEの中では増殖する．クロレラと藍藻の浮遊液と排泄物を含んだ液についても同様の現象が見られた．これらの諸現象はそれぞれの生活生理を考えると，まず当然の結果と考えた．

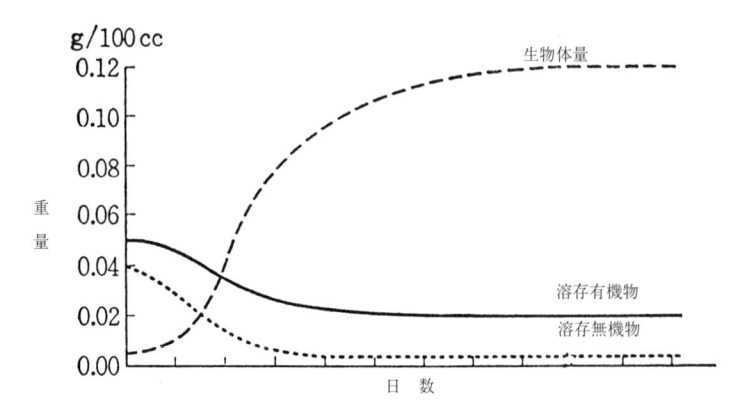

図12-4　実験液（修正Taub液）中の生物体総量および溶存有機，無機物量の変化 [栗原 1975]

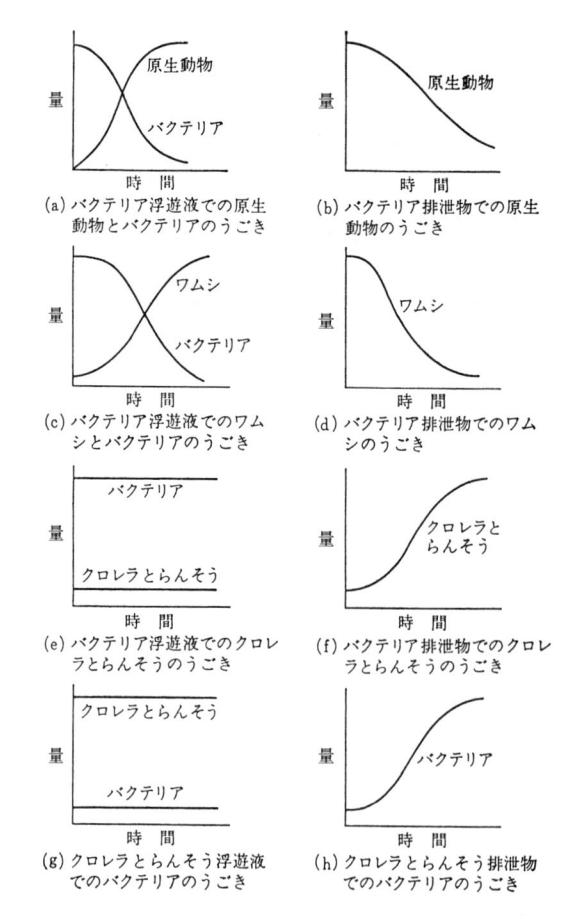

図12-5　実験液（修正Taub液）中での遷移を起こす原因となったと考えられる生物相互作用．説明本文．[栗原 1975]

　栗原等はその後もこの実験を続け，フラスコの中の生態系が安定状態に達すると，栄養分の負荷に対しても高い調節能力を持つことを見ている［S. Shikano（鹿野秀一）& Y. Kurihara,

1985]．また栗原（1998）はこのような安定状態は，各構成要素がそれぞれ十分な生長が抑えられる結果として現れてくるものであるから，いわば共貧－共栄の状態といえると言う．そしてこれらの知識は，宇宙基地の問題を考える際にも参考になりうるとも述べている（栗原，1992）．上の共貧－共栄現象と似たものに，四方哲也ほか（1996）及び四方（1998）は競争的共存現象を言ったが，これについては7章註23を参照されたい．

また T. Fenchel & B. J. Finlay（1995）は無酸素状態に保ったフラスコ中の海水培養液（栄養源として煮たレタスを与え，これに少量の海底堆積土を加える）の中の遷移を見たが，バクテリア→他栄養鞭毛虫類→他栄養繊毛虫類と進み，上と似た結果を得た．

12-3 大規模の遷移

12-3-1 はじめに

ここで考える遷移の'大規模'とは，主として数百年あるいは数千年単位の遷移のことであるが，時に短い数十年あるいは長い数万年以上の期間にわたる遷移について触れることもある．今や遷移の問題は人間の営みを除いて考えられず，したがって時間単位もこの程度のものとなろう．さて大規模の生態遷移については，前世紀の終わりから生態学の中心題目として取り上げられてきて，多くの知見が蓄積されている．この節ではまず常識的な事柄について述べ，次いで今後の問題について考えてみたい．

12-3-2 遷移の形相的理解

a）常識的理解

京都付近の山で山崩れや山火事があって山肌が露出すると，間もなく草や雑木が生える．それらの草や雑木の間をよく見ると，大抵アカマツ（*Pinus densiflora*）の芽生えがあちこちに混じっているのが分かる．はじめの数年はマツは小さく目立たず，草や雑木が目立つが，そのうち次第に生長し，草や雑木の上に伸びる．そして数十年も経つと立派なアカマツ林となる．マツ林のマツがまばらにしか生えていないうちは，あちこちにマツの芽生えが見られるが，マツが密生してくるに従って下草や雑木はまばらになり，同時にマツの芽生えも見当たらなくなる．こうなると林の薄暗い地面のあちこちにシイの類（*Shii* spp.）やカシの類（*Quercus* spp.）の稚樹を見るようになる．シイやカシは次第に伸びるが，マツの大木のある間はその上に伸び出すことは出来ない．やがて大風が吹いてマツが倒れたり，害虫などの原因で枯れて無くなると，つまり林に間隙（Gap）が出来ると，マツに代わって今度はシイやカシがぐんぐん伸びる．そしてやがて立派なシイやカシの森林となるが，その中ではマツの芽生えは育つことが出来ず，親木が倒れても，はじめのマツ林の場合のように木の種類は入れ替わらない．林はこうして一応の安定状態に達するのである．このような植生の移り変わりを遷移といい，行き着いた森林状態を極相（Climax）という．

ところが京都付近ではこのような極相林はなかなか見当たらない．というのは極相に達するまでには百年単位あるいは千年の時を要すると思われるが，その間に人手が入って遷移は

進行せず，またはじめに還るからである．ところが人手の入らない神社や寺の林では必ず極相状態が見られる．もし読者がJR東海道線や山陽線に乗って車窓から外を眺めている時，シイ・カシ・クスノキ（Cinnamomum camphora）などの繁った森林が目につけば，そこには必ず神社や寺があるはずである．このような照葉樹林が，日本の暖かい地方の極相林なのである．

以上のような遷移はもちろん樹種だけの変化ではなく，下草の状態，光，湿度，温度などの気候条件，土壌条件，その中に棲む動物の状態など，つまりは生態系の変化と見てはじめて理解できるものである．そして極相に至るいろいろの生態系の系列を遷移系列（Sere），その系列の一つひとつの段階を遷移相（Seral stage），遷移の始まる最初の生態系を初期生態系（Pioneer ecosystem）と呼んでいる．また初期生態系が湖沼や河川など水分の多いものである時には，その後の遷移を水性遷移（Hydrarch succession），その系列を水性遷移系列（Hydrosere）といい，砂丘とか砂漠など乾燥したものである時には，その後の遷移を乾性遷移（Xerarch succession），その系列を乾性遷移系列（Xerosere）と言っている．なお上記の呼称はF. E. Clements等の慣用に従ったものである．

遷移の現象はおそらく数百年も前から気づかれていたであろうが，比較的深く注意されるようになったのは17世紀以来である．この頃から泥炭湿原に関する研究がよく行われ，その傾向は18世紀にも続いた．しかし本格的な研究が行われるのは19世紀も終わりに近づいてからである．シカゴ大学のH. C. Cowles（1899）は一つの近代的概念を提出した．彼のMichigan湖畔の砂丘の遷移に関する研究は有名である．この研究はV. E. Shelford（1913）に引き継がれ，この地域の生態系遷移の知識は現在莫大なものとなって，各種の教科書に引用されている．そして多少遅れるが，ミネソタ大学に居たF. E. Clements（1916）がNebraska地方の遷移の研究をまとめた出版物は，遷移理論に絶大な影響を与えることになった．

Clementsは多くの同調者とともにいわゆるClements学派（Clements school）を形成した．その中には前記Shelfordも含まれている．この二人は後に共同でBio-ecology（1939）を著して，自説を主張した．図12-6は上述の水性遷移の進行を，Indiana州北部に例をとって模式的に示したものであり（R. Buchsbaum, 1937），図12-7は同じくIndiana州北中部の現象に例をとって各種の初期生態系からの遷移の移行を示したものである（Clements & Shelford, 1939）．いずれもClements学派の説に基づいてかかれている．

ここにClements学派の説と述べたが，その中心となるものは同学派が重視した単極相説（Monoclimax theory）のことである．つまり遷移は，ある特定の気候（主として光，温度，湿度）のもとでは，たとえ初期状態がどうあろうとも，長年（千年単位）の後には単一の生態系を示すようになる，つまり単一の生態系に収斂する（Converge）と言うのである．図12-7はその仮説による例である．もちろんClements等はある地域の地質や地形の重要性は考えているが，それらにも増して大局的な気候の重要性を考えたのである．この気候重視の点から，単極相説で到達する極相を気候的極相（Climatic climax）と呼んでいる．

これに対して極相の状態は気候以外に地形や地質などの違いによって影響され，多様になるという説——多極相説（Polyclimax theory）——がある．これは古く中野治房（1930），A. G. Tansley（1935）によって唱えられ，今西（1949）もこれに賛同し，宮地・森（1953）も総体としてこの考えを支持した．この場合，気候的極相一筋の理解に対して，地形的極相（Physiographic climax），土壌的極相（Edaphic climax）などが存在することになる．現在多くの教

科書では，一応この多極相説を採用して説明が行われている．

この間の事情について現在筆者は次のように考えている．地球的規模の大地域をとって考えると，まず大海が埋まって上述のような水性遷移の結果何かの極相に到達するなどということは容易に考えられないことである．もっと規模を小さくしても，Baikal湖（湖歴2,500万年）や琵琶湖（移動期も含めて湖歴500万年）が，いつの日に埋まって地上の気候極相に変わるのか．すでにここに多極相状態は示されている．

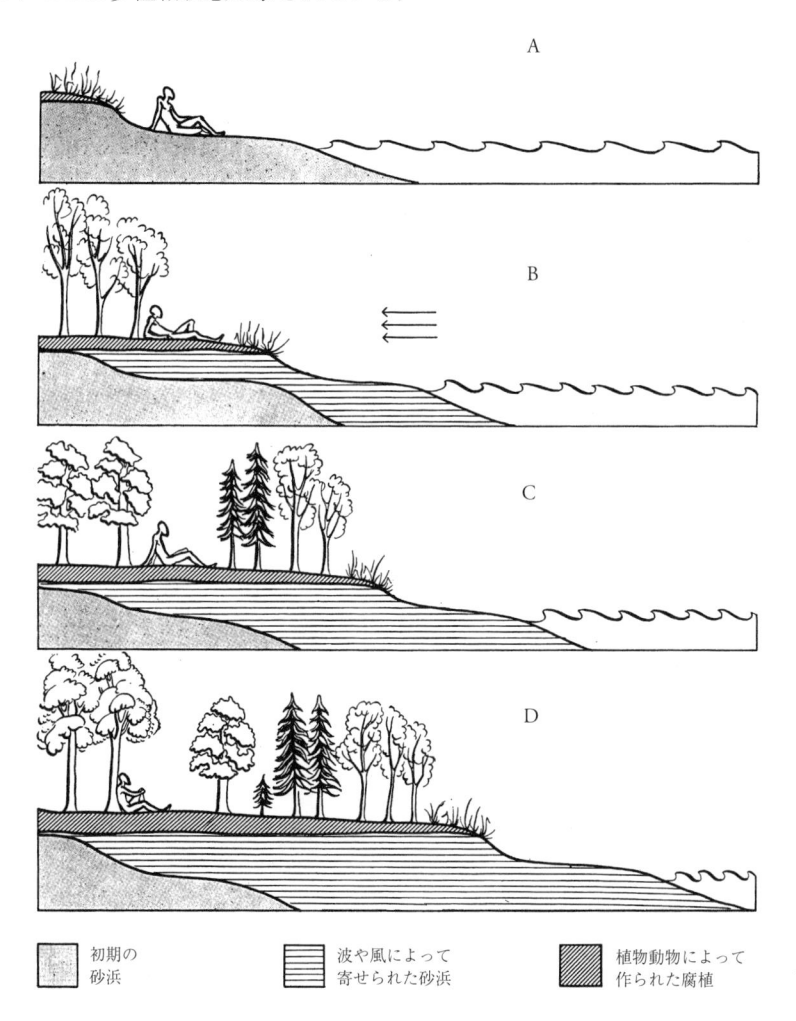

図12-6 Indiana州北部の湖岸砂丘の遷移進行模式．ある人物が湖岸砂浜に座って，数千年に及ぶと思われる遷移の進行を経験すると考えた図．
A：今砂浜に座っているとすると……
B：年が経つうちに風波は砂を吹き寄せ，草はそれをとらえて堆積する．
C：腐植が増すにつれて，周囲の景観は，ポプラ，マツ，カシの林に変わる．
D：数千年を経て周囲は，ブナとカエデの世界となる．
［Buchsbaum 1937］

しかし地域規模をさらに狭くとって大陸程度にすると，大局的に見て気候極相は現れてくる．古くから知られている生物群系（Biome）などは，現在の植生を極相状態と考えて，その

ことをよく示している（図12-7参照）．このような大地域的な見地からの気候的極相の存在，すなわちある意味における単極相的見解は，H. T. Oosting（1948）や今西[1]（1949）をはじめとして，R. H. Whittaker（1975），吉良竜夫（1976），石塚和男（1977），Begon ほか（1996），その他最近の多くの教科書に述べられているところである．筆者もこの程度の大地域的な規模においては，この考えを支持するものである．

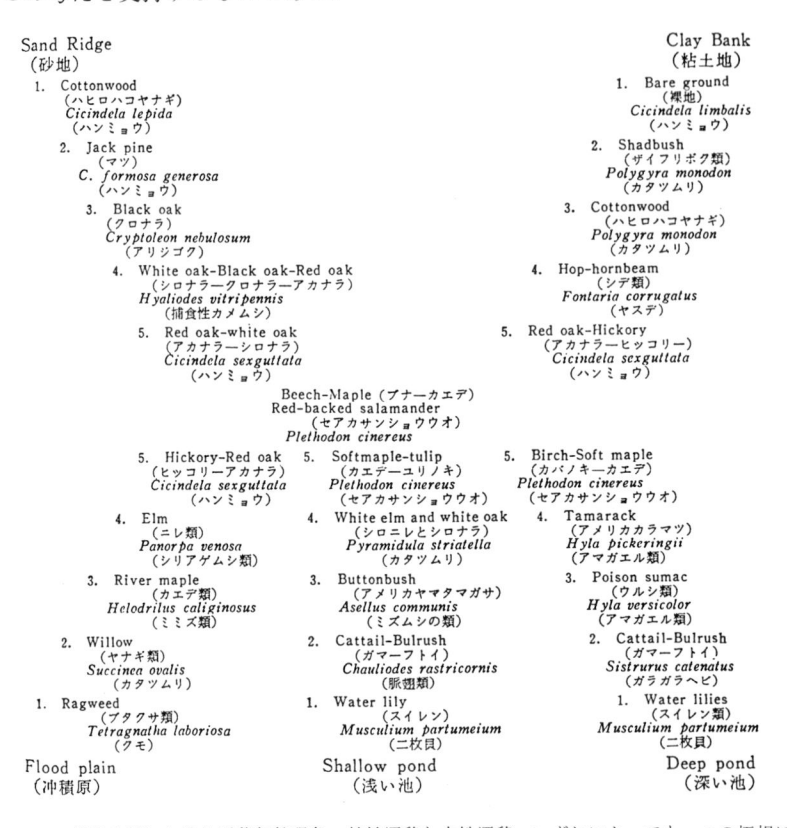

```
Sand Ridge                                                    Clay Bank
(砂地)                                                         (粘土地)
 1. Cottonwood                                          1. Bare ground
    (ハヒロハコヤナギ)                                        (裸地)
    Cicindela lepida                                       Cicindela limbalis
    (ハンミョウ)                                              (ハンミョウ)
 2. Jack pine                                           2. Shadbush
    (マツ)                                                    (ザイフリボク類)
    C. formosa generosa                                    Polygyra monodon
    (ハンミョウ)                                              (カタツムリ)
 3. Black oak                                           3. Cottonwood
    (クロナラ)                                                (ハヒロハコヤナギ)
    Cryptoleon nebulosum                                   Polygyra monodon
    (アリジゴク)                                              (カタツムリ)
 4. White oak-Black oak-Red oak                         4. Hop-hornbeam
    (シロナラ-クロナラ-アカナラ)                               (シデ類)
    Hyaliodes vitripennis                                  Fontaria corrugatus
    (捕食性カメムシ)                                          (ヤスデ)
 5. Red oak-white oak                                   5. Red oak-Hickory
    (アカナラ-シロナラ)                                       (アカナラ-ヒッコリー)
    Cicindela sexguttata                                   Cicindela sexguttata
    (ハンミョウ)                                              (ハンミョウ)
                    Beech-Maple (ブナ-カエデ)
                    Red-backed salamander
                    (セアカサンショウウオ)
                    Plethodon cinereus
  5. Hickory-Red oak    5. Softmaple-tulip        5. Birch-Soft maple
     (ヒッコリー-アカナラ)    (カエデ-ユリノキ)             (カバノキ-カエデ)
     Cicindela sexguttata   Plethodon cinereus       Plethodon cinereus
     (ハンミョウ)              (セアカサンショウウオ)      (セアカサンショウウオ)
  4. Elm                 4. White elm and white oak  4. Tamarack
     (ニレ類)                 (シロニレとシロナラ)          (アメリカカラマツ)
     Panorpa venosa         Pyramidula striatella      Hyla pickeringii
     (シリアゲムシ類)           (カタツムリ)                  (アマガエル類)
  3. River maple         3. Buttonbush              3. Poison sumac
     (カエデ類)               (アメリカヤマタマガサ)          (ウルシ類)
     Helodrilus caliginosus  Asellus communis         Hyla versicolor
     (ミミズ類)                (ミズムシの類)                (アマガエル類)
  2. Willow              2. Cattail-Bulrush         2. Cattail-Bulrush
     (ヤナギ類)                (ガマ-フトイ)                  (ガマ-フトイ)
     Succinea ovalis        Chauliodes rastricornis   Sistrurus catenatus
     (カタツムリ)              (脈翅類)                      (ガラガラヘビ)
  1. Ragweed             1. Water lily              1. Water lilies
     (ブタクサ類)              (スイレン)                    (スイレン類)
     Tetragnatha laboriosa  Musculium partumeium     Musculium partumeium
     (クモ)                    (二枚貝)                      (二枚貝)
Flood plain               Shallow pond              Deep pond
(沖積原)                    (浅い池)                   (深い池)
```

図12-7　Indiana 州北中部における遷移収斂現象．乾性遷移と水性遷移，いずれによっても一つの極相に収斂するという，Clements 学派の単極相説の模式図．図中の生物種名はそれぞれの遷移段階における指標種（Indicator species）名である．［Clements & Shelford 1939 に基づき，北沢 1961b より］

　ところでさらに地域が小さくなると，再び多極相的考えをとらざるを得ないようになる．深い谷の地形が数千年の間に大きく変化することはめったにないことであろうし，また岩の特性による土壌の特性も容易に変わるものでもなかろう．そこに地形的極相，土壌的極相が生じる道がある．例えば石灰岩地帯の極相には，暖温帯ではシイを欠き，冷温帯への移行帯ではモミやツガを欠き，また下草にササを欠くことが多い（山中二男，1977）．あるいは蛇紋岩地帯では遷移が進行せず，気候的極相としてシイ・カシ林となるべき所が，初期林のアカマツ・クロマツ林としてとどまる場合が多い（山中, 1977）．これらの土壌的極相には，それに対応する動物群も伴っており，生態系としての極相を成しているはずであるが，詳しい調査はないのではなかろうか．
　以上要するに地球的規模の大地域を考えれば，少なくとも陸界と水界の多（複）極相となり，さらに陸界あるいは水界の内部に立ち入っていけば，大局的に気候が主要因となった大

地域的な単極相が見られ，視点をもっとそれらの内部の小地域に移していけば，また多極相が現れるというのが，生態系構成の実状——その段階構造の実体——であろうと思われる．

b）動物群集を含めた生態系遷移の把握

　従来，植物相の変化に基づいた遷移の研究は数多いが，これに動物相全体を含めた，生態系的遷移の研究は数がきわめて少ない．図12-7のIndiana州北中部の生態遷移の研究など，資料は古いのに現在でも多くの教科書に引用されている．しかしこの場合も，動物としては無脊椎動物の指標種が挙げられているだけである．その後の研究でも，あるいは植生遷移と鳥類相の変化の研究（図12-8）とか，哺乳類相の変化の研究[2]（R. L. & T. M. Smith, 1998）とかいったものがあるくらいである．わが国でも古く原田英司・川那部浩哉（1958）が，京都付近の生態遷移に伴う植生，無脊椎動物および非生物環境条件の変化について諸要素相互間に関連ある変化が見られることを予想したが，その後北沢右三（1973）の土壌動物とか坂本充（1976）の水界生態系の遷移など生産量関係の仕事はあるが，動物相の遷移の内容に詳しく立ち入ったものは見当たらない．

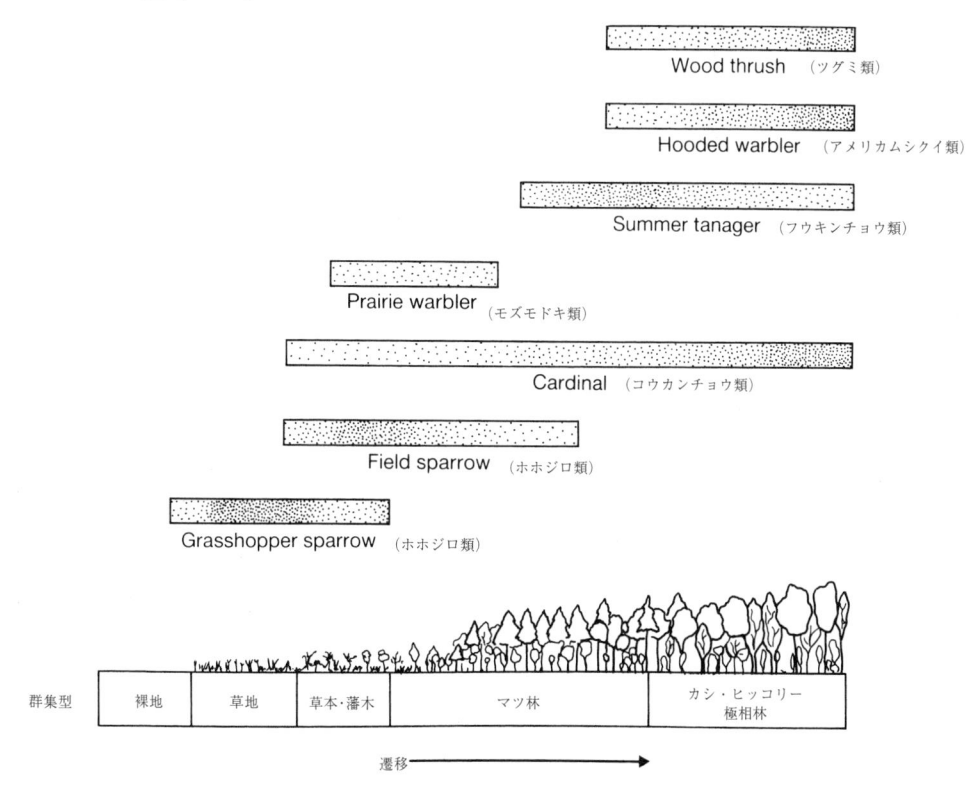

図12-8　Georgia州の放棄農耕地の植物遷移に伴う鳥相の遷移．点々の濃度は比較的な密度を示す．
［Johnston & E.P.Odum 1956に基づき，Gauthreaux 1978より］

　筆者の勉強不足のためかもしれないが，最近この種の研究がほとんど目に入らない．思うに非常な労力を要するわりに，旧式な研究（博物学的研究）とされて報われることが少ないからではなかろうか．その代わり，例えば井上民二（1993a, b）の送粉共生系の研究のような，

群集内部の植物—動物の相互関係が注目され，熱帯極相林の中の同様の関係の研究が開始されようとしている．それはそれとしてまことに重要で結構なことと思うが，同時に生態遷移に基礎を置いたような地道な研究も，それが博物学的という批判を受けようとも，自然把握の重要な方法として，見捨てることなく続けられることを願っている[3]．

c）生産量（生体量）の遷移

生態遷移に伴って生産量がどのように変化するか．これについてはまずLindeman (1942) の，古典的ではあるが先駆的な湖沼遷移の研究を図12-9に紹介する．これはClements 流の水性遷移はこのようなものであろうという仮説的なものであるが，Cedar Bog 湖の研究から得た直観を現したものであろう．湖沼期と，それが埋まって陸上群集に移行する時期に，一時生産の非常に落ちる生態系老衰期（Senescence stage）があり，陸上群集に移行して再生期（Rejuvenescence stage）に入ることを示したことは注目を要する．その後の研究として広く紹介されているものに図12-10がある．これは陸上植生の遷移についてT. Kira & T. Shidei（吉良竜夫・四手井綱英, 1967）の資料を，また実験室の微小生態系の遷移についてG. D. Cooke (1967) の資料を用いたものである．いずれも似た経過をたどり，時間の経過とともに生体量は増大するが，ある時点で一定となる．そのような生体量を実現している総生産量と純生産量の変化を見ると，初期には旺盛な総生産量があるが，やがて呼吸量が増えて，生産と消失が平衡に達して変化は止まる[4]．

この森林遷移については動物は含んでいないが，実験室の微小生態系の場合は動物も含んだ生態系の遷移を示している．

野外の植物と動物をすべて含んだ生態系の遷移に伴う生体量の変遷などという資料は，筆者の勉強不足ゆえか目にとまらない．ただし生態遷移に伴う動物相の一部の生体量の変化なら，若干目にとまる．一例を表12-1に示そう．これは秩父地方と富士山の亜高山帯（2,200 m）における，群落遷移に伴う土壌動物の生体量の変化を示したものである．総じて言えば，遷移の進行に伴って土壌動物の生体量は増加する．

渓流生態系中の有機物残滓食者[5]（Shredder）であるトビケラ（Trichoptera）幼虫の生体量が，周辺群落の遷移に伴って変遷する様子を図12-11に示す．これはNew Mexico 州のRocky 山脈中の極相林が山火事によって破壊されてからの，周辺植生の遷移と渓流中の植物由来の遺骸の変遷に伴う，トビケラ幼虫の生体量の変遷を示したものである．トビケラ量に35倍もの差があり，M. C. Molles (1982) はその原因を，針葉樹林中の流れにより多くの樹木遺物が集積され，分解速度も遅いことによるとした．なお世界の各種の気候極相における生産量などの計算値を10章10節に示したが，その地域の遷移系列に伴う値は分からない．

d）1次遷移と2次遷移

1次遷移（Primary succession）と2次遷移（Secondary s.）という言葉がよく使われるが，これは問題を孕んだ言葉である．普通1次遷移とは，生物群集の存在しなかった土地（氷河後退後に現れた土地，火山爆発によって出来た裸地，甚だしい浸食地，など）に始まる遷移を言い，2次遷移とは，かつて生物群集が存在したところで，野火，嵐，人手などによって植生が破壊されたが，群集遺産（根芽，種子など）の残っている場所に起こる遷移とされている．露崎史朗（1993）は火山遷移を研究し，これらの点を吟味している．

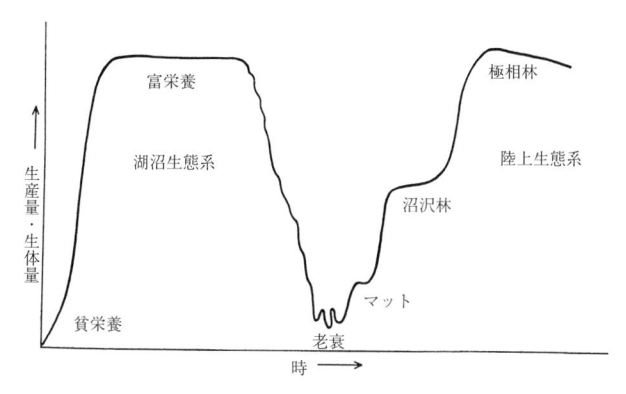

図 12-9 冷温帯の肥沃な地域における，深い湖から極相林に至る水性遷移に伴う，生産力の変遷を仮説的に描いた図．[Lindeman 1942]

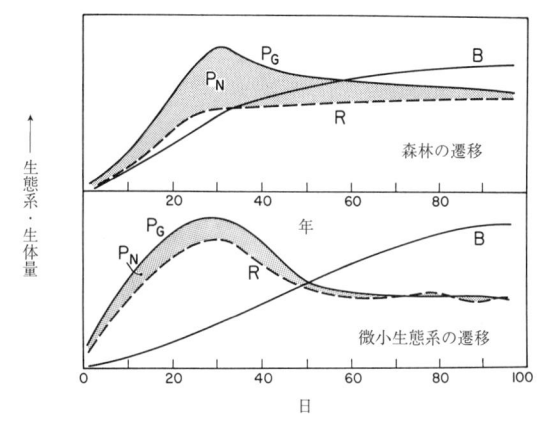

図 12-10 森林 [Kira & Shidei 1967 より] と実験室の微小生態系 [Cooke 1967 より] における，生態遷移に伴う生産構造の変遷．B：生体量，P_G：総生産量，P_N：純生産量，R：群集呼吸量．[E.P. Odum 1971]

表 12-1 秩父地方および富士山亜高山帯における植物群落遷移に伴う土壌動物生体量の変遷．

(a) 秩父地方における群落遷移に伴う大型土壌動物生体量の変遷						
群落遷移	裸地	畑地	草原	低木林	陽樹林	陰樹林
大型土壌動物 (g w.w./m^2)	0.20	1.04	5.08	5.28	3.68	10.84

(b) 富士山亜高山帯における群落遷移に伴う大型土壌動物生体量の変遷．					
群落遷移		裸地	ミヤマハンノキ林	ダケカンバ林	シラビソ林
土壌区分		土砂礫	F層形成 B,C層出現 土壌深さ数cm	F層発達 H層出現 A層出現 B,C層発達 土壌深さ15cm	F,H,A,B,C 各層発達 土壌深さ20cm
土壌動物 (mg d.w./m^2)	全量	0	520	830	360
	トビムシ類 土壌深さ 5cmまで		7	23	25
	5〜10cm		0	15	20

[(a) 北沢 1952 を修正，1973 より]
[(b) 渡辺 1971]

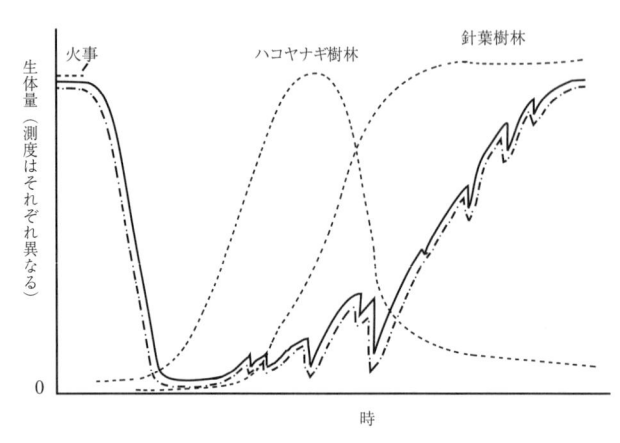

図12-11 New Mexico の Rocky 山脈中の渓流をめぐる植生遷移と，それに伴う渓流中の植物遺骸量と有機物残渣食者のトビケラ幼虫生体量の変遷．この間種類構成は変わらなかった．［Molles 1982］

しかしこの定義で熱帯林を考えてみると，たちまち矛盾に当たる．言うまでもなく熱帯林は典型的極相林で，1次遷移林と言いたいところであるが，すぐにそう言えない．この森林では野火や風倒木があって間隙（Gap）のようなものが出来，常に更新している．とすればこれは2次遷移林ということになる．木の年齢を考えると，数千年も経過すれば，すべての極相林は2次遷移林となるはずである．

そこで，このような問題には全く素人のおこがましい考えであるが，一つ提案をさせていただきたい．それは'人工'が加わっているかどうかによって，1次極相林と2次極相林の区別をするというものである．いわゆる'千古不斧'（大昔から斧の入らない）の森林はすべて1次極相林であり，この1次極相林に何らかの人手が加えられてできた森林が2次遷移による森林であると考える．もちろん極相林と言っても決して永年安定したものではない．4億年前生物が地上に進出したときの植生状態を考えるまでもない．

e）自発遷移と他発遷移

自発遷移（Autogenic succession）と他発遷移（Allogenic succession）という言葉もしばしば使われる．自発遷移というのは，群集内部の相互作用による原因によって引き起こされる遷移で，他発遷移というのは，問題とする群集の外部からの要因（例えば河川の浸食，火山爆発など）の作用によって引き起こされる遷移をいうとされている．

これらの区別をすることは群集や個体群を中心にして考えるときにはそれなりの意味はあるが，しかし厳密にこの二つの遷移形式を区別出来るものではない．まして生態系としての遷移を考えるときには，この二者は相伴って起こるものであると考えられる．原因は結果を産み，それが次の段階の原因となってまた次の結果を産むという連鎖反応で遷移は進行し，生態系総体の関係として理解するより道はないと思う．

12-3-3 遷移の解析的理解

上に生態遷移の実態——いわば形相的実態——の一端を見てきた．ではこのような遷移の起こる機構はどのようなものであろうか．それを一言で述べれば，ある地域の生態系のすべての構成要素（生物および非生物）の相互関係の中で進行するということになる．しかしすべての構成要素の相互関係とは思弁的なものであって，その実態を示すことは難しい．ここでは構成要素の一部分，相互関係の一部分（それも植物を主とする）についてだけ述べることにせざるを得ない．

まず自然の生態遷移の中心は植物にあり，その基本動因は自発遷移であろうと他発遷移であろうと，光を中心とするものであると考える．外部からくる太陽光と，相互作用因として働く群集内部の光である．遷移は強い太陽光を好み，その中で速やかに生長する植物群から，次第に弱い光のもとでも生長できる植物群へと進むのが常道である．わが国の普通の樹木の光の要求度について表12-2のような資料があり，生態遷移の進行に符合している．

表12-2 わが国の普通の樹木の光の要求度．

陽樹	1. カラマツ，カバ 2. クロマツ，アカマツ，スギ，ケヤキ，ヤマナラシ
中間樹	3. クヌギ，コナラ，オオナラ，カシワ，クリ，シオジ 4. ニレ，ハンノキ，ホオノキ，ハリギリ，クルミ類 5. トウヒ，モミ，シデ，ソロ，カシ，シイ類，クス
陰樹	6. シラベ，ヒノキ，トドマツ，サワラ，ネズコ，ツガ，ツゲ，ブナ 7. ヒバ，コウヤマキ，アララギ，ヤツデ，アオキ

[芝本 1947]

北米のIndiana州の砂地に始まる乾性遷移に伴い森林内の気象因子の変化を図12-12に示す．これは光だけでなく他の要素についても示してあるが，自発および他発要因の変化がよく分かる．

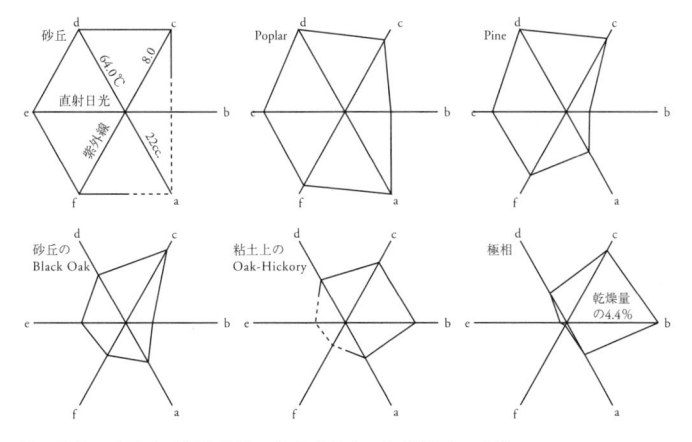

図12-12 Indiana州の砂地に出発する乾性遷移に伴う森林内の気象因子の変化．
a：蒸発量（日平均，5〜10月平均），b：土壌水分量（7〜9月），c：土壌pH，d：土壌表面最大温度，e：光（5〜9月），f：紫外線．5〜9月（1935）の太陽光の日平均量は430g cal/cm^2/min.であった．
[Strohecker 1937]

なお上図で，遷移に伴って湿度や水分条件にも大きい変化があり，遷移現象の因果と結ばれていることが見られるが，世界の生物群系の分布にも，これらの因子は重大な関係を持っている．わが国では吉良竜夫が長年の努力を1976年にまとめたが[6]，ここではやや分かりやすいWhittaker（1975）の資料を図12-13に引用することにする．これは遷移系列に沿う資料ではないが，遷移を起こす動因の理解に大いに参考になる．

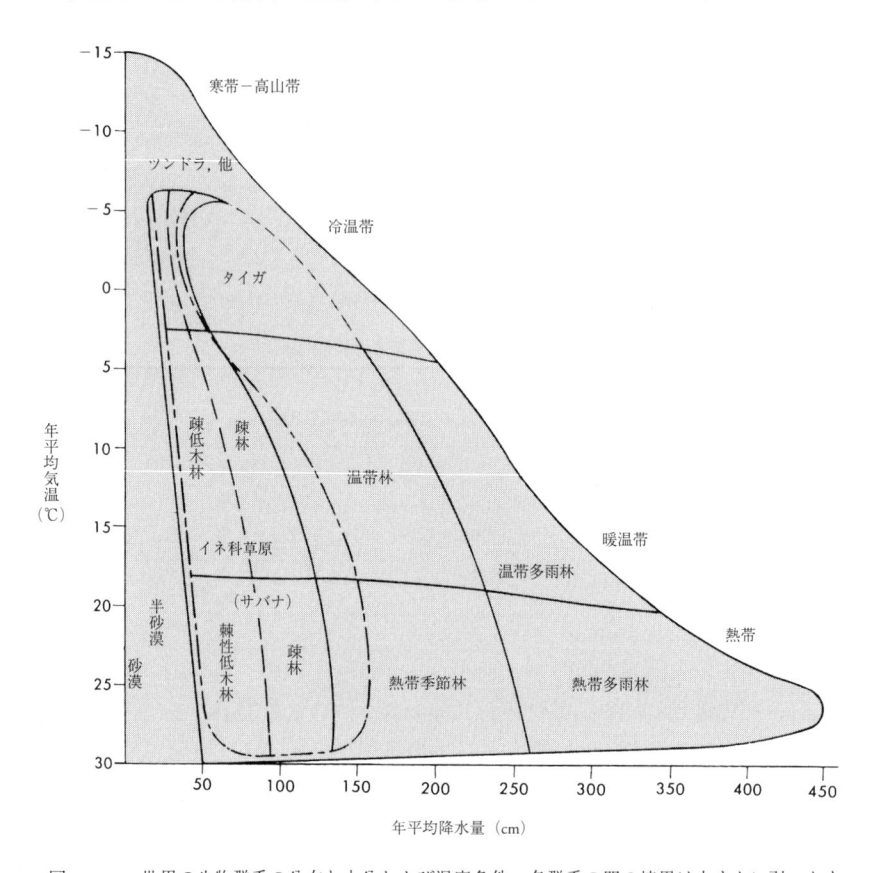

図12-13　世界の生物群系の分布と水分および温度条件．各群系の間の境界は大まかに引いたものである．森林と砂漠の間の気候では，海洋性気候と大陸性気候の違い，土壌の影響，火事の影響などによって，高木林，低木林，草原などの間のバランスが移動する．破線および鎖線で囲まれた部分は広い環境範囲であり，この中では森林と草原の優勢度が入れ替わることがある．[Whittaker 1975 に基づき，宝月 1979 より]

遷移に伴って気候因子が変化し，またそれに導かれて遷移が進むということについて上に述べてきた．この他非生物要素として重要なものに土壌要因がある．このことについては表11-2に若干触れたが，ここに今一つさらに明確な資料を追加しておきたい．Alaska州にGlacier Bayというのがあり，R. L. Crocker & J. Major（1955）はそこで氷河の後退（1750年以来100kmも後退した）に伴って起こる遷移植物群落の中の土壌中の有機炭素量と全窒素量の変化を調べた．図12-14はその状況を示したものである．典型的な1次遷移に伴う土壌栄養分の変化がよく分かる．なおチョウノスケソウ（*Dryas*）およびハンノキ（*Alnus*）は，空中窒素を固定する根粒バクテリアと共生していることは特記する必要がある．

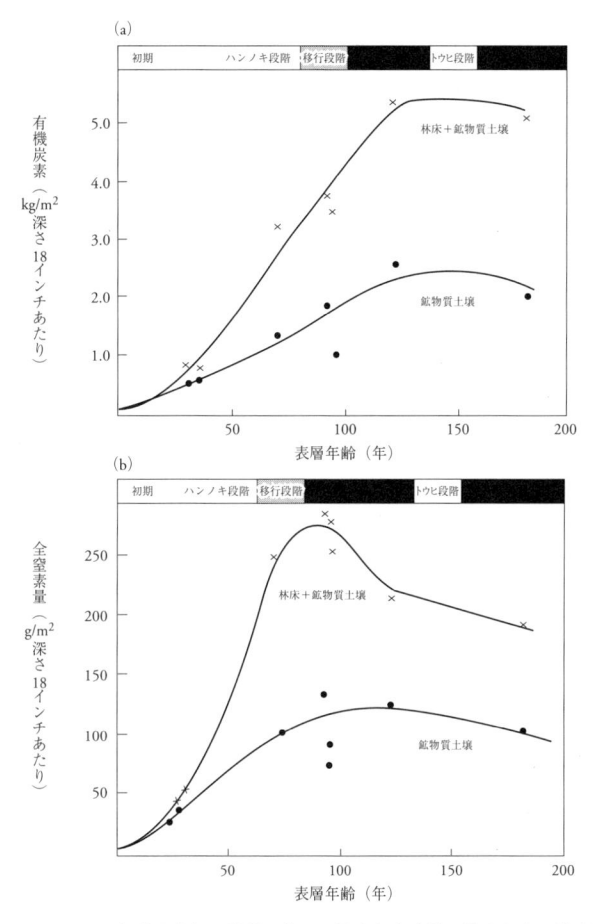

図 12 - 14 アラスカ Glacier Bay における氷河の後退に伴って露出した土地に見られた，植生遷移と土壌中の有機炭素量 (a) および全窒素量 (b) の変遷．遷移に伴う主な植生は次のとおり．初期段階：苔類（*Rhacomitrium* spp.），低木（チョウノスケソウ *Dryas*，ヤマナラシ *Populus*，ヤナギ類 *Salix* spp.），ハンノキ段階：ハンノキ（*Alnus tenuifolia*），トウヒ段階：シッカ・トウヒ（*Picea sitchensis*），最後にツガ類（*Tsuga hetrophylla*, *T. mertensiana*）が現れる．[Crocker & Major 1955]

　上に生態遷移の際の動因として非生物要素の問題を考えてきたが，もちろん生物要素の働き，その相互作用の重要性は，これに優るとも劣るものではない．D. Tilman (1988) は，彼の資源競争による種の共存仮説（資源比仮説 Resource-ratio hypothesis）（8 章参照）を生態遷移に適応したが，図 12 - 15 にそれを示す．資源としては主として光と土壌栄養素を考えた．初期に現れる種は多量の光を要するが，栄養分は少なくてもよい（図 12 - 15 の A 種）；極相期に現れる種は光は少なくてもよいが，栄養分は多量に要求する（同上図の E 種）；その中間にはいろいろの中間的性質の種が現れる．いま 5 種が順次遷移する場合を考え，その仮説を図 12 - 15b に示す．Tilman は自発遷移の過程にはその他多くの要因（例えば移動能力，成長率など）も関係すると考えたが，そのうち成長率と競争能力の間の取り換え（Trade-off）現象による遷移の過程を（Tilman, 1994a, b）図 12 - 16 に示す．競争能力の低い A 種は最大成長率が高く，遷移の初期にどんどん繁殖するが，やがて競争能力の高い種に置き替わって，ついに E 種のような競争能力は大変高いが最大成長率は非常に低いものに遷移すると考えた．

第12章　生態遷移

(a) 1次遷移の資源比仮説

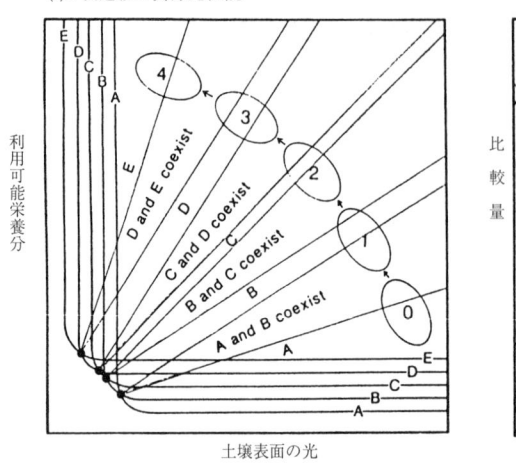

(b) 遷移動態

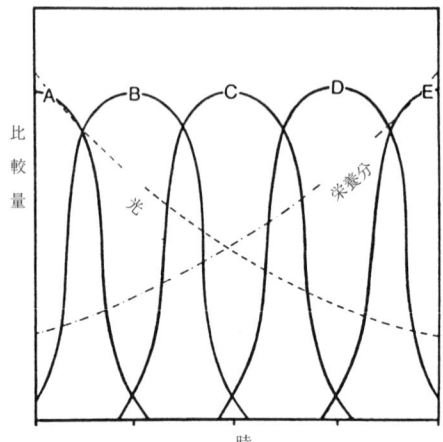

図 12-15　生態遷移における Tilman（1988）の資源比仮説.
(a) A〜E の各線は，5種 A〜E の資源依存生長等値線．これらの種は土壌栄養分と光の要求度において分化している．四つの黒点は2種の安定平衡点．○の中の数字は1次遷移の順序を示す．土壌栄養分が少なく，光の多い環境に適応した A 種から，その反対の環境に適応した E 種まで至る．
(b) このような資源供給率の変化は種の遷移交替を導く．
[Tilman 1988]

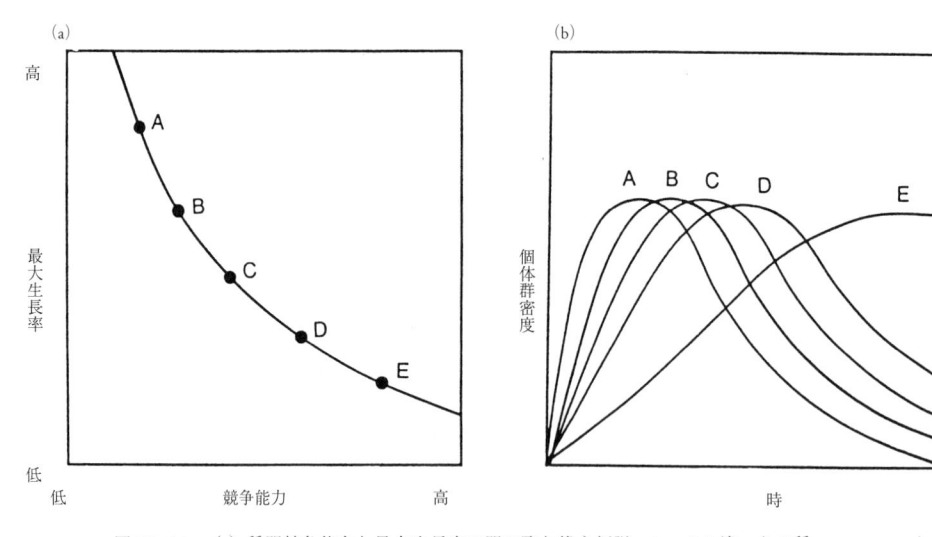

図 12-16　(a) 種間競争能力と最大生長率の間の取り換え仮説．A〜E：違った5種．
(b) この取り換え現象の結果起こった遷移動態．A 種→E 種と遷移する．
[Tilman 1994]

このような遷移の過程をめぐって，J. L. Harper（1977）は r−選択種と K−選択種の関係を論じている．初期には r−選択種がすばやく侵入してくるが，競争には弱く，その場所では衰退し，ついに競争に強い K−選択種の世界となって（極相に至って）安定すると考える．

以上のような遷移との関連で F. A. Bazzaz（1979）は植物種の性質を検討し，初期に繁殖する種と終期に繁殖する種の生理的性質の比較表を作った．表 12-3 はこれを示す．もちろん各種の中間程度の種があり，こうして遷移は進行することになる．

表 12-3　生態遷移の初期と終期に現れる植物種の生理的性質の違い.

性　質	遷移初期に現れる種	遷移終期に現れる種
種子の時間的分散	よく分散する	分散性悪し
種子発芽の促進		
光により	される	されない
変動する温度により	される	されない
高いNO_3^-濃度により	される	されない
種子発芽の抑制		
赤外線により	される	されない
高いCO_2濃度により	される	されない？
光飽和強度	高い	低い
光補償点	高い	低い
弱光下の効率	低い	高い
光合成速度	高い	低い
呼吸率	高い	低い
蒸散率	高い	低い
気孔抵抗、葉肉抵抗	低い	高い
水輸送抵抗	低い	高い
資源制限からの回復	速い	遅い
資源獲得率	速い	遅い？

[Bazzaz 1979]

第12章註

1) 今西（1949）はこの程度の生態系の大地域的構造を，第Ⅰ生態系構造と言い，小地域的な土壌条件の違いによるような構造を，第Ⅱ生態系構造と呼んだ．
2) Shelford & Olson（1935）は北米針葉樹林の極相林の分布とトナカイ類やシカ類の分布の整合性について，また今西（1949）は東亜極相林の分布と同じくトナカイ類やシカ類の分布の整合性について論じたが，生態遷移に伴う様相の変化については直接に述べていない．
3) 聞くところによると，熱帯林でもこのような面に関心のある研究が始められようとしているという．成果が待たれる次第である．
4) フラスコの中の微小生態系の遷移については，栗原（p. 430）も同様の観察をしている．
5) Shredder は特に水棲動物について使われる言葉で，水底に沈んだ枯葉などをかじり取って食う動物（昆虫幼虫など）をいう．枯葉などについて繁殖している菌類を食っていると考えられる．
6) 石塚和男（1977）にも要約がある．

chap. 13 地球生態系の変遷と進化

13-1 はじめに

　約150億年前のビッグバン（Big bang）によって宇宙が出来（福井康雄・水野亮, 1994），宇宙に漂う宇宙塵（Cosmic dust）［ビッグバンや超新星（Super nova）の爆発によって出来たもの］の凝集によって太陽系が出現し，その中で約46億年前に地球が誕生して以来，真に長い歴史を経て今日の我々が見る世界が出現したとされる．その間生物の世界，あるいは生態系は大きい変遷を重ねてきた．その生態系の変遷にはいくつかの段階を考えることが出来る．まず第1段階は約37億年前の生命発生に始まる［これを38億年前とする説もある（S. J. Mojzsisほか, 1996）］．35億年位前から光合成を行う生物が出現し，酸素を大気中に出すが，その酸素は主として非生物的酸化に使われて，なかなか大気中に蓄積せず，やっと18億年前に至って0.002気圧[1]（0.01PAL）のパスツール点（Pasteur point）に達する．上の生命の発生から酸素分圧がパスツール点に達するまでを生態系進化の第1段階とする．

　ここで嫌気性菌と好気性菌の大規模な活動切り替えが起こり，それはやがて15億年前の，原核生物（Procaryote）だけの世界から真核生物（Eucaryote）の出現を準備することになる．この事態は生態系の歴史に一つの革命をもたらすが，詳しくは後述する．パスツール点から真核生物出現の頃を，第2の生態系の飛躍発展段階の始まりと考えられよう．その後酸素分圧は増え続け，約7億年前パスツール点の状態の約10倍，0.1 PALに至っていよいよ多細胞生物が出現する．増える酸素は高空にオゾン層を作り，生物に有害な紫外線は次第に遮断されて地上に達する量が少なくなる．この状態になって第2段階は終わりをむかえることになる．

　次いで約4億年前，生物の陸上進出という事態を迎え，生態系は海と同時に陸上にも広がることになる．これが生態系発展の第3段階の始まりと考えられよう．酸素分圧はその後も増え続け，石炭紀（Carboniferous period）の植物大繁栄期に至って1.2PALに達したと考えられる．その後はやや減少して現在に至る（R. N. T-W-Fiennes, 1976; 和田英太郎, 1990, 1992; J. E. Loveloch, 1991; 松井孝典, 1994）．

第 4 段階として筆者は，人間が農耕を始めた 1 万年前からの活躍を中心にしたものを考えている．この期間は生態系全体の発展史の時間的規模から考えると瞬間にすぎないが，その変革の程度は絶大である．しかし本書ではこの段階については多少触れるにとどめたい．

この長い発展期間を通じて，もちろん各種の大事件は，上に述べた以外に繰り返し起こっている．例えば顕生累代（Phanerozoic eon）に入って何回かあったとされる生物種の大量絶滅事件は，生態系の変遷史として重大である．生態系の変遷の内容は最近に至るほどますます詳細に研究され，例えば第四紀（Quaternary period）の氷河期の事情など知識は急速に豊富になりつつあるが，本書では性格上その全貌を十分伝えることは出来ない．

生態系の進化は，もちろんその基礎を各生物種の進化と非生物世界の諸要素の変遷に置いている．したがって生態系の進化は，本書でずっと述べてきたような各種の現象の総合としてあるといえる．そして生物種ごとの進化の内容は，生態系の進化を考える上できわめて重要であるが，本章では，それら個々の内容について述べることは関係の類書に譲るとして，大規模の，地球生態系段階の進化についてだけ述べることにする．もちろん時に応じて各生物種の進化について触れることはある[2]．

13-2 生態系進化の事実

13-2-1 生態系進化の4段階

上に，生態系の進化に四つの大きい段階があると述べた．それを和田英太郎（1990, 1992）の図（13-1），松井孝典（1996,a, b）の表（13-1）等を参照しながら説明しよう．この 4 段階については前節で予備的に述べたが，次にもっと詳しく説明する．なお本節全体を通じる参考書として，R. N. T-W-Fiennes（1976）；D. G. E. Briggs & P. E. Crowther（eds）（1990）；和田英太郎（1990, 1992, 1996）；J. E. Lovelock（1991）；柴谷篤弘・長野敦・養老孟司（編）（1991～1992）；NHK取材班（1994～1995）；住明正・平朝彦・鳥海光弘・松井孝典（編）（1996～）；P. J. Brenchley & D. A. T. Harper（1998），を挙げておきたい．

a）生態系出現前（約46億年〜37億年前）の様子

歴史はある事象の現れる前に必ず準備段階がある．今我々は生態系発生前の，その準備段階の現象について一瞥しようと思う．

前節に述べたように，約150億年前，ビッグバンという最強力な大爆発で始まった宇宙は，最初の 3 分間で電子・陽子が作られ，30万年後に水素原子が作られ，その後比較的早い機会に各種の元素が作られてきたとされる．そして宇宙一杯に瀰漫していた星雲ガス（宇宙塵）が次第に凝縮して質量が星に集まり，我々の太陽系が属する銀河系が作られたのは約100億年前，そしてまたその中に超新星の爆発等も加わって地球が生まれたのは約46億年前とされる．星の数はきわめて莫大で，我々の銀河系には数千億個の星があり，そのような銀河系がまた宇宙には数千億個もあるとされている．ビッグバン直後の宇宙の温度は100億℃にも達していたというが，星の出現とともに次第に冷却して今日に至った（S. Wooseley & T. Weaver, 1989; Lovelock, 1991; 家正則, 1993; 大森昌衛, 1993; 福井康雄・水野亮, 1994）．こんな数字を並べた

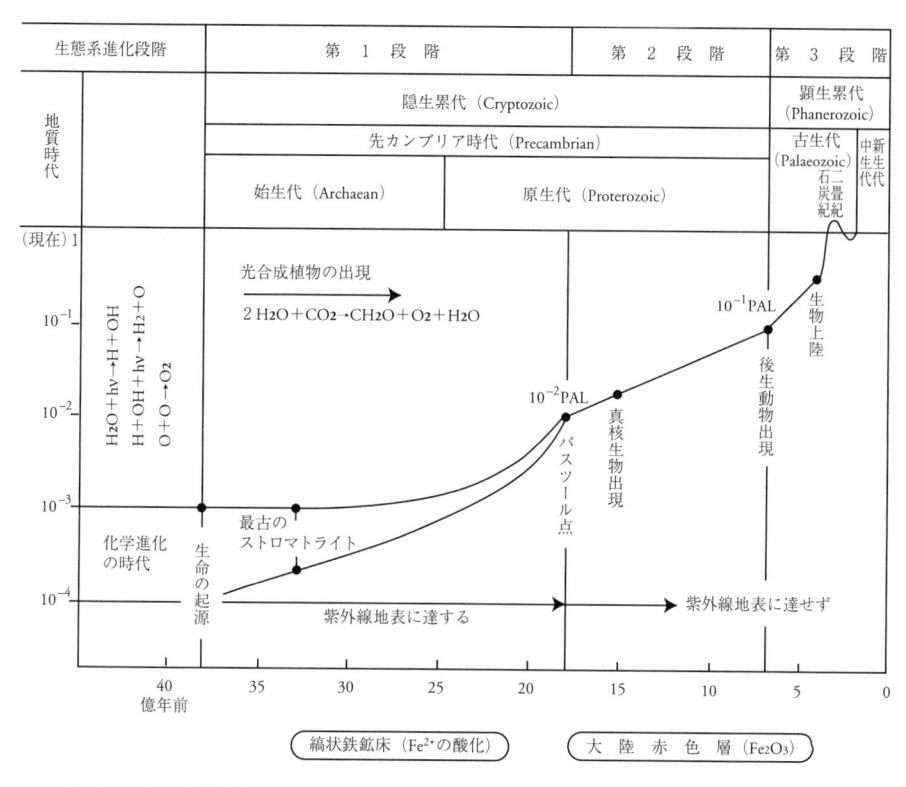

生態系進化段階	第 1 段階		第 2 段階	第 3 段階
地質時代	隠生累代 (Cryptozoic)			顕生累代 (Phanerozoic)
	先カンブリア時代 (Precambrian)			古生代 (Palaeozoic) 石炭二畳紀 / 中新生代
	始生代 (Archaean)	原生代 (Proterozoic)		

図中の注記:
- $H_2O + h\nu \rightarrow H + OH$
- $H + OH + h\nu \rightarrow H_2 + O$
- $O + O \rightarrow O_2$
- 光合成植物の出現: $2H_2O + CO_2 \rightarrow CH_2O + O_2 + H_2O$
- 10^{-1} PAL — 生物上陸
- 10^{-2} PAL — パスツール点
- 後生動物出現
- 真核生物出現
- 最古のストロマトライト
- 生命の起源
- 化学進化の時代
- 紫外線地表に達する → 紫外線地表に達せず
- 縞状鉄鉱床 (Fe^{2+}の酸化)
- 大陸赤色層 (Fe_2O_3)

横軸: 40〜0 億年前, 縦軸: 10^{-4} 〜 1 (現在)

図13-1 約37億年前に地球生態系が誕生（生命誕生）して以来，生態系は三つの段階を経て今日に至り，現在は第4段階と考える．その非生物要素の指標として酸素分圧の変化は最も役に立つ．その他説明は本文．
[和田 1992 に基づき，森 加筆]

表13-1 地球システム論に基づく地球史の時代区分．

時代区分	火の玉地球	水惑星	陸・水惑星	生命の惑星	文明の惑星
特徴的事件	マグマオーシャンの形成	海の形成	大陸の誕生, 隕石重爆撃	光合成生物の爆発的成長	農耕牧畜の開始
年代 (億年前)	46	45	〜40	25〜20	10^{-4}
エネルギー	集積エネルギー流量 > 太陽光量	入射太陽光量 > 集積エネルギー流量	入射太陽光量 地殻熱流量	入射太陽光量 地殻熱流量	入射太陽光量 > 都市消費エネルギー流量
地球システムの構成要素	原始大気, マグマオーシャン, 原始コア	原始海洋, 原始地殻, 原始大気, マグマオーシャン, コア	大陸地殻, 原始大気, 海, 海洋地殻, マントル, 外核, 内核	生物圏, 大陸地殻, 大気, 海, 海洋地殻, 上部マントル, 下部マントル, 外核, 内核, 磁気圏	人間圏, 生物圏, 大陸地殻, 大気, 海, 海洋地殻, 上部マントル, 下部マントル, 外核, 内核, 磁気圏
大気組成	H_2O, CO, N_2	CO, CO_2, N_2	N_2, CO_2	N_2, O_2	N_2, O_2, フロン
地表環境 温度 (℃) 大気圧 (hpa)	〜1200 〜10^5	〜150 〜10^4	〜30 〜10^3	〜20 〜10^3	〜15 〜10^3

[松井 1996 a,b]

のは，宇宙の規模がいかに壮大であり，それは人間を含めた生態系の存在と由来を考える上できわめて大切であると考えたからである．自然の掟が，生物の生態を律している掟を含めて，いかに厳しく絶大なものかも直ちに想像される．この具体的認識は，第4段階における人間の行動を考える上でも必須の認識と考えている．

さて，約46億年前に地球が生まれてから，約37億年前の生命の誕生までの，約10億年間の地球の状況はどうであったか．地球上では今よりずっと放射能が強く，火山は至る所で爆発し，大量の水蒸気，一酸化炭素，二酸化炭素などを放出した（脱ガス現象Degassing）．この時噴出した水蒸気は脱ガス成分の80％を占め，凝縮して海洋水を作るのに貢献した．約40億年前には既に海洋は存在したと考えられている（丸山茂徳, 1993）．熱い岩石は海水と反応して，これまた大量の水素ガスを生成した．まさにこの世の地獄とでもいうべき状態であったので，この時期をハデアン（Hadean）時代と呼ぶ人もいる（L. Margulis & D. Sagan, 1986; Lovelock, 1991）．この言葉はギリシャ神話の地下の死者の国 Hades に由来し，俗に地獄の意味をもっている．

この間地球は次第に冷えて大量の気体を放出し，今日の大気のもとを作った．当時の大気は，水蒸気，一酸化炭素，二酸化炭素，水素，アルゴンで，酸素は全くなかったと考えられている．当時の太陽は今より25～30％も光量が少なかったと考えられるので，多量の水蒸気と二酸化炭素の存在は，温室効果により地球を暖かく保つのに役立ち，生命誕生の条件を整えたと考えられる．原始地球の大気組成の大まかな状態は，我が地球に最も近い姉妹惑星で，しかも生物のいない金星と火星の大気組成から察することが出来る（表13-2）．

表13-2 現在の地球，金星，火星の大気組成．

	地 球	金 星	火 星
窒　　素（N_2）	78.084％	1.8％	2.7％
酸　　素（O_2）	20.946％	—	—
アルゴン（Ar）	0.934％	0.002％	1.6％
二酸化炭素（CO_2）	0.035％	98.1％	95.3％
気　　圧	1気圧	90気圧	0.006気圧

［松井 1994］

今一つ大切なことは水との関係である．水蒸気については上に述べたが，同時に発生した水素ガスは軽いので，続々と宇宙に逃げ出した．生命体はこれを捕捉して地球上に保ち，豊富な水環境を作るのに貢献した．この件については次の生命発生段階でさらに説明する．ただし生命発生前の惑星集積時代に既に物理化学的過程（炭素と水素のコア，マントル，原始大気への分配効率の特異性による）によって水集積が起こり，地球はいわゆる水惑星への道を進んだという説が，倉本圭・松井孝典（1996）によって提出されていることを付言しておく．

なお大気中の酸素に注目すれば，光合成生物誕生前には，紫外線による水の分解によって発生する酸素が，わずかながら要素となっていたであろう．酸素の少ない段階では高空にオゾン層もなく，生物に有害な紫外線は多量に地表に達しており，生命発生の場所の限定（水の中）に一役買っていたと思われる．また後ほど生態系の状態に重大な影響を及ぼすプレート・テクトニクス[3]（Plate tectonics）も，38億年前に始まったと考えられている（丸山茂徳, 1993）．

b）第1段階（約37億年〜18億年前）の生態系進化

次にいよいよ生命が発生して，生態系の第1段階が始まる．そこでの主役となる生物は原核生物[4]（Procaryote）で，その舞台は水界（特に海）の中だけであった．地球が生まれてから約10億年で生命の誕生を迎える．ハデアン時代が終わりに近づいた頃，地球は次第に冷えて安定し，地球上では各種の化学反応が起こった．いわゆる化学進化の時代である．そして何かの機会に，炭素化合物などが生じた．それはおそらく内湾の干潟のような場所で起こったと思われるが［深海底の，特に熱水噴出孔（Hydrothermal vent）付近という考えもある――丸山，1993；磯崎行雄・山岸明彦，1998；深海底でなくても一般に90℃に近い熱水の中という考えもある[5]――大島泰郎，1995；柳川弘志，1996b］，炭素化合物の中に自己複製して'増殖'するものが現れた．その機構はいろいろと想像されているが，詳しいことはここでは述べない．なお当時月と地球の距離は現在に比べて非常に近く[6]，そのため潮汐は著しいものがあり，その攪拌作用も生命創出にあずかって力があったと考えられている．いずれにしろこの地球規模の化学変化と地球規模の気候変化（温室効果など）との，幸運な時期的一致が必要であった．今日火星や月はカラカラに乾いているが，地球には豊かな水が湛えられて生命を培っている．このいわゆる水惑星といわれる状況に対しても，また生命の誕生があずかって力があったと理解されている．噴出した玄武岩中の酸化物と二酸化炭素は反応して水素を生じ[7]，これは空高く地球外へ逃げようとしたであろうが，折から（約35億年前）現れた光合成生物[8]（藍藻類など）の出した酸素と結合して水を作り，豊かな水環境を作るのにあずかった（もちろん水環境の造成には，前述のように，火山から噴出した水蒸気の凝縮が基本的に重要であったと思われる）．また海底から噴出した玄武岩に伴って発生した水素のある部分は，ちょうど出現したある種の硫黄還元バクテリア（Sulfur-reducing bacteria）が，その生活エネルギーを得るために，これも火山噴火から出てきた硫黄化合物を硫化水素に還元する反応の中で用いられ，地球からの脱出が防がれたと考えられる[9]．

光合成植物の出現は，生態系の非生物要素にいくつかの重大な変化をもたらした．まず二酸化炭素と水というごく普通の物質からの有機物の産出である．二つめは前述の酸素の産出である．三つめは水の生成保持の作用に対する貢献である．四つめは二酸化炭素の消費[10]による温室効果の調節である．これらの作用に大きい働きをしたと考えられる光合成植物に，原核生物の藍藻類（Cyanophyta; Cyanobacteria ともいう）がある．この植物はまた大量の二酸化炭素をカルシウムと結合して，厖大な岩石ストロマトライト[11]（Stromatolite）を形成し，過大な温室効果を防ぐのに一役買ったのである（大森昌衛，1993；松井考典，1994，参照）．太陽は次第に光エネルギーを多量に地球に注ぐようになったので，この温室効果ガスの消耗は，生態の発展と符節を合わせた幸運な因果的出来事であった．

なお分解系バクテリアの出現はメタンガスの発生を導き，これが水蒸気や二酸化炭素とともに温室効果をもたらしたであろうが，結果として各種の微妙なバランスのもとに，生態系の発展に役立ったであろう．

約37億年前に生命が誕生してから，約18億年前にパスツール点に達するまでの約20億年間という長い期間は，生物進化の点だけから見ると，次の大きい発展を準備する長い模索期であったと考えられる．中でも酸素の出現は当時の生物にとって一種の毒ガスであったであろうが[12]，化学反応の速度を増し，その種類を増し，これが次の発展に役立つことになった．その中で著しいことの一つは，CH_2O（有機物）$+ O_2 \rightarrow H_2O + CO_2$ という化学反応，すな

わち光合成による有機物生成の逆反応が現れ，これによって反応のサイクルを作ったことである．つまり生態系の中の分解系の道筋が確保されたのである．今一つ著しい事例をエネルギー発生の効率について挙げると，1分子のグルコース（Glucose）から，単なる発酵反応（無酸素的）では2分子のATP（Adenosine triphosphate）しか生産できないのに，酸素を用いた呼吸では36分子ものATPが生産される．ATPは燐酸基などの授受を通じて物質分解のエネルギーの保存と合成への利用に広く関与することが知られ，いわば生体のエネルギー授受の'通貨'とも見なされるものであるから（岩波生物学辞典，1996），その効率のよい生産は生物の活動に大きい力を与えることとなった．また酸素の存在によって，各種の酵素が働いて生みだしうる代謝物の種類が著しく増加したことも注目すべき事象である．図13-1に示した縞状鉄鉱床は，海中に溶けていた還元的二価鉄が酸素の出現によって酸化されて酸化鉄（Fe_2O_3）（赤色）となって沈澱し，これがチャート（二酸化ケイ素，SiO_2）（白色）の生産と周期的に変換し，縞状となったものである．その生成は約20億〜30億年前の現象とされ，その時の非生物環境の状況を示す指標となっている（和田，1992；松井，1994；大本洋，1994，参照）．ついでに，この縞状鉄鉱床のその後の運命について述べれば，降雨によってチャート部分が溶脱され，酸化鉄部分だけが残って，縞が消える．縞状鉄鉱床の時期の鉄含有量は30％程度であるが，縞が消えた後の鉄鉱床では60％にも達し，これが今日の鉄資源の90％を賄っているとされる（松井，1994）．

生命創生時の原核生物の重要な働きについては，小柳津広志（1996）の解説が参考になる．

c）第2段階（約18億年〜7億年前）の生態系進化

本格的な生態系の発展を前にして，この第2段階は生物要素として真核生物の誕生を迎える．しかし生態系の所在は依然として海の中だけに限られていた．非生物要素の酸素が徐々に増加して，約18億年前パスツール点が10^{-2} PALを越え，次第に生態系の活力が増してきて，ついに約15億年前真核生物の出現となった．この頃，生化学的な進化は特別なもの（例えば植物による幻覚剤や蛇毒のようなもの）を除き，ほぼ完成していた（L. Margulis & D. Sagan, 1986）．

酸素分圧がパスツール点の10^{-2} PALを超えたということは，いろいろな意味を持っている．まず嫌気性菌（Anaerobic bacteria）のうち，通性のもの（酸素があっても生活できるもの）の中には，この酸素分圧付近でエネルギー獲得方法を発酵から酸素呼吸へと切り替えを行うものがあり，また偏性のもの（酸素があると生育できないもの）はこの分圧以上で死滅する．したがって偏性の生物はこの分圧以下の所（例えば水界の底泥中の酸化還元境界層以下の所や動物の消化官の中など）に生活の場所が限定されることになった．つまり細菌などの原核生物は，それ相当に重要な変化を生態系にもたらしたといえる．酸素分圧がパスツール点を超えたことのさらに大きい結果は，真核生物の出現への道を作ったことであるが，これについては後で述べる．もう一つ注目すべきことに，酸素分圧の上昇に伴って高空（密度最大は高さ約25kmの付近）にオゾン層の出現を導き，これが太陽光中の紫外線（生物に有害）を遮断する効果を持ったことがある．これはすなわち次にくる生物上陸に必要不可欠の条件であった．

第1段階の主役であった原核生物は細菌と藍藻類からなり，核膜はなく，細胞内諸器官［葉緑体（Chloroplast），ミトコンドリア（Mitochondria）など］も分化していなかった．そして著しいことには，核物質のRNA・DNAはほとんど形質発現に関係ある遺伝子だけから編成され，スペーサーとかイントロンのような役割不明の部分がなかったことである．つまり遺

伝現象の実現に対する余裕とでもいったものがなかったのである．これに比べて真核生物は格段に違った構造と機能を持っている．まず大きさであるが，原核細胞は数μmであるのに対し，真核細胞は10〜100μmで，容積にすると千倍以上も大きくなっている．したがって内部にはいろいろの組織体（細胞小器官，Organelle）を入れる余裕ができて，上述の葉緑体，ミトコンドリアなどが出現する[13]．葉緑体は言うまでもなく光合成の行われる重要小器官で，ミトコンドリアは酸素呼吸に関係してエネルギー生産が行われる重要小器官である．つまりいずれも酸素の出現・増加に重要な関係をもつ小器官であり，生態系の非生物要素（環境）である酸素の増加に伴って，結果として'必然的'に生まれてきた構造であるといえる．真核細胞の内部構造はさらに複雑である．核は膜につつまれ，いろいろの小器官も膜につつまれている．原核細胞の核が裸で存在していたのとは大きい違いである．これは各種の情報（遺伝情報，代謝情報など）の伝達に際し，その方法が次第に巧妙精緻になっていくのと対応していると思われる．

　中村桂子（1993）は真核細胞の出現を，"生命の歴史の中で最大のイベントは真核細胞の登場だといってよいだろう"と考え，また"真核細胞が出来た時に，人間が生まれる可能性が生じたと言ってよい"とも考えている．筆者も真核生物の誕生を重要視する点では変わりはなく，この点では和田（1992）も同意見であろう．ただ筆者はこの第2段階でも生態系の所在，つまり生物の活躍の舞台が，海の中だけに限られていたことも重視したい．生態系進化の基礎は整えられつつあったが，その具体的実現には別の段階の事象が必要であったと考えている．

　d）第3段階（約7億年〜200万年前）の生態系進化
　上に'別の段階の事象'と書いたが，これには二つの内容がある．一つは多細胞生物（Multicellular organism）の出現（約10億年前）から後生動物（Metazoa）の爆発的出現[14]（約7億年前）という事象と，今一つは生物上陸（約4億年前）のことである．一つの狭い細胞の中ではなしうる機能分化は限られている．やはり多くの細胞が集まって，それぞれに分化した機能を持ち，しかも相互に連繋調節を保ちながらの生活には，著しく多様で高度の飛躍的発展が期待されるのである．しかし多細胞になったとしても，海中の生活には自ら制約があった．海中では浮力を利用することで運動のエネルギーは比較的小さく抑えることが出来，また大きい体重を支えることも可能であるが，自由敏速に動くことには不都合がある．特に生物相互関係は自由敏速に動ける陸上（さらに空中）の環境の中で多様性を増し，生態系の大きい発展を実現したのである．要するにこの第3段階では，生物自体の構造機能の複雑化とともに，生態系は陸上へ，さらに空中へと拡大し，きわめて多様性に富む発展を遂げていったのが，最大の特徴であった．

　第1段階の生命の発生から約20億年間，さらに第2段階の真核生物の出現から約10億年間，それぞれきわめて重要な内容を持ってはいたが，海の中だけの比較的地味な世界の発展であった．そしてその発展を主導したのは，大まかで大胆な発言が許されるとすれば，生態系の非生物要素で，中でも酸素増大の動きと二酸化炭素減少の動きは，全体の変遷進化のかぎを握っていたといえる．その間生物要素は，もちろんそれなりの発展を遂げてはいたが，今から見れば，次に来るべき大発展の内的条件を整えていた段階にあったといえよう．この第3段階に至って，多細胞生物の出現から，陸上進出，空中進出と，真に目をみはる爆発的に華

やかな大発展を遂げるのである．そこでまた大胆な発言を許していただけば，この生態系の第3段階の発展は，実に生物要素主導のものであったといえよう．

もちろん非生物要素の酸素は，生物上陸後も増加の道をたどる．そして今から約3億5千万年前に始まる石炭紀（Carboniferous.）あるいは約2億9千万年前に始まる二畳紀（Permian p.）には，光合成植物の大繁殖により，その分圧は現在よりも高い1.2 PALにも達したという考えもある（図13-1，図13-2，参照）．このような現象はあるとしても，第3段階の生態系としての発展は，その生物要素の発展によって主導されたといってよい．

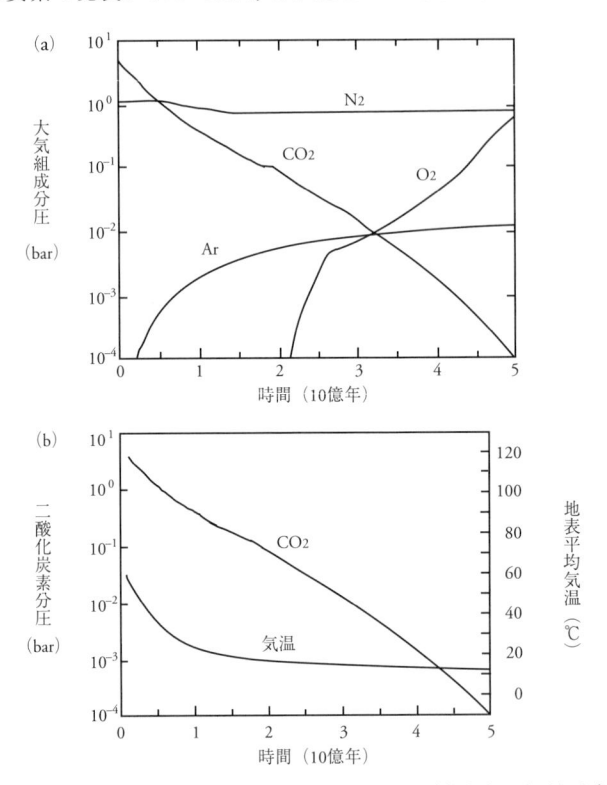

図13-2　田近英一・松井孝典のモデルによる大気組成の進化(a)および二酸化炭素の分圧と地表平均気温の進化(b)．
　　　　[a：Tajika & Matsui 1993；b：同じく1992]

e）第4段階（200万年前～現在）の生態系進化

これは約200万年前に二足歩行のヒトが出現し，その活躍・主導の基礎の上に展開する段階である．生態系全体の歴史の中では文字通り一瞬にすぎないが[15]（図13-3参照），その変革の速度と規模があまりにも大きいと考えるので，特別の第4段階を置くことにした．この段階は人間が農耕を始めた1万年前から特別に著しくなり，特に1760年以降の産業革命を経て，1950年以降の環境（非生物要素＋生物要素）破壊に至って一段と進化（変革）に激烈さを加えてきた．地球上のニッチ占拠の実状は全動物種に匹敵する勢いであるが，これについては後でまた説明する．

この第4段階の特徴は，上に述べたように，人間中心に発展するかのように見えるが，宇宙の歴史から見れば，その範疇内の出来事であろう．むしろ悲劇は，そのような現実を深刻

に自覚していない人間の傲慢さにあるが，この問題は本書の範囲を越えて，別書において論じるべきものと思うので，本書では後で多少触れる程度にとどめたい（付章1参照）．

13-2-2 特に顕生累代の生態系進化

顕生累代（Phanerozoic eon）とは，生物の化石が割合はっきりしてきた5億7千万年前に始まる古生代（Palaeozoic era），2億5千万年前からの中生代（Mesozoic era）および6千5百万年前からの新生代（Cenozoic era）を併せた呼称である．これは今まで述べてきた生態系発展段階からいえば，だいたい第3および第4段階にあたる．以下第3段階を中心に，第4段階の事象を少々付け加えて，前節よりも多少詳しく説明したい．まず図13-3に，時代区分とともに，生態系の生物要素および非生物要素の主要な変遷進化の様子，各時代の特徴を記入した．この図は森（1961）に基づき，その後の各種資料を参考にして加筆修正したものである．

図を見る上で，造山運動（Orogeny）と氷河時代（Ice or glacier age）の状況については若干説明しておいた方がよいと思うので，次に簡単に述べる．また大量絶滅（Great extinction）については次節で説明する．

造山運動

顕生累代を通じて何回か造山運動が見られる．これは生態系の非生物要素の変化としてきわめて重要な意味を持っている．というのは，この地殻運動が盛んな時は，広く土地の隆起と海岸線の後退（海水準の低下）を伴い，気候は寒冷となって，生物にとって厳しい環境条件を作る．そしてこの厳しい時期を切り抜けた新しい生物は，新しい生態系を作って活躍するということになるからである．

顕生累代を通じて大きい造山運動は，通説では3回あったとされる．まずカレドニア造山（Caledonian orogeny）で，古生代のシルリア紀（Silurian period）とデボン紀（Devonian p.）の境が中心で，広義にはカンブリア紀（Cambrian p.）からデボン紀にかけて起こった造山運動とされている．今から4億年前が中心で，約1億年間にわたって起こり，氷河も出現したとされる．この時期に生物は陸上に進出し，新しい要素を産むのである．まずはじめにシダ植物が上陸し，次いで節足動物が現れ，生物にとってのニッチは飛躍的に拡大される．次はバリスカン造山運動（Variscan o.）で，石炭紀（Carboniferous p.）を中心に，シルレア紀あたりから二畳紀（Permian p.）の終わりにかけて約2億年にわたって起こった．これによってAppalachia山脈，Ural山脈が形成されたとされる．この時にも気候は寒冷化し，氷河が出現した記録がある．この時以来地球気候に年変化がはっきりと現れ，そのことは樹木に年輪が見られるようになったことで分かるとされている．この造山運動を境にして，地史上最大の絶滅事件（といっても主に海棲動物についての事件）が起こるが，それについては節を改めて述べる．3番目の造山運動はアルプス造山運動（Alpine o.）である．これは中生代のジュラ紀（Jurassic p.）あたりから新世代にかけて起こった造山運動で，約2億年をかけてAlps, Himalayas, Rocky山脈など，現在の地上最高峰が出現する．この時期も動物では爬虫類大絶滅事件があり，その原因については地球外に求める説も有力であるが，次節に改めて述べる．また植物では被子植物が出現し，地上にはじめて美しい花が咲き，昆虫が花粉や蜜を求めて飛び交う時代に移る時である．

なお造山運動の起こる原因については，地向斜（Geosyncline）によるという考えがあったが

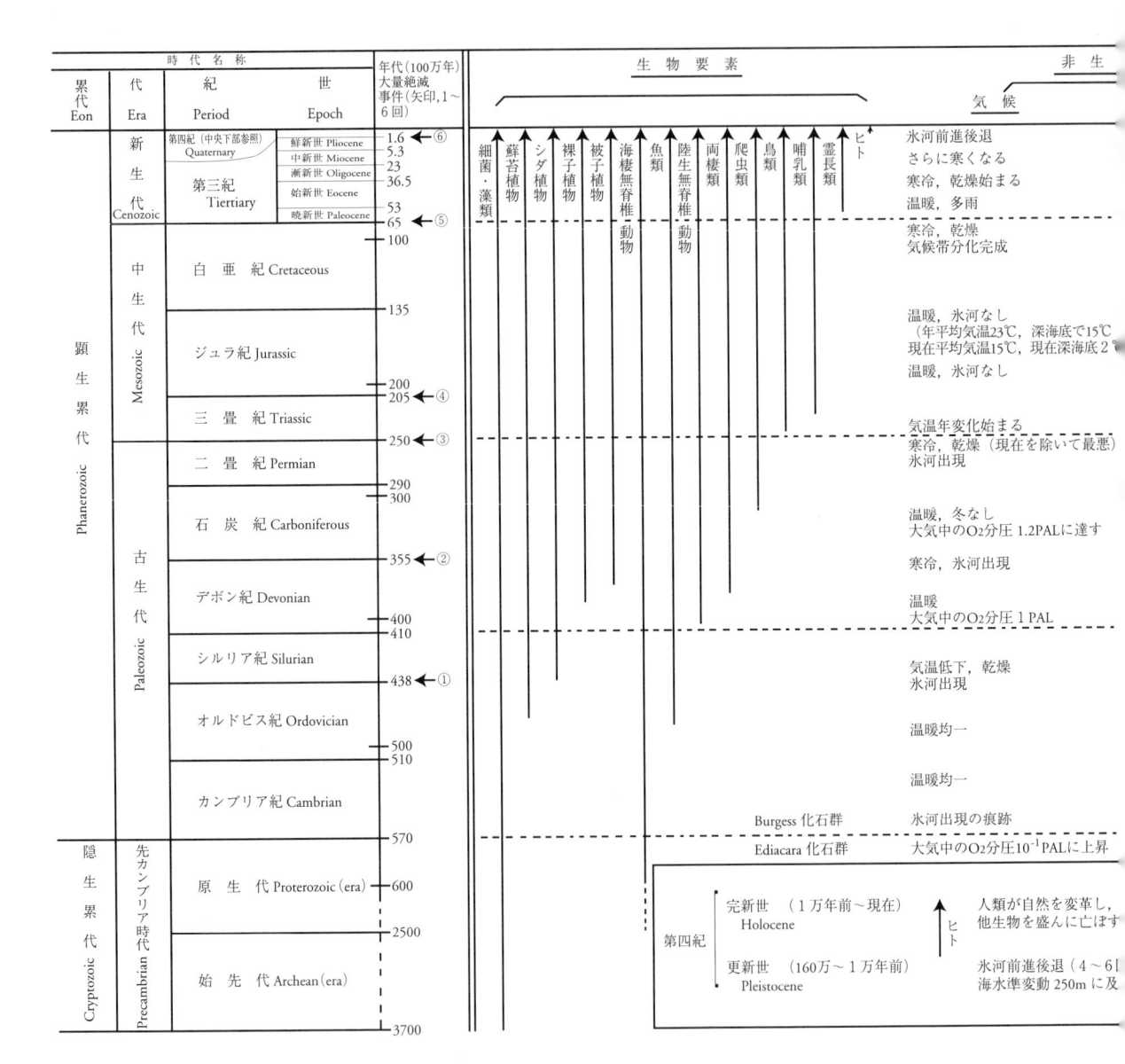

460 第13章 地球生態系の変遷と進化

累代 Eon	代 Era	紀 Period	世 Epoch	年代(100万年) 大量絶滅 事件(矢印, 1〜6回)	生物要素	気候
顕生累代 Phanerozoic	新生代 Cenozoic	第四紀（中央下部参照）Quaternary	鮮新世 Pliocene	1.6 ←⑥		氷河前進後退
			中新世 Miocene	5.3		さらに寒くなる
		第三紀 Tiertiary	漸新世 Oligocene	23		寒冷, 乾燥始まる
			始新世 Eocene	36.5		温暖, 多雨
			暁新世 Paleocene	53		
				65 ←⑤		寒冷, 乾燥 気候帯分化完成
	中生代 Mesozoic	白亜紀 Cretaceous		100		
				135		温暖, 氷河なし（年平均気温23℃, 深海底で15℃ 現在平均気温15℃, 現在深海底2℃）
		ジュラ紀 Jurassic		200		温暖, 氷河なし
		三畳紀 Triassic		205 ←④		気温年変化始まる
				250 ←③		寒冷, 乾燥（現在を除いて最悪）氷河出現
	古生代 Paleozoic	二畳紀 Permian		290		
		石炭紀 Carboniferous		300		温暖, 冬なし 大気中のO₂分圧 1.2PALに達す
				355 ←②		寒冷, 氷河出現
		デボン紀 Devonian		400		温暖 大気中のO₂分圧 1 PAL
		シルリア紀 Silurian		410		
				438 ←①		気温低下, 乾燥 氷河出現
		オルドビス紀 Ordovician		500		温暖均一
		カンブリア紀 Cambrian		510		温暖均一
				570	Burgess 化石群	氷河出現の痕跡
隠生累代 Cryptozoic	先カンブリア時代 Precambrian	原生代 Proterozoic (era)		600	Ediacara 化石群	大気中のO₂分圧 10⁻¹ PALに上昇
				2500		
		始先代 Archean (era)		3700		

生物要素: 細菌・藻類, 蘚苔植物, シダ植物, 裸子植物, 被子植物, 海棲無脊椎動物, 魚類, 陸生無脊椎動物, 両棲類, 爬虫類, 鳥類, 哺乳類, 霊長類, ヒト

第四紀
- 完新世（1万年前〜現在）Holocene — 人類が自然を変革し, 他生物を盛んに亡ぼす
- 更新世（160万〜1万年前）Pleistocene — 氷河前進後退（4〜6回）海水準変動 250mに及ぶ

図13-3 生態系進化の主なありさま. [森 1961 に基づき加筆修正]
図中 2億5千万年前に,「気候年変化始まる」と書いたが, 9億年前に有性生殖が始まった時, とする考えもある（川上紳一・大野照文, 1998）.

生態系進化の事実 461

素/陸,海	備考	時代を標徴する分類群	巨大生物
海水準低下,上昇 環赤道海流分断,南極氷床完成 環南極海流形成 造山 大陸現在位置に近づく	ベーリング海峡ほとんど干上る,地表1/3は氷 日本列島大陸より分離 草原広がる,アルプス・ヒマラヤ・ロッキー造山続く	被子植物 哺乳類 の時代	シロナガスクジラ（*Sibbaldus*）体重100トン体長32m マンモス（*Mammuthus*）肩高4m （インドゾウ3.5m） 巨大ナマケモノ（*Megatherium*）立つと6〜7m 巨大ビーバー（*Castroides*）小熊くらい その他バイソン・ネズミ・トラなど巨大なもの多数
造山,海進海退の繰返し （アルプス造山）	隕石衝突,著しい海進の記録	裸子植物 爬虫類	*Mamenchisaurus*（植物食,池沼棲）体重30t 体長30m *Tyrannosaurus*（肉食）体長15m 立つと高さ6m
黒色頁岩多し 大陸広範に分離	被子植物大発展始まる 現存石油の60％生産時代	の時代	*Elasmosaurus*（海棲）体長17m *Pteranodon*（空飛ぶ）翼長11m
海水準上昇 海水準低下	地上は緑におおわれる （ソテツ・針葉樹・イチョウ・シダ） （グリーンランドにパンの木, アラスカにヤシが生える）		
大陸（Pangaea）移動顕著	植物に年輪あらわれる		
造山,海退,超酸欠事件 （バリスカン造山） 岩塩形成 （海水塩度10〜15％減）	アパラチア・ウラル造山,史上最大の海棲生物絶滅事件 沼干上る 昆虫栄える（巨大トンボ）	シダ植物 両棲類	巨大トンボ（*Meganeuron*）翅長70cm 両棲類（*Eryops*）体長4.5m
海かなり広く（Panthalassa海）， 総じて浅し,海水準高し	陸上緑におおわれる,石炭層生成 （リン木・フウイン木………樹冠 　シダ………………………下層 　ロ木………………………水辺）	の時代	リン木（*Lepidodendron*）樹高40m
海水準低下	原始肺魚出現 サメ類多し		
岩石の風化盛ん	最初の地上動物（サソリ・ヤスデ・クモ・昆虫）		
造山,海退 （カレドニア造山）	最初の地上植物（Psilophyte） スコットランド・アパラチア北部造山,タコニック変動あり 陸地上は裸	海棲群集の時代	巨大ウミサソリ（Giant seascorpion）体長3m
大陸移動の継続	海棲動物体型次第に大きくなり,貝殻をつけるものあり 燐酸塩殻から炭酸塩殻へと変革進む		巨大オウムガイ（Giant nautiloid）体長4.5m
海水準上昇,地史上最高 浅海広し,深海底酸素少なし			巨大三葉虫（Giant trilobite）体長70cm
海の深浅構造ほとんど現在と同じ 海水化学組成は 現在とほとんど同じ	海棲無脊椎動物の ほとんどあらゆる代表者あり Burgess化石群	硬組織次第に発達 （複雑な体制の発展可能， 生物分類群の化石の保存よくなる）	
大陸（Gondwana）分裂移動中	Ediacara化石群　爆発的発展　　硬組織なし		

第6回大量絶滅事件　　　　　シロナガスクジラ（*Sibbaldus*）体重100トン,体長32m
大型哺乳類の絶滅著し　　　　フタバガキ（*Dipterocarpus*）樹高60〜80m
生物・人類の広域移動盛ん　　Red wood（*Sequoia Sempervirens*）樹高90m

氷期にアジアからヒトや動物ベーリング海峡を歩いて
新大陸へ渡る,地表の1/3が氷におおわれる

（井尻正二・湊正雄, 1993），新しくプレート・テクニクス（Plate tectonics）の重要性が指摘されるようになっている（丸山茂徳, 1993）．ただ結果としての地球生態系の進化という立場からは，いずれにしろ山岳が出現し，気候に大変化が起こり，ひいて生態系に大変革が起こるということが重要であると考えている．もっともプレート・テクトニクスの作用は，造山運動以外に，大陸移動による生態系の分離融合による大変革を引き起こしたが，ここではその問題には触れないでおく．

氷河時代

造山運動が起こる時は，気温が寒冷化し，しばしば氷河時代を迎える．この時代は生態系進化途上の一つの転換期となることは前述の通りである．地史上は，先カンブリア時代（Precambrian era）の末期（約7億年前）にも，古生代のデボン紀（約3億5千万年前）にも，氷河堆石が見られるとされているが，はっきりしているのは二畳紀末期（約2億5千万年前）と第四紀（Quarternary p.）の更新世（Pleistocene epoch）のもの（約60万年〜1万年前）である．先カンブリア時代末期のものはゴンドワナ大陸（Gondwana land）分裂直前で，氷河が赤道まで達したとされる（丸山, 1993）．また二畳紀のものはパンゲア大陸（Pangea land）が分裂する直前で（丸山, 1993），バリスカン造山と連係し，更新世のものはアルプス造山に引き続きのものと考えられる．これがどの程度のもので，生態系進化にどのような意味を持っていたか，更新世の氷河を例にとって少し説明する．

更新世の氷河は前進後退を繰り返した．それは6回あったという説（Biben, Donan, Günz, Mindel, Riss, Würm の6回）と，4回（上記の後の4回）という説があるが，4回説が普通と思うので，これについて説明する[16]．その状況を表13-3に示す．

表13-3 更新世の4回の氷期と海水準変動の状況．

	1氷期	間氷期	2氷期	間氷期	3氷期	間氷期	4氷期
名称 （アメリカ名）	Günz (Nebrascan)		Mindel (Kansan)		Riss (Illinoian)		Würm (Wisconsin)
年代（万年前）	59〜55		47〜43		23〜18		7〜1
海水準 (m)							
低下	-20		-120		-150〜200		-120〜140
上昇		+60		+30		+10〜20	

［諸資料より］

氷河の規模であるが，最近の氷河期にスカンジナビア半島での氷の厚さは4,000 m（富士山と似た高さ）にも達したと考えられ，その重みで陸地が地殻中に沈み込んでいたのが，氷が解けるに従って浮き上がり，氷期以後530 mも上昇したとされている．もっと重大なことは氷期に海水準が低下し，また海水が凍結することによる影響で，大陸周辺の島々は陸路または氷上路で大陸とつながり，大陸からの各種生物の移動が自由に行われたことである．干上がったベーリング海（Bering land bridge）を渡ってマンモスやヒトはともにシベリアから新大陸に移住した．東南アジアでも干上がった陸路または浅くなった海を渡って，生物とヒトが東南方諸島に移住していったと考えられている．

どのような原因でこのような氷河時代が実現したのか．それは定かでないが，地球外に原因を求める説と，地球自体の変動（例えばプレート・テクトニクスによる大陸の分裂など）に原因を求める説とがあるようである．

13-2-3 大量絶滅事件

顕生累代を通じて生物要素に大量絶滅事件が何回か起こった．11回と数える研究者もいるが，ここではD. Jablonski (1993, 1995) およびJ. J. Sepkoski, Jr. (1994) に従い5回説をとって説明する．もっともJablonskiも，さらに研究が進めば12回以上になるかもしれないと述べてはいる．なお大量絶滅事件についての一般的参考書として，S. M. Stanley (1987)，平野弘道 (1993a, b)，J. H. Lawton & R. M. May (1995) およびD. B. Carlisle (1995) を挙げておく．

Jablonskiは大量絶滅と認めるには，動物・植物の多くの分類群にわたって同時に絶滅が起こることが必要であるとしている．その上でまず5回の絶滅事件を挙げたが，その概要を図13-4に示す．この図は科を単位としたD. M. Raup & J. J. Sepkoski, Jr. (1982) によったものである．属の絶滅数およびそれに続く回復状況については，Sepkoski (1994) が概説している．これらの絶滅は急に（長くて500万年以内[17]，多くは100万年以内— Jablonski, 1993）起こり，それに続いて割合速やかに（それでも1,700万年〜4,000万年はかかる— Sepkoski, 1994）回復が見られる．二畳紀末の絶滅は史上最大のもので，その時生きていた海棲動物の科の52％（Ranp & Sepkoski, 1982），属の67％（Sepkoski, 1994），種の数にすれば実に91〜96％が絶滅したと言う（Jablonski, 1993）．

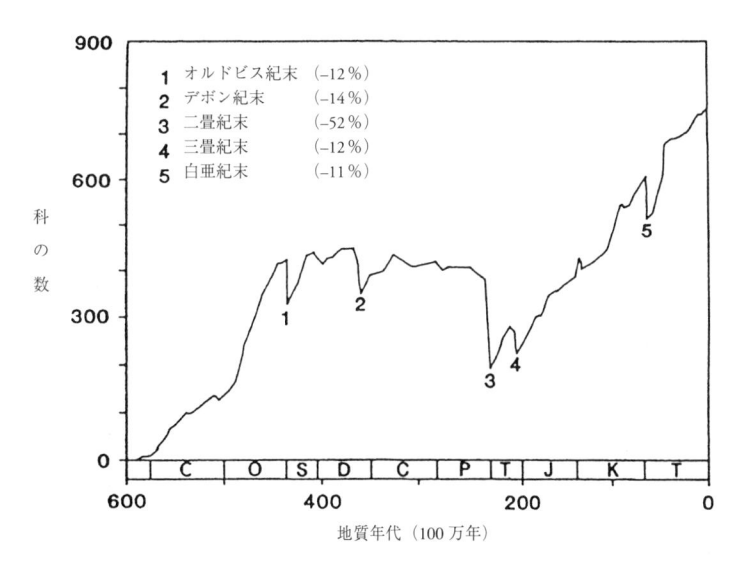

図13-4 大絶滅事件で滅びた主な海棲動物の科の数．曲線で生物多様性が急激に変化することが分かる．この低下は，絶滅の前の値から後の値への変化として（ ）内に示した．[Raup & Sepkoski 1982]

なおこのような大量絶滅事件があったにもかかわらず，海棲動物の科（属）の数は，時代が進むに従って増加している事実があり（図13-4参照），このことは生態系進化の観点からきわめて注目すべきことである．これについてはまた後で触れる．

上に5回の大量絶滅事件を記したが，実は新生代（Cenozoic era）に入り，第三紀（Tertiary.）末から第四紀（Quaternary p.）にかけて，新しい大量絶滅事件（6回目）が起こりつつある（L. Kaufman & K. Mallory, 1993; P. R. Ehrlich, 1995 参照）．この事件の特色は，大型哺乳類が多く絶滅

しつつあることで，小型哺乳類や海棲無脊椎動物などには特に著しい変化がないことである．例えば，マンモス（*Mammuthus*；肩高4 m，アフリカゾウは3.5 m），巨大バイソン（*Bison crassiocornis*），巨大ナマケモノ（*Megatherium*；立つと6.7 m，重さゾウに匹敵），巨大オオカミ（*Canis drius*；体長2 m），巨大アルマジロ（*Boreostracon*），巨大トラ（*Smilodon*；巨大な口は90°に開く），巨大ビーバー（*Castroides*；小熊位ある），巨大ネズミ（*Epigaulus*）など，いずれも現生のものに関係はあるが，それよりさらに巨大であった哺乳類たちは既に姿を消してしまったのである（S. D. Webb, 1969; E. L. Lundelius, 1990）．しかもこれらの絶滅が今より11,000年前頃に集中していることは，ヒトの影響（狩猟と開墾）を強く示唆している（S. M. Stanley, 1987）．さらに最近では大型哺乳類に限らず，あらゆる分類群にわたって急速な絶滅事件が起こりつつある．P. R. Ehrlich & A. H. Ehrlich (1981) およびN. Myers (1984) によれば，この新絶滅事件（6回目）は2,000年までに起こり，人間に大きい原因があり，その規模は白亜紀末あるいは二畳紀末のレベルまで達する可能性があると言う．筆者はJablonski (1993), P. R. Ehrlich (1995) とともに，このことの重大性を強く指摘しておきたい．

　地史的大絶滅事件は周期的に起こっているという説があり（Raup & Sepkoski, 1984），周期は2,600万年という．この説を支持する都合のよい資料が次第に集積されているようである．

　さて問題はこのような大量絶滅事件の起こった原因である．これは生態系進化を考える上で最も重要な問題の一つである．従来論じられているものに，地球自体にその原因を求めるものと，地球外の天体にその原因を求めるものとある．以下簡単に説明しよう．

　a）地球自体に関係ある大量絶滅事件の原因

　A. Hallam (1990) は地球自体に関係あるものとして次の三つの事項を挙げた．

海水準

　Hallam (1984) は顕生累代中の海水準変動の概念図を作り，それに大絶滅事件の起こった時を書き入れた（図13-5）．海水準低下の著しい時と大量絶滅事件の起こった時とが実によく一致している．彼は島の生物地理学の研究結果を持ち出し，棲息場所の面積が小さければ棲みうる分類群の数は少なくなることから，海水準が低下して浅海域が狭くなると生物種の数が減少することを述べている．なおこの時，この狭い海域で競争と捕食が増大したことを原因に挙げる研究者もいる（平野, 1993, 参照）．最大の絶滅事件のあった二畳紀末の800万年間は，大陸棚の面積が87％も減少した時期に当たるという（平野, 1993）．なお図13-5ではオルドビス紀に海水準が飛び抜けて高いが，T. H. van Andel (1985) は石炭紀の海水準が地史上最高と考えている．一般に古生代は海水準が高く，現在は最も低い（つまり大陸が大きく海面上に出ている）．なお海水準の低下とプレート・テクトニクスによる大陸分裂とを結び付ける考えもある．丸山 (1993) は超大陸出現は海水準低下，巨大氷河出現と連繋し，生物の絶滅事件を引き起こし，その分裂は海水準上昇，気温温暖化と連繋し，生物の繁栄を導くと述べている．7億年前のゴンドワナ大陸分裂直前および2億5千万年前のパンゲア大陸分裂直前の氷河時代の出現はその例であるとする．van Andel (1985) や箕浦幸治 (1998) も生物多様性の増減との関係で似た考えを持っている．

気候（気温）

　海水準の低下は温度の低下を伴うので，この要因も考察の対象となる．S. M. Stanley (1987) は気温の低下を顕生累代の大量絶滅事件の最重要因と考えた．特に二畳紀末や白亜紀末の

寒冷に関しそのことを主張した．

火山噴火

火山噴火は気温低下，海水準低下，あるいは造山運動やプレート・テクトニクスと結びついている．白亜紀末の事件の際には隕石衝突説（後述）も唱えられているが，Hallam は海水準低下，噴火などの複合要因も大切であると考えている．

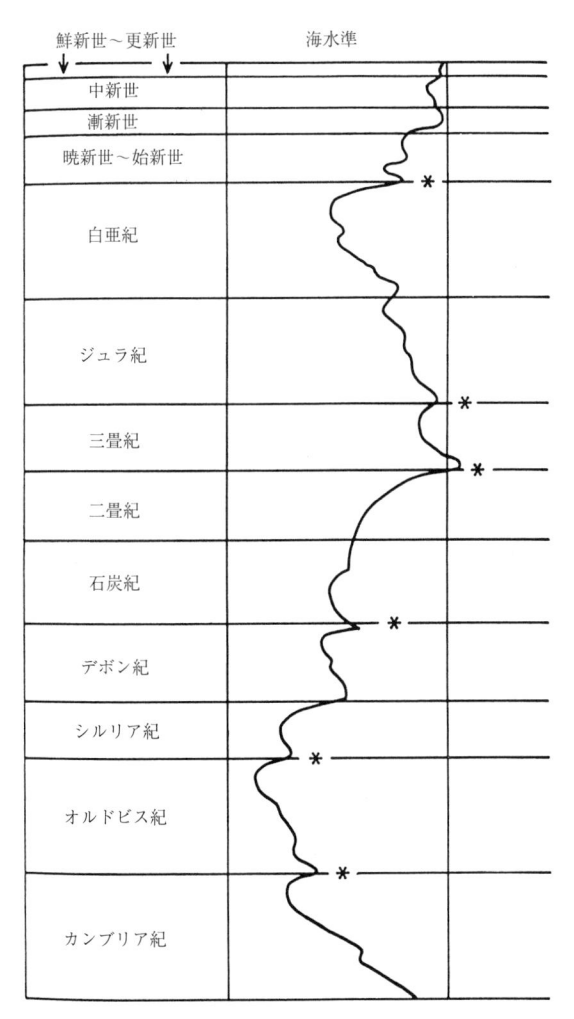

図13-5 顕生累代中の海水準の変動と大絶滅事件の起こった時期．大絶滅事件は N.D.Newell（1967）に従って，本文中に説明した5回に加えて，カンブリア紀末の1回を記入してある（＊印）．海水準が著しく低下したときに大量絶滅が起こっている．[Hallam 1984]

以上地球自体に原因があると Hallam が考えた要件を述べたが最近さらに注目すべき説が磯崎行雄（1993, 1994, 1995）によって主張された．それは史上最大規模の大量絶滅事件とされる二畳紀/三畳紀境界（P/T 境界）の事件が，海の底層の酸素欠乏事件（Oceanic anoxic event, OAE）に関連して起こったという説である．遠洋の深海堆積物は海洋プレートに乗って陸側に移動

してきて，海溝付近でプレート全体としてはマントル（Mantle）中に沈むが，表層が剥がれて沈まず，陸側に付加（Accretion）して陸上に現れることがある．磯崎はそのような地層を木曽川畔などで研究し，その色や岩質から，P/T境界付近が特別の状態——酸欠状態——になっていることを発見した．図13-6にその状況を示す．このような海底の酸欠状態は古生代にも中生代にも数回発見されているが，その継続時間は100万年以内であるのに，このP/T境界では1,000万年にも及んでいる．それが異常に長く著しいので，超酸素欠乏事件（Super anoxia）と呼んだ．

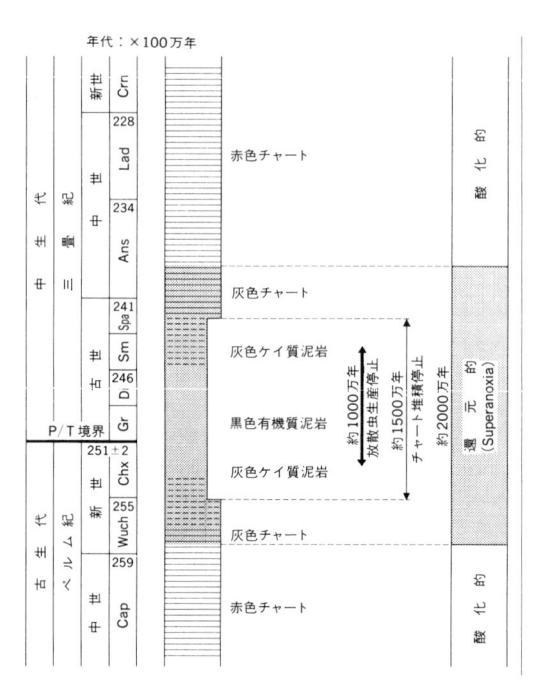

図13-6 P/T境界を挟むチャートの柱状態図．境界を挟んで岩質および色が対称的に変化している．チャートは細粒が海底に堆積してできたガラス質の岩石で，重量にして90％以上がSiO_2からなり，本来無色透明である．これに赤鉄鉱（Fe_2O_3）が加われば赤色チャートとなり，酸化状態を示し，灰色チャートや灰色珪質泥岩には鉄鉱は含まれず，黄鉄鉱（FeS_2）を含み，灰色または緑色を示す．P/T境界層の黒色有機質泥岩は，分解されない有機物を含み，黒色で，酸欠状態のもとに堆積したことを示している．［磯崎1994, 1995］

この時の酸欠状態は全地球規模のもので，深海底にとどまらず，浅海でも起こったと考えられている．なお磯崎（1995）はこの酸欠事件を起こした原因として遠因と近因を考えている．遠因としては，超パンゲア大陸（Pangaea）の形成あるいは分裂（竹内均, 1989; 丸山, 1993, 参照）によるプレート・テクトニクスを挙げた．また近因としては，異常火山活動によって太陽光が遮断され，海洋表層中の緑色植物による光合成能が低下し，これに海洋水循環の停滞（水温成層の強化）が加わって起こったと考えた．その上で彼は，1994年当時にはこの非生物界の酸欠事件と生物界の大量絶滅事件とは原因結果で直接一本に結ばれるものと考えたが，1995年に至ってこの考えを改め，これら二つの現象は大局において並列事象であるとした．しかし地球という一つの生態系の理解の上からはなお多くの問題が残っていると考えられ，さらに一層の事実に基づく検討が望まれるところである．

以上の他に，数千万年～1億年の間隔で起こるとされる大気・海洋水中の炭酸ガス量の変

動［スーパープリューム（Superplume; 丸山茂徳, 1993, 参照）に関係があるとされる］が，各種の地球規模の現象を介して生物の大量絶滅事件に関係がある可能性が高いという説が，鹿園直建（1995）によって提出されていることを付記しておく．

b）地球外天体に関係ある原因

隕石（Meteorite）が地球外から飛んできて，地球に衝突した時に起こる大変動によって，大量絶滅が起こるという考えは昔からあった．しかしこの考えを，白亜紀末の陸棲の恐竜類をはじめ海棲のアンモナイト類などの大量絶滅に適用し，科学的根拠と説明を与えうることを言い出したのは，L. W. Alvares ほか（1980, 1987）であった．彼等は白亜紀（Cretaceous, 独語 Kreide）と第三紀（Tertiary.）の境界（K/T境界という）の地層の化学成分を分析し，そこにはイリジウム（Ir）の含有率が異常に高いことを見出した（ニュージーランドでは通常の20倍，イタリアでは30倍，デンマークでは160倍）．イリジウムのような親鉄元素は隕石に多量に含まれているが，仮にK/T境界層に地球規模でイリジウムが多量に含まれているとすると，25万トンはなければならず，それは隕石5,000億トンに匹敵する．他の資料も参考にすると，これは直径10kmの隕石の衝突を考えねばならないとした．別の研究者はこの場合には直径約150kmのクレーター（Crater）が出来るはずだと考えた．現在このクレーターはメキシコのYucatan 半島にある直径170kmのものだろうとされている．その後各方面からこの説をめぐって検討が行われ，多少の異論はあるものの，ほぼこの時代のこの事件の原因としては，隕石衝突説はありうる説として認められている（Jablonski, 1990; 平野, 1993）．D. B. Carlisle（1995）も大筋ではこれを認めているが，K/T境界の岩石の生化学的分析などを併せた研究から，衝突したのは彗星（Comet）群であり，それらは太陽系外で起こったある Super nova によって加速されて地球に飛んできたものであるとしている．また海保邦夫（1995）も各種の資料からこの説を認める立場で，地上の大型動物，植物，および海洋表層生物は絶滅するものが多かったが，種子・胞子を生産したり，避難所に隠れた生物は生き残ったと考えている．ただし Stanley（1987）は，R. E. Sloan ほか（1986）の研究——白亜紀の恐竜の絶滅が1,000万年もかかって次第に実現した——を引用し，隕石衝突の影響は短時間のはずだから，それは原因として考えにくいと述べている．

上記の地球外天体に関係ある原因を考える際，1994年7月16日～22日の間に起こった，木星に衝突した二十数個よりなる Shoemaker-Levy 彗星（SL9）の事件は示唆に富んでいる（科学, 1995, pp.733-765, の特集記事参照）．それぞれ直径数kmの彗星核の衝突の際に生じたエネルギーは広島原爆の数万倍とされ，生じた，Plume といわれる 'きのこ雲' 状の 'ちり' は高さ数百kmに達し，地球をすっぽり覆うくらいに広がり，再び落下する際には 2,000℃に達したとされている．このちりは衝突後1年近く経過した1995年5月にも残っており，木星大気圏温度構造にも影響を与え（衝突1週間後には成層圏温度は平常時より50℃も低下したという，つまり温度の急激な上昇，下降があったことになる），さらに長く続くだろうという．この SL9 事件と 6,500万年前の恐竜絶滅事件との類似性については，竹内覚（1995）の指摘がある．

c）まとめ

以上大量絶滅事件について述べたが，その原因については，もちろんすべての場合を一つの原因で説明するわけにはいかない．場合場合によって重要な原因は違っており，またいく

つかの要因が重なって働いていると考えるべきであろう．表13-4は平野（1993）の示した表の抜粋である．海水準低下はいつでも関係あり，これに気温低下（氷河発達）が重なり，白亜紀末だけ隕石衝突が挙げられている．

なお生物種にはそれぞれ寿命があるということが広く知られている．R. M. Mayほか（1995）が多くの文献からまとめた資料を表13-5に挙げておく．この事実と，上述の大量絶滅事件との具体的関係はどうなるのか，真相は今後の研究に俟つところであろう．

表13-4 Raup & Sepkoski（1982）による主として海棲動物の5大絶滅事件に関係ある諸資料．

絶滅事件回数	地質時代	絶滅動物	属の数の絶滅率（％）	原因―環境変化（+は主要と思われるもの）
5	白亜紀末	浮遊性有孔虫，斧足類，アンモナイト，ベレムナイト，鳥盤類，竜盤類	46	海水準低下　　+ 気候寒冷化　+ 隕石衝突　　　+ 大陸移動
4	三畳紀末	コノドント，アンモナイト（セラタイト亜目）腕足類，腹足類，斧足類，両生類（迷歯類），爬虫類（哺乳類型），槽歯類	47	海水準低下
3	二畳紀末	サンゴ，フズリナ，腕足類，海百合，苔虫，アンモナイト（ゴニアタイト亜目）爬虫類（哺乳類型）	67	海水準低下　　+ 気候寒冷化　+ 大陸移動
2	デボン紀末	造礁性生物（サンゴ，海綿），腕足類，三葉虫，アンモナイト，コノドント，板皮類	41	海水準低下　　+ 氷河発達
1	オルドビス紀末	造礁性生物（サンゴ，海綿），筆石，苔虫，腕足類，オウムガイ，三葉虫	53	氷河発達　　　+ 海水準低下

［平野1993bより抜粋．ただし属の数の絶滅率はSepkoski 1994より計算し，また原因の中の大陸移動はVan Andel 1985と，丸山1993による．］

表13-5 種の寿命（生成から絶滅まで）．

分類群	資料出所	種の平均寿命（百万年）
無脊椎動物		
すべて	Raup（1978）	11
海産	Valentine（1970）	5～10
新生代の2枚貝	Raup & Stanley（1978）	10
棘皮動物	Durham（1970）	6
シルレア紀の筆石類	Rickards（1977）	2
プランクトン性有孔虫類	Van Valen（1973）	7
渦鞭藻類	Van Valen（1973）	13
珪藻類	Van Valen（1973）	8
すべての化石群	Simpson（1952）	0.5～5

［各種の資料に基づき，Mayほか1995より］

13-3 環境の適合性，生物圏，生態系およびガイアの各概念

今まで自然に生活する生物とその環境とは一体となって存在することを述べ，進化もその線上で理解してきた．この実態の認識について従来いくつかの概念が述べられてきたが，1章，10章に述べたものとは別の内容のものについて紹介し，筆者の意見を加えておきたい．

環境の適合性（Fitness of the enviroment）

これは古くL. J. Hendersonが1912年に発表した概念で，そのあらましは次のようなもので

ある．生物が自然環境に適合していることについては従来もよく知られており，その進化の機構についてはDarwinの自然選択説が多くの科学者の同意を得ている．ところが環境（非生物的）の方も生物の生存に対してよく適合していることはあまり語られていない．つまり生物は進化の過程で適合してきたが，地球の環境の方も進化の過程において生命に最もよく適合した住居として働いてきたものであると言う．この二つの関係は相対的なもので，実際は一つの現象として存在している．ただし環境の適合性の進化の機構については，生物の適合性が自然選択によって進化したようにはよく分からないと言う．

Hendersonは生物の特質として，その構造と機能において高度に錯綜し，それらは生命体の中で精密に調節されており，また環境との間に物質とエネルギーの新陳代謝が行われているという三点を重視している．その上でこれらの生物の特質に対し，自然環境はまことによく適合していると考える．そして自然環境の中で，水，炭酸ガス，水素，炭素，酸素の五つの要素を特に取り上げて，それらがいかに生物の存続にとって適合した性質を備えているかを詳しく検討している．例えば水の特質については，その普遍性，熱学的性質（比熱，潜熱等），結氷前後の膨張状況，溶媒能，誘電恒数，表面張力などを挙げ，そのどれをとっても生物の存在に対し他の物質に比べて絶対的に優れて適合していることを述べている．

この説は生物の自然環境に対する適合性と，自然環境の生物に対する適合性の二つの相対的な適合性が，真実は一つのものであることを指摘したいのであるが，論議の内容はそこまでは十分にいかないで，相対した二つの適合性の事象を指摘し，自然の妙を賛えるにとどまっている．自然の妙といっても，その進化機構は機械論的なものと考えている．

生物圏（Biosphere）

これはV. Vernadsky（1926）によって初めて提唱された概念である．上述のようにHendersonは生物の自然環境に対する適合性と，自然環境の生物に対する適合性を，いわば対置して考えているが，Vernadskyはこの二つを統合して，Biosphere（生物圏）という表現で分割不可能の全体性機構（Holistic mechanism）を考えている．Vernadskyは本来鉱物学者であり，生物地質学者であるが，その概念はそれらの専門を乗り越えて，次に述べるガイア概念の先駆的なものであり，また生態系概念とは一部（地球生態系の点で）つながるものがある．

生物圏概念の中核は次のようなものである．生命（Life）は地球惑星の上に発生したが，地球全体は総ての存在物を含めて自己調節をしている．生命は地球の歴史を作ったのである．地球表面の総ての地質学的，地球化学的現象は生命の影響を受けており，したがって生物圏の一部を作るのである．生物の地球に対する影響は時と共に拡大する．化学物質が変換される数と割合や，生命体によって生ずる化学反応の範囲は増大しつつある．したがって生物圏はますます拡大しているのである．

Vernadskyは物理科学で用いられる力（Force）という言葉をしばしば用いる．例えば，地球の地質学的歴史の中で，生命体の果たした化学的な力（Chemical force）という類である．彼が本来広義の物理科学の世界で育ったことを示していると思う．彼は生命体物質の物理学を述べたかったらしい．生命というのは一つの宇宙現象であり，重力や光に適用されるのと同じ普遍的法則によって理解すべきものと考え，その上で上述の概念に到達したのである．

つまりVernadskyは生物現象を物理現象の中に包みこんで，地球の全体性機構を生物圏としてとらえようとしたようである．これに対し後述のLovelockのガイア思想は地球生理学（Geophysiology）という表現で分かるように，生物現象がより強く取り上げられていると思う．い

ずれにせよガイア思想の先駆的なものであることは間違いなく，Lovelock 自身もそのように述べている（Lovelock は 1972 年に Gaia という表現を初めて使った時に，Vernadsky の論文を知らなかった－Lovelock, 1986）．

生態系

この概念は既にしばしば述べてきたように，その主な根拠を 1935 年の Tansley の説に置いている．この段階では，生物と自然環境とは切り離し難い一体のものとして取り扱うことになる．この点で Henderson の認識をさらに進め，Vernadsky の見解をさらに発展させたものといえる．

ガイア（Gaia）

この概念は 1972 年の J. E. Lovelock の論文ではじめて表現され，1979 年の著作を経て完成される．現在あちこちで引用され主張されている概念であるが，'新しい'概念といえるかどうか問題は残っている．L. Margulis & D. Sagan（1986），G. Hinkle & Margulis（1990），Lovelock（1991），P. Westbroek（1991），G. R. Williams（1996）および T. Volk（1998）は適当な参考文献と考える．

まずガイアとは古代ギリシャ人が大地の女神につけた名前で，地理学（Geography）や地質学（Geology）の語源でもある．Lovelock 自身の言葉（1991）でその内容を説明しよう．"この理論は，すべての生命体に，大気，海洋，地殻岩石などを合わせた簡潔な総合体に関するものである．……自己調節可能な超生物（Quasi-living）についての理論である．……この理論では，生物の進化は，物理的環境，化学的環境と緊密に結合していて，それらが一緒になって一つの進化プロセスを作り上げ，それが自己調節をしていると考える．従って，気候，岩石の組織，空気，海洋などは単に地質学的に作り上げられたものではない．これらも皆，生命存在があっての結果なのである．生命体が休みなく活躍してきたおかげで，地球のコンディションは過去 36 億年間，生命の居住に有利になるように保たれてきた．環境に有害な影響を与える種は，後代に不都合な環境をつくることになって，最終的に取り除かれてしまう．これは丁度，種の中でも弱いものは進化適応テストに失格してしまうようなものだ"（糸川英夫監訳より）．

このような考えのもとに，生命の起源以来の地球の生物，非生物環境の進化の，統一的，一体化的説明を試みるのである．

読者はおそらくこの説明を聞いて，前述の Henderson の自然環境の適合性の理論や Vernadsky の生物圏の考えが心のどこかに蘇り，それにも増して Tansley の生態系概念が鮮やかに頭に浮かんでくるのではなかろうか．まことにそのとおり，ガイア理論は，近代的な衣をまとったとはいえ，基本において生態系，特に地球生態系概念そのものであると筆者は思っている．実は Lovelock（1991）自身も Vernadsky の考えの先見性を認めているのである．

現に Lovelock の協調者である G. Hinkle & L. Margulis（1990）もこの点が気になるとみえて，次のように述べている．"何人かの研究者は，この理論は A. C. Redfield（1958），G. E. Hutchinson（1954）または V. Vernadsky（1929）の開拓者的認識，つまり生物群は環境に重大な影響を与えているという認識，を単に念入りに拡張しただけではないかと考えている．しかしガイア仮説は，生物地球化学では基本的に無視されている，生物群が積極的な調節的役割をしていることを認める点で，生物地球化学を乗り越えているのである"と．

ところが Lovelock のガイア理論は，生物学者にあまり人気がなかったので，G. R. Williams

（1996）はガイア仮説を支持する立場から，新しい和解説を考え出した．それは生物学の主流である分子生物学の知識を取り入れて，ガイア仮説を説明するというものである．彼は長年生化学や環境科学を研究してきたが，その該博な具体的資料に基づいて次のように主張する．"地球のホメオスタシスを支えている機構は，生物の適応性を支えているのと同じ分子機構によっている．……地球代謝（Global metabolism）について驚くべきことは，細胞のホメオスタシスと地球の好適住性（Habitability）を維持する環境安定性の両方（の現象）を，共通の分子機構によるフィードバック過程が支えているということである"と．上の主張をする際，彼は主流生物学者の印象を和らげるためであろう，ガイアという言葉そのものでなく，ガイア隠喩（Gaia metaphors）という言葉を使っている．

確かにガイア理論は生物群の積極的な役割——地球生態系の自己調節に対する役割——を強く主張しており，この点でHendersonやVernadskyの理論とは相当に隔たっているが，本質において地球生態系理論の範疇に入るものと考える．ここで特記しておきたいことは，Lovelockをはじめ上記ガイア概念支持者たちの論文著書には，A. G. TansleyをはじめE. P. and H. T. Odum, F. B. Golleyなどの生態系生態学の中心的学者の論文著書を一切引用していないことである．

なおここでJ. F. Kastingほか（1988）の主張を記しておく必要がある．彼等は明確にLovelock等のガイア仮説を否定した．大気の炭酸ガス濃度は生物作用によるよりは物理化学的過程によってもたらされたものであり，地球は生物が居なくても，それが棲める状況（現状）が保たれてきたと説く．その主な根拠は，炭酸塩－珪酸塩の循環における負のフィードバック機構の存在に求めている．しかし筆者はそのような非生物世界の過程も含めた生態系的理解が最善のものであると思っている．

13-4 生態系進化の一般的規範

以上，生態系進化の諸相を見てきたが，ここでそれらの諸相の中から，動物の生態を考える上で一般的に規範として言いうるものを抜き出してみよう（森, 1961, 参照）．

1）既に古く1915年にW. D. Mathewは，激しい気候変化（それは氷河を伴う）の起こる地域で重要な進化的変化が起こることを述べ，R. Margalef（1968）もこの考えに賛成した．一般に，寒冷あるいは氷河出現，乾燥，土地隆起（造山運動），海退（海水準低下），およびプレート・テクトニクスによる激しいプレート移動などは生物にとって厳しい環境条件を作るが，このような環境条件の変化と生物の顕著な進化とは伴って起こることが多い．そしてこの厳しい条件を乗り越えた生物は，前の環境に繁殖した生物とは質的に変わった，進化した機能と形態を持っており，次の温暖な条件のもとで多様な放散を遂げるが，この際の発展は主として量的発展の範疇のものと言えよう．いくつかの造山運動に伴う基本的な例を表13-6に示す．

2）時代の進行に伴って生物要素の占めるべきニッチは新しく開拓されるが，この際既に一度開かれたニッチは失われることはない．つまりあるニッチを占めていた生物が亡びても，間もなく新しい種が現れてそのニッチを占める．以下若干の例を挙げる．

表13-6 厳しい非生物環境条件（ここでは造山運動）と生物要素に見られる質的大発展との連関．これはごく大まかに見たものであって，細かく見れば地球上の地域によって多少様子が違うであろう．

時　　代	造　山　運　動	主要生物要素の変換
シルリア紀〜デボン紀（約4億年前）	カレドニア造山	陸上生物出現
石炭紀〜二畳紀（約3億年〜2億5千万年前）	バリスカン造山	両生類 → 爬虫類 シダ植物 → 裸子植物
白亜紀〜第三紀（約2億年前〜約3千万年前）	アルプス造山	爬虫類 → 哺乳類 裸子植物 → 被子植物

a) 空中ニッチ利用種の拡大

図13-7は空中のニッチを占める種が，時代の進行とともに増えていく様子を示す．ある分類群の進化は小型から大型へと進む[18]のが原則であるから，図中大型と書いた時代がおおよそその種の最も繁栄した時期を示すものと考えられる．

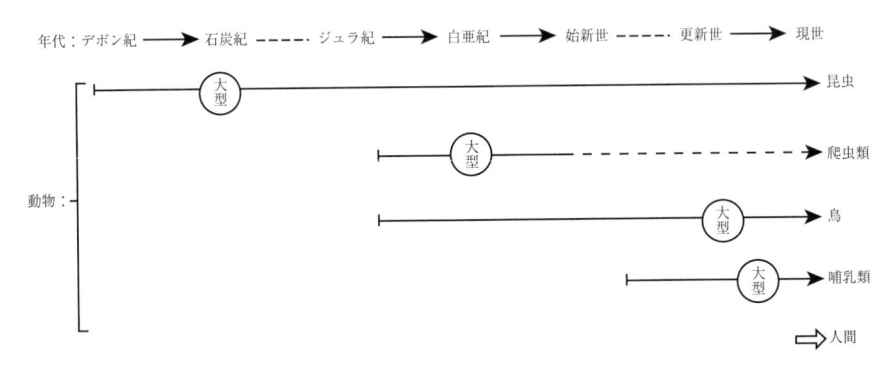

図13-7 動物の空中ニッチ利用者の拡大と一部更新の様子．大型のものの属名は次の通り：昆虫，*Meganeuron*（トンボ，翅長70cm）；爬虫類，*Pteranodon*（翼竜類，翼長9m）；鳥類，*Teratornis*（コンドル類，翼長2m）；哺乳類，*Pteropus*（オオコウモリ，翼長1.7m）．人類の状況は機械を利用する点で他と比べるものがなく，さらに宇宙まで飛び出している．[森1961]

b) 爬虫類と哺乳類のニッチ交代

図13-8は中世代の爬虫類と新世代の哺乳類のニッチ交代を示した．それぞれのニッチに対応する動物をそれぞれの分類群に見出すことが出来るが，哺乳類のネズミとモグラに対応する爬虫類はなく，またまた木登り爬虫類はあるけれどもサルの生態型にピッタリのものは見出されていない．生物の進化に従って新しいニッチが開拓される原則に照らすと，これは真実かと思われる．なお爬虫類や哺乳類では多くの種が分かれて占めていた各種ニッチを，人間は一種で，機械を利用してすべて占め，さらに宇宙まで飛び出していることは著しい事実である．

c) 生物種の進化における小型・一般的なものから大型・特殊なものへの変遷

生態系の状況が大きく変わり，古い生物群が亡び，新しい生物群がそのニッチを埋めて発展しようとする時，はじめに現れる種類は'一般的'な（つまりGeneralist的）性格を備えた小型のものである．それが時代の進行とともに大型となり，特殊化していき（つまりSpecialist的になる），次第にある環境の型にはまり込んだ，融通の利かないものになっていく．最も大

型になることは，それだけ生態系の変化に対する影響力も増大していくことを意味する．この小型，大型については既に述べたが，一般的性格から特殊な性格のものになっていくことについては，かつて G. R. de Beer（1951, 1962）が"始原的（Primitive）なものから特殊なものへ"と指摘しているのと共通である[19]．

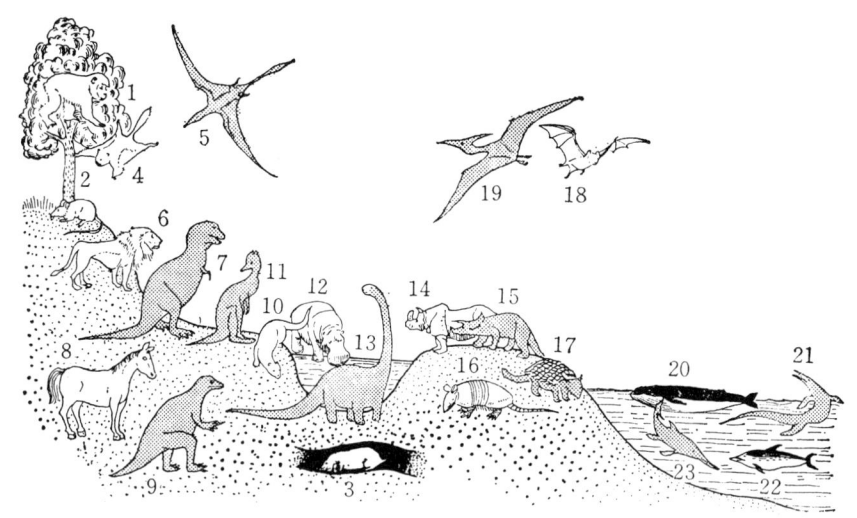

図13-8 中生代に爬虫類のいろいろの種類が占めたニッチを，新生代に哺乳類のいろいろの種類が交代して占めることを示す．サル，ネズミ，モグラの占めるニッチを占めた爬虫類は見出されていない．極く最近になって，人間は1種でこれら総てのニッチを占め，さらに宇宙まで飛び出している．1．サル，2．ネズミ，3．モグラ，4-5．ムササビ—*Dimorphodon*, 6-7．ライオン—*Tyrannosaurus*, 8-9．ウマ—*Camptosaurus*, 10-11．カワウソ—*Corythosaurus*, 12-13．カバ—*Brontosaurus*, 14-15．サイ—*Triceratopus*, 16-17．アルマジロ—*Ankylosaurus*, 18-19．コウモリ—*Pteranodon*, 20-21．クジラ—*Tylosaurus*, 22-23．イルカ—*Ichthyosaurus*.
［牧野四子吉画，森 1961］

d）分子進化の様相

動物が新しいニッチを得て発展する時，すなわち動物の形態，生理，行動などに関する表現型（遺伝型も）が新しい発展をする時，これに伴って分子進化も大発展を遂げる．分子進化にはいろいろの制約（個々の分子の特性で決まる局所的制約および組織や器官といった高次レベルの特性で決まる大地域的制約—宮田隆，1994）があるが，その制約が比較的自由になる時，表現型も自由な発展を遂げることが出来る（M. Kimura, 1991）．カンブリア紀前後に生物分類群の爆発的発展があったが，その時分子進化も当然大発展があった．この時期にまさに上の条件が整った，即ち各種制約が緩んだ，新しいニッチへの飛躍的発展の時であった［宮田，1994a；N. Iwabe（岩部直之）ほか，1996］．例えば組織特異的アイソフォーム（Isoform）の遺伝子重複の起こった頻度など，その時に著しいものがあったことが分かっている（宮田，1994a）．

e）群集のニッチ交代

上は動物の分類群としてのニッチ交代の様子であったが，群集としての交代の例も知られている．K. Chinzei（鎮西清高，1978, 1979, 1984, 1991）は前期中新世（Early Miocene, 2,200〜1,700万年前），前中期中新世（Early Middle Miocene, 1,650〜1,500万年前），中期中新世（Middle Miocene, 1,500〜1,000万年前）および鮮新世〜更新世（Pliocene〜Early Pleistocene, 500〜100万年前）における，東北地方の浅海貝類群集を調査し，そこに群集としての遷移があることを見出し

た．各時代には対応するニッチにおける種の交代があり（同種が続くこともある），似たニッチには似た群集（相似の群集，Analogous association）が現れる．これを群集の生態的平行現象（Ecological parallelism）と呼んだ．表13-7は砂底貝類群集のニッチ交代の様子を示したものである．日本列島は中新世の始め（約2,000万年前）に大陸から離れ，対馬海峡から南方の温かい海水が日本海に入り，南方性の貝類はその流れに乗って北海道まで達した．ところが中新世の半ばを過ぎる頃（約1,500～1,000万年前）対馬海峡は閉ざされ，日本海は寒流が南下し，東北地方も寒流に洗われ，北方から亜寒帯に棲む種が南進し，一部前から居た貝と混じり合った．この状況は鮮新世になってもあまり変更しない．

上の資料はまた群集の飽和状態を示すものとしても興味深い．これらの変遷した群集は，とにかく当分の間の問題であったとしても，その時々のニッチは飽和していたことを示していると思う．

なおこれらの時期の日本列島と海況については，直接的な資料はK. Chinzei（1991）を，日本列島全体については平朝彦（1993）を参照されたい．

表13-7　日本の第三紀後期の浅海の平らな砂底の堆積中に棲息した貝類群集のニッチ交代．●印は多数出現する種，—印は各時代の群集中で相当するニッチを占める種を示す．

時代		前中期中新世 (1650～1500万年前)	中期中新世 (1500～1000万年前)	鮮新世—更新世 (500～100万年前)
調査地域		岩手県門ノ沢地域	福島県棚倉地域	仙台地域
海況（特に水温）		暖流が流れ温かい，対馬海峡流通	寒流が南下し冷たい，対馬海峡閉鎖	海況左に同じ，ただし対馬海峡流通
貝類相特徴		亜熱帯貝類相 南方種北進	温帯、亜寒帯貝類相 北方種南進	左に同じ
貝類群集	浅底もぐり貝（海底面直下に棲み，水管は短いか，ない）	●*Anadra ninohensis* ●*Clinocardium shinjiense* *Glycymeris cisshuensis*	●*A.ninohensis* ●*Laevicardium shiobarense* *G.cisshuensis*	●*A.tatunokutiensis* *C.pseudofastosum* *G.gorokuensis*
	中程度の深さもぐり貝（体サイズに応じて種々の深さに棲み水管を海底面上に伸ばす）	●*Dosinia nomurai* ●*Tapes siratoriensis* *Compsomyax iizukai*	●*D.japonica* ●*D.kaneharai* *Protothaca tateiwai* *Pseudomiantis pinguis* *Mercenaria yokoyamai*	●*D.tatunokutiensis* ●*P.sendaicus*
	深くもぐる貝（海底面下20～30cmに棲む）	*Panopea kanomatazawaensis*	*P.japonica*	*P.japonica* *Mya japonica*
	固着貝（海底面上に固着）	*Chlamys nisataiensis* *Crassostrea gravitesta*	*C. kaneharai* ●*C. gigas*	*Fortipecten takahashi* *C.gigas*
	デトリタス食者（体サイズに応じて種々の深さに棲む）	*Felaniella ferruginata*	●*F.usta* *Lucinoma annulata* *Macoma incongrua*	*F.usta* *L.annulata* *M.tokyoensis*
	肉食者	*Euspira meisensis*	*Neverita kiritaniana*	*N.kiritaniana*

［鎮西 1984］

f）非生物環境の分化とニッチの分化

上に地史の進展に伴って，あるニッチを占める動物の種や群集が変遷，交代，進化していくことを述べた．ここでは古い起源の生物種が，非生物環境が変遷し複雑になっていくに伴って，新しく現れた種とニッチを分け合いながら自らも生き残って，複雑な群集を作っていく例を紹介したい．

それは微生物の世界によい例が見られる．この世界は最も古い起源の生物も連綿と生き残ってきた世界であり，それにはそれ相当の理由があるはずである．NHK取材班（1994）の調査の中で，Massachusetts大学のL. Margulisの研究として挙げた適例があるので引用させてもらう．

スペインのBarcelona港に広いデルタ地帯があり，ヘドロで覆われている．それは薄い数層からなり（全体で厚さ数cm），表層は緑色，次層はピンク色，最下層は黒色をしている．表層はCyanobacteriaの群集で，一般の緑色植物と同じく太陽光を用いて光合成を行い，酸素を出す．次層は硫黄バクテリア（Sulfur bacteria）の層で，同じく光合成を行うが，その際用いる材料は硫化水素と二酸化炭素で，これを酸化して硫酸とすることで生活エネルギーを得るが，何より重要なことは酸素があってはこの生活反応は出来ないということである．最下層の黒色の部分は硫酸塩還元バクテリア（Sulfur-reducing bacteria）で，硫酸塩を硫化水素に還元して生活エネルギーを得るが，この群集も酸素があると生活反応を遂行することが出来ない（R. G. Wetzel, 1983; T. Fenchel & B. J. Finlay, 1995 等参照）．なおP. Westbroek（1991）によると，似たような状況がオランダのFrieland島の砂浜でも見られると言う．

そこで考えられた地史的シナリオは次のようなものである．太古の海では酸素がなかった．そこでまず栄えたのは上の硫黄バクテリアと硫酸塩還元バクテリアであった．しかしシアノバクテリアが現れて酸素を環境中に出すようになると，彼等は自分に適したニッチ，すなわち酸素含量の非常に少ない底土の中に潜り込んで生活を続けるようになった．つまりはじめのニッチを守りながら，非生物環境が複雑になるに従って，それぞれどこか適当な場所に入り，生活を続けた；その結果群集構造も複雑になっていったというわけである．最も真の古細菌と今の古細菌と言われるものが，同じものかどうかの保証はない．

3）生物相互関係の進化

地球は時代が進むに従って，海はますます深く，山はますます高く，気候帯はますますはっきりと分化し，気候の年変化も明瞭となってきた．要するに非生物環境の構造は複雑さを増してきた．これに伴って，もちろん生物の方もますます新しい質のものが現れ，分布や群集構造も複雑さを加えてきた．この複雑さの中には生物相互関係――食物連鎖関係や同類関係――の内容の複雑さも含んでいる．

a）食物連鎖関係

捕食連鎖関係では栄養段階が上がるほど高等な動物がそこを占めるのが原則である．このことから当然時代が進めば生物群進化は進むので，栄養段階の数は増し，連鎖構造は複雑になっていく．この際栄養段階が増えるには相当の時間がかかる．例えば，シリリア紀に最初の地上植物（Psilophytes）が出現してから，地上動物（甲殻類，昆虫類，クモ類等）がデボン紀前期に出現するまで4,000～5,000万年かかっており，さらにこれらの動物を食う両生類がデボン紀後期に出現するまでまた4,000～5,000万年はかかっている．

このようにして食物連鎖段階は地球の年齢とともに複雑さを加えてきたが，これは段階の数だけでなく，その質的内容においても複雑さを増してきたのである．単純な捕食連鎖は先カンブリア時代の単細胞生物の時代にも存在したであろうし，また何らかの腐食連鎖も存在していたであろう．しかしその内容は次第に質的発展を遂げてきたはずである．特に植物細胞がセルロースで防護され，また木質部にリグニンが多く含まれるようになって，普通に高

等な動物が持つ消化の手段ではこの豊富な資源を利用できなくなったことを受けて，特別な発展が見られるようになった．

例えばシロアリ（特に下等な種類）の腸内にはセルラーゼを出す原生動物やバクテリアが共生し，セルロースを消化して，シロアリはこれを利用する[20]．*Eutermes* のような下等なシロアリではその体重の60％は腸内原生動物が占めると言う（Begon ほか，1996）．シロアリ類の消化管は各種の嫌気性のバクテリア，スピロヘータ・原生動物などで満ちあふれ，そのバクテリアの個体数はシロアリ1匹当たり100～1,000万に達し，またヤマトシロアリ（*Reticulitermes speratus*）の後腸には鞭毛虫が4～10万も棲んでいると言う．高等なキノコシロアリ類（Macrotermitinae）はシロアリタケ（*Termitomyces*）の菌類を栽培し，それを食べてセルラーゼを得る．この菌園はシロアリの'体外消化管'の役割を果たしていると考えられる（安部琢哉・東正彦，1992; 安部琢哉編，1995）．

なおシロアリと類縁の近いゴキブリ類（Blattidae）の後腸内にも原生動物が共生し，下等シロアリの場合と同じ役割をしているが，この二つの分類群の動物は石炭紀か二畳紀（約3億年前）に祖先型が現れたという説がある．ただしその時に両群とも同じような原生動物を持っていたかどうかについては意見が分かれている（松本忠夫，1993，参照）．

アリでもハキリアリ属（*Atta*）のものは切り取った木の葉を巣に運び，その上に菌類を栽培してセルロース等をも栄養源とする．

考えてみれば，落葉枝（Litter）を利用している各種動物は，陸上・水中を問わず，それらを分解する微生物の助けを借りて栄養分を取り，またはそれら微生物を直接に食って生活しているのであるから，上のシロアリについて述べたような食物摂取の様式の先駆的なものは，直接間接を問わなければ，後生動物が出現（約7億年前）して以来，広く見られたのではなかろうか[21]．

11章で述べた共進化の問題は，食物連鎖関係の進化の問題として大変重要な現象であったが，そこで挙げた例はどちらかといえば割合特殊化したものであった．しかし考えてみれば，一般に食物連鎖関係は持ちつ持たれつの関係であり，どのような形のものでも多かれ少なかれ共進化を含む現象と見ることが出来る．それらについてさらに興味ある読者は，川那部浩哉監修（1992～1993）の「シリーズ地球共生系」1～6巻，同氏監修（1994～1995）の「シリーズ共生の生態学」1～8巻，あるいは，J. N. Thompson（1994）の「The Coevolutionary Process」[22]などを参照されたい．

b）同類関係

餌をめぐる競争など，およそ生物生存の基本に関する同類関係は，37億年前に生命が発生して以来存在した重要関係であろう．しかし今少し複雑な同類関係，例えばなわばり制，順位制，あるいは真社会性構造となると，動物進化が相当に進行しないと現れない．

なわばり制は節足動物以上に認められる社会構造である．昆虫のトンボ類で明瞭に認められるが，それには進化の段階によって違いがある．石炭紀に出現してくるような原始的な均翅亜目（Zygoptera）やムカシトンボ亜目（Anisozygoptera）にはなわばり制は明らかでないが，ジュラ紀以降に現れる高等な不均翅亜目（Anisoptera）になると明瞭に認められるようになる（伊藤嘉昭，1959）．

次に順位制についてはどうか．個体が接触した時に順位が認められることについてはヤド

カリ，ザリガニや昆虫でもあるが，順位によって社会構造が維持される順位制となると，現れるのは社会性昆虫とか脊椎動物になってからである．

膜翅目昆虫の真社会性ハチ類で新しく巣を作る時に複数の雌が参加する場合，順位制があって，順位1位のものが産卵に強い権利を得ることはよく知られている．低順位の雌の産卵を妨害したり，それらの雌が産んだ卵を上位のものが食ってしまったりすることがある（伊藤嘉昭, 1993）．あるいはアリ類でも，多雌創設の場合，女王間に順位争いがあり，負けた個体は巣から追い出されたり（キイロケアリ *Lasius flavus* の場合），下位個体の産んだ卵を食べてしまうこともある（東南アジア産のシロアリ食のアリ *Eurhopalothrix* や北米産のオオアリ *Camponotus terrugineus* の場合）と言う（東正剛, 1993, 参照）．アリの場合働き手の間でも順位の見られるものがある．ムネボソアリの一種 *Leptothorax allardzcei* では生産される雄の20％は未受精の働き手の卵から発生するが，働き手の間にも順位があり，順位の高い働き手だけが多くの餌を獲得し，産卵できるという（B. J. Cole, 1981）．このような昆虫の社会性は地史上いつ頃発生するかという確かな証拠はない．しかし古いアリ，アケボノアリ（*Sphecomyrma fregi*）の化石が白亜紀中期（約8,000万年前）に見出され，しかもそれが働き手の特徴を持ったものであることから，その時既に何らかの社会性構造を備えていたことは想像される．

魚になるとトゲウオ（Gasterosteidae）とかアユ（*Plecoglossus altivelis*）にも順位制らしいものが認められるが，順位の違う個体の魚社会の維持に対する役割ということになるとはっきりしない．

順位の違う個体の社会維持上の役割が十分はっきりしないという点では，鳥類でも同じであろう．それが社会構造の維持の上で確かに役立っているという状態は，霊長類になってはじめて明瞭になると言ってよかろう．

つまり社会構造（広く同類関係）も，時代が進み，生物が進化するに従って，複雑微妙になってくる．ただし食物連鎖関係と違って，同類関係が生態系全体の進化にどれくらい影響を与えているかという点になると，動物と植物で大いに状況が違ってくる．植物の場合は生態遷移を通じて生態系全体の変動に大きい影響を与えるが，動物の場合はその仲間内の問題としては重要であるが，生態系全体の進化に対する影響は大変少ないと考えてよかろう．ただし動物といっても，人間は別である．人間に関する同類関係事項は，時として生態系全体の変動にきわめて重大な影響を及ぼすことは言うまでもない．

13-5 生態系進化の原動力

生態系進化の原動力は今まで述べてきたことから容易に考えられることであるが，念のためその概念をまとめて記しておく．

生態系を構成する非生物要素は，既に見てきたように，自律的に力強く変遷進化する．一方生物要素もそれ自身自律的に進化発展する力を持っている．そしてこの二つの自律発展する存在は，互いに連関し，時に対立的局面を出しながらも，終局においては統一して，一体となって進化してきた．いささか硬い哲学的表現であるが，それぞれに自律性を持つ非生物要素と生物要素の対立と統一の中に，生態系進化の原動力はあった．その際その統一体を動かす主導力は，古くは非生物要素の方に比較的大きかったが，時代の進展とともに生物要素も力を加え，特に人間が出現してからはその力はさらに大きくなったかに見える．しかし地

球生態系あるいは宇宙生態系の立場から客観的に冷静に考えると，この人間の力がどれほどのものか，我々は次の付章も参照して，身分をわきまえ，慎重に生活の想を練っていく必要がある．

第13章註

1) 現在の空気中の酸素分圧は 0.2 気圧で，これを 1 Present atmospheric level すなわち 1 PAL と表す．なお 10^{-2}PAL に達したのが20億年以上前であるという説もある（大本洋, 1994）．大本によれば，40億年前にすでに地上に相当量の酸素があったと言う．ただし本書では，パスツール点に達するのは18億年前という普通の考えで論を進める．
2) 和田英太郎（1992）は，バクテリアから人間に至る個々の生物の進化と，生物要素と非生物要素を通ずる物質循環系の進化を併せて，生物圏の進化と呼んでいる．これは生態系の進化というのと事実上同じであろう．
3) 現在の地球の表層は，厚さ60〜100kmの板状の剛体（プレート）十数枚から出来ており，これらはマントルの上に乗って流動している（年間数cm）という学説が，プレート・テクトニクスである．38億年前には数百〜千個もの海洋微細プレートがあったという．これによって大陸の分裂，融合が起こり，造山運動や氷河形成にも関係し，地球生態系の大変動の原因となったという説が有力である．
4) 細菌（Bacteria）と藍藻類（Cyanophyta）からなる．染色体はDNA 分子がほとんど裸のまま細胞中にあって，核膜はなく，有糸分裂のようなものも行わない．ミトコンドリア，葉緑体，その他細胞質構造もない．
5) これらの生命の熱水環境起原については，好熱性古細菌（Thermophile archaebacteria）の研究に基づいているが，古細菌一般の知識については古賀洋介（1988）が参考になる．
6) 40億年前地球と月との距離は現在の1/2であったと言うが（安部正真・水谷仁, 1994），したがって潮汐の周期は早く，その程度は著しいものがあったであろう．
7) $2FeO + 3CO_2 + H_2O \rightarrow Fe_2(CO_3) + H_2$
8) 光合成植物の働きの根幹反応：$2H_2O + CO_2 + 光エネルギー \rightarrow CH_2O + O_2 + H_2O$
9) $2CH_2O + 2H^+ + SO_4^{2-} \rightarrow H_2S + 2CO_2 + 2H_2O$
10) 二酸化炭素の消費に関し，化学進化による炭酸カルシウムとしての沈殿を，北野康（1988）はきわめて重大に考えている．
11) ストロマトライトとは，原核微生物（シアノバクテリア，藍藻類）群集が，堆積物粒子を結合し，炭酸カルシウムを沈殿させて作る岩石である．浅海に多くでき，今日でもオーストラリアなどで見られる．
12) 生命発生初期のタンパク質は，酸素の存在でたちまち酸化されて消失したであろう．なお毒性のある活性酸素種とレドックス反応の調整による進化については，広田喜一・豊田伸哉・淀井淳司（1995）を参照されたい．
13) 葉緑体やミトコンドリアは本来原核生物（真正細菌ともいう）の一種であって，これが大きい他の細胞（古細菌ともいう）に入り込んで一種の共生状態の下に細胞内小器官となったという説が有力である（11章2節参照）．
14) これらの年代については研究者によってかなりの幅がある（大森, 1993, 参照）．
15) 今46億年の地球の歴史を一年の長さに例えると，200万年前のヒト属（Homo）の出現は12月31

日20時10分，ヒトが農耕を始める1万年前は23時59分という計算になる（付章参照）．
16) 深海底堆積物の研究から，過去70万年間に7～10回も氷期があり，それは10万年周期で起こったという説がある（鎮西清高, 1990）．
17) 白亜紀末の恐竜絶滅は600万年かけて起こったという説がある（河田雅圭・千葉聡, 1994）．
18) B. Petromievisc (1921) の「生物進化24法則」中の'躯体大化の法則'．井尻正二 (1952) の「生物進化の24法則」参照．
19) この原則については，前述Petromievisc も関係あるいくつかの原則を提示しているが，ここでは省略する．
20) 最近の研究で，シロアリ類にセルラーゼを自ら生産するものがあることが分かってきている．例えば，高等シロアリ類のタカサゴシロアリ *Nasutitermes takasagoensis* は中腸と唾液腺からセルロース分解酵素を分泌する［G. Tokuda（徳田岳）ほか, 1997］．
21) 水中動物にはシロアリのような腸内共生微生物を利用するものはいない．これは藻類などの体を作る細胞壁の量的割合が陸上植物に比べて小さいことが原因で，そのようなものが進化しなかったのではないかと考えられる（阿部, 1994, 私信）．ただし水中落葉などに繁殖した菌類を食ってタンパク質をとるものは，ミズムシ類 (Asellidae)，トビケラ幼虫 (Trichoptera) などたくさんいる．これらも共生の一種と考えられることも出来ようか．
22) Thompson は'共進化の地理的モザイク説 (Geographic mosaic theory of coevolution)'を唱えたが，これは地球上の各地の生態系における共進化の動態に関係があると考えるので，少し説明しておく．生物相互作用は時が進むにつれて関係の特殊化 (Specialization) が起こるが，その内容に地理的変異がある．ある地域個体群では相互作用の特殊化は進み，また別の個体群は絶滅する．こうして共進化は地域によって異なる，地理的モザイク状に進むのである．一例を挙げると，セイタカアワダチソウ (*Solidago altissima*) の茎に虫こぶを作るハエの一種 (*Eurosta solidagonins*) がいる．またその虫こぶの中の幼虫を食う捕食寄生者であるコバチの一種 (*Eurytoma gigantea*) と，捕食者である小鳥（キツツキ，シジュウガラ）がいる．これら三栄養段階の間の三栄養相互作用 (Tritrophic interaction)（11章3節参照）に共進化がある．*Eurytoma* の産卵は小さい虫こぶで成功率が高く，小鳥の捕食率は大きい虫こぶに高い．捕食寄生者と捕食者は反対方向の選択圧をかけることになる．実際に16の地域個体群について調査したところ，その半数について選択による安定化の結果が認められた．さらに虫こぶの大きさには，植物の遺伝子型，ハエの遺伝子型およびその土地の環境の様子で決まる要素もある (A. E. Weis ほか, 1985, 1990, 1992; K. D. McCrea & W. G. Abrahamson, 1987; Abrahamson & Weis, 1997)．以上のようなもろもろの要因の違いは相互作用の進化に複雑な地理的パターンを引き起こして，これによって具体的な共進化は進むというのが，地理的モザイク説のあらましである．

付章 1 ヒトから人間へ

　この章は「動物の生態」の本としては余分の章かもしれない．しかし今までいろいろの動物の生態や生態系の現象を見てきた立場から，やはり一言触れておきたいと思うことがあって，付記する形で追加することにした．

　この章ではヒトと人間という言葉を使い分けた．ヒトとは動物的性格を強く含んだ *Homo sapiens sapiens* を意味し，人間とは他の動物と本質的に違った何か（後述）を含んだ *Homo sapiens sapiens* を意味する．

　まずヒトの由来について説明する．これには諸説があるが，代表的な道筋を R. L. Susman (1990) に基づいて述べるが，H. J. Jerison (1963)，P. V. Tobias (1971)，高畑尚之 (1994)，尾本恵市 (1996)，及び岩波「科学」68 巻 4 号 (1998) の"氷河時代末期に人類はどう生きたか"という特集号もよい参考になる．

付章 1-1 ヒト科（Hominidae）の系譜

a）約 400～300 万年前（鮮新世）

　ヒトの祖先らしいもの（猿人，Ape-man）が現れるのは東アフリカにおいてで，樹上生活をしていたと考えられる．その名は *Australopithecus afarensis* と言われ，体重約 35kg，脳の容量 350～530cm^3，知能に関するニューロン数約 45 億，樹上でどんな生活をしていたかは明らかでない[1]．

b）約 200 年前（鮮新世）

　猿人はやがて森を出て，当時拡大しつつあった草原・サバンナの生活を始め，原人（Proto-man）*Homo habilis* となる．簡単な道具（石器など）も使っていたらしい（チンパンジーの道具使用は有名である）．やはり東アフリカで見出され，体重約 35kg，大脳容量 530～800cm^3，知能

に関するニューロン数約54億.

　c）約150万年前（更新世）

　いよいよはっきりと二足歩行を始める．やはり原人に属し，*Homo electus* と言う．分布はだいぶ広がり，アフリカを出て，ヨーロッパ，東アジアにも及ぶ．有名な北京原人やジャワ原人もこの類である．体重約50kg，大脳容量800〜1,200cm^3，知能に関するニューロン数57〜84億に達する．道具もだいぶ進化し（オノやハンマーが現れる），また火を使ったらしい形跡がある．この時代に生活資料を植物性のものに加えて，狩猟によっても得るようになったことは著しい変化である．

　d）約30万年前（更新世，第三氷期〜第四氷期前半）

　H. electus の時代は100万年以上も続くが約30万年前，いよいよ旧人（Palaeo-man）*Homo sapiens neanderthalensis* が現れる．このものは旧世界に広く分布し，体重53〜68kg，大脳容量1,200〜1,800cm^3，知能に関するニューロン数84〜89億で，すでに次に現れる新人と同程度に達している．著しいことは宗教らしいものが芽生えていることである．

　e）約3万5千年前（更新世，第四氷期後半）

　いよいよはっきりと新人（Neo-man）*Homo sapiens sapiens* が現れる[2]．化石新人としてはクロマニオン人（Cro-magnon人）が世界的に有名で，日本でも数カ所から知られており，浜名湖周辺の三ヶ日人，浜北人などがある．洞穴壁画などによっても高い芸術性を備えていたことが分かる．ほとんど現代人と変わらず，もしクロマニオン人が現代衣装をまとって街を歩けば，外見から現代人と区別はつかないだろうと言う．

　f）1万年前

　クロマニオン人までをヒトと呼べば，1万年前からはいよいよ人間と呼ぶべき段階に入る．今までは自然の中で他の生物たちとともに生き，非生物環境に対してもまずあるがままに受け入れて生活してきた．それがここにきて農耕が始まり，自ら食糧生産に乗り出し，自然を改造することを始めたのである．

付章1-2　地球生態系進化の時間表の中のヒトおよび人間の位置

　前節でヒトおよび人間の進化史を述べた．ではこのようなヒトおよび人間の進化史は，地球生態系の進化史の中で，どのような時間表の中で展開されたのか，その位置を十分自覚しておく必要がある．表付1-1はそのあらましを示す．地球が生まれた時を1月1日として，表にあるような事象が現れる月・日・時刻は，そこに示してある通りである．ホモ属が現れるのは12月31日の20時過ぎで，農耕が始まり動物的ヒトが人間らしくなるのは，やっと12月31日23時59分である．我々は地球生態系の中ではホヤホヤの新入者であって，何が出来るか何をしてはいけないか，真に謙虚に考えねばならない．地球生態系はとてつもなく長い進化の歴史を通じて，構成者の間で絶えず微妙な調和を保ってきたことを，よくわきまえておかねばならない．

表付1-1 地球生態系進化の時間表の中でのヒトおよび人間の位置．全体の経過を1年の長さにたとえる．

事項	時代	1年の暦の中の時
地球の起源	約46億年前	1月1日とすると
生命誕生	約37億年前	約2月10日
光合成植物（藍藻類出現）	約34億年前	約3月4日
酸素パスツール点（10^{-2}PAL）到達	約18億年前	約7月12日
真核細胞出現	約15億年前	約8月17日
後生動物出現	約7億年前	約11月5日
生物上陸	約4億年前	約11月30日
両生類（栄え始め）	約3億5千万年前	約12月3日
両生類時代→爬虫類時代	約2億5千万年前	約12月10日
爬虫類時代→哺乳類時代	約6千5百万年前	約12月26日
猿人（アウストラロピテクス）出現	約4百万年前	約12月31日16時23分
原人（ホモ・ハビリス）出現	約2百万年前	同　　20時10分
旧人（ネアンデルタール人）出現	約30万年前	同　　23時26分
新人（クロマニョン人）出現	約3万5千年前	同　　23時56分
ヒト→人間（農業革命）	約1万年前	同　　23時59分

[諸資料より，森 作成]

付章1-3 人間の特色

ヒトは明らかに動物から進化してきたもので，生物学の教科書に哺乳類の一種として位置づけてあるのももっともな面がある．実際我々は日常生活において，動物的段階の諸要素（例えば，生理的諸現象，食欲・性欲などの本能的なもの，あるいは社会の原始的なわばり構造，順位構造など）をすべて具現して生活している．

しかしまた一方，前章に示したニッチの交代から明らかなように，それまで爬虫類や哺乳類が多くの種類を併せてようやく埋めていた地球上のいろいろなニッチを，*Homo sapiens sapiens* 一種ですべて埋め，その上に宇宙まで進出するという現象は，どうしてもヒトが動物と同列の存在であるという認識では説明できない；これはどうしても一段階系列を異にする，'人間'という存在を考えねばならないと思う．

今や人間は全生物界と段階を異にする存在となっているのである．しかしまた，人文・社会科学方面でよくとられている立場，すなわち人間を生物たちと全く隔絶した存在としてとらえる立場も，また進化の視点からすると一面しか見ていない考えと言わねばならない．

このように我々は，動物的側面（ヒトの面）と，動物とは段違いの側面（人間の面）の両面を持っていると考えるべきである（言い換えれば，人間という存在の中にヒト的要素が内包されているということ）．今'持っていると考えるべきである'と書いたが，そのような表現をとりたい理由は，そのような二面があるということを自覚しているのかどうか疑わしい場面にしばしば出会うからである．この点についてさらに後で意見を述べさせていただきたい．

その前にまず，人間の動物から隔絶した側面，すなわち人間を真に人間たらしめている最大の要因について，生態学徒の立場からの意見を述べておきたい．

それは大脳の非常な発達に尽きるので，これが道具の発展と，言葉・文字の進化の二面の特質を作ってきたと考える．この二面が相互作用のもとに合わさって，いわゆる文明・文化の発展を現実化してきたのである．これによって，肉体的には総じて動物でありながら，地

球生態系の中の存在としては，動物と段違いの人間となって成長してきたのである．

この際大脳の働きについて特に指摘しておきたいことは，人間が歴史的に経験してきた事実を情報として集積する能力についてである．これは特に自然科学の分野において顕著である．それは今日高等学校の生徒の持っている物理学の常識が，Newtonの知識をはるかに越えている一事を見ても明らかである．Newtonの大脳の肉体的情報収容可能量は，現在の高等学校生のそれより大きかったかもしれない．しかし高等学校生の情報量は，肉体本体の持つ情報収容可能量を越えて，歴史上の知能が集積した情報量，例えば図書の中に収められている情報量を加えたものとなっているのである．

この点についてすでにR. I. Britten & E. H. Davidson (1969) は，生物の進化に伴う遺伝情報量の増加について研究し，図付1-1のような結果を発表した．情報量はビット（Bit）という単位［Binary digit の略］[3)]で表してある[4)]．はじめ約30億年間は地球上の生物がもつ遺伝情報量は急激に増大し，その後はその増大速度は急に鈍ってきた．人間が生き残るために，もし数百億ビット（10^{10}の桁）以上の情報量が必要であるとすれば，遺伝とは違う仕組みによってその情報を獲得しなければならない．遺伝情報系の発達速度はごく遅いから，どんどん増えていく情報処理を，DNAだけに頼ることはできないのである．当然図書のような肉体外の情報集積機構を利用しなければならないことになると言う（C. Sagan, 1977）．これが歴史的経験の集積ということである．

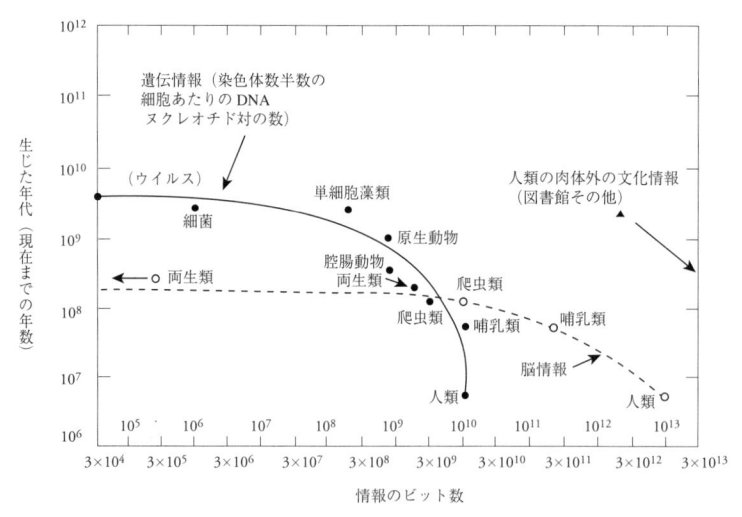

図付1-1　生物の進化に伴う遺伝子と脳の情報内容の変化．実線および黒丸は，各種分類群のもつ遺伝子が含む情報量をビット数で横軸に示す．またこれら分類群の地史上の起源の概略の時期も縦軸に示す．ある分類群についても，細胞1個あたりのDNA量には変動があるので，それぞれ最少の情報含量のみを示す．ウイルスの遺伝物質中の情報ビット数も示したが，現在のウイルスが数十億年前に生じたものと同じかどうかは明らかでない．破線と白丸は，これらの同じ生物について，脳と神経系内の情報量の進化の概略の推定値を示した．両生類およびそれ以下の動物の脳については，脳の情報量は図の左端よりさらに左にずれてしまう．さらに人間については，もし肉体外の情報（図書館その他）も含めるなら，▲点は図のずっと右下方へ移るはずである．［Britten & Davidson 1969 に基づき，Sagan 1977より，長野訳1992による］

D. J. Futuyma（1986）はこの点について次のように述べている．"文化進化は生物進化と重要な点で違う．多分一番重要なのは，文化進化がラマルク的であるということだ（岸由二ほか訳より）"．文化の獲得進化を非常に重要視して，その性格を的確に表現していることは注目したい．

上に自然科学方面における知識情報の集積について多少述べたが，人文・社会科学方面における知識情報の集積はそれほどやさしいことではなさそうで，これについては次節に述べる．

付章1-4 我等いかに生きるべきか

上にヒトの本質および人間の性格について見てきた．ではそのような認識の上に立って，我々はいかに生きていくべきか．これは大問題であり，人それぞれの立場，経験から，いろいろに発言しまた行動してきたし，また今後も発言され行動されていくことと思う．ここで筆者は，動物の生態を学んできた一学徒の立場から，考える要点を摘記させていただきたい．

まず第一に，地球上に生きる我等周辺の諸問題を考えるのに，常々生態系的立場に立って考えよということである．生態系的立場とは，人間を含む生物界と，各種の非生物界とを，一体のものとして捉える立場である．例えば地球環境問題を考える際にも，もちろんこの立場に立つ．非生物環境は我々人間と一体になって存在するから，俗間に言われる'環境に優しく'とか'地球に優しく'とかいったような発想は出てこない．この俗語の意味するところは，人間と非生物環境を対置して捉え，相手である環境に優しくしようということである．これはヒトの出現にまで至る地球の壮大な歴史から見て，まことに傲慢とも言える考えで，そのような考えからは真剣に我が事とした環境問題の処理，発想は出てこない．生態系的立場とは，中村桂子（1993）の言う，系に対し'endo'の立場に立つことである．人間は地球生態系に含まれたendoの存在である．それに比べて地球に優しくというような立場は，'exo'の立場の発想である[5]．このような立場に立つかぎり，環境問題の処理に真剣さは出てこないし，また共に生きるべき地球上の他の生物たちの生殺与奪の権を握っているかのような行動はなくならないであろう（森，1994b）．この点で高畑尚之（1994）も同じ考えのようである．

上の地球生態系的立場の重要性について，安田喜憲（1993）の「気候が文明を変える」という著書は参考になる．今から約3,000年前（紀元前1,200年の頃）地球規模の寒冷化が起こり，北緯35°以北では冬雨の増大と湿地の拡大が，北緯35°以南では同時に乾燥化が起こった．これによって北方や大陸中央に住む民族の生活環境が厳しくなり，南方への移動が起こり，世界各地で闘争動乱が起こるが，同時に文化の移動もこれに伴った．日本のイネ作はこの頃始まり，鉄器文化の興隆もその頃から見られるが，これらは大陸民族の移住に伴って生じた事態であると考えられる[6]．外国ではヒッタイト帝国の崩壊，ミケーネ文明の没落と，一方ギリシャ文明の形成がこの時期の事件であり，精神文明の点でもいろんな意味で転換期となったと言う（例えば蛇を尊重する文明から，対照的な蛇を退治する文明へと移るなど）．これら一連の大変動は全く地球生態系的事件であり，今日における人間の力も大局的に見て地球生態系の状態を大規模に変更することは出来ないであろう．我々の心すべき重要事である．

しかし幸いにもこの点について，日本人の認識は変化しつつある証拠がある．図付1-2は統計数理研究所が5年ごとに日本人の国民性研究として，全国200～300地区における無作為標本抽出法（1対1面接法）によって，総数2,000～4,000人について人間と自然の関係を尋ねて得た結果を示したものである（林知己夫，1996，および私信）．これによれば，3つの質問（人間が幸福になるためには，1：自然に従わなければならない，2：自然を利用しなければならな

い，3：自然を征服してゆかなければならない）に対し，1968〜1973年頃から答えに大きい変化が現れてきた．3と答える人の数が大幅に減少し，1と答える人の数が圧倒的に増え，今やすべての答えを上回ってきたのである．質問1の答えは，すなわち人間を生態系の一員として捉える立場であり，喜ぶべき傾向と言える．

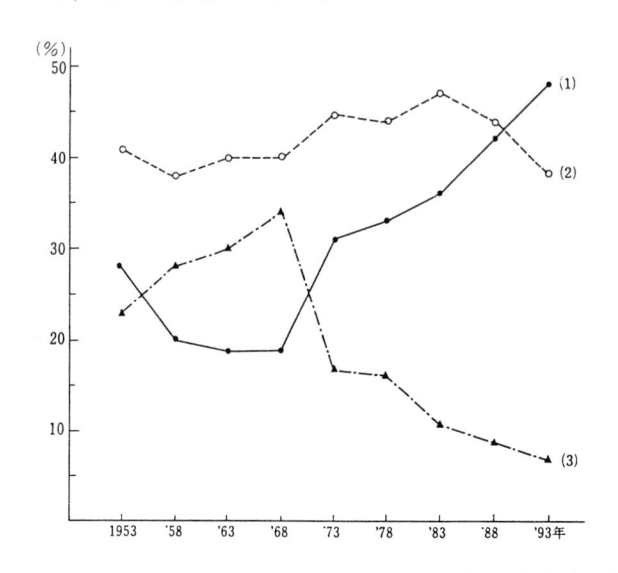

図付1-2　自然における人間の位置に関する日本人の認識の変化．統計数理研究所が全国無作為標本抽出法によって，1〜3の質問に対する答えの結果をまとめたもの．人間が幸福になるためには，(1) 自然に従わなければならない，(2) 自然を利用しなければならない，(3) 自然を征服してゆかなければならない．
[林 1996]

　第二に，知識の歴史的集積を重視せよということである．人間の一大特色は言葉・文字の使用にあるが，これは莫大な人々の知能の集積を可能にしたのである．そして肉体的遺伝子の持ちうる情報をはるかに越えて，莫大な情報を集積してきたのである．自然科学の分野では，文字通りこのことを理解して進んできたことは前述の通りである．ところが人文・社会科学の分野では，この歴史の集積に学ぶということは大変難しいように見える．例えば，戦争がいかに人々にとって悲惨であるかということはよく分かっていそうに見えるのに，同じ歴史が繰り返し起こる．わが国の状況を考えても，あの太平洋戦争の惨憺たる歴史を忘れたかのような各種の思想が横行し，それに基づいた各種の施策が実行され，また実行される傾向にある．つまり人間の仮面をかぶったヒトの存在が，強く印象づけられる今日の状況である．前節に，我々はヒトという動物的側面と動物とは段違いの人間的側面の二面を持っていると考えるべきであると書いたが，そのような自覚の足らない人々の存在が悲しまれる次第である（森，1989)[7]．これは実は自然科学者についても言えることで，分子生物学者で，ヒトゲノム解読研究の第一線にあって活躍中のR. Pollock (1994) の言葉は味わう必要がある．彼は物理学者が原爆開発に力を尽くした誤りを述べた後で，自然科学が政治，経済，社会への大きい影響を持つことを念頭に置いて，次のように言う．「分子生物学者はこのような誤りを繰り返してはならない．………ヒトゲノムの言葉としての意味をすべて理解し尽くそうなどという望みは捨て，これからの分子生物学者は（時には）評論家や歴史家になってよいのではないだろうか．[中村訳より，（　）内は他の文章から考えての筆者註]．

第三に，人間の将来の運命を制する地球の人口許容量について重大な関心をもつ必要があるということである．この大問題を解決するには，もちろん一般生物に適用される個体群生態学の単純な応用ではできない．J. E. Cohen（1995）はここらの問題を広範に，かつ冷静に論じ，経済・文化などの人間独特の社会的問題も重要な関係を持つと考え，人口許容量推定のむずかしさを述べている．この著作は重要な参考文献であるが，Cohenの立場は生態学的視点に立つというよりは，人間と環境を対置する立場に立っているようである．筆者は生態系的立場から，ヒトの存在として不可欠な食物に基礎を置き，人間の存在として重要な経済・文化などの要素を加えた，「人間個体群生態学」とでもいうべき学問分野を発展させる，広い視野を持った勇気ある生態学研究者の出現を切に期待したい．

　以上地球の歴史，生物の歴史，生態系の歴史，ヒトと人間の歴史を通観し，それから学ばねばならないと考えるポイントについて，筆者なりの意見を述べてきた．読者はそれぞれの立場で，これらの問題について思いを巡らしていただければ幸いである．

付章1註

1）この猿人よりさらに古い，約440万年前に *A. ramidus* という猿人が現在のエチオピアにいたことが見出された（T. D. White ほか，1994）．このものは森林に棲み，チンパンジーに近い点もあるが，類人猿から人類に一歩踏み出したものと考えられている．
2）ヒト（*Homo sapiens sapiens*）の起源については，別に20万年前にあるとする説もあるが，その出現由来については諸説があって定まっていない．一説は単一起源説（アフリカに起源があって世界に広がったとする説）で，他の一つは世界各地に分布していった先行種から各地で同時多発的に生じたという説である．この問題について高畑は1994年に，ヒトの歴史はこのような二つの説に要約されるような簡単なものではなく，脱アフリカは何回も起こり，また世界各地で脱地方も何回も起こり，動的な変遷を経て現在に至ったのではなかろうかと言った．これに対し宝来聡（1996）は現代の各人種と類人猿も含めてミトコンドリアのDNAの塩基配列について研究を行った結果，現代人（新人起源）はアフリカの単一祖先から由来したもので，原人や旧人は現代人と遺伝子の交流を行うことなく亡びてしまったと考えた．上記高畑は1996年になって，この宝来説に同調した考えを述べた．
3）二者択一の形で表される情報量の最小単位．スイッチの開と閉など，一般に二進信号の0と1で表される情報の一組またはそれを表示する個々の素子などを言い，例えばN bitの情報は2^Nの可能性を区別することができる．
4）生命の言語である遺伝情報は，4種類のヌクレオチドの並び方の順序で決定される．ヒトの場合，典型的な一本の染色体の分子は，およそ50億対のヌクレオチドから成り立っているから，これをビットで表すと，200億ビット（5×10^{10}ビット）の情報を含むことになる．C. Sagan（1977）に分かりやすい解説があるので参照されたい．
5）中村（1993）の言うところを今少し説明する．従来の物理学に代表される自然科学は，研究者がいつも研究すべき系の外にいた——つまり 'exo' の立場にいた．しかし生命の創出に関する問題は，本来自分もその系の中に入り込んだ立場，すなわち 'endo' の立場で研究すべきものであったのに，この考えが十分に自覚されていなかった．この考えの上に立って生物学は新しい展開を図るべきであると言う．

6) 青木健一（1996）によれば，日本における稲作および米食は4,000年以上も前から行われており，特に水稲農耕は大陸の渡来を契機として2,300年前（弥生時代早期）から行われるようになったと言う．
7) この問題に関する哲学的考察については，尾関周二（1998）の歴史的検討が参考になる．

付章 2 数理生態学について

　5章4節に梅棹忠夫（1949, 1950, 1951）のオタマジャクシの研究を，また10章3節に森下正明（1952）のアリジゴクの研究を紹介した．これらは優れた日本の数理生態学の草分け的研究であったと思う．その後，数理生態学の研究は発展の一途をたどってきた．本書でも所々で，その一端に触れるような研究を（主として古典的な，あるいは普通知られている知識に基づいたものを中心に）述べておいた．なお最近の大まかな発展の状態，あるいは発展させるべき方向について，日本生態学会誌45号（1995）に，巌佐庸の適切な解説とともに，若干の研究者の報告が掲載されているので参照されたい．また寺本英著「数理生態学」（1997），巌佐庸編著「数理生態学」（1997），J. M. Fryxell & P. Lundberg 「Individual Behavior and Community Dynamics」（1998）はいずれも入門者むきの好著である．

　さてこの数理生態学の研究の発展自体はけっこうなことと思っているが，ここでその方法論に関する筆者の考えを述べておくのも意味があることと考える．

　数理生態学は，実際に起こっている何らかの生態現象を数理論的なモデルとして表現し，いくつかの現象の起こる基本的統一的原理をさぐり，さらに進んで実態現象が生起するであろう将来の道を予測するところにあると考える．これは物理学における進展の方法を模したものと言える．物理学における理論は，それを実証する実験的結果を得てはじめてその意義が確立されるが，生態学においてもその通りであり，むしろこのことは物理学よりもさらに強調されねばならないであろう．というのは生態現象は物理現象よりは，関係する要素においても，その関係様式においても，格段に複雑微妙であり，結果は研究者の思考をはるかに越えて起こる場合がしばしばあるからである．実態現象の裏付けのない理論は，生態学としては数学の遊びにすぎないと言える．生態学の発展の上でもちろん数理論的取り扱いは必須のものであるが，その際，上の考察を十分にわきまえておかねばならない[1]．

　上のような考えからすると，数理生態学のとりあえずの健全な発展は，まず実態現象の観察があり，それを数理論化するところから始めるべきであろう．この点'実態現象の後追い理論'が主体となるのはやむを得ない．観察されていない先を見越しての理論化は，試みる

ことは学問としては結構なことであるし，'学問する心'の面白味はそこにあることは察せられるが，それが生態学として価値を持つかどうかは不明である点は，物理学の比ではないことを知るべきである．したがって数理生態学者の場合は，理論物理学者と違って，少なくとも当分の間は，何らかの実態現象の研究にも手を染めている（あるいは十分に意志の通ずる実地共同研究者を持つ）必要があると思っている．

現に生態系生態学を，物理学をモデルとして，数学を道具に用い，理論的に構築しようと努力した G. I. Ågren & E. Bosatta（1996）（二人とも物理学出身者）も，その道は理論物理学のようにはいかない，理論生態学は実際の経験（実験を含む）的事実の後ろ盾がなければ確かなものとして受け入れられないと述べ，その道の上に自説を展開した．また逆に D. Chitty（1996）は野外研究者の立場から，"彼等は単純さ，つまり数学を求めるが，それを信用してはいけない"と言っているのは，いささか表現がきつすぎるが，なお味わうべきものを持っている．さらに I. Hanski（1999）はメタ個体群生態学の研究において，理論（モデル）と野外の経験的事実の結びつきの重要性を主張し，いずれを欠いてもそれらの研究はやがて忘れ去られると述べたが，筆者は経験的事実は残るが，経験的事実の裏付けを欠いた理論はやがて忘れ去られると思う．

次にもう少し細かく入ったことで，いわゆる'戦略'などという言葉を使う問題についてである．進化戦略，適応戦略，最適戦略，r－・K－戦略，ゲーム理論，軍拡競争などが，一般生態学でもよく使われる状況となり，特に数理生態学では必ず出会う言葉となっている．このような戦略などという言葉は相当に擬人的なもので，手軽に使うべきでないことについては既に所々で述べてきた．数理は人間の学問の問題であり，生物たちがその道筋を自覚しているかどうかは別問題である．大多数の場合は自覚していない，結果は合終局的なものにすぎない，と考えるべきであろう．

数理生態学の重要さを思うにつけても，以上のような諸点を十分に配慮した発展が望ましいと思っている．

付章 2 註

1）このあたりの考えについては，地質学が物理学とは違う点を強調した都城秋穂（1995）の"複合理論モデル"が参考になろう．

引 用 文 献

Aarssen, L. W.（1992） Causes and consequences of variation in competitive ability in plant communities. J. Veg. Sci.,3: 165-174.

Abbott, I.（1978） Factors determining the number of land bird species on islands around southwestern Australia.Oecologia, 33: 221-233.

安部正眞・水谷仁（1994） 地球史における一日の長さの変化. 潮汐が引き起こす地球一月系の力学進化. 科学, 64: 495-503.

安部琢哉（1994）生物多様性の生態系を目ざして. 日生態会誌, 44: 197-200.

安部琢哉（1995）バイオサイクル：その基本的機構とバリエーション. 文部省科学研究費補助金（平成4～6年度）研究成果報告.

安部琢哉・東正彦（1992） シロアリの発明した偉大なる「小さな共生系」. 川那部浩哉監修, シリーズ地球共生系1,「地球共生系とは何か」, 中の1章. 平凡社.

安部琢哉・陀安一郎（1993） 空中窒素を"食べる"シロアリ, 熱帯雨林のバイオリサイクル. 科学, 63: 781-788.

Abele, L. G. & Gilchrist, S.（1977） Homosexual rape and sexual selection in Acanthocephalan worms. Science, 197: 81-83.

Abmadjian, V. & Paracer, S.（1986） Symbiosis. An Introduction to Biological Associations. Univ. Pr. New England.

Abrahamson, W. G. & Weis, A. E.（1997） Evolutionary Ecology across Three Trophic Levels. Goldenrods, Gallmakers, and Natural Enemies. Princeton Univ. Pr.

Abrams, P. A.（1983） The theory of limiting similarity. Ann. Rev. Ecol. System., 14: 359 - 376

Abrams, P. A.（1987） On classifying interactions between populations. Oecologia, 73: 272-281

Agar, W. E., Drummond, F. H., Tiegs, D. W. & Gunson, M. M.（1954） Fourth（final）report on a test of McDougall's Lamarckian experiment on the training of rats. J. Exp. Biol., 31: 307-321.

Ågren, G. I. & Bosatta, E.（1996） Theoretical Ecosystem Ecology. Understanding Element Cycles. Cambridge Univ. Pr.

合原一幸（1993） カオス. 全く新しい創造の波. 講談社.

Ajtay, G. L., Ketner, P. & Duvigneaud, P.（1979） Terrestrial primary production and phytomass. In Bolin, B., Degens, E. T., Kempe, S. & Ketner, P.（eds）, The Global Carbon Cycle. SCOPE, 13. John Wiley & Sons.

秋元信一（1996） アブラムシに見られる親子関係. コロニーの防衛はどのように進化したのか. 斉藤裕（編著）,「親子関係の進化生態学. 節足動物の社会」中の1章. 北海道大学図書刊行会.

秋野順治（1998） 化学擬態 — アリをめぐる化学情報戦 — 生物科学, 50: 129-136.

秋野順治・望月理絵・森本雅之・山岡亮平（1996） 好蟻性昆虫アリヅカコオロギによる多種アリ類への化学的擬態. 応動昆, 40: 39-46.

秋野順治・山岡亮平（1996） クロヤマアリの死体確認因子: オレイン酸の起源について. 応動昆, 40: 265-271.

Alberts, B., Bray, D., Lewis, J., Raff, N. & Watson, J. D.（1994） Molecular Biology of the Cell（3rd ed）. Garland. 訳本：中村桂子・松原謙一監修, 1994: 細胞の分子生物学（第2版訳）. 教育社.

Aerstam, T.（1990） Bird Migration. Cambridge Univ. Pr.

Alexander, R. D.（1974） The evolution of social behavior. Ann. Rev. Ecol. Syst., 4: 325-383.

Allan, J. D.（1995） Stream Ecology. Structure and Function of Running Water. Chapman & Hall.

Allan, J. D., Flecker, A. S. & McClintock, N. C.（1987） Prey size selection by carnivorous stoneflies. Limnol. Oceanogr., 31: 864-872.

Allee, W. C.（1938） Cooperation among Animals, with Human Implications. Henry Schuman.

Allee, W. C., Emerson, A. E., Park, O., Park, T. & Schmidt, K. P.（1949） Principles of Animal Ecology. W. B. Saunders.

Allen, T. F. H. & Hookstra, T. W.（1992） Toward a Unified Ecology. Columbia Univ. Pr.

Allen, T. F. H. & Starr, T. B.（1989） Hierarchy : Perspectives for Ecological Complexity. Univ. Chicago Pr.

Altmann, J., Hausfater, G. & Altmann, S. A.（1988） Determinants of reproductive success in savannah baboons, *Papio cynocephalus.* In Clutton-Brock, T. H.（ed）, Reproductive Success: Studies of Individual Variation in Contrasting Breeding Systems. Univ. Chicago Pr.

Alvarez, L. W.（1987） Mass extinctions caused by large bolide impacts. Physics Today, 40: 24-33.

Alvarez, L.W., Alvarez, W., Asaro, F. & Michel, H. V.（1980） Extraterrestrial cause for the Cretaceous-Tertiary extinction. Science, 208: 1095-1108.

Anderson, D. J. & Kikkawa, J.（1986） Development of concepts. In kikkawa, J. & Anderson, D. J.（eds）, Community Ecology. Pattern and Process. Blackwell Sci. Pub.

Anderson, R. M. & May, R. M.（1981） The population dynamics of microparasites and their invertebrate hosts. Phil. Trans. R. Soc. Lond., B.291: 451-524.

Anderson, T. & Hessen, D. O.（1991） Carbon, nitrogen, and phosphorus content of freshwater zooplankton. Limnol. Oceanogr., 36: 807-814.

Andersson, M.（1994） Sexual Selection. Princeton Univ. Pr.

Andrewartha, H. G. & Birch, L. C.（1954） The Distribution and Abundance of Animals. Univ. Chicago Pr.

Andrewartha, H. G. & Birch, L. C.（1984） The Ecological Web. More on the Distribution and Abundance of Animals. Univ. Chicago Pr.

Andrews, R. V.（1968） Daily and seasonal variation in adrenal metabolism of the brown lemming. Physiol. Zool., 41: 86-94.

Anguilera, E.（1990） Parental infanticide by white spoonbills *Platalea leucorodia*. Ibis, 132: 124-129.

青木健一（1996） 農耕の伝搬と初期農民の分布域. ヨーロッパの小麦、日本の水稲. 科学, 66: 173-181.

青木清（1991） 魚類の行動と偏光感覚. 日本動物学会編, 現代動物学の課題, 8, 行動. 学会出版センター.

青木重幸（1984） 兵隊を持ったアブラムシ. どうぶつ社.

青木重幸（1999） アブラムシの兵隊は不在か？ 生物科学, 51: 85-92.

有本卓（1995） 「ロボットから人間の成長について考える」という主題で、藤永保との対話録. ゑれきてる, 58: 7-13.

Arrhenius, O.（1921） Species and area. J. Ecol., 19: 95-99.

Arthur, W.（1990） The Green Machine. Basil Blackwell.

朝倉彰（1990） 十脚甲殻類の交尾行動・配偶システムとその進化. ーとくに交尾前ガードに関する話題を中心にー. 生物科学, 42: 192-200.

朝倉彰（1998） 十脚甲殻類の社会性（1）：ペアで見つかる種のオスーメス関係. 生物科学, 49: 228-242.

東幹夫（1964） 琵琶湖におけるアユの生活史ー発育段階的研究の試み. 生理生態, 12: 55-71.

Baba, R., Nagata, Y. & Yamagishi, S.（1990） Brood parasitism and egg robbing among three freshwater fish. Anim. Behaviour, 40: 776-778.

Baerends, G. P. & Kruijt, J. P.（1973） Stimulus selection. In Hinde, R. A. & Stevenson-Hinde, J.（eds）, Constraints on Learning: Limitations and Predispositions. Academic Pr.

Bailey, R. G.（1996） Ecosystem Geography. Springer-Verlag.

Baker, J. R（1925） A coral reef in the New Hebrides. Proc. Zool. Soc. London, 66: 1007-1019.

Bakker, K.（1961） An analysis of factors which determine success in competition for food among larvae of *Drosophila melanogaster*. Arch. Néerlandaises de Zool., 14: 200-281.

Bakker, R. T.（1983） The deer flees, the wolf pursues: incongruencies in predator-prey coevolution. In Futuyma, D. J. & Slatkin, M.（eds）, Coevolution. Sinauer Associates.

Balogh, J. & Loksa, I.（1956） Untersuchungen über die Zoozöne des Luzernenfeldes. Acta Zool., 2: 17-114.
Ban, Y. & Chubu Aquatic Insects Research Group,（1994） Life history and habitat preference of the burrowing mayfly, *Ephoron shigae* Takahashi（Ephemeroptera: Polymitarcidae）in the Yahagi River in central Japan. Verh. Internat. Verein.Limnol., 25: 2468-2474.
Barber, R. T.（1988） Ocean basin ecosystems. In, Pomeroy, L. R. & Alberts, J. J.（eds）, Concepts of Ecosystem Ecology: A Comparative View. Springer-Verlag.
Baringa, M.（1996） Reseachers find the reset button for the fruit fly clock. Science, 271: 1671-1672.
Batzli, G. O.（1983） Responses of arctic rodent populations to nutritional factors. Oikos, 40: 396-406.
Bazzaz, F. A..（1979） The physiological ecology of plant succession. Ann. Rev. Ecol. Syst., 10: 351-371.
Beaver, R. A.（1985） Geographic variation in food-web structure in *Nepenthes* pitcher plants. Ecol. Entomol., 10: 241-248.
Begon, M.（1992） Density and frequency dependence in ecology: messages for genetics? In Berry, R. J., Crawford, T. J. & Hewitt, G. M.（eds）, Genes in Ecology. Blachwell Sci. Pub.
Begon, M. & Bowers, R. G.（1993） A multi-species model for microbial pest control: from individuals to communities in applied ecology. In Jarman, P. J. & Rossiter, A.（eds）, Animal Societies: Individuals, Interactions and Organization. Physiol. Ecol. Japan, 29: 209-218.
Begon, M., Bowers, R. G., Kadianakis, N. & Hodgkinson, D. E.（1992） Disease and community struecture: The importance of host self-regulation in a host-host-pathogen model. Amer. Nat., 139: 1131-1150.
Begon, M., Harper, J. L. & Tounsend, C. R.（1996） Ecology: Individuals, Populations and Communities. 3rd ed. Blackwell Sci. Pub.
Begon, M. & Mortimer, M.（1996） Population Ecology. A Unified Study of Animals & Plants. 3rd ed. Blackwall Sci. Pub.
Begon, M. & Well, R.（1987） Individual variation and competitor coexistence: a model. Functional Ecol., 1: 237-241.
Bennett, N. C. & Faulks, C. G.（2000） African Mole-rats : Ecology and Eusociality. Univ. Cambridge.
Benson, J. F.（1973） The biology of Lepidoptera infesting stored products, with special reference to population dynamics.Biol. Rev., 48:1-26
Bernal, J. D.（1951） The physical basis of life. Routledge & Kegan Paul Ltd. 訳本：山口清三郎・鎮目幕夫, 1952: 生命の起源. 岩波新書.
Berry, R. J., Crawford, T. J. & Hewitt, G. M.（eds）,（1992） Genes in Ecology. Blackwell Sci. Pub.
Berryman, A. A. & Millstein, J. A.（1989） Are ecological systems chaotic- and if not, why not? Tre. Ecol. Evol., 4: 26-28.
Bertram, B. C. R.（1975） Social factors influencing reproduction in wild lions. J. Zool. Soc. London, 177: 463-482.
Birch, L. C.（1953） Experimental background to the study of the distribution and abundance of insects. III. The relation between innate capacity for increase and survival of different species of beetles living together on the same food. Evol., 7: 136-144.
Birkeland, C.（1996） Why some species are especially influential on coral-reef communities and others are not. Galaxea, 13: 77-84.
Birkhead, T. R. & Pringle, S.（1986） Multiple mating and paternity in *Gammarus pulex*. Anim. Behav., 34: 611-613.
Bishop, J. A.（1981） A neo-Darwinian approach to resistance: examples from mammals. In Bishop, J. A. & Cook, L. M.（eds）, Genetic Concequences of Man Made Change. Academie Pr.
Blackman, G. E. & Rutter, A. J.（1954） Biological flora of the British Isles. *Endymion nonscriptus*（L.）Garcke. J. Ecol., 42: 629-638.
Bodenheimer, F. S.（1930） Studien zur Epidemiologie, Oekologie und Physiologie der afrikanischen Wanderheuschrecke（*Schistoceria gregaria* Forsk.）. Z. ang. Ent., 15: 1-123.
Bodenheimer, F. S.（1958） Animal Ecology To-Day. Dr. W. Junk Pub.
Bohm, D.（1980） Wholeness and the Implicate Order. Routledge & Kegan Paul. 訳本：井上忠・伊藤笏康・佐野正

博, 1996：全体性と内蔵秩序. 青土社.

Bond, W. J.（1994） Keystone species. In Schultze, E. -D. & Mooney, H. A.（eds）, Biodiversity and Ecosystem Function. Springer-Verlag.

Borradaile, L. A.（1923） The Animal and its Ervironments. Henry Frowde and Hodder & Stoughton.

Bovbjerg, R. V.（1970） Ecological isolation and competitive exclusion in two crayfish（*Orconectes vivilis* and *O. immunis*）. Ecol., 51: 225-236.

Bowen, H. J. M.（1979） Envirnomental Chemistry of the Elements. Academie Pr.

Boycott, B. B.（1967） Learning in octopus. In McGaugh, J. L., Weinberger, N. M. & Whales, R. E.（eds）, Psychobiology, the Biological Bases of Behavior. W. H. Freeman & Comp.

Boyle, R.（1670） New pneumatical experiments about respiration. Philos. Tr. Roy. Soc. London, 5（62）: 2011-2032; 5（63）: 2035-2056.

Brackman, A. C.（1980） A Delicate Arrangement: The Strange Case of Charles Darwin and Alfred Russel Wallace. Time Books. 訳本：羽田節子．新妻昭夫，1997: ダーウィンに消された男．朝日選書 583.

Bradbury, J. W.（1977） Lek mating behavior in the hammer-headed bat. Z. Tierpsychologie, 45: 225-255.

Brakefield, P. M.（1987） Industrial melanism: do we have the answers? Tre. Ecol. Evol., 2: 117-122.

Branch, G. M. & Pringle, A.（1987） The impact of sand prawn *Callianassa kraussi* Stebbing on sediment turnover and on bacteria, meiofauna, and benthic microflora. J. Exp. Mar. Biol. Ecol., 107: 219-235.

Brandon, R. N.（1995） Adaptation and Environment. Princeton Univ. Pr.

Braude, S. H.（1991） The naked-mole-rat and the evolution of social behavior in mammals. The lecture at the 22nd International Ethological Conference, held in Kyoto, 1991.

Brenchley, P. J. & Harper, D. A. T.（1998） Palaeoecology: Ecosystems, Environment and Evolution. Chapman & Hall.

Briand, F.（1983） Environmental control of food web structure. Ecol, 64: 253-263.

Briggs, D. E. G. & Crowther, P. R.（eds）,（1990） Palaeobiology. A Synthesis. Blackwall Sci. Pub.

Britten, R. J. & Davidson, E. H.（1969） Gene regulation for higher cells: a theory. Science, 165: 349-357.

Brooks, R. J., Odanga, J. F. E. & Tuchscherer, A. M.（1993） Behavioral adaptations of small rodents in relation to population fluctuations: A critical review. In Jarman, P. J. & Rossiter, A.（eds）, Animal Societies: Individuals, Interactions and Organization. Physiol. Ecol. Japan, 29: 86-104.

Brower, L. P.（1988） Avian predation on the monarch butterfly and its implications for mimicry theory. Amer. Nat., 131（Suppl）: 4-6.

Brower, L. P. & Corbinó, J. M.（1967） Plant poisons in a terrestrial food chain. Proc. Nat. Acad. Sci. U.S.A., 57: 893-898.

Brown, J. L.（1975） The Evolution of Behavior. Norton.

Brown, J. L.（1978） Avian communal breeding system. Ann. Rev. Ecol. Syst., 9: 123-155.

Brown, J. L.（1987） Helping and Communal Breeding in Birds. Ecology and Evolution. Princeton Univ. Pr.

Brown, T. W. & Walsingham, F. G.（1917） The sycamore fig in Egypt. J. Hered., 8: 3-12.

Buchsbaum, R.（1937） Readings in Ecology. Univ. Chicago Bookstore.

Buffon, L. L. de（1749-1769） Histoire Naturelle générale et partionliére. Plonteaux.

Bulmer, M.（1994） Theoretical Evolutionary Ecology. Sinauer Associates.

Burnett, T.（1958） A model of host-parasite interaction. Proc. Xth Int. Congr. Ent.（Montreal 1956）, 2: 679-686.

Bush, G. L.（1975） Modes of animal speciation. Ann. Rev. Ecol. Syst., 6: 339-364.

Bush, G. L. & Smith, J. J.（1998） The genetics and ecology of sympatric speciation: A case study. Res. Popul. Ecol., 40: 175-187.

Butenandt, A., Beckmann, R., Stamm, D. & Hecker, E.（1959） Über den Sexuallockstoff des Seidenspinners *Bombyx mori*. Reindarstellung und Konstitution. Z. Naturforsch, 14 b: 283-284.

Butler, N. M., Suttle, C. A. & Neill, W. E.（1989） Discrimination by freshwater zooplankton between single algal cells differing in nutritional status. Oecologia, 78: 368-372.

Butzli, G. O., White, R. G., MacLean, S. F., Pitelka, F. A. & Collier, B. D. (1980) The herbivore based trophic system. In Brown, J., Miller, P.C., Tieszen, L.L. & Bunnell, F.L. (eds), An Arctic Ecosystem: The Coastal Tundra at Barrow, Alaska. Dowden, Hutchinson & Ross.

Cain, A. J. & Provine, W. B. (1992) Genes and ecology in history. In Berry, R. J., Crawford, T. J. & Hewitt, G. M. (eds), Genes in Ecology. Blackwell Sci. Pub.

Cain, A. J. & Sheppard, P. M. (1950) Selection in the polymorphic land snail *Cepaea nemoralis*. Heredity, 4: 275-294.

Cain, A. J. & Sheppard, P. M. (1954) Natural selection in *Cepaea*. Genetics, 39: 89-116.

Cain, M. L., Eccleston, J. & Kareiva, P. M. (1985) The influence of food plant dispersion on caterpillar searching success. Ecol. Entomol., 10: 1-7.

Cairns, J. & Foster, P. L. (1991) Adaptive reversion of a frameshift mutation in *Escherichia coli*. Genetics, 128: 695-701.

Carlisle, D. B. (1995) Dinosaurs, Diamonds, and Things from Outer Space. The Great Extinction. Stanford Univ. Pr.

Carpenter, S. R. & Kitchell, J. F. (eds) (1993) The Trophic Cascade in Lakes. Cambridge Univ. Pr.

Carroll, L. (1871) Through the Looking Glass. 訳本：岡田忠軒, 1993: 鏡の国のアリス. 角川文庫, 1847.

Carson, H. L. (1995) 「ショウジョウバエの島ハワイに進化を見る」という'Biohistory'誌編集者との対話 Biohistory, 3 (2):16-18.

Catchpole, C. K. & Slater, P. J. B. (1995) Bird Song. Biological Themes and Variations. Cambridge Univ. Pr.

Chaloner, W. G., Harper, J. L. & Lawton, J. H. (1991) The evolutionary interaction of animals and plants. Phil. Trans. Royal Soc. London, Ser. B, 333: 175-305.

Chao, L., Levin, B. R. & Stewart, F. M. (1977) A complex community in a single habitat: an experimental study with bacteria and phage. Ecol., 58: 368-378.

Chapin III, F. S., Walker, B. H., Hobbs, R. J., Hooper, D. U., Lawton, J. H., Sala, O. E. & Tilman, D. (1997) Biotic control over the functioning of ecosystems. Science, 277: 500-504.

Chapman, J. L. & Reiss, M. J. (1992) Ecology: Principles and Applications. Cambridge Univ. Pr.

Chapman, R. N. (1928) The quantitative analysis of environmental factors. Ecol., 9: 111-122.

Chapman, R. N. (1931) Animal Ecology, with Special Reference to Insect. McGraw-Hill Book Co.

Chapman, R. V., Mickel, C. E., Parker, J. R., Miller, G. E. & Kelly, E. G. (1926) Studies in the ecology of sand dune insects. Ecol., 7: 416-426.

Charnov, E. L. (1976) Optimal foraging : the marginal value theorem. Theoret. Popul. Biol., 9: 129-136.

Charnov, E. L. & Finerty, J. P. (1980) Vole population cycles : A case for kin-selection? Oecologia, 45: 1-2.

Chavalier, J. R. (1973) Cannibalism as a factor in the first year survival of Walleye in Oneida Lake. Trans. Amer. Fish. Soc., 102: 739-744.

Cherry, D. S. & Guthrie, R. K. (1975) Significace of detritus or detritus-associated invertebrates to fish production in a new impoundment. J. Fish. Res. Bd. Canada, 32: 1799-1804.

Chesson, P. L. & Warner, R. R. (1981) Environmental variability promotes coexistence in lottery competitive systems. Am. Nat., 117: 923-943.

千葉喜彦 (1996) 体の中の夜と昼. 時間生物学による新しい昼夜観. 中公新書, 1315. 中央公論社.

千葉喜彦・高橋清久編 (1991) 時間生物学ハンドブック. 朝倉書店.

Chinzei, K. (1978) Neogene molluscan fauna in the Japanese Islands : An ecologic and zoogeographic synthesis. The Veliger, 21: 155-170.

鎮西清高 (1979) 地球の歴史と生物相. 勘米良亀齢・水谷伸治朗・鎮西清高編,「地球表層の物質と環境」(地球科学, 5) 中の1章. 岩波書店.

Chinzei, K. (1984) Ecological parallelism in shallow marine benthic associations of Neogene molluscan faunas of Japan. Geobios. Mém. Spécial, 8: 135-145.

鎮西清高（1990）　第4紀の気候変動からみた将来の気候変動. 日本第4紀学会編,「百年、千年、万年後の日本の自然と人類、第4紀研究にもとずく将来予測」中の1章. 古今書院.

Chinzei, K.（1991）　Late Cenozoic zoogeography of the Sea of Japan area. Episode, 14:231-235.

Chitty, D.（1958）　Self regulation of numbers through changes in viability. Cold Spring Harbor Symp.of Quantitative Biol., 22: 277-280.

Chitty, D.（1960）　Population processes in the vole and their relevance to general theory. Can. J. Zool., 38: 99-113.

Chitty, D.（1996）　Do Lemmings Commit Suicide? Beautiful Hypotheses and Ugly Facts. Oxford Univ. Pr.

Chitty, H.（1950a）　The snowshoe rabbit enquiry, 1946-1948, with reference to previous reports. J. Anim. Ecol., 19: 15-20.

Chitty, H.（1950b）　Canadian arctic wildlife enquiry,1943-49: with a summary of results since 1933. J. Anim. Ecol., 19: 180-193.

Christian, J. J.（1950）　The adrenopituitary system and population cycles in mammals. J. Mammal., 31: 247-259.

Christian, J. J.（1961）　Phenomena associated with population density. Proc. Nat. Acad. Sci. U.S.A., 47: 428-429.

Christian, J. J. & Davis, D. E.（1964）　Endocrine, behavior, and population. Science, 146: 1550-1560.

Christiansen, K. A.（1962）　Proposition pour la classification des animaux cavernicoles. Spelunca, 2: 76-78.

Christiansen K. A.（1992）　Cave life in the light of modern evolutionary theory. In Camacho, A.（ed）, The Natural History of Biospeleology. Museo Nacional de Ciencias Naturales.

中部水生昆虫研究会（1993a）　アミメカゲロウはなぜ"大発生"するのか. 1. 幼虫の分布と密度. インセクタリウム, 30: 4-11.

中部水生昆虫研究会（1993b）　アミメカゲロウはなぜ"大発生"するのか. 2. 成虫の集団羽化と単為生殖. インセクタリウム, 30: 18-25.

Clark, A. G., Begon, D. J. & Prout, T.（1999）　Female X Male interactions in *Drosophila* sperm competition. Science, 283: 217-220.

Clark, L. R.（1962）　The general biology of *Cardiaspina albitextura*（Psyllidae）and its abundance in relation to weather and parasitism. Aust. J. Zool, 10: 537-586.

Clark, L. R.（1964）　The population dynamics of *Cardiaspina albitextura*（Psyllidae）. Aust. J. Zool., 12: 362-380.

Clark, L. R., Geier, P. W., Hughes, R. D. & Morris, R. F.（1967）　The Ecology of Insect Populations in Theory and Practice. Methuen.

Clarke, G. L.（1954）　Elements of Ecology. Wiley.

Clements, F. E.（1904）　Developments and structure of vegetation. Rep. Bot. Surv. Nebr., 7.

Clements, F. E.（1916）　Plant Succession : An Analysis of the Development of Vegetation. Pub. No.242. Carnegie Institution of Washington.

Clements, F. E. & Shelfoed, V. E.（1939）　Bio-ecology. Wiley.

Cloudsley-Thompson, J. L.（1980）　Biological Clocks. Their Functions in Nature. Weidenfeld & Nicolson.

Clutton-Brock, T. H., Albon, S. D. & Guinness, F. E.（1984）　Maternal dominance, breeding success and birth sex ratio in red deer. Nature, 308 : 358-360

Cockburn, A.（1991）　An Introduction to Evolutionary Ecology. Blackwell Sci. Pub.

Cody, M. L.（1986）　Roots in plant ecology. Tre. Ecol. Evol., 1: 76-78.

Cody, M. L.（1993）　Bird diversity components within and between habitats in Australia. In Ricklef, R. E. & Schluter, D. （eds）, Species Diversity in Ecological Communities. Historical and Geographical Perspectives. Univ. Chicago Pr.

Cohen, J. E.（1995）　How Many People Can the Earth Support? W. W. Norton. 訳本：重定南奈子・瀬野裕美・高須夫悟, 1998: 新「人口論」. 生態学的アプローチ. 農文協.

Cole, B. J.（1981）　Dominance hierarchies in *Leptothorax* ants. Science, 212 : 83-84

Cole, B. J.（1994）　Chaos and behavior : The perspective of nonlinear dynamics. In, Real, L. A.（ed）, Behavioral

Mechanisms in Evolutionary Ecology. Univ. Chicago Pr.

Cole, L. C. (1943) Experiments on toleration of high temperature in lizards with reference to adaptive coloration. Ecol., 24: 94-108

Cole, L. C. (1951) Population cycles and random oscillations. J. Wildl. Mgmt., 15 : 233-252

Coleman, D. C. & Crossley, D. A., Jr. (1996) Fundamentals of Soil Ecology. Academic Pr.

Colinvaux, P. (1993) Ecology, 2. (1st ed. in 1986). John Wiley & Sons.

Colwell, R. K. & Fuentes, E. R. (1975) Experimental studies of the niche. Ann. Rev. Ecol. Syst., 6 : 281-310

Connell, J. H. (1961) The influence of interspecific competition and other factors on the distribution of the barnacle *Chthamalus stellatus*. Ecol., 42 : 710-723

Connell, J. H. (1978) Diversity in tropical rain forests and coral reefs. Science, 199 : 1302-1310.

Connell, J. H. (1980) Diversity and the coevolution of competitors, or the ghost of competition past. Oikos 35 : 131-138

Cook, D. B. & Hamilton, W. J. (1944) The ecological relationships of red fox food in eastern New York. Ecol., 25: 91-104

Cooke, G. D. (1967) The pattern of autotrophic succession in laboratory microecosystems. Biosci., 17 : 717-721

Cooper, J. P. (ed), (1975) Photosynthesis and Productivity in Different Environments. Cambridge Univ. Pr.

Corbet, A. S. (1942) The distribution of butterflies in the Malay Peninsula. Proc. Roy. Ent. Soc. London, (A) 16: 101-116

Cowie, R. J. (1977) Optimal foraging in great tits *Parus major*. Nature, 268 : 137-139

Cowles, H. C. (1899) The ecological relations of the vegetation of the sand dunes of Lake Michigan. Bot. Gaz., 27: 95-117, 167-202, 281-308, 361-391.

Cox, C. B. & Moore, P. D. (1999) Biogeography : An Ecological and Evolutionary Approach. (6th ed). Blackwell Sci. Pub.

Cox, G. W. & Ricklefs, R. E. (1977) Species diversity, and ecological release in Caribbean land bird faunas. Oikos, 28: 113-122

Craig, D. M. & Mertz, D. B. (1994) Inbreeding effects on competition in *Tribolium*. Res. Popul. Ecol., 36 : 251-254.

Craighead, F. C. (1921) Hopkins host-selection principle as related to certain cerambycid beetles. J. Agr. Res., 22 : 189-220

Crews, D. (1996) Temperature-dependent sex determination: The interplay of steroid hormones and temperature. Zool. Sci., 13: 1-13.

Crick, F. H. C. (1958) On protein synthesis. In Symp. Soc. Exp. Biol., 12 : The Biological Replication of Macromolecules. 548-555

Crick, F. H. C. (1970) Central dogma of molecular biology. Nature, 227 : 561-563

Crick, F. H. C. (1994) The Astonishing Hypothesis. The Scientific Search for the Soul. Charles Scribner's Sons. 訳本：中原英臣・佐川峻, 1996: DNAに魂はあるか. 驚異の仮説. 講談社.

Crocker, R. L. & Major, J. (1955) Soil development in relation to vegetation and surface age at Glacier Bay, Alaska. J. Ecol., 43: 427-448

Crombie, A. C. (1947) Interspecific competition. J. Anim. Ecol., 16 : 44-73

Cromie, W. J. (1988) Grappling with coupled systems. Mosaic, 19 : 12-23

Cronin, H. (1991) The Ant and the Peacock. Cambridge Univ. Pr. 訳本：長谷川真理子, 1994: 性選択と利他行動. 工作舎

Crow, J. F. & Kimura, M. (1970) An Introduction to Population Genetics Theory. Harper & Row.

Culver, D. C. (1982) Cave Life - Evolution and Ecology. Harvard Univ. Pr.

Culver, D. C., Kane, T. C. & Fong, D. W. (1995) Adaptation and Natural Selection in Caves. Harvard Univ. Pr.

Curtis, J. T. (1959) The Vegetation of Wisconsin. Univ. Wisconsin Pr.

Daan, S. & Slopsema, S.（1978） Short term rhythms in foraging behavior of the common vole, *Microtus arvalis*. J. Comp. Physiol., 127: 215-227.

Dan, K. & Dan, J. C.（1941） Spawning habit of the crinoid, *Comanthus japonicus*. Jap. J. Zool., 9: 555-564.

団まりな（1996） 生物の複雑さを読む．階層性の生物学．平凡社．

Darwin, C.（1859） On the Origin of Species by Means of Natural Selection, or the Preservation of Favoured Races in the Struggle for Life. John Murray. 訳本：八杉竜一, 1990: 種の起原（上下）. 岩波書店.

Darwin, C.（1868） The Variation of Animals and Plants under Domestication. John Murray. 訳本：阿部余四男, 1937: 育成動植物の趨異．（1，2巻）．岩波文庫．

Darwin, C.（1871） The Descent of Man, and Selection in Relation to Sex. John Murray.

Darwin, C.（1881） The Formation of Vegetable Mould, through the Action of Worms, with Observations on Thier Habits. John Murray. 訳本：谷田専治・大島正治, 1938: みみずと土. 冨山房.

Davenport, J.（1992） Animal Life at Low Temperature. Chapman & Hall.

Davis, D. D.（1932） Occurence of *Thamnophis butleri* Cope in Wisconsin. Copeia, 1932, 113-118.

Dawkins, M. S.（1993） Through Our Eyes Only? The Search for Animal Consiousness. W. H. Freeman. 訳本：長野敬・篠田真理子・野村尚子・杉本京子, 1995: 動物たちの心の世界. 青土社.

Dawkins, R.（1989） The Selfish Gene. Oxford Univ. Pr. 訳本：日高敏隆・岸由二・羽田節子・垂水雄二, 1992: 利己的な遺伝子. 紀伊国屋書店.

Dawkins, R. & Krebs, J. R.（1979） Arms races between and within species. In Maynard Smith, J. & Holliday, R.（eds）, Evolution and Adaptation by Natural Selection. Royal Soc. London.

Dayhoff, J. E.（1990） Neural Network Architectures: An Introduction. Van Nostrand Reinhold. 訳本：桂井滋, 1992: ニューラルネットワークアーキテクチャ入門. 森北出版.

DeAngelis, D. L.（1975） Stability and connectance in food web models. Ecol., 56: 238-243.

DeAngelis, D. L.（1995a） The nature and significance of feedback in ecosystems. In Patten, B. C. & Jørgensen, S. E.（eds）. Complex Ecology. The Part-Whole Relation in Ecosystems. Prentice Hall.

DeAngelis, D. L.（1995b） Relationships between the energetics and large-scale species richness. In Jones, C. G. & Lawton, J. H.（eds）. Linking Species and Ecosystems. Chapman & Hall.

DeBary, A.（1879） Die Erscheinung der Symbiose. Tübner.

De Beer, G. R.（1951） Embryos and Ancestors. Clarendon Pr.

De Beer, G. R.（1962） Vertebrate Zoology. An Introduction to the Comparative Anatomy, Embryology and Evolution of Chordate Animals. Sidgwick and Jakson.

Deevey, E. S., Jr.（1947） Life tables for natural populations of animals. Quarterly Rev. Biol., 22: 283-314.

Delwiche, C. C.（1970） The nitrogen cycle. Sci. Amer., 223: 136-146.

den Boer, P. J.（1968） Spreading of risk and stabilization of animal numbers. Acta Biotheor., 18: 165-194.

Descartes, R.（1644） Principia Philosophiae.［Pars Prima & Pars Secunda. Ch. Adam & P. Tannery.］ 訳本：桂寿一, 1996：哲学原理. 岩波文庫. 青 613-3.

Dethier, V. G. & Steller, E.（1970） Animal Behavior（3rd ed）.Prentice-Hall. 訳本：日高敏隆・小原嘉明, 1973: 動物の行動. 岩波書店.

De Waal, F.（1996） Good Natured: The Origins of Right and Wrong in Humans and Other Animals. Harvard Univ. Pr. 訳本：西田利貞・藤井留美, 1998: 利己的なサル，他人を思いやるサル：モラルはなぜ生まれたか. 草思社.

Diamond, J. M.（1972a） Avifauna of the Eastern Highland of New Guinea. Nuttall Ornithological Club.

Diamond, J. M.（1972b） Biogeographic kinetics: estimation of relaxation times for avifaunas of South-west Pacific islands. Proc. Nat. Acad. Sci. U.S.A., 69: 3199-3203.

Diamond, J. M.（1975） Assembly of species communities. In Cody, L. & Diamond, J. M.（eds）, Ecology and Evolution of Communities. Harvard Univ. Pr.

Diamond, J. M.（1986） Evolution of ecological segregation in the New Guinea mountane avifauna. In Diamond, J. & Case, T. J.（eds）, Community Ecology. Harper & Row.

Dice, L. R.（1952） Natural Communities. Univ. Michigan Pr.

Dicke, M., Sabelis, M. W., Takabayashi, J., Bruin, J. & Posthumus, M. A.（1990） Plant strategies of manipulating predator-prey interaction through allelochemicals: prospects for application in pest control. J. Chem. Ecol., 16: 3091-3117.

Dickinson, G. & Murphy, K.（1998） Ecosystems. Routledge.

Dirks, C. O.（1937） Biological studies of Maine moths by light trap methods. The Maine Agr. Exp. Sta., Bull., 389.

Dobzansky, T.（1937） Genetics and the Origin of Species. Columbia Univ. Pr.

Dodson, S.（1990） Predicting diel vertical migration of zooplankton. Limnol. Oceanogr., 35, 1195-1200.

Donaldson, J. R.（1966） The phosphorus budget of Illiamna Lake, Alaska as related to the cyclic abundance of sockeye salmon. PhD Thesis, Univ. Washington.

Douglas, A. E.（1994） Symbiotic Interactions. Oxford Univ. Pr.

Drake, J. A.（1991） Community-assemble mechanics and the structure of an experimental species ensemble. Amer. Nat., 137: 1-26.

Dunlap, J. C., Loros, J. J., Aronson, B. D., Merrow, M., Crosthwaite, S., Bell-Pederson, D., Johnson, K., Lindgren, K. & Garceau, N. Y.（1995） The genetic basis of the circadian clock: identification of *frq* and FRQ as clock components in *Neurospora*. In Ciba Foundation Symposium 183; Circadian Clocks and their Adjustment. John Willey & Sons.

Dürrwächter, G.（1957） Untersuchung über Phototaxis und Geotaxis einigen *Drosophila* Mutanten nach Aufzucht in verschiedenen Lichtbedingungen. Z. Tierpsychol., 14: 1-28.

Eberhard, W. G.（1996） Female Control: Sexual Selection by Cryptic Female Choice. Princetone Univ. Pr.

海老原史樹文・深田吉孝（1999） 生物時計の分子生物学．Springer Verlag 東京．

海老原史樹文・吉村崇・鈴木亨（1997） 脊椎動物の時計遺伝子．日本時間生物学会会誌，3: 30-45.

Ecke, D. H.（1954） An invasion of Norway rats in southwest Georgia. J. Mammal., 35: 521-525.

Edwards, C. A. & Lofty, J. R.（1977） Biology of Earthworms. Chapman & Hall.

Eguchi, E.（1986） Eyes and darkness-evolutionary and adaptational aspects. Zool. Sci., 3: 931-943.

江口和洋（1999） 鳥類における性比の適応的調節．日本生態学会誌，49: 105-122.

Ehleringer, J. R. & Rundel, P. W.（1989） Stable isotopes: History, units, and instrumentation. In Rundel, P. W., Ehleringer, J. R. & Nagy, K. A.（eds）, Stable Isotopes in Ecological Research. Springer-Verlag.

Ehrlich, P. R.（1995） The scale of human enterprise and biodiversity loss. In Lawton, J. H. & May, R. M.（eds）. Extinction Rates. Oxford Univ. Pr.

Ehrlich, P. R. & Ehrlich, A. H.（1981） Extinction. The Causes and Consequences of the Disappearance of Species. Random House.

Ehrlich, P. R., Ehrlich, A.H. & Holdren, J. P.（1977） Ecoscience: Population, Resources, Environment. Freeman.

Ehrlich, P. R. & Raven, P. H.（1964） Butterflies and plants: a study in coevolution. Ecol., 18: 586-608.

Ehrlich, P. R. & Roughgarden, J.（1987） The Science of Ecology. Macmillan Pub.

Ehrlich, P. R. & Wilson, E. O.（1991） Biodiversity studies: Science and policy. Science, 253: 758-762.

Eisner, T. & Meinwald, J.（1995） Chemical Ecology. The Chemistry of Biotic Interaction. National Acad. Pr.

Eldredge, N.（1989） Macroevolutionary Dynamics. Species, Niches, and Adaptive Peaks. McGraw Hill. 訳本：寺本英監修, 1992: 大進化、適応と種分化のダイナミックス．マグロウヒル．

Elser, J. J., Elser, M. M., MacKay, N. A. & Carpenter, S. R.（1988） Zooplankton-mediated transitions between N- and P-limited algal growth. Limnol. Oceanogr., 33: 1-14.

Elser, J. J., Dobberfuhl, D. R., Mackay, N. A. & Schampel, J. H.（1996） Organism size, life history, and N : P stoichiometry. Toward a unified view of cellular and ecosystem processes. BioScience, 46: 674-684.

Elton, C. S.（1924） Periodic fluactuations in the number of animals: their causes and effects. Brit. J. Exp. Biol., 2: 119-163.

Elton, C. S.（1927） Animal Ecology. Sidgwick & Jackson. 訳本：渋谷寿夫、1955: エルトン、動物生態学. 科学新興社.

Elton, C. S.（1930） Animal Ecology and Evolution. Clarendon Pr.

Elton, C. S.（1938） Animal numbers and adaptation. In DeBeer, G. R.（ed）, Evolution: Essays on Aspects of Evolutionary Biology Presented to Professor E. S. Goodrich on his Seventieth Birthday. Clarendon Pr.

Elton, C. S.（1942） Voles, Mice and Lemmings. Clarendon Pr.

Elton, C. S.（1958） The Ecology of Invations by Animals and Plants. Methuen. 訳本：川那部浩哉・大沢秀行・安部琢哉, 1971: 侵略の生態学. 思索社.

Elton, C. S.（1966） The Pattern of Animal Communities. Methuen. 訳本：川那部浩哉・遠藤彰・江崎保男, 1990: 動物群衆の様式. 思索社.

Elton, C. S. & Miller, R. S.（1954） The ecological survey of animal communities: with a practical system of classifying habitats by structural characters. J. Ecol., 42: 460-496.

Elton, C. S. & Nicholson, M.（1942） The ten-year cycle in numbers of the lynx in Canada. J. Anim. Ecol., 11: 215-244.

Emerson, A. E.（1949） Ecology and evolution. In Allee, W. C., Emerson, A. E., Park, O., Park, T. & Schmidt, K. P.： Principles of Animal Ecology. W. B. Saunders. 訳本：伊藤嘉昭, 1955: 生態と進化. みすず書房.

Emlen, S. T., Demong, N. J. & Emlen, D. J.（1989） Experimental induction of infanticide in female wattled jacanas. Auk., 106: 1-7.

Enfield, D. B.（1989） El Niño, past and present. Rev. Geophys., 27: 159-187.

Engelberg, J. & Boyarsky, L. L.（1979） The non-cybernetic nature of ecosystems. Amer. Nat., 114: 317-324.

Enright, J. T.（1976） Climate and population regulation: The biogeographer's dilemma. Oecologia, 24: 295-310.

Erlings, S., Goransson, G., Hansson, L., Hogstedt, G., Liberg, O., Nilsson, I. N., Nilsson, T., Von Schantz, T. & Sylvén, M.（1983） Predation as a regulatory factor in small rodent population in Southern Sweden. Oikos., 40: 36-52.

Estes, J. A. & Duggins, D. O.（1995） Sea otters and kelp forests in Alaska : Generality and variation in a community ecological paradigm. Ecol. Monogr., 65: 75-100.

Evans, F. C.（1956） Ecosystems as the basic unit in ecology. Science, 123: 1127-1128.

Ewald, P. W.（1987） Pathogen-induced cycling of outbreak insect populations. In Barbosa, P. & Schultz, J. C.（eds）, Insect Outbreaks. Academic Pr.

Faeth, S. H.（1985） Host leaf selection by leaf miners: Interactions among these trophic levels. Ecol., 66: 870-875.

Faeth, S. H.（1986） Indirect interactions between temporally separated herbivores mediated by the host plant. Ecol., 67: 479-494.

Faeth, S. H.（1987） Community structure and folivorous insect outbreaks: The role of vertical and horizontal interactions. In Barbosa, P. & Schultz, J. C.（eds）, Insect Outbreaks. Academic Pr.

Fenchel, T.（1974） Intrinsic rate of natural increase: The relationship with body size. Oecologia, 14: 317-326.

Fenchel, T. & Finlay, B. J.（1995） Ecology and Evolution in Anoxic Worlds. Oxford Univ. Pr.

Fenner, F.（1965） Myxoma virus and *Oryctolagos cuniculus* : two colonizing species. In Baker, H. G. & Stebbins, G. L.（eds）. Genetics of Colonizing Species. Academic Pr.

Ffrench-Constant, R. H.（1994） The molecular and population genetics of cyclodiene insecticide resistance. Insect Biochem. Molec. Biol., 24 : 335-345.

Fiala, B. & Maschwitz, U.（1995） Mutualistic associations of ants in Southeast Asian rain forests. Wallaceana, 75;1-5.

Finerty, J. P.（1980） The Population Ecology of Cycles and Small Mammals. Yale Univ. Pr.

Fischlin, A.（1982） Analyse eines Walt-Insecten-Systems. Der subalpine Larchen Arvenwald und der graue Larchenwickler *Zeiraphera diniana* Gn.（Lep., Tortricidae）. Diss. ETH Nr.6977. ADAG Administration & Druck A. G.

Fisher, R. A.（1930） The Genetical Theory of Natural Selection. Clarendon Pr.

Fisher, R. A., Corbet, A. S. & Williams, C. B.（1943） The relation between the number of species and the number of individuals in a random sample of an animal population. J. Anim. Ecol., 12: 42-58.

Fletcher, D. J.（1987） The behavioral analysis of kin recognition: Perspectives on methodology and interpretation. In Fletcher, D. J. & Michener, C. D.（eds）, Kin Recognition in Animals. John Wiley & Sons.

Fluxman, S. & Haim, A.（1993） Daily rhythm of body temperature in *Acomys russatus*: The response to chemical signals related by *Acomys cahirinus*. Chronobiol. Internat., 10: 159-164.

Forbes, S. A.（1887） The lake as a microcosm. Bull. Sci. Ass. Peoria, Illinois, 77-87.

Fretwell, S. D.（1969） Dominance behavior and winter habitat distribution in juncos（*Junco hyemalis*）. Bird Banding, 34: 293-306.

Fretwell, S. D. & Lucas, H. J.（1970） On territorial behavior and other factors influencing habitat distribution in birds. Acta Biotheor., 19 : 16-36.

France, R. L.（1997） $\delta^{15}C$ examination of the Lindeman-Hutchinson-Peters theory of increasing omnivory with trophic height in aquatic foodwebs. Res. Popul. Ecol., 39: 121-123.

Friederichs, K.（1927） Grundsätzliches über die Lebeneinheiten hoherer Ordnung und den ökologischen Einheitfaktor. Naturwissenschaften, 15: 153-157、182-186.

Friederichs, K.（1958） A definition of ecology and some thoughts about basic concepts. Ecol., 39: 154-159.

Frisch, K. von（1965） Tanzsprache und Orientierung der Bienen. Springer-Verlag. Translation : Chadwick, L. E., 1993: The Dance Language and Orientation of Bees. Harvard Univ. Pr.

Frisch, K. von（1971） Bees, Their Vision, Chemical Senses, and Language. Cornell Univ. Pr. 訳本：伊藤智夫, 1992: ミツバチの不思議（第2報）. 法政大学出版局.

Fry, B. & Sherr, E. B.（1989） $\delta^{13}C$ measurements as indicators of carbon flow in marine and freshwater ecosystems. In Rundel, D. W., Ehleringer, J. R. & Nagy, K. A.（eds）, Stable Isotopes in Ecological Research. Springer-Verlag.

Fry, F. E. J.（1947） Effects of the environment on animal activity. Univ. Toronto Studies, Biological Ser., No.55, Publ. Ontario Fish. Res. Lab., 68: 1-62.

Fryxell, J. M., Greever, J. & Sinclair, A. R. E.（1988） Why are migratory ungulates so abundant? Amer. Nat., 131: 781-798.

Fryxell, J. M. & Lundberg, P.（1998） Individual Behavior and Community Dynamics. Chapman & Hall.

藤井宏（1996） 脳の符号化機構への新しいシナリオ. 動的細胞集成体仮説. 科学, 66: 880-888.

藤間剛（1998） 大規模エルニーニョとインドネシアの森林火災. 科学, 68: 920-924.

Fujimoto, N., Sugiura, N., Inamori, Y. & Sudo, R.（1995） Blue-green algal succession under various N/P ratios and temperatures in continuous cultures. 6th Internat. Conf. of the Conservation and Management of Lakes - Kasumigaura '95.

藤岡正博（1992） 鳥類における子殺し. 伊藤嘉昭編, 1992：「動物社会における共同と攻撃」中の1章. 東海大学出版会.

藤崎憲治（1990） トビバッタの大発生－相変異とその類似現象. 伊藤嘉昭・藤崎憲治・斉藤隆, 1990:「動物たちの生き残り戦略」中の1章. NHKブックス, 612.

藤崎憲治（1994） 昆虫における分散多型性の進化：Roffの理論の検証. 応動昆, 38: 231-244.

藤田剛・樋口広芳（1995） 人工衛星を利用した野生動物の移動追跡. 生物科学, 46: 187-197.

深海浩（1992） 生物たちの不思議な物語. 化学生態学外論. 化学同人.

深見順一・上杉康彦・石塚皓造編（1983） 薬剤抵抗性－新しい農薬開発と総合防除の指針. ソフトサイエンス社.

深津武馬（1994） 昆虫の内部共生微生物の進化的起原、その多様性の包括的理解への道. 生物科学ニュース, 271: 13-19.

深津武馬（1996） 昆虫内部共生系の進化と起源. 寄生からはじまった共生. 科学, 66: 806-816.

深津武馬（1999） 兵隊アブラムシの系統と進化. 生物科学, 51: 29-42.

Fukatsu, T., Aoki, S., Kurosu, U. & Ishikawa, H.（1994） Phylogeny of cerataphidini aphids revealed by their symbiotic microorganism and basic structure of their galls: implications for host-symbiont coevolution and evolution of sterile solder castes. Zool. Sci., 11: 613-623.

福田晴夫・浜栄一・葛谷健・高橋昭・高橋眞弓・田中蕃・田中洋・若林守男・渡辺康之（1982） 原色日本蝶類生態図鑑, I. 保育社.

Fukuda, H. & Sakagami, S. F.（1968） Worker brood survival in honeybees. Res. Popul. Ecol., 10: 31-39.

福原晴夫（1994） ブラジル陸水の概要と調査で学んだこと. 日本熱帯生態学会ニュースレター, 14: 4-8.

Fukuhara, H., Torres, G. E. & Monteiro, S. M. C.（1992） Initiation of mass emergence of a tropical chaoborid, *Chaoborus*（*Edwardsops*）*magnificus*（Insecta, Diptera）, at new moon. Tropics, 2: 29-34.

福井康雄・水野亮（1994） "星の誕生"から"宇宙の暗黒物質"へ. 科学, 64: 177-185.

Fukui, Y.（1995） The effects of body size on mate choice in a grapsid crab, *Gaetice depressus*（Crustacea, Decapoda）. J. Ethol., 13 : 1-8.

Fuller, W. A.（1967） Ecologie hivernals des lemmings et fluctuations de leurs populations. La Terre et la Vie, 2: 97-115.

伏木省三（1979） アユの成熟への春季長日処理の効果に関する研究. 滋賀県水産試験場研究報告, 31: 1-56.

Futuyma, D. J.（1986） Evolutionary Biology（2nd ed）. Sinauer Associates. 訳本：岸由二ほか8氏、1991: 進化生物学. 蒼樹書房.

Futuyma, D. J. & May, R. M.（1992） The coevolution of plant-insect and host-parasite relationships. In Berry, R. J., Crawford, T. J. & Hewitt, G. M.（eds）, Genes in Ecology. Blackwell Sci. Pub.

Gains, M. S. & McClenaghan, L. R., Jr.（1980） Dispersal in small mammals. Ann. Rev. Ecol. Syst., 11: 163-196.

Galef, B. J., Jr.（1986） Social identification of toxic diets by Norway rats（*Rattus norvegicus*）. J. Comp. Psychol., 100: 331-334.

Galef, B. J., Jr.（1991） Information centres of Norway rats: sites for information exchange and information parasitism. Anim. Behav., 41: 295-301.

Galef, B. J., Jr. & Clark, M. M.（1971） Social factors in the poison avoidance and feeding behavior of wild and domesticated rat pups. J. Comp. Physiol. Psychol., 75: 241-357.

Galef, B. J., Jr. & Wigmore, S. W.（1983） Transfer of information concerning distant foods: A laboratory investigation of the information-centré hypothesis. Anim. Behav., 31: 748-758.

Galil, J.（1977） Fig biology. Endeavour, New Ser., 1: 52-56.

Galil, J. & Eisikowitch, D.（1968） On the pollination ecology of *Ficus sycomorus* in east Africa. Ecol., 49: 259-269.

Gates, D. M.（1980） Biophysical Ecology. Springer-Verlag.

Gause, G. F.（1934） The Struggle for Existence. Hafner Pub. Co.

Gauthreaux, S. A.（1978） The structure and organization of avian communities in forests. In DeGraafed, R. M.（ed）, Proceedings of the Workshop on Management of Southern Forests for Nongame Birds. Southern Forest Station. N. C.

Gee, J. H. R.（1991） Speciation and biogeography. In Barnes, R. S. K. & Mann, K. H.（eds）, Fundamentals of Aquatic Ecology. Blachwell Sci. Pub.

Ghilarov, M. S.（1963） On the relations between soil dwelling invertebrates and soil microorganisms. In Doekson, J. & Drift, J., van der,（eds）, Soil Organisms: Proceeding of the Colloquium on Soil Fauna, Soil Microflora and their Relationships. North-Hollnd Pub.

Gilbert, L. E.（1976） Postmating female odor in *Heliconius* butterflies: a male-contributed antiaphrodisiac? Science, 193: 419-420.

Gleason, H. A.（1922） On the relation between species and area. Ecol., 3: 158.

Gleason, H. A.（1926） The individualistic concept of the plant association. Bull. Torrey Botanical Club, 53: 1-20.

Gleick, J.（1989） Chaos-making a New Science. William Morris Agency Inc. 訳本：大貫昌子, 1991: カオスー新しい科学をつくる. 新潮文庫, 7-18-1.

Gliwicz, Z. M.（1986） A lunar cycle in zooplankton. Ecol., 67: 883-897.
Godfray, H. C. J., Cook, L. M. & Hassell, M. P.（1992） Population dynamics, natural selection and chaos. In Berry, R. J., Crawford, T. J. & Hewitt, G. M., Genes in Ecology. Blackwell Sci. Pub.
Godfray, H. C. J. & Hassell, M. P.（1991） Encapsulation and host-parasitoid population biology. In Toft, C. A., Aeschlimann, A. & Bolis, L.（eds）, Parasite-Host Associations. Coexistance or Conflict? Oxford Sci. Pub.
五箇公一（1998） 薬剤抵抗性の集団遺伝学－農業害虫にみる小進化現象．日本生態学会誌，48: 319-326.
Goldbeter, A.（1996） Biochemical Oscillations and Cellular Rhythms. Cambridge Univ. Pr.
Golley, F. B.（1972） Energy flux in ecosystems. In Wiens, J. A.（ed）, Ecosystem Structure and Function. Oregon State Univ. Pr.
Golley, F. B.（1989） International dimension of landscape ecology. Editor's Comments. Landscape Ecol. 2: 137-138.
Golley, F. B.（1993） A History of the Ecosystem Concept in Ecology. More than the Sum of the Parts. Yale Univ. Pr.
Goodall, J.（1990） Through a Window. Thirty Years with the Chimpanzees of Gombe. Soko Pub. 訳本：高崎和美・高橋浩幸・伊谷純一郎, 1994: 心の窓, チンパンジーとの30年．どうぶつ社.
Goodman, D.（1975） The theory of diversity-stability relationships in ecology. Quar. Rev. Biol., 50: 237-266.
Gosz, J. R., Holmes, R. T., Likens, G. E. & Bormann, F. H.（1978） The flow of energy in a forest ecosystem. Sci. Amer., 238: 93-102.
Graham, S. A.（1939a） Principles of Forest Entomology. McGraw-Hill.
Graham, S. A.（1939b） Forest insect populations. Ecol. Monogr., 9: 301-310.
Grant, P. R.（1975） The classical case of character displacement. Evol. Biol., 8: 237-337.
Grant, V.（1977） Organismic Evolution. W. H. Freeman.
Graveland, I., van der Wal, R., van Balen, J. H. & van Noordwijk, A. J.（1994） Poor reproduction in forest passerines from decline of snail abundance on acid soils. Nature, 368: 446-448.
Greenberg, B. & Noble, G. K.（1944） Social behavior of the American chamereon, *Anolis carolinensis* Voigt. Physiol. Zool., 20: 267-299.
Greenman, M. J. & Duhring, F. L.（1931） Breeding and Care of the Albino Rat for Research Purposes（2nd ed）. The Winstar Inst. of Anat. & Biol.
Greigh-Smith, P.（1986） Chaos or order - organization. In Kikkawa, J. & Anderson, D. J.（eds）, Community Ecology. Pattern and Process. Blackwell Sci. Pub.
Griesebach, A. H. R.（1938） Über den Einfluss des Klimas auf die Begrenzung der natürlicher Floren. Linnaea, 12: 159-200.
Griffin, D. R.（1992） Animal Mind. Univ. Chicago Pr. 訳本：長野敬・宮本陽子, 1995: 動物の心．青土社.
Griffiths, K. J.（1969） Development and diapause in *Pleolophus basizonus*（Hymenoptera: Ichneumonidae）. Canad. Ent., 101: 907-914.
Grimm, N. B.（1995） Why link species and ecosystems? A perspective from ecosystem ecology. In Jones, C. G. & Lawton, J. H.（eds）, Linking Species and Ecosystems. Chapman & Hall.
Grinnell, J.（1914） An account of the mammals and birds of the lower Colorado Valley with special reference to the distributional problems presented. Univ. California Pub. Zool., 12: 51-294.
Grinnell, J.（1917） The niche-relationships of the California thrasher. Auk., 34: 427-433.
Gwinner, E.（1981） Circannual systems. In Aschoff, J.（ed）, Handbook of Behavioral Neurology, Vol. 4, Biological Rhythms. Plenum Pr.
Haber, W.（1990） Basic concepts of landacape ecology and their application in land management. Physiol. Ecol. Japan, 27 : 147-150.
Haeckel, E.（1866） Generelle Morphologie der Organismen. Reimer.
Haim, A. & Rozenfeld, F. M.（1991） Observation on behavioural patterns of heterospecific mice of the genus *Acomys*. Isr.

J. Zool., 37: 185-186.

Hairstone, N. G. (1951) Interspecies competition and its probable influence upon the vertical distribution of Appalachian salamander of the genus *Plethodon*. Ecol., 32: 266-274.

Hairstone, N. G. (1959) Species abundance and community organization. Ecol., 40: 404-416.

Hairstone, N. G. (1980a) The experimental test of an analysis of field distributions. Competition in terrestrial salamanders. Ecol., 61: 817-826.

Hairstone, N. G. (1980b) Evolution under interspcific competition. Field experiments in terrestrial salamanders. Evol., 34: 409-420.

Hairstone, N. G. & Byers, G. W. (1954) The soil arthropods of field in southern Michigan. A study in community ecology. Contrib. Lab. Vert. Biol. Univ. Mich., 64: 1-37.

Hairstone, N. G., Smith, F. E. & Slobodkin, L. B. (1960) Community structure, population control, and competition. Amer. Nat., 44: 421-425.

箱山洋 (1996) 理想自由分布と最近の展開. 日本動物行動学会, Newsletter, 28 : 29-36.

Hakoyama, H. & Iguchi, K. (1997) The information of food distribution realizes an ideal free distribution: Support of perceptual limitation. J. Ethol., 15: 69-78.

Haldane, J. S. (1931) Philosophical Basis of Biology. 訳本：山県春次・稲生晋吾訳, 1941: 生物学の哲学的基礎. 弘文堂書房.

Hall, B. G. (1988) Adaptive evolution that requires multiple spontaneous mutations. I. Mutations involving an insertion sequence. Genetics, 120: 887-897.

Hall, B. G. (1990) Spontaneous point mutations that occur more often when advantageous than when neutral. Genetics, 126: 5-16.

Hall, B. G. (1992) Selection-induced mutations occur in yeast. Proc. Nat. Acad. Sci. USA, 89: 4300-4303.

Hall, E. R. (1946) Mammals of Nevada. Univ. California Pr.

Hallam, A. (1984) Pre-Quaternary sea-level changes. Ann. Rev. Earth & Planetary Sci., 12: 205-243.

Hallam, A. (1990) Earth bounded causes. (Mass extinction : processes). In Briggs, D.E.G. & Crowther, P. R. (eds), Palaeobiology. A Synthesis. Blackwell Sci. Pub.

浜弘司 (1992) 害虫はなぜ農薬に強くなるか. 薬剤抵抗性のしくみと害虫管理. 農山漁村分化協会.

浜端悦治 (1992) 景観生態学について. 日本支部会長への質問. IALE-Japan, 1 : 15-18.

浜端悦治 (1996) 場のつながりから見た湖沼生態系. 沼田真 (編),「景相生態学・ランドスケープ・エコロジー入門」中の1章. 朝倉書店.

浜端悦治・堀野善博・桑原俊雄・橋本万次 (1995) 琵琶湖でのコハクチョウの採食場所の移動要因としての湖面水位－水鳥と水草の関係解明に向けての景観生態学的研究－. 関西自然保護機構会報, 17 : 29-41.

Hamilton, W. D. (1964a) The genetical evolution of social bahavior. I. J. Theor.Biol., 7, 1-16.

Hamilton, W. D. (1964b) The genetical evolution of social bahavior. II. J. Theor.Biol., 7, 17-52.

Hamilton, W. D. (1967) Extraordinary sex ratios. Science. 156, 477-488.

Hamilton, W. D. & Howard, J. C. (eds), (1997) Infection, Polymorphism and Evolution. Chapman & Hall.

Hanazato, T. (1991) Effects of *Chaoborus*-released chemical on *Daphnia ambigua* : Reduction in the tolerance of the *Daphnia* to summer water temperature. Limnol. Oceanogr., 36: 165-171.

花里孝幸 (1994) 湖沼動物プランクトン群集におけるカイロモンを介した捕食系－被食系関係. 日生態会誌, 44: 61-77.

Hanazato, T. (1995) Life history responses of two *Daphnia* species of different sizes against a fish kairomone. Jpn. J. Limnol., 56: 27-32.

花里孝幸 (1996) 淡水生物群集におけるケミカルコンミュニケーション (日本陸水学会第60回大会シンポジウム記録). Jpn. J. Limnol., 57: 67-72.

Hanazato, T. & Ooi, T.（1992） Morphological responses of *Daphnia ambigua* to different concentrations of a chemical extract from *Chaoborus flavicans*. Freshwat. Biol., 27: 379-385.

半田宏（1994） 1993年度ノーベル賞受賞者の業績と人柄. 生理学・医学賞. 科学, 64: 9-11.

羽田健三編（1986） 鳥類の生活史. 築地書館.

羽田健三・寺西けさい（1968） オオヨシキリの生活史に関する研究. I. 繁殖生理. 日生態会誌, 18: 815-824.

羽田健三・寺西けさい（1968） オオヨシキリの生活史に関する研究. II. Polygyny and territory. 日生態会誌, 18: 825-833.

Hanski, I.（1999） Metapopulation Ecology. Oxford Univ. Pr.

Hanski, I. & Gilpin, M. E.（eds），（1997） Metapopulation Biology. Ecology, Genetics, and Evolution. Academic Pr.

Hansson, L. & Henttonen, H.（1988） Rodent dynamics as community processes. Tre. Ecol. Evol., 3: 195-199.

原秀穂・東浦康友（1995） カラマツの食葉性害虫ミスジツマキリエダシャクの大発生の終息要因. 応動昆, 39: 15-23.

Hara, T.（1984a） A stochastic model and the movement dynamics of the growth and size distribution in plant populations. J. Theor. Biol., 109: 137-190.

Hara, T.（1984b） Dynamics of stand structure in plant monocultures. J. Theor. Biol., 110: 223-239.

原登志彦（1993a） デモグラフィーの確率論的揺らぎと植物集団の共存・絶滅. 個体群生態学会会報, 50: 27-34.

Hara, T.（1993b） Effects of variation in individual growth on plant species coexistence. J. Veg. Sci., 4: 409-416.

原登志彦（1995） 植物集団における競争と多種の共存. 日生態会誌, 45: 167-172.

Harada, E.（1962） A contribution to the biology of the black rockfish, *Sebastes inermis* Cuvier et Valenciennes. Publ. Seto Mar. Biol. Lab., 10: 307-361.

原田英司・川野部浩哉（1958） 鞍馬山の植生と動物相. いわゆる植生の遷移系列にそって. 生理生態, 8: 67-79.

原田肇（1991） 化学進化・生物有機化合物の生成. 柴谷篤弘・長野敦・養老孟子編, 講座「進化」, 5,「生命の誕生」中の1章. 東京大学出版会.

原田俊司・山岸哲（1992） オナガの共同繁殖. 伊藤嘉昭編,「動物社会における共同と攻撃」中の1章. 東海大学出版会.

Harborne, J. B.（1992） Introduction to Ecological Biochemistry（4th ed）. Academic Pr.

Harcourt, D. C.（1971） Population dynamics of *Leptinotarsa decemlineata*（Say）in eastern Ontario. III. Major population processes. Canad.Entomologist, 103: 1049-1061.

Harper, J. L.（1977） The Population Biology of Plants. Academic Pr.

Harvey, H. W.（1950） On the production of living matter in the sea off Plymouth. J. Mar. Biol. Assoc. U.K., 29: 97-137.

Harvey, I. F.（1994） Strategies of behavior. In Slater, P. J. B. & Halliday, T. R.（eds）, Behavior and Evolution. Combridge Univ. Pr.

Harvey, P. H. & Pagel, M. D.（1991） The Comparative Method in Evolutionary Biology. Oxford Univ. Pr. 訳本: 粕谷英一, 1996: 進化生物学における比較法. 北海道大学図書刊行会.

長谷川英祐（1996） アリの性比をめぐる親子の対立. 斉藤裕編著,「親子の関係の進化生態学. 節足動物の社会」中の1章. 北海道大学図書刊行会.

長谷川真理子（1990） ステージで競い合う雄たち－レック繁殖の進化－. 科学, 60: 324-332.

長谷川真理子（1992） 霊長類の子殺しをめぐる諸問題. 伊藤嘉昭編,「動物社会における共同と攻撃」中の1章. 東海大学出版会、

長谷川真理子（1994） 大きい息子と育ちのよい娘. 哺乳類に性比調節はあるか？ 科学, 64: 27-34.

Hasegawa, M.（1997） Density effects on life-history traits of an island lizard population. Ecological Research, 12: 111-118.

橋本惇（1996） 深海底の化学合成生物群集. 科学, 66: 507-514.

橋詰和慶（1995） 浮遊性エビ類ユメエビ属（*Lucifer*）の内湾種と外洋種の適応戦略. 日本ベントス学会, 49: 63.

Hasler, A. D. (1966) Underwater Guideposts, Homing of Salmon. Univ. Wisconsin Pr.
Hasler, A. D. & Wisby, W. J. (1951) Discrimination of stream odors by fishes and relation to parent stream behavior. Amer. Nat., 85: 223-38.
Hassell, M. P. (1975) Density-dependence in single-species populations. J.Anim.Ecol., 44: 283-295.
Hassell, M. P., Lawton, J. H. & May, R. M. (1976) Patterns of dynamical behavior in single species population. J. Anim. Ecol., 45: 471-486.
Hastings, A. (1998) Population Biology: Concepts and Models. 1 ed. Corr. 2nd Printing. Springer-Verlag.
畑井新喜司 (1931) みみず. 初版：改造社. 復刻版：サイエンティスト社 (1980).
Haukioja, E. & Neuvonen, S. (1987) Insect population dynamics and induction of plant resistance: The testing hypothesis. In Barbosa, P. & Schultz, J. C. (eds), Insect Outbreaks. Academ. Pr.
Hawdon, J. M. & Schad, G. A. (1991) Developmental adaptations in nematodes. In Toft, C. A., Aeschlimann, A. & Bolis, L. (eds), Parasite-Host Associations, Coexistence or Conflict? Oxford Univ. Pr.
早川洋一 (1995a) 寄生バチのDNAを運ぶウイルス. 病原性ウイルスの獲得と共生系の進化. 科学, 65: 69-78.
早川洋一 (1995b) 寄生バチの分子戦略. 川那部浩哉監修. 寄生から共生へ. 昨日の敵は今日の友. シリーズ「共生の生態学」6. 中の1部. 平凡社.
林泉 (1936) 動物趨性学. 実験生物学集成 11. 養賢堂.
Hayashi, F. (1998) Multiple mating and lifetime reproductive output in female dobsonflies that receive nuptial gifts. Ecological Research, 13: 283-289.
林峻一郎 (1993) 「ストレス」の肖像. 中公新書, 1113.
林知己夫 (1996) 森林野生動物の数を知る. 学士会会報, 810: 65-70.
Hazard, T. P. & Eddy, R. E. (1950) Modification of the sexual cycle in brook trout (*Salvelinus fontinalis*) by control of light. Transa. Amer. Fish. Soc., 80: 158-162.
Heal, O. W. & MacLean, S. F. (1975) Comparative productivity in ecosystems-seconday productivity. In van Dobben, W. H. & Lowe-McConnell, R. H. (eds), Unifying Concepts in Ecology. Dr. Junk Pub.
Hebb, D. O. (1972) Textbook of Psychology (3rd ed). W. B. Saunders. 訳本：白井常ほか, 1988: 行動学入門. 紀伊国屋書店.
Henderson, L. J. (1912) The Fitness of the Environment. An Inquiry into the Biological Significance of the Properties of Matter. Macmillan. 訳本：梶原三郎, 1943: 自然環境の適合性. 創元科学叢書.
Hendriks, W., Leunissen, J., Nevo, E., Bloemendal, H. & de Jong, W. W. (1987) The lens protein α A-crystallin of the blind mole rat, *Spalax ehrenbergi*: evolutionary change and functional constraints. Pror. Nat. Acad. Sci. USA, 84, 5320-5324.
Hengeveld, R. (1989) Dynamics of Biological Invasions. Chapman and Hall.
Herskowitz, I. H. (1965) Genetics. Little, Brown and Co. 訳本：柳沢嘉一郎・柳沢桂子, 1980: 現代遺伝学. 岩波書店.
Hess, E. H. (1958) "Imprinting" in animals. In Scientific American (ed), 1967: Psychobiology: The Biological Bases of Behavior. W. H. Freeman.
Hesse, R. (1924) Tiergeographie auf ökologischer Grundlage. Gustav Fischer.
Hessen, D. O. & Lyche, A. (1991) Inter-and intraspecific variations in zooplankton element composition. Arch. für Hydrobiol., 121: 343-353
Hewitt, C. G. (1921) The conservation of the wild life of Canada. Scribner's.
日高敏隆 (1992) 動物たちの戦略. 読売新聞社.
日高敏隆・松本義明（監修）(1999) 環境昆虫学. 行動・生理・化学生態. 東京大学出版会.
日笠健一 (1993) 素粒子の標準模型とは何か. 科学, 63: 419-424.
東和敬・生方秀紀・椿宜高 (1987) トンボの繁殖システムと社会構造. 東海大学出版会.

東正剛（1993） アリの生活史戦略と社会進化．松本忠夫・東正剛編，「社会性昆虫の進化生態学」中の1章．海遊舎．

東正剛（編著）（1995） 地球はアリの惑星．シリーズ「共生の生態学」, 3. 平凡社．

東正彦（1992） 多様な生物の共存機構を探る．川那部浩哉監修，大串隆之編「さまざまな共生，生物種間の多様な相互利用，シリーズ地球共生系，2」中の1章．平凡社．

東正彦（1994） 生物多様性をどうとらえるか．科学, 63: 757-765.

東正彦（1998） 生物間相互作用と生物多様性．井上民二・和田英太郎編「生物多様性とその保全．岩波講座，地球環境学，5」中の1章．岩波書店．

Higashi, M., Patten, B. C. & Burns, T. P.（1991） Network trophic dynamics: an emerging paradigm in ecosystems ecology. In Higashi, M. & Burns, T. P.（eds）, Theoretical Studies of Ecosystems: The Network Perspective. Cambridge Univ. Pr.

東正彦・安部琢哉（1992）「大きな共生系」はいかに維持・発展されるか．川那部浩哉監修，東正彦・安部琢哉編「地球共生系とは何か，シリーズ地球共生系，1」中の1章．平凡社．

Highkin, H. R.（1960） The effect of constant tempereture environments and of continuous light on the growth and development of pea plants. Cold Spring Harbor Sym. on Quant. Biol., 25: 231-238.

樋口広芳（1993） 渡り鳥の移動ルートを連続的に追う．科学朝日, 53: 118-120.

樋口広芳編（1994） 宇宙からツルを追う．読売新聞社．

Higuchi, H., Ozaki, K., Fugita, G., Minton, J., Ueta, M., Soma, M. & Mita, N.（1996） Satellite tracking of white-naped crane migration and the importance of the Korean Demilitarized Zone. Conservation Biol., 10: 806-812.

Higuchi, H., Shibaev, Y., Minton, J., Ozaki, K., Surmach, S., Fujita, G., Momose, K., Momose, Y., Ueta, M., Andronov, V., Mita, N. & Kanai, Y.（1998） Satellite tracking of the migration of the red-crowned crane *Grus japonensis*. Ecological Research, 13: 273-282.

Hinde, R. A.（1982） Ethology; Its Nature and Relations with Other Sciences. R. A. Hinde. 訳本：木村武二監訳, 1989: エソロジー；動物行動学の本質と関連領域．紀伊国屋書店．

Hinkle, G. &. Margulis, L.（1990） Global ecology and the Gaia hypothesis. Physiol. Ecol. Japan, 27: 53-62.

平野弘道（1993a） 古生物にみる絶滅と進化．柴谷篤弘・長野敬・養老孟司編，講座「進化」3,「古生物学からみた進化」中の1章．東京大学出版会．

平野弘道（1993b） 繰り返す大量絶滅．「地球を丸ごと考える」, 7. 岩波書店．

Hirose, T. & Werger, M. J. A.（1994） Photosynthetic capacity and nitrogen partitioning among species in the canopy of a herbaceous plant community. Ocologia, 100: 203-212.

Höglund, J. & Alatalo, R. V.（1995） Leks. Princeton Univ. Pr.

Holling, C. S.（1959a） The components of predation as revealed by a study of small mammals predation of the European pine sawfly. Canad. Entomol., 91: 292-320.

Holling, C. S.（1959b） Some characteristics of simple types of predation and parasitism. Canad. Entomol., 91: 385-398.

Holloway, J. D.（1977） The Lepidoptera of Norfolk Island: their Biogeography and Ecology. Dr. Junk Pub.

Holmes, J. C.（1961） Effects of concurrent infections on *Hymenolepis diminuta*（Cestoda） and *Moniliformis dubius*（Acanthocephala）. I. General effects and comparison with crowding. J. Parasitol., 47: 209-216.

Holt, R. D.（1977） Predation, apparent competition, and the structure of prey communities. Theor. Popul. Biol., 12: 197-229.

Holt, R. D.（1984） Spatial heterogeneity, indirect interactions, and the coexistence of prey species. Amer. Nat., 124: 377-406.

Hongoh, Y. & Ishikawa, H.（1994） Changes of mycetocyte symbiosis in response to flying behavior of alatiform aphid（*Acyrthosiphon pisum*）. Zool. Sci., 11: 731-735.

本城市次郎（1947） 動物の趨性．理学モノグラフ, 4. 北方出版社．

宝来聡（1996）遺伝子からみた現代人の起原. 学士会会報, 811: 126-133.

Hori, M.（1987）Mutualism and commensalism in a fish community in Lake Tanganyika. In Kawano, S., Connell, J. H. & Hidaka, T. (eds), Evolution and Coadaptation in Biotic Communities. Univ. Tokyo Pr.

堀道雄（1991）スケールイーターの共存. 数理科学, 342: 74-77.

Hoshiai, T.（1958）Synecological study on intertidal communities. I. The zonation of intertidal animal community with special reference to the interspecific relation. Bull. Mar. Biol. Station Asamushi, 9: 27-33.

Hoshiai, T.（1959）Synecological study on intertidal communities. II. On the interrelation between the *Hijikia fusiforme* zone and the *Mytilus edulis* zone. Bull. Mar. Biol. Station Asamushi, 9: 123-126.

Hoshiai, T.（1960）Synecological study on intertidal communities. III. An analysis of interrelation among sedentary organisms on the artificially denuded rock surface. Bull. Mar. Biol. Station Asamushi, 10: 49-56.

Hoshiai, T.（1961）Synecological study on intertidal communities. IV. An ecological investigation on the zonation in Matsushima Bay concerning the so-called covering phenomenon. Bull. Mar. Biol. Station Asamushi, 10: 203-211.

Hoshiai, T.（1964）Synecological study on intertidal communities. VI. A synecological study on the intertidal zonation of the Asamushi coastal area with special reference to its re-formation. Bull. Mar. Biol. Sta. Asamushi, 12: 93-126.

Houck, L. D. & Drickamer, L. C.（1996）Foundations of Animal Behavior. Classic Papers with Commentaries. Univ. Chicago Pr.

Howard, E.（1920）Territory in Bird Life. Murray.

Howard, L. O. & Fiske, W. F.（1911）The importation into the United States of the parasites of the gipsy moth and the brown-tail moth: A report of progress with some consideration of previons and concurrent effects of this kind. U. S. Dept. Agr., Bur. Entom., Bull., 91: 105-109.

Hozumi, K., Asahira, T. & Kira, T.（1956）Interspecific competition among higher plants. VI. Effect of some growth factors on the process of competition. J. Inst. Polytech. Osaka City Univ., Ser.D, 7: 15-34.

Hozumi, K., Koyama, T. & Kira, T.（1955）Interspecific competition among higher plants IV. a preliminary account on the interaction between adjacent individuals. J. Inst. Polytech. Osaka City Univ., Ser. D,6: 121-130.

穂積和夫・篠崎吉郎（1960）植物生長のロジスチック理論. 吉良竜夫編, 生態学大系, II 上, 植物生態学, 2. 中の1章. 古今書院.

Huang, Z. J., Curtin, K. D. & Rosbash, M.（1995）PER protein interactions and temperature compensation of a circadian clock in *Drosophila*. Science, 267: 1169-1172.

Huffaker, C. B.（1958）Experimental studies on predation: Dispersal factors and predator-prey oscillation. Hilgardia, 27: 343-383.

Humboldt, A.（1805）Essai sur la géographie des plantes; accompagné d'um tableau physique des régions équinoxiales, fondé sur des measures exécutées depuis le dixiéme degré de latitude australe les années 1799-1803, avec une grande planche en couleur ou en noir. Groß Quart.

Humphrey, W. F.（1979）Production and respiration in animal populations. J. Anim. Ecol., 48: 427-454.

Hurlbert, S. H., Zedler, J. & Fairbanks, D.（1972）Ecosystem alteration by mosquito fish (*Gambusia affinis*) predation. Science, 175: 639-641.

Huston, M. A.（1979）A general hypothesis of species diversity. Amer. Nat., 113 : 81-101.

Huston, M. A.（1994）Biological Diversity. The Coexistence of Species on Changing Landscapes. Cambridge Univ. Pr.

Huston, M. A. & DeAngelis, D. L.（1994）Competition and coexistence: the effects of resource transport and supply rates. Amer. Nat., 144: 954-977.

Hutchinson, G. E.（1944）Limnological studies in Connecticut. VII. A critical examination of the supposed relationship between phytoplankton periodicity and chemical changes in lake waters. Ecol., 25: 3-26.

Hutchinson, G. E.（1954）The biochemistry of the terrestrial atmosphere. In Kuiper, G. P. (ed), The Solar System: II, The Earth as a Planet. Univ. Chicago Pr.

Hutchinson, G. E. (1957) Concluding remarks. Cold Spring Harbor Symp. on Quant. Biol., 22: 415-427.
Hutchinson, G. E. (1959) Homage to Santa Rosalia, or why are there so many kinds of animals? Amer. Nat., 93:145-159.
Hutchinson, G. E. (1979) An Introduction to Population Ecology. Yale Univ. Pr.
Iba, M., Nagao, T. & Urano, A. (1995) Effects of population density on growth, behavior and levels of biogenic amines in the cricket, *Gryllus bimaculatus*. Zool. Sci., 12: 695-702.
井深信男 (1990) 行動の時間生物学. 朝倉書店.
井出久登・武内和彦 (1985) 自然立地的土地利用計画. 東京大学出版会.
家正則 (1993) 宇宙史のミッシングリング原始銀河. ゑれきてる, 50: 5.
Ikebe, Y. & Oishi, T. (1997) Relationships between environmental factors and diel and annual changes of the behaviors during low tides in *Periophthalmus modestes*. Zool. Sci., 14: 49-55.
池田清彦 (1993) 構造主義生物学とは何か, 一多元主義による世界解読の試み一. 海鳴社.
池田清彦 (1996) 進化をつかさどる構造. 生物科学, 47: 169-174.
池谷元伺 (1996) 地震に伴う電磁気現象と動物の異常行動. "前兆現象"を科学に. 科学, 66: 408-418.
池内了 (1993) 弁証法. 科学, 63: 624-625.
池内了 (1994) 異端の科学. 科学, 64: 72-73.
Imafuku, M. (1973) On some physiological aspects in the daily rhythmic activity of the sea-pen, *Cavernularia obesa* Valenciennes. Pub. Seto Mar. Biol. Lab., 20: 432-454.
Imaizumi, T. (1979) Elongation of head bristles found in a strain of *Drosophila melanogaster*, which have been kept under constant darkness for about 24 years. Jpn. J. Genet., 54: 55-67.
今西錦司 (1941) 生物の世界. 弘文堂.
今西錦司 (1949) 生物社会の論理. 毎日新聞社.
今西錦司 (1950) 御崎馬の社会調査：報告第3. いままで試みた調査の要約. 生理生態, 4: 28-41.
今西錦司 (1951) 人間以前の社会. 岩波新書.
Inoki, S. (1952) A new experimental method and genetical interpretation on the antigenic variation in *Trypanosoma gambiense*. Med. J. Osaka Univ., 3: 81-86.
井上勲 (1996) 真核光合成生物の多様性をもたらしたもの. 科学, 66: 255-263.
井上民二 (1993a) 送粉共生者の力学と送粉者の採餌戦略. 川那部浩哉監修,「花に引き寄せられる動物, 花と送粉者の共進化」. シリーズ地球共生系, 4., 中の1章. 平凡社.
井上民二 (1993b) 送粉共生系における形質置換と共進化. 川那部浩哉監修, 井上民二・加藤真編「花に引き寄せられる動物, 花と送粉者の共進化」シリーズ地球共生系, 4中の1章. 平凡社.
井上民二 (1993c) 熱帯における環境変動と生物のダイナミックス. 科学, 63: 635-645.
井鷺祐司 (1995) 植物個体の物質収支モデルで masting を考える. 個体群生態学会誌, 52: 49-54.
石川統 (1992) 生命の起原を探る. 太田次郎・石原勝敏・黒岩澄雄・清水碩・高橋景一・三浦謹一郎編,「生物の起原と進化」, 基礎生物学講座, 8, 中の1章. 朝倉書店.
石川統 (1994) 昆虫を操るバクテリア. 川那部浩哉監修, シリーズ「共生の生態学」, 1. 平凡社.
石塚和雄 (1977) 大気候と植物群落の分布. 沼田真・石塚和雄・小川房人・岩城英夫・伊藤秀三編, 植物生態学講座, 第1巻,「群落の分布と環境」中の1章. 朝倉書店.
磯崎行雄 (1993) Superanoxia と超大陸の形成：遠洋深海堆積物中に記録された P-T 境界事件の例. 地球, 15: 311-313.
磯崎行雄 (1994) 超酸素欠乏事件, 史上最大の生物大量絶滅シナリオ. 科学, 64: 135-144.
磯崎行雄 (1995) 古生代／中生代境界での大量絶滅と地球変動. 科学, 65: 90-100.
磯崎行雄・山岸明彦 (1998) 初期生命の実像. 野外地質学と分子生物学からのアプローチ. 科学, 68: 821-828.
伊谷純一郎 (1954) 高崎山のサル. 今西錦司編, 日本動物記, 2. 光文社.
伊谷純一郎 (1987) 霊長類社会の進化. 平凡社.

伊谷純一郎（1990）　自然の慈悲．平凡社．

伊谷純一郎（1991a）　サル・ヒト・アフリカ．日本経済新聞社．

伊谷純一郎（1991b）　カルチャーの概念．西田利貞・伊沢紘生・加納隆至編，「サルの文化誌」中の1章．平凡社．

市野隆雄（1996）　社会性の進化から群集構造の決定まで：ドロバチ類における天敵回避行動の重要性．久野英二編著，「昆虫個体群生態学の展開」中の1章．京都大学学術出版会．

市岡孝朗（1996）　ウンシュウミカンを寄生植物とするカイガラムシ類ギルドにおける種間相互作用．久野英二編著，「昆虫個体群生態学の展開」中の1章．京都大学学術出版会．

市岡孝朗（1997）　アリとカイガラムシ―個体群の特性に影響を与える共生関係―．生物科学, 49: 131-138.

Itioka, T. & Inoue, T.（1996a）　The role of predators and attendant ants in the regulation and persistence of a population of the citrus mealybug *Pseudococcus citriculus* in a satsuma orange orchard. Appl. Entmol. Zool., 31: 195-202.

Itioka, T. & Inoue, T.（1996b）　Density-dependent ant attendance and its effect on the parasitism of a honeydew-producing scale insect, *Ceroplastes rubens*. Oecologia, 106: 448-454.

伊藤嘉昭（1954）　2種のアブラムシの混棲と葉の選択, ならびにその生態学的意義について．農業技術研究所報告, C4: 187-198.

Itô, Y.（1961）　Factors that affect the fluctuations of animal numbers, with special reference to insect outbreaks. Bull. Natl. Inst. Agric. Sci., Ser. C 13: 57-89.

伊藤嘉昭（1963）　動物生態学入門―個体群生態学編―．形成選書, 古今書院．

伊藤嘉昭（1976）　動物生態学．上下2巻．古今書院．

伊藤嘉昭（1978）　比較生態学．第2刷（第1刷1959）．岩波書店．

伊藤嘉昭（1990）　動物の社会・社会生物学・行動生態学入門．東海大学出版会．

伊藤嘉昭（1993）　アシナガバチ類における多女王制の起原―チビアシナガバチの語るもの―．杉本忠夫・東正剛編，「社会性昆虫の進化生態学」中の1章．海遊舎．

伊藤嘉昭・藤崎憲治・斎藤隆（1990）　動物たちの生き残り戦略．NHKブックス．

伊藤嘉昭・桐谷圭治（1971）　動物の数は何できまるか．NHKブックス．

伊藤嘉昭, 山村則男・島田正和（1996）　動物生態学．改訂第2刷．蒼樹書房．

Itoh, J. & Obara, Y.（1994）　Visual stimuli eliciting mate refusal posture in the mated female of cabbage white butterfly, *Pieris rapae crucivora*（Lepidoptera: Pieridae）. Appl. Entomol. Zool., 29: 377-388.

伊藤秀三（1979）　植生学における多様性概念―最近の研究成果から―．生物科学, 31: 200-206.

伊藤秀三（1983）　ガラパゴス諸島,「進化論」のふるさと．中公新書, 690.

Itow, S.（1993）　Comparison of vegetation diversity between oceanic Galapagos and continental Tsushima Islands. Abstracts, VII Pacific Science Inter-Congress, Okinawa, 1993.

伊藤秀三（1995）　垂直分布に見る植生のベータ多様性．日生態会誌, 45: 99-111.

Ivlev, V. S.（1945）　The biological productivity of waters. Advances in Modern Biology, 19: 98-120.

Ivlev, V. S.（1961）　Experimental ecology of the feeding of fishes. Yale Univ. Pr. 訳本：児玉康夫・吉原友吉, 1965: 魚類の栄養生態学―魚の摂餌についての実験生態学―（ロシア語原本よりの訳）．新科学文献刊行会．

Iwabe, N., Kuma, K. & Miyata, T.（1996）　Evolution of gene families and relationship with orgnismal evolution: Rapid divergence of tissue-specific genes in the early evolution of chordates. Mol. Biol. Evol., 13: 483-493.

巖俊一（1954）　ニジュウヤホシテントウとオオニジュウヤホシテントウの混棲地付近における分布（第1報）．応用昆虫, 9: 135-141.

巖俊一（1967）　バッタ・ヨトウガ類の相変異．植物防疫, 21: 228-237.

巖俊一（1972）　陸上動物の大発生．巖俊一・花岡資編,「生物の異常発生」生態学講座 32, 中の1編．共立出版．

岩波生物学辞典（1977, 1996）　（第2版, 第4版）．岩波書店．

巌佐庸（1991） 数理生物学入門. HBJ 出版局.
巌佐庸（1995） 生態学で、数理モデルはどのような役割を果たせるか. 日生態会誌, 45: 163-166.
巌佐庸（1996） 好みの進化学. 生命誌, 11: 10.
巌佐庸（編著）（1997） 数理生態学. 共立出版.
Iwasa, Y., Kubo, T. & Sato, K.（1995） Maintenance of forest species diversity and latitudinal gradient. Vegetatio, 121: 127-134.
Iwasa, Y., Sato, K., Kakita, M. & Kubo, T.（1993） Modelling biodiversity : latitudial gradient of forest species diversity. In Schulz, E. -D. & Mooney, H.（eds）, Ecosystem Function of Biodiversity. Springer-Verlag.
岩崎敬二（1992） 京大生態学研究センターにおけるセミナー講演（1992年6月26日）.
Iwasaki, K.（1993a） Analysis of limpet defense and predator offense in the field. Mar. Biol., 116: 277-289.
Iwasaki, K.（1993b） Synergistic effects of mixed grazing by intertidal limpets on sessile organisms: Consequences of differences in grazing ability and feeding habit. Physiol. Ecol. Japan, 30: 1-30.
Iwasaki, K.（1993c） Individual variation, social structure, community organization, and hierarchial views in the marine context. In Kawanabe, H., Cohen, J. E. & Iwasaki, K.（eds）, Mutualism and Community Organization. Oxford Sci. Pub.
Iwasaki, K.（1995a） Dominance order and resting site fidelity in the intertidal pulmonate limpet *Siphonaria sirius*（Pilsbry）. Ecol. Res., 10: 105-115.
Iwasaki, K.（1995b） Factors delimiting the boundary between vertically contiguous mussel beds of *Septifer virgatus*（Wiegmann）and *Hormomya mutabilis*（Gould）. Ecol. Res., 10: 307-320.
岩田勝哉・高村典子・李家楽・朱学宝・三浦泰蔵（1992） 中国総合養魚の生態・生理学的研究, I. 好気的実験条件下におけるソウギョの糞の分解過程. 陸水学雑誌, 53: 341-354.
伊沢紘生（1994） ジェーン・グドール著,「心の窓」の高崎・伊谷の訳本の書評より. 科学, 64: 756-757.
井尻正二（1952） 地質学の根本問題, 付録：生物進化の24法則. 地学叢書, 5. 地学団体研究会刊.
井尻正二・湊正雄（1993） 地球の歴史, 第2版. 岩波新書, 青版887.
Jablonski, D.（1990） Extra-terrestrial causes-Mass extinction, processes. In Briggs, D. E. G. & Crowther, P. R.（eds）, Palaeobiology. A Synthesis. Blackwell Sci. Pub.
Jablonski, D.（1993） Mass extinctions: New answers, new questions. In Kaufman, L. & Mallory, K.（eds）, The Last Extinction. The MIT Pr.
Jablonski, D.（1995） Extinctions in the fossil record. In Lawton, J. H. & May, R. M.（eds）. Extinction Rates. Oxford Univ. Pr.
Jacob, F. & Monod, J.（1961） Genetic regulatory mechanisms in the synthesis of proteins. J. Molecul. Biol., 3: 318-356.
Janson, C.（1985） Aggressive competition and individual food consumption in wild brown capuchin monkeys（*Cebus appella*）. Behavioral Ecology and Sociobiology, 18: 125-138.
Janzen, D. H.（1967） Interaction of the bull's-horn acacia（*Acacia cornigera* L.）with an ant inhabitant（*Pseudmyrmex ferruginea* F. Smith）in eastern Mexico. Univ. Kansas Sci. Bull., 47: 315-558.
Janzen, D. H.（1976） Why bamboos wait so long to flower. Ann. Rev. Ecol. Syst., 7: 347-391.
Jarvis, J. U. M.（1985） African mole-rats. In Macdonald, D.（ed）, The Encyclopedia of Mammals., 2: 708-711. Guild Pub.
Jeannel, R.（1956） Lévolution souterraine. 訳本：上野俊一, 1956：地下における動物の進化. 科学, 26: 237-243.
Jenkins, D., Watson, A. & Miller, G. R.（1963） Population studies on red grouse, *Lagopus lagopus scoticus* in northeast Scotland. J. Anim. Ecol., 32: 317-376.
Jennings, H. S.（1923） The Behavior of the Lower Organisms. Columbia Univ. Pr.
Jerison, H. J.（1963） Interpreting the evolution of the brain. Hum. Biol., 35: 263-291.
Johnston, D. W. & Odum, E. P.（1956） Breeding bird population in relation to plant succession on the Piedmont of

Georgia. Ecol., 37: 50-62.
Jones, C. G. & Lawton, J. H. (eds). (1995) Linking Species and Ecosystems. Chapman & Hall.
Juday, C. (1940) The annual energy budget of inland lake. Ecol., 21: 438-450.
Jumars, P. A. (1993) Concepts in Biological Oceanography. An Interdisciplinary Primer. Oxford Univ. Pr.
海保邦夫 (1995) 白亜紀／第3紀境界に何が起こったか. 生物の絶滅パターンとその原因. 科学, 65: 603-611.
戒能洋一 (1990) カイロモン－寄生蜂の寄主探索. 桐谷圭治・志賀正和編, 「天敵の生態学」中の1章. 東海大学出版会.
鎌田直人 (1996) 昆虫の個体群動態とブナの相互作用－ブナアオシャチホコと誘導防御反応・ブナヒメシンクイと捕食者飽食仮説－. 日生態会誌, 46: 191-198.
Kamil, A. C. (1994) A synthetic approach to the study of animal intelligence. In Real, L. A. (ed), Behavioral Mechanisms in Evolutionary Ecology. Univ. Chicago Pr.
Kämmerer, J. & Hardeland, R. (1982) On the chronobiology of *Tetrahymena*. I. Ultradian rhythmicity in tyrosine aminotransferase activity. J. Interdiscipl. Cycle Res., 13: 297-302.
神田左京 (1935) ホタル (復刻版, 1981). サイエンス社.
可兒藤吉 (1944) 渓流性昆虫の生態－カゲロウ・トビケラ・カハゲラその他の幼虫について－, 古川晴男編, 「昆虫」上巻: 171-317. 研究社.
Kanmiya, K. (1996) Discovery of male acoustic signals in the greenhouse whitefly, *Trialeurodes vaporariorum* (Westwood) (Homoptera: Aleyrodidae). Appl. Entmol. Zool., 31: 255-262.
Kareiva, P. (1986) Patchiness, dispersal, and species interactions: Concequencies for communities of herbivorous insects. In Diamond, J. & Care, T. J. (eds), Community Ecology. Harper & Row Pub.
狩野賢司 (1998) サンゴ礁魚類の性の可塑性と個体群. 個体群生態学会会報, 55: 44-53.
Kasting, J. F., Toon, O. B. & Pollack, J. B. (1988) How climate evolved on the terrestrial planets. Sci. Amer., 258: 90-97.
粕谷栄一 (1990) 行動生態学入門. 東海大学出版会.
片野修 (1987) コイ科雑食性魚類の生態に関する "個体モザイク説". 淡水魚, 13: 55-62.
片野修 (1991) 個性の生態学－動物の個性から群集へ. 京都大学学術出版会.
片野修 (1999) カワムツの夏. ある雑魚の生態. 生態学ライブラリー, 1. 京都大学学術出版会.
加藤勝 (1987) ホメオスタシスの謎. 生命現象のゆらぎをさぐる. ブルーバックス. 講談社.
加藤陸奥雄 (1961) 生態系の構造. 宮地伝三郎・加藤陸奥雄・森主一・森下正明・澁谷寿夫・北沢右三, 「動物生態学」中の1節. 朝倉書店.
加藤陸奥雄・早坂和子 (1958) コオロギ個体群にみられる順位構造について (予報). 生態学研究, 14: 311-315.
Kaufman, L. & Mallory, K. (1993) The Last Extinction. MIT Pr.
川幡佳一 (1994) 湖沼生態系における生物多様性評価の試み. 日生態会誌, 44: 223-228.
河合雅雄 (1955) 飼いウサギ. 今西錦司編, 「日本動物記, 1」中の1章. 光文社.
河合雅雄 (1961) ゴリラ探検記. 赤道直下アフリカ密林の恐怖. カッパブックス. 光文社.
川上紳一・大野照文 (1998) 生命と地球の共進化. 科学, 68: 829-838.
Kawamura, H. & Ibuka, N. (1978) The search for circadian rhythm pacemaker in the light of lesion experiments. Chronobiologia, 5: 69-94.
Kawamura, S. (1927) On the periodical flowering of the bamboos. Jpn. J. Bot., 3: 335-349.
川村俊蔵 (1957) 奈良公園のしか. 今西錦司編, 日本動物記, 4: 7-165.
川村多実二 (1938) 動物群集研究法. 生物学実験法講座. 13. 建文館.
川村多実二 (1947) 鳥の歌の科学. 臼井書店.
川那部浩哉 (1957) アユの社会構造と生産. －棲息密度と関連づけて－. 日生態会誌, 7: 131-137.
川那部浩哉 (1960) 川の動物群集をどうとらえるか－食物関係にもとづく群集理解の試み. 生理生態, 9: 1-10.

川那部浩哉監修（1992〜1993） シリーズ「地球共生系」. 平凡社, 1〜6巻.

川那部浩哉監修（1994〜1995） シリーズ「共生の生態学」. 平凡社, 1〜8巻.

Kawanabe, H., Cohen, J. E. & Iwasaki, K.（1993） Mutualism and Community Organization. Behavioural, Theoretical,and Food-web Approaches. Oxford Univ. Pr.

川那部浩哉・水野信彦・宮地伝三郎・森主一・大串竜一・西村登（1957） 溯上アユの生態, II. とくに生息密度と生活様式について. 生理生態, 7: 145-167.

川那部浩哉・森主一・水野信彦（1957） 溯上アユの生息密度と淵の利用のしかた. 日生態会誌, 7: 22-26.

川那部浩哉・森主一・水野信彦（1960） アユの生長と藻類量、その他. 生理生態, 8: 117-123.

Kawanabe, H., Saito, Y. T., Sunaga, T., Maki, I. & Azuma, M.（1968） Ecology and biological production of Lake Naka-umi and adjacent regions. 4. Distribution of fishes and their foods. Special Pub. Seto Mar. Biol. Lab., Ser.II, 2: 45-73.

河野義明（1994） ニジュウヤホシテントウの休眠誘起. 生物科学, 46: 75-80.

河野義明・冨田隆史（1995） 殺虫剤抵抗性の分子機構. 応動昆, 39: 193-211.

Kawata, M.（1990） Fluctuating populations and kin interaction in mammals. Tre. Ecol. Evol., 5: 17-20.

Kawata, M.（1993） Relative importance of direct and indirect interaction among individual snails. Res. Popul. Ecol., 35: 69-77.

河田雅圭・千葉稔（1994） 絶滅パターンの原因と進化. 科学, 64: 684-690.

Keith, L. B.（1963） Wildlife's Ten-Year Cycle. Univ.Wisconcin Pr.

Kennedy, B. & Pearse, J. S.（1975） Lunar synchronization of the monthly reproductive rhythm in the sea urchin *Centrostephanus coronatus* Verrill. J. Exp. Mar. Biol. Ecol., 17: 323-331.

Kepner, W. A.（1925） Animals Looking into the Future. Macmillan.

Kettlewell, H. B. D.（1955） Selection experiments on industrial melanism in the Lepidoptera. Heredity, 9: 323-342.

Kettlewell, H. B. D.（1956） Futher selection experiments on industrial mlanism in the Lepidoptera. Heredity, 10: 287-301.

Kettlewell, H. B. D.（1958） A survey of the frequencies of *Biston betularia* L.（Lep.） and its melanic forms in Britain. Heredity, 12: 51-72.

Kettlewell, H. B. D.（1959） Darwin's missing evidence. Sci.Amer., 200: 48-53.

Kettlewell, H. B. D.（1973） The Evolution of Melanism. Clarendon Pr.

Kihara, H.（1982） Importance of cytoplasm in plant genetics. Cytologia, 47: 435-450.

Kikkawa, J.（1986） Complexity,diversity and stability. In Kikkawa, J. & Anderson, D.J.（eds）, Community Ecology : Pattern and Process. Blackwell Sci.Pub.

橘川次郎（1995） なぜたくさんの動物がいるのか？「地球をまるごと考える」, 8. 岩波書店.

Kikkawa, J. & Anderson, D. J.（1986） Community Ecology : Pattern and Process. Blackwell Sci.Pub.

菊地永祐・向井宏（1994） 生物攪拌：ベントスによる環境改変（総説）. 日本ベントス学会誌, 46: 59-79.

菊地豊彦（1990） 入門ニューロコンピュータ. オーム社.

Killham, K.（1994） Soil Ecology. Cambridge Univ. Pr.

Kim, G., Takabayashi, J., Takahashi, S. & Tabata, K.（1993） Function of contact pheromone in the mating behavior of the Cryptomeria bark borer, *Semanotus japonicus* Lacordaire（Coleoptera : Cerambycidae）. Appl. Entomol. Zool., 28: 525-535.

木本昌秀（1995） エルニーニョと異常気象の予測. 科学. 65: 389-397.

Kimoto, S.（1967） Some quantitative analysis on the Chrysomelid fauna of the Ryukyu Archipelago. Esakia, 6: 27-54. Kyushu Univ.

木元新作（1978） 動物群集研究法 1. −多様性と種類組成−. 生態学研究法講座, 14. 共立出版.

木元新作（1989） 動物群集の複雑性と安定性. 木元新作・武田博清,「群集生態系入門」中の1章. 共立出版.

木元新作（1993） 集団生物学概説. 共立出版.

木元新作・武田博清（1989）　群集生態学入門. 共立出版.

Kimura, M.（1956）　Stochastic processes and distribution of gene frequencies under natural selection. Cold Spring Harbor Symp. on Quant. Biol.（1955）, 20: 33-53.

Kimura, M.（1968）　Evolutionary rate at the molecular level. Nature, 217: 624-626.

Kimura, M.（1983）　The Neutral Theory of Molecular Evolution. Cambridge Univ.Pr.　訳本：向井輝美・日下部眞, 1993: 分子進化の中立説. 紀伊国屋書店.

木村資生（1985）　集団遺伝学に基づく分子進化序説. 木村資生編, 「分子進化学入門」中の1章. 培風館.

木村資生（1988）　生物進化を考える. 岩波新書, 新赤版 19.

木村資生（1989）　分子進化中立説の最近の発展と中立説的世界観. 遺伝雑, 64: 315-334.

Kimura, M.（1991）　The neutral theory of molecualar evolution : A recent evidence. Jpn. J. Genet., 66: 367-386.

木村資生（1993）　サバイバル・オブ・ザ・ラッキエスト. 生命誌, 2, 26-30.

Kingsland, S. E.（1991）　Defining ecology as a science. In Read, L.A. & Broon, J.H.（eds）, Foundations of Ecology, Classic Papers with Commentaries. Univ. Chicago Pr.

Kinzie III, R. A.（1993）　Spawning in the reef corals *Pocillopora verrucosa* and *P. eydouxi* at Sesoko Island, Okinawa. Galaxea, 11: 93-105.

Kippert, F.（1996）　A temperature-compensated ultradian clock of *Tetrahymena*: oscillations in respiratory activity and cell division. Chronobiol. Internat., 13: 1-13.

吉良竜夫（1976）　陸上生態学. 概論. 北沢右三・吉良竜夫・宝月欣二・森下正明・門司正三・山本譲太郎編, 生態学講座, 18. 中の1章. 共立出版.

吉良竜夫（1995）　よき時代の定量生態学. 1995 International Cosmos Prize, Commemorative Lecture. The Commemorative Foundation for the International Garden and Greenery Exposition, Osaka, Japan, 1990.

吉良竜夫・穂積和夫・小川房人・上野善和（1953）　栽植密度問題の生態学的考察. 園芸学研究集録, 6: 69-81.

吉良竜夫・穂積和夫・小川房人・小山博史・生嶋功・依田泰二・篠崎吉郎（1956）　同種植物個体間の競争現象. 生物科学, 8: 2-10.

Kira, T., Ogawa, H. & Sakazaki, N.（1953）　Intraspecific competition among higher plants. I. Competition-yield-density interrelationship in regularly dispersed population. J. Inst. Polytech. Osaka City Univ., D4: 1-16.

Kira, T. & Shidei, T.（1967）　Primary production and turnover of organic matter in different forest ecosystems of the western Pacific. Jap. J. Ecol., 17: 70-87.

吉良竜夫・依田恭二（1957）　林分密度と生産力. 北方林業, 9: 160-165.

桐谷圭治・志賀正和編（1990）　天敵の生態学. 東海大学出版会.

Kirmiz, J. P.（1962）　Adaptation to Desert Euvironment. Butterworths.

北野康（1988）　大気・海水の化学組成の変遷と石灰化. 大森昌衛・須賀昭一・後藤仁敏編, 「海洋生物の石灰化と系統進化」中の1章. 東海大学出版会.

北沢右三（1952）　生物の経済. 八木誠政編, 「生態学概説」中の1章. 養賢堂.

北沢右三（1961a）　動物の環境への反作用. 宮地伝三郎・加藤陸奥雄・森主一・森下正明・渋谷寿夫・北沢右三, 「動物生態学」中の1章. 朝倉書店.

北沢右三（1961b）　周期的変動と生態遷移. 宮地伝三郎・加藤陸奥雄・森主一・森下正明・渋谷寿夫・北沢右三, 「動物生態学」中の1節. 朝倉書店.

北沢右三（1973）　土壌動物生態学. 北沢右三・吉良竜夫・宝月欣二・森下正明・門司正三・山本譲太郎編, 生態学講座, 14. 中の1章. 共立出版.

Kjellberg, F., Gouyon, P. -H., Ibrahim, M., Raymond, M. & Valdeyron, G.（1987）　The stability of the symbiosis between dioecious figs and their pollinators : A study of *Ficus casica* L.and *Blartophaga psenes* L. Evol., 41: 693-704.

小林一三（1996）　プログラムされた遺伝子の死. 寄生体としての制限修飾系を中心に. 科学, 66: 362-371.

小林道夫（1996）　デカルトの自然哲学. 岩波書店.

小林茂雄（1952） イサザの増殖に関する研究. 第4報. 漁獲高の豊凶に関する考察. 滋賀県水産試験場報告, 3: 6-11.

小林四郎（1995） 生物群集の多変量解析. 蒼樹書房.

Koestler, A.（1978） Janus. Hutchinson & Co. 訳本：田中三彦・吉岡佳子, 1990: ホロン革命. 工作舎.

Koga, T., Goshima, S., Murai, M. & Poovachiranon, S.（1995） Predation and cannibalism by the male fiddler crab *Uca tetragonon*. J. Ethol., 13: 181-183.

古賀洋介（1988） 古細菌. UP Biology. 東京大学出版会.

古賀洋介（1996） Wächtershäuser による新しい生命の起源論. 化学進化から原始細胞誕生にいたる表面代謝説. 科学, 66: 641-646.

Köhler, W.（1917） Intelligenzprüfungen an Menschenaffen. Springer-Verlag. 訳本：宮考一, 1939: 類人猿の知能試験. 岩波書店.

Kohyama, T.（1992） Size-structured multi-species model of rain forest trees. Funct. Ecol., 6: 206-212.

Kohyama, T.（1993a） Size-structured tree populations in gap-dynamic forest-the forest architecture hypothesis for the stable coexistemce of species. J. Ecol., 81: 131-143.

甲山陸司（1993b） 熱帯雨林ではなぜ多くの樹種が共存できるか. 科学, 63: 768-776.

小泉武栄（1996） 日本における地生態学（景観生態学）の最近の進歩. 生物科学, 48: 113-122.

小島茂明（1996） 日本周辺のシロウリガイ. 科学, 66: 467-469.

駒井卓（1963） 遺伝学に基づく生物の進化. 培風館.

Kondo, N. & Joh, T.（1995） Association of endogenous circannual rhythm of hibernation-specific proteins with hibernation. Zool. Sci., 12, Supplement: 98.

近藤孝男・石浦正寛（1994） 藍色細菌の概日時計－生物発光レポーターを利用した分子遺伝学－. 蛋白質・核酸・酵素, 39: 2792-2802

Kormondy, E. J.（1996） Concepts of Ecology. 4th ed. Prentice-Hall.

Koshio, C.（1996） Reproductive behavior of the white-tailed zygaenid moth, *Elcysma westwoodii*（Lepidoptera, Zygaenidae）. II. Female mating strategy. J. Ethol., 14: 21-25.

小山直樹（1991） マダガスカルの原猿類社会. ワオキツネザルを中心に. 西田利貞・伊沢紘生・加納隆至編,「サルの文化誌」中の1章. 平凡社.

小柳津広志・工藤裕子・宮本太郎（1996） 原核生物の自然史. 科学, 66: 239-246.

Krebs, C. J.（1964） The lemming cycle at Baker Lake,Northwest Territories,during 1959-1962. Arctic Inst. of No. Am., Tech. Paper NO.15: 104.

Krebs, C. J.（1978） A review of the Chitty's Hopothesis of population regulation. Canad. J. Zool., 56: 2463-2480.

Krebs, C. J.（1985） Ecology.The Experimental Analysis of Distribution and Abundabce.（3rd ed.）. Harper & Row.

Krebs, C. J. & Myers, J. H.（1974） Population cycles in small mammals. In Macfadyen A.（ed）, Adv. Ecol. Res., 8: 267-399.

Krebs, J. R., Gaines, M. S., Keller, B. L., Myers, J. H. & Tamarin, R. H.（1973） Population cycles in small rodents. Science, 179: 35-41.

Krebs, J. R.（1971） Territory and breeding density in the great tit, *Parus major* L. Ecol., 52: 2-22.

Krebs, J. R. & Davies, N. B.（eds）,（1991） Behavioural Ecology.An Evolutionary Approach.（3rd ed）. Blackwell Sci. Pub. 訳本：山岸哲・巌佐庸, 1994: 進化からみた行動生態学. 蒼樹書房.

Krebs, J. R. & Davies, N. B.（1993） An Introduction to Behavioural Ecology.（3rd ed）. Blackwell Sci. Pub. 訳本：山岸哲・巌佐庸, 1991: 行動生態学.（原書第2版の訳）. 蒼樹書房.

Krebs, J. R. & McCleery, R. H.（1984） Optimization in behavioural ecology. In Krebs,J .R. & Davis, N.B.（eds）,（2nd ed）1984 : Behavioural Ecology. Blackwell Sci. Pub.

Kreitman, M., Shorrocks, B. & Dytham, C.（1992） Genes and ecology : Two alternative perspectives using *Drosophila*. In

Berry, R.J., Crawford, T.J. & Hewitt, G.M., (eds), Genes in Ecology. Blackwell Sci. Pub.

Kropotokin, P. A. (1902)　Mutual Aid, a Factor of Evolution. W. Heinemann. 訳本：大杉栄（現代訳・同時代社編集部), 1996：相互扶助論. 同時代社.

Kuba, H. & Ito, Y. (1993)　Remating inhibition in the melon fly, *Bactrocera* (=*Dacus*) *cucurbitae* (Diptera : Tephritidae): Copulation with spermless males inhibits female remating. J. Ethol., 11: 23-28.

Kubota, H. (1989)　Spawning habit of a feather star, *Comanthus japonica*. 東京都立大学学位請求論文.

Kühn, A. (1919)　Die Orientierung der Tiere in Raum. Gustav Fischer.

Kullenberg, B. (1946)　Überverbreitung und Wanderungen von vier Sterna-Arten. Arkiv för Zoologie: utgifve af K. Svenska vetenskapsakademien.bd 1, 38: 1-80.

熊田考恒・菊地正 (1994)　注意とは何か. 科学, 64: 207-215.

久野英二 (1968)　水田におけるウンカ・ヨコバイ類個体群の動態に関する研究. 九州農試彙報, 14: 131-246.

Kuno, E. (1992)　Competitive exclusion through reproductive interference. Res. Popul. Ecol., 34: 275-284.

Kuno, E., Kozai, Y. & Kubotsu, K. (1995)　Modelling and analyzing density-dependent population processes: Comparison between wild and laboratory strains of the bean weevil, *Callosobruchus chinensis* (L.). Res. Popul. Ecol., 37: 165-176

倉本圭・松井孝典 (1996)　地球はなぜ水惑星なのか. 科学, 66: 193-201.

Kurihara, Y. (1959)　Synecological analysis of the biotic community in microcosm. VIII. Studies on the limiting factor in determining the distribution of mosquito larvae in the polluted water of bamboo container, with special reference to relation of larvae to bacteria. Jap. J. Zool., 12: 391-400.

Kurihara, Y. (1960)　Biological analysis of the structure of microcosm, with special reference to the relations among biotic and abiotic factors. Sci. Rep. Tôhoku Univ. Ser. Biol., 26: 269-296.

栗原康 (1975)　有限の生態学. −安定と共存のシステム−. 岩波新書, 青版949.

Kurihara, Y. (1978a)　Studies of "succession" in a microcosm. Sci. Rep. Tôhoku Univ. Ser. Biol., 37: 151-160.

Kurihara, Y. (1978b)　Studies of the interaction in a microcosm. Sci. Rep. Tôhoku Univ. Ser. Biol., 37: 161-177.

栗原康 (1980)　干潟は生きている. 岩波新書, 黄版129.

Kurihara, Y. (1983)　The succession of aquatic dipterous larvae inhabiting bamboo phytotelmata. In Frank, J.H. & Lounibos, L.P. (eds), Phytotelmata: Terrestrial Plants as Hosts for Aquatic Insect Communities. Plexus Publ.Inc.

栗原康 (1992)　閉鎖生態系の安定性. 宇宙生物科学, 6: 5-20.

栗原康 (1994a)　微生物生態学の課題と展望. 日本微生物生態学会誌, 9: 91-100.

栗原康 (1994b)　沿岸域のエコテクノロジーを考える. 用水と廃水. 36: 5-13.

栗原康 (1994c)　有限の生態学. 岩波同時代ライブラリー, 194.

栗原康 (1998)　共生の生態学. 岩波新書, 546.

Kurihara, Y. & Kikkawa, J. (1986)　Trophic relations of decomposers. In Kikkawa, J. & Anderson, D.J. (eds), Community Ecology. Pattern and Process. Blackwell Sci. Pub.

黒岩常祥・太田にじ (1995)　真核細胞社会の誕生. 細胞核は共生細菌をどう支配したか. 科学, 65: 821-832.

草野晴美・草野保 (1989)　同類交配と性的二型：ヨコエビをめぐる論争. 日生態会誌, 39: 147-161.

桑原万寿太郎 (1965)　動物と太陽コンパス. 岩波新書, 青版492.

桑原万寿太郎 (1989)　動物の本能. 岩波新書, 新赤版59.

Lack, D. (1947)　Darwin's Finches. Cambridge Univ. Pr.　訳本：浦本昌紀・樋口広芳, 1974: ダーウイン・フィンチ：進化の生態学. 思索社.

Lack, D. (1954)　The Natural Regulation of Animal Numbers. Clarendon Pr.

Lack, D. (1966)　Population Studies of Birds. Clarendon Pr.

Lajtha, K. & Michener, R. H. (1994)　Stable Isotopes in Ecology and Environmental Science. Blackwell Sci. Pub.

Lamarck, J. B. P. A. (1908)　Philosophie Zoologigue. Dentu.　訳本：小泉丹・山田吉彦, 1954: 動物哲学, 岩波文庫; 高橋達明, 1988: 動物哲学; 木村陽二郎・高橋達明, 1988:「ラマルク」中にあり. 朝日出版社.

Lampert, W. & Sommer, U.（1993） Limnoöcologie. Georg Thieme Verlag. 英訳本：Haney, J. F.（1997） Limnoecology, Oxford Univ. Pr.

Lark, K. G.（1987） 植物の獲得形質遺伝（瀬野悍二訳）. 科学, 57: 295-301.

Lawton, J. H.（1982） Vacant niches and unsaturated communities : a companion of bracken herbivores at sites on two continents. J. Anim. Ecol., 51: 573-595.

Lawton, J. H.（1984） Non-competitive populations, non-convergent communities, and vacant niches: The herbivores of bracken. In Strong, D. R., Simberloff, D., Abele, L. G. & Thistle, A. B.（eds）, Ecological Communities, Conceptual Issues and the Evidence. Princeton Univ. Pr.

Lawton, J. H.（1989） Food webs. In Cherrett, J.M.（ed）, Ecological Concepts. The Contribution of Ecology to an Underetanding of the Natural world. Blackwell Sci.Pub.

Lawton, J. H. & Brown, V. K.（1994） Redundancy in ecosystems. In Schulze, E.-D. & Mooney, H. A.（eds）, Biodiversity and Ecosystem Function. Springer-Verlag.

Lawton, J. H., Lewinsohn, T. M. & Compton, S. G.（1993） Patterns of diversity for the insect herbivores on bracken. In Ricklefs, R. E. & Shluter, D.（eds）, Species Diversity in Ecological Communities. Univ. Chicago Pr.

Lawton, J. H. & MacGarvin, M.（1986） The organization of herbivore communities. In Kikkawa, J. & Anderson, D. J.（eds）, Community Ecology : Pattern and Process. Blackwell Sci. Pub.

Lawton, J. H. & May, R. M.（1995）（eds）, Extinction Rates. Oxford Univ. Pr.

Leather, S. R.（1986） Insect species richness of the British Rosaceal:the importance of host range,plant architecture, age of establishment,taxonomic isolation and species-area relationships. J. Anim. Ecol., 55: 841-860.

Lenski, R. E. & Levin, B. R.（1985） Constraints on the coevolution of bacteria and virulent phage : a model, some experiments, and predictions for natural communities. Amer. Nat., 125: 585-602.

Leopold, A.（1933） Game Management. Charles Scribner's Sons.

Leopold, A.（1943） Deer irruptions. Wis. Conserv. Bull. 321: 1-11. Wis. Dept. Pub.

Lerner, I. M.（1958） The Genetic Basis of Selection. Wiley.

Levin, B. R.（1971） A model for selection in situations of interspecific competition. Evol., 25: 249-264.

Levins, R.（1969） Some demographic and genetic consequences of environmental heterogeneity for biological control. Bull. Entomol. Soc. Amer., 15: 237-240.

Levy, H.（1932） The Universe of Science. Watto & Co.

Lewontin, R. C.（1978） Fitness, survival and optimality. In Horn, D.H., Mitchell, R. & Stairs, G.R.（eds）, Analysis of Ecological System. Ohio Stste Univ. Pr.

Li, T. & Yorke, J. A.（1975） Period three implies chaos. Amer. Math. Monthly, 82: 985-992.

Liebhold, A., Kamata, N. & Jacob, T.（1996） Cyclicity and synchrony of historical outbreaks of beech caterpillar, *Quadricalcarifera punctatella*（Motschulsky）in Japan. Res. Popul. Ecol., 38: 87-94.

Likens, G. E., Bormann, F. H., Pierce, R. S., Eaton, J. S. & Johnson, N. H.（1977） Biogeochemistry of a Forested Ecosystem. Springes-Verlag.

Lincoln, F. C.（1950） Migration of birds. U.S.Fish & Wildl.Serv. Washington D.C., Circ., 16: 1-102.

Lincoln, R. J., Boxshall, G. A. & Clark, P. F.（1982） A Dictionary of Ecology, Evolution and Systematics. Cambridge Univ. Pr.

Lindauer, M.（1975） Evolutionary aspects of orientation and learning. In Barends, G. P., Beer, C. & Manning, A.（eds）, Function and Evolution in Behaviour. Oxford Univ. Pr.

Lindeman, R. L.（1941） Seasonal food cycle dynamics in a senescent lake. Amer. Midl. Nat., 26: 636-673.

Lindeman, R. L.（1942） The Trophic-dynamic aspect of ecology. Ecol., 23: 399-418.

Linné, C. von.（1749） Economy of Nature（原文 Oeconomia Naturae）. R. & J. Dodsley, S. Baker and Leigh, T. Payne.（この論文は弟子の I. J. Biberg の学位論文の形で発表されているが、Linnaeus の論文として知られている―

沼田, 1994, および私信による)

Littlejohn, M. J.（1965） Premating isolation in the *Hyla ewingi* complex（Anura : Hylidae）. Evol., 19: 234-243.

Lloyd, M. & Dybas, H. S.（1966a） The periodical cicada problem. I. Population ecology. Evol., 20: 133-149.

Lloyd, M. & Dybas, H. S.（1966b） The periodical cicada problem. II. Evolution. Evol., 20: 466-505.

Llyod, J. E.（1971） Bioluminescent communication in insect. Ann.Rev.Entomol., 16: 97-122.

Loeb, J.（1916） Organism as a Whole: from a Physico-chemical Viewpoint. Putnam. 訳本：宇田一, 1949: 生命と死. 北隆館.

Loeb, J.（1918） Forced Movement, Tropisms and Animal Conduct. Monographs on Experimental Biol. 1. Lippincott.

Loreau, M.（1994） Competitive exclusion and coexistence of species with complex life cycles. Theor. Popul. Biol., 46: 58-77.

Loreau, M.（1996） Coexistence of multiple food chains in a heterogenous enviroment: interactions among community structure, ecosystem functioning, and nutrient dynamics. Mathemat. Biosci., 134: 153-188.

Lorenz, K.（1973） Die Rückseite des Spiegels. R. Piper & Co. 訳本：谷口茂, 1989: 鏡の背面. 思索社.

Lorenz, K.（1983） The King Solomon's Ring. Deutscher Taschenbuch Verlag. 訳本：日高敏隆, 1992: ソロモンの指環―動物行動学入門. 早川書房.

Lotka, A. J.（1925） Elements of Physical Biology. Williams & Wilkins.

Louch, C. D.（1956） Adrenocortical activity in relation to the density and dynamics of three confined population of *Microtus pennsylvanicus*. Ecol., 37: 701-703.

Louw, G. N.（1993） Physiological Animal Ecology. Longman Sci. Tech.

Louw, G. N. & Seely, M. K.（1982） Ecology of Desert Organisms. Longman.

Lovelock, J. E.（1972） Gaia as seen through the atmosphere. Atmospheric Environment, 6: 579-580.

Lovelock, J. E.（1979） Gaia. A New Look at Life on Earth. Oxford Univ. Pr.

Lovelock, J.（1986） "The Biosphere". New Scientist, July 17.

Lovelock, J. E.（1991） Gaia : The Practical Science of Planetary Medicine. Gaia Books LTD. 訳本：糸川英夫監訳, 1993: Gaia（ガイア）, 生命惑星・地球. NTT出版.

Lundelius, E. L.（1990） Pleistocene（Mass extinction-events）. In Briggs, D. G. E. & Crowther, P. R.（eds）, Palaeobiology. A Synthesis. Blackwell Sci. Pub.

Lussenhop, J.（1992） Mechanisms of microarthropod-microbial interaction in soil. In Begon, M. & Fitter, A. H.（eds）, Ad. Ecol. Res. 23: 1-33.

Lysenko, T. D.（1946） 自然淘汰と種内競争. 訳本：大竹博吉, 1953:「農業生物学（第2集）」中の1章. ナウカ版部.

Lysenko, T. D.（1954） Agrobiology : Essays on Problems of Genetics, Plant Breeding and Seed Growing. Foreign Language Pub. House.（Moscow）.

MacArthur, R. H.（1955） Fluctuations of animal populations, and a measure of community stability. Ecol., 36: 533-536.

MacArthur, R. H.（1957） On the relative abundance of bird species. Proc. Natl. Acad. Sci. Wash., 43: 293-295.

MacArthur, R. H.（1958） Population ecology of some warblers of north eastern coniferous forests. Ecol., 39: 599-619.

MacArthur, R. H.（1960） On the relativa abundance of species. Amer. Nat., 94: 25-36.

MacArthur, R. H.（1972） Geographical Ecology : Patterns in the Distribution of Species. Harper & Row. 訳本：巌俊一・大崎直太監訳, 1982: 地理生態学, 種の分布に見られるパターン. 蒼樹書房.

MacArthur, R. H. & Levin, R.（1967） The limiting similarity, convergence and divergence of coexisting species. Amer. Nat., 101: 377-385.

MacArthur, R. H. & Wilson, E. O.（1967） The Thoery of Island Biogeography. Princeton Univ. Pr.

Macfadyen, A.（1964） Animal Ecology. Aims and Methods（2nd ed）. Pitman.

MacGregor, M. E.（1929） The significance of the pH in the development of mosquito larvae. Parasitol., 21: 132-157.

Mach, E.（1883） Die Mechaniks in ihrer Entwicklung. Wissenschaftliche Buckgesellschaft. 訳本：伏見譲, 1969: マッハ力学. 講談社.

MacLulich, D. A.（1937） Fluctuations in the numbers of the varying hare（*Lepus americanus*）. Univ. Toront Stud. Biol. Ser., 43: 1-136.

MacNally, R. C.（1995） Ecological Versatility and Community Ecology. Cambridge Univ. Pr.

牧雅之・増田理子（1994） 生物集団の遺伝的多様性の減少. 科学, 64, 641-648.

真木寿時（1995） ランダムでない突然変異？大腸菌の適応変異. 科学, 65: 723-724.

Malthus, T. R.（1798） An Essay on the Principles of Population. Johnson. 訳本：高野岩三郎・大内兵衛, 1935：人口の原理. 岩波文庫, 白41.

Mandelbrot, B. B.（1982） The Fractal Geometry of Nature. Freeman.

Manning, A.（1979） An Introduction to Animal Behaviour.（3rd ed）. Edward Arnold Pub.

Margalef, R.（1951） Diversidad de Especies en las Comunidades Naturales. P. Inst. Biol. Apl., 9: 5-27.

Margalef, R.（1968） Perspectives in Ecological Theory. Univ. Chicago. 訳本：森主一・今福宏司・山村則男, 1972: 将来の生態学説, サイバネティック的生態学. 築地書館.

Margalef, R.（1991） Networks in ecology. In Higashi, M. & Burns, T. P.（eds）, Theoretical Studies of Ecosystems. The Network Perspective. Cambridge Univ. Pr.

Margulis, L.（1970） Origin of Eukaryotic Cells. Yale Univ. Pr.

Margulis, L.（1978） Evolution of Cells. Harvard Univ. Pr.

Margulis, L.（1981） Symbiosis in Cell Evolution. W. H. Freeman.

Margulis, L. & Sagan, D.（1986） Microcosmos. Four Billion Years of Microbial Evolution. Summit Books. 訳本：田宮信雄, 1995: ミクロコスモス.―生命と進化―.「科学のとびら」, 8. 東京科学同人.

Martini, P. T.（1987） The role of climatic variation and weather in forest insect outbreaks. In Barbosa, P. & Schlutz, J. C.（eds）. Insect Outbreaks. Academic Pr.

丸橋珠樹（1996） 熱帯林における霊長類と果実の共進化. 科学, 66: 853-861

丸山千由利・高木由臣（1994） 2種のゾウリムシの混合培養時における共存・死滅関係の解析―とくに食胞形成能との関連から―. 日本動物学会近畿地区会講演会. 後に同じ主旨のものが, 同じ著者により, Europ. J. Protistol., 33: 274-283（1997）に発表されている.

丸山茂徳（1993） 46億年, 地球は何をしてきたか？「地球を丸ごと考える」, 2. 岩波書店.

増子恵一（1988a） ムカシアリの生態. 1. インセクタリウム, 25: 240-245.

増子恵一（1988b） ムカシアリの生態. 2. インセクタリウム, 25: 276-281.

増子恵一（1992） ムカシアリの血リンパ食について. Sophia Life Science Bull., 11: 47-62.

Masuko, K.（1993） Predation of centipedes by the primitive ant *Amblyopone silvestrii*. Bull. Assoc. Natural Sci., Senshu Univ., 24: 35-44.

Mathew, W. D.（1915） Climate and evolution. Ann. N. Y. Acad. Sci., 24: 171-318.

松田裕之・Abrams, P. A.（1994a） 弱気な捕食者：適応が自滅をもたらす. 日本生態学会第41会大会講演.

Matsuda, H. & Abrams, P. A.（1994b） Timid consumers : Self-extinction due to adaptive change in foraging and anti-predator effect. Theor. Pop. Biol., 45: 76-91.

Matsuda, H., Abrams, P. A, & Hori, M.（1993） The effect of anti-predator behavior on exploitative competition and mutualism between predators. Oikos, 68: 549-559.

Matsuda, H., Hori, M. & Abrams, P. A.（1994） Effects of predator-specific defence on community complexity. Evol. Ecol. 8: 628-638.

Matsuda, H., Wada, T., Takeuchi, Y. & Matsumiya, Y.（1992） Model analysis of the effect of environmental fluctuation on the species replacement pattern of pelagic fishes under interspecific competition. Res. Popul. Ecol., 34: 309-319.

松田裕之・巖佐庸（1993） 何が絶滅をもたらすか？保全生態学の理論. 個体群生態学会会報, 50: 2-9.

松田治（1992）　沿岸海域におけるC：N：P比の変動とその変動要因. 日本陸水学会報, 53: 108-109.

松井孝典（1994）　地球進化探訪記.「岩波科学ライブラリー」, 10. 岩波書店.

松井孝典（1996a）　太陽系の中の地球. 松井孝典・田近英一・高橋栄一・柳川弘志・阿部豊.「地球惑星科学入門」（地球惑星科学1）中の1章. 岩波書店.

松井孝典（1996b）　地球システムの安定性. 鳥海光弘・田近英一・吉田茂生・住明正・和田英太郎・大河内直彦・松井孝典.「地球システム科学」（地球惑星科学2）中の1章. 岩波書店.

Matsumoto, K. & Suzuki, N.（1995）　The nature of mating plugs and the probability of reinsemination in Japanese Papilionidae. In Scriber, J. M., Tsubaki, Y. & Lederhouse, R. C.（eds）, Swallowtail Butterflies: Their Ecology and Evolutionary Biology. Sci. Publishers.

松本良・角和善隆（1998）　カンブリア紀の生物進化と環境変動：イラン・エルブールズ山脈の3億年連続地層記録を読む. 科学, 68: 718-725.

松本忠夫（1993a）　日本における社会性昆虫の進化生態学—まえがきにかえて—. 松本忠夫・東正剛編,「社会性昆虫の進化生態学」中の1章. 海遊舎.

松本忠夫（1993b）　シロアリの真社会性の起源とその維持機構. 松本忠夫・東正剛編,「社会性昆虫の進化生態学」中の1章. 海遊舎.

松本忠夫（1994）　動物における社会性の進化. 科学, 64: 484-494.

松本忠夫・東正剛（1993）　社会性昆虫の進化生態学. 海遊舎.

松村澄子（1988）　コウモリの生活戦略序論.「動物—その適応戦略と社会」, 15. 東海大学出版会.

May, R. M.（1972）　Will a large complex system be stable? Nature, 238: 413-414.

May, R. M.（1973）　Stability and Complexity in Model Ecosystems. Princeton Univ. Pr.

May, R. M.（1975）　Biological populations obeying difference equations: stable points, stable cycles and chaos. J. Theor. Biol., 49: 511-524.

May, R. M.（1981）　Patterns in multi-species communities. In May, R. M.（ed）, Theoretical Ecology: Principles and Applications. Blackwell Sci. Pub.

May, R. M. & Anderson, R. M.（1983）　Parasite-host coevolution. In Fituyma, D. J. & Slatkin, M.（eds）, Coevolution. Sinauer Associates.

May, R. M., Lawton, J. H. & Stork, N. E.（1995）　Assessing extiction rates. In Lawton, J. H. & May, R. M.（eds）, Extinction Rates. Oxford Univ. Pr.

May, R. M. & Oster, G. F.（1976）　Bifurcations and dynamic complexity in simple ecological models. Amer. Nat., 110: 573-599.

Maynard Smith, J.（1964）　Group selection and kin selection: a rejoinder. Nature, 201: 1145-1147.

Maynard Smith, J.（1978）　Optimization theory in evolution. Ann. Rev. Ecol. Syst., 9: 31-56.

Maynard Smith, J.（1982）　Evolution and the Theory of Games. Cambridge Univ. Pr. 訳本：寺本英・梯正之, 1991: 進化とゲーム理論, —闘争の論理—. 産業図書.

Maynard Smith, J.（1989）　Evolutionary Genetics. Oxford Univ. Pr. 訳本：巌佐庸・原田祐子, 1996: 進化遺伝学. 産業図書.

Maynard Smith, J.（1994）　Optimization theory in evolution. In Sober, E.（ed）, Conceptual Issues in Evolutionary Biology（2nd ed）. MIT Pr.

Maynard Smith, J. & Prince, G. R.（1973）　The logic of animal conflicts. Nature, 246: 15-18.

Mayr, E.（1988）　Toward a New Philosophy of Biology. Harvard Univ. Pr. 訳本：八杉貞雄・新妻昭夫, 1994: マイア進化論と生物哲学. —進化学者の思索. 東京化学同人.

Mayr, E.（1991）　One Long Argument. Charles Darwin and the Genesis of Modern Evolutionary Thought. Harvard Univ. Pr.

McCrea, K. D. & Abrahamson, W. G.（1987）　Variation in herbivore infestation: Historical vs. genetic factors. Ecol., 68:

822-827.

McDougall, W. (1938) Fourth report on a Lamarckian experiment. Brit. J. Psychol., 28: 321-345, 365-395.

McIntosh, R. P. (1985) The Background of Ecology, Concept and Theory. Cambridge Univ. Pr. 訳本：大串隆之・井上弘・曽田貞滋, 1989: 生態学、概念と理論の歴史. 思索社.

McKenzie, J. A. (1996) Ecological and Evolutionary Aspects of Insecticide Resistance. Academic Pr.

McNaughton, S. J. (1976) Serengeti migratory wildbeest: facilitation of energy flow by grazing. Sci., 191: 92-94.

McNaughton, S. J. (1979) Grazing as an optimization process: grass-ungulate relationships in the Serengeti. Amer. Nat., 113: 691-703.

McNaughton, S. J. (1985) Ecology of a grazing ecosystem: the Serengeti. Ecol. Monogr., 55: 259-294.

McNaughton, S. J. (1994) Biodiversity and function of grazing ecosystems. In, Schulze, E. -D. & Mooney, H. A. (eds), Biodiversity and Ecosystem Function. Springer-Verlag.

McNaughton, S. J. & Wolf, L. L. (1979) General Ecology, 2nd ed. Holt, Rinehart and Winston.

McNicol, D. K. & Wayland, M. (1992) Distribution of waterfowl broods in Sudbury area lakes in relation to fish, macroinvertebrates, and water chemistry. Canad. J. Fish. Aquatic Sci., 49 (Suppl. I): 122-133.

Medvedev, Z. A. (1969) The Rise and Fall of T. D. Lysenko. Cambridge Univ. Pr. 訳本：金光不二夫, 1971: ルイセンコ学説の興亡, 一個人崇拝と生物学一. 河出書房新社.

Meiyer, N. F. (1940) Teoreticheskoe obosnovanie biologicheskogo metoda boibui s vrednuimi nase komuimi. Vestnik Zashch. Rast. (Bull. Pl. Prot.), 1-2: 143-154.

Melinikov, M. I., Shibanov, A. A. & Korsunskaya, B. M. (1954) Fundamentals of Darwinism. ソ連国立教育書出版所. 訳本：和気朗, 1954: ダーウィニズムの基礎. 理論社 (旧ソ連の中学教科書、生物学基礎教育大系Ⅳ).

Menge, B. A. & Sutherland, J. P. (1987) Community regulation: Variation in disturbance, competition, and predation in relation to environmental stress and recruitment. Amer. Nat., 130: 730-757.

Merrell, D. J. (1951) Interspecific competition between *Drosophila funebris* and *Drosophila malanogaster*. Amer. Nat., 85: 159-169.

Meyer, O. (1994) Functional groups of microorganisms. In, Schulze, E.-D. & Mooney, H. A. (eds), Biodiversity and Ecosystem Function. Springer-Verlag.

Miller, R. S. (1967) Pattern and process in competition. In Cragg, J. B. (ed), Adv. Ecol.Res., 4: 1-74.

Miller, R. S. (1969) Competition and species diversity. Brookhaven Symp. Biol., 22: 63-70.

Mills, S. K. & Beatty, J. H. (1994) The propensity interpretation of fitness. In Sober, E. (ed), Conceptual Issues in Evolutionary Biology. MIT Pr.

Minnich, J. (1977) The Earthworm Book. Rodale Pr. 訳本：河崎昌子、1994: ミミズの博物誌. 現代書館.

箕浦幸治 (1998) 地球環境の変遷と生物の多様性. 井上民二・和田英太郎 (編)「生物多様性とその保全. 岩波講座, 地球環境学, 5」中の1章. 岩波書店.

三島次郎 (1992) トマトはなぜ赤い. 生態学入門. 東洋館出版社.

Miura, T., Kawakita, A., Iwasa, Y. & Tanimizu, K. (1976) Studies on the submerged plant community in Lake Biwa Ⅱ. Macroinvertebrates as an important supplier of nitrogenons nutrients in a dense macrophyte zone. Physiol. Ecol. Japan, 17: 587-591.

三浦泰蔵・須永哲雄・川那部浩哉・牧岩男・東幹夫・田中晋・平井賢一・成田哲也・友田淑郎・水野信彦・名越誠・高松史朗・白石芳一・小野寺好之・鈴木紀雄・柳島静江 (1966) 魚類班中間報告. びわ湖生物資源調査団、中間報告 (一般調査の部), 711-906.

Miura, T., Tanimizu, K., Iwasa, Y. & Kawakita, A. (1978) Macroinvertebrates as an important supplier of nitrogenous nutrients in a dense macrophyte zone in Lake Biwa. Verh. Internat. Verein. Limnol., 20: 1116-1121.

三浦徹 (1999) 社会性昆虫におけるカースト分化の分子・生理学的基盤. 日本生態学会誌, 49: 167-174.

Miwa, I., Fujimori, N. & Tanaka, M. (1996) Effects of symbiotic *Chlorella* on the period length and phase shift of carcadian rhythm in *Paramecium bursaria*. Europ. J. Parasitol., 32, Suppl. 1: 102-107.

Miyadi, D.（1931） Studies on the bottom fanna of Japanese lakes. I. Jap. J. Zool., 3: 201-257.

Miyadi, D.（1931） Studies on the bottom fanna of Japanese lakes. II. Jap. J. Zool., 3: 259-297.

宮地伝三郎（1961） 序論. 宮地伝三郎・加藤陸奥雄・森主一・森下正明・渋谷寿夫・北沢右三,「動物生態学」中の1章. 朝倉書店.

宮地伝三郎（1962） 中海干拓・淡水化事業に伴う魚類生態調査報告. 島根県総務部.

宮地伝三郎（1966） サルの話. 岩波新書, 青版603.

宮地伝三郎（1969） 動物社会. 筑摩書房.

宮地伝三郎・加藤陸奥雄・森主一・森下正明・渋谷寿夫・北沢右三（1961） 動物生態学. 朝倉書店.

宮地伝三郎・河端政一・植田勝巳（1952） 行動と喰み場単位面積からみたアユの基準密度. 京大生理生態学研究業績, 75: 1-25.

宮地伝三郎・森主一（1953） 動物の生態. 岩波全書.

三宅崇（1997） 蛾による送粉系における化学生態学. 日本生態学会誌, 47: 275-284.

都城秋穂（1994） 科学の歴史的発展過程についてのモデル. 科学, 64: 808-816.

都城秋穂（1995） 複合理論モデル. 科学, 65: 612-620.

Miyashita, K.（1963） Outbreaks and population fluctuation of insects, with special reference to agricultural insect pests in Japan. Bull. Nat. Inst. Agric. Sci. Japan, Ser. C, 15: 99-170.

Miyashita, K.（1964） A note on the relationship between outbreaks of the oriental tussock moth, *Euproctis flava* and weather conditions. Res. Popul. Ecol., 6: 37-42.

宮田隆（1994a） 表現型進化と分子進化の架け橋, 脊索動物の初期進化における遺伝子の多様化. 科学, 64: 84-93.

宮田隆（1994b） 中村桂子と「細胞に秘められた生き物の物語, 真核細胞のポテンシャル」についての対談. NHK取材班:「生命, 40億年のはるかな旅. 1. 海からの創世」中の1節. 日本放送協会.

宮田隆（1994c） 分子進化への招待. DNAに秘められた生物の歴史. 講談社ブルーバックス, B-1047.

宮田隆（1996） 眼が語る生物の進化.「岩波科学ライブラリー」, 37.

Miyatake, T.（1998） Genetic changes of life history and behavioral traits during mass-rearing in the melon fly, *Bactrocera cucurbitae* (Diptera: Tephritiae). Res. Poplul. Ecol., 40: 301-310.

Miyatake, T. & Yamagishi, M.（1993） Active quality control in mass reared melon flies: quantitative genetic aspects. In IAEA (ed.) Management of Insect Pest: Nuclear and Related Molecular and Genetic Techniques. IAEA, Vienna.

水原洋城（1971） サルの国の歴史、高崎山の15年の記録から. 創元新書, 13.

Möbius, K.（1877） Die Auster und die Austernwirtschaft. Wiegandt, Hempel and Pary.（trans. by H. J. Rice in Report of the Commissioner for 1880, Part VIII, V. S. Commission of Fish and Fisheries. 683-751.

茂木健一郎・彦坂興秀（1998） 注意と意識. 科学, 68: 895-906

Mojzsis, S. J., Arrhenius, G., McKeegan, K. D., Harrison, T. M., Nutman, A. P. & Friend, C. R. L.（1996） Evidence for life on earth before 3,800 million years ago. Nature, 384: 55-59.

Molles, M. C.（1982） Trichopteran communities of streams associated with aspen and conifer forests: long-term structural change. Ecol., 63: 1-6.

Monod, J.（1970） Hasard et la Nécessité Essai sur la Philosophie Naturelle de la Biologie Moderne. Éditions du Seuil. 訳本:渡辺格・村上光彦. 1981: 偶然と必然. 現代生物学の思想的な問いかけ. みすず書房.

Moore, H. B.（1958） Marine Ecology. John Wiley & Sons.

Moore, B. III & Bolin, B.（1986/87） The oceans, carbon dioxide, and global climate change. Oceanus, 29: 9-15.

Moran, P. A. P.（1950） Some remarks on animal population dynamics. Biometrics, 6: 250-258.

Moran, N. A., Munson, M. A., Baumann, P. & Ishikawa, H.（1993） A molecular clock in endosymbiotic bacteria is calibrated using insect hosts. Proc. R. Soc. Lond., B 253: 167-171.

Morell, V.（1996） Flies unmask evolutionary warefare between sexes. Science, 272: 953-954.

Morgan, C. L.（1896.） An Introduction to Comparative Psychology. Walter Scot.

森肇（1995） カオス. 流転する自然.「岩波科学ライブラリー」, 24.

森主一（1938） フジノハナガイの潮汐周律移動と漲潮時における行動解析. 動雑, 50: 1-12.

森主一（1944） ウミサボテン *Cavernularia obesa* Valenciennes の日周期活動, III. 光による活動の制御（I）. 動雑, 56: 1-5.

森主一（1945a） 動物の行動周期と外界要因周期の連関に関する一般的考察. 京大生理生態学研究業績, 39: 1-42

森主一（1945b） 日周期活動の個性と労務時刻. 京大生理生態学研究業績, 18: 1-10.

森主一（1946） 野鳥の囀りと環境. 富書店.

森主一（1948） 動物と周期活動. 北方出版社.

森主一（1950a） ウミサボテン *Cavernularia obesa* Valenciennes の日周期活動. XII. 結論－環境、行動、体内生理状態の連関をめぐる問題. 生理生態, 4: 12-20.

森主一（1950b） フジノハナガイの潮汐周律移動と漲潮時における行動解析, 第2報. 動雑, 59: 87-89.

森主一（1951） ショウジョウバエの幼虫棲息密度と羽化状態及び成虫体長の関係. 動雑, 60: 106-109.

森主一（1952） 'すみわけ'概念の整理. 生理生態, 5: 51-57.

森主一（1955） 生態系の進化. 本城市次郎編,「高等学校理科―生物」中の一節. 啓林館.

森主一（1956） メジナ幼魚の社会構造－順位となわばり－. 日生態会誌, 5: 145-150.

Mori, S.（1960） Influence of environmental and physiological factors on the daily rhythmic activity of a sea pen. Cold Spring Harbor Symp., 17: Biological clock, 333-344.

森主一（1961a） 非生物環境の作用. 宮地伝三郎・加藤陸奥雄・森主一・森下正明・渋谷寿夫・北沢右三,「動物生態学」中の1節. 朝倉書店.

森主一（1961b） 生態系の進化. 宮地伝三郎・加藤陸奥雄・森主一・森下正明・渋谷寿夫・北沢右三,「動物生態学」中の1節. 朝倉書店.

森主一（1969） 群集の性格とその研究法について. 陸水生物生産測定方法論研究会編,「陸水生物生産研究法」中の1節. 講談社サイエンティフィック.

森主一（1972） R. Margalef（1968）の著書「将来の生態学説」訳本のあとがき. 築地書館.

Mori, S.（1975） Nitrogen metabolism in pelagic ecosystem. In Mori, S. & Yamamoto, G.（eds）, Productivity of Communities in Japanese Inland Waters. JIBP Synthesis, 10: 25-28. Univ. Tokyo Pr.

森主一（1977） 自然における生物の存在様式. 森主一・三浦泰蔵・小野勇一・荻野和彦・小泉清明,「集団と生態（生物科学講座, 8）」中の1章. 朝倉書店.

森主一（1983） 生態. 森田淳一・市川衞・本城市次郎・佐藤磐根・平井久男・森主一,「基礎動物学」中の1章. 裳華房.

Mori, S.（1986） Changes of characters of *Drosophila melanogaster* brought about durring the life in constant darkness and considerations on the processes through which these changes were induced. Zool. Sci., 3: 945-957.

森主一（1989） 大学魚族の生態. ナカニシヤ出版.

森主一（1990） 長期暗黒生活とショウジョウバエの変化. 科学, 60: 570-576.

Mori, S.（1994a） Daily rhythmic activity of the sea-pen *Cavernularia obesa* Valenciennes. XIX. Futher consideration on the mechanism of the circadian rhythmic activity. Pub. Seto. Mar. Biol. Lab., 36: 267-276.

森主一（1994b） いわゆる環境問題の生態学的理解とその解決. みどりのニュースレター, 11: 2-3.「環境市民」設立準備会.

森主一（1994c） 生態系学の進展をめぐって－経済学への提言も併せて－. 彦根論叢, 287/288: 1-17.

森主一・松谷幸司（1953） トビケラ類の日周期活動とすみわけ. 動雑, 62: 191-198.

Mori, S. & Ondo, Y.（1957） Daily rhythmic activity of the sea-pen, *Cavernularia obesa* Valenciennes. XV. Controlling of the activity by light (3). Pub. Seto Mar. Biol. Lab., 6: 79-98.

Mori, S., Saijo, Y. & Mizuno, T. (1984) Limnology of Japanese lakes and ponds. In Taub, F. B. (ed), Lakes and Reservoirs. Elsevier Sci. Pub.

Mori, S. & Suzuki, N. (1986) Changes of Drosophila's hereditary nature of behavior, reacting to illumination, caused by selection and changes in other characters seen in these selected flies. Zool. Sci., 3: 151-165.

森主一・柳島靜江（1959）ショウジョウバエの変異と環境. Ⅶ. ショウジョウバエの性質は暗黒生活中に変わるか？（1）. 遺伝学雑誌, 34: 151-161.

森主一・柳島靜江・大沢済・松谷幸司・佃弘子・三宅章雄（1958）キイロショウジョウバエの諸活動の長年にわたる変動. 第1報. 100代までの結果. 生理生態, 8: 12-23.

Mori, S., Yanagishima, S. & Suzuki, N. (1966) Influence of dark environment on the various characters of Drosophila melanogaster. Biometeorology II (Proc. 3rd Int. Biometeorol. Congr. 1963), S. W. Tromp & W. H. Weihe (eds). 550-563. Pergamon Pr.

Morin, P. J. (1999) Community Ecology. Blackwell Science.

森下正明（1952）棲息場所選択と環境の評価. アリジゴクの棲息密度についての実験的研究（1）. 生理生態, 5: 1-16.

Morisita, M. (1959a) Measuring of dispersion of individuals and analysis of the distributional patterns. Mem. Facul. Sci., Kyushu Univ., Ser. E, 2: 215-235.

Morisita, M. (1959b) Measuring of interspecific association and similarity between communities. Mem. Fac. Sci., Kyushu Univ., Ser. E, 3: 64-80.

森下正明（1961）動物の個体群. 宮地伝三郎・加藤陸奥雄・森主一・森下正明・渋谷寿夫・北沢右三,「動物生態学」中の1章. 朝倉書店.

森下正明（1967）京都近郊における蝶の季節分布. 森下正明・吉良竜夫編,「自然、生態学的研究」中の1章. 中央公論社.

森下正明（1996）種多様性指数値に対するサンプルの大きさの影響. 日生態会誌, 46: 269-289.

森田哲夫（1995）哺乳類の冬眠に関する生理生態学の最近の展開. 哺乳類科学, 35: 1-20.

諸星静次郎（1949）蚕の発育機能. 明文堂.

Morris, R. F. (1959) Single-factor analysis in population dynamics. Ecol., 40: 580-588.

元村勲（1932）群集の統計的取扱いについて. 動雑, 44: 379-383.

Mukai, M. (1998) Measurement of bioturbation in tube-building maldanid worms (Polychaeta: Maldanidae) with a video observation system. Benthos Research, 53: 1-8.

村松繁（1995）神経内分泌免疫学序説. 感染・炎症・免疫, 25: 22-29.

村松繁樹・川喜田二郎（1950）人文地理学入門（上）. ミネルヴァ書房.

村野健太郎（1993）酸性雨と酸性霧. ポピュラー・サイエンス. 裳華房.

Murdoch, W. W. (1971) The developmental response of predators to change in prey density. Ecol., 52: 132-137.

Murdoch, W. W. & Oaten, A. (1975) Predation and population stability. In Macfadyen, A. (ed), Adv. Ecol. Res., 9: 1-131.

室田武（1993）ペルーグアノと北洋のサケからの物質循環再考. 学士会会報, 798: 79-83.

室田武（1995）溯河性回遊魚による海の栄養分の陸上生態系への輸送―文献展望と環境政策上の含意―. 生物科学, 47: 124-140.

Murata, T., Matsumoto, A., Tomioka, R. & Chiba, Y. (1995) RITSU: A rhythm mutant from a natural population of Drosophila melanogaster. J. Neurogenetics, 9: 239-249.

Murphy, G. I. (1968) Pattern in life history and the environment. Amer. Nat., 102: 391-403.

Muse, W. A. & Ono, T. (1996) Copulatory behavior and post-copulatory mate guarding in a grasshopper Atractomorpha lata Motschulsky (Orthoptera: Tetrigidae) under laboratory conditions. Appl. Entomol. Zool., 31: 233-241.

Myers, A. C.（1977） Sediment processing in a marine subtidal sandy bottom community: II. Biological consequences. J. Mar. Res., 35: 633-647.

Myers, N.（1984） The Primary Source : Tropic Forests and Our Future. W. W. Norton.

Myers, J. H.（1988） Can a general hypothesis explain population cycles of forest Lepidoptera? In Begon, M., Fitter, A. H., Ford, E. D. & Macfadyen, A.（eds）, Adv. Ecol. Res., 18: 179-242.

Myser, W. C.（1952） Ingestion of eggs by honey bee workers. Amer. Bee J., 92: 67.

長井嗣信（1994） 大気－海洋結合モデル．気候の理解に向けて．科学, 64: 164-176.

長野敬（1994） 進化論のらせん階段．青土社．

永田俊（1994） 海洋微生物群集の捕食過程における有機物代謝に関する研究. 海の研究, 3: 427-436.

永田俊（1997） 海洋における微生物食物網の構造と機能．日本生態学会誌, 47: 63-69.

長田芳和・前畑政善（1991） ムギツクによるドンコの巣への産卵．滋賀県立琵琶湖文化館研究紀要, 9: 17-20.

Naiman, R. J. & Décamps, H.（1990） The ecology and management of aquatic-terrestrial ecotones. Man and Biosphere Series No. 4. Parthenon Pub. Group.

中川尚史（1996） 霊長類の最適食物選択再考．日生態会誌, 46: 291-307.

中川尚史（1999） 食べる速さの生態学．生態学ライブラリー４．京都大学学術出版会．

中島敏幸（1995） 実験進化．－バクテリアの進化生態学の展望－．日生態会誌, 45: 43-56.

Nakajima, T.（1998） Ecological mechanisms of evolution by natural selection: causal processes generating density-and-frequency-dependent fitness. J. theor. Biol., 190: 313-331.

中村桂子（1993） 自己創出する生命．普遍と個の物語．哲学書房．

中村浩二（1993） 熱帯における昆虫の生活史と個性群動態．科学, 63: 802-810.

中村浩二（1994） インドネシアのマダラテントウ類の生活史と個体群動態．生物科学, 46: 81-88.

Nakamura, K., Abbas, I. & Hasyim, A.（1990） Seasonal fluctuations of the lady beetle *Epilachna vigintioctopunctata*（Coccinellidae: Epilachninae）in Sumatra and comparisons to other tropical insect population cycles. In Sakagami, Sh.F., Ohgushi, R. & Roubik, D.W.,（eds）, Natural History of Social Wasps and Bees in Equatoial Sumatra. Hokkaido Univ. Pr.

中村方子（1996） ミミズのいる地球．大陸移動の生き証人．中公新書, 1298.

中野治房（1930） 植物群落とその遷移．岩波講座，生物学．岩波書店．

中田兼介（1993） トゲオオハリアリの令構造と分業．日本生態学会近畿地区会、1993 年度第 3 回例会講演．

Naveh, Z. & Lieberman, A.（1994） Landscape Ecology. Theory and Application.（2nd ed）. Springer-Verlag.

Nee, S. & May, R. M.（1992） Dynamics of metapopulations : habitat destruction and competitive coexistence. J. Anim. Ecol., 61: 37-40.

Nelson, J. B.（1964） Factors influencing clutch size and chick growth in the North Atlantic gannet, *Sula bassana*. Ibis, 106: 63-77.

Newell, N. D.（1967） Revolutions in the history of life. Special Papers Geol. Soc. America, 89: 63-91.

NHK取材班（1994a） 進化の不思議な大爆発．魚たちの上陸作戦．「生命、40億年はるかな旅」2 集．日本放送出版協会．

NHK取材班（1994b） 昆虫たちの情報戦略．「生命、40億年はるかな旅」4 集．日本放送出版協会．

NHK取材班（1994～1995） 生命、40億年はるかな旅．1～5 集．日本放送出版協会．

Nicholson, A. J.（1933） The balance of animal populations. J. Animal Ecol., 2: 131-178.

Nicholson, A. J.（1954） An outline of the dynamics of animal populations. Austral. J. Zool., 2: 9-65.

Nicholson, A. J. & Bailey, V. A.（1935） The balance of animal populations. Proc. Zool. Soc. London, 3: 551-598.

新妻昭夫（1997） 種の起源を求めて．ウォーレスの「マレー諸島」探検．朝日新聞社．

Nishida, R., Fukami, H. & Ishida, S.（1974） Sex pheromone of the german cockroach（*Blattella germanica* L.）responsible for male wing-raising: 3,11-dimethyl-2-nonacosanone. Experimentia, 30: 978-979.

西田利貞（1989）　動物と心－欺瞞の行動学. シリーズ・人間と文化（3）「心のありか」中の1文. 東京大学出版会.

西田利貞・伊沢紘生・加納隆至（1991）　サルの文化誌. 平凡社.

西邨顕達・伊谷純一郎・伊沢紘生・山極寿一・高畑由起夫・木村光伸（1994）　新世界ザルの社会構造－旧世界霊長類との比較から. 生物科学, 46: 1-56.

Nisimura, K. & Jahn, G. C.（1996）　Sex allocation of three solitary ectoparasitic wasp species on bean weevil larvae: sex ratio change with host quality and local mate competition. J. Ethol., 14: 27-33.

西脇亜也（1995）　タケ・ササの大量結実は捕食者飽食戦略説で説明可能か. 個体群生態学会会報, 52: 55-62.

Noble, G. K.（1939）　The role of dominance in the social life of birds. Auk, 56: 264-273.

Noma, N. & Yumoto, T.（1997）　Fruiting phenology of animal dispersed plants in response to winter migration of frugivores in a warm temperate forest on Yakushima Island. Ecol. Res., 12:119-129.

Nordlund, D. A.（1981）　Semiochemicals: A review of the terminology. In Nordlund, D. A., Jones, R. L. & Lewis, W. J. (eds), 1981: Semiochemicals. Their Role in Pest Control. John Wiley & Sons.

Nowak, M. A., May, R. M. & Sigmund, K.（1995）　The arithmetics of mutual help. Scient. Amer. June 1995. 訳：松田裕之・江副日出夫, 1995: 囚人のジレンマと生物の進化. 日経サイエンス, 8: 50-57.

沼田真（1955）　生物学における環境観とその評価. 生物科学, 7: 74-80.

沼田真（1991）　五感の生態学. 景相生態学の現状と動向. カナダでの国際景観生態学連合世界大会より. 自然保護, 354: 14-15.

Numata, M.（1992）　Basic concepts and methods of landscape ecology. Proc. Int. Conf. Landscape Planning and Environmental Conservation. Univ. Tokyo.

沼田真（1994）　リンネと生態学. 千葉県立中央博物館編,「リンネと博物学－自然科学の源流－」中の1章.

沼田真（編）（1995）　生態学辞典. 築地書館.

沼田真（編）（1996）　景相生態学. ランドスケープ・エコロジー入門. 朝倉書店.

Numata, M., Ikusima, I. & Ohga, N.（1974）　Ecological aspects of bamboo flowering. Ecological studies of bamboo forests in Japan, XIII. Bot. Mag. Tokyo, 87: 271-284.

沼田真・篠崎吉郎（1959）　植物共同体の構造. 沼田真編,「植物生態学」, 第1巻中の1章. 古今書院.

沼田真・山井広（1955）　雑草群落の形成過程－第二次遷移の初期段階の解析, I. 日生態誌, 4: 166-170.

沼田真・依田泰二（1955）　竹林における種類数と面積－竹林の生態学的研究. 第2報. 千葉大文理紀要, 1: 232-236.

小田亮（1999）　サルのことば, 比較行動学からみた言語の進化. 生態学ライブラリー, 2. 京都大学学術出版会.

Odum, E. P.（1950）　Bird populations of the Highlands（North Carolina）Plateau in relation to plant succession and invasion. Ecol., 31, 587-605.

Odum, E. P.（1953）　Fundamentals of Ecology. Saunders. 訳本：京大生理生態研究グループ, 1956: 生態学の基礎. 朝倉書店.

Odum, E. P.（1971）　Fundamentals of Ecology.（3rd ed）. W. B. Saunders Co. 訳本：三島次郎, 1975: 生態学の基礎（上下）. 培風館.

Odum, E. P.（1983）　Basic Ecology. CBS College Pub. 訳本：三島次郎, 1991: 基礎生態学. 培風館.

Odum, E. P.（1990）　Field experimental tests of ecosystem-level hypotheses. Tre. Ecol. Evol., 5: 204-205.

Odum, E. P.（1993）　Ecology and Our Endangered Life-Support Systems. Sinauer Associates.

Odum, H. T.（1957）　Trophic structure and productivity of Siver Springs, Florida. Ecol. Monogr., 27: 55-112.

Odum, H. T.（1983）　Systems Ecology. An Introduction. John Wiley & Sons.

大垣昌弘（1956）　昆虫の遺伝. 吉川秀男編,「近代遺伝学」中の1章. 朝倉書店.

小川吉夫（1992）　栄養塩をめぐる植物プランクトン間の競争と群集構造. 日本陸水学会誌, 53: 105-106.

小原展嗣（1996）森をおおう巨大なクモの巣．大集団で獲物を狩るヒメグモの生態．Newton, 16（12）: 84-89

Ohba, N.（1984） Synchronous flashing in the Japanese firefly, *Luciola cruciata*（Coloptera=Lampyridae）. Sci. Rept., Yokosuka City Mus., 32: 23-33.

大串龍一（1990）天敵と農薬．東海大学出版会．

大串龍一（1992）日本の生態学, 今西錦司とその周辺．東海大学出版会．

大串隆之（1987）資源の存在様式と個体群平衡－食植性昆虫を中心として－．日生態会誌, 37: 31-47.

Ohgushi, T.（1992a） Resource limitation on insect herbivore populations. In Hunter, M. D., Ohgushi, T. & Price, P.（eds）, Effect of Resource Distribution on Animal-Plant Interactions. Academic Pr.

大串隆之（1992b）昆虫と植物の相互関係：植物の防御システムと種間相互作用．川那部浩哉監修, 大串隆之編, 「さまざまな共生：生物種間の多様な相互作用」, シリーズ地球共生系, 2, 中の1章. 平凡社．

大串隆之（1993a）動物と植物との相互作用．科学, 63: 560-568.

大串隆之（1993b）テントウムシの数はどのようにして決まるのだろう？インセクタリウム, 30: 44-52.

大串隆之（1995）植物を介する昆虫種間の相互作用．日生態会誌, 45: 33-42.

大串隆之（1996）個体の適応形質と個体群の安定性：メカニスティック・アプローチ．久野英二編著, 「昆虫個体群の生態学の展開」中の1章. 京都大学学術出版会．

及川武久（1993）熱帯雨林での物質循環．科学, 63: 777-780.

岡ノ谷一夫（1995）鳥の歌と脳機能の左右差．小鳥の歌から人間の音声言語の起原へ. 科学, 65: 398-407.

丘浅次郎（1904）進化論講話．東京開成館．講談社学術文庫（13, 14巻）, 1976, にも入っている．．

丘英通（1985）習い性となるか．みすず書房．

Okamoto, K.（1984） Size-selective feeding of *Daphnia longispina hyalina* and *Eodiaptomus japonicus* on a natural phytoplankton assemblage with the fractionizing method. Mem. Fac. Sci., Kyoto Univ., Ser. Biol., 9: 23-40.

岡本素治（1983）イチジク属の受粉のしくみ．種生物学研究, 7, 82-92.

Okamoto, M. & Tashiro, M.（1981a） Mechanism of pollen transfer and pollination in *Ficus erecta* by *Blartophaga nipponica*. Bull. Osaka Museum Nat. Hist., 34: 7-16.

岡本素治・田代貢（1981b）イヌビワの果嚢発生の季節的消長（予察的研究）．大阪市立自然史博物館研究報告, 35: 43-53.

岡野俊行・深田吉孝（1995）脳内光受容体ピノプシンと生物時計．生物科学ニュース, 278: 14-16.

岡野俊行・深田吉孝（1997）動物の体内時計．科学, 67: 48-56.

奥野良之助（1978）生態学入門, その歴史と現状批判．創元社．．

大森昌衛（1993）先カンブリア代の古生物学．柴谷篤弘・長野敬・養老孟司編：講座進化, 3. 「古生物学から見た進化」中の1章. 東京大学出版会．

大本洋（1994）大気はいつ酸素に富むようになったか. 初期地球の元素循環．科学, 64: 360-370.

Ono, T., Siva-Jothy, M. & Kato, A.（1989） Removal and subsequent ingestion of rival's semen during copulation in a tree cricket. Physiol. Ent., 14: 195-202.

小野延雄（1993）北極域のエルニーニョ周期現象．日本雪氷学会1993年度大会予稿集．

小野知洋（1989）アオマツムシの交尾行動と精子の入れ換え．インセクタリウム, 9: 4-10.

Oosting, H. J.（1948） The Study of Plant Communities. Freeman.

Oparin, A. I.（1936） The Origin of Life. Macmillan. 訳本：山田坂仁, 1941: 生命の起原．慶応書房．

苧阪直行（1996）意識とは何か. 科学の新たな挑戦．岩波科学ライブラリー, 36.

Osawa, A.（1995） Inverse relationship of crown fractal dimention to self-thinning exponent of tree populations: a hypothesis. Canad. J. Forest Res., 25: 1608-1617.

大沢晃（1996）樹冠の3次元構造と自己間引き過程．日生態会誌, 46: 97-102.

Osawa, N.（1992） Sibling cannibalism in the ladybird beetle *Harmonia axyridis*: fitness consequences for mother and offspring. Res. Popul. Ecol., 34: 45-55.

Osawa, N. (1993) Population field studies of the aphidophagous ladybird beetle *Harmonia* (Coleoptera : Coccinellidae): life table and key factor analysis. Res. Popul. Ecol., 35: 335-348.

大沢省三・志村令郎編 (1993) RNAの世界. 講談社サイエンティフィック.

Osborne, P. L. & McLachlan, A. J. (1985) The effect of tadpoles on algal growth in temporary, rain-filled rock pools. Freshwater Biol., 15: 77-87.

大島康郎 (1995) 生命は熱水から始まった. 科学の扉, 24. 東京化学同人.

大島泰郎 (1996) 生命の起原. 生物の科学－遺伝, 別冊 8, 5-12.

大竹昭郎 (1955) 寄生の様式より見たズイムシアカタマゴバチとズイムシクロタマゴバチ. 応用昆虫学会誌, 11: 8-13.

大竹昭郎 (1956) 2種類のニカメイガ卵寄生バチの共存. 島根農科大学研究報告, 4: 63-68.

大竹昭郎 (1959) 生態的地位を等しくする2種類の動物個体群の野外での共存について－主として昆虫個体群の場合. 生物科学, 11: 153-158.

Otsu, R. & Kimura, T. (1993) Effects of food availability and ambient temperature on hibernation in the Japanese dormouse, *Glirulus japonicus*. J. Ethol., 11: 37-42.

大塚公雄 (1999) "競争的共存" 考. 科学, 69: 147.

尾関周二 (1998) 「人間と自然の二元論」を巡る生物学と哲学の接点. 生物科学, 50: 65-79.

Pahl-Wostl, C. (1995) The Dynamic Nature of Ecosystems. Chaos and Order Entwined. Wiley & Sons.

Paine, R. T. (1966) Food web complexity and species diversity. Amer. Nat., 100: 65-75.

Palmer, J. D. (1995a) The Biological Rhythms and Clocks of Intertidal Animals. Oxford Uinv. Pr.

Palmer, J. D. (1995b) Review of the dual-clock control of tidal rhythms and the hypothesis that the same clock governs both circatidal and circadian rhythms. Chronobiol. Int., 12: 299-310.

Palmgren, R. (1949) Some remarks on the short-term fluctuations in the numbers of northern birds and mamals. Oikos, 1: 114-121.

Park, J. H., Ochiai, K. & Itakura, C. (1993) Aetiology of rabbit haemorrhagic disease in China. Veterinary Record, July 17: 67 - 69

Park, O. (1940) Nocturnalism - the development of a problem. Ecol. Monogr., 10: 485-536.

Park, T. (1954) Experimental studies of interspecies competition. II. Temperature, humidity, and competition in two species of *Tribolium*. Physiol. Zool., 27: 177-238.

Park, T. (1962) Beetles, competition and populations. Science, 138: 1369-1375.

Parker, G. A. (1970) Sperm competition and its evolutionary consequences in the insects. Biol. Rev., 45: 525-567.

Parson, J. (1971) Cannibalism in herring gulls. Br. Birds, 64: 528-537.

Patten, B. C. (1959) An introduction to the cybernetics of the ecosystem; the trophic dynamic aspect. Ecol., 40: 221-231.

Patten, B. C. (1966) Systems ecology: a course sequence in mathematical ecology. BioScience, 16: 593-598.

Patten, B. C. (1985) Energy cycling, length of food chains, and direct versus indirect effects in ecosystems. In Ulanowicz, R. E. & Platt, T. (eds), Ecosystem Theory for Biological Oceanography. Canad. Bull. Fish. Aquat. Sci., 213: 119-138.

Patten, B. C. & Odum, E. P. (1981) The cybernetic nature of ecosystems. Amer. Nat., 118: 886-895.

Patten, B. C. & Jørgensen, S. E. (1995) Complex Ecology. The Part-Whole Relation in Ecosystems. Prentice Hall.

Payne, F. (1910) Forty-nine generations in the dark. Biol. Bull., 18: 188-190.

Payne, F. (1911) *Drosophila ampelophila* Loew bred in the dark for sixty-nine generations. Biol. Bull., 21: 297-301.

Pearl, R. (1927) The growth of populations. Quart. Rev. Biol., 2: 532-548.

Pearl, R. (1928) The Rate of Living. Knopf.

Pearl, R. & Read, L. J. (1920) On the rate of growth of the population of the United States since 1790 and its mathematical representation. Proc. Nat. Acad. Sci. USA, 6: 275-288.

Pearson, O. P. (1966) The prey of carnivores during one cycle of mouse abundance. J. Anim. Ecol., 35: 217-233.

Pengelley, E. & Fisher, K. C.（1963） The effect of temperature and photoperiod on the yearly hibernationg behavior of captive golden-mantled ground squirrels（*Cittelus lateralis* Tescorum）. Canad. J. Zool., 41: 1103-1120.

Peterman, R. M., Clark, W. C. & Holling, C. S.（1979） The dynamics of resilience: shifting stability domains in fish and insect systems. In Anderson, R. M., Turner, B. D. & Taylor, L. R.（eds）, Population Dynamics. Blackwell Sci. Pub.

Peters, R. H.（1997） The unpredictable problems of trophodynamics. Environmental Biology of Fishes, 2: 97-101.

Petersen, C. G. J.（1918） The sea bottom and its production of fish-food. A survey of the work done in connection with valuation of the Danish waters from 1883-1917. Rep. Danish Biol. Sta., 25: 1-62

Petersen, H.（1995） Energy flow and trophic relations in soil communities: State of knowledge two decades after the International Biological Programme. In Edwards, C. A., Abe, T. & Striganova, B. R.（eds）, Structure and Function of Soil Communities. Kyoto Univ. Pr.

Petersen J. J., Chapman, H. C. & Woodward, D. B.（1968） The bionomics of a mermithid nematode of larval mosquitoes in southwestern Louisiana. Mosquito News, 28; 346-352.（from A. Cockburn, 1991）

Pfenning, D. W. & Sherman, P. W.（1995） Kin recognition. Scient. Amer. June 1995. 訳：久野英二, 1995: 血縁を認識する動植物. 日経サイエンス, 8: 124-131

Philander, S. G. H.（1990） El Niño, La Niña and the Southern Oscillation. Academic Pr.

Pianka, E. R.（1970） On r- and K-selection. Amer. Nat., 104: 592-597.

Pianka, E. R.（1973） The structure of lizard communities. Ann. Rev. Ecol. Syst., 4: 53-74.

Pianka, E. R.（1978） Evolutionary Ecology（2nd ed）. Harper & Row. 訳本：伊藤嘉昭監修, 1990：進化生態学. 蒼樹書房.

Pickett, S. T. A., Kolasa, J. & Jones, C. G.（1994） Ecological Understanding. Academic Pr.

Pimm, S. L.（1979） Complexity and stability: another look at MacArthur's original hypothesis. Oikos., 33: 351-357.

Pimm, S. L.（1982） Food Webs. Chapman & Hall.

Pimm, S. L.（1991） The Balance of Nature. Ecological Issues in the Conservation of Species and Communities. Univ. Chicago Pr. .

Pimm, S. L. & Lawton, T. H.（1977） The number of trophic levels in ecological communities. Nature, 268: 329-331.

Pimm, S. L. & Lawton, T. H.（1978） On feeding on more than one trophic level. Nature, 278: 542-544.

Pitelka, F. A.（1957） Some characteristics of microtine cycles in the arctic. Arctic Biology（18th Biology Colloqium）, 73-88.

Pitelka, F. A.（1972） Cycle pattern in lemming populations near Barrow, Alaska. Proc. 1972 Tundra Biome Symp.（Univ. Washington）, 132-135.

Pitelka, F. A., Tomich, P. Q. & Treichel, G. W.（1955） Ecological relation of jaegers and owls as lemming predators near Barrow, Alaska. Ecol. Monogr., 25: 85-117.

Pittendrigh, C. S.（1958） Adaptation, natural selection, and behavior. In Roe, A. & Simpson, G. G.（eds）, Behavior and Evolution. Yale Univ. Pr.

Pollack, R.（1994） Signs of Life. The Language and Meanings of DNA. Pobert Pollack. 訳本：中村桂子・中村友子, 1995: DNAとの対話, 遺伝子たちが明かす人間社会の本質. 早川書房.

Pollock, M. M., Naiman, R. J., Erickson, H. E., Johnstone, C. A., Pastor, J. & Pinay, G.（1995） Beaver as engineers: Influence on biotic and abiotic characteristics of drainage basins. In Jones, C. G. & Lawton, J. H.（eds）, Linking Species and Ecosystems. Chapman & Hall.

Pomeroy, L. R., Hargrove, E. C. & Alberts, J. J.（1988） The ecosystem perspective. In Pomeroy, L. R. & Alberts, J. J.（eds）, Concepts of Ecosystem Ecology; A Comparative View. Springer-Verlag.

Poulson, T. L.（1963） Cave adaptation in amblyopsid fishes. Amer. Midl. Nat., 70: 257-290.

Poundstone, W.（1992） Prisoner's Dilemma - John von Neuman, Game Theory, and the Puzzle of the Bomb. Doubleday. 訳本：松浦俊輔ほか6氏, 1995: 囚人のジレンマ. フォン・ノイマンとゲーム理論. 青土社.

Preston, F. W.（1948） The commonness and rarity of species. Ecol., 29: 254-283.
Preston, F. W.（1969） Diversity and stability in ecological systems. Brookhaven Symp. in Biol., 22. Upon.
Price, P. W.（1994） Phylogenetic constraints, adaptive syndromes, and emergent properties: from individuals to population dynamics. Res. Popul. Ecol., 36: 3-14.
Provine, W. B.（1989） Progress in evolution and meaning in life. In Nitecki, M.（ed）, Evolutionary Progress. Univ. Chicago Pr. .
Putman, R. J.（1994） Community Ecology. Chapman & Hall.
Quetelet, A. L. J.（1835） Sur l'homme et le développement de ses facultés ou essai de physique sociale. Vol. 2. Bachelier.
Ramirez, B. W.（1969） Fig wasps. Mechanism of pollen transfer. Science, 163: 580-581.
Ramirez, B. W.（1974） Coevolution of *Ficus* and Agaonidae. Ann. Missouri Bot. Gard., 61: 770-780.
Raup, D. M. & Sepkoski, J. J., Jr.（1982） Mass extinctions in the marine fossil record. Science, 215: 1501-1503.
Raup, D. M. & Sepkoski, J. J., Jr.（1984） Periodicity of extinctions in the geologic past. Proc. Nat. Acad. Sci. U. S. A., 81: 801-805.
Réaumur, R. A. F.,de（1734-42） Mémoires pour servir à l'histoire des insectes. 6vol. Impr. Rozale.
Recher, H. F.（1969） Bird species diversity and habitat diversity in Australia and North America. Amer. Nat., 103: 810-836.
Redfield, A. C.（1958） The biological control of chemical factors in the environment. Amer. Sci., 46: 205-222.
Redfield, A. C., Ketchum, B. H. & Richards, F. A.（1963） The influence of organisms on the composition of sea water. In Hill, M. N.（ed）, The Sea, 2: 26-77.
Reed, S. C. & Reed, E. W.（1950） Natural selection in laboratory populations of *Drosophila*. II. Competition between a white-eye gene and its wild type allele. Evol., 4: 34-42.
Remmert, H.（1980） Arctic Animal Ecology. Springer-Verlag.
Rhodes, O. E., Jr., Chesser, R. K. & Smith, M. H.（eds）,（1996） Population Dynamics in Ecological Space and Time. Univ. Chicago Pr.
Rice, W. R.（1996） Sexually antagonistic male adaptation triggered by experimental arrest of female evolution. Nature, 381: 232-234.
Rich, P. H.（1988） The origin of ecosystems by means of subjective relation. In Pomeroy, L. R. & Alberts, J. J.（eds）, Concepts of Ecosystem Ecology; A Comparative View. Springer-Verlag.
Richards, O. W. & Southwood, T.R.E.（1968） The abundance of insects. In Southwood, T.R.E.（ed）, Insect Abundance. Blackwell Sci. Pub.
Ricker, W. E.（1954） Stock and recruitment. J. Fish. Res. Board Can., 11: 559-623.
Ricklefs, R. E.（1990） Ecology（3rd ed）. Freeman.
Ricklefs, R. E. & Cox, G. W.（1972） Taxon cycles in the West Indian avifauna. Amer. Nat., 106: 195-219.
Ridley, M.（1983） The Explanation of Organic Diversity. Clarendon Pr.
Rigler, F. H.（1961） The relation between concentration of food and feeding rate of *Daphnia magna* Straus. Canad. J. Zool., 39: 857-868.
Risch, S. J.（1987） Agricultural ecology and insect outbreaks. In Barbosa, P. & Schultz, J. C.（eds）, Insect Outbreaks. Academic Pr.
Ritland, D. B. & Brown, L. P.（1991） The viceroy butterfly is not a batesian mimic. Nature, 35: 497-498.
Rodriguez, V.（1994） Fuentes de variación en la precedencia de espermatozoides de *Chelymorpha alternans* Boheman 1854（Coleoptera: Chrysomelidae: Cassidinae）. Master's Thesis, Univ. Of Costa Rica.
Rommell, L. G.（1920） Sur la régle de distribution des fréquences. Svenska Bot. Tidskr., 14: 1.
Root, R.（1967） The niche exploitation pattern of the blue-grey gnatcatcher. Ecol. Monog., 37: 317-350.
Rose, M. R. & Lauder, G. V.（eds）,（1996） Adaptation. Academie Pr.

Rosen, R.（1983） 科学的モデルとは何か（梯正之訳）. 科学, 53: 632-639.

Rosenzweig, M. L.（1995） Species Diversity in Space and Time. Cambridge Univ. Pr.

Rosenzweig, M. L. & MacAthur, R. H.（1963） Graphical representation and stability conditions of predator-prey interactions. Amer. Nat., 97: 209-223.

Ross, J.（1982） The natural evolution of the disease. In Animal Disease in Relation to Animal Conservation. Symp. Zool Soc. Lond.（Nov. 1981）: 26-27.

Rossman, D. A., Ford, N. B. & Seigel, R. A.（1996） The Garter Snakes. Evolution and Ecology. Unv. Oklahoma Pr.

Rothstein, S. I.（1990） A model system for coevolution: Avian brood parasitism. Ann. Rev. Ecol. Syst., 21: 481-508.

Roughgarden, J.（1996） Theory of Population Genetics and Evolutionary Ecology. An Introduction. Prentice Hall.

Roughgarden, J., Gaines, S. & Pacala, S.（1987） Supply side ecology: the role of physical transport processes. In Giller, P. & Gee, J.（eds）, Organization of Communities: Past and Present. Blackwell Sci. Pub.

Royama, T.（1971a） A comparative study of models for predation and parasitism. Res. Popul. Ecol., Suppl., 1: 1-91.

Royama, T.（1971b） Evolutionary significance of predator's response to local differences in prey density. In De Boer, P. J. & Gradwell, G. R.（eds）, Dynamics of Populations. Centre for Agricultural Publishing and Documentation.

Ruelle, D.（1991） Chance and Chaos. Princeton Univ. Pr. 訳本：青木薫, 1993: 偶然とカオス. 岩波書店..

Rundel, P. W., Ehleringer, J. R. & Nagy, K. A.（eds）,（1989） Stable Isotopes in Ecological Research. Springer-Verlag.

Russel, E. S.（1934） The Behavior of Animals. 訳本：永野為武・石田周三, 1937: ラッセル, 動物の行動・環境. 岩波書店.

Rutherford, S. L. & Lindquist, S.（1998） $H_{sp}90$ as a capacitor for morphological evolution. Nature, 396: 336-342.

Sagan, C.（1977） The dragons of Eden. Speculations on the evolution of human intelligence. Random House. 訳本：長野敬, 1992: エデンの恐竜, 知能の源流をたずねて. 秀潤社..

相良守次（1947） 行動と生活環境. 築土書房.

Saigusa, M.（1980） Entrainment of a semilunar rhythm by a simulated moonlight cycle in the terrestrial crab, *Sesarma haematocheir*. Oecologia, 46: 38-44.

Saigusa, M.（1982） Larval release rhythm coinciding with solar day and tidal cycles in the terrestrial crab *Sesarma* - Harmony with the semilunar timing and its adaptive significance. Biol. Bull., 162: 371-386.

三枝誠行（1983） 動物の行動からみた海と陸の接点. 海洋と生物, 5: 174-179.

Saigusa, M.（1988） Entrainment of tidal and semilunar rhythms by artificial moonlight cycles. Biol. Bull., 174: 126-138.

Saigusa, M.（1992） Phase shift of a tidal rhythm by light-dark cycles in the semi-terrestrial crab *Sesarma pictum*. Biol. Bull., 182: 257-264.

Saijou, Y. & Sakamoto, M.（1970） Primary production and metabolism of lakes. Some normal and specialized examples from Japan. In Yukawa, H.（ed）, Probability of Japanese Science and Scientists. Kodansha.

西条八束・阪本充・豊田恵聖・門田元・三好英夫・堀江正治・川那部浩哉・沖田松苗（1966） 物質循環班中間報告. びわ湖生物資源調査団編, びわ湖生物資源調査団中間報告. 近畿地方建設局.

Saito, C.（1996） Dominance and feeding success in female Japanese macaques, *Macaca fuscata*: effects of food patch size and inter-petch distance. Animal Behavior, 51: 967-980.

齊藤了文（1998） 人と歴史で理解する複雑性のキーワード. ゑれきてる, 67: 23-25.

Saitoh, T.（1981） Control of female maturation in high density population of the red-backed vole, *Clethrionomys rufocanus bedfordiae*. J. Anim. Ecol., 50: 79-87.

斎藤隆（1983） 動物の社会は個体数を制限しているのか. 小哺乳類個体群の動態研究概観（上）－哺乳類. 科学, 46: 1-10.

斎藤隆（1984） 動物の社会は個体数を制限しているのか. 小哺乳類個体群の動態研究概観（下）－哺乳類. 科学, 49: 1-20.

Saitoh, T.（1987） A time series and geographical analysis of population dynamics of the red-backed vole in Hokkaido,

Japan. Oecologia, 73: 382-388.

Saitoh, T. (1990a) Lifetime reproductive success in reproductivity suppresssed female voles. Res. Popul. Ecol., 32: 391-406.

斎藤隆（1990b） 野ネズミ個体数の大変動．伊藤嘉昭・藤崎憲治・斎藤隆，「動物たちの生き残り戦略」中の1章．NHKブックス．

斎藤隆（1990c） 集団と個－野ネズミの社会．伊藤嘉昭・藤崎憲治・斎藤隆編，「動物たちの生き残り戦略」中の1章．NHKブックス．

Saitoh, T., Stenseth, N. C. & Bjørnstad, O. N. (1997) Density dependence in fluctuating grey-sided vole populations. J. Anim. Ecol., 66: 14-24.

Saitoh, T., Stenseth, N. C. & Bjørnstad, O. N. (1998) The population dynamics of the vole *Clethrionomys rufocanus* in Hokkaido, Japan. Res. Popul. Ecol., 40: 61-76.

坂本健作・横山茂之（1995） 生物の中のRNAワールド．科学, 65: 133-143.

坂本充（1976） 生態遷移II．生態学講座, 11-b．共立出版．

桜井芳雄（1996） ニューロン集団の相関活動をみる．科学, 66: 784-792.

Salt, G. (1970) The Cellular Defence Reactions of Insects. Cambridge Univ. Pr.

佐々木謙（1999） 社会性膜翅目の性識別と性比調節．日生態会誌.,49: 161-166.

Sasaki, K., Satoh, T. & Obara, Y. (1996) The honeybee queen has the potential ability to regulate the primary sex ratio. Appl. Entomol. Zool., 31: 247-254.

佐々木正己（1993） ミツバチの社会とその制御機構．杉本忠夫・東正剛編，「社会性昆虫の進化生態学」中の1章．海遊舎.

佐藤七郎（1988） 細胞進化論．東京大学出版会．

佐藤宏明・山本智子・安田弘法（1996） 生物群集を考える：動物群集の多様性と安定化機構．「安定化理論の今後──室内実験と野外調査, 数理理論の共同のもとに──」．日生態会誌,46: 309-312.

Schaefer, D. A. & Whitford, W. G. (1981) Nutrient cycling by the subterranean termite *Gnathamitermes tubiformans* in a Chihuahuan desert ecosystem. Oecologia, 48: 277-283.

Schindler, D. W. (1990) Experimental perturbations of whole lakes as tests of hypotheses concerning ecosystem structure and function. Oikos, 57: 24-41.

Schindler, D. W. (1991) Lakes and oceans as functional wholes. In Barnes, R. S. K. & Mann, K. H. (eds), Fundamentals of Aquatic Ecology. Blackwell Sci. Pub.

Schindler, D. W. (1995) Linking species and communities to ecosystem management: A perspective from the experimental lake experience. In Jones, C. G. & Lawton, J. H. (eds), Linking Species and Ecosystems. Chapman & Hall.

Schjelderup-Ebbe, T. (1922) Beiträge zur Sozialpsychologie des Haushuhns. Z. Psychol., 88: 225-252.

Schleif, R. (1993) Genetics and Molecular Biology (2nd ed). Johns Hopkins Univ. Pr.

Schlesinger, W. H. (1991) Biogeochemistry. An Analysis of Gloval Change. Academic pr.

Schluter, D. & Ricklefs, R. E. (1993a) Convergenee and the regional component of species diversity. In Richlefs, R. E. & Schluter, D. (eds), Species Diversity in Ecological Communities. Univ. Chicago Pr.

Schluter, D. & Ricklefs, R. E. (1993b) Species diversity: An introduction to the problems. In Ricklefs, R. E. & Schluter, D. (eds), Species Diversity in Ecological Communities. Univ. Chicago Pr.

Schmidt-Koenig, K. & Keeton, W. T. (1978) Animal Migration, Navigation, and Homing. Springer-Verlag.

Schmidt-Nielsen, K. (1997) Animal Physiology; Adaptation and Environment (5th ed). Cambridge Univ. Pr.

Schoener, T. W. (1983) Rate of species turnover decreases from lower to higher organisms: a view of the data. Oikos., 41: 372-377.

Schoener, T. W. (1986a) Resource partitioning. In Kikkawa, J. & Anderson, D. (eds), Community Ecology-Pattern and Process. Blackwell Sci. Pub.

Schoener, T. W. (1986b) Patterns in terrestrial vertebrate versus arthropod communities: Do systematic differences in regularity exist? In Diamond, J. & Care, T. J. (eds), Community Ecology. Harper & Row.

Schoener, T. W. (1989) The ecological niche. In Cherrett, J. M. (ed), Ecological Concepts. The Contribution of Ecology to an Understanding of the Natural World. Blachwell Sci. Pub.

Schoener, T. W. & Schoener, A. (1983) Distribution of vertebrates on some very small islands. II. Patterns in species number. J. Anim. Ecol., 52: 237-262.

Scholander, P. F., Hock, R., Walters, S., Johnson, F. & Irving, L. (1950) Heat regulation in some arctic and tropical mammals and birds. Biol. Bull., 99: 237-258.

Schröter, C. & Kirchner, O. (1902) Die Vegetation des Bodensees. Schriften: Vereins für Geschichte des Bodensees und seiner Umgebung, 31: 1-86.

Schultz, A. M. (1969) A study of an ecosystem: The arctic tundra. In Van Dyne, G. M. (ed), The Ecosystem Concept in Natural Resource Management. Academie Pr.

Schulze, E. -D. & Mooney, H. A. (1994) Ecosystem function of biodiversity: a summary. In Schulze, E. -D. & Mooney, H. A. (eds), Biodiversity and Ecosystem Function. Springer-Verlag.

Schwerdtfeger, F. (1963) Ökologie der Tiere. Autökologie. Paul Parey.

Segal, E. (1956a) Microgeographic variation as thermal acclimation in an intertidal mollusc. Biol. Bull., 111: 129-152.

Segal, E. (1956b) Adaptive differences in water holding capacity in an intertidal gastropod. Ecol., 37: 174-178.

Segar, J. & Stubblefield, J. W. (1996) Optimization and adaptation. In Rose, M. R. & Lauder, G. V. (eds), Adaptation. Academic Pr.

関口茂久（1991）新・人間機械論．ソフィア・ニューサイエンス．ソフィア．

関口茂久（1992）近交系マウスを用いた利他行動の行動遺伝学的研究．科学研究費補助金（一般B）研究成果報告．

Selye, H. (1936) A syndrome produced by diverse nocuous agents. Nature, 138: 32.

Selye, H. (1976) The Stress of Life. (Rev. ed.), McGraw-Hill. 訳本：杉靖三郎・田多井吉之介・藤井尚治・竹宮隆, 1988: 現代社会とストレス. 法政大学出版局.

Selye, H. & McKeoun, T. (1936) Studies on the physiology of the maternal placenta in the rat. Proc. Roy. Soc. London, Ser. B., 69: 1-31.

Sepkoski, J. J., Jr. (1994) Extinction and the fossil record. Geotimes, March 1994: 15-17.

瀬戸昌之（1992）生態系．人間生存を支える生物システム．有斐閣ブックス．有斐閣．

Shachak, M. & Jones, C. G. (1995) Ecological flow chains and ecological systems: Concepts for linking species and ecosystem perspectives. In Jones, C. G. & Lawton, J. D. (eds). Linking Species and Ecosystems. Chapman & Hall.

Shannon, C. E. & Weaver, W. (1949) The Mathematical Theory of Communication. Univ. Illinois Pr.

Shapiro, J. A. (1984) Observation on the formation of clones containing *ara*B-*lac*Z cistron fusions. Mol. Gen. Genet., 194: 79-90.

Shapiro, J. A. (1992) Natural genetic engineering in evolution. Genetica, 86: 99-111.

Shapiro, J. A. & Leach, D. (1990) Action of a transposable element in coding sequence fusions. Genetics, 126: 293-299.

Shelfood, V. E. (1913) Animal Communities in Temperate America as illustrated in the Chicago Region. Univ. Chicago Pr.

Shelford, V. E. & Flint, W. P. (1943) Populations of the chinch bug in the upper Mississippi valey from 1823 to 1940. Ecol., 24: 435-455.

Shelford, V. E. & Olson, S. (1935) Sere, climax and influent animals with special reference to the transcontinental coniferous forest of North America. Ecol., 16: 375-402.

Sherman, P. W., Jarvis, J. V. M. & Alexander, P. D. (1991) The Biology of the Naked Mole-rat. Princeton Univ. Pr.

Sherman, P. W., Jarvis, J. V. M. & Brande, S. H. (1992) Naked mole rats. Sci. Amer. （日本版：日経サイエンス, 10:

88-97).

芝本武夫（1947）　森林と環境. 自然, 2: 2-27.

柴尾晴信（1999）　兵隊アブラムシの社会構造と眞社会性の維持構造. 生物科学, 51: 15-28.

柴田銃江（1999）　樹木の一斉開花結実はなぜおこるのか：マスティングの実態と適応的意義. 科学, 69: 458-466.

柴谷篤弘（1996）　適応突然変異の広がり. 科学, 66: 220.

柴谷篤弘・長野敬・養老孟司（1993）　講座「進化」1－7巻. 東京大学出版会.

渋谷寿夫（1954）　自己運動について. －生物と環境との関係の問題によせて－. 生物科学, 6: 123-130.

渋谷寿夫（1956）　生態学の諸問題. 理論社.

渋谷寿夫（1959）　「種の起原」の生態学. 思想, 8: 94-100.

渋谷寿夫（1961）　生態学の歴史. 宮地伝三郎・加藤陸奥雄・森主一・森下正明・渋谷寿夫・北沢右三,「動物生態学」の中の1章. 朝倉書店.

重定南奈子（1992）　侵入と伝播の数理生態学. UP Biology, 92. 東京大学出版会.

志賀正和（1979）　オビカレハ個体群の動態に関する研究. 果樹試験場報告, A6: 59-168.

Shikano, S. & Kurihara, Y.（1985）　Community responses to organic loading in a microcosm. Jpn. J. Ecol., 35: 297-305.

鹿園直建（1995）　スーパープリュームがもたらす地球環境変動. 科学, 65: 324-332.

Shimada, I., Minesaki, Y. & Hara, H.（1995）　Temporal fractal in the feeding behavior of *Drosophila melanogaster*. J. Ethol., 13: 153-158.

Shimada, M.（1989）　Systems analysis of density-dependent population processes in the Azuki Bean Weevil, *Calloscbruchus chinensis*. Ecol. Res., 4: 145-156.

嶋田正和（1994）　攪乱を受けるパッチ状環境での植物と植食性昆虫-絶滅か存続か？科学, 64: 662-671.

嶋永元裕（1998）　ソコミジンコ類（ハルパクチクス目）の交尾前ガード. 生物科学, 50: 23-29.

島津康雄（1973）　システム生態学. 北沢右三・吉良竜夫・宝月欣二・森下正明・門司正三・山本護太郎編, 生態学講座, 36. 共立出版.

清水勇（1996）　クモの多様な求愛・配偶行動. 遺伝, 50: 45-46.

Shimizu, I. & Barth, F. G.（1996）　The effect of temperature on the temporal structure of the vibratory courtship signals of a spider（*Cupiennius salei* keys）. J. Comp. Physiol. A, 179: 363-370.

清水幹夫（1991）　遺伝暗号-研究史と展望. 柴谷篤弘・長野敬・養老孟司編, 講座「進化」, 5.「生命の誕生」中の1章. 東京大学出版会.

下泉重吉（1943）　日本産ヤマネ *Girulus japonicus*（Schinz）の冬眠に関する研究（5）気温と活動性に就て. 動雑, 55: 187-190.

篠崎吉郎（1955）　等比級数則に関する諸問題. 生理生態, 6: 127-144.

Shinozaki, K. & Kira, T.（1956）　Intraspecific competition among higher plants. VII. Logistic theory of the C-D effect. J. Inst. Polytech., Osaka City Univ., Ser. D, 7: 35-72.

白山義久（1996）　線虫はなぜこのように多様化したか. 科学, 66: 312-317.

Shkolnik, A.（1971）　Diurnal activity in a small disert rodent. Int. J. Biometeor., 15: 115-120.

正野俊夫（1992）　殺虫剤の作用機構. 池庄司敏明・山下興亜・桜井宏紀・山元大輔・正野俊夫編,「昆虫生理・生化学」中の1章. 朝倉書店.

Shultz, A.（1969）　A study of an ecosystem: The arctic tundra. In Vandyne, G. M.（ed）, The Ecosystem Concept in Natural Resourse Manegement. Academic Pr.

Silk, J. B.（1988）　Natural investment in captive bonnet macaques（*Macaca radiata*）. Amer. Nat., 132: 1-19.

Sillen-Tullberg, B.（1981）　Prolonged copulation : a male "postcopulatry" strategy in a promiscuous species, *Lygaeus equestris*（Heteroptera : Lygaeidae）. Behav. Ecol. Sociobiol., 9: 283-289.

Simberloff, D. S.（1976）　Experimental zoogeography of islands: effects of island size. Ecol., 57: 629-648.

Simberloff, D. S. & Wilson, E. O.（1969） Experimental zoogeography of islands. The conolization of empty islands. Ecol, 50: 278-296.

Simberloff, D. S. & Wilson, E. O.（1970） Experimental zoogeography of islands. A two-year record of colonization. Ecol., 51: 934-937.

Simpson, E. H.（1949） Measurement of diversity. Nature, 163: 688.

Simpson, G. G.（1944） Tempo and Mode in Evolution. Columbia Univ. Pr.

Sinclair, A. R. E.（1989） Population regulation in animals. In Cherrett, J. M.（ed）, Ecological Concept: the Contribution of Ecology to an Understanding of the Natural World. Blackwell Sci. Pub.

Siva-Jothy, M. T.（1984） Sperm competition in the family Lefellulidae（Anisoptera）with special reference to *Crocothemis erythraea*（Brulle）and *Orthetrum cancellatum*（L.）. Adv. Odonatol., 2: 195-207.

Skutch, A. F.（1935） Helpers at the nest. Auk., 52: 257-273.

Slater, P. J. B.（1994） Kinship and altruism. In Slater, P. J. B. & Halliday, T. R.（eds）, Behavior and Evolution. Cambridge Univ. Pr.

Sloan, R. E., Rigby, J. K., Van Valen, L. & Gabriel, D.（1986） Gradual extinction of dinosaurs and the simultaneous radiation of ungulate mammals in the Hell Dreek Formation of McCone County, Montana. Science, 232: 629-633.

Slobodkin, L. B., Smith, F. E. & Hairstone, N. G.（1967） Regulation in terrestrial ecosystems, and the implied balance of nature. Amer. Nat., 101: 109-124.

Smalley, A. E.（1958） The growth cycle of *Spartina* and its relation to the insect population in the marsh. Proc. Salt Marsh Conference, March '58, at Marine Institute of Univ. Georgia, 96-100.

Smirnov, E. S. & Chuvakhina, Z. F.（1952） The incidence of inherited adaptation to the new food plant in *Neomyzus circumflexus* Buckt.（Aphididae）. Zoologicheskij Zhurnal, 31: 504-522.

Smirnov, E. S. & Kelejnikova, S. M.（1950） The change of vitality and the inheritance of acquired character in *Neomyzus circumflexus* Buckt.（Aphididae）. Zoologicheskij Zhurnal, 29: 52-69.

Smith, H. S.（1935） The role of biotic factors in the determination of population densities. J. Economic Entom., 28: 873-898.

Smith, R. L.（1986） Elements of Ecology.（2nd ed）. Harper & Row Pub.

Smith, R. L. & Smith, T. M.（1998） Elements of Ecology (4th ed.). Addison Wesley Longman.

Solomon, M. E.（1949） The natural control of animal populations. J. Animal Ecol., 18: 1-35.

Sommer, U.（1989a） Plankton Ecology: Succession in Plankton Communities. Springer-Verlag.

Sommer, U.（1989b） Toward a Darwinian ecology of plankton. In Sommer, U.（ed）, Plankton Ecology: Succession in Plankton Communities. Springer-Verlag.

Sork, V. L., Bramble, J. & Sexton, D.（1993） Ecology of mast-fruiting in three species of north American deciduous oaks. Ecol., 74: 528-541.

Sørensen, T.（1948） A method of establishing groups of equal amplitude in plant sociology based on similarity of species content and its application to analysis of the vegatation on Danish commons. Biol. Skr., 5: 1-34.

Southwick, C. H.（1955） The population dynamics of confined house mice supplied with unlimited food. Ecol., 36: 212-225.

Spaeman, R. & Löw, R.（1981） Die Frage Wozu? Geschichte und Wiederentwickung des teleologischen Denkens. R. Piper GmbH & Co. 訳本：山脇直司・大橋容一郎・朝広謙次郎, 1987: 進化論の基盤を問う. 目的論の歴史と復権. 東海大学出版会.

Spencer, H.（1863） First Principle. Williams & Norgate.

Spencer, H.（1864-1867） The Principles of Biology. Williams & Norgate.

Staddon, J. E. R. & Ettinger, R. H.（1989） Learning. An Introduction to the Principles of Adaptive Behavior. Harcout Brace Jovanovich Pub.

Stafford, T. W., Jr., Fogel, M. L., Brendel, K. & Hare, P. E.（1994） Late quaternary paleoecology of the southern High Plains based on stable nitrogen and carbon isotope analysis of fossil Bison Collagen. In Schafer, H., Carlson, D. L. & Sobolik, K. D.（eds）, The Archaic of the Southern North American Deserts. Texas A & M Pr.

Stairs, G.（1972） Pathogenic microorganisms in the regulation of forest insect populations. Ann. Rev. Entomol., 17: 355-373.

Stanley, S. M.（1979） Macroevolution: Pattern and Process. Freeman.

Stanley, S. M.（1987） Extinction. Sci. American Library（2）. W. H. Freeman. 訳本：長谷川善和・清水長, 1991: 生物と大絶滅. 東京化学同人.

Stearns, S.（1976） Life-history tactics: a review of the ideas. Qart. Rev. Biol., 51, 3-47.

Steele, D. F. & Jinks-Robertson, S.（1992） An examination of adaptive reversion in *Saccharomyces cerevisiae*. Genetics, 132: 9-21.

Stenseth, N. C.（1983） Causes and consequences of dispersal in small mammals. In Swingland, I. R. & Greenwod, P. J.（eds）, The Ecology of Animal Movement. Clarendon Pr.

Stephens, M. L.（1982） Mate takeovers and possible infanticide by a female northern jacana（*Jacana spinosa*）. Anim. Behav., 30: 1253-1254.

Sterner, R. W.（1989） The role of grazers in phytoplankton succession. In Sommer, U.（ed）, Plankton Ecology: Succession in Plankton Communities. Springer-Verlag.

Stiling, P.（1999） Ecology. Theories and Applications. 3rd ed. Prentice Hall.

Strayer, D.（1983） The effects of surface geology and stream size on freshwater mussel（Bivalvia, Unionidae）distribution in south-eastern Michigan, USA. Freshwater Biol., 13: 253-264.

Strecker, R. L.（1954） Regulatory mechanisms in house-mouse population: The effect of limited food supply on an unconfined population. Ecol., 35: 249-253.

Strecker, R. L. & Emlen, J. T.（1953） Regulatory mechanisms in house-mouse population: The effect of limited food supply on a confined population. Ecol., 34: 375-385.

Strobeck, C.（1973） N species competition. Ecol., 54, 650-654.

Strohecker, H. F.（1937） An ecological study of some Orthoptera of the Chicago area. Ecol., 18: 231-249.

Strohecker, H. F.（1938） Measurement of solar ultra-violet in the Chicago area. Ecol., 19: 57-80.

Strong, D. R., Jr., Lawton, T. H. & Southwood, T. R. E.（1984） Insects on Plants: Community Patterns and Mechanisms. Blackwell Sci. Pub.

杉本敦子・和田英太郎（1992） 生物圏における安定同位体分布と地球環境. Radioisotope, 41: 366-376.

Sugimoto, A. & Wada, E.（1993） Carbon isotopic composition of bacterial metan in a soil incubation experiment: contribution of acetate and CO_2/H_2. Geoclimica et Cosmochimica Acta, 57: 4015-4027.

Sugimoto, A., Inoue, T., Tayasu, I., Miller, L., Takeichi, S. & Abe, T.（1998） Methane and hydrogen production in a termite-symbiont system. Ecological Research, 13: 241-257.

Sugiura, N.（1991） Male teritoriality and mating tactics in the wool-carder bee, *Anthidium septemspinosum* Lepeletier（Hymenoptera: Megachilidae）. J. Ethol., 9: 95-103.

Sugiura, N.（1994） Parental investment and offspring sex ratio in a solitary bee, *Anthidium septemspinosum* Lepeletier（Hymenoptera : Megachilidae）. J. Ethol., 12: 131-139.

Sugiyama, Y.（1960） On the division of a natural troop of Japanese monkeys at Takasakiyama. Primates, 2: 109-148.

杉山幸丸（1964） ハヌマン・ラングール（*Presbytis entellus*）の社会生態（予報）. 生理生態, 12: 175-184.

Sugiyama, Y.（1965） On the social change of hanuman langurs（*Presbytis entellus*）in their natural conditions. Primates, 6: 381-417.

Sugiyama, Y.（1984） Proximate factors of infanticide among langurs at Dharwar : a reply to Boggess. In Housfater, G. & Hrdy, S. B.（eds）, Infanticide: Comparative and Evolutionary Perspective. Aldine Pub. Co.

杉山幸丸（1990）　サルはなぜ群れるのか．霊長類社会のダイナミクス．中公新書, 959.
杉山幸丸（1991）　野生チンパンジーの道具利用と利き手の発達．遺伝, 45: 27-30.
Sugiyama, Y.（1992）　Local variation of tools and tool use among wild chimpanzee population. In Berthelet, A. & Chavaillon, J.（eds）, The Use of Tools by Human and Non-human Primates. A Fyssen Foundation Symposium. Clarender Pr.
杉山幸丸（1993）　子殺しの行動学．講談社学術文庫．
Sukachev, V.（1960）　Relationship of biogeocenosis, ecosystem and facies. Soviet Soil Science, 6: 579-584（Engl. trans.）.
住明正（1996）　気候システム．鳥海光弘・田近英一・吉田茂生・住明正・和田英太郎・大河内直彦・松井孝典,「地球システム科学」（地球惑星科学2）中の1章．岩波書店．
Sumner, F. B.（1934）　Does "protective coloration" protect? Results of some experiments with fishes and birds. Proc. Nat. Acad. Sci. USA, 20: 559-564.
Sumner, F. B.（1935）　Studies of protective color change. III. Experiments with fishes both as predators and prey. Proc. Nat. Acad.Sci. USA, 21: 345-353.
砂原俊彦（1996）　小さな酸性環境―竹の切株の水たまりと蚊の幼虫―．生物科学, 48: 42-49.
Susman, R. L.（1990）　Hominids. In Briggs, D. G. E. & Crowther, P. R.（eds）, Palaeobiology. A Synthesis. Blackwell Sci. Pub.
Sutherland, W. J.（1996）　From Individual Behaviour to Population Ecology. Oxford Univ. Pr.
Suthers, R. A.（1967）　Comparative echolocation by fishing bats. J. Mamm., 48: 79-87.
Suzuki, A.（1971）　Carnivority and cannibalism among forest-living chimmpanzees. J. Anthrop. Soc. Nippon, 79: 30-48.
鈴木健二（1974）　フェロモン．三共科学選書．
鈴木理（1996）　構造生物学とゲノム生物学の融合をめざして．科学, 66: 525-529.
鈴木信彦（1989）　植食性昆虫群集における種間競争の意義．多摩川の流れ―本谷勲教授退官記念論集: 106-124
鈴木紀雄（1967）　暗黒の中で飼ったショウジョウバエの臭覚の変異．動雑, 76: 13-20.
Suzuki, N. & Mori, S.（1963）　Adaptation phenomena concerning the water content of the barnacles. Jap. J. Ecol., 13: 1-9.
Sverdrup, H. V., Johnson, M. W. & Fleming, R. H.（1942）　The Oceans; their Physics, Chemistry, and General Biology. Prentice-Hall.
多田富雄（1985）　T細胞の自己認識レセプターは獲得性に作られる．学術月報, 38: 457-460.
多田富雄（1993）　免疫の意味論．青土社．
平朝彦（1993）　日本列島の誕生．岩波新書, 新赤版148.
Tajika, E. & Matsui, T.（1992）　Evolution of the atmosphere of the earth. Proc. 25th ISAS Lunar Planet. Sci. Symp., 178-183.
Tajika, E. & Matsui, T.（1993）　Degassing history and carbon cycle of the Earth: From an impact-induced steam atmosphere to the present atmosphere. Lithos, 30: 267-280
田島弥太郎（1981）　環境は遺伝にどう影響するか．ダイアモンド社．
高林純示（1992）　ボディーガードを雇う植物．化学が浮き彫りにする生物世界の新しい描像．川那部浩哉監修,「地球生物系とは何か」．シリーズ地球生態系, 1. 平凡社．
高林純示（1994）　ガードマンを雇う植物・植物, 植食者, 捕食者の三角関係．化学, 49: 315-317.
高林純示（1995）　目に見えない生態系化学情報ネットワークシステムを探る．川那部浩哉監修, 高林純示・西田律夫・山岡亮平編「共進化の謎に迫る．化学の目で見る生態系」, シリーズ共生の生態学, 4 中の一部．平凡社．
Takabayashi, T. & Dicke, M.（1993）　Volatile allelochemicals that mediate interactions in a tritrophic system consisting of predatory mites, spider mites, and plants. In Kawanabe, H., Cohen, T. E. & Iwasaki, K.（eds）, Mutualism and Community Organization. Behavioral, Theoretical, and Food-web Approches. Oxford Univ. Pr.

Takabayashi, T., Dicke, M. & Posthumus, M. A.（1994） Volatile behavior - induced terpenoids in plant-mite interactions: Variation caused by biotic and abiotic factors. J. Chem. Ecol., 20: 1329-1354.

高林純示・田中利治（1995） 寄生バチをめぐる「三角関係」. 講談社選書メチエ, 43.

高橋正征（1992） 海を介した炭素の循環. 科学, 62: 665-668.

高畑尚之（1994） 人類進化の試行錯誤. 科学, 64: 710-719.

高畑尚之（1996） 人類の起源論争. 単一起源か多地域進化か. 科学, 66: 344-352.

Takakuwa, S.（1992） Biochemical aspects of microbial oxidation of inorganic surfur compounds. In Oae, S. & Okuyama, T.（eds）, Organic Sulphur Chemistry: Biochemical Aspects. CRC Pr.

Takamura, N., Iwata, K., Fang, G., Zhu, X. & Shi, Z.（1994） Feeding habits of mixed cyprinid species in a Chinese integrated fish culture pond: Change in planktivorous density induces feeding changes in planktivorous carps. Jpn. J. Limnol., 55: 131-141.

Takamura, N., Li, J. L., Yang, H. Q., Zhu, X. & Miura, T.（1993） A novel approach to evaluate feeding by mixed cyprinid species in a Chinese integrated fish culture pond using measurements of chlorophyll derivative and photosynthesis in gut contents. Canad. J. Fish. Aquat. Sci., 50: 946-952.

Takanaka, Y., Okano, T. & Fukuda, Y.（1995） Diurnal change of pinopsin gene expression in chick pineal gland. Zool. Sci., 12, Supplement: 116.

高須夫悟（1995） 行動と進化－托卵鳥とその宿主. 日生態会誌, 45: 191-197.

武田博清（1994） 森林生態系において植物－土壌系の相互作用が作り出す生物多様性, 日生態会誌, 44: 211-222.

Takeda, H.（1996） Templates for the organization of soil animal communities in tropical forests. In Turner, I. M., Diong, C. H., Lim, S. S. L. & Ng, P. K. (eds). Biodiversity and the Dynamics of Ecosystems. Diwa series 1.

武田信之（1954） 海産尭脚類 *Tigriopus japonicus* Mori における温度適応. 生理生態, 6: 49-54.

Takemon, Y.（1989） Effect of fish activities on benthic communities on sandy and stony bottom of Lake Tanganyika. II. Colonization of chironomid larvae on to artificial substrate. Ecological and Limnological Study on Lake Tnganyika and its Adjacent Regions, 6: 41.

竹門康弘（1992） 捕食者-被食者関係における「副作用」と捕食者の社会構造. 個体群生態学会会報, 49: 76-87.

竹内均（1989） （続）地球の科学. NHKブックス.

武内和彦（1994） 地域の生態学. 朝倉書店.

竹内覚（1995） 彗星衝突が木星大気に及ぼした影響. 科学, 65: 752-756.

Tamarin, R. H.（1978） Population Regulation. Benchmark Papers in Ecology, 7. Dowden, Hutchinson & Ross.

田宮博（1941） 実験生物学と全体性. Haldane, J. S., 1932: Philosophical Basis of Biology. を山県春次・稲生晋吾（1941）が「生物学の哲学的基礎」として訳したもの（弘文堂書房）に付記された論文.

田中寛（1996） トノサマバッタの相変異と休暇性：日本で大発生しないのはなぜか？ 久野英二編著,「昆虫個体群生態学の展開」中の1章. 京都大学学術出版会.

田中みほ・村上朋輝・宮森亮祐・三輪五十二（1997） 細胞内共生クロレラに制御されるミドリゾウリムシの概日リズム発現. 日本時間生物学会会誌, 3(2), 54.

田中利治（1990） 寄主体内の防御反応と寄生蜂. 桐谷圭治・志賀正治編,「天敵の生態学」中の1節. 東海大学出版会.

田中義麿（1932） 生物環境学. 雄山閣.

谷内茂雄（1994） 数理から見たシグナルの進化, 最近の諸問題. 日本動物行動学会会報, 25: 5-13.

Tansley, A. G.（1920） The classification of vegetation and the concept of development. J. Ecol., 8: 118-149.

Tansley, A. G.（1935） The use and abuse of vegetational concepts and terms. Ecol., 16: 284-307.

立田栄光（1983） 聴覚. 桑原万寿太郎・森田弘道編「感覚-行動の生物学」中の1章. 岩波書店.

田多井吉之介（1992） ストレス－その学説と健康設計への応用－. 創元医学新書, A-20.

Tayasu, I. (1997) Nutritional ecology of termite-symbionts system using stable isotope techniques. Doctoral Thesis, Center for Ecological Research, Kyoto Univ.

Tayasu, I. (1998) Use of carbon and nitrogen isotope ratios in termite research, Ecological Research, 13: 377-387.

寺本英 (1993) 食物連鎖とエネルギー栄養段階の構造. 日生態会誌, 43: 21-29.

寺本英 (川崎廣吉・重定南奈子・中島久男・東正彦・山村則男編) (1997) 数理生態学. 朝倉書店.

Terao, A. & Tanaka, T. (1928) Population growth of the water-flea, *Moina macrocopa* Strauss. Proc. Imp. Acad. (Japan), 4: 550-552.

Tezuka, Y. (1985) C:N:P ratios of seston in Lake Biwa as indicators of nutrient deficiency in phytoplankton and decomposition process of hypolimnetic particulate matter. Jpn. J. Limnol., 46: 239-246.

手塚泰彦 (1992) プランクトンのC：N：P比とその生態学的意義－琵琶湖での体験から－. 日本陸水学会誌, 53: 104-105.

Thienemann, A. (1939) Grundzüge einer allgemeinen Oekologie. Arch. Hydrobiol., 35: 267-285.

Thienemann, A. (1956) Leben und Umwelt. Vom Gesamthaushalt der Natur. Rowohlts deutsche Enzyklopädie.

Thompson, J. N. (1994) The Coevolutionary Process. Univ. Chicago Pr.

Thompson, J. N. & Willson, M. (1979) Evolution of temperate fruit/bird interactions: Phenological strategies. Evol., 33: 973-982.

Thompson, W. R. (1939) Biological control and the theories of the interactions of populations. Parasitol., 31: 299-388.

Thornton, I. (1996) Krakatau. The Destruction and Reassembly of an Island Ecosystem. Harvard Univ. Pr.

Thorpe, W. H. (1956) Learning and Instinct in Animals. Methuen.

Tiessen, H. (ed) (1995) Phosphorus in the Global Environment. Transfers, Cycles and Management. Willey & Sons.

Tieszen, L. L. & Boutton, T. W. (1989) Stable carbon isotopes in terrestrial ecosystem research. In Rundel, D.W., Ehleringer, J.R. &Nagy, K.A. (eds), Stable Isotopes in Ecological Research. Springer-Verlag.

Tilman, D. (1977) Resource competition between planktonic algae: an experimental and theoretical approach. Ecol., 58: 338-349.

Tilman, D. (1982) Resource Competition and Community Structure. Princeton Univ. Pr.

Tilman, D. (1988) Plant Strategies and the Dynamics and Structure of Plant Communities. Princeton Univ. Pr.

Tilman, D. (1990) Constrains and tradeoffs: toward a predictive theory of competition and succession. Oikos., 58:3-15.

Tilman, D. (1994a) Community diversity and succession: The roles of competition, dispersal, and habitat modification. In Schulze, E. -D. & Mooney, H. A. (eds), Biodiversity and Ecosystem Function. Springer-Verlag.

Tilman, D. (1994b) Competition and biodiversity in spatially structured habitats. Ecol., 75: 2-16.

Tinbergen, N. (1942) An objectivitic study of the innate behavior of animals. Biblioth. Biotheor., 1: 39-98.

Tinbergen, N. (1952) The Study of Instinct. Oxford Univ. Pr. 訳本：永野為武, 1957：本能の研究. 三共出版.

Tinbergen, N. (1969) Behavior of Animals. Nature Life Library. Time Inc. 訳本：丘直通, 1975：動物の行動. タイムライフブックス.

Tischler, W. (1955) Synökologie der Landtiere. Gustav Fischer.

Tjallingii, S. P. & de Veer, A. A. (eds). (1982) Perspectives in Landscape Ecology. Contributions to Research, Planning and Management of Our Environment. Proceedings of the International Congress Organized by the Netherlands Society for Landscape Ecology, Veldhoren, Netherlands, April 6-11, 1981. Centre for Agricultural Publishing and Documentation, Wageningen.

Tobias, P. V. (1971) The Brain in Hominid Evolution. Columbia Univ. Pr.

Toft, C. A. (1991) An ecological perspective: the population and community consequences of parasitism. In Toft, C. A., Aeschlimann, A. & Bolis, L. (eds), Parasite-Host Associations, Coexistence or Conflict. Oxford Univ. Pr.

Toft, C. A., Aeschliman, A. & Bolis, L. (1991). Parasite-Host Associations. Coexistence or Conflict? Oxford Univ. Pr.

Tokuda, G., Watanabe, H., Matsumoto, T. & Noda, H. (1997) Cellulose digestion in the wood-eating higher termite,

Nasutitermes takasagoensis（Shiraki）: distribution of celluloses and properties of endo -β- 1, 4-glucanase. Zool. Sci., 14: 83-93.

徳田御稔（1951）　進化論（初版）. 岩波全書.

徳田御稔（1970）　生物地理学. 築地書館.

富田和久（1985）　カオスの意義. 日本物理学会誌, 40: 99-118.

富岡憲治（1996）　時間を知る生物. 裳華房.

Toquenaga, Y.（1993）　Contest and scramble competitions in *Callosobruchus maculatus*（Coleoptera: Brachidae）II. Larval competition and interference mechanisms. Res. Popul. Ecol., 35: 57-68.

鳥海光弘（1996）　地球システム科学とは. 鳥海光弘・田近英一・吉田茂生・住明正・和田英太郎・大河内直彦・松井孝典「地球システム科学」（地球惑星科学2）中の1章. 岩波書店.

Townsend, C. R.（1988）　Population cycles in freshwater fish. J. Fish Biol., 35（suppl. A）, 125-131.

Townsend, C. R.（1991）　Community organization in marine and freshwater environments. In Barnes, R. S. K. & Mann, K. H.（eds）, Fundamentals of Aquatic Ecology. Blackwell Sci. Pub.

Toyama, M.（1999）　Adaptive advantages of maternal care and matriphagy in a foliage spider, *Chiracanthium japonicum* (Araneae : Clubionidae). J. Ethol., 17: 33-39.

豊田ふみよ・林宏昭・近江谷克裕・松田恒平・田中滋康・菊山栄（1994）　アカハライモリ雄腹腺中に存在する雌誘引物質について. 日本動物学会近畿支部大会発表.

Trivers, R. L. & Willard, D. E.（1973）　Natural selection of parental ability to vary the sex ratio of offspring. Science, 179: 90-92.

Troll, C.（1966）　Landschaftökologie als geographisch-synoptische Naturbetrachtung. In C. Troll（ed）. Ökologische Landschaftsforschung und vergleichende Hochgebirgsforschung.Erdkundliches Wiessen; Schriftenfolge für Forschung und Praxis, Heft 11. Franz Steiner.

土屋誠・栗原康（1976）　宮城県蒲生干潟における底生動物の分布と微細粒子の挙動に関する研究. 生理生態, 17: 145-151.

Tsuchiya, M. & Kurihara, Y.（1979）　Feeding habits and food sources of deposit-feeding polychaete *Neanthes japonica* (Izuka). J. Exp. Mar. Biol. Ecol., 36: 79-89.

Tsuchiya, M. & Yonaha, C.（1982）　Community organization of associates of the scleratinian coral *Pocillopora damicornis*: effects of colony size and interactions among the obligate symbionts. Galaxea, 11: 29-56.

辻和希（1992）　アリにおける共同社会の進化と維持. 伊藤嘉昭編「動物社会における共同と攻撃」中の1章. 東海大学出版会.

辻和希（1998）　ダーウィンを悩ませた社会性昆虫. 科学, 68: 959-969.

露崎史朗（1993）　火山遷移は一次遷移か. 生物科学, 45: 177-181.

Tudge, C.（1991）　Global Ecology. Natural History Museum, London, Pub.

T-W-Fiennes, R. N.（1976）　Ecology and Earth History. Croom Helm L. 訳本：森主一, 1977: 地球の歴史と生態学. 紀伊国屋書店.

内村鑑三（1911）　デンマルク国の話. 岩波文庫（60刷）, 1993.

上田睆亮（1993）　J. Gleick, 1987, Chaos-making a New Science, の大貫昌子訳（新潮文庫）の"解説"より.

上田一夫・青木清（1984）　回遊魚の定位行動の感覚生理学. 文部省特定研究「海洋の生物過程とその開発利用に関する基礎研究」成果編集委員会編, 「海洋の生物過程」中の1章. 同委員会発行.

上野俊一・鹿島愛彦（1978）　洞窟学入門, 暗黒の地下世界をさぐる. 講談社ブルーバックス, B 361.

Uésugi, K.（1991）　Temporal change in records of the mimetic butterfly *Papilio polytes* with establishment of its model *Pachliopta aristolochiae* in the Ryukyu Islands. Jpn. J. Ent., 59: 183-198.

上杉兼司（1992）　シロオビアゲハの多型現象と擬態. インセクタリウム, 29: 168-174.

上杉兼司（1996a）　メスだけが擬態するシロオビアゲハの話. 生命誌, 11: 7.

Uésugi, K. (1996b) The adaptive significance of Batesian mimicry in the swallowtail butterfly, *Papilio polytes* (Insecta, Papilionidae): Associative learning in a predator. Ecol., 102: 762-775.

上杉兼司 (1998) ベイツ型擬態研究の流れとこれから－琉球列島におけるシロオビアゲハとベニモンアゲハの擬態関係からの新知見をまじえて. 個体群生態学会会報, 55: 59-71.

Uexküll, J., von & Kriszat, G. (1934) Streifzüge durch die Umwelten von Tieren und Menschen. Ein Bilderbuch unsichtbarer Welten. S. Fischer. 訳本:日高敏隆・野田保之, 1988: 生物から見た世界. 思索社.

梅棹忠夫 (1949) 個体間の社会的干渉, その概念と実験. 生物科学, 1: 19-29.

梅棹忠夫 (1950) 生物社会関係の量的表現. 干渉度と場の指数（1）. 生物科学, 2: 179-185.

梅棹忠夫 (1951) 生物社会関係の量的表現. 干渉度と場の指数（2）. 生物科学, 3: 33-41.

Underwood, A. J. (1978) An experimental evolution of competition between three species of intertidial prosobranch gastropods. Oecologia, 33: 185-202.

占部城太郎 (1992a) 湖沼の生物群集と生元素比. 生態学研究センター・ニュース, 8: 15-17.

占部城太郎 (1992b) 動物プランクトンの物質収支と湖沼のN－、P－サイクル. 日本陸水学会誌, 53: 106-108.

Urabe, J. & Watanabe, Y. (1992) Possibility of N or P limitation for planktonic cladocerans: An experimental test. Limnol. Oceanogr., 37: 244-251.

Urabe, J. & Sterner, R. W. (1996) Regulation of herbivore growth by the balance of light and nutrients. Proc. Nat. Acad. Sci. USA, 93: 8465-8469.

内田俊郎 (1943) 元村博士の「動物群集の等比級数の法則」についての考察. 生態研, 9: 173-178.

内田俊郎 (1951) 害虫の発生とその天敵. 農業技術, 6 (9), 17-20.

内田俊郎 (1952) 2種のゾウムシの間に見られる種間競争. 個体群生態学の研究, I: 166-172.

Utida, S. (1953) Interspecific competition between two species of bean weevil. Ecol., 34: 301-307.

Utida, S. (1957) Cyclic fluctuations of population density intrinsic to the host-parasite system. Ecol., 38: 442-449.

内田俊郎 (1972) 動物の人口論. 過密・過疎の生態をみる. ＮＨＫブックス.

内田俊郎 (1998) 動物個体群の生態学. 京都大学学術出版会.

Uvarov, B. P. (1921) A revision of the genus *Locusta* L. (=*Pachytulus* Fieb.), with a new theory as to the periodicity and migrations of locust. Bull. Ent. Res., 12: 135-163.

Uvarov, B. P. (1931) Insects and climate. Transa. Entomol. Soc. London, 79: 1-249.

Uvarov, B. P. (1966) Grasshoppers and Locust. 1. Cambridge Univ. Pr.

Uvarov, B. P. (1977) Grasshoppers and Locust. 2. Cambridge Univ. Pr.

van Andel, T. H. (1985) New Views on an Old Planet. Continental Drift and the History of Earth. Cambridge Univ. Pr. 訳本:卯田強, 1991: さまよえる大陸と海の系譜－これからの地球観. 築地書館.

Van Dyne, G. M. (1966) Ecosystems, systems ecology, and systems ecologists. Oak Ridge National Laboratory. ORNL-3957. Reprinted in Patten, B. C. & Jørgensen, S. E. (eds). (1995). Complex Ecology. The Part-Whole Relation in Ecosystems. Prentice Hall.

Van Valen, L. (1973) A new evolutionary law. Evolutionary Theory, 1, 1-30.

Varley, G. C. (1947) The natural control of population balance in the knapweed gall-fly (*Urophora jaceana*). J. Anim. Ecol., 16: 139-187.

Varley, G. C. & Gradwell, G. R. (1960) Key factors in population studies. J. Anim. Ecol., 29: 399-401.

Vehrencamp, S. L. & Bradbury, J. W. (1984) Mating systems and ecology. In Krebs, J. R. & Davies, N. B. (eds), Behavioural Ecology. An Evolutionary Approach (2nd ed). Blackwell Sci. Pub.

Verhulst, P. F. (1838) Notice sur la loi que la population suit dans son accroissement. Corresp. Math. et Phys., 10: 113-121.

Verhulst, P. F. (1845) Recherches mathematiques sur la loi d'accroissement de la population. Mem. Acad. Roy. Belg., 18:

1-38.

Vermeij, G. L.（1987） Evolution and Escalation. Princeton Univ. Pr.

Vermeij, G. J.（1996） Adaptation of clades: resistance and response. In Rose, M. R. & Lauder, G. V.（eds）, Adaptation. Academic Pr.

Vernadsky, V.（1926） Biosfera. Nauka. 英訳本：Langmuir, D. B., 1998: The Biosphere. A Peter N. Nevraumont Book.

Vogt, K. A., Gordon, J. C., Wargo, J. P., Vogt, D. J. & others（1997） Ecosystems. Balancing Science with Management. Springer-Verlag.

Volk, T.（1998） Gaia's Body. Toward a Physiology of Eeath. Springer-Verlag.

Volterra, V.（1926） Variazioni e fluttuazioni del numero d'individui in specie animali conviventi. Mem. Accad. Lincei, 6: 31-113.（R. N. Chapman の Animal Ecology, 1931, 中に英訳あり）

Voûte, A. D.（1943） Classification of factors influencing the natural growth of a population of insects. Acta Biotheor., 7: 99-116.

Voûte, A. D.（1946） Regulation of the density of the insect-population in virgin-forest and cultivated woods. Arch. Néerland Zool., 7: 435-470.

Waage, J. K.（1979） Dual function of the damselfly penis: sperm removal and transfer. Science, 203: 916-918.

和田英太郎（1990） 酸素のサイクル. 化学総説, 7: 234-240.

和田英太郎（1992） 自然と生命の2重らせん, 生物地球化学からみた物質循環. Illume, 4: 5-22.

和田英太郎（1996） 生態システム. 鳥海光弘・田近英一・吉田茂生・住明正・和田英太郎・大河内直彦・松井孝典「地球システム科学」（地球惑星科学2）中の1章. 岩波書店.

和田英太郎・半場祐子（1994） 生元素安定同位体比自然存在比, その現状と展望. 生化学, 66: 15-28.

Wada, E., Kabaya, Y. & Kurihara, Y.（1993） Stable isotope structure of aquatic ecosystems. J. Biosci., 18: 483-499.

Wada, E., Mizutani, H. & Minagawa, M.（1991） The use of stable isotopes for food web. Critical Reviews in Food Science and Nutrition, 30: 361-371.

Waddington, C. H.（1953） Genetic assimilation of acquired character. Evol., 7: 118-126.

Waddington, C. H.（1957） The Strategy of the Genes. Allen & Unwin.

Waddington, C. H.（1968） The basic ideas of biology. In Waddington, C. H.（ed）, Towards a Theoretical Biology, 1. Prolegomena. Edinburgh Univ. Pr.

和合治久（1995） 昆虫の生体防御反応. 応動昆, 39: 1-13.

Wakahara, M.（1995） Cannibalism and the resulting dimorphism in larvae of a salamander *Hynobius retardatus*, inhabited in Hokkaido, Japan. Zool. Sci., 12: 467-473.

Wakahara, M.（1997） Kin recognition among intact and blinded, mixed-sibling larvae of a cannibalistic salamander *Hynobius retardus*. Zool. Sci., 14: 893-899.

Wallace, A. R.（1889） Darwinism: an Exposition of the Theory of Natural Selection with some of its Applications. Macmillan & Co.

Wallwork, J. A.（1973） Ecology of Soil Animals. McGraw-Hill.

Waloff, Z.（1966） The upsurges and recession of the desert locust plague: an historical survey. Anti-Locust Memoir, 8: 1-111.

Walters, C. T.（1971） Systems ecology: The systems approach and mathematical models in ecology. In Odum, E. P., 1971: Fundamentals of Ecology. Saunders. 訳本：三島次郎, 1974: 生態学の基礎（上）. 培風館.

Waser, P. M. & Waser, M. S.（1977） Experimental studies of primate vocalization: specializations for long distance propagation. Z. Tierpsychol., 43: 239-263.

鷲谷いずみ（1994） 絶滅危惧植物の繁殖／種子生態. 科学, 64: 617-624.

鷲谷いずみ・大串隆之（1993） 動物と植物の利用し合う関係. 平凡社.

Wasser, S. K. & Barash, D. P.（1983） Reproductive suppresion among female mammals: implications for biomedicine and sexual selection theory. Q. Rev. Biol., 58: 513-538.

Watanabe, H.（1994） Soils excavated by termites and earthworms in the tropics. Wallaceana, 73: 19-23.

Watanabe, H. & Ruaysoongnern, S.（1984） Cast production by the megascolecid earthworm *Pheretima* sp. in northwestern Thailand. Pedobiologia, 26: 37-44.

渡辺直（1996） 大発生するカゲロウ. 海洋と生物, 107: 424-429.

Watanabe, N. C. & Ishikawa, S.（1997） Geographic distribution of the mayfly, *Ephoron shigae* in Japan, with evidence of geographic parthenogenesis (Insecta: Ephemeroptera: Polymitarcyidae). Jpn. J. Limnol., 58: 15-25.

渡辺隆一（1971） 富士山. 富士山総合調査報告書, 追補, 1-15. 富士急行株式会社.

渡辺定元・芝野伸策（1987） 大平山自然環境保全地域及び周辺地域のブナ林の群落構造.（利根川源流自然環境保全地域調査報告書. 環境庁自然保全局, 1987: 173-211.

渡辺茂樹（1994） 身近な夜行性動物（4）－イタチ. なきごえ, 30: 4-5. 大阪市天王寺動物園協会.

Watson, J. D., Hopkins, N. H., Roberts, J. W., Steitz, J. A. & Weiner, A. M.（1987） Molecular Biology of the Gene（4th ed）. Benjammin/Cummings Pub. 訳本：松原謙一・中村桂子・三浦謹一郎監訳, 1988: ワトソン, 遺伝子の分子生物学. 株式会社トッパン.

Weaver, J. E. & Clements, F. E.（1938） Plant Ecology. McGraw-Hill Book Co.

Webb, S. D.（1969） Extinction-origination equilibria in late Cenozoic land mammals of North America. Evol., 23: 688-702.

Weiner, J.（1994） The Beak of the Finch. A Story of Evolution in Our Time. J. Weiner. 訳本：樋口広芳・黒沢令子, 1995: フィンチの嘴. ガラパゴスで起きている種の変貌. 早川書房.

Weis, A. E., Abrahamson, W. G. & Anderson, M. C.（1992） Variable selection on *Eurosta*'s gall size, I : The extent and nature of variation in phenotypic selection. Evol., 46: 1674-1697.

Weis, A. E., Abrahamson, W. G. & McCrea, K. D.（1985） Host gall size and oviposition success by the parasitoid *Eurytoma gigantea*. Ecol. Entomo., 10: 341-348.

Weis, A. E. & Gorman, W. L.（1990） Measuring selection on reaction norms : An exploration of the *Eurosta-Solidago* system. Evol., 44: 820-831.

Weismann, A.（1885） Die Continuität des Keimplasmas als Grundlage einer Theorie der Vererbung. G. Fisher.

Welb, W. L., Lauenroth, W. K., Szarek, S. R. & Kinerson, R. S.（1983） Primany production and abiotic controls in forests, grasslands and desert ecosystems in the United States. Ecol., 64: 134-151.

Werner, E. E.（1972） On the breadth of diet in fishes. PhD. Theris. Michigan State Univ.

Werner, E. E. & Hall, D. J.（1974） Optimal foraging and the size selection of prey by the bluegill sunfish *Lepomis macrochirus*. Ecol., 55: 1042-1052.

Werren, J. H.（1980） Sex ratio adaptation to local mate competition in a parasitic wasp. Science, 208: 1157-1159.

Westbroek, P.（1991） Life as a Geological Force: Dynamics of the Earth. W. W. Norton & Co. 訳本：遠藤一佳・阿部勝巳・大路樹生, 1997: 地球を動かしてきた生命. 国際書院.

Wetzel, R. G.（1983） Limnology.（2nd ed）. Saunders Coll. Pub.

Weyl, P. K.（1966） Environmental stability of the earth's surface-chemical consideration. Geochim. Cosmochim. Acta, 30: 663-679.

Wheeler, W. M.（1911） The ant-colony as an organism. J. Morphol., 22: 307-325.

Wheeler, W. M.（1923） Social Life Among the Insects. Harcourt, Brace & World. 訳本：澁谷寿夫, 1986：昆虫の社会生活. 紀伊國屋書店.

White, G.（1789） The natural history and antiquities of Selborne in the county of Southampton. Macmillan.

White, T. D., Suwa, G. & Berhane, A.（1994） *Australopithecus ramidus*, a new species of early hominid from Aramis, Ethiopia. Nature, 371: 306-312.

Whittaker, R. H.（1951） A criticism of the plant associstion and climatic concepts. Northwest Science, 25: 17-31.
Whittaker, R. H.（1953） A consideration of climax theory: the climax as a population and pattern. Ecol. Monogr., 23: 41-78.
Whittaker, R. H.（1967） Gradient analysis of vegetation. Biol. Rev., 42: 207-264.
Whittaker, R. H.（1972） Evolution and measurement of species diversity. Taxon, 21: 213-251.
Whittaker, R. H.（1975） Communities and Ecosystems.（2nd ed）. Macmillan Co. 訳本：宝月欣二, 1979: ホイッタカー, 生態学概説. 生物群集と生態系（2版）. 培風館.
Whittaker, R. H. & Levin, S. A.（eds）,（1975） Niche, Theory and Application. Dowden, Hutchinson & Ross.
Whittaker, R. H., Levin, S. A. & Root, R. B.（1973） Niche, habitat and ecotype. Amer. Nat., 107: 321-338.
Whittaker, R. H. & Likens, G. E.（1975） The biosphere and man. In Lieth, H. & Whittaker, R. H.（eds）, Primary Productivity of the Biosphere. Springer-Verlag.
Wiegert, R. G.（1988） The past, present, and future of ecological energetics. In Pomeroy, L. R. & Allerts, J. J.（eds）, Concepts of Ecosystem Ecology: A comparative View. Springer-Verlag.
Wiegert, R. G. & Owen, D. F.（1971） Trophic structure, available resources and population density in terrestrial vs. aquatic ecosystems. J. Theor. Biol., 30: 69-81.
Wilbur, H. W.（1984） Complex life cycles and community organization in amphibians. In Price, P. W., Slobodchikoff, C. N. & Gaud, W. S.（eds）, A New Ecology. Wiley-Interscience.
Williams, B. G.（1998） The lack of circadian timing in two intertidal invertebrates and its significance in the circatidal / circalunidian debates. Chronobiology International, 15: 205-218.
Williams, G. R.（1996） The Molecular Biology of Gaia. Columbia Univ. Pr.
Wilson, D. S. & Yoshimura, J.（1994） On the coexistence of specialists and generalists. Amer. Nat, 144: 692-707.
Wilson, E. O.（1961） The nature of the taxon cycle in the Melanesian ant fauna. Amer. Nat., 95: 169-193.
Wilson, E. O.（1971） The Insect Societies. Harvard Univ. Pr.
Wilson, E. O.（1975） Sociobiology, the New Synthesis. Harvard Univ. Pr. 訳本：伊藤嘉昭監修, 1983-85: 社会生物学（全5巻）. 思索社.
Wilson, E. O.（1992） The Diversity of Life. Harvard Univ. Pr.
Wilson, J. B.（1989） Root competition between three upland grasses. Functional Ecol., 3: 447-451.
Winfree, A. T.（1987） The Timing of Biological Clocks. Scient. Amer. Books. 訳本：鈴木善次・鈴木良次, 1992: 生物時計, 東京化学同人.
Wolda, H.（1978） Fluctuations in abundance of tropical insects. Amer. Nat., 112: 1017-1045.
Wolda, H.（1992） Trends in abundance of tropical forest insects. Oecologia, 89: 47-52.
Wolda, H.（1995） The demise of the population regulation controversy? Res. Popul. Ecol., 37: 91-93.
Wolda, H. & Foster, R.（1978） *Zunacetha annulata*（Lepidoptera: Dioptidae）, an outbreak insect in a tropical forest. Geo-Eco-Trop, 2: 443-454.
Wooseley, S. & Weaver, T.（1989） The great supernova of 1987. Sci. Amer., 261（2）: 24-32.
Wright, S.（1931） Evolution in mendelian populations. Genetics, 16: 97-159.
Wright, S.（1948） On the role of directed and random changes in gene frequency in the genetics of populations. Evol., 2: 279-294.
Xu, W., Kashiwagi, A.,Yomo, T. & Urabe, I.（1996） Fate of a mutant emerging at the initial stage of evolution. Res. Popul. Ecol., 38: 231-237.
矢原一郎（1999） 分子シャペロン$H_{sp}90$がカンブリア大爆発を準備した. 突然変異を隠して蓄積するしくみ. 科学, 69: 423-425.
山岸宏（1989） 現代の生態学（3版）. 講談社サイエンティフィック.
山極寿一（1999） 人間社会の由来. ゴリラ, チンパンジー, ボノボ社会の比較から. 科学, 69: 367-375.

山口昌哉（1993） カオスとフラクタル，非線形の不思議．ブルーバックス，B-652．講談社．

Yamaguchi, Y.（1985） Sex ratio of an aphid subject to local mate competition with variable maternal condition. Nature, 318: 460-462.

Yamaguchi, Y.（1997） Intraspecific nest parasitism and anti-parasite behavior in the grey starling, *Sturnus cineraceus*, J. Ethol., 15: 61-68.

Yamaguchi, Y. & Saitou, T.（1997） Intraspecific nest parasitism in the grey starling (*Sturnus cineraceus*). Ecological Research, 12: 211-221.

山元大輔（1994） 本能の分子遺伝学．羊土社．

山元大輔（1995） DNAが決める動物の行動．同性愛になったキイロショウジョウバエの研究から．科学, 65: 513-521.

山元大輔（1997） 行動を操る遺伝子たち．本能と学習の接点をさぐる．岩波科学ライブラリー, 50.

山本佳代子・針山孝彦・江口英輔（1981） 約630代暗黒下で飼育されたショウジョウバエの複眼の分光反応と色光に対する走行性について．動雑, 90: 518.

山村則男（1974） カタストロフ理論の数理生態学での展開．数理科学, 138: 45-52.

Yamamura, N.（1986a） An evolutionary stable strategy model of postcopulatory guarding in insects. Theor. Popul. Biol., 29: 438-455.

山村則男（1986b） 繁殖戦略の数理モデル．東海大学出版会．

Yamamura, N.（1987） A model on correlation between precopulatory gurding and short receptivity to copulation. J. Theor. Biol., 127: 171-180.

Yamamura, N.（1993） Vertical transmission and evolution of mutualism from parasitism. Theor. Popul. Biol., 44: 95-109.

山村則男（1995a） 寄生から共生へ．垂直感染と廃物利用．第9回「大学と科学」公開シンポジウム，「地球共生系，多様な生物の共存する仕組み」．予稿集, 14-15.

山村則男（1995b） 寄生から共生への道．川那部浩哉監修，山村則男・早川洋一・藤島政博編，「寄生から共生へ．昨日の敵は今日の友，シリーズ共生の生態学, 6」中の一部．平凡社．

Yamamura, N.（1996） Evolution of mutualistic symbiosis: a differential equation model. Res. Popul. Ecol., 38: 211-218.

山中二男（1977） 地質分布－石灰岩地，蛇紋岩地．沼田真・石塚和雄・小川房人・岩城英夫・伊藤秀三編，植物生態学講座, 1．「群落の分布と環境」中の1節．朝倉書店．

Yamaoka, R.（1990a） Chemical approach to understanding interactions among organisms. In Kawanabe, H., Ohgushi, T. & Higashi, M.（eds）, Ecology for Tomorow. Physiol. Ecol. Japan, 27: 31-52.

山岡亮平（1990b） アリは仲間をどのようにして見分けるか．化学, 45: 625-632.

山岡亮平（1990c） アリの巣および同巣認識の機構．遺伝, 44: 11-14.

山岡亮平（1993） 超微量物質からアリの行動の謎に迫る．科学朝日, 53（7）: 114-117.

山岡亮平（1995） アリやハチの仲間になるには．川那部浩哉監修，共進化の謎に迫る．化学の目で見る生態系．シリーズ「共生の生態学」4，中の一部．平凡社．

山岡亮平（1999） アリは仲間をどう見分けるか？ 生命誌, 7: 4-9.

山内淳（1994） ニューラルネットワーク理論の行動生態学への応用．日本生態学会第41回大会（福岡）講演．

山内淳（1995） 鳥類における托卵行動の進化－野外観察・実験と理論－．日生態会誌, 45: 131-144.

Yamauchi, A.（1996） Theory of mast reproduction in plants: Storage size dependent strategy. Evolution, 50: 1795-1807.

柳川弘志（1989） 生命の起原を探る．岩波新書, 新赤版68.

柳川弘志（1991） 生命の初期進化とRNA．柴谷篤弘・長野敬・養老孟司編，講座「進化」5，「生命の誕生」中の1章．東京大学出版会．

柳川弘志（1994） 生命はRNAから始まった．岩波科学ライブラリー, 16.

柳川弘志（1996a） 生命の起源と進化．松井孝典・田近英一・高橋栄一・柳川弘志・阿部豊，「地球惑星科学入門」（地球惑星科学1）中の1章．岩波書店．

柳川弘志（1996b）　生命は熱水系で始まったのか？　科学, 66: 461-463.

Yanagishima, S., Mori, S., Ohsawa, W., Matsutani, K. & Tsukuda, H.（1953）　Experimental study on the phenomenon of so-called "pre-adaptation" in *Drosophila malanogaster*. Mem. Col. Sci., Univ. Kyoto, Ser. B, 20: 163-170.

安田喜憲（1993）　気候が文明を変える. 岩波科学ライブラリー, 7.

八杉竜一（1950）　ダーウインの生涯. 岩波新書, 青版41.

Yasui, Y.（1995）　Is the first-male sperm precedence in the predatory mite *Macrocheles muscaedomesticae* influenced by sperm use of female? J. Ethol., 13: 141-144.

安成哲三・小池俊雄（1993）　地球の気候とアジアモンスーンの水循環. 科学, 63: 626-634.

依田恭三（1982）　大気中の二酸化炭素濃度に対する陸上生態系の影響. 文部省「環境科学」特別研究, CO_2 研究班報告, B130-R12-6 中の論文.

Yodzis, P.（1980）　The connectance of real ecosystems. Nature, 284: 544-545.

Yodzis, P.（1984）　Energy flow and the vertical structure of real ecosystems. Oecologia, 65: 86-88.

横山秀司（1995）　景観生態学. 古今書院.

横山潤（1993）　昆虫と植物との「共進化」の歴史を読み解く. 科学朝日, 53: 121-123.

Yokoyama, J.（1995）　Insect-plant coevolution and speciation. In Arai, A., Kato, M. & Doi, Y.（eds）. Biodiversity and Evolution. National Science Museum Foundation.

四方哲也（1997）　眠れる遺伝子進化論. 講談社.

四方哲也（1998）　進化実験による複雑系へのアプローチ. 相互作用による競争的共存. 科学, 68: 384-389.

Yomo, T., Xu, W. & Urabe, I.（1996）　Mathematical model allowing the coexistence of closely related competitors at the initial stage of evolution. Res. Popul. Ecol., 38: 239-247.

Yoshida, T.（1966）　Studies on the interspecific competition between weevils. Mem. Fac. Lib. Arts Educ., Miyazaki Univ., 20: 59-98.

吉田敏治（1967）　生存競争. 古今書院.

Yoshii, K.（1995）　Stable isotope analyses of ecosystems in Lake Baikal with emphasis on pelagic food webs. M. S. Thesis, Department of Zoology, Kyoto Univ.

Youthed, G. L. & Moran, V. C.（1969）　The luner day activity rhythm of Myrmeleontid larvae. J. Insect Physiol., 15: 1259-1271.

遊磨正秀（1991）　ホタル講座. 水と文化研究会編,「私たちのホタル, 第2号」中の1節. 水と文化研究会発行.

遊磨正秀（1992）　タンガニイカ湖における魚類の共存様式. 川那部浩哉監修, 大串隆之編,「さまざまな共生, 生物種間の多様な相互作用」, シリーズ地球共存系2, 中の1章. 平凡社.

遊磨正秀（1993）　ホタルの水, 人の水. 新評論.

Zammuto, R. M.（1987）　Life histories of mammals: analyses among and within *Spermophilus columbianus* life tables. Ecol., 68: 1351-1363.

Zhang, Z. & Li, D.（1999）　A possible relationship between outbreaks of the oriental migratory locust (*Locusta migratoria manilensis* Meyen) in China and the El Niño episodes. Ecological Research, 14: 267-270.

Zonneveld, I. S.（1982）　Land (scape) ecology, a science or a state of mind. In Tjallingii, S. P. & de Veer, A. A.（eds）. Perspectives in Landscape Ecology. Contribution to Research, Planning and Management of Our Environment. Centre for Agricultural Publishing and Documentation, Wageningen.

Zonneveld, I. S.（1990）　Scope and concepts of landscape ecology as an emerging science. In Zonneveld, I. S. & Forman, R. T. T.（eds）. Changing Landscape: An Ecological Perspective. Springer-Verlag.

索　引

1. 「事項索引」および「生物名索引」についてはそれぞれ欧文索引と和文索引に分けて掲載した。
2. 「人名索引」については、すべてアルファベット順とし、日本人についても、ローマ字表記した場合の綴り順で掲載している。
3. 「事項索引」および「生物名索引」は、原則として「大項目主義」で作成した。そのため、一部の欧文の項目が、和文索引の下位項目として掲載されていることに注意されたい。

事　項

A
αA-クリスタリン（αA-Crystalin） 422
ATP 344, 456

B
Biben氷期 462
Biocönose（Biocenose） 6, 247
Biogeocenosis（生物地球集合） 8, 12, 303
Biosystem（生物系） 8, 12, 302

C
Cλ法 280
Cπ法 280
C-D指数（競争密度効果，Competition-Density effect） 115
C：N比 348, 350
Calling segregation 199
Cyclodiene（殺虫剤の一種） 418

D
DNA 2, 21, 83, 84, 402, 418, 422, 424, 425, 429, 456, 478, 484, 487
Donan氷期 462

E
Eh（酸化還元電位） 313
ENSO（El Niño-Southern Oscillation） 316

F
Fitness（繁殖適応度） 68, 104, 143, 387, 388, 426

G
GABA受容体 418
Günz氷期 462

H
Hamiltonの規則 389
Holocoen 8, 12, 15, 302
Holographische Stufe（全体学段階） 302
Homosexual rape 148
HSS仮説 262

I
Iδ指数 197

K
k値（因子）分析（k value or k factor analysis） 193, 192

L
Lamarckism 425, 429
Lotka-Volterraモデル 6, 96, 98, 99, 186, 195

M
MacArthurの棒切れモデル（MacArthur's broken stick model） 278, 279
Masting 225
Microcosm 7, 12
Mindel氷期 462
Monocoen 15, 302
Mores 246
Mune 246

N
N：P比 350
n次元超空間（n-dimensional hyper-space） 231
Neo-Darwinism 425, 428, 429
Neo-Darwinist 418, 427
Nicholson-Baileyモデル 99

O
Osterhout's salt solution 151

P
pH 13, 38, 39, 55, 203, 321, 434
Phenylcarbylamine 148

Polya-Eggenberger 型分布	197
Polynucleotide kinase	84
Pyrite（パイライト）	429

R

Ricker-Moran モデル	395, 396
Riss 氷期	462
RNA	364, 424, 429, 456
RNA ligase	84
RNA エディティング（RNA editing）	424
mRNA	83, 424
rRNA	364
tRNA	84, 424, 425
Rosenzweig-MacArthur のモデル	192

S

Shoemaker-Levy 彗星	467

T

Troglomorphy	418
Tyrosine aminotransferase	46

U

Umgebung	14
Umwelt	14

V

Verhulst 定数	184

W

Warfarin	380, 381
Würm 氷期	462

あ

アイソクライン（Isocline）	97, 98, 110, 187
アイソフォーム（Isoform）	473
赤の女王仮説（Red Queen hypothesis）	405-407
アカンボ（Infant）	126-128, 134, 136, 175
亜系（Subsystem）	367
遊び（Playing）	127
アド・ホックな仮説（Ad hoc hypothesis）	425
アトラクター（Attractor）	49, 54, 358, 370, 371, 377
ストレンジ・アトラクター（Strange Attractor）	371
あぶれ雄（Solitary male）	124, 125
→ ヒトリザル	
アポプトーシス（Apoptosis）現象	84
アミノ酸（Amino acid）	84, 96, 108, 180, 267, 349, 399, 418, 422
アルゴスシステム（Argos system）	44
アルプス造山運動（Alpine orogeny）	459
アレルギー病	286
アレロケミカル（Allelochemical）	177
アロモン（Allomone）	89, 176, 200
安定性（Stability）	7, 80, 251, 274, 281-285, 301, 395, 471
安定同位体（Stable isotope）	351-353, 355
暗箱（Black box）	350, 366, 367, 369
アンモニアガス	349

い

硫黄	57, 346, 455
移行帯（Transition zone）	156, 159, 440
意識（Consciousness）	26-28, 32, 33, 51, 52, 63, 84, 96, 124, 126, 138, 140-143, 389, 414, 423, 427
無意識（Unconsciousness）	63, 414, 423
移住（Colonization）	101, 169, 222, 296, 365, 462, 485
移住能力（Colonizing ability）	169
移出（Emigration）	183, 190, 225, 288, 294, 363
異性	24, 111, 132, 135, 174, 202, 392
1 次生産（Primary production）	323, 333, 357
1 次生産者（Primary producer）	323, 333, 348
1 倍体（Haploid）	389
1 雄 1 雌制（Monogamy）	148
一般適応症候群（General adaptation syndrom, GAS）	121, 137, 200, 221
遺伝（Inheritance, Heredity）	30, 90, 389, 407, 413, 414, 423-425, 429, 484
遺伝行動多型説（Genetic-behavioral polymorphism theory）	221, 222, 246
遺伝的同化（Genetic assimilation）	421, 423
遺伝的浮動（Genetic drift）	223, 225, 411, 412, 419, 421, 422, 428
ライト効果（Sewall Wright effect）	421, 428
遺伝子（Gene）	2, 48, 49, 51, 53, 84, 136, 137, 141, 142, 199, 225, 387, 389, 390, 391, 396, 398, 402, 407, 409, 413, 416, 419-423, 425, 427, 456, 479, 487
遺伝子重複（Gene duplication）	424, 473
遺伝子増幅（Gene amplification）	424
オペレーター遺伝子（Operator gene）	413
隠れた遺伝子（Cryptic gene）	418
構造遺伝子（Stractural gene）	413
対立遺伝子（Allele）	380, 381, 409, 411, 412
調節遺伝子（Regulator gene）	413
分断遺伝子（Split gene）	424

偽遺伝子（Pseudogene）	424
移動時間（Travelling time）	92, 93
移入（Immigration）	38, 129, 169, 190, 225, 288, 293, 294, 296-298, 306, 364, 406, 413
いも洗い	128
イリジウム	467
入子構造的段階構造	298
隕石（Meteorite）	352, 465, 467, 468
イントロン（Intron）	424, 429, 456

う・え

宇宙塵（Cosmic dust）	451, 452
鱗食い（Scale eater）	237
影響種（Influential species）	274
栄養	1, 7, 44, 56, 58, 72, 73, 83, 85, 93, 108, 109, 111-114, 120, 129, 136, 143, 144, 168, 171, 178, 218, 219, 228, 239, 260, 284, 286-288, 316, 323, 341, 351, 357, 358, 360-362, 376, 399.417, 433, 435-437, 446, 447, 476
栄養塩資源プール（Regional resource pool）	360
栄養共生（Trophobiosis）	397
栄養生産層（Trophogenic layer）	344
栄養体（Trophosome）	96
栄養段階（Trophic level）	78-80, 111, 231, 235, 239, 307, 323, 324, 326, 329-331, 333-336, 338, 339, 348, 351, 354, 355, 357, 358, 475, 479
栄養分解層（Tropholytic layer）	344
改修栄養段階構成（Revised trophic scheme）	335
三栄養段階相互関係（Tritrophic interaction）	403, 479
従属栄養（Heterotrophic）	112, 332, 348, 429
独立栄養（Autotrophic）	112, 202, 429
富栄養化（Eutrophication）	242, 274, 347, 348
栄養動態構成単位（Trophic dynamic module, TDM）	358
エオシン好性細胞（Eosinophil）	122
エキソン（Exon）	424
エコトープ（Ecotope）	377
餌（Prey）	6, 29, 30, 32, 43, 64, 72, 73, 75-80 , 87, 89-93, 97, 101, 103-105, 108, 109, 117, 120 ,127, 128, 131, 133-136, 138, 140, 143, 154, 166, 169, 172, 174, 175, 185, 195, 199, 202, 204, 205, 213, 217, 237, 239, 243, 244, 259, 262-265, 282, 297, 311, 330, 332, 333, 349, 352, 383, 387, 397, 399, 400, 420, 476, 477
餌生物決定系（Donor-controlled system）	283
エネルギー経済説（Energy economy theory）	422
エノシトイド（Oenocytoid）	83
エル・ニーニョ（El Niño）	227, 316-318, 412
エントロピー	367
円盤方程式（Disc equation）	103

お

オゾン層	451, 454, 456
尾つながり（Tandem）	147, 148
オトナ・メス（Adult female）	126
オペロン説（Operon theory）	413
オルドビス紀（Ordovician period）	464
おれあい作用（Toleration）	64, 74
オレイン酸（Oleic acid）	178
温帯林	170, 242, 272, 279, 322
温度	1, 2, 6, 13, 17, 18, 19, 34, 43, 44, 58, 62, 111, 144, 146, 158, 169, 190, 231, 253, 305, 381, 384, 438, 452, 464, 467
温度不依存（Temperature independency）	46, 53
温度補償（Temperature compensation）	53
臨界温度（Critical temperature, Threshold temperature）	381
温量指数（Warmth index）	314, 374, 375

か

ガイア（Gaia）	235, 468-471
ガイア隠喩（Gaia metaphors）	471
回帰時間（Return time）	326
階層構造（Hierarchial structure）	339, 366
階層説（Hierarchy theory）	251
概年リズム（Circannual rhythm）	45, 46
カイロモン（Kairomone）	89, 176
カオス（Chaos）	49, 50, 54, 200, 357, 366, 369-373, 376
決定論的カオス（Deterministic chaos）	372
推計学的カオス（Stochastic chaos）	372
化学合成細菌	96
化学的カモフラージ（Chemical camouflage）	178
化学的情報伝達	88
化学量論（Stoichiometry）	363
鍵刺激（Sign stimulus）	31
拡散モデル（Diffusion model）	171
学習（Learning）	21, 27, 28, 30-33, 53, 86, 88, 95, 103, 110, 223, 228, 372
獲得形質（Aquired character）	379, 414, 421, 423-425,

428, 429
撹乱（Perterbation, Disturbance）7, 99, 168, 170, 171, 190, 251, 281, 282, 284, 299, 326
　中間撹乱仮説（Intermediate disturbance hypothesis）285
隠れ選択（雌の）（Cryptic female choice）150
かくれんぼ劇（Hide-and-seek play）101
カスト（Caste）139, 140, 198
数の反応（Numerical response）101, 103
活力（Vigor）149, 153, 223, 245, 296, 356, 456
かなめ種（Keystone species）259, 262, 273, 274, 307, 308, 357, 376
ガラクトシド（Galactoside）413
果粒細胞（Granular cell）83
カルデノライド配糖体（Cardenolide glycoside）86
カレドニア造山（Caledonian orogeny）459
感桿分体（Rhabdomere）420
環境（Environment）2, 3, 4, 8, 11-21, 37, 50, 54, 55, 72, 85-87, 89, 90, 96, 97, 99, 117, 143, 151, 153, 154, 168, 183, 184, 185, 221-223, 226, 242, 249, 251-254, 271, 273, 274, 279, 304, 305, 307-309, 350, 351, 360, 362, 380, 381, 384-388, 394, 396, 405, 407, 408, 409, 411-414, 416, 418, 419, 421, 423, 424, 425, 427, 454, 455, 457-459, 468-472, 475, 479, 485, 487
　環境決定的 17
　環境収容力（包容力）（Carrying capacity）106, 181, 188, 200, 305, 370, 394, 395
　環境抵抗（Environmental resistance）200, 305
　環境密度（Environmental density）239, 306
　過去環境（Past environment）14, 21, 396
　客体的環境（Objective environment）13, 14, 18-20
　群環境（Group environment）20, 21
　現在環境（Present environment）14, 21, 381
　個環境（Individual environment）20
　主体的環境（Subjective environment）13, 18, 19, 20, 109
　将来環境（Future environment）14, 21
　生物環境（Biotic environment）13, 40, 381, 385, 386
　同質および異質の環境（Homogeneous or heterogeneous environments）264
　非生物環境（Abiotic environment）2, 7, 12-17, 40, 55, 61, 87, 118, 146, 156, 162, 185, 189, 190, 197, 206, 213, 245, 249, 258, 262, 263, 302-305, 307, 309, 311, 313, 316, 319, 327, 340, 357, 358, 381, 385, 386, 391, 394, 441, 456, 470, 474, 475, 482, 485
　非生物環境の作用（Action）13, 18, 55, 56, 189
　非生物環境への反作用（Reaction）55-58, 61, 62, 113, 385
完系統（Clade）387
間隙（Gap）209, 437, 444
還元主義的（Reductionistic）16, 250, 307
感差反応（分差反応）（Differential reaction, Kinesis）25
乾湿指数（Humidity-Aridity index）314, 374, 375
感情移入（Empathy）33, 52
カンブリア紀（Cambrian period）82, 379, 459, 473

き

機会均等原理（Principle of equal opportunity）239, 306
危険の分散（Spreading of risk）169
気候 2, 4, 7, 12, 17, 99, 170, 171, 189, 190, 192, 216-219, 225, 226, 253, 262, 284, 309, 313, 314, 316, 319, 321, 355, 385, 405, 438, 440, 459, 462, 464, 470, 475, 485
　気候説（Climatic or Meteorological theory）192, 216-218
　気候複合（Climatic complexes）301
擬人主義（Anthropomorphism）21, 32, 50-52
寄生(Parasitism)18, 62, 64, 73, 79-84, 96, 98, 99, 144, 145, 164, 168, 170, 180, 182, 199, 202, 206, 263, 344, 399, 406, 415
　寄生者（Parasite）6, 64, 73, 81, 82, 84, 99, 145, 185, 220, 221, 393, 398, 407, 427
基礎代謝（Basic metabolism）381
擬態（Mimicry）87, 88
　攻撃型擬態（Aggressive mimicry）87
　ベーツ型擬態（Batesian mimicry）87
　ミューラー型擬態（Müllerian mimicry）87
基底種（Basal species）283
機能の反応（Functional response）79, 101-103
帰無仮説（Null hypothesis）65, 67, 280
求愛行動（誇示行動）（Display）134
境界（Boundary）10, 11, 15, 25, 125, 156, 249, 251, 253, 255, 256, 258, 288, 298, 302, 304, 309, 312, 313, 465-467

事項索引 | 551

共進化（Coevolution） 63, 82, 84, 85, 150, 308, 397-400, 402, 403, 405-407, 427, 476, 479
 共進化の地理的モザイク説（Geographic mosaic theory of coevolution） 479
 一対共進化（Pairwise or one-on-one coevolution） 397-399
 拡散共進化（Diffuse coevolution） 397, 398
共生体（Symbiont） 399
 共生体置換（Replacement of symbiont） 399
 酵母様共生体（Yeast-like extracellular symbiont） 399
 細胞内共生体（Intracellular symbiont） 399
胸腺（Thymus） 198, 221
競争（Competition） 4, 51, 62, 64, 72, 115-118, 130, 143, 147, 154, 158, 164, 167, 168, 172, 187, 188, 189, 191, 192, 198, 199, 200, 202, 207, 231, 236, 239, 243, 245, 252, 262, 263, 276, 362, 367, 385, 392, 394, 448, 464, 476
 競争相手（Competitor） 62, 148, 204
 競争係数（Competition coefficient） 186, 188, 243, 246
 競争排除の原理（Gauseの原理）（Competitive exclusion principle） 151, 154, 168, 188, 200, 279
 競争密度効果（Competition-Density effect, C-D 指数） 115
 過去競争の幻（Ghost of competition past） 164, 397
 勝ち残り競争（Contest competition） 64, 193, 198, 236
 干渉型競争（Interference competition） 68, 69, 213, 236
 局所的資源競争（Local resource competition） 143
 局所的配偶競争（Local mate competition） 144
 空間競争仮説（Spatial competition hypothesis） 169
 資源消費型競争（Exploitative competition） 68, 69, 213, 245
 精子競争（Sperm competition） 147, 199
 共倒れ競争（Scramble competition） 64, 115, 118, 194, 198
 捕食者媒介競争（Predator-mediated competition） 236
 見かけの競争（Apparent competition） 110, 236
共存（Coexistence） 6, 64, 104, 106, 151, 153, 154, 156, 162, 168-172, 175, 188, 198-200, 202, 236, 237, 239, 242-244, 259, 272, 273, 284, 286, 297, 358, 360-362, 376, 406, 435, 437, 447
共働系（Synergistic system） 376
協同作用（Cooperation） 62, 63, 422, 424
 原始協同作用（Protocooperation） 63
供与者制御系（Donor- or plant-controlled system） 360, 361
極相（Climax） 7, 251, 258, 301, 308, 376, 437-442, 444, 447-449
 気候極相（Climatic climax） 438, 439, 442
 多極相説（Polyclimax theory） 438, 439
 単極相説（Monoclimax theory） 438
 地形的極相（Physiographic climax） 438, 440
 土壌的極相（Edaphic climax） 438, 440
局地的資源消耗域（Local resource depletion zone） 360, 361
切り替え（Switching） 75, 77, 78, 132, 285, 451, 456
ギルド（Guild） 111, 234, 235, 246, 272
菌細胞（Mycetocyte） 82, 96, 146, 399
近接要因（Proximate factor） 140-142
均等性（種の）（Species evenness） 268-270
菌類（Fungus） 74, 108, 109, 206, 207, 220, 274, 321-323, 349, 369, 449, 476, 479

く

グアノ（Guano） 57, 317, 344, 346
偶然変動説（Random fluctuation theory） 216
区画（Compartment） 66, 67, 334, 335, 358, 367
グラヤノイド（Grayanoid） 86, 87
グルコース（Glucose） 456
クレーター（Crater） 467
グロビゲリナの遺骸（*Globigerina* ooze） 57
軍拡競争（Arms race） 427, 490
群系（Biome） 315, 374
 生物群系（Biotic formation, Biome） 7, 301, 315, 376, 439, 446
群集（Community） 6-8, 10-13, 15, 22, 46, 61, 65, 67, 68, 74, 89, 96., 111, 112, 153, 169, 171, 172, 199, 201, 202, 204, 205, 207-209, 215, 231, 233, 235, 242, 244, 247-253, 255, 256, 258, 259, 262-264, 267-288, 292, 295-299, 301-305, 309, 313, 322, 324, 326, 327, 334, 350, 355-357, 360, 362, 363, 366, 373, 376, 397, 427, 431-434, 441, 442, 444, 445, 473-475, 478
群集個別説（Individualistic theory） 249
群集の安定性（Stability） 80, 252, 281-283

群集の復元性（Resilience） 7, 281, 299
群集の創生性（Emergent properties） 251, 252
群集の多様性（Diversity） 7, 84, 271, 272
群集の複雑性（Complexity） 281, 283, 284
群集有機体説（Organismic theory） 249
群集連続の原理（Principle of community continuity） 249
消化液群集 286
推移帯群集（Ecotone community） 253
相似の群集（Analogous association） 474
潮間帯群集（Intertidal community） 207, 431
群生相（Phase gregaria） 228
群飛（Swarming, Swarming flight） 134, 162, 163, 173
群落（植物）（Plant association） 7, 116, 168, 231, 249, 253-255, 273, 309, 344, 442, 446

け

警戒色（警告色）（Alarming coloration, Warning coloration, Aposematic coloration） 86, 87
形質置換（Character displacement） 165, 166, 188, 230
形質転換（Transformation） 424
系統循環（Taxon cycle） 299
系統的制約仮説（Phylogenetic constrainst hypothesis） 230
血縁（Kin） 12, 46, 72, 138-140, 180, 222, 223, 329, 387, 389, 391
　血縁選択（Kin selection） 134, 140, 222, 390-392, 427
　血縁度（Coefficient of relatedness） 200, 389-391
　血縁認識（Kin recognition） 392
結合度（Connectance, Connectivity） 281-284, 287
決心（Decision） 89
血体腔（Hemocoel） 399
決定論的（Deterministic） 50, 171, 296, 299, 308, 369, 371, 421
血リンパ（食）（Hemolymph feeding） 73
ゲノム（Genome） 150, 389-391, 398, 422, 424, 425, 486
牽引（Attraction） 65, 306
　牽引力（Attractive force） 65, 67
限界値の定理（Marginal value theorem） 92
原核細胞（Prokaryote） 398, 399, 457
嫌気発酵（Anaerobic fermentation） 108
現実主義（Realism） 252
顕生累代（Phanerozoic eon） 452, 459, 463, 464
現存量（Standing crop） 80, 81, 326, 327, 332, 341, 343
懸濁粒状物（Seston） 348

こ

コアセルベーション（Coacervation） 2
工業暗化（工業黒化）（Industrial melanism） 86, 387, 409
膠原質（Collagen） 355
抗催淫臭（Anti-aphrodisiac smell） 148
更新世（Pleistocene epoch） 355, 462, 473, 482
向性（屈性）（Tropism） 53
後成仮説（Epigenesis） 408, 414, 416, 419, 421
→ 前成仮説
後生動物（Metazoa） 457, 476
酵素（Enzyme） 46, 196, 333, 347, 402, 413, 416, 423, 425, 456, 479
好適住性（Habitability） 471
行動（Behavior） 3, 5, 16-19, 23-42, 46-54, 61, 65, 66, 89, 93, 95, 96, 110, 111, 119, 120, 122, 127, 130, 131, 134, 136-142, 147-150, 162, 173, 175, 177, 179, 180, 198, 221-223, 228, 230, 237, 239, 246, 267, 298, 305, 306, 342, 365, 366, 369, 387, 388, 391-393, 396, 404, 407, 413, 414, 420, 423, 427, 433, 454, 473, 485
行動学（Ethology） 27, 52, 365
行動心理学者（行動主義者）（Behaviorist） 32
血縁行動説（Kin-behavioral theory） 222
詐欺的行動（Deceptive behaivor） 128
指向的な行動（Directive behavior） 25
社会行動（Social behavior） 223
社会行動学（Social ethology） 27
集合的行動（Collective behavior） 50
背乗り（行動）（Mounting） 65, 127, 173
定型的行動（Stereotyped behavior, Behavior by fixed action pattern） 28
ねぶり（行動） 65
間合い取り行動（Spacing behavior） 222
交尾（Copulation） 41, 42, 88, 125, 127, 131, 134-137, 142, 144, 145, 147-150, 162, 173, 178, 199, 265, 390, 401, 402
　交尾後ガード（Postcopulatory guard, Postmating guard） 147-149
　交尾栓（Mating plug） 147, 148
　交尾前ガード（Precopulatory guard, Premating guard） 147

交尾阻害（Copulation hindrance） 142, 147-149
公平性（種の）（Species equitability） 268
合目的的 17, 18, 26
子殺し（Infanticide） 135-138, 140, 180
誇示行動（Display） 173
古生代（Palaeozoic era） 459, 462, 464, 466
個体（Individual） 2, 4, 5, 6, 8, 10-17, 28, 30, 49, 50, 55-57, 61-63, 65-67, 71-75, 77, 79-82, 86, 90, 93, 96-99, 101, 103-106, 111-122, 124, 125, 129-133, 135, 137, 138, 140, 142, 143, 146, 147, 151, 160, 170-173, 175, 177, 178, 180, 182-186, 188-190, 192, 193, 195-202, 204, 208, 210, 211, 213, 216, 218, 219, 221-223, 226-228, 230-232, 236, 239, 244-248, 250, 251, 253, 263, 264, 268-270, 274-277, 279, 280, 283, 285, 286, 298, 302-307, 322, 324, 326, 355-358, 360, 363, 365, 366, 370, 376, 380, 381, 384, 386-389, 391-395, 404-408, 412-414, 419-421, 423, 426, 427, 434, 476, 477
　個体維持 74, 75, 135, 142, 198, 202, 239, 394
　個体学段階（Idiographische Stufe） 302
　個体生態系（Individual ecosystem） 15, 132, 302-305
　個体繁殖適応度（Individual fitness） 64
　個体モザイク論 251, 298
個体群（Population） 5, 6, 8, 10-13, 15, 17, 46, 53, 58, 65, 67, 72, 76, 82, 85, 86, 90, 96, 99, 101, 103-107, 111, 112, 114, 115, 120, 121, 131, 135, 137, 139, 140, 144, 146, 153, 168, 169, 171, 172, 181-183, 185, 187-193, 195, 199-201, 209, 216, 218, 220, 221-223, 226-228, 244, 245, 250-252, 263, 296, 298, 302-305, 326, 357, 360, 365, 366, 370-373, 380, 387, 389, 394-396, 407, 409, 412, 423, 426, 427, 444, 479
　個体群生態学（Population ecology） 10, 180, 225, 267, 302, 370, 487
　個体群生態系（Population ecosystem） 239, 302, 303, 305, 306
　個体群の大きさ（Population size） 64, 101, 209
孤独相（Phase solitaria） 228
コドモ（Juvenile） 126-128, 134
こみあい（Crowding） 229, 245
ゴンドワナ大陸（Gondwana land） 462, 464
コンパス（太陽）（Sun-compass） 44, 46, 53

さ

サイクロン（Cyclone） 218, 318
最終収量一定則（Low of constant final yield） 114, 115
再生期（Rejuvenescence stage） 442
最適（Optimum） 30, 84, 89-91, 93, 189, 365, 380, 396
　最適化（Optimization） 33, 396, 397
　最適採餌説（Optimal foraging theory） 89, 90
　最適パッチ利用（Optimal patch use） 92, 93
　最適メニュー（Optimal diet） 79, 90, 93
サイバネティック系（Cybernetic system） 308, 376
細胞小器官（Organelle） 398, 457
さえずり（Song） 174
搾取作用（Exploitation） 62, 64
雑食性（Omnivority） 324, 331, 334, 355
砂漠（Desert） 58, 82, 160, 231, 242, 332, 362, 365, 384, 431, 438
サバンナ（Savanna） 136, 143, 172, 198, 315, 481
サプレッサー tRNA（Suppressor-tRNA） 424
サンゴ礁（Coral reef） 57, 146, 172, 254, 274, 284, 349
三すくみ説（Cyclic advantage hypothesis） 213
酸素欠乏事件（Oceanic anoxic event, OAE） 465
　超酸素欠乏事件（Super anoxia） 466

し

紫外線 216, 451, 454, 456
シグモイド曲線（Sigmoid curve） 76, 103, 181, 183, 189 → ロジスチック曲線
刺激相称性（Tropotaxis） 24
資源 68, 96, 97, 104, 118, 132, 168, 169, 186, 188, 191, 202, 231, 233, 235, 236, 237, 239, 242-244, 246, 262, 265, 267, 272, 284, 286, 287, 296, 298, 360, 361, 392, 400, 447, 476
　資源比仮説（Resource-ratio hypothesis） 447
　資源分割（Resource-partitioning） 236, 239
試行錯誤（Trial and error） 25
視交叉上核（Suprachiasmatic nucleus, SCN） 53
自己相似模様（Self-similar pattern） 50
自己組織系（Self-organizing system） 358
自己調節（Self-regulation） 469-471
　自己調節仮説（Self-regulation hypothesis） 193
自己間引き（Self-thinning） 72, 116, 117
指数曲線（Exponential curve） 113
シストロン（Cistron） 424
歯舌（Radula） 169, 209
自然史グループ 4, 5
自然の経済（Economy of general household of nature,

554　索　引

　　Economy of nature） 3, 4, 231
持続（Persistence） 172, 360, 361, 416
死体食者（Saprophage） 334, 335, 376, 433
　→ 腐食者
実験室グループ 4
しっぺ返し（Tit-for tat） 391, 393
悉無律（All or none law） 146
地鳴き（Call） 174
シナプス（Synapse） 30, 93
シノモン（Synomone） 176
脂肪酸（Fatty acid） 109
脂肪体（Fat body） 44, 399
死亡率（Mortality rate, Death rate, Mortality） 19, 20, 97, 104-106, 121, 122, 140, 169-171, 180, 182, 183, 190, 191, 193, 194, 206, 222, 394, 414
縞状鉄鉱床（Banded iron deposit） 456
社会（Society） 44, 50, 124-131, 134, 135, 139-141, 298, 307, 313, 372, 376, 388-390, 393, 476, 477, 483, 485-487
　社会的干渉（Social interference） 65-67
　社会的地位（Social status） 111, 129, 139, 175
　真社会性（Eusocial） 140, 198, 388, 390, 476, 477
蛇紋岩地帯（Serpentinite area） 440
種 4, 5, 6, 10, 11, 15, 16, 17, 23, 26, 28, 32, 50, 52, 53, 55, 61, 63, 65, 67, 71, 72, 74, 75, 79, 83, 88, 89, 111, 112, 114, 115, 132, 140, 142-146, 147, 148, 149, 150, 151, 154, 156, 158, 162, 164, 168, 169-172, 176, 177, 180, 201, 204, 213, 215, 225, 227, 230, 233, 236, 239, 242, 243, 246, 247, 249, 251-254, 258, 259, 262, 264, 268-271, 273-279, 280, 282-286, 288, 290, 292-296, 297, 302, 304, 309, 324, 326, 331, 356-360, 362, 364, 367, 376, 379-381, 383, 388, 389, 398, 399, 400, 405-409, 413, 414, 422, 423, 427, 428, 431, 441, 447, 448, 463, 470-472, 474, 475
　種の記憶（Species memory） 28
　同所的種分化（Sympatric speciation） 413
　優占（先）種（Dominant species） 258, 273, 274, 349
　劣位種（Subordinate species） 273
雌雄異株（Dioecious） 400-402
周縁効果（Edge effect） 254
臭化メチル（Methyl bromide） 294
周期（Rhythm, Cycle, Period） 34, 37, 39, 40, 46-50, 53, 77, 193, 210, 211, 214, 216, 217, 220, 222, 225, 370, 464, 478
　周期行動（Rhythmic or periodic behavior） 27, 34, 35, 37, 46, 48
　安定限定周期（Stable limit cycles） 370
　オゾン周期（Ozone cycle） 216
　外因起原の周期（Exogenic rhythm） 34
　月光周期（Moonlight cycle） 36, 41, 216
　月周期行動（Lunar rhythmic behavior） 41
　紫外線周期（Ultraviolet cycle） 216
　自律周期（Autogenic rhythm） 34, 47, 48
　他律周期（Allogenic rhythm） 34, 47
　潮汐周期行動（Tidal rhythmic behavior） 34-36
　超日周期（Ultradian rhythm） 46
　内因起原の周期（Endogenic rhythm） 34
　日周期行動（Daily rhythmic behavior） 34, 37, 38, 40, 48, 53
　年周期行動（Annual rhythmic behavior） 41, 43-45
　光周期（Photoperiod） 37, 42
終局（End） 26, 388, 477
　終局指向的機構（End-seeking mechanism） 26
　終局状態（End-state） 26
　終局到達的（Teleomatic） 21
　合終局状態 14, 21, 397
囚人のジレンマ（Prisoner's dilemma） 393
集団（Assemblage, Population, Mass） 10, 58, 63, 86, 134, 139, 146, 175, 198, 225, 237, 252, 253, 272, 286, 365, 376, 380, 385, 386, 389, 392, 393, 399, 411, 420-422
　集団遺伝学（Population genetics） 27, 146, 267, 391, 414, 422, 423, 427, 428
　集団学段階（Zönographische Stufe） 302
　集団防御（Mass protection） 385
　集団有効サイズ（Effective size of population） 146
集中度指数（CA index） 197
雌雄同株（Monoecious） 400-402, 427
重複余剰種仮説（Redundant species hypothesis） 273
収斂（Convergence） 188, 271, 382, 383, 438
宿主（Host） 64, 73, 81-84, 99, 106, 107, 110, 144, 146, 398, 400, 406-408, 413, 423
宿主選択原則（Host selection principle） 408
種族維持（Maintenance of race） 75, 135, 142, 198, 199, 202, 239
主体（Subject） 13, 20, 32, 141, 304, 489
　主体決定的 17
出血性敗血症（Haemorrhagic disease, RHD） 406

出生率（Birth rate, Natality） 97, 106, 183
受動者（Coactee） 65
主要組織適合複合体（Major histocompatibility complex, MHC） 407
ジュラ紀（Jurassic period） 459, 476
順位（Dominance order） 65, 119, 120, 124, 127, 129-132, 143, 198, 236, 275, 276, 278, 279, 476, 477
　順位制（Dominance system, Dominance hierarchy） 129-132, 198, 476, 477
春化処理（Vernalization） 198, 414, 428
純増殖率（Basic reproductive rate） 181
準有機体（Quasi-organism） 248
消化液（Digestive juice） 286
松果体（Pineal body） 53
条件刺激（Conditioned stimulus, CS） 30
条件反射（Conditioned reflex） 30
条件反応（Conditioned response, CR） 30
消失（Loss） 324, 388, 402, 418, 433, 442, 478
　呼吸による消失（Respiration loss） 329
　死後分解による消失（Post-mortem decomposition loss） 329
　捕食による消失（Predation loss） 329, 330
小室自動機械（Cellular automaton） 369
少女（Juvenile female） 126, 127, 134
少年（Juvenile male） 126, 127, 134
消費者（Consumer） 96, 235, 273, 322-324, 327, 329, 332, 333, 339, 348, 355
　1次消費者（Primary consumer） 231, 323, 324, 326, 327, 329, 348, 355
　2次消費者（Secondary consumer） 323, 324, 327
　3次消費者（Tertiary consumer） 323
情報伝達（Transmission of information） 29, 89, 172-176, 200, 424
　情報全身伝達 53
消滅（絶滅）（Extinction） 24, 75, 76, 81, 99, 100, 104-106, 146, 169, 171, 203, 210, 236, 259, 263, 264, 286, 288, 291, 293, 294, 296, 297, 405, 406, 463, 464, 467, 479
女王（Queen） 73, 139, 140, 144, 178, 389, 390, 477
植食者（Herbivore） 211, 217-220, 231, 323, 348, 355, 361, 397, 403
　植食動物制御系（Recipient- or herbivore-controlled system） 360, 361
食物（Food） 4-6, 18, 26, 34, 37, 43, 62, 71, 73, 74, 77, 81, 85, 108, 111, 112, 120, 129, 132, 151, 160, 162, 166, 168, 169, 174, 175, 183, 189, 192, 193, 202, 204, 209, 213, 218, 221, 226, 227, 231, 236, 239, 262, 265, 267, 305, 322, 348, 349, 352, 392, 433, 487
食物錯雑（Food complex） 376
食物説（Food theory） 215, 218
食物網（Food web） 7, 80, 252, 262, 274, 282, 283, 286, 287, 324, 334, 336, 351, 358
食物網の解きほぐし（Unfolding of food web） 336, 339, 357
食物連鎖（Food chain） 64, 67, 68, 71, 73-75, 80, 81, 82, 84, 85, 88, 89, 96, 104, 108, 110, 112, 172, 191, 194, 201, 202, 204, 205, 207, 210, 215, 218, 219, 231, 235, 258-260, 262, 264, 280-283, 286, 290, 295, 303, 321, 323, 324, 326, 334, 336, 339, 340, 353-355, 358, 360-362, 369, 385, 392, 431, 433, 475-477
　屑食食物連鎖（Detritus food chain） 110
ショック病（Shock disease） 221
諸部分（Parts） 248
処理時間（Handling time） 90, 91, 102-105
尻振りダンス（Tanzsprache） 29, 174
シルリア紀（Silurian period） 459
進化（Evolution） 14-16, 24, 30, 50, 51, 62-64, 75, 80-82, 84, 89, 90, 95, 105, 106, 134, 140-143, 146, 150, 166, 173, 180, 200, 267, 298, 308, 316, 349, 379, -381, 386, 387, 389-394, 396-398, 402, 403, 405-407, 418, 421, 422, 424, 428, 452, 456, 458, 462, 468-472, 474-479, 482, 483, 484
進化行動学（Evolutionary ethology） 27
進化上のエネルギーの取り替え（Evolutionary trade-off of energy） 421
退行進化（Regressive evolution） 422
進化的安定状態（Evolutionary stable state, ふつうE. s. strategyという, ESS） 149, 392-393, 397
進化（変化）の停滞（Stasis） 386
化学進化（Chemical evolution） 14, 398, 424, 455, 478
群集進化（Community evolution） 397, 398
小進化的（Microevolutionary） 230
総合進化学説（Synthetic theory of evolution） 428
大進化的（Macroevolutionary） 230
反進化的反応（Counterevolutionary response） 297

真核細胞（Eukaryote）　63, 398, 399, 425, 457
神経組織（Nervous tissue）　112, 135
人工衛星ノア　44
新生代（Cenozoic era）　459, 463
振動減衰（Oscillatory damping）　370, 371
森林構造仮説（Forest architecture hypothesis）　272

す

水酸化鉄（Iron hydroxide）　348
彗星（Comet）　467
水底の生物遺骸堆積物（Detritus, Debris）　73
　→ デトライタス
水表上藻類（Epineuston）　433
水陸両様生活（Amphibious life）　382
数者択一（Alternative）　285
趨性　24
スーパープリューム（Superplume）　467
数理生物学（Mathematical biology）　27, 95, 370
ストレス学説（Stress theory）　120, 193, 221
ストロマトライト（Stromatolite）　455, 478
スプライシング（Splicing）　424
スペイサー（Spacer）　424, 429
棲所（生活場所）（Habitat）　11, 57, 111, 134, 164, 231, 233, 234, 236, 242, 244, 245, 270, 271, 290, 291, 298, 302, 306, 323, 363, 384, 386, 397
　棲所の移動（Emigration）　76
すみわけ（Habitat segregation）　62, 156, 158-160, 162-165, 168, 188, 232, 237, 254, 313, 314, 311
刷りこみ（Imprinting）　31, 32

せ

性（Sex）　139, 142, 298, 391
　性交（Copulation）　65, 136
　性集団（Sexual assemblage）　128, 134
　性選択（Sexual selection）　142, 149, 200
性ステロイドホルモン（Sex steroid hormone）　146
生活 1-4, 8, 10, 11, 13-16, 18, 19, 21, 26, 27, 41, 47, 50, 51, 52, 55, 58, 61-65, 72-75, 93, 96, 99, 111, 112, 115, 118-120, 122, 124, 125, 126, 127, 129, 130, 132-136, 138, 139, 141, 142, 151, 154, 156, 158, 160, 162, 164, 167, 168, 172, 177, 178, 188, 189, 198, 202, 204, 205, 210, 215, 222, 225, 226, 231, 232, 236, 237, 242, 244-246, 249, 255, 258, 259, 264-267, 273, 276, 278, 284, 296, 298, 302, 303, 305, 309, 311, 315, 323, 324, 327, 347, 356, 362, 380, 381, 384, 385, 387, 389, 392, 394, 397, 407, 422, 423, 431, 455-468, 475, 476, 478, 481-483
生活共同体（Lebensgemeinde）　6
制限要因（Limiting factor）　183, 190, 346, 347, 360
精子優先（Sperm precedence）　199
清浄空気法（Clean air legislation）　409
生産（Production）　43, 74, 83, 84, 108, 109, 133, 135, 144, 190, 191, 206, 221, 246, 264, 267, 317, 324, 326, 333, 335, 348, 357, 402-404, 442, 456, 457, 467, 477, 479
　生産効率（Production efficiency）　329, 332, 333, 349
　生産力（Productivity）　93, 273, 283, 297, 324, 326, 327, 329, 355
　純生産力（Net productivity, NP）　324
　真生産力（True productivity）　329
　総生産力（Gross productivity, GP）　324
生存境界（Life boundary）　156
生存競争　62, 68, 276
生存曲線（Survivorship curve）　180, 394
生存闘争　4, 6, 68, 251
生存努力（Struggle for existence）　7, 8, 62, 68, 72, 389
生態学（Ecology）　2-8, 11-14, 16, 17, 21, 22, 48, 50, 51, 64, 108, 142, 201, 230, 246, 247, 250, 251, 281, 288, 298, 302, 303, 307-309, 329, 350, 356, 357, 360, 369, 372, 374, 377, 385, 391, 394, 407, 414, 422, 423, 425, 427, 429, 431, 437, 489, 490
　生態学の発展史　3, 7
　群集生態学（群生態学）（Synecology）　16, 251, 252, 305, 329, 366
　景観（景相）生態学（Landscape ecology）　373, 374, 377
　個生態学（Autecology）　329
　システム生態学（Systems ecology）　366, 369
　進化生態学（Evolutionary ecology）　308
　保善生態学（Conservation ecology）　200
生態系（Ecosystem）　2, 3, 8, 10-12, 14, 15, 55, 57, 61, 62, 73, 74, 84, 85, 108, 109, 172, 201, 202, 207, 215, 235, 245, 251-253, 258, 262, 272-274, 281, 283, 285, 286, 298, 301-305, 307, 308, 310, 312-316, 319, 321-324, 327, 329, 332, 333, 336, 339, 340, 342, 343, 348-351, 356-358, 362-364, 366, 367, 369, 370, 373, 374, 376, 377, 387, 394, 431, 433, 434, 436, 438, 440, 442, 444, 445, 449, 451, 452, 454-459, 462, 466, 468, 470, 472, 473, 478, 479, 481, 486, 487
　生態系の構造と機能（Structure and function of

ecosystem） 3, 201, 262, 303, 307, 313, 323, 336, 351, 366
（生態系の）再生期（Rejuvenescence stage） 442
（生態系の）第1次作用環（Primary cycle） 61
（生態系の）第2次作用環（Secondary cycle） 61
（生態系の）第1段階構造 298, 314
（生態系の）第2段階構造 298, 314
（生態系の）段階構造 2, 313, 441
（生態系の）老衰期（Senescence stage） 442
巨大生態系（Gigantic ecosystem） 302
群集生態系（Community ecosystem） 15, 302, 303, 376
個体生態系（Individual ecosystem, Monocoen） 15, 132, 302-305
人間生態系学（Human ecosystemology） 374
生体食者（Biophage） 334, 335, 376
生態的多能性（Ecological versatility） 239
生態的地位（Ecological niche） 73, 151
生態的同位種（Ecological equivalent） 231
生態的平行現象（Ecological parallelism） 474
生態的流通鎖（Ecological flow chain） 363
生体量（Biomass） 82, 91, 170, 260, 273, 324, 326, 327, 329-332, 334, 339, 348, 355, 356, 358, 433, 442
生体論的（Organismal） 26
成長率（Growth rate） 64, 171, 447
生長量（Growth） 329, 351
生物学説（Biological theory） 192
生物攪拌（Bioturbation） 57
生物系（Biosystem） 8
生物圏（Biosphere） 273, 302, 355, 356, 468-470, 478
生物地球集合（Biogeocenosis） 8
生物繁栄能力（Biotic potential） 183, 305
生物要因説（Biotic factors theory） 216, 218
生命 14, 15, 34, 73, 74, 109, 202, 398, 424, 425, 428, 429, 451, 454-457, 469, 470, 476, 478, 487
生命表（Life table） 180, 182, 183
生理学的の生態学（Physiological ecology） 3, 329
生理主義批判 16
石炭紀（Carboniferous period） 386, 451, 458, 459, 464, 476
石灰岩地帯（Limestone area） 440
摂取量（Ingestion） 129, 133, 329
摂食効率（Ingestion efficiency, Consumption efficiency） 332

背乗り（Mounting） 65, 127, 172
セミオケミカル（Semiochemical） 200
セルロース（Cellulose） 63, 96, 109, 333, 341, 348, 403, 475, 476, 479
遷移（生態遷移）（Succession, Ecological succession） 7, 168, 171, 199, 247, 251, 252, 259, 308, 321, 330, 339, 379, 428, 431-435, 437, 438, 440-449, 473, 477
遷移系列（Sere） 253, 438, 442, 446
遷移相（Seral stage） 438
1次遷移（Primary succession） 442, 444, 446
2次遷移（Secondary succession） 442, 444
乾性遷移（Xerarch succession） 438, 445
乾性遷移系列（Xerosere） 438
自発遷移（Autogenic succession） 301, 444, 445, 447
水性遷移（Hydrarch succession） 438, 439, 442
水性遷移系列（Hydrosere） 438
他発遷移（Allogenic succession） 444, 445
微少遷移（Micro-succession） 431
繊維質（Fibrous） 348
先カンブリア時代（Precambrian age） 460, 462, 475
先住効果（Effect of prior residence） 132, 133
戦術（Tactics） 50, 141
鮮新世（Pliocene epoch） 473, 474, 481
前成仮説（Preformation theory） 408, 419, 421, 425
→ 後成仮説
専制者（Despot） 124, 125
先占権（Priority） 120, 169
先占効果（Effect of prior occupation） 132
全体（Whole） 248, 307, 366, 374
全体学段階（Holographische Stufe） 302
全体系（Holocoen） 8, 302, 305, 358, 366, 367
全体主義的（Holistic） 16, 252
全体論（的）（Holism） 7, 11, 26, 247, 248, 376
全体性（Wholeness） 5-8, 10, 12, 15, 72, 112, 135, 235, 251, 258, 259, 262, 280, 298, 305, 366, 469
選択（Selection） 25, 30, 78, 89, 91, 92, 93, 101, 105, 140, 141, 150, 162, 222, 230, 267, 286, 305, 348, 349, 388, 394, 396, 411, 412, 419-423, 428, 479
K−選択（K-selection） 180, 394, 448
r−選択（r-selection） 181, 394, 448
自然選択（Natural selection） 4, 7, 18, 26, 27, 62, 75, 90, 124, 140-142, 144, 164, 166, 246, 249, 251, 267, 308, 372, 379, 387, 388, 396, 403, 405, 408, 409, 412-414, 416, 419, 421, 422, 426, 427,

429, 469
全知主義者（Omniscient） 90
セントラルドグマ説（Central dogma theory） 379, 424, 425
専門家（専門食者）（Specialist） 77, 90, 109, 239, 244, 360
戦略（Strategy） 50, 51, 90, 141, 225, 392-394, 403, 426, 427, 490

そ

相害作用（Disoperation） 64, 76
走光性（Phototaxis） 419
相互作用（Coaction） 17, 49, 50, 55, 57, 61-69, 82, 106, 112, 114, 119, 128, 134, 138, 142, 151, 156, 158, 164, 165, 167, 168, 186, 188, 189, 199, 201, 206, 207, 209, 213, 235, 236, 251, 259, 262, 269, 282, 283, 287, 301, 306, 366, 367, 369, 376, 385, 389, 391-393, 397, 399, 433, 435, 444, 445, 447, 479, 483
 三栄養相互作用（Tritrophic interaction） 479
相互闘争 62
相互扶助（Mutual aid） 62
造山運動（Orogeny） 459, 462, 465, 471, 478
走性（Taxis） 23, 24, 28, 33, 53
創生的（Emergent） 7, 12, 252, 307, 366
相変異（Phase variation） 213, 218, 228
相利作用（Cooperation） 62, 63, 75, 391
底あがり現象（Bottom-up phenomenon） 262
ソデフリン（Sodefrin） 180

た

タイガ（Taiga） 47, 315
第三紀（Tertiary period） 406, 463, 467
第四紀（Quaternary period） 452, 462, 463
対刺激性（Menotaxis） 24
対数級数則（Fisher's logarithmic series） 276, 277
対数正規則（Preston's log-normal series） 277, 278, 285
堆積物（Litter） 57, 58, 73, 109, 341, 465, 478, 479
対地反作用（Reaction for substratum） 56-59
大発生（Outbreak） 172, 210, 211, 213-215, 217-222, 225, 226, 228, 230, 245, 246, 281, 299, 373
体表炭化水素（Cuticular hydrocarbon, CHC） 177, 178
台風（Typhoon） 316, 318
太陽エネルギー（Solar energy） 272
太陽コンパス（Sun-compass） 46, 53

大量絶滅（Great extinction） 452, 457, 463-468
タカ-ハトのゲーム（Hawk-Dove game） 392
妥協学説（Compromise theory） 200
托卵現象（Brood parasitism） 64, 68
多型性（Polymorphic） 381, 411-413
 安定多型性（Stable polymorphism） 411, 412
 平衡多型性（Balanced polymorphism） 412
多細胞生物（Multicellular organism） 248, 274, 425, 451, 457
多食性（Polyphagous） 77
戦い手（Soldier） 388
脱ガス現象（Degassing） 454
縦の関係（Vertical relationship） 68, 201, 282
 → 横の関係
縦横の関係 69, 204, 206
多面発現（Pleiotropy） 396, 419
多要因説（Multiple factors hypothesis） 216, 226, 227
多様性（多様度）（Diversity） 7, 11, 49, 58, 80, 82, 117, 146, 151, 171, 199, 242, 251, 254, 259, 262, 267, 268, 270-273, 275, 277, 283, 286, 288, 289, 336, 360, 399, 457, 464,
 α多様度（α diversity） 270, 271
 β多様度（β diversity） 270, 271
 γ多様度（γ diversity） 270, 271
 Fisherの多様度指数（Fisher's index of diversity） 277
 Shannon-Wienerの多様度指数（Shannon-Wiener's index of diversity） 268
 Simpsonの多様度指数（Simpson's index of diversity） 268, 269
 多様度指数（Index of diversity） 269, 271, 276
 種多様性の収斂（Convergence of species diversity） 271
 植生多様度指数（Index of vegetational diversity） 270
 生物多様性（Biodiversity） 11, 399, 464
単為生殖 146, 407, 108
単一起源説 487
段階構造 2, 12, 253, 313, 366, 441
探索 90, 97, 99, 149, 237, 244
 探索時間（Searching time） 90, 91, 102
 探索能力 104
炭酸ガス（Carbon dioxide） 25, 39, 316, 340, 341, 349, 353, 466, 469, 471

短日動物（Short-day animal）	42
単食性（Monophagous）	77
炭水化物（Carbohydrate）	164, 323, 340, 348
炭素	57, 58, 340, 341, 346, 348, 349, 354, 454, 455, 469
単調減衰（Monotonic damping）	370
タンニン（Tannin）	206
蛋白質（Protein）	43, 218, 346, 348, 397

ち

置換率（Turnover rate）	294
地球代謝（Global metabolism）	471
地向斜（Geosyncline）	459
地質複合（Geological complexes）	303
遅滞時間（Lag time）	99
窒素	57, 58, 74, 89, 108, 219, 239, 267, 273, 274, 340-344, 346, 348-350, 352, 354, 357, 363, 434, 446
窒素利用効率	273
チトクローム（Cytochrome）	347, 402, 422
知能（Intelligence）	33, 52, 54, 80, 103, 481, 482, 484, 486
チャート（Chert, Silicon dioxide）	456
中型底棲動物（Meiobenthos）	57
中新世（Miocene epoch）	473, 474
中枢興奮機構（Central excitation mechanism, CEM）	24, 28
中生代（Mesozoic era）	459, 466, 472
超雄バエ（Supermale fly）	150
長日動物（Long-day animal）	42
頂上さがり現象（Top-down phenomenon）	262
超新星（Super nova）	451, 452
超正常刺激（Supernormal stimulus）	30
調節（Regulation）	190-192
頂点肉食者（Top carnivor）	323
チョウ（蝶）の効果（Butterfly effect）	370, 372, 402
超有機体（Superorganism）	7, 248, 251, 308
超有機体的実在（Supra-organismic reality）	249
調和級数則（Corbet's harmonic series）	276

つ・て

つつきの順位（Peck order）	129
ツンドラ（Tundra）	47, 210, 315, 376
適応（Adaptation）	4, 16, 21, 27, 28, 33, 82, 85, 90, 104, 115, 143, 150, 244, 254, 269, 353, 379-389, 391, 394, 396, 405, 408, 413, 416, 421-423, 425, 447
適応エスカレーション（Escalation）	427
適応的突然変異（Adaptive mutation）	150, 417
適応放散（Adaptive radiation）	264, 383
完全適応（Perfect adaptation）	21, 380, 386, 388, 396, 405, 406
前適応（Preadaptation）	381, 409, 411-413, 418-421, 423
滞留適応	381
非適応（Maladaptation）	396, 397
敵（Enemy）	3, 20, 34, 37, 40, 62, 74, 172, 175, 387
適食の（Palatable）	87
不適食の（Unpalatable）	87
鉄	347, 348
手伝い（助け手）（Helper）	63, 138, 198, 390, 391
デトライタス（Detritus）	73, 108, 109, 253, 329, 333, 348, 349, 360, 361
デトライタス食者（Detritivore）	329, 333, 348, 349
デボン紀（Devonian period）	459, 462, 475
テラトサイト（Teratocyte）	83
転写（Transcription）	424
逆転写（Reverse transcription）	424
転送効率（Transfer efficiency）	332
天敵（Natural enemy）	104, 105, 168, 182, 218, 265

と

統一説（Unified theory）	226
同化効率（Assimilation efficiency）	333
同化量（Assimilation）	329
胴枯れ病（Blight）	274
統合（Integration）	15, 246, 267, 273, 301, 365, 373, 423
同時多発的	487
動態階層（Dynamic class, C）	358
動態仮説（Dynamic hypothesis）	
個体群の動態仮説（Dynamic hypothesis of population）	326
熱力学的動態仮説（Thermodynamic hypothesis）	324
面積による動態仮説（地球の広さ仮説）（Area hypothesis）	326
動態構成単位（Dynamic module, DM）	358
栄養動態構成単位（Trophic dynamic module, TDM）	358
等値線（等高線）（Isocline）	110, 188, 200
ゼロ純生長等値線（Zero net growth iscline, ZNGI）	241
ゼロ-等値線（0-isocline）	187

同調（Entrain） 34, 36, 37, 41, 46, 48, 53, 85, 225, 423, 438, 487
同調因子（Zeitgeber） 53
頭頂葉（Lobus parietalis） 30
等比級数則（Motomura's geometric series） 275
動物主義 51
冬眠特異蛋白質（Hibernation-specific protein, HPs） 43
同類関係（仲間関係）（Fellow relationship） 68, 71, 88, 97, 104, 109, 111, 112, 114, 120, 124, 151, 172, 173, 180, 195, 201, 202, 204, 205, 207, 210, 221, 231, 232, 235, 262, 264, 295, 303, 323, 369, 385, 427, 431, 475-477
時計 38-40, 53
 時計発振系 53
 概日時計（Circadian clock） 36, 38, 53
 概潮時計（Circatidal clock） 35, 36
土壌（Soil） 12, 56, 61, 85, 109, 111, 206, 207, 226, 279, 301, 319, 321, 322, 324, 341, 344, 346-349, 362, 363, 438, 440-442, 446, 449
 A_{00}層 58
 A_0層 58
 A_1層 56
 A_2層 56
 A_3層 58
 B層 58
 C層 58
 R層 58
 土壌の層分け 58
 土壌複合（Soil complexes） 301
 浸蝕土壌（Erodible soil） 363
突然変異 409, 416-418, 422, 423
 Cairns型突然変異（Cairnsian mutation） 418
 選択誘発突然変異（Selection-induced mutation） 418
 方向性突然変異（Directed mutation） 417, 418
トップ捕食者（Top predator） 283
富くじ競争モデル（Lottery competitive model） 170
共食い（Cannibalism） 71-73, 75, 135, 433
共鳴き 173
トランスジェニック植物（Transgenic plant） 424
トランスポゾン（Transposon） 424
取り替え（Trade-off） 169, 395, 396, 427
トリグリセリド（Triglyceride） 178

ドル・オークション（Dollar auction） 393
な
内的自然増加率（Intrinsic rate of natural increase） 97, 106, 183, 186, 188, 305, 370
内部生理カレンダー（Internal physiological calendar） 225
なきわけ（Calling segregation） 164
なわばり（Territory） 41, 65, 80, 81, 119, 120, 123-125, 127, 129-136, 138, 174-176, 180, 197, 204, 236, 237, 239, 304, 365, 367, 476, 483
 なわばり制（Territoriality） 129-132, 476
軟泥（Ooze） 329
なんでも屋（汎食者）（Generalist） 77, 90, 109, 239, 244
南方振動（Southern oscillation） 316
に
二畳紀（Permian period） 458, 459, 462-465, 476
ニッチ（Niche） 11, 12, 151, 164, 167, 170, 171, 188, 199, 230-236, 242-244, 246, 252, 254, 258, 259, 262, 264, 267, 274, 279, 284, 290, 349, 358, 376, 405, 458, 459, 471-475, 483
 ニッチ空間（Niche space） 233, 271
 ニッチ軸（Niche axes） 233
 基本ニッチ（Fundamental niche） 164, 231, 254, 258, 259
 現実ニッチ（Realized niche） 164, 232, 254, 258, 259
 相互作用後ニッチ（Post-interactive niche） 232
 相互作用前ニッチ（Pre-interactive niche） 231
ニュートン物理学 52
ニューラル・ネットワーク（Neural network） 49, 93, 95, 110
ニューロン（Neuron） 93, 110, 481, 482
ぬ・ね・の
ヌクレオチド（Nucleotide） 487
熱水噴出孔（Hydrothermal vent） 14, 96, 455
 熱水噴出孔生物群集（Hydrothermal vent community） 96
熱帯季節林（Tropical seasonal forest） 315
熱帯多雨林（Tropical rain forest） 170, 272, 315
年齢（Age） 116, 167, 182, 183, 434, 435, 444, 475
 年齢集団（Agers assemblage） 128, 134
 年齢組成（Age distribution） 134, 182
脳（Brain） 30, 33, 230, 421, 428, 481-484
脳下垂体（Hypophysis cerebri） 121, 198, 221

能動者（Coactor） 65
能力（Ability） 18, 23, 30, 49, 52, 53, 89, 90, 95, 97, 99, 112, 113, 115, 116, 118, 132, 135, 142, 143, 144, 151, 180, 199, 228, 239, 305, 330, 387, 388, 389, 406, 484
逃れ理論（Escape theory） 145

は

パール（Pearl）合成培地 223, 245, 419, 420
バイオーム（Biome） 7, 253
排出量（Defecation） 329
白亜紀（Cretaceous period） 464, 465, 467, 468, 477, 479
バクテリア（Bacteria） 14, 51, 57, 63, 74, 76, 84, 108, 109, 151, 206, 207, 249, 253, 299, 321-323, 327, 332, 333, 343, 348, 349, 434, 435, 437, 475, 476, 478
 硫黄還元バクテリア（Sulfur-reducing bacteria） 455
 硫黄バクテリア（Sulfur bacteria） 475
 嫌気的バクテリア（Anaerobic bacteria） 108
 根粒バクテリア（Root nodule bacteria） 446
 セルロース分解バクテリア 63
 窒素固定バクテリア（Nitrogen-fixing bacteria） 349
 腸中共生バクテリア（Symbiotic bacteria in intestine） 72, 349
 分解系バクテリア（Decomposing bacteria） 455
 硫酸塩還元バクテリア（Sulfate-reducing bacteria） 475
博物館グループ 4, 7
博物誌（Natural history） 3, 4
パスツール点（Pasteur point） 451, 455, 456, 478
働き手（Worker） 134, 139, 140, 178, 388-390, 477
発音 61, 172-174
発光 61, 172, 176
発生の反応（Developmental response） 101, 104
パッチ（Patch） 92, 93, 164, 168-170, 199, 222, 239, 264, 265, 362, 365, 411, 412
 パッチに滞在する時間（Patch time, Time in patch） 92
ハデアン時代（Hadean age） 455
ハリケーン（Hurricane） 372
バリスカン造山運動（Variscan orogeny） 459
パンゲア大陸（Pangea land） 462, 464, 466
反作用（Reaction） 55-58, 61, 62, 113, 385
反射（Reflex） 28, 30

繁殖（Reproduction, Breeding） 4, 44, 51, 73, 99, 108, 109, 112, 123, 124, 132, 138, 142, 162, 168, 182, 207, 221, 222, 244, 259, 274, 316, 323, 344-387, 390, 394, 403, 408, 427, 433, 434, 447, 449, 458, 471, 479
 一回繁殖（Semelparity） 182, 370, 386
 繰り返し繁殖（Iteroparity） 182, 386
繁殖適応度（Fitness） 64, 68, 72, 104, 105, 143, 387, 413
 包括繁殖適応度（Inclusive fitness） 72, 106, 134, 140, 141, 387-392, 427
半透性（Semipermeable） 8, 14, 15, 258, 302, 304, 376
半倍数性（Haplodiploidy） 390
反発（Repulsion, Repellence） 25, 65, 197
 反発力（Repulsive force, Repellent force） 65, 67, 69

ひ

光運動性（Photokinesis） 419
光受容（入力）系 53
光トラップ（Light trap） 215
非生物要因説（Abiotic factors theory） 216
非線形（Nonlinear） 49, 50, 357, 369-371, 376
ビッグバン（Big bang） 451, 452
ビット（Bit） 484, 487
ヒトリザル（Solitary male） 126
 → あぶれ雄
費用（Cost） 89, 91
氷河時代（Ice or glacier age） 459, 462, 464, 481
病原体（Pathogen） 106, 107
表面流水（Runoff） 362
ピラミッド（Pyramid） 79, 82, 109, 326, 327, 330, 339
 エネルギーピラミッド（Pyramid of energy） 82
 エルトンのピラミッド（Eltonian pyramid） 109
 個体数ピラミッド（Pyramid of numbers） 79
 生育場所逆ピラミッド（Inverse pyramid of habitat） 79
 生体量ピラミッド（Pyramid of biomass） 82, 332

ふ

フィードバック（Feedback） 49, 221, 308, 358, 367, 372, 376, 471
フェノール酸化酵素系（Oxydase system of phenol） 83
フェロモン（Pheromone） 148, 174, 177-179, 200
付加（Accretion） 466
復元性（Resilience, Rate of recovery） 7, 251, 274, 281,

284, 285, 299, 372
複合有機体（Complex organism） 248
複雑性（Complexity） 49, 262, 281-283, 285, 286
副作用（Side effect） 80
副腎皮質（Adrenal cortex） 122, 198, 221
　　副腎皮質刺激ホルモン（Adrenocorticotropic hormone, ACTH） 198, 221
　　副腎皮質の活動（Adrenocortical activity） 122
複対立性（Multiple allelism） 419
腐食（Detritus feeding） 321-323, 333
　　腐食系（Detritus feeding system, Saprophytic system） 73, 74, 108, 109, 207, 323
　　腐食系の連鎖（Detritus food chain） 108
　　腐食者（Saprophage） 73, 334, 362, 376
　　　→　死体食者
腐植質（Humus） 58, 319
物質代謝 112, 418
部分（Part） 6, 14, 15, 33, 74, 82, 115, 195, 201, 205, 234, 247-251, 277, 286, 291, 301, 308, 330, 332, 333, 341, 366, 384, 385, 397, 402, 405, 417, 455, 456, 475
不偏関係（Neutralism） 62
フラクタル（Fractal） 49, 50, 54, 373, 377
　　フラクタル性（Fractality） 50
プラズマ細胞（Plasma cell） 83
プランクトン（Plankton） 1, 41, 213, 260-262, 310, 311, 347, 351, 386, 394, 433,
　　植物プランクトン（Phytoplankton） 240, 279, 299, 316, 322, 327, 333, 343, 344, 348, 350, 352, 358, 364
　　動物プランクトン（Zooplankton） 40, 41, 57, 89, 213, 262, 284, 299, 311, 316, 327, 333, 342, 343, 349, 351, 354, 364
プレート・テクトニクス（Plate tectonics） 454, 462, 464-466, 471, 478
文化（Culture） 126, 128, 129, 483-485
分解系（Decomposition system） 74, 108, 322, 323, 333, 455, 456
分解層（Tropholytic layer） 344
分岐（Divergence） 383
分散指数（Index of dispersion） 197
分子進化中立説（Neutral theory of molecular evolution） 422
分布（Distribution） 17, 56, 57, 65, 79, 87, 88, 91,

127, 146, 154, 156, 158, 159, 164, 167, 169, 193, 195-197, 213, 243, 249, 254, 255, 258, 262, 264, 278, 282, 288, 296, 298, 305, 313, 315, 323, 341, 342, 394, 406, 409, 411, 413, 432, 433, 446, 449, 475, 482, 488
　　Polya-Eggenberger 型分布 67, 197
　　一様分布（Uniform or Regular or Even or Overdispersed distribution） 197
　　機会分布（Random distribution） 196, 197
　　基本分布（Fundamental distribution） 156
　　現実分布（Realized distribution） 156
　　集中分布（Contagious or Aggregated or Clumped or Underdispersed distribution） 196, 197
　　専制者的分布（Despotie distribution） 124
　　チェック盤分布（Checkboard distribution） 154
　　二項分布（Binomial distribution） 196, 197
　　負の二項分布（Negative binomial distribution） 197
　　ポアソン分布（Poisson distribution） 196
　　理想自由分布（Ideal free distribution） 65, 239, 306, 365
　　利用分布（Utilization distribution） 233
分類群輪回（Taxon cycle） 296, 297

へ

平衡（Equilibrium） 6, 7, 89, 107, 188, 190, 245, 282, 293, 294, 296, 357, 427, 442
　　動的平衡状態（Dynamic equilibrium state） 358
ヘモグロビン（Hemoglobin） 347, 422
ベルト体（Beltian body） 397
偏害作用（Amensalism） 64
ベントス（Benthos） 261, 310, 311
鞭毛（Flagellum） 398
偏利作用（Synoecy or commensalism） 63

ほ

包囲作用（Encapsulation） 83
包括学説（Comprehensive theory） 192, 193, 200
方言（Dialect） 174, 175
方向性淘汰（Directional selection） 414
奉仕作用（Servitude） 64, 138
報酬率（Reward rate） 78
豊富さ（種の）（Species richness） 268, 273
飽和密度（Carrying capacity） 181, 190, 200, 243, 244
　　→　環境収容力
保護色（隠ぺい色）（Protective coloration, Cryptic coloration） 85-87

補充（Recruitment） 192
補償（Compensation） 168, 193, 418
　過少補償（Undercompensation） 370
　過大補償（過剰補償）（Overcompensation） 194, 370, 371
　完全補償（Complete compensation） 370
捕食（Predation） 6, 41, 74, 76, 79-82, 87, 89, 92, 104, 168, 182, 192, 195, 202, 209, 219, 221, 251, 263, 264, 329, 404, 406, 411, 464
　捕食系（Predation system） 73, 74, 85, 96, 323, 333
　捕食者（Predator） 64, 73-75, 77, 78, 80, 81, 82, 85-89, 93, 96, 97, 99, 101-104, 106, 109, 138, 145, 146, 185, 191-193, 195, 209, 211, 218-220, 231, 236, 237, 245, 246, 259, 262, 264, 282, 283, 285, 287, 333, 339, 397, 403, 406, 479
　捕食者飽食仮説（Predator satiation hypothesis） 225
　捕食説（Predation theory） 218, 219
　捕食能力（Searching efficiency, Attack rate） 102
　捕食寄生者（Parasitoid） 81, 82, 262, 263, 479
ボス（Leader） 126, 131, 132, 136, 174, 198
　ボス見習い（Subleader） 126, 198
ポドゾル（Podozol） 319
保目標性（Telotaxis） 24
ホラーキー（Holarchy） 298
ポリジーン（Polygene） 411
ホロン（Holon） 298
本作用（Main effect） 80
本性変動説（Basic character fluctuation theory） 223, 227, 245, 246
本能（Instinct） 24, 27-31, 170, 388, 413, 483
ボンビコール（Bombykol） 179
翻訳（Translation） 83, 366, 424

ま・み・む

マル（Mull） 321, 322
マルピギー氏管（Malpighian tubule） 83
マンガン 348
マントル（Mantle） 454, 466, 478
ミカン・テスト 127
水惑星 454, 455
密度依存（Density dependent） 106, 189-194, 213, 371, 394, 395, 407
　密度依存的効果（Density-dependent effect） 101-103
　密度依存の減衰要因（Density-dependent damping factor） 221
　遅れ密度依存（Delayed density dependence） 195
　密度逆依存（Inverse density dependent） 191
　密度不依存（Density independent） 189
ミトコンドリア（Mitochondria） 396, 402, 456, 457, 478, 487
無条件刺激（Unconditioned stimulus, US） 30
　無条件反応（Unconditioned reflex or response, UCR） 30
ムスメ（Adolescent female） 126, 127
胸たたき（Drumming） 174

め・も

雌の雄に対する選択（Sexual selection of female） 149
メタ個体群（Metapopulation） 164, 169, 199, 200
メタンガス（Methan） 316, 349, 455
網膜（Retina） 53
盲目的結末（Blind consequence） 409
目的探索的自動機械（End-seeking automaton） 27
目的律的（Teleonomic） 21
目的論（Teleology） 21, 26, 27, 52
　目的論的（Teleological） 14, 21, 25-27, 376
モダー（Moder） 321
モデル（Model） 6, 88, 90, 92, 96-101, 106, 107, 143, 170, 172, 200, 244, 272, 276, 371, 372, 423, 489, 490
モル（Mor） 321, 322, 350

や・ゆ・よ

野外観察グループ 4
優位の（Dominant） 129, 136, 198, 222
　優位者（Dominant） 65, 204
有機体的統一性（Organismic unity） 247
有機物残渣食者（Shredder） 442
雄性致死現象 146
誘導防御反応（Induced defense response） 219
有毛細胞（Hair cell） 174, 175
要因（Factor） 35, 46, 62, 122, 135, 137, 139-142, 146, 158, 162, 167, 189, 190, 192, 193, 194, 199, 216, 218, 220, 223, 226, 227, 239, 293, 326, 339, 362, 363, 365, 423, 444, 445, 447, 464, 468, 479, 483
　究極要因（Ultimate factor） 140, 225
葉緑体（Chloroplast） 398, 402, 456, 457, 478
夜飼い（Yogai） 42
横の関係（Horizontal relationship） 68, 201, 204, 206
　→　縦の関係

ら・り

落葉枝（Litter） 321, 333, 476
ラテライト（Laterite） 319
ラ・ニーニャ（La Niña） 316
利益（Benefit） 74, 89, 91, 138, 139, 176, 388, 391, 392, 418
リグニン（Lignin） 109, 333, 341, 348, 403, 475
利己性（Selfishness） 109, 134-136, 138, 140, 142, 199
利他性（愛他性）（Altruism） 109, 134, 138-140, 142, 198, 388, 390, 391
　相互的利他性（Reciprocal altruism） 391
立地（Biotope） 56, 309
リベット種仮説（Rivet species hypothesis） 273, 274
リボゾーム（Ribosome） 364
瘤胃（Rumen） 109
硫化水素（Hydrogen sulfide） 96, 347, 455, 475
硫化鉄（Iron sulfide） 347, 352
硫酸（Sulfuric acid） 274, 316, 475
両がけ現象（Bet-hedging phenomenon） 385, 386
両性生殖 146, 407

履歴現象（Hysteresis） 132
燐 239, 262, 344, 346, 348-350, 363
　燐灰石（Apatite） 344
　燐酸化鉄（Iron phosphate） 347, 348

る・れ・ろ

類似性限界（Limiting similarity） 169
累進効率（Progressive efficiency） 330, 336, 351
齢間分業（Age polyethism） 134
劣位の（Subordinate） 129, 198, 222, 284, 304
　劣位者（Subordinate） 204
レック（Lek） 134, 175
連関振動（連動振動）（Coupled oscillation） 99, 194, 195
老衰期（Senescence stage） 442
ロジスチック曲線（Logistic curve） 5, 10, 76, 185, 305 → シグモイド曲線

わ

若者（Adolescent male） 126-128
ワックスエステル（Wax ester） 177

人名

A

Aarssen, L. W. 171
Abbott, I. 264
安部正真 478
安部琢哉 74, 109, 349, 399, 476
Abele, L. G. 148
Abmadjian, V. 75, 109
Abrahamson, W. G. 479
Abrams, P. A. 64, 65, 104, 106, 244
Agar, W. E. 223, 225
Agassiz, L. 7
Ågren, G. I. 490
合原一幸 54, 369, 370
相良守次 19
Ajtay, G. L. 355
秋元信一 140
秋野順治 178
Alatalo, R. V. 134
Alberts, B. 424
Alerstam, T. 44, 53
Alexander, R. D. 140
Allee, W. C. 12, 55, 61, 63, 74, 118, 130, 248, 298, 365, 380, 385, 431
Allen, T. F. H. 251, 377
Alpatov, W. W. 6
Altmann, J. 143
Alvares, L. W. 467
Anderson, D. J. 7, 11, 247, 251
Anderson, R. M. 107, 406
Andersson, M. 142
Andrewartha, H. G. 11, 55, 192, 217, 255, 309, 376
Andrews, R. V. 221
Anguilera, E. 135
青木健一 488
青木清 31, 46
青木重幸 139, 388
有本卓 95
Aristoteles 26, 27, 427
Arrhenius, O. 288
Arthur, W. 68

Auerbach, S.	366	Bradbury, J. W.	134, 175
B		Brakefield, P. M.	409
馬場玲子	64	Branch, G. M.	57
Bailey, R. G.	374	Brandon, R. N.	388
Bailey, V. A.	99	Braude, S. H.	140
Baker, J. R.	254	Briand, F.	283
Bakker, K.	406	Briggs, D. G. E.	452
Bakker, R. T.	406	Britten, R. I.	484
伴幸成 (Ban, Y.)	146	Brooks, R. J.	245
Barash, D. P.	123	Brower, L. P.	86
Barber, R. T.	317	Brown, J. L.	138, 142
Barends, G. P.	30	Brown, L. P.	87
Baringa, M.	53	Brown, T. W.	427
Barth, F. G.	174	Brown, V. K.	273
Batzli, G. O.	210, 218	Buchsbaum, R.	438
Bazzaz, F. A.	448	Buffon, L. L. de	3, 4
Beatty, J. H.	387, 388, 426	Bulmer, M.	394
Beaver, R. A.	286	Burns, T. P.	369
Begon, M. 10-13, 21, 55, 65, 89, 90, 93, 95, 99, 101, 106, 107, 115, 130, 131, 171, 194, 211, 226, 230, 236, 244, 251, 252, 263, 270, 281, 289, 303, 333, 348, 349, 377, 387, 440, 476		Bush, G. L.	413
		Butenandt, A.	179
		Butler, N. M.	349
		Byers, G. W.	279
Benson, J. F.	194	**C**	
Bernal, T. D.	14	Cain, A. J.	407, 411-413, 422
Berry, R. J.	423	Cain, M. L.	169
Berryman, A. A.	372	Cairns, J.	417, 418, 424
Bertram, B. C. R.	136	Carlisle, D. B.	463, 467
Birch, L. C. 11, 55, 169, 192, 202, 217, 245, 255, 309, 376		Carson, H. L.	408
		Catchpole, C. K.	175
Birkeland, C.	274	Chaloner, W. T.	398
Birkhead, T. R.	147	Chao, L.	84
Bishop, J. A.	381	Chapman, J. L.	398
Blackman, G. E.	259	Chapman, R. N.	17, 18, 72, 183, 305, 384
Bodenheimer, F. S.	11, 19, 192, 249	Charnov, E. L.	92, 216, 222
Bohm, D.	376	Chavalier, J. R.	72
Bond, W. J.	376	Cherry, D. S.	108
Borradaile, L. A.	64	Chesson, P. L.	170
Bosatta, E.	490	千葉聡	479
Boutton, T. W.	353	千葉喜彦	34
Bovbjerg, R. V.	162	鎮西清高 (Chinzei, K.)	473, 474, 479
Bower, R. G.	107	Chitty, D.	193, 216, 217, 222, 426, 490
Boyansky, L. L.	308	Chitty, H.	217
Boycott, B. B.	30	Christian, J. J.	121, 122, 193, 221
Boyle, R.	3	Christiansen, K. A.	418

Clark, L. R.	204, 216, 226	Davidson, E. H.	484
Clements, F. E.	7, 55, 65, 168, 246-249, 308, 315, 438, 442	Davies, N. B.	23, 130, 136
		Davis, D. D.	156
Cloudsley-Thompson, J. L.	34, 36, 53	Davis, D. E.	221
Clutton-Brock, T. H.	143	Davis, N. B.	93, 142
Cody, M. L.	168, 271	Dawkins, M. S.	52
Cole, B. J.	49, 50, 477	Dawkins, R.	394, 407, 427
Cole, L. C.	85, 216	Dayhoff, J. E.	96, 110
Coleman, D. C.	109, 319	DeAngelis, D. L.	283, 285, 360
Colinvaux, P.	130, 211, 220, 226, 286	de Beer, G. R.	473
Colwell, R. K.	164	Décamps, H.	298
Connell, J. H.	164, 284	Deevey, E. S., Jr.	394
Cook, D. B.	77	Delwiche, C. C.	341
Cooke, G. D.	442	den Boer, P. J.	169
Cooper, J. P.	332	Descartes, R.	376
Corbet, A. S.	276	Dethier, V. G.	30, 33
Corvino, J. M.	86	Diamond, J. M.	154, 255, 292
Cowie, R. J.	93	Dice, L. R.	130, 253, 258
Cowles, H. C.	438	Dicke, M.	403
Cox, C. B.	315, 319, 383	Dirks, C. O.	277
Cox, G. W.	271, 296, 297	Dobzansky, T.	428
Craig, D. M.	153	Dodson, S.	40
Craighead, F. C.	408	Donaldson, J. R.	346
Crews, D.	146	Drake, J. A.	296
Crick, F. H. C.	96, 110, 424	Drickamer, L. C.	23
Crocke, R. L.	446	Duggins, D. O.	259
Crombie, A. A.	156	Duhring, F. L.	223
Crossley, D. A., Jr.	109, 319	Dunlap, J. C.	53
Crow, J. F.	426	Dürrwächter, G.	419
Crowther, P. E.	452	Dybas, H. S.	145
Culver, D. C.	418, 421, 422, 428		
Curtis, J. T.	11		

D

		Eberhard, W. G.	142, 150
D'Ancona, U.	6	Ecke, D. H.	156
Daan, S.	46	Eddy, R. E.	43
Dalgas, E. M.	385	Edwards, C. A.	59
Dalgas, F.	385, 426	江口英輔（Eguchi, E.）	420
団ジーン（Dan, J.）	46	Ehleringer, J. R.	352
団勝磨（Dan, K.）	46	Ehrlich, A. H.	273
団まりな	298	Ehrlich, P. R.	273, 341, 344, 346, 397, 398, 463, 464
Darwin, C.	4, 7, 26, 56, 58, 62, 142, 150, 166, 190, 200, 231, 245, 251, 380, 383, 388, 390, 407, 418, 421, 423, 425-427, 469	Einstein, A.	252
		Eisikowitch, D.	400, 427
		Eisner, T.	180
		Eldredge, N.	428
Davenport, J.	58	Elser, J. J.	363, 364

E

Elton, C. S.	4, 11, 68, 220, 231, 304, 407	深海浩	16, 86, 176, 179
Emerson, A. E.	74	深見順一	413
Emlen, J. T.	120, 121	深津武馬（Fukatsu, T.）	82, 140, 399
Emlen, S. T.	135	福田晴夫	163
Enfield, D. B.	317	福田弘巳	72
Engelberg, J.	308	福原晴夫（Fukuhara, H.）	41
Erlich, P. R.	251	福井康雄（Fukui, Y.）	149, 451, 452
Erling, S.	195	Fuller, W. A.	216
Estes, J. A.	259	伏木省三	43
Ettinger, R. H.	31, 32	Futuyma, D. J.	51, 244, 386, 398, 428, 484
Evans, F. C.	12, 302, 307	**G**	
Ewald, P. W.	220	Gains, M. S.	222
F		Galef, B. G., Jr.	204
Faeth, S. H.	68, 205	Galil, J.	400, 427
Fenchel, T.	183, 326, 437, 475	Gates, D. M.	16
Fenner, F.	406	Gause, G. F.	6, 7, 62, 76, 99, 100, 151, 168, 188, 199,
Ffrench-Constant, R. H.	418		200, 231
Fiala, B.	397	Gilbert, L. E.	148
Finerty, J. P.	216, 220, 222	Gilchrist, S.	148
Finlay, B. J.	326, 437, 475	Gilpin, M. E.	199
Fischlin, A.	220	Gleason, H. A.	11, 249, 288, 298
Fisher, K. C.	45	Gleick, J.	369, 377
Fisher, R. A.	276, 277, 412, 413, 422	Gliwicz, Z. M.	41
Fiske, W. F.	192	Godfray, H. C. J.	83, 370, 372, 377, 395, 396
Fletcher, D. J.	180	Goldbeter, A.	49
Flint, W. P.	216, 223	Golley, F. B.	307, 308, 355, 357, 374, 471
Fluxman, S.	162	Goodall, J.	52
Forbes, S. A.	7, 8, 11, 12, 302	Goodman, D.	283
Ford, N. B.	156	Gosz, J. R.	333
Foster, P. L.	417, 424	Gradwell, G. R.	193
Foster, R.	220	Graham, S. A.	216, 218
Fretwell, S. D.	124, 239, 306	Grant, P. R.	166, 412
Friederichs, K.	7, 9, 11	Grant, V.	387
Frisch, K. von	29	Greenberg, B.	131
Fry, B.	352	Greenman, M. J.	223
Fry, F. E. J.	382	Greig-Smith, P.	253, 259
Fuentes, E. R.	164	Griesebach, A. H.	315
藤井宏	110	Griffin, D. R.	26, 33, 52
藤本尚志（Fujimoto, N.）	350	Grimm, N. B.	376
藤岡正博	135	Grinnell, J.	231, 233
藤崎憲治	218, 228	Guthrie, R. K.	108
藤田正博	72	Gwinner, E.	45
藤田剛	44	**H**	
深田吉考	53	Haber, W.	373, 374

Haeckel, E.	3	Hazard, T. P.	43
Haim, A.	160, 162	Heal, O. W.	323, 333
Hairstone, N. G.	156, 158, 163, 202, 262, 264, 279, 280, 299	Henderson, L. J.	468-471
		Hendricks, W.	422
箱山洋	306	Hengeveld, R.	156
Haldane, J. S.	15, 304	Henttonen, H	216
Hall, B. G.	417, 418, 424	Herkowitz, I. H.	421
Hall, D. J.	91	Hess, E. H.	31
Hall, E. R.	165	Hesse, R.	382
Hallam, A.	464, 465	Hessen, D. O.	365
浜弘司	413	Hewitt, C. G.	77, 210
浜端悦治	374	日高敏隆	44, 51, 138, 140, 200
Hamilton, W. D.	106, 144, 222, 387, 389-391, 407	日笠健一	69
Hamilton, W. J.	77	東和敬	148
花里孝幸（Hanazato, K.）	89	東正彦（Higashi, M.）	109, 164, 168, 272, 336, 349, 357, 369, 476
半場祐子	352		
半田宏	424	東正剛	134, 397, 477
Hanski, I.	199, 200, 490	東浦康友	220
Hansson, L.	216	Highkin, H. R.	424, 428
原秀穂	220	樋口広芳（Higuchi, H.）	44
原登志彦（Hara, T.）	61, 171	Hinde, R. A.	30, 31
原田英司（Harada, E.）	104, 441	Hinkle, G.	470
原田肇（Harada, H.）	14	平野弘道	463
原田俊司	138	広瀬忠樹（Hirose, T.）	273
Harborn, J. B.	200	広田喜一	478
Harcourt, D. C.	72	Hoekstra, T. W.	377
Hardeland, R.	46	Höglund, J.	134
Harper, J. L.	303, 448	Holling, C. S.	101-103, 366
Harper, J. R.	398	Holloway, J. D.	292
Harvey, I. F.	394	Holmes, J. C.	164
Harvey, P. H.	386	Holt, R. D.	110, 236
長谷川英祐	143, 387	本郷裕一（Hongoh, Y.）	399
長谷川真理子	72, 134-136, 141, 143	本城市次郎	23
橋本惇	96	Hopkins, A. D.	408, 413
橋詰和慶	394	宝来聡	487
Hasler, A. D.	31, 46, 47	堀道雄（Hori, M.）	172, 237
Hassell, M. P.	83, 193, 371	星合孝男（Hoshiai, T.）	431
羽田健三	130, 132, 138	Houck, L. D.	23
畑井新喜司	58	Howard, E.	130
Haukioja, E.	219	Howard, J. C.	407
早川洋一	83	Howard, L. D.	192
早坂和子	130	穂積和夫（Hozumi, K.）	114, 198
林泉	23	Huang, Z. J.	53
林峻一郎	221	Huffaker, C. B.	101

Humboldt, A. von	3, 4, 373	Jacob, F.	413
Humphrey, W. F.	333	Jahn, G. C.	145
Hurlbert, S. H.	260	Janzen, D. H.	225, 397
Huston, M.	171	Jeannel, R.	428
Huston, M. A.	360	Jenkins, D.	131
Hutchinson, G. E.	172, 230-233, 236, 329, 355, 470	Jennings, H. S.	25, 27
Hyers, J. H.	218	Jerison, H. J.	481

I

J

射場美智代（Iba, M.）	230	Jinks-Robertson, S.	418
井深信男	34, 38	Joh, T.	43
市岡孝朗（Ichioka, T.）	209	Jones, C. G.	357, 362
井出久登	373	Jørgensen, S. E.	369
家正則	452	Juday, C.	329, 330
井尻正二	462, 479	Jumars, P. A.	239

K

池辺裕子（Ikebe, Y.）	36	海保邦夫	467
池田清彦	418, 427	戒能洋一	176
池谷元伺	55	鎌田直人	219
池内了	373, 425	Kamil, A. C.	52, 54
今福道夫（Imafuku, M.）	40, 420	Kämmerer, J.	46
今泉正（Imaizumi, T.）	420	神田左京	176
今西錦司	22, 51, 62, 130, 156, 313, 414	可兒藤吉	156, 324
猪木正三（Inoki, S.）	415, 428	上宮健吾（Kanmiya, K.）	173
井上勲	399	Kareiva, P.	169, 264
井上民二（Inoue, T.）	209, 318, 441	鹿島愛彦	418
井鷺裕司	225	Kasting, J. F.	471
石塚和男	440, 449	粕谷英一	51, 92, 142
石川統	82, 146	片野修	11, 72, 251, 356
石川純（Ishikawa, H.）	398, 399	加藤陸奥雄（Kato, M.）	68, 130, 160
石浦正寛	48, 53	加藤勝	85
磯崎行雄	455, 465	Kaufman, L.	463
伊谷純一郎	27, 125, 129	河合雅雄	51, 65, 124
伊藤純至	149	川喜田二郎	314
伊藤秀三	166, 270	川村精一（Kawamura, S.）	226
伊藤嘉昭（Ito, Y.）	51, 142, 149, 245, 387, 476, 477	川村俊蔵	41, 131
Ivlev, V. S.	92, 307	川村多実二	175, 324, 376
岩部直之（Iwabe, N.）	473	川那部浩哉（Kawanabe, H.）	21, 119, 204, 249, 259, 311, 398, 441, 476
岩合光昭	198	河田雅圭（Kawata, M.）	118, 223, 479
巖俊一（Iwao, S.）	162, 228	Keeton, W. T.	44
巖佐庸	104, 142, 170, 242, 255, 272, 299, 369, 489	Keith, L. B.	211, 216, 245
岩崎敬二（Iwasaki, K.）	58, 159, 198, 207	Kennedy, B.	41
岩田勝哉	105	Kepner, W. A.	26
伊沢紘生	52	Kettlewell, H. B. D.	409, 428

J

Jablonski, D.	463, 464, 467	木原均（Kihara, H.）	423

橘川次郎 (Kikkawa, J.)	7, 11, 69, 109, 247, 251, 281	Kropotkin, P. A.	62, 199
菊地永祐	57	Kruijt, J. P.	30
菊池正	19	久場洋之 (Kuba, H.)	149
菊池豊彦	95	久保田宏 (Kubota, H.)	46
Killham, K.	321	Kullenberg, B.	44
Kim, G.	178	熊田考恒	19
木本昌秀	316	久野英二 (Kuno, E.)	163, 197, 245
木元新作	68, 247, 280	倉本圭	454
木村資生 (Kimura, M.)	414, 422, 428, 473	栗原康 (Kurihara, Y.)	84, 109, 252, 313, 434-437, 449
木村武二	43	黒岩常祥	398
Kingsland, S. E.	12, 329	草野晴美	147
Kinzie III, R. A.	46	草野保	147
Kippert, F.	46	桑原万寿太郎	24, 44
吉良竜夫 (Kira, T.)	112, 114, 116, 198, 314, 440, 442, 446	**L**	
Kirmiz, J. P.	85	Lack, D.	166, 192, 218, 397
北野康	478	Lajtha, K.	352
北沢右三	56, 57, 441	Lamarck, J. B. P. A.	73, 78, 79, 142, 407, 408, 414
Kjellberg, F.	400, 401	Lark, K. G.	424
小林一三	84	Lauder, G. V.	386
小林道夫	376	Lawton, J. H.	262, 263, 273, 274, 326, 357, 362, 398, 463
小林茂雄	213	Leach, D.	416
小林四郎	271	Leather, S. R.	290
Koestler, A.	298	Lenski, R. E.	84
古賀庸憲	72	Leopold, A.	74, 79
古賀洋介	429, 478	Lerner, I. M.	387
Köhler, W.	18	Levin, B. R.	84
小池信雄	317	Levins, A.	230, 233
小泉武栄	373, 374, 377	Levins, R.	199, 243
小島茂明	96	Levy, H.	301
駒井卓	414	Lewontin, R. C.	396
近藤宣昭 (Kondo, N.)	43	Li, T.	369
近藤孝男	48, 53	Lieberman, A.	374, 377
河野義明	44, 418	Liebhald, A.	215
Kormondy, E. J.	8	Likens, G.	308, 355
幸島司郎	255	Lincoln, R. L.	58
小汐千春 (Koshio, C.)	149	Lindauer, M.	32
小山直樹	175	Lindeman, R. L.	7, 27, 302, 324, 330, 338, 355, 367, 442
甲山隆司 (Koyama, T.)	272	Linné, C. von	3, 4
小柳津広志	340, 456	Littlejohn, M. J.	164
Krebs, C. J.	193, 216, 218, 219, 221, 222	Lloyd, M.	145
Krebs, J. R.	23, 93, 130, 136, 142, 427	Llyoid, J. E.	176
Kreitman, M.	369	Loeb, J.	23-25, 27
Krizat, G.	13		

Lofty, J. R.	59	Mathew, W. D.	471
Loreau, M.	172, 274, 284, 360, 362	松田裕之（Matsuda, H.）	104, 170, 213, 237, 242, 299
Lorenz, E.	371	松田治	350
Lorenz, K.	27, 31, 51, 173	松井孝典	451, 452, 454
Lotka, A. J.	6, 7, 96, 186	松本忠夫	140, 390, 476
Louch, C. D.	121	松谷幸司	162
Louw, G. N.	55, 384	May, R. M.	107, 169, 243, 281-285, 367, 370-373, 377, 394, 395, 398, 406, 463, 468
Loveloch, J. E.	451		
Löw, R.	21, 26, 376	Mayer, E.	21, 52
Lucas, H. J.	239, 306	Maynard Smith, J.	90, 391-393, 396, 397, 406, 423
Lundelius, E. L.	464	McCleery, R. H.	93
Lussenhop, J.	207	McClenaghan, L. R., Jr.	222
Lyche, A.	365	McCrea, K. D.	479
Lysenko, T. D.	116, 198, 414, 428	McDermott, F. A.	176
		McDougall, W.	223

M

MacArthur, R. H.	27, 151, 164, 237, 239, 243, 268, 278-281, 283, 285, 294, 295, 306, 394, 427	McIntosh, R. P.	3, 7, 12, 247
		McKenzie, J. A.	413, 418
Macfadyen, A.	68, 201	McKeoun, T.	221
MacGarvin, M.	263	McLachlan, A. J.	433
MacGregore, M. E.	55	McNaughton, S. J.	81
Mach, E.	376	McNicol, D. K.	203
MacLean, S. F.	323, 333	Medvedev, Z. A.	198, 428
MacLulich, D. A.	77, 98, 210	Meinwald, J.	180
MacNally, R. C.	239	Meiyer, N. F.	192
前畑政善	64	Melinikov, M. I.	21
Major, J.	446	Menge, B. A.	303
真木寿治	418	Merell, D. J.	202
牧雅之	146	Mergenhagen, D.	40
Mallory, K.	463	Mertz, D. B.	153
Malthus, T. R.	3, 4, 5, 189	Meyer, O.	324
Mandelbrot, B. B.	54	Michener, R. H.	352
Manning, A.	28, 30	Michurin, J. V.	198, 428
Margalef, R.	12, 201, 244, 279, 367, 471	Miller, R. S.	68
Margulis, L.	63, 398, 424, 425, 454, 456, 470, 475	Mills, S. K.	387, 426
		Millstein, J. A.	372
Martini, P. J.	218	湊正雄	462
丸橋珠樹	405	Minnich, J.	59
丸山千由利	199	三浦泰蔵（Miura, T.）	213, 344
丸山茂徳	454, 462, 467	宮地伝三郎（Miyadi, D.）	2, 8, 12, 13, 15, 17, 23-25, 63, 64, 129, 133, 204, 275, 302, 307, 310, 387, 438
正野俊夫	413		
Maschwitz, U.	397	都城秋穂	200, 425, 429, 490
増子恵一	73	宮下和喜（Miyashita, K.）	215, 217
Mast, S. O.	176	宮田隆	267, 422, 425, 473
増田理子	146	水原洋城	129
松村澄子	175		

水野亮	451, 452	Nagy, K. A.	352
水谷仁	478	Naiman, R. J.	298
Möbius, K.	6, 7, 247	中林敏夫	428
Molles, M. C.	442	中川尚史	129
Monod, J.	413, 428	中島敏幸	236
Mooney, H. A.	11, 274	中村浩志	138
Moore, H. B.	253	中村方子	59
Moore, P. D.	315, 319, 383	中村桂子	424, 428, 457, 485
Moran, N. A.	399	中村浩二（Nakamura, K.）	227
Moran, P. A. P.	395, 396	中野治房	438
Moran, V. C.	41	中田兼介	134
Morell, V.	150	Naveh, Z.	374, 377
Morgan, C. L.	23	Nee, S.	169
森肇	377	Nelson, J. B.	397
森主一（Mori, S.）	2, 8, 12, 13, 15, 17, 24, 25, 34, 36-38, 40-42, 47, 53, 55, 63, 64, 118, 119, 131, 134, 156, 162, 173, 224, 225, 245, 302, 304, 307, 310, 342, 384, 387, 419, 420, 423, 426, 438, 459, 471, 483	Neuman, J. von	393
		Neuvonen, S.	219
		Newton, I.	96, 484
		ＮＨＫ取材班	82
		Nicholson, A. J.	99, 115, 117, 192-194, 236
森下正明（Morisita, M.）	131, 195, 197, 239, 267, 269, 277-280, 305, 306, 309, 489	Nicholson, M.	220
		西田律夫（Nishida, R.）	179
森田哲夫	43	西田利貞	128, 129
諸星静次郎	43	西邨顕達	129
Morris, R. F.	193	西村欣也（Nishimura, K.）	145
Mortimer, M.	377	西脇亜也	225
元村勲	275	Nobel, G. K.	130
向井宏	57	野間直彦（Noma, N.）	404
村松繁樹	314	Nordlund, D. A.	200
村松繁	221	Nowak, M. A.	394
村野健太郎	346	沼田眞	13, 116, 288, 302, 373, 374
村田武英	53	**O**	
Murdoch, W. W.	78, 101	Oaten, A.	78
室田武	57, 346	大場信義	176
Murphy, G. I.	386	Odum, E. P.	10, 11, 231, 253, 254, 273, 274, 303, 307, 341, 357, 366, 373, 397
Muse, W. A.	148		
Myers, A. C.	57	Odum, H. T.	330, 332, 366, 367, 369, 471
Myers, J. H.	216, 220, 222	大垣昌弘	413
Myers, N.	464	小川吉夫	350
Myser, W. C.	72	大串龍一	64, 199
N		大串隆之	68, 205, 265, 267, 398
長井嗣信	316	小原展嗣	79
長野敬	418, 428	小原嘉明（Obara, Y.）	144, 149
長田芳和	62	大井高（Ooi, T.）	89
永田俊	322, 327	及川武久	73

大石正（Oishi, T.）	36	Payne, F.	419, 428
丘浅次郎	425	Pearl, R.	6, 185, 394
丘英道	424	Pearse, J. S.	41
岡本州弘（Okamoto, K.）	101	Pearson, O. P.	216
岡本素治（Okamoto, M.）	400, 401, 427	Pegelley, E. T.	45
岡野俊行	53	Peterman, C	192
岡ノ谷一夫	175	Petersen, C. G. J.	16
奥野良之助	7, 11, 249	Petersen, H.	333
Olson, J.	366, 449	Petersen, J. J.	145
大森昌衛	452, 455	Petromievisc, B.	479
大本洋	456, 478	Pfenning, D. W.	392
尾本恵市	481	Philander, S. G. H.	316
恩藤芳典	37	Pianka, E. R.	281, 391, 394
小野延雄	318	Pickett, S. T. A.	246
小野知洋（Ono, T.）	148	Pimm, S. L.	283, 284, 326, 372, 373
Oosting, H. T.	440	Pitelka, F. A.	101, 210, 218
Opalin, A. I.	14	Pittendrigh, C. S.	21, 26
苧阪直行	33	Pollock, M. M.	57
大沢晃	116	Pollock, R.	424, 486
大沢直哉	72	Pomeroy, L. R.	252
大沢省三	424	Poulson, T. L.	421
Osborne, P. L.	433	Poundstone, W.	393, 394
大島泰郎	14, 425	Preston, F. W.	277, 278, 285
Oster, G. F.	395	Price, G. R.	392
太田にじ	398	Price, P. W.	230
大竹昭郎	168	Pringle, A.	57
大津良英	43	Pringle, S.	147
Ovenburg, P. H.	279	Provine, W. B.	407, 413, 422, 428
Owen, D. F.	334	Putman, R. J.	373

P

Q

Pagel, M. D.	386	Quetelet, A. L. J.	5

R

Pahl-Wostl, C.	357, 358, 376		
Paine, R. T.	259	Ramensky, L. G.	298
Palmer, J. D.	34, 36, 40, 41, 48	Ramirez, B. W.	402, 427
Palmgren, P.	216	Raup, D. M.	463, 464
Paracer, S.	75, 109	Raven, P. H.	397, 398
Park, J. H.	406	Réaumur, R.	3
Park, O.	34	Recher, H. F.	290
Park, T.	69, 151, 168, 188, 236, 329	Redfield, A. C.	350, 470
Parker, G. A.	199	Reed, E. W.	154
Parson, J.	72	Reed, L. I.	6
Pasteur, L.	14	Reed, S. C.	154
Patten, B. C.	336, 366, 367, 369	Reiss, M. J.	398
Pavlov, I. P.	30	Remmert, H.	227

Rhodes, O. E., Jr	376	佐藤広明	281
Rice, W. R.	150	佐藤七郎	398, 425
Rich, P. H.	12	佐藤俊幸（Satoh, T.）	144
Richards, O. W.	190	Schaefer, D. A.	58
Ricker, W. E.	395, 396	Schindler, D. W.	274, 317
Ricklefs, R. E.	142, 143, 192, 219, 247, 271, 296, 409	Schjelderup-Ebbe, T.	129
Ridley, M.	149	Schleif, R.	424
Risch, S. J.	219	Schluter, D.	247, 271
Ritland, D. B.	87	Schmidt-Koenig, K.	44
Rodrigues, V.	150	Schmidt-Nielsen, K.	58, 382
Rommell, L. G.	288	Schoener, A.	293
Root, R. B.	111, 233, 234, 246	Schoener, T. W.	230, 233, 234, 236, 244, 263, 264, 293, 294
Rose, M. R.	386		
Rosen, R.	52	Scholander, P. F.	381
Rosenzweig, M. L.	288, 291, 326	Schultz, A. M.	218
Ross, J.	406	Schulze, E.-D.	11, 274, 357
Rossmax, D. A.	156	Schweiger, H. G.	40
Rothstein, S. I.	68	Schwerdtfeger, F.	55
Roughgarden, J.	166, 167, 251, 297, 341, 344	Sechenov, I. M.	15
蠟山朋雄（Royama, T.）	99, 306	Seely, M. K.	384
Rozenfeld, F. M.	160	Segal, E.	384
Ruaysoongnern, S.	56	Segar, J.	380
Ruekke, D.	377	Seigel, R. A.	156
Ruelle, D.	370, 372	関口茂之	23
Rundel, P. W.	352	Selye, H.	120, 193, 221
Russel, E. S.	25-27	Sepkoski, J. J., Jr.	463, 464
Rutter, A. J.	259	瀬戸昌之	183, 341, 347
S		Shachak, M.	362
三枝誠行（Saigusa, M.）	35, 36	Shannon, C. E.	268-270
Sagan, C.	484, 487	Shapiro, J. A.	409, 416-418, 424, 425
Sagan, D.	398, 424, 425, 454, 456, 470	Shelford, V. E.	7, 21, 65, 223, 246-248, 308, 315, 376, 438, 449
相良守次	19		
砂原俊彦	323	Sheppard, P. M.	411, 412
西条八束（Saijo, Y.）	344	Sherman, P. W.	140, 392
斉藤千映美	129	Sherr, E. B.	352
斉藤隆（Saitoh, T.）	122, 124, 193, 211	芝野伸策	255
斉藤隆史	68	柴谷篤弘	418, 452
坂上昭一	72	渋谷寿夫	14
坂本健作	424, 425	志賀正和	180, 182
坂本充（Sakamoto, M.）	344, 441	重定南奈子	406
桜井芳雄	110	鹿園直建	467
Salt, G.	83	嶋田一郎（Shimada, I.）	50
佐々木謙（Sasaki, K.）	143, 144	嶋田正和（Shimada, M.）	200
佐々木正己	58, 134	島津康雄	366, 369

清水勇（Shimizu, I.）	174
清水幹夫	425
下泉重吉	43
志村令郎	424
篠崎吉郎（Shinozaki, K.）	114, 276, 288
白石芳一	43
白山義久	251
Shkolnik, A.	160
Sigmund, K.	394
Silk, J. B.	143
Sillen-Tullberg, B.	149
Simberloff, D. S.	291, 294
Simpson, E. H.	268-270
Simpson, G. G.	428
Sinclair, A. R. E.	189, 190, 192, 193, 195
Siva-Jothy, M. T.	148
Skutch, A. F.	138
Slater, P. J. B.	175, 391
Sloan, R. E.	467
Slobodkin, L. B.	262
Slopsema, S.	46
Smalley, A. E.	357
Smirnov, E. S.	408, 413
Smith, H. S.	200
Smith, R. L.	55, 68, 130, 319, 341, 441
Solomon, M. E.	101, 192
Sommer, U.	71, 247, 249, 251, 262
Sørensen, T.	280
Sork, V. L.	225
Southwick, C. H.	120, 122
Southwood, T. R. E.	190
Spaeman, R.	21, 26
Spalding, D. A.	31
Speaman, R.	376
Spencer, H.	7, 12
Staddon, J. E. R.	31, 32
Stafford, T. W.	355
Stairs, G.	220
Stalin, I. V.	198, 414
Stanley, S. M.	386, 463, 464, 467
Starr, T. B.	251
Stearns, S.	386
Steele, D. F.	418
Steller, E.	30, 33
Stenseth, N. C.	216, 222
Stephens, M. L.	135
Sterner, R. W.	262, 351
Stewart, F. M.	84
Strecker, R. L.	120
Strobeck, C.	188
Strohecker, H. F.	445
Strong, D. R., Jr.	164, 263
Stubblefield, J. W.	380
杉本敦子	349, 351, 352
杉田厳佐	164
杉浦直人（Sugiura, N.）	131, 145
杉山幸丸（Sugiyama, Y.）	128, 129, 136, 198
Sukachev, V.	8, 302
住明正	316, 452
Sumner, F. B.	86
砂原俊彦	323
Susman, R. L.	481
Sutherland, J. P.	303
Sutherland, W. J.	306, 365
Suthers, R. A.	175
鈴木晃	72
鈴木健二	176
鈴木信彦	148, 153
鈴木紀雄（Suzuki, N.）	148, 384, 420
鈴木理	428
Sverdrup, H. V.	57

T

T-W-Fiennes, R. N.	451, 452
立田栄光	174, 175
多田富雄	286, 424
平朝彦	452, 474
田島弥太郎	413, 414, 429
高林純示	83, 403
高木由臣	199
高橋清久	34, 48, 52
高橋正征	341
高畑尚之	481, 485
高桑進（Takakuwa, S.）	346
高村典子	109
高中陽子	48
高須夫悟	68
武田博清	68, 247, 319, 322
武田信之	414

竹門康弘（Takemon, Y.）	80	Trivers, R. L.	143, 145
竹内均	466	Troll, C.	373, 374
武内和彦	373, 374	土屋誠（Tsuchiya, M.）	109, 269, 313
竹内覚	467	辻和希	140, 427
Tamarin, R. H.	193, 200, 226	露崎史朗	442
田宮博	14	Tudge, C.	63

U

田中友三（Tanaka, T.） 190	内田俊郎（Utida, S.） 81, 98, 151, 180, 202, 245, 276, 377
田中利治 83	内村鑑三 385
田中義麿 414	上田一夫 46
谷内茂雄 200	上田晥亮 369
Tansley, A. G. 7, 8, 11, 12, 15, 248, 301, 302, 304, 376, 438, 470, 471	上野俊一 418
	上杉兼司（Uesugi, K.） 87, 88
田代貢（Tashiro, M.） 401	Uexküll, J. von 13, 26
田多井吉之介 221	梅棹忠夫（Umesao, T.） 65-67, 489
陀安一郎（Tayasu, I.） 74, 349	Underwood, A. J. 169
寺本英 339, 489	占部城太郎 348, 350, 351
寺西けさい 132	Uvarov, B. P. 190, 213, 218, 228
寺尾新（Terao, A.） 190	

V

手塚泰彦（Tezuka, Y.） 350	van Andel, T. H. 464
Theophrastus 427	Van Dyne, G. 366
Thieneman, A. 7, 8, 12, 302	Van Valen, L. 405, 406
Thompson, J. N. 398, 405, 476, 479	Varley, G. C. 192, 193, 195, 200
Thompson, W. R. 190, 192	Vavilov, N. I. 428
Thorndike, E. L. 31	Veer, A. A. de 373
Thornton, I. 295, 296	Vehrencamp, S. L. 134
Thorpe, W. H. 30	Verhulst, P. F. 5, 184, 200
Tiessen, H. 346	Vermeij, G. J. 380, 387, 427
Tieszen, L. L. 353	Vernadsky, V. 469-471
Tilman, D. 169, 171, 239, 242, 272, 447	Volda, H. 193
Timofeeff-Ressovsky, H. 428	Volterra, V. 6, 7, 96, 186
Tinbergen, N. 23, 28, 173, 175	Voûte, A. D. 192
Tjallangii, S. P. 373	

W

Tobias, P. V. 481	Waage, J. K. 147
Toft, C. A. 82	Wächtershäuser, G. 429
徳田岳（Tokuda, M.） 479	和田英太郎 351, 352, 451, 452, 478
徳田御稔 154	Waddington, C. H. 387, 421, 423
富岡憲治 34	和合治久 109
富田和久 370	若原正己（Wakahara, M.） 72
冨田隆史 418	和気朗 21
徳永幸彦（Toquenaga, Y.） 198	Wall, R. 171
鳥海光弘 366, 369, 452	Wallace, A. R. 4, 429
Townsend, C. R. 303	Wallwork, J. A. 319, 321
豊田ふみよ 180	Waloff, Z. 214
豊田伸哉 478	

Walsingham, F. G.	427
Walters, C. J.	366, 369
Warner, R. R.	170
鷲谷いずみ	200, 267
Waser, P. M.	176
Waser, M. S.	176
Wasser, S. K.	123
渡辺弘之（Watanabe, H.）	56, 59
渡辺定元	255
渡辺茂樹	154, 199
渡辺直	146
渡辺泰徳	348
Watson, J. D.	424
Watt, K.	366
Wayland, M.	203
Weaver, J. E.	168
Weaver, T.	452
Weaver, W.	268
Webb, S. D.	464
Weiner, J.	412
Weis, A. E.	479
Weisman, A.	425
Welb, W. L.	332
Welch, P.	329
Werger, M. J. A.	273
Werner, E. E.	91, 109
Werren, J. H.	144
Wetzel, R. G.	347, 475
Weyl, R. K.	156
Wheeler, W. H.	248
White, G.	3, 4
White, T. D.	487
Whitford, W. G.	58
Whittaker, R. H.	11, 230, 233, 249, 254, 258, 270, 355, 356, 440, 446
Wiegert, R. G.	334-336, 357, 359
Wigmore, S. W.	204
Wilbur, H. N.	72
Willard, D. E.	143, 145
Williams, G. R.	470
Willson, M.	405
Wilson, D. S.	244
Wilson, E. O.	23, 198, 273, 288, 294-296, 394, 408, 413, 414, 423, 427, 428
Wilson, J. B.	171
Winfree, A. T.	48
Wisby, W. J.	47
Wolda, H.	220, 286, 299
Wolf, L. L.	101, 187
Wooseley, S.	452
Wright, S.	413, 421, 422

X

Xu, W.	199

Y

山岸宏	65, 198
山口昌哉	54, 200, 376, 377
山口陽子（Yamaguchi, Y.）	144
山井広	116
山元大輔	30, 48, 49
山元佳代子	420
山村則男（Yamamura, N.）	82, 149, 255, 393, 399
山中二男	440
山岡亮平（Yamaoka, R.）	16, 177, 178
山内淳	68, 95, 225
柳川弘志	14, 398, 424, 425, 455
柳島静江（Yanagishima, S.）	154, 420, 428
安田喜憲	485
八杉龍一	380, 388
安井行雄（Yasui, Y.）	199
安成哲三	317
依田恭二	116, 355
淀井淳司	478
Yodzis, P.	283, 324
横山潤（Yokoyama, J.）	400, 402, 427
横山茂之	424, 425
横山秀司	374
四方哲也（Yomo, T.）	199, 421, 437
Yorke, J. A.	369
養老孟司	452
吉田敏治（Yoshida, T.）	62, 169, 202
吉井浩一（Yoshii, K.）	354
吉村仁（Yoshimura, J.）	244
Youthed, G. L.	41
遊磨正秀	172, 176, 237
湯本貴和（Yumoto, T.）	404

Z

Zammuto, R. M.	181
Zonneveld, I. S.	373, 374

生　物　名

A
Allen's jackrabbit	79

B
Blacktail jackrabbit	79

C
Cattle	79
Chlorion cyaneus aerarius	17
Chydorus sphaericus	261
Cyprinidae	203

D
Dasyhelea	287
Deschampia flexuosa	171
Didinium nasutum	76, 99

E
Endonepenthia	287
Epischura baicalensis	354

F
Festuca ovina	171

G
Gambel quail	79
Geopinus incrassatus	17

H
Hognosed and spotted skunk	79
Horned owl	79

I
Ichthyosaurus	382

K
Kangaroo rat	79

L
Lestodiplosis	287

M
Megaselia	287
Melanoplus femur-rubrum	17
Mice	79
Microbembix monodonta	17
Microcystis	350
Microcystis aeruginosa	350

N
Nardus stricta	171
Noctiluca scintillans	311

P
Percidae	203
Pierretia	287
Porphyra	259
Psammacheres sp.	17

R
Redtail hawk	79

S
Saled quail	79
Staurastrum dorsidentiferum	272

T
Tetrahymena pyriformis	46

W
Walleye（*Stizostedium vitreum*）	71
Wood rat	79

あ
アオカケス（*Cyanocitta cristata*）	86
アオノリ（*Enteromorpha* sp.）	208, 209
アオマツムシ（*Calyptotrypus hibinonis*）	148
アオミドロ（*Spirogyra*）	262
アカシア属（*Acacia*）	397
アカパンカビ（*Neurospora*）	53
アカハライモリ（*Cynops pyrrhogaster*）	180
アカライチョウ（*Lagopus lagopus scoticus*）	131
アザミウマ類（*Thrips*）	372
アズキ（*Phaseolus angularis*）	151, 169, 202
アセビ（*Pieris japonica*）	86
アマオブネの一種（*Nerita atramentosa*）	169
アマモ類（Zosteraceae）	253
eelgrass（*Zostera marina*）	253
manatee grass（*Cymodocea manatorum*）	253
turtle grass（*Thalassia testudinum*）	253
アマモ（*Zostera*）	16
アミメカゲロウ（オオシロカゲロウ *Ephoron shigae*)	145
アミ類（*Mysis relicta*）	274
アメフラシ	53
アメリカカメレオン（*Anolis carolinensis*）	131
アメリカナマズ	108

Ictalurus nebulosus	381	アルマジロ（巨大）（*Boreostracon*）	464
Ictalurus platycephalus	108	アレニコラ（*Arenicola*）	36
アメリカビーバー（*Castor canadensis*）	57	アンモナイト類（Ammonoidea）	406, 467
アメリカムシクイ属（*Dendroica*）	237	い	
Dendroica castanea	237	イガイ	58
Dendroica coronata	237	ムラサキイガイ（*Mytilus californicus*）	259, 432, 433
Dendroica fusca	237	ムラサキイガイ（*Mytilus edulis*）	432
Dendroica tigrina	237	ムラサキインコガイ（*Septifer virgatus*）	159, 432
Dendroica virens	237	イサザ（*Chaenogobius isaza*）	213
アユ（*Plecoglossus altivelis*）	43, 72, 119, 120, 131, 133, 204, 205, 213, 237, 477	イシモチ（*Argyrosomus argentatus*）	174
アリ類	49, 56, 72, 73, 75, 77, 79, 134, 139, 140, 144, 177, 178, 387-390, 397, 476, 477	イソガワラ（*Ralfsia* sp.）	208
		イソギンチャクの一種（*Chondractis*）	37
Eurhopalothrix	477	イソシジミ（*Nuttallia olivacea*）	313
Leptothorax allardycei	49	イタチ	199
アケボノアリ（*Sphecomyrma fregi*）	477	チョウセンイタチ（*Mustela sibirica coreana*）	154-156, 199
オオアリ（*Camponotus terrugineus*）	477	ニホンイタチ（*Mustela itatsi*）	154-156, 199
キイロケアリ（*Lasius flavus*）	477	イヌ類（*Canis*）	173
クシフタクシアリ属（*Pseudomyrmex*）	397	イヌ	18, 19, 30
クロヤマアリ（*Formica japonica*）	177	イヌノフグリ（*Veronica*）	273
サムライアリ（*Polyergus samurai*）	177	イヌビワ（イチジク）類（*Ficus* 属）	397-402, 427
シリアゲアリ属（*Crematogaster*）	397	*Ficus ampelas*（ホソバムクイヌビワ）	402
トビイロケアリ（*Lasius niger*）	209	*Ficus bengutensis*（アカメイヌビワ）	402
ノコギリハリアリ（*Amblyopone silvertii*）	73	*Ficus caulocarpa*（オオバアコウ）	402
ハキリアリ属（*Atta*）	476	*Ficus iidaiana*（オオヤマイチジク）	402
ハヤシクロヤマアリ（*Formica* sp.5）	177, 178	*Ficus microcarpa*（ガジュマル）	402
ハリアリ類（Ponerinae）	288	*Ficus superba*（アコウ）	402
ムネボソアリの一種（*Leptothorax allardzcei*）	477	*Ficus sycomorus*	400, 427
ヤマトムカシアリ（*Leptanilla japonica*）	72, 73	*Ficus variegata*（ギランイヌビワ）	402
アリジゴク（ウスバカゲロウ幼虫）	41, 305, 306, 489	イチジク（*Ficus carica*）	398, 400, 401, 403
		イヌビワ（*Ficus erecta*）	400-402, 427
Cryptoleon nebulosum（アリジゴク）	440	イヌワシ（*Aquila chrysaetos*）	135
ウスバカゲロウの一種（*Myrmelon obscurus*）	41	イネ科	259, 353
ホンシュウウスバカゲロウ（*Glenuroides japonicus*）	305	イボカワニナ（*Semisulcospira decipiens*）	344
アリマキ（アブラムシ）類（Aphididae）	75, 82, 96, 139, 140, 144, 264, 388, 399	イボニシ（*Thais emarginata*）	259
		イルカ類（Delphinidae）	175
Neomyzus circumflex	408	イルカ（*Delphinus delphis*）	175, 382
Uroleucon nigrotuberculatus	264	イワシ	317
アブラムシの一種（*Acyrthosiphon pisum*）	399	カタクチイワシ（*Engraulis japonica*）	213
トウモロコシアブラムシ（*Aphis maidis*）	170	カタクチイワシ（*Engraulis ringens*）	213, 317
トドノキオオワタムシ（*Prociphilus oriens*）	145	タンガニイカイワシ（*Limnothrissa miodon*）	41
ムギヒゲアブラムシ（*Macrosiphum granarium*）	170	マイワシ（*Sardinops melanostrictus*）	213

う

ウイルス（Virus） 83, 84, 109, 182, 286, 391, 406
   Granulosis virus 220
   ウイルス粒子（Virion） 84
   カリックスウイルス（Kalyxvirus） 83, 84, 109
   粘液腫症ウイルス（Myxoma virus） 406
   ポリドナウイルス（Polydnavirus） 109
ウグイ（*Leuciscus*（*Tribolodon*）*hakuensis*） 204
ウグイス（*Cettia diphone*） 42, 64, 138
ウサギ類 3, 77, 124, 221, 406
   アナウサギ（*Oryctolagus cuniculus*） 406
   カイウサギ（*Oryctolagus cuniculus*） 51, 65, 124, 173
   カワリウサギ（カンジキウサギ）（*Lepus americanus*） 34, 77, 98, 210, 216-219, 245
   ノウサギ（*Lepus brachyurus*） 85
   ワタオウサギ（Cottontail） 79
渦鞭毛類
   Ceratium tripos 311
   Peridinium crassipes 311
   Peridinium oceanicum 311
渦虫類の *Procerodes wheatlandi* 385
ウツボカズラ（*Nepenthes*） 287, 374
   Nepenthes albomarginata 287
   Nepenthes ampullaria 287
   Nepenthes distillatoria 287
   Nepenthes madagascariensis 287
   Nepenthes pervillei 287
ウニ類 259, 260
   ガンガゼの一種（*Centrostephanus coronatus*） 41
   ミドリウニ（*Strongylocentrotus polyacanthus*） 259
ウミサビ（*Spongites*（*Lithophyllum*）*yedoi*） 208, 209
ウミサボテン（*Cavernularia obesa*） 37, 38, 46
海百合 468
ウリミバエ 149, 245

え

エナガ（*Aegithalos caudatus*） 138
エビ類 237, 344
   スジエビ（*Palaemon paucidens*） 344
   テッポウエビ（*Alpheus lottini*） 269
   テナガエビ（*Macrobrachium nipponensis*） 147, 344
   ヌマエビ（*Paratya compressa*） 344
猿人（Ape-man） 481, 487
   Australopithecus afarensis 481
   Australopithecus ramidus 487

お

オイカワ（*Zacco platypus*） 204, 205
オウムガイ類（Nautiloidae） 406
オオカナダモ（*Elodea densa*） 344
オオカミ（巨大）（*Canis drius*） 464
オオジャコウネコ（*Viverra civetta*） 433
オオムギ（*Hordeum vulgare* var. *hexastichon*） 170
オームル（*Coregonus autumnalis*） 354
オオヤマネコ（*Lynx canadensis*） 34, 77, 98, 210, 219, 245, 372
オオヨシキリ（*Acrocephalus arundinaceus orientalis*） 132
オオルリ 64
オタマジャクシ 1, 2, 66, 67, 173, 433, 489
   Ptychadena anchiaetae 433
オナガ（*Cyanopica cyana*） 138
オヤニラミ（*Siniperca kawamebari*） 64
オンシツコナジラミ（*Trialeurodes vaporariorum*） 99, 173

か

橈脚（カイアシ）類（Copepoda） 41, 89, 310, 348, 349, 364, 365
   Acartia clausi 310, 311
   Cyclops vicinus 342
   Diaptomus kenai 349
   Eodiaptomus 41, 213
   Eodiaptomus japonicus 101, 342
   Mesocyclops 41
   Oithona nana 311
   Paracalanus parvus 311
   Sinocalanus tenellus 311
   Tigriopus japonicus 414
   Tropocyclops 349, 364
カイメン（海綿） 259, 468
   カイメン（*Remiera japonica*） 432
   ダイダイイソカイメン（*Remiera japonica*） 432
カエル 2, 72, 134, 174, 382, 433
   Hyla pickeringii（アマガエル類） 440
   Hyla versicolor（アマガエル類） 440
   Litoria verrlauxi 164
   アマガエル（*Litoria*（=*Hyla*）*ewingi*） 164
   ウシガエル *Rana catesbeiana* 174
   ヒキガエル（*Bufo vulgaris*） 66

ガガイモ科の Asclepias	86	カブトエビ（Triops cancriformis）	386
カガノアザミ（Cirsium kagamontanum）	265	カマアシムシ類（Protura）	207
カキ	6, 58, 180	カマツカ（Pseudogobio (Pseudogobio) esocinus）	204
カキ床（Oyster bed または Oyster reef）	336	カメ	174
マガキ（Crassostrea gigas）	432	Trachemys scripta	146
カクレウオ（Jordanicus sagamianus）	64	カメノコハムシの一種（Chelymorpha alternans）	150
カケス（Garrulus glandarius）	138	カメノテ（Mitella polymerus）	259
カゲロウ類	78, 158, 159, 173	カメムシ	149, 223
Epeorus curvatulus	313	Hyaliodes vitripennis（捕食性カメムシ）	440
Epeorus hiemalis	313	Lygaeus equestris	149
ウエノヒラタカゲロウ（Epeorus uenoi）	159	クロカメムシ（Scotinophara lurida）	217
エルモンヒラタカゲロウ（Epeorus latifolium） 159, 313		カメレオン Chameleo vulgaris	174
シロタニガワカゲロウ（Ecdyonurus yoshidae） 159, 313		カモ	380, 387
		アヒル（Anas platyrhnchos var. domestica）	31
ナミヒラタカゲロウ（Epeorus ikanonis）	159	ハジロガモの一種（Aythya collaris）	203
ユミモンヒラタカゲロウ（Epeorus curvatulus） 159, 313		ホオジロガモ（Bucephala clangula）	203
		マガモ（Anas platyrhynchos）	31
カサノリ（Acetabularia mediterranea）	40	カモシカ	172, 315
カシ（Quercus） 199, 206, 225, 258, 274, 376, 409, 437, 439		ウシカモシカ（Connochaetes tausinus）	192
		カヤ（Calamagrotis）	273
Quercus alba	225	カラス	
Quercus emoryi	206	カラス（Corvus albus）	433
Quercus rubsa	225	コクマルガラス（Corvus monedula）	51
Quercus velutina	225	カラスノエンドウ（Vicia sativa）	408
ウラジロガシ（Quercus salicia）	405	ガラパゴスフィンチ（Geospiza）	412
ガゼル（Gazella）	315	Geospiza	166
カダヤシ		Geospiza fortis	166, 412
Gambusia affinis	261, 262	Geospiza fuliginosa	166
Gambusia patruelis	86	Geospiza magnirostris	166
カツオドリ（Sula bassana）	397	カ類	
カナダノアキノキリンソウ（Solidago canadensis） 264		Toxorhynchites	286
		アカイエカ（Culex pipiens）	160
カニ	25, 26, 30, 35, 74, 86, 149, 173	コガタアカイエカ（Culex tritaeniorhynchus）	160
アカテガニ（Sesarma haematocheir）	35, 41, 46	シナハマダラカ（Anopheles sinensis）	160
カクベンケイガニ（Sesarma pictum）	36	ナガハシカ属（Tripteroides）	286
コメツキガニ（Scopimera globosa）	313	ヤブカの一種（Aedes argenteus）	55
サンゴガニ（Trapezia）	269	ガ類	
シオマネキ（Uca tetragonon）	71	Zunacetha	299
スナガニ科（Ocypodidae）	71	Zunacetha annulata	220
チゴガニ（Ilyoplax pussilus）	313	ウスバツバメ（Elcysma westwoodii）	149
ヒライソガニ（Daetice depressus）	149	オオシモフリエダシャク（Biston betularia）	409
ベンケイガニ（Grapsus grapsus）	74	オビカレハ（ウメケムシ, Malacosoma neustria testacea）	182
ヤマトオサガニ（Macrophthalmus japonicus）	313	カイコ（Bombyx mori）	43, 179

コナマダラメイガ（*Ephestia cautella*） 194
サンカメイガ（*Schoenobius incertellus*） 217, 218
ドクガ（*Euprotis flava*） 215
ナミスジフユナミシャク（*Operophtera brumata*） 230
ニカメイガ（*Chilo suppressalis*） 168, 217
ハマキガの一種（*Zeiraphera diniana*） 220
ヒョウモンエダシャク（*Arichanna gaschkevitchii*） 86
フタオビコヤガ（*Naranga aenoscens*） 217
ブナアオシャチホコ（*Quadricalcifera punctatella*） 215, 219
マイマイガ（*Lymantria dispar*） 230
ミスジツマキリエダシャク（*Zethenia rufescentaria*） 220
ヨトウガ（*Barathra brassicae*） 218
カワグチツボ（*Fravocingula* sp.） 311
カワゲラ 78
カワスズメ科（Cichlidae） 21, 80
 Altolamprologus compressiceps 237
 Gnathochromis pfefferi 237
 Lamprologus callipterus 237
 Lepidolamprologus elongatus 237
 Neolamprogus mondata 80
 Perissodus microlepis 237
 Perissodus straeleni 237
カワムツ（*Zacco temmincki*） 72, 204
ガン 31
 ガチョウ（*Anser ansle* var. *domestica*） 31
 ハイイロガン（*Anser anser*） 31

き

キクノハナガイ（*Siphonaria sirius*） 198, 208, 209
キジ 31
キジラミ科の一種（*Cardiaspina albitextura*） 226
キツネ 12, 77, 85, 376
 Vulpes nacrotis 165
 アカギツネ（*Vulpes vulpes fulva*） 210, 219
 ホッキョクギツネ（*Alopex lagopus*） 85, 217, 219, 231
キャベツ 86, 169
キョクアジサシ（*Sterna paradisaea*） 44
キリギリス類 173
キンギョモ 2
均翅亜目（Zygoptera） 476

菌類　74, 108, 109, 206, 207, 220, 274, 321-323, 349, 369, 449, 476, 479
菌類（Parasite guild） 206

く

クサカゲロウの一種（Chrysopidae sp.） 209
クサフヨウ（*Hibiscus moschentos*） 113
クジラ類（Cetacea） 175, 382
クスノキ（*Cinnamomum camphora*） 438
グッピー（*Poecilia reticulata*） 77
クモ類 28, 79, 174, 263, 286, 475
 シボグモ科（Ctenidae） 174
  Cupiennius salei 174
 ムレアシブトヒメグモ（*Anelosimus eximius*） 79
クリ 274
クロバイ（*Symplocos prunifolia*） 405
クロモ 2
クロレラ 37, 38, 435

け

ケイ藻類 6, 311
 Asterionella formosa 240
 Aulacoseira baicalensis 354
 Aulacoseira islandica 354
 Bacillaria paradoxa 311
 Chaetoceros affinis 311
 Coscinodiscus wailessi 311
 Cyclotella meneghiniana 240, 311
 Diatoms 6
 Diploneis puella 311
 Melosira Borreri 311
 Melosira granulata 311
 Melosira varians 311
 Nitzschia filiformus 311
 Nitzschia longissima 311
 Nitzschia seriata 311
 Pleurosigma formosum 311
 Synedra rumpens 311
齧歯類 140, 148, 218
原核生物（Procaryote） 399, 418, 451, 455, 456, 478
ゲンジボタル（*Luciola cruciata*） 176
原人（Proto-man） 481, 482, 487
 Homo electus 482
 Homo habilis 481
原生動物 6, 37, 46, 76, 99, 109, 151, 253, 294, 299, 435, 476

こ

コイ科	204
コイ（*Cyprinus carpio*）	108
コイ科の一種（*Rutilus rutilus*）	80
甲殻類	57, 71, 146, 147, 199, 253, 272, 342, 475
甲虫オサムシ類（*Nothopus grossus*）	18
鉤頭虫類（Acanthocephala）の *Moniliformis dubius*	148, 164
酵母（*Saccharomyces cerevisiae*）	185, 418
コウホネ	2
コウモリ類（Chiroptera）	148, 175
ウオクイコウモリ（*Noctilio leporinus*）	175
ウマズラコウモリ（*Hypsignathus monstrus*）	175
コーブ類（*Kobus kob*）	134
コオロギ類	173
Gryllus assimilis	17
アリヅカコオロギ（*Myrmecophilus* sp.）	178
クロコオロギ（*Gryllus bimaculatus*）	230
ゴカイ	109, 313
イトゴカイ科の一種（*Capitella capitata capitata*）	313
ゴカイの一種（*Neanthes japonica*）	109, 313
ミズヒキゴカイ（*Cirriformia tentaculata*）	313
ヨツバナゴカイ（*Prionospio pinnata*）	311
ゴキブリ類（Blattidae）	476
コクゾウ	
コクゾウ（*Sitophilus zeamais*）	202, 203, 245
ココクゾウ（*Sitophilus oryzae*）	202, 203, 245
コクヌストモドキ	
コクヌストモドキ（*Tribolium castaneum*）	151, 168, 188
ヒラタコクヌストモドキ（*Tribolium confusum*）	72, 151, 168, 188
コクレン（*Aristichthys nobilis*）	108
コケムシ（苔虫）	260, 468
苔類（*Rhacomitrium* spp.）	447
古細菌	386, 475, 478
好熱性古細菌（Thermophile archaebacteria）	478
コノドント	468
ゴマサバ（*Scomber tapaeinocephalus*）	213
ゴミムシダマシ（*Tenebrio nidae*）	87
コムギ（*Triticum aestivum*）	202, 428
ゴムタンポポ（ロシア名 Cok-saghyz）	116
コヨーテ	74
コロラドジャガイモハムシ（*Leptinotassa decemlineata*）	72
コロンビアヂリス（*Spermophilus columbianus*）	180
昆虫類	3, 6, 7, 17, 18, 24, 33, 41, 43, 44, 50, 63, 72, 75, 81, 82, 83, 86, 89, 96, 99, 104, 108, 109, 131, 134, 139, 140, 143, 145, 148 149-151, 153, 156, 163, 166, 172-174, 177, 180, 200, 204-206, 209, 210, 213-215, 217-220, 223, 228, 230, 231, 235, 239, 253, 262-264, 281, 286, 287, 297, 299, 309, 320, 357, 383, 384, 388, 390, 398, 399, 408, 413, 418, 433, 449, 459, 475-477
コンブ類（*Laminaria*）	259
コンボルータ（*Convoluta roscoffensis*）	36

さ

サカキ（*Cleyera japonica*）	405
サケの類（サケやマス類）（Salmonidae）	31, 46, 47
Oncorhynchus	46
カワマス（*Salvelinus fontinalis*）	43
ベニザケ（*Oncorhynchus nerka*）	346
ササゴイ（*Butorides sundevalli*）	74
ザリガニ	162, 477
Orconectes immunis	162
Orconectes virilis	162
サル類	
キイロヒヒ（*Papio cynocephalus*）	143
ゲラダヒヒ（*Theropithecus gelada*）	136
ゴリラ（*Gorilla gorilla*）	174, 239
チンパンジー（*Pan troglodytes*）	51, 52, 72, 128, 173, 239, 481, 487
ニホンザル（*Macaca fuscata*）	125-132, 134, 173, 175, 204, 405
パタスモンキー（*Erithrocebus patas*）	136
ハヌマンラングール（*Presbytis entellus*）	1364
ブラックマンガベイ（*Cercocebus albigena*）	175
ボンネットザル（*Macaca radiata*）	143
マントヒヒ（*Comopithecus hamadryas*）	136
ワオキツネザル（*Lemur catta*）	174
サンゴ礁（Coral reef）	57, 172, 254, 274, 284, 349
Pocillopora eydouxi	46
Pocillopora verrucosa	46
ハナヤサイサンゴ（*Pocillopora damicornis*）	269
サンショウウオ	72, 156
Plethodon glutinosus	156
Plethodon jordani	156

エゾサンショウウオ（*Hynobius retardatus*）	72		476, 477, 479
サンマ（*Cololabis saira*）	213	*Eutermes*	476
三葉虫	468	*Gnathamitermes tubiformis*	58

し

シイ　　　　　　　199, 258, 376, 437, 438, 440
　シイの類（*Shii* spp.）　　　　　　　　437
シーラカンス（*Latimeria chalumnae*）　386
シカ類　　　　　　　　173, 221, 315, 449
　アカシカ（*Cervus elephus*）　　　　　143
　シカ（*Cervus nippon*）　20, 41, 42, 74, 131, 134,
　　172, 258, 315, 373, 438
　ダマジカ（*Dama dama dama*）　　　134
　トナカイ（*Rangifer*）　　　　　　　315
　トナカイ類　　　　　　　　　　　449
　ヘラジカ類（*Alces*）　　　　　　　315
シジミ（*Nuttallia olivacea*）　　　　　313
シジュウガラ（*Parus major*）　85, 93, 130, 479
シズクガイ（*Theora lubrica*）　　　　311
シダ植物　　　　　　　　　　258, 459
シツカ・トウヒ（*Picea sitchensis*）　　447
紙片虫科（Mermithidae）の *Romanomeris culicivorax*
　145
シマドジョウ（*Cobitis biwae*）　　　　204
シマリス
　Eutamias dorsalis　　　　　　　　　165
　Tamias asiaticus　　　　　　　　　　43
ジムカデ（Geophilomorpha）　　　　　73
ジャガイモ（*Solanum tuberosum*）　　162
ジュネット（*Genetta genetta*）　　　　433
シュモクドリ（*Scopus umbretta*）　　　433
ショウジョウバエ（*Drosophila*）　49, 53, 77, 117,
　118, 146, 150, 202, 225, 369, 408
　Drosophila ampelophila　　　　　　419
　（キイロ）ショウジョウバエ（*Drosophila melano-
　　gaster*）　50, 53, 117, 150, 154, 185, 199, 202,
　　223, 419, 421
　スジショウジョウバエ（*Drosophila funebris*）　202
条虫類（Cestoda）　　　　　　　　164
　Hymenolepis diminuta　　　　　　164
食虫植物　　　　　　　　　　　7, 286
シラウオ（*Salanx microdon*）　　　　312
シリアゲムシ類（*Panorpa venosa*）　　440
ジリスの一種（*Citellus lateralis*）　　　45
シロアリ類　56, 58, 63, 74, 96, 139, 140, 253, 349,

キノコシロアリ類（Macrotermitinae）　476
コウシュウシロアリ（*Neotermes koshunensis*）　349
タカサゴシロアリ（*Nasutitermes takasagoensis*）　479
ヤマトシロアリ（*Reticulitermes speratus*）　476
シロアリタケ（*Termitomyces*）　　　476
シロウリガイ（*Calyptogena* 属）　　　96
シロハラ（*Turdus pallidus*）　　　　405
真核生物（Eucaryote）　399, 418, 451, 456, 457
新人（Neo-man）　　　　　　482, 487
　Homo sapiens sapiens　　　481-483, 487
　クロマニョン人（Cro-magnon 人）　482

す

スギ（*Cryptomeria japonica*）　　　　117
スギカミキリ（*Semanotus japonicus*）　178
スゲ（*Carex*）　　　　　　　　　　273
スズキ（*Lateolabrax japonicus*）　　　311
スズメ科　　　　　　　　　　　　271
　スズメ（*Passer montanus*）　　　　182
スタンプ・ノッカー（*Lepomis punctatus*）　331, 334
ズナガニゴイ（*Hemibarbus longistris*）　204
スナモグリ類（*Callianassa*）　　　　　57
スピロヘータ　　　　　　　　398, 476

せ

セイウチ（*Odobenus rosmarus divergens*）　134
セイタカアワダチソウ（*Solidago altissima*）　479
セキショウモの一種（*Vallisneria spiralis*）　108
セグロカモメ（*Larus argentatus*）　30, 72
セジロウンカ（*Sogatella furcifera*）　　217
セミ　　　　　　　　　　　　24, 173
　十七年ゼミ（*Magicicada septemdecim*）　145,
　　173, 226
線虫類（Nematoda）　82, 108, 145, 199, 321, 333
繊毛虫（*Cyclidium*）　　　　109, 435, 437

そ

ソウギョ（*Ctenopharyngodon idella*）　108
ゾウムシ　　　　　　　　202, 206, 377
　アズキゾウムシ（*Callosobruchus chinensis*）　81, 98,
　　145, 151, 169, 202, 245
　ヨツモンマメゾウムシ（*Callosobruchus
　　maculatus*）　　　　151, 169, 198, 202
ゾウリムシ（*Paramecium*）　　　　　25

Paramecium aurelia	151	*Tsuga hetrophylla*	447
Paramecium caudatum	76, 99, 151	*Tsuga mertensiana*	447
Paramecium multimicronucleatum	199	ツグミの一種（*Turdus ericetorum*）	411
Paramecium tetraurelia	199	ツタノハガイ類	
ソコエビ類の*Pontoporeia affinis*	274	カサガイの一種（*Acmaea limatula*）	384

た

ダイコン（*Raphanus sativus minor*）	408
ダイズ（*Glycine max*）	112, 114, 115, 202, 317
タイミンタチバナ（*Myrsine sequinii*）	405
多足類	320
ダニ類（*Acarina*）	206, 333, 398, 403
Eotetranychus sexmaculatus（植食性）	101
Typhlodronus occidentalis（捕食性）	101
チリカブリダニ（*Phytoseiulus persimilis*）	398, 403, 404
ナミハダニ（*Tetranychus urticae*）	398, 403, 404
ハエダニ科（Macrochelidae）の一種 *Macrocheles muscaedomesticae*	199
タヌキモ	7
タマオシコガネ類（Scarabaeid beetles）	249
ダルマハゼ（*Paragobiodon*）	269

ち

チドメグサ（*Hydrocotyle*）	273
チャバネゴキブリ（*Blattella germanica*）	179
チョウ	86-88, 148, 149, 172, 276, 370
アカスジドクチョウ（*Holiconius erato*）	148
ウスバシロチョウ類（*Parnassius*）	148
オオカバマダラ（*Danaus plexippus*）	86, 87
カバイチモンジ（*Limenitis archippus*）	87
ギフチョウ類（*Luehdorfia*）	148
コノハチョウ（*Kallima inachus eucera*）	87
ジャコウアゲハ（*Atrophaneura alcinous*）	148
シロオビアゲハ（*Papilio polytes*）	87
ヘクトールアゲハ（*Atrophaneura alcinous*）	87
ベニモンアゲハ（*Pachliopta aristolochiae*）	87
モンシロチョウ（*Pieris rapae crucivera*）	149, 169
チョウノスケソウ（*Dryas*）	446
鳥盤類	468
鳥類	47, 64, 79, 85, 130, 135, 150, 173, 175, 210, 211, 215, 231, 263, 293, 296, 309, 380, 381, 390, 405, 441, 477
チヨノハナガイ（*Raeta rostralis*）	311

つ

ツガ	253, 440
カサガイ類（*Acmaea islandica*）	207, 259
キクノハナガイ（*Siphonaria sirius*）	198, 208, 209
ツタノハガイ（*Patella flexusa*）	208
ヨメガカサ（*Cellana toreuma*）	208
ヨメガカサガイ	208, 209
ヨメガカサの一種（*Cellana tramoserica*）	169
ツヅミモ類（*Desmids*）	6
ツバキ（*Camellia japonica*）	405
ツル類（*Gruidae*）	174

て

テントウムシ	12, 146, 227, 264, 265, 267, 376
Epilachna vigintioctopunctata	227
オオニジュウヤホシテントウ（*Epilachna vigintioctomaculata*）	162
ナナホシテントウ（*Coccinella septempunctata*）	264
ナミテントウ（*Harmonia axyridis*）	72
ニジュウヤホシテントウ（*Epilachna sparsa orientalis*）	44, 162, 227, 286, 299
ヒメアカホシテントウ（*Chilocorus kuwanac*）	209
ヤマトアザミテントウ（*Epilachna niponica*）	265

と

等脚類	320, 365
等脚類の一種（*Hemilepistus reamuri*）	362
同翅類（Homoptera）	286
トウダイグサ科（Euphorbiaceae）の*Macaranga*属	397
トウモロコシ（*Zea mays*）	113, 115, 202, 203
トカゲ類	263, 293
Anolis	166, 297
トガリネズミ	
トガリネズミ（*Sorex*）	31, 100
ブラリナトガリネズミ（*Blarina brevicauda talpoides*）	101
トゲウオ（Gasterosteidae）	477
イトヨ（*Gasterosteus aculeatus*）	28, 173
土壌動物	321, 322, 441, 442
トビケラ類（Trichoptera）	134, 162, 163, 173, 442, 479
カスリホソバトビケラ（*Molanna moesta*）	162, 163

クロスジヒゲナガトビケラ（*Ceraclea nigro-nervosus*） 162
シマトビケラ亜科（Hydropsychinae） 324
シンテイトビケラ（*Dipseudopsis* sp.） 162, 163
ビワアオヒゲナガトビケラ（*Mystacides* sp.） 162, 163
ビワセトトビケラ（*Leptocerus biwae*） 162, 163
トビハゼ（*Periophthalmus modestes*） 36
トビムシ 108
 トビムシ類（Collembola） 206
トラ（巨大）（*Smilodon*） 464
トリパノゾーマ（*Trypanosoma gambiense*） 415
ドンコ（*Odontobutis obscura*） 64
トンボ類 24, 147, 148, 172, 204, 476
 Erythemis simplicicollis 148
 アオハダトンボの一種（*Calopteryx maculata*） 147

な

ナキヤモリ（*Gekko gecko*） 174
ナス
 ナス（*Solanum melongena*） 162
 ナス科の半低木 *Solanum torvum* 227
ナマケモノ（巨大）（*Megatherium*） 464
ナマコ類 57, 260
 ナマコの一種（*Leptosynopta tennis*） 57

に・ね

ニッポンウミシダ（*Comanthus japonica*） 46
二枚貝（*Musculium partumeium*） 57, 96, 260, 440
ニワトリ 18, 19, 129
ネズミ 30, 160, 164, 165, 216, 218, 221-223, 380, 415, 416, 422, 472
 Microtus pennsylvanicus 121
 アフリカトゲネズミ
  Acomys cahirinus 160
  Acomys russatus 160
 エゾヤチネズミ（*Clethrionomys rufocanus*） 122, 124, 193, 211
 カンガルーネズミ（*Dipodomys*） 231
 巨大ネズミ（*Epigaulus*） 464
 クマネズミ（*Rattus rattus*） 156
 シロアシネズミ（*Peromyscus leucopus*） 101
 タビネズミ類（Lemming） 210, 211, 218, 221
  タビネズミ（*Lemmus lemmus*） 210
  チャイロタビネズミ（レミング *Lemmus trimucronatus*（=*L. sibericus*）） 101, 210, 216, 219, 221, 245
 トビネズミ類（Dipodiae） 231
 ドブネズミ（*Rattus norvegicus*） 156, 204, 380
 ハダカモグラネズミ（*Heterocephalus glaber*） 139, 140
 ハタネズミ（*Microtus* spp.） 46, 222, 223, 372
 ハタネズミの一種（*Microtus agrestis*） 193
 ハツカネズミ（*Mus musculus*） 12, 120, 136, 137, 223, 376, 415
 バッタネズミ類の *Onychomys torridus* 165
 ポケットネズミ類
  Perognathus ampulus 164
  Perognathus formosus 164
  Perognathus intermedius 164
  Perognathus parvus 164
  Perognathus penicillatus 165
 ホリネズミ類の *Thomomys bottae* 165
 メクラネズミ（*Spalax ehrenbergi*） 422

は

ハイエナ（Hyaenidae） 231
バイカルアザラシ（*Phoca sibirica*） 354
バイソン（巨大）（*Bison crassiocornis*） 464
ハイマツ（*Pinus pumila*） 255
ハエ類
 スガリミギワバエ（*Ephydra* sp.） 313
 ハエの一種（*Eurosta solidagonins*） 479
ハオリムシ類（*Lamellibranchia* 属） 96
バクテリア 14, 51, 57, 63, 74, 76, 84, 108, 109, 151, 206, 207, 249, 253, 299, 321-323, 327, 332, 333, 343, 348, 349, 435, 437, 446, 455, 475, 476, 478
 Bacillus pyocyaneum 151
 硫黄還元バクテリア（Sulfur-reducing bacteria） 455
 硫黄バクテリア（Sulfur bacteria） 475
 菌細胞微生物 146
 ゲスト微生物 146
 嫌気性菌（Anaerobic bacteria） 451, 456
 大腸菌（*Escherichia coli*） 84, 109, 183, 199, 399, 413, 416-418, 424
 硫酸塩還元バクテリア（Sulfate-reducing bacteria） 475
ハクレン（*Hypophthalmichthys molitrix*） 108
ハサミムシ（*Anechura harmandi*） 265, 267

バショウ科の植物 *Heliconia* 263
バス（Bass） 364
ハタリス類の *Citellus leucurus* 164
    Citellus harrsii 164
ハチドリの一種（*Phaethornis guy*） 134
爬虫類 173-175, 382, 459, 472, 483
ハチ類 477
    Anisopteromalus calandrae 145
    Bembix pruinosa 17
    Dasymutilla bioculota 17
    Dinarmus basalis 145
    Heterospilus prosopidis 81, 145, 245
    Sphex argentatus 17
    Sycophaga sycomori 427
    アシナガバチ（*Polistes japonicus*） 182
    イタリア品種のミツバチ（*Apis mellifera ligustica*） 72
    イヌビワコバチ類（イチジクコバチ類）（Agaonidae） 397, 399, 401, 402, 427
        Blastophage ishiiana 402
        Blastophage sumatrana 402
        Blastophage verticillata（オキナワイチジクコバチ） 402
        Ceratosolen appendiculatus 402
        Ceratosolen arabicus 400
        イチジクコバチ（*Blastophage psenes*） 401, 403
        イヌビワコバチ（*Blastophage nipponica*） 397, 399, 401, 427
    オンシツツヤコバチ（*Encarria formosa*） 99
    キョウソヤドリコバチ（*Nasonia vitripennis*） 144
    コバチの一種（*Eurytoma gigantea*） 479
    コマユバチ科（Braconidae） 83
    ズイムシアカタマゴバチ（*Trichogramma japonicum*） 168
    ズイムシクロタマゴバチ（*Phanurus beneficiens*） 168
    セイヨウミツバチ（*Apis mellifera*） 58, 144
    ゾウムシコガネコバチ（*Neocatolaccus mamezophagus*） 202
    タマバチ科（Cynipidae） 230
        Diplolepis spinosa 230
    トビコバチ（Encyrtidae） 287
    トモンハナバチ（*Anthidium septemspinosum*） 131, 145
    ハバチ科（Tenthredinidae）
        Euura amerinae 230
    マツハバチ（*Neodiprion sertifer*） 101, 103
    ミツバチ（*Apis mellifera*） 29, 32, 33, 53, 58, 134, 172, 390
    ルビーアカヤドリコバチ（*Anicetus beneficus*） 209
バッタ類 173
    Spharagemon aequale 17
    アジアワタリバッタ（*Locusta migratoria manilensis*） 213
    オンブバッタ（*Atractomorpha lata*） 148
    コバネイナゴ（*Oxysa japonica*） 218
    サバクトビバッタ（*Schistocerca gregaria*） 19, 213, 214, 218
    トノサマバッタ（*Locusta migratoria manilensis*） 213, 218, 228, 245
    トビバッタ（Migratory locust） 213
    バッタ（*Locusta migratoria*） 213, 245
ハト 30, 392, 393, 407, 427
ハマトビムシ類（Orchestiidae） 53
ハムシ類の *Cephalolcia* 263
ハモグリムシ（*Stilbosis juvantis*） 206
パロロ虫（多毛類 *Eunice fucata*） 41
ハワイミツスイ類（Drepanididae） 383
    Ciridops anna 383
    Drepanitis pacifica（ハワイミツスイ） 383
    Hemignathus lucidus（ヌクプウ） 383
    Hemignathus procerus（カラアイハシナガ） 383
    Hemignathus wilsoni（アキアポラウ） 383
    Himatione sanguinea（アパパーネ） 383
    Loxops coccinea（アケパ） 383
    Loxops parva（アニアニアウ） 383
    Loxops virens（アマキヒ） 383
    Palmeria bailleni（キムネハシブト） 383
    Palmeria cantans（レイサンハシブト） 383
    Palmeria dolei（シロフサハワイミツスイ） 383
    Palmeria kona（コーナマシコ） 383
    Pseudonestra xanthophrys（オウムハシ） 383
    Psittacirostra psittasea（キガシラハシブト） 383
    Vestiaria coccinea（イーワイ） 383
バン（*Gallinula chloropus*） 138
ハンノキ（*Alnus*） 446
    ハンノキ（*Alnus tenuifolia*） 445
板皮類 468

索引

ハンミョウ
 Cicindela formosa generosa   17, 440
 Cicindela lepida   17, 440
 Cicindela limbalis   440
 Cicindela sexguttata   440

ひ

ビーバー（巨大）（*Castroides*）   57, 464
ヒウオ（アユ，*Plecoglossus altivelis altivelis*，の稚魚） 213
ヒザラガイ   259
ヒダリマキガイ（*Physa acuta*）   118
ヒツジグサ   2
ヒト（*Homo sapiens*）   32, 52, 109, 118, 180, 421, 422, 425, 429, 458, 462, 464, 478, 479, 481-483, 485-487
ヒトデ
 オニヒトデ（*Acanthaster planci*）   274
 ヒトデ（*Pisaster ochraceus*）   259, 262
ヒバリガイモドキ（*Hormomya mutabilis*）   159, 207
ヒメアオバト属（*Ptilinopus*）   154
 Ptilinopus rivoli   154
 Ptilinopus solomonensis   154
ヒメウミユスリカ（*Clunio pacificus*）   36
ヒメタニシ（*Sinotaia histrica*）   344
ピューマ   74
ヒヨドリ（*Hypsipetes amaurotis*）   88, 405
ピリヒバ（*Corallina pilulifera*）   208, 209
貧毛類   321

ふ

ファージ   84
不均翅亜目（Anisoptera）   476
腹足類   169, 468
フクロウ   80
 フクロウ（*Strix uralensis*）   174
 ユキフクロウ（シロフクロウ）（*Nyctea scandiaca*） 101, 217, 219
フサカの一種（*Chaoborus*）   41, 89
 Chaoborus magnificus   41
フジツボ   58, 167, 180, 209, 260, 384
 イワフジツボ（*Chthamalus charengeri*）   167, 207-209, 432, 433
 クロフジツボ（*Tetraclita squamosa*）   384
 シロスジフジツボ（*Balanus amphitrite albicostatus*）   432
 フジツボ（*Balanus glandula*）   259

フジナマコ（*Holothuria monacaria*）   63
フジノハナガイ（*Donax semignosus*）   34
ブショウギョ（*Megalobrama amblycephala*）   108
フズリナ   468
斧足類   468
ブタクサ（*Ambrosia artemisiaefolia*）   116
筆石   468
フナ類   264
 ギンブナ（*Carassius auratus*）   108
 ギンブナ（*Carassius gibelio langsdorfi*）   299
 ゲンゴロウブナ（*Carassius cuvieri*）   299
 ニゴロブナ（*Carassius carassius grandoculis*）   299
ブナ（*Fagus crenata*）   215, 219, 255, 333
ブユ   78
プラナリア（*Planaria*）   24, 26
プランクトン 1, 40, 41, 57, 89, 213, 240, 247, 260-262, 279, 284, 299, 310, 311, 316, 322, 327, 333, 342, 343, 347-352, 354, 358, 364, 365, 386, 394, 433
ブリューギル（*Lepomis macrochirus*）   89, 91
プロファージ（Prophage）   416

へ

ヘビ類   156, 174
 Butler's garter snake（*Thamnophis butleri*）   156
 Plain's garter snake（*Thamnophis radix*）   156
 ガラガラヘビ（*Sistrurus catenatus*）   440
ヘラサギ（*Platalea leucorodia*）   135
ベレムナイト   468
ペンギン   86
ベントス   261, 310, 311

ほ

ホウボウ（*Chelidonichthys kumn*）   174
ホタル類（Lampyridae）   176
ホトトギス   64, 138
ホトトギス（軟体動物 *Brachidontes senhucia*）   311
ホヤ   260
ホンダワラ（*Sargassum fulvellum*）   104

ま

マアジ（*Trachurus japonicus*）   213
マイマイ   411
 Polygyra monodon（カタツムリ）   440
 Pyramidula striatella（カタツムリ）   440
 Succinea ovalis（カタツムリ）   440
 モリマイマイ（*Cepaea nemoralis*）   411, 412
マサバ（*Scomber japonicus*）   213

生物名索引

マシコ類	383
マダケ (*Phyllostachy bambusoides*)	225
マダケ林	289
マツ	103, 199, 258, 376, 437
アカマツ (*Pinus densiflora*)	116, 437, 440
バンクスマツ (*Pinus banksiana*)	117
マツモムシ (*Notonecta*)	204
マナヅル (*Grus vipio*)	44
マングローブ (*Rhizophora mangle*)	291
マンモス (*Mammuthus*)	462, 464

み

ミカン	64, 127
ウンシュウミカン	209
ミカンヒメコナカイガラムシ (*Pseudococcus citriculus*)	209
ミジンコ類 (枝角類)	41, 89, 147, 349, 364
Bosmina	41, 89
Ceratium hirundinella	272
Ceriodaphnia	41
Cypris	299
Daphnia	41, 89, 349, 351, 364
Daphnia magna	91
Daphnia obtusa	351
Diaphanosoma brachyurum	272, 342
Diaphanosoma	41, 213
Holopedium	349
Podon sp.	311
カブトミジンコ (*Daphnia galeata*)	89, 272
ハリナガミジンコ (*Daphnia longispina*)	101
マギレミジンコ (*Daphnia ambigua*)	89
ミジンコ (*Daphnia pulex*)	261
ミズスマシ (*Gyrinus*)	1, 204
ミズムシ類 (*Asellidae*)	479
(ミズムシの類) *Asellus communis*	440
ミチバシリ (Road runner)	79
ミミズ	4, 51, 56-58, 108, 207, 321
Helodrilus caliginosus (ミミズ類)	440
イトミミズ (Tubificids)	1, 2, 57, 77, 78
イトミミズ類 (Tubificidae)	264, 313
ミヤマブナ (*Nothofagus solandri* var. *cliffotioides*)	117

む・め・も

ムカシトンボ亜目 (*Anisozygoptera*)	476
ムギツク (*Pungtungia herzi*)	64, 204
ムクドリ (*Sturnus cineraceus*)	182
ムシクイ	
ネズミムシクイ (*Crateroscelis murina*)	255
ヤマネズミムシクイ (*Crateroscelis robusta*)	255
ムロアジ (*Decapterus muroadi*)	213
メジナ (*Girella punctata*)	131
メジロ (*Zosterops palpebrosus*)	405
メバル (*Sebastes inermis*)	104, 134
モクタチバナ (*Ardisia sieboldii*)	405
モミ	440
アルプスモミ (*Abies alba*)	385, 426
フィンランドモミ (*Abies sibilica*)	385, 426

や

ヤギ (*Capra*)	31
野牛 (*Bison* sp.)	136, 355
ヤスデモドキ類 (*Pauropoda*)	207
ヤスデ類	207
Fontaria corrugatus (ヤスデ)	440
アカヤスデ類 (*Nedyopus*)	172
ババヤスデ類 (*Japonaria*)	172
ヤナギ (*Salix*)	205, 273
ヤノネカイガラムシ (*Unaspis yanoensis*)	64
ヤマトシジミ (*Corbicula japonica*)	311
ヤマナラシ (*Populus*)	447
ヤマネ (*Glirulus japonicus*)	43, 44
ヤマネコ	77
ヤモリ (*Gekko japonicus*)	86

ゆ・よ

ユーカリ類の *Eucalyptus blakelyi*	226
有孔虫	57, 468
ユスリカ科 (*Chironomidae*)	324
Chironomus plumosus (オオユスリカ)	311
ユスリカ	1, 2, 108, 264, 433
ユメエビ属 (*Lucifer*)	394
Lucifer hanseni	394
Lucifer intermedius	394
Lucifer orientalis	394
Lucifer penicilifer	394
Lucifer typus	394
ユリ科 (*Hyacinthoides nonscripta*)	259
ヨーロッパヤクグリ (*Prunella modularia*)	409
ヨーロッパコマドリ (*Erithracus rubecula*)	409
ヨコエビ (*Gammalus pulex*)	147, 311
ヨコエビ類の *Anisogammarus*	213
ヨシ (*Phragmites*)	273, 357

ヨシの一種 (*Spartina*) 357
ヨシノボリ (*Rhinogobius* spp.) 204

ら

ライオン (*Panthera* (*Leo*) *leo*) 136 198
ライチョウ類 (Tetraonidae) 134, 175, 211
 エゾオオライチョウ 211
 エリマキライチョウ (*Bonasa umbellus*) 211
ラッコ (*Enhydra lutris*) 259, 260, 262
藍藻類 (Cyanophyta；シアノバクテリア Cyanobacteria ともいう) 455, 456, 475, 478
 Chroococcus limneticus 311
 Oscillatoria 350
 Phormidium sp. 256
 Phormidium tenue 350
 Synechococcus sp. 53

り

リカオン (*Lycaon*) 79, 326
リス 231
 キタリス (*Sciurus vulgaris*) 156
 ハイイロリス (*Sciurus carolinensis*) 156
リママメ (*Phaseolus lunatus*) 398, 403, 404
リュウキュウヅカアオバト (*Sphenurus formosae permagnus*) 405
竜盤類 468
両生類 72, 173, 174, 180, 468, 475

緑藻
 Chlamydomonas sp. 255
 Cylindrocystis sp. 256
 Hormidium sp. 255
 Raphidonema sp. 255
 Scenedesmus acutus 351
 Selenastrum minutum 349
鱗翅類の1種 spruce budworm (*Choristoneura fumiferana*) 192

る・れ

ルビーロウカイガラムシ (*Ceroplastes rubens*) 209
レンカク
 Jacana jacana 135
 Jacana spinosa 135

わ

ワカサギ (*Hypomesus olidus*) 312
ワムシ
 Asplanchna 89
 Brachionus 89
 Keratella 89
ワニ 174, 382
ワラジムシ類 207
ワラビ類の植物 (*Pteridium aquilinum*) 262
腕足類 (Branchiopoda) 406

森　主一（もり　しゅいち）
京都大学，静岡女子大学，滋賀大学名誉教授．日本生態学会，日本動物学会，日本陸水学会，国際陸水学会会員．理学博士．
1912年　徳島生まれ．
1935年　京都帝国大学理学部動物学科卒業．
京都大学理学部教授・理学部長，静岡女子大学長，滋賀大学学長を歴任．元日本陸水学会会長．

主著：「動物の周期活動」北方出版社，1948．「動物の生態」（共著），岩波書店，1953．「動物生態学」（共著），朝倉書店，1961．「動物の生活リズム」岩波書店，1972．

動物の生態　改訂第三版　　　　©Syuiti Mori 1997, 2000

平成 9（1997）年10月10日　初　版第一刷発行
平成12（2000）年 8 月20日　第三版第一刷発行
平成15（2003）年 4 月25日　第三版第二刷発行

著　者　　森　　主　一
発行人　　阪　上　　孝

京都大学学術出版会

京都市左京区吉田河原町15-9 京大会館内（606-8305）
電話（075）761-6182　FAX（075）761-6190
URL http://www.kyoto-up.gr.jp/

ISBN 4-87698-409-3
Printed in Japan

定価はカバーに表示してあります